花粉学事典

…………新装版…………

日本花粉学会
【編集】

朝倉書店

発刊に寄せて

　大抵の人は美しく咲いた花からこぼれる粉，花粉を知っている．この花粉をめしべの先に付けると花は実を結ぶということは，紀元前から人々に知られていた．花粉の形は植物の種類によってさまざまである．そのため花粉の研究はその形態の比較に始まり，花粉は花の中で何時，どのようにして出来るのか，そして成長の時の栄養源や生理的変化は，受粉後花粉はどのようにして胚珠までその中の精細胞を送り込むのか，その間の花粉管の生理的機構は，受粉の時雌蕊と花粉の間に不和合性があるが，その機構は？など次々に疑問が湧いてくる．花粉壁は大抵の化学物質に侵されないので，地中深くに埋もれても何千年も変化しない．この事は地質学に於て年代の測定に利用することができ，花粉分析という分野が発達した．また近年花粉によるアレルギーが社会問題となっており，免疫学の分野に大きな問題を投げかけている．蜂は花を訪ねて蜜を持ち帰るだけではなく，花粉も集める．こんな面から人間の食品や医薬品としての花粉とのつき合いもある．花粉は一つのまとまった器官で，新しく生物体の外に取り出す必要もなく，種によっては同調している花粉を簡単に大量に集めることができるので，物質を抽出したり，大量培養の研究に用いるのに便利である．その為花粉の半数性を利用して分子遺伝学や生物工学の研究にも用いられている．このように花粉の研究分野は広く，さまざまに分かれており，それぞれの分野に永い研究の歴史があるので，特別の用語を使用していることが多く，同じ花粉を対象とする研究者であり乍ら，他分野の専門用語が判らないこともある．このような状況の中で花粉学事典が発刊され，もう一度自分達の使っている用語が見直され，他分野との交流が考えられることは甚だ喜ばしいことである．この事典の刊行を機に益々の花粉学の発展を祈るものである．

1994年11月

日本花粉学会会長　　三木壽子

序

　1991年10月，私は日本花粉学会評議員会に，日本花粉学会として『花粉学事典』の出版について提案した．丁度，日本花粉学会会長に就任した初仕事の中の1つとして提案したものであった．その動機は，日本花粉学会を構成する会員は，大きく分けて，花粉・胞子等を研究対象とする6つの分野の研究者・同好者である．6つの分野は1) 花粉分析，2) 形態・分類，3) 細胞・生理，4) 遺伝・育種，5) 花粉症・空中花粉，6) 養蜂・食品その他であり，目的・手法の違いにより多岐の分野に亘っている．パリノロジーでの専門用語がすべて欧米でつくられている関係上，外国語が殆んどであり，その日本語訳の表現に大変苦労したものが多かった．編集委員の力量が問われる場合でもあった．違う分野では勿論，同じ分野でも，研究者個人で用語の表現，意味の捉え方などに違いがあり，学会として基準となる権威あるものを作る必要があることを感じていた．なお，学会の財政面での援助の一端になればと云うこともあった．また丁度，この年に日本古生物学会から『古生物学事典』が出版されたのが刺激ともなった．

　なお，古パリノロジーで取り扱うパリノモルフはモネラ界を除く，4生物界にまたがっているが，本事典では菌界真菌門・動物界環形動物門多毛(ゴカイ)綱や脊索動物門のものは取り扱わなかった．

　幸い，評議員および会員各位の御理解により，各分野の評議員の中から編集委員会を発足させ，本事典の体裁の統一，項目の選定，執筆依頼，内容の点検・調整，図版作製等々を検討した．予定より遅れ，ようやく，1994年3月末で原稿作成を完了し，出版の運びとなった．文章表現の統一，各分野の提出項目数のバランスなど，今後，更に手を加えることが多々あると思われるが，機会あるごとに改良をする必要があると思われる．

　編集委員には，長い期間に亘り，無理に無料奉仕していただき，三好教夫編集幹事をはじめ各編集委員には感謝すると共に，全面的な支援をいただいた執

筆者の方々に厚く御礼申し上げます．

　朝倉書店の編集部の方々には，編集に当たり，大変な御努力・御助力をいただいた．この場をかりて感謝の意を表する．また多数の図版を引用することを許可していただいた Laboratorium voor Palaeobotanie en Palynologie にも感謝の意を表する．

　日本の花粉学（パリノロジー）の発展と普及に，この事典が一助となれば幸である．

　1994 年 11 月

『花粉学事典』編集委員長　　高 橋　　清

執筆者一覧

■編集委員 (五十音順)

宇佐神 篤	県西部浜松医療センター耳鼻咽喉科科長	生井 兵治	筑波大学農林学系 教授
佐々木 正己	玉川大学農学部 教授	松岡 數充	長崎大学水産学部 教授
佐橋 紀男	東邦大学薬学部 教授	三好 教夫**	岡山理科大学総合情報学部 教授
高橋 清*	長崎大学名誉教授	守田 益宗	岡山理科大学自然科学研究所講師
中村 紀雄	横浜市立大学理学部 助教授		

(* は編集委員長, ** は幹事を示す)

■執筆者 (五十音順)

相田 由美子	社団法人全国はちみつ公正取引協議会主任検査員	齊藤 毅	名城大学理工学部 講師
芦田 恒雄	芦田耳鼻咽喉科医院 院長	斎藤 洋三	東京医科歯科大学医学部 助教授
井手 武	奈良県立医科大学 助手	佐々木 正己	玉川大学農学部 教授
岩内 明子	(株)アンバス	佐渡 昌子	東邦大学薬学部 助教授
宇佐神 篤	県西部浜松医療センター耳鼻咽喉科科長	佐藤 洋一郎	静岡大学農学部 助教授
内山 隆	千葉経済大学短期大学部 助教授	佐橋 紀男	東邦大学薬学部 教授
榎本 雅夫	和歌山赤十字病院 耳鼻咽喉科部長	信太 隆夫	国立相模原病院 臨床研究部部長
大澤 良	農林水産省北陸農業試験場 主任研究官	菅谷 愛子	城西大学薬学部 教授
小笠原 寛	兵庫医科大学 助教授	高橋 清	長崎大学名誉教授
小野 正人	玉川大学農学部 助教授	高橋 英樹	北海道大学農学部 助教授
勝又 悌三	岩手大学名誉教授	高橋 裕一	山形県衛生研究所 主任専門研究員
岸川 禮子	国立療養所南福岡病院 内科医長	高畑 義人	岩手大学農学部 教授
栗田 裕司	石油資源開発株式会社 研究員	高原 光	京都府立大学農学部 助教授
黒田 登美雄	琉球大学農学部 教授	竹中 洋	大阪医科大学 教授
劔田 幸子	富山医科薬科大学医学部 技術補佐員	田中 一朗	横浜市立大学理学部 助教授

田中　　肇	フラワーエコロジスト	
寺坂　治哉	東京慈恵会医科大学 助教授	
鳥山　欽哉	東北大学農学部 助教授	
中西　テツ	神戸大学大学院自然科学研究科教授	
中原　　聰	中原耳鼻咽喉科医院 院長	
中村　晋	前大分大学保健管理センター教授	
中村　澄夫	神奈川歯科大学 助教授	
中村　紀雄	横浜市立大学理学部 教授	
生井　兵治	筑波大学農林学系 教授	
長谷　義隆	熊本大学理学部 助教授	
畑中　健一	北九州大学 名誉教授	
服部　一三	名古屋大学農学部 助教授	
原　　彰	名城大学農学部 教授	
藤　則雄	金沢大学教育学部 教授	
藤下　典之	元大阪府立大学農学部 教授	
船隈　　透	名城大学農学部 助教授	
松岡　數充	長崎大学水産学部 教授	
松香　光夫	玉川大学農学部 教授	
丸橋　亘	茨城大学農学部 助教授	
三木　壽子	元神奈川歯科大学 教授	
三好　教夫	岡山理科大学総合情報学部 教授	
村山　貢司	財団法人日本気象協会 気象情報部副参事	
森　　登	元東菱ヘルスケア株式会社 大森・青梅研究所所長	
守田　益宗	岡山理科大学自然科学研究所講師	
安枝　浩	国立相模原病院 臨床研究部室長	
安田　喜憲	国際日本文化研究センター 教授	
山下　研介	宮崎大学農学部 教授	
山野井　徹	山形大学理学部 教授	
横山　敏孝	森林総合研究所多摩森林科学園樹木研究室長	
渡辺　光太郎	京都文教短期大学 名誉教授	
渡辺　正夫	岩手大学農学部 助教授	

凡　例

1. **項目名と配列のしかた**
   1) 項目名はゴチックで記し，そのあとの［　］に該当する英語または分類群名を記して見出しとした．
   2) 配列は五十音順により，濁音・半濁音は相当する清音として取り扱った．
   3) 拗音・促音も1つの固有音として取り扱い，延音"—"は配列のうえで無視した．
   4) 外来語は発音のままカタカナで表記した．ただし，アルファベット文字で表示してあるものはそのままアルファベット文字を使用して，カタカナで表記しなかった．
   5) 独立した項目として採用されていない語は巻末の索引を利用して検索されたい．

2. **用　語**
   1) 常用漢字以外にも慣用となっている漢字は許容した．
   2) 外来語はカタカナ書き，本来の日本語は平仮名書き（漢字がない場合または難解な場合）としたが，動植物名はそれぞれの学界の慣用に従い和名でもカタカナ書きとした．
   3) 外国人名・外国地名などは原則として原綴りで示した．
   4) 生物・古生物の分類群名は，通常通用している読み方で，属種名または和名はカタカナで示し，直後の［　］内に原綴りを示した．
   5) 主要な学術用語の次の（　）内に原綴りを示したもの，または示していないものが混在しているが，執筆者の自由裁量とした．

3. **記　号**
   1) →は説明を記していない「みよ項目」に用いる記号で，この記号の次に記してある項目と同じ意味か，あるいはその項目中に説明が与えられていることを示しており，参照の便をはかった．
   2) 説明文中あるいは文末の（→項目名）は関連した説明が与えられている項目を示しており，参照の便をはかった．

4. 参考文献

参考文献は，巻末の付録中に，各分野ごとに一括してまとめてアルファベット順に配列した．

5. 索　引

日本語索引（五十音順）と外国語索引（アルファベット順），分類群名（ラテン語）索引（アルファベット順）をつくった．全項目名のほか，説明文中に説明の与えられている主要な語も索引に取り上げてある．

6. その他

各専門分野で，とくに重要と思われる写真の図版を巻頭に，その他の資料を付録として巻末に付した．

写真でみるパリノロジー

中生代・後期白亜紀(マーストリヒト期)の花粉化石
渦鞭毛藻化石および他のパリノモルフ
新生代・第三紀の花粉化石
新生代・第四紀更新世後期の花粉化石(走査電子顕微鏡写真)
現生花粉
現生花粉(走査電子顕微鏡写真)
花粉外壁断面
テッポウユリの花粉小胞子形成
花粉の発生
花粉の細胞骨格
花粉管壁形成を示すオートラジオグラフィー
ライムギの柱頭反応
イチリュウコムギ柱頭上での花粉の液浸出(花粉反応)
花粉退化
花粉稔性
種間雑種・種内分化・単為結果
倍数体
雄性不稔性
空中花粉捕集器の種類
スギ花粉雲発生の瞬間
送粉者たち
人工受粉および昆虫利用による作物生産

中生代・後期白亜紀(マーストリヒト期)の花粉化石

1. *Aquilapollenites subtilis* Mchedlishvili
2. *Aquilapollenites pseudoaucellatus* Takahashi & Shimono, holotype.
3. *Bratzevaea amurensis* (Bratzeva) Takahashi
4. *Aquilapollenites proprius* Takahashi & Shimono, holotype.
5. *Pentapollenites normalis* Takahashi & Shimono, holotype.
6. *Aquilapollenites kasaharae* Takahashi & Shimono.
7. *Mancicorpus* cf. *albertense* Srivastava
8. *Hemicorpus tenue* (Mchedlishvili) Krutzsch
9. *Aquilapollenites melioratus* Takahashi
10. *Wodehouseia gracilis* (Samoilovich) Pokrovskaya
11. *Callistopollenites radiatostriatus* (Mchedlishvili) Srivastava
12. *Pseudointegricorpus protrusum* Takahashi & Shimono.
13. *Orbiculapollis lucidus* Chlonova
14. *Cranwellia striata* (Couper) Srivastava
15. *Phyllocladidites mawsonii* Cookson ex Couper

産地:宮谷川層(飛騨(岐阜県),宮地の北)。4, 6, 12 は 400 倍,他は 1000 倍.

(高橋　清)

3

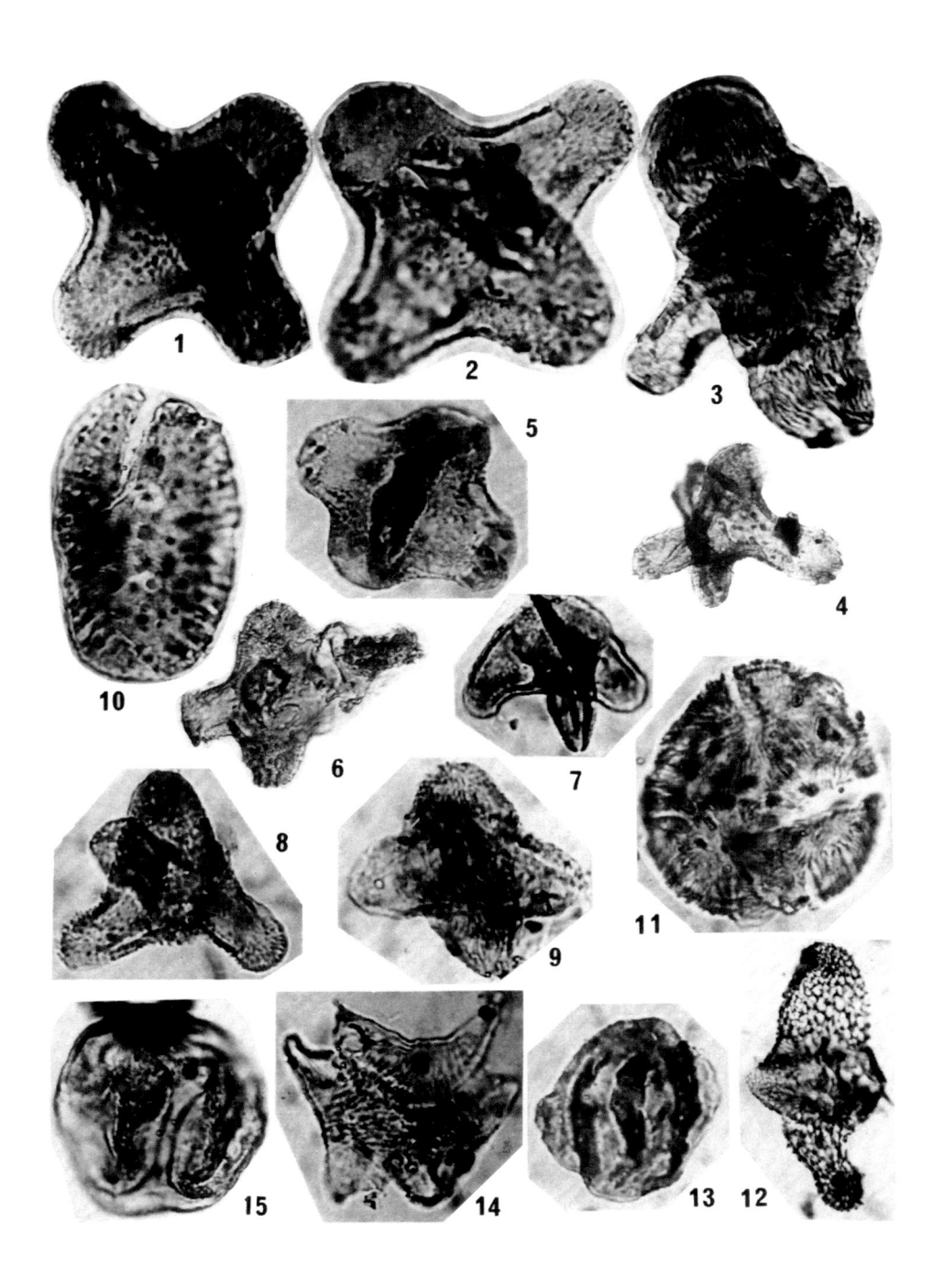

渦鞭毛藻化石および他のパリノモルフ （スケール：10μm）

1. *Odontochitina operculata* (O. Wetzel) Deflandre & Cookson, 1955
   北海道夕張市鹿島，日陰の沢層，白亜紀・セノマン期前期．
2. *Cerodinium speciosum* (Alberti) Lentin & Williams, 1977
   北海道十勝郡浦幌町，活平層，古第三紀・暁新世．
3. *Deflandrea truncata* Stover, 1974
   北海道苫前郡羽幌町，羽幌層，古第三紀・後期暁新世〜前期始新世．
4. *Apectodinium hyperacanthum* (Cookson & Eisenack) Lentin & Williams, 1977
   北海道苫前郡羽幌町，羽幌層，古第三紀・後期暁新世〜前期始新世．
5. *Palaeoperidinium pyrophorum* (Ehrenberg) Sarjeant, 1967
   北海道十勝郡浦幌町，活平層，古第三紀・暁新世．
6. *Xandarodinium variabile* Bujak, 1984
   山形市蔵王温泉，上山層，新第三紀・中期中新世．
7. *Lejeunecysta hyalina* (Gerlach) Artzner & Dörhöer, 1978
   山形市蔵王温泉，上山層，新第三紀・中期中新世．
8. *Nematosphaeropsis lemniscata* Bujak, 1984
   新潟県刈羽郡西山町西山，西山層，新第三紀・鮮新世．
9. *Hystrichokolpoma rigaudiae* Deflandre & Cookson, 1955
   秋田県男鹿市北浦，北浦層，新第三紀・後期鮮新世．
10. *Spiniferites bulloideus* (Deflandre & Cookson) Sarjeant, 1970
    長崎県対馬浅茅湾，海底堆積物，現世．
11. *Brigantedinium cariacoense* (Wall) Reid, 1977
    長崎県対馬浅茅湾，海底堆積物，現世．
12. *Lentinea serrata* Bujak, 1980
    北海道夕張市清水沢，幌内層，古第三紀・後期始新世．
13. *Ovoidinium verrucosum* (Cookson & Hughes) Davey, 1970
    北海道夕張市鹿島，日陰の沢層，白亜紀・セノマン期前期．
14. *Spiniferites ellipsoideus* Matsuoka, 1983
    秋田県男鹿市女川，船川層，新第三紀・後期中新世〜前期鮮新世．
15. *Trinovantedinium boreale* Bujak, 1984
    北海道夕張市清水沢，幌内層，古第三紀・後期始新世．
16. *Lingulodinium machaerophorum* (Deflandre & Cookson) Wall, 1967
    東シナ海男女海盆，海底堆積物，後期更新世．
17. *Tuberculodinium vancampoae* (Rossignol) Wall, 1967
    東シナ海男女海盆，海底堆積物，後期更新世．
18. Microforaminiferal lining；uniserial type
    東京湾，海底堆積物，現世．
19. Microforaminiferal lining；coiled type
    東京湾，海底堆積物，現世．
20. *Tytthodiscus densiporosus* Takahashi & Matsuoka, 1981
    新潟県南蒲原郡下田村南五百川，七谷層，新第三紀・中期中新世．

（松岡數充・栗田裕司）

5

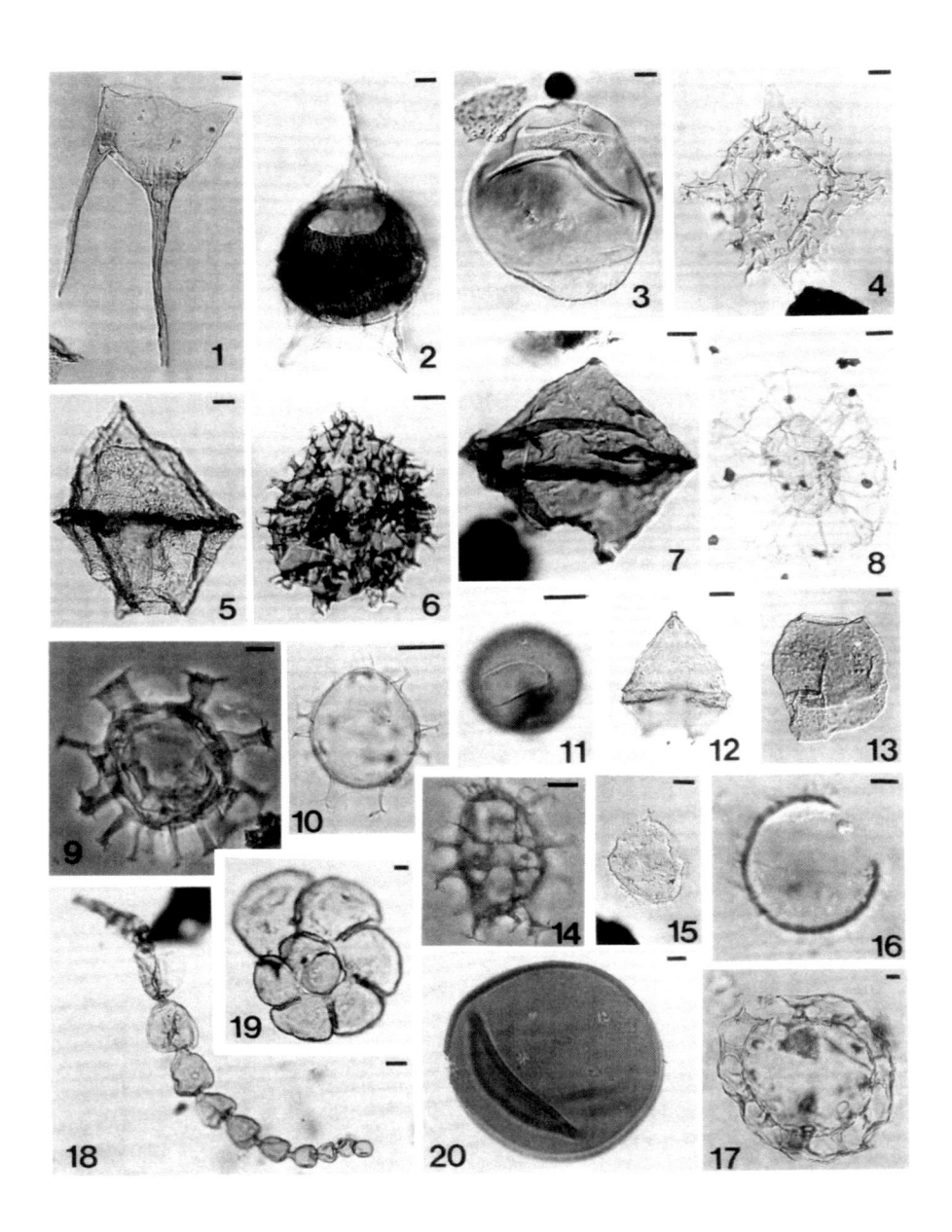

新生代・第三紀の花粉化石　(スケール：10μm)

1. *Dacrydium*(リムノキ属)
   斜極観像(遠心面)，新潟県佐渡郡真野町，下戸層，中新世．
2. *Metasequoia*(アケボノスギ属)
   赤道観像，山形県尾花沢市，折渡層，鮮新世．
3. Taxodiaceae(スギ科)
   赤道観像，日本海大和海盆，LEG 127-797 B-34 X，中新世．
4. *Fagus*(ブナ属)
   斜赤道観像，新潟県佐渡郡真野町，下戸層，中新世．
5. *Sciadopitys*(コウヤマキ属)
   斜赤道観像，日本海奥尻海嶺，LEG 127-795 B-15 R，中新世．
6. *Ephedra*(マオウ属)
   赤道観像，日本海奥尻海嶺，LEG 127-795 B-15 R，中新世．
7. *Quercus* (deciduous type)(コナラ属，落葉型)
   赤道観像，日本海奥尻海嶺，LEG 127-794 B-35 X，中新世．
8. *Quercus* (evergreen type)(コナラ属，常緑型)
   赤道観像，新潟県佐渡郡真野町，下戸層，中新世．
9. *Carya*(カリヤクルミ属)
   新潟県佐渡郡真野町，下戸層，中新世．
10. *Liquidambar*(フウ属)
    大韓民国慶尚南道蔚山市，松田層，中新世．
11. *Aesculus*(トチノキ属)
    赤道観像，北海道奥尻郡奥尻町，釣懸層，中新世．
12. *Rhizophora*(ヤエヤマヒルギ属)
    赤道観像，石川県加賀市，河南層，中新世．
13. *Sonneratia*(マヤプシキ属)
    赤道観像，富山県中新川郡立山町，黒瀬谷層，中新世．
14. *Nyssa*(ヌマミズキ属)
    極観像，山形県尾花沢市，折渡層，鮮新世．
15. *Rhus*(ウルシ属)
    赤道観像，石川県鹿島郡中島町，山戸田層，中新世．
16. Chenopodiaceae(アカザ科)
    日本海日本海盆南部，LEG 127-794 A-37 X，中新世．
17. *Diospyros*(カキノキ属)
    斜赤道観像，富山県中新川郡立山町，黒瀬谷層，中新世．
18. *Engelhardia*(フジバシデ属)
    極観像，石川県加賀市，河南層，中新世．
19. *Excoecaria*(シマシラキ属)
    極観像，富山県中新川郡立山町，黒瀬谷層，中新世．

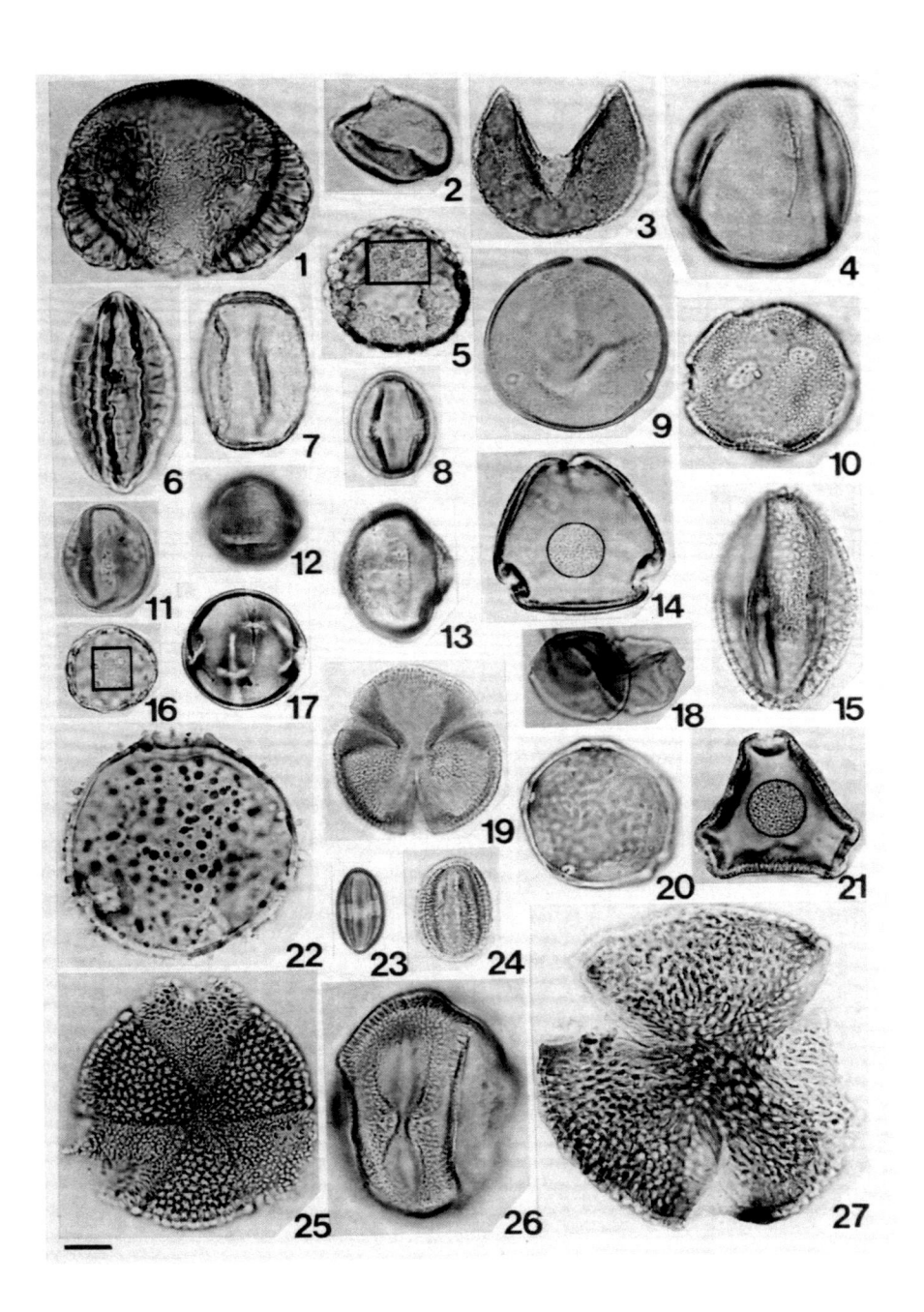

7

20. *Ulmus*(ニレ属)
    極観像，日本海奥尻海嶺，LEG 127 795 B-15 R，中新世．
21. *Aralia*(タラノキ属)
    極観像，大韓民国慶尚南道蔚山市，松田層，中新世．
22. *Weigela*(タニウツギ属)
    極観像，大韓民国慶尚南道蔚山市，典洞層，中新世．
23. *Pasania*(マテバシイ属)
    赤道観像，日本海日本海盆南部，LEG 127 794 B 25 R，中新世．
24. *Artemisia*(ヨモギ属)
    赤道観像，日本海奥尻海嶺，LEG 127 795 B 15 R，中新世．
25. *Caesalpinia*(ジャケツイバラ属)
    極観像，大韓民国慶尚南道蔚山市，松田層，中新世．
26. *Fupingopollenites*(フーピン花粉属)
    赤道観像，大韓民国慶尚南道蔚山市，松田層，中新世．
27. *Alangium*(ウリノキ属)
    極観像，石川県珠洲市，柳田層，中新世．

(山野井徹)

新生代・第四紀更新世後期の花粉化石　(走査電子顕微鏡写真)(p. 9)

1. *Tsuga*(ツガ属)．大沼(兵庫県，560 cm)，×600．
2. *Cryptomeria*(スギ属)．細池湿原(岡山県，60 cm)，×1500．
3. *Pinus*(マツ属)．大沼(兵庫県，560 cm)，×720．
4. *Fagus*(ブナ属)．細池湿原(岡山県，55 cm)，×1200．
5. *Aesculus*(トチノキ属)．泉崎前遺跡(宮城県，J層)，×2800．
6. *Quercus*(コナラ属)の*Lepidobalanus*(コナラ亜属)．徳佐盆地(山口県，250 cm)，×1500．
7. *Quercus*(コナラ属)の*Cyclobalanopsis*(アカガシ亜属)．原生沼(長崎県，200 cm)，×1500．
8. *Castanopsis*(シイノキ属)．原生沼(長崎県，300 cm)，×2100．
9. Compositae(キク科)．細池湿原(岡山県，35 cm)，×1200．
10. Gramineae(イネ科)．細池湿原(岡山県，35 cm)，×1200．
11. Cyperaceae(カヤツリグサ科)．細池湿原(岡山県，190 cm)，×1200．

(三好教夫)

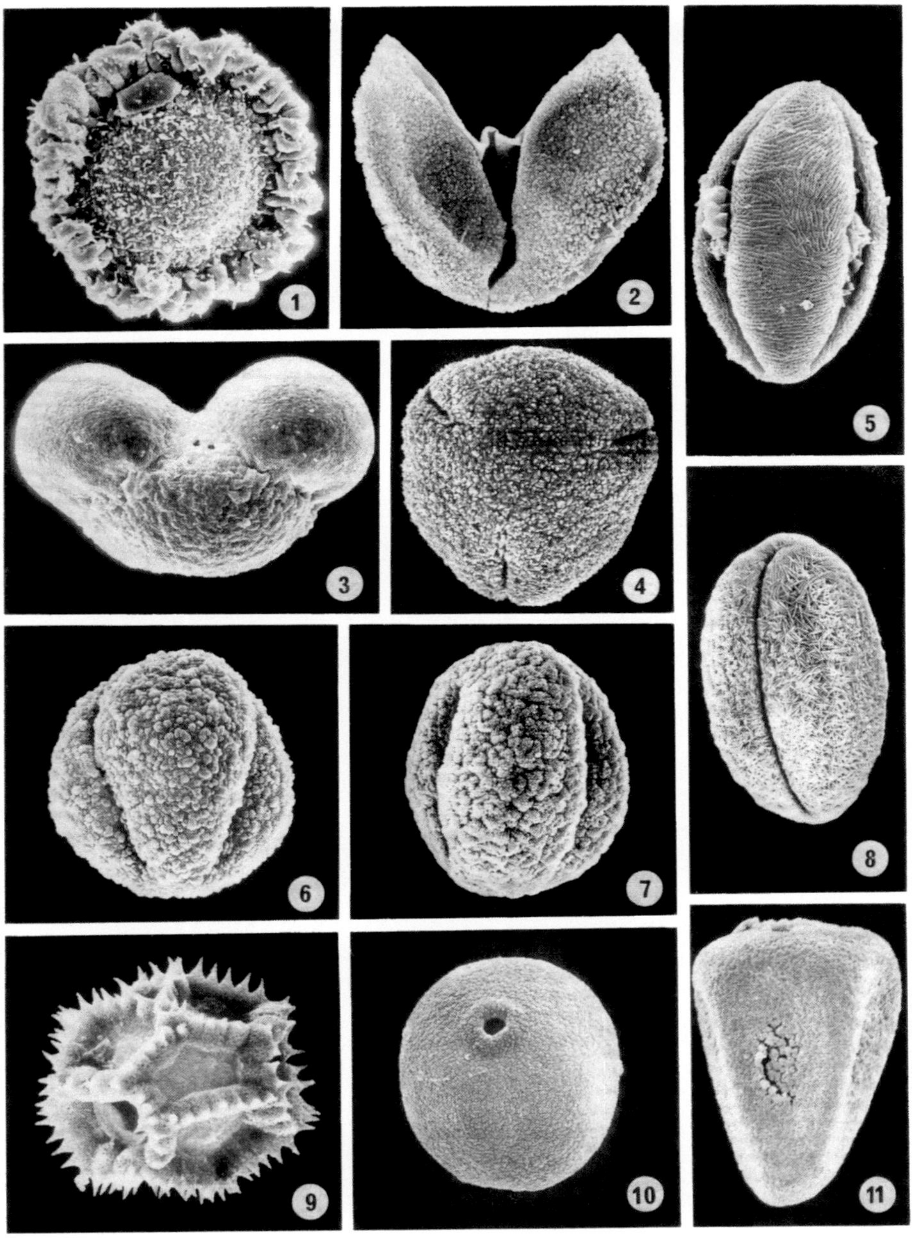
1
2
5
3
4
6
7
8
9
10
11

現生花粉

1. *Tsuga sieboldii*(ツガ). 左：断面，右：表面.
2. *Pinus densiflora*(アカマツ). 左：断面，右：表面.
3. *Betula platyphylla* var. *japonica*(シラカンバ). 左：表面，右：断面.
4. *Sciadopitys verticillata*(コウヤマキ).
5. *Fagus crenata*(ブナ).
6. *Typha latifolia*(ガマ).
7. *Cryptomeria japonica*(スギ). 左：断面，右：表面.
8. *Albizia julibrissin*(ネムノキ).
9. *Lilium auratum*(ヤマユリ). 左：断面，右：表面.
10. *Taraxacum officinale*(セイヨウタンポポ).
11. *Rhododendron degronianum*(アズマシャクナゲ).
12. *Quercus acuta*(アカガシ). A：断面，B：表面.
13. *Castanopsis sieboldii*(スダジイ). A：断面，B：表面.
14. *Carex angustisquama*(ヤマタヌキラン).
15. *Oryza sativa*(イネ(ホウネン)). A上：断面，A下：表面，B：位相差顕微鏡像.
16. *Polygonum thunbergii*(ミゾソバ).

(守田益宗)

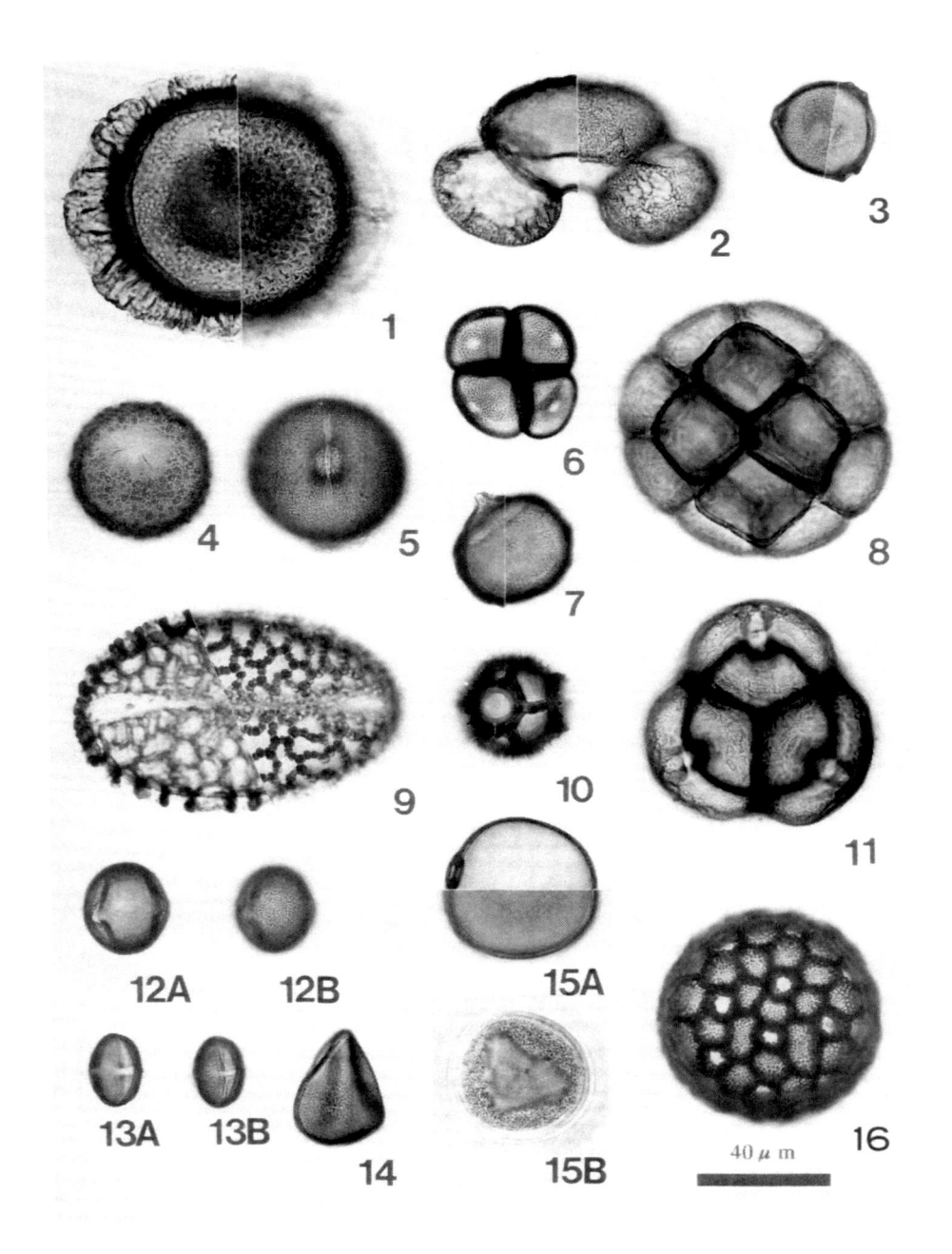

11

40 μm

12

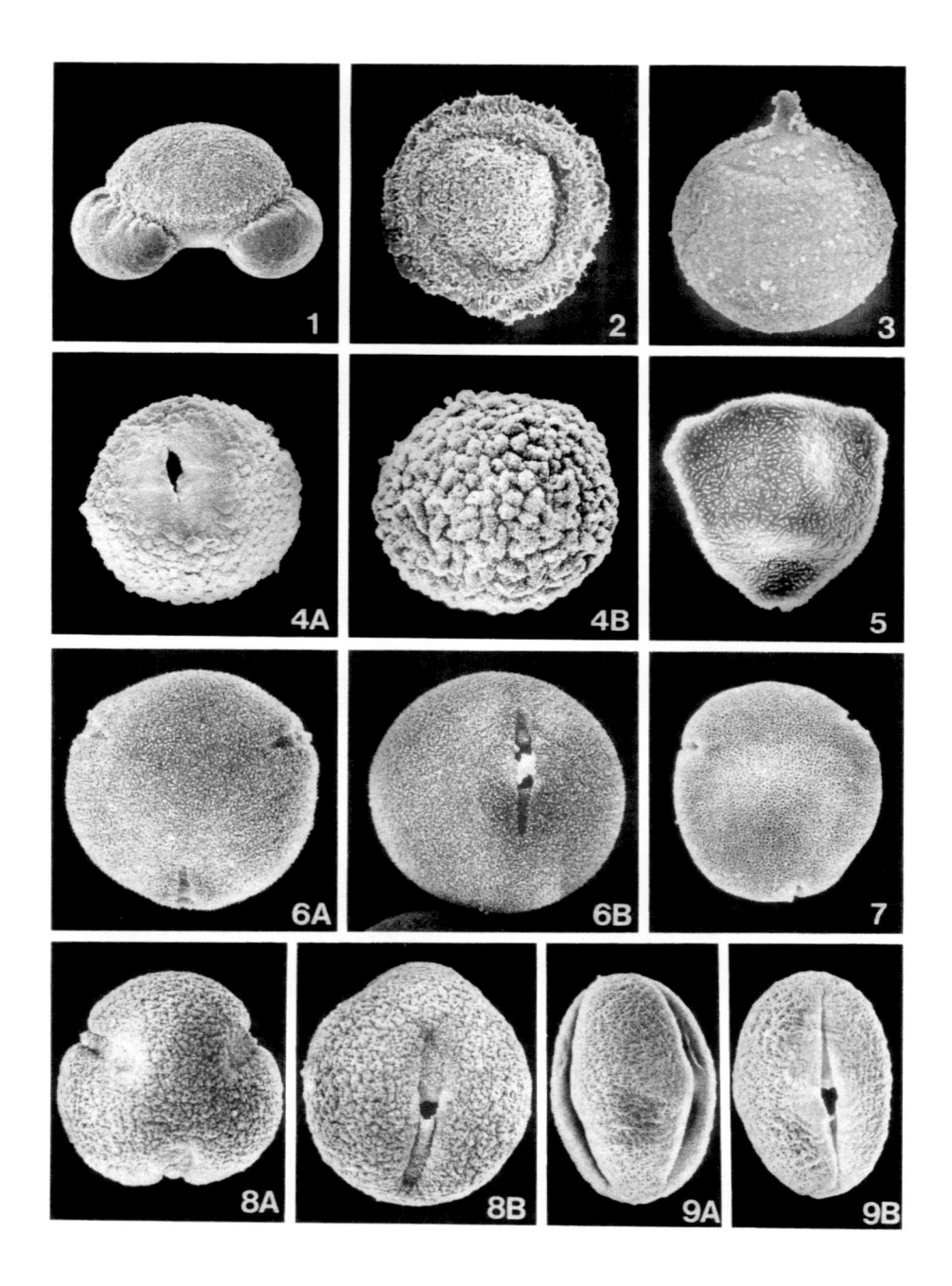

13

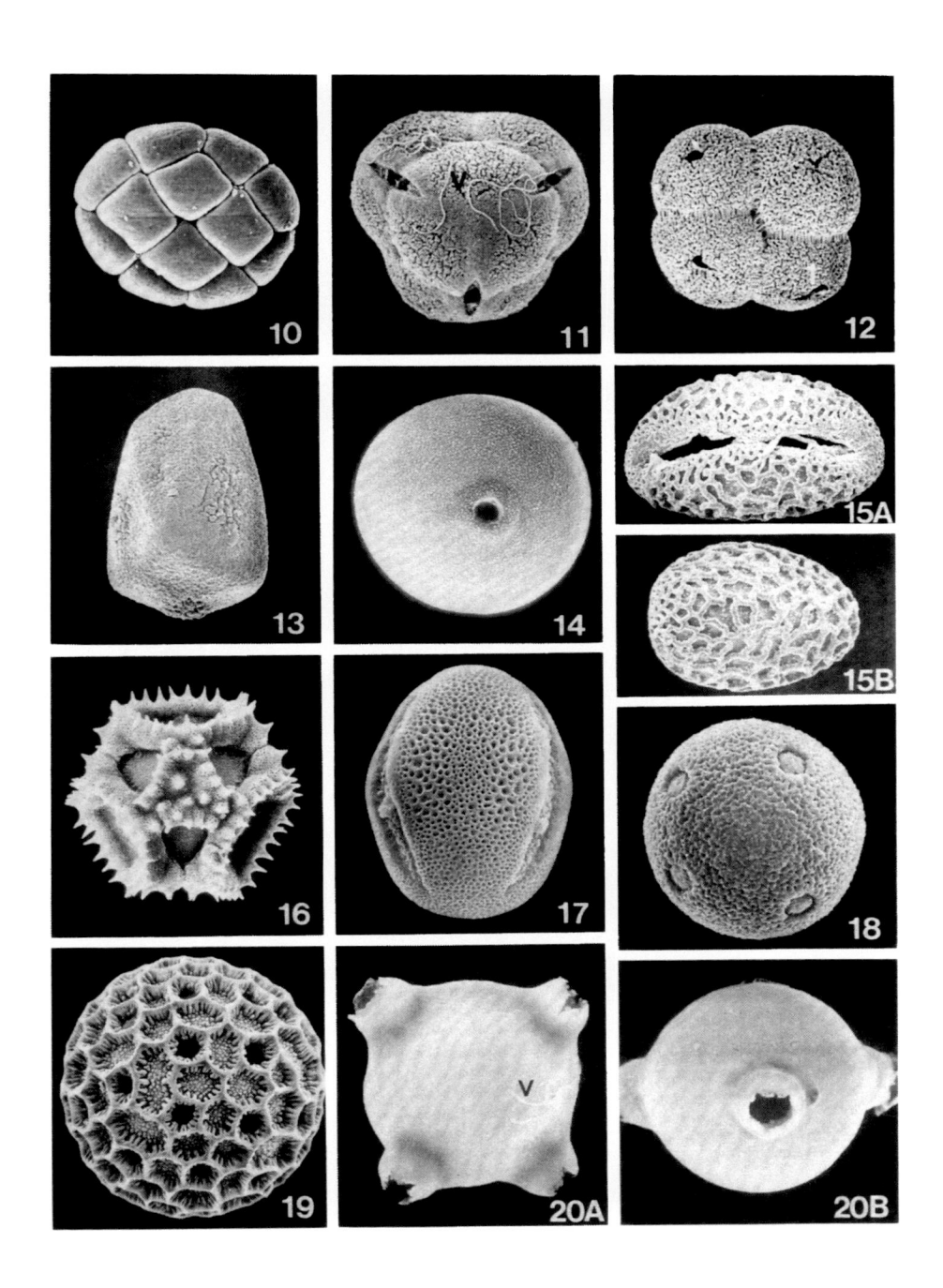

現生花粉 （走査電子顕微鏡写真）(pp. 12-13)

1. *Pinus densiflora*（アカマツ）．×600．
2. *Tsuga sieboldii*（ツガ）．×420．
3. *Cryptomeria japonica*（スギ）．×1200．
4. *Sciadopitys verticilata*（コウヤマキ）．×900．
　A：遠心極面，B：向心極面．
5. *Betula platyphylla* var. *japonica*（シラカンバ）．×1500．
6. *Fagus crenata*（ブナ）．×900．
　A：極観像，B：赤道観像．
7. *Tilia japonica*（シナノキ）．×1200．
8. *Quercus stenophylla*（ウラジロガシ）．×1500．
　A：極観像，B：赤道観像．
9. *Castanopsis cuspidata*（ツブラジイ）．×1800．
　A，B：赤道観像．
10. *Albizia julibrissin*（ネムノキ）．×360．
11. *Rhododendron reticulatum*（コバノミツバツツジ）．×600．
　v：粘着糸．
12. *Typha latifolia*（ガマ）．×900．
13. *Scirpus triangulatus*（カンガレイ）．×900．
14. *Oryza sativa*（イネ（赤米））．×900．
15. *Lilium longiflorum*（テッポウユリ）．×420．
　A：遠心極面，B：向心極面．
16. *Ixeris dentata* var. *albiflora*（オオバナニガナ）．×900．
17. *Astragalus sinicus*（ゲンゲ）．×2700．
18. *Macleaya cordata*（タケニグサ）．×1800．
19. *Polygonum thunbergii*（ミゾソバ）．×600．
20. *Epilobrium angustifolium*（ヤナギラン）．×420．
　A：極観像，B：赤道観像，v：粘着糸．

（三好教夫）

花粉外壁断面　(p. 16)

1. *Ranunculus japonicus*(ウマノアシガタ)
   A：外観．×1200，B：表面微細構造．×2700，C：外壁断面全体像．×1600，D：外壁断面拡大像．×16700．
2. *Isopyrum trachyspermum*(トウゴクサバノオ)
   A：発芽口周辺(G：発芽口)．×3800，B：外壁．×7500．
3. *Paeonia albiflora* var. *trichocarpa*(シャクヤク)．×15700．
   T：tectum(外表層)，C：columella(柱状層)，F：foot layer(底部層)，E：endexine(内層)，I：intine(内壁)，CY：cytoplasm(細胞質)．
4. *Adonis amurensis*(フクジュソウ)．×6000．
5. *Typha latifolia*(ガマ)．×600．
6. *Lilium longiflorum*(テッポウユリ)．×6000．

(三好教夫)

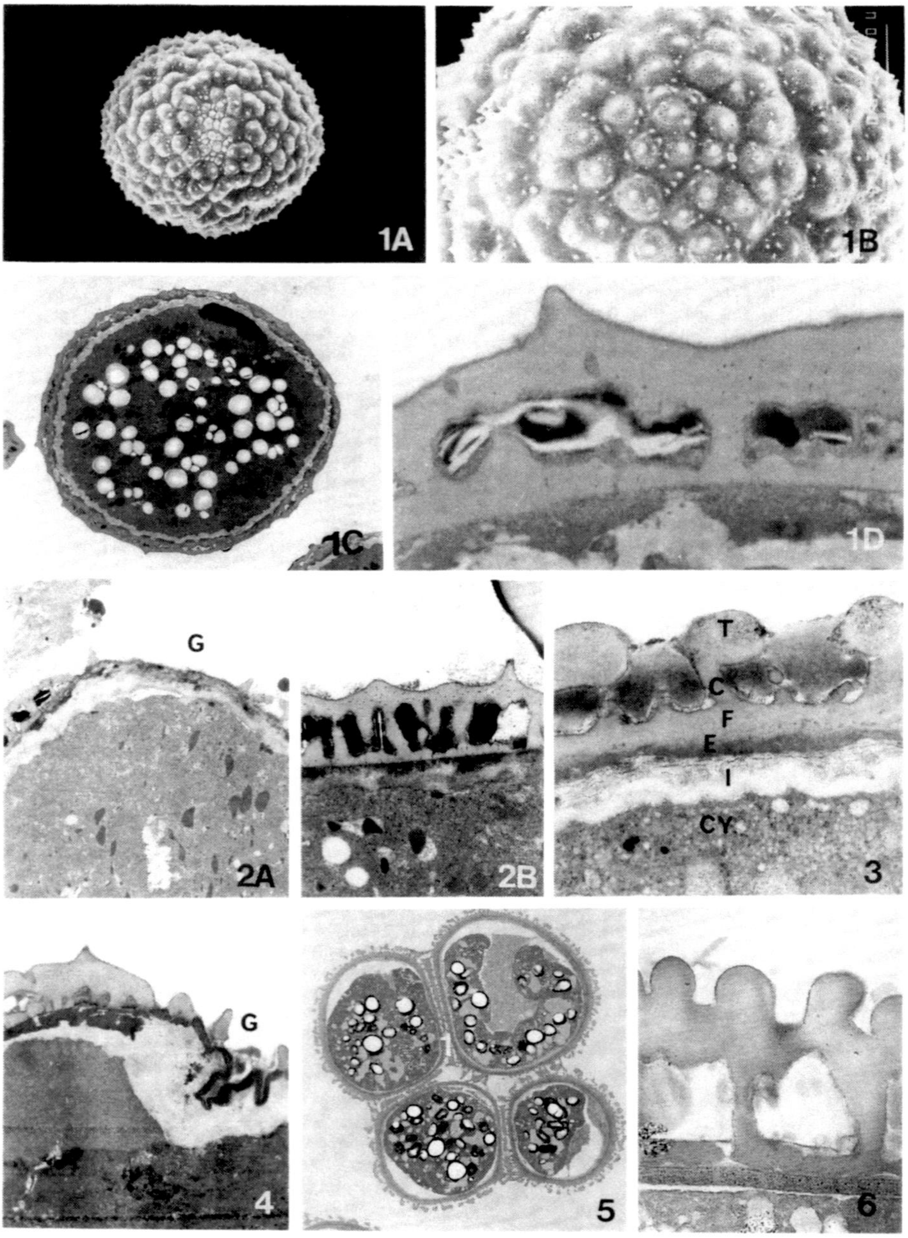
1A
1B
1C
1D
G
2A
2B
T
C
F
E
I
CY
3
G
4
5
6

テッポウユリ（$2n=24$）の花粉小胞子形成

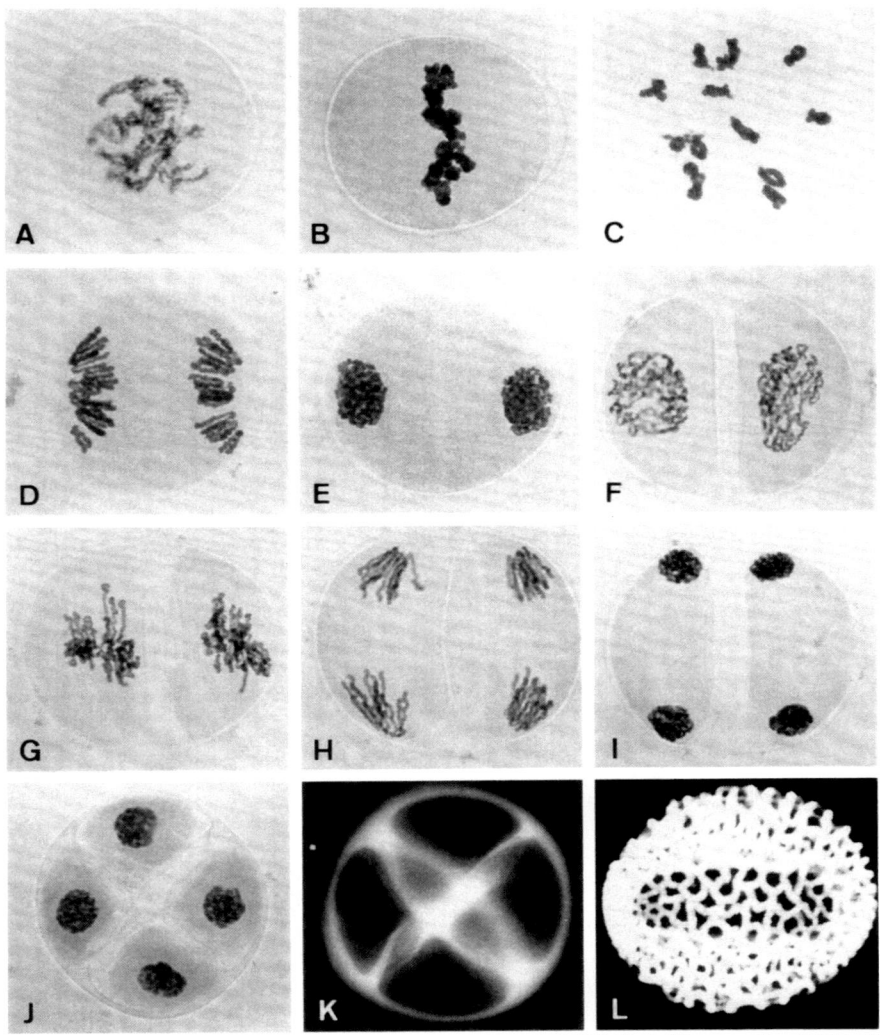

A〜I：花粉母細胞における減数分裂の各時期．A：第一分裂前期（複糸期），B：第一分裂中期（側面からみたもの），C：第一分裂中期（極側からみたもので12組の二価染色体が観察される），D：第一分裂後期，E：第一分裂終期（細胞板ができつつある），F：第二分裂前期，G：第二分裂中期，H：第二分裂後期，I：第二分裂終期，J：花粉四分子，K：花粉四分子の花粉母細胞壁と隔壁，L：花粉小胞子の外壁．
A〜J：プロピオン酸オルセイン染色，K：アニリンブルー染色，L：オーラミンO染色．

(田中一朗)

花粉の発生 （ヌマムラサキツユクサ）（上段）

A～C：小胞子中間期（2回の核移動が起こる），D～G：小胞子分裂期（D：前期，E：中期，F：後期，G：終期），H：二細胞期，I：花粉粒成熟期，J：花粉管伸長期，K：雄原細胞分裂期中期，L：三細胞期．
p：花粉管核，g：雄原細胞(核)，s：精細胞(核)．×630．

（寺坂　治）

花粉の細胞骨格 （下段）

A：雄原細胞の長軸に沿って配向する微小管（α-チューブリン間接蛍光抗体法，ヌマムラサキツユクサ）．×700．
B：花粉内の細胞顆粒上に分布するミオシン（ミオシン間接蛍光抗体法，ムラサキツユクサ）．×500．
C：花粉管内のアクチンフィラメント（ローダミン-ファロイジン染色法，アカマツ）．×700．

（寺坂　治）

19

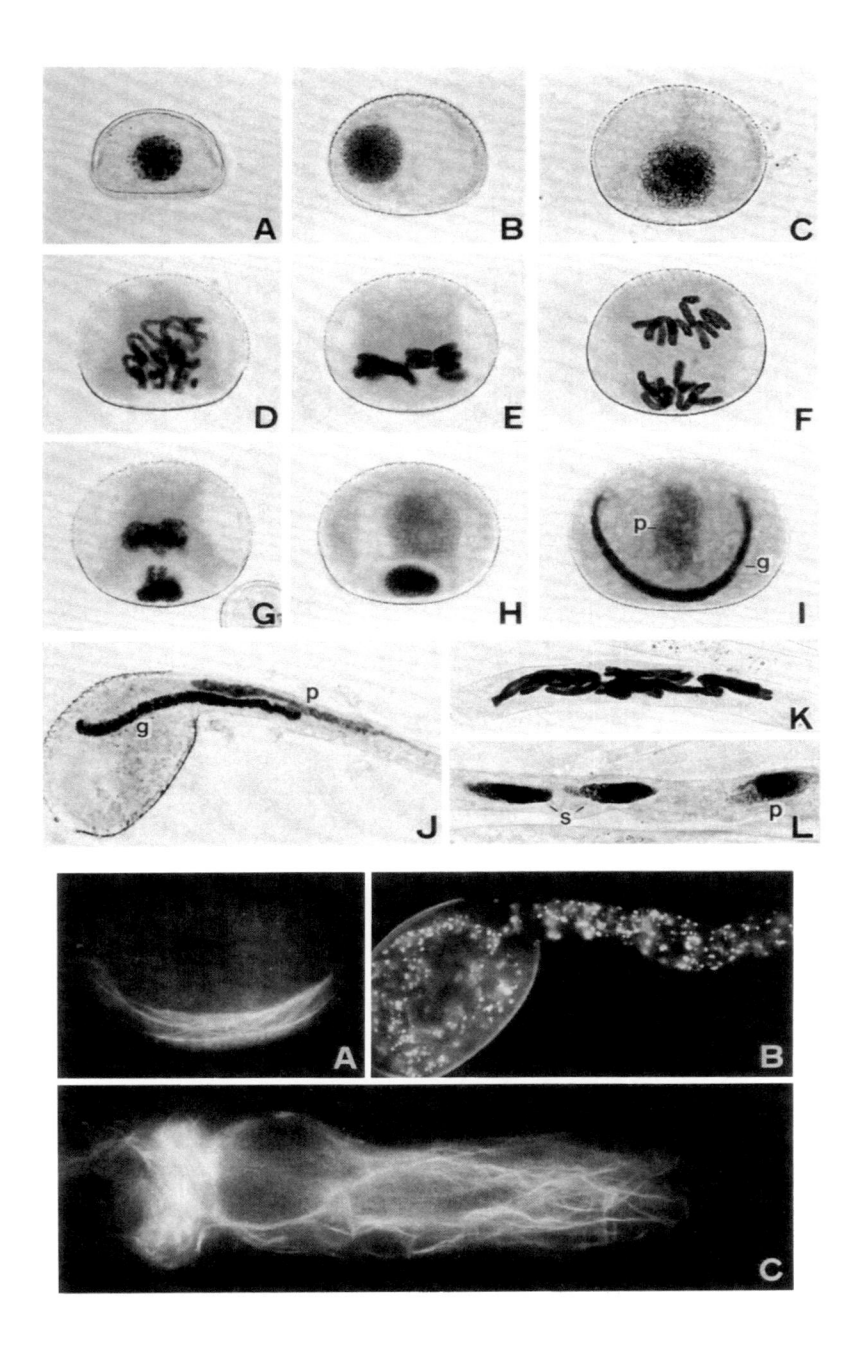

花粉管壁形成を示すオートラジオグラフィー

　トリチウムでラベルしたミオイノシトール($MI-2-^3H$)を含む培地で花粉を発芽させると，ミオイノシトールは細胞壁形成物質として用いられるので，発芽した花粉では，花粉粒内の new layer が主にラベルされる(図1)．また，$MI-2-^3H$ を発芽後に取り込ませると，花粉管壁だけがラベルされる(図2)．これらの結果は，すでに存在している new layer が伸長して花粉管壁がつくられるのではなく，花粉管の伸長に伴って花粉管壁が新たに形成されることを示している．(→放射性同位体)
A：アミロプラスト，E：エキシン(外壁)，I：インティン(内壁)，L：脂肪球，NL：new layer，PG：花粉粒，PT：花粉管，PTW：花粉管壁，VN：栄養核．

〔中村澄夫・三木壽子〕

21

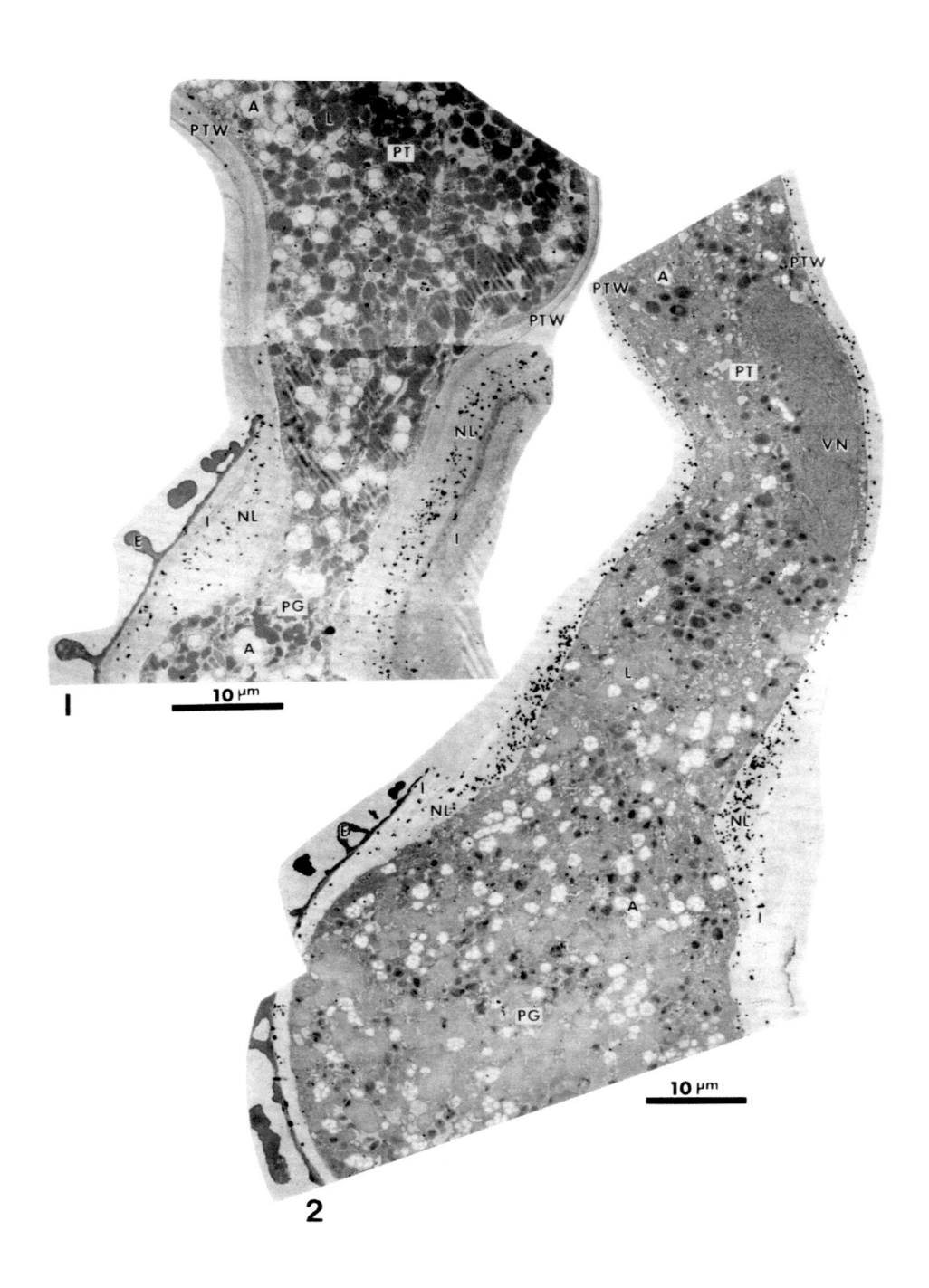

ライムギの柱頭反応 (上段)

　花粉の着いた柱頭の細胞およびその周辺の細胞では、酢酸カーミンをかけると、花粉の着いていない部分の細胞より核が早く、濃い赤に染まる。写真は受粉後2分で色素液を滴下、カバーグラスをかけたのち数分たったもの。花粉管はすでに出ているが、まだ柱頭に入っていない。
　　×420.　　　　（渡辺光太郎）

イチリュウコムギ柱頭上での花粉の液浸出（花粉反応）(下段)

　左：受粉後25秒。花粉表面から汗をかくように液を出している。
　右：受粉後45秒。液の浸出は終わり、花粉および柱頭の花粉付着部は液で覆われる。
　　いずれも×400.　　（渡辺光太郎）

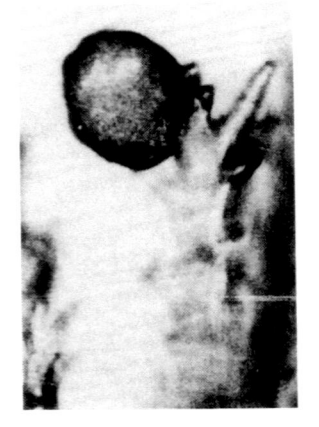

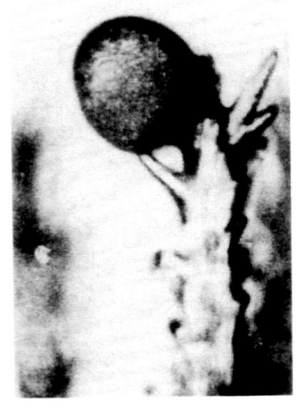

花粉退化

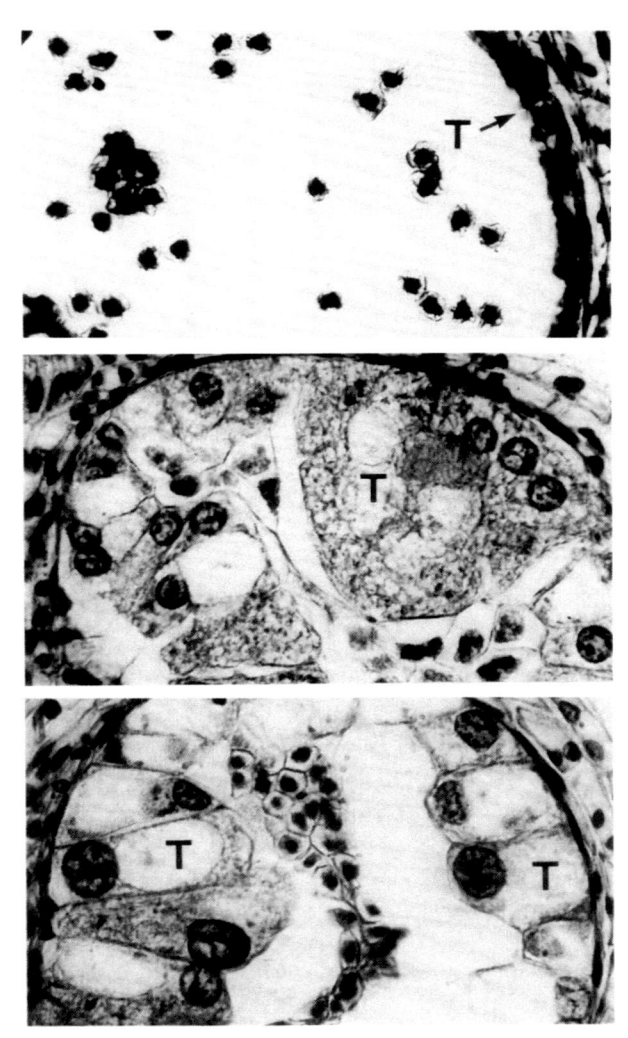

高温によるタペート細胞(T)の増殖(中段),異常肥大(下段)と花粉退化.上段は正常なタペート細胞(T)の消長と花粉の発育.同倍率で撮影.ピーマンの葯の横断面.

(藤下典之)

花粉稔性

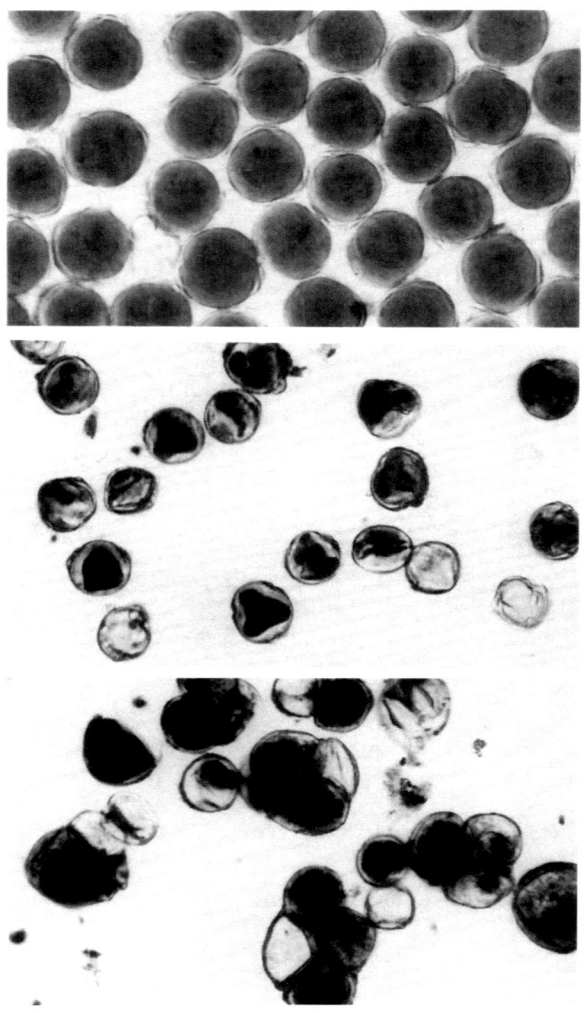

ナスの正常花粉(上段), 低温による部分染色・空虚(中段)や巨大・多集粒(下段)などの異常花粉. アセトカーミン染色. 観察総花粉数に対する形態的正常花粉数を％で示す.

(藤下典之)

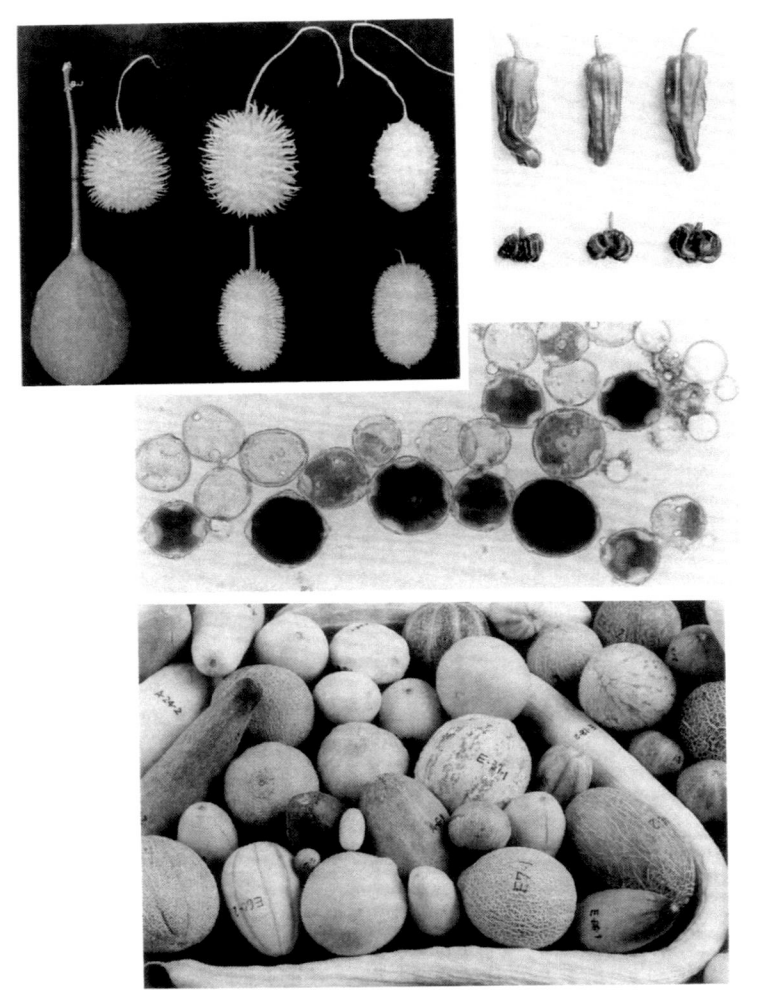

種間雑種（上段左・中段）・**種内分化**（下段）・**単為結果**（上段右）

上段左：*Cucumis* 属植物の種間雑種の果実(中央の2果)．左右の上下の4果はそれぞれの親の果実．
中段：*Cucumis figarei*(同質四倍体)×*C. ficifolius*(異質四倍体)の種間雑種の花粉．写真の中には正常花粉は皆無．
下段：種内分化の著しいメロン[*Cucumis melo*]．同一種(染色体数は $n=12$)で相互に自由に交雑する．
上段右：低温により単為結果した種子なしピーマン(下)と受精した正常果(上)．（藤下典之）

倍数体

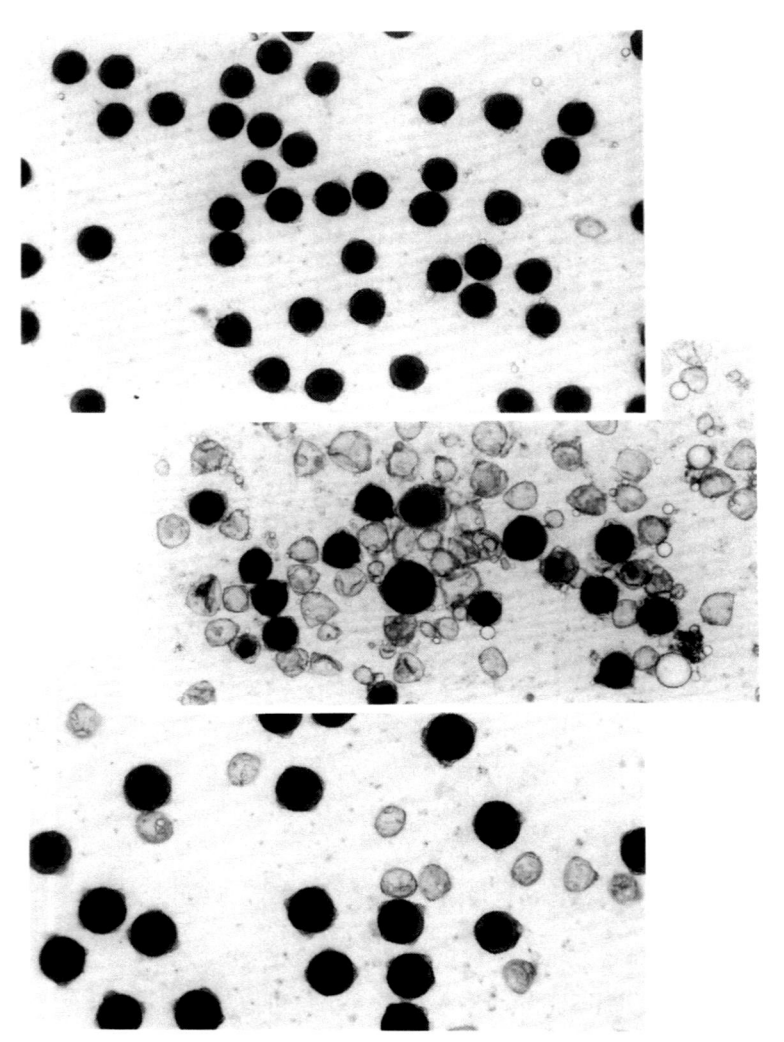

二倍体（上段：三発芽孔花粉），三倍体（中段），四倍体（下段）キュウリの花粉．アセトカーミン染色．同倍率で撮影．染色体が倍加すると花粉が大きくなり，四発芽孔花粉が増える．

（藤下典之）

雄性不稔性

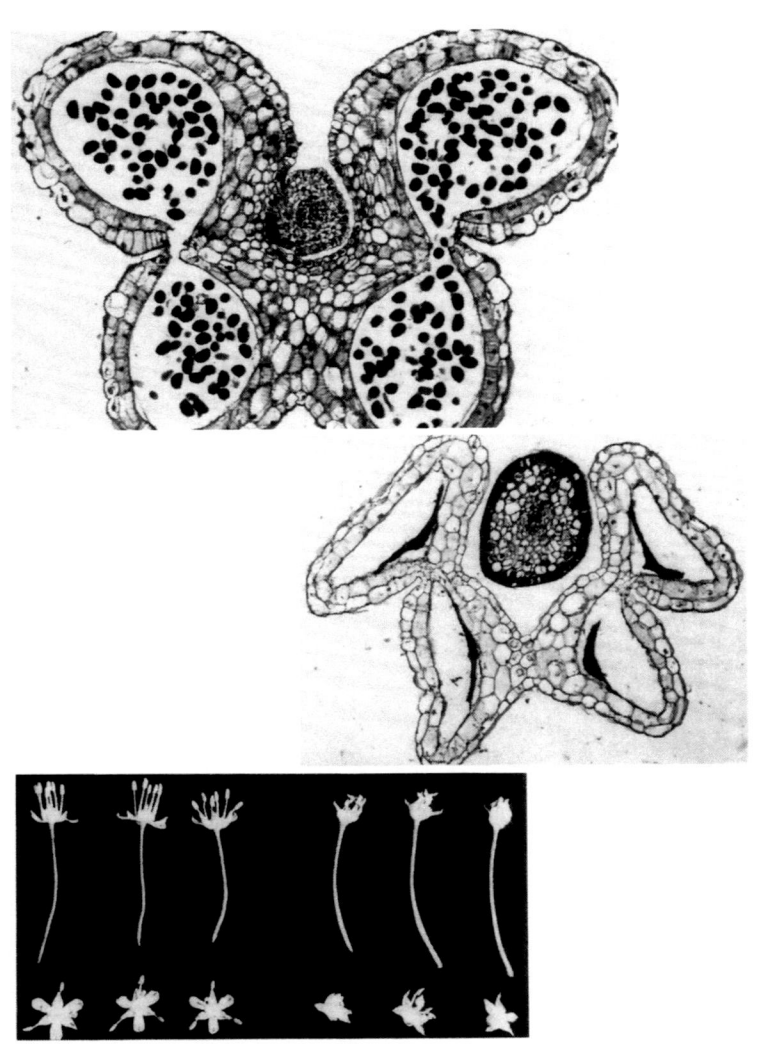

上・中段：稔性正常（上段）と雄性不稔（中段：葯胞内容が壊死）のネギの開花時の葯の横断面．
下段：雄性不稔株（右3花）と稔性正常株（左3花）のネギの花．葯の発育が悪い．

(藤下典之)

空中花粉捕集器の種類

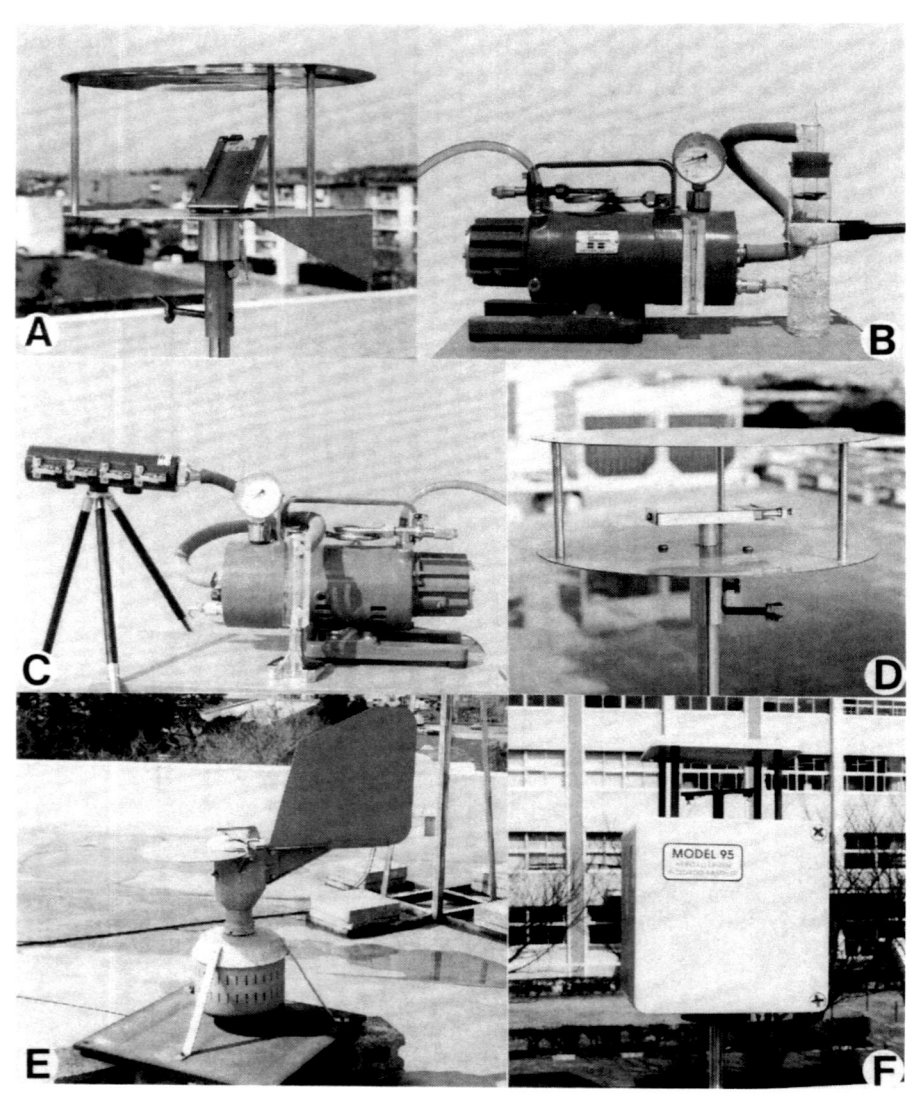

A：アイ・エス式ロータリー型花粉捕集器，B：インピンジャー(塵埃・花粉捕集器)，C：カスケード・インパクター(塵埃・花粉捕集器)，D：ダーラム型花粉捕集器，E：バーカード型捕集器，F：ロトロッド・サンプラー．

(佐橋紀男(A，D〜F)・佐渡昌子(B，C))

スギ花粉雲発生の瞬間

神奈川県南足柄市，足柄峠麓(1990年3月7日午前11時撮影)．

(佐橋紀男)

送粉者たち (p.31)

　花の送粉に関与する動物のうち，重要な地位を占めているのは昆虫と脊椎動物である．ここには容易に観察できる動物6種をあげた．
1. コアオハナムグリ(鞘翅目)．ホオノキの花粉を食っている．多くの花にとって鞘翅目の昆虫は補助的な送粉者でしかない．
2. シマハナアブ(双翅目)．ヤツデの花からの吸蜜．多くの双翅目昆虫は蜜が露出している花を訪れる．気温が低くても活動できるため，初冬や早春に開花する花にとっては，重要な送粉者である．
3. フタモンアシナガバチ(膜翅目)．ヤマゼリの花で吸蜜．膜翅目昆虫のなかで口吻の短いアシナガバチ類は，ヤマゼリやヤブガラシのように蜜が露出した花しか訪れない．
4. トラマルハナバチ(膜翅目)．ツリフネソウの花に向かって飛ぶ．膜翅目のなかのハナバチ類は，写真でもわかるようによく発達した口吻をもち(矢印)，花を操作する高い技能をもっており，各種の花の主要な送粉者として植物との共生系を形成している．
5. アゲハ(鱗翅目)．ノアザミからの吸蜜．鱗翅目の昆虫は長い口吻で吸蜜するため盗蜜者となることが多いが，アザミ類やツツジ類のように細く長い筒の中に蜜を分泌する花の送粉者としては欠くことができない．
6. ヒヨドリ(鳥類)．ソメイヨシノで吸蜜．脊椎動物の鳥類による送粉は各大陸で独自に発達している．

(田中　肇)

人工受粉および昆虫利用による作物生産 (p.32)

1. リンゴの花への人工受粉作業．受粉用花粉には染色した石松子(ヒカゲノカズラの胞子)を混ぜ，増量剤と花に付けたときに受粉済みであることを示すマーカーを兼ねる．
2. キウイフルーツへの人工受粉．ゴム球を握って吹きつける．花粉銃を用いたり溶液授粉とすることもある．
3. マメコバチによるリンゴの受粉．ここではアシ筒を利用して営巣させているが，人工の巣板も開発されている．アミは防鳥網．
4. セイヨウオオマルハナバチによる温室トマトの受粉．飛翔筋の振動を花に伝えて花粉を採取する行動が受粉に役立つ．
5. 受粉用シマハナアブ．室内で生産した蛹を宅急便で指定の日に届けるシステムで利用されてきた．
6. イチゴハウス内に置かれたミツバチの巣箱．
7. イチゴに訪花中のセイヨウミツバチ．
8. ミツバチを導入しなかった場合の奇形果(左)と，ミツバチの受粉による正常果のイチゴ．
9. ミツバチの巣箱に取り付けた花粉トラップ．孔を通り抜けるときに花粉だんごが取れて，下のトレイにたまる．
10. 花粉トラップで収穫された花粉だんご．食用に供されるほか，人工受粉用に利用することもできる．

(佐々木正己)

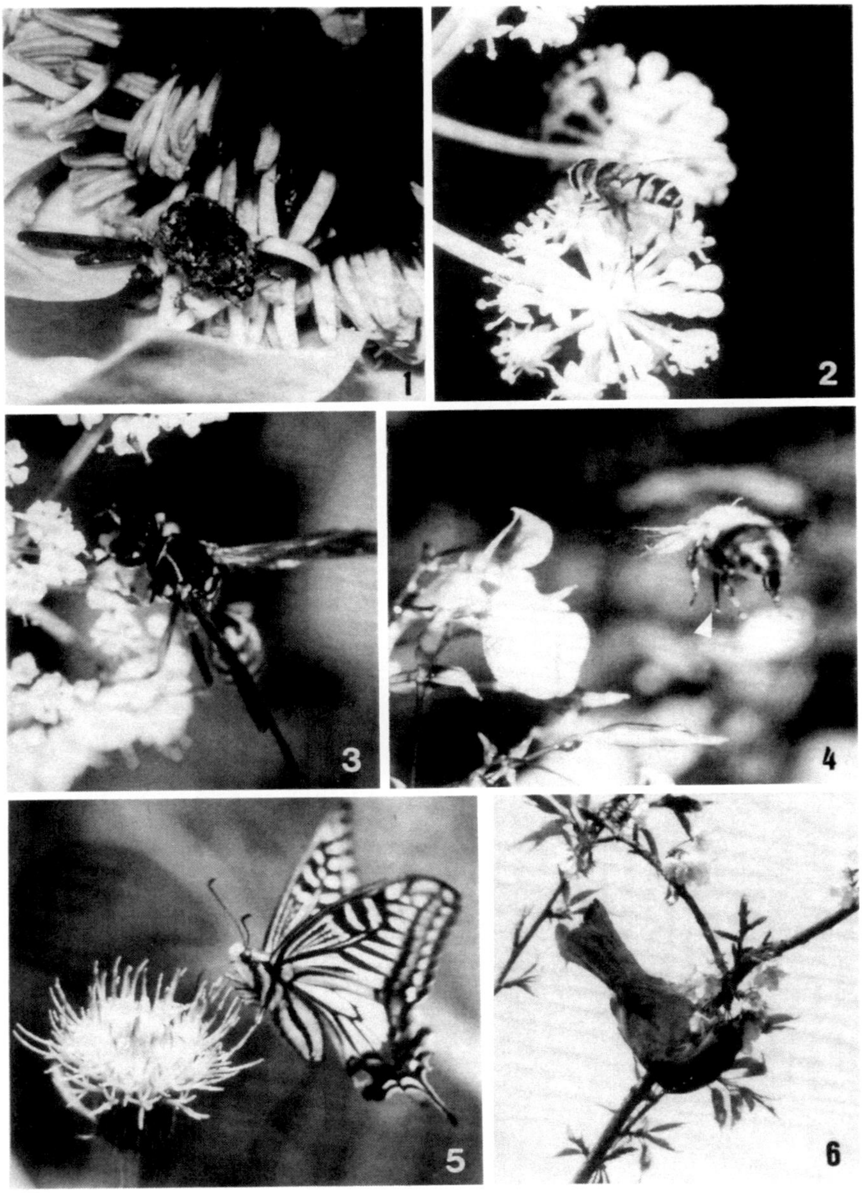
1
2
3
4
5
6

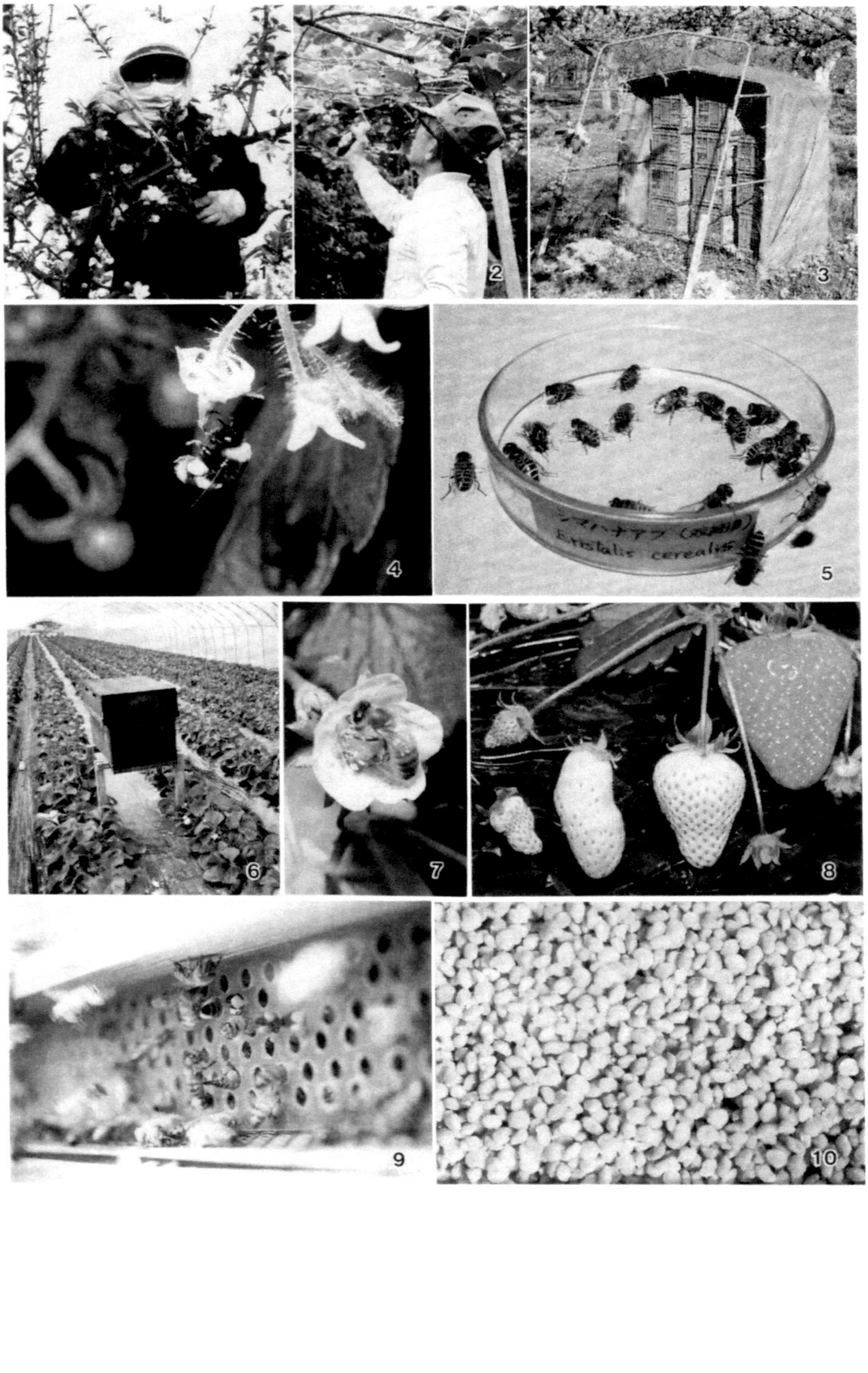
1
2
3
4
Eristalis cerealis
5
6
7
8
9
10

ア

アイ・エス(IS)式ロータリー型花粉捕集器
[IS-rotary pollen trap]

IS式ロータリー花粉捕集器ともいう．風受型捕集器(inertial sampler)の1種で，佐橋(1984)が重量型のダーラム型捕集器を改良したものである．口絵のごとく外見はダーラム型であるが，捕集器本体を風見を付け回転式とし，捕集面の標準スライドホルダーをスギ花粉大(30 μm 前後)の粒子が風速 8 m/s でほぼ理論的には100％捕集できるように 45°傾斜させ，スライドの交換を容易にするため，直径23 cm の2枚の円盤の間隔をダーラム型より広く 10 cm にした．実際の調査結果(東京都衛生局，1989)ではダーラム型の4倍強の捕集能力があり，両捕集器の換算は次の回帰式で可能である．$Y = 3.921 X_1 - 1.673 X_2 + 28.051 (r = 0.705)$，$Y$＝アイ・エス式ロータリー型による捕集数(個/cm²/日)，X_1＝ダーラム型による捕集数(個/cm²/日)，X_2＝日最大風速(m/s)． （佐橋紀男）

IgE [immunoglobulin E]

即時型(I型)アレルギーに関与する抗体で，レアギン(reagin)ともいわれ，石坂により発見された．沈降係数 8 S，分子量 190000 で胎盤は通過しないため，母体から胎児には伝わらない．胎生後期に産生が始まる．正常者の血液中の IgE は 400 IU/ml (1 IU＝2.4 ng) 以下と微量で半減期は2日である．多くは組織中の肥満細胞表面にある IgE に対する Fc レセプターに結合した状態で存在し，半減期は 8〜12 日である．他人の IgE を皮膚に注射するとその部位の肥満細胞と結合して，特定の抗原とアレルギー反応を生じさせうる．つまり受身感作が可能なので，IgE は同種皮膚感作抗体ともいわれる．IgE は鼻や腸管などの反応部位，リンパ組織で産生される．アレルギーを生じる抗原，アレルゲンが生体に入るとマクロファージ(macrophage)に貧食処理され，抗原情報とリンパ球活性化因子(IL-1)がリンパ球に伝達される．リンパ球のヘルパーT細胞が活性化し，B細胞を IgE 抗体を産生する形質細胞に分化させ産生させる．IgE 抗体量はサプレッサーT細胞にて調節される．抗体産生の抑制ができず，抗体が増えすぎた状態がアレルギーであり，この抗体産生抑制は遺伝子により規定される．IgE は微量なため特殊な方法で測定される．セルロース上に抗 IgE 抗体を結合しておき，血清の IgE と ^{125}I で標識した IgE を競合的に反応させ，反応した ^{125}I 標識 IgE の量を測定する．この方法は血清 IgE が多ければ ^{125}I 標識 IgE が少なくなる原理を使った radioimmunosorbent test(RIST)である．ラジオアイソトープの代わりに peroxidase 酵素で標識する enzyme immunoassay(EIA)がある．特定のアレルゲンに対する IgE は IgE 抗体(IgE antibody)または特異的 IgE(specific IgE)と呼ばれる．IgE 抗体の測定はセルロース上のアレルゲンに IgE 抗体を結合させた後，^{125}I 標識抗 IgE を反応させる radioallergosorbent test(RAST)がある．測定限界を改良するために，セルロースの代わりに液相や，改良した固相が使われている．

（小笠原寛）

IgE 抗体 [IgE antibody] →IgE，免疫グロブリン

IgE 抗体測定法 [method for measurement of IgE antibody]

IgE 抗体とは個々のアレルゲンに対応する IgE 抗体の総和としての IgE(total IgE)を指す場合と，アレルゲン特異的 IgE 抗体(allergen-specific IgE antibody)を指す場合がある．前者は RIST(radioimmunosorbent test)法で測定される．後者には表に示す検出

表　IgE抗体の検出法

A. *in vivo* 検査法
　I. 皮膚テスト
　　1. プリックテスト
　　2. スクラッチテスト
　　3. 皮内テスト
　II. 誘発試験
　　1. 眼結膜反応
　　2. 鼻粘膜反応
　　3. 吸入誘発試験
　III. Prausnitz-Küstner test (P-K反応)
B. *in vitro* 検査法
　I. 生物学的方法
　　1. passive cutaneous anaphylaxis (PCA反応)
　　2. ヒスタミン遊離試験
　　3. マスト細胞脱顆粒試験
　　4. Schultz-Dale反応
　II. 免疫化学的方法
　　1. radioallergosorbent test (RAST)
　　2. radioimmunoelectrophoresis (RIE)
　　　 radioimmunodiffusion (RID)
　　3. ロゼット形成反応
　　4. red cell-linked-antigen-anti-globulin reaction (RCLAAR)
　　5. 三重抗体法

法があり，そのいくつかは測定法としても利用されている．1967年にWideらにより開発されたRAST (radioallergosorbent test)法は，その後の改良で臨床検査にも適用され特異的IgE抗体の測定法として一般化した．その原理は，固相に結合して不溶化したアレルゲンを用いて，これと反応する血清中のIgE抗体を固相上に結合し，次にこのIgE抗体を^{125}I標識抗IgE抗体と反応させて固相に結合した放射活性からアレルゲン特異的IgE抗体量を測定するというものである．その後，^{125}Iの代わりに酵素で標識した抗IgE抗体を使用して，酵素反応からIgE抗体量を測定する，いわゆるELISA (enzyme-linked immunosorbent assay)が測定法の非アイソトープ化とともに蛍光や化学発光測定機器，酵素基質の開発により，一般化しつつある．他にアレルゲンとIgE抗体との抗原抗体反応を非固相系反応としたliquid-phase immunoassayも実用化されている．現在，多種のIgE測定用キットがスギ花粉をはじめ150種類以上の検査アレルゲンとともに市販され，特異的IgE抗体測定はI型アレルギーのアレルゲンの確認・診断と治療に欠かせない．（→抗原検査）　　　　　　　　　（井手　武）

IgG抗体［IgG antibody］→免疫グロブリン

アイソザイム［isozyme］

　1つの生物種内あるいは個体内に同一の機能をもつが生化学的特性の異なるいくつかの酵素が存在することが知られている．このような分子群をMarkertとMoller (1959)はアイソザイムと名づけた．アイソザイムは通常電気泳動により検出される．アイソザイムの生じる原因としては1) 遺伝子座内の異なる対立遺伝子により分子形態が異なる場合，2) 複数の遺伝子座により分子形態が違う場合，3) 修飾物質の違いによる場合などがあげられる．1)は比較的少数のアミノ酸の違いによるもので，2)は遺伝子座が異なる場合である．集団遺伝学において用いられる遺伝標識は，この1)と2)である．ある個体の酵素が，その酵素全体の荷電を変化させるようなアミノ酸の置換を起こしていれば，電気泳動においてこの酵素の移動度は変化する．同じ大きさ，同じ形の酵素の移動度は＋に帯電したアミノ酸（リジン・アルギニンなど）と－に帯電したアミノ酸（アスパラギン酸・グルタミン酸など）の割合により影響される．電気泳動は，このように酵素の移動度に影響を与える突然変異の検出に使用できる．可視形質と異なるアイソザイムの特徴としては，1) 基本的には共優性の簡単なメンデル遺伝をすること，2) 表現型が個体識別できること，3) アイソザイム遺伝子座は変異の有無にかかわらず認められることの3点があげられる．これらの特徴は可視形質が突然変異などにより初めて遺伝子として認識できることと大きく異なる．このアイソザイムを利用することによ

り，集団遺伝学に限らず遺伝学は大きく前進した．すなわち，集団の遺伝的変異量の推定は容易になり，集団の遺伝的多様性あるいは固定度など集団の遺伝組成を明らかにすることをはじめ，遺伝子流動の実態を明らかにしたり，遺伝子地図を作成するうえでも，きわめて有用な手法である．近年，DNAの制限酵素断片長多型（RFLP）分子マーカーの利用が盛んであるが，実験の簡便さ・共優性などアイソザイム分析の有用性は高い．また，大きな花粉に限られているが，花粉1粒からのアイソザイム分析も行われており，配偶体での遺伝解析も可能である．分子マーカーとアイソザイムの特徴を踏まえて利用することが望ましい． (大澤 良)

アカザ科 [Chenopodiaceae]

世界各地に分布し，約100属1400種が知られ，日本には6属10種あまりが自生する．植生は限られており，塩生植物と乾生植物に2大別される．一年草ないし多年草，時に低木から亜高木になる．葉は単葉が多く，時に棒状多肉となる．花は単性または両性，単花被，小形で緑色．有用な植物としてホウレンソウ[*Spinacia oleracea*]，サトウダイコン[*Beta vulgaris* var. *saccharifera*]が有名．主な属にアカザ属・ホウキギ属・アッケシソウ属がある．花粉はErdtman(1966)によると多散孔粒，大きさは14〜40μm．幾瀬(1956)の分類では4C^{a-b}型になる．日本では夏から初秋にかけて花粉が飛散し，とくに9月にアカザ属花粉のピークがみられる． (佐橋紀男)

アカシア花粉症 [acacia pollinosis；wattle pollinosis]

アカシア[*Acacia* spp.；wattle]はマメ科アカシア属の虫媒花で，静岡ではギンヨウアカシア[*Acacia baileyana*]とモリシマアカシア[*Acacia mollissima*]が優先種である．ギンヨウアカシアは2〜3月に開花する．花粉は円盤状八集粒細網状紋，幾瀬分類の8A^aで，大きさは23×45μmである(幾瀬，1956)．長野らの全国調査によると，1978年版では福岡市で検出されたと記載されているのみで，92年版では記載がない．83年報告の宇佐神の静岡市での調査では2月上旬から3月中旬に空中飛散が認められた．臨床例の最初の報告は1979年に宇佐神が行った．症例は30歳男性の肥料販売員で，23歳の早春に発病した鼻アレルギー・結膜アレルギー例である．鼻閉・咽頭痛を主訴とし，くしゃみ・鼻水・眼のかゆみ・嗅覚減退を伴って年とともに症状が強くなるため，減感作療法を希望して79年2月に初診した．発作期は2〜4月であった．皮内テスト・鼻誘発テストでスギ・ギンヨウアカシア花粉が陽性を示し，特異的IgE抗体はP-K反応でギンヨウアカシア花粉が，RASTでスギ花粉が陽性であった．皮内・鼻誘発テスト陽性のハンノキ花粉と合わせてこれら3花粉抗原に重複感作された症例と診断した．鼻アレルギーの214例に皮内テストを行い，ギンヨウアカシアの陽性率は8.3％であった．同じ時期に飛散するスギ花粉・ハンノキ花粉との皮内反応の相関係数は0.10未満で，共通抗原性はないと考えた．アカシア花粉症は，スギ・ハンノキ花粉症と発作期が重複し，市販の抗原エキスもないため，診断が困難であるが，いずれにしても症例は少ないと考える．他施設からの関連の報告はない． (宇佐神篤)

アカマツ [*Pinus densiflora*；Japanese red pine] →マツ科

アカマツ花粉症 [Japanese red pine pollinosis]

アカマツは裸子植物マツ科マツ属の常緑針葉樹で，花は雌雄同株である．暖帯・温帯に分布し，日本においては，本州(青森県以南)，四国，九州(屋久島まで)に分布する．本州ではもっとも多い樹木で，主として丘陵地帯にみられる．花期は南は3月下旬から，北は6月まで．花粉型は幾瀬の分類(1956)によると有囊型(小囊型)1-aperturate 3C^aに属し，2翼のヴィスキュレート，遠心極面の発芽溝を覆う膜は薄く平滑，翼と本体の付き具合は明瞭で，翼表面は密な網目模様，大きさ43-47×47-52μm．各地の空中花粉調査での検出量は一般に非常に多い．

初例報告は1976年に藤崎によってなされ

た．以下にその概要を紹介する．症例は32歳男性．20年前より現住所の新潟市に居住し，4年前より毎年4月から5，6月と，8月から10月にかけて鼻アレルギー様症状，眼瘙痒感および咽頭痛があった．家族歴上特記事項を認めない．検査成績は鼻汁好酸球(+)-(+++)，皮内および稀釈試験はブタクサ 10^{-5} (+)，ヨモギ 10^{-6} (+)，アカマツ 10^{-5} (+)．P-K反応は，アカマツ・ヨモギ・ヒメスイバ(+)，鼻粘膜誘発試験ではアカマツ・ヨモギ(+)，眼誘発試験はヨモギ(+)，環境調査では住居周辺には，アカマツ・クロマツおよびヨモギなどの雑草が多かったと報告された．マツ科マツ属花粉は花粉数が多いが，抗原性は低いとされ，花粉症の報告はまれである．しかし宇佐神(1983)らは，晩春型鼻アレルギー患者に自家製および鳥居薬品製エキスの皮内反応を行って，それぞれ67％，30％の陽性率を認め，マツ属花粉に感作された症例はそれほどまれではないと述べた．感作がただちに発病につながるものではないが，抗原性が低いとされるマツ属花粉でも，花粉症を起こす可能性があると考えられる．（中原　聰）

アガモスパーミー [agamospermy] →無性的種子形成

亜寒帯針葉樹林 [subboreal coniferous forest]
亜寒帯に特徴的に認められる針葉樹(トウヒ・シラビソ・エゾマツ・トドマツなど)から構成される森林．亜寒帯は月平均気温10～20℃の月が1～4カ月で，他の月はそれより低温の地帯である．短い夏があるので，生育期間の短い植物が育ち森林を形成する．この森林は湿潤気候下では常緑針葉樹から成るので，常緑針葉樹林と同義である．一部に落葉針葉樹林として認められるのは，先駆種の1つとしてカラマツが火山の礫地や草原などの乾いた土地に侵入してカラマツ林を形成したものである．しかし，やがてコメツガ・シラビソ・オオシラビソなどの優占する常緑針葉樹林へと交替する．(→常緑針葉樹林)
（岩内明子）

亜間氷期 [interglacial time] →氷河期

アキノキリンソウ [*Solidago virgaurea* subsp. *asiatica*] →キク科

アクチン [actin]
373～375個のアミノ酸から成る分子量約42000の蛋白質．Straub(1942)によって発見された．進化上，変化の起こりにくい蛋白質の1つであるが，哺乳類では6種類のアイソマーが知られている．単量体として存在するときは直径5.5 nmの球状であり，G-アクチンと呼ばれる．G-アクチン1分子に対してカルシウムとATPが1分子ずつ結合している．G-アクチンどうしは重合し，7 nmの太さで72 nmのピッチの二重螺旋構造をもつフィラメント状のアクチン(F-アクチンまたはアクチンフィラメント)を形成する．このときATPは脱リン酸化される．螺旋構造には半ピッチ当り13個のG-アクチンが含まれる．F-アクチンには極性があり，重いメロミオシン(→ミオシン)を付加するとF-アクチンに対して矢じり状に結合する．矢じりの方向を矢じり端(pointed end；P端，マイナス端ともいう)，反対側を反矢じり端(barbed end；B端，プラス端ともいう)と呼び，重合速度は反矢じり端のほうが速い．アクチンには種々の調節蛋白質が結合して多様な状態をつくり出す．プロフィリンはG-アクチンに結合してその重合を抑制し，フィラミンやα-アクチニンはF-アクチン間に架橋をつくり三次元のネットワークを形成させる．ゲルゾリンはF-アクチンを切断する．また，G-アクチンの重合は，真菌類から単離されたサイトカラシンによって阻害される．アクチンはミオシンと反応し，アクトミオシンとして筋肉の収縮に関与する．筋肉細胞以外にも細胞骨格の1つとして真核細胞内に広く分布し，全蛋白質の5～10％を占める．ヌマムラサキツユクサの花粉粒では，アクチンm-RNAの合成が四分子期に始まり，二細胞期でピークに達し，成熟期には減少する．被子および裸子植物の花粉管には，その長軸に沿ってF-アクチンが発達し，原形質流動や花粉管伸長に関与している．また，シダ類の原糸体や車軸藻類の節間細胞における原形質流動，植物細胞分裂に

おける隔膜形成体，動物細胞の細胞質分裂における収縮環，そのほか，各種の細胞運動機構に関与している．F-アクチンの観察は重いメロミオシンの矢じりを付けたのち，電子顕微鏡で行われるほか，ローダミン-ファロイジン法や抗アクチン蛍光抗体法を用いて蛍光顕微鏡によって行われている．　　（寺坂　治）

図　アクチン

アクリターク [acritarch]

分類学上の所属が不明であるが有機質の殻や膜を備えている微化石の総称である．このグループには藻類の休眠胞子や胞子嚢さらに下等な動物の耐久卵—たとえばカイアシ類—などが含まれていると推定されている．大きさは5〜1000 μm に及ぶが，20〜100 μm 前後のものが多い．外形は球形から多角形を示し，表面には棒状・針状・ひも状・膜状など多様な形態の突起物をもっていることがある．しばしば発芽時に原形質が放出されたと思われる小孔や割れ目がみられる．これまで主に先カンブリア代後半から古生代にかけての堆積物から数多くの種類が記載・分類されている．第四紀の堆積物からも海成・陸水成を問わず，所属が明らかにされていない多数の有機質微化石が記録されている．今後とくに藻類やその他の原生生物の生活環が解明されるにつれて正体不明の微化石の起源が明確になると期待される．そしてパリノモルフ分析で検出されるこのような有機質微化石の起源を明らかにすることから，古環境解析への情報量を増やすことが可能になるであろう．（→パリノモルフ）　　　　　　　　　（松岡數充）

アジュバント [adjuvant]

抗原と混合されて生体に入ったときに，その抗原に対する抗体産生能を高める物質をいう．アジュバントの種類は多く，シリカやミョウバン・鉱物油・細菌・ビタミンなどがある．ディーゼル排ガス微粒子が花粉症での抗体産生惹起に関与し，ハンノキ花粉にもアジュバント活性がある．これら物質がマクロファージを介してヘルパーTリンパ球だけでなく，Bリンパ球をも刺激する．フロイントの完全アジュバントはパラフィンオイル・ラノリン・結核菌死菌からなり，IgG抗体の上昇や遅延型反応・自己免疫疾患をもたらす．一方，アルミニウムハイドロキサイドや百日咳ワクチンはIgGでなく，IgE抗体産生を惹起する．　　　　　　　　　　　　　（小笠原寛）

アセトリシス法 [acetolysis method] →
付録1.3　花粉分析法

暖かさの指数 [warmth index]

吉良(1948, 1949)により提案された指数．植物の生育活動の最低気温が+5℃であることに基づいて，1月から12月の各月の平均気温のうち，+5℃以上の月の平均気温から5℃を差しひいた数値の合計を表す．月・℃(md, month degree)，85°，180°などと表示する．暖かさの指数は森林帯の分布と良い対応を示すことが知られており，照葉樹林帯と落葉広葉樹林帯との境はおよそ85°，落葉広葉樹林帯と常緑針葉樹林帯との境は45°（北海道では55°）である．(→寒さの指数，温量指数)　　　　　　　　　　　（岩内明子）

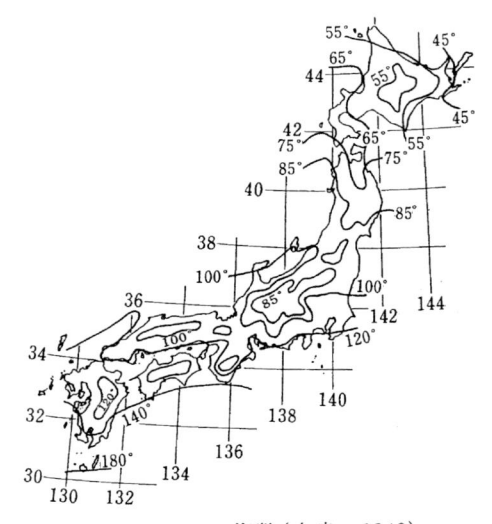

図　暖かさの指数(吉良，1949)

亜等極性 [subisopolar (adj.)]

向心面と遠心面がわずかに異なっている花粉・胞子に用いる表現(Walker ＆ Doyle,

1975).1面が凸状なら,他の面はあまり凸状とならないか,平状か凹状となる.例:ヤマモガシ属. （三好教夫）

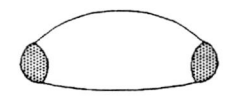

図 亜等極性(Punt et al., 1994)

アトピー [atopy]

1923年にアメリカのCocaが提唱した即時型過敏症の分類に関する概念.彼は,それまでアレルギーという概念で説明されていた過敏性現象の中で,花粉症(当時は枯草熱(hay fever)と呼ばれていた),気管支喘息,ある種の湿疹・じんま疹などの一群の疾患は,たしかに特定の抗原とそれに対する抗体との反応で発症するにしても,遺伝的体質によって獲得された過敏症であることを重視した.しかし,当時はまだこれらの疾患の患者の血清と原因と思われる抗原を試験管内で反応させても,通常の沈降反応のように目にみえる反応は認められず,関与する抗体がみつからなかった.そこで彼は,これらのアレルギー性疾患をアトピー性疾患と名づけた.アトピーとはギリシア語の $ατοπια$ に由来し,英語では strange disease「奇妙な疾患」という意味に相当する.したがってアトピー性疾患とは,抗体が関与していると思われるもののそれがみつからず,しかも遺伝的体質が強く関与した奇妙な疾患という意味になる.ところが,原因抗原と反応する抗体であるIgEが発見された現在では,アトピー性アレルギーはIgE依存型アレルギーのことになる.

（斎藤洋三）

アトピー性アレルギー [atopic allergy]

Cocaにより提唱されたアトピー(atopy)の概念を,現在のCoombsとGellのアレルギー反応の分類に導入すれば,アトピー性アレルギーはI型アレルギーに該当する.I型アレルギーは,肥満細胞(マスト細胞;mast cell)の表面に固着したIgE抗体が抗原(アレルゲン)と結合することにより肥満細胞から遊離されるケミカルメディエーターによって引き起こされる生体反応と定義される.抗体としてのIgEが関与するためI型アレルギーはIgE依存型アレルギーともいわれる.アトピー性アレルギーが主な機序と考えられる疾患には,花粉症・アレルギー性鼻炎・アレルギー性気管支喘息・アナフィラキシー・食物アレルギー・じんま疹の一部などがある.アトピー性という名称がついているもののIV型(細胞免疫型)アレルギーも関与しているといわれるアトピー性皮膚炎もある.アトピー性アレルギー疾患の臨床的特徴をまとめると次のようになる.1)遺伝性が濃厚で,家族内にアレルギー性疾患患者がいる.2)小児期に発症し,同時にいくつかのアレルギー性疾患を合併していることが多い(これがアトピー児(atopic child)といわれるところである).3)血清IgE値が高い.4)アレルゲン皮膚反応が陽性に出る.5)血清特異IgE抗体が検出される.6)組織中・血液中・分泌物中の好酸球増多がある. （斎藤洋三）

アトピー性皮膚炎 [atopic dermatitis]

本疾患は遺伝性の慢性湿疹性疾患で,発病は乳児期に多く,季節的増悪と軽快ないし寛解を示しながら経過する.多くは12,3歳までに治癒するが,一部は成人期に及ぶ.しばしば喘息・鼻アレルギーといった気道のI型アレルギー疾患と尋常性魚鱗癬が合併し,前者が合併する場合は血清IgEが高値を示し,後者が合併すると皮膚の乾燥が著明になるという.その皮疹は乳児期,幼・小児期,成人期で異なった特徴を示すが,一般に激しいかゆみがある.肘窩・膝膕の苔癬化病変はこの疾患の特徴的症状として知られる.病因については,アトピー性皮膚炎特有の刺激されやすい生来の皮膚によるという説,あるいはその病理所見からCoombsとGellの分類によるIV型アレルギー説,I型で始まり掻き傷により湿疹化するというI型説,さらにI型＋IV型説などもある.鼻アレルギーや喘息とともに近年の増加が著しいといわれることもあるが,確認されてはいない.軽症例も受診するようになったための見かけ上の増加かもしれない.小学・中学・高校生における悉皆調査では高学年になるにつれて著明に有病率が減少すること,女子に多いことが報告されて

いる（宇佐神，1994）．病名をつけたアメリカンの皮膚科医 Sulzberger(1932) はこの疾患が現在でいうⅠ型アレルギーと同一のアトピー素因に由来する疾患と考えた．しかし，最近気管支喘息や鼻アレルギーなどの気道のⅠ型アレルギーとアトピー性皮膚炎では異なった遺伝子によってその形質が遺伝されていることを示す報告がなされている．(Cookson, 1989；Coleman, 1993)．治療は，症状，検査結果に基づく生活指導，軟膏などの塗布療法や紫外線照射療法，広義の抗アレルギー薬の内服などを適宜組み合わせて行われている．

（宇佐神篤）

アトランティック期 [Atlantic time]

BlittとSernanderとが北欧の後氷期堆積物の花粉層序編年で設定した，約7000〜4500年前の温暖・湿潤な時期で，現在よりも1.5〜2℃高温．日本の縄文前期に対比され，有楽町海進（フランドル海進）の最極頂期である縄文海進期に相当する．中部日本の当時の植生は海岸平野ではタブ群集で，隣接する丘陵・低山にはシイ・カシ・サカキ等の常緑広葉樹を主とし落葉広葉樹の混生するような樹林が繁茂していた．当時の海水準は約5m上昇し，現在の約10m等高線位のところに当時の汀線があった，と推定されている．(→完新世，後氷期の花粉帯，ヒプシサーマル期，ブリット-セルナンデル編年)　（藤　則雄）

アトリウム [atrium, atria (pl.)]

花粉で，外孔よりも大きな内孔をもつ複合孔からなる発芽口の空間．だから孔の通路は花粉の内部に向かって広くなる(Thomson & Pflug, 1953)．例：ヤマモモ属．(→前腔，付録図版)　（三好教夫）

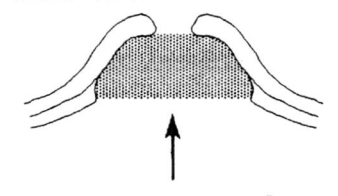

図　アトリウム (Punt et al., 1994)

アナフィラキシー [anaphylaxis]

過去にアレルゲンに感作されIgE抗体が産生されていて，再びそのアレルゲンが経気道や経口・注射などで体に入って起こす急性の全身性のアレルギー反応のこと．アレルゲンがIgE抗体と反応して肥満細胞や好塩基球から急速に大量の化学物質が遊離されて生じる．化学物質としてヒスタミンやトリプターゼ・ヘパリン・ロイコトリエン・PAFなどがある．アレルゲンは蛋白質やハプテン・糖蛋白・多糖質からなり，ペニシリンやハチは反応を起こしやすいが大量の花粉暴露でも起こすことがある．症状として皮膚の紅斑や浮腫・鼻症状・呼吸困難・血圧低下・嘔吐・痙攣などの全身症状を伴い，致死的なこともある．IgE抗体が関与せずに，肥満細胞や好塩基球から直接に化学物質を遊離させる医薬品として，非ステロイド性消炎鎮痛剤や造影剤・クラーレ・オピアトなどがある．また運動誘発アナフィラキシーといいセロリや甲殻類などを食べた後，運動をすると生じることがある．

（小笠原寛）

亜熱帯林 [subtropical forest]

亜熱帯に特徴的に認められる植物（アコウやガジュマルなど）によって構成される森林．亜熱帯は年平均気温18℃以上，月平均気温の最低が16℃以上で年較差が小さいところである．日本では南西諸島と小笠原諸島が亜熱帯に当たる．亜熱帯と暖温帯との境は暖かさの指数で180°であり，熱帯との境は240°である．亜熱帯〜熱帯要素の植物としては，アコウ・ガジュマルのほか，オオバイヌビワ・テリハボク・ヤエヤマヤシ・ニッパヤシ，ヒルギ科の植物やアダン・モンパノキ・クロヨナなどである．また，森林の大部分で優占種となるのは，九州の照葉樹林と共通のものが多く，ブナ科やクスノキ科植物が多い．たとえば，スダジイ（ところによりオキナワウラジロガシ）・タブ・イスノキ・ヒメユズリハ・コバンモチ・モッコク・カクレミノ・モクタチバナなどである（中西ら，1983）．南西諸島（薩南諸島と琉球諸島）は九州から台湾までの東シナ海と太平洋の間に，南北約800km，190以上の大小の島々が弧状に点在する．典型的な東南アジア季節風帯に属していて夏は南東季節風が卓越し，冬は北東季節風が卓越する．南西諸島の雨量は2000〜3000mmと年間を

通じて多く，亜熱帯降雨林が分布する．屋久島と奄美大島の間に暖温帯と亜熱帯の境界があるが，森林の構成樹種からみると，南西諸島南部の森林は暖温帯の要素の強い亜熱帯といえ，北部の奄美群島の森林はむしろ亜熱帯林的な要素の強い暖温帯林とみなせる．小笠原諸島は本州伊豆半島の南方1000 kmの太平洋上にあって，南北400 km以上，東西1000 km以上で，主な島々は南北に延びて点在する．小笠原諸島は典型的な海洋性気候で年間の温度差も南西諸島に比べて少ない．母島の山地(石門山)を除くと高い山がないので，夏はやや乾燥しがちである．固有種の多い森林が分布しており，構成樹種の多くはインド-マレー系植物群に，一部はポリネシア系植物群に属する．なお，少数ではあるが，ミクロネシア系植物群や日本本土系植物群に属するものもある(沼田・岩瀬，1975)．南西諸島の亜熱帯林とは異なり，ブナ科やクスノキ科の植物は少ない．父島や母島の山地の自然林はヒメツバキ型とシマイスノキ型がある．ヒメツバキ型林は風当たりが弱く，土地の条件のよいところに成立する高木林であり，ヒメツバキの優占度が高く，オガサワラビロウ・シマシャリンバイ・コブガシ・ナガバシロダモ・モクタチバナなどを混じえる．葉は比較的大きい．シマイスノキ型林は風当たりが強くやや乾燥した斜面に発達する低木林であるが，目だった優占種はみられず，シマイスノキ・コバノアカテツ・シマシャリンバイ・シマモクセイ・ヒメツバキなどが7割を占める(沼田・岩瀬，1975)．　　　　（岩内明子）

亜氷河期[subglacial time]　→氷河期

アブラナ属花粉症[*brassica* pollinosis]

アブラナ属[*Brassica* spp.]には，ナノハナあるいはナタネとも呼ばれるアブラナ[*B. rapa* var. *nippooleifera*]，セイヨウアブラナ[*B. napus*]のほかに，日常生活で馴染み深い野菜であるカブ・ハクサイ・ミズナ・カラシナ・タカナ・キャベツ・カリフラワーなどが含まれる．アブラナ属は，植物分類学上，被子植物亜門，双子葉植物綱，離弁花亜綱，ケシ目，フウチョウソウ亜目，アブラナ科に属する．アブラナ属花粉は，幾瀬の分類(1956)によれば赤道上三溝型，大きさは$20-25 \times 25-28\,\mu m$である．虫媒花粉であるため空中花粉調査でみつかることはほとんどないが，これらを研究や育種の材料に使用する場合にはハウス内で育成されるため，開花期にはハウス内に高濃度の花粉が飛散する．アブラナ属花粉症は，実験材料としてアブラナ属を使用する研究者3名にみられたもので，1992年に芦田らによって報告された．アブラナ属花粉症と診断された根拠は，皮内反応ならびにその閾値検査，血清中IgE抗体検査，IgE-ELISA稀釈試験および吸入試験による．　　　（芦田恒雄）

アフリカキンセンカ花粉症[cape marigold pollinosis]

アフリカキンセンカ[*Dimorphotheca sinuata*; cape marigold]は通常日本では，オーランチアカ種を指し，シヌアータ種とプルビアリス種の雑種である．臨床例の最初の報告は1987年に坂口が行った．症例は35歳男性で，アフリカキンセンカのハウス栽培を始めた翌年29歳で発病した，職業性の鼻アレルギー・結膜アレルギー例である．開花期の2月から5月にハウス内でくしゃみ発作・水性鼻漏・鼻閉・眼の搔痒感などが出現する．とくに2年前から症状が激しくなったため，87年5月に受診した．アフリカキンセンカ花粉エキスによる皮内・鼻誘発テスト，血清中特異的IgE抗体(RAST)が陽性であった．その後の関連の報告はない．　　　（宇佐神篤）

亜偏球形[suboblate (adj.)]

極/赤道比が6:8から7:8($0.75 \sim 0.88$)までの値をとる，放射相称で等極性の花粉粒の形のこと．極軸を縦方向にとった赤道観では，横方向にやや長い偏平形をしている．(→付録図版)　　　　　　　　（高橋英樹）

アポミクシス[apomixis]　→無性的種子形成

アミシー[Amici, Giovanni Battista, 1786-1863]

イタリアの数学者・天文学者であったが，植物の生殖についても興味をもって研究した植物生殖生理学者でもある．彼は1824年に，

スベリヒユの柱頭上の花粉が花粉管を伸ばし花粉の内容物を花粉管の先端に送りながら子房に到達する様子を初めて明らかにした．その後も，ペポカボチャ他いろいろの植物について同様の現象を確かめ，花粉管が柱頭から子房に達する過程について鮮明な記録を残している．しかし，当時は精原説が動物の世界でも支配的であり，花粉を壊して内容物を顕微鏡下でみると顆粒がブラウン現象で動いているさまが精子の遊泳と解釈されていたため，受粉花粉から跳び出した精子が雌蕊の中を泳いで子房に達して種子になると考えられていた．したがって，アミシーの発見は後になるまで一般には受け入れられなかった．また，アミシー自身にしても，種子形成が雌雄配偶子の合一によるということまでは気づいていなかった． （生井兵治）

アミノ酸　[amino acids]

アミノ酸はカルボキシル基とアミノ基とをもつ有機化合物である．通常両者が同じ炭素に付いたα-アミノ酸が重要である．蛋白質に含まれる主要な20種類のアミノ酸のなかで，グリシン以外は不斉炭素をもっているのでD，Lの光学異性体を生じるが，蛋白質中のアミノ酸はすべてL型である．花粉中の遊離アミノ酸については古くから調べられているが，植物種によって含まれるアミノ酸の種類・含量が異なっている．プロリンはもっとも多く含まれるアミノ酸であり，ソテツ・クロマツ・スギ・トウモロコシ・ライムギの花粉では全遊離アミノ酸の40%以上を占めるが，ガマ花粉ではグルタミン酸が主要なアミノ酸である．生きている花粉と死んでいる花粉とでは遊離アミノ酸の含量が異なるという報告があり，またプロリンは不稔性の花粉には存在しないとする報告と不稔性の花粉であっても存在するという報告がある．
 （原　彰）

網目　[brochus, brochi (pl.); lumen, lumina (pl.); reticulum, reticula (pl.)]

網状紋ともいう．花粉で，畝(murus)に囲まれた網目の部分．網目と網目を境している畝の半分と網目から構成される．内部外表層に当たる．大網目型(隆起条紋型，隆起網紋)とは区別される．畝を含んだ網目部分をbrochus，畝を含まない網目の凹部をlumenと呼ぶ．網目の大きさや構造は花粉の分類に重要な形質である． （高橋　清）

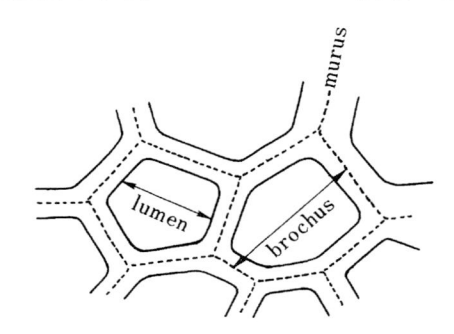

図　網目(Faegri & Iversen, 1989)

網目型　[reticulate (adj.)]

花粉のエキシン模様が網目状になっているもの．(→網目，付録図版) （守田益宗）

網目有柄頭状紋型　[retipilate (adj.)]

花粉外壁模様の1つ．有柄頭状紋を構成する頭状単位を仮想的につないでいくと，全体として花粉表面に網目状に配列しているもの．隣り合う頭どうしが横に連絡して畝を形成すると，網目状紋型になる． （高橋英樹）

アミロプラスト　[amyloplast]

白色体(ロイコプラスト)の1種である．澱粉を貯蔵している顆粒であり，二重膜をもつことで葉緑体に類似しているが，チラコイド膜などの膜系をもっていないことにより区別される．穀類種子・塊根・塊茎などで活発に澱粉分子を合成し，貯えるはたらきをもつ．葉緑体・有色体・エチオプラストと同様プロプラスチドに由来する．多くの花粉は成熟までの段階あるいは発芽の過程で澱粉粒をアミロプラストに蓄積する．テッポウユリでは吸水後まもなくプロプラスチドが出現し，時間が経つにつれて澱粉粒を蓄積し，アミロプラストになる．アミロプラストの単離は困難であったが，シカモアカエデ培養細胞から無傷のものが得られている．培養花粉あるいは細胞壁の弱い三細胞性花粉を利用してアミロプラストを得る方法も有効性が期待される．
 （原　彰）

アミン [amine]

アンモニアの水素原子を1つずつ炭化水素基で置換した塩基性有機化合物で，置換された水素原子の数に従って第一級・第二級・第三級アミンがある．生体アミンにはチラミン・ドーパミン・アドレナリン・セロトニン・ヒスタミン・ポリアミンなどがあり，ホルモンまたは神経伝達物質などの生体化学情報物質としてはたらいている．ポリアミンは第一級アミノ基を2つ以上もつ長鎖状の脂肪族炭化水素の総称であり，代表的なものはプトレッシン・カダベリン・スペルミジン・スペルミンなどである．プトレッシン・スペルミジン・スペルミンがマツ花粉中に，スペルミジン・スペルミンがペチュニア花粉中に検出されている．一方テッポウユリ花粉の場合，プトレッシン・スペルミジンの培地への添加により発芽と花粉管伸長を若干促進し，ペチュニア・ニチニチソウなどの花粉の場合，スペルミジンの培地への添加により花粉管伸長が促進されることが報告されている．リンゴ花粉の1時間発芽時に[^{14}C]-アルギニンの標識がプトレッシンとスペルミンに取り込まれることも報告されている．さらにペチュニア花粉の発芽時に培地中のウリジンやチミジンの核酸への取り込みが，培地に加えたスペルミジンとスペルミンにより促進されることもわかっており，これらのポリアミンは核酸(DNAおよびRNA)生合成や蛋白質生合成の促進因子の1つと考えられるが，作用機構についてはさらに検討することが必要である．

(勝又悌三)

$$R_1-N-H \quad R_1-N-R_2 \quad R_1-N-R_3$$
第一級　　　第二級　　　第三級
図　アミン

アメダス [Automated Meteorological Data Aquisition System]

地域気象観測システムの英語名の頭文字を並べた，AMeDASに由来する．本来はAMDASになるが，語感が悪いのと雨の観測データを出すシステムということで小文字のeを加えてアメダスになった．日本全国に1316カ所の無人観測所が設置されており，毎正時に電話回線を通じて自動的に雨量のデータが送られてくる．大雨などの異常気象時には気象官署のリクエストで随時観測もできる．観測所のうち約840カ所では雨量の他に気温・風向風速・日射量の観測も行っている．雨量の観測は平均して17km四方に1カ所，気温など4つの要素を観測している観測所は21km四方に1カ所の割合で設置されている．また，北日本や山間部には積雪の観測施設がおよそ200カ所設置されている．

(村山貢司)

r 選択 [r-selection] → K 選択，適応

アレルギー [allergy]

ギリシア語のallos(=other)とergon(=work)から成る合成語．1906年von Pirquetにより提唱された．ある特定の物質に対する反応の仕方が後天的に変化した状態をいう．アレルギー反応の原因となる特定の物質を抗原(アレルゲン)といい，抗原と特異的に結合する物質を抗体という．抗原抗体反応の結果症状が出現するまでの時間的経過によりアレルギー反応は即時型と遅延型の2種に分類される．即時型アレルギーはさらにI型・II型・III型に分類され，遅発相反応と呼ばれるものも含まれる．I型アレルギーはアトピー(strange diseaseの意)とも呼ばれる．好塩基性細胞表面のIgE抗体と抗原が反応し，その細胞から遊離したヒスタミンなどの化学的伝達物質が三叉神経終末や血管を刺激することにより発症する．鼻アレルギー・気管支喘息・アトピー性皮膚炎などがこの型である．花粉が原因となるI型アレルギーを花粉症と呼ぶ．II型は細胞表面の抗原または細胞そのものが抗原となって抗体と結合し，補体が関与して細胞を障害する．溶血性貧血・再生不良性貧血などがこのタイプである．III型は抗原抗体複合物が補体の関与で組織を障害する．全身性紅斑性狼瘡・糸球体腎炎・アルサス反応などがこの型に属する．II型・III型の抗体は主としてIgGである．IV型は遅延型アレルギーで，抗体をもったリンパ球と抗原が反応し，リンパ球から遊離した化学物質(リンホカ

イン)が炎症反応を起こし，症状発現には1～3日を要する．接触性皮膚炎・結核・橋本甲状腺炎などがある．(→アレルギー反応)
（井手　武）

アレルギー性結膜炎［allergic conjunctivitis］

本症は急性に始まる結膜浮腫・充血・かゆみを伴った急性アレルギー性結膜炎として古くから知られ，その最初の記載は1683年のバラに対する眼反応によるものである．欧米ではイネ科やブタクサ花粉による枯草熱と呼ばれていた．日本では，枯草熱そのものがないとされていた．1964年，スギ花粉症が初めて報告された後，76年3月関東地区を中心に非感染性急性結膜炎が多発し，スギ花粉症によるものと判明し，研究が急速に進展した．狭義では眼球結膜・眼瞼結膜におけるアレルギー性炎症をいう．広義では春季カタルを含める．結膜(conjunctival)は，眼球の表面と眼瞼の裏側を覆っている薄い膜部で，眼球と眼瞼とを連絡し，運動を円滑に行わせる役目をしている．アレルギー反応が起こると，瘙痒感（かゆみ），眼瞼の発赤・腫脹，結膜の充血・浮腫（赤く，はれる），流涙（なみだ），眼脂（めやに）などの症状が出現する他，角膜炎・濾胞形成などがみられる．原因はアトピー，薬品によるアレルギー，春季カタル，フリクテンなどで，即時型・遅延型・急性・慢性に分類される．即時型アレルギーはアトピーによる．抗原は，花粉や家塵（チリダニ・動物・植物・食物などやその破片から成る微粒子）が主で，家族にアレルギー疾患のある人に起こりやすい．遅延型では薬物によることが多く，アトロピンの長期投与で結膜に濾胞が形成される．即時型アレルギーでは，抗原と接触してから数分以内，遅延型アレルギーでは1～2日後に発症する．自覚症状・他覚症状の起こり始めた過程を聞くなどで容易に診断がつく．さらに結膜分泌物検査（好酸球増加），皮膚反応陽性，血中好酸球の増加，血清IgEの増加，特異的IgE抗体の証明，点眼誘発試験陽性などで確定診断する．治療は，抗原を避ける他，副腎皮質ホルモン薬・血管収縮薬・抗ヒスタミン薬・抗アレルギー薬・減感作療法などを症状に合わせて併用する．薬剤を長期に使用する場合は副作用に注意する．
（岸川禮子）

アレルギー性鼻炎［allergic rhinitis；rhinitis allergica］　→鼻アレルギー

アレルギー日記［allergy diary］

気管支喘息や鼻アレルギーなどのアレルギー疾患患者の日常の状態を客観的に把握するため，患者あるいはその両親などにつけてもらう日記．日付・天候・症状の程度・発作の誘因・治療などを毎日記入することにより，症状の把握，アレルゲンの検索，治療効果の判定などの面で役立つ．
（芦田恒雄）

アレルギー反応［allergic reaction］

1906年にvon Pirquetはallergy（ギリシア語からの造語で，allos(=altered)+ergon(=action)）の語で，曝露した物質に再び接触すると変化した反応を示すことを表現した．生体に異物が侵入すると，抗体または感作リンパ球がつくられ，再びその異物が侵入すると，これと反応して異物はすみやかに除去・無害化されることを免疫といい，この反応が生体に障害を与えるときアレルギーと呼ばれる．アレルギー反応はCoombsとGellによってIgE依存型（Ⅰ型）・細胞障害型（Ⅱ型）・免疫複合型（Ⅲ型）・細胞免疫型（Ⅳ型）の4つに分類される．
（岸川禮子）

アレルゲン［allergen］　→花粉アレルゲン，抗原

アレルゲン命名法［allergen nomenclature］

従来，精製アレルゲンの名称には何ら統一性はなかったが，1986年にInternational Union of Immunological Societies (IUIS)に設けられたAllergen Nomenclature Subcommitteeによって，精製アレルゲンの統一的な命名法が提唱され，現在ではこの命名法が世界的に広く普及している．この命名法ではアレルゲンの名前をその由来の学名（属名3文字と種名小文字1文字，イタリック体）と精製法が報告された順のローマ数字で表す．ただし，メイジャーアレルゲンは原則的にⅠ

とする．たとえば，スギ[*Cryptomeria japonica*]のメイジャーアレルゲンで，従来 SBP といわれていたものは *Cry j* I となり，ブタクサ[*Ambrosia artemisiaefolia* var. *elatior*]の第5番目に報告されたアレルゲン Ra 5 は *Amb a* V となる．この命名法はすべてのアレルゲンに適用されるので，その名称からは花粉由来のアレルゲンであるかどうかを識別することはできない．なお，1994年に，他の分野における命名法と整合性をもたせるために，*Cry j* I → Cry j 1, *Amb a* V → Amb a 5 という改訂が実施された． （安枝　浩）

アレレード期 [Alleröd time]

デンマーク，シェルランド島に分布する Alleröd 層を模式として，1901年に設定された第四紀最新世紀末の約11000～11800年前の期．この期の前と後の期(上・下位層)は寒帯～亜寒帯のツンドラを示すドリアス(*Dryas*)植物群の遺体を含むのに対して，本期の堆積物はやや温和な気候を示す植物群で特徴づけられることを Jessen(1935)や Iversen(1942)が花粉分析で確認した．この期のデンマークは温和で，7月の月平均気温は約13～14°C，疎林をなしていた．日本でも海岸沖積性低地下の堆積物の中で確認されたといわれている．(→晩氷期) （藤　則雄）

安定化選抜 [stabilizing selection]

安定化選択ともいう．自然選択は表現型と適応度の関係で主として3つに分けられる．環境条件が一定でかつ安定している場合にはたらく選択を安定化選択という．これは，量的形質の平均値あるいは平均値に近い個体が生存に有利で最適値を示し，次代ではこの値をもつ個体が増えることになる．極端な表現型がもっとも適応度が高ければ，すなわち単調増加か単調減少であれば，選択は指向性選択(directional selection)である．もし2つ以上の表現型の適応度が高く，中間の適応度が低ければ分断選択(disruptive selection)である． （大澤　良）

安定度 [stability]

空気塊が日射などの作用により，鉛直方向に変位(移動)しようとするとき，その空気塊がもとの状態に戻ろうとするならば安定，逆にさらに変位しようとする場合には不安定であるといい，その度合を安定度(静的安定度)という．一般に大気は上空にいくにつれて温度が下降するが，その大気が水蒸気について飽和している場合の減率は 100 m につきおよそ 0.5° でありこれを湿潤断熱減率という．一方，未飽和の場合は 100 m につきおよそ 1° になり乾燥断熱減率という．大気の平均状態では 100 m につき 0.6° になる．大気が未飽和・飽和にかかわらず，温度減率が乾燥断熱減率より大きい場合は不安定であり，飽和している場合には湿潤断熱減率より大きい場合に不安定になる．大気が不安定な場合，日射・昇温などにより上昇気流が発生し，花粉をより上空に輸送することが考えられる．

（村山貢司）

アンテトゥルマ [anteturma]

Potonié が先第四紀の花粉・胞子の人為分類の区分に用いた turmal 体系の2大区分の1つ．胞子に対しては sporites，花粉に対しては pollenites で区分してある． （高橋　清）

暗明模様 [OL-pattern]

LO パターンの逆をすること．(→明暗分析) （高橋　清）

イ

イエローサルタン[*Centaurea suaveolens*；yellow sultan] →キク科

イエローサルタン花粉症[yellow sultan pollinosis]

　イエローサルタンは，キク科セントウレア属．観賞用としてハウス栽培されている．初例報告は1979年安部によって群馬県の症例でなされた．その概要はキク栽培者48名，そのうちイエローサルタン（以下イサと略す）をも扱っている21名に対し，アンケート調査を行った．キク栽培者では31名(64.6%)，イサでは3名(14.3%)が作業中に皮膚・眼・呼吸器などに種々の症状を訴えた．発症までの期間はキクでは平均5.9年，イサでは1.3年であった．症状を起こす原因物質は，キクはまだ開花前の蕾の状態で出荷するため，下葉かき作業時に飛散する毛茸が，イサはハウス栽培され，症状の出現が主として開花後のハウス内での作業時であることから，花粉が考えられた．キクの毛茸，イサ花粉の皮内反応および貼布試験では，両者とも有症者が陽性に出たが，また無症状者にも若干の陽性者があり，IgE値も高い例があったことが，今後検討の課題であると報告者は述べている．
　　　　　　　　　　　　　　　（中原　聰）

異花受粉[allogamy] →受粉

閾値テスト[end point test] →皮膚テスト

異極性[heteropolar (adj.)；anisopolar (adj.)] →極性

異極面性[heteropolar (adj.)；anisopolar (adj.)] →極性

育種[breeding]

　植物の育種とは，より良く珍しい栽培植物すなわち，病害虫に強く栽培が容易で，かつ美味であったり，奇麗な花を咲かせたりする新品種を育成（品種改良）して維持・増殖することで，植物改造の操作の総称である．これを農学的にみれば，農業の持続的発展を目指して環境調和型農業における栽培植物の改良・増殖ならびに育種材料の開発と保全のための科学であり，植物遺伝資源の維持・増殖と有効利用のための科学である．さらに，自然環境の保全を目的として野生種を含むすべての植物種の繁殖生物学的な維持・管理を計ることも研究対象となる．そして，植物育種学は進化論を基礎に置き，環境との相互作用の結果として植物に種内分化が起きる適応と分化の過程すなわち，1つの種が2つ以上に分化する一次性種分化の過程および，2つ以上の種が関与して新たな種が形成される二次性種分化の過程の人為的制御を通して，植物進化の機作を能動的に解明しながら進化論を発展させ，それを基に個々の育種目標にかなった育種方法を構築していくという，きわめて動的な学問である．
　植物育種法の基本操作は，1)育種目標に沿った遺伝的変異の創出または探索，2)育種目標に沿った特定遺伝形質の選抜ならびに固定または増殖，3)目標形質を備えた種苗の安定的生産という3つの操作からなる．ここで，種子植物（顕花植物）の育種法についてみれば，1)遺伝的変異の主要な創出法は，人為交雑（人工交配）によって遺伝子組み換えを図る交雑育種法である．すなわち，性質の異なる2品種の間の品種間交雑か近縁種との間の種間交雑などによる，一方の親の遺伝形質の他方の親への導入である．ここでは，植物の配偶子形成から開花・開葯・受粉・受精・胚発生を経て種子が結実するまでの生殖過程が重要な場となる．また，2)特定遺伝形質の選抜・固定・増殖ならびに，3)目標形質をもつ種苗の安定的生産の操作でも，対象植物の生殖様式に応じ，周到な管理のもとで配偶子

形成・開花・開薬・受粉・受精・胚発生・結実という生殖過程を経させることが基本となる．

　植物の花ごと，個体または集団ごとの花粉流動と遺伝子流動の様態を，自家受粉・他家受粉，自家和合性・自家不和合性，自家受精・他家受精などと関連させてみたとき，受粉花粉のすべてが花粉管を伸ばして受精・結実するわけではない．また，個々の植物集団で営まれる通常の生殖様式の型によっては，近親交配が進んで近交弱勢となったり他集団からの遺伝子が混入して集団の特性が乱れることになる．ゆえに，植物育種の基本操作は，受粉の様態すなわち花粉流動による遺伝子流動の様態を後代の植物集団における遺伝特性と関連させながら生殖過程（受粉過程）の人為制御を行うことであり，その基礎理論は進化論（適応論）と受粉生物学である．

　したがって，植物育種法は個々の植物の生殖様式（自殖性か他殖性か）により大きく異なる．1) イネやコムギなど自家和合性の自殖性植物の育種では，集団内の遺伝子型がよく揃い遺伝的変異の幅が狭い品種育成する目的で1集団内から個体選抜し自殖種子を継代する純系分離育種法，品種間交雑と個体選抜にはじまり自殖種子による系統選抜へと進む系統育種法，品種間交雑と集団採種にはじまり個体選抜と系統・個体選抜へと進む集団育種法などが基本である．2) キャベツやダイコンのように自家不和合性かトウモロコシのように自家和合性であるが自家受粉を避けている他殖性植物では，1集団内から個体選抜して放任受粉（他殖が主）により継代する母系選抜育種法（系統分離育種法）や，組み合わせ能力の高い2集団間の雑種第1代（F_1）種子を利用する雑種強勢育種法が基本である．

　　　　　　　　　　　　　（生井兵治）

異型花柱性 [heterostyly]

　ソバやサクラソウ・エゾミソハギなどの花にみられ，集団内に何通りかの花のかたちがあり，各個体はそれらのいずれか1種類の型の花だけを着ける現象のことで，異型蕊現象ともいわれる．ソバやサクラソウでは2種類の花型があり，エゾミソハギでは3種類の花型がある．異型花柱性を示す植物では，すべて自家不和合性の他殖性植物であり，このような異型花柱性を示す自家不和合性を異型不和合性という．以下，二異型花柱性（二型性）の虫媒受粉植物であるソバを例に，異型花柱性の紹介を試みる．ソバは長花柱花（長柱花）個体と短花柱花（短柱花）個体からなり，集団内ではこれらが1：1に現れるよう遺伝的に制御されている．長花柱花とは雌蕊が大きく柱頭が高い位置にあり花糸が短く薬が低い位置にある花であり，短花柱花とは雌蕊が小さく柱頭が低い位置にあり花糸が長く薬が高い位置にある花のことである．異型花柱性植物では，短花柱花の薬に生じる花粉は長花柱花の薬に生じる花粉よりも大きいが数は少ない．このような異型花柱性のソバが結実するためには，短花柱花個体と長花柱花個体の間で相互に他家受粉（Darwinはこれを適法受粉と呼んだ）されることが不可欠である．実際には，こうした適法受粉のほかに不適法受粉も頻繁に起こっているが，異型花柱性植物は他個体との間の他家受粉による他殖性種子を生産しようとする目的で，他殖をより完全にするために，自家受粉しても自殖種子を結ぶことができない自家不和合性という性質に加えて，異型花柱性という性質までそなえた慎重居士であるといえる．ソバの花の形態と自家不和合性の遺伝機構を簡略に示せば，これらの特性を支配している遺伝子が劣性ホモ（ss）ならば長花柱花個体となり長い雌蕊と短い雄蕊で小さな花粉を生産し，ヘテロ（Ss）ならば短花柱花個体となり短い雌蕊と長い雄蕊で大きな花粉を生産する．したがって，両者の間で相互に他家受粉（適法受粉）がなされたときだけ和合性を示し，それらの次代植物の遺伝子型はssとSsが1：1の割合となるという具合である．しかし，厳密には超遺伝子（スーパージーン；supergene）に支配されており，4つのサブユニットすなわち花柱の長さを決めるG，花粉の大きさを決めるP，花糸の長さ（位置）を決めるA，それに自家不和合性のSの4つの遺伝子がある．通常，二異型

花柱性に関するこれら4つのサブユニットは強い連鎖関係にあり超遺伝子として一団となって行動しているので，大雑把には上述のように1対の遺伝子で説明できる．ただし，放射線処理個体の後代植物などを大量に調査すると，雌蕊も雄蕊も長い花や雌蕊も雄蕊も短い花などが現れることがあり，超遺伝子支配であることが確認できる．　　　（生井兵治）

異系交配 [outbreeding]
同系交配(inbreeding)に対する語．集団内個体間の交配に際して親間の類縁関係が無作為に選ばれた2対の平均よりも比較的遠い場合を指す．交雑育種において比較的類縁関係が遠い系統間の交配で，雑種強勢が期待できる．　　　　　　　　　　　　（大澤　良）

異型蕊現象 [heterostyly] →異型花柱性

異型接合体 [heterozygote]
二倍体あるいは倍数体個体において，相同染色体すなわち対をなす染色体上の相同な位置(遺伝子座)について異種の対立遺伝子をもつ場合(異型接合)，この個体を該当する座に関しての異型接合体(ヘテロ個体)という．この場合注目されることは，異型接合している両遺伝子間の優性(dominance)と劣性(recessiveness)の関係ならびに，集団中において異型接合が果たす役割である．前者においては，たとえば草丈の高い(高性)系統(優性形質)と低い(矮性)系統(劣性形質)を交配した雑種第1代では，草丈に関与する遺伝子座において異型接合となり，そろって高性となる．次に雑種第2代となると高性と矮性が3：1に分離する．この例の場合に高性は完全優性であるとされるが，一般に対立遺伝子の優劣関係は完全優性・完全劣性を両極端として，その間の種々の不完全優性を示すことが多い．また，アイソザイム遺伝子やRFLP座にみられるようにF_1やF_2における異型接合体において2つの対立遺伝子がともに活性を示す共優性(codominance)の場合もある．また，異性接合性は集団における遺伝的多様性を保持する機構としてはたらき，環境変動などに対応して個体・集団の適応度を高める役割を果たしている．異型接合体あるいは同一な遺伝子を保有する同型接合体においても遺伝子レベルだけではなく個体レベルでの意味を考える必要がある．　　（大澤　良）

異型不和合性 [heteromorphic incompatibility]
自家不和合性を示し，かつ異型花柱性を示す場合，とくにこれを異型不和合性という．なお，自家不和合性は，自家不和合性遺伝子(S)が活動を開始する時期との関係で配偶体型と胞子体型の2型に分けられるが，異型花柱性植物の自家不和合性すなわち異型不和合性は，すべてS遺伝子が減数分裂前に活動を開始する胞子体型に属する．また，植物の種類によって，成熟花粉内にみられる核が2核の場合と3核の場合があるが，異型不和合性などの胞子体型自家不和合性を示す植物は，原則として三核性花粉をつくる．(→異型花柱性)　　　　　　　　　　　（生井兵治）

異型雄蕊 [heteromorphic stamen]
同一種内にみられる明らかに形質の異なる雄蕊．多くは二型性の雄蕊(二型雄蕊)であるが，エゾミソハギのように長・中・短の3形をもつ雄蕊もある．この種では，中・短の雄蕊の花粉は緑色で脂肪を貯え，長雄蕊の花粉は黄色で澱粉を含む．ミズアオイ科のミズアオイやコナギの花には雄蕊が6本あるが，うち5本は小さくて黄色の葯をもつ．他の1本は大きく，葯は青紫色で，花糸に1個の突起がある．マメ科のナンバンサイカチの花には受精用の花粉をもつ雄蕊と虫の食用となる花粉をもつ雄蕊があるという．受精用の花粉は表面平滑でよく発芽するが，食用花粉は表面にしわがあり，澱粉を多く含み発芽しない．このように生殖用と食用に雄蕊の機能が分化しているとされる植物はほかにも若干ある．ミソハギ科のサルスベリも従来そのように分化した異型雄蕊をもつとされてきた．サルスベリには花の中央に雌蕊を取り巻いて，短く白くて細い花糸に黄色の葯をもつ数十本の雄蕊と，通常各萼片のすぐ内側から1本ずつ出る，長くて紫色を帯びた太い花糸に帯紫褐色の葯をもつ雄蕊とがある．短い雄蕊の花粉は黄色で，湿りを帯びて固まり，外側の長い雄

蕊の花粉は帯黄でやや白っぽく，または灰色がかってみえ，粉状で散りやすい．ともに三溝孔粒であるが，一般に長雄蕊の花粉が短雄蕊の花粉より小さい．このような形質の差はあるが，両形雄蕊の花粉にはいずれも受精能力がある．ただし同一品種（同一クローン）内の受粉では結実しにくく，この種は自家不稔性をもつとみられる． （渡辺光太郎）

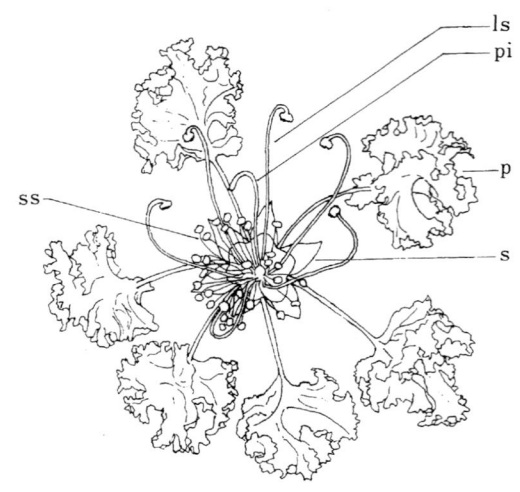

図 サルスベリの異型雄蕊
ls：長雄蕊，ss：短雄蕊，pi：雌蕊，p：花弁，s：萼片．

異所性遺伝子導入 [allopatric gene introduction] →移入交雑

異数性 [aneuploidy] →異数体

異数体 [aneuploid]

植物体の染色体数は，たとえばアブラナ属のハクサイでは $2n=20$，キャベツでは $2n=18$ と表される．これは，ハクサイでは雌雄両配偶子（花粉と胚嚢）に由来する10本($n=10$)ずつの染色体の合計である20本が体細胞染色体数であることを意味している．ここで，$n=10$ や $n=9$ という染色体のセットは生物が生存するうえで必要な最小限度の染色体組でゲノム(genome)と呼ばれ，ハクサイの $n=10$ はAゲノム，キャベツの $n=9$ はCゲノムと表されることになっている．したがって，ハクサイの体細胞のゲノムはAAであり，キャベツのそれはCCである．また，1種類のゲノムからなる植物は二倍体($2x$)であり，$2n=2x=20$ というように表す．ハクサイとキャベツの間に種間雑種として成立したナタネはAACCというゲノム構成であり，$2n=4x=38$ という二基四倍体（複二倍体）である．このように，通常の植物の体細胞は，偶数個の染色体からなる正倍数体(euploid)である．しかし，配偶子形成から開花・結実までの生殖過程に種々の環境ストレスがかかるか，人為合成による種間雑種などでは，一部の染色体が欠落したり添加され，正常なゲノムとしての染色体数とはいささか異なる染色体数の植物が生じることがあり，これらを異数体と呼んでいる．すなわちハクサイを例にして示せば，$2n=2x-1=19$（染色体が1本欠落したもので一染色体植物と呼ばれ，10種類が生じうる；monosomics），$2n=2x-2=18$（相同染色体が1対欠落したもので零染色体植物と呼ばれ，10種類が生じうる；nullisomics），$2n=2x+1=21$（染色体が1本添加されたもので一染色体添加植物；monosomic addition line）などという具合である．また，ハクサイとキャベツの間の種間交雑で得られることがある $2n=29$ (AAC)という二基三倍体植物(sesquidiploid)にハクサイ花粉($n=10$, A)を戻し交配すると，少数のハクサイ型復帰個体($2n=20$)のほかに，$2n=21, 22, 23,$ …などという種々の異数体植物が現れる．多くの場合，これらの異数体はハクサイのAAゲノムにキャベツの染色体が添加された，異種染色体添加植物(alien chromosome addition line)である．反対に，この二基三倍体植物の花粉をハクサイに受粉すると，$n=11, 12, 13$ というようなキャベツの染色体が添加された異数性花粉は $n=10$ の正倍数性花粉よりも受精競争に負けやすいため，添加染色体が花粉によって子孫に伝達される割合が低下する．一染色体植物や，異種染色体添加植物（とくに一染色体添加個体）は，個々の遺伝子の座乗染色体を明らかにしたり，細胞遺伝学的手法による育種の材料となる．自然の進化の過程では，異数性配偶子や異数体植物の出現は種子稔性や果実の結果率を低下させたりする要因になるが，あらた

な種を形成する一次性種分化の要因の1つともなる．　　　　　　　　　（生井兵治）

位相差顕微鏡［phase-contrast microscope］

普通の透過光型顕微鏡では標本に色や明暗の違いがないと観察しにくい．そうした標本や，花粉などを染色や固定をせずに生きたままの標本で観察したい場合に有効である．すなわち，位相差法は標本が無色透明でも屈折率や厚さに差があれば，そこを通過した光に位相差が生じるので，この差を明暗に置き換えて構造をみやすくしたものである．装置は各倍率の対物レンズの中に組み込まれるリング状の位相板と，これと光学的に対応するリング状の絞りが主体となる．リング状の絞りはコンデンサレンズとその下で一体化し，対物レンズの選択に対応させて変えられるように回転式となっている（ターレットコンデンサ）．位相板は，直接光や回折光の吸収率や，位相を生じさせる程度によって何種類かの組み合わせが可能であるが，通常バックに対して標本が暗くみえるダーク（ポジティブ）コントラストと標本が白くみえるブライト（ネガティブ）コントラストのものに大別されて使われる．位相差法と類似した方式に，微分干渉法があり，これは微分干渉顕微鏡として使われている．　　　　　　　　　（山野井徹）

遺存種［relic］

過去の地質時代に栄えたが，現在では衰え，生き残っている生物種．イチョウは中生代の，メタセコイア［*Metasequoia glyptostroboides*］は新第三紀の典型的な遺存種の実例．個体種が減少したもの，分布が狭くなったもの，過去からあまり進化していないもの，類縁種が少なくなったものなどに区分されている．カモシカ・ライチョウ・ナキウサギなどは第四紀最新世最終氷期の遺存種とされている．
　　　　　　　　　　　　　　（藤　則雄）

イタリアンライグラス花粉症［Italian ryegrass pollinosis］

イタリアンライグラス（ネズミムギ）［*Lolium multiflorum*；Italian ryegrass］はイネ科ドクムギ属の風媒花で，ヨーロッパ原産の帰化植物である．日当たりの良い草地に生え，5～6月に開花する．花粉は単口粒細網状紋，幾瀬分類の3A^aで，大きさは34-41×32-38 μmである（幾瀬，1956）．臨床例の最初の報告は1965年に佐藤が行った．症例は29歳牧場従業員で，27歳に発病した鼻アレルギー・結膜アレルギー・アレルギー性皮膚炎（？）例である．くしゃみ発作・水様性鼻汁・咽頭痛を主訴とし，流涙・眼充血・眼瞼のほか皮膚・外耳道の瘙痒感，咳嗽を伴う．64年5月に初診した．発作期は5月下旬から6月上旬であった．開花期のイタリアンライグラスが繁茂する草原で数分で症状の発現をみ，皮内テスト・P-K反応とも陽性であった．その後，ネズミムギのみならず，同じドクムギ属のホソムギ・ネズミムギとの雑種のネズミホソムギによる花粉症などが集団発生した事例が報告されている（宇佐神，1985）．5～6月の梅雨入り前のイネ科の花粉症として重要であろう．牧草としても栽培されているが，雑草化して群生したものがしばしば問題となる．　　　　　　　　　　　　（宇佐神篤）

イチゴ（オランダイチゴ）［*Fragaria grandiflora*］

ヨーロッパで早くから品種改良された大粒品種で，日本にはオランダ人によって1840年に渡来しているが，本格的な果物としての導入は明治時代になってからである（藤井，1976）．バラ科の多年生草本，匍匐茎を出して繁殖し，全株に縮れた毛が密生し，葉は三出複葉．花は野外では初夏に五弁白色花をまばらな集散花序に着け，花後紅色の偽果を生ずる．花粉は幾瀬の分類（1956）で三溝孔粒，6B^b型で特有な線状紋をもつ．イチゴ花粉症は職業性花粉症として2番目に寺尾ら（1972）により報告された．　　　　　　　　　（佐橋紀男）

イチゴ花粉症［strawberry pollinosis］

イチゴはバラ科で，近年日本において食用に栽培されているオランダイチゴ属［*Fragaria*］のオランダイチゴと山野に自生するキイチゴ属［*Rubus*；bramble］などがある．オランダイチゴ属は虫媒花で，5～6月に開花するが，ビニール栽培が一般的で，収穫時期が

調節されるため，開花期は一律でない．花粉は三溝孔粒線状紋（指紋状紋），幾瀬分類の6B^bで，大きさは21-26×22-28 μmである（幾瀬，1956）．ビニールハウス内での空中花粉調査で飛散が確認された報告がいくつかみられる．臨床例の最初の報告は1972年に寺尾が行った．症例は36歳の男性で，26歳からdonner品種のイチゴを栽培していたが，33歳のときにビニールハウス栽培に栽培法を切り替えてから発病した．イチゴの開花期には栽培作業に従事する際にくしゃみ・水性鼻汁・眼瞼瘙痒感が増悪する鼻アレルギー・結膜アレルギー例である．イチゴ花粉エキスによる皮膚テスト・鼻誘発テストが陽性であったが，IgE抗体の測定はなされなかった．その後73年には相次いでイチゴ花粉症の報告がされ（小林，1973；宇佐神，1974），その存在は確かなものとなった．とくに小林の報告はイチゴ花粉症について詳しい．高岡も疫学調査を行い，一部にIgE抗体を測定し85年に報告した．日本における報告例はいずれも職業アレルギーであり，一般には重要な花粉抗原とはいえない． 　　　　　　　　　　（宇佐神篤）

一細胞性花粉 [unicellular pollen] →小胞子

一次外壁 [primexine; primary exine]
初原外膜，一次エキシンともいう．花粉母細胞が分裂し四分子になるとき，各分子はカロースによって包まれ，たがいに隔てられるようになる．続く四分子期の間に，各分子では，このカロースの壁に接して，将来スポロポレニンが沈着することによって外壁の一部になる多糖類が主成分の壁が形成される．この先駆的な壁を一次外壁と呼ぶが，アセトリシス処理では消失してしまう（Heslop-Harrison, 1963）． 　　　　　（守田益宗）

イチジクコバチ [fig wasp]
イチジクコバチは，イチジクの壺形の花序の中の虫えい（虫こぶ）で幼虫時代を過ごすイチジクコバチ科のハチであり，雌の成虫がイチジクの花粉を媒介する．羽化したイチジクコバチの雌は交尾後，花序の出口でそのころ咲いている雄花をかき分けて花序から脱出する．脱出したのち体に付いた花粉を腹部横の花粉ポケットに詰め，産卵場所を求めてイチジクの雌花が受粉できる状態にある若い花序に向けて飛び立つ．若い花序に到達したコバチは花序に侵入して雌蕊に産卵し，ポケットの花粉を柱頭に付ける．イチジクの雌蕊には花柱の短いものと長いものがあり，コバチの産卵管は花柱の短い雌蕊の子房にはとどき，雌蕊は虫えいとなり卵は次世代のコバチへと成長する．花柱の長い雌蕊では産卵管が子房にとどかず，雌蕊ではイチジクの種子が実る．ただ日本で栽培されているイチジクは，単為結果をする品種で受粉の必要はない．イチジクと同じ属のイヌビワと，イチジクコバチ科のイヌビワコバチとの関係も詳しく研究されている．送粉の大筋はイチジクの場合と同じであるが，イヌビワコバチの場合，花粉は腹部の後方に収納されるところが異なる．
　　　　　　　　　　　　　　　　（田中　肇）

一次種分化 [primary speciation] →一次性種分化

一次性種分化 [primary speciation]
種（species）が分化して新種を形成する過程の1つとして，たとえば$2n=12$の始原ゲノム植物から異数性的な分化をとげ$2n=20$のハクサイや，$2n=18$のキャベツなどが成立したというように，1つの種から複数の新種が成立することがある．これが一次性種分化であり，新たな種が確立する過程では，環境ストレスなどによる異数性配偶子や異数体の出現あるいは染色体数を異にする個体（集団）の間で生殖的隔離機構がはたらくなどの現象がみられることが不可欠である．この一次性種分化は，別項の二次性種分化と合わせて，植物における種分化の大きな要因となっている．　　　　　　　　　（生井兵治）

一次メッシュ [primary grid] →メッシュデータ

異地性堆積物 [allochthonous deposit]
本来の生成場所から物理的な作用によって移動して形成された堆積物．海底地すべりによって再堆積した地塊，陸上の地すべり地塊，土石流により運ばれた堆積物，メランジェ層

中のオリストリスなどがある．日本のような造山帯ではさまざまな地層中に異地性堆積物が含まれる．水谷ら(1987)は日本の異地性石灰岩・ドロマイト岩体を大きく異時代異地性岩体と同時代〜準同時代異地性岩体に分けている．すなわち，前者は固結岩の岩石崩落，オリストストロームのオリストリスとして生成，後者は主に未固結〜半固結堆積物の堆積物重力流による大量移動および礁石灰岩の崖錐(固結岩を含む)として生成．未固結堆積物の大量移動はその経路にある堆積物や生物を取り込み，さらに未固結堆積物の上に流れ込むので，下位の地層と見かけ上整合または平行に重なる．このような場合，異地性堆積物であっても現地性堆積物との見分けは困難な状態となることがある．　　　　　(長谷義隆)

一代雑種品種［hybrid variety］
　遺伝的に遠縁な品種あるいは系統間の雑種にみられる雑種強勢(heterosis)は雑種第1代(F_1雑種)で強く発現し，第2代以後では減退する．雑種第1代はとくに生育旺盛で多収であり，両親が純系または近交系であれば形質の斉一性が高いため，F_1品種の利用がトウモロコシ・テンサイ・ハクサイ・キャベツなど他殖性作物のみならず，ナス・トマト・イネなど自殖性作物でも広く行われている．ただし，F_1品種から採種しても2代目では諸形質が分離し，生育も劣る．従来の雑種強勢育種では，F_1品種の親系統となる自殖系統の選抜育成とそれから優良雑種品種を作出するための組み合わせ法が注目され，自殖系統の遺伝的特性とその改良には注意が払われなかった．しかし，望月(1983)によれば，自殖性植物のとF_1品種育成では，自殖系統の育成と改良，F_1品種の作出，育種集団の養成，育種集団の集団改良の4点をバランスよく機能することが必要であるとされている．自殖系統の育成においては，集団の中で熟期・生産力などの諸形質について望ましい表現型個体を選抜して自殖する．選抜次代系統は一穂一列法により，系統間・系統内個体間で優良個体を選抜して自殖する．さらに後代になれば系統間で質的形質の違いが明瞭になる．他殖性作物の場合，蕾受粉などにより自殖が可能な作物は上記の自殖性作物と同様な扱いをし，自家不和合性などのため自殖ができない作物については，集団から選抜した優良個体を2個体ずつ対にして相互交配をさせる全兄弟交配により次代種子を得る方法がある．このようにして育成された系統の評価は，両親としての能力(組み合わせ能力)と，自殖系統(近交系)自身の能力を指標として行われる．組み合わせ能力は検定系統との交配組み合わせ能力検定によって評価される．自殖系統自身の能力は実用雑種品種の種子生産上重要であり，熟期・耐病虫性などのほか，花粉親や種子親としての能力を評価する．育成された自殖系統がA，B，C，Dであるとすると，実用的なF_1品種の育成方法には単交雑(single cross；A×B)，三系交雑(three way cross；(A×B)×C)，複交雑(double cross；(A×B)×(C×D))とそれぞれの変形法がある．しかし，現在では約9割のF_1品種は操作が簡単な単交雑法によっている．一代雑種品種育成における組み合わせ能力の検定は，1)自殖系統の形質とF_1の形質との相関関係による検定と，2)交雑法による検定に大別される．前者ではある程度の相関がみられることもあるがみられないことが多いので，一般には後者の交雑法による検定が用いられる．この方法には，1)単交配検定法(single cross；系統を特定の検定系統に交雑してF_1の能力をみて，特定組み合わせ能力を検討するのに適する方法)，2)トップ交配検定法(top cross test；複数の特定品種や集団を共通の検定親(tester)として，多数の系統(被検定系統)とのF_1に現れる雑種強勢を調べ一般組み合わせ能力を検定する方法)などがある．
　　　　　　　　　　　　　　　(大澤　良)

一倍体［monoploid］→半数体，半数性
イチョウ［*Ginkgo biloba*；maiden hair tree］→イチョウ科
イチョウ科［Ginkgoaceae］
　中国原産の1目1科1属1種からなり，日本にいつごろ渡来したかは不明だが，日本からヨーロッパに，ドイツ人Kämpferによっ

て1692年に紹介されている（西田，1977）．イチョウは雌雄異株の裸子植物で，落葉性大高木であり，高さ30m，幹は径2mにも成長する．花は4月に新葉とともに，雄花は小形の尾状花序をたくさん着け，黄色い花粉を多量飛散させる．花粉は幾瀬の分類(1956)では一長口粒，$2A^a$型で，大きさは赤道径で26〜28μmであり，原始的な裸子植物のソテツ[*Cycas revoluta*]の花粉とたいへんよく似ているが，走査電子顕微鏡では外膜の彫紋から区別が容易である．　　　　（佐橋紀男）

イチョウ花粉症［maiden hair tree pollinosis］

イチョウは裸子植物イチョウ科イチョウ属に属し，1科1属1種である．中国原産の大高木で雌雄異種．中生代には非常に栄えた植物であったので，生きている化石といわれる．雄株は，4，5月ごろ小枝に1〜2cmの房状の雄花を着け，多量の花粉を放出する．花粉型は単長口粒，極面観は膨潤型で円形，乾燥または薬品処理したものには欠環形がある．赤道観は紡錘状で，長い溝口が特徴．表面はほとんど平滑にみえる微粒状である．大きさ24-26×26-28μm．

初例報告は1979年舘野によってなされた．以下にその概要を紹介する．春の花粉症患者にイチョウ花粉エキスの皮内反応を行うとともに，花粉症発症とイチョウの開花時期を調査し，10名のイチョウ花粉症を発見した．これらの症例はイチョウ花粉の飛散時期に一致して，鼻孔瘙痒感・水性鼻汁・くしゃみおよび鼻閉などを訴え，また大部分の症例は，同時に眼の瘙痒感，結膜の充血および腫脹，流涙を訴えた．そのほか喘息症状を呈する症例もあった．皮膚反応閾値は$10^{-4}〜10^{-6}$であり，また3例にP-K反応を行ったところ，血清中に皮膚感作抗体が存在することが認められた．さらに4例の鼻粘膜誘発試験により，明らかに鼻アレルギーが誘発された．以上の症例の大部分は成人であり，小児は3例にすぎなかった．幾瀬らの調査で，春期の空中飛散花粉のうち，イチョウがもっとも多い花粉であるとの報告があるが，これは地域により異なるであろう．しかし，イチョウは全国的に多い樹木なので，春期花粉症の抗原検査に，イチョウ花粉を加える必要があると考える．
　　　　（中原　聰）

一翼型［monosaccate(adj.)］

花粉粒本体に付属する気嚢の形が単一になっているもの（Potonié & Kremp, 1954）．例：ツガ［*Tsuga sieboldii*］．（→付録図版）．
　　　　（内山　隆）

一価染色体［univalent chromosome］

減数分裂の第一分裂の前期や中期で対合していない染色体をいい，それらは体細胞分裂の場合の染色体と同様複製した2本の染色分体から成る．本来二価染色体を形成すべき相同染色体が存在しないために一価染色体として遊離する場合が多く，したがって半数体や種間雑種では数多く観察される．またその他にも，相同染色体が存在しているにもかかわらず，温度処理や薬品処理で対合を阻害し一価染色体を誘導できる例がいくつか知られている．一価染色体の挙動はまちまちであるが，一般には減数分裂を通して娘細胞に不均等に分配されるため，異数性の小胞子を生じ花粉は不稔となる場合が多い．　　（田中一朗）

一穂一列検定法［ear to low method］

一穂一列法ともいう．作物の改良（育種）において系統集団を対象にして選択をしていく方法である集団選択法の1つである．一穂一列検定法はこの系統集団選択法の1変型であり，イリノイ州農事試験場においてHopkins(1897)によりトウモロコシを対象に始められた．この方法には直接法(direct method)と残穂法(remnant method)とがある．原理的には選抜個体を系統とし，その系統を2分して後代検定で合格した系統間だけからの交配集団を作成して系統選抜を行うものである．この原理は，外国品種を日本の各地の環境に合わせていく場合のように育種目標に関して強い選択を受けていない他殖性集団に対しては有効であり，トウモロコシをはじめとして，他殖性牧草の育種に利用されている．
　　　　（大澤　良）

一斉林［uniform forest (stand)；regular

forest (stand)]
　同じ樹種の同じ年齢の樹木で構成された林をいう．樹冠がほぼ同じ高さで単純な樹冠層の林が形成される．単純林と呼ぶこともある．人工林は一斉林である場合が多いが，最近では複層林の造成も進められている．
（横山敏孝）

一側性不和合性 [unilateral incompatibility]
　ある組み合わせの交雑において，個体Aの雌蕊に個体Bの花粉を交配したときには受精に至り和合性を示すが，その逆交雑，すなわち個体Bの雌蕊に個体Aの花粉を交配したときに受精が行われず不和合性を示す現象をいう．とくに，自家和合性種と自家不和合性種との交雑の際にみられる一側性不和合性を指していることが多い．この場合，自家不和合性種（♀）×自家和合性種（♂）では不和合性を示し種子が採れず，自家和合性種（♀）×自家不和合性種（♂）では和合となり種子が採れることが多い．一側性不和合性の現象は，一側性交雑(unilateral hybridization)，一側性阻害(unilateral inhibition)，一方向性交雑能力(unidirectional crossability)，一方向的隔離(one‐way isolation)，SI×SC阻害(SI×SC inhibition)とも呼ばれる．
（渡辺正夫・鳥山欽哉）

遺伝構造 [genetic structure]
　正確には集団の遺伝構造(構成)(genetic structure of population)と記述するほうが適切である．集団の遺伝子溜りに含まれるすべての遺伝子に関する遺伝子頻度あるいは遺伝子型頻度および，これらにはたらいている突然変異圧・選択圧・移住圧ならびに集団を構成する個体数の総称である．遺伝子あるいは遺伝子型が対象生物集団の生息域にどのように分布しているかを指して，空間的遺伝構造(spatial genetic structure)と呼ぶ．これは従来の遺伝構造に距離空間の概念を積極的に導入したものであり，個体群生物学(集団生物学)にとり重要な概念である．（大澤　良）

遺伝子型 [genotype]
　個体や細胞がもつ遺伝子のすべての構成をいう．また別に，特定の1個または数個の遺伝子座に限った遺伝子構成をいう場合もある．これに対して，環境との相互作用により現れる形質を表現型という．高等生物の場合，普通の二倍体は1つの形質につき父方と母方からの2つの遺伝子をもつが，それらは減数分裂を通して分離する．したがって，ヘテロの植物体の場合には遺伝子型を異にする花粉を生じることになり，それが表現型として現れる．対立遺伝子は通常2種類存在するが，高等植物の自家不和合性現象のように多数の複対立遺伝子が存在する例も知られている．
（田中一朗）

遺伝子型頻度 [genotype frequency]
　遺伝子型は表現型から認識される遺伝情報の総称であり，観察される遺伝子座の1つあるいは数個の対立遺伝子の組成でもある．特定の形質に関する1つの遺伝子型が決められるとしたら，残りの遺伝子座の遺伝子型は背景としての遺伝子型(残余遺伝子型；background genotype, residual genotype)として認識できる．遺伝子型頻度は，ある遺伝子座における1つの組み合わせの遺伝子型が他の組み合わせを含めた総数の中に占める割合である．遺伝子型頻度は集団中の遺伝子頻度によって決まり，また遺伝子型頻度は集団の繁殖様式により制御されている．（大澤　良）

遺伝子銀行 [gene bank]
　栽培植物とその近縁野生種の種内には，長年の栽培と遺伝子の交換によって生じた多様な変異が認められる．これらの変異は将来の育種の素材として，また農業生態系の多様性の担い手として有益な遺伝資源と考えられ，その保護・管理の重要性が指摘されてきた．近年の「開発」により遺伝資源の喪失が問題となりつつあるが，遺伝資源の喪失を未然に防ぐため，国際機関や各国の機関がそれら多様な変異をもつ多数の系統の株や種子を収集・保存する施設を建設した．こうした施設を遺伝子銀行と呼んでいる．現時点では遺伝子銀行に保存されているのは種子や株が主であるが，将来的には培養細胞や花粉の保存が検討されている．（→育種，遺伝資源）

(佐藤洋一郎)

遺伝子組み換え [gene recombination]
→形質導入

遺伝資源 [genetic resources]
　栽培植物の種内には長年の栽培により多様な遺伝変異が生み出され多くの品種として保存されている．また品種間または近縁の野生種との自然交雑によって生ずる変種や雑草型の集団はしばしば遺伝子プールとして多様な遺伝変異を貯えている．このような遺伝変異は品種改良の素材として用いられてきたほか，栽培地域・時期・環境の拡大にも貢献してきた．このような農業上の価値から栽培植物と近縁野生種がもつ遺伝変異のことをとくに遺伝資源という．農業の効率化に伴い，栽培植物の種内ではより少数の品種だけが栽培されるようになり，また野生種の集団は減少し，したがって遺伝資源は急速に消失しつつある（遺伝資源の喪失；genetic erosion）．これに伴って生態系の平衡が失われつつあるが，その回復には生態系内の遺伝的な多様性を高めることが重要である．遺伝資源の保全には，単に将来の育種素材の確保という面だけでなく遺伝子型や系統の多様性を自然集団内に保存しておくという意義も認められるようになりつつある．遺伝資源は一時，遺伝子源とか遺伝子資源などといわれたこともあるが，これらの語は遺伝子の保存に主体をおいた語であり，遺伝資源の生物そのものとしての側面をみないものであったので最近ではあまり使われなくなってきている．一方自然集団の保全を含めた生態系の中での保存（in situ conservation）の重要性がしだいに認識されるようになりつつある．（佐藤洋一郎）

遺伝子溜り [gene pool]
　HarlanとdeWet（1971）によって提唱された語．栽培植物とその近縁種の分類に際して，正当的分類とは別に遺伝子溜り（遺伝子プール）の体系を用いた．ある作物を中心にした場合，対象作物とその周辺の種を対象作物との遺伝子交流の程度により1次・2次・3次と段階的に遺伝子プールに分け，その難易により大きく2分される．1次遺伝子プールは通常の生物学的種の概念と一致し，その内部ではほぼ正常な雑種が形成され遺伝子交流が自由に起こりうる範囲である．この中には栽培系統と近縁の自生系統が含まれる．分類学者は栽培系統と自生系統に異なる種名を付すのが通常である．2次・3次は雑種形成は可能であるが，遺伝子移入が容易でないグループである．
(大澤　良)

遺伝子の吹き溜り [drift of the genes]
　植物がそれぞれの起源地から遠ざかるほど，その伝播の過程で遭遇した自然や栽培条件の変化に対応して，形質に多様化が起きる．気候や地理的隔離でそれ以遠への伝播や分布が不可能な，起源地からもっとも離れた地域に，遺伝子があたかも吹き溜りのように集積する現象をいう．日本へは古代から多くの植物が西方の中国大陸方面からもたらされたが，東や北への行く手を北の海峡と低温ではばまれ，日本列島は極東の遺伝子の吹き溜り地域になっている．今日も西日本の離島に自生している雑草メロン[*Cucumis melo* var. *agrestis*]の形質の多様性はその好例である．
(→口絵)　　　　　　　　(藤下典之)

遺伝子頻度 [gene frequency]
　ある集団の遺伝子溜りにおける特定遺伝子座でのすべての対立遺伝子数に対するある遺伝子の頻度．または，集団から無作為に抽出された遺伝子を考えるとき，それが該当する遺伝子である確率（allele frequency）といえる．集団の遺伝的組成は各遺伝子座のさまざまな対立遺伝子の種類・数・頻度を示す遺伝子頻度系列（array of gene frequencies）で表すことができる．各集団の遺伝子頻度は遺伝子型頻度より推定が可能である．遺伝子頻度と遺伝子型頻度の両者とも，移住（migration；gene flow），突然変異・淘汰がなければ世代間で一定である．遺伝子頻度の分析は集団遺伝学の重要な手法の1つである．遺伝子頻度の変化は，主として組織的淘汰圧（systematic pressure），機会的浮動（random genetic drift）の要因に分けることができる．初めに組織的淘汰圧は突然変異圧・選択圧・移住圧が繰り返し作用することである．機会

的浮動は小集団において配偶子抽出の際に生じる遺伝子頻度の変動である．ここで，a遺伝子の頻度をp，A遺伝子の頻度をqとすると($p+q=1$)，集団がハーディ-ワインベルグ集団であるとすれば，集団内の個体について，遺伝子型頻度はp^2aa$+2pq$Aa$+q^2$AAの遺伝子型系列(array of genotype frequencies)で示すことができる．この遺伝子型系列から遺伝子頻度を求められる．これまでの集団遺伝学で遺伝子型頻度あるいは表現型頻度よりも遺伝子頻度が注目されてきた理由の1つは，集団特性を表すうえでの経済性である．ほんのわずかな遺伝子座でも考えられる遺伝子型は途方もなく多くなる．10座に各4対立遺伝子があるとしても各座に10種類の遺伝子型が考えられ，10座であれば10^{10}にもなってしまう．ところが40個の遺伝子頻度を示すことでおおよそ集団を表すことができる．また，もう1つの理由としては，メンデル集団においては遺伝子型構成は当代限りであり，次代ではまた分離と組み換えで別の組み合わせとなることにある．遺伝子頻度を追跡することが，安定した指標を対象として世代を追って集団を追究することになる．この考えは遺伝子中心の考え方であるが，作物における品種のように選択を受ける遺伝子型を中心とするべき場面も多い．　　　(大澤　良)

遺伝子雄性不稔性 [genetic male sterility]

植物の不稔性のうち花粉の不形成もしくは受精能力の喪失など花粉に関する異常に起因するものを雄性不稔性という．雄性不稔性には温度・放射線などの物理的環境や種々の化学物質などによって生ずるものと何らかの遺伝的要因によって起きるもの(遺伝的雄性不稔性)とがある．遺伝的雄性不稔性には，遺伝子の集合体である染色体の構造上のアンバランスもしくは異常に起因するものと，不稔性をもたらす特定の遺伝子の作用によるものとに分けられる．この後者が遺伝子雄性不稔性である．遺伝子雄性不稔性は，1)遺伝子の突然変異によって生じるもの，2)特定の遺伝子をもった系統間の雑種にみられる雑種不稔性に分けられる．雑種不稔性はさらに核内の遺伝子どうしの作用によるものと核内遺伝子と細胞質内の遺伝子(ミトコンドリアの遺伝子など)とのはたらき合いによるものとが知られている．遺伝子雄性不稔性を発現する遺伝子を雄性不稔遺伝子といい，自家不和合性の場合と同様Sで表す．雄性不稔遺伝子には花粉内でその作用を表す配偶体型雄性不稔遺伝子と母体内で作用を表しその株にできる花粉を一定の割合で不稔化する胞子体型(または芽胞体型)雄性不稔遺伝子とがある．

　　　　　　　　　　　　　　(佐藤洋一郎)

遺伝子流動 [gene flow]

集団間あるいは集団内における遺伝子の移動のこと．植物集団における遺伝子流動は主として花粉流動(pollen flow)あるいは種子拡散(seed dispersal)，または栄養体の散布により起きる．遺伝子流動は集団の遺伝構造が形成されるに際して重要な役割を果たしている．遺伝子流動の空間的制約により集団内では無作為交配が成されず，集団は分集団に分化していく．集団間において遺伝子流動がきわめて広範囲にわたる場合には，集団にはたらく選択効果は隠されてしまい，集団間の遺伝的異質性は低くなる．遺伝子流動の様相を捉える方法としては遺伝的マーカーが用いられ，近年ではアイソザイムあるいはRFLPなどのDNAマーカーが用いられることが多い．　　　　　　　　　　　(大澤　良)

遺伝的多型性 [genetic polymorphism]

集団における遺伝子頻度を考えることから，多型現象(polymorphism)の概念が導かれる．多型的な遺伝子座(polymorphic loci)とは，もっとも多くみられる対立遺伝子の頻度が0.95以下(0.99のこともある)であるような遺伝子座である．単型的な遺伝子座(monomorphic loci)とは多型的でない場合である．また，どの集団でも十分に調査すれば，どの遺伝子座にもまれな対立遺伝子(rare allele)が存在する．これは遺伝子頻度として0.005以下のものである．　(大澤　良)

遺伝的多様性 [genetic diversity]

生物集団は進化の過程を経て大きな多様性を保持することになった．この多様性を栽培

植物の遺伝資源としてみると，進化のレベルでは野生の祖先種から改良品種まで，生態学的レベルでは原始的な生態系の構成要素から近代農業の構成要素までの範囲がある．国際生物学事業(International Biological Programme；IBP)(1966)によれば，植物遺伝資源は在来品種，改良品種，栽培植物の野生近縁種，人間に利用された野生(非栽培)種に分類される．遺伝的多様性を問題にする場合，在来種の遺伝的多様性に着目することが多い．Harlan(1975)は在来品種集団は平衡化され，変異性に富み，病気も含めた環境に対し均衡状態にあり動的であると述べている．在来品種の遺伝的多様性には生育環境と集団のかかわりの中での多様性と集団内での多様性がある．前者は空間的不均一性により生じ，後者はそれに時間的不均一性(季節変化，気候的・生物学的・社会経済的変動)による(Frankel & Soule, 1981)．従来より，集団の保有する多様性を農業が減少させているとする考えもあったが，近年の地球環境の悪化ははるかにそれを上まわる速度で集団の遺伝的多様性を著しく減少させているといえる．

(大澤　良)

遺伝的浮動[genetic drift]

有限集団において遺伝子頻度が毎代機会的に変動する現象．たまたまある遺伝子が集団中から失われれば，突然変異や移住のない限り再びもとにはかえることができない．時とともに遺伝的変異は不可逆的に失われていき，それに伴ってホモ個体の頻度が増加する．しかも自然淘汰の作用がなければ初めに存在した遺伝的変異個体のうちどれが最後の均質化した集団に固定するかはまったくチャンスに依存する．この作用の進化学的意義を初めて論じたのはHagedoornとHagedoorn(1921)である．その後Fisher(1922, 1930)が数理的解析を行った．また，Wright(1931)が研究を進め遺伝子頻度の機会的変動と種の分化について深い考察を行った．Wrightは遺伝子頻度の機会的変動をランダム・ジェネティック・ドリフト(random genetic drift)と呼んだ．これは有限集団の機会的変動あるいは隔離集団における変異の減退を指す言葉であるが，ドリフトには元来ブラウン運動等の理論において定向的な移動を示す意味があるので，ランダムを付けない限りきわめて紛らわしい(木村，1960)．したがって，正確には機会的遺伝浮動(random genetic drift)となる．

(大澤　良)

遺伝的平衡[genetic equilibrium]

突然変異・移住・選択がない条件のもとでの十分に大きな無作為交配集団において，世代交代を繰り返しても遺伝子頻度と遺伝子型頻度がハーディ-ワインベルグの法則に従って一定である状態のこと．

(大澤　良)

遺伝率[heritability]

量的形質の変異中に占めるさまざまな遺伝効果や環境の寄与を推定するには，世代の平均よりも分散・共分散を利用するほうが望ましい．遺伝子型値Gと環境効果Eの間に交互作用がなければ表現型値PはGとEの和で表される．表現型値の分散(phenotypic variance)も遺伝分散(genetic variance)と環境分散(environmental variance)の和となる．表現型分散V_pは一般に$V_p = aD + bH + E$(a, bは係数)で表されるが，この表現型分散に占める遺伝分散の割合，$h^2_B = (aD+bH)/(aD+bH+E)$を広義の遺伝率(broad sense heritability)という．ここでDはホモ接合体の相加的効果による固定できる分散であり，Hはヘテロ接合体の優性効果による固定できない分散である．また，表現型分散における固定可能な遺伝効果に基づく分散の割合，$h^2_N = aD/(aD+bH+E)$を狭義の遺伝率(narrow sense heritability)という．遺伝率は量的選抜において，選抜効果がどのくらい見込めるかの目安となる．

(大澤　良)

移入交雑[introgressive hybridization]

ある特定の種に対して種間交雑(interspecific hybridization)や反復戻し交雑(backcrossing)によって他種の遺伝子が入り込み新たな遺伝子型を構成する現象を移入(introgression)といい，移入が起きる交雑を移入交雑(浸透交雑)という．移入には新旧両遺伝子型が同一集団内に混在する同所的移入と新遺伝

子型が新しい場所に分布する異所的移入がある．この現象の特徴は，異種個体間の交雑により，F_1個体が形成されるだけではなく，一方の種に何代にもわたって反復交雑や戻し交雑がなされるため，あたかもその種の形質が一方の種に浸透するかのようにみえることである．自然条件下で異種個体間交雑が起きるには，空間的・生殖的隔離障壁が環境変化により壊されることが必要である．異種間で異なっていた種特異的な開花時間が天候の変化により一致するようになり異種間交雑が可能になった例，あるいは2種間で生育環境がまったく異なり種間での遺伝子流動が空間的に隔離されている場合でも治水事業などによる人為的環境変化により両種が混在できる環境が出現し，空間的隔離障壁が取り除かれたため交雑が可能になった例，混合受粉や追加受粉がなされて生殖的隔離障壁が一時的に取り除かれたため交雑不和合性が弱められて交雑が可能になった例などがある．（大澤　良）

イネ［Oryza sativa］　→イネ科

イネ科［Gramineae］

全世界に分布し，約600属1500種が知られ，日本にも約100属500種が自生する．有用植物が多く，穀類・雑穀類・牧草類など重要な種類が多い．普通草本，まれに木本，茎に節があり，葉は柄が鞘状（葉鞘）となって茎を抱き，葉身と葉鞘の境に小舌がある．花はたくさんの小穂が集まり大きな穂となっているが，この小穂が花序に相当する．1つの花は通常3雄蕊，1雌蕊と2個の鱗被からなる．花粉は幾瀬の分類(1956)では単口粒，$3A^a$型で，花粉管口には口蓋があるのが特徴，大きさは20〜100μmと大小がある．花粉症原因植物の多くは牧草類で，カモガヤ［Dactylis glomerata；orchardgrass］，オオアワガエリ［Phleum pratense；timothy］，ウシノケグサ［Festuca ovina］等がよく知られ，雑草としてスズメノテッポウ［Alopecurus aequalis var. amurensis］やスズメノカタビラ［Poa annua］は地域性がある．イネ［Oryza sativa；rice］も花粉喘息が早くから報告されている（木村ら，1969）．　　　　　（佐橋紀男）

イネ科花粉症［grass pollinosis］

世界でもっとも普遍的な花粉症で，ヨーロッパや北海道（花粉症の約70％）では最頻度の，北アメリカ（ブタクサ75％，イネ科40％，樹木9％）ではブタクサに次ぐ頻度となっている．約700属，10000種あるが，花粉量が多く花粉症に重要なのは牧草の十数種程度である．しかも，ほとんどのイネ科花粉に共通抗原性があると考えられるため，特定種の花粉症と分類するより，イネ科花粉症として全体で捉えるべきである．外来種の牧草は空中への花粉放出量が多く，花粉症の原因としてもっとも重要である．これにはハルガヤ［sweet vernalgrass］，カモガヤ，オオアワガエリ，ネズミムギ（イタリアンライグラス）［Italian ryegrass］，ケンタッキー31フェスク［Kentucky 31 fescue］，ナガハグサ［Kentucky bluegrass］，ホソムギ［perennial ryegrass］，コヌカグサ［redtop］などがある．秋に咲くのは在来種が多く，メヒシバ［Digitaria adscendens］，ススキ［Miscanthus sinensis］，エノコログサ［Setaria viridis］など花粉飛散量も少ない．前者の牧草は牧畜の盛んな北海道だけでなく全国でみられる．これは道路建設や土地造成後の法面保護や緑化，河川や軌道敷の緑化，リンゴ園などでの下草など多様な用途として，さらに公園やゴルフ場でもナガハグサ，ギョウギシバ［bermudagrass］などが芝草として用いられているからである．主な花粉飛散期は北海道では6月から9月初旬，近畿では4月下旬から10月，沖縄では3月下旬から11月までである．飛散距離が短いため飛散はその地区の植生が反映される．都市部でも牧草の多用された新興住宅地や河川沿いでは初夏の花粉数は年間の7割から9割を占める．

イギリスでは1873年にBlackleyにより腕に傷をつけて花粉を擦り付けると患者だけが発赤と膨疹ができることが見出され，イネ科花粉症が証明された．日本では1964年に杉田らにより相模原市でカモガヤの集落または室内での空中花粉による誘発と皮内テスト陽性の2名のイネ科花粉症が報告された．樹木

花粉より抗原性が強いため，農村部の小児ではイネ科に早く感作され，スギ花粉症より頻度が高い．花粉が大きいため，喘息を合併することは少ない．重要な花粉抗原であるので，スギ・ヒノキ科に加えて花粉情報や花粉飛散予報も試みられている．アレルゲンは大きく分けてグループⅠからⅤの5種類と，それぞれに2～4種類のアレルゲンに分かれる．グループⅠは分子量27000でメイジャーアレルゲンである．分類学上の近縁ほど，交差反応性は強く，牧草では抗原は近似している．ギョウギシバやアシ[*Phragmites communis*]は遠縁となり，牧草とは抗原がやや異なる．
（小笠原寛）

イネ花粉喘息[rice pollen asthma]
イネはイネ科イネ族イネ属に属する．旧大陸熱帯の起源で，日本には古代から広く栽培され，日本人の主食である．花期は1品種につき通常は10日前後で，本州中央部の平地では，8月下旬から9月上旬の間であるが，複数の品種が同時に栽培されているときはさらに長くなる．空中花粉で認められるイネ科花粉は，春秋の2峰性を示すが，第2峰の秋の主な構成は，メヒシバ・オヒシバ・ススキ・アキノエノコログサ・トダシバなどがあげられるが，8月下旬から9月上旬の単孔粒の大部分はイネ花粉であるといわれる．花粉型は幾瀬によれば，大きさ43-45.5×43-47μmの3A[a]単孔粒で(幾瀬，1956)，同時期に飛散するメヒシバ・ススキ花粉の35～40μmよりわずかに大きい．

花粉症報告は木村によって1971年になされた．以下にその概要を紹介する．屋内塵エキスによる減感作療法が奏効して，数ヵ月にわたって喘息発作が軽微になった1学童が，9月初旬突然きわめて重篤な発作を起こし，その発作がイネ花粉の増加と一致した．そのことからつぎの調査を行った．群馬大学小児科および東毛病院の喘息患児67名と，対照群として小・中学生の健康児110名についてイネ花粉との関係を調べた．皮内反応は291 pnu/mlの濃いエキスでは，喘息児は97％の高率に陽性，健康児は15％であった．また皮膚感作抗体について，P-K反応，*in vivo*における特異抗体中和試験・皮膚固着試験で血清中に皮膚感作抗体の存在することを証明した．また吸入誘発試験を行った喘息児16例中13例が陽性，対照群はすべて陰性であった．イネは各地において広範囲に栽培され，その花粉はメヒシバ・ススキなどの秋の同時期の花粉に比し，非常に多いと思われる．よって以上の成績から，秋の喘息発作の増悪には，イネ花粉を吸入抗原の1つとして検査する必要があると述べている．
（中原聰）

イノシトール[inositol]
環状糖アルコール($C_6H_{12}O_6$)である．グルコース6-リン酸から一連の酸化還元反応を経て生成する．9種類の異性体が存在するが，自然界ではミオ-イノシトールが普遍的に存在し，かつ重要である．動物では成長因子として水溶性ビタミンの1つに数えられる．植物では遊離形でも見出されるが，イノシトール-六リン酸エステル(フィチン酸)として種子や花粉に存在する．花粉ではイノシトール酸化経路を経て非セルロース性細胞壁多糖に取り込まれる．テッポウユリやチャ花粉ではリン脂質として，ホスファチジルイノシトールが6～11％含まれている．　（原　彰）

イノシトール酸化経路[inositol oxidation pathway；Loewus inositol by-pass]
UDP-グルクロン酸の生成はUDP-グルコースデヒドロゲナーゼによるUDP-グルコースの脱水素反応(糖ヌクレオチド酸化経路)が知られていたが，本経路はLoewusらによって発見された．グルコース6-リン酸→ミオイノシトール1-リン酸→ミオイノシトール→グルクロン酸→グルクロン酸1-リン酸→UDP-グルクロン酸の経路をとる．花粉ではフィチン酸からイノシトールが供給される可能性があり，またUDP-グルクロン酸を生じる反応を触媒する酵素(UDP-グルクロン酸ピロホスホリラーゼ，EC 2.7.7.44)が見出されていることから，発芽後短時間での花粉管壁合成にはこの経路が重要なはたらきをしていることが推定される．　（原　彰）

いぼ状紋[verruca, verrucae(pl.)]

花粉において，いぼ状の有刻層突出物で，幅は1μmより大きく，高さよりも幅のほうが広くて，基部でくびれない(Iversen & Troels-Smith, 1950).構造的には，外表層型・半外表層型・外表層欠失型の3型がある.(→付録図版)　　　　　　　　(三好教夫)

いぼ状紋型［verrucose (adj.)；verrucate (adj.)］→いぼ状紋

イムノブロット法［immunoblotting］

電気泳動法や等電点分画法等により試料中に含まれる蛋白質(あるいはその断片，サブユニット)を分離した後，ニトロセルロース膜やPVDF(polyvinylidene difluoride)膜の親和性を利用して蛋白質を膜上に転写し(ウエスタンブロット法)，その蛋白質を免疫学の手法で検出する方法をいう.花粉抗原の分析には，従来は原理の異なるゲル濾過法やイオン交換クロマトグラフィー法等の種々の方法を組み合わせて目的とする主要抗原(アレルゲン)を分離・精製し性状を解析した.これらの手法は繁雑で労力・時間を要した.イムノブロット法が開発されたことにより，患者血清を利用し，主なアレルゲンの物理化学的性状の解析を簡単に行えるようになった.つまり，転写後の試料を感作アレルゲンが明らかな患者血清と反応させ，酵素で標識した抗ヒトIgE抗体で処理することにより，目的とする花粉アレルゲンの分子量や等電点を決定することができる.本法を実施する際ブロッティングに用いる試料は必ずしも溶液である必要はない.たとえば空中飛散花粉を時間ごとに採集した試料(バーカード捕集器からの試料(→口絵)など)をニトロセルロース膜に転写し，花粉アレルゲンに対する抗体(酵素標識抗体)で染色し，スポットを計数することにより，特定の飛散花粉を特異的に求めることができる(空中アレルゲン・イムノブロティング；aeroallergen immunoblotting).現在までに本法により，スギ・イネ科およびヨモギ花粉が計数されている.さらに，アレルゲンが染色された点々(スポット)はコンピュータによる画像処理を行えば自動計数も可能である(→口絵).本法の特徴は形態での区別が困難な花粉でもアレルゲンが異なれば区別が可能なことである.1例として，スギ花粉では主要アレルゲン(クリー・ジェイ・ワン)に対するモノクローナル抗体が作成されている.それらの抗体には，スギ花粉と反応するがヒノキ科花粉とは反応しないものと両方の花粉に反応するものがある.両方の抗体を併用することで，スギ花粉をヒノキ科花粉と特異的に区別しながら計数することができる(Takahashi, 1993).また，イネ科植物の仲間の花粉はいずれも形態が似ているが，花粉アレルゲンが異なるものがある.この性質を用いれば種々の抗体を用いることでイネ科花粉を区別して計数できる.たとえばカモガヤとギョウギシバなどがその例である(高橋，1990).空中花粉を計数する目的以外では，最近，空中花粉試料を患者血清で染色することによりその患者の感作されている花粉の種類を同定する方法が開発されている.　　　　(高橋裕一)

医薬品［medicine］→花粉医薬品

イラクサ科［Urticaceae］

世界に広く分布し，熱帯に多く，約42属700種が知られ，日本には12属40種が自生する.草本あるいは低木，葉や茎に刺毛がある種類もあり，皮部繊維が発達する繊維原料植物もある.花は単性で雌雄異株または同株，少数または多数集合して集散花序あるいは穂状花序を形成する.花被片は4〜5個から成り，雄蕊も花被片と同数，花糸は蕾の中で強く内側に曲がり，開花と同時に伸びてその反動で花粉を空中に飛散させる.すなわち自力で花粉をまき散らす風媒花である.花粉はErdtmanによると孔粒(porate)あるいは散孔粒(forate)で，亜扁球形〜球形である.幾瀬の分類(1956)では孔粒，5 A^{a-b-c}型で，大きさは7〜20μmともっとも小型である.カラムシ[*Boehmeria nippononivea*]の花粉症が早くから知られている.　　　　　　(佐橋紀男)

イリノイ氷河期［Illinoian glacial stage］→氷河期

医療花粉学［iatropalynology］

治療花粉学ともいう.人間の健康問題，とくに，花粉症に適用された花粉・胞子の研究.

(高橋　清)

インスタント花粉管 [instant pollen tube]

吸水して，まだ発芽していない花粉の培養液を4％程度の硫酸液に変えると，ただちに発芽孔から細胞内容が出現し，やや太い花粉管様の形状を示し，花粉管が形成されたようにみえる．これをインスタント花粉管と呼び，死んだ花粉を酸処理してもその形成はみられない．花粉の発芽過程が正常であれば，酸処理することで，花粉の培養時間にほぼ比例した長さの管が形成され，発芽直前の花粉に酸処理するともっとも長い管が形成される．その形成率と管の長さは，酸処理時の花粉の生理活性状態を示す1つの指標として利用できる．ヒマワリ花粉を10％ショ糖液で発芽させることはむずかしいが，開葯直後の花粉を使ってインスタント花粉管を形成させてみると，吸水後培養時間に比例してその形成率が低下し，培養20分で形成がみられなくなり，発芽能力がなくなることが推定できる．インスタント花粉管はペチュニア・ツバキなど発芽孔をもつ花粉では形成されるが，テッポウユリなど発芽溝をもつ花粉では形成されない．
(中村紀雄)

咽頭アレルギー [allergic pharyngitis；pharyngeal allergy]

咽頭アレルギー（またはアレルギー性咽頭炎）という疾患はいまだ診断基準が確立していない．1984年に沖倉は「季節性鼻アレルギーに咽喉頭症状を発現し易いこと，および，その際の咽頭の臨床症状，局所所見，病理組織学的所見」について報告し，この病態は主として鼻咽腔を中心に発症しているとした．しかし，鼻アレルギーに伴うのどのかゆみとしては，鼻咽腔（上咽頭）以外に口の奥の中咽頭と称する部分を中心として訴える場合が多い．鼻の奥で，解剖学上鼻腔に連続した位置にある鼻咽腔では，症状の由来を鼻腔と厳密に区別することはしばしば困難である．したがって，咽頭アレルギーと称する場合は中咽頭に由来する病変を主な対象とするほうが，鼻アレルギーとの独立性がより明確となり，疾患単位として設定する意義が大きいと考える．スギ花粉症単独感作例で「のど（口の奥）がかゆくなった」と答えた例は49％にみられ（宇佐神，1981），咽頭アレルギーの合併頻度は11.3％であった（宇佐神，1988）．咽頭アレルギーにのどのかゆみが必発とはいえないが，この疾患を疑ううえで重要な症状である．のどは発赤・腫脹など感染に似た所見を呈するが，臨床検査で感染の第一義的かかわりが否定される．
(宇佐神篤)

インピンジャー [impinger]

大気・作業室内などの空気環境測定用装置の1種で，円筒形のガラス製管に吸収液（水・有機溶媒）を入れ，細いノズルを通じ被験空気を吸引し，塵埃粒子を衝突沈着させて吸収液中に捕集するもので，吸引空気量から吸収液中の塵埃を計数（個/m³）または重量（mg/m³）で定量する衝撃式集塵器である（→口絵）．空中浮遊塵埃の1成分である空中浮遊花粉の定量に佐渡らが応用した（佐渡ら，1975）．空気単位容積当りの花粉濃度を知ることができるが，花粉捕集から検鏡までの処理に時間と手間を要するので,操作は花粉フリーの部屋（ボックス）を要することおよびフィールド用の携帯装置もあるが，液体を用いることや電源・吸引ポンプの携行を要するので扱いがたい．むしろ，空気中アレルゲン定量用の採取に向いているといえる．
(佐渡昌子)

インベルターゼ [invertase]

β-D-フルクトシダーゼ，β-D-フルクトフラノシダーゼ，サッカラーゼ，スクラーゼともいう．スクロース（ショ糖）やラフィノースなどのβ-D-フルクトフラノシド結合を加水分解する酵素（EC 3. 2. 1. 26）である．生物界に広く分布しているが，植物の酵素は最適pHが酸性側にあるものが多い．植物では細胞壁に存在するものがあり，花粉でも発芽の際に分泌されたり，表在性酵素として培地から供給されるスクロース分解の役割を担っている．ソテツ花粉の酵素は細胞表層でペクチン様多糖と複合体をつくり安定に存在している．なおスクロース α-グルコヒドロラーゼ（EC 3. 2. 1. 48）もスクロースを加水分解するが，これは α-グルコシダーゼの1種で α-

グルコピラノシド結合を切断する．
(原　彰)

隠胞子 [cryptospore]
四分子のときの接触部は特徴的であるが，条溝をもたない小胞子(Richardson, Ford & Parker, 1984)．
(内山　隆)

ウ

ウイスコンシン氷河期［Wisconsinian glacial stage］　→氷河期

ウイードシーズン［weed season］　→草本花粉季節

ウイルスフリー［virus free］
　ウイルスは一度植物に侵入すると自然治癒せず, 有効な治療薬も未開発の現状のなかで, つぎつぎにまわりの健全株に伝染してゆく. 栄養繁殖で栽培する多くの重要な果樹や, サツマイモ・イチゴ・ジャガイモ・キク・カーネーションなどでは, さらに後代へと伝染していく. ウイルスに感染すると減収と品質低下を招くが, 病徴のはっきり出ない潜在感染は罹病株の抜き捨てもできずもっとも厄介である. この難病ウイルスに対しては, アブラムシ駆除による感染予防, 病徴株の抜き取り, 弱毒ウイルスの干渉効果の利用, 指先や器具のアルコール消毒, 種子繁殖による回避のような消極策しかなく, 抗ウイルス性の育種素材(遺伝資源)に乏しいため, 耐病性品種の育成もままにならなかった. 昨今, 成長点のような分裂の盛んな組織には, たとえ感染植物であってもウイルスが存在しないことが明らかとなり, それらの組織を培養(茎頂培養)することで, ウイルスをまったく保毒しない健全な植物を確実にしかも大量に増殖できるようになった. このような, ウイルスをまったくもっていない状態をウイルスフリーという. ウイルスフリーの植物は実体顕微鏡下で成長点付近を 0.2～0.4 mm の厚さに切り出し, 無菌培養で育成するが, 組織が薄いとフリーは確実になるが, 苗の再生能が落ち, 反対に厚いと再生能は高いがウイルスが抜けにくい. 茎頂以外に葉身・葉柄・葯(花粉袋)のカルスからフリーの植物を育成することもあるし, 木本の果樹では枝の熱処理と茎頂培養を併行するとよい. 再生した苗は, 肉眼による病徴観察や電子顕微鏡観察, エライザ法, 指標植物による接木検定で, フリーを確認したあと網室で苗を増殖する. ウイルスフリー化で好成績をあげている植物は, サツマイモ・イチゴ・ニンニク・ナガイモ・フキ・サトイモ・カーネーション・キク・ユリ・ブドウ・ミカン類・モモなど, 広範囲に及んでいる. フリー苗の高価格, 増殖中や栽培中の再感染などの問題がある.　　　　(藤下典之)

ウエル法［well method］　→花粉管伸長

ウシノケグサ［*Festuca ovina*；sheep fescue］　→イネ科

渦鞭毛藻シスト［dinoflagellate cyst］
　渦鞭毛藻は淡水・海水域に棲息する単細胞生物で, 比較的単純な外形を示すが, 複雑な生活史をみせる. 通常は 2 本の鞭毛を用いて浮遊生活を営み, 増殖するときは無性的に 2 個体に分裂する. ある種では分裂した細胞がたがいに離れず, 時には 2 個以上の栄養細胞(vegetative cell)から構成される連鎖群体をつくることがある. 通常の栄養細胞の増殖とは別に, 性が関係した有性生殖による増殖方法も知られている. それは栄養細胞から配偶子が形成されることから始まる. 2 個体の配偶子の接合により運動性接合子(planozygote)を形成する. この細胞は 2 本の縦鞭毛と 1 本の横鞭毛をもっており, やや大型であることから栄養細胞と区別される. やがて運動性接合子のセルロース質細胞壁の内側にスポロポレニン類似の化学組成をもつシスト壁を形成し, 休眠状態に入る. シストの表面に棒状・針状・ひれ状の突起物を備えていることもある. この時点で鞭毛が放棄され, 細胞は運動能力を失う. 休眠性接合子(hypnozygote＝resting cyst：シスト)の形成である. この細胞は海底に沈降し, 種によって休眠期間が異なるが, その状態で数週間から数カ月を過ご

す．シストは水温などの刺激によって発芽を開始し，シスト壁の特定の部位（発芽孔）から遊泳細胞（運動性減数細胞；planomeiocyte）を放出する．この細胞は減数分裂を行い，その後に通常の栄養細胞に戻る．「抜け殻」となったシストは堆積物中に取り込まれる．

ある種の渦鞭毛藻は海水 $1 ml$ 中に 10^4 〜10^6 にまでも増殖して海水を変色させ，赤潮を形成する．シストは堆積物 $1 ml$ 中に 2.5×10^4 個含まれていた記録もあり，地質時代におけるこのような状態が石油鉱床の起源となった可能性も考えられている．現生する海棲渦鞭毛藻は2000種以上知られているが，これまでに培養実験によって約70種に化石化しうるシストが確認されている．シストの外形や表面装飾，発芽孔の形態・位置は種によって異なるため，化石として産出したシストをたがいに識別することができる．それらの特徴から栄養細胞を特定することができ，さらに同定された現生種の生態を知ることが可能となる．しかし渦鞭毛藻の化石（シスト）は浮遊状態にある細胞（遊泳細胞）と形態や生態・生理が著しく異なっているので化石渦鞭毛藻の研究には遊泳細胞のみならず，シスト固有の形態や生理・生態を理解することも必要になってくる．取り分け分類学的に留意しなければならないことは，これまでの研究の経緯により現生する渦鞭毛藻シストの一部は遊泳細胞に準拠した名称とは異なりシスト独自に適応される生物名で記述される場合があることである．（→パリノモルフ，ヒストリコスフェア類） （松岡數充）

内ひだ［endoplica, endoplicae (pl.)］
花粉で，内層が折りたたまれる，それゆえ，チューブ状の分離が外層と内層の間に起こる．内ひだは常にアトリウムに開き，それに付く．それはアトリウムが内層を不安定な構造にしているからである．内ひだは多くの *Triatriopollenites* に特徴的である（Thomson & Pflug, 1953）． （高橋 清）

畝［murus, muri (pl.)；vallum, valla (pl.)］
花粉の模様の一部となる隆起で，たとえば網目型花粉の網目や縞模様型花粉の線を区画

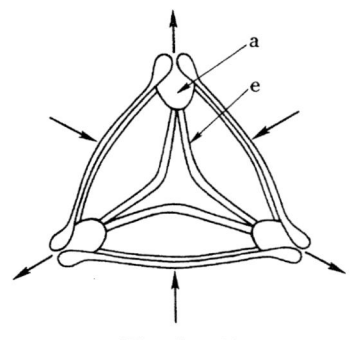

図　内ひだ
a：アトリウム（atrium），e：内層（endexine）の膨張ひだ（内ひだ）．
矢印は孔域の強い膨張容量を側面中央に対立するものとして示す．

している多少とも垂直な壁（Erdtman, 1943）．網目型の畝には murus が使われ，縞模様型では vallum が使われる． （三好教夫）

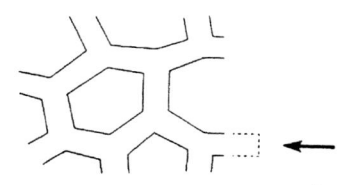

図　畝（Punt *et al.*, 1994）

ウメ［*Prunus mume*；Japanese apricot］
バラ科の大切な果樹として，また観賞用として現在広く日本の隅々まで栽培されているが，原産地の中国から古代に日本に渡来した．落葉高木，花は早春にほとんど無柄の五弁花を開き，芳香がある．雄蕊は多数で花弁より短く，雌蕊は1本で子房には密に毛がある．関東以西の地域ではスギ花粉の飛散開始より約1週間早く開花するので，ウメの開花日がスギ花粉の飛散開始日の指標になることが最近知られるようになった．花粉は幾瀬の分類（1956）では三溝孔粒，$6 B^b$ 型で，大きさは赤道径で 37〜39 μm あり，彫紋は指紋に似た線状紋である．同属のモモ，サクラ（ソメイヨシノ），サクランボ（セイヨウミザクラ）の花粉も同様な彫紋があり，いずれも職業性花粉症として報告されている． （佐橋紀男）

ウメ花粉症［ume pollinosis；Japanese apricot pollinosis］
ウメはバラ科サクラ属の虫媒花で，2〜3

月に開花する．観賞用または果実採取のため広く各地で植栽される．花粉は三溝孔粒線状細網状紋（指紋状紋），幾瀬分類の6 B^{b}で，大きさはウメが32-34×37-39 μm，ニワウメ [*Prunus japonica*] が23.5×27.5 μmである（幾瀬，1956）．空中花粉調査では2月から3月の間に，症例報告のなされた和歌山県南部町梅林内でウメ花粉が検出された（打越，1980，1981）．臨床例の最初の報告は1980年に打越が行った．症例は36歳の主婦で，25歳から梅林内で開花期に下草刈りと除虫作業を連日行うようになり，10年後からウメの開花期の朝夕と，とくに作業時の発作増強が出現した鼻アレルギー・結膜アレルギー例である．くしゃみ・水性鼻汁を主訴とした．ウメ原液およびダニ・ハウスダストによる皮内反応が陽性で，ウメ抗原での鼻眼誘発反応は陰性，RASTはtotal isotope countの8.9％であった．スギRAST陽性であったが，スギ開花期の発症はなかった．同時に他に5例が報告された．その後，ウメ花粉症の報告，ウメ花粉での抗原検査成績の報告のいずれもみない． 　　　　　　　　　　　（宇佐神篤）

ウラスギ [*Cryptomeria japonica* var. *radicans*]

日本海側の多雪地帯に適応したスギをいう．京都府芦生の京都大学演習林に自生するスギがスギ [*Cryptomeria japonica*] の変種であるとしてアシウスギ [var. *radicans*] と名づけられた．アシウスギはその特徴が日本海側の積雪地に広く自生するスギの特徴と共通なのでウラスギともいう．下枝が枯れあがらず，垂れて地面に付くと根を出して独立した木になる性質（伏条更新という）がある．ウラスギに対して太平洋側に生育するスギをとくに区別して呼ぶ場合に，オモテスギということもある．（→スギ，スギ花粉症） （横山敏孝）

ウルム氷河期 [Würm glacial stage] →氷河期

ウロン酸 [uronic acid]

アルドースの第一級アルコールが酸化された糖酸である．自然界ではD-グルクロン酸，D-ガラクツロン酸，D-マンヌロン酸が重要である．遊離の状態では存在することが少なく，多糖類の構成成分として見出される．動物ではムコ多糖類のヒアルロン酸などに主に含まれるが，植物ではペクチン・アルギン酸・ヘミセルロースなどに含まれており，花粉では細胞壁のヘミセルロース・ペクチン画分にグルクロン酸あるいはガラクツロン酸が含まれる．花粉壁におけるウロン酸含量は植物の種類で差があまりみられず，通常その10％程度がメチル化されている．ウロン酸は花粉壁では負の電荷あるいは陽イオン交換能（CEC）を与えている．内壁の結合型ウロン酸は表在性蛋白質や酵素の保持作用をもっている．

　　　　　　　　　　　（原　彰）

エ

エイ・ピー［AP；arboreal pollen］ →樹木花粉

栄養核［pollen tube nucleus；tube nucleus；vegetative nucleus］ →花粉管細胞

栄養細胞［vegetative cell］ →花粉管細胞

液体培地［liquid medium］
　微生物や動植物細胞の培養のために用いる培地のなかで，液体状のものをいう．寒天などを加え固めた固形培地に比べ，通常細胞や組織・器官の成育が速いため大量培養などでよく用いられる．植物細胞においては，さらにフラスコなどの培養容器を振盪しながら培養したり，通気攪拌しながら培養を行う方法もある．成熟花粉の発芽実験や花粉（葯）培養でも液体培地はしばしば用いられているが，培地成分のみならず浸透圧やpH調整に一層の注意を要する．　　　　（田中一朗）

枝打ち［pruning］
　林業技術の1つで良質の木材をつくるために樹冠下部の生枝の一部や枯れ枝をそれらの付け根から切り落とすことをいう．枝打ちの主な目的は製材品の表面に節が出ないようにすることである．また，年齢幅のそろった木材をつくる効果があり，森林内の光条件や通風などを良くして下層植生を維持する効果や病虫害を予防する効果も期待される．
　　　　　　　　　　　　　　　（横山敏幸）

エックス小体［X-body］
　X-小体とも書く．受精直後の被子植物の胚嚢内に出現する凝縮状の小体．通常，2個存在し，一方は，胚嚢内の2個の助細胞のうち，花粉管が侵入した側の助細胞が退化し，核が凝縮したものであり，核小体を含む．他方は花粉管を通じて侵入した花粉管核が退化・凝縮したものであり，一般に核小体を含まない．
　　　　　　　　　　　　　　　（寺坂　治）

エドワード・プロット［Edwards plot；gravitational center method］
　重心法ともいう．季節的に局在する疾病の周期変動をみる疫学研究方法の1つである．Edwardsらは，1年を円と考え，円を月に相当する12のセクターに分割し，年間総数・月別数と角度から数学的方法を用い計算を行い重心を求め，重心の分散から季節変動を推定するものである．季節変動のみられない場合の重心の期待値は円の中心に一致し，重心の円中心からの距離は，季節変動の強さを示す．この方法によれば，カイ平方（χ^2）検定（統計学）で有意にならないような低水準の周期変動をみることができるが，季節変動の山が1つであるものについてのみ有効である．佐渡ら（1979）は，この手法を空中浮遊花粉（年間・花粉別）の季節変動の解析や空中浮遊花粉の飛散状況とアレルギー患者の発生状況の解析に応用した．この方法によれば年間変動状況を視覚的に容易に把握できるし，重心日・重心の強度が数値で表示されるので，年度間の比較も行いやすい．　　　（佐渡昌子）

エヌ・エイ・ピー［NAP；non-arboreal pollen］ →非樹木花粉

n世代［n-generation］ →単相世代

F_1雑種［F_1 hybrid］
　種間・品種間あるいは遺伝的性質の違う個体間の交配で生じた雑種の第1代目をいう．F_1雑種には，普通，雑種強勢（ヘテロシス）が現れ，生育が旺盛で，両親のすぐれた形質を組み合わせることも可能であり，両親の遺伝的純度が高いとF_1雑種の形質はみごとに揃う．遺伝的に固定した新品種を育成するには，数年から10年近くを必要とするのに対し，F_1雑種の場合は両親の組み合わせさえ決定すれば，1年で新品種が市場に出せる．このようなF_1雑種は，初期には交配が容易で，1

果実（1交配）当りの種子数の多い，トウモロコシ・スイカ・ナス・トマト・キュウリの育種に利用され，その後，ダイコン・ハクサイ・キャベツ・タマネギ・ホウレンソウ・ペチュニア・プリムラ・マリーゴールドなどの育種にも，自家不和合性・雄性不稔性，あるいは雌雄異株性を生かして取り入れられた．現在はマメ科を除く大部分の野菜や種子繁殖する花で大規模に採用され，F_1 雑種の種子がもっともとりにくいとされていたイネやムギにも雄性不稔性を利用した技術の開発が進み，中国やアメリカではハイブリッドライスが実用化している．交雑の困難な種間や属間の雑種の育成に，細胞融合が注目されてはいるが，栽培植物として市場に出まわるのにはまだ時間が必要なようである．　　　　　　（藤下典之）

エルトマン［Erdtman, Gunnar, 1897-1973］

スウェーデンの花粉学者．von Post の門下として花粉分析法の確立，花粉形態学の発展に寄与した．また 1934 年には，堆積物の処理法とひろく用いられているアセトリシス法を考案し，花粉分析法の改善にも貢献した．ストックホルムから刊行されている国際的花粉学雑誌 *Grana Palynologica*（1954– ，70 年以降 *Grana* と改題）の編集者としても著名である．主著には，*Pollen morphology and plant taxonomy I, Angiosperms,* 1952, *An introduction to pollen analysis,* 1954, *Handbook of palynology,* 1969 などがある．（→花粉分析法，アセトリシス法）　　　　　（畑中健一）

エーレンベルク［Ehrenberg, Christian Gottfried, 1795-1876］

ドイツの花粉学者．ドイツのサクソン生まれ．本来菌学者であったが，1837 年に，今日パリノモルフと呼ばれている主な種類の大部分が記載された論文をベルリン科学アカデミーに提出した．微古生物学の開拓者である．38 年にドイツの Göppert が最初に化石胞子・花粉を記載し，線画を描いたものをみて今日ではアクリタークや渦鞭毛藻類シストと呼ばれる微化石を記載した．（→アクリターク，渦鞭毛藻シスト）　　　（高橋　清）

塩沼地の植物［salt marshes plant］

河口や海岸沿いで満潮時には海水にひたり，潮が引くと外気にさらされる砂泥地を塩沼地という．ここでの水分は塩分濃度が高いため，特殊な植物しか生育できないことになり，特有の植物が分布する．一般に好塩性植物とか耐塩性植物といわれる．台湾，フィリピン，東南アジアなど熱帯・亜熱帯の塩沼地の植生はマングローブ林である．日本のマングローブは常緑広葉樹林帯の南部にあたる九州薩摩半島の喜入のメヒルギ群落を北限として，南西諸島に分布する．日本でのマングローブの構成種はメヒルギ，オヒルギ，ヤマプシキ，ヤエヤマヒルギ，ヒルギモドキ，ヒルギダマシである．常緑広葉樹林帯（ヤブツバキクラス域）の塩沼地の植生はハママツナ，ハマサジ，シチメンソウなどの塩生植物のほかに，厳密な意味では塩生植物ではないが，ウラギク，シオクグ，ホウキギク，トウオオバコ，ヨシなどで構成され，それぞれの立地に固有の群落を形成している．シチメンソウ群集は九州北部，ハマサジ群集は本州中部以南，フクド群集は紀伊半島以西，シオクグ群集は北海道の大部分を除く日本全域，ナガミノオニシバ群集は仙台付近以西に分布している．夏緑広葉樹林（ブナクラス域）の塩沼地植生としては，北海道のサロマ湖，能取湖，風蓮湖に分布するアッケシソウ群落があげられる．一年生草本のアッケシソウを標徴種とするアッケシソウ群落は塩沼地の海側の最先端で純群落となる．アッケシソウ群落の陸側には，チシマドジョウツナギとウシオツメクサを標徴種とするチシマドジョウツナギ群集が成立し，さらに陸側にはドロイを標徴種とするドロイ群集が分布する（宮脇，1977）．
　　　　　　　　　　　　　　（長谷義隆）

遠心［distal; distalis］

遠位ともいう．花粉・胞子が形成される際に細胞分裂によって四分子となる．この四分子期における四分子の中心側に対して反対側の部分をいう（Jackson, 1928；Wodehouse, 1935）．この部分の面を遠心面，遠心極面（distal face）という．また，遠心面の中心を遠心

極(distal pole)という．(→付録図版)
(高原　光)

遠心極［distal pole］　→遠心

遠心極面［distal face］　→遠心

遠心面［distal face］　→遠心

遠心面合流三溝型［trichotomocolpate (adj.)］

遠心極に三放射型の発芽口をもつ花粉型(Erdtman, 1945, 1969)．(→付録図版)
(高原　光)

遠心面合流三長口型［trichotomosulcate (adj.)］

3本の長口が遠心面でY字状に合流している花粉型(Erdtman, 1952)．ヤシ科の一部の属などにみられる花粉型．(守田益宗)

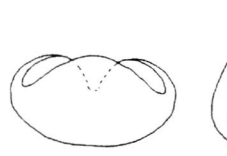

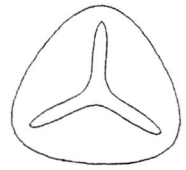

図　遠心面合流三長口型(Punt et al., 1994)

遠心面合流四長口型［tetrachotomosulcate (adj.)］

4本の長口が遠心面でX字状に合流している花粉型(Erdtman, 1952)．(守田益宗)

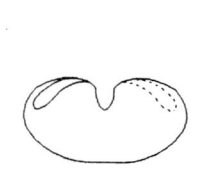

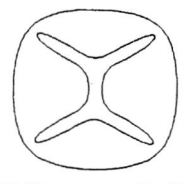

図　遠心面合流四長口型(Punt et al., 1994)

遠心面有孔型［anaporate (adj.)］

遠心面孔型ともいう．遠心面に孔を有する花粉型．裸子植物や単子葉類にみられる．反対の向心面にあれば向心面有孔型(cataporate)である．(高橋　清)

遠心面有溝型［anacolpate (adj.)］

遠心面溝型ともいう．遠心面に溝がある花粉型．ソテツ属・イチョウ属・マツ属・モクレン属・ユリ属などすべてこの例である(Erdtman, 1958)．(高橋　清)

円錐［conus, coni (pl.)；conate (adj.)］

胞子の表面模様の1型で，円錐形の突起．高さが基部直径の2倍以下のもの．胞子形態でのみ使われる用語で花粉用語の刺とほぼ同義．(高橋英樹)

円錐状空間［fastigium, fastigia (pl.)］

図　円錐(Punt et al., 1994)

溝孔型花粉粒の内口が，ドーム状の有刻層の中にできた空間(Reitsma, 1966)．同義語に溝腔(Thomson & Pflug, 1953)があり，これは現生花粉には用いられていない．また，アトリウム(Punt, 1962)，前腔(Potonié, 1934)も同義語で，前腔は孔型の場合に用いられる．例：ダケカンバ，ハンノキなど．
(内山　隆)

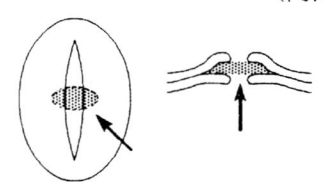

図　円錐状空間(Punt et al., 1994)

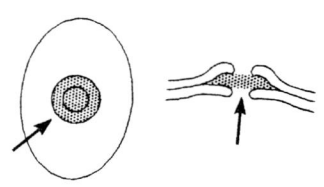

図　前腔(Punt et al., 1994)

円柱［baculum, bacula (pl.)］

胞子の表面模様の1型で，長さが1μmよりも大きくて，直径がこれよりも短くて，円柱状のそれぞれ独立した外壁に由来する突出物(Potonié, 1934)．柱状層の小柱の同義語として使う場合もある．(→柱状層，付録図版)
(三好教夫)

円柱型［baculate (adj.)］　→円柱

縁辺隆起［marginal crest；marginal ridge］

辺縁隆起ともいう．マツ型花粉の帽部や発芽溝のやや張り出している縁．マツ科・マキ科などの花粉の識別には重要である．(→付録図版)
(高橋　清)

オ

凹蠕虫型 [vermiculate (adj.)]
蠕虫がはい回ったような跡が完全にへこんで，外壁表面に不規則な分岐穴が生ずる胞子型．ノレム-川崎の型式のVEM型である（川崎，1971）． （高橋 清）

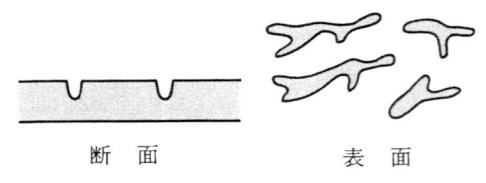

図 凹蠕虫型（断面／表面）

凹入口 [ptychotrema, ptychotremata (pl.); ptychotreme (adj.)]
凹状口ともいう．子午線方向に深いくぼみ（通常は3個）があり，そのくぼみの底に口があるような放射相称花粉を指す．極観像でみると花粉の輪郭の陥入部分に開口部がある．花粉が乾燥状態にあったり処理の途中で急激な脱水を行ったりしてもこのような形態がみられるので，本来の形態なのか処理によるものなのか注意が必要である．湾曲部発芽装置型や裂片部発芽装置型とほぼ同義．
（高橋英樹）

凹部 [lacuna, lacunae (pl.); lacunate (adj.)]
大網目型の模様をもつ花粉表面において，畝状部分で区画され大きく穴になったりへこんでいる外壁部分．凹部は口そのものではないが，口が凹部に位置することはある．凹部の形や数・配列は，キク科の一群の花粉形態において重要な特徴となっており，その位置によって孔隔凹部・赤道凹部・孔間凹部・孔側凹部・極凹部・孔接凹部・周極凹部などが区別される．（→付録図版） （高橋英樹）

凹部中間間隙 [interlacunar gap]
大網目型花粉において，外口を凹部と隔てている有刻層の隆起部における切れ目をいう（Wodehouse, 1935）．（→付録図版）
（高原 光）

凹部中間隆起 [interlacunar ridge]
タンポポ亜科のような大網目型花粉において凹部を隔てている隆起（Wodehouse, 1935）． （守田益宗）

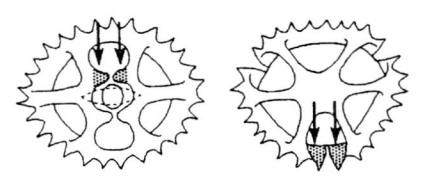

図 凹部中間隆起（Punt et al., 1994）

大網目型 [lophate (adj.)]
隆起条紋型，隆起網紋ともいう．有刻層が凹部を取り巻く畝状の模様に隆起している花粉（Wodehouse, 1935）．（→長刺大網目型，平滑大網目型，付録図版） （三好教夫）

大型植物化石 [mega-plant fossil]
地層から産出する樹木や草本化石は一般に植物体全体が完全にそろった形で得られることはほとんどなく，各器官がバラバラになった状態である．通常，葉・種子・材などの化石のように露頭でその存在が確認でき，肉眼やルーペで観察できる程度の大きさをもつものを大型植物化石という（大木となる樹木の化石の意味ではない）．大型植物化石は，植物体そのものが残っている遺体化石や植物体は分解してなくなり，その印象だけが残っている印象化石として産出する． （長谷義隆）

オオバコ科 [Plantaginaceae]
温帯を中心に広く世界に分布しているが，種類数は少なく，3属265種が知られ，日本にはオオバコ属の1属6種が自生しているだけである．多年草，両性または単性，葉は多くは根性葉で，単葉．花は四数性，萼片・花弁・雄蕊は各4からなり，これらの小さい花がたくさん集まり，穂状花序を形成する．日

本では花粉症原因植物としてまだ明らかにされてはいないが，欧米ではヘラオオバコ[*Plantago lanceolata*]を原因植物としている．日本および東アジアに広く分布しているオオバコ[*P. asiatica* var. *densiuscula*]の花粉も初夏から飛散しているので，今後注目しなければならない種類である．花粉は幾瀬の分類(1956)で多数散孔粒，4 C^{a}型で球形，大きさは22〜30 μm である． （佐橋紀男）

オオバヤシャブシ花粉症[ohbayashabushi pollinosis]

オオバヤシャブシ[*Alnus sieboldiana*; alder]は被子植物カバノキ科ハンノキ属に属す．天然分布は，福島県から紀伊半島の太平洋側の沿岸山地および伊豆半島であるが，この植物は空気中の窒素から根瘤に養分を蓄え，やせ地でも成長が早いため，西日本とくに六甲山系では，古くより治山や造成地の緑化の目的で，多数植林されている．花期は3月中旬から約1カ月．花粉型は幾瀬の分類(1956)によれば，赤道上多数短溝型，管口はふつう4〜6，多くは5個で，大きさは21.5-23×28-31 μm である．花粉量はきわめて多いが，飛散距離はスギ・ヒノキほど大ではない．

初例は1990年に中原によって報告された．以下その概要を紹介する．症例は54歳主婦．15年前より現住所である神戸市の六甲山南麓に居住しているが，3年前から春季にくしゃみ・鼻水・鼻づまりの鼻症状と，眼の瘙痒感・流涙の眼症状が著明となり，日常生活に支障をきたすようになった．既往歴としては特記することはなく，ほかのアレルギー疾患もない．家族歴は長女と次女に春季花粉症の疑いがある．検査成績は鼻汁好酸球(3+)，皮膚テストでは花粉・真菌・動物表皮・木材類などの17種の抗原が陰性，HD，オオバヤシャブシおよびハンノキが陽性であった．皮膚稀釈スクラッチテストの閾値は 2×10^{-4}．RAST scoreはオオバヤシャブシ・ハンノキ属・シラカンバ属各1，ハシバミ属およびHDは0．鼻粘膜誘発テストはオオバヤシャブシが強陽性であった．以上の結果より，本症例をオオバヤシャブシ花粉症と診断した．さらに中原らは，その患者の居住地周辺の住民の疫学調査を実施して，同地区の有病率を23.0％，隣接地区11.3％と推定している．また小笠原(1992)らはやはり六甲山麓の芦屋市において，10年以上居住の成人女性を対象にした疫学調査で，スギとの合併も含めたヤシャブシ花粉症は，山間部18.9％，山麓部10.6％，平野北部10.7％と述べている．ここで興味深いのは，ヤシャブシ・シラカンバなどのカバノキ科花粉症の重症例では，しばしばリンゴ果肉などの食物アレルギーを合併することである． （中原　聰）

オオブタクサ[*Ambrosia trifida*; giant ragweed] →クワモドキ

おしべ[stamen] →雄蕊(ゆうずい)

オートラジオグラフィー[autoradiography]

オートラジオグラフ法またはラジオオートグラフィーともいう．生物体に特定の放射性標識物質(トレーサー)を与え，感光材料(写真乾板あるいは乳剤)を使って，細胞組織内へのトレーサーの取り込みを追跡し，目標とする物質の分布・移動・代謝を細胞化学・組織化学的に調べる方法．具体的には，特定のトレーサーを取り込ませた生物体や切片標本に，暗室内で写真乳剤を密着させて一定期間露光させる．その後，現像すると，トレーサーからの放射線によって感光された部位には黒い現像銀粒子が出現する．このようにして，標本中のトレーサーの分布を感光材料中に記録することができる．また，この方法は，観察するレベルの違いから，次の3種類に分けられる．すなわち，生物体の器官・組織のオートラジオグラフィーの結果を肉眼で巨視的に観察するものがマクロオートラジオグラフィー，切片にして光学顕微鏡下で観察するものがミクロオートラジオグラフィー，超薄切片をつくり特殊な処理をして電子顕微鏡下で観察するものがウルトラミクロオートラジオグラフィーまたは電子顕微鏡的オートラジオグラフィーである．この他，生体に標識せずに調整した溶液試料を標識し，ペーパークロマ

トグラフィーや電気泳動における微量物質の同定に使われるオートラジオグラフィーもある．放射性核種として，マクロオートラジオグラフィーには，^{14}C，^{45}Ca，^{59}Fe，^{125}I，^{32}P，^{35}S，^{90}Sr が，ミクロおよびウルトラミクロオートラジオグラフィーには^{14}Cと^{3}Hが主に使用されている．花粉学の分野では，これまで花粉内壁や花粉管壁の形成機構(関与する前駆物質やオルガネラなど)を調べるために用いられた例がある．(→口絵)　　　(中村澄夫)

オーナメンテーション [ornamentation]
花粉・胞子の表面に付いている付属物．これらは花粉・胞子の個性的特徴を示すので，形態・形質の研究に重要である(上野，1987)．彫刻(sculpture)の不十分な同義語．
(高橋　清)

オパキュルム [operculum, opercula (pl.)]
渦鞭毛藻シストの記載用語．ゴニオラックスグループやペリデイニウムグループのシストの発芽は，ある鎧板に相当する特定の部分から行われる．このときに形成される発芽孔を塞いでいた偽鎧板をオパキュルムと呼び，次の3つの型に区分されている．偽縫合線の形成が完全で，オパキュルムがシストから完全に分離する型(free)，偽縫合線の形成が完全ではあるが，オパキュルムがシストに付着している型(adnate)，さらに偽縫合線の形成が一部不完全で，オパキュルムがシストに付着している型(adherent)である．(→渦鞭毛藻シスト，発芽孔)　　　(松岡數充)

おばな(雄花) [male flower] →雄花(ゆうか)

オービクルス [orbiculus, orbiculi (pl.)]
スギ科・ヒノキ科・イネ科などの花粉表面に散在する小円形または金平糖状の小粒体．金平糖状のものをユービッシュ体という．
(高橋　清)

オモテスギ [omote-sugi] →スギ

オランダイチゴ [*Fragaria grandiflora*] →イチゴ

オルガネラ [organelle]
細胞小器官ともいい，真核細胞において膜系によって区画された，一定の機能をもつ細胞内高次構造体の総称．このうち，ミトコンドリアと色素体(葉緑体)は核ゲノムとは別に独自のゲノムを有し，自己増殖を行い，また原核細胞型の転写・翻訳系を用いてそれぞれに固有の酵素系を発現させることから，核を含めこれら3つの構造体を限定してオルガネラと呼ぶこともある．広義には，これら3つに加えてゴルジ体・リボソーム・マイクロボディーなどの構造体を含み呼んでいるが，澱粉粒や液胞などの後形質はこれに含めないのが普通である．オルガネラはそれぞれが一定の重要な機能をもつとともに，分化や成長に伴って変化することも知られている．花粉内にもこれらオルガネラは存在するが，母性遺伝を行う種の花粉の雄原(生殖)細胞や精細胞の細胞質には色素体がみられない．また，細胞質雄性不稔系統ではミトコンドリアのDNAに変異がみられることが知られている．
(田中一朗)

オンクス [oncus, onci (pl.)]
花粉の孔や溝を裏打ちする内壁の厚い部分で，側面からみるとレンズ状の形をしている．複口の場合はとくに内口を裏打ちする部分に限定して用いられる．同義と考えられるやや古い用語として Zwischenkörper があるが，両者は違うとの意見もある．　　　(高橋英樹)

温帯針葉樹林 [temperate coniferous forest]
太平洋側の暖温帯から冷温帯への推移帯(中間温帯とも呼ばれる)に分布するモミやツガ優占の針葉樹林である．中国地方や四国地方には急峻な山地が多く，このような常緑針葉樹林がみられる．四国では石鎚山の海抜約600～1000 m に分布するモミ・ツガ林がこれに当たり，このモミ・ツガ林はアカガシ・ウラジロガシとの混生林となり，岩角地では，小面積ではあるが，トガサワラ・コウヤマキなどの固有の分布を示す針葉樹の森林もみられる．九州では霧島山のツガ林が有名で，この針葉樹林は海抜 800～1200 m の山地斜面や尾根部に成立し，高木層にはモミやツガ・コウヤマキが優占し，亜高木層にはアカガシ・ウラジロガシ・ハイノキ・ソヨゴ・サカ

キ・アセビ・シキミなどの常緑広葉樹や時にはコハウチワカエデ・ホオノキ・ネジキ・リョウブ・ヒメシャラなどの落葉広葉樹を伴うことがある．低木層には高木層や亜高木層を構成する樹種の低木やイヌツゲ・ミヤマシキミなどの低木が生育している．草本層はきわめて貧弱である（宮脇，1977）．（岩内明子）

温暖前線 [warm front]

暖気側から寒気の方向に移動する前線で，日本など北半球では低気圧の東側に形成される．暖気が前面の寒気の上に乗り上げる形になり，前線面の勾配は1/200〜1/300ぐらいである．前線の寒気側(進行方向)に平均して300 kmの雨雲をもち，さらにその先に300 km前後の曇の領域をもつ．寒冷前線に比較すると前線付近での気温・風・湿度などの変化は小さいのがふつうである．（村山貢司）

温湯除雄 [hot water emasculation]

イネ科作物の育種を行ううえで不可欠な人工交雑を行うための除雄法の1つで，近藤(1936)，Jodon(1938)，長尾と河村(1942)により研究がなされた．この方法は，花粉と柱頭および子房の高温(温湯)抵抗性が異なることを利用して，花粉だけの機能を失わせ，雌性器官は機能を失わない限界の温度で処理して除雄するものである．たとえば，イネでは通常43°Cの湯に7分間つけて除雄するが品種・生理状態で変動し，変動短日処理したイネでは43°Cで4分程度がよく(近藤，1942)，オーチャードグラスでは43°C，15分あるいは41°C，30分とされている(村上，1955)．

（大澤 良）

温度要求度 [necessary temperature]

作物・樹木などが生育しやすく，高い収量が得られる温度条件は個々の作物・樹木によって，また，地理的条件によって異なっており，生育に必要な温度条件を温度要求度という．温度要求度を示すには各種の方法があるが，一般には有効積算気温(ΣT_{10})が用いられる．これは日平均気温が10°以上になる期間について日平均気温を積算したもので，単位は度日で表される．日本においては北海道で2000〜2500度日，東北から本州中部にかけては2500〜4000，本州南岸から西日本が4000以上になる．（村山貢司）

温量指数 [warmth index]

作物や木材の温度要求度を評価するのに用いられる数値で，月平均気温が5°C以上の植物期間について月平均気温から5°Cを減じた数値を積算したものであり，植物生態学ではよく使用され，以下の式で表される．

$$WI = \Sigma(T_m - 5)$$

ここで，T_mは月平均気温，単位は度月．日本における温量指数の等値線は果樹の栽培分布とほぼ一致するといわれており，その数値は北海道で45〜65，東北地方で65〜90，関東から中国地方の大半で90〜120，本州南岸から四国，九州で120〜140となっている．スギ・ヒノキの場合にはWIが80〜140の地域が適地といわれている．（→暖かさの指数，寒さの指数） （村山貢司）

カ

開花 [flowering ; blooming]

花を咲かせる植物が，花芽形成をして成熟花となり，花を開くことである．モウセンゴケなどの閉鎖花を除けば，植物の開花はそれに続く開葯から，受粉・受精・結実へと進むために不可欠な過程である．植物が花芽形成をして開花するためには，吸水して催芽した種子または幼植物から植物体が大きくなっていく栄養成長期にかけて，特定の温度条件に一定期間さらされる必要があり，引き続いて特定の日長条件（厳密には夜間の長さすなわち連続した暗い時間の長さ）が繰り返される必要がある．一般に，個々の植物の開花必要条件には，特定の温度に敏感な成長前期の環境反応と，特定の日長に敏感な成長後期の環境反応の2つがある．すなわち，ハボタン・ハクサイ・ソラマメなどのように冬期間を植物体で越し春から夏に咲く植物は，一般に低温処理（春化処理；vernalization）と長日処理が必要な緑体春化型の長日性植物か，ダイコンなどのように催芽種子でも春化処理が可能な種子春化型の長日性植物である．ハボタンやハクサイでは，幼植物から一定の期間6℃以下の低温にさらされることがまず必要であり，このように低温にあうことによって花成感応して栄養成長から生殖成長へと代謝が転化して花芽の原基細胞ができる．春化処理を受けたハボタンやハクサイが，春を迎えて真冬の短日条件から徐々に日長が長くなり長日条件になってくると，花芽が肉眼でもみえるようになり，やがて黄色の花弁を広げ開花する．また，トウモロコシ・ナス・トマトなどのように春に芽を出して真夏に咲く植物は，日長には鈍感で，一定温度以上の気温にしばらくの間さらされて，ある積算温度に達すれば日長には関係なく開花（出穂）する中性植物である．さらに，イネ・ソバ・コスモスなど秋に咲く植物は，一定温度以上の気温にしばらくの間さらされてある積算温度に達した後，短日にならないと開花しない短日性植物である．ここで，短日とは単純に1日の半分の12時間以下ということでなく，個々の植物ごとに限界日長が決まっている．たとえば，南九州で秋栽培されている秋型ソバ品種には，14時間30分以下の日長にならないと開花できない個体がある．しかし，北海道の夏から初秋に栽培される夏型ソバ品種では，すべての個体が日長に鈍感で，14時間30分以上の日長下でも一定温度以上の気温にしばらくの間さらされてある積算温度に達すれば，容易に開花するという具合である．なお，開花期間中，毎日決まった時刻になぜ咲き，どのような仕組で開花するのかという開花時刻については，アサガオなどを除けば詳しいことはわかっていないが，気温・空気湿度・明暗などの周期的な変化が複雑にからみ合って関与しているものと考えられている．

（生井兵治）

開花前線 [inflorescence front]

等開花線図ともいう．桜前線などで知られるように，地図上に，開花時期を等しくする（と予想される）地点を結んで得られる図．スギ花粉の飛散状態を予測したり，ミツバチの採蜜のための移動時期を計画したりするのに役立つ．

（佐々木正己）

開花日予測モデル [modeling of the forecast of flowering date]

日本ではスギの開花予測モデルが試みられている．地図上である地点のスギの開花日を表示するのに，各地のアメダス気温あるいはメッシュ気温を用い，積算気温がある温度に到達した日にその地域のスギが開花すると仮定して地域ごとのスギの開花状況をコンピュータのディスプレイ画面上に表示する方法が

開発されている．この方式は視覚的に患者の居住地周囲の開花状況を知ることができるため花粉情報提供としての利用価値が高い．スギ以外では，ドイツ国内で各地に生物気候学的調査者を配し地域ごとの植物の開花・発芽・出穂・紅葉などの観測が行われており，観測者からのデータはコンピュータに入力され住民への花粉情報提供が行われている．
（高橋裕一）

開花暦［floral calendar］
1年間を通じて各季節に，多くの植物が花を咲かせている．その植物の種類別に，それぞれの花の咲く時期を調べ，表にしたもの．同じ植物でも地方によって，その時期は多少前後する．天候によっても，前後する年もある．主な植物では，関東地方において，例年1月ごろから，スギの開花が始まり，2月上旬から，約3カ月間，空中での飛散が観測される．同じころに，カバノキ科のハンノキ属も開花する．3月には，ヒノキ科・イネ科・ニレ科．4月になると，ブナ科・マツ科・タデ科などが順次開花する．8月に入ると，ブタクサ属・ヨモギ属・カナムグラなどが開花する．しかし，スギの場合など，九州地方は関東地方と比較して，半月ほど早く花粉の飛散が観測され，北海道・東北地方は，半月から1カ月ほど遅れる．また，暖冬の年では，半月以上早く飛散が観測される．これは，北日本において，顕著に現れる．（劔田幸子）

海岸植生［maritime vegetation］
海岸に面した土地では気温・湿度・塩分などについて特殊な条件がつくり出される．これらの条件は一般の植物の侵入を妨げるものとなる．この特殊な環境に耐えうる植物のみが分布を広げている．このような植物群をいう．海岸の典型的な地形によって，砂丘植生・断崖植生・塩沼植生が認められる．砂丘植生は日本の各地に認められ，砂の移動条件により，海側から陸側へ，アキノミチヤナギ-ホソバノハマアカザ群集，ハマグルマ-コウボウムギ群集，ハマグルマ-オニシバ群集，ハマニガナ-ビロウドテンツキ群集，チガヤ-ハマゴウ群集，クロマツ林の規則的な植生配列を示している（宮脇，1977）．海に面した岩石露出地や急斜面では水分の乏しい過酷な条件にも適応した断崖植生（マサキ-トベラ群集，イソギク-ハチジョウススキ群集，ハマホラシノブ-オニヤブソテツ群集）が成立する（宮脇，1977）．塩沼植生は，塩沼地の植物の項参照．
（長谷義隆）

外口［ectoaperture］
外部口ともいう．開口部が複口構造をとるとき，花粉表面にある外部の口をいう．内部に隠された口は内口という．通常は花粉外壁の有刻層の欠落部分である．双子葉類に多いのは内口式三溝粒だが，その場合は溝が外口に当たる．外口と内口は機能的にも分化していることが多く，外口は主に乾湿に対応したハーモメガシーに，内口は主に花粉管の発芽に関与している．
（高橋英樹）

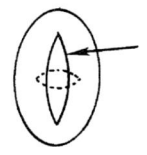

図　外口（Blackmore et al., 1992）

外孔［ectopore；ectoporus, ectopori (pl.)］　→外口

外口環［ektannulus, ektannuli (pl.)］
花粉の発芽口の周縁が急に肥厚している部分．ノルマポーレスの肥厚した口環の記載に用いられている（Batten & Chistopher, 1981）．
（内山　隆）

開口部［apertural area］
花粉が発芽し花粉管を出す部分を指す．開口部の形態・数・位置・性質などは植物分類群によって特異的であり，植物の分類や系統を明らかにする重要な手がかりを与えてくれる．
（守田益宗）

海成層の花粉［pollen of marine sediment］
海成層中にも陸域から河川流によって運び込まれた細粒物といっしょに，花粉粒子が含まれる．また，とくに風媒花からの花粉は陸域からかなり離れたところまで風に乗って運ばれることが知られている．海成層の形成海域（陸からの距離）にもよるが，陸成層中の細粒層に比べると含まれる花粉・胞子粒の量が

少なく，また，著しく限られた種類の組成となりがちである．(→花粉・胞子の散布，ネーベス効果) (長谷義隆)

回旋型 [convolute (adj.)]

ノレム-川崎の型式のCOV型．胞子表面の凸起上面の横断面が半円形で，表面からみると，長い堤防状の突起がきわめて不規則に並んだもの． (高橋 清)

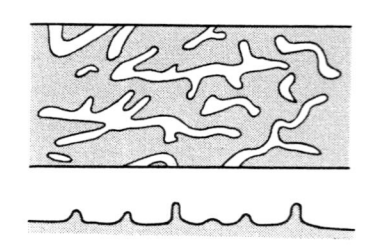

図 回旋型
上：平面，下：断面．

外層 [ectexine；ektexine] →有刻層

外層部無口型 [cryptoaperturate (adj.)]
→無口型

回転式捕集器 [rotary sampler]

空中に浮遊している花粉を捕集する面が，回転しながら，花粉を捕集する装置．捕集装置に羽翼が付いているため，風により回転するアイ・エス式ロータリー型花粉捕集器や，回転装置を付け，風に関係なく，機械的に一定速度で回転させ，空気を攪拌しながら捕集するようになっている間欠回転スライド捕集器などがある． (劔田幸子)

ガイドマーク [guide mark]

花の上にあって，視覚・嗅覚・触覚により送粉者に蜜や花粉など餌の所在を示す標識である．視覚的ガイドマークは花被上の模様などとして一部ヒトにもみえるが，虫媒花では紫外線によるガイドも行われている．嗅覚によるガイドは，花被や花の部分による匂いの有無や匂いの変化として存在している．これは花を切り分けて嗅ぐことにより確かめることができる．触覚によるガイドは，花被上の突起や溝で，訪れた動物を送粉者として正しい態勢に導くものである． (田中 肇)

外被層 [perine；perisporium；perinium；episporium]

ペリン，周皮，周皮層，上被層ともいう．アセトリシス法に必ずしも抵抗力がなく，多くの胞子の外壁のまわりにある総壁のもっとも外側の層(Erdtman, 1943)，シダ・コケ植物でもっともよく発達している．スギ属・ヒノキ属のユービッシュ体やツツジ属・マツヨイグサ属の粘結糸も同一起源と考えられる（上野，1949，1960）が，この用語は胞子だけに使われ花粉には用いない．花粉分析でよく三条溝型や巣条溝型胞子化石で，全然模様のないものが出現するが，これらは外被層が剥離して消失したためである．(→付録図版) (三好教夫)

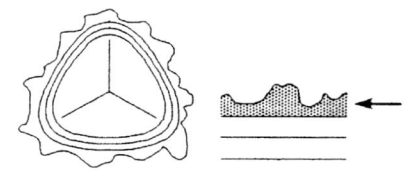

図 外被層(Punt et al., 1994)

外表層 [tectum, tecta(pl.)；tectate (adj.)；exolamella, exolamellae(pl.)]

花粉で，柱状層の外側を覆って屋根を形成する有刻層の層状の部分(Faegri & Troels-Smith, 1950)．全面が外表層に覆われているものは外表層型(tectate)，部分的に覆われている場合は半外表層型(semitectate)，完全に不連続となり，棍棒型や乳頭型の模様になっているものは外表層欠失型(intectate)と呼んでいる．また，柱状層が外側の面(屋根)を80％以上支えているものを外表層とし，80％以下の場合をテジラム(tegillum)として区別することもあるが，たいていの花粉学者は，両方を外表層と呼び，同義語としている．(→付録図版) (三好教夫)

外表層欠失型 [intectate (adj.)]

非テクテート，非外表層型ともいう．花粉で，柱状層があるにもかかわらず外表層がない壁構造をいう．ヤドリギ属やモチノキ属にその例がある．原始的な花粉で無構造なために外表層を認められない壁構造はatectateというので混同しないようにする．一部欠失しているものは半外表層型(semitectate)といい，外表層が網目模様をしている花粉など

外表層模様［T-pattern］→外表層

外表模様［S-pattern；supratectal(adj.)］

S-パターンともいう．花粉・胞子で，外表層の上にある刺のような特徴的なものの位置を示す(Erdtman, 1969)． （三好教夫）

海風［sea breeze］ →海陸風

外部外壁［ectexine；ektexine］ →有刻層

外部内壁［exintine；ekintine］ →内壁

外部発芽口［exogerminal (adj.)］

化石花粉に使われる用語で，外壁の外層部分に形成されている口．ノルマポーレス群の花粉では外口と同義である． （高橋英樹）

外部無刻層［ectnexine］ →無刻層

外部有刻層［ectsexine］ →有刻層

外壁［exine；exinal(adj.)］

外皮，エキシンともいう．パリノモルフの壁の外側の層で，強酸や塩基に強い抵抗力をもち，スポロポレニンを主成分にして構成されている(Fritzsche, 1937)．外壁は形態的特徴により有刻層と無刻層に区分する方式(Erdtman, 1952)と，塩基性フクシンによる染色特性により外層と内層に区分する方式(Faegri, 1956)がある．化石花粉・胞子として残るのは，この外壁の部分である．化石として残らない花粉・胞子は，外壁の発達が悪くてスポロポレニンを多く含んでいないため分解してしまうか，あるいは丈夫な外壁はもっているが，花粉・胞子の生産量が少なくて，化石として残る機会が少ないことに起因するもの，の2通りがある．(→付録図版)
（三好教夫）

開放花［chasmogamous flower］

閉鎖花の対語で，花弁や萼・苞など花の保護器官を開いて送粉する花である．（→閉鎖花） （田中　肇）

外面［distal face］ →遠心

開葯［anther dehiscence；anthesis］

開花後ある時間をおいて始まる開葯には，開花と同様に気温・空気湿度・明暗などの周期的な変化が複雑にからみ合って関与しているものと考えられているが，開葯の機構については開花の機構以上にわかっていない．しかし，閉鎖花をつけ閉花受精を行うホトケノザなどを除く通常の種子植物が有性生殖を行って種子が結ぶためには，開花後の受粉に先立って開葯が不可欠である．それは，開葯しなければ花粉媒介昆虫や風が花粉を運べないうえに，ほとんどの植物では開葯後しばらくして適度に乾燥した花粉でないと発芽能力をもたないからである．おもな開葯の形態は縦裂型と孔隙型であり，前者はユリ・ダイコン・イネなどの開葯の形態であり，後者はナス・ツツジ・テンナンショウなどの開葯の形態である．蜜腺をもつ花では，開葯が始まるころから蜜の分泌が多くなり，このころから花粉媒介昆虫が飛来するようになる．なお，英語では，開葯以外に開花自身のことをanthesisと表現することがあるが，本来，開花と開葯は別な現象でありその間に時間的なズレもあるので，開花をanthesisと訳すことは避けたい．
（生井兵治）

開葯器［oven for opening anther］ →人工受粉

海陸風［land and sea breeze］

海岸地方およそ数十kmの範囲においては日中は気温の上昇の早い陸地に海から風が吹き込み，これを海風という．夜間になると逆に陸から海に向かって風が吹き陸風という．海風と陸風が1日の周期で交代する風系を海陸風という．太陽が上がった後，数時間で海風が吹き始め，日没後まもなく陸風に変わる．この交代時間に風が弱まるのが「なぎ」である．海陸風は高度数百mまでの高さに出現する．一般には晴れた日に起き，日射によって陸地の気温が上昇するほど発達する．また，内陸部に日射などによる地形性の低気圧が発生すると100kmを越える地域に及ぶ大循環を形成することがある．花粉をはじめ大気汚染物質の輸送にはこの海陸風，および海陸風の発達した大循環が大きく影響していると考えられる．
（村山貢司）

海陸風前線［land and sea breeze front］

海岸地方では日の出の数時間後から海風が発生し，内陸に向かって侵入していく．この

とき内陸の陸風が弱まらずに残っているか，気圧配置などによって海風と反対方向の風が存在すると，両者の境界に前線と同様のものが形成され，これを海陸風前線という．この前線は内陸の気温が上がるにつれて海岸部から離れ内陸に移動するが，まれにほぼ同じ地域に停滞することもある．海陸風前線の境界面では花粉などの微小粒子が滞留・上昇・下降などを起こすと考えられている．実際にスギ花粉の観測ではこの前線付近で大量の花粉が観測されており，とくに前線の移動がゆるやかなときには非常に多くの花粉が観測される． （村山貢司）

カエデ属［*Acer*；maple］
カエデ科を代表するカエデ属は主に北半球の温帯に広く分布しており，約150種知られ，日本には26種自生している．落葉まれに常緑，葉は対生して単葉まれに複葉，普通五中～深裂するものが多いが，卵状楕円形もあり，いわゆるモミジ葉ばかりではない．花は普通5月に咲き，単生または両性，雌雄異株または同株．萼片・花弁は普通5枚，雄蕊は通常8本あって，果実には2個の長い翼がある．花粉はErdtmanによると三溝粒または三類溝孔粒で，亜長球形～長球形，大きさは極軸径で20～50 μm．幾瀬(1956)は日本産18種ですべて三溝孔粒，6 B^{b}型とし，大きさは極軸径で21～35 μm，彫紋はチドリノキ以外は縞状紋としている．カエデ属の花粉症は日本ではまだ報告されていないが，欧米では花粉症原因植物として数種がリストアップされている． （佐橋紀男）

花芽形成［flower bud formation；flower initiation］
花の芽が形づくられることをいう．スギやヒノキでは6月下旬から7月上旬にかけて花芽の形成が開始(花芽分化)し，10月ごろには花芽が完成する．雄花芽の内部に花粉ができるのはスギでは10月ごろ，ヒノキでは3月中旬～下旬である．花芽の形成される部位はスギの雌花芽は小枝の先端，雄花芽は小枝先端近くの葉の内側の付け根であり，ヒノキでは雌花芽・雄花芽とも葉の先端部である．花芽形成には光・温度・水分などの環境要因と樹体内部の栄養状態や植物ホルモンなどが関係する． （横山敏孝）

花芽分化［flower bud differentiation］
花芽分化に当たっては，まず円錐状もしくは半球状を呈していた栄養成長中の茎頂が膨大して扁平状となり，花軸(花床)を形成する．この段階を花芽分化と称することもあるが，一般的には花芽の創始と呼んで区別している．続いて，普通の葉の代わりに，花葉すなわち萼片・花弁・雄蕊・雌蕊などの原基が形成されるが，この過程を花芽分化という．花芽は発達・成熟して開花期を迎え，雄蕊先端の薬室が裂開して花粉を露呈する．花芽分化には，日長・温度などの外的要因や，窒素・炭水化物・ホルモンなどの内的な生理的要因が複雑にかかわっている． （山下研介）

かぎ状型［hamulate (adj.)］
胞子の表面模様に使われる用語．不規則に配列したり曲がりくねったりしたさまざまの太さの畝から成るしわ状紋型の模様で，はっきりした網目をつくらず迷路状のパターンである． （高橋英樹）

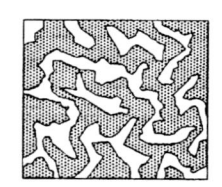

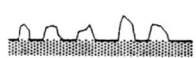

図　かぎ状型(Punt *et al*., 1994)

核型分析［karyotype analysis］
生物種に固有の染色体構成を核型といい，それは染色体の数・大きさ，動原体や付随体の位置，染色性などの形態的特徴によって表されるが，それを多くの生物種で比較分析することを核型分析という．種の類縁関係を知り，生物の進化を推定するうえで有効な手段となっている．通常は体細胞分裂の中期染色体が対象となるが，花粉母細胞の減数分裂の太糸期における染色体形態が参考になる場合もある．染色体の解析は，顕微鏡の発達，分染法，間接蛍光抗体法や *in situ* hybridization法などの技術開発によって，さらに微細な部分での比較が可能になっている．

(田中一朗)

核細胞質雑種 [nucleo-cytoplasmic hybrid]

もともとは，コムギの起源やゲノム分析で著名な木原均とその弟子たちが，コムギの核置換に関する研究を通じて編み出された用語である．すなわち，コムギの近縁種を種子親としコムギを花粉親にして雑種をつくり，これにコムギ花粉を6～10世代にわたって反復戻し交雑すれば，細胞質はコムギ近縁種のままであり，核内は近縁種の核がコムギの核に置換され，コムギ近縁種の細胞質をもつコムギが育成できる．核置換を行った場合，組み合わせによっては核と細胞質との間の相互作用によって雑種強勢が現れ，しかも自殖種子で継代しても何世代もこの雑種強勢を維持することが可能であることから，このように異種の核と細胞質の組み合わせでつくられる各種の形質変化を生じた固定系としての核置換系統を核細胞質雑種と呼んだのである．現在，このような核細胞質雑種を利用して，出穂性の変異拡大などの育種的利用も試みられている． (生井兵治)

核酸分解酵素 [nuclease]

核酸の分解に関係する加水分解酵素の総称として使われ，高分子のDNA・RNA・オリゴヌクレオチド・モノヌクレオチド・ヌクレオシドのすべてに作用する酵素群を含む．より狭い意味では核酸のホスホジエステル結合の加水分解に関与する酵素を意味し，DNAに作用するデオキシリボヌクレアーゼ(DNase)，RNAに作用するリボヌクレアーゼ(RNase)があるが，両者に作用する酵素もあり，これをヌクレアーゼと称することもある．作用様式の違いからエキソヌクレアーゼとエンドヌクレアーゼとに分けられるが，分解産物として$3'$末端にリン酸をもつヌクレオチド，$5'$末端にリン酸をもつヌクレオチドおよび$2', 3'$の環状ヌクレオチドを生じるさまざまな酵素群が存在する．花粉の細胞表層にはリボヌクレアーゼの存在が確認されている． (原 彰)

核小体 [nucleolus]

仁ともいう．細胞核に存在する球状の小体のことで，核分裂中に一時消失するが細胞周期を通して存在しており，その数は種によってほぼ一定である．核小体は核小体染色体の核小体形成部で形成され，その主成分はRNAである．核小体の内部ではリボソームRNAが合成され，それがリボソーム蛋白質と結合する過程を経てリボソーム粒子となる．このように核小体はリボソームの供給源であるため，蛋白質合成の盛んな細胞では肥大したりすることが知られている．花粉発生過程においても核小体の形態は大きく変動し，減数分裂前期の太糸期に大きくなったり，花粉内の雄原(生殖)核ではみえなくなることが多くの種で報告されている． (田中一朗)

核相交代 [alternation of nuclear phases]

有性生殖を行う生物でみられる染色体数の規則的変動の繰り返しのことをいう．配偶子が合体し接合子を形成した後から減数分裂までが複相(染色体数は$2n$)，減数分裂後から接合までが単相(染色体数はn)である．単相と複相が生活環で占める割合は，進化の過程で徐々に変化してきたが，とくに植物においてその変化が顕著である．われわれが普段目にする緑藻植物や鮮苔植物の植物体は単相の配偶体であり，複相の胞子体よりも発達している．シダ植物へと進化するにつれ複相の胞子体がより発達し，種子植物においては単相の配偶体は複相の胞子体に寄生するようになる．すなわち，花粉や胚嚢は胞子体内で形成される．多くの場合，核相交代は世代交代と一致し，上記の複相世代は無性世代に，単相世代は有性世代に相当するが，例外もいくつか知られている． (田中一朗)

拡大造林 [expansive afforestation]

自然に成立した広葉樹林などの天然林あるいは天然生林を伐採して針葉樹などの木材生産力の高い人工林に変えていくこと，あるいは無立木地に造林することをいう．太平洋戦争後では1950年代の後半から70年代の初めごろまでの時代に拡大造林が盛んに行われ，人工林面積が飛躍的に増加した．

(横山敏孝)

核置換 [nuclear substitution; nucleus substitution]

たとえば，AAゲノム植物を雌親(種子親)（ここではA植物と表す）としてBBゲノム植物を雄親(花粉親)（B植物）としたA植物×B植物という交配組み合わせで得た雑種第1代植物(F_1植物)では，核は両親からのゲノムが半分ずつ含まれるが，細胞質は通常は母親からしか伝達されないので，F_1植物の細胞質はA植物の細胞質ゲノムと同じである．しかも，核内の染色体に座乗する遺伝子が遺伝形質を伝達する主要な遺伝体系であるが，細胞質内にも遺伝体系としてミトコンドリアや葉緑体（詳しくは色素体）という細胞内小器官（オルガネラ）があり，雄性不稔性などの遺伝形質を制御している．そこで，このF_1植物にB植物の花粉を戻し交配すれば，得られる植物の核は計算上75％がBゲノムとなり，再度この植物にB植物の花粉を戻し交配すれば87.5％がBゲノムとなる．このように，種子親のA植物に，花粉親のB植物を反復親として連続戻し交配を繰り返せば，10代目にはA植物の細胞質をもち99.95％は反復親であるB植物の核をもつ植物が得られる．このようにして，異なる種や品種や系統の間で連続戻し交配を行えば，やがて核を置換した核細胞質雑種（核置換系統）が得られるので，この操作を核置換という．核置換は，一代雑種品種（交雑品種）の種子（ハイブリッドシード）を採種する際の種子親の形質として有効な細胞質雄性不稔性を導入するためなどの操作として，きわめて重要な育種法の1つとなっている．なお，見方を変えれば，この操作は反復親の細胞質を種子親の細胞質と置換することになるので，細胞質置換（cytoplasm substitution）とも呼ばれる．

（生井兵治）

角部口型 [angulaperturate (adj.); goniotreme (adj.)]

角度部発芽装置型ともいう．赤道面に発芽口が配列する花粉のうち，極観像において角を形成する位置に発芽口のある型．クルミ科・カバノキ科などの花粉がこの例である．

（守田益宗）

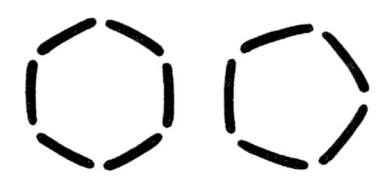

図　角部口型

隔離 [isolation]

ある集団に関して他集団からの遺伝子の移入（gene flow）が防がれており，集団の遺伝子型構成が維持されている状態のことをいい，この機構を総称して隔離機構（isolation mechanism）と呼んでいる．集団遺伝学や育種における隔離は生殖的隔離が基本となり，以下のような見方がある．1) 空間的隔離（spatial isolation）：同所的集団であっても遺伝子の移入が距離により減少するか，あるいは防がれている場合（距離による隔離；isolation by distance），地理的に隔離（geographical isolation）されている異所性集団など生育地が異なる場合．2) 環境による隔離（environmental isolation）：集団間での雑種後代が生育するのが困難であるなど生育地の環境によって遺伝子の移入が実質的には防がれている場合．同所的な存在であっても生じる．3) 生殖的隔離（reproductive isolation）：遺伝的制御を受けている繁殖様式や稔性の違いにより集団間での遺伝子の移入が防がれている場合．この隔離には外的生殖的隔離（external reproductive isolation；生態的隔離）と内的生殖的隔離（internal reproductive isolation）がある．外的隔離には，器官の構造上生殖が不可能である機械的隔離（mechanical isolation），成熟期が季節的に異なる季節的隔離（seasonal isolation），人為的隔離などがある．内的隔離は集団間で配偶体・染色体・遺伝子の各レベルで雑種が形成されないか，形成されても雑種が崩壊してしまい遺伝子の移入が実質的に防がれている場合である．これには交雑不和合性・雑種弱勢・雑種致死・雑種崩壊などが含まれる．集団間での隔離は単独ではたらくことは少なく，いくつかが複合してはたらいており，種

分化・集団の分化に大きな役割を果たしている．野生植物種は地理的に離れた生育地ごとに，それぞれの環境条件に適応して生態型を形成し，主として地理的隔離により隣接する他集団との遺伝子交流が制限されながら成立している．栽培植物の品種はこの隔離が人為的に成された結果といえる．

(大澤　良・佐藤洋一郎)

隔離採種［isolated seed production］

品種・系統が自然交雑により退化するのを防ぐため他品種・系統と隔離して栽培し，採種すること．隔離方法には，1) 物理的遮断による隔離，2) 距離による隔離，3) 時間による隔離があげられる．主な隔離方法は上記1)と2)であり，物理的遮断による隔離は袋かけや網室などにより他の花粉を遮断し，自然交雑を防ぐ方法である．虫媒花の場合には採種網室・硝子室などの利用があるが，風媒花では距離による隔離と袋かけの併用が望ましい．いずれにしても袋かけ隔離が確実であるが，多大な労力がかかる．距離による隔離は対象の品種・系統を交雑のおそれのあるものから遠く離して採種する方法である．この方法は他殖性の野菜や作物の採種に採用されている．隔離の距離は虫媒と風媒で大きく異なる．アブラナ科作物では花粉媒介昆虫の飛行距離からみて約1kmが実用的安全距離とされている．風媒作物のトウモロコシでは200mを越えれば実用的には十分であるとされている．自殖性作物においても自然交雑は認められており，厳密には隔離が必要である．各作物における適正隔離距離は諸説があり，いまだ十分には確立していない．昆虫の行動を加味した研究が始められている．

(大澤　良)

架口蓋［pontoperculum, pontopercula (pl.)；pontoperculate(adj.)］

有刻層の部分と完全に分離しないで発芽口の末端で連結している口蓋の1つの型(Erdtman, 1952)．例：ワレモコウ属．

(三好教夫)

ガーサイド方式［Garside's rule］

ヤマモガシ科花粉に特有な，三発芽口の配列形成方式をガーサイド方式という(Erdtman, 1952)．花粉母細胞の分裂によりできた四分子においては4粒のうち3粒の接する点は4カ所ある．この4カ所でそれぞれの3粒に発芽口が形成され，1粒当り3個の発芽口ができる．このような発芽口形成方式によって，独特な発芽口の配列となる．

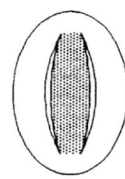

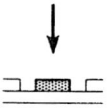

図　架口蓋(Punt *et al*., 1994)

(高原　光)

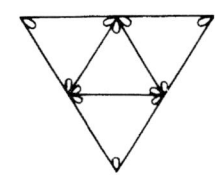

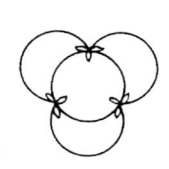

図　ガーサイド方式(Erdtman, 1969)

花糸［filament］

被子植物の雄蕊の一部で，葯を支えている部分．半葯どうしをつないでいる部分はとくに葯隔と呼ばれるが花糸の延長部分ともいえる．英語が示すように細い糸状をして1脈をもつことが多いが，モクレン目では幅広くて3脈をもつものがあり，さらにミヤマラッキョウ［*Allium splendens*］のように歯があるもの，マメ科の一部にみられるように隣りどうしが合着するなどさまざまな形がある．葯のどの部分が花糸へ付くかということも分類上注目される．一般的には葯の基部が花糸に付く底着葯が多いが，葯の背面中央に花糸が付き，全体としてT字形になったものは丁字着葯といわれる．

(高橋英樹)

カシ帯［evergreen *Quercus* zone］　→照葉樹林

果実［fruit］

種子植物の花器が発達して生ずる器官を果実というが，一般的には子房が発達したものを指す．果実内には，通常，受精した胚珠が発達した種子が含まれ，果皮と種子から成る真正のこの果実を真果と称するが，受精が行われずに果皮だけが発達した場合，いわゆる

種子なし果となる．スイカ・ミカン・ブドウなどの種子なし果は，園芸的には重要である．これに対して，子房以外の器官（花托・萼・花軸・包片など）から発達した組織を含む果実は偽果と称する．子房は心皮で構成されており，受精後果皮となるが，果皮が堅く乾燥しているものを乾果，多肉質のものを液果と呼んで区別する．また，果実が合生心皮からなる場合を単果，離生心皮の1個がそれぞれ小果実となるものを集合果という．　（山下研介）

貸し蜂　[rental bee colony]

花粉媒介のために貸し出される蜂群．施設園芸（イチゴ・メロンなど），露地栽培（ウリ類など），果樹園（リンゴ・ナシ）などの受粉のために養蜂家が一定期間蜂群を貸し出す．契約によって蜂群の管理は養蜂家が行う（管理料込みで1.5万円程度）のが普通である．施設のサイズによって巣板3枚程度の小群から普通サイズ（1群10枚巣板）のものを利用する．イチゴに約8万群，その他の作物に約8万群が利用されている．ミツバチ以外にも，ハナアブ類や，トマト栽培にマルハナバチなどが利用されている．これらの昆虫は使い捨てである．　（松香光夫）

カスケード・インパクター　[cascade Impactor]

Mayが1945年に4段式のものを発表後，種々の改良型が報告されている衝撃式粗粒子塵埃捕集器の1つである．原理は，数段のジェットとそれに続く直角の空気衝撃面が連続的に結合されたもので，ジェットの口径は漸次小さくなるよう設計されている（→口絵）．それゆえ，各ジェットの空気の流速はしだいに大きくなり，粒子の重いものほど衝突によって慣性を失いやすい点を用いて，粒子の大きさ別に分けながら捕集するものであり，塵埃は個数(個/m³)または重量(mg/m³)で空気容量当りの正確な値が得られる．装置としては，カスケード・インパクター本体，捕集板（丸カバーグラス等），流量計，吸引ポンプから成る．環境中浮遊塵埃の1成分である空中浮遊花粉の捕集に佐渡ら（1975）が応用した．4段式と2段式が市販されているが，4段式のものでは，20〜40μmぐらいの花粉は主に空気流入口から1，2段目に捕集される．空気中の微粒子は後段のほうで捕集されるため，花粉表面への微少塵埃の付着が少なく，パターンが判別しやすいので，同定が行いやすい．花粉捕集には，スリット後部のステージ上に粘着性物質薄膜（5〜10％グリセリンアルコール溶液中に浸し，風乾したガーゼで拭う）をつくった捕集板（カバーグラス等）をセットし，空気流入口より強性的に空気を通じ，カバーグラス表面に衝撃によって塵埃（花粉）を捕集する．捕集塵埃を色素含有グリセリンゼリー（ジー・ブイ・グリセリンゼリー）等で封じると花粉類は染色（ジー・ブイ・グリセリンゼリーでは青紫色）され，塵埃と区別できる．染色された花粉を顕微鏡下で同定・計数する．
　　　　　　　　　　　　　　　（佐渡昌子）

風受型吸引捕集器　[inertial suction sampler]

大気中に浮遊している花粉を捕集する捕集器．空気を一定速度で吸引し，その吸引口が常に風向に垂直に向かうようになっている．容量法の1つで，重量法の捕集器より正確な量的捕集ができる．今日欧米でもっとも使われている．バーカード型捕集器が主に用いられている．（→口絵）　　（劔田幸子）

風受型捕集器　[inertial sampler]

重量法の捕集器である．花粉や胞子などを捕集するのに用いるものの種類の1つ．自然落下してくる花粉を，風の力を利用して捕集する．花粉を捕集する面が常に垂直あるいは多少傾斜させた状態を保つようになっている．旗型捕集器，間欠回転スライド捕集器，ロトロッド・サンプラー，アイ・エス式ロータリー型花粉捕集器などがある．（→口絵）
　　　　　　　　　　　　　　　（劔田幸子）

画像処理装置　[image processor]

生データ（たとえば人工衛星からのデータなど）を処理し画像形成に至る過程を処理する装置．画像処理とは，狭義には生データから画像データに至る準備段階を「処理」と称し，それに続く具体的な情報抽出等の一連の操作は「解析」と称するが，広義には両過程を

含め画像処理という．人工衛星などから送られてくる生データにはさまざまなゆがみや雑音が含まれている．これらを処理し解析できるようにする．このようにして得られたディジタル衛星画像，航空写真，航空機搭載ビデオのデータを入力し，強調・解読して解析結果を表示する一連の装置を画像処理装置と称する．処理データは磁気テープから取り込む以外に，イメージスキャナーを用いて地図・写真・フィルム・メンブレン等から直接読み取ることもできる．画像データの処理・解析には専用のソフトが開発され市販されており，それを利用すれば比較的容易に操作できるようになっている．花粉学への応用としては，花粉形態の識別と分類，植生の識別と分類，空中花粉のイムノブロット像の解読等が考えられる． (高橋裕一)

カタラーゼ [catalase]

過酸化水素を次の2つの反応で分解する酵素（EC 1. 11. 1. 6）である．

$$2H_2O_2 \rightarrow 2H_2O + O_2$$
$$ROOH + AH_2 \rightarrow ROH + A + H_2O$$

後者の反応はペルオキシダーゼ作用であり，ROOH で示す過酸化物の存在下で AH_2 で示す $CH_3OH, C_2H_5OH, HCOOH$ が電子供与体としてはたらく．動物・植物・微生物に広く分布しており，分子量はいずれも22万～24万の均一なサブユニットから成る四量体である．サブユニット当り1個のプロトヘムをもつ．植物ではペルオキシソーム（ミクロボディ）に局在しており，クロロプラストでは検出されない．クロロプラストでは最近アスコルビン酸ペルオキシダーゼが発見されており，これが過酸化水素の消去の役割を担っていることが指摘されている．クロロプラストをもたない花粉でもクロマツ・ガマにおいてアスコルビン酸ペルオキシダーゼの存在が確認されており，*Dasypyrum villosum* ではアスコルビン酸ペルオキシダーゼ活性がカタラーゼ活性の10倍存在している． (原 彰)

花柱 [style]

被子植物の雌蕊において柱頭と子房を連結する柱状組織．細胞が全体に詰まっている場合，中空になっている場合があるが，いずれの場合も柱頭から胚珠に向かう花粉管の通路となっている．（→誘導組織） (三木壽子)

花柱溝 [stylar canal] →雌蕊

花柱溝分泌組織 [stigmatoid tissue] →雌蕊

花柱短縮 [style shortening]

キク科植物のうち，とくにキク亜科に属する植物種の筒状花のみに一般的に認められる現象で，適法受粉後の比較的短時間のうちに認められる，花柱が短縮するために柱頭が花冠中に引っ込む現象のこと．この現象は受粉から受精・胚発生に至る有性生殖の初期に認められ，花柱短縮を誘発されなかった小花では稔性のある種子を得ることができない．すなわち，有性生殖による稔性種子を得るための最初の必要条件であるといえる．そのために，この現象の有無を観察すれば，受粉2カ月後の種子稔性を予測することができる．また，キク科植物では，胞子体型自家不和合性を示す植物種が多く含まれているが，受粉後に花柱短縮の状況を観察すれば，自家不和合性の発現を明らかにすることもできるなど，種々の場面での利用が考えられる．さらに，無性生殖により種子が得られることもあるが，この場合にも受粉後の花柱短縮は起こらず，無性生殖の可否についても，この現象を観察することにより，外観的に判断できる． (服部一三)

過長球形 [perprolate]

極軸と赤道直径の比が2以上を示す形をした花粉・胞子（Erdtman, 1943）．（→付録図版） (高原 光)

カナムグラ [*Humulus japonicus*; Japanese hop] →クワ科

カナムグラ花粉症 [Japanese hop pollinosis]

カナムグラはイラクサ目クワ科の一年生のつる性草本で，茎や葉柄に小さな無数の刺がある．全国にほぼ普遍的に分布し，9，10月ごろ雄穂は葉腋から長い枝が出て下垂して咲く．花粉は扁球状単粒の三孔粒型で，大きさは22～26 μm である．カナムグラ花粉症の初

例報告は，斎藤ら(1968)による1症例の報告である．これを要約すると，患者は花粉症症状を9，10月に発現し，皮内反応ではハウスダスト・ブタクサ・カナムグラに陽性を示した．ことにカナムグラでは偽足反応を示し強陽性であった．しかも，発作期に施行した皮内反応で症状の悪化を認めた．P-K反応による抗体価はカナムグラ $4^4=256$，ブタクサ $4^2=16$ であった．鼻誘発試験および眼結膜誘発試験は乾燥花粉を用いて行われ，いずれも陽性反応を示した．患者の住居付近の植生調査では，注目すべき植物としてブタクサ・カナムグラ・アオビユ・ヨモギなどが認められた．患者自宅の庭でのダーラム型捕集器による空中花粉調査が1967年8月25日～10月20日の57日間にわたって行われ，主要花粉としてブタクサとカナムグラが検出された．この両者について花粉曲線が作成され，本症例の発症時期との関連が調べられた結果，ブタクサの開花期は9月4日で終了し，一方，カナムグラの開花期は8月31日に始まり，10月18日まで続いた．そこで患者の発症期間と照合したところ，カナムグラの開花期間にほぼ一致し，ブタクサの開花期とはごく短期間重複するのみであった．この症例では抗体検査のみならず空中花粉調査による裏付けもあって，花粉症の確定診断に至ったものである．この年代のカナムグラ皮膚反応の陽性率は，東京医科歯科大学耳鼻科の鼻アレルギー患者についての調査ではスギ・カモガヤ・ブタクサに次いで8.2％という成績が示されている．この報告に引き続き，69年の宮本・降矢による花粉症についての総説の中で，カナムグラ花粉症4例の発見を報じ，さらに鼻炎患者のカナムグラ皮内反応陽性率を9.6％と報じている．その後は，皮膚テスト用エキスはあるものの，IgE抗体検査用アレルゲンが市販されていなかった事情もあり，また植生は全国的であるが，空中花粉としては局地的というような点で，カナムグラ花粉症はそれほど重視されていない．1987年の東京都花粉症対策検討委員会の調査でも，都内11カ所の花粉測定点の中で2測定点ではまったくカナムグラ花粉は検出されていない．90年の厚生省花粉症研究班の調査でも，空中花粉として相模原を除き，わずかに捕集されるのみで，花粉症の頻度調査でもスギ・イネ科・ヨモギ・ブタクサに次ぐが，わずかに0.9％の頻度であることが示されている．カナムグラ花粉症の臨床的意義は現状ではそれほど大きくないといえる．　　　　　　（斎藤洋三）

カバノキ科［Betulaceae］

世界の北半球の温帯から寒帯にかけて分布し，約6属100種が知られ，日本には約5属30種が自生する．落葉高木ないし低木，葉は単葉互生し，早落性の托葉がある．花は単性，雌雄同株で葉の開く前か同時に開花．雄花序は前年の秋に枝上に現れ，多くは早春に長く伸びて下垂する．花粉は幾瀬(1956)によると三～四類孔孔粒，$5A^{b-c}$型と四～七類孔孔粒，$6A^c$型の2種類がある．亜扁球形で大きさは赤道径で20～30μmである．この科の主な属にはカバノキ属・ハシバミ属・ハンノキ属・クマシデ属がある．花粉症報告種はハンノキ［Alnus japonica］，シラカンバ［Betula mandshurica］，オオバヤシャブシ［Alnus sieboldiana］が知られている．　　（佐橋紀男）

カバノキ属［Betula；birch］　→カバノキ科

河辺林［riverside forest］

河川の流路に沿った河原や中州はしばしば冠水する．増水時には冠水するような不安定な場所ではハンノキ・ヤナギなどの水や湿気に強い植物が生き残り，ハンノキ林やヤナギ林が成立する．これを河辺林と呼んでいる．また，代表的な河辺林のケショウヤナギ林が上高地の梓川や北海道の十勝にみられ，しばしば純林を形成する．このほかにドロノキやオオバヤナギ・カラマツと混生するものもある．上高地の河原に成立するケショウヤナギ林は土壌の乾燥化に伴ってケショウヤナギ林→ヤチダモ林→ハルニレ林という遷移がみられる（沼田・岩瀬，1975）．川岸に発達するヤナギ林の後方の多湿地はハンノキ林の成立域となる．また，山地斜面が崩壊して砂礫が川に向かって押し出されている部分には先駆林

としてヤマハンノキ林が成立することが多く，林床にウラジロモミの幼木がみられる（沼田・岩瀬，1975）． （長谷義隆）

カプスラ［capsula, capsulae (pl.)］
赤道上で突き出ており，胞子全体を被っている胞子の外被構造（Pocock, 1961a）．
（高原　光）

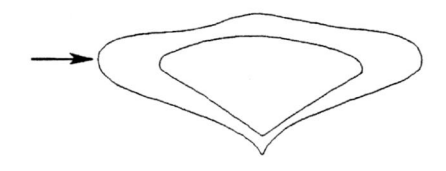

図　カプスラ（Punt et al., 1994）

かぶと状突起［galea, galeae (pl.)］
裾野が椀状に広く丸く盛りあがった基部とその上に立つ鋭く先が尖った長刺から成る比較的大きな外壁の彫紋模様（Sullivan, 1964）． （守田益宗）

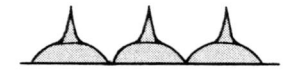

図　かぶと状突起

下部無刻層［subexine；endexine］ →無刻層

カプラ［cappula, cappulae (pl.)］
気囊型花粉（saccate pollen）の遠心側にある薄膜化した溝を指す（Erdtman, 1957）．向心側の肥厚部（cappa）と混同しやすいので，同義語の leptoma（Erdtman & Straka, 1961）の使用が薦められる． （内山　隆）

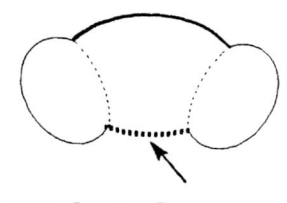

図　カプラ（Blackmore et al., 1992）
例：Pinaceae.

花粉［pollen］
種子植物の葯の中で産出され，有性生殖に重要な精細胞または精子の担い手である微小な粒状の生体をいう．英語の pollen はラテン語に由来し，「微細な粉末」の意であり，本来は個々の粒の集合物を指す．具体的に個々の粒をいう場合には花粉粒（pollen grain）とすべきであるが，概念的には花粉粒をも花粉と呼ぶことが現在ふつうになっている．

花粉はほとんどの種類で雄性配偶体として葯から出るが，裸子植物のイチイ・ヒノキ・ネズ・コノテガシワのように雄性の胞子（小胞子）として外に出るものもある．植物はコケ・シダの類を含め，胞子体と配偶体という2つの体をもっている．胞子体は胞子（発芽して発達すると配偶体となる）をつくる体であり，配偶体は配偶子（卵と精子あるいは精細胞）をつくる体である．コケでは本体が半数（n）の配偶体で，全数（$2n$）の胞子体はきわめて小さく，配偶体にあたかも寄生したような形をとるが，種子植物では反対に配偶体が本体の胞子体に寄生した形をとる．コケやシダの胞子が発芽し，成長発達して生じた配偶体上では，雌性配偶子（卵）をつくる造卵器，雄性配偶子（精子）をつくる造精器がつくられる．精子は水中を泳いで卵に達し，受精卵（接合子）が分裂発達して胞子体となる．シダ植物のサンショウモでは大小の2種類の胞子ができ，大胞子からは雌性配偶体が，小胞子からは雄性配偶体がつくられる．大小の胞子はそれぞれ大胞子囊，小胞子囊の中で生じる．さらにイワヒバ科の植物では，大胞子囊は大胞子葉の上に，小胞子囊は小胞子葉の上につくられる．シダ植物と対比してみると，花は胞子葉の集まりである．大胞子葉に当たる心皮が1～数枚集まって雌蕊がつくられる．小胞子葉に当たるものは雄蕊で，小胞子囊は葯，小胞子は一核期の花粉がこれに当たる．

被子植物では，葯内に生じた胞原細胞は何度か分裂を繰り返して花粉母細胞（小胞子母細胞）となり，これが減数分裂をして4個の小胞子（一核期花粉）のくっついた花粉四分子となる．やがてもとの花粉母細胞の膜壁は崩壊消失し，小胞子間を埋めていたカロースも溶けて小胞子は個々分離するが，最後まで4粒が結合したままの四集粒であったり（ツツジの類，ガマなど），さらに16粒が結合した形で葯から出たり（ネムノキ・アカシアなど），ラン科植物にみられるように多数の花粉粒（四集粒単位）がくっついた花粉塊を形成したりもする．被子植物では小胞子が分裂（発芽）

して大きい栄養細胞（花粉管細胞）の中に小さな雄原細胞をはめ込んだ形になる．雄原細胞は密度の高い細胞質をもち，カロース膜がこれを取り囲むが，早晩今1度分裂して2個の精細胞となる．この分裂の時期が薬から出る前である花粉は三細胞性花粉（三核性花粉）と呼ばれ，発芽後（花粉管内で分裂）である花粉は二細胞性花粉（二核性花粉）と呼ばれる．一般に三細胞性花粉（アブラナ科・キク科・イネ科などの花粉）は人工発芽がむづかしく，それらの発芽には二細胞性花粉の場合よりも高濃度の糖が必要とされる．裸子植物では小胞子は分裂して小さい前葉体細胞を1～数個切り出し，それら前葉体細胞と1個の大きい細胞とになるのが一般的である．後者は分裂して栄養細胞と「雄原細胞」になり，「雄原細胞」は中心細胞と柄細胞に分かれる．中心細胞は成長・肥大した花粉粒，または花粉管中で分裂して2個の精子あるいは精細胞となる．種子植物の花粉で精子となるのは裸子植物のイチョウ，ソテツ科のソテツ，*Zamia*, *Microcycas* などで，他はすべて精細胞にとどまり，精子にまで発達しない．前葉体細胞はやがては退化するが，その数は種により異なり，ナンヨウスギの類では数十個，逆にイチイ科・スギ科・ヒノキ科などの花粉ではつくられない．裸子植物の花粉はこのように被子植物の花粉より構造が複雑である．

「雄原細胞」について，英語ではこの細胞にgenerative cell を当てているが，被子植物の雄原細胞も同じ英語が用いられている．被子植物と同じ使い方をするなら，この語は中心細胞に当てられるべきであろう．日本語として適当な語がないので，雄原細胞としたが，被子植物に用いられている雄原細胞と混同のおそれがあるので「　」をつけて表した．

花粉は発芽して花粉管を伸ばすが，発芽口は孔や溝としてあるものが多く，その形や数は種により一定している．なかにはミョウガの花粉のように，とくに発芽口をもたないものもある．花粉の大きさはオジギソウ・ワスレナグサなどの径4～5 μm（オジギソウは四集粒であるので実際は8 μm 程度，ワスレナグサ属の中には2 μm の記載もある），ミョウガの200 μm 近いものなどさまざまであるが，多くは20～60 μm 程度である．色は黄が多いが，白・赤・緑・青・黒紫などもある．形・大きさ・表面の模様（彫紋）などが種・属などで違う．花粉外壁（→総壁）は主成分のスポロポレニンが分解されにくく，化石となって残る．花粉は種子や果実の生産に必要であるばかりでなく，花粉分析により，ある地方の地質時代の植生や気候を知ったり，石炭の質やハチ蜜の蜜源を調べたりするのに大いに役立っている．含有成分に糖・蛋白質・アミノ酸・脂質・ミネラル・ビタミンなどが豊富で昆虫などの食糧となり，また人間の栄養食品として商品化されている．しかし近年，日本ではスギ花粉症をはじめとして，花粉によるアレルギー（花粉症）にかかる人が増え，花粉情報がスギ花粉の飛散期に流されるほど問題になっている．　　　　　　（渡辺光太郎）

花粉圧縮器［pollen press］　→集粉構造

花粉アレルギー［pollen allergy］

花粉に由来するアレルギー疾患の総称である．花粉症，花粉喘息，花粉による接触皮膚炎，花粉によるネフローゼなど眼や気道以外の部分にもアレルギーの起こった例が報告されている．花粉アレルギーは日本においては，すでに53種が報告された．これらはすべて，眼あるいは気道のアレルギーであり，Ⅰ型アレルギーに起因する疾患として報告されている．花粉アレルギーの研究には臨床例の検討のほかに，空中花粉調査が重要な手段となるが，この分野については，幾瀬が多くの業績をあげた．　　　　　　　　　（宇佐神篤）

花粉アレルゲン［pollen allergen］

花粉を構成する成分のうち，アレルギーの原因となる物質．20世紀初頭のKammannによるホソムギ花粉のpollen toxin の研究に始まり，その後ブタクサをはじめとして，イネ科・カバノキ科・スギなど多くの花粉アレルゲンが単離精製されている．花粉の可溶性蛋白質成分中の含量が多いものが多数の花粉症患者のアレルゲンとなっている（メイジャーアレルゲン）．花粉アレルゲンだけにみら

表　日本の花粉アレルギー報告一覧

No.	名称	報告年	筆頭報告者	No.	名称	報告年	筆頭報告者
1	ブタクサ花粉症	1961	荒木 英斉	28	セイタカアキノキリンソウ花粉症	1977	小崎 秀夫
2	スギ花粉症	1963	堀口 申作	29	イチョウ花粉症	1978	舘野 幸司
3	カモガヤ花粉症	1964	杉田 和春	30	バラ花粉症	1978	斎藤 洋三
4	イタリアンライグラス花粉症	1965	寺尾 彬	31	リンゴ花粉症	1978	袴田 勝
5	カナムグラ花粉症	1968	堀口 申作	32	アカシア花粉症	1979	宇佐神 篤
6	ヨモギ花粉症	1969	我妻 義則	33	イエローサルタン花粉症	1979	安部 理
7	イネ花粉喘息	1969	木村 利定	34	ヤナギ花粉症	1980	宇佐神 篤
8	コナラ属花粉症	1969	降矢 和夫	35	ウメ花粉症	1980	打越 進
9	シラカンバ花粉症	1969	我妻 義則	36	ヤマモモ花粉症	1980	宇佐神 篤
10	テンサイ花粉症	1969	松山 隆治	37	ナシ花粉症	1981	月岡 一治
11	ハンノキ花粉喘息	1970	水谷 民子	38	ピーマン花粉喘息	1983	奥村 悦之
12	キョウチクトウ花粉喘息	1970	池本 信義	39	ブドウ花粉症	1984	月岡 一治
13	スズメノテッポウ花粉症	1970	中嶋 茂樹	40	クリ花粉症	1984	宇佐神 篤
14	ケンタッキー31フェスク花粉喘息	1971	舘野 幸司	41	コウヤマキ花粉症	1984	芦田 恒雄
15	ヒメガマ花粉症	1971	宇佐神 篤	42	スズメノカタビラ花粉症	1985	高橋 裕一
16	ハルジオン花粉症	1972	清水 章治	43	サクランボ花粉症	1985	厳 文雄
17	イチゴ花粉症	1972	寺尾 彬	44	サクラ花粉症	1985	永井 政男
18	ヒメスイバ・ギシギシ花粉症	1973	我妻 義則	45	ナデシコ花粉症	1986	宗 信夫
19	キク花粉症	1973	S. Suzuki	46	アフリカキンセンカ花粉症	1987	坂口 喜清
20	ジョチュウギク花粉症	1974	中川 俊二	47	オオバヤシャブシ花粉症	1989	中原 聰
21	クロマツ花粉症	1974	藤崎 洋子	48	ツバキ花粉症	1989	秋山 一男
22	アカマツ花粉症	1975	藤崎 洋子	49	スターチス花粉症	1990	栃木 隆男
23	カラムシ花粉喘息	1975	浅井 貞宏	50	アブラナ属花粉症	1991	芦田 恒雄
24	ケヤキ花粉症	1975	清水 章治	51	グロリオーサ花粉症	1992	元木 徳治
25	クルミ花粉症	1976	加藤 英輔	52	ミカン科花粉症	1993	藤原 裕美
26	タンポポアレルギー	1976	川村 芳弘	53	ネズ花粉症	1994	岡 鉄雄
27	モモ花粉症	1977	信太 隆夫				

(1994年4月)

れる特徴的な性質はないが，精製花粉アレルゲンの一般的な性質をあげると，1) 蛋白質あるいは糖蛋白質である，2) 分子量はほぼ5 kD から50 kD の間に分布する，3) 等電点は酸性，塩基性のいずれのものもある，4) 抗原決定基が高次構造に依存している(conformational determinant)ものもある，5) 抗原性・アレルゲン性からみて均一でも，蛋白質分子として物理化学的な性質が異なる複数のイソアレルゲン(isoallergen)に分離されるものがある，6) 臨床的にみて，メイジャーアレルゲンとマイナーアレルゲンに分類することがある．代表的な精製アレルゲンを表に示す．　　　　　　　　　　　(井手　武)

花粉医薬品 [pollen medicine]

表　精製アレルゲン

植物	精製アレルゲン	分子量
ブタクサ	Amb a 1	37800
	Amb a 2	38000
	Amb a 3	12100
	Amb a 4	28000
	Amb a 5	5000
	Amb a 6	11500
ヨモギ	Art v 2	35000
ホソムギ	Lor p 1	27000
	Lor p 2	11000
	Lor p 3	11000
	Lor p 4	57000
スギ	Cry j 1	42000
	Cry j 2	37000
ヒノキ	Cha o 1	45000
カンバ	Bet v 1	17000

『古事記』(712)の中に因幡の白兎の話があり，ガマの花粉の抗炎症効果が述べられている．物語中，「がまのほわた」とはガマの花粉を含有する花穂のことである．『本草綱目』(李時珍，1518-1593)にはガマの花粉(蒲黄)とマツの花粉(松黄)が収録され，蒲黄の作用は無毒・止血・利水道・益気力・軽身・延年・下乳汁・排膿・破血・消腫・通経・理血で，松黄の作用は潤心肺・益気・除風・止血と記されている．

ABセルネレ社は花粉製剤セルニルトンを前立腺炎の治療薬として開発し，Ask-Upmark(1960)によって有効性が発表された．Jönsson(1961)は2重盲検法によってその臨床効果を認め，さらにLeander(1962)もこれを裏付けて，現在では全世界の泌尿器科臨床に用いられている．日本では1971年に慢性前立腺炎および前立腺肥大症による排尿困難・頻尿・残尿・排尿痛・尿細小などに対する効能で新医薬品として許可され，男性の老化に伴って発症する上記症状の改善の医療用治療薬として臨床に供されている．セルニルトン錠は北欧産の8種類の植物花粉から得られたセルニチンを1錠中に63mg含有する淡緑色の裸錠である(→セルニチン)．他に化粧品や動物の特別飼料などに供されているものもある．　　　　　　　　　　　　（森　登）

花粉雲［pollen cloud］
空中を飛散(浮遊)している花粉の多くは風媒花の花粉で，大きさもほとんど20〜40μm程度と小さく，かつ空中に浮遊しやすい工夫をこらした花粉も多い．しかし，空中に浮遊している多くの微粒子(5μm以下)と比較して巨大粒子と呼ばれ，無数に集合すれば雲や霞のように肉眼でみることができる．スギ林でのスギ花粉の生産量はスギの木の樹齢にもよるが，豊作年の老齢林1haからt単位の生産がある(橋詰，1991)．事実スギ林から雲のごとく立ち昇る花粉量は莫大な量になる．この大気中に一気に吹き上げられた花粉の集団(→口絵)は花粉雲と呼ばれている(Gregory,1961)．　　　　　　　　　　　（佐橋紀男）

花粉エキス末［extracted pollen powder］
花粉エキス末は食品原料として日本健康・栄養食品協会の認定健康食品の花粉食品として加えられたものである．これはトウモロコシ・ライムギ・ハンノキ・マツ・カモガヤ・チモシーなどの花粉の花粉殻を破砕して，水およびエタノールで抽出し，濃縮し，水抽出のものは酵素処理を施した後，両抽出物を合わせ粉末化して得られるものである．花粉エキス末含有食品とは花粉エキス末を主原料として，他のものを加え，食用に適するよう加工したものであって，花粉エキス末の乾燥重量の2.5％以上のものをいう．製品規格は異味・異臭・異物がないこと，植物ステロールとフラボノイドの反応を呈すること，ニンヒドリン反応陽性物質の含有量がロイシン当量で0.25％以上であること，トリクロール酢酸反応陰性であることとなっている．アレルゲンである高分子蛋白質を酵素分解によりペプチドにまでしているのでアレルギー反応の心配はない．花粉エキス末は動物実験で発育促進効果・抗疲労効果・抗ストレス作用・排尿促進作用などが報告されている．（→花粉食品）　　　　　　　　　　　（森　登）

花粉親［pollen parent］
属間・種間・品種間などで雑種を得ようとする交配や戻し交配をするときに，父親(花粉提供側)に使う植物をいう．優性形質をもつ植物を花粉親にすると，次代の形質発現から交雑の成否が確認できる．花粉親の影響が交雑した種子の胚乳の形質に現れるキセニア現象がある．モモやオウトウなどでは花粉親品種(授粉樹)がウイルスを保毒していると，受粉された母親(種子親)が感染する花粉伝染がある．花芽形成促進のための短日処理や雄花誘導のためのジベレリン処理が，花粉の発育を抑制することがあるので，処理は花粉親にせず種子親にする．交雑しようとする植物の間で開花期がずれる場合，先に開花したほうの花粉を貯蔵しておき，花粉親として利用する．なお，自然集団における自然交雑では，花粉親となる個体や集団を花粉源(pollen donor)と呼ぶ．そのため，人工交配に際しても花粉源という用語がしばしば用いられる．（藤下典之）

花粉荷［pollen load；bee pollen］

花粉だんごともいう．ハナバチ類が肢などに集めた花粉を塊状にして巣にもち帰るとき，その花粉の塊を花粉荷という．ハチの種類によっては分岐した長毛内に花粉を捉えるものもあるが，ミツバチでは発達した集粉構造（→集粉構造）があり，花粉は蜜で練られて，だんご状となる．ミツバチは訪れる花の種類を途中で変えない性質（→定花性）があるので，花粉荷を構成する花粉の種類はふつう一定である．ミツバチの場合はさらに，情報伝達により一定の種類の花から採餌する傾向が強く，花粉荷の種類・組成はまわりの花の種類に比べれば多様度の低いものとなる．花粉荷は花粉の色を反映して種類により一定の色を呈しており（→花粉の色），食品としての利用（→花粉食品）などでは，光学的に色で選別することもできる．花粉荷の花粉の寿命は短いので，ポリネーション用に利用しようとする場合は特別の配慮が必要である．（→再生花粉） (佐々木正己)

図　花粉荷
花粉は後肢にだんご状に集められる．

花粉塊［pollinium, pollinia (pl.)］

花粉が分離せず，たくさん集まって塊を形成しているもの．ガガイモ科・ラン科でみられる．トンボソウ属などでは，花粉小塊(massula)と呼ぶさらに小さな花粉塊の単位が集合して花粉塊を形成する．花粉塊は花粉塊柄(caudicle)と呼ばれる柄と花粉塊をくっつける粘着部(glandula)を付属物としてもつ有柄花粉塊（エビネ属など）と，もたない無柄花粉塊とに区分されるが，後者はさらに粘着部の有無により有粘着部花粉塊（オニノヤガラ属など）と無粘着部花粉塊（キンラン属など）に分けられる．花粉塊中の花粉の結合状態はすぐに単粒に分離するものから容易に分離しないものまでさまざまである．送粉に当たっては，粘着部をもつ花粉塊では粘着部とともにミツバチなどの送粉者に付着するが，無粘着部花粉塊では花粉塊に粘着性があるか（アツモリソウ属など），柱頭上縁にある粘着体がまず送粉者に付きそこに花粉塊が粘着する（キンラン属など）．　(守田益宗・田中　肇)

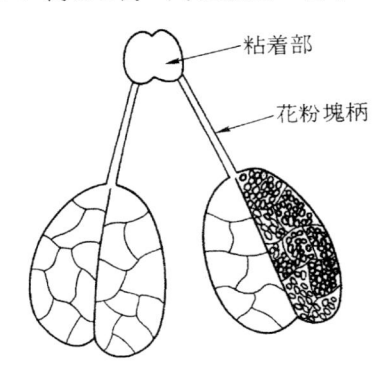

図　花粉塊

花粉塊柄［caudicle］　→花粉塊
花粉殻［pollen shell］　→消化性
花粉拡散モデル［pollen diffusion model］

植物体から大気中に放出された花粉が風によって拡散する過程をモデル化したもの．大気中に輸送されるさまざまな物質の濃度変化は，一般に次の拡散方程式で記載される．

$$\frac{\partial P}{\partial t} = V \nabla P - \nabla(K \nabla P) + S_o - S_l$$

ここで，$\nabla = \partial/\partial x + \partial/\partial y + \partial/\partial z$，$P$ は対象とする物質の濃度であり，花粉の場合は単位体積の空気中にある花粉数，V は大気の速度ベクトル，K は拡散係数，S_o は物質の発生速度，S_l は物質の消失速度，x, y, z は直交座標系である．この式は，ある場所における対象とする物質の濃度変化が，その物質の輸送・拡散・発生および消失によって決まることを表している．拡散モデルには，拡散方程

式を数学的に解析して得た数式モデルと，差分化することなどにより数値的な計算を行うために得たシミュレーションモデルがある．歴史的には数式モデルが早くからつくられたが，境界条件などのパラメータに多くの制限があるため一般的な傾向は調べられるが，実際の問題への適応性に欠けるという問題点があるため，多量の数値計算が容易に行えるようになった近年においては，シミュレーションモデルが有利な場合が多い．具体的なモデルの例として，拡散方程式をスギ花粉の拡散に当てはめたオイラー型のボックスモデルが構築されている(川島，1991)．このモデルでは，輸送項は各ボックスにおける風速ベクトルと1つ前のステップの花粉飛散量分布から計算し，拡散項は隣接するボックスに単位時間に拡散する率を設定する形で求め，発生項はスギ花粉発生モデルとスギ森林分布から計算し，消失項は平均滞空時間を設定することならびに降水による湿性沈着を導入することによって求めている．ヨーロッパでは大陸からスカンジナビアへのカバノキ花粉の輸送軌跡が調べられ，その滞空時間は9～20時間と算出されている．また，イタリアでは，花粉の大量発生源からの花粉の発生・輸送の過程をモデル化した(Giostra, 1991)．このモデルでは，発生源近辺の地上付近の花粉濃度が良く再現できること，とくに晴れた風の弱い日の谷間での局地循環に応用できるとしている．比較的短距離の拡散を扱ったモデルも検討されている(Di-Giovanni, 1989)．このモデルは，拡散方程式を簡素化した条件下で解析的に解いたもので，境界条件の影響を調べるのに適している．とくに，植生による花粉の減少が空中花粉濃度の鉛直分布に与える影響が評価できる． (高橋裕一)

花粉学的無化石帯［palynological barren zone］

なんらかの原因により，花粉・胞子が腐食等の作用により破壊されていて，それらを地層中から化石として検出することのできないような部分を花粉学的無化石帯という．一般に，花粉・胞子および渦鞭毛藻シストなどの化石は，他の微化石に比べてきわめて強靭で，化石として保存されやすい．これは花粉・胞子がスポロポレニンと呼ばれる物質によりできているからだといわれている．スポロポレニンは水中や湿地のような酸素の供給の悪い場所とか，堆積物中に取り込まれて，空気から遮断されると，分解されることなく化石として残ることができる．ところが，この頑丈なスポロポレニンも風化・酸化作用に対しては弱いことが知られている．直射日光(紫外線)と酸素によって，スポロポレニンは化学的に酸化分解される(中村，1967；三好，1985a)．そのため，Kuylら(1955)によると熱帯地域の露頭では，風化・酸化作用を受けて10m以上にも及ぶ花粉学的無化石帯が生じることを報告している．さらに，Traverse(1988)によると，スポロポレニンは熱にも比較的弱く，200°C以上の地熱(地下深度にして5500m以深)または変成作用を受けた地層中で化石として残ることができないため，花粉学的無化石帯を生じるとしている．(→腐食，スポロポレニン) (黒田登美雄)

花粉かご［pollen basket］ →集粉構造

花粉加工食品［processed pollen food］

ミツバチ花粉・花粉エキス末などを主原料とし，他のものを加え，食用に適するように加工したものを，日本健康食品協会はそれぞれミツバチ花粉加工食品・花粉エキス末含有食品と規定したが，前者はミツバチ花粉の重量割合が製品の重量の30％以上とし，後者は花粉エキス末が2.5％以上含有されるものとしている．日本健康食品協会の規格基準はその適用範囲を，ミツバチ花粉食品・ミツバチ花粉加工食品，および花粉エキス含有食品とし，形状は粉末状・顆粒状・粒状・錠剤型などである．その原料はミツバチが集めたミツバチ花粉であり，または食経験のある花粉を収集・採取した花粉の水またはエタノール抽出物である．

花粉食品を日本健康食品協会の認定マーク表示許可品目に加える作業は11社の参加をもって，1987年2月から始まった．約2年ほどの調査や検討がすみ，取りまとめられた資

料は89年11月に原案が提出された．厚生省の審議が充分に尽くされて後，91年3月に1次審査は通過した．91年9月10日に公示認可となった．これによって，食品に使用される花粉は上述のように，ミツバチ花粉とトウモロコシ・ライムギ・マツ等の花粉の，食経験のあるものとされた．（→花粉食品）

ミツバチ花粉とはミツバチが植物の花粉を採集した花粉荷(pollen load；bee pollen)をいい，ミツバチ花粉食品とはミツバチ花粉以外のものを含まない食品をいう（→花粉荷）．ミツバチ花粉加工食品とは，ミツバチ花粉を主原料として，他のものを加え，食用に適するように加工したものであって，ミツバチ花粉の重量割合が製品の重量の30％以上のものをいう．花粉エキス末とは花粉を水およびアルコールで抽出，アレルゲンが酵素処理で除かれ，粉末化されたものをいう（→花粉エキス末）．花粉エキス末含有食品とは，花粉エキス末を主原料とし，他のものを加え食用に適するよう加工したものであって，花粉エキス末の乾燥重量が2.5％以上のものをいう．

それぞれ食品としての製品規格を定めて品質の保証を心がけており，製品規格では以下の項目を規定している．1) 外観・性状で，異味・異臭および異物がないこと．2) 確認試験で，ミツバチ花粉食品および花粉加工食品は花粉殻あるいはその破砕片の残留を認めること．花粉エキス末食品は植物ステロールおよびフラボノイドの反応を呈すること．3) 規格成分およびその含有量で，規格成分の含有量は表示以上であること．ミツバチ花粉食品はプロリンの含有量が1％以上であること．ミツバチ花粉加工食品はプロリンの含有量が0.3％以上であること．花粉エキス末含有食品はニンヒドリン反応陽性物質の含有量がロイシン等量で0.25％以上であること．4) ヒ素：Asとして2 ppm以下．5) 重金属：Pbとして20 ppm以下．6) PCB：検出されてはならない．7) 残留農薬：エンドリンおよびディルドリン（アルドリンを含む）は検出されてはならない．8) テトラサイクリン群：検出されてはならない．9) 一般細菌群：$5×10^4$/g以下．10) 大腸菌：陰性．11) 水分活性：0.6以下．12) TCA（トリクロール酢酸）反応：陰性（ただし，花粉エキス末含有食品のみ適用）．

これらの製造加工などの基準は製造加工の施設・管理，保管施設・管理，製造加工の設備・管理，原材料，製造加工の方法，作業者の衛生管理を規定している．また，表示・広告基準は必須表示事項・任意表示事項，表示の方法，表示広告など禁止事項を規定している．そして試験方法は公定書参照試験ではその箇所を明示し，また固有の試験では具体的に記述されている．

花粉はスポロポレニンを主成分とする硬い殻を有し，何千年何万年にわたる耐性があって化石分析に供されるほどだから，人が食べても吸収されないものだという意見もあった．花粉は外から水分を吸収すれば花粉粒内の内容物によって内部浸透圧が高くなり，細胞膜が破れて花粉発芽口から内容物が放出される．水中の破裂では2分以内に7～9割がた吐出される．また，花粉および完全破砕物のペプシン消化率を in vitro で試験すると，蛋白質量/不消化蛋白質量比は94程度で，花粉殻の消化への影響は認められなかった．さらにラットに10日間摂取させた栄養学的検討でも，一般症状の観察や体重の増加において，破砕・非破砕区間に差は認められなかったことから，花粉成分の吸収に殻の破砕は必要条件ではなかろう．

花粉食品の製造に関しては，ミツバチ花粉はミツバチによって集められた団子状物を乾燥保存したものであり（→ミツバチ花粉），花粉エキス末はトウモロコシ・ライムギ・チモシー・カモガヤ・マツ・ハンノキなど食経験のあるものを原料とし，アレルゲンを酵素分解除去し，内容物を濃縮し，粉末化したものである．（→花粉エキス末）

花粉の生理活性成分には多くのものが知られているが，未知成分をも加えて，これらの相加または相乗の作用の結果として摂取した人への効果は期待される．次のような点で，花粉食品の有用性が知られている．1) 造血作用があり，赤血球を増加させ貧血を解消する．

2) 整腸効果がある．3) 食欲を増進させる．4) 体力の衰弱を早く回復させる．5) 精力を増進し，更年期障害を解消する．6) 前立腺肥大の予防と炎症抑制．7) 時間のかかる排尿と残尿感の改善．8) 動脈硬化の抑制．この他にも多くの報告がある．とくにヨーロッパでは花粉は自然療食(natural therapeutics)としてひろく紹介されている．

花粉食品は日本では比較的新しい食品であり，摂取方法は必須表示事項としている．そのままで摂取できるようになっているものもあるが，水・温湯・牛乳・ジュースなど飲物といっしょに摂取してもよい．ミツバチ花粉および花粉の1日の摂取量は4〜12gが目安である．これは欧米での通常採取量成人1日15〜20g，日本では茶さじ1〜3杯(1杯は約4g)という記述に基づいている．花粉エキス末は約30分の1に濃縮されているので，花粉エキス末の摂取量は換算すると130〜140mg/日である．花粉食品が薦められる対象は老化が気になる人，激しいスポーツをしている人，体力が衰弱している人，食欲のない人，腹の具合の悪い人などである．　（森　　登）

花粉化石帯〔palynological zone〕

堆積岩から分離されたパリノモルフ群集の中で，出現期間が短くて，分布範囲の広い種類で代表させて区分した地層区分の1単位である．また，地層名をとって名づける場合もある．この化石帯に基づいて地層の対比が行われる．古生代では汎世界的な化石帯が設定されるが，第三紀以降となると，地域的なものがほとんどとなる．　　　　（高橋　清）

花粉活力テスト〔pollen activity test〕

花粉の活力をテストするのには，花粉そのものの発芽能力を調べるのが最善である．一般的には，種々の糖類やアミノ酸などを添加した寒天培地の上に花粉を置床し，一定の温度条件下に数時間〜1日培養した後の発芽率によって表示することが多い．ただ，人工培地上の発芽率がかなり低くても，柱頭上では十分に発芽して受精に至る場合もあるので注意したい．また，花粉の活力は化学的方法によっても調べることができる．すなわち，ヨードヨードカリ・アセトカーミン・コットン（アニリン）ブルーなどによって花粉を染色し，その染まり具合によって判定することができる．また，花粉の酵素活性を利用して活力を調べる方法としては，テトラゾリウム塩を利用してコハク酸脱水素酵素の活性を調べる方法や，ベンチジンが過酸化水素水の存在下で酸化される反応によりパーオキシダーゼの活性を調べる方法などがある．その他，特定の化学物質で染色し，蛍光顕微鏡下で発する色調によって生死を判定する方法も工夫されている．(→花粉の生死判定)　（山下研介）

花粉管〔pollen tube〕

受粉後花粉粒より成長する管．花粉を雌蕊柱頭に付けるか，培養基上に置くと，吸水して体積を増す．花粉は休んでいる植物器官であるが，吸水により膨潤して活性をもつ．その発芽孔では厚い内壁層が水を吸って膨潤して外側へ押し出される．この状態を乳頭状突起という．そして内壁層と原形質膜の間に用意されたカロース層は急激に厚さを増す．花粉が水を吸ってさらに膨圧を増すと乳頭状突起はさらに前方に押し出され，ここに新しい花粉管壁がつくられて花粉は花粉管を伸長さ

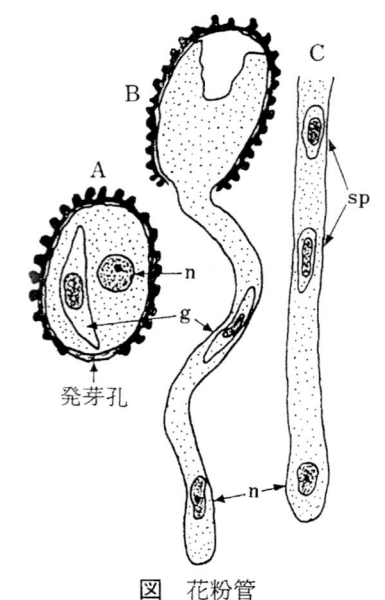

図　花粉管
A：成熟花粉（二細胞性花粉），B：発芽した花粉，C：花粉管の先端部．
g：雄原（生殖）細胞，n：栄養核，sp：精細胞．

せる．花粉管の役割は精細胞を子房内の胚珠へ運ぶことにある．成熟花粉内にすでに2つの精細胞を用意している花粉は，上記のように雌蕊内に花粉管を伸長させて，これらを胚珠まで運んでゆくのであるが，1つの雄原細胞しかもっていない花粉では，伸長している花粉管内で細胞分裂をして2個の精細胞をつくる． (三木壽子)

花粉管核 [pollen tube nucleus; tube nucleus; vegetative nucleus] →花粉管細胞

花粉管細胞 [pollen tube cell; tube cell; vegetative cell]

管細胞，栄養細胞ともいう．雄性配偶体である花粉の栄養細胞．その核を花粉管核というが，花粉粒内に存在するものを栄養核，花粉管に移動したものを花粉管核と呼び区別して用いる場合もある．被子植物では，減数分裂によって生じた小胞子が不等分裂をし，大型で細胞質に富む花粉管細胞と小型で細胞質に乏しい雄原細胞を形成する．裸子植物のうち，スギやメタセコイアなどでは小胞子，イチョウやクロマツなどでは造精器細胞の不等分裂によってつくられた大型の細胞である (→花粉の発生，雄性配偶体)．受粉後は，花粉管へと発達し，花粉管核と精細胞を胚嚢まで誘導する．花粉管内に移動した花粉管核は一般に紡錘形または楕円形を呈し花粉管先端部に位置し，その後方を雄原細胞または精細胞が移動する．成熟過程にある花粉粒の花粉管細胞は，代謝が活発であり，澱粉・リピッドなどの貯蔵物質，RNA・蛋白質が増加し，核には大きな核小体を形成する．成熟後には代謝が低下し，核小体は消失する．成熟した花粉粒の花粉管核は大型で分岐し，染色質には多量の酸性蛋白質とアルギニンに富むヒストンが含まれる．リジンに富むヒストンはほとんどないか，あってもアセチル化している．染色質が著しく分散するため，核の染色性は淡く，植物によっては光学顕微鏡による検出が困難な場合もある．そのため，成熟した花粉粒の花粉管核は，痕跡的な構造であり，花粉管の発芽・伸長には関与していないという説も提唱されている． (寺坂 治)

花粉管受精 [siphonogamy]

精子が泳いでいく代わりに，花粉管で精細胞を卵細胞に運んで行う受精の様式．ソテツ目とイチョウを除く全種子植物にみられる．裸子植物でシダ植物同様に精子を生ずるソテツ・ザミア・イチョウなどの花粉は胚珠の珠孔から花粉室に入り，花粉粒自体が肥大したのち花粉管を出すが，この管は珠心組織にくい込んで栄養吸収の役割を果たす．時至ると肥大した花粉粒の壁が破れ，放出された精子は内乳由来の液で満たされた花粉室を泳いで辺縁の造卵器(卵細胞)に達する．進化に伴い，裸子植物でも卵細胞が珠心組織深くに位置するようになり，被子植物では胚珠が子房壁に囲まれ，さらに花柱＝柱頭と，精子が卵細胞に達するまでの距離がたいへん長くなった．これに対応して栄養吸収器官であった花粉管が精細胞輸送のための管となり，一方で泳ぐ必要がなくなった精細胞は精子に発達(変身)しなくなった． (渡辺光太郎)

花粉管伸長 [pollen tube growth]

花粉管は管先端部域で，花粉壁を合成しながら伸長する．発芽した後，花粉管がある程度の長さになると，ほぼ一定間隔に隔壁となるカロース栓が形成され，花粉管内が仕切られていく．大部分の原形質は常に新しくつくられたカロース栓より管先端部側に存在し，そこでは活発な原形質流動がみられる．管伸長に伴ないいくつかのカロース栓が形成された後は，花粉管の古い部分である管基部側には細胞質がほとんどなくなり，管先端部分の細胞質と関連がなくなる．したがって管の古い部分で管を切断しても管伸長は進行する．花粉管細胞内ではゴルジ体から盛んにゴルジ小胞がつくられ，小胞は融合しながら花粉管先端部に集中する．ゴルジ小胞は外分泌により原形質の外に分泌され，小胞膜は新しい細胞膜になり，小胞の内容は花粉管一次壁形成に関与する．柔軟な一次壁が形成されると同時にそれは高い細胞内圧により前方に伸展し，次いでこの壁と細胞膜の間にカロース層が形成されるようになる．このように外層(一

次壁)と内層(カロース層)からなる強固な花粉管壁が形成されながら，そして管先端部域では一次壁の合成と伸展が行われながら，管伸長が進行していく．ある種の花粉では1本の花粉管の先端部分で管の分枝が生じることもある．

　花粉管の伸長速度はたいへん速く，植物細胞の成長速度のなかでももっとも速いものに属する．花粉の種類によりその値は大きく異なるが，被子植物の雌蕊の中を伸長する速度(時速)として，0.04〜10 mmの値が報告されている．培地での花粉管伸長速度は，速いものでも1 mm程度である．花粉管の長さについては，少なくとも，花粉はその植物の雌蕊の長さの花粉管を伸ばすことができる．トウモロコシは約30〜50 cm，テッポウユリは約15〜18 cmの雌蕊の長さがあるので，これらの長さの花粉管を伸ばし，受精に至る．しかし，培地上でこの花粉管伸長を再現することは，わずかの例を除いてたいへんむずかしい．雌蕊中を伸長している花粉管は，落射型蛍光顕微鏡により，アルカリ性アニリンブルー液で染色した花粉管壁やカロース栓の蛍光を目安に観察する．この場合，雌蕊そのままでは花粉管を観察できないので，雌蕊を水酸化ナトリウムなどの液に浸して組織を軟化させ，スライドグラス上でそれを押しつぶしてから観察する．あるいは雌蕊を縦裂二分して，花柱の内側の組織表面に焦点を合わせて花粉管を観察する．

　花粉管伸長を調べる培地には，寒天・アガロース・メンブランフィルター・ゼラチンなどが支持体として用いられ，とくに寒天培地がもっともよく用いられている．成長した花粉管から物質を抽出するためなど，多量の花粉を扱う場合には液体振盪培地も用いられる．花粉管の伸長の程度を知るには，花粉をカバーグラスの縁に着け，寒天培地上に直線状に置床して，培養するとよい．花粉管はこの線の両側に，線にほぼ直角に伸長するので，管長の測定が容易である．熱に不安定な物質の影響を調べるには，シャーレに厚く寒天培地をつくり，そこに試料液を入れる穴をつくり，そのまわりに花粉を放射方向に直線状に置床する方法(ウエル法)が用いられる．

　花粉管伸長は，発芽に影響する因子の影響を受ける．発芽の場合と異なり，管伸長の栄養分としては花粉粒に貯えられていた物質だけでは不十分であり，管外から物質が供給されなければならず，それらが管伸長に大きく影響する．とくに糖は細胞の浸透圧だけでなく，エネルギー源や花粉管壁素材として利用される．管伸長にはショ糖がもっとも有効で，フルクトース・グルコースが次いで効果があり，ラフィノースその他のオリゴ糖も有効である．ガラクトース・マンノースは著しい阻害作用を示す．カルシウムは発芽だけでなく，管伸長にも有効であり，ホウ素も効果が大き

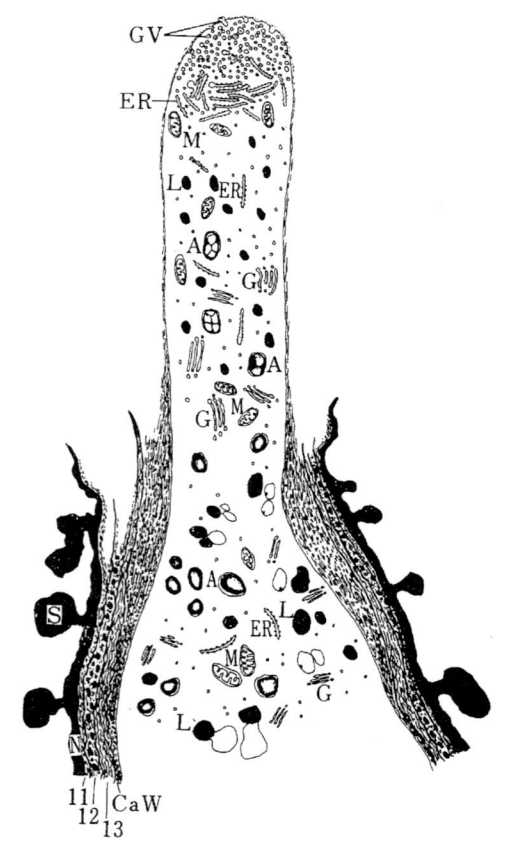

図　花粉管微細構造模式図
S：sexine，I_1：intine 1，I_2：intine 2，I_3：intine 3，CaW：カロース層，L：脂肪球，A：アミロプラスト，M：ミトコンドリア，G：ゴルジ体，GV：ゴルジ小胞，ER：小胞体

い．ショ糖・カルシウム・ホウ素を含む培地は多くの花粉の基本培地として用いられている．これらの物質以外で顕著な伸長促進効果を示したものとしては，柱頭浸出液・花粉粒水抽出液・ジベレリン・牛血清アルブミン・グッド緩衝剤・ポリアミン・ジエチレントリアミン・ナタネ油粕水抽出液・カルモジュリン・ビタミン B_2・チオウラシルなどが報告されている． （中村紀雄・三木壽子）

花粉競争 [pollen competition]

多くの被子植物では，個々の花の雄蕊の葯には，雌蕊の胚珠（胚嚢）が受精して種子となるために必要な数よりも，数千倍から数万倍もの花粉が形成される．花上の花粉は，訪花昆虫の餌となったり，訪花昆虫の活動や風の作用で空中や地上に撒き散らされるので，生産された全花粉が雌蕊の柱頭に受粉するわけではない．しかし，一般には，雌蕊の柱頭にも，受精・結実に必要な数以上の花粉が受粉される．たとえば，アブラナ属のカラシナの各柱頭には，800〜1000粒の自家・他家混合花粉が受粉されて，ほぼ100％の結実率となり約20粒の種子が結実する．このようなわけで，カラシナについていえば1胚珠当り約40〜50個の花粉が受粉されるので，花粉発芽や花粉管伸長速度などの差異によって，受粉花粉の間に競争が生じるので，これを花粉競争と呼び，雄性配偶子競争とも呼ばれる．この現象は，とくに花粉が葯内で成熟し柱頭に受粉されて花粉管を伸長させ胚嚢と受精するまでの過程で受ける諸々の環境ストレスが大きい場合には，これらのストレスが花粉競争の淘汰圧となり，ストレス耐性をもった次代植物が選択される要因となる．詳しくは，花粉選択の項を参照のこと．なお，配偶子遺伝子（Ga遺伝子）の優劣で受精競争に勝つ花粉が決まる場合もある．これについては，受精競争の項を参照されたい． （生井兵治）

花粉銀行 [pollen bank]

リンゴ・ナシなどの果樹類の栽培農家が，人工受粉用に採取した花粉を，翌年まで共同で管理・保存しておく設備や施設をこう称する場合がある．農家は蕾や若い花を摘んで集め，葯を分離した後，開葯器などで花粉を得て，これを預ける形となる．保存条件は乾燥と低温．使用時には発芽率を調べて増量剤の量などを決め，人工受粉に供する．（→人工受粉） （佐々木正己）

花粉群集 [pollen assemblage]

堆積物，とくに水中堆積物では，それが沈積した当時，周辺に生育していた植物の花粉や胞子が，その植物群において占める各植物の占有率，花粉・胞子の生産率・飛翔率に応じて含有されている．この一群の花粉・胞子の集団を花粉群集と呼ぶ．これら花粉や胞子の形態に基づいて属・種の頻度を調べることで堆積物沈積時における周辺の植物群の実態を解析し，復元できる．植物群を構成する植物の属・種は，環境，なかんづく気候（気温・降水・日照）と微地形等によって決められるので，堆積物の中の花粉や胞子の属・種も決まる．したがって，長い地質時代の環境の変化は，地層の花粉分析による花粉群集の解析によって知ることができる．各時代の堆積物の花粉群集を比較検討して，同一群集と判断される一連の群集を花粉帯（pollen zone）と呼び，この花粉帯で包括される堆積物が沈積した時代には，ほぼ同じ環境のもとにあったと判断できる．花粉群集または花粉帯は，それを構成する代表的な植物，または記号をもって呼称する．（→花粉化石帯，パリノフローラ） （藤　則雄）

花粉計数法 [pollen counting method]

空中花粉は種々の捕集器で採集され，それらの計数は一般的には染色後，顕微鏡で花粉形態を確認し計数する方法がとられている．花粉染色液には発色剤に塩基性フクシンが含まれるカルベラ液とゲンチアナバイオレットが含まれるフェーブス-ブラックレー液が主に用いられる．カルベラ液は一時的な花粉観察には適するが時間が経つと染まりすぎる欠点がある．長期保存はゲンチアナバイオレットでの染色法が望ましい．試料の計数面積は広いほど望ましいが，ルーチンワークには 18×18 mm（3.24 cm^2）のカバーグラス全面の計数が一般的である．バーカード型捕集器で

の試料は時間ごとに全面積を計数することは非常に労力を要するので，種々の方法が考案されている．その1つに同捕集器の試料を免疫化学的に定量する方法が考案されている（イムノブロット法）． （高橋裕一）

花粉圏［pollen-stored area］
ミツバチの巣板の利用の仕方には規則性があり，中央部では育児が繰り返され，上部や周辺部は貯蜜に当てられる．その間にベルト状にみられる花粉の貯蔵域を花粉圏と称す．(→蜂パン，花粉枠) （佐々木正己）

花粉源［pollen donor］ →花粉親

花粉源植物［pollen source plants］ →養蜂植物

花粉抗原［pollen antigen］
花粉を構成する成分のうち，生体に抗体を産生させるものを花粉抗原といい，このうち花粉症にかかわるIgE抗体を産生する抗原をとくに花粉アレルゲンという．たとえば，ブタクサ花粉の抽出液には52種類の抗原成分があり，そのうちの22種類の成分がヒトに対するアレルゲンであったという．このように花粉抗原と花粉アレルゲンを本来区別して用いるべきであるが，花粉症の原因となる抗原のことを花粉抗原と呼んで，花粉アレルゲンと同義に用いられることも多い．(→花粉アレルゲン) （井手　武）

花粉コート［pollen coat］ →花粉セメント

花粉混淆（混交）［pollen contamination］
異なる種間または同一種内の異なる集団間あるいは個体間で，花粉が混ざる状態を意味する．田畑や野山の植物では，花粉混淆は風媒受粉植物で起きやすく，虫媒受粉植物でも訪花昆虫が1種類の花に限定せず種々の植物の花を渡り歩いて花粉を媒介する場合には起こるし，実際にこのような場合が多い．自然界で種間に花粉混淆が起きれば，種間雑種ができたり，反復して戻し交雑が起こる浸透（性）交雑など，進化の要因となることもある．また，栽培植物における集団間とは品種間のことであり，品種間で花粉混淆が起きれば，いろいろな変異個体が現れ選抜育種の材料となることもあるが，品種崩壊を招くことにもなるので，市販種子を生産する採種圃場では，異品種との花粉混淆を極力抑えるように隔離採種を行う．なお，同種内における異なる集団間の花粉混淆は，他殖性植物で頻繁に起こりやすい．しかし，自殖性植物でも花粉が広く飛散する場合が多いので，たとえばアワの花粉がエノコログサの雌蕊に受粉して雑種ができ，アワの遺伝特性が徐々にエノコログサ集団に浸透（遺伝子移入；introgression）しているなどという現象がみられる．このことは，いわゆるバイオテクノロジーによって微生物などの遺伝子を取り入れた組み換え体（トランスジェニック植物）を隔離地域の外で非閉鎖系試験に供したいという場合などでも，自殖性植物だからといって安全だとは限らないことを意味している． （生井兵治）

花粉採集器［pollen trap］
① ミツバチの巣箱に装着して，大量の花粉を集めるための器具．日本では直径4〜5mmの孔が多数あいた板の下に引き出し式のトレイがあり，後肢に花粉荷（→花粉荷）を付けて帰巣した働き蜂がこの孔を通ったときに花粉荷を落とすタイプのものが普及している．
② →花粉捕集器． （佐々木正己）

花粉色素［pollen pigment］
花粉色素はカロチノイド（カロテノイドともいう）とフラボノイドより構成されている．カロチノイドは，緑色植物・カビ・キノコ・酵母・細菌などのつくる黄色から赤色・紫色のテトラテルペノイド（炭素数のより多いものもある）である．イソプレン8分子の重合体を骨格にもち，トマト果実に多いリコペンを原型とし，その分子の両端の閉環や酸素化などによって生じる数百種に及ぶ色素が含まれている．花粉のカロチノイド（→カロチン）については，表のようなものが報告されている．カロチノイドは受粉に際して昆虫を引き付けるのに役立っているものと思われ，また太陽光線にさらされる花粉は，黄色色素（カロチノイドおよびフラボノイド）を外壁中に貯えて紫外線による酸化反応防止に役立てるように進化してきたものと考えられる．(→フラボノ

表 花粉中のカロチノイド

花粉	カロチノイド	研究者
アカシア	α-カロチン β-カロチン キサントフィル フラボキサンチン	Tappi (1949-1950)
シクラメン	β-カロチン リコペン	Karrer ら(1951)
ツルボラン属 [Asphodelus albus]	β-カロチン キサントフィル フラボキサンチン	Tappi(1951)
Lilium mandshuricum	β-カロチン ビオラキサンチン	Tappi ら(1956)
キクイモ	α-カロチン β-カロチン キサントフィル クリプトキサンチン フラボキサンチン	Cameroni(1958)
トウモロコシ	β-カロチン	斗ケ沢ら(1967)
カボチャ	β-カロチン	〃
オニユリ	β-カロチン	〃
ノゲシ	β-カロチン	Shapiroら(1979)
シロツメクサ	α-カロチン γ-カロチン リコペン	Sergeevaら (1984)
フタマタタンポポ属 [Crepis tectorum]	α-カロチン γ-カロチン ビオラキサンチン	〃
タンポポ	ビオラキサンチン	〃

図 リコペン

(勝又悌三)

【花粉の色】 花粉の色はきわめて変化に富んでいる．一般的には黄色であるが，時には白くみえたり，赤・緑・青・紫などもある．黄色や赤色の色素はカロチノイドの蓄積に関係する．青色はアントシアニンで，カルコンはときどき黄色の花粉色素を生じさせる．この他，フラボン，フラボノール，フラバノン，ジヒドロフラボノール，イソフラボン，ジヒドロカルコン，オーロン，アントシアニンのアグリコンであるアントシアニジン（ペラルゴニジン・シアニジン・デルフィニジン）などの黄色色素化合物を総称してフラボノイドという．その昔はフラボン系色素あるいはアン

トキサンチンなどと総称されていたものである．グルコシド結合しているフラボノールは植物の常成分でごくふつうに存在し，花粉にも広く分布している．遊離状フラボノールも花粉にふつうに分布し，これらは黄色フラボノールと通称されるほど，黄色を呈するものと思われてきた．一般にはフラボンやフラバノンなどに比較すると黄色が強い．昔は黄色染料として利用された．ゴシペチン (8-hydroxy quercetin) やハーバセチン (8-hydroxy kaempferol) および，これらのメチル誘導体は黄色フラボノールである．フラボノールのC-8位で水酸基あるいはメトキシ基の導入はUVスペクトルでバンドIが13～18 nmの深色シフトを与え，330 nmに追加ピークが生じる．他方C-6位に水酸基を導入することは浅色効果を与える．8位に水酸基を入れたフラボノールの吸収極大の比較的高波長が昼光でこれらの化合物の黄色の発現の理由となっている．花粉では黄色フラボノールは無数にあるフラボノールのうち，そう多くの種類がわかっているわけではない．ホウレンソウの花粉にはガレチン (6-hydroxy kaempferol) やケルセタゲチン (6-hydroxy quercetin) の誘導体が存在するが，上の理由でC-6の水酸基のために黄色フラボノールではない．140種以上の植物花粉について黄色フラボノールの存在を調べた結果では，ボタン科やタデ科の植物の花に多く，ケンフェロール・ケルセチン・6-メトキシケンフェロール・パチュレチン・スピナセチン・セクサングラレチン・リモシトリン・イソサリプルポールなどが判明している．またバラ科アーモンドの花粉からは8-メトキシケンフェロール-3-ソホロサイドの存在が報告されている．

トウモロコシ花粉の黄色物質としてケルセチン，イソケルシトリン (quercetin-3-glucoside)，イソラムネチン，ケンフェロールとその誘導体が単離されている．このうちもっとも量の多いのはケルセチン 3,3'-O-ジグルコシド，ケルセチン 3,7-O-ジグルコシド，イソラムネチン 3,4'-O-ジグルコシドである．他はケルセチン 3-O-グルコシド，ケルセチン 3-O-ネオヘスペリドシド，ケルセチン 3-O-グルコシド 3'-O-ジグルコシド，イソラムネチン 3-O-グルコシド，イソラムネチン 3-O-ネオヘスペリドシド，イソラムネチン 3-O-ネオヘスペリドシド，イソラムネチン 3-O-グルコシド 4'-O-ジグルコシド，ケンフェロール 3-O-グルコシドである．

物質別にみると，黄色フラボノールではケルセチンはレンギョウ・ハンノキ・アカマツ・トウモロコシ花粉から，ケルシトリンはスギ花粉から，ケルシメトリンはヒマワリ花粉から，ケルセチン 3-O-ジグルコシドはハンノキ花粉から，イソラムネチンはハンノキやその他花粉から，ケンフェロールはアカマツ・トウモロコシ，その他種々の花粉から，ルチンはナツメヤシ・レンギョウ・オニユリ花粉で，ダクチリンはオーチャードグラス・チモシー花粉から，淡黄色フラバノン誘導体であるナリンゲニンはアカマツ・クロマツ・トウモロコシ・スギ花粉から，淡黄色フラボン体ルテオリンはスギ花粉から，アピゲニンはスギ・イヌマキ・シラカンバ花粉から，コスモシインはスギ花粉から，2重分子フラボンとしてアメントフラボンはスギ・イヌマキ花粉から単離されている．(→フラボノイド)

花粉の色をなすカロチノイドやフラボノイドは，ともに食物成分としては重要なはたらきを包含している．前者のうち，β-カロチンはビタミンAの前駆体として，より安全にビタミンAのもつ生理活性を発現させ，また後者は多くの成分が強弱はあっても生体内で悪影響を及ぼすフリーラジカルや過酸化脂質などの消去にまたあるものは免疫調整にはたらくことが知られている．　　　(森　登)

花粉-雌蕊相互作用 [pollen-pistil interaction]

受粉から受精までのプロセスにみられる花粉と雌蕊相互のはたらきについての研究は，とくに自家不和合の植物で多く行われてきた．自家受粉と他家受粉にみられる花粉の行動——発芽，花粉管の雌蕊内侵入，管伸長など——の違いや，それらへの雌蕊各部の対応から，受精は花粉-雌蕊相互作用の連続で成就され

るとみることができよう．

花粉管の成長は初期には自養的(autotrophic)で，管成長に必要な素材は花粉自身がもっている物質でまかなわれるが，長い花柱内を伸びるには不足している．早晩他養的(heterotrophic)に成長することになり，柱頭あるいは花柱内の分泌物を管先端から取り入れて管形成を進める．花柱内に分泌液が生じるための引き金は，花粉が柱頭に付くことである．子房に入った花粉管が胚珠から胚嚢に入り，管端が破れて放出された精細胞が卵細胞あるいは中央細胞と接合して受精が行われるが，その各段階でも花粉と雌蕊との相互作用が考えられる．子房内での相互作用についても研究が進められている．イネ科では，豊富な分泌液で覆われていない，ドライタイプの柱頭の上で，花粉は次のようなメカニズムで発芽すると推定される．花粉は柱頭に付くとすぐに柱頭細胞から吸水し，ほとんど同時に蛋白質などの物質を浸出する(花粉反応)．この浸出物は柱頭細胞にはたらいてその透過性を増大させ，それにより柱頭細胞に含まれていた液が外に浸出される(柱頭反応)，花粉から浸出された液と混ったこの柱頭浸出液が花粉の発芽を促す．花粉の液浸出をみない場合は柱頭反応も起こらず，花粉の発芽も起こらない．アブラナ科の柱頭上での花粉発芽や花粉管の柱頭侵入などのメカニズムも，花粉－柱頭間の相互作用の結果とみなされる．(→受粉反応)　　　　　　　(渡辺光太郎)

花粉室 [pollen chamber]

裸子植物(針葉樹類・ソテツ類・イチョウ類など)において，胚珠の珠孔内の珠皮と珠心の間につくられる小隙を指す．成熟胚珠では珠孔から外側へ受粉液が出ているが，これが乾くと付着した花粉は花粉室内に引き込まれ，珠孔は閉じられて，花粉はそこで発芽する．その間に卵母細胞は分裂して卵細胞を生じる．　　　　　　　　　　　(三木壽子)

花粉銃 [pollen gun]

人工受粉時に花粉を花に吹きつける道具で，手動のものもあるが，普通は電池で駆動する電動式のものを指す．増量剤(→石松子)で稀釈した花粉を入れる部分と駆動部，それにノズルから成っている．　(佐々木正己)

花粉症 [pollinosis]

花粉症は花粉アレルギーのうち，主に鼻および眼またはそのいずれかに起こる疾患を意味し，花粉喘息やその他の臓器に起こる花粉に由来するアレルギー疾患を除外して用いられる．ただし，鼻に連なり上気道に含められる咽頭および喉頭に起こる病変は通常花粉症の部分症とされる．花粉のどの部分が抗原となるかについては，定まっていないが，花粉壁の内側または花粉の外側のいずれに主たる抗原成分があるかは花粉によって異なるらしい．したがって，花粉が破裂する，しないにかかわらず，花粉のいずれかの成分に由来してアレルギー反応を起こし，その結果として成立する疾患を花粉症と称している．日本ではこれまでに53種の花粉アレルギーが報告されており(宇佐神，1994b)，今後も新しい抗原花粉が報告されると考えられるが，それらのいずれも花粉症を引き起こす可能性がある．日本の花粉抗原としては，スギがもっとも重要で，イネ科・ヨモギ属・ブタクサ属などがこれに続く(宇佐神，1994a)．日本は南は一部亜熱帯から北は一部亜寒帯に及ぶことか

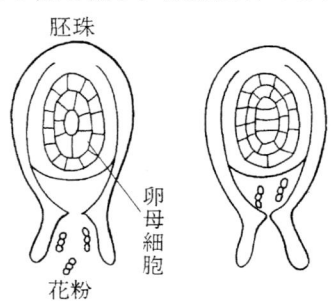

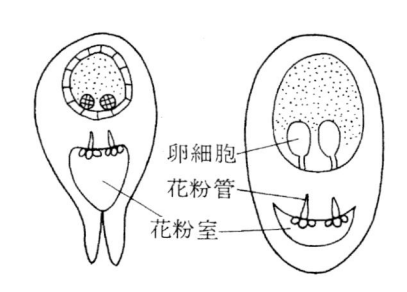

図　花粉室

ら，植生の地域差が大きく，花粉抗原の地域差をもたらしている（宇佐神，1993a）．したがって，その治療には転地療法も加えられる．

（宇佐神篤）

花粉情報 [pollen information]

枯草熱（花粉症）患者の多い欧米では1970年代には抗原花粉の花粉情報があり，新聞・テレビなどのマスコミで報道されている．旅行者を対象とした花粉ガイドブックや国内の花粉飛散状況がわかる電話サービス等もあり，抗原花粉はさまざまだが有症者が多く，ニーズのある情報であることがうかがわれる．日本では，1964年スギ花粉症が発見されてより，関東地方では代表であったブタクサ花粉症に代わり，スギ花粉症の増加が目立ってきた．スギ花粉症は北海道，沖縄県を除く地域では有症者がしだいに多くなりつつあり国民病といわれるようになった．このような状況のなかで，東京都では1983年より行政を中心に，各分野の専門家で構成された都花粉症対策委員会の共同研究の後，86年から都圏10カ所以上の花粉調査地のデータを用い，気象協会が中心となってスギ花粉およびヒノキ科花粉飛散に関する予測情報や飛散状況の日速報を主にテレビ・新聞などを介して広域に報道している．90年より花粉症患者のモニター制度を設けて患者の症状も把握できるようになった．京都では，86年より府立医科大学耳鼻科を中心とした主に耳鼻科医療機関のネットワークで花粉情報センターが設けられ，スギの植生，スギ花粉症の病因や治療に関する情報，患者症状の程度などを新聞を介して報道している．情報網は徐々に拡大されており，また近畿地方一帯の耳鼻科施設による花粉症研究班と気象協会の共同研究でさらに広範囲における情報活動が種々のマスコミを介して展開されている．その他大学と気象協会，行政機関と気象協会，医師会と国立医療機関と気象協会，病院と気象協会，また学校・製薬会社なども加わり複数の施設の連携で花粉情報活動が行われている．花粉飛散は気象条件の影響を大きく受けるために気象協会の関与なしに日本の花粉情報活動はありえない現状である．現在の時点で全国に20カ所以上の花粉情報システムがあり，おのおのが独自に活動している．しかし，システム上は大きな差異がみられず情報網相互の連携が可能になるように情報活動の共通性および標準化が進められている．

（岸川禮子）

花粉食品 [pollen food]

花粉は植物の生殖器官として受精に関与するが，花粉だけでは運動ができないので，多くの場合何らかの媒介によって運ばれ受精を実現する（→送粉）．その媒介者の種類によって風媒花粉・虫媒花粉・水媒花粉などと分類されている．虫媒花粉のうち，ミツバチにより集められたものをミツバチ花粉，花粉だんご，花粉荷という．英語では pollen load, bee pollen, ドイツ語では Bienen-Pollen, Pollen-Ladung などという名称で扱われている．このミツバチ花粉や風媒花粉を採取し，食用に供されるものが，花粉食品である．

花粉の食歴は花粉混入のハチ蜜の歴史とともにあり，西暦紀元前から西アジアやエジプトの古跡で発見されている．ハチ蜜には10g中数千から100000粒，平均50000粒の花粉が混入している．花粉の含有量の高いハチ蜜ほど重用されている．花粉は『本草綱目』（李時珍，1590）に，マツ花粉とガマ花粉が収載されている．「マツ花粉は漢名を松黄といい，食材の性質としては甘味を有し，冷え症の人を温め，それ自体は無毒である．主なはたらきは，心臓や肺の機能を潤滑にさせ，気力を充実させ，また止血作用がある」などと『本草綱目』では記されている．同様にガマ花粉については「漢名を蒲黄，味は甘く，温冷性質は中間で，無毒である．内臓の寒熱を去り，小便の排泄を良くする．滞った血液の流れを正常化させ，常用摂取を続けるならば身体を爽快にし，気力を充実させ，長寿を得させる」などと効用が記されている．アメリカ・インディアンはトウモロコシ花粉をトウモロコシの餅にまぶして食べていたといわれる．ガマの花粉は茨城県潮来地方で古くから食用とされていた．

花粉やそのエキス食品が再び注目を浴びてきたのは1960年代からである．花粉食品の啓

蒙書は，アメリカの MacCormick(1973)，イギリスの Binding(1980)，Donbach(1981)，Donadiu(1983)，日本の加藤(1975)，清水(1975)，増山(1980)等のものがある．

花粉の一般組成分析は多くの研究者によって報告されているが，水分が9〜20％，蛋白質が19〜28％，糖質が18〜23％，脂質が1.2〜16％，灰分が1.6〜10％で，その評価はだいたいにおいてバランスが良い食品とされている（→花粉の有機成分，花粉の無機成分）．微量成分として無数の，人の健康に役立つ生理活性成分が含有されている（→花粉の栄養）．

日本健康食品協会が1991年9月に認定品目とした花粉食品はミツバチ花粉食品・ミツバチ花粉加工食品・花粉エキス末含有食品として規定され，それらの製品規格，製造加工などの基準，表示・広告基準，試験方法などが設定されている．（→花粉加工食品，花粉荷，花粉エキス末） （森　　登）

花粉図解［palynogram］

主要な花粉学的データを供給する花粉・胞子の視覚的描写（極性，対称，口，形，大きさ，花粉・胞子の総壁，彫刻の文様，極観輪郭像など）(Erdtman, 1952)． （高橋　清）

花粉セメント［pollen cement］

花粉粘着物，ポレンキットと同義．タペータム由来の粘着性物質で，花粉外壁外面や柱状層の空所に沈着し，花粉どうしをくっつけたり訪花昆虫に花粉粒をくっつけたりする機能が考えられている．スポロポレニンからできていないので物質的には外壁と明瞭に区別される．ただし透過型電子顕微鏡で観察すると，外壁とやや似た染色性を示すことがあるので識別に注意が必要である．（高橋英樹）

花粉前線［pollen front］

本来は開花前線と呼ぶのが正しいが，スギなどの場合は広い範囲の開花を観測することが困難であり，開花とほぼ同時に観測される花粉の飛散をもって開花の目安としており，花粉前線と呼んでいる（→巻末付録）．スギ花粉前線の場合，他の春の植物と同様に南から北にと北上していくのがふつうであり，東海から西の太平洋側で2月上旬，関東付近で2月中旬，東北は3月以降である．（→開花前線）
（村山貢司）

花粉喘息［pollen asthma］

花粉を吸入してアレルギー機序により惹起される気管支喘息を花粉喘息と呼ぶ．一般に花粉症(pollinosis)という場合花粉によるくしゃみ・鼻汁・鼻閉を主症状とする鼻アレルギー（アレルギー性鼻炎）および結膜充血と瘙痒を主徴とする結膜アレルギーに限定し，花粉喘息を含めないとする意見もある．しかし臨床の場ではこれらの症状が相互に合併し厳密な区別は必ずしも容易ではないので筆者は花粉喘息も花粉症に含め，花粉アレルギーと理解すべきであるという見解を主唱している．

アレルギー領域における最初の医学的論文とされる Bostock の枯草熱(hay fever)に関する報告(1819)では，彼自身毎年6月になると眼症状，次いで鼻症状・呼吸困難が現れるが7月いっぱいで消失することを記載し，夏風邪(summer catarrh)と呼んだが，その原因が植物の花粉によることを指摘したのは Elliotson(1831)とされる．その後19世紀のアレルギー学の研究は花粉症を中心に進展したが，この第1例の論文をみてもわかるように眼・鼻症状とともに喘息様症状の記述がある．最近日本で社会的にも注目されているのがスギ花粉症であるが，筆者らの大学生を対象とするスギ花粉症調査では有症者897名中鼻症状を有する者が76％を占めもっとも高率で，次いで45％が結膜症状を有し，喘息様症状を23％に認め，これらが相互に重複することも少なくない．また通常は鼻症状と結膜症状を呈するものでもスギ花粉への濃厚曝露があれば喘息発作をきたす自験からも花粉喘息を花粉症に含めるという考えは正当と考える．とはいえいわゆる花粉喘息は一般の抗原による気管支喘息に比べ若干の差異があるのでその特徴を指摘しておけば，1) 花粉症であるから当然ながら季節性発症があり，空中飛散花粉の消長と並行して症状の増減がみられる．2) 他抗原との重複感作がなければアレルギ

図 花粉図解

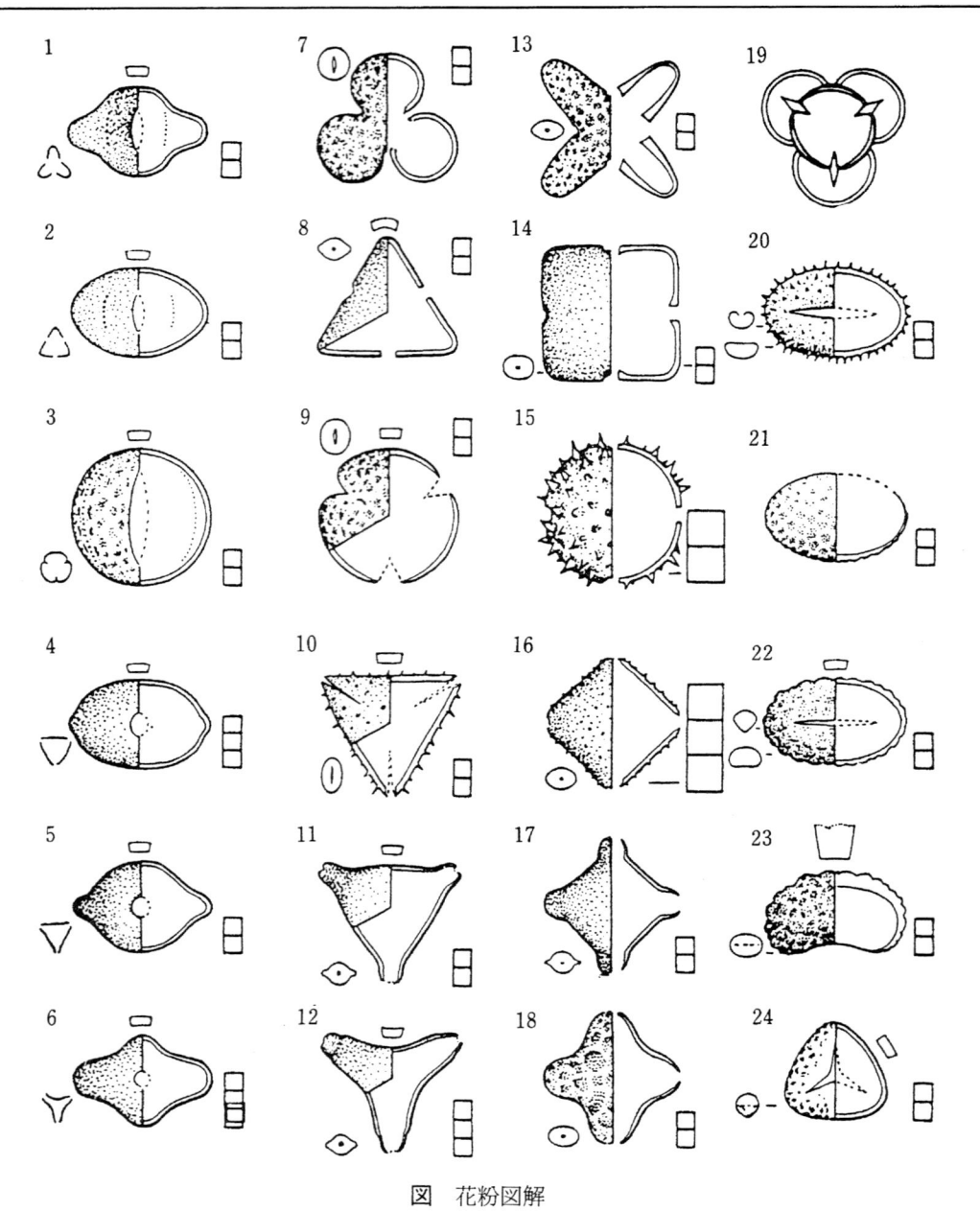

1〜6：三口花粉粒（赤道観），7〜12：三口粒（極観），13〜18：四口粒（極観），19：正四面形花粉四集粒，20：単長口花粉粒（遠心極観），21：単長口花粉粒（赤道観，縦の位置），22：単条溝型胞子（向心極観），23：単条溝型胞子（赤道観，縦の位置），24：三条溝型胞子（向心極観）．

ーの型は IgE 依存の即時型（Coombs と Gell の I 型）アレルギーに属し，遅発型反応ないし後遅発型反応，あるいは二相性反応の報告には接しない．

したがって本症に対する診断と対応は I 型アレルギーの典型として考えるべきで，詳細な問診とアレルギー免疫学的検査を駆使して抗原が確定されれば，原因花粉の除去回避に努め（花粉情報に応じ花粉マスク・眼鏡などによる防禦とともにフード付き衣服により花粉が髪に付着するのを防ぎ，外出時には凹凸の少ない素地の上衣を着用して帰宅時花粉を十

分払い落とす，また窓から室内への花粉の侵入を防止し，干した洗濯物，寝具への花粉の付着にも留意する．空気清浄機も有効)，可能であれば季節前減感作を試みる．これらの効果が十分得られないときは最近市販されている抗アレルギー剤(クロモグリク酸ソーダの点鼻・点眼・吸入・内服が頻用されるがその他十指にあまる内服剤がある)，喘息症状に対しては対症薬物療法が必要となる．

以上の抗原確定のための診断とこれに続く治療は鼻症状・結膜症状，そして喘息症状それぞれ一連の考え方とコースに則って，従来の診療科の枠に捉われずアレルギークリニックの一貫した方針で行わるべきで，そのためにも診療科「アレルギー科」の早期実現が切望される． (中村　晋)

花粉選択[pollen selection]

高等植物では，花粉母細胞から減数分裂によって生じる雄性配偶子としての花粉は，$2n$相の体細胞に比べて染色体数が半減しているn相である．しかし，アイソザイムやDNAなどの分子遺伝学的特徴については，約6割が植物体でも花粉でも発現している．また，高温・低温，塩分，酸度，その他，各種のストレスに対するストレス耐性の程度についても，花粉での発現と植物体での発現に高い相同性が認められる場合が多い．これに加え，個々の花の雄蕊の葯には，雌蕊の胚珠(胚嚢)が受精して種子となるために必要な数よりも，はるかに多くの花粉が形成され，雌蕊の柱頭には受精・結実に必要な数以上の花粉が受粉される場合が多い．しかも，複数の個体の花粉が混ぜ合わさって混合受粉され，何度も反復受粉(追加受粉)される場合が多い．したがって，ここに花粉選択という現象が生じる要因がある．花粉選択は，花粉混淆によって遺伝特性を異にする多数の花粉が受粉された際に，花粉の発芽や花粉管伸長の速さの違いなどが原因となって花粉競争(雄性配偶子競争)が起こり，受精競争の結果として非無作為的な選択受精が行われることによって生じる現象で，被子植物が進化した大きな原因の1つと考えられる．ただし，植物の生殖過程で生じる適応と分化の要因となる自然選択という現象には，受精前にも受精後にも生じる現象があり，受精前選択にも花粉が受精競争を行うことによる雄性側の花粉選択ばかりでなく，雌性側が配偶相手としての花粉を選択する選り好み(雌性選択；female selection)もある．受精後の選択としては，柱頭への受粉花粉粒数が少なかった場合などに，適応度の低い胚を間引く目的で，不良未熟胚淘汰を行ったり，受精胚の少ない花(果実)自身を淘汰してしまう花振い(摘花＝摘果)を行うなどという受精後選択もある．さらに，非無作為的な受精・結実が起きる要因として，植物(種子親＝母体)の置かれた環境条件や，植物体全体あるいは花ごと，雌蕊内の胚珠ごとの栄養条件や，自家和合性・不和合性を左右する自家不和合性遺伝子(S)や受精競争の強さを部分的に左右する配偶子遺伝子(Ga)などによる，受粉花粉と柱頭との受粉反応などもあげられる．したがって，個々の植物について花粉選択が起こっているか否かを明確に証明するためには，これらの要因を考慮に入れ何世代かにわたって後代を追う実験計画を組む必要がある． (生井兵治)

花粉層序学[pollen stratigraphy]

パリノロジー(palynology)の方法による層序(層位)学上の応用．出現期間の短い，分布の範囲ができるだけ広い種類を用いて，地層を区分し，地層対比に役立てる方法．すべての化石について，地層を区分する化石帯がつくられる生層序(層位)学的方法が用いられる． (高橋　清)

花粉挿入[pollen insert] →花粉付着器

花粉総飛散数予測[forecast of total pollent count]

空中花粉の総飛散数は年により大きく異なるものがある．とくに樹木花粉の飛散数は年度差が大きい．スギ花粉は3年周期で当たり年になるといわれているが，表作年と裏作年があり2年周期であるという農学者もいる．スギのほかにも，ブナ科は6～8年で多数の花を着けるという．果樹類のカキ・クリや柑橘類では隔年ごとに当たり年と不成りの年と

がある．1993年はブナ科が大量に飛散した．草本類の花粉の飛散量は一般に年による違いは顕著でなく地域の花粉総飛散数は，周囲の植生に大きく依存する．近年，スギ花粉症が，とくに都市部で急増しており，それに伴って，来シーズンのスギ花粉総飛散数を予測する試みがなされている．スギは夏場に雄花芽が分化・形成され，とくに乾燥した，猛暑の年に大量に花芽を分化させることが知られているので，夏場の気温や日射量の積算値から来シーズンの予測が行われている．しかし，必ずしも的中しないため，実際の花芽の着き具体を観測したり，花芽の長さや重量を測定する方法も試みられている．

花粉総飛散数予測の1例として，東京都が行っている複数の因子を用いた重回帰分析による予測方式を紹介する．その因子には，1) 平均気温と相対湿度，2) 最高気温と相対湿度，3) 日射量と相対湿度が用いられ，データは最高気温・平均気温・日射量は7月10日〜20日を，相対湿度は7月25日〜8月14日を用いている．1)と3)は花粉飛散数が1500個以上のところでかなり良い一致をみている．2)は相関係数はほぼ同じであるが，バラツキがやや大きい．これらの3式のうちで3)の相関がもっとも良いが，植物学的には日々の平均的な推移を表すという意味で1)が適当と考えられている．気温などの積算期間には，雄花芽の分化発育期間を生物気候学的に考慮し，アブラゼミの初喚日と組み合わせる試みや，気温を長期(5月〜12月)にわたり積算する試みがなされており，いずれも良好な結果を得ている． （高橋裕一）

花粉増量剤［pollen filler］

人工受粉を行う際に，花粉を効率よく使い，かつ受粉しやすいように，花粉にさまざまな増量剤を混合し，花粉を稀釈する．花粉稀釈剤ともいう．市販の花粉増量剤として，石松子と呼ばれるヒカゲノカズラ［*Lycopodium*］の胞子に赤く着色したタルクを混合したものがよく用いられる．これらと混合すると，花粉粒の周囲に油滴があったり，粘着しやすい花粉の場合にも，サラサラとした状態になる．また着色しているため，受粉の確認も容易である．受粉用具の種類に応じ，花粉に対し数倍から30倍量を加える．この他，粉末剤としてベントナイト・スキムミルク・澱粉なども試みられている．また5〜15％のショ糖を含む5％アルコール溶液中に花粉を懸濁させてスプレーする方法もあるが，浸漬時間は1時間ぐらいに限られる． （中西テツ）

花粉帯［pollen zone］ →花粉化石帯

花粉退化［pollen abortion］

雄蕊の葯の中で，胞原細胞から花粉母細胞・四分子・小胞子を経て，花粉に成熟するまでの発育過程に異常が起きて，花粉が正常な形態や機能を失ってしまう現象をいう．退化の原因には，種・属間雑種，倍数性，半数性，異数性，突然変異などの遺伝的なものと，異常温度，光線不足，乾燥，罹病，薬剤散布などの環境による後天的なものとがある．退化の機構には，減数分裂の異常と，葯壁の内層にあって花粉への栄養補給のうえで重要な役割を演じる，タペート細胞の消長異常とがある．（→口絵） （藤下典之）

花粉だんご［pollen load］ →花粉荷

花粉-柱頭反応［pollen-stigma interaction］

Heslop-Harrison学派により主張されたものである．植物の有性生殖の開始とともに花粉と柱頭の間に起こる種々の反応について明らかにしようとするものである．花粉-柱頭反応の例を以下に示す．羽状柱頭と乾いた花粉をもつイネ科植物のイネやライムギなどの場合には，柱頭毛(乳頭突起)上に付着した花粉粒に柱頭毛細胞から能動的に水分の移行が行われ，花粉が膨張し，それ以後も水分が流入するため，花粉表面から外側に水分が滲出し(花粉の汗かき現象)，受粉後30〜60秒後には，これが花粉と柱頭毛の間に輪状にたまり，花粉の脱落を防止しているものと考えられる．また，胞子体型自家不和合性を発現する場合には，柱頭上に付着した花粉粒は花粉管を伸長しないか，伸長しても柱頭内への侵入を阻害される．この場合も，花粉と柱頭細胞の間にある種の認識反応が起こり，和合性の

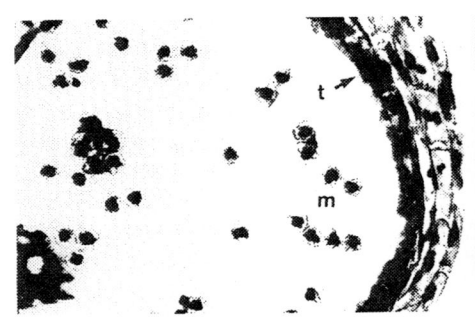

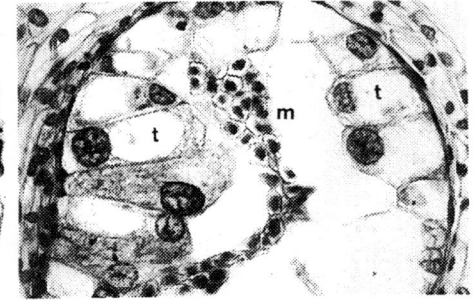

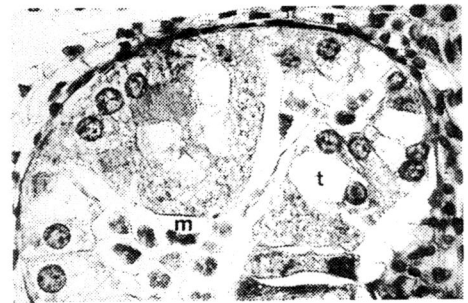

図 花粉退化
トマトの高温によるタペート細胞(t)の異常消長と花粉(小胞子；m)の退化．葯の横断断片．
左上：正常，右上：肥大，右下：増殖．

花粉が付着したときには花粉管の伸長も柱頭内への侵入も阻害されず，正常に受精まで達成されるが，不和合性花粉が付着したときのみ阻害が起こる． （服部一三）

花粉統計学［pollen statistics］
　堆積物を分析して，その中に含まれる花粉・胞子を調査する方法のことを総称して，花粉分析と呼んでいる．花粉分析のなかで，とくに，花粉・胞子を量的に取り扱うことに重点が置かれるような場合には，花粉統計学と呼ばれることがある．花粉統計学では，花粉組成を求める場合に必要な基数などのテーマについても取り扱ってきた．たとえば，試料中に含まれる化石花粉組成をより正確に推定するためには，その基数として，どれくらいの化石数を読み取ればよいかが重要となる．確かに，読み取り花粉数が多くなればなるほど，その精度は高くなるが，しかし，それに費やされる時間もまた増加することになる．そこで，統計学的に正しい推定を行うために必要な，最小の基数を知ることが重要となる．この最小読み取り数の問題に最初に取り組んだのが，Barkley(1934)である．彼はPearsonの相関係数を用いて，統計学的に最小読み取り数(162個)を求めた．最小読み取り数に関する研究事例としては，この他にも，中村(1942, 1967)，FaegriとOttestad(1948)，Hafsten(1956)，Tsukada(1958, 1974 a)などがある．（→基数，花粉分析）
　　　　　　　　　　　　　　　（黒田登美雄）

花粉稔性［pollen fertility］
　形態的正常花粉の比率，花粉の発芽テストの成績，稔性正常な雌蕊に受粉したときの結実率や充実種子数などを，個々にまたは総合的に評価したものをいう．専門の研究者の間では，観察花粉数に対する形態的正常花粉数または可染花粉数の比率を採用することが多い．その算出方法は，目的以外の花粉の混入を遮断(蕾の袋かけ)した花ごとに，裂開直後の葯から花粉をスライドグラス上に取り出す．アセトカーミン(45％酢酸に約1％を溶かす)で数〜10分間染色する．花粉の大きさ・形・発芽孔数に異常がなく，原形質がすみずみまで均質に濃染するものを正常(稔性)花粉とし，原形質が部分的や不均質に染まるもの，あるいはまったく染まらないものを異常花粉とする．カバーグラスの周縁部や気泡のまわりの花粉を避けて，1花当り500粒前後，最低4花の花粉を観察し，正常と異常花粉別に数取器で数え，観察総花粉数に対する正常花

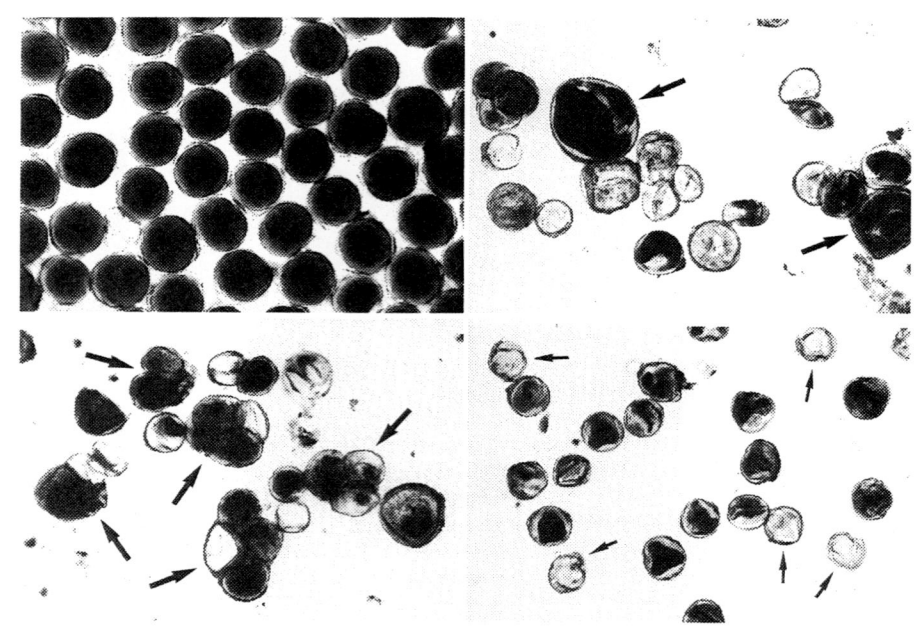

図 花粉稔性
ナスの低温遭遇によって生じた異常花粉．左上：正常，右上：巨大，左下：四集粒，右下：部分染色と空虚花粉．

粉数を％で示す．その数値は，雑種植物の両親の類縁の遠近関係，倍数性，雄性不稔性，異常環境や罹病などのストレスの影響を推定するうえで有意な指標となる．花粉退化が著しく葯の裂開が不可能になっている場合は，葯をスライドグラスの上にのせ，全体を先の細いピンセットか針で満遍なく押え花粉を出し観察する．ヨードヨードカリ液（ヨードカリ 3 g を 100 ml の水に溶かし，それにヨード 1 g を加える）で染色して，花粉内の澱粉の糖化程度を観察して指標にすることもある．より詳しく花粉の活力を判定する方法については，花粉の生死判定の項を参照のこと．（→口絵） （藤下典之）

花粉稔性回復遺伝子 [pollen fertility restorer gene] →稔性回復遺伝子

花粉粘着物 [pollenkitt]
成熟花粉の周囲に付着している物質で，花粉の色をつくり，花粉が昆虫の体や雌蕊に付着するのを助ける．タペータム組織の崩壊物でつくられ，ユービッシュ体もこれに含まれる． （三木壽子）

花粉の色 [color of pollen] →花粉色素

花粉嚢 [pollen sac]
葯室と同じ．おしべの葯の中の花粉が入っている部分．開葯後は外層の細胞が水分を失って葯壁は反り返り，花粉は外側に出される． （三木壽子）

花粉の栄養価 [nutrition of pollen]
ヨーロッパでは古くから花粉食はハチ蜜とともに摂取されていた．アメリカ・インディアンはトウモロコシ花粉を通常食としていた．中国でも花粉食の歴史は長く，『本草綱目』に収載されている．ガマ花粉とマツ花粉は滋養強壮食で，健康への効果が種々に記述されている．食用としての習慣はさらに広まりつつある．（→花粉食品，花粉加工食品）

花粉の食品としての特徴の 1 つはその成分の種類の多さであり，植物個体の発生に必要な微量活性成分は網羅されているといえるほどである．花粉はアミノ酸類・ペプチド類・糖類・核酸類・ビタミン類・脂質類・ミネラル量質豊かに含有する（→花粉の有機成分，花粉の無機成分）．一般分析値はバランスのと

れた栄養食品像が示されている．低分子炭水化物，長鎖状炭水化物，アルコール類（オクタコサノールC 28のほかC 24, C 26），β-カロチン，ステロール類（β-シトステロール，カンペステロール，スチグマステロール，24-メチレンコレステロール），有機酸・脂肪酸（マロン酸・コハク酸・クエン酸・リノール酸・パルミチン酸・オレイン酸・アラキドン酸），リン酸関連化合物（ホファチジルイノシトール・イノシトール・ホファチジルコリンなど）などの微量活性成分，さらに抗ラジカル活性・抗脂質過酸化活性・抗酸素活性・金属キレート化活性など幅広いはたらきをもつことで注目のルチンやケルセチンなどのフラボノイド類を含有している（→花粉の色，フラボノイド）．無機質成分としてはNa, K（903〜1544 mg %），P（344〜1102 mg），Mg（96〜170 mg %），Ca（36〜99 mg %），St, Zn, Mn, Fe, Al, Cu, B, Si, Co, Sなどが報告されている．ビタミンではビタミンA，β-カロチン，B_1，B_2，C，D，パントテン酸，ビオチン，ニコチン酸，コリン，葉酸，核酸およびその関連物質，酵素類（ショ糖合成酵素・インベルターゼ・ホスファターゼ・ホスフォリラーゼ・リンゴ酸脱水素酵素・リボヌクレアーゼ・澱粉合成酵素・プロテアーゼなど），カルモジュリンなどの成分が報告されている．各種の動物実験で，花粉食品の摂取による発育促進・体力増強をはじめ種々有用な成績が認められている． （森　登）

花粉の数 [number of pollen per anther]
→花粉/胚珠比

花粉の観察法 [observation of pollen]
　花粉は大きなものでも200 μm（0.2 mm）ほどなので，肉眼だとせいぜい粉末程度にしかみえず，通常は顕微鏡を使って観察する．その際，試料を乾燥した状態でみるか吸水した膨潤状態でみるかによって多少形態が異なるので，観察目的に応じた試料調整を行う必要がある．また，使用する顕微鏡も観察対象によって選択する必要があるとともに，通常は適当な固定・染色を行わなければならない．
　まず，花粉の外部形態を観察する場合には，通常の光学顕微鏡や走査型の電子顕微鏡が使われる．もっとも簡便なのは，スライドグラス上の花粉試料を上部から照明装置で照らし，実体顕微鏡で観察するとその表面をとらえることができる．しかし実際には，花粉は乾燥によって縮んでいたり，油様物質が付着していたりして，その観察が困難な場合も多い．そこで，アルコールなどをスライドグラス上の花粉に落とし，続いてリンドウ紫などで染色後カバーグラスをかけて透過型の顕微鏡で観察すると外壁の様子をさらに細かくみて取ることができる．花粉は植物の種類ごとにさまざまな大きさ，形，表面の彫紋模様をもっており，それらの特徴から植物種を断定することすら可能である．さらに微細な構造を調べるにはやはり電子顕微鏡が必要になってくる．走査型電子顕微鏡を用いる場合，花粉表面の油様物質をアセトンなどの有機溶媒で取り除き，真空中で金を蒸着させてから観察することになる．この方法を用いると花粉の部分的な立体構造を詳細に調べることができる．
　花粉の内部構造を観察するには，特殊な染色操作をした後，透過型の光学顕微鏡や落射型の蛍光顕微鏡，さらには透過型の電子顕微鏡を用いる必要がある．もっとも大きな細胞小器官である細胞核はカーミンやオルセインで染色し透過型の光学顕微鏡で観察するとその存在を知ることができる．また，DNA特異的蛍光色素のDAPI（4′,6-diamidino-2-phenylindole）などで染色後蛍光顕微鏡で観察すればさらに確実に検出することが可能である．ところが，花粉は厚い外壁をもつため，細胞核以外の構造を光学顕微鏡レベルで検出するためにはさらに工夫を要する．たとえば，微小管やアクチン繊維のような細胞骨格は抗チューブリン抗体を用いた間接蛍光抗体法やローダミン-ファロイジン染色によって観察が可能であるが，花粉における可視化のためには固定後細胞壁を溶解したり，前もってプロトプラストを調整する必要がある．さらに詳細な内部構造を観察するためには透過型の電子顕微鏡を用いる．この方法では，細胞核以外のオルガネラの存在やその形態をとらえ

ることができるだけでなく，免疫抗体染色によって特異抗原の存在を詳細に調査することもできる．　　　　　　　　　　（田中一朗）

花粉の形態［pollen morphology］

花粉形態学は顕微鏡の発達とともに発展した．17世紀後半に光学顕微鏡による花粉の観察が行われ始めた．1900年代初頭にはvon PostやPotoniéらにより花粉や胞子の化石が古植生の復元に利用され始めた．そのころWodehouse(1935)により花粉学に関する初めての単行本が刊行された．その後，アセトリシス処理の導入により，花粉壁の詳細な観察が可能となる．40年代以降はErdtmanらにより現生植物の花粉形態の記載が光学顕微鏡により精力的に行われた時代である．50年代ごろから電子顕微鏡が花粉形態の観察に利用され始め，現在ではこの分野の研究に欠かせないものとなった．

個体レベルでみられる多様性と同様に，花粉にも分類群により多様な形態がみられる．花粉形態は多数の属性の複合であり，それは単粒か複粒か，花粉粒のサイズや形，開口部の位置・数・構造，壁の層構造，壁の表面模様，などから成る．光学顕微鏡で観察するとまず花粉全体のサイズや形，表面模様，開口部の位置・数についての情報が得られる．さらに焦点深度を変えることにより，壁の層構造や開口部の内部構造についても明らかにすることができる．このように光学顕微鏡は花粉形態を観察する際もっとも有効な道具の1つといえるが倍率が1000倍程度に限られるため微細な形態について知るためには限界がある．走査型電子顕微鏡は高倍率で表面を観察することができ，しかも焦点深度が深いため，最近では花粉形態の研究に不可欠となっている．ただ内部構造の観察にはあまり適していない．透過型電子顕微鏡は花粉壁の層構造の観察に適し，花粉壁の形成過程の研究にも欠かせない．以下に種子植物にみられる花粉壁の形態の多様性について述べる．

【サイズ】ほぼ1細胞のサイズに当たるが，ワスレナグサ属花粉の$2\mu m$から*Acleisanthes*の$230\mu m$まで幅がある．さらに水生植物で水中媒花の花粉ではひも状に長く伸び，アマモ属のように2mmを越えるものもある．花粉サイズは種間の比較で有用な場合も多いが，花粉の処理法や封入剤の違いなどで変化するので他文献の値と単純に比較することは避けたほうがよい．花粉サイズが種内や近縁種での倍数性を反映する場合もあり，また不稔性による花粉粒の退化・収縮が雑種判定に有効な場合がある．

【単粒と複粒】多くの植物群では単粒だが，ある特定の科では複粒で特徴づけられることがある．ツツジ科・モウセンゴケ科の四集粒，マメ科ネムノキ亜科の多集粒，ガガイモ科・ラン科の花粉塊がよく知られた例である．複粒は一般に風媒の群に少なく，虫媒花で多いため，虫による1回の移送に多数の花粉粒を運ばせるための適応とみられ，ラン科の花粉塊はこの典型的な例である．ツツジ科の一部にみられる粘着糸も機能的にはこれと同じである．

【極性と相称性，形】花粉壁形態を記述する際には花粉1個を地球にみたてて極軸方向，赤道面などの方向性を認める．いずれの花粉も1母細胞が減数分裂することによりできた四分子期を経て形成されるので，この四分子の中心を向心方向とし個々の小胞子の中心を貫く線を極軸，四分子の外側を遠心極とする．花粉の形や開口部の位置は極性をはっきりさせてから比較する必要がある．しかし一般にはすべての花粉を四分子期までさかのぼって観察することはむずかしいので，被子植物の三溝粒であれば特殊な例を除いて溝の両端側を極方向とみなす．等極性の花粉の場合は向心極か遠心極かを決定するのは不可能である．相称性については一般に放射相称と二面相称の2つを認める．花粉の形は赤道観を基にして極/赤道比から区分することが行われる．また極観像での花粉の輪郭も重要である．

【開口部】口の位置・数・構造が花粉の類型化における基本形質となっている．裸子植物では遠心極に1個ある場合が多い．被子植物では双子葉類のうち原始的なモクレン目や

単子葉類の多くで遠心極に1個の口をもつが，ほとんどの双子葉類は赤道面に3個の口をもつ型か表面全体に口が配列する型である．また口が外口と内口から成る複口構造をもつことも少なくない．近縁種間の比較をする際には，内口の形態にも注目する必要がある．

【花粉壁の層構造】 対象となる植物群や観察方法による違いから，用語上の混乱がもっとも著しい部分である．一般には外壁と内壁に分け，アセトリシス処理により外壁のみが残る．花粉壁の層構造を観察する際には外壁が中心となっている．外壁をさらに外層と内層に分け，van Campoらは，外層については柱状・蜂巣状・顆粒状の3型に，内層については縞状・盤状の2型に分けている．被子植物でもっとも普通なのは外層が柱状型の構造をもつもので，外側から屋根に当たる外表層，柱に当たる柱状層，床に当たる底部層の3部分から成る．

【表面模様】 開口部や壁構造に較べると，一般的にはより2次的な花粉形質と考えられている．それだけに近縁種間の比較をする際には有効な指標となることがある．観察の際にはまず花粉壁のどの層にある模様なのかに注意を払う必要がある．表面模様を定量的に表現するのはむずかしく，現在はこれを表現するためのやや定性的な多くの用語がある．
(→付録図版)　　　　　　　　　(高橋英樹)

花粉の採取法 [pollen collection method]
花粉の生理実験などを行うには，ある程度の量の成熟花粉を集める必要がある．マツ類・スギ・トウモロコシなど，風媒花は花や蕾の着いている枝や穂を実験室にもち帰り，振るい落とすことで，さらにまたそれらを瓶に挿しておき，下に落ちる花粉を集めれば，g単位の量を集めることは容易であり，kg単位の量を集めることも可能である．テッポウユリ・ツバキ・ムラサキツユクサなどの花粉は，開いた葯から絵筆などでかき落として集める．または開花1～2日前の花を集め，それより未開の葯を取り集め，恒温器中(25～35℃)，あるいは太陽光や電灯下で開葯させ，これを目の開き0.1～0.3mm程度のふるいにより，葯と花粉を振るい分けることで，花粉だけを集めることができる．リンゴやナシなどの果樹栽培で多量の花粉を集める必要があるときには，葯採取機や花糸分離機を利用して葯が集められている．また花粉から生理活性物質を抽出する場合など，kg単位の量を必要とするときには，ミツバチを利用し，花粉だんごを集めることも1つの方法である．この方法により新成長調節物質ブラシノライドがアブラナの花粉から見出されている．
　　　　　　　　　　　　　　(中村紀雄)

花粉の生産量 [pollen production]
顕花植物の花粉生産量は種類によってかなり違いがある．一般に，風媒花は生産量が多く，虫媒花は風媒花に比べると多くはない．Straka(1975)は1 cm^{3}中に年間1250万個の花粉・胞子が生産されると報告した．また，Traverse(1988)は1本の *Pinus taeda* が年間5 *l* の花粉を生産することを外挿した．Pohl(1937 a, b)は十数種の木・草について1花の生産量を求めている．これによれば，*Vallisneria spiralis* で70粒，*Pinus nigra* で148万粒である．日本では幾瀬(1956)がスギで13200粒，イヌシデ [*Carpinus tschonoskii*] で13766粒，カモガヤでは11827粒，フサザクラ [*Euptelea polyandra*] で802044粒，などを報告している．花粉分析結果の表示は一般に出現率に基づくが，近年，実際の植物種の分布の程度を推察するには，花粉生産量の違いを考慮しておく必要のあることが強調され，花粉分析結果の報告には分析試料単位当りの絶対量が表示されることもある．(→絶対花粉量)　　　　　　　　　(長谷義隆)

花粉の生死判定 [pollen viability test]
花粉の寿命を知るには，花粉が本来の機能を保持しているかどうか，すなわち花粉を受粉してみて，それらが実際に果実や種子を形成する能力をもつことを確める必要がある．しかしこのような受粉操作や種子形成の確認は，時間と労力がかかるため，受粉によらず花粉の活力(花粉稔性)を判定する方法が考案されている．

人工発芽法：花粉の生存の成否を知るため

一般的に用いられる方法で，寒天やショ糖濃度を調整した人工発芽培地に花粉を置床し，発芽の有無や花粉管の伸長程度を判断する．発芽テストの結果は，結実率や種子形成率との相関が高い．なお，三核性花粉は人工培地での発芽が困難なものが多い．

テトラゾリウム塩法：花粉に無色可溶性のテトラゾリウム塩を与えると，花粉が生きている場合，花粉の酸化還元（脱水素）酵素の還元作用で不溶性のホルマザンを形成し，粒は青紫色（Nitro BTの場合），または赤色（TTCの場合）に変色する．テトラゾリウム塩として，nitroblue tetrazoliumまたは2,3,5-triphenyl tetrazolium chloride(TTC)を用いることから，TTC還元法とも呼ばれる．花粉の吐出を起こさない濃度のショ糖で0.2〜0.5％のTTC溶液を調整する．調整液1滴をスライドグラスにとり花粉を拡散させる．カバーグラスをかけ，湿度を高めたチャンバー内に入れ，室温または30±2℃，暗黒下で30〜60分放置する．顕微鏡でカバーグラス中央付近にある花粉粒について，着色の有無を観察する．カバーグラス周縁部は空気に触れ，酸化されるため発色が不安定になる．溶液は遮光して，冷蔵庫で2〜3週間保存可能．

FDA法：非極性の無蛍光物質FDA(fluorescein diacetate)が花粉に取り込まれ，エステラーゼによって分解され，極性の蛍光物質（fluorescein）が遊離する反応をみる．FCR法（fluorochromatic reaction）とも呼ばれる．FDA 2 mg/mlアセトンの原液を作成する．硝酸カルシウム300 mg/1000 mlを含むショ糖溶液を調整する（ショ糖は花粉の吐出が起きない程度の濃度）．2〜5 mlのショ糖溶液にFDA原液を数滴，溶液がミルク状になるまで攪拌しながら加える（この混合液は30分以内に使用する）．スライドグラスに混合液を1滴取り，花粉を拡散させる．湿度を高めたチャンバー内に入れ，5〜10分放置する．青色の励起光の蛍光顕微鏡で観察する．花粉が生きていると，黄緑色の蛍光を発する．この反応は花粉にエステラーゼ活性が存在することだけでなく，細胞膜の機能も正常に保存されていることが必要である．乾燥貯蔵した花粉の場合は，30分くらい花粉に湿気を与えてからテストするのが良い．

(中西テツ)

花粉の堆積 [pollen deposition]

花粉が生産母胎（葯）から離れて散布される場合，風媒花のものは主として風により，虫媒花では昆虫などによって拡散される．これらの花粉および胞子は地上の植物体や構造物などに一時的に中継されることがあるとしても，最終的には雨・風によって土壌表面に落ち，さらに大部分は地表の侵食によって，砕屑物と類似の挙動を示しながら，河川の流れによって，湖や海に運び込まれ，砕屑物の粒子とともに水底に堆積する．日本における湖での堆積の様子は三方湖での研究例（中川ら，1993）があり，また，海域では相模湾の例がKurodaら（1988）により示されている．(→二次花粉)

(長谷義隆)

花粉の大量採集 [mass-trapping of pollen]

一部の風媒花粉は人力や機械力で採取されるが，ミツバチを利用して花粉を大量に採取することも可能で，食用やポリネーションなどの目的に用いられている．巣箱に花粉採集器を取り付けて花粉荷（花粉だんご）の形で集めるもので，季節や花の状態が良ければ，1日に1群当り100〜200 g程度の花粉が採集できる．業者は年間で1群当り，10〜40 kgぐらいの花粉荷を採集している．(→花粉荷，花粉採集器)

(佐々木正己)

花粉の貯蔵法 [pollen storage method]

葯から出た花粉は時間の経過とともに発芽能力を失っていく．開葯直後の花粉はかなり脱水された，生理的には休止に近い状態にあるので，その後の温度や湿度（水分）が発芽能力に大きく影響するものと考えられる．したがって開葯直後の花粉の生理状態を保つためには，花粉をできるだけ低温で乾燥した状態に保つことが必要である．花粉を貯蔵する方法としては，花粉を薬包紙に包み，シリカゲルなどの乾燥剤とともに密封容器に入れ，冷蔵庫や冷凍庫に貯蔵する方法，あるいはこれ

に類する方法がよく用いられている．貯蔵温度は低いほどよく，花粉が発芽能力を保つ時間をより長くすることができる．また水を含まない有機溶媒に花粉を浸して貯蔵する方法も有効である．ニホンナシの場合，この方法は前述の方法より発芽率がよく，結実率も高まることが報告されている．どのような有機溶媒が有効であるかは，花粉の種類により検討する必要があるが，ツバキとアメリカデイゴの花粉では，ほぼ共通してアセトン・イソアミルアルコール・n-ヘキサン・キシレン・エチルエーテル・ベンゼンその他多くの溶媒が有効である．これら花粉の貯蔵方法は多くの花粉に用いることができるが，トウモロコシの花粉は乾燥に弱く，発芽力が急速に低下する．現在のところイネ科の多くの花粉はこれらの方法で長時間貯蔵することはむずかしい．　　　　　　　　　　　　　　（中村紀雄）

花粉の同定 [identity of pollen grains]

空中花粉を正確に同定するには最低1年間の準備が必要である．その理由は，空中花粉調査地点の少なくとも周囲数km円内の植生を調査し，できれば直接花粉を花から捕集し，標準プレパラートを四季を通じてつくりあげておくと，後日同定にこれほどたよりになるものはない．またこの期間に良い参考書で花粉の形態を熟知し，できれば熟練者の指導を受け，花粉の観察方法をマスターすることが大切である．似た花粉の同定は外膜表面の彫紋や大きさ，花粉内部の状態，花粉管口の数や特徴などを十分観察し，個々の花粉の特徴を把握すべきである．次のステップでいよいよ空中花粉を捕集し，顕微鏡で観察可能なプレパラートを作成しなければならない．良いプレパラートができれば半分同定できたようなものである．良いプレパラートとは400～1000倍の範囲で十分顕鏡できること，化学処理をしたものと，無処理のものと，両方のプレパラートが同時にできればさらに良い結果が期待できる．（→巻末付録）
　　　　　　　　　　　　　　（佐橋紀男）

花粉の濃集 [pollen concentration]

花粉・胞子粒は河川・湖・海に運び込まれた場合，その粒子の大きさの砕屑物粒子と同様の挙動を示すことが知られている．したがって，花粉・胞子粒はそれらと同程度のサイズからなる粒子の地層に濃集することになる．表層堆積物中に含まれる花粉・胞子粒の量は，もっとも多い場合には1g当り500万粒に達する．ただし，深海堆積物ではほとんど計数されず，沿海の堆積物では1g当り1000～5000粒の範囲，湖や内陸の海ではさらに高い粒子量が知られている(Traverse, 1988)．花粉分析では，堆積物に含まれる花粉・胞子粒子を効果的に集め，プレパラートにして観察することになるから，分析処理に当たって，いかに花粉・胞子を効果的に濃集させることができるかが，研究するうえで重要なことになる．したがって，堆積物（堆積岩）の性質によって，分析処理の方法を変えて行われている．　　　　　　　　　（長谷義隆）

花粉の発生 [pollen development]

種子植物の花粉の発生は花芽分化後の若い蕾中の葯内で始まる．まず，胞原細胞が体細胞分裂によって増殖した後，中央部の一部が分裂を停止して花粉母細胞になる．花粉母細胞はまもなくして遺伝学的に重要な減数分裂を行い，半数性の花粉四分子（小胞子）を生じる．減数分裂を行う植物体が正常な二倍体でない場合や減数分裂に異常が起こった場合には異数性の四分子が生じ，その後の花粉は不稔となる．四分子期の特徴として，それぞれの小胞子の周囲には，化学的に安定な物質であるスポロポレニンを主成分とする外壁が形成され始める．この外壁は種特有の彫紋模様をもつとともに，外壁のない部分が将来の発芽口（溝）になる．四分子はすぐに解離して，4個の小胞子をそれぞれ単細胞として遊離するのが通常であるが，たとえばツツジのように，四分子が分離せず結合したまま発生する場合もある．被子植物の小胞子はまもなくして半数性の体細胞分裂，すなわち小胞子分裂を行い，2つの細胞を形成する．この分裂は典型的な不等細胞分裂であり，大きな栄養細胞（花粉管細胞ということもある）と小さな雄原細胞（生殖細胞ということも多い）を生じ

る．両細胞は大きさ，核の染色性，細胞質の組成を異にするとともに，その後配偶体細胞と配偶子細胞に分化していく．すなわち，雄原（生殖）細胞は栄養細胞質中に遊離し，栄養細胞に保護された状態になる．また，一般には栄養細胞質中で紡錘形をとるようになる．一方，栄養細胞は澱粉粒や脂肪球などを蓄積しつつ成長するが，これは花粉管の発芽・伸長に備えた花粉の成熟過程と考えられている．

開花時の成熟した花粉は，構成する細胞数に着目して，2つの型に分類されている．1つは，葯内の成熟過程ですでに雄原（生殖）細胞の分裂が完了し，2個の精細胞をもつもので，これを三細胞性花粉という．もう1つは，成熟時には雄原（生殖）細胞と栄養細胞の2細胞から成るが，受粉後に花粉管中で生殖細胞が分裂し2個の精細胞になるもので，これを二細胞性花粉という．この分類は雄原（生殖）細胞の分裂する時期のずれに基づくが，この時期のずれがなぜ起こるのかについては明らかでない．いずれの場合も，成熟花粉は柱頭に受粉すると花粉管を発芽・伸長し，雄性配偶子である2個の精細胞を胚囊まで伝達する．胚囊内で1個の精細胞は卵細胞と，もう1個の精細胞は中央細胞と重複受精することによって被子植物の花粉発生は終わる．もし葯内での花粉発生に異常があると，受粉しても花粉管を伸長できない不稔花粉となるが，一方で正常な成熟花粉でも花粉管の発芽や伸長が阻害され受精には至らない自家不和合性という現象も存在する．

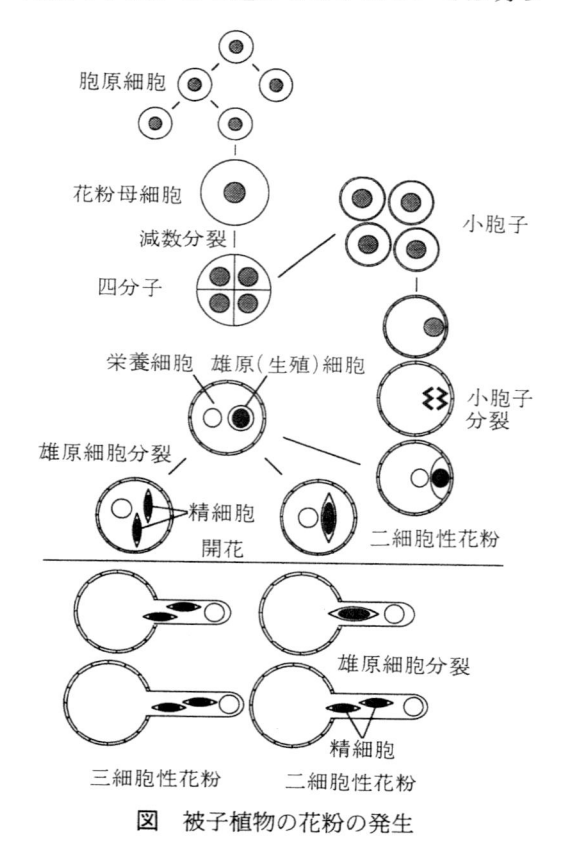

裸子植物の花粉の発生様式は種ごとに多数であるが，クロマツにおいては，減数分裂後の花粉小胞子の分裂により，まず小型の前葉体細胞と大型の細胞（胚的細胞と呼ばれることがある）がつくられるが，前葉体細胞はその後退化する運命にある．大型の細胞はその後の分裂で小型の前葉体細胞と大型の造精器細胞になり，造精器細胞の分裂により大型の管細胞（栄養細胞）と小型の生殖細胞になる．生殖細胞はさらに分裂して小型の柄細胞と大型の中心細胞になる．この中心細胞は，受粉後花粉管中で分裂して2個の精細胞を生じる．イチョウやソテツでは，この精細胞がさらに分化して繊毛をもつ精子となり受精する．（→雄性配偶体）

葯はこうした花粉の発生に非常に重要な役割をもつと考えられている．とくに，葯壁の最内層にあるタペータム組織を構成するタペート細胞は小胞体やゴルジ体が多く，花粉発生中の細胞に各種物質を供給していると推定されている．花粉外壁の発達にはこのタペート細胞が深く関与しており，タペート細胞に異常があると雄性不稔の現象がみられることも知られている．花粉の成熟が進むにつれてタペート細胞は崩壊し，葯内は徐々に乾燥していくが，このころにはタペート細胞はその役割は終えたと推定される．以上のことから，タペート細胞の機能を生理学的に解析することは花粉発生の機構を解明するうえで重要であるといえる．　　　　　　（田中一朗）

図　被子植物の花粉の発生

花粉の腐食［corrosion of pollen］

花粉・胞子および渦鞭毛藻シストなどは，

きわめて強靭で，化石として保存されやすいスポロポレニンと呼ばれる物質からできている．このことを初めて明らかにしたのは，ZetzscheとVicari(1931)である．スポロポレニンは水中や湿地のような酸素の供給の悪い場所とか，堆積物中に取り込まれて，空気から遮断されると，分解されることなく化石として残る．ところが，花粉・胞子は地上に落下した後，地層中に保存されるまでの運搬・堆積過程において，花粉・胞子の種類等によっても程度は異なるが，腐食作用を受けることが知られている．こういった花粉・胞子の腐食が起こる原因について，Kircheimer(1935)は，亜炭中の花粉の腐食状態を調べることにより明らかにした．それによると，花粉・胞子の腐食にはその原因として，温度・圧力・酸化作用および微生物等による作用をあげている．その他，花粉・胞子の腐食が起こることを実験的に調べた事例としては，Traverse(1955, 1988)およびHavinga(1967, 1971, 1984)らの研究が知られている．

（黒田登美雄）

花粉の無機成分 [inorganic constituents of pollen]

花粉の無機成分については，斗ケ沢ら(1967)の報告（付録）を参照のこと．近年タイワンアカマツ花粉中にBa, Co, Vを，ガマ花粉中にUが検出されている．テッポウユリ・モモ・セイヨウナシ・サクランボ・マルメロなどの花粉について，花粉管伸長はCoにより促進されることが報告されている．またアマ・ペチュニア・キンギョソウ・セイヨウナシ・キュウリ・ヘチマ・ブドウ・ナス・ナガイモ・ツバキなどの花粉の発芽と花粉管伸長にホウ酸(H_3BO_3)が有効であることが報告されている．一般的に花粉中のNa含量はKに比べて著しく少ない．Kは花粉管の伸長時に管の先端部に移動し，またCaによる花粉の発芽，花粉管の伸長効果を増すことなどが知られている．培地にCaを添加した場合，花粉の発芽，花粉管伸長が促進されることが多くの花粉で観察されている．近年テッポウユリ花粉の発芽時に花粉管中で花粉粒側から先端部分にかけてCaの濃度勾配（先端部の濃度が高い）が生じることや，ムラサキツユクサ花粉の花粉管先端部のCa濃度変化が管伸長に重要であることなどが報告されており，花粉発芽時のCaの役割は重要である．Fe, Al, Zn, Cu, Mn含量は一般に少ない．FeおよびCuは一部酵素の構成成分として，植物体内の酸化・還元に関与している．ストローブマツ花粉の発芽がAlで，キンギョソウ花粉の発芽と花粉管伸長はMnで促進されるとの報告もある．Pは一般にマツ類花粉に少なく，他の花粉に多い．

（勝又悌三）

花粉の有機成分 [organic constituents of pollen]

【各種リン化合物】　各種リン化合物については，斗ケ沢ら(1967)の報告（付録）を参照のこと．酸溶性総リンは各画中もっとも多く花粉総リンの約半量を占めているが，花粉別ではマツ類花粉が少ない．酸溶性リン中の$\varDelta 7$-P（一般にADP, ATPなどのヌクレオチド，グルコース-1-リン酸，フルクトース-1, 6-二リン酸，ホスホエノールピルビン酸などが含まれる），有機リンなどもマツ類花粉に少ない．HL-P（一般にクレアチンリン酸，アセチルリン酸，リボース-1-リン酸，デオキシリボース-1-リン酸などが含まれる）は花粉間で3.6〜14.3 mg％である．裸子植物のマツ類は受粉後受精まで約13ヵ月の長期間を要し，花粉の寿命も長い．これに反して被子植物は受粉後短時間で受精を完了し，花粉の寿命も短い．花粉中の高エネルギーリン化合物含量が受精の緩慢なマツ類花粉に低く，すみやかな被子植物に高いことは，花粉の発芽生理上興味がもたれる．

【糖質・脂質・蛋白質】　これらの含量については付録参照のこと．

《糖質》　糖質含量は花粉の種類により大きく変動するが，10〜30％のものが多い．花粉中の遊離糖として一般的なものは，グルコース・フルクトース・ショ糖である．その他の遊離糖としては，ラムノース・キシロース・アラビノース・ガラクトース・マルトース・ラフィノースまれにラクトースが検出されて

いるが，ガマ花粉中にイソマルトース・ツラノース・マルトトリオースなども検出されている．また花粉中にミオイノシトールやフィチン酸が検出されている．一方ペチュニア・テッポウユリなどの花粉でフィターゼが検出されており，発芽時にフィターゼ活性が増大し，フィチン酸からミオイノシトールへの分解が進みミオイノシトールは花粉管伸長に必要なイノシトールリン脂質やペクチン物質へ取り込まれることが知られている．花粉内壁構成成分のペクチン画分を加水分解すると，ガラクトース・ラムノース・アラビノース・キシロース・ガラクツロン酸などを生じる．花粉内壁構成成分のヘミセルロース画分からキシロース：ガラクツロン酸(1：2)のキシロガラクツロナンおよびガラクトース・ラムノース・グルクロン酸・アラビノースから構成される複合多糖類などが検出されている．アカマツ花粉ではヘミセルロース画分の構成糖として，ラムノース・キシロース・アラビノース・グルコース・ガラクトースが検出されている．

《脂質》 脂質含量は花粉の種類により変動し，たとえばアブラナ花粉の 25.4～31.7 ％などもあるが，1～3 ％のものが多い．遊離脂肪酸については，数種類のトウモロコシ花粉中全脂質の 8～22 ％存在し，C_{16} 酸（パルミチン酸），C_{18}, $C_{18:1}$, $C_{18:2}$ 酸が多く，C_{14}, $C_{16:1}$, $C_{18:3}$, C_{20} 酸が少ないことが報告されている．遊離脂肪酸以外の脂質構成脂肪酸としては，マツ類・ムラサキハシバミ・トウモロコシ・オニユリ・カボチャ・シュロ・アブラナなどの花粉から，C_{10}, C_{12}, C_{14}, C_{16}, C_{18}, $C_{18:1}$, $C_{18:2}$, $C_{18:3}$, C_{22} 酸のすべてまたは数個が検出され，さらにアカマツ（$C_{12:1}$, $C_{16:1}$, C_{20} 酸），クロマツ（$C_{12:1}$, $C_{14:1}$, $C_{16:1}$, C_{20}, $C_{20:1}$ 酸），トウモロコシ（$C_{12:1}$, $C_{16:1}$, C_{20} 酸），カボチャ（$C_{16:1}$, C_{20} 酸），シュロ（C_{20}, $C_{20:1}$, C_{23}, C_{24}, C_{26} 酸），アブラナ（C_{16}, $C_{16:3}$, $C_{20:2}$, C_{24} 酸）などの花粉では（ ）内の脂肪酸が検出されている．脂質中で含量の多いのはトリグリセリドおよびリン脂質などの複合脂質である．花粉のリン脂質については，ポンデローザマツ・シュロ・チャ・トウモロコシ・カボチャ・オニユリ・テッポウユリ・アブラナなどの花粉から，ホスファチジルコリン・ホスファチジルエタノールアミン・ホスファチジルセリン・ホスファチジルイノシトール・ホスファチジルグリセロールのすべてまたは数個が検出されている．さらにテッポウユリ花粉からホスファチジン酸，トウモロコシ・カボチャ・オニユリなどの花粉からスフィンゴリン脂質が検出されている．またシュロ・アブラナなどの花粉から糖脂質，ペチュニア・トウモロコシなどの花粉からスフィンゴ糖脂質が検出されている．遊離脂肪酸およびグリセリドなどは，花粉の発芽に際してエネルギー源として利用され，リン脂質などの複合脂質は花粉管伸長に利用される．花粉のステロイドについては，クリ・ムラサキハシバミ・タンポポ・シュロなどの花粉から C_{27}, C_{28}, C_{29} ステロールが検出されている．またクロマツ・スコッチマツ・ハンノキ・クロヤマナラシ・イヌガヤ・レッドクローバー・クロガラシ・トウモロコシ・ライムギ・チモシー・アブラナ・ソラマメ・ソバなどの花粉からコレステロール・24-メチレンコレステロール・シトステロール・スチグマステロール・カンペステロール・エルゴステロールなどの数個が検出され，タンポポ花粉からポリナスタノールが検出されている．アブラナ花粉から初めて分離されたブラシノステロイド（→ブラシノライド）は，その後ソラマメ・ヒマワリ・トウモロコシなどの花粉でも検出されている．一方動物界での女性ホルモンであるエストロンがナツメヤシ花粉から初めて分離されたが，その後スコッチマツ，マツ属の *Pinus nigra* などの花粉から動物界での男性ホルモンであるテストステロンが検出され，さらに *P. nigra* 花粉からプロゲステロン・アンドロステンジオン・コルチゾール・コルチゾン・コルチコステロンなどのステロイドホルモンが検出されている．花粉のワックスの研究は少ないが，アカマツ花粉では C_{18}～C_{30} アルコールを，トウモロコシ花粉では C_{20}～C_{30} アルコールを，カボチャ花粉では C_{22}

～C_{30} アルコールが検出されている．花粉の長鎖炭化水素については，トウモロコシ（C_{25}, C_{27}, C_{29}），ムラサキハシバミ（C_{23}），チューリップ（C_{25}, C_{27}, C_{29}），ユリ（C_{23}, C_{25}, C_{27}, C_{29}）などの花粉で（ ）内の炭化水素が報告されている．エゾコウゾリナ属のブタナ[*Hypochoeris radicata*]花粉からスクアレン，ブドウ花粉から精油成分が検出されている．

《アミノ酸および蛋白質》 蛋白質含量は花粉の種類により変動するが，10～30％のものが多い．花粉の遊離アミノ酸については，斗ヶ沢ら（1963）および勝又ら（1984）の報告（付録）を参照のこと．さらに遊離アミノ酸としてアスパラギンはスコッチマツ・ハマムギ・ナシなどの花粉で，イソロイシンはハマムギ・ヨレハユリ・レッドクローバーなどの花粉で，トリプトファンはハマムギ花粉でそれぞれ検出されている．一般に遊離アミノ酸としてはプロリン・アルギニン・グルタミン酸・アスパラギン酸・アラニンなどが多い．ペチュニア花粉で培地に加えた[^{14}C]-プロリンが花粉内に取り込まれTCA回路に入ることが知られている．花粉中にはアルブミン・グロブリン・グルテリンなどが存在している．ヘチマ・トウモロコシなどの花粉にアクチン・ミオシンが，アマリリス・タバコ・ムラサキツユクサ・ヘチマなどの花粉管中にアクチンが，タバコ花粉にフェリチンがそれぞれ検出されている．真核生物の染色体はヌクレオソームより構成されていることがわかっているが，テッポウユリ・ソテツ・ライムギ・カモガヤ・トウモロコシなどの花粉でヒストンが，クリ・カボチャなどの花粉でヒストンH1, H2A, H2B, H3, H4が検出されている．花粉細胞壁蛋白質としては，一群の表在性酵素・糖蛋白質・花粉アレルゲンなどがある．花粉粒中の蛋白質としては，糖質・脂質・蛋白質・核酸などの代謝関連酵素，ミトコンドリアの酵素などがきわめて重要である．蛋白質と前述の複合脂質は，精核・花粉管核・ミトコンドリア・小胞体・ゴルジ体などの膜構成成分としてきわめて重要である．

【核酸】 タバコ・ムラサキツユクサ・ペチュニア・テッポウユリ・リンゴなどの花粉で発芽時のRNA合成が報告されており，さらに完熟花粉中に存在するpreformed mRNAの発芽初期での利用がホウセンカ・ムラサキツユクサ・エンドウ・リンゴなどの花粉で報告されている．花粉生成過程におけるDNAおよびRNA量の変動については主として組織化学的な多くの報告がある．アカマツ・ポンデローザマツ・テッポウユリ・ムラサキハシバミ・タバコなどの花粉からDNAとRNAが分離されている．タエダマツ・リキダマツ・イチョウ・トマトなどの花粉のゲノム分析も行われている． （勝又悌三）

花粉の有毒成分 [poisonous constituents of pollen]

花粉に残存する農薬は花粉を食薬資源とするとき，殺虫剤などの異物検出試験を行って厳密に規制されなければならない．一方，花粉は花粉アレルギーでも知られるように，花粉種にもよるが，含有するアレルゲンによりアレルギー反応を起こさせる．

植物自体が有毒として知られているときは，花粉にも有毒成分が含まれている可能性があり，用心しなければならない．花粉は成分研究を行えるほどの量はなかなか集めがたく，花粉の有毒成分についての研究例は少ない．花粉が混入するハチ蜜の中毒事件を通していくつかの報告がある．たとえば中毒ハチ蜜中にトリカブトの花粉は存在したがアコニチン（aconitine）の含量は少なかった．ヒメダカによる毒性試験ではこの毒性は1 ppm以上でないと発現しない．また別な例では，中毒患者が飲用したハチ蜜を鏡検した結果，全花粉中トリカブト属の花粉が86％で，クロロホルム抽出されたアコニットアルカロイドはアコニチンと推定された．さらに別の例では中毒患者の摂取したハチ蜜をマウスに経口投与したら，嘔吐様症状・流涎・痙攣が現れた．この蜜からはトリカブトやタケニグサ花粉は認められず，ヨモギ・エゾエンゴサク花粉であった．ヨモギ花粉がとくに多かった．トリカブト由来のアコニチンについて分析が試みられたが，検出限界値（2.02 μg）以下であっ

たという．タケニグサのプロトピン(protopine)も疑われたが，事件発生地周辺にはタケニグサの自生は少なく，検出は試みられていない．アコニチンについてトリカブトの部位別分布を調べた結果では花弁から30 μg/g，雄蕊部分から103 μg/g が検出された．もしミツバチがトリカブトの蜜を集めるならば中毒の原因になりうるという．チャ花粉にアルカロイドの1種カフェインの存在が認められている．チャの花粉・花蜜でハチは死ぬ場合がある．他に有毒蜜源植物として，中国では，クロズル(wilforine 他)，ネジキ(asedotoxine 他)，コマンチョウ(koumine 他)，シュロソウ(jervine 他)などであり，日本産ではホツツジ(andromedotoxin)，アセビ，タケニグサ(protopine)，ドクウツギ(coryamyrtine)，ドクゼリ(cicutoxin)，チョウセンアサガオ(scopolamine)，エニシダ(sparteine)，ウルシ(ursiol)，ムラサキケマン(protopine)などがあり，注意を要する蜜源・花粉源植物である． （森　登）

花粉の利用 [pollen uses]

Linskens ら(1974)は花粉の用途を次のように列挙している．それぞれの項目に分けて記述されているので，当該項目を参照されたい．

1) 雑種植物の生産(→花粉媒介)
2) 果実収量の増加(→花粉媒介)
3) 化学的利用(特定の生理活性物質の抽出と利用)
4) 生理学研究材料(細胞内代謝，毒理学，細胞器官の生理，受精とその制御要因)
5) 医学的応用(アレルゲンの抽出と利用；→花粉医薬品)
6) ミツバチ飼料(→代用花粉)
7) 人の食料(→花粉食品，花粉加工食品，花粉の栄養)
8) 花粉分析(→花粉分析，ハチ蜜の花粉分析) （松香光夫）

花粉媒介 [pollination]

送粉者(pollinator)による送粉行為のことで，応用(農学)的な場面でよく用いられる表現．リンゴ・サクランボ・イチゴ・メロンなどの果物，トマト・キュウリなどの野菜類，ワタなどの工芸作物の生産に，また牧草や F_1 雑種の種子生産の面で，花粉媒介の果たす経済的意義はきわめて大きい．方法としては花から花へ直接手で行う場合，羽ぼうき・凡天などを利用する場合，花粉銃や動力噴霧器，溶液授粉としてスプレイヤーを用いる場合(→人工受粉)のほか，ミツバチ・マルハナバチ・マメコバチ・ハキリバチなどの昆虫を利用する場合がある．(→ミツバチ，マルハナバチ，マメコバチ，ハキリバチ)

（佐々木正己）

花粉媒介昆虫 [pollinating insect；insect pollinator] →送粉者

花粉媒介者 [pollinator] →送粉者

花粉/胚珠比 [pollen/ovule ratio；P/O ratio]

顕花植物において，1花当りの花粉粒数をその花の胚珠数でわった値をいい，植物の繁殖様式の1つの指標として用いられる．繁殖様式が他殖性から自殖性になるほどこの値は小さくなる．自殖性植物は，一般に他殖性植物と比べて，花に費やすエネルギーは少なくてすむため，花は小さく，1花当りの花粉粒数も減少しているが，1花当りの胚珠数は減少しない．そのため，花粉/胚珠比は自殖性の程度が強い閉鎖花や自家和合性の植物種ほど小さな値となり，他殖性の程度が強いほど大きな値となる．種々の要因が花粉/胚珠比に影響を及ぼし，風媒花は虫媒花より大きな値となり，柱頭への花粉輸送機構をもつ植物はもたない植物より小さな値となる．また，同一個体でも開花初期と後期では異なることが知られている．分類学上遠縁の植物の間の花粉/胚珠比の値を比較すると，繁殖様式と合致しないこともあることが指摘されているが，一般に同属・同科内の植物では繁殖様式を良く反映している．たとえば，アブラナ科植物では自殖性植物の花粉/胚珠比は1000以下であり，他殖性植物は3500以上である．また，花粉・胚珠比は植物の遷移とも関係し，遷移の初期の段階には花粉/胚珠比の小さな植物が優先種となり，遷移の進んだ植生地の植物ほ

ど花粉/胚珠比が大きくなる傾向にある．
　　　　　　　　　　　　　　　（高畑義人）

花粉培養［pollen culture］
　葯から取り出した花粉（花粉母細胞や小胞子を含む）を無菌的に培養すること．おもに2つの目的に大別される．1つは正常な花粉発生過程を試験管内で再現させることによって花粉の発生機構の解明に使用すること，もう1つは人工的に花粉から半数体植物を誘導することである．
　正常な発生の誘導は，花粉母細胞から成熟花粉に至るまでの間でいくつか知られているが，まだ花粉発生を通じた連続的な培養法は確立されていない．現在成功しているのは，花粉母細胞の培養による減数分裂の進行・完了，花粉小胞子の培養による二細胞性花粉の生成，そして，未熟な二細胞性花粉の培養による成熟花粉の誘導などである．花粉母細胞の培養は，ユリ・チューリップ・オオバナノエンレイソウなどのユリ科植物の一部で可能で，オオバナノエンレイソウでは約3週間，ユリ・チューリップでは約1週間で減数分裂を進行させ花粉四分子を得ることができる．なお，前減数分裂期の花粉母細胞は培養において減数分裂でなく普通の体細胞分裂がみられる場合があることも知られており，この培養系は減数分裂の誘導機構の解明に利用されている．また，花粉小胞子の培養は，寒天培地を使用することでユリやチューリップで可能となっており，またタバコやハクサイにおいても一部培養が可能であると報告されている．ユリやチューリップでは約5日後に不等細胞分裂がみられ，それ以降も培養を継続すると花粉管を発芽・伸長する．タバコやハクサイでは，一細胞性花粉の後期から液体培地を使用することで成熟花粉まで培養することができ，これらの培養系は花粉の分化機構の解明に有用であると考えられている．このほかに厚い花粉外壁と細胞壁を酵素により取り除いた花粉プロトプラストの培養も数種の植物で報告されている．テッポウユリの花粉プロトプラストは細胞壁を再生後，花粉管を発芽・伸長する．

　半数体植物の誘導は主に育種を目的として進められてきた．すなわち，花粉を起源として一度得られた半数体はその染色体を倍加させることにより，容易に純系を得ることができるからである．この場合の花粉培養とは，花粉を葯ごと培養する方法と花粉だけを葯から単離し培養する2つの方法がある．厳密には前者を葯培養，後者を花粉培養という．葯培養は花粉培養よりも半数体植物を誘導しやすいため，多くの植物ですでに成功例が報告されているが，花粉培養はペチュニア・タバコ・オオムギ・コムギ・イネ・ブラシカ属などまだ少数の植物でしか成功していない．しかし，花粉培養は葯培養と比べると，葯組織由来の二倍体の混入がないこと，葯組織の物理的または化学的影響を考慮せずにすむこと，突然変異の誘起やクローン選抜に有利であること，さらに細胞の均一性が高いため化学的分析にも利用できることなどの利点をもつ．花粉（葯）培養に用いる花粉の発生段階は非常に重要な要因の1つで，一般には一細胞性花粉の後期から二細胞性花粉の前期にかけてが最適である．また，高温や低温あるいは飢餓などのストレスを与えることが誘導率を向上させることも知られている．花粉から半数体植物が誘導されるまでの過程には脱分化，細胞分裂の誘導，カルスや不定胚の発達，器官分化など多くの基礎的な生物学的問題が含まれており，そうした面からの機構解明も積極的に行われている．　　　（田中一朗）

花粉発芽［pollen germination］
　花粉粒は吸水し，膨潤して生理的に活性な状態になり，やがて発芽孔あるいは発芽溝から花粉管を出現させる．この花粉管の出現を発芽と呼ぶ．花粉管は花粉粒内壁が外壁のない部分である発芽孔から単に伸展出現したものではない．内壁と細胞膜の間には新たな細胞壁が形成され，この壁層は花粉管壁と連続している．花粉粒細胞壁を取り除いた花粉プロトプラストも発芽し，花粉管を伸ばすことができるので，花粉粒外壁は花粉管出現部位の決定には関与していないと考えられる．多くの花粉はふつう複数ある発芽孔のうち1箇

の発芽孔(溝)から1本の花粉管を出すが, 複数の発芽孔から花粉管を出すものもある.

花粉が吸水膨潤した後, 発芽するまで外部形態には変化はみられないが, 花粉粒内ではさまざまな変化が起こる. 微細構造の主な変化としてはオルガネラの変化がみられ, ゴルジ体・ミトコンドリア・アミロプラストなどの数が増え, 澱粉粒がより多くなる. 物質変化としてはグルコース・フルクトース・糖リン酸化合物などが増加する. ポリソームが増え, 蛋白質の合成が開始され, 酵素など蛋白質が合成される. またある種の酵素は活性化され, インベルターゼやエステラーゼなどいくつかの酵素は発芽時にかけて活性が上昇する. 吸水後, 原形質流動が始まり, それに関与するミクロフィラメントの分布と配向が変化し, カルシウムは発芽孔領域に集中分布するようになる. また吸水直後, 花粉から外部へいろいろな物質が浸出する. これは花粉が脱水された状態にあって, 細胞膜の半透性が不完全であるためと考えられる. 細胞膜の機能が回復すると半透性をもち, 一定の浸透圧を示すようになる.

花粉が吸水して発芽するまでの時間を発芽時間という. 発芽時間は花粉の種類により異なっており, 室温で培養した場合, ホウセンカは2〜3分, ツバキ・テッポウユリは20〜40分, クロマツ・アカマツでは14〜20時間である. 発芽時間は, 培養条件が同じ同種の花粉でも, 花粉個々によって違うので, もっとも高い発芽率が得られる時間をいうことが多いが, 一定時間ごとに発芽率を調べ, 発芽がみられたもっとも早い時間を指す場合もある. 同種の花粉においても花粉培養条件や貯蔵条件が適切でないと, 発芽時間は遅れるので, 高い発芽率を示す新鮮花粉の値を基準にすべきである.

発芽率(花粉発芽テスト)を調べるには, スライドグラス上に培養液をマウントし, その液面上に花粉を散布培養する方法, あるいは花粉が培養液中に沈むのを防ぐために, スライドグラスを裏返し, マウントした液が垂れ下がるようにして培養する方法(hanging-drop法)が用いられる. 寒天培地で発芽率をみるときには, 花粉を均一に散布することがむづかしいので, 密度効果に注意する必要がある. 長い期間貯蔵しておいた花粉や開葯後急速に発芽能力を失っていく花粉などでは, 培養開始時にすでに発芽能力がない場合がある. このことは発芽させてみないとわからないが, 花粉活力テストやインスタント花粉管形成をみることで, 前もって花粉の発芽能力の有無を知ることができる.

花粉の発芽には, 花粉の成熟度・開葯後からの日数や貯蔵状態・温度・湿度・浸透圧・酸素・pH・化学物質その他いろいろの因子が影響するが光は影響しない. 多くの場合発芽には温度15〜30℃が, 湿度は高いほうがよい. 浸透圧はトウモロコシのようにそれが低い場合原形質吐出を起こすものもあるが, ツバキはショ糖濃度0〜0.5Mで発芽可能である. pHは弱酸性から弱アルカリ性が適している. カルシウムは, とくに液体培地には添加すべきであり, ホウ素は発芽には必ずしも必要ではない. 新鮮な花粉を使用する場合, それぞれの濃度が適当であれば, ショ糖とカルシウムを含む培地で高い発芽率を得ることができる. しかしこの培地では発芽しない花粉や低い発芽率しか示さない花粉も多く, いろいろな化学物質の影響が調べられている. ただ発芽率に顕著な効果を示す物質に関する報告は少ない. ケルセチンはタバコの, トリス緩衝剤はキャベツの発芽に効果を示す.

(中村紀雄)

花粉発生モデル [pollen emission model]

開花した植物から風によって大気中に飛び出す花粉の量を, 気温や風速などの気象条件から求めるために, 両者の関係を定式化したもの. その例として, スギ花粉発生モデルは, 開花したスギ森林におけるスギ花粉発生量と気象条件の関係を定式化したものである. 花粉飛散量と気象条件の関係を調べた研究結果は数多くあるが, それらは定性的に両者の関係を記述したものであるため, シミュレーションに用いることができなかった. そこで, 定量的評価を可能とするためのモデルが必要

となった．気温と風速がスギ森林地帯におけるスギ花粉飛散数と関係していること，単にそのときの気温や風速よりも，過去の平均値との差として計算される気温変動値や風速変動値が花粉飛散数と相関が高いなどの事実に基づいて，次のような式が得られている（川島，1991）．

$$\triangle T_i = T_i - (\Sigma T_{i-j})/N$$
$$\triangle W_i = W_i - (\Sigma W_{i-j})/N$$
$$\triangle P = a \triangle T + b \triangle W + c$$

ここで，T は気温，W は風速，N は平均化時間，P は単位面積のスギ森林から単位時間に大気中に放出される花粉数である．重みパラメータ a, b, c は，雄花芽の形成量に関係する．このモデルを花粉拡散モデルなどとともに用いてシミュレーションを行うことで，花粉飛散量の面的分布の推定や予測を定量的に行うことができる． （高橋裕一）

花粉反応 [pollen reaction]

雌蕊（裸子植物では珠孔頂部，被子植物では柱頭）に付くことによって起こる，受粉から受精までのさまざまな花粉の反応．花粉は雌蕊に付くと（人工培地上でも）吸水と同時に種々の酵素・蛋白質・プロリンなどを浸出する．この浸出は花粉の発芽に先立って能動的に起こる．花粉から放出された物質は雌蕊の分泌液と混合するが，雌蕊の代謝を刺戟し，その影響は花粉の発芽や花粉管の成長にまで及ぶと考えられる．キク科のブタクサの類とコスモスでは花粉が柱頭に付くと数分内に花粉壁内の物質が放出されるが，花粉を囲む粘液には花粉壁から出た蛋白質・脂質・炭水化物などが，さらにブタクサではアレルゲンも含まれる．イネ科植物の花粉も柱頭に付くと物質を分泌するが，分泌液はカラスムギの類を除き，イネ・コムギ・オオムギ・ライムギなど主要作物では汗をかくように液滴となって浸出される．浸出は柱頭接着後数十秒内に起こり，小滴は集まって瘤状の大きい滴となり，数十秒で花粉表面は平滑に戻る（→口絵）．その後に花粉は発芽する．液の浸出をみない花粉は発芽しない．花粉と雌蕊の間の第1の相互作用は両者から分泌される物質のはたらき合いであろう．（→花粉-雌蕊相互作用，受粉反応，柱頭反応） （渡辺光太郎）

花粉飛散 [pollen dispersal] →花粉流動

花粉飛散開始日予測法 [prediction of the beginning day of pollen despersing]

風媒花の薬が開いて，花粉がいつ飛散し始めるかを予測する方法．一般に日本でもっとも早期に開花して花粉症を招来するスギ花粉の飛散開始日予測を意味する．スギは雄花蕊原基が7月上旬から10月上旬に分化し，11月ごろまでに花粉が形成されて翌年には開花を待つばかりである（橋詰，1991）．1) 平らは植物の生理学的な観点からスギ花粉飛散日の予測を行うために，スギ雄花の発育限界温度（これ以下では発育しない温度）0.17℃と有効積算温度（スギ雄花の開花に必要な温度の総和）の184日度を明らかにした．過去8年の気象データを用いて花粉飛散日から184日度になる日を逆算し，スギ雄花の休眠が打破された日（スギ雄花の生育が休止している状態から再び成長を始めた日）を推定し，その条件から飛散開始日を予測しようと試みている．2) 橋詰は鳥取県において1969年から3年間のスギ花粉は1月1日からの最高気温の積算値が300℃に達したころに始まったことを報告した．斉藤ら，王らは1月1日から花粉飛散日までの最高気温の積算値，村山は1月の平均気温の積算値，佐橋は千葉県船橋市では1月20日までの最高気温と飛散開始までの1月1日からの積算日数との相関から予測式を導いた．3) 王ら，岸川らは1月と2月または1月の平均気温と1月1日からスギ花粉の飛散開始日までの日数との相関関係を用いて予測を試みた．スギ花粉の飛散開始は，日本列島の南から北へ約2ヵ月かかって九州から北海道に達し，いわゆるスギ花粉前線を形成する．したがって，スギ花粉飛散開始日は全国各地で異なり，その方法が正しいか否かを判定するのは困難である．スギ花粉飛散開始日の正確な予測は患者を治療するうえで，花粉飛散予報をするうえで重要な位置を占める．各地の測定者は飛散開始日に関して詳細な検討が必要である． （岸川禮子）

花粉飛散量予測法 [prediction of the amount of pollen grains]

　種々の環境条件から翌年の花粉飛散量を予測すること．日本ではニホンスギ・ヒノキの花粉の花芽の付き具合が気象条件に左右されやすく，花粉量が多いこと，またこれらを抗原とする花粉症が多いことなどから予測の対象になっている．日本の針葉樹のなかで，スギは雄花蕊原基が7月上旬～10月上旬ごろに分化し，11月ごろまでに花粉が形成されて翌年は開花を待つばかりである．一方，ヒノキはスギと同じ時期に雄花蕊原基が分化するが，翌年の3月に花粉が形成されるという違いがある．スギ・ヒノキ科の雄花芽形成の豊凶は夏の気温・雨量・日照時間などの気象条件が大きく影響する．実験的には環境が30～25°Cの高温条件下では雄花芽が大量に実り，とくにスギは温度差で生じる雄花芽数の差が著しい．自然界では多くの研究家が翌年のスギ花粉飛散量を予測する試みをして，現在実際に利用されている．1) 宇佐神らは相模原の15年間のスギ花粉飛散数と前年7～9月の気象条件との間に有意の相関を認め，とくに前年の7月の平均湿度ともっとも高い相関関係にある($r=-0.95, p<0.001$)ことから$Y=-330X+28336$(X：7月平均気温23.9°C以上時の平均湿度，Y：予測飛散数)の実際的な予測式を立てた．2) 山崎は全国15地区において，雄花芽の分化する前年7月の平均気温(MT)および旬別平均気温(旬別MT)と平均気温の差から翌年の予測式を立てた．全国を網羅して予測できる普遍性と，データの積み重ねの必要がないメリットがあるが，全国をすべて7月の気温のみで評価するとズレが生じる可能性もある．3) 王らは約10年間の調査の結果，7月11日から25日間の気温の平均値と翌年の飛散量に明らかな相関を見出し，さらに平均気温より最高気温のほうにより高い相関を示すことを見出し($r=0.72$)，$Y=1560.1X-39599.4$(X：最高気温の平均値，Y：予測数)の予測式を得ている．その他同時期の日照時間・湿度と相関しているのを確認した．4) 岸川らは福岡市の16年間のスギ・ヒノキ科花粉総数のデータを用い前年6～8月の種々の気象条件を検討した結果，7月の平均気温にもっとも高い相関を示し($r=0.878$)，$Y=804.81X-19800$(X：7月平均気温，Y：予測数)の予測式を得た．さらに宗はステップワイズ法による重回帰分析を行い，$Y=27515.610-332.524X$(X：前年7月の湿度，Y：予測数)の式を得た($r=0.799$)．5) 佐橋らは東京都多摩地区においてスギ雄花芽の成長過程を調査し，5年間継続して気象データと組み合わせ，$Y=435.6SL+592.2FL$(重相関係数$r=0.998$，SL：日射量(MJ/m^2)7月5～9日の平均，FL：11月のスギ雄花芽の長軸径(mm)，Y：予測数)の重相関係数の高い重回帰式を得た．データと気象条件のみからの予測式は毎年大幅な修正を余儀なくされることがあるが，雄花の成長度を考慮した予測式は修正幅が少ないことが期待される．6) 最近村山は全国の主だったデータを気象条件とともに解析し，各地域ともに全天日射量の多少に比例し，期間は7月上旬から8月上旬までの35日から40日の間で精度の高い予測式が得られており，利用されている．予測と実際は必ずしも一致していないが，今後試行錯誤を反復しながらスギ花粉情報に重要な因子として寄与するものである．(岸川禮子)

花粉ビタミン [pollen vitamin]

　花粉のビタミンについては，斗ケ沢ら(1967)の報告(付録)を参照のこと．斗ケ沢らの結果のほか，スコッチマツ・ハンノキ・トショウ・ムラサキハシバミ・ハルニレ・ヒナゲシ・タバコなどの花粉にB_1を，モンタナマツ・ハンノキ・ナツメヤシなどの花粉にB_2を，モンタナマツ・タンポポ・ウマグリ・アブラナ・テッポウユリなどの花粉にCを，モンタナマツ・ハンノキ・タバコなどの花粉にパントテン酸(B_5)を，モンタナマツ・スコッチマツ・ハンノキ・タバコなどの花粉にビオチンを，モンタナマツ・ハンノキ・トウモロコシ・タバコなどの花粉にニコチン酸(B_3)を，モンタナマツ・スコッチマツ・ハンノキ・トウモロコシなどの花粉にピリドキシン(B_6

群)を，モンタナマツ・トウモロコシ・ライムギ・オオアワガエリなどの花粉に葉酸を，それぞれ検出している．

付録の表で，オニユリ花粉以外の B_1 含量は，粉乳・肝臓およびパセリ・ピーマン・アスパラガスなどの特殊野菜類に匹敵し，一般に植物界にこのような高濃度のものは少ない．すべてにエステル型 B_1 が検出されているが，チアミンピロリン酸(B_1 のピロリン酸エステル)はカルボキシラーゼの補酵素などの役割をもっている．B_2 含量は，粉乳・鶏卵・アサクサノリおよびパセリ・コマツナ・ミツバなどの野菜類に匹敵する．FAD はマツ類花粉に多く，FMN はその他の花粉に多い．FMN・FAD は多数の酸化還元酵素の補酵素として重要である．還元型 C 含量はマツ類花粉に多い傾向がみられるが，これらは水素供与体としてはたらいているものと考えられる．パントテン酸は蜜と花粉を餌とするハチの分泌物である王乳中に約 50 mg% と多いが，花粉中の含量はかなり低い値である．パントテン酸はアシル基転移などに関与する酵素の補酵素 A(CoA) の構成成分として重要である．ウリ科植物の発芽および花粉管伸長にビオチンおよびピリドキシンが有効であるとの報告があるが，ビオチンはカルボキシル化反応やカルボキシル基転移反応に関与する酵素の補酵素として重要である．

斗ケ沢らの報告以外の花粉に検出されたピリドキシンはアミノ基転移酵素の補酵素の構成材料として，ニコチン酸は酸化還元酵素の補酵素ニコチンアミドアデニンジヌクレオチド(NAD)，ニコチンアミドアデニンジヌクレオチドリン酸(NADP) の構成材料として，また葉酸はホルミル基・メチル基・メチレン基・メテニル基などの各種 C_1 単位の転移反応に関与する酵素の補酵素の構成材料として重要である．　　　　　　　　　　(勝又悌三)

花粉付着器[pollen dispenser]

花粉挿入器ともいう．ミツバチによるポリネーション効率を上げるために，巣門部に取り付ける装置．あらかじめ準備しておいた授粉用の花粉を，出巣するハチの通路に長時間かけて少量ずつまいて，訪花するハチの体に付着する花粉量を増やす．カナダなどでは時計のゼンマイ仕掛けを利用したものが実用化されている．　　　　　　　　　　(佐々木正己)

花粉不稔[pollen sterile]

花粉形成の種々の段階で異常が起こり，完全な花粉ができないか，あるいはわずかしかできないことを花粉不稔または花粉の不完全という．現象としては，1) 葯の不発達や花粉母細胞の退化が生ずるもの，2) 減数分裂の過程で異常が生ずるもの，3) 四分子期以降，小胞子の退化のみられるもの，などがあげられるが，なかには花粉は形成されているのに葯が裂開しないものもある．このような現象は，倍数性・不稔性因子・細胞質などの遺伝的要因や，花蕾期の低温・日長など不良環境要因によって生ずるもので，タペータムの栄養条件や内生ホルモンのはたらきも密接に関与しているものと思われる．　　(山下研介)

花粉ブラシ[pollen brush]　→集粉構造

花粉フローラ[pollen flora]　→花粉群集

花粉分析[pollen analysis, pollen analyses (pl.)]

① さまざまな場所で時間を示す堆積物に含まれる花粉の相対頻度あるいは絶対産出量に基づいて過去の植生・気候を解明する研究分野．とくに泥炭層や湖成層中の樹木花粉を同定し，さらにそれらの産出頻度から花粉分析図をえがき，連続的に植生・気候の変化を追求する．第四紀堆積物を研究対象とすることが多い．(→花粉分析図)

② パリノロジーという用語の使用にたいへん似た方法で，パリノロジーという語の受け入れ以前に使用した用語．　　(高橋　清)

花粉分析図[pollen diagram；pollen spectral diagram]

花粉分析の対象とされる試料は，ヒラー型またはトーマス型などの採泥器を使用して，柱状に連続して採取される．採取した柱状試料を注意深く観察すると，肉眼でも，縞模様状に発達するラミネーション等の堆積構造や火山灰層，炭化物，種子・小枝などの植物片などが認められる．これらの情報は，分析結

果を解釈する際,重要となるので,その取り扱いには十分な配慮が必要である.花粉分析が終了したら,それらの分析結果を解釈するために,通常,花粉分析図または花粉分布図と呼ばれるものが作成される.花粉分析図は,多くの場合,縦軸に試料を採取した層準(深度),堆積物の種類(土質)および^{14}C絶対年代(放射性炭素年代)等が明記された土質柱状図

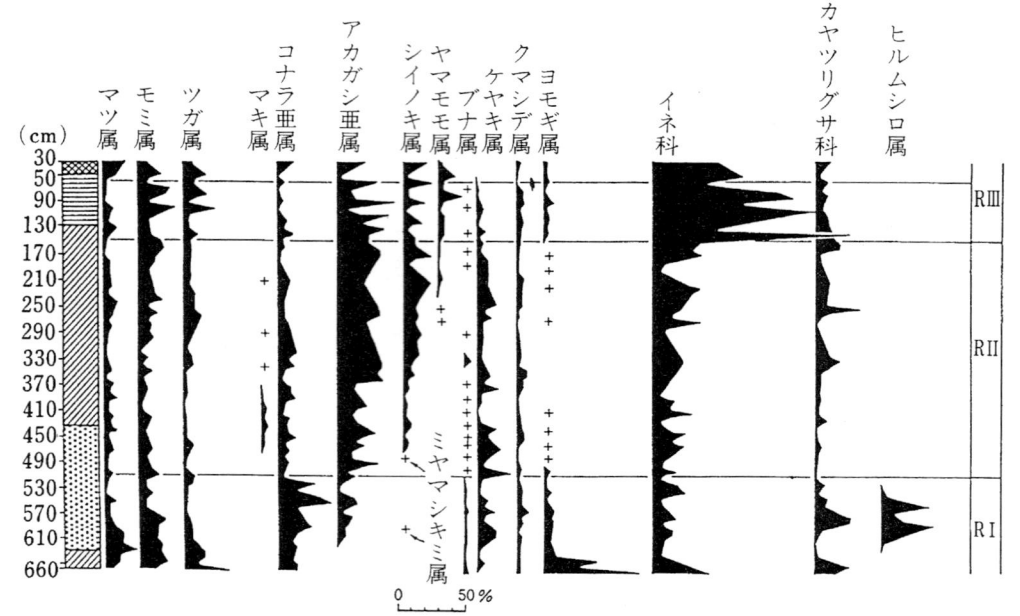

図1 花粉分析図(中村,1965)

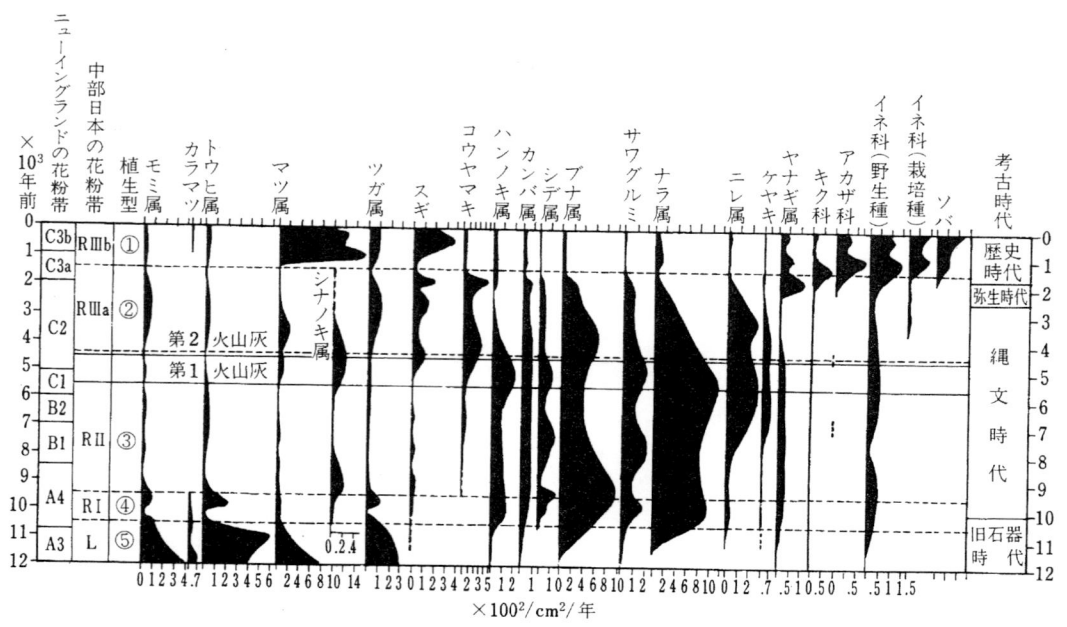

図2 絶対花粉分析図(塚田,1974b)

①:アカマツ林と耕作地雑草,②:落葉広葉樹林(ブナ属優先),③:落葉広葉樹林(ナラ属優先),④:針広混交林,⑤:亜寒帯針葉樹林.

が表示されている．一方，横軸には各層準から検出された主要花粉が木本類・草本類の順で配置される．そして，それらの花粉の占める頻度が％で属または種別に計算され，グラフとして表示されている（図1）．これらは，花粉集団の変遷が下層から上層（下位の層準から上位の層準）に向かって時代別に，一目で分かるように配置されている．動物等により，地層（堆積物）の攪拌・擾乱などが認められない場合，採取された各試料は，当然，それぞれ異なる時代に堆積したはずである．そのため，検出された花粉集団を，それらの試料が堆積した順に検討すれば，花粉群集変遷から植生変遷等の古環境の移り変わりが推定できる．ところが，花粉分析図で示されているそれぞれの属または種は，多くの場合％による相対花粉量で表現されている．このため，その数字に惑わされる場合があるので注意が必要である．％による表示は，日常よく利用されているため，安易に考えがちであるが，花粉分析図のように年代順に並べて比較する場合には，その解釈に注意が必要である．たとえば，連続した2層準において，あるA種の検出される花粉個体数が一定不変であったとしても，他の種が増減することによって，当然のことながらA種の％は，変化する．この矛盾を取り除くために考案されたのが，図2に示す，絶対花粉分析図である．これは，％表示に替えて，検出された個体数から算出した絶対花粉量（→絶対花粉量）により表示する方法である．このように，各種花粉分析図（図1，2）からは，過去の植生変遷がかなり正確に予測できるようになり，それに伴って気候変動ならびに古環境の解析に役立っている．その他，花粉分析は石油・石炭等の資源の探査や，人類による農耕の起源ならびにそれに伴う植生破壊の現状といった環境解析等の多方面にわたって，広く利用されている（中村，1967；塚田，1974a, b；三好，1985c）．（→採泥器，花粉群集，花粉分析，相対花粉量，絶対花粉量） （黒田登美雄）

花粉分析の歴史 [history of pollen analysis]

堆積物中から抽出した化石花粉を定量的に処理し，その検出した量を％で表示したのは，ストックホルム大学のLagerheim(1902)が最初である．彼は，化石花粉の最初の発見者であるドイツのGöppert(1836)から花粉の形態を学び，その知識を基にしてスウェーデンの泥炭層中の樹木化石花粉を同定し，その頻度を％で表示して，地層によって花粉組成が異なることを明らかにした（三好，1985a）．彼は，また，きわめてすぐれた顕微鏡学者で，その門下生たちと数多くの花粉分析を行ったが，その多くが自国語で発表されたため，花粉分析史上あまり知られていない．しかし，Lagerheimが考案した花粉分析法は，現在行われているものと，本質的にあまり変わらないため，Erdtman(1954)は彼を花粉分析法の父と呼んでいる．次に，花粉分析が第四紀の歴史を研究するうえで，きわめて重要な手段の1つであることが認められるに至ったのは，ストックホルムのvon Post(1884-1951)および彼の門下生Erdtman, Sandegren, Lundquist, Jessenらの功績であるといわれている（中村，1967）．von Postは本来地質学，とくに泥炭学者であったが，Lagerheimの研究室で花粉分析の技術を学び，これを巧みに泥炭層の研究に利用した．彼は泥炭層中の化石花粉が植生の変遷史を解明するうえで重要な鍵となることを察知し，南スウェーデンとデンマークに分布する泥炭層の花粉分析に着手した．層序学的な見地から，泥炭層の各深度ごとの化石花粉の頻度変化を花粉分析図（→花粉分析図）として表現したのも彼が最初であったし，また，特定の化石花粉の頻度曲線（pollen spectrum）を利用して，各地に分布する泥炭層の対比を試みたのも彼であった．図には，中部フランスから北部フィンランドに至る12地点における主要樹種の消長が，南から北へと緯度の順に並べて花粉分析図として示されている（図参照）．各矩形枠の縦軸には深度をとり，横軸は化石花粉の頻度を％で示している．そして，これらの花粉分析図は時代対比が行えるように，Weber(1910)が提唱した後氷期の再帰面を基準として線を引く

といった工夫がされていたので，各地の分析結果を南から北へと緯度の順に並べて比較することにより，地域ごとの森林変遷の特徴や，トウヒやブナのような植物分布の限界等が一目でわかる（中村，1967）．以上の成果は，1916年クリスチャニア（現在のオスロ）で開催されたスカンジナビア科学者会議において「南スウェーデンの泥炭層にみられる森林性花粉について」と題して発表された．しかしながら，von Post と彼の弟子たちによって行われた初期の花粉分析は，スウェーデンを中心にデンマーク，ノルウェーなどのスカンジナビア地方の母国語で発表されたため，北欧に限定されていた（三好，1985 a）．このローカルな学問であった花粉分析学を国際的に広めたのは，彼の弟子 Erdtman であった．1921 年，Erdtman は当時の学術公用語の 1 つであったドイツ語により「スウェーデン南西部における泥炭層と海成堆積物の花粉分析学的研究」を発表した．この論文により，花粉分析がヨーロッパ諸国を中心として普及する契機となったといわれている．とくに，氷河に関してはスカンジナビア地方同様，よく似たような条件下にあった欧州アルプス山地を中心とした各地でも，多数の花粉分析が行われた．また，Erdtman は von Post の時代から行われていた，もっとも簡便な堆積物の処理方法であった KOH 法に，新たにアセトリシス法（acetolysis）を考案して付け加えた．この KOH-アセトリシス法と呼ばれている方法は現在においても，現生花粉の処理だけでなく，化石花粉を堆積物から抽出する際においても，基本的な技術として世界中の学者の間に広く普及しているといわれている（中村，1967；三好，1985 a）．

以上のように，スウェーデンで誕生した花粉分析は，近隣の北欧諸国を経由してヨーロッパ全土に伝わり，全世界へと広まっていった．このように，花粉分析が北欧でいち早く発達した理由について三好（1985 a）は次のように述べている．1）スカンジナビア半島は第四紀北欧大陸氷河の発祥地であったため，古くから氷河学が発達していた．2）氷河の後退した跡にできる縞状粘土（varved clay）や，花粉分析の対象となる泥炭層などの堆積物が至る所に分布している．3）同地方の植生は，ちょっとした気温等の環境変化にも鋭敏に反応する針広混交林帯に属するため，その結果は花粉分析においても樹木花粉組成（→樹木花粉）の変化として顕著に認められる．4）Fritsche（1837）などによる現生花粉の外部形態に関する研究が，19 世紀前半に北欧に近いドイツで行われるなどの，花粉分析に必要な素地がほぼできあがっていた．

1929 年ごろ，北アメリカ大陸に上陸した花粉分析は，ウイスコンシン氷河の跡地を中心とした地域で行われ，伝えられてからわずか 3 年間で，70 カ所以上の分析が行われたという（三好，1985 a）．

こうして，花粉分析結果は，第四紀地質学をはじめ，自然地理学・植物地理学・古生態学・古気候学・考古学等の分野で大きく貢献するようになった．そのほかに，花粉分析は基礎的学問としてではなく，石油会社等により設立された研究所において，資源探査を目

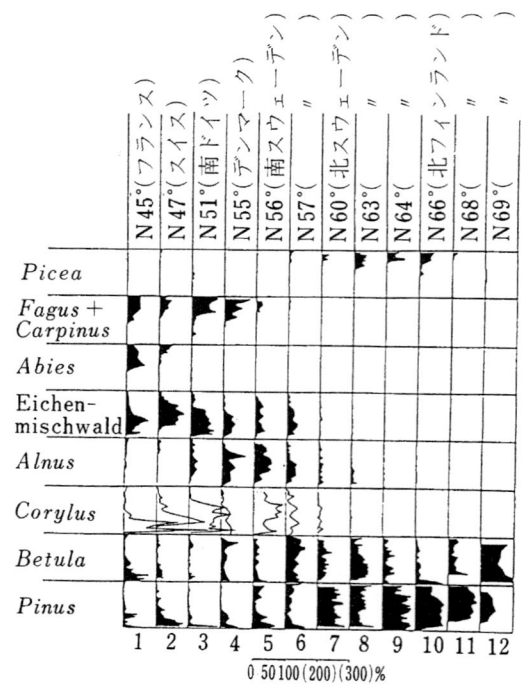

図　中部フランスから北部フィンランドに至る花粉分析図（von Post, 1929）

的とした化石花粉・胞子の研究がなされ，応用面への道が開かれた．現在世界でもっともたくさんの花粉分析学者が活躍しているロシア(旧ソ連)でも，花粉分析は基礎的研究だけでなく，炭田などの地下資源の探査や，地質調査などの応用面に活用されている．ただし，旧ソ連の研究業績は，そのほとんどがロシア語で書かれていることと，文献等の入手がきわめて困難なため，参考にしにくい等の難点がある(三好，1985 a)．

日本で花粉分析が行われたのは，中村(1967)によると，1930年以降であるという．当時，スウェーデン留学から帰国した東北大学の吉井義次が初めて花粉分析を紹介したことに始まる．吉井は，彼の研究室の神保忠男に花粉分析を研究テーマとして与えた．神保は八甲田山の湿原堆積物を分析して，その結果を「火山灰上に形成された泥炭層の花粉分析学的研究」(英文)と題して，1932年に花粉分析に関する日本最初の論文として発表した．続いて，33年には花粉分析を目的とした日本産主要樹木の英文による花粉図譜が発表された．以後約20年間に，30編あまりの分析結果が発表された．たとえば，宮井(1935)は九州地方，沼田ら(1936)は近畿・中部地方，山崎(1935)は北海道およびカラフト地区を，堀(1938)は中部地方を，中村(1942)は東北地方等における分析結果を発表しているが，しかし，その内容はいずれも各地方の樹木花粉の変遷を記載したものであった．第二次世界大戦後は，北海道から九州にかけて，どの地方でも数名の花粉分析学者が活躍するまでに発展してきた．とくに，Nakamura(1952)が尾瀬ケ原，上田代湿原(海抜1400m)における花粉分析結果から，日本における植生変遷が寒→暖→冷と気候の変化に対応していることを明らかにして，以後の研究に大きな影響を与えた(三好，1985 a)．日本に花粉分析が紹介されてから60年あまりが経過し，花粉分析者の数も増加した．吉井・神保を中心とした東北大学のグループ，宮井嘉一郎らの東京文理科大学のグループ，そして，沼田・山崎を中心とした京都大学のグループがその先鞭をつけた(塚田，1974 b)．これらの人たちは，いわば日本における花粉分析の黎明期を築いた先覚者たちといえる．第2の世代は，戦後から70年代初めにかけて精力的に研究を行った人達で，幾瀬マサ・堀正一・中村純・上野実朗・島倉巳三郎・山形理・高橋清・相馬寛吉・竹岡政治・徳永重元・阪口豊・塚田松雄・畑中健一・三好教夫・藤則雄・前田保夫・五十嵐八枝子・竹内貞子・山中三男・日比野紘一郎などのそうそうたる研究者がいる．このころになると，分析地点の数も大幅に増えて，研究対象も広範囲にわたっている．第3世代の研究者は安田喜憲を筆頭に，その数はおそらく50名は下らないものと思われる．この世代になって，過去に起こった森林等をはじめとした各種の環境破壊が，農耕等の人類による文明の繁栄が引き金となって生じたことなどが，花粉分析結果から明らかにされるようになり(安田，1993)，花粉分析は「文明と環境」などをテーマとする新しい分野へ踏み出そうとしている． (黒田登美雄)

花粉分析法 [method of pollen analysis] →付録1.3 花粉分析法

花粉分類学 [palynotaxonomy]

花粉・胞子の形質による分類学(上野，1978)．日本でこれまでに出版された花粉の形態についての図鑑(幾瀬，1956；島倉，1973；中村，1980)は，すべて植物系統分類学に従って花粉を配列したものである．それに対して，植物の系統分類は無視して花粉・胞子の形質を中心にして人為分類するのが，花粉分類学である．花粉の分類法にはいろいろあるが，たとえばFaegriとIversen(1989)の分類は，気囊の有・無から出発し，複粒・単粒→多面体・二面体，へと順次詳細な特徴へ検索が進められていく．またMoore, WebbとCollinson(1991)の分類は，複粒・単粒から出発し，発芽口の有・無→気囊の有・無，へと検索が進められていく．(→花粉・胞子の検索表，人為分類，付録図版) (三好教夫)

花粉壁 [pollen wall] →総壁

花粉壁層 [stratum]

花粉層ともいう．花粉壁の主要な層(sexine/ektexine, nexine/endexine など)をさらに細分すること．(→総壁)　　　(高原　光)

花粉壁物質［pollen wall substances］

成熟花粉粒の細胞壁は内壁と外壁から構成されており，内壁は多糖と蛋白質が，外壁はスポロポレニンが主成分である．被子植物花粉の場合，内壁の多糖にはペクチン物質とセルロースが含まれており，カロースはほとんど存在しない．花粉粒細胞壁を直接加水分解した際の単糖組成はアラビノース(10〜40％)，ガラクトース(10〜20％)，グルコース(10〜20％)，ウロン酸(7〜25％)などが主なものであり，花粉の種類によってその含まれる割合は異なっている．発芽の際には，内壁と細胞膜の間に新しい壁がつくられ，その主成分はペクチン物質であり，またセルロース様の物質を含んでいる．裸子植物の場合，スギの花粉粒内壁が単離されている．そして，それを構成する多糖の単糖組成は，ガラクトース(39％)，ラムノース(23％)，アラビノース(20％)，キシロース(3％)，ウロン酸(15％)であることが報告されている．

被子植物の花粉管壁の主成分は多糖であり，ペクチン物質(3〜11％)，ヘミセルロース(45〜61％)，セルロース(4〜6％)が含まれている．ヘミセルロースの大部分はカロースであり，花粉管内壁の主成分である．このカロースは β-1,3-グルカンであることが，化学的に，免疫化学的にも示されている．これら細胞壁を構成する多糖の割合は一般の植物細胞壁のそれとはカロースとセルロースの量において大きく異なる．培地で成長した花粉の管壁標品を直接加水分解して単糖組成を比較すると，どの花粉においてもグルコースがもっとも多く検出され，次に多い糖としてアラビノースとガラクトースが検出される．グルコースはカロース由来であり，アラビノースの割合は種により変動がみられる．テッポウユリの花粉管壁に含まれるアラビノースの量は，培地で成長した花粉よりも雌蕊の中を成長した花粉のほうが多く，さらにグルコースよりも多いことが報告されている．

(中村紀雄)

花粉ベクター［pollen vector］

いわゆるバイオテクノロジーの世界では，目的細胞への外来遺伝子の導入を図るに際して，キャベツの病原菌の1種である根頭癌腫病菌［*Agrobacterium tumefaciens*］などの巨大な環状プラスミドをベクターとして用いることによって，外来遺伝子を目的細胞に運び込ませることが通常の方法となっている．一方，ここでいう花粉ベクターとは，この遺伝子の運び屋としてのベクターとして花粉を利用しようというものである．この花粉ベクターは，生殖過程を利用した外来遺伝子の導入法としてドイツの Hess によって考案された．すなわち，その端緒となった研究は，ペチュニアの花色の異なる品種を供試して同種または異種の外来 DNA を処理した花粉を受粉することにより，花粉がベクターとしてはたらき外来 DNA が有性生殖の過程で取り込まれ，白花のペチュニアに赤い縁取りの花などが生じたというものである．他の研究者による追試では，外来 DNA の導入に成功しなかったとして効果を否定する報告もあるが，効果を支持する報告も多い．雌蕊の柱頭上への受粉なら，通常は滅菌操作も無菌箱もまったく不要であり，さらに好都合なことに，花粉がベクターとして使えれば，すべての高等植物への適用が可能となるため，その有効性が一部で期待されている．(→形質転換)

(生井兵治)

花粉・胞子の検索表［pollen and spore key］

花粉・胞子がもつ形質に着目し，それらの形質を一定の順序に配列することによって，個々の花粉・胞子の検索を容易にするためにつくられた表．主検索表によって分類された各型は，さらに属および種レベルにまで検索されるが，花粉・胞子の分類法の違いによりさまざまな検索表が提示されている．(→花粉の形態，花粉分類学)　　(内山　隆)

花粉・胞子の散布［dispersal of pollen and spores］

中村(1967)は花粉分析の結果を考察する際に十分注意しなくてはならない点として，花

表　花粉・胞子主検索表の例

1a：花粉は2粒以上集合している ………………………………………………二集粒，四集粒，多集粒
1b：花粉は1粒である
　　2a：明瞭な発芽口をもたない
　　　　3a：気囊をもつ ……………………………………………………………………………有翼型
　　　　3b：気囊をもたない
　　　　　　4a：畝が凹部を隔てるように隆起している ……………………………………小窓状孔型
　　　　　　4b：そのような隆起はない ………………………………………………………無口型
　　2b：発芽口をもつ
　　　　5a：発芽口は条溝に由来する ……………………………………………単条溝型，三条溝型
　　　　5b：発芽口は孔または溝である
　　　　　　6a：発芽口は孔である
　　　　　　　　7a：孔の数は1個である ……………………………………………………単孔型
　　　　　　　　7b：孔の数は複数である
　　　　　　　　　　8a：孔は赤道面に配列する ………………二孔型，三孔型，四孔型，多孔型
　　　　　　　　　　8b：孔は散在する ………………………………………………………散孔型
　　　　　　6b：発芽口は溝または溝孔(内孔をもつ溝)である
　　　　　　　　9a：溝の数は1本である ……………………………………………………単溝型
　　　　　　　　9b：複数の溝または溝孔をもつ
　　　　　　　　　　10a：複数の溝である
　　　　　　　　　　　　11a：複数の溝がたがいに融合し，直線上
　　　　　　　　　　　　　　や螺旋状あるいは円形状に合流する …………………………合流溝型
　　　　　　　　　　　　11b：溝は融合しない
　　　　　　　　　　　　　　12a：溝は赤道面に配列する ………二溝型，三溝型，四溝型，多溝型
　　　　　　　　　　　　　　12b：溝は散在する ………………………………………………散溝型
　　　　　　　　　　10b：複数の溝および溝孔が共存する ………………………………不同溝型
　　　　　　　　　　10c：複数の溝孔をもつ
　　　　　　　　　　　　13a：溝孔は赤道面に配列する‥二溝孔型，三溝孔型，四溝孔型，多溝孔型
　　　　　　　　　　　　13b：溝孔は散在する ……………………………………………散溝孔型

(Moore *et al*., 1991を改変)

粉・胞子は広範囲にわたり散布されることを指摘している．花粉・胞子の散布距離を実測した研究事例も決して少なくはない．Erdtman(1936)によれば，グリーンランド南西部の泥炭にはかなりの針葉樹花粉が含まれ，その大部分はトウヒ属・マツ属である．これらの針葉樹はいずれもグリーンランド南西部には分布せず，アメリカ大陸のラブラドル地方に多い種類で，1000 km以上の海上を飛来堆積したものであろうと述べている．また，彼はスウェーデンのゲーテボルグからニューヨークまで大西洋7日間の航海中に，毎日船上で一定時間空中花粉を採集した．その観察結果によると，ヨーロッパ，アメリカ両大陸から離れるにつれて花粉の数も少なくなるが，マツ属・コナラ属・カバノキ属・カヤツリグサ科の花粉は連日，ハンノキ属・スイバ属・イネ科は6日間採集された．その他にも散発的に10種以上の花粉や胞子を採集している．連日採集された種類は，少なくとも，1500 km以上飛来したことを示している．

母植物を離れた花粉・胞子は，雨・風・海流・動物(昆虫)，その他の媒介によって散布され，それに続く複雑な運搬・堆積作用を経て堆積物(地層)中に保存される．それゆえに，花粉分析結果から古植生を復元する場合，花粉・胞子の生産量とか，散布範囲・散布様式，および散布特性等に関する情報がより重要な

鍵となる．一般に，風媒花粉は虫媒花粉に比べて，その生産量は著しく多い．そして，従来から花粉分析の対象となった花粉の大半は風媒花であり，これを生産する母植物には森林を構成する主要樹種が多い．森林を構成するような樹種は，一般にその樹高が高いため，散布範囲はますます広くなり，分析結果の考察に四苦八苦している．これに反して，虫媒花粉は花粉の生産量もさほど多くはなく，外膜表層にはいろいろな突起や連結糸あるいは粘着物をもち，風媒花粉に比べると，散布範囲は狭いのが普通である．ただし，堆積現場に生育している種類や，動物により堆積現場へその花粉が運ばれる場合，この種の花粉は異常に多量に検出されることがある．ところが風媒花粉とは異なり，堆積物中に含まれる虫媒花粉は，その増減が極端に不規則となる傾向がある．したがって，虫媒花粉がある層準でまったく検出されなくとも，当時母植物が存在しなかったと速断することは早計である．そしてまた，風媒花粉の出現によって，近くにその母植物が必ず生育していたとみなすこともまた早計である．このように分析結果の解釈に際しては，花粉の出現頻度とその母植物の生態学的性質とを併せ考えて総合的に判断して，遠距離より飛来堆積したものか否か決定する必要がある（中村 1967；塚田, 1974b；三好, 1985b）．（→風媒花粉, 虫媒花粉） 　　　　　　　　　　　（黒田登美雄）

花粉・胞子の比重 [specific gravity of pollen and spores]

花粉の比重は，トウモロコシを用いて Firbas（1949）によって明らかにされた．その比重は乾燥状態で測定すると 0.35 を示し，十分に湿った状態ではおよそ 1.0 に達することが報告されている．このように，花粉の比重は湿っているか，または乾燥しているかといった，測定時の状態によっても大きく左右される．Faegri と Iversen（1975）によると，花粉と花粉を構成する有機物の比重は 1.7 以下であるとしている．一方，Traverse（1988）によると，その比重はマツ科花粉のように，気囊などを有するか否かなどの花粉の構造によっても異なるが，しかし，主に花粉分析の対象となる花粉・胞子の外膜をつくる物質（スポロポレニン）の比重は約 1.4 を示すと述べている．このことは，化石花粉・胞子を $CHBr_3$（ブロモフォルム；比重 2.89．ただし，アセトンで稀釈して通常は 2.28 として使用），$ZnCl_2$（塩化亜鉛；比重 1.96）などの重液を用いて，堆積物中から分離抽出するのにたいへん好都合である．それは，堆積物を構成する砂・シルトなどの鉱物質は比重が 2.0 以上で，花粉・胞子などの有機質は 1.4〜1.7 以下であることを利用して，浮遊選別法により花粉粒子を分離することができるからである．

（黒田登美雄）

花粉放出 [pollen shedding]

花が咲いて種子を実らせる種子植物（高等植物）における雄蕊の役割は，葯が開葯して成熟花粉を葯外に放出することである．すなわち，高等植物の生殖過程における花粉放出という現象を高等動物の生殖過程にみられる現象に当てはめれば，精子を内包する精液を放出する射精に対応する．開葯ならびに花粉放出の時期は植物の種類によって異なるが，開花後しばらくしてからという例が多い．花粉放出の形態は，花粉媒介者を必要としない自動自家受粉能力の高い自殖性植物と，花粉媒介者を必要とする風媒受粉植物や虫媒受粉植物とで異なる．すなわち，エンドウやラッカセイなどきわめて自動自家受粉能力が高く葯が柱頭に直接触れるという受粉形態の植物では，花粉放出そのものが自家受粉（自家授粉）行為である．また，イネなどでは，花（穎花）内で上位にある雄蕊の葯から自然放出された花粉が下位にある雌蕊の柱頭に重力によって落下して自家受粉される．この場合は，花粉放出が順調になされれば，間違いなく自家受粉が行われ自殖種子が得られる．しかし，風媒受粉植物では，風の作用で葯が揺れることが花粉放出の原動力となる．また，虫媒受粉植物では，花粉媒介昆虫が葯に直接触れることとか，昆虫が花に止まることによる衝撃で花弁や葯がはじけ（トリッピング），その瞬間に間接的に花粉放出が行われる．（生井兵治）

花粉母細胞［pollen mother cell］
　種子植物の若い葯の中で胞原細胞から分化し，減数分裂を行って四分子となる細胞．花粉のもとをつくるのでこの名が一般的であるが，実際には小胞子母細胞である．花粉母細胞の発生は，葯壁の最内層の組織であるタペータムに取り囲まれて起こるとともに，相互に細胞間連絡をもちながら進行するのできわめて同調性が高い．ユリ科植物の一部では葯から取り出して培養することが可能である．花粉母細胞の細胞壁や減数分裂後に形成される隔壁はいずれもカロース（β-1,3-グルカン）を主成分としており，それらが四分子期にβ-1,3-グルカナーゼに溶解されることによって花粉母細胞は4個の小胞子を遊離する．ただし，種によってはその遊離が起こらないものもある．　　　　　　　　　（田中一朗）

花粉捕集器［pollen trap］
　① 花粉採集器ともいう．現生の植物から飛散した花粉粒は，空気中を浮遊したり，地表や水面に落下したりする．それらの種類や量比などを調べるために，花粉粒を捕集する器具のこと．単純な円筒形の捕集器や，スライドグラスにグリセリンなどを塗り付けて捕集するタイプのもの，空気を機械的に吸入して花粉粒を能動的に捕集するものもある．ほかにもさまざまな捕集器が考案されており，市販もされている．それぞれに長所短所があるので，目的に応じて適切な捕集器を選ぶ必要がある．花粉捕集器を使うと，日・月・季節単位などの時間スケールでデータが得られる．空中花粉のこのようなデータは，花粉分析における混入問題の解決に役立つ．また，地表や水面に落下したり，湖底などに沈積する花粉粒のデータと，周囲の植生との関係は，花粉分析図の解釈の基礎データとなる．（→口絵）② →花粉採集器．　　　　　（齊藤　毅）

花粉補充物［pollen supplement］→代用花粉

花粉マスク［pollen mask］
　花粉症予防のためのマスク．普通のマスクとの違いは，花粉が鼻や口から入らないよう，鼻当ての部分にワイヤが入れてあり，鼻背の形に合わせて曲げてフィットさせるようになっていたり，マスクにフィルタを内蔵するといった工夫がされている．　　　　（芦田恒雄）

花粉メガネ［pollen glasses］
　花粉症予防のために工夫されたメガネ．フレームの上下と横にひさし状のシールドが付いていて，花粉が眼に入らないようになっている．　　　　　　　　　　　　　　（芦田恒雄）

花粉流動［pollen flow］
　植物が分布する空間における花粉の流れのこと．花粉飛散（pollen dispersal）ともいう．花粉流動は1次元的であり，花粉飛散は2次元的であるとすることもあるが通常は区別していない．花粉流動は集団間の花粉の流れを意味することも多い．花粉流動への関心は生物学の多くの分野にわたっている．植物育種においては系統の維持・増殖において他系統の花粉が交配されることを防いで，その系統の遺伝的純度を保つため，あるいはF_1雑種形成など目的に応じて系統間で交配を行わせるためなど多くの場面で花粉流動の様相を知ることが重要である．また，花粉症への対応として，花粉が空中に飛散する様相を把握することが求められている．さらに，遺伝学的には集団遺伝学において，花粉流動は集団の遺伝構造を変化させる重要な要因とされている．花粉流動の実態を明らかにする方法は2つに大別できる．間接的手法と直接的手法である．間接的手法には，1）蛍光色素などの染料（dye）や微小粉（powder）を花粉の代わりにする方法，2）アイソトープなどで化学的ラベルをする方法，3）花粉媒介昆虫の動きから推定する方法などがあげられる．また，直接的方法としては1）花粉源から一定間隔で設置した花粉採取器を用いる方法，2）花粉の色あるいは大きさの差を利用して柱頭上の花粉を直接観察する方法，3）遺伝的マーカーを利用して雑種形成率から推定する方法などがある．間接的方法では染料利用や花粉媒介昆虫の動きからの推定が多く用いられ，直接的方法では花粉採取器が多く利用される．遺伝的マーカーの利用では，たとえば優性ホモの赤色花をもつ個体の周囲に劣性の白

色花個体を多数設置し，距離ごとに各個体の次代の花色を調査する．次代の花色が赤であればそこまで花粉が流動したことになり，各距離での1個体由来の次代中の頻度により花粉流動の実態が推測できる．しかし，実際の花粉流動の様相は複雑であり，これらの観察方法1つではとらえられない．たとえば，1度受粉された花粉が昆虫などの花粉媒介者により柱頭上よりもち去られ，さらに遠くに運びなおされるという花粉転送(carry over)により，ある個体の花粉は花粉媒介昆虫の1回ごとの飛行距離よりは広範囲に運ばれることとなる．さらに，植物では種特有の結実をするために必要な受粉花粉数がある．そのため花粉媒介者によって少量の花粉が運ばれても結実に至らないことがある．したがって，ある個体の遺伝子がどのように空間的に広がるかという意味での遺伝子流動範囲は，花粉媒介昆虫の訪花行動に基づく流動範囲よりは広くなり，受精するか否かを別とした場合において，ある個体の花粉が運ばれる範囲よりは狭くなるといえる．虫媒他殖性植物の花粉流動範囲は植物の密度，昆虫の種類や密度で大きく変化する．これまでになされた研究から多くの花粉流動を示す式が提案されている．たとえば，$f(d) = A \cdot e^{-kd}$(大澤ら, 1993)，ただし，$f(d)$は花粉流動確率，A, kは昆虫密度，植物体の密度などで決まる定数である．風媒植物の場合も基本的には負の指数関数で表され，風速や花粉粒の重さなどがパラメータとして導入される． (大澤 良)

花粉粒の大きさ [size of pollen grain]

花粉粒の大きさは種類によって異なる．たとえば，大きいものでは，トウヒ属が気囊を含めると80〜120μmに及び，広葉樹の花粉では，形や大きさがたがいに似ていて15〜50μmに入るものが多い．ブナ属は30〜50μm，クリ属では10〜15μmである．花粉粒全体の大きさのほかに各部位の大きさについても測定することが大切である．ただし，処理に使用する薬品・封入剤により，花粉粒の大きさが若干異なることが知られている(Faegri & Iversen, 1964など)． (長谷義隆)

花粉レーキ [pollen rake] →集粉構造

花粉枠 [pollen frame]

花粉巣板ともいう．ミツバチの巣箱内の巣枠(巣板)が花粉で満たされているものをいう．これらの花粉は主に若い働き蜂により食され，自身の栄養となるほか，下咽頭腺で合成される蜂乳(→ローヤルゼリー)の原料ともなる．老齢の幼虫の蛋白源もこれらの花粉である．養蜂家はこれらに余裕があるときには，他群に回したり，保存しておいて，不足時に利用している． (佐々木正己)

カベイト・シスト [cavate cyst]

渦鞭毛藻シストの記載用語．休眠性接合子(シスト)の細胞壁を構成する複数の膜が分離し，それぞれの間に腔が生じたシストを示す．休眠細胞の原形質はもっとも内側の腔に収容されていたと予想される．このグループのシストは突起物や膜などの装飾物を備えておらず，基本的に運動性接合子の細胞壁と接した状態であったと推定される．(→渦鞭毛藻シスト) (松岡數充)

過扁平形 [peroblate (adj.)]

極軸と赤道径の比(極/赤道比)が0.5以下となる花粉・胞子(Erdtman, 1943)．(→付録図版) (内山 隆)

ガマ [*Typha latifolia*; cattail]

単子葉植物のガマ科を代表する大型多年生草本．北半球の温帯地域の湖沼の泥地に生え，太い横にはう地下茎でたちまち大群落をつくる強靱な植物で，高さ2mにもなり，葉は長い線形で下半分が鞘となり茎を包む．夏に花茎の先に上部が雄花穂，下部に雌花穂を着け，雄花穂からは無数の黄色い花粉を風で飛散させる．花粉は幾瀬(1956)によると四集粒から成りおのおのの花粉は単口粒，7B^{b}型，大きさは四集粒の長軸径で37〜43μm．この花粉症は日本ではまだ報告がないが，同属のヒメガマ[*T. angustifolia*]花粉症は早くから知られている． (佐橋紀男)

カメラリウス [Camerarius, Rudolf Jacob, 1665-1721]

ドイツの医学者・植物学者．彼は，当時解明されつつあった動物の胚発生における卵と

精子の役割に興味を持ち，植物でも同様のことがあると考え，1694年に『植物の性に関する書簡』を発表し，すべての植物にも雌雄の性があり，種子が実るためには雌蕊と花粉の合体が必要であることを初めて強調した．当時，植物では，ナツメヤシには雌株と雄株があり受粉しないと果実が実らないことは知られていたが，これは特殊な例であると思われていた．Camerariusは受粉・受精の機構を明確にしたわけではない．しかし，当時の卵原説と精原説という2大潮流が，卵か精子か一方の性だけから子供が生じるという考え方で，両性の合一という概念が皆無だったことを思えば，Camerariusがすべての植物の花器には雌のはたらきをする部位と雄のはたらきをする部位が備わっていて両性の合一が必要であると主張した点は特筆に値する．受粉から受精に至る生殖過程が一層明確になるのは，19世紀前半におけるイタリアのAmici（→アミシー）によるスベリヒユやペポカボチャなどの雌蕊中での花粉管の観察や，19世紀後半から20世紀前半にかけてのロシアのNawaschin(1898)とフランスのGuignard(1899)によるマルタユリにおける重複受精の発見以降のことである．ドイツの植物学者Strasburgerは，それより早くマルタユリの花粉のなかに2つの核があり伸長しつつある花粉管のなかで一方の核が分裂して都合3個になることを発見しており，分裂したほうを生殖核(雄核)，分裂しないほうを栄養核(花粉管核)と命名している(1870)．NawaschinやGuignardは，これら2つの生殖核がそれぞれ卵核および極核と合体することを発見したのであり，Strasburgerはこの現象を重複受精と命名したのである(1900)． (生井兵治)

カモガヤ [*Dactylis glomerata* ; orchardgrass]

イネ科花粉症の原因植物を代表する多年生草本で，ヨーロッパ原産であるが，世界中で栽培されており，日本には明治維新前後に牧草として渡来した．草丈1m，業生し，大きな株を形成する．5～6月に長さ30cmあまりの円錐花序を着け，花粉は早朝に飛散する．花粉は幾瀬(1956)によると単口粒，3 A^a型，花粉管口には小型の口蓋があり，球形～長球形，大きさは赤道径で34-38μmであるが，花粉管口の位置により極軸径と赤道径の大きさが逆転する．カモガヤ花粉症の報告はスギ花粉症の翌年に杉田ら(1964)により報告された．

(佐橋紀男)

カモガヤ花粉症 [orchardgrass pollinosis]

カモガヤはイネ科ウシノケグサ族カモガヤ属で明治初年から牧草として輸入された帰化種である．草丈は60～120cm，円錐花序で特徴のある花穂をもつ．温帯・暖帯に分布し，小川のふちなどに生えているが，最近では中部高原・山岳地帯にもみられる．花期は平地では5月，山岳では7月である．花粉型は幾瀬分類(1956)の単口粒3 $A^{a(2),(3)}$で，外層はグラニュレート，表被膜は平滑，管口は円形，口環があって口縁がやや盛り上がり，drop型を示す．大きさは34-38×34-38μm．空中花粉調査でのイネ科は，4月より10月ごろまでみられるが，抗原性が強いのは，5，6，7月に開花するカモガヤなどの牧草類であるといわれる．

初例報告は1964年杉田によってなされた．以下その概要を紹介する．気管支喘息および鼻アレルギー患者18名を，カモガヤの繁茂する屋外と，カモガヤを採集した屋内に10分間滞在させたところ，屋外では1名，屋内では2名のアレルギーの発症があった．対照の6名はなんら症状がなかった．カモガヤ花粉エキスの皮内反応陽性喘息患者の発作は，カモガヤ開花以後に増加し，花粉吸入による症状の強さは，カモガヤ抗原の皮内反応の程度とだいたいにおいて一致した．また堀は花粉症は一般に抗原暴露期間が短く，感作に年数を要するため，成年期になって発症することが多いが，イネ科とくにカモガヤは小児の感作例が多く，幼児期よりすでに典型的な花粉症がみられ，10歳以下の男女比は1.9：1であった．カモガヤ花粉症発病の低年齢化は，カモガヤ花粉抗原の強さ，この地方の植生，「お田植え休み」などの生活習慣によるとしている．しかし阪神間に住む筆者自身も，花粉症

の中でイネ科花粉症が小児に多いことに注目している. (中原 聰)

カヤツリグサ科 [Cyperaceae]

世界のあらゆる気候帯に分布するが, 主に熱帯に種類は多く, 約45属4000種が知られ, 日本にも16属330種あまりが自生している. 単子葉植物で, 多年生草本が多く, 花は小さく目立たないが, イネ科同様に小穂を形成し, 単性花あるいは両性花で雄蕊は普通3本. 属によって花被があるものやないものなどさまざまである. 日本の主な属としてスゲ属・カヤツリグサ属・テンツキ属・ワタスゲ属などがある. 花粉はErdtmanによると一～四口となっているが, 幾瀬(1956)は多くの属で一～六口, すなわち極に1個, 側面に6個の類口を観察しており, 分類では一＋六口, 3 A^{b}型になる. この科も日本ではまだ花粉症は報告されていないが, 欧米では原因花粉として報告されている種があるものの, それほど重要視されていない. (佐橋紀男)

花葉 [floral leaf]

花を形成する萼片・花弁・雄蕊・心皮などは葉の変態したものと考えられて花葉と総称される(小倉, 1965). (高原 光)

カラムシ [*Boehmeria nippononivea*; ramie] →イラクサ科

カラムシ花粉喘息 [ramie pollen asthma]

カラムシ(イラクサ科)は原野に自生するが, 畑にも栽培されている高さ1～2 mの多年草. 夏から秋にかけて葉腋に分岐した花序を着け, 茎の下方に雄花を, 上方に雌花を着ける. 茎には強い繊維があり織物をつくる. 和名は皮のある茎(「から」)を蒸して皮をはぎ取ることにちなむ. 日本各地およびインド, マレーの温帯から暖帯に分布. カラムシ花粉は大きさ13～14 μm, 赤道上孔型, 5-A^6 (幾瀬(1956)の分類). 秋の空中花粉としてごくわずかに各地で捕集されるが, 九州地方の長崎, 宮崎地区では比較的多い. 1977年, 浅井により長崎県地方のカラムシ花粉喘息が報告された. カラムシ花粉エキスを用いた皮内反応の陽性率は成人喘息110例の21.8％, 小児喘息109例中11.1％を占めた. 強陽性を示した5例が花粉エキスの吸入誘発テストで明らかな喘息発作を起こし, カラムシ花粉喘息と呼ばれている. 93年三浦によりカラムシ花粉喘息が10例報告された. 今回の同地域での調査では成人喘息の11.7％が皮内反応陽性であった. ヨーロッパの重要な花粉抗原であるヒカゲミズ属[*Parietaria*]とは同科異属であるが*P. officinalis*および*P. judaica*花粉抗原との共通抗原性は認められず, カラムシ花粉は新しい独立抗原であると考えられた. カラムシは日本をはじめ東南アジア一帯に広く分布しているところから, 今後研究が進めば喘息を悪化させる花粉抗原の1つとして明らかにされる可能性がある. また, 93年に職業性としてのカラムシ花粉症の1例が浅井らにより報告された. カラムシ花粉は抗原性が強く, 現在は地域性の強いアレルギー症状として報告されているが, 三浦が言及しているようにその植生からして, 日本を含めた東南アジアの花粉症として調査を進める必要性があろう. (岸川禮子)

顆粒状外壁 [granular exine]

花粉の内部外表層が, 多少なりとも丸くなった微粒によってできている外壁成層構造の1型(van Campo & Lugardon, 1973).
(内山 隆)

顆粒状型 [granulate (adj.)] →顆粒状紋

顆粒状紋 [granulum, granula(pl.)]

花粉表面上にあって, 高さ・幅とも1 μmより小さくて, 多少とも円形に近い形態をしており, 有刻層に由来する突出物(Erdtman, 1952). 微小突起型は同義語である. (→付録図版) (三好教夫)

カルベラ液 [Carberla solution]

カルベルラ液ともいう. 花粉を染める染色液の1つ. 組成は, グリセリン5 ml, エタノール10 ml, 塩基性飽和フクシン2滴, 蒸留水15 mlである. 組成中の試薬をよく混和し, 使用する. 大きめのカバーグラスを使用し, カバーグラスの一方の端をスライドグラス上に置き, もう一方は, 針等で少し浮かしておく. そこへ, カルベラ液をスポイト等で流し込み, カバーグラスを静かにかぶせるかたちで覆

う．液の量が多すぎるとあふれてしまい，少なすぎると覆いきれない．数分後，花粉はフクシンにより赤紫色に染まる．時間の経過とともに，花粉は強く染色され黒ずんでみえる．また，乾燥してくる．染色液の作製が簡便で，花粉が染色される時間も短い．しかし，再現性が悪く，染色後の標本の保存はむずかしい．
（劔田幸子）

カルモジュリン [calmodulin]

カルシウム受容蛋白質で，真核細胞に広く分布している．多くの生物から均一な蛋白質として単離され一次構造が決定されているが，原生動物由来のものと哺乳動物由来のものとではわずかなアミノ酸配列の違いしかない．分子量は約16000，1分子当り4分子の Ca^{2+} 結合部位をもち，熱やトリクロロ酢酸に対し安定な蛋白質である．カルシウムと結合して，cAMP ホスホジエステラーゼ・アデニル酸シクラーゼ・グリコーゲンシンターゼ・ホスホリパーゼ・NAD キナーゼなど多数の酵素を活性化するほか，蛋白質のリン酸化，アクチンフィラメントとの作用，微小管の重合調節，血小板放出反応などにも関与している．花粉ではマツ属の *Pinus yunnanesis*，クロマツ，ガマから分離精製されており，*Gasteria verrucosa* では，花粉の形成過程および発芽における Ca^{2+} とカルモジュリンの動態が調べられ，細胞分裂・カロース合成・花粉管先端の成長とのかかわりが記述されている．
（原　彰）

カロース [callose]

β-D-グルコースが β-1,3-グルコシド結合で連結した不定形・無色の直鎖状の β-1,3-ポリグルカンである．水やエタノールには溶けないが，濃硫酸・稀苛性カリ溶液などに溶ける．花粉をアニリンブルーのアンモニア水溶液で染めた後に蛍光顕微鏡でみると，カロースの存在する部分が青黄色に輝いてみえる．このアニリンブルーはカロース以外の β-グルカンでも蛍光を発することがあるので，この染色だけでカロースの存在を結論できないようである．篩管のカルス板を形成する物質として顕微化学的に発見されたものであるが，花粉に関しては Mangin (1890) が花粉母細胞壁中に初めてカロースを検出した．カロースは花粉の生成過程において，花粉母細胞の原形質と細胞壁の間に層を形成する．第二次減数分裂後さらにカロースの合成が続き，若い小胞子の細胞壁を形成する．花粉の外壁が形成され始めると，カロース層はすみやかに減少していき，小胞子の発生の基質として作用しているようである．裸子植物の完熟花粉ではカロースは通常内壁に濃縮されて存在する．しかし Knox ら (1970) は，被子植物の完熟花粉の内壁にはカロースが検出されないことを報告している．花粉が発芽し，花粉管がある長さになると，管の基部に近い部分にカロースからなるカロース栓ができて花粉管内が仕切られる．こうして花粉の原形質は常に先端に近い部分に位置し，花粉粒の方向に戻ってくるのが防がれている．カロースはまた花粉管壁中に小さな穴が生じたときこれを修復するのにも役立っている．ツバキ・サザンカ・チャ・チューリップ・タバコ・テッポウユリなどの花粉管細胞壁中に多量のカロースが検出されており，またテッポウユリ花粉および花粉管中に β-1,3-グルカン合成酵素（活性は UDP-グルコース-$[^{14}C]$ からのグルコース-$[^{14}C]$ の取り込みにより測定）が検出されており，花粉の発芽生理上カロースの重要なはたらきが示唆される．　（勝又悌三）

カロース栓 [callose plug]

花粉が発芽し，ある程度の花粉管長になると，花粉管基部から管先端方向にほぼ一定間隔で管内を仕切る隔壁様の栓が形成され，花粉管先端部域のみに常に原形質が存在するようになる．この栓はカロースに特異性のある色素アニリンブルーでよく染色されるのでカロース栓と呼ぶ．ツバキの花粉管から単離されたカロース栓は約24％の蛋白質と58％の多糖類からなり，多糖の主成分は重合度90以上の β-1,3-グルカン（カロース）である．カロース栓の数は花粉管の成長に伴って増えていくが，管長当りのカロース栓の数は，花粉管の成長条件が悪い場合に多くなる傾向がある．また形成されたカロース栓でのカロース

合成はその後も進行し，1本の花粉管の中にみられるカロース栓の形は，膜壁状のものから，それらがさらに内方向に成長をして棒状を呈するようになるものなどさまざまである．カロース栓の形成機構やカロースの合成機構は明らかではない．　　　（中村紀雄）

カロース壁　[callosic wall]

被子植物の花粉母細胞の細胞壁や二分子と四分子の細胞壁と隔壁はアニリンブルー色素に強く染色されるので，その主成分はカロースと考えられ，このような細胞壁をカロース壁という．四分子のカロース壁が消失すると，4個の花粉細胞（小胞子）は花粉粒となる．成熟花粉粒にはカロース壁はない．また，花粉が発芽・管伸長をする際には新たに細胞壁がつくられ，とくに被子植物の花粉管の細胞壁はカロースが主成分であるので，花粉管壁をカロース壁と呼ぶこともある．タバコ [*Nicotiana alata*] の花粉管壁は外層壁と内層壁の2層から構成されているが，管壁の大部分を占める内層にカロースが存在することがβ-1,3-グルカンのモノクローナル抗体を用いて示されている．　　　（中村紀雄）

カロチン　[carotene]

カロチン（カロテンともいう；→花粉色素）は代表的なカロチノイドであり，これらにはα-カロチン・β-カロチン・γ-カロチンのようなものがある．

動物体内ではビタミンAに転換するので，これらはプロビタミンAとも呼ばれる．β-カロチン1分子当り2分子のビタミンAを生じ，α-カロチン・γ-カロチンは1分子当り1分子のビタミンAを生じる．α-カロチンはアカシア，キクイモ，シロツメクサ，フタマタタンポポ属の *Crepis tectorum* などの花粉に検出され，β-カロチンはアカシア，シクラメン，キクイモ，トウモロコシ，カボチャ，オニユリ，ノゲシ，ツルボラン属の *Asphodelus albus* などの花粉に検出され，γ-カロチンはシロツメクサ，*Crepis tectorum* などの花粉に検出されている．斗ケ沢ら(1967)は，カボチャ・オニユリ花粉にβ-カロチンが多く，アカマツ・クロマツ・バンクスマツ花粉にはまったく含まれないことを認めている．以上の黄色色素は受粉に際して昆虫を引き付けるのに役立っているものと思われる．一般に虫媒花粉中のカロチン含量は多く，風媒花粉のマツ類花粉中には非常に少ないか，まったく含まれていない．培地に加えた0.005%β-カロチンが，タイマ花粉の花粉管伸長を促

図　α-カロチン

図　β-カロチン

図　γ-カロチン

進すること,ラン科植物花粉が発芽する際花粉粒中の脂肪球に溶存しているカロチンが花粉管に移行し,生殖過程を刺激することなどの報告があり,カロチンが受精の極端に緩慢なマツ類花粉に検出されず,受粉後短時間で受精を完了する被子植物花粉に検出されたことは,花粉の生殖生理上興味ある現象と思われる. (勝又悌三)

眼アレルギー [ophthalmologic allergy]

眼球は,免疫学的に異なるいくつかの組織から成り立っている.結膜は血管・リンパ管に富み,容易に過敏症状を呈する.角膜には血管・リンパ管がなく,角膜に炎症・感染などが起こると結膜の血管・リンパ管の透過性が高まり,角膜にいろいろな細胞が浸潤して免疫反応を起こす.角膜はアルサス型(III型)反応の場としてよく知られている.眼組織中にはI型アレルギー反応を起こす肥満細胞が存在し,アレルギー反応の場となりうる.I型(アレルギー性結膜炎・春季カタル・湿疹性角膜炎等),II型(尋常性・瘢痕性天疱瘡),III型(多型性紅斑・関節リウマチ等),IV型(接触性結膜炎・薬剤性結膜炎・フリクテン性角膜炎等)の4型に分類される. (岸川禮子)

管核 [pollen tube nucleus;tube nucleus;vegetative nucleus] →花粉管細胞

環境考古学 [environmental archaeology]

環境考古学とは,人類の歴史や文明の盛衰を,背景となる自然環境の変遷とのかかわり合いの中で明らかにする分野である.気候変動と文明の盛衰のかかわり,あるいは森林の荒廃と文明の盛衰のかかわり,農耕の起源の

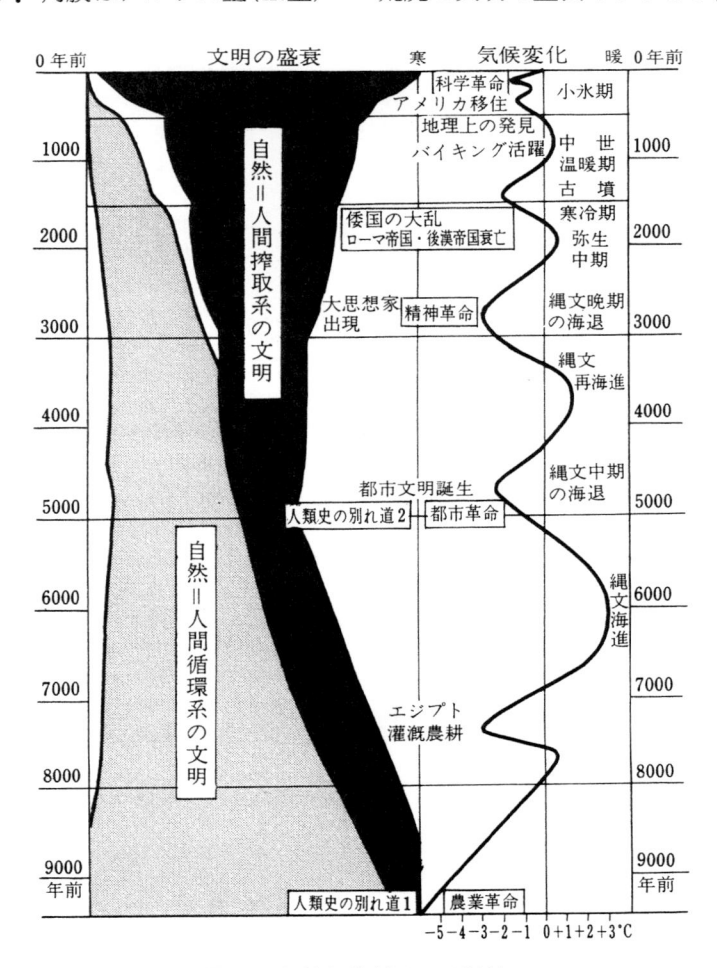

図 環境考古学(安田,1990)

探求などがその研究課題の1例である．歴史の舞台としての古環境の復元には，地形・地質学，土壌学，同位体地球科学的手法などとともに，花粉分析や珪藻分析・プラントオパール分析などの微化石分析さらには大型哺乳動物や魚介類・昆虫などの動物遺体あるいは材・種子・炭化物質などの植物遺体の分析などが有効な手法として広く利用されている．

環境考古学の用語が使用されたのは，1950年代のイギリスであり，日本においては80年に始めて使用され，この分野が確立された．この分野が確立されたことにより，これまで社会・政治・経済体制のみから論じてきた人類の歴史の解釈に新たな視点を提示することになった．取り分け近年の分析精度の向上に伴って，これまで政治・社会・経済体制の変化で引き起こされたと解釈されてきた人類史におけるいくつかの転換期の背景には，環境の変動が深くかかわっていたことが指摘されるようになった．たとえば人類史の重要な転換期となった農業革命・都市革命・精神革命・科学革命は，いずれも地球環境の変動期に引き起こされている．さらにギリシア文明やローマ文明の衰亡の背景には，森林の破壊という自然環境が深く影響を及ぼしていたことも明らかにされつつある．これまで人間活動のみで解釈されつくしてきた歴史の見方を大きく変え，人類史と地球環境の変動との相互作用の重要性が見直され，そのことによって地球環境と人類の共存が可能な新たな時代への展望を開拓するのが，環境考古学の最終目標なのである．（→花粉分析，古気候）

（安田喜憲）

環口型［circumaperturate (adj.)］
赤道面に沿って発芽口が規則正しく配列した花粉型．極観像では発芽口がリング状に配列することになる(Straka, 1964)．

（守田益宗）

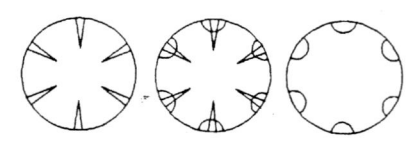

図　環口型(Punt *et al*., 1994)

感作［sensitization］
厳密には，生体がアレルゲンに対する抗体を産生するようになった状態をいい，アレルゲンの再度の侵入によってアレルギー症状が誘発された状態とは区別する．つまり，感作と発症は異なる．また，生体または組織に抗体を投与してアレルギー準備状態にしたり，免疫応答をみるため細胞に抗体を結合させる場合にも用いられる．　　　（井手　武）

管細胞［tube cell］
花粉管細胞または栄養細胞ともいう．一般に裸子植物の花粉における用語として使用される．（→花粉管細胞）　　（寺坂　治）

環状口型［zonoaperturate (adj.)；zonotreme (adj.)］
花粉粒を取り巻く環の位置に発芽口が点在する花粉型(Erdtman & Straka, 1961)．孔ならば環状孔型，溝ならば環状溝型，溝孔ならば環状溝孔型(zonocolporate)となる．

（守田益宗）

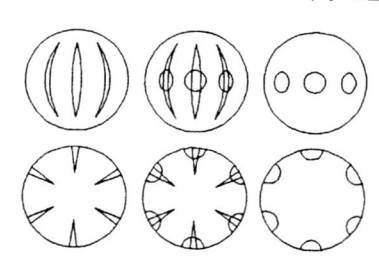

図　環状口型(Punt *et al*., 1994)
上列：赤道観，下列：極観．

環状孔型［zonoporate (adj.)；zoniporate (adj.)］
赤道面に沿って発芽孔が配列する花粉型．

（守田益宗）

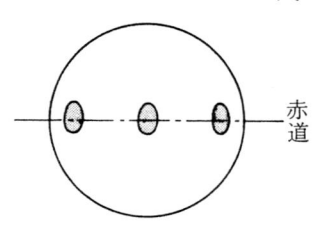

図　環状孔型

環状溝型［zonocolpate (adj.)；zonicolpate (adj.)］
赤道面に沿って発芽溝が配列する花粉型．

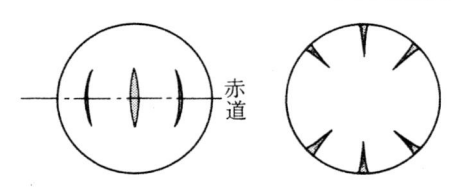

図　環状溝型

(守田益宗)

環状肥厚［annular thickening］

カラマツ属などにみられる，花粉の向心極面にある環状の肥厚．花粉母細胞が連続分裂をして花粉になるとき，向心極側で4個の花粉が付着した状態になる．その際，たがいにその向心極面に環状の肥厚をもつようになることがある(Ueno, 1960)． (守田益宗)

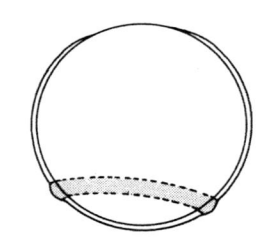

図　環状肥厚

環状剝皮［girdling; ringing］

木の幹の周囲に沿って，ある幅で樹皮を剝ぎ取る操作をいう．水の通導や同化物質の移動の実験手法として用いられた．実用的には，カラマツなどの採取園で花芽の分化を促進する技術の1つである．この場合には，幹の全周を続けて剝皮せず，半周ずつ向かい合わせて上・下にずらして剝皮することが多い．樹体が物理的な傷害を受けると花芽の分化が促進されることを応用したもので，類似の技術として，根の一部を切断する根切り，幹を針金などで巻く巻き締めなどがある．

(横山敏幸)

完新世［Holocene］

新生代第四紀の新期の地質時代．地質時代最後の世で，約10000年前から現在までの時期．スウェーデンのゲーテボルグ郊外Moltemyr～Solderga を世界の模式地としている．現世(Recent)と同義．沖積世と同義とするのはよくない．第四紀の旧期の最新世(Pleistocene)末期からしだいに温暖化し，寒冷地域では氷床・氷河が融氷・後退し，海水面はしだいに上昇を始め，最新世終末ごろに一時停滞または小降下したが，再び上昇し，日本では縄文早期に現海水準位に，また縄文前期諸磯期に約5mの海抜にまで達し，ヒプシサーマル期(Hypsithermal stage；5000～7000年前)に対比される．その後，沈水・堆積していた海岸域は離水し，海岸平野となる．生物相は現代のそれに類似するが，二次林で代表されるような人間活動によるインパクトで非自然的生態系のみられる所もある．人類史では，新石器時代に当たり，日本での縄文時代は，この世の大部分を占める．完新世の編年的細区分には種々あるが，北欧でのこの期の堆積物の花粉分析によるBlittとSernanderの編年によると，古いほうから新しいほうへPreboreal(約11000～10000年前)，Boreal(10000～8500年前)，Atlantic(8500～4500年前)，Subboreal(4500～2000年前)，Subatlantic(2000～数100年前)およびRecentに細区分され，よく利用されている．

(藤　則雄)

間接蛍光抗体法［indirect fluorescent antibody technique］→蛍光抗体法

完全集合［calymmate(adj.)］

同じ花粉・胞子母細胞から生じた四分子や多分子の花粉・胞子が，よく発達した有刻層や外層に包まれてしっかり接着し，成熟しても分離しない状態にあるもの(van Campo & Guinet, 1961)．例：ツツジ属・ネムノキ属など．同一属のものでも，ガマ［Typha latifolia］は完全集合が多いが，コガマ［T. orientalis］，ヒメガマ［T. angustifolia］は単粒が多い．このように一般に離れやすい場合は，不完全集合という．

(三好教夫)

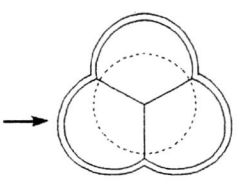

図　完全集合(Punt et al., 1994)

貫通外表層状［tectate-perforate (adj.)］

直径が$1\mu m$以下の大きさの微散孔が花粉の外表層にできているさま(Iversen & Troels-Smith, 1950)．

(内山　隆)

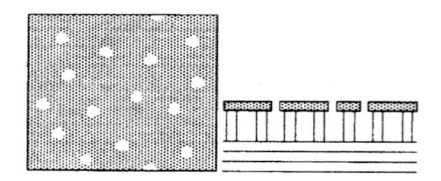

図 貫通外表層状(Punt *et al.*, 1994)

貫通小孔[punctum, puncta(pl.); scrobiculus, scrobiculi(pl.)]

小穿孔ともいう．花粉で，長さや直径が1μmよりも小さい円形や長円形の，外表層を貫通している小さな穴(Erdtman, 1952)．外表層の表面に貫通小孔が散在すると，小斑点状にみえる．微散孔型も直径が1μm以下の小さな孔に適用され，貫通小孔と同義語である．1μmより大きな貫通孔には，大穴型(foveolate)を使う． （三好教夫）

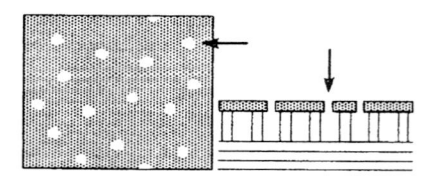

図 貫通小孔(Punt *et al.*, 1994)

貫通小孔型[punctate (adj.)] →貫通小孔

間伐[thinning]

森林を育てるための技術の1つで，一斉林型の林分で混み具合を調整するために樹木を伐採することをいう．樹木の成長に伴う競争を調節して残した木の材積成長の増加と形質の向上とを目的とする．風雪害や病虫害に抵抗力のある健全な林をつくる効果もある．伐採した木によって収入を得ることも重要な目的であった．間伐は林冠が形成された時期から収穫のための伐採の時期までの間で林分の成長や経営目的に応じて数回実施される．伐採する木の判定の仕方や目的とする林分の密度(立木密度；stand density)など伐採の方法にはさまざまな方法や考え方がある．

（横山敏孝）

間氷期[interglacial epoch] →氷河期

ガンフリント微化石[Gunflint microfossil]

カナダのスペリオル湖の西側にガンフリント湖という小さい湖がある．この付近には黒色チャートが分布し，ガンフリント層という．この東方への延長が，スペリオル湖の北岸のシュライバー付近にもみられ，TylerとBarghoorn(1954)とその他の研究者により，チャートから数μmの球状の化石や，長さ数十μmの繊維状の化石が密集して存在することが明らかになった．これらは藍藻の仲間とバクテリアであることがわかった．この地層はHuronian後期の時代で，放射性年代測定により少なくとも17億年前，たぶん約20億年前とされている．29種の化石が記載された．繊維状の藍藻，小球体目に属する球状の単一細胞の藍藻などがもっとも多く含まれる微化石である．パラシュート状のバクテリアもあ

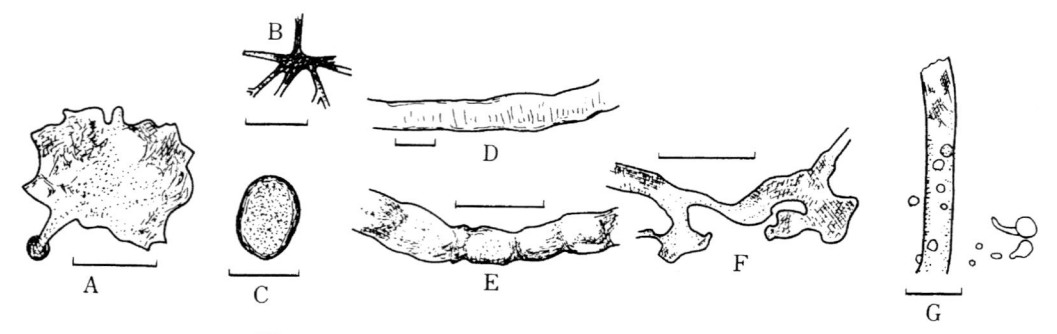

図 ガンフリント微化石(Tschudy & Scott, 1969)
A：*Kakabekia umbellata* Barghoorn, B：*Eoastrion bifurcatum* Barghoorn, C：*Huroniospora microreticulata* Barghoorn, D：*Animikiea septata* Barghoorn, E：*Gunflintia grandis* Barghoorn, F：*Archaeorestis schreiberensis* Barghoorn, G：*Entosphaeroides amplus* Barghoorn.
バーの長さはいずれも10μm．

る．Barghoorn らはこれらの微化石を 8 属 12 種の新属・新種として分類・記載した．29 種中 17 種は疑わしいとしている．ガンフリント層の堆積した時代は，光合成生物によって，大気中に酸素の蓄積が始まる時代である．これら微化石が浮遊性であれば，紫外線を遮ぎるオゾン層が形成されていたことになる．ガンフリントの微化石が原核生物か真核生物を含んでいるか議論されたが，すべて原核生物であると結論されている．8 属には次の属名が与えられている．*Animikiea*, *Archaeorestis*, *Eoastrion*, *Eosphaera*, *Entosphaeroides*, *Gunflintia*, *Huroniospora*, *Kakabekia*.

(高橋 清)

環翼型 [perisaccate (adj.)]

環気嚢型，一翼型(monosaccate)ともいう．1つの気嚢が花粉の周囲を環状に取り巻いている型．ツガ属はこの気嚢が扁平になり，フリル状になったと考えられている(Ueno, 1958).

(守田益宗)

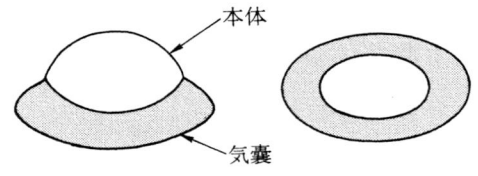

図 環翼型

寒冷前線 [cold front]

寒気側から暖気の方向に移動する前線で日本付近では低気圧の西側に形成される．寒気が暖気の下にもぐり込む形で前線面の勾配は 1/150 と温暖前線に比べて急である．このため前線面で上昇気流が活発になり，雲が発達するとともに，風や気温の変化は温暖前線に比較してかなり激しくなる．前線の境界面の前面には上昇気流，後面には強い下降気流が存在し，花粉などの微粒子は複雑な動きをする．なお，同じような現象は積乱雲の周辺でもみられる．

(村山貢司)

キ

起因抗原 [causative allergen]

アレルギー反応を起こす原因となる抗原をいう．患者のアレルギー発症の原因は，吸入性・食餌性・接触性抗原および物理・化学的な刺激などによる．吸入性抗原は主に気管支喘息，アレルギー性鼻炎・結膜炎の起因抗原となる．日本ではチリダニ・室内塵・スギ花粉が重要である．食餌性抗原としては卵白・牛乳・大豆・ソバなどが重要で，気管支喘息・蕁麻疹・アトピー性皮膚炎・アナフィラキシーショックなどを起こし，小児に多い．アトピー素因のある小児では起因抗原が食餌性から吸入性に移行する傾向がある．接触性抗原は室内塵・薬剤・花粉・金属などアトピー性皮膚炎・接触性皮膚炎などを起こす．また，日光蕁麻疹・日光皮膚炎・寒冷蕁麻疹など紫外線や寒冷刺激により皮膚炎が起こる．薬剤（内服・外用）＋紫外線で症状が出たり，職業的に特殊な物質でアレルギー症状を起こすこともあり，患者の身辺の環境をよく把握して原因抗原を検索する必要がある．

（岸川禮子）

気温減率 [lapse rate of temperature]

地球大気の気温は，太陽からの放射エネルギーが地表に達し，大気の下層部から順次上層部へと温めて気温となる．その熱は，対流圏中の乱流現象で上層部に運ばれるために，圏中での温度分布は，地表付近で高く，大気圏界面または地表からの高度に比例して減温されている．この減温の割合は，乾燥大気中では約0.6℃/100 m，湿潤大気中では約0.5℃/100 m であり，気温減率とは，この減温の割合をいう． （藤　則雄）

機械的隔離 [mechanical isolation] →隔離

機会的浮動 [random drift] →遺伝的浮動

気管支喘息 [bronchial asthma]

喘鳴を伴う発作性呼吸困難を繰り返す疾患であるが西暦紀元前から知られ，ヒポクラテス（Hippocrates, BC460？-BC377？）が $\alpha\sigma\theta\mu\alpha$ として記載し，これが asthma の語源とされる．しかし当時は単に「喘ぐ」意味に用いられたらしく，19世紀以後花粉症研究に伴って明確な定義が要求され，心不全等に伴う呼吸困難を心臓喘息，呼吸器系病変によるものを気管支喘息と呼ぶようになり，1906年 von Pirquet がアレルギーの概念を確立してからは後者が代表的アレルギー疾患の1つとされ，アレルギー学的立場から発症機序に関する研究が進められた．一方1962年アメリカ胸部疾患学会は気管支喘息を「気管-気管支が各種刺激に対し反応の亢進した状態で，気道の広汎な狭窄があってその程度が自然にあるいは治療によって変化し，臨床的には呼吸困難・咳嗽・喘鳴のエピソードがある疾患」と定義づけ，本症病態の中心は気道過敏性にあると考えられてきた．このように気管支喘息にはアレルギー・気道過敏性の2側面があるが，その他内分泌機能・心因・気道感染・環境因子（季節・気象・大気汚染など）も関与して症例ごとに特徴づけられた症状を呈する．

本症の診療に当たってはまず診察と一般臨床検査により気管支喘息であること（病名）を診断した後，詳細なアレルギー学的問診と免疫学的検査法を駆使して原因抗原を確定する必要がある．主要な原因抗原には家塵（ダニ），真菌，花粉，種々の職業性抗原，寝具に関連するソバ殻枕や絹製品，ペットの毛や皮屑，昆虫の体成分，食餌性抗原としてソバや卵，薬物性抗原として抗生物質あるいは必ずしもアレルギー機序とはいえないがアスピリン等解熱鎮痛剤などがあげられる．しかしたとえ原因抗原にこれら以外のきわめて特殊なものが確定される場合でも患者のアレルギー発症

にとってはalmightyとなるので抗原診断は常に慎重を期すべきである．原因抗原が確定されたらまずこれの除去回避が重要で，可能な限り減感作療法を試みる．このような抗原に対応する特異療法により十分な効果が得られない場合，あるいはいかにしても原因抗原が確定できない場合は近年開発市販されているクロモグリク酸ソーダほか抗アレルギー剤をベースに薬物による対症療法が必要となる．このような診断から治療に至る一貫したコースにのっとる対応の必要性が認識されアレルギークリニックで積極的に実行されているが，近い将来さらにこれを発展させ日本にも諸外国同様診療科「アレルギー科」を実現すべく努力が傾注されている．これに対し最近十年来気管支喘息における遅発型ないし後遅発型反応の研究が進められた結果，好酸球・好中球等の浸潤による気管支粘膜の炎症反応がもたらされ，気道上皮の剝離，繊毛運動障害，さらに肺迷走神経知覚末端たる刺激受容体が露出して気道過敏性が起こるとして本症に対し慢性剝離性好酸球性気管支炎の別名すら提起されている．このような考え方の欧米の流行に乗って日本アレルギー学会でも本症治療ガイドラインとして炎症抑制の観点から早期からの吸入ステロイド剤の積極的使用を奨めている．しかし諸種花粉症における喘息症状，ソバアレルギー１分症としての喘息症状，また職業性喘息で感作抗体(IgE)の関与するものなど純然たる即時型反応のみで遅発型反応を認めない場合も少なからず存在する．さらにたとえ吸入ステロイドの副腎皮質抑制が少ないとはいえその長期使用による生体への影響がいまだ十分検討されたとはいえないし，抗原への対応を軽視する傾向に対しては多くの問題を残している．

なお1950年代前半までは喘息発作で死亡することはないとされてきたが，その後光井らの全国調査により喘息死の実態が明らかにされ，また一時気管支拡張剤の噴霧吸入療法が喘息死を増加させる可能性が指摘され，世界的にも波紋を呼んだがなお結論が得られたとはいいがたい．現在日本における喘息死は年間人口10万対5人と横ばい状態が続いており，喘息救急体制の整備が重要な課題とされる．
(中村 晋)

器官属 [organ genus]
植物化石は，その植物の各器官が分離して堆積物中から産出する場合が多い．各器官の化石は，形態の特徴によって属の段階に区分されるが，現生植物の分類上の属または科などに所属することが判明しているものを器官属という．器官属は広い意味での形態属でもある．化石花粉・胞子の場合，第三紀以前のものについては，人為分類が用いられ，そのなかでは，形態属・器官属が採用されている．
(高橋 清)

偽気囊 [pseudosaccus, pseudosacci (pl.)]
胞子の壁中にあって，典型的な気嚢の内部構造をもたない気嚢(vesicle)に類似した，広く分離した部分(Grebe, 1971)．同義語にcamera (Neves & Owens, 1966)がある．
(内山 隆)

キク [*Chrysanthemum morifolium*] →キク科

キク科 [Compositae]
全世界のどの気候帯にも分布し，約1000属20000種が知られ，日本にも約70属350種が自生している．多くは草本まれに低木，花の構造から普通2亜科に分類される．キク亜科 [Tubuliflorae] は頭花(頭状花)が筒状花から成っており，放射相称で乳管がない．タンポポ亜科 [Liguliflorae] は頭花が舌状花から成っていて，左右相称で乳管がある．花粉は三〜(四)溝孔粒，扁球形〜長球形，大きさ15〜125μm(Erdtman)．彫紋は刺状から小刺状(キク亜科)，さらに畝が発達して大きな網目構造(タンポポ亜科)もみられる．幾瀬の分類(1956)では6B^{b}型であるがまれに6B^{c}型があり，園芸種のダーリア [*Dahlia pinnata*] のみが六類散溝粒である．花粉症原因植物は帰化植物のブタクサ [*Ambrosia artemisiaefolia* var. *elatior*]，クワモドキ [*A. trifida*] それに職業性花粉症としてキク [*Chrysanthemum morifolium*]，ジョチュウギク [*C. cinerariaefolium*]，イエローサルタン [*Centaurea*

suaveolens] が知られ, ヨーロッパではアキノキリンソウ [*Solidago virgaurea* subsp. *asiatica*] も原因植物である. (佐橋紀男)

キク花粉症 [chrysanthemum pollinosis]
　観賞用のキクは虫媒花であるため, 空中花粉はほとんど認められず, 1〜3個/cm²/年と報告. キクの出荷作業室でも多くて数個/cm²/日である. 1975年に鈴木らにより316例のアレルギー患者に対するキクの皮膚テストは60例が陽性であり, そのうちの32例がセイタカアキノキリンソウ, 13例がヨモギ, 7例がブタクサにも陽性であったが, キク花粉症の存在を示した. 上田らはキク栽培者での鼻症状や咳は, 菊葉の毛茸の空中浮遊が多いこと, これによる皮膚テスト陽性のため, 花粉でなくこれによるとした. 油井らはキクとヨモギのIgE抗体量は非常によく相関すると指摘. まれに職業性の単独感作例がみられても, 通常はヨモギ花粉症などがあり, キク科間の共通抗原性のためキク花粉にも反応していると考えられる. (小笠原寛)

偽口 [pseudoaperture]
　花粉・胞子で, 構造的には外壁が薄くなっており発芽口とよく似ているが, 発芽口としての機能はないもの(Thanikaimoni, 1980). (守田益宗)

偽孔 [pseudopore; pseudoporus]
　花粉・胞子で, 発芽孔によく似ている外壁の薄い部分で, 内壁の肥厚も伴っていない (Iversen & Troels-Smith, 1950; Thanikaimoni, 1980). また, この用語は針葉樹の遠心極の薄い部分(leptoma)に対して使われる (Punt *et al.*, 1994). (高原　光)

偽溝 [pseudocolpus, pseudocolpi (pl.)]
　花粉で, 外壁の薄い溝様の部分で, 外見的には開口部にもみえるが口としての機能をもたないもの. 偽溝は花粉管発芽にはかかわらず, また偽溝の内部で内壁はとくに厚くなく, この点でも真の開口部とは違う. このため偽溝はもっぱらハーモメガシーのみの機能をもつともいえる. もっとも多いのは, 三溝孔にさらに3個の偽溝が付加された例.
(高橋英樹)

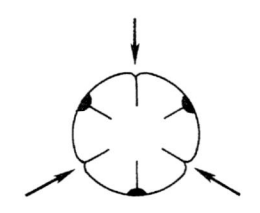

図　偽溝(Blackmore *et al.*, 1992)

気候帯 [climatic zone]
　熱帯・亜熱帯・温帯・亜寒帯・寒帯など, 地球上の気候分布は, 基本的に緯度に平行して帯状に配列する. これを気候帯と呼ぶ. しかし, 気候帯の分布は海陸の分布に強く影響されるために, かならずしも緯度に平行して分布しない. かつ, 両半球でも分布の状況は異なる. 北半球では熱帯と温帯の占める面積が南半球より大きく, 南半球では寒帯の占める面積が大きい. 花粉学の立場からいえば, 温帯や亜寒帯地域の花粉学的研究は進展しているが, 熱帯や亜熱帯地域の研究の立ち遅れが目立つ. (安田喜憲)

気候的極相林 [climatic climax forest]
　ある地域にはその地域の気温・湿度などの条件に適応した植物が分布するが, あらたに開かれた土地にはまず先駆的植物が侵入し, 植物の繁茂に伴う条件の変化によって遷移が生じ, ついには安定した森林植生が形成される. この安定した森林植生(極相)は気候条件に強く影響を受けることから, 気候的極相林と呼ばれる. (→極相林) (長谷義隆)

偽雑種 [false hybrid]
　花を咲かせる種子植物において, 異なる種間(まれには品種間)で交配したとき, 雌雄両配偶子の受精によって種子を結ぶのではなく, 花粉の第二雄核が胚嚢の中心細胞(極核)と受精し胚乳形成は始まるが, その刺激を受けて卵細胞が未受精のまま細胞分裂を開始して, 種子を結ぶことがある. このような偽受精という経過を経て無性的に生じる植物を偽雑種と呼び, 得られる偽雑種は半数体(n)である場合が多い. たとえば, キャベツ($2n=18$, CCゲノム)の花の花粉をハクサイ($2n=20$, AA)の雌蕊に交配すると, まれには種間雑種($2n=19$, AC)が得られ, ナタネやハクラン($2n=38$)の成立のもととなる. また, 種間

雑種が得られる代わりに，上述のような経過を経て，母本のハクサイと同様の形態をした半数体植物($2n=9$)(なかには二倍体の場合もある)の偽雑種が得られることもある．種間交配によって偽雑種が生じる例はナス科・バラ科・イネ科その他で知られており，得られた半数体をコルヒチン処理などで染色体を倍加すればただちにホモ化が計られ遺伝形質を固定できるのではないかという期待から，偽雑種を育種年限の短縮に利用しようとする試みがある． (生井兵治)

起算日 [initial date in reckoning]

数え始めた日のこと．たとえば，空中浮遊花粉の調査において調査を開始した日のこと． (佐渡昌子)

ギシギシ属 [*Rumex*] →タデ科

偽受精 [pseudogamy]

雌性配偶子(雌性細胞)が，雄性配偶子(雄性配偶体)の刺激により，単為発生を行う現象をいう．(→偽雑種) (山下研介)

偽受精生殖的雄核胚発生 [pseudogamous androgenesis]

植物にみられる非循環型の無性的種子形成(アポミクシス)の1つで，花粉の雄性配偶子(雄核)が受精することなしに単独で細胞分裂を開始して胚形成を行う現象であり，この偽受精生殖的雄核胚発生を通常の生殖法とする植物は存在しない．従来，英語の androgenesis は童貞生殖または雄核単為生殖などと訳されている．しかし，この型の無性的種子形成法ではかならず受粉され受粉花粉の花粉管が胚嚢内に侵入し雄核が卵細胞内に入ることが不可欠なので，童貞生殖や雄核単為生殖という訳語は不適当である．葯培養や花粉培養によって花粉起源の半数体植物を産出することは，人為的な童貞生殖や雄核単為生殖といえる．なお，従来は英語の androgenesis(童貞生殖)の反語として，parthenogenesis(処女生殖，単為生殖)が使われているが，処女生殖という用語は未受粉でも卵細胞起源の胚発生がみられる場合に限定するべきで，受粉しても受精せず卵細胞起源の胚発生がみられる場合は偽受精生殖(pseudogamy)とすべきである．偽受精雄核胚発生は，オニタビラコ属植物の種間交配，タバコ属植物の種間交配，マツヨイグサ属植物の種間交配，ツツジ属植物の種間交配，野生トウモロコシとテオシントの種間交配その他で知られている． (生井兵治)

気象要素 [meteorological element]

ある時間・地点における大気の状態(天気の状態)を表現する要素のこと．一般には気温・露点温度・湿度・風向風速・日照時間・日射量・気圧・雲の形量・雨量・雷霧などの天気現象を指す．気象要素は日射量と気温などたがいに関連の深いものが多く，データの取捨には注意する必要がある． (村山貢司)

基数 [BN, basal number, basic number]

検出された花粉を定量的に処理し，その出現する量を%で表現したのは，ストックホルム大学の Lagerheim(1902)が最初である．この%を計算する場合の基数のことをビーエヌと称し，全樹木花粉の数がその基数として通常用いられている．ところが，花粉分析図の作成に際し，これを基に%を算出すると非樹木花粉のなかには100%を超えるものがあるなど，花粉組成の頻度を単純に%(百分率)で表現するには，いくつかの問題があることが知られている(中村, 1967；塚田, 1974 a)．その1つに，花粉は非常に広範囲に散布され，またその生産量も種類によって大きく異なることから，地表に落下した花粉組成と植生の組成とは必ずしも一致しないことが知られている．とくに，中緯度以南の地域におけるように，植生の組成が多彩な種類により構成される場合ほど，その傾向が著しいといわれている(中村, 1967)．花粉組成と植生との関係を研究した Iversen(1949)，Faegri と Iversen(1964)，Tsukada(1958)，Davis と Goodlet(1960)等によって，花粉分析の結果がある種類によっては，その被覆度に比べて著しく過大に表現されたり，また逆に，過少に表現されたりすることが明らかにされ，それらを加味した次のような基数の計算法が発表されている．$BN = \Sigma AP - 1/4(Betula + Alnus +$

$Pinus+Corylus$) (Iversen, 1949), $BN=\Sigma AP-(Pinus+Alnus+1/4\, Betula)$ (Tsukada, 1958), $BN=\Sigma AP+\Sigma NAP$ (Wright & Patten, 1963), $BN=\Sigma AP-(Alnus$ または $Salix)$ (中村, 1967). (→樹木花粉, 非樹木花粉)　　　　　　　　　（黒田登美雄）

季節的隔離 [seasonal isolation]

外的生殖的隔離機構のうち, 開花時期の違いや雌雄の生殖器官の成熟期の違いなどで生ずるものをいう. たとえばコムギには春小麦と秋小麦が知られるが, これらは通常は成熟期がまったく異なっており人為的な交配操作を加えなければ遺伝子交換のチャンスはない.　　　　　　　　　　　（佐藤洋一郎）

季節変動 [seasonal fluctuation]

1年中, 季節とともに, いろいろな種類の植物が花を咲かせ, 主に風媒花においては大気中に一定量の花粉を放出している. 日本においては, 木本花粉が開花する2月から5月までが, 花粉の種類・量ともに多い時期である. 春先からカバノキ科・スギ科・ヒノキ科が飛散し始め, ニレ科・ブナ科・イネ科・マツ科などが順次飛散する. 7月にはあまり飛散は認められないが, 8月ころから草本花粉が開花を始め, 秋になるとカナムグラ・ヨモギ属・ブタクサ属などが観測される. それぞれ観測された花粉飛散数の変化を, 1年間通して, 季節ごとに, あるいは1カ月ごとに, 表したもの.　　　　　　　　（劔田幸子）

キセニア [xenia]

通常の生殖過程を経て生じる種子では, 花粉の遺伝特性が種子自身に直接現れることはない. しかし, このような現象がまれには生じることが知られており, この現象をキセニアと呼ぶ. たとえば, イネやトウモロコシなどのモチ性・ウルチ性に関するキセニアは, よく知られた例である. すなわち, ウルチ性 (Wx) はモチ性 (wx) よりも優性であり, モチ性・ウルチ性という特徴は中心細胞 (極核; $2n$) と花粉の第二雄核 (n) が受精してできる胚乳 ($3n$) の性質であるため, モチ米の穎花にウルチ米の花粉が受粉して重複受精すると, こうしてできた種子の胚乳 ($wx\, wx\, Wx$) はウルチ性を示すことになる. しかし, この種子の胚はモチ性・ウルチ性についてヘテロの遺伝子型 ($wx\, Wx$) なので, この種子を播いて育てると, その穂にはウルチ米とモチ米が3対1の割合で実ることになる.　（生井兵治）

規則状 [ordinate (adj.)]

花粉・胞子で, 表面構造を形成する要素が規則的に配列されていることを指す (Iversen & Troels-Smith, 1950).　　　（高原　光）

キチノゾア類 [chitinozoa]

フラスコ型をした大きさ50〜2000 μm の微化石. 偽キチン質の外膜で覆われ, 塩酸やフッ酸に対して耐性をもつ. 分類学状の位置は不明で, 動物界もしくは菌界に属する生物であると考えられているが, 単系統であるとされる. オルドビス紀からシルル紀に繁栄し, デボン紀末には絶滅. 海成層からのみ産出し, 地層の対比や古環境の推定に活用されている. (→キチン)　　　　　（松岡數充）

キチン [chitin]

節足動物などの外被や菌類の細胞壁を構成する多糖類の一種. 化学構造はセルロースに類似するが, アセチルアミン群を含む点でこれと異なる. 弱酸や弱アルカリには不溶であるが, 強酸類には溶ける. 堆積物中ではスポロポレニンによく似た挙動をとるので, この物質から構成される細胞や器官が微化石として残る. キチン質の微化石として, 菌類の子実体や胞子, スコレコドント, 昆虫類の口顎器, マイクロフォラミニフェラの内膜などが知られる.　　　　　　　　　　（松岡數充）

基底面 [basal area]

四分子期には四小胞子が向き合って接触しているが, 胞子表面のうちこの時期に接触していなかった部分をいう.　　　　（守田益宗）

気道アレルギー [allergy in respiratory tract]

アレルギー発症における主要抗原作用部位により鼻アレルギー(鼻粘膜), 気管支喘息(気管-気管支), 過敏性肺臓炎(肺胞・間質)と呼び分けられる. 鼻アレルギーと気管支喘息については該当項に譲るが, 解剖学的構造から一連のもので, 原因抗原も日常生活環境内の

一般抗原から職業環境下の特殊な抗原に至るまで同じ抗原で両疾患を惹起しうるし，しばしば同一個体で1つの抗原が両症状を起こしこれへの対応で両症状のコントロールが可能であるという臨床的事実から，両疾患は同じ範疇に属し本質的には反応の場が異なるだけであると把握するのが合理的と考えられる．

ここでは肺胞〜間質に病変を生ずる過敏性肺臓炎（hypersensitivity pneumonitis）の概要を述べる．本症は有機粉塵を吸入することにより感作され，アレルギー機序（アルサス型ないし遅延型アレルギー；CoombsとGellのIII型ないしIV型アレルギー）により惹起される瀰漫性肉芽腫性間質性肺炎で，診断に際しては疾病の診断と抗原の確定が必要である．病態の中心は炎症像で，急性発症では抗原曝露4〜6（〜12）時間後悪寒・倦怠・違和感・発熱・乾性咳嗽・喀痰（時に血痰）・胸痛・呼吸困難が現れ8〜12時間持続する．しかし喘鳴なく，鼻・結膜症状を伴わない．理学的には捻髪音が主で乾性ラ音は少なく，胸部X線上均等性瀰漫性（中・下野でやや強い）すり硝子様〜微細粒状陰影，肺機能は拘束性障害のパターンを示す．本症を惹起する抗原物質は職業環境内に飛散する粉塵（枯草・藁・サトウキビ搾りかす・穀粉・木屑・かびたチーズなど）に付着する真菌や細菌，キノコ胞子（椎茸・シメジ・ナメコなど）であったり動物の体成分あるいは排泄物（養蚕・シチメンチョウ加工）が大部分であるが，非職業性で家塵に付着する真菌で起こる夏型過敏性肺臓炎，ハトやインコ飼育者にみられるものも報告されている．なお抗原への曝露が少しずつ長期間持続し，あるいは急性発症を繰り返す場合は慢性経過をとり，慢性瀰漫性間質性肺炎〜肺線維症ときわめて類似し，臨床上のみならず病理組織学的にも両者の異同が問題にされることを付言しておく． （中村　晋）

気道過敏症 [hipersensitivity in respiratory tract] →気管支喘息

気嚢 [saccus, sacci (pl.); vesicle; bladder]

翼ともいう．花粉壁の一部が袋状に膨張した構造をいう．一般には柱状層と底部層との境が分離することで形成され，気嚢部分の柱状層は蜂巣様の構造を示す．裸子植物のマキ科・マツ科にみられ，風媒に適応した形態と考えられる． （高橋英樹）

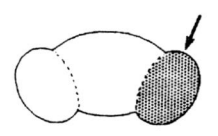

図　気嚢（Blackmore et al., 1992）

ギムザ染色 [Giemsa staining]

アズール色素・エオシン・メチレンブルーの3種類の色素を混合し作製したギムザ液による染色．現在，各色素をメタノールに溶かしたものがギムザ液として市販されている．使用時は蒸留水または適当なpHの緩衝液により希釈して使用する．Giemsaにより考案・改良され，血液細胞・骨髄細胞・動物染色体・植物染色体の分染法などにおける染色液として広く用いられている． （寺坂　治）

球形 [spheroidal]

極軸と赤道直径の比がほぼ等しい形をした花粉・胞子（Erdtman, 1943）．Erdtman（1943）による花粉型を示すシステムでは，極軸と赤道直径の比が1.14〜0.88を示すものを指す．Erdtman（1952）では亜球形（subspheroidal）としてさらに細分している．（→付録図版）
 （高原　光）

球形 [orbiculus, orbiculi (pl.)] →ユービッシュ体

球状体 [massula, massulae (pl.)]

アカウキクサ属・サンショウモ属などでみられる．多数の小胞子がタペータム細胞の変形体に覆われ1つの球状の塊となったもの．なお，花粉塊のうち小型のものを同様にmassulaというが，こちらは花粉小塊と呼んでいる．（→花粉塊） （守田益宗）

求心面 [proximal face] →向心面

求心面口型 [catatreme (adj.)] →向心面口型

求心面溝型 [catacolpate (adj.)] →向心面溝型

求心面薄膜類口 [catalept] →向心面薄膜類溝

求心面有溝型 [catacolpate (adj.)] →向心面溝型

吸入性抗原 [inhalant allergen]

吸入性抗原は，空気中に浮遊可能な微粒子で100μm以下のことが多い．主に，IgEを介してⅠ型アレルギー反応を起こしうる物質である．空気中の粒子は吸入されて鼻粘膜に沈着する．粒子のうち5μm以上のほとんどは鼻腔中の粘膜に沈着するが，0.01μmの粒子は約60％が肺に，他が気管・気管支に沈着する．たとえば空中に飛散している花粉は10～45μmの大きさで，ほとんどが鼻粘膜内に沈着して鼻症状を起こす．しかし，大量の花粉を吸入したり，鼻閉のため口呼吸をすると気管・気管支などの下気道に達する可能性もある．また鼻粘膜の繊毛運動で鼻腔から咽頭に運ばれる．咽頭に付着した粒子は飲み込まれて食道・胃に入る．吸入性抗原はその大きさにより吸入されて沈着する部位でアレルギー反応を起こす．また眼粘膜には直接付着してアレルギー反応を起こす．吸入性抗原の種類は，1）室内塵・チリダニ，2）昆虫類（ユスリカ・カ・チョウ・ガ・トビケラなど），3）花粉類（スギ・ヒノキ・シラカバ・イネ科・ブタクサ・ヨモギ・カナムグラ・ヒメガマなど），4）真菌類（カンジダ・アスペルギールス・ペニシリウム・アルテルナリア・クラドスポリウムなど），5）動物のふけなど（イヌ・ネコ・ウマ・トリ・実験動物としてのウサギ・ラット・マウス・モルモットなど），6）穀類の粉末（小麦粉・ソバ粉・ソバガラ），その他，職業に関連した抗原としてホヤ（養殖のカキ貝に付着する原索動物でカキ殻を割るときその体液が飛散してアレルギーを起こす），アカトゲトサカ（宮崎県伊勢エビ漁時網にかかってくるホヤの仲間），カイコ（養蚕業：熟蚕の尿，成虫羽の鱗粉），コンニャクの舞粉などや無機性の薬剤TDI，TMI（ポリウレタン樹脂のフォーム製造時に使用）などがある．白金・ニッケル・クロム・コバルトなどの金属粉塵にアレルギー反応を起こして喘息を発症する例もある．成人喘息患者303例に抗原31種類の皮膚テストを施行した結果，ダニ61％，室内塵43％，ユスリカ31.5％，キヌ21.8％，スギ花粉20.5％，カンジタ14.5％の陽性率を示した（伊藤，1986）．小児91例の皮膚テストでは室内塵97.8％，スギ花粉35.4％，カンジダ18.3％（油井・安枝，1987）で室内塵の主要抗原はダニ由来であり，日本ではダニの陽性率が圧倒的に高い． （岸川禮子）

吸入誘発テスト [inhalative provocation test]

ある物質が喘息症状を惹起すると考えられる場合，患者にその抗原液を吸入させ症状誘発の有無を検しこれが原因抗原であることを証明するテストである．検査は患者が発作のない時期に実施する．あらかじめ前日より抗アレルギー剤・ステロイド・自律神経作用剤を中止しておき，試験開始前にレスピロメーターなど時間肺活量計を用い肺活量とともに1秒肺活量（基準）を測定しておく．また非特異的反応を除外するため生理食塩水0.5mlをネブライザーで吸入させ同様に1秒肺活量を測定しておく．本試験は皮内反応・RASTなどより原因抗原と考えられる抗原液の皮内反応閾値以上の10倍10倍稀釈濃度系列を準備しておき，まず最低濃度の抗原液0.5mlをネブライザーで3分以内に吸入させ10分後の1秒肺活量を測定，基準値に比し15％以上低下すれば臨床所見が明らかでなくとも即時型誘発反応陽性とみる．

1秒肺活量減少度

$$= \frac{\text{基準1秒肺活量}-\text{測定時の1秒肺活量}}{\text{基準1秒肺活量}} \times 100(\%)$$

もし陰性ならばさらに10倍濃い抗原液を吸入させ同様の観察を順次繰り返し，測定結果が基準値に比し20％以上低下したら増量を中止し，20分後・30分後の測定を行ってこの量を吸入誘発閾値濃度とする．なお即時型アレルギーと考えられる場合でも遅発型反応を追跡するため1時間ごとに10～12時間，アルサス型ないし遅延型反応あるいは二相性反応の考えられるときは24時間経過を観察する．誘発試験陽性の場合当然ながら気管支拡張剤・テオフィリン剤・ステロイドなど対症薬

剤を用いて症状改善を図るべきで，重篤な発作ないしアナフィラキシーショックに対する救急処置がただちに行える態勢下に実施しなければならない．とくにソバアレルギーなど極端な過敏性が推測される場合は検査をさし控える．なお喘息患者における気道過敏性試験も抗原液の代わりにアセチルコリンあるいはヒスタミンの倍々稀釈濃度系列を用いて上記吸入誘発試験の方式を準用して実施される． (中村　晋)

ギョウギシバ [*Cynodon dactylon*; bermuda grass]

イネ科のギョウギシバ属に属し，日本では本州以西の海岸に好んで生育し，世界の熱帯・亜熱帯地域に広く分布している．節のある地下茎で繁殖し，時に大群落をつくるが，葉は線形で短く，初夏に傘型で25cm程度の高さの花穂を着ける．この植物は欧米でイネ科花粉症原因植物として注目されている種の1つであるが，日本ではまだ報告がない．花粉はイネ科では小型，Lewisら(1983)によると22～38μm，幾瀬の分類(1956)では単口粒の3A^a型である． (佐橋紀男)

共進化 [coevolution]

相互進化ともいう．広義には複数の種が相互に関係し合いながら適応的に進化していくこと．被子植物は1億年ほど前に爆発的に進化したが，これと時を同じくして，昆虫類の適応放散も顕著である．虫媒花が昆虫を誘引して花粉媒介者として利用する構造と，ハナバチ類が訪花して蜜や花粉を食し，あるいは集めるのに適した口器や，分枝した密毛などの対応(→集粉構造)は共進化の代表的な例である． (松香光夫)

競争 [competition] →受精競争

競争受精 [certation] →受精競争

兄弟交配 [sib-cross]

自家和合性の強い自殖性植物であれば，交雑育種において雑種第1代植物を自殖させれば急速に遺伝子型のホモ化が進む．しかし，自家不和合性が強い他殖性植物において遺伝形質をそろえたい場合には，自殖ができないのですみやかなホモ化は困難である．そこで考え出された方法がこの兄弟交配(兄妹交配)であり，同一個体から得られた個体(同腹個体)の間で相互交配を行うことである．他殖性植物において，優性遺伝子が劣性突然変異を起こした場合など，頻度の低い劣性遺伝子のホモ化を図る際などに効果的である．
(生井兵治)

キョウチクトウ [*Nerium indicum*; sweet oleander]

キョウチクトウ科に属するインド原産の常緑低木で，街路樹としても利用され，都会の公害に強い植物として有名になった．花期は長く初夏から初秋まで咲き続け，花の色は桃色が多いが，白色・淡黄色などあり，八重の品種もある．しかし，花粉症原因となるのは一重の品種で，日本では池本(1970)により花粉喘息として報告されている．花粉は幾瀬の分類(1956)で四～五孔粒，5A^c型で球形，大きさは39～48μmである． (佐橋紀男)

キョウチクトウ花粉喘息 [sweet oleander pollen asthma]

キョウチクトウは観賞用として庭に栽培されるインド原産の常緑小高木．中国へは明時代，日本へは徳川時代に渡来した．高さ2～3m．花は夏，主に紅色だが白，黄，八重，四季咲きなどあり，香りがある．薬用にするが有毒．和名は狭い葉で，桃の花に似ているという意の漢名夾竹桃に基づく．花粉粒は四～五溝孔粒，5A(幾瀬の分類(1956))で大きさは39～48μm．1970年，池本がキョウチクトウ花粉喘息症例を報告した．喘息患者61例中，キョウチクトウ皮内反応陽性率は26.1%を示し，5例は開花時期に悪化した．P-K反応は1例のみ陽性を示した．誘発反応は行われていないがキョウチクトウ喘息の存在の可能性が述べられた．しかし，開花時期は長いがキョウチクトウは虫媒花であり，空中花粉としては鑑別されている頻度が少ない．最初の報告以来，キョウチクトウ花粉感作状況に関して追試報告がなく，今後植生の多い地区などでは再検討が必要である． (岸川禮子)

共通アレルゲン性 [cross allergenicity]
→共通抗原性

共通抗原 [common antigen]

他の抗原に応答して産生された抗体と反応することができる抗原．2つの抗原が決定基を共有しているかあるいはそれらの抗原決定基がたがいに同一ではないが立体化学的にきわめて類似していて，いずれか一方に対する抗体と反応するために，交差反応(cross reactivity)が起こる． (井手 武)

共通抗原性 [common antigenicity]

起源が異なる抗原の間に交差反応がみられる場合を共通抗原性があるという．花粉症における交差反応の程度は植物分類学上の近縁関係とほぼ一致していると考えてよい．すなわち，目が異なる科の間にはまったく交差反応はないが，同じ目の科の間には交差反応性があるとみてよい．たとえば，スギ科とヒノキ科の花粉抗原には交差反応性がある．またキク科花粉は同科同属間に強い交差反応性と，同科異属間にわずかな交差反応性をもつ．イネ科花粉では同科同属間だけでなく，同科異属間にも強い交差反応性がみられる．
(井手 武)

共同口 [coaperturate (adj.)]

四集粒型の花粉で隣り合う単粒どうしの発芽口がつながっている場合をいう．たとえば，ツツジ科(Beug, 1961)． (高原 光)

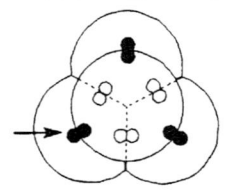

図 共同溝(Punt et al., 1994)

狭範花粉型 [stenopalynous]

一群のパリノモルフの中で，わずかな変異のみによって特徴づけられる分類群(Erdtman, 1952)．(→広範花粉型) (内山 隆)

極 [pole]

最初の四集粒の中心から遠心側の中心に走る花粉粒または胞子の軸の両端．遠心面と向心面の中心である．放射相称花粉の対称軸の極である．(→付録図版) (高橋 清)

極域 [polar area]

向心極あるいは遠心極付近の花粉表面を指す用語．溝粒花粉では溝粒極域と，孔粒花粉では孔粒極域と同義．表面模様は花粉表面の位置により差があることが多く，溝間域や孔間域といった赤道面の表面模様に加え，極域のそれも観察する必要がある．(高橋英樹)

曲円柱型 [filiform (adj.)]

コルムネート型(長円柱型)が少し長く伸びて，中途で湾曲したもの．ノレム-川崎の型式のFIL型(川崎, 1971)． (高橋 清)

図 曲円柱型

極凹部 [polar lacuna, lacunae (pl.)]

タンポポ亜科のような大網目型花粉において，花粉粒の極または放射相称の中心にある1個あるいは数個の凹部を指す(Wodehouse, 1935)． (守田益宗)

極核 [pole nucleus; polar nucleus]

胚嚢の中央に位置する核で，普通上極核と下極核の2核がある．胚嚢母細胞の分裂によって生ずる8核のうち，珠孔側の4個中の1個と合点側の4個中の1個の計2個が極核となり，花粉管が胚嚢に入る時点で2核は合体して中心核となる．この中心核は重複受精により$3n$核となり，分裂を繰り返して多細胞の内乳母細胞と呼ばれる細胞群となり，内乳を生ずる．極核の数は2核が正常型であるが，胚嚢の形成様式の違いにより，8～14核や4核といったタイプや，2極核ではあるが一方が1核で他方は3価の1核といった異常なタイプもみられる． (山下研介)

極観 [polar view; polar position]

花粉や胞子を極の1つの上から直接にみた場合の像．その他，向心極観(proximalipolar view)，遠心極観(distalipolar view)に分ける場合がある． (高橋 清)

極観輪郭像 [amb; limb; equatorial limb]

極観像ともいう．両極の1つの上から直接にみた花粉粒(胞子の場合は少ない)の輪郭．赤道の輪郭である． (高橋 清)

曲腔 [geniculus, geniculi (pl.)]

コナラ属やトネリコ属の一部に発達する，花粉の発芽装置の光学的断面像にみられる，

外方に曲がった赤道のふくらみ(Stanley & Kremp, 1959). （高橋　清）

極軸［polar axis］→極

局所用ステロイド薬［inhaled corticosteroids］

　副腎皮質ホルモン療法の1つで, 花粉症治療に用いられるものとしては, 経鼻投与・経気管支投与の噴霧剤と点眼剤および外皮用ステロイド剤に大別される. いずれも全身的な副作用を抑え, 強い薬理効果を速効的に得るために用いられる. なかでも噴霧剤として開発されたベクロメタゾンやフルニソリドは局所作用が強く, 常用量で副腎機能抑制や通常のステロイドの副作用の発現がきわめて少ないことが知られており, 喘息や鼻アレルギー(花粉症を含む)治療の主力となっている. しかし, 水溶性でないため使用時の刺激感や担体のフロンによる大気汚染が問題となっており, 現在数種類の局所用ステロイド薬が開発中である. 花粉によるアレルギー性結膜炎には点眼用ステロイド剤が, また皮膚炎には外皮用ステロイド剤が用いられているが, これらの薬物は時に副腎機能低下などの全身作用や局所副作用を招くことがあり, 使用に際して十分な注意が必要である. （竹中　洋）

極性［polarity］

　明確な極をもっている状態(Jackson, 1928). 花粉・胞子の極性は, 四分子のときの方向性によって決まる. すなわち, 四分子期にたがいに接触している内側の面を向心極面と呼び, 接触していない外側の面を遠心極面と呼んでいる. シダ・コケ胞子の三条溝型や単条溝型では, 明確に向心極と遠心極を区別できる. それに対して花粉では, 両極の区別をできるものもあるが, 区別できなくなっているものも多い. また, 明確な極性が認められなくなっている場合は, 無極性という(例: フタバアオイ［*Asarum caulescens*］). 花粉・胞子を図示するときは, 遠心極を上側に, 向心極を下側にするのが望ましい. （→等極性, 亜等極性, 異極性, 付録図版）（三好教夫）

極/赤道比［P/E ratio］

　花粉で, 赤道軸の長さに対する極軸の長さ

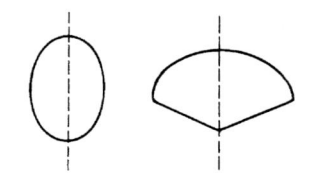

図　極性

の比. 放射相称で等軸な花粉の扁平度を示す指標として重要であり, Erdtman(1943)は, この値を基に花粉の形をいくつかの段階に区分している. （→付録図版）　（守田益宗）

極相［climax］

　ある地域の植物集団は, 遷移してもはや違った集団に変化することがなくなって特定の形に達するようになる. この最終的な段階の安定した植物集団のことをいう. 極相には, 気候的極相(climatic climax；→気候的極相), 地形的極相(topographic climax), 土壌的極相(edaphic climax)などがある. 地球上には, 森林以外の植生が極相となるところも多いが, 日本の大部分は森林が極相である. 極相林は, 同じ生活形をもつ, 一定の優占種をもった森林であり, 上層(高木層)は遷移途中のものよりも高くなる. しかし, 温暖な気候条件のもとでは優占種がはっきりしないことがある. 気候的極相では陰樹が主体となり, 林床にも陰生植物が繁茂する. しかし, 土壌的極相では必ずしも陰樹が優占するとは限らず, 岩石地ではアカマツ林のような陽樹主体の極相林となることもある(山中, 1979). 極相林には老齢の木が多いが, 林内にはそれらの幼木・稚樹・芽生えがみられる. しかし, 著しく鬱閉した森林の林床や, 林床にササ類などが密生する場合, 幼木などの後継樹がみられないことも多い. 極相林ではしばしば枯死木や倒木がみられる(山中, 1979).

（岩内明子）

局地風［local wind］

　ある地方の特徴的な地形によって形成される, その地方特有の風. 特徴として強風で特定の風向をもち, 気温・湿度の変化が大きいことなどがあげられる. 一般には山岳地帯の地形により強まった風として吹き下りる場合が多く, ○○だし, ○○おろしといった名称がつけられていることが多いが, 北日本など

では海岸地方での局地風がある．局地風は一般にはごく狭い地域の風をいい，もう少し広い範囲の風を地方風ということがある．
（村山貢司）

偽鎧板配列 [pseudotabulation]
化石渦鞭毛藻も現生種と同様に，細胞表面にみられる偽鎧板の数とその配列様式の違いに従って同定・分類が行われる．化石渦鞭毛藻は栄養細胞ではなく休眠性接合子であるがゆえに，栄養細胞の鎧板配列がそのまま偽鎧板の配列に反映されているのではない．たとえば Gonyaulax scrippsae の休眠性接合子である Spiniferites bulloideus では 1′ ″ がきわめて小さくなり，ときには消失してしまう場合も知られている．また横溝や縦溝の鎧板はきわめて不完全にしか反映されていないことが多い．標示方法は基本的には栄養細胞と同じ様式をとる．（→渦鞭毛藻シスト，鎧板配列）
（松岡數充）

キルトーム [kyrtome]
三条溝型胞子の条溝の外側の射出部間にある多少アーチ形をしたひだまたは帯状のもの．ある花粉学者は分離している射出部間の帯状のものにトールスを，そして連なっているものにキルトームを使用している．
（高橋　清）

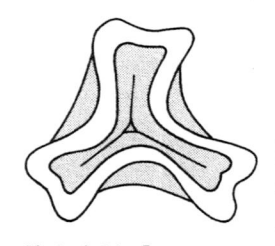

図　キルトーム（Potonié & Kremp, 1956）Ahrensisporites sp.

偽和合性 [pseudocompatibility]
主として，通常は高い自家不和合性を示す植物が，何らかの条件によって一時的に自家和合性を示し自殖種子が実る現象をいう．たとえば，生物的な条件としては，乾燥しがちな痩せた土地で貧弱に育てられた場合や開花末期の花を用いた場合などの自家受粉あるいは，開花後数日を経た花を用いた老花受粉や遅延受粉を行った場合などに，偽和合性が生じやすい．また，物理的条件としての35～40℃以上の高温や，化学的条件としての二酸化炭素濃度を5％ほどに高めるなどの処理も，効果的な場合がある．とくに，二酸化炭素処理は，自家不和合性のアブラナ科野菜において，交雑品種（ハイブリッド品種）作出のための，自家不和合性遺伝子を異にする両親系統の維持・増殖に当たって，二酸化炭素噴出装置を設けた採種ハウスを用いるなど，実際育種の場で実用的に利用されている．
（生井兵治）

近交 [inbreeding] →近親交配

近交系 [inbred line]
同系繁殖系ともいう．他殖性植物集団から特定の個体に関して自殖あるいは兄弟交配など近親交配（近交）を繰り返して育成されたホモ接合性が非常に高い系統のこと．一代雑種品種の親として用いられる．（大澤　良）

近交弱勢 [inbreeding depression]
他殖性植物において近親交配（内交配；inbreeding）によりその個体の適応度（fitness）あるいは活力すなわち生産量（vigor）が減少する現象．近交弱勢の程度は近親交配により作出された近交系の系統ごとに異なる．近親交配を数代続けると，ある程度以上適応度や活力が減少しなくなる．そこを近交弱極（inbreeding〔inbred〕minimum）という．近親交配により劣性の有害遺伝子のホモ接合性が高まる．近親交配により作出され，近交弱極に至った近交系どうしの交配を行うと，しばしばヘテロシスが期待できる．（大澤　良）

金コロイド法 [immunogold technique]
抗原抗体反応という特異性の高い免疫反応を基盤として，組織細胞内の抗原の所在を調べる免疫電子顕微鏡法の1つ．免疫電子顕微鏡法では，抗体を標識する物質として，通常，重金属と酵素が用いられ標識物質の種類により，重金属標識抗体法と酵素抗体法に分けられている．重金属標識として，現在主に用いられているのが，金コロイド（金コロイド法または金コロイド標識抗体法）とフェリチン（フェリチン標識抗体法）である．金コロイドは，マーカー粒子としてそのサイズを任意に調整（1 nm～30 nm）することができ，標識により抗体価の低下が少なく，安定している．しか

し，これらの重金属はその分子量が大きいことから組織内への浸透性がきわめて悪く，主に包埋後染色法の標識物質として用いられている．金コロイド法では，金コロイド標識した抗原結合物質により，2種類のトレーサーが使用できる．すなわち，1) 細菌由来の蛋白（プロテインA）を結合させたプロテインA金コロイド法と，2) 金コロイドに抗体を結合させた金コロイド標識抗体法（間接法）である．前者は，プロテインAが多くの動物のIgGのFc部分と結合する性質を利用して特異的に抗原を検出する方法であり，後者は，免疫グロブリン（IgG）を吸着させた金コロイド標識二次抗体を，あらかじめ抗原と結合した未標識一次抗体に結合させる方法である．プロテインA金コロイド法の利点は，一次抗体の動物種のいかんにかかわらず使用できる点と，抗原抗体反応が1回ですみ，時間の節約ができる点である．欠点としては，プロテインAとIgGの結合力が，抗体のサブクラスや動物種によりかなり弱い場合があるので注意を要する．金コロイド標識抗体法の利点は，抗原抗体反応が2段階で行われるため，反応が増強されること．欠点としては，前者と比較して，操作の手間と時間が長くかかることである．（→免疫電子顕微鏡法）

（中村澄夫）

近親交配［inbred；inbreeding］

生殖様式の1つで近交あるいは内交配ともいい，外交配あるいは他殖と対になるものである．集団内で無作為に交配される個体に比べ，より近縁な個体どうしが交配される．近親交配の程度は交配個体間の近縁関係の関数で表される．自殖はその関係がもっとも高いもので，次いで兄弟交配などが高い．近親交配はすべての遺伝子座に影響を与える．近親交配が集団に与える主要な効果はヘテロ接合性の減少（ホモ接合性の増加）である．近親交配はそれ自身では遺伝子頻度を変化させないが，近親交配下での遺伝子頻度の不変性は，すべての遺伝子型が同様の生存力と繁殖能力をもち，自然選択がはたらかない場合にのみ成り立つ．近親交配の効果はヘテロ接合性の減少に着目すれば数量化できる．集団中のヘテロ接合体の実際の頻度と，任意交配を仮定した場合の頻度を比較する．ある遺伝子座が2つの対立遺伝子Aとaをそれぞれp, qの頻度（$p+q=1$）でもつとする．集団中の実際のヘテロ接合体の頻度をHとする．もし，集団がその遺伝子座に関して無作為交配を行っているとしたら，ハーディ－ワインベルグの法則からヘテロ接合体の頻度は$2pq$となる．ここで$2pq$をH_0とする．近親交配の効果は$(H_0-H)/H_0$と定義される．集団遺伝学ではこの値をFで表し，近交係数（inbreeding coefficient）と呼んでいる．生物学的にはこのFは同じ遺伝子頻度をもった無作為交配集団と比較したヘテロ接合体頻度の減少量（差）である．近親交配を普通行わない種では，類縁関係が近いものどうしの近親交配は一般に有害である．近親交配の有害な効果（近交弱勢）は実質的にすべての異系交配間でみられ，近親交配の程度が強くなればなるほど，有害な効果も強くなる．

（大澤　良）

近隣の大きさ［neighborhood size］

Wright（1931）により提唱された概念．2次元的空間に分布する集団における小集団の単位を近隣（neighborhood）とし，近隣集団の大きさはその範囲内における繁殖個体数を指す．集団遺伝学的にみると，現実集団は，非無作為交配がなされるなど理想集団についてのすべての仮定に従っているわけではない．たとえば，集団の個体数から集団内のヘテロ接合頻度の増減をみると，実際の観察値は期待値と異なる．ここで対象集団についてヘテロ接合頻度の減少が理想集団としてどれくらいの大きさになるかを想定する．これが「集団の有効な大きさ（effective number）」である．すなわち，実際の非理想集団の有効な大きさとは，その非理想集団と同じヘテロ性の減少速度をもつ理想集団の大きさである．近隣集団とは，集団が2次元的に広がりをもつ場合の集団の有効な大きさを示すものである．この場合，その大きさ（Ne）は単位面積当り繁殖個体数（δ）と各個体の誕生地とその子供の誕生地との隔たり（σ^2）で表せ，分散が両方次元

に広がる正規曲線に従うとしたら，$Ne=4\pi\delta\sigma^2$ で表される．実際には多くの場合，現実集団の大きさは有効な理想集団に比べ大きい．ただし，この概念も個体の誕生地と子供の誕生地が正規分布すると仮定するなど，植物集団の実態からみても単純化しすぎている点もあり，現実集団の評価においては注意を必要とする． （大澤　良）

ク

空間隔離 [spatial isolation] →隔離

空気清浄器 [air cleaner]
　有害な塵埃・悪臭・雑菌など環境因子に対して，空気中の汚染物質を除去し，浄化した空気を放出する装置．清浄な空気の主成分は，窒素・酸素・炭酸ガスから成る．空気には自浄作用があり，大気は一定の組成を保っている．しかし，工場や自動車の排気などによって生じる種々のガスや汚染物質が大気中に放出され，空気は汚染される．このような空気中に浮遊する粉塵・微生物などを除去し，清浄な空気の組成を保つために使用する．
　　　　　　　　　　　　　　（劔田幸子）

空気浮遊微粒子 [airborne particle]
　空中には種々のサイズの粒子が浮遊している．その中で直径が $10\ \mu m$ 以上の粒子は鼻腔や咽頭でほとんど捕却され，大気中からは沈降しすみやかに消失するので，アレルゲンとなる花粉等を除けば問題となることは少ない．化学的性状を考慮することなく，また生成過程を問わず直径が $10\ \mu m$ 以下の浮遊粒子は SPM（suspended particulate matter；浮遊粒子物質）と呼ばれている．とくに $5\ \mu m$ 前後の粒子は 90 % が気道および肺胞に沈着し医学的にも問題となる．SPM の一部は土砂の吹き上げ等の自然現象にもよるが，粒子状物質の大部分は大気汚染の原因粒子となっている石油・石炭等の燃料，生産および廃棄物の燃焼等の過程で生じる．粒子には地域により特徴がある．たとえば海岸では海塩由来，また山間部などでは生物起源の微粒子も存在する．
　　　　　　　　　　　　　　（高橋裕一）

空気力学 [aerodynamics]
　流体力学の 1 部門で，空気を媒体とした場合を指し，空気にはたらく力と，物体の運動の関係を論ずる．花粉の場合にはとくに空気の流れ（風），さらにその流れが障害物によって起こる回折現象などが問題となる．このため花粉捕集法と密接に関係する．重量法（ダーラム型）の捕集法の場合，一般的に無風状態では大粒子は小粒子より早く落下する．しかし，空気の流れ（風）があると落下条件はさまざまに変化する．粒子をサイズごとに分別するアンダーセン・サンプラーは，大粒子は比較的直降下し，小粒子は空気の流れに添う性質を応用している．しかし，この場合も空気の流れは，花粉に空気力学的変化（抵抗）を与え，落下条件が変化し，捕集器の分別特性に影響する．
　　　　　　　　　　　　　　（高橋裕一）

空中花粉捕集器 [airborne pollen sampler] →花粉捕集器

空中浮遊花粉 [airborne pollen grain]
　空中飛散花粉，空中花粉ともいう．大気中に浮遊している花粉．多くは，風によって花粉が媒介される風媒花の花粉である．植物の開花期に飛散する．風媒花粉が主であるが，虫媒花であるリンゴ・ナシ・モモなどの果樹は人工授粉のときに，多量の花粉を取り扱うため，作業時に空気中に浮遊する．また，イチゴ・バラなどのハウス栽培においても，ハウス内の空気中に浮遊する場合もある．大気中に浮遊している花粉はその種類も多く，全国的に観測されているものもあるが，地域に特有のものもある．たとえば，スギは北海道では，まれにしか観測されず，カバノキ属も，九州地方においてはまれにしか観測されない．花から大気中に放出された花粉は，そのときの気象条件にもよるが，飛散距離が数百 km にも及ぶという報告がある．地上 3000 m の高度で花粉捕集に成功したという例もある．
　　　　　　　　　　　　　　（劔田幸子）

偶発実生 [chance seedling]
　たとえば，カラタチなどの花粉を受粉する必要はあるが，通常は受粉されても単為結果

により種子の入らない果実を着けるウンシュウミカンなどにおいて，まれに種子ができることがある．この種子は，無性的な珠心胚形成(無性的種子形成)による場合もあるし，有性生殖による交雑種子の場合もある．成因は別にして，このように偶発的に生じる種子から生えた幼植物(実生)を偶発実生という．母本としてこうした偶発実生を生じやすい品種があり，また父本として偶発実生を生じさせやすい品種もある．このような品種を母本や父本として上手に利用して人工受粉すると，無性的種子形成によって単為結実個体が生じたり，非減数性卵などの受精によって種々の倍数性個体が生じるなど，さまざまな育種素材が育成できる．　　　　　　　　(生井兵治)

空胞型 [vesiculate (adj.)]

気囊型ともいう．気囊をもつ花粉型(Iversen & Troels-Smith, 1950)．例：マツ科．同義語に saccate (Erdtman, 1952) がある．
　　　　　　　　　　　　　　　　(内山　隆)

くさび型 [cuneate (adj.)]

胞子で，エレメントの基部が引き締まっていて，先端部は半球形の細かいエレメントがいくつか不規則に集まって，複雑なオーナメンテーションとなった型．ノレム-川崎の型式の CUN 型である(川崎, 1971)．
　　　　　　　　　　　　　　　　(高橋　清)

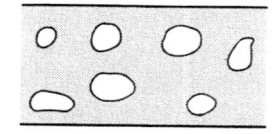

図　くさび型
上：表面，下：断面．

クッシング効果 [Cushing effect]

グリセリンゼリーはシリコン油・バルサム等の封入剤と異なり，試料を水洗後ただちに封入できるなどのメリットがあるため，従来からもっとも広く用いられている封入剤の1つである．そしてまた，かなりの長期間にわたって保存できることなどから，半永久プレパラートとして，利用されてきた．ところが，グリセリンゼリーを封入剤として用いて永久プレパラートとした場合，花粉粒子が膨潤するなどの欠点が Cushing (1961) により明らかにされた．Cushing によると，このような花粉粒子膨潤の原因の1つは，グリセリンゼリー中に含まれる水分が蒸発するのに伴って，その分，グリセリンゼリーの体積が減少し，スライドグラスとカバーグラスとの間の隙間がしだいに狭くなることにより生じる．とくに，その隙間が花粉粒子の直径以下になると，上から押えつけるカバーグラスの圧力により，花粉粒子が偏圧されて膨潤する．このような現象をクッシング効果という．そのため，花粉粒子の小さいものに比べて，サイズの大きい花粉はクッシング効果を受けやすく，偏圧を受けて膨潤する比率がより高くなる．これを防止するには，次のような対策が必要となる．1) 試料を多量のグリセリンゼリーで封入し，水分が蒸発しても，スライドグラスとカバーグラスの隙間が花粉粒子の直径以下にならないようにする．2) 封入するとき，カバーグラス下面の両側にカバーグラス片等(カバースリットを挿入)で下駄をはかせるなどして，カバーグラスとスライドグラスとの隙間を十分に確保する．3) 封入後，カバーグラスの周囲をパラフィンまたはマニキュア液などでシールして，水分が蒸発するのを防止する．ただし，高倍率で検鏡するには 1) および 2) は支障となる場合が考えられるので，十分な注意が必要である(中村, 1967；Faegri & Iversen, 1975)．(→花粉粒の大きさ)
　　　　　　　　　　　　(黒田登美雄)

屈性 [tropism]

植物器官の屈曲運動の1つで，刺激源に対して一定の方向に屈曲する性質をいう．器官の屈曲方向が刺激のくる方向に平行である場合，これを正常屈性といい，そのうち刺激の方向に曲がるものを正の屈性，反対の方向に曲がるものを負の屈性という．刺激の種類には，電気・化学物質・光・重力・温度・水流などがある．花粉管もこれらに対して敏感な屈性を示す．花粉管が雌蕊の組織内で伸長して胚珠に到達するのも，これらの複雑な作用に対する屈性の結果であると考えられてい

る．雌蕊の切片を寒天培地に置いてそのまわりに同種の花粉を撒くと，通常発芽した花粉管はその切片に対して正の屈性を示す．他種の花粉管の場合は，正または負の屈性を示したり，まったく屈性を示さなかったりする．既知のいろいろな物質を用いて花粉管の屈性を示す物質が探されたが，その中にも生体内にも特別な物質はみつかっていない．物質の濃度勾配や花粉の生理的条件にも左右されることもあるらしく，生体内では屈性は存在すると考えられるが，培地テストでその物質の存在をつきとめるのはむづかしい．

(三木壽子)

クヌギ [*Quercus acutissima*；Japanese chestnut oak] →ブナ科

組み合わせ能力 [combining ability]

自殖系統間あるいは近交系間での雑種第1代が親系統の組み合わせにより雑種強勢を起こす力を組み合わせ能力という．組み合わせ能力には一般組み合わせ能力(general combining ability)と特定組み合わせ能力(specific combining ability)がある．前者はある系統を多数の検定用系統(tester)と交雑して生じるF_1の雑種強勢程度である．後者はある特定の系統間で示される雑種強勢の程度である．優勢遺伝子連鎖説(優性説)のような構造(→ヘテロシス)で起きる雑種強勢は一般組み合わせ能力に関与し，超優勢説の機構により生じる雑種強勢は特定組み合わせ能力が関与しているものと考えられる (大澤 良)

組み換え [recombination] →形質導入

組み換え価 [recombination value]

育種にとって遺伝子の分離と組み換えは遺伝的変異を生じさせる要因であり，選抜の基本となる．遺伝子は染色体上に線状に配列されているので，遺伝子型は染色体間の組み換えと染色体内の組み換えにより次代に伝わる．異なる相同染色体上の遺伝子は独立に遺伝するが，同じ染色体に座乗した遺伝子は1セットとして次代に伝わることが多い．これを連鎖(linkage)という．しかし1対の相同染色体の1つまたは複数の点でキアズマ(chiasma)が生じ染色体が部分交換されることがあり，これを乗り換えまたは交叉(crossing-over)という．これにより遺伝子型も組み換えられることになる．乗り換えは同じ染色体上の2カ所以上で生じることもあり，これを二重乗り換えという．乗り換えにより連鎖相手が組み換えられる現象が組み換えである．ただし二重乗り換えが連鎖する遺伝子間で起きれば，連鎖の相手は再びもとに戻ることになり，組み換えが生じないことになる．Morgan(1910)は乗り換えの起こる頻度をF_1配偶子中に組み換え型の現れる頻度(％)，(組み換え型個体数)/(組み換え型＋非組み換え型)として表した．実際には乗り換えは必ずしも組み換えを生じるとは限らないのでこの値は組み換え価と呼ばれている．(大澤 良)

グラー [gula, gulae (pl.)]

Y字状の条溝の頂点付近が盛りあがって首状に突き出した部分(Potonié & Kremp, 1955)．主に古い時代の大胞子で使われる用語．グラーがさらに特殊化し，その端が薄く細くなったものを acrolamella という(Li & Batten, 1986).　　　　(守田益宗)

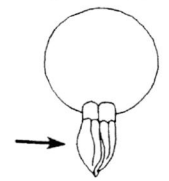

図　グラー(Punt *et al.*, 1994)

グラスウィードシーズン [grass weed season] →草本花粉季節

グラスシーズン [grass season] →草本花粉季節

クリ花粉症 [chestnuts pollinosis]

クリ[*Castanea crenata*；chestnut]はブナ科クリ属で北海道南西部から九州にかけて広く分布し，個体数も多いため，日本はクリ帯として有名である．花粉は三(または四)溝孔粒細網状紋，幾瀬分類の6 B^{b-c}で，大きさは$12.5-14×10.5\mu m$である(幾瀬，1956)．長野(1978)および宇佐神(1985)の成績を合わせると，飛散期は5～7月の2～4週間で，地域差がやや大きく，他のブナ科花粉の飛散が終息するころに飛散を開始する．臨床例の最初の報告は1984年に宇佐神が行った．症例は

33歳の主婦で，通年性に症状があるが，1，3，6，11月に増悪する鼻アレルギー例であった．クリ花粉抗原による皮内テスト・誘発テストが強陽性で，RAST score は1であった．居住地近傍のクリ以外のブナ科花粉飛散は，クリ花粉飛散期には著明に減少していた（長野ら，1978）．庭および周辺にはクリの木があり，クリの開花期に症状が増悪するとのことであった．83年に菅谷はクリ栽培地での花粉症起因抗原として，クリに注意すべきであると報告した．90年に一川らは7例の臨床例を報告した．クリは栽培地周辺では注意すべき花粉抗原といえよう． （宇佐神篤）

クリ・ジェイ・ワン，クリ・ジェイ・ツー [Cry j 1/Cry j 2]

スギ花粉から単離・精製されたアレルゲンである．クリ・ジェイ・ワンは1983年に Yasueda らによって SBP(sugi basic protein)として報告され，クリ・ジェイ・ツーは1990年に Sakaguchi らによって報告された．両者はいずれも分子量が約40000の塩基性の蛋白質であるが，抗原性の面からはたがいに独立しており，交差反応性は認められていない．いずれもスギ花粉のメイジャーアレルゲンであり，スギ花粉症患者の大多数はクリ・ジェイ・ワン，クリ・ジェイ・ツーの両方に対する IgE 抗体を保有しているが，ワンまたはツーの一方に対する抗体しか保有していない患者も一部に見出されている．クリ・ジェイ・ワンについてはさまざまな面から分析が進められ，免疫細胞化学法によってスギ花粉の主に外壁部分に局在することが明らかにされ，またペクチン分解酵素(pectate lyase)活性をもつことも見出されている．さらに近年，その遺伝子がクローニングされ，クリ・ジェイ・ワンとブタクサ花粉のメイジャーアレルゲン Amb a 1，2との間に相同性のあることが報告されている．
 （安枝 浩）

クリ属 [*Castanea*；chestnut] →ブナ科

クルミ科 [Juglandaceae；walnut]

北半球の温帯に分布する高木で，5属50種がある．花は風媒花で単性，雌雄同株であり，雄花は長く垂れ下がる側生の尾状花序に着く．雌花は枝に頂生または総状花序に着く．果実は石果または堅果で，石果となるクルミ属やペカン属は脂肪に富み，世界的に食用される．日本には3属が自生し，果実の形状や付き方によってノグルミ属・サワグルミ属・クルミ属に分類される．花粉は Wodehouse によれば亜扁球形で，円形または類円形の孔が赤道上とさらに向心極のみにある型(クルミ属・ペカン属)と極観がやや角張り，その角に孔が並ぶ型(サワグルミ属その他)の2つに分けられているが，幾瀬(1956)はオニグルミ[*Juglans mandshurica* subsp. *sieboldiana*]は異極軸，ノグルミ[*Platycarya strobilacea*]，サワグルミ[*Pterocarya rhoifolia*]は等極軸であるが，同属のシナサワグルミ[*P. stenocarpa*]は等軸極のものと赤道上孔のほかに向心極にも孔のあるものがあると報告している．クルミ属は北半球に分布し15種内外がある．日本では，オニグルミ[siebold walnut]が山野の川沿いに自生し高さ25mにもなる．雌雄同株で開花は4～5月，雄花序は前年度の葉腋から長く垂れ下がり，大気中に花粉をまき散らす．花粉は九～十一孔粒，亜扁球形，大きさは 30-31×34-37 μm. （菅谷愛子）

クルミ花粉症 [walnut pollinosis]

クルミ科は風媒花で，5属約50種があり北半球の温帯地方に広く分布している．日本では北海道から九州までみられ，ノグルミ・サワグルミ・オニグルミがある．栽培種としてヒメグルミ[*Juglans mandshurica* subsp. *sieboldiana* var. *cordiformis*]，カシグルミ[*J. regia* var. *orientis*]がある．花粉症は栽培が盛んな長野県を中心に発生しているが，オニグルミは街路樹としてよく用いられているので，小規模な発生はあると推定される．開花は5月で，カシグルミ栽培の盛んな長野県小県郡東部町ではピーク時には落下法で200個/cm²/日観察された．

1977年に加藤により長野県東信地方のクルミ栽培地域の居住者6名がクルミの開花期に強い鼻・眼症状を呈し，皮膚テストと血清学的検査でクルミ花粉症と診断されたと報告

された．堀(1983)によると長野県佐久病院では，春の樹木花粉症のうち約3分の1を占め，スギに次いで2番目に多いアレルゲンである．小児に多く，すべてが他の花粉症との合併で，クルミ花粉症単独例ではない．多くの患者はスギ花粉症の症状が軽快した後の，5月のクルミの開花期に症状が増悪する．鼻症状に眼症状を合併することが多いが，喘息の合併はない．症状は軽症であるため，対症療法で十分にコントロール可能であり，減感作療法の適応となることはない．栽培地以外では空中花粉は少ないが，街路樹に近接居住すれば他の花粉症に合併して発症する可能性がある．
(小笠原寛)

クルミ属[*Juglans*；walnut] →クルミ科

クロマツ[*Pinus thunbergii*；Japanese black pine] →マツ科

クロマツ花粉症[Japanese black pine pollinosis]

クロマツはアカマツと同じく裸子植物マツ科マツ属の常緑針葉樹で，花は雌雄同株である．マツ属は世界に90種内外，日本では7種が知られている．暖帯の本州(青森県以南)，四国，九州(トカラ群島まで)に分布する．アカマツが丘陵地帯に多いのに対し，クロマツは海岸地帯に自然に繁殖し，その数はきわめて多い．花期は3月下旬から6月まで，アカマツより1～2週間早い．花粉型はアカマツとほぼ同様で，大きさ45-49×47-53μm．2つの気囊をもつので大きさのわりに軽く，遠方に飛散する広域型花粉である．マツ属花粉の空中花粉調査での検出量は，一般に非常に多い．

初例報告は1975年に藤崎によってなされた．その概要を以下に述べる．40歳の主婦．30年間新潟市に居住しているが，約10年前から4～6月，ときに7月までの鼻アレルギー様症状・眼・耳・皮膚・咽頭の瘙痒感があった．家族歴ではアトピー性素因が濃厚であった．問診で毎年4月に発症し，6月，あるいは7月に自然治癒する回帰性，年々増悪する発作，季節中戸外でとくに風の強い日に，症状が重いことなどから花粉症が疑われた．検査成績は鼻汁好酸球(+)-(+++)，眼分泌物好酸球(++)-(+++)，皮内および稀釈試験では，カモガヤ花粉エキス10^{-3}で40分後に強い反応があり，クロマツ10^{-3}では即時反応(−)，8，24時間後の遅発および遅延型反応陽性であった．P-K反応でも両抗原は遅発型に陽性，鼻粘膜誘発反応もともに陽性であった．環境調査では庭内にアカマツ・クロマツが植えられており，近辺にはスズメノカタビラが群生していた．以上の成績からクロマツ・イネ科花粉症と診断し，クロマツ花粉の飛散による発作の発現，継続にイネ科花粉の関与があって，症状を重篤化させていると考えられた．アカマツ・クロマツ花粉間の共通抗原性は，藤崎(1976)らおよび宇佐神(1983)らにより，皮膚反応などから否定されている．
(中原 聰)

グロリオーサ花粉症[glory-lily pollinosis]

グロリオーサ[*Gloriosa superba*；glory-lily, climbing lily]は，原産はアフリカのウガンダ．日本には明治40年広瀬巨海が輸入した．温室内に栽培して花を鑑賞する．高知市では約10年前よりこの植物をハウス栽培している．1992年，元木により職業アレルギー疾患として報告された．グロリオーサは年に複数回ハウス内で栽培される．ハウス作業中，開花時に一致して鼻・眼症状，時に下気道症状や花粉接触部の皮診を認める例もある．アンケート調査では，栽培者の約半数に何らかの症状が認められた．検診で有症者17名中11名(65%)にグロリオーサ特異的 *IgE* 抗体が認められた．ハウス内のグロリオーサ花粉(長口粒2A^a：幾瀬の分類(1956))の飛散が開花時から出荷終了時まで測定され，165個/cm^{2}の最高値を示し，出荷により漸次減少した．季節を問わずグロリオーサ開花時に一致して，ハウス内作業中にアレルギー症状を認め，職業性グロリオーサ花粉症の存在が考えられた(元木による).
(岸川禮子)

クワ科[*Moraceae*；mulberry]

53属1400種からなる大きな科で，熱帯・亜熱帯に分布し，温帯にも少し生育する．托葉

が成熟とともに脱落し，乳液をもつクワ亜科（クワ・コウゾ・カジノキ・イチジク・インドゴムノキ・インドボダイジュ・バンノキ等），托葉が宿存し，乳液をもたず，草本生のアサ亜科（アサ・インドアサ・ホップ・カナムグラ等）に分けられる．ともに有用な植物が多い．花は単生，雌雄同株または異株で，クワ属・コウゾ属・カラハナソウ属は雄性花序が尾状花序または円錐花序となり，風により大気中に花粉を飛散する．花粉は赤道上二～（三）または三～（四）孔粒で，クワ属およびコウゾ属は大きさ径 12～20 μm で 4～5 月に，カラハナソウ属は大きさ径 20～25 μm で 8～9 月に開花し大気中に飛散する．カラハナソウ属のカナムグラ [*Humulus japonicus*] の花粉症が報告されている． （菅谷愛子）

クワモドキ [*Ambrosia trifida*; giant ragweed]

オオブタクサともいわれ，キク科の大型一年草，北アメリカからの帰化植物，日本では 1952 年静岡県で発見されている（杉本, 1953）．その後急速に日本各地に広がり，河川敷に好んで繁殖し，3m にもなる強靭な雑草である．葉は三～五中裂し，常に対生する．花は 8～9 月に咲き，大きな穂状花序をたくさん頂生ないし腋生し，無数の黄色い花粉を早朝に放出する．花粉は幾瀬の分類（1956）では三溝孔粒，6 B^b 型で低い刺状突起があり，大きさは 20 μm 前後で同属のブタクサとまったく区別できない．したがって最近ではブタクサ属花粉症の 1 原因植物として取り扱っている． （佐橋紀男）

群帯 [assemblage zone] →花粉化石帯

群落遷移 [succession of plant community]

不安定な植物集団は違った種類による集団に置き換えられていく．ある植物群落が生育地の環境の変化に応じて，その構成種を変え，別の植物群落に置き換わることを遷移（succession）という．火山灰や溶岩を噴出する新しい火山や洪水のあとの川辺岸のように，裸地になったところには，他の場所から運ばれてきた種子や胞子によって先駆植生が成立し，この植物群集は土壌やその土地の環境を変え，その新しい環境に応じて植物群落の中の構成種が変化するというように，植物群落と土地の間には相互作用が繰り返される．遷移が進行すると環境と平衡状態に達し，環境が変化しないかぎり遷移しなくなった群落を終局群落，極相という．植物群落は一般に極相に向かって遷移を続ける．これを進行遷移という．また，反対に放牧の増加が原因で森林であった地域が草原へと遷移する場合は，極相から離れる方向への変化であるため退行遷移と呼ばれる．なお，人間の影響を受けない自然のままの遷移を自然遷移（一次遷移），放牧や火入れなどの人間活動の影響を受けた遷移を人為遷移（二次遷移）という．

（岩内明子）

ケ

鶏冠型［cristate (adj.）；crista, cristae (pl.)］

とくに胞子表面模様で使われる用語で，とさか状突起と同義．上からみると模様の単位は長く横に伸び，その上面に鋭い角や刺状の突起があるもの． （高橋英樹）

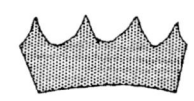

図 鶏冠型（Punt *et al*., 1994）

蛍光顕微鏡［fluorescence microscope］

標本内に含まれる蛍光物質に紫外線または短波長の可視光（紫〜青色光）を照射し，それによって励起され，発生した蛍光を観察する光学顕微鏡．標本を下方から照射する透過型と上方から照射する落射型があり，前者は薄い標本の観察に，後者は厚い標本の観察に適している．基本構造は通常の光学顕微鏡と同じであるが，光源部には超高圧水銀ランプ・カーボンアーク燈・クセノン燈などの光源とそれらから放射される光線の中から紫外線，紫〜青色光を透過させ，不要な光線を吸収除去するための励起フィルターが装着されている．また，観察部には射出してくる紫外線を遮断することにより，観察者の目を守り，また眼球の蛍光によって起こる霧視現象を防ぐための接眼フィルター（バリアフィルター）が装着されている．通常の光学顕微鏡では観察できない程度の微量の物質の分布や動態の解析が可能であり，生物学の広い分野で利用されている． （寺坂 治）

蛍光抗体法［fluorescent antibody technique］

生物がもつ免疫学的特性を活用した研究上の手法．光学顕微鏡によって検索しようとする物質を抗原とし，それに対する抗体をフルオレッセインイソチオシアネート（FITC）やローダミンなどの各種の蛍光色素で標識する．両者の間の抗原抗体反応を利用して抗原-抗体-蛍光色素複合体を形成し，色素より発生する蛍光を観察することにより細胞や組織における抗原物質の分布や動態を解析する方法である．蛍光抗体法には直接法と間接法（サンドイッチ法）がある．前者は蛍光標識した抗体を直接抗原に結合させる方法であり，後者は抗原に対し蛍光標識していない抗体（一次抗体）を結合させ，次に，その一次抗体に対する抗体（二次抗体）を蛍光標識し，一次抗体と結合させる方法である．二次抗体には抗IgG抗体やプロテインAなどがよく用いられる．間接法は直接法に比べて手間がかかり，非特異的反応やバックグラウンドの染色が起こりやすいなどの欠点をもつが，蛍光標識した1種類の二次抗体で多種類の抗原物質を検索でき，2度の抗原抗体反応によって反応が増幅され，より強い染色が可能になるなどの利点をもつため，広く活用されている．Coonsら（1941）によって開発された方法であり，この方法によってアクチンや微小管などの細胞骨格やその他，それまで生化学的手法や電子顕微鏡観察に依存していた微量物質の解析が光学顕微鏡によって行えるようになった．蛍光抗体法は操作が比較的簡単，色素と被染色物質の特異性が高いなどの長所をもつが，微細構造の観察が困難，電子顕微鏡への応用が不可能，標本の寿命が短いなどの欠点を有している． （寺坂 治）

蛍光染色［fluorescence staining］

蛍光色素を用いた染色法．生物試料のなかにはクロロフィルやビタミンAなどのように，紫外線照射を受けるとそれ自身が蛍光を発するものと（一次蛍光，自家蛍光または固有蛍光），照射を受けても蛍光を発しないものがある．前者は直接，蛍光顕微鏡による観察が可能であるが，後者の観察は，試料に特異的

な蛍光色素を結合させ，紫外線または短波長の可視光照射によってその色素から発せられる蛍光(二次蛍光)によって間接的に行われる．蛍光色素には塩基性のアクリジンオレンジ・キナクリン，中性のローダミンB・ピロニン，酸性のフルオレッセイン・プリムリンなど数十種が知られている．染色は試料と色素との特異性や蛍光色調などを考慮し，蛍光色素溶液の濃度，pH，染色時間などの好適条件のもとで行うことが重要である．花粉管の染色にはアニリンブルーやアクリジンオレンジが，花粉管内の雄原核や花粉管核の染色には，DNAとの特異性が高いDAPI(4′,6-diamidino-2-phenylindole)がよく用いられている． （寺坂 治）

形質転換 [transformation]

ある生物(供与体)から取り出した遺伝子(DNA)を，他の生物(受容体)に導入してその遺伝子のもつ形質を発現させること．植物細胞への遺伝子導入には，受容体として葉切片(リーフディスク)や培養細胞，および，プロトプラストが用いられることが多いが，花粉を用いることも可能である．たとえば，花粉で発現する遺伝子の解析を行うために，花粉にパーティクルガンなどを用いて直接DNAを導入してその発現をみる実験が盛んに行われている．また，花粉を培養することで植物体を再分化させることができるので(花粉培養)，その過程で遺伝子を導入して形質転換植物を得ることもできる．そのほかに，花粉にDNAを付着させてから交配したり，受粉後のめしべを切り取ってその切り口にDNA溶液を与えることによって形質転換植物を得る試みもなされている．

（渡辺正夫・鳥山欽哉）

形質導入 [transduction]

今日の学術用語集的な意味は，ある種の細菌ウイルスが細菌に感染してその細菌のもつ遺伝子を取り込み，次に感染する他の細菌内にその遺伝子を運び込んで，他の細菌に新しい形質を与えることとされる．しかし，もともと形質導入という言葉は高等植物の育種の場では，「日本の品種にヨーロッパの品種を交雑して形質導入を図る」とか，「栽培品種と近縁野生種の間の種間交雑や属間交雑によって形質導入を図る」などという具合に普通に用いられてきた言葉である．したがって，交雑による形質導入法は遺伝子組み換えを起こさせることによって目的形質を改良することである．いわゆるバイオテクノロジーの進展に伴って，今日では遺伝・育種の分野でさえ形質導入とか遺伝子組み換え(組み換え)というと，植物体上ではできず無菌の培養室における人為的な操作によってのみ可能であると思われがちである．しかし，本来的には，植物の花のなかで減数分裂を経て配偶子が形成され，雌蕊の柱頭に雄蕊の花粉が受粉されて受精・結実するという有性生殖が繰り返される世代交代の過程では，ごく自然のこととして組み換えによる形質導入が頻繁に起きているのであり，特別な人為的操作ではなく自然現象なのである．ここで組み換えとは，遺伝子の新しい組み合わせができることであり，減数分裂時に両親の遺伝子が染色体を単位として組み換わること，相同染色体の間で交叉(交差；crossing-over)が起こり個々の遺伝子座または連鎖した複数の遺伝子座を単位として組み換わること，さらには雌雄の配偶子が受精して受精卵(接合子)をつくるとき両親に由来する雌雄の配偶子のもつすべての染色体の組としてのゲノム(genome)を単位とした遺伝子の新しい組み合わせができることなどが要因となる．バイオテクノロジーは，人間が独自に編み出した技術ではなく，人間が自然を征服した証でもない．それは，あくまでも自然現象をより効果的に利用しようとして自然現象を真似た1つの技術に過ぎず，けっして万能の打ち出の小槌ではないということを肝に命じるべきである． （生井兵治）

K選択 [K-selection]

適応戦略の1つの型．MacArthurとWilson(1967)により提唱された．生物種が次代を確保するために生物的エネルギーをどのような割合で分配または投資しているかという問題についての理論である．彼らは生物個体群の定量的な増殖を表すロジスティック曲

線, $N=K/(1+ke^{-rt})$ の1つのパラメータ K, r に着目し, この2つのパラメータが適応のなかで果たす役割について検討した. K は特定の環境の中での扶養能力の上限, r は外界条件による抑制のない条件での自然増殖率を示している. この理論は生育地の環境がもたらす選択圧と生物の適応戦略の関係を的確に表しているが, そのなかでも中心的な要因は繁殖体系にある. 自然災害や人為干渉などにより生物の生育密度とは関係なく死亡率が高い環境では, 密度の抑制を受けないときの自然増殖率(r)が高い個体や集団が有利になる. 一方, 環境が安定して密度に依存する死亡率が高い場所では大きな扶養能力(K)をもつものが有利になる. これらの適応方法をそれぞれ r 戦略, K 戦略といい, それにはたらく選択を r 選択, K 選択という. 同一集団においても生育域内での環境が異なれば繁殖体系の分化が生じることがある. 森島ら(1982)は小さな池に生育する野生イネ集団において, 周辺部では再生力が低く生殖効率が高い一年生(r 戦略有利), 中心部では再生力が強く生殖効率が低い多年生(K 戦略有利)と分化していることを明らかにした. これは同一集団でも環境に応じて適応戦略を変えて対応していることを示している. (大澤 良)

形態属 [form genus]

植物化石で現生植物の分類上の所属が不明のものについては, その形態上の特徴に基づいて, 人為的に属がつくられる. それを形態属という. 化石花粉・胞子の場合には, 形態, 生殖器官の配列, 構造などに基づいて, 人為的に属が設けられる. Potonié(1956-75)は古生代, 中生代, 第三紀の花粉・胞子の形態属・器官属をまとめた synopsis を, Kremp ら(1957-)はカタログを, また, Jansonius と Hills(1976-)は genera file を出版している. (高橋 清)

傾父遺伝 [patroclinal inheritance]

花に実る通常の種子は, 有性生殖により雌雄の配偶子が重複受精してできるのが普通である. このような通常の種子から生じる植物体では, 当然のことながら種子親と花粉親の両遺伝形質がちりばめられた形で発現する. ただし, 父方の細胞質は花粉管が珠孔から胚嚢の助細胞に侵入して重複受精を行う過程で通常は雄核から完全にはずれてしまい第一雄核の核質だけが卵核と受精する. したがって, 通常は母方の細胞質しか子孫に伝達されないので, 細胞質に存在する遺伝子は母方からのものだけである. しかし, テンジクアオイの斑入り形質のように, まれにはいくらかの細胞質をもったまま受精に至る場合もある. こうした場合には, 細胞質遺伝する特定の形質が, 常に父方から伝達される. このような現象を, 傾父遺伝という. ヒノキなどの針葉樹類をはじめとする裸子植物では, タネの胚乳は未受精極核由来の単相胚乳であるため, 先々代(祖父)の形質が確実に傾父遺伝して, 胚乳に祖父そっくりの遺伝形質が現れるものが多い. 父性遺伝と同意. (生井兵治)

傾母遺伝 [matroclinal inheritance]

母傾遺伝ともいう. 多くの種子植物にみられる, 細胞質遺伝子(葉緑体遺伝子・ミトコンドリア遺伝子)の遺伝様式で, メンデルの法則に合わない, すなわち, 非メンデル遺伝のことで, そのうち母性の形質が優先的に子孫に伝えられる遺伝様式を傾母遺伝と呼ぶ. このような遺伝様式が生じる原因としては, 花粉の形成過程から受精後胚発生の過程での細胞質に存在する細胞内小器官内の核の消長が考えられる. 発生の順に考えると, 四分子から二核性花粉への第一花粉成熟分裂時に分裂極の周辺に細胞内小器官が極在すると分裂後には生殖細胞には小器官が分配されにくくなり, 花粉を通しての細胞質遺伝子の伝達が困難となる. 同じ第一花粉分裂の分裂面の入り方が重要であるとも考えられる. すなわち, この分裂は不等分裂で, 大きな栄養細胞と小さな生殖細胞に分裂するが, 小さな生殖細胞には小器官が入りにくくなると思われる. しかし, これらの方法では生殖細胞に含まれる小器官はかなり小数となることは考えられるが, 完全に除去することがむずかしいものと思われる. さらに, 最近, 明らかにされたことは, 生殖細胞に含まれる小器官内のDNA

が核酸分解酵素（ヌクレアーゼ）によって特異的に分解され，DNAのなくなった小器官は受精までの間に分解されるということである．しかし，不等分裂の機構や，核酸分解酵素の作用機作など不明な点も多い．高等植物ではないが，接合により遺伝物質の交換を行うクラミドモナスでは接合時に細胞内小器官も同じ細胞内に混在するが，一方の小器官は他方により積極的に排除される現象も認められている．高等植物においても，受精した後に精細胞由来の小器官が排除される機構も考えられるが，観察例はそれほど多くない．以上のように，傾母遺伝の機構については今後の研究に待たれる事項が少なくない．細胞質遺伝に関しては，傾母遺伝以外にテンジクアオイ属やマツヨイグサ属で認められている両性遺伝をする植物や，針葉樹を中心とした裸子植物に多くみられる父性遺伝をする植物もあり，今後の研究に期待がもたれる．なお，母性遺伝ともいう．　　　　　（服部一三）

結膜アレルギー [conjunctival allergy]
→アレルギー性結膜炎

結膜誘発反応 [conjunctival provocation test]
抗原や抗血清を結膜嚢内に点眼したり，あるいは眼瞼皮膚に塗布することによって起こる反応である．瘙痒感・充血が生じるか，結膜分泌液中に点眼前にほとんど存在しなかった好酸球が出現した場合に陽性と判定する．このような反応を診断の手段とする疾患としては，アレルギー性結膜炎・春季カタルおよび接触性眼結膜炎などである．眼科領域の免疫，アレルギー性疾患の起因物質，抗体産生，免疫反応などを論じる場合には局所の過敏性について常に考慮される必要がある．眼組織は全身のなかでは比較的隔絶された存在で，炎症の場も他の臓器組織と比較すると非常に小さい．眼組織に激しい炎症が起こっても他の部位に同じ機序による異常が併発していない場合には，血液・皮膚などを対象とする検査によっては異常が検出されないことがある．眼炎症の状態を正確に把握するためには，眼における臨床症状と同時に眼における反応の有無や程度を確認することが必要である．
　　　　　　　　　　　　　（岸川禮子）

ゲノム [genome]
個々の生物の染色体の基本的な1組をゲノムといい，機能上の最小単位と考えられる．ゲノム数が増えるとともに一倍体・二倍体・三倍体・四倍体と呼ぶ．通常の体細胞が二倍体であるのに対し，花粉の核は一倍体である．
　　　　　　　　　　　　　（田中一朗）

ケヤキ [*Zelkova serrata* ; keaki ; Japanese zelkova ; zelkova tree] →ニレ科

ケヤキ花粉症 [keaki pollinosis]
ケヤキはニレ科に属する．日本固有種で，第三紀の生き残り植物とされる．北海道，沖縄を除く山地に生育し，平地にも植えられる．花粉粒は赤道上多孔型，$30 \times 35 \mu m$大．花粉季は4～5月．初報告は清水が1979年に行っている．それは，50歳男性で，通年性鼻症状は花粉季の4～5月に最強となる．皮内テストで室内塵や他の花粉にも反応するがスギやイネ科草本に反応しない．ケヤキ花粉に反応激しく閾値$1:10^8$に達している．眼・鼻粘膜反応も陽性で，P-K抗体価$1:250$，RAST score 2を数える．ニレ科植物花粉間に共通抗原性がかなり存在し，ケヤキに対しアキニレ・ハルニレおよびアメリカニレを用い皮膚および血清で確認している．初報告以後追試例はまだない．　　　　　（信太隆夫）

原核細胞 [procaryotic cell]
すべての細菌と藍藻植物は原核細胞より成る．原核細胞は核膜をもたず，染色体はDNA分子がほとんど裸のまま細胞のほぼ中央にある．有糸分裂を行わない．ミトコンドリア・葉緑体・ゴルジ体などの細胞質構造がなく，原形質流動がない．鞭毛は1本の単純構造である．約20億年前のカナダのガンフリント層からの微化石群はすべて原核生物で構成されている．真核細胞の出現はもう少し後になる．
（→ガンフリント微化石）　　　（高橋　清）

顕花植物 [phanerogams]
裸子植物と被子植物との総称名で，種子植物と同義．隠花植物に対する語．flowering

plants も日本語では顕花植物と訳されているが，現代の植物系統学者Cronquist やTakhtajan は flowering plants を被子植物の意味で使っているので，注意が必要である．
(高橋英樹)

減感作療法［hyposensitization therapy；immunotherapy］

1911年にNoon によって始められた．アレルギーの原因となる抗原（アレルゲン）を定期的に注射または経口的に投与することにより，アレルギー反応を減弱させる経験的に編み出された方法である．特定の抗原に対する免疫学的な作用機序がはたらくので特異的免疫療法(specific immunotherapy)または特異的減感作療法(specific hyposensitization)とも呼ばれる．花粉症はじめダニアレルギーに対して有効で，治癒可能性を秘めた唯一の治療方法である．しかし，日本では抗原エキスの問題や投与の煩わしさ，投与のため継続的な通院が必要と不利な点が多いのに対し，種々の作用機序をもつ薬剤が開発され症状のコントロールが容易になったため，しだいに行われなくなっている．作用機序は十分には解明されていないが，人為的に抗原を体に入れることにより，免疫反応を起こし，リンパ球の応答を変えることによる．この結果，ヘルパーT細胞の抑制やIgEの減少，遮断抗体の生成，好塩基球の反応低下，気道過敏性の改善が生じる．

方法は週1～2回微量より皮下注射で始める．蕁麻疹や喘息発作，まれにアナフィラキシーショックの副作用もあるため，注射後の反応をみながら抗原量を徐々に増加させる．有効量に達すれば維持量として月1回の3年以上の投与を目標として行う．維持量に達するのに数カ月を必要とするため，入院のうえ，約1週間で集中管理下に維持量にする急速減感作療法がある．注射による抗原投与は煩雑で，まれに重大な副作用が生じるため，経口法による減感作療法が再び試みられている．経口投与でも抗原は腸から吸収され免疫反応が生じるため，効果が生じる．副作用は注射より軽微な喘息発作や蕁麻疹,鼻症状の悪化，下痢などで，量を減らすことにより副作用の軽減が可能である．また，投与法として鼻に直接噴霧する方法も研究されている．ハウスダスト（ダニ）アレルギーに対するハウスダストによる減感作療法では約3カ月程度で鼻症状が軽快し，半年程度で症状が安定し，有効率は60～80％である．ハウスダストの主抗原であるヒョウヒダニ［*Dermatophagoides*］による減感作は，より高い有効率が得られるが，日本ではエキスが市販されていない．欧米では花粉症の減感作療法は広く普及しており，2重盲検法で有効率が70～80％と，効果が確認されている．症状が消失したり，薬剤での制御が容易になるなどの効果があり捨てがたい治療法である．しかし，日本ではスギとブタクサ・アカマツ・ホウレンソウの治療エキスしか市販されておらず，他の花粉症に対する減感作療法は行いがたい．スギの減感作療法はハウスダストより有効率が低く，3年間施行で約60％であるが，重症者には推奨される治療法である．有効率が低い原因としてスギ花粉エキスの抗原蛋白の含量が少ないことがある．精製抗原を用いたり，変性抗原にして副作用を軽減させ有効率を上げる方法が検討されている．
(小笠原寛)

原形質吐出［plasmoptysis］

花粉管の成長の様子を観察していると，時に花粉管先端部から管外へ細胞内容が吐出するのがみられる．一般に細胞膜が破れて原形質が溢出する現象を原形質吐出といい，原形質分離と逆の現象である．花粉が発芽し，花粉管を伸ばし始めたころにみられることが多く，このことにより花粉管伸長は停止する．また吸水・膨潤した花粉粒の発芽孔から原形質が吐出するのがみられることがある．花粉管の成長は先端成長であり，管先端部で細胞一次壁がつくられ，細胞内圧が高いことによりそれが押し広げられ，さらにカロースがそれを裏打ち補強していくことで管壁が形成されるので，管先端部分は細胞内圧に対してもっとも弱い部分である．花粉粒では発芽孔の部分がもっとも薄い細胞壁層になっている．花粉粒は脱水された状態で葯から出てくるの

で，培地で吸水した直後から花粉細胞内では急激な浸透圧変化が起き，つまり細胞内圧が高まり，それが細胞壁圧より高すぎる場合に原形質吐出が起きる．これには培地の糖濃度が大きく影響する．ヤマユリの場合，花粉が成長している培地のショ糖濃度を，同じ濃度より低い濃度に変えると原形質吐出を起こす．しかしこのように低濃度の液で吐出を起こす花粉も，初めから糖を含まない培地で培養すると，原形質吐出を起こすことなく発芽し，花粉管を伸ばすことができる．

(中村紀雄)

原形質流動 [protoplasmic streaming]

伸長している花粉管の中を，とくに粒子(オルガネラ)に注目して観察してみると，細胞質が流れるように動くのをみることができる．この現象を原形質流動といい，細胞運動の1つである．花粉は原形質流動を観察するのによい材料である．原形質流動の様式には，循環流動・回転流動・内外異方向流動などいろいろあり，花粉の場合はこれらの様式が個々に，また複合した形でみられる．ヤマユリ花粉では，吸水すると細胞質に不統一な動きがみられるようになり，やがてこれらの動きがしだいに統一された流れるような動きになり，循環流動が起きる．花粉管が伸び始め花粉粒内に大きな液胞ができると，液胞の間を縫うように流れる．花粉管に入った原形質は管壁に沿って管先端に向かって流れ，帽体の前で引き返して，今度は中央部を花粉粒の方向に流れる内外異方向流動がみられる．これら流動の速度は花粉管の部位や花粉の成長の程度によって異なる．1本の花粉管の中では，テッポウユリの場合，花粉粒に近い部分の流速は管先端に近い部分の流速よりも速く，また発芽した直後よりも花粉管が伸びたときのほうが流速が速く，そして花粉管がある長さ以上になると流速はそれ以上速くならずほぼ一定となる．流動速度は温度の影響を受け，テッポウユリでは36℃が最大であるが，25～28℃のときの流速(秒速)としてテッポウユリ・マツヨイグサは$3.8\mu m$，グラジオラス・ヤマユリ・ツバキは$2.5～2.8\mu m$の値が報告されている．原形質流動と花粉管伸長とは直接的な関係はなく，花粉管伸長を停止させる量のX線を照射しても流動は止まらず，管伸長を停止させる濃度のミルミカシンを与えても流動はほとんど阻害されない．原形質流動の機構として，Mg・ATPをエネルギー源として収縮性蛋白質であるアクチンとミオシンの相互作用により流動が起きること，つまりオルガネラに結合したミオシンが花粉管内のアクチン繊維であるミクロフィラメントの上を運動することで原形質流動が生じることが考えられている．花粉管内のミクロフィラメントを蛍光標識して観察すると，ミクロフィラメントの配向は原形質流動のベクトルと一致しており，アクチンの関与する反応を阻害するサイトカラシンで花粉管を処理すると，その繊維状の蛍光は減少・消失する．またミオシンの存在も抗体標識法で確かめられており，さらにテッポウユリの花粉管からミオシンが単離されている．

(中村紀雄)

原形質連絡 [plasmodesma]

細胞間橋，壁孔連絡ともいう．高等植物の細胞壁には細い小管が貫通しており，両細胞間の細胞質はこの管を通して連絡していて，原形質連絡は細胞間の物質輸送を仲介していると考えられる．孔の内側の膜は両側の細胞膜につながっている．またこの構造は両側の細胞質内の小胞体と連絡し，密接な関係をもっている．動物細胞において同じようなはたらきをしているギャップ結合と非常に構造のよく似た蛋白質をもっている．葯内の若い花粉母細胞はたがいに原形質連絡で結ばれており，さながら1個の細胞のようであるが，そのあとの減数分裂に伴う一連の経過が同調しているのはこのときに充分な情報の交換がなされたためと推量される．

(三木壽子)

原原種 [breeder's stock seed]

作物育種における品種の維持・増殖における段階の1つ．育種家またはその委任を受けた機関が育成した品種についてその特性が失われないように維持され，その品種の種子増殖の原種生産において用いられる種子のこと．これを増殖する圃場を原原種圃場という．

イネ・コムギ・トウモロコシなど主要作物の原原種は通常，国および府県の農業試験場により管理され，品種の混交が絶対にあってはならないとされている．　　　　（大澤　良）

現考花粉学 [acutopalynology]

現生する植物の花粉や胞子が空中や水中・堆積物中でどのような分布をするかについて研究する分野．共通する課題としては個々の植物の花粉・胞子の生産量を把握し，さらに花粉分析学分野では花粉・胞子の堆積過程を，空中花粉学分野ではそれらの飛散時期や飛散過程を明らかにすることが基礎的課題として重要になっている．　　　　（松岡數充）

原種 [foundation stock seed]

原原種圃場で生産された種子を栽培して市販種子採種用の種子を得る．この種子を原種と呼び，これを生産する圃場を原種圃という．原種圃では混じりを発見しやすいように通常1本植えとする．イネ・コムギ・トウモロコシなど主要作物については，日本ではふつう府県の農業試験場で管理されているが，採種組合などによるものもある．（大澤　良）

原植代 [Proterophytic era]

強い壁をもつアクリタークの最初の規則的な出現(約 1.0×10^9 年前)から胞子状体の最初の出現(古植代の始まり；約 440×10^6 年前)までの地質時間の非公式の区分．(→アクリターク)　　　　（高橋　清）

減数分裂 [meiosis]

一般に，動物では配偶子形成時，植物では胞子形成時にみられる分裂で，2回の連続した核分裂を含むため，結果的に核相(染色体数)の半減が起こる．すなわち，1個の二倍性($2n$)細胞から第一分裂・第二分裂を経て4個の半数性(n)細胞あるいは半数性核を生じる．減数分裂が普通にみられる体細胞分裂と大きく異なる点は，相同染色体の対合による二価染色体の形成やその相同染色体間で交叉がみられることである．そのため，減数分裂の期間は体細胞分裂に比べて長く，なかでも対合・交叉が起こる第一分裂前期に長時間を要する．第一分裂前期は，1)レプトテン期(細糸期)，2)ザイゴテン期(合糸期)，3)パキテン期(太糸期)，4)ディプロテン期(複糸期)，5)ディアキネシス期(移動期)の5つに細分されるが，このうちまず1)では細長い染色糸が現れ，続く2)で相同染色体間の対合が始まる．対合が進むにつれて，二価染色体中には対合を安定化させるシナプトネマ構造が形成される．3)では対合が完了するとともに，相同染色体間で交叉が起こる．シナプトネマ構造のところどころにみられる組み換え小節は交叉の場であり，そこで遺伝子の組み換えが起こっていると考えられている．4)ではシナプトネマ構造が解体し二価染色体は解離を始めるが，交叉が起こった所は連結したままで，それがキアズマとして観察される．5)になるとキアズマは末端化によってその数を減らすとともに，染色体は短縮化し中期へと進行する．その間には分裂装置として紡錘体が形成され，第一分裂の中期に赤道面に並んだそれぞれの二価染色体は第一分裂の後期には対合面で分離するのが一般的である．すなわち，姉妹染色分体の動原体は体細胞分裂の後期とは

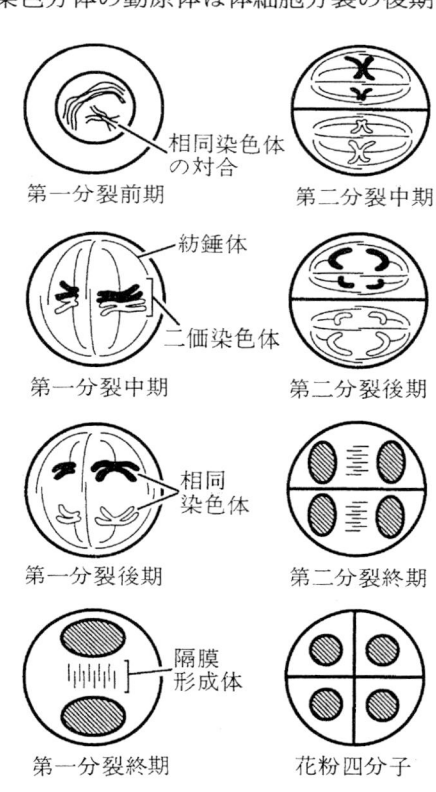

図　花粉母細胞における減数分裂

異なり分離しない．そのため，この分裂を均等な分裂ではないため異型核分裂ということもある．第一分裂終期では娘核間に隔膜を形成した後，ほぼ連続的に第二分裂へと進行し，この間期ではDNAの合成が起こらない．第二分裂は第一分裂と同様前期・中期・後期・終期と進行するが，その間の染色体の挙動は普通の体細胞分裂と同じである．それぞれの染色体は姉妹染色分体で分離するため，第一分裂で分かれたそれぞれの細胞は遺伝的に均等な2細胞を生成する．生物種によっては，隔膜の形成が第一分裂後には起こらず，第二分裂後にいっせいに起こる場合もある．

動物の雄では，第一精母細胞で減数分裂が始まり，第二精母細胞を経て4個の精子細胞ができるが，それらは変態して直接4個の精子となる．一方雌では，第一卵母細胞から第二卵母細胞と第一極体を生じ，さらに第二分裂で第二極体を放出するので，結局1個の卵しか生成しない．動物では，減数分裂を成熟分裂ということもある．種子植物の場合，減数分裂は花粉母細胞や胚嚢母細胞で起こるが，生じるのは(花粉)小胞子や胚嚢細胞(大胞子)であり，それらは配偶子ではない．すなわち，減数分裂は配偶世代(単相世代)の出発である胞子を生成し，胞子から発生する配偶体の中に配偶子が分化する．(→口絵)

(田中一朗)

減数母細胞 [meiocyte] →花粉母細胞

ケンタッキー31フェスク花粉喘息
[Kentucky 31 fescue pollen asthma]

ケンタッキー31フェスク[*Festuca* var. *arundinacea*; tall fescue]はイネ科ウシノケグサ族ウシノケグサ属でオニウシノケグサとも呼ばれている．草丈は100～140 cmに及び，根本から分かれて数十本の茎を生じ，大きな叢状を呈する場合が多い．花穂は約50 cmにもなり，1つの花穂に多数の小花を着け花粉量も多い．明治年間に牧草として輸入され，耐寒性が強く適応性が広いため，九州から北海道まで分布し，最近では土壌保護植物として，山林・河川・鉄道沿線および道路保護や緑化のために栽培されている．牧草類のなかでは，播種量が全体の60％を占めるほど多い．花期は5月から6月まで．花粉型は球状，単孔粒，表面は細網状紋で，大きさは35-37×35-37 μm．幾瀬分類(1956)では単口粒3 A[a(1)]に属す．空中花粉は樹木に比し局地的で地域差はあるが，イネ科花粉として5,6月に捕集される．

初例報告は1975年に舘野によってなされた．以下に概要を述べる．代表症例として8歳の女児，1歳からアトピー性皮膚炎があり，4歳から気管支喘息が加わった．発作は1年中，とくに5,6月と9,10月に増悪した．卵と牛乳の除去食，皮内反応の結果から絹とアルテルナリアの特異的減感作療法を行い，皮膚炎は治癒したが，喘息は春と秋に中発作が残った．その原因を調べるための環境調査の結果，学校付近の国道バイパスの工事で，緑化のためケンタッキー31フェスクが広範囲に播種されていることがわかった．各種イネ科花粉の皮内反応を行ったが，ケンタッキー31フェスクのみ陽性で，その抗原による減感作療法を実施して，翌年から発作がなくなった．さらに群馬大学付属病院小児科外来の小児気管支喘息161名に，ケンタッキー31フェスクの皮内反応を行って，14名に陽性を認め，明らかな陽性例は開花期に発作が増悪していた．以上のことから，ケンタッキー31フェスク花粉は一部の喘息の原因抗原となっていることがわかった．

(中原　聰)

ゲンチアナバイオレット [gentiana violet]

花粉を染色する色素として用いられる．今日では，メチルバイオレット(methylviolet)が用いられている．グリセリンゼリーにこの色素を加えることにより．ジー・ブイ・グリセリンゼリーとして使用する．標本の封入と染色が一度にできる．メチルバイオレットは塩基性色素で，花粉は青紫色に染まる．

(劔田幸子)

現地性堆積物 [autochthonous deposit]

現地性とは，自生的などと同じ意味を表す．古生物等においては，生活していた場所で化石となったものを現地性化石という．同様に，現地性堆積物とは，湖・池および湖沼・湿原

などの凹地に堆積した泥炭・泥炭質泥などの堆積物に対して使用され，堆積物中からは明らかに湖沼・湿原などの堆積場所の周辺に生育していたことを示すような，ミズゴケなどの植物遺体等が検出される堆積物をいう．一方，これに対して，一度別の場所で堆積したものが，堆積後の運搬作用等により他の場所から運ばれてきて，2次的に再堆積したような堆積物に対しては，異地性堆積物(allochthonous deposit)という用語が用いられる．(→二次花粉化石，再堆積花粉)

(黒田登美雄)

限定訪花性[flower constancy] →定花性

コ

コアサンプル [core sample] →試料採取法

小穴 [foveola, foveolae (pl.)]

花粉有刻層にある深さ1μm以上の，多少丸くなったくぼみ．小穴間の距離は，小穴の幅より大きい(Erdtman, 1952)．同義語にscrobiculus (Potonié, 1934), punctum (Erdtman, 1952)があるが，punctumは長さ直径とも1μm以下と定義されている(Blackmore et al., 1992)．　（内山　隆）

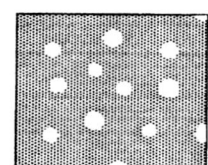

図　小穴(Punt et al., 1994)

小穴型 [foveolate (adj.)] →小穴

口 [aperture; trema]

発芽口，発芽装置ともいう．発芽口は，花粉壁の特別な部位で，一般に，表面模様や構造が周囲とは異なり，花粉壁の他の部位よりも厚さが薄い(Erdtman, 1947)．花粉の発芽時には，花粉の内容物の全体あるいは一部が外へ出る部位であり(Erdtman, 1969)，花粉管の発芽部位として機能している．さらに，花粉の収縮・膨張時の適応機構としての役割をもっていると考えられている(Wodehouse, 1935; Punt et al., 1994)．また，花粉粒ととくに柱頭間での物質交換の役割をもっている可能性が高いが明らかでない(Faegri et al., 1989)．発芽口は，その位置・形・構造・数によって分類できる．発芽口の位置は植物の系統によって異なっている．すなわち，シダ植物では，胞子の向心面，裸子植物や単子葉植物では遠心面，双子葉植物では赤道面や全面に発芽口が分布している．形は大別して，孔と溝に分けられる．孔はほぼ円形あるいは短径に対する長径の比が2以下の楕円形をなし，楕円の両端が円いもの，溝は短径に対する長径の比が2以上の楕円形をなし，両端は尖っている(Faegri & Iversen, 1950)．花粉の進化学的観点からみると，原始的な起源をもつ裸子植物の花粉は溝型が多いことから，溝型は原始的であり，孔型は後に発達したものであろうと考えられている(Wodehouse, 1935; Traverse, 1988)．構造的には，外層(extexine; sexine)に形成されたものを外口，内層(endexine; nexine)に形成されたものを内口という(van Campo, 1958; Punt et al., 1994)．発芽口の数は，まったくないものから，多数あるものがあり，in- (発芽口のないもの), mono- (1個), di- (2個), tri- (3個), tetra- (4個), penta- (5個), hexa- (6個), poly- (6個以上)が接頭語として付けられる．発芽口の数(N; number)，位置(P; position)，性質(C; character)は花粉の特徴を示すので，Erdtman (1969)は花粉粒や胞子の形態学的な分類体系として，これらに基づきNPC-systemを考案した．（→数位形システム）　（高原　光）

孔 [pore; porus, pori(pl.)]

花粉で，発芽口のうち，ほぼ円形，または短径に対する長径の比が2以下の楕円形をなし，楕円の両端が円形であるものを孔という(Faegri & Iversen, 1950)．また，向心極または遠心極に位置するものをulcus, ulci (pl.)という(Erdtman, 1952; Punt et al., 1994)．孔は単独の場合(孔型; porate)と，溝と複合する場合(溝孔型; colporate)とがある．花粉壁の外層(ektexine/sexine)と内層(endexine/nexine)の両方に孔が形成され，それぞれの形状が異なる場合に，とくに内口孔型(porate)という(Erdtman, 1952)．孔はその部位の外層と内層の形状によって，付録図版A

〜Jのような型に分類できる．外層に形成された孔をexopore(ectopore)またはpore，内層に形成された孔をendoporeまたはosという．図のBは外層の欠如によって形成された孔，Cは外層の一部が残っている場合である．Dは孔の部分に外層と内層が島状に残っている場合，Eは孔の部分に外層のみ島状に残っている場合で島状の部分を口蓋と呼ぶ．F，Gは孔の周辺で外層が肥厚または薄くなった場合でこの部位を口環という．Hは外層が外へ向かって湾曲し，外層と内層の間に空洞ができる場合でこの部位を前腔という．Ⅰは前腔に似るが，内層の孔が大きく開いている．これをアトリウムという．Jは内層の内側が肥厚した場合で中肋と呼んでいる．(→付録図版)　　　　　　　　　　　　　　(高原　光)

溝 [colpus, colpi (pl.) ; furrow]

発芽口の1種．花粉壁にある縦の(経線の)溝または溝状の変形したもの．発芽孔を含む場合がある．膨張・収縮にとっても重要である．通常は赤道をよぎり，子午線状で，実際には双子葉被子植物に限られる．

(高橋　清)

抗アレルギー薬 [chemical mediator modulators]

アレルギー反応はCoombsとGellによってⅠ型からⅣ型に分類されている．抗アレルギー薬はこれらの反応に対してはたらく薬剤の総称といえるが，従来Ⅰ型のアレルギー反応に抑制的にはたらく薬剤を指すことが多かった．通常，「アレルギー反応に参画する細胞からの炎症性化学伝達物質の遊離を抑制する薬物」と定義されている．つまり抗原刺激で産生されたIgE抗体は抗塩基球や組織肥満細胞の細胞表面にあるIgEレセプターに結合する．肥満細胞のIgEレセプターに結合したIgE抗体と抗原との間で抗原抗体反応が起こると，ヒスタミン，ロイコトリエン(LTC_4，LTD_4，LTE_4)，プロスタグランディン(PGs)，好中球遊走因子(NCF)，好酸球遊走因子(ECF-A)，血小板活性化因子(PAF)などの化学伝達物質が生成・遊離され，アレルギー性疾患の症状が発現する．このような化学伝達物質の遊離抑制，肥満細胞の安定化効果を得るのが抗アレルギー薬である．しかし，最近では，アレルギーに関与する化学伝達物質の遊離抑制剤だけでなく，それに対する拮抗剤，合成阻害剤，IgE抗体産生を調整する薬剤，アレルギーに関与する細胞の浸潤を抑制する薬剤なども広く抗アレルギー薬といわれるようになってきている．したがって，化学伝達物質のなかでももっとも重要なヒスタミンに対する拮抗薬である抗ヒスタミン薬も，抗アレルギー薬に含まれ述べられることも多い．また，欧米では抗アレルギー薬という概念はなく，いわゆるアレルギー薬は肥満細胞膜安定化効果を有する抗ヒスタミン薬といわれている．

1971年にDSCG(disodium cromoglycate；インタール®)が登場して以来，いわゆる抗アレルギー薬がつぎつぎに開発されている．現在市販の抗アレルギー薬を大別すると剤型の違いとして，局所用の点眼・点鼻薬などと全身用の経口内服剤がある．また，薬効の違いからは抗ヒスタミン作用のない酸性型と作用のある塩基性型の2種類に分けられ，前者にはDSCG，トラニラスト(リザベン®)，アンレキサノクス(ソルファ®)などが後者にはケトチフェン(ザジテン®)，オキサトミド(セルテクト®)，アゼラスチン(アゼプチン®)，テルフェナジン(トリルダン®)などが市販され，処方されている．これらの薬の臨床的効果の発現は抗ヒスタミン剤よりも遅いため，充分な効果を得るには1〜2週間の連用が必要である．ただし，副作用は長期投与によっても比較的少ないとされている．また，前者の薬剤は，薬剤によって程度の差があるが，眠気などの副作用を有しているため，自動車の運転等には充分な注意が必要である．最近，この領域の薬剤開発の傾向としては化学伝達物質そのものに対する拮抗剤や合成阻害剤に視点が移りつつある．ロイコトリエンや気管支喘息の気道過敏性を抑制するとされるトロンボキサンA2(TXA2)拮抗剤，合成阻害剤の臨床効果が検討されている．　　(榎本雅夫)

広域適応性 [wide adaptability]

栽培植物の品種がもつ性質として，もろもろの環境変動に対して安定的に反応し高い生産性や高品質性を示すことは，いずれの植物においても強く望まれている．このように，異なる環境下においても安定した適応性を示す性質を広域適応性と呼ぶ．栽培植物に広域適応性を付与する方法としては，地理的分断選抜または時期的分断選抜という選抜法がある．この方法は，大きく異なる環境下で交互に反復栽培し，たとえば高温にも低温にも強く，乾燥にも湿潤にも強い品種を育成するというものである．この過程では，雑種集団内における植物体自身の自然選抜や自然淘汰はもとより，環境ストレスによる花粉選択の効果がきわめて効果的であることがわかっているので，配偶子選択とくに花粉選択も大きく関与しているものと思われる．（生井兵治）

口縁 [halo]
花粉の発芽口や刺のような，はっきり区別のつく特徴的なものの周辺部の明瞭な部分（Erdtman, 1952）．（→口辺，口環）
（三好教夫）

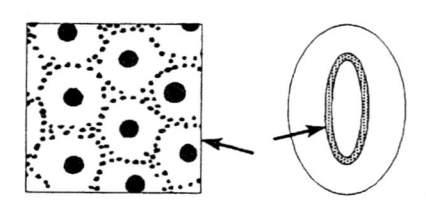

図　口縁（Punt et al., 1994）

口縁肥厚部 [aspis, aspides (pl.)]
凸出部ともいう．花粉の口周囲に，顕著に突き出た肥厚部（Wodehouse, 1935）．aspis は口環の特別な形のもので，その厚さが強調されている．（内山　隆）

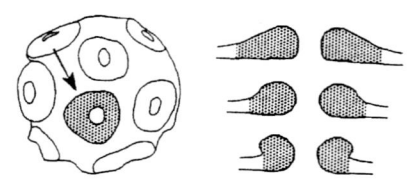

図　口縁肥厚部（Punt et al., 1994）

口蓋 [operculum, opercula (pl.)]
外口の周囲の構造が，明らかに外層と有刻層構造に定められるもの（Wodehouse, 1935）．（→付録図版）（内山　隆）

孔隔凹部 [abporal lacuna, lacunae (pl.)]
口上凹部ともいう．タンポポ亜科のような大網目型花粉において，発芽孔を挟んで上下の位置にある凹部を指す（Wodehouse, 1935）．（守田益宗）

口型 [aperturate type]
発芽口を明らかに有する花粉型で，その口の形により溝型，孔型，両者の複合した溝孔型がある．さらに，各型は口の数（mono- から hexa-, poly-）や位置（zono-：赤道面に配置；panto-：散在）の接頭辞によって分類される．発芽口が明らかに認められないものには，気嚢型（saccate），大網目型（crested；lophate），無口型がある．また，特殊なものとして，2つ以上の溝が合着する合流溝型がある．（内山　隆）

孔型 [porate (adj.)]
花粉の発芽口が，円および楕円状の孔でできているもので，孔は長さと幅の比が2以下とされている（Jackson, 1928；Wodehouse, 1935）．単孔型は単子葉植物類に多く，イネ科はその代表的なものである．この単一の孔は極に位置するもの（ulcus）と極付近に偏在するもの（ulculus）とがある（Blackmore, 1992）．（内山　隆）

溝型 [colpate (adj.)]
発芽口の長さが幅の2倍以上あるものを溝と呼び，溝をもつ花粉型のことである（Erdtman, 1943）．シダやコケ植物類の胞子には，割れ目状の発芽口があり，単溝型に類似する単条溝型と，3つの割れ目に分かれてY字形を示す三条溝型があるが，種子植物の発芽口とは発生上の起源が異なるので，溝型とは区別されている．また，溝が融合するものは合流溝型と呼ばれている．（内山　隆）

口環 [annulus, annuli (pl.)]
花粉の口のまわりを取り巻く部分の外部エ

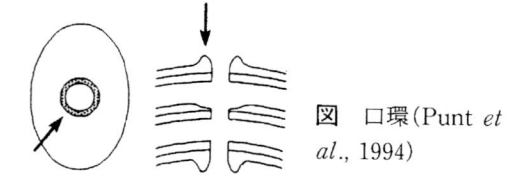

図　口環（Punt et al., 1994）

キシン(ectexine)が，他の部分とは厚さやオーナメンテーションに明らかな差があるため環をつくっている部分。　　　（守田益宗）

孔管［pore canal］

花粉の外口と内口の間の空間．空間の形によって円筒形・円錐形・すりばち形・そろばん玉形などに区分される．外層の外側と内層の内側までの長さと，花粉の直径の比を孔管指数(pore canal index)と呼ぶ(Thomson & Pflug, 1953)．孔管の形・孔管指数は，花粉を亜属や種のレベルで区別する際に重要である．　　　　　　　　　　　　（守田益宗）

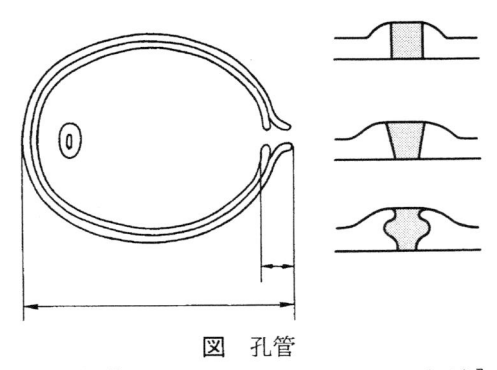

図　孔管

孔間域［interporium, interporia (pl.)］

花粉の2つの孔の間の部分で，赤道観と極観の両方に認められる(Iversen & Troels-Smith, 1950)．さらに，mesoporium, mesoporia(pl.)は赤道観，apoporium, apoporia(pl.)は極観の孔間域を示す(Erdtman, 1952)．　　　　　（内山　隆）

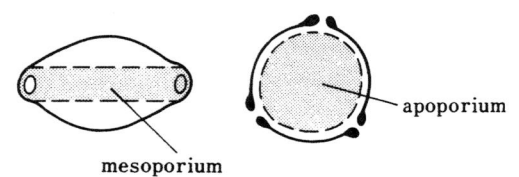

図　孔間域(Moore et al., 1991)
左：赤道観，右：極観．

溝間域［intercolpium, intercolpia (pl.)］

花粉の2つの溝の間の部分で，赤道観と極観の両方に認められる(Faegri & Iversen, 1950)．さらに，mesocolpium, mesocolpia(pl.)は赤道観，apocolpium, apocolpia(pl.)は極観の溝間域を示す(Erdtman, 1952)．　　（内山　隆）

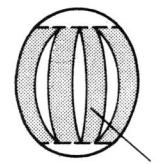

図　溝間域(Moore et al., 1991)
左：赤道観，右：極観．

孔間凹部［interporal lacuna, lacunae (pl.)］

口間凹部ともいう．大網目型の花粉表面にある凹部を，位置によっていくつかのグループに分けたときの1つ．凹部全体が極半球にあり赤道にかからないもので，孔隔凹部の間に位置するかその1辺あるいは2辺が孔隔凹部に接している凹部をいう．（→付録図版）
　　　　　　　　　　　　（高橋英樹）

孔管指数［pore canal index］　→孔管

口器［mouth parts］

昆虫の口器は基本的には上唇・大顎・小顎・下唇・舌からなっている．これらは種類によって多様に変形しており，その一部に集粉構造を発達させているものがある．たとえば口吻には，ハナアブ類などのように花粉をなめ取るのに都合よくできているものがあり，コガネムシの仲間には小顎に花粉を集めて食べるための集粉毛が発達しているものもある．花粉は高栄養価であることから，大顎等で葯ごと食害する昆虫他の小動物は多い．
　　　　　　　　　　　　（佐々木正己）

溝腔［caverna, cavernae(pl.)］

円錐状空間と同義語．溝孔型花粉において，外へふくらんだ外層と内層の間に空間ができることを指す(Thomson & Pflug, 1953)．孔型花粉の前腔(→孔)と類似している．cavernaの用語は現世の花粉の記述には使われない(Punt, et al., 1994)．　　　（高原　光）

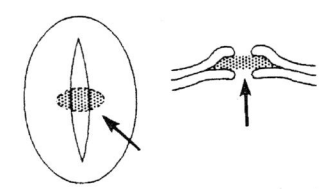

図　溝腔(Punt et al., 1994)

溝腔吻合部［cavium］

内口(os)を有する溝型花粉の各内口の部分で，セキシンとネキシンとが分離しドーム状に盛りあがって空洞になっている部分が極近くまで伸び，その端がたがいに吻合してできた極近くの空間を指す(Thomson & Pflug, 1953)． （守田益宗）

抗原［antigen］

生体を刺激して抗体を産生させる物質．抗原には完全抗原と不完全抗原の2種類がある．完全抗原とは，生体内に侵入して抗体の産生を促し，再度の侵入によってその抗体と特異的に反応して抗原抗体反応を引き起こす物質をいう．簡単な化学物質のように，それ単独では抗体をつくらないが，別の物質と結合することにより抗原性を示すものを不完全抗原あるいはハプテンという．その別の物質の多くは蛋白質で，carrier protein と呼ばれる．アレルギー疾患，とくにⅠ型アレルギーの抗原はアレルゲン(allergen)と呼ばれる．アレルゲンとは，厳密にはアレルギー反応の原因となるモノを構成する物質のうち，抗体を産生させ，症状を引き起こす物質をいうが，広義にはモノそのものをアレルゲンと呼ぶことがある．たとえば，スギ花粉症の原因となるアレルゲンは，スギ花粉中に存在するクリ・ジェイ・ワン(Cry j 1)やクリ・ジェイ・ツー(Cry j 2)などの活性物質であるが，スギ花粉そのものやスギ花粉抽出エキスを指してアレルゲンと呼ぶことがある．

アレルゲンはその侵入経路から，吸入性・食餌性・接触性に分けられる．また，職業上吸入あるいは接触することによってアレルギー疾患を発症させるものを職業性アレルゲンと呼ぶ．吸入性アレルゲンには，室内塵・花粉・真菌など空気中を浮遊するあらゆるものが含まれる．食餌性アレルゲンとなりやすいものに，穀類・卵・ミルク・魚類・甲殻類などがある．接触性アレルゲンには殺菌消毒剤・医薬品・洗剤・化粧品・金属類などがある．職業性アレルゲンにはホヤ・コンニャク舞粉，米スギなどがあり，リンゴ・ナシ・ウメ・モモ栽培など職業として植物を扱う人々に花粉症を引き起こすことが知られている．（→花粉抗原，抗原決定基） （井手　武）

抗原エキス［allergen extract］

Ⅰ型アレルギー反応を示す疾患の診療に際して，原因となる抗原を検索する抗原エキスによる皮膚反応が高く評価されている．抗原エキスによる減感作療法は有効性に関する多くの研究がなされ，今日に至っている．現在アメリカをはじめ諸外国で，数多くの診断用および治療用エキスが市販され，広く臨床に使用されている．抗原エキスを作製する場合，磨砕・脱脂・抽出・濾過・透析・濃縮・無菌化・無菌試験・規格化の工程がとられている．抗原によっては，磨砕・脱脂・透析を必要とせず原材料をそのまま抽出し，無菌化して使用できる場合がある．抗原エキスの種類は吸入性と食餌性に2大別される．その他頻度は低いが薬剤などの経皮抗原があるが，日常臨床において主要な抗原は室内塵・花粉・真菌および食品である． （岸川禮子）

抗原決定基［antigenic determinant］

抗原抗体反応において，抗体と特異的に結合する抗原分子上の部位．抗体の抗原結合部位(paratope)が抗原と結合するのは，抗原分子全体ではなく限局した一部分であり，この反応特異性および免疫原性を決定している構造を抗原決定基と呼んでいる．とくに，化学構造が明確なものをエピトープ(epitope)と呼ぶが，しばしば抗原決定基と同義に用いられる．完全抗原には通常複数の抗原決定基がある．抗原決定基となりうるのは，分子量400〜1000くらい，すなわち蛋白質抗原ではアミノ酸残基6〜10個のペプチド部分であるといわれている．また抗原決定基の一次構造を変化させずに抗原を加熱や酵素処理することにより抗原活性が消失するものがあることから，高次構造に依存した抗原決定基(conformational determinant)が注目されている． （井手　武）

抗原検査［allergen test］

主にアトピー患者のアレルギー発症の原因物質となっているいわゆる起因抗原を見出すこと，また抗原に対する反応の強さを調べる

ことである．アレルギーの抗原検査は生体内で判定する in vivo 法と試験管内で判定する in vitro 法がある．in vivo 法は皮膚テスト，P-K 反応，粘膜・組織反応（結膜誘発試験・鼻誘発試験・吸入誘発試験），食物除去・負荷および薬剤除去・負荷試験などがあげられる．in vitro 法は患者血清中の IgE 値・特異的 IgE 抗体測定，患者白血球と抗原を反応させるヒスタミン遊離試験などがあげられる．また，III・IV 型アレルギー反応で起こる気管支肺アスペルギールス症・過敏性肺臓炎などは，患者血清と抗原液との間の沈降反応で診断する．特異的 IgE 抗体測定法の開発以後，患者血清を用いる P-K 反応の必要性は著しく減少した．皮膚テストは IgE 抗体に関する I 型反応であり，15～20 分で最高に達する．中心に膨疹（浮腫状丘疹）と周囲の紅斑（発赤）が観察される．さらに，4～6 時間後の遅発反応，24 時間後の遅延型反応がみられることがある．プリックおよびスクラッチテストと皮内テストが施行されている．プリックテストは1 度に多くの抗原をテストすることができ，患者の苦痛が少ないので現在もっともよく行われている．濃厚抗原が使われ，プリック用として販売されている．安定剤として 50 ％グリセリンが含まれている．患者を腹ばいにさせ，背中に複数抗原液を順に滴下し，縫い針を通して斜め方向に突き刺すように引っかける．スクラッチテストはツベルクリン針で皮膚に 2～3 mm 傷をつける．20 分後判定で，膨疹 5 mm 以上，発赤 15 mm 以上のいずれかを満足した場合を陽性とする．皮内テストは濃度の低い抗原液（10^{-3}, 10^{-4}）を用いる．前腕屈側部にツベルクリン針で 0.02 ml 皮内注射し，15 分後に判定．膨疹 9 mm 以上，発赤 21 mm 以上のいずれか満足すれば陽性（石崎）．皮内反応は全身反応を誘発することがあり，救急処置の準備が必要である．皮膚テストは吸入性抗原検索には有用だが，特異的 IgE 抗体測定を行ってもわかりにくい食物性抗原の場合，食物除去・負荷試験を施行したり，場合によっては抗原誘発試験が必要となる． (岸川禮子)

抗原抗体反応［antigen-antibody reaction］
　抗原 A に対してつくられた抗体を a，抗原 B に対してつくられた抗体を b とするとき，A と a，B と b の間にのみ反応が陽性で，A と b，B と a の反応は陰性である場合，A と a，B と b の反応を抗原抗体反応という．抗原抗体反応は，抗原とそれに対応する抗体のみが選択的に結合する特異性が高い反応である．多価抗原と抗体の結合の強さを結合活性（avidity）といい，ハプテンのような単一抗原決定基と抗体が反応する力を親和性（affinity）という．radioimmunoassay や enzyme immunoassay は，抗原抗体反応の特異性を利用したもので，検出感度は非常に高く，IgE 抗体の測定などに用いられている．（→抗原，抗体） (井手　武)

抗原性［antigenicity］
　ある物質を生体に投与したとき，免疫応答を引き起こす活性（免疫原性；immunogenicity）および産生した抗体と特異的に結合する活性の総称．アレルギー学ではこれをアレルゲン性（allergenicity）という．不完全抗原は抗体と結合することはできるが，免疫原性をもっていない． (井手　武)

溝孔型［colporate (adj.)］
　1 つあるいは複数の内口が 1 本の外溝（ectocolpus）と複合する発芽口をもつ花粉（Erdtman, 1945, 1952）．例：ブナ［*Fagus crenata*］. (内山　隆)

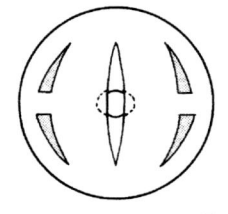

図　溝孔型

光合成有効放射［photosynthetically active radiation］
　植物の光合成作用で大きな役割を果たしているのが葉緑素であるが，この葉緑素が吸収する光は太陽光のすべてではない．植物によって多少違いがあるが，およそ 400 nm から 700 nm であり，この波長の光を光合成有効放

射という．ほぼ可視光線の領域と一致している．光合成有効放射は散乱放射のほうが直達放射よりも割合が高く，つまり曇空のほうが晴天よりも光合成に有効な光が多いことになる．光合成の量的な効果をみる場合には直達放射を代表する日照時間をみるだけではなく，全天日射量など散乱放射を含めた数値を検討する必要がある． (村山貢司)

抗コリン薬 [anticholinergics]
アセチルコリンに特異的に拮抗することによって，アセチルコリンの気管支収縮作用・鼻汁分泌作用などを抑制する薬物．アセチルコリン受容体において，副交感神経末端より遊離されるアセチルコリンと競合することによって，アセチルコリンの作用に拮抗する．治療薬としての抗コリン薬は，アトロピン誘導体であるが，化学構造上，四級アミンであるため，末梢性抗コリン作用が三級アミンのアトロピンより強く，かつ持続的であるが，中枢性抗コリン作用は認められず，気管・気管支平滑筋に対してより親和性が高く，顕著な気管支拡張作用を有する．アレルギー性鼻炎における副交感神経末端から分泌されるアセチルコリンによる鼻腺からの鼻汁分泌の増加を抑制する．現在，2種類の成分（臭化イプラトロピウム・臭化フルトロピウム）が製剤化されており，気管支収縮予防・鼻汁抑制剤として定量噴霧吸入器により使用される．花粉症の鼻症状のうち水性鼻汁に有効である．副作用には特別なものはない (斎藤洋三)

交叉 [crossing-over]
乗り換えともいい，減数分裂の第一分裂前期のパキテン期においてみられる二価染色体の相同染色体間の部分的な交換現象を指す．交叉の細胞学的証拠としてキアズマが観察される．第一分裂前期のザイゴテン期に形成されるシナプトネマ構造が必要条件であり，形成されるキアズマの数とシナプトネマ構造上の組み換え小節と呼ばれる構造体の数が一致することから，この組み換え小節が交叉を引き起こしていると考えられている．交叉は，遺伝子の切断を伴うので危険ではあるが，遺伝的組み換えによって多様な遺伝子型の配偶子を生み出すことになるので，種の保存という観点からみると生物にとって有利な機構であるといえる． (田中一朗)

交雑 [hybridization；cross；crossing] →交配

交雑品種 [hybrid variety] →一代雑種品種

交雑不和合性 [cross-incompatibility] →交配不和合性

硬質層 [pollen coat] →花粉セメント

向心 [proximal (adj.)]
求心ともいう．四分子期に四小胞子が向き合っていた中心方向をいう．カロース壁の分解後は個々の小胞子はばらばらになるため，等極性の花粉では決定するのはむづかしい．対語は遠心．（→付録図版） (高橋英樹)

更新世 [Pleistocene] →最新世

向心極面 [proximal face] →向心面

向心面 [proximal face]
球心面ともいう．向心極を向いた花粉・胞子の表面． (高橋英樹)

向心面口型 [catatreme (adj.)]
求心面口型ともいう．向心面に開口部がある花粉型のこと．口が孔であれば向心面孔型，口が溝であれば向心面溝型などという．コケ類やシダ類の胞子がこの型であるため，遠心面や赤道面に口がある花粉型より原始的な形質と考えられている．しかしバンレイシ科の一部やモウセンゴケ属の四集粒でもこの型がみられ，この場合は2次的に特殊化してできた例とも考えられる． (高橋英樹)

向心面孔型 [cataporate (adj.)]
求心面孔型ともいう．向心面口型の1つで，向心面に1個の孔がある花粉型のこと．
(高橋英樹)

向心面溝型 [catacolpate (adj.)]
求心面溝型ともいう．向心面口型の1つで，向心面に溝のある花粉型のこと．
(高橋英樹)

向心面薄膜類口 [catalept]
向心面口型の1つで，向心面に1個の薄膜類口がある花粉型のこと． (高橋英樹)

合成品種 [synthetic variety]

他殖性の多くの牧草類やテンサイなどで用いられる品種育成法の1つ．組み合わせ能力検定に基づいて選ばれた相当数の遺伝子型間の相互交配により得られる品種．その後の品種の維持は自然交配により行われる．合成品種は雑種強勢を積極的に利用するもので，世代を進めても複数の遺伝子型で構成されているため集団のヘテロ性が比較的高いまま維持されるので変動する環境条件などに安定した適応力を示す． （大澤　良）

孔接凹部［poral lacuna, lacunae (pl.)］
口凹部ともいう．大網目型花粉において凹部をその位置によりグループ分けしたときの1つ．中央に孔をもつ凹部のこと．（→付録図版） （高橋英樹）

酵素［enzyme］
酵素は生体内反応の触媒として顕著な能力をもち，高い基質特異性を有する．RNAであるリボザイムを除き，分子量10000〜100万の蛋白質である．糖や脂質と結合した複合蛋白質としても存在する．生体内には数千種の酵素が存在しており，触媒する反応の型によって酸化還元酵素(oxidoreductase)，転移酵素(transferase)，加水分解酵素(hydrolase)，脱離酵素(lyase)，異性化酵素(isomerase)および合成酵素(ligase)に分類される．花粉は，発芽および花粉管伸長する前から，その目的達成のための酵素をほとんど備えているといわれている．テッポウユリ花粉のフィターゼのように発芽後に新たに出現してくる酵素も知られているが，これは成熟花粉の段階までに，すでにmRNAとして準備されていたものが翻訳されたと考えられている．花粉の酵素は核・細胞質および表層の内壁などに存在し，表層内壁の酵素は，表在性酵素と呼ばれている．また，大部分の酵素は植物の他の器官のものと同じであるが，ADP-グルコースピロホスホリラーゼやβ-グルコシダーゼなどのように花粉に特異的な酵素が存在するという報告もある． （船隈　透）

構造［structure；structurate(adj.)］
花粉・胞子壁の内部の仕組(Potonié, 1934)．これに対して，壁の外部表面の起伏は，彫紋(sculpture；pattern；ornamentation)という． （三好教夫）

孔側凹部［paraporal lacuna, lacunae (pl.)］
大網目型花粉の中で，赤道隆起部に隣接する凹部(Wodehouse, 1935)．（→付録図版） （内山　隆）

抗体［antibody］
抗原と特異的に結合する蛋白質で，グロブリンに属する．抗体としての作用をもつグロブリンを免疫グロブリン(immunoglobulin, Ig)という．その基本構造は，2つの重鎖(heavy chain；H鎖)と2つの軽鎖(light chain；L鎖)がS-S結合することでできている．両鎖N末端から一定の領域は抗原と結合する部分であり，対応する抗原によりアミノ酸配列が異なることから可変部(variable region)といい，それ以外のC末端までの部分は抗原の種類にかかわらずアミノ酸配列がほとんど変わらないことから定常部(constant region)という．H鎖の定常部構造の相異により免疫グロブリンはIgG, IgA, IgM, IgD, IgEの5つのクラスに分類される．ヒトIgGには4つ，IgAには2つのサブクラスが存在する．L鎖にはκとλの2つのタイプがあり，すべての抗体はκ鎖2つまたはλ鎖2つをもっている．（→抗原抗体反応）
（井手　武）

喉頭アレルギー［laryngeal allergy］
喉頭アレルギー(またはアレルギー性喉頭炎)に関する報告はAlinovに始まるとされる(Brodnitz, 1971)．日本においても沢木(1972)が欧米の報告をまとめて紹介したが，その後，日本においても少なからぬ報告がある．しかし，その診断基準は山口(1991)が試案を示しているものの，いまだ確立していない．喉頭アレルギーはⅠ型アレルギーが大部分と考えられ，既往歴・家族歴・臨床検査成績にⅠ型アレルギーとしての特徴があり，治療法もこれに準ずる．症状としては，のどの異常感に伴う咳嗽が主で，痰や時に嗄声(声がれ)・呼吸困難・喘鳴(ゼーゼー，ヒューヒュー)を随伴する．宇佐神(1988)によればスギ花

粉症（単独感作例）100例での喉頭アレルギーの合併頻度は5.7％で，詳細に症状を調べた51例では，のどが原因の咳・嗄声ともに31％にみられた（宇佐神，1981）．起因抗原としては花粉などの吸入性抗原が多く，食餌性抗原も関与するとされる．　　　　（宇佐神篤）

厚凸口膜型［crustate(adj.)］
粗い顆粒状紋に厚く被われた，花粉の発芽口膜（Erdtman, 1952）．　　　　（高原　光）

交配［crossing；mating］
交雑ともいう．異なる個体の間で，雌蕊の柱頭に雄蕊の花粉を他家受粉する工程を交配といい，花粉媒介昆虫・風・流水などによる自然交配と，人間が行う人工交配がある．自家受粉についても交配という人がいるが，受粉という工程に自家受粉と他家受粉があり，他家受粉を交配ともいい，交雑と呼ぶこともあると理解するべきである．なお，厳密に考えると，交雑という言葉には交配という他家受粉操作と，これによって雑種種子を得るところまでが含まれる．したがって，たとえば，縁の遠い2つの種について，開花期がうまく合ったので種間交配をすることはできたが，残念ながら交雑不親和性が強く，種間交雑には成功しなかったというような話になる．人工交配には，ピンセットで葯をつまんで受粉する方法や，交配用の綿棒・絵筆・花粉銃などを用いた方法がある．ナシやリンゴなど果樹では肩かけ式や背負い式の人工交配器があるが，高価なわりには気流式のため効率はよくないので低廉で効率的な受粉器が望まれていた．福島県でナシ栽培農家が経験を生かして簡便で効率的な羽毛式の人工交配器を発明して県知事賞を受けており，最近製品化された．　　　　（生井兵治）

交配不和合性［cross-incompatibility］
自然界に広くみられる生殖的隔離機構の1つである．たとえば，サツマイモは自家不和合性であり自家受粉しても種子ができないが，個体間で交配すれば種子が得られる．しかし，交配組み合わせによっては他家受粉によっても不和合性を示し種子ができないことがある．このように，同一種内で個体間で交配しても不和合遺伝子の作用によって種子が得られない現象を交配不和合性あるいは交雑不和合性という．なお，異なる種の間での交配不和合性を，とくに交配不親和性ということもある．　　　　（生井兵治）

広範花粉型［eurypalynous(adj.)］
異型花粉群ともいう．発芽口や外壁の構造などが異なる多様な花粉型をもつ科などの分類群．キク科・アカネ科・アオギリ科など（Erdtman, 1952）．（→狭範花粉型）
　　　　（高原　光）

抗ヒスタミン薬［antihistamines］
ヒスタミンに特異的に拮抗することによって，ヒスタミンの平滑筋収縮作用およびその他の作用を抑制する薬物．化学構造上，ヒスタミンと共通のメチルアミン基を有し，これにより標的細胞のH_1受容体でヒスタミンと競合し，ヒスタミンが受容体に結合するのを阻止する．その他の薬理作用として，脂溶性のため血液-脳関門を通過して中枢抑制作用を示したり，抗コリン作用・局所麻酔作用などもある．現在，20種類前後の成分が製剤化されており，一般に化学構造の同系統のものは，同様の効果を示すと考えてよい．代表的な系統としてエタノールアミン系・エチレンジアミン系・プロピルアミン系・フェノチアジン系などがある．抗ヒスタミン薬は古くから花粉症の対症薬として，内外で広く使用されている．一般に鼻症状のうち，くしゃみ・水性鼻漏には効果があるが，鼻閉には効果が劣る．眼や皮膚の痒みにも有効である．副作用として眠気，時に口渇・食欲不振などがある．　　　　（斎藤洋三）

後氷期の花粉帯［pollen zones of post-glacial stage］
第四紀最新世末最後の氷期（ヨーロッパのWürm氷期，北アメリカ大陸のウィスコンシン氷期）以後の時期で，先氷期・氷期・間氷期と同系統の語の後氷期に，氷床の融解，氷河の後退は，低緯度・低所からしだいに高緯度・高所に及んだので，後氷期の始まりも，それに準じて始まった．したがって，最終氷期と後氷期との境界も地域によって異なる．北欧

では，スカンジナビア氷床が後退し，ラグンダ湖付近で2つに分かれ，海水は湖に進入したとき以後，ヨーロッパでは，北ドイツの海岸一帯から氷床が去ったとき以後，北アメリカでは，アルゴンキン湖期以後を後氷期といい，氷床・氷河で覆われた地域では，これ等がなくなり，気候の温暖化・気圧配置・降水・乾燥度・植生・風化侵食・堆積の状況・海水準・生物相，および人類の生活環境等に大きな変化があったので，現自然環境とは大差があるため，後氷期のもつ意義は大きい．日本では，中部山岳地帯と日高山脈の一部以外には氷河は分布しなかったので，後氷期の始期は不明であるが，最終氷期の極寒期以降に海水準は80〜100mも上昇し，したがって氷期の海岸地形とは大差ができた．

この期の花粉帯は，花粉分析がなされた地域によって若干異なることは当然であるが，概して，増温期→温暖期→やや減温期に3大区分できる．北欧でのBlyttとSernanderの約10000年間の堆積物の分帯ではPreboreal（約11000〜10000年前），Boreal（10000〜8500年前），Atlantic（8500〜4500年前），Subboreal（4500〜2000年前），Subatlantic（2000〜数百年前），Recentに細分されている．世界的には，これら6つの花粉帯に対応する花粉群集と花粉帯の存在が確認されるが，これ等花粉帯の境界は調査地によって若干相違し，また，本期の始まりが北欧のそれよりも以前である地域では，Preborealに先立ついくつかの花粉帯が設けられている．
(藤　則雄)

溝辺［margo, margines(pl.); marginate (adj.)］

花粉において，有刻層の一部から分化し，構造や厚さの違いによって区別される溝・長口の周縁部の外壁の部分（Iversen & Troels-

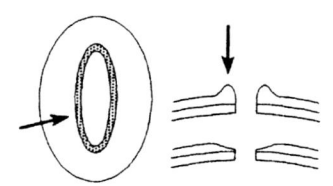

図　溝辺（Punt et al., 1994）

Smith, 1950）．発芽口が孔型のものでは，口環という．
(三好教夫)

口膜［aperture membrane］

花粉・胞子の表面で，細胞内容の正常な出口の均質な組織の弱い内層の薄膜．溝膜や孔膜がある．
(高橋　清)

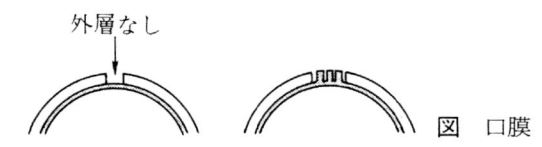

図　口膜

孔膜［pore membrane; membrana pori］→口膜

溝膜［furrow membrane; colpus membrane; membrana colpi］→口膜

溝網型［areolate (adj.)］

花粉の表面模様の1型で，小さな円形あるいは多角形部分が溝によって隔てられている型．ちょうど網目型のネガ像のようにもみえるので負網状紋（negative reticulum）に含まれる．
(高橋英樹)

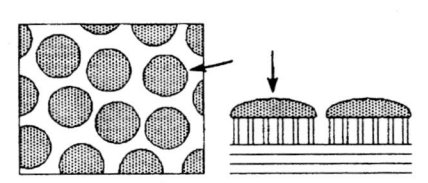

図　溝網型（Punt et al., 1994）

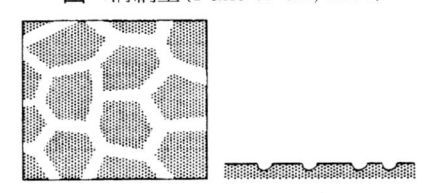

図　負網状紋（Punt et al., 1994）

コウモリ媒花［bat flower; chiropterophilous flower］→鳥媒花，コウモリ媒花

コウヤマキ花粉症［kohyamaki pollinosis］

コウヤマキ［Sciadopitys verticillata; umbrella-pine］の花粉によって発症するI型アレルギー．コウヤマキは，植物分類学上，裸子植物門，球果植物綱，マツ目であるが，独立した科とする説，スギ科あるいはマツ科とする説がある．いずれにしても1属1種である．日本だけに存在する常緑針葉樹で，その天然分布は福島県から南，四国，九州に及

ぶ．とくに，高野山と木曽に多く，それぞれ高野六木，木曽五木の1つに数えられている．火と水に強いのがコウヤマキの特徴で，防火用として植樹され，材は風呂桶や棺桶に用いられる．高野山では土産用に切り花として販売されており，関西地方ではこれを仏前に供える習慣がある．コウヤマキ花粉の大きさは約 $40 \times 40 \mu$m，幾瀬の分類(1956)によれば単口有心型，外層彫紋はいぼ状紋で4月上旬から中旬にかけて開花する．コウヤマキ花粉症は，1986年に芦田らによって報告された．診断根拠は，その花粉から抽出したアレルゲンエキスを用いた皮内反応ならびにその閾値検査，鼻誘発テスト，RASTが陽性であったことによる．その後追試報告はみられないが，1枝の花粉量が相当多いことから，コウヤマキが多数植生する地域では注意が必要である． (芦田恒雄)

孔粒極域 [apoporium, apoporia (pl.)]
花粉の孔間域の1つで，両極を中心とする部分(Erdtman, 1952)．(→孔間域)
(内山　隆)

溝粒極域 [apocolpium, apocolpia (pl.); apocolpial field; polar field]
花粉の溝間域の1つで，両極を中心とする部分(Erdtman, 1952)．(→溝間域)
(内山　隆)

合流口極 [convergent pole]
数本の発芽溝がその先端で合流している側の極．合流していない極は無合流口極(blank pole)という(幾瀬, 1956)．たとえば，サネカズラ属のような遠心面合流三溝型花粉では，遠心極が合流口極，向心極が無合流極となる．
(守田益宗)

合流溝(孔)型 [syncolp(or)ate (adj.)]
溝(孔)型(colp(or)ate)花粉の，溝の先端が極域で融合しているもの(Erdtman, 1952)．その後，広義に使われ，螺旋口型や叉状合流溝(孔)型(parasyncolp(or)ate)を含むようになった．(Iversen & Troels-Smith, 1950)．
(内山　隆)

孔輪 [oculus, oculi (pl.)]
通常，三孔型花粉の孔構造の広がった部分．外層のふくらみ，厚い突出より成る(Traverse, 1988)．口環に類似している外表層(exolamella)"b"の小枝が輪の型をした同極帯に伸ばされた．口環と対照的に，孔輪は横断面でより小さく，平面観でより大きい．極観で，孔域にある暗色の円形のまだらか，暗色の円形の盤または輪として現れる (Thomson & Pflug, 1953)． (高橋　清)

小形胞子 [miospore]
「生物学的機能にかかわらず，直径 200μm より小さい胞子または花粉」として，古花粉学の分野で定められた用語(Guennel, 1952)．もし「小形胞子」が使用されれば，直径 200μm より大きなすべての胞子と花粉は，生物学的機能にかかわらず大形胞子(megaspore)と呼ばれる． (三好教夫)

小型有孔虫ライニング [microforaminiferal lining]
パリノモルフ分析で出現するグループは底棲有孔虫である．この分析では有機質微化石を抽出する目的で塩酸やフッ化水素など酸性

| | 赤道観 |
| | 極観 |

合流溝(孔)型　　螺旋型　　叉状合流溝(孔)型

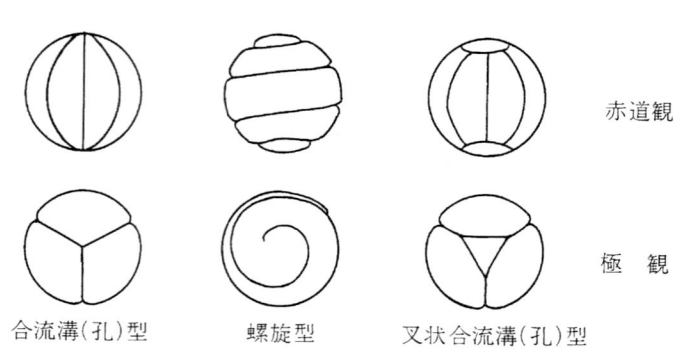

図　合流溝(孔)型(Blackmore *et al.*, 1992)

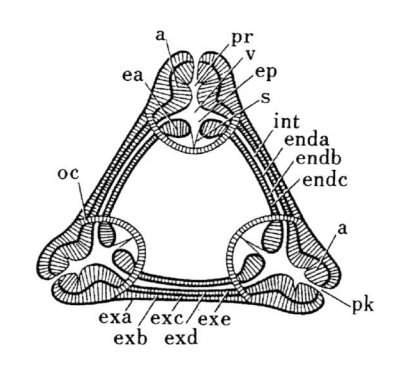

図 孔輪(Thomson & Pflug, 1953)
a：annulus, ea：end-annulus, enda-c：endolamella a-c, ep：endoporus, exa-e：exolamella a-e, int：interloculum, oc：oculus, pk：pore canal, pr：praevestibulum, s：solution meridium, v：vestibulum.

薬品を用いて石灰質や珪酸質粒子を除去するために，有孔虫の鉱物質の外殻は残らない．しかしその内側にあり，原形質を包んでいる有機質(キチン質)の内膜は他のパリノモルフとともにしばしば検出される．これらのパリノモルフは通常の有孔虫分析の対象とされる個体よりも小さい(150～20μm)ので小型有孔虫(microforaminifera)とか，また各住房がつながって産するために有孔虫ライニング(foraminiferal lining)などとも称される．(→パリノモルフ)　　　　(松岡數充)

古気候 [palaeoclimate]

古気候とは地質時代・先史時代・歴史時代・観測時を含め過去の気候のことである．古気候を復元する手段としては年輪や，湖底・深海底堆積物あるいは氷の中に含まれている花粉・珪藻などの微化石，ダストや酸素・炭素の同位体比の測定などがあげられる．また古記録も有効な復元手段である．これまで地形や土壌により復元されてきた古気候に比べて，上記の手段による古気候の復元の精度は，はるかに高くなってきた．

取り分け，人類の居住した第四紀の古気候を取り扱う第四紀古気候学は，われわれ現代人の生きる時代を地球の気候変動史の中に正しく位置づけ，気候と人類の未来を見通すうえで重要である．近年の氷の中に含まれる酸素同位体比の分析や堆積物中のラミナの精微な分析結果は，これまで地球の気候は数千年の単位でゆるやかに変動をするという常識をくつがえすようなショッキングなデータを提示しつつある．グリーンランドの中央部から採取したサミットコアの酸素同位体比の分析結果は，最終氷期には，10～100年の間にグリーンランド周辺の平均気温が10℃前後も一気に上昇した可能性があったことを指摘している．さらにわれわれの生活する間氷期よりももう1つ前の間氷期(最終間氷期，エーム間氷期)の気候はたいへん不安定であり，2回の特徴的な寒冷期(2000～6000年継続する)が存在する可能性さえ指摘され始めた．これに比べわれわれの住む現在の間氷期の気候がきわめて安定していることは，約10万年周期で訪れた過去の間氷期の中ではきわめて異例の状況でさえあるのである．人類文明の繁栄

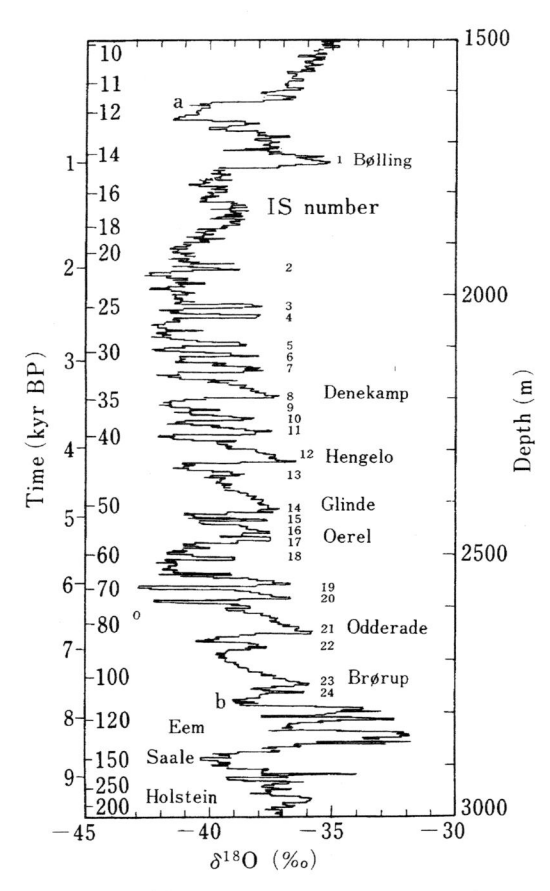

図1 古気候(Dansgaard *et al.*, 1993)

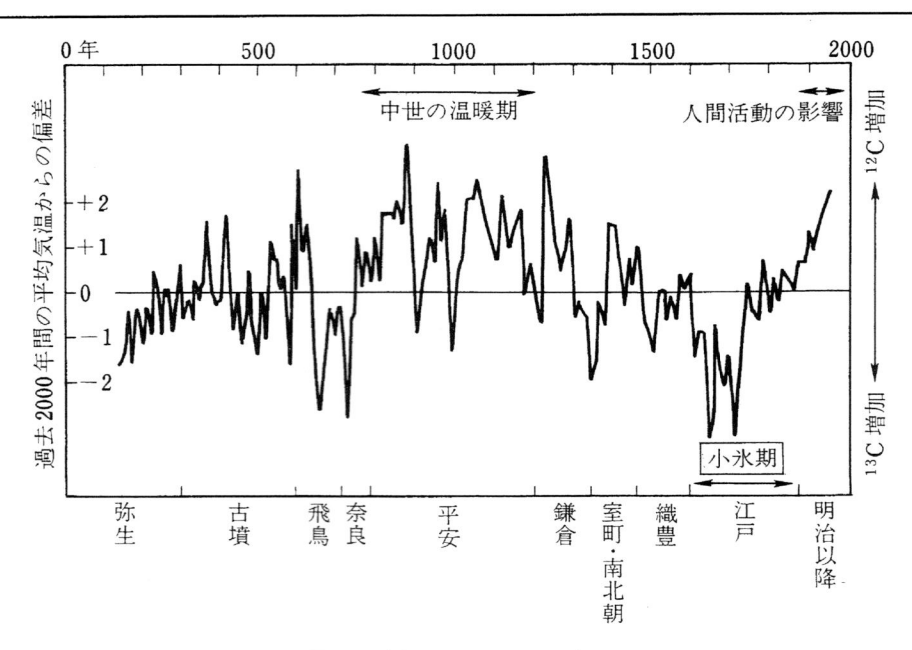

図2 古気候(北川, 1994)

はこの過去10000年間の安定した現間氷期の気候によって支えられていることはまちがいない．

尾瀬ケ原の花粉分析の結果は，過去6000年間の詳細な古気温の変動を明らかにした．縄文後期の再海進や古墳寒冷期の存在など，これまでに知られていなかった新しい気候事件も発見されている．さらにヤクスギの年輪の炭素同位体比の分析結果は，歴史時代の詳細な古気温の変動を復元することに成功している．6～7世紀の寒冷期，中世温暖期もいくつかの短期間の寒冷期を含み，14世紀より小氷期の寒冷化が始まり，17世紀にピークに達することなど，人類の歴史とのかかわりにおいて気候変動を論じうることができるようになっている．さらに福井県水月湖の湖底から発見された年縞(堆積物中に残された1年ごとの縞状ラミナ)の分析によって，過去40000年間の詳細な時間軸と古気候の復元が可能になりつつある． (安田喜憲)

呼吸 [respiration]

糖・脂肪および蛋白質が，TCAサイクルおよび電子伝達系を経て酸化されることを呼吸(内呼吸)といい，酸素の消費と炭酸ガスの発生を伴う．電子伝達系において一連の酸化還元反応を行う集合体を呼吸鎖という．呼吸鎖には，NAD・フラビン蛋白質・鉄硫黄蛋白質・ユビキノンおよびチトクロム(a, a_3, b, c, c_1)の5つの電子キャリヤーが存在している．呼吸鎖には酸化的リン酸化反応が共役しており，電子の伝達に伴ってATPが産生される．開葯後の花粉は，ただちに脱水して乾燥した状態となり，呼吸をはじめ他の代謝も抑制して，一種の休眠状態となる．しかし柱頭か適当な培地上に置くと，花粉はただちに吸水を行い，代謝を活発化させて発芽および花粉管伸長を行う．酸素のない状態では発芽できないことから，発芽および花粉管伸長にとって呼吸は不可欠である．鑑賞用園芸植物の三核性と二核性の花粉では，三核性のほうが呼吸が活発であり，酸素要求性が高いと報告されている．また，チトクロムc含量やチトクロムオキシダーゼ活性が被子植物の花粉では高く，裸子植物の花粉ではきわめて低いといわれていることから，両者の呼吸速度には，大差があると思われる．呼吸の基質としては，花粉にかなり含まれている糖質が主に使われるものと考えられるが，花粉には植物の他の組織に存在する糖質代謝に関連する酵素の大半が存在していると思われる． (船隈 透)

国際植物命名規約［International code of botanical nomenclature］
　植物の分類群を表示した学名を整備するために設けた国際的な規約である．国際植物学会議で改訂される．過去の混乱を整理し，将来の混乱を予防するために，学名の発表上の必要条件を定め，先取権とタイプ法をとっている．Paris code (1867) 以来，検討が加えられ，Cambridge code (1930) で初めて現行法の基礎ができた．(→模式標本)　（高橋　清）

国土数値情報［digital national land information］
　地形・土地利用等の国土に関する地理的情報を数値化し，磁気テープ等に記録したもので，簡単にいえば数値化された地図である．日本全土をカバーするものとしてはもっとも早期に整備された．1974年から80年にかけて国土地理院が初期整備し以後同院により年々変化修正が加えられている．原則として約1km四方のメッシュ単位に情報を整備する方式が採用されている．特徴としては，1) ほぼ同一の精度で全国のデータが整備されている．2) ディジタルデータなのでコンピュータでの処理・加工が可能である．3) メッシュデータなので行政区画にとらわれない地域認識が可能などがあげられる．これまでに整備された国土数値情報としては，1) 標高・起伏量，海岸・湖岸線，土地利用等の自然条件に関するもの，2) 首都圏整備法等の都市計画区域，自然公園法による国立公園等各種法規制指定地域に関するもの，3) 道路・鉄道等の交通施設や学校・病院・官公署など各種施設に関するもの，4) 公示価格のデータ等の経済・社会に関するもの，等がある．国土数値情報は㈶日本地図センターが外部提供している．(→メッシュデータ)　（高橋裕一）

固形培地［solid medium］
　微生物や動植物細胞の培養のために用いる培地のなかで，固形状のものを総称していう．液体培地にゲル化剤として寒天・ゼラチン・ゲルライト・シリカゲルなどを加えて固形化させるが，なかでも寒天培地がもっとも多く使われる．植物の組織・器官培養においては液体培地よりも一般的で，また変異細胞や形質転換細胞を選抜する際には必須となる．花粉の培養でも常用されており，とくに成熟花粉を寒天表面上に直線上に散布する方法は，花粉管がその直線とは直角の方向に伸長するため，花粉管の観察や測定に都合がよい．
　　　　　　　　　　　　　（田中一朗）

弧状花粉捕集器［Brown's sampler］
　ブラウン捕集器ともいう．空気中に浮遊する固体粒子(花粉など 0.1～200 μm)は，その比重と粒子径により Stokes の法則に従って空気中を落下するという原理を用いた重量法 (gravimetric method) による空中浮遊花粉捕集器の1つである．1949年に Brown によって用いられ始めた図のような金属(ステンレス製)の捕集器で，風通し良く，付着物は小雨から守られるように工夫されており，重力によって自然に落下してくる空中浮遊花粉を中央に粘着力のある液(フェーブス-ブラックレー液等)を塗ったスライドグラス上に捕集するものである．　（佐渡昌子）

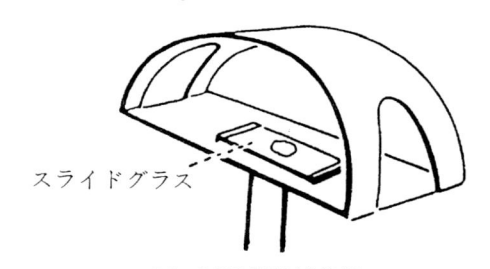

図　弧状花粉捕集器

古植生［palaeovegetation］
　植物は種ごとに環境条件に適応した範囲に生育する．すなわち，植物の種は環境に対する耐性の幅を有している．この耐性の幅を共有する植物が同種または異種によって集団をつくり，地表を覆うことになる．このようにしてある地域に植物の集団が形成され，この植物の集団を植生(vegetation)という．過去の植生そのものを直接みることはできないが，地層の中に保存された植物化石を基にして，地層が形成された当時に存在したであろう植物集団，すなわち当時の植生を求めることができる．このようにして考察される地質時代の植生をいう．(→植生)　（長谷義隆）

古植代 [Palaeophytic era]

陸上植物胞子の最初の出現(オルドビス紀/シルル紀境界)から中植代の初めまでの地質時間の非公式の区分. （高橋　清）

湖成層 [lacustrine sediment]

湖および大きな沼に沈積してできた堆積物の総称で，岩塩や石膏など特殊な塩類を沈積する以外は，淡水湖沼の堆積物であることが多いが，化石等によって判定できない場合もある．一般には，構成粒子の分級はよいが，海成層と区別することは困難であることが多い．堆積物は，その組成から沿岸域に堆積する無機成分を主とするものと，深い水域に堆積する有機成分を主とするものとの2つに大別される．前者には，粘土を主とする堆積物や炭酸カルシウムを多量に含む石灰質堆積物，石英砂を主とする珪酸質堆積物，貝殻・植物組織を核としてできている水酸化鉄より成る沼鉄鉱，リン鉱を含むラン鉄鉱などの鉄堆積物などがある．これらは，総じて平地の湖沼の堆積物にみられる．後者の堆積物としては，淡水棲プランクトンの遺骸より成る骸泥と腐植質泥とがある．なお，骸泥とよく似た組成をもった深水域堆積物では硫化物のために黒色底泥となっているものもある．淡水棲生物の遺体やラン鉄鉱，雨痕・乾痕・生痕(生物の生活の痕の化石)などによって淡水域の沈積物であると判断されることもある．最近，琵琶湖，タンザニア湖，五大湖，バイカル湖等が花粉分析の視点から研究されているが，古くは，北欧諸国の沼湖でよく研究されている．(→ユッチャ) （藤　則雄）

古生代の胞子・花粉 [spore and pollen of Palaeozoic era]

シルル紀最初期までの海成頁岩には，アクリターク，スコレコドント(scolecodonts)，キチノゾア(chitinozoans)が産出する．シルル紀最初期のデルタや他の縁辺環境からの堆積岩から，明らかに非海性の地上の環境で形成された植物の微化石が現れる．実際にはオルドビス紀後期(Caradocian-Ashgillian)の岩石にこれらの先駆者が発見されている．単粒―胞子様単細胞生物に対し cryptospore の名が与えられている―，その他，二〜四集粒のものもある．トウスカローラー層(Tuscarora層；ペンシルバニア)では溝を欠いた多くの単細胞や四集粒などの他，細胞や組織の破片がみつかっている．これらのある物が最初の地上植物の他の部分を表すことが予測される．三条溝をもつ *Ambitisporites* が，シリアのシルル紀初期の Llandovery 階よりやや若い岩石(Llandovery - Wenlock 階)から Hoffmeister (1959) によって初めて記載・報告された．これは確かに胚植物胞子である．現生するあるコケの胞子に似ている．シルル紀後期に，最初の維管束植物の小さい直立した *Cooksonia* が出現した．*Cooksonia* の出現の後，陸上植物の胞子の約1ダースの属が産出した．初期の胞子は全世界的分布であり，層位学的に有用である．

デボン紀初期 Gedinnian 階に *Cooksonia* の産出，*Zooterophyllum* の出現，Siegenian 階に trimerophytes, lycophytes, arthrophytes の出現，Emsian 階に上記のものと cladoxylaleans, progymnosperms が出現した．中期の Givetian 階に protopterids が，後期の Famennian 階末に progymnosperm が真の種子を生産する機能を備えた．花粉がつくり出される．形態的に microspore から区別できず，先花粉と呼ばれる．三条溝面の接触域の輪郭(curvatura)の発達はデボン紀の胞子形態の重要な特徴である．zona と arcuate ridge は初期の発達で，大きさは20〜40 μm の初めの大きさから 50 μm の限度にシルル紀後期で達する．シルル紀後期とデボン紀初期に膜の修正が大きな多様性を示す．Siegenian 階では，zonal equatorial feature の変形が現れる．異なる2つの厚さをもつ赤道の伸長から来る bizonate がつくられた．Emsian 階では，真の輪帯，気嚢(偽気嚢)をもった胞子が現れる．大胞子は 200 μm 以上の大きさのもので，デボン紀や石炭紀に多い．層位学的・古生態学的に有用である．

石炭紀では，すでにデボン紀で確立した植物進化における方向が，lycopsids (*Lepidodendron*, *Nigillaria*)，種子シダ高木と低

木(*Medullosa*), sphenopsid 高木と低木(*Calamites*), 草本形と木本形のシダ(*Psaronius*), コルダボク目の高木と低木(*Cordaites* と原始的針葉樹類)より成る広くゆきわたった森林の確立で膨張した. 石炭をつくる沼沢の広大な広がりの時代である. 見かけの気嚢は真の気嚢ではなくて cavate〔camerate〕 condition の伸展を表す. 膜は2つの層の間のスペースが気嚢をつくり出すようふくらむ *Alatisporites* や *Endosporites* のような偽気嚢型胞子の例を多く含む. 真の二翼型花粉は石炭紀中に発達した. たとえば, *Vesicaspora* は種子シダによってつくられた二翼型花粉である. 現在の針葉樹二翼型花粉にたいへん似ている. 単翼型花粉は石炭紀中に発達した. すなわち, *Florinites* (cordaitalean で初期的な針葉樹によってつくられた花粉に対する属). *Nuskoisporites* や *Lueckisporites* のような形や大きな単翼型が特徴的であるとき, 単翼型はペルム紀初期に重要である. 単翼型と二翼型との間には漸移形がある.

ペルム紀 Kungurian 階から花粉学的に saccate の時代である. 単翼型と二翼型, とくに striate bisaccate は, 確かに針葉樹または針葉樹様の裸子植物の優勢(ゴンドワナ大陸ではグロッソプテリス類)を示す. この傾向は古植代/中植代をよぎって加速した. しかし, ペルム紀の palynoflora は大きな地区化を示す. 1) Euramerica 地区(Chaloner と Lacey はこれをペルム紀初紀で Atlantic, North America と Cathaysia に分けた). 2) Angara 地区(中央アジア). 3) Cathaysia 地区(中国など). 4) Gondwana 地区(インド, アフリカなど). これに Australia 地区または Gondwana 亜地区が加えられるべきである. 古植代から中植代の変化は Euramerica 地区と Cathaysia 地区ではっきりしているが, Angara 地区ではそんなに明瞭でない. 植物群は古緯度に基づいた palynofloristic zones を意味する. たとえば, Cathaysian palynoflora は熱帯を表す. Gondwana 大陸では内部だけの地方的な発展が行われた. *Vittatina* (striate の非 saccate)や *Striatites* (taeniate bisaccate)の両方の花粉は, 石炭紀後期とペルム紀初期によく確立されたが, bisaccate striate/taeniate 花粉の全盛はペルム紀後期と三畳紀初期である. Gondwana 大陸のグロッソプテリス類裸子植物は taeniate 花粉をもつ現存の gnetaleans(グネツム目), *Ephedra*(マオウ)や *Welwitschia*(サバクオモト)は striate 花粉をもつ. 明らかに striate/taeniate 花粉は松柏類-グロッソプテリス類-グネツム類のものである. 他の花粉では, 古植代に出現し, 中植代を通して残るもので monosulcates, たとえば *Entylissa* がある. (→古植代, 中植代) (高橋　清)

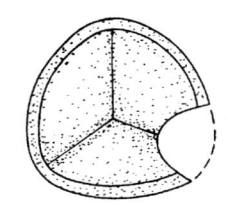

図 *Ambitisporites avitus* Hoffmeister (holotype) (Tschudy & Scott, 1969)

枯草熱 [hay fever]

1828年, Bostock はその著に hay fever(枯草熱)という病名を記載した. 枯れ草が眼や呼吸器の症状を引き起こすことに気づいたのは彼の業績であるが, この病名はその後長く欧米で用いられ, 鼻および結膜アレルギーの疾患概念に混乱を招いた(Mygind, 1979). hay fever という語は季節性の鼻炎, 結膜炎症状をきたす疾患に用いられる(Mygind, 1979)とともに, 花粉症と同義語としても(Mygind 1979; Solomon 1969)使われるようになったからである. しかし, 枯草が疾患の一義的原因ではないことがわかっているし, 発熱は特徴的な症状とはいえない. 季節性に発症する鼻炎・結膜炎を意味するとした場合は, 花粉以外に, 季節性に空中飛散が増減する真菌なども抗原に含まれることになり, 花粉症と同義とはならない. 幸い, 日本では枯草熱の病名は一般に使われておらず, この種の混乱はない. (宇佐神篤)

固定種 [true-bred variety]

作物育種を行ううえで, 選択された優良形質が再び乱れないために固定が行われた系統のこと. 遺伝的に純粋な系統(純系; pure line)になったものを固定種または固定系統という．純系の後代には形質分離が認められない．自殖性作物の育種では選択された個体について選抜と採種を繰り返して純系とすることが基本である．しかし，他殖性作物の育種では遺伝的には純系にできないが，個体群に対して目的形質についてのみ実用的固定が必要となるので，後代の分離幅が少ないようにある範囲での固定をはかる．（大澤　良）

古ドリアス期 [Older Dryas time] →晩氷期

コナラ [*Quercus serrata*] →ブナ科

コナラ属花粉症 [oak pollinosis]

コナラ属花粉間の強い共通抗原性のため，初報告ではコナラ属花粉症(oaks pollinosis)と称している．日本のコナラ属[*Quercus*]は落葉のコナラ亜属と常緑のアカガシ亜属が主になる．コナラ亜属はいわゆるナラで沖縄を除く日本全土に分布し，コナラ(ナラ)，クヌギ[*Q. acutissima*]，カシワ[*Q. dentata*]，ミズナラ(オオナラ)[*Q. mongolica* var. *grosseserrata*]等がある．アカガシ亜属はいわゆるカシで北海道等の寒冷地以外に生育し，アラカシ(カシ)[*Q. glauca*]，アカガシ[*Q. acuta*]，シラカシ[*Q. myrsinaefolia*]等がある．ブナ科[Fagaceae]に属する．花粉粒は三〜(四)溝孔型，大きさはコナラの$28\mu m$程度より小さいカシの類($25\mu m$)，それより大きいミズナラやクヌギ($30〜40\mu m$)とさまざまである．花粉季は北部で5〜6月，中央部以南は4〜5〜6月．初報告は降矢が1970年に行っている．それはコナラ属花粉が主因の喘息8例であるが，花粉症を伴う典型例をあげる．18歳男．毎年4〜6月鼻症状を前駆に喘息を生じ，しだいに秋も症状を呈するに至る．皮内テストでヨモギ花粉や室内塵にも陽性を示すが，コナラ・クヌギ・アラカシ花粉に反応閾値$1:10^7$に達し，抗体価$1:25$のP-K抗体はコナラ属いずれの花粉にも吸収される．アラカシ花粉による点眼および吸入試験陽性．コナラ属花粉間に強い共通抗原性があり，北アメリカ等のwhite oak[*Betula alba*]にも通ずるが，ハンノキ属とも一部交叉しているこ

とに留意の要がある．コナラ属の林は随所にみられるが初報告以来類例の報告はまだない．　　　　　　　　　　（信太隆夫）

後ノルマポーレス [Postnormapolles]

白亜紀〜新生代の通常三孔型花粉で，ノルマポーレスグループのもつ孔の構造や他の特徴をもたないものの1つのグループの名称．
　　　　　　　　　　　　　　　（高橋　清）

古パリノロジー [palaeopalynology]

古花粉学ともいう．化石花粉・胞子の研究に関係したパリノロジーの1つの区分．花粉や胞子に加えて，通常，化石の顕微鏡的な有機体の広い範囲，すなわち，菌類胞子・渦鞭毛藻類・アクリタークや酸に抵抗ある，すべての時代の堆積岩に見出された他の有機物はもちろん，キチノゾアのような動物の遺体の研究も含むように広く解釈されている（ナンノ化石や珪藻は含まれない）．体が顕微鏡的大きさ（約$5〜500\mu m$）で，抵抗ある有機物質（通常，スポロポレニン・キチン・偽キチン）より成り，堆積岩中に保存され，浸液によって岩石から分離されうるものである必要がある．（→パリノモルフ）　　（高橋　清）

小窓状孔型 [fenestrate(adj.)]

外表層の欠如によって大形の窓状の空間をもつ花粉の型(Iversen & Troels-Smith, 1950)でヒメハギ属・キク科タンポポ亜科などがこの型に属する．(→付録図版)
　　　　　　　　　　　　　　　（高原　光）

五葉松型 [*Pinus* subgen. *Haploxylon* type]

ゴヨウマツ・チョウセンゴヨウなどゴヨウマツ亜属(単維管束亜属；subgen. *Haploxylon*)の花粉は，気嚢は半月形で，本体の遠心極面(発芽溝面)は粒状の膜で覆われ，縁辺隆起は顕著であるなどの特徴から，二葉松型(subgen. *Diploxylon* type)の花粉と区別することができる．(→遠心極面，縁辺隆起)
　　　　　　　　　　　　　　　（畑中健一）

ゴルジ小胞 [Golgi vesicle]

ゴルジ体由来の小球状の小胞で，ゴルジ体の偏平な嚢の端から生じる．花粉の成熟時や花粉管の成長時にはさかんに生産され，細胞膜外に分泌されて，小胞の内容物は細胞壁の

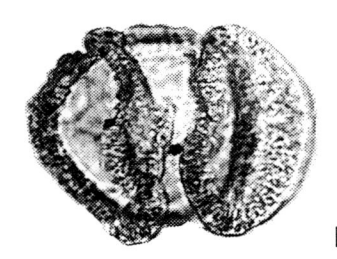

図　五葉松型花粉

形成に関与する．とくに被子植物の成熟時の花粉の細胞膜や花粉管先端部域にはゴルジ小胞が集中し，たがいに融合し，より大きな小胞となり，花粉壁や管最先端部での花粉管壁の形成に関係する．これまでのところテッポウユリとペチュニア花粉について，ゴルジ小胞の単離とその含有成分の分析が試みられている．ゴルジ小胞には糖質・蛋白質・脂質などが含まれており，主な単糖成分はウロン酸・ガラクトース・アラビノース・グルコースなどである．単離されたゴルジ小胞にはセルロースが含まれているとの報告があるが，どのような多糖類が含まれているのか，また花粉管壁の主成分であるカロースとゴルジ小胞成分との関係などの詳細については明らかではない．　　　　　　　　　　（中村紀雄）

コルメラ［columella］　→柱状層

コーレイト・シスト［chorate cyst］

渦鞭毛藻シストの記載用語．休眠性接合子（シスト）のうち表面にさまざまな突起物や膜状装飾物を備えたシストを指す．これらは休眠性接合子と運動性接合子の細胞壁の間に形成された間隙を埋める形で形成されたと考えられる．一般にシストの容積は運動性接合子の1/3以下である．（→渦鞭毛藻シスト）
　　　　　　　　　　　　　　（松岡數充）

コロナ［corona, coronae (pl.)］

副冠ともいう．胞子の赤道上にできる薄い輪状のもの（Potonié & Kremp, 1955）．
　　　　　　　　　　　　　　（高原　光）

混合交雑法［bulk crossing］

他殖性作物育種法の1つ．他殖性作物は基本的にはヘテロな遺伝子型であり，集団中の任意な個体ごとに遺伝組成を異にする．ゆえに，個々の個体からの花粉・卵（胚嚢）など配偶子の形質は分離する．したがって優良個体

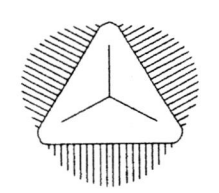

図　コロナ（Punt et al., 1994）

を少し選択してもそれらの交配後代からは必ずしも優良な個体が選ばれるとは限らない．そこで個体間交雑をせずに多数個体間の交配（混合交雑）を行う必要がある．基本集団間の交配を行い，雑種を混合して集団選択にかけることにより，よりよい遺伝構成の集団を育成していく方法である．　　　　　（大澤　良）

混合受粉［mixed pollination］

他家受粉によって種子を実らす他殖性植物ではもちろんのこと，自家受粉によって種子を実らす植物のうち閉花受精を行うモウセンゴケや閉花受粉を行うエンドウなどを除く多くの自殖性植物でも，個々の花の雌蕊の柱頭には複数の個体の花の花粉の自家・他家混合花粉が，花粉媒介昆虫の飛来や風が吹くたびに，反復して受粉されている．したがって，通常の多くの植物の自然受粉では，混合受粉と反復受粉が普通の姿である．ここにおいて，柱頭上の受粉花粉の間に受精競争が起こり，特定の遺伝特性をもった花粉だけが受精・結実できる選択受精という現象が生じることがある．そこで，自家不和合性の他殖性植物における自家花粉と他家花粉の混合受粉や，交配不親和性が高い異なる種の間で自家花粉と他家花粉の混合受粉を行うか自家受粉の後に他家花粉を追加受粉すると，通常は得られない自殖種子や種間雑種種子が得られることがあるなど，混合受粉が植物の適応と分化に大きな役割を演じていることがわかっている．
　　　　　　　　　　　　　　（生井兵治）

混交林［mixed forest (stand)］

2種以上の樹種から成る森林をいう．純林（あるいは単純林；pure forest (stand)）に対する言葉である．2種以上で構成された森林でも他の樹種の割合がきわめて少ない場合には純林として扱うことが多い．林業的に混交林を造成するには性質の違った樹木を組み合わせた各種の方式がある．生態学的にはすぐ

混入問題［contamination problem］
　花粉分析を行おうとしている試料以外からの花粉粒が，分析しようとしている本来の花粉群集に混入し，その組成を歪めること．混入は，1) 試料採集時，2) 薬品処理時，3) 薬品処理後封入まで，に起こりうる．1) については，試料採集の際に十分注意すれば，かなり防ぐことができる．露頭からの採集の場合，露頭表面には現生植物由来の花粉粒が付着している可能性が高いので，表面を十分に削り込んでから採集する必要がある．また，ボーリング試料の場合は，試料の割れ目や隙間から，より新期の堆積物が掘削水とともに混入している可能性があるので注意が必要である．2) については，ガラス器具などの洗浄が不十分な場合に混入が起こることがある．1) から 3) に共通して起こりうるのが空中花粉からの混入である．この花粉粒は色調から識別できることがある．また，3) の場合は，花粉粒に原形質が残っているので識別できる．混入を最小限にとどめるには，注意深く採集された試料を，クリーンルーム内で，使い捨て器具を用いて薬品処理をすることが理想的である．しかし，それでも混入を完全に防ぐことはできないので，産出率の少ない花粉粒に基づいて議論することは危険である．
　　　　　　　　　　　　　（齊藤　毅）
　棍棒［clava, clavae (pl.)］
　花粉の外層と有刻層の棍棒型要素．高さは $1\mu m$ 以上，直径 $1\mu m$ 以下で，基底部より先端で太くなっている(Iversen & Troels-Smith, 1950)．(→付録図版)　(内山　隆)
　棍棒型［clavate (adj.)］　→棍棒

サ

細管孔 [tubulus, tubuli(pl.)]
花粉の無刻層を貫く微細な通路(Erdtman, 1952). （高原 光）

最古ドリアス期 [Oldest Dryas time] →晩氷期

細刺型 [aciculate (adj.)]
胞子の刺毛状の突起で，刺毛の先端は長刺型のものよりもいちじるしく尖っているが，刺毛型(setose)のものほどは尖らず，毛状になるようなことはない．化石・現生胞子についてノレム-川崎の型式の ACC 型である(川崎, 1971). （高橋 清）

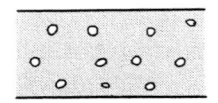

図　細刺型
左：断面，右：平面．

採種 [seed growing]
読んで字のとおり，植物の種子を採って維持・増殖することである．ただし，一言で採種といっても，植物の種類によって，その方法は単純ではない．1個体の放任受粉でも健全で純粋な種子が採れる場合もあれば，複数の個体がなければ種子が採れず，しかも放任受粉では他集団の花粉も受粉してしまいもとの個体の遺伝特性が乱れてしまう場合もあるのである．したがって，個々の植物の採種に当たっては，その辺の状況を十分に把握して，慎重に行わなければならない．それは，植物の生殖法が，大きく2つに分かれているからである．すなわち，1つは自家和合性であり自家受粉で種子が実る自殖性である．他の1つは自家不和合性または自家和合性でも雌蕊と雄蕊の熟期が異なる雌雄異熟性のため自家受粉できないなどの理由で，他家受粉でのみ種子が実る他殖性である．このうち，他殖性の強い植物では他家受粉によって受精・結実することを基本とするので，採種圃場や採種母本の近くに同種の異品種や異株が生えていると簡単に交雑してしまい，遺伝特性が不純になり，本来の特性をもった状態で品種を維持することが困難となる．さらに，せっかく純粋な種子が実っても，収穫・調整の段階で異品種の機械的な混入や，人為的ミスによる異品種の混入が起きることもあり，細心の注意を要する．一般に自殖性といわれている植物でも，すべての花が完全に自殖だけを行うという例はきわめてまれであり，採種種子のなかに4％以下の他殖種子が混じっていても自殖性植物と呼んでよいことになっている．したがって，植物の採種，とくに他殖性植物の採種に際しては，他集団との間に花粉流動はもとより，それによって生じる遺伝子流動を防ぐために，十分な隔離距離をとるなり，隔離施設などの利用を図らねばならない．あたりの状況によって一概にはいえないが，風媒受粉植物の集団間の隔離距離は1〜2 kmであり，虫媒受粉植物のそれは5〜10 kmである．それほど厳格な隔離を要しない場合には，もっと近くてもよく，林に囲まれるなど遮蔽物がある状態ならば，数百メートルの隔離距離でも問題は生じない．いずれにしても，個々の植物の採種に当たっては，その植物の生殖様式を十分に把握して，事に当たる必要がある．農業上重要な優良種子については，種子生産の項を参照されたい．（生井兵治）

最終氷期 [Last glacial time] →氷河期

細条紋型 [angustimurate (adj.)]
細畝紋型ともいう．花粉の有刻層の彫紋様式の1つで，lumen を囲む畝の幅が，lumen の幅の1/5以下となる細い畝をもつもの(Erdtman, 1952). （内山 隆）

最新世 [Pleistocene]
第四紀を2分した場合の前の地質時代で，

更新世と同義．洪積世の使用はよくない．約200万年前から約10000年前までの時代．人類の誕生・発展で特徴づけられるので，人類紀(Anthropogene)ともいう．数回の氷河期を含み，現自然地形・生物相の成立に直接関与した気候・海水準等の変化と地殻変動・火山活動があった．Lyell(1833)は，鮮新世を第三紀のもっとも新しい世とし，これを新・旧の2期に区分し，出土する軟体動物種の90～95％が現世種で占められる時期を鮮新世新期とし，その後これを最新世(Pleistocene；ギリシア語由来で「最新」の意)と呼んだ．鮮新世-最新世境界は，1948年ロンドンで開催の第18回国際地質学会議での勧告があり，大勢はこれに従っている．CalabrianとAstianとの両期の境界は，地磁気層序における松山逆帯磁期のオルドバイ事変にほぼ一致し，浮遊性有孔虫群にも変化が認められる．陸成のVillafranchianの模式地の下底部は，この層準よりも下位(古期)である．最古の氷河期は約100万年前に始まり，地中海沿岸における段丘群の発達とは氷河期の編年はよい対応をする．日本での鮮新世-最新世の境界は，房総半島の梅ケ瀬層中部の，海成層中の浮遊性有孔虫群の変化に認められ，それはオルドバイ事変に当たる．日本の最新世は，3分され，前期は兂段丘期で，それ以前に形成された堆積盆地がしだいに縮小し，水域としては海域から入江・潟へと変化し，堆積物も海成層から汽水成～淡水成層へと漸移し，鮮新世の岩層とともに地殻変動(北陸の富樫族変動)の影響を受けている．日本海側の大桑層と卯辰山層は，この期を代表する．中期は，斉頂丘陵背面を主とする九戸段丘，多摩段丘，高位砂礫層等の形成期．後期は，中位～低位段丘によって代表され，関東の下末吉段丘，武蔵野段丘，北陸の平床海成段丘，小立野河成段丘，笠舞上位河成段丘で代表される．末期は，最終氷期(Würm後期)に比定の立川段丘，笠舞下位河成段丘によって代表され，その下流部は最下位地形面の現沖積平野面下に埋没し，末端部は現大陸棚に連続している．現在形態をよく残す火山の大部分は，この世に主な活動をした火山で，その火山灰は広範な分布をなし，関東ローム層のように重要な鍵層となっている．人類は，この世で顕著な進化をなし，猿人・原人・旧人・新人に細分されている．この世の花粉学的研究は，地磁気層序・酸素同位体層序とともに，最近，著しく進展し，琵琶湖，五大湖，ボゴダ高原等での花粉層序はこの世の気候変動解析の標準となっている．(→氷河期)　　(藤　則雄)

再生花粉［revived pollen］
ミツバチの花粉荷を構成する花粉は蜜で練られていて寿命も短く，形態的にもそのままでは授粉には使えない．そこでこれをショ糖液で処理するなどの方法で，分散化し，乾燥したものを再生花粉と呼ぶ場合がある(岡田ら，1983；佐々木，1993)．このような再生花粉は処理条件により発芽率がばらつく難点はあるが，大量に得られることと(→花粉の大量採集)，有機溶媒で洗浄して油分を除いたり，逆に粘り気を与えたりできる点ですぐれている．ある程度の混入花粉が混じることは避けられないが，人工授粉であれば，これらは天然の増量剤と考えれば問題ない．
(佐々木正己)

材積［volume］
木材や樹木の体積をいう．伐採する前の樹木の体積は立木材積と呼ぶこともあり，幹の部分だけの体積をいうのが普通である．林業では森林の材積の増大が主要な生産目標である．材積の増加を材積成長，その量を材積成長量といい，胸高直径と樹高，あるいは丸太の直径と長さから材積を求めるための表を材積表という．森林全体あるいは一定面積の材積は蓄積という．また，薪炭材などのように一定の長さに切った木材を積み上げた空間の体積(層積という)を指す場合もある．
(横山敏幸)

再造林［reforestation］
森林を伐採した跡に人工造林によって再び森林をつくる場合を再造林と拡大造林とに大別する．再造林は人工林を伐採した跡に再び造林して人工林をつくることをいう．拡大造林の場合と異なり，人工林の総面積は増加し

ない。　　　　　　　　　（横山敏幸）

最大エントロピー法［maximum entropy method］

メムともいう．Burgによって開発されたスペクトルの計算方法．データ量が少ない場合でもスペクトル推定が可能であり，きわめて高い分解能をもつという特徴がある．一方でスペクトルのピークの有意性に数値的な根拠が乏しく，予測誤差フィルターの打ち切り項数を決定する合理的根拠がないという問題がある．しかし，スペクトル分析によって周期の存在を求めることについてはまったく問題はなく，打ち切り項数の決定も赤池の理論に根拠を求めることによって，事実上問題はないとされている．　　　　　　（村山貢司）

再堆積花粉［reworked pollen；recycled pollen］

地層に含まれていた花粉化石が，風化・侵食作用によって洗い出され，再び堆積したもの．したがって，再堆積花粉の母樹の生きていた時代は，花粉が含まれている堆積物や地層の時代よりも古い．二次花粉（化石）とほぼ同義．堆積物や地層に含まれている再堆積花粉は，その時代の植生起源の花粉に比べて圧倒的に少ないのがふつうである．再堆積花粉は，色調や外壁の腐蝕の程度の違いによって識別できることがある．また，サフラニンによる染色の程度の違いによって識別できるという研究もある．しかし，確立された識別法はない．日本では，第三紀末から第四紀初頭に絶滅したと考えられているカリア属［*Carya*］やフウ属［*Liquidambar*］の花粉化石が，沖積層などから産出することがあるが，これらは再堆積花粉の可能性が高い．（→二次花粉化石）　　　　　　　　（齊藤　毅）

最大飛散期間［period of maximum pollen count］

スギ花粉のように飛散期間が2〜3カ月にも及ぶ場合，飛散期間を飛散初期・中期・後期の3期間に便宜的に分けるが，最大飛散期間は飛散期間中に文字どおり1日の飛散数が最大数を観測した日を中心とした1週間と定めた（→巻末付録）．この期間は3月に集中しており，この期間の総飛散数はその飛散期間中に測定された総数の平均34％を占めており，この期間を予測することは花粉症患者の予防や治療にたいへん重要である．
　　　　　　　　　　　　　（佐橋紀男）

最大飛散数［maximum pollen count］

空中花粉の中で比較的飛散数の多い種類では，飛散期間中の花粉数の変動は普通一峰性の放物線を描くが，とくに木本類では顕著に認められる．この放物線のピーク部分の測定日に観測された数を最大飛散数と呼ぶ．スギ花粉ではその飛散期間中に最大飛散数が複数測定されるシーズンもあるが，ほぼ1回で，観測地点にもよるが，その飛散期間の総飛散数の10〜30％観測される．都心ではとくに高い割合で，むしろ花粉源に近い郊外では低い傾向にある．　　　　　　　　（佐橋紀男）

最大飛散日［date of maximum pollen count］

スギ花粉やヒノキ科花粉，あるいはマツ属花粉では1日の飛散数がダーラム型花粉捕集器でも100個/cm^2観測されるシーズンも珍しくない．とくに飛散数の多いシーズンではこの100個を越す大飛散期間が数回観測されると，その期間では1日だけ最大飛散数を示す日があるので，この日を最大飛散日と呼んでいる（→巻末付録）．最大飛散日の出現する条件は，南関東では春一番のような気象条件，20℃程度の気温，風速10m/s以上の南風，それにスギの雄花の開花がいっせいにそろうことが条件としてもっとも期待できる．
　　　　　　　　　　　　　（佐橋紀男）

栽培種［cultivar；cultivated species］

農林業の品種と同じ．農業や林業でいう品種は，1つの種の中で他と明らかに区別できる形態的あるいは生理的な特性をもち，その特性が実用上利用できる程度の均一性と遺伝的な安定性があって，その特性によって分類する価値がある個体群である．自然のなかのさまざまな変異や人為的につくりだした変異のなかから選び出し，有性繁殖や無性繁殖によって維持・増殖される．栽培品種と同じ．
　　　　　　　　　　　　　（横山敏孝）

栽培品種 [cultivar] →栽培種
栽培変種 [cultivar] →栽培種
細胞遺伝学 [cytogenetics]

遺伝学の1分野を構成しており，細胞とくに染色体の形態や行動を主な研究対象とした学問である．種間の類縁関係や，その起源を明らかにするための基礎として重要な役割をもっており，植物育種とくに種・属間交雑育種を進めるうえでは，欠かせない重要な研究分野である．1例を示せば，アブラナ属栽培植物には，種々の野菜や油料作物や観賞用植物があるが，これらの類縁関係や成立過程は，すべて細胞遺伝学によって明らかにされたのである．すなわち，3つの基本種(単ゲノム種)として，ハクサイ・カブなどのAAゲノム植物($2n=20$，体細胞の染色体が20本という意味)と，日本では栽培していないがインドなどにあるクロカラシというBBゲノム植物($2n=16$)ならびにキャベツ・ブロッコリ・ハボタンなどのCCゲノム植物($2n=18$)があり，それらの各種の間の自然交雑によって成立した3つの複二倍体種(複ゲノム種)として，AAゲノム種とCCゲノム種との間のナタネ類(AACCゲノム植物，$2n=38$)，AAゲノム種とBBゲノム種の間のカラシナ類(AABBゲノム植物，$2n=36$)ならびに，BBゲノム種とCCゲノム種の間のアビシニアカラシ(BBCCゲノム植物，$2n=34$)という種間関係が，盛永俊太郎ら先達たちの細胞遺伝学的研究で明らかにされたのである．具体的には，主として複ゲノム種と単ゲノム種との間の雑種(二基三倍体植物)をつくり，その花粉母細胞の減数分裂時の染色体の対合の状態を観察してゲノム分析を行うという手法をとったのである．たとえば，ナタネ($2n=38$)とハクサイ($2n=20$)の雑種をつくると$2n=29$の植物が得られ，その花粉母細胞の減数分裂第一中期における染色体対合が$10_{II}+9_{I}$(10個の二価染色体と9個の一価染色体)となる場合が多い．そこで，ハクサイゲノムをAAとすれば，ナタネにはAAというゲノムが含まれることになり，ナタネの片親はハクサイの仲間であると推定されるという具合である．分子遺伝学の発展には目覚しいものがあるが，このような細胞遺伝学研究を無視しては，飛躍的な発展はありえない．

(生井兵治)

細胞化学 [cytochemistry]

生体分子が細胞内のどの場所にどのような状態で存在するかについて細胞構造との関連において定性的・定量的に研究する分野．研究は生体分子との特異性の高い各種の試薬や色素を用い，光学顕微鏡または電子顕微鏡によって行われる．生化学的手法が細胞を破壊して分析するのに対し，細胞化学は細胞の本来の構造を維持したままで行うのが特徴である．細胞内におけるDNAの検出にはフォイルゲン反応・DAPI染色法・エチジウムブロマイド染色法，DNAとRNAの分染にはメチルグリーン-ピロニン二重染色法，塩基性蛋白質の検出にはアルカリファーストグリーン染色法，多糖類にはPAS反応(過ヨウ素酸シッフ反応)，脂質にはナジ反応(インドフェノール反応)などが用いられている．近年，生体分子の検出に，その分子に対する抗体をプローブとして使用する免疫細胞化学法(蛍光抗体法や免疫金染色法)や，顕微鏡下で観察可能な反応生成物を形成させ，生成に関与した酵素の局在性と活性を確かめる酵素細胞化学法($3,3'$-ジアミノベンチジン反応によるパーオキシダーゼの検出)などが開発されている．

(寺坂　治)

細胞核 [cell nucleus, nuclei(pl.)]

真核生物の細胞内に存在する2枚の生体膜から成る核膜によって囲まれた構造で，核膜には多数の核孔(核膜孔)をもつ．核内には遺伝情報の担い手であるDNAを含む染色糸(染色体)と仁をもつ．細胞分裂の際通常核は有糸分裂により2分されて，それぞれの細胞内に分配される．

(三木壽子)

細胞極性 [cell polarity]

細胞が1つの方向に沿って形態的または生理的に何らかの差異を示すこと．たとえば，花粉の発芽口は外壁がつくられる減数分裂終了後の四分子期に形成されるが，その位置は花粉母細胞内の極性に基づいて決められてい

ると考えられている．また，葯内で発達中の若い花粉小胞子では，オルガネラの分布に明らかな極性がみられ，小胞子分裂の紡錘体や雄原(生殖)細胞の位置が決定される．さらに，発芽した花粉管においてもその長軸方向に沿ってカルシウムイオンなどの濃度勾配が存在することが知られている．こうした極性が生じる要因についてはまだ十分明らかにされてはいないが，細胞骨格である微小管やアクチン繊維の関与が一部の系で示唆されている．
(田中一朗)

細胞骨格 [cytoskeleton]

真核細胞の細胞質にあって，繊維性蛋白質によって構成される一種の超分子的構造体で，細胞の形態を規定するものの総称．一般には，アクチンを構成蛋白質とするミクロフィラメント，チューブリンを構成蛋白質とする微小管，ビメンチンやデスミンなどを構成蛋白質とする中間系フィラメントの3つに分けられている．これらの細胞骨格は，透過型電子顕微鏡や構成蛋白質に対する抗体を用いた間接蛍光抗体法などによって観察することができる．細胞骨格は，細胞の形態維持に関与するのみならず，原形質流動・細胞分裂・物質輸送などさまざまな細胞運動に重要な役割を果たしていることが知られている．花粉発生過程においても，細胞分裂時の紡錘体や隔膜形成体の微小管，雄原(生殖)細胞や精細胞の細胞質の微小管，花粉管中のミクロフィラメントなどが観察されており，その機能が盛んに研究されている． (田中一朗)

細胞質遺伝 [cytoplasmic inheritance]

通常の遺伝形質は，細胞の核内の染色体上に座乗している遺伝子(より厳密には DNA)すなわち核内遺伝子に支配されている．しかし，雄性不稔性など一部の形質については細胞質に存在する遺伝子に支配されている．雄性不稔性を支配する細胞質についていえば，ミトコンドリア DNA に雄性不稔性細胞質遺伝子があることがわかっている．このような細胞質の親から子への伝達についてみれば，通常は母本(種子親)からのみ伝達され，父本(花粉親)から伝達されることは，きわめてまれである．したがって，通常の細胞質遺伝は雌性配偶子起源であり，傾母遺伝と同義語である．しかし，まれには花粉親の細胞質が第一雄核に付着したまま卵核にまで到達し，雄性配偶子起源のミトコンドリアや色素体などの細胞小器官も結実種子の細胞質に伝達されるという細胞質遺伝もある．雌性配偶子起源と雄性配偶子起源の両方がみられる細胞質遺伝の例は，マツヨイグサ属植物・テンジクアオイ属植物などで知られている．
(生井兵治)

細胞質雑種 [cybrid]

バイオテクノロジーを利用して，異なる植物の細胞の細胞壁を除去したプロトプラストを融合させることによって作出する体細胞雑種では，異なる植物の核ばかりではなく細胞質も合わさった個体となるので，このような個体を細胞質中心にみたとき，これを細胞質雑種(サイブリッド)と呼んでいる．個々の細胞の細胞質には葉緑体やミトコンドリアなどの細胞質オルガネラ(細胞小器官)が多数含まれている．したがって，通常の有性生殖で生じる雑種では細胞の核は両親の核の合一したものであるが細胞質は母方のものだけであるのに対し，細胞融合によってできた細胞質雑種では，両親の細胞質がもつこれらの異質オルガネラが同一の細胞質に共生することになる．ただし，細胞分裂をするたびに個々のオルガネラは機会的に娘細胞に分配されるので，両親からきた異なる細胞質オルガネラが均等に含まれたままの細胞(個体)として安定することはない． (生井兵治)

細胞質雄性不稔性 [cytoplasmic male sterility]

歴史的には，細胞質遺伝因子によって雌雄両配偶子のうち雄性配偶子(花粉)だけが能力を失い不稔性を示すことを意味していた．しかし，今日では，細胞質雄性不稔性といえば，細胞質と核の両方が関与して現れる雄性不稔性のことを意味する．すなわち，もっとも単純な細胞質雄性不稔性の遺伝機構について示せば，雄性不稔細胞質(S)をもつ植物でも，核内に花粉稔性回復遺伝子が優性ホモ($FrFr$)

かヘテロ($Frfr$)で存在すれば，完全雄性不稔性となることはない．また，花粉稔性回復遺伝子が劣性ホモ($frfr$)でも，正常細胞質(N)をもつ植物では，雄性不稔性を示さない．雄性不稔細胞質(S)をもち花粉稔性回復遺伝子が劣性ホモ($frfr$)の場合にのみ雄性不稔性となるのである．このような細胞質雄性不稔性を意味する英語の頭文字をとって，CMSと呼ばれることが多い．なお，厳密には，花粉稔性回復遺伝子(fr)が活動を開始する時期が減数分裂の前か後かによって雄性不稔性の発現程度が異なる．すなわち，雄性不稔細胞質(S)をもつ植物において，花粉稔性回復遺伝子(Fr)が活動を開始する時期が減数分裂前であれば，優性ホモ($FrFr$)でもヘテロ($Frfr$)でも完全な稔性花粉ばかりが形成され，この場合を胞子体型細胞質雄性不稔性と呼んでいる．一方，雄性不稔細胞質(S)をもつ植物において，花粉稔性回復遺伝子(Fr)が活動を開始する時期が減数分裂後であれば，優性ホモ($FrFr$)の場合には花粉稔性は100％回復するが，ヘテロ($Frfr$)の場合には優性遺伝子(Fr)をもつ花粉だけが稔性をもち劣性遺伝子(fr)をもつ花粉は不稔となるので花粉稔性は50％となり，この場合を配偶体型細胞質雄性不稔性と呼んでいる．細胞質雄性不稔性を示す系統が発見されれば，交雑品種種子の採種のため雄性不稔性種子親の育成に利用できる．すなわち，大きな雑種強勢を示す組み合わせ能力の高い種子親（A系統）と花粉親（R系統）を育成するために，種子親用系統を反復親として反復戻し交雑によって細胞質雄性不稔個体の核置換を行いながらA系統としての[(S)$frfr$]植物をつくり，また，正常細胞質(N)ならびにA系統と同様の核をもつ系統[(N)$frfr$]を雄性不稔性維持系統（B系統）として育成し，交雑品種種子の採種のための花粉親（R系統）として花粉稔性回復系統[(N)$FrFr$または(S)$FrFr$]などを育成すれば，トウモロコシやイネなど穀類をはじめ種々の植物における交雑品種（一代雑種品種）の採種が非常に効率的となる．　　　　（生井兵治）

細胞周期［cell cycle］ →分裂周期

細胞融合［cell fusion］

2個以上の細胞が融合して1つになる現象．自然界では接合（受精）がこれに当たるが，通常は人為的操作によって誘導された場合をいう．細胞融合法としては，センダイウイルスを用いる生物学的方法，ポリエチレングリコールなどを用いる化学的方法，電気刺激を用いる物理学的方法がある．植物細胞の場合にはあらかじめプロトプラストにしておく必要があるが，細胞融合による雑種植物としてポマト（ポテト＋トマト），オレタチ（オレンジ＋カラタチ），メロチャ（メロン＋カボチャ）などがつくり出されている．花粉母細胞や花粉のプロトプラストも融合させることができる．その他，細胞融合は体細胞遺伝学や単クローン抗体の作製においても貴重な手段となっている．　　　　（田中一朗）

採薬器［pollen sampler for artificial pollination］

人工受粉などのために花粉を大量に採取するための用具．簡単なものでは金属性ふるいに開薬前の花をこすり付けて，薬をふるい落とす．目的とする薬のサイズのふるいを用いたのち，それより細かい目のふるいで花糸など細かい混入物を除いて精製する．大量に処理する場合には，モーターで作動するドラム回転式の採薬器が市販されている（ミツワ式など）．採取した花をドラム上方から回転部に投入し，10秒ぐらい攪拌回転させた後，ドラム側面のフタを開け回転の風圧で花の裂片を排出する．ドラムの底面にはふるいが付けられており，ふるい落とされた薬は引き出し式の平箱にたまる．薬のほか，花糸などの混入物を除くため，さらにふるいで精製する．大量に扱う場合には，花糸取り機が考案されている．粘着性シートの取り付けられたベルトコンベヤーに傾斜をつけ，ゆるく回転させながら，花糸や花弁の小片を粘着シートに付着させ，塊状の薬のみを収集する．

　　　　（中西テツ）

酢酸オルセイン［aceto-orcein］

オルセインの45％酢酸飽和溶液．加熱した45 ml氷酢酸に1gのオルセイン粉末を溶か

し, 冷却後, 55 ml の蒸留水を加え, 濾過して使用する. La Cour によって開発された固定・染色液であり, 核や染色体が赤紫色に染まる. オルセインは地衣類の1種の *Lecanora parella* から抽出され, オルシンを主成分とした塩基性色素である. （寺坂　治）

酢酸カーミン [aceto-carmine]

カーミンの45％酢酸飽和溶液. 45％酢酸に1％程度のカーミン粉末を加え, 煮沸・溶解したのち, 濾過して用いる. Schneider によって開発された固定・染色液であり, 核や染色体が赤色に染色される. カーミンは昆虫の1種のエンジムシ[*Coccus cochinelliferi*]から抽出したコヒネアールを精製したものであり, カーミン酸を主成分とした塩基性色素である. 最近では人工的に合成されている. （寺坂　治）

サクラ花粉症 [cherry blossom tree pollinosis]

サクラはバラ科サクラ属[*Prunus*]サクラ節[sect. *Pseudoceranus*]に属す. 春には日本全土を, サクラ前線が南から北上し, サクラの開花に人々は春を満喫する. 観賞用としてはヒガンザクラ・イトザクラ(シダレザクラ)・ソメイヨシノなど, また山谷にはヤマザクラが自生している. 花粉型は外層はグラニュレートで, ややベルケートに近く, 連結して著しい縞状模様を示す. amb(極を中心にしてみた輪郭)は三裂円形であるが, 処理によっては開裂し亜三角形となる. 大きさは38-42×40-44 μm(ソメイヨシノ).

サクラ花粉症は永井によって1985年に初めて報告された. 症例1) 33歳主婦. 主訴はくしゃみ, 水様性鼻汁・鼻閉・眼の瘙痒感. 6年前からサクラの開花期に一致して, 鼻症状と眼症状が出現した. 同様の症状はそれ以前にも, 5月下旬から1カ月間および8月下旬から1カ月間認められた. 検査成績は皮内反応：サクラ(++), リンゴ(+), ヨモギ(+++), カモガヤ(++). 鼻粘膜誘発試験：サクラ(±), リンゴ(-), カモガヤ(±). RAST score：サクラ(2), リンゴ(2), ヨモギ(4), カモガヤ(3), なおリンゴ開花期には症状発現をみない. 症例2) 34歳, 女性, 農業. 主訴はくしゃみ・水様性鼻汁・鼻閉・眼の瘙痒感. 5年前からサクラの開花期に一致して, 鼻症状と眼症状が出現. 同様の症状はそれ以前にも5月下旬から1カ月間認められた. 検査成績は皮内反応：サクラ(+++), リンゴ(-), カモガヤ(+++). 鼻粘膜誘発試験：サクラ(+), リンゴ(-). RAST score：サクラ(2), リンゴ(2), カモガヤ(4). なお, 翌年からは, リンゴ開花期にも症状が発現した. したがって症例1, 2とも, 以前からの5月下旬より1カ月の症状は, カモガヤ花粉に由来するもので, サクラ花粉症とは時期を異にすると考える. （中原　聰）

サクランボ花粉症 [cherry pollinosis]

サクランボ, セイヨウミザクラ[*Prunus avium*：stone fruits]はバラ科サクラ属. 明治の初めに日本に入り, 本州北中部で多く栽培されている. 花期は花粉症の報告のあった山形県では, 4月下旬から5月中旬まで. 花粉は虫媒花飛散型を示し, 果樹園内やその周辺, またハウス内の人工受粉の際の濃厚飛散がある. 花粉型はサクラ花粉症の項を参照.

初例報告は1986年に厳によってなされた. 以下その概要を述べる. 症例：32歳, 男性. 11年前よりサクランボ栽培に従事し, 5年以上前から花粉症症状が発現した. 検査の結果, サクランボ花粉によるⅠ型アレルギーと判明し, そのことからアンケート調査を5300世帯に行い, サクランボ栽培または果樹園周辺に居住し, 同開花期に発症する85名について, 免疫学的検査を実施し, 25名のサクランボ花粉症を発見した. サクランボとリンゴ花粉の間には, 共通抗原性を認めたが, スギおよびカモガヤ花粉との間には認めなかった. （中原　聰）

叉状合流溝型 [parasyncolpate(adj.)]

発芽溝が両端で二股に分かれ, 極近くで他の発芽口と合流する花粉の型. この発芽口により極に等辺等角(三角形など)の部分(apocolpial field)ができる(Erdtman, 1952). （高原　光）

殺花粉剤 [pollen killer] →除雄剤

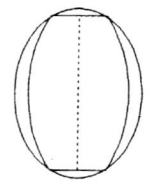

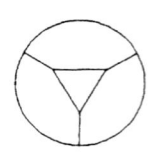

図　叉状合流溝型(Punt *et al.*, 1994)

雑種強勢［hybrid vigor］　→ヘテロシス

雑種弱勢［hybrid weakness］

雑種強勢の反語であり，雑種第一代植物が総合的にみて両親よりも劣った生育特性を示すこと．雑種の幼胚や幼植物が発育不良であったりする例は，この極端な場合である．

(生井兵治)

雑種不稔［hybrid sterility］

遺伝的に異なる2集団(異種間の場合が多い)の雑種においてF_1あるいは後代の不稔性のこと．部分不稔と完全不稔とがある．この現象は2集団間の雑種形成を妨げ，集団の生殖的隔離機構としてはたらく．不稔の機構としては，遺伝子・染色体・細胞質の3面がある．

(大澤　良)

雑種崩壊［hybrid breakdown］

種間雑種などにおいて，雑種第1代(F_1)からF_2あるいは戻し交雑後代を得た場合，これらの後代が完全あるいは部分的に不稔であるか生活力に乏しく新しい集団が成立できない現象で，生殖的隔離機構の1つ．

(大澤　良)

サトウダイコン［*Beta vulgaris* var. *saccharifera*; sugar beet］　→アカザ科

サブアトランチック期［Subatlantic time］
→完新世，後氷期の花粉帯

サブボレアル期［Subboreal time］　→完新世，後氷期の花粉帯

寒さの指数［coldness index］

生育が暖かい地方に適した植物は冬の寒さの程度でその分布が左右される．その寒さの程度を表すのに，吉良(1948，1949)により提案された指数である．月平均気温＋5℃以下の月について月平均気温と＋5℃との開きを合計した値にマイナス(−)を付けて表す．(→暖かさの指数)

(岩内明子)

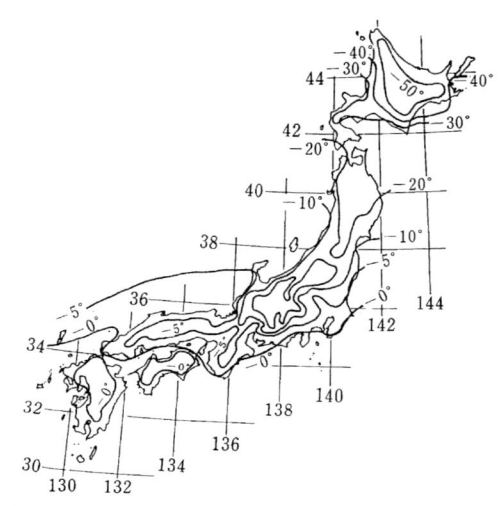

図　寒さの指数(吉良，1949)

三核性花粉［trinucleate pollen］　→三細胞性花粉

散溝［ruga, rugae (pl.)］

長さと幅の比が2：1以上の花粉の発芽口が，全面に多少規則的に散在しているもの．子午線状の発芽溝ではない．pericolpateである．

(高橋　清)

三孔型［triporate (adj.)］

3つの孔をもつ花粉粒で，通常，赤道に，おたがいに120°で配列しているもの．(→付録図版)

(高橋　清)

三溝型［tricolpate (adj.)］

極軸方向に沿って3本の溝がある花粉型．

表　寒さの指数

	月	1	2	3	4	5	6	7	8	9	10	11	12
札幌	℃	−4.9	−4.2	−0.4	6.2	12.0	15.9	20.2	21.3	16.9	10.6	4.0	−1.6
	5℃との差	−9.9	−9.2	−5.4	0	0	0	0	0	0	0	−1.0	−6.6

(国立天文台編：理科年表 1989．月別平年気温)

寒さの指数＝(−9.9)＋(−9.2)＋(−5.4)＋(−1.0)＋(−6.6)＝−32.1°

極観像では溝が約120°の角度をなして配列する．(→付録図版) 　　　　　(守田益宗)

散口型 [pantoaperturate (adj.)]
花粉全面に発芽口が散在する花粉型．孔が散在するものを散孔型，溝が散在するものは散溝型，溝孔が散在すれば散溝孔型となる．
　　　　　(守田益宗)

散孔型 [panporate (adj.); pantoporate (adj.); periporate (adj.)]
花粉全面に孔(長さと幅の比が2：1以下の発芽口)が散在する花粉型．(→付録図版)
　　　　　(守田益宗)

散溝型 [pancolpate (adj.); pantocolpate (adj.); pericolpate (adj.)]
花粉全面に溝(長さと幅の比が2：1以上の発芽口)が散在する花粉型．(→付録図版)
　　　　　(守田益宗)

三細胞性花粉 [tricellular pollen]
三核性花粉ともいう．被子植物の花粉の中で，雄原(生殖)細胞の分裂が葯内ですでに終了し，開花(開葯)時に2個の精細胞を含むものをいう．それは1つの花粉が1個の栄養細胞と2個の精細胞の合わせて3細胞から成ることを意味し，アブラナやコムギなどの花粉がこれに当たる．1つの成熟花粉がもつ核の数から三核性花粉ということもある．これに対して，開花(開葯)時には1個の雄原(生殖)細胞と1個の栄養細胞から成る花粉を二細胞性花粉という．　　　　　(田中一朗)

三次メッシュ [tertiary grid] →メッシュデータ

三畳紀の花粉・胞子 [pollen and spore of Triassic period]
三畳紀初期の Buntsandstein(または Scytian 階)は普通の bisaccate striate 花粉形に基づいて，ペルム紀後期の Zechstein のものと調和している．Muschelkalk(Anisian-Ladinian 階)で，これまで優勢であった striate bisaccate 花粉がほとんど完全に消える．少数の striate/taeniate のものが三畳紀中期後に生き残る．いろいろの口をもつ花粉(たとえば *Eucommiidites*, *Corollina*(=*Classopollis*))と同様に，三畳紀後期からジュラ紀の palynoflora は non-striate bisaccate 花粉(とくにジュラ紀に優勢)，単翼型花粉，シダ胞子，単溝型花粉，いろいろの無口粒花粉などによって優占される．ペルム紀から引き継いだ地区化がさらに地方化となる．緯度が優勢な境を示す．たとえば南半球では地方化は緯度によって分帯ができるように古地図にプロットできるという．北アメリカ東部の Newark 累層群の Ladinian-Norian 階の時代では，パリノモルフの種類は多様で，三畳紀後期では，単翼型，二翼型や三条溝の属に加えて *Aratrisporites*(monolete)に富んでいる．ヨーロッパでは，三畳紀末期の指示者 *Rhaetipollis* が最初に Norian 階に出る．そして Rhaetian 階と最下部ジュラ紀に続く．

松柏類花粉の circumpolles は最初三畳紀の Ladinian 階に出現する．三畳紀中期から白亜紀中期の新しい裸子植物を特徴づける．この花粉の特徴は，帯状に囲む溝様部分の薄くなることであり，それは花粉を2つの半球に分ける―1つは通常で他はより小さい―．グループのもっと初期のものは不完全な赤道の溝をもっている．ある種は向心面に三条溝またはその跡，または薄い三角形の遠心の溝様の区域(tenuitas)をもつ．ある種では四集粒類と二集粒類が普通で，他のものは単粒類が普通である．もっと進んだ形の膜は，たぶん，大変よく発達した nexinal columellae をもっていることにおいて裸子植物の間ではユニークである．Circumpolloid 花粉の植物学的関係は *Brachyphyllum*, *Hirmeriella*, *Pagiophyllum*, *Masculostrobus* などに求められる．これらは暖かさを好む灌木で，低地の水の周辺の環境，他のものは好乾性植物であったと考えられている．*Corollina* Malyavkina(1949)=*Classopollis* Pflug(1953)では，手書きの図を認めるならば *Corollina* が先取権をもつ．しかし，実際には，*Classopollis* の名前が普通に用いられている．

三畳紀から白亜紀の花粉群に sulcus (colpus)の他の種類の形がある．それは単長口型である．他の重要な溝型は *Eucom-*

miidites 花粉である．これは1つの側に長い主溝をもち，2つの補助の短い溝をもつ．花粉は Reymanówna (1968) によって，裸子植物の種子の花粉室の中に発見された．そして膜は裸子植物のタイプであることが示された．出現は三畳紀から白亜紀に知られている．*Pretricolpipollenites* 花粉は被子植物に似ているとしてもっともよく示された三畳紀/ジュラ紀型である．三畳紀後期 Karnian 階から columellate exine をもっている被子植物に似ている monosulcate と zonasulcate 花粉粒が発見された．また，高度に reticulate-columellate monosulcate, zonasulculate (trisulcates) や reticulate-clavate pentasulcate の構造が決定した被子植物様花粉の約8種が報告された． （高橋　清）

三条溝型 [trilete (adj.)]
三痕跡線型ともいう．コケやシダ類の小胞子にみられる口型の1つで，向心極にある条溝が分岐してY字形になっているもの．四分子のときに胞子どうしがくっつき合っていた痕跡ともみられる．（→付録図版）
（高橋英樹）

三条溝マーク [trilete mark] →三条溝型

三突出型 [triprojectate (adj.)]
ウラル山脈以東のシベリア全域，中国，日本，北アメリカ・ロッキー山脈地域の上部白亜紀層から出現する化石花粉で，溝の位置する部分の上に，特徴的に突出する腕をもっているもの (Mtchedlishvili, 1961)．
（内山　隆）

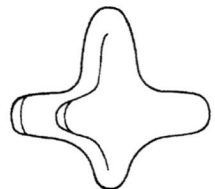

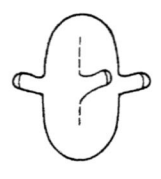

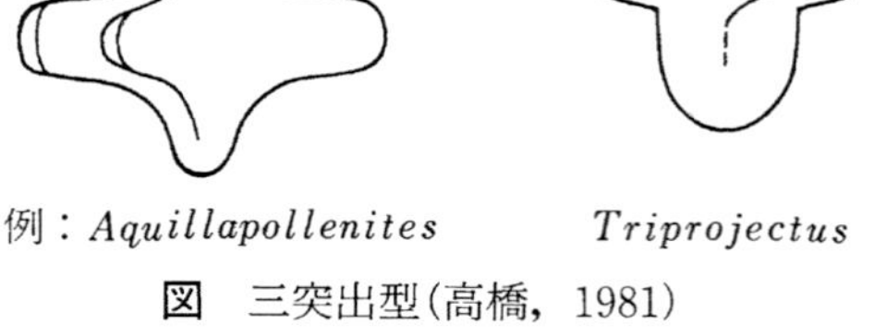

例：*Aquillapollenites*　　*Triprojectus*
図　三突出型（高橋，1981）

サンプラー [sampler]
花粉分析，その他微化石分析，および土質調査等で用いられる乱されない試料を採取するための道具（試料採取器）．採取器の研究は，20世紀の前半末ごろ，Hvorsler（アメリカ）や Kallstenius（スウェーデン）等によって主に進められた．普通に利用されているのは，固定ピストン式シンウォールサンプラー・デニソンサンプラーの2種類で，前者は軟弱な粘土質試料に，後者はやや硬い泥土質試料の採取に使用される．これ等の他に，ヒラー型サンプラー・ホイルサンプラー・オーガーボーリング・コアボーリング・ハンドオーガーサンプラーなどがある．なお，採取された試料を岩芯（コア）と呼ぶ．　（藤　則雄）

三葉体 [trifolium, trifolia (pl.)]
大胞子の向心極面から隆起している3枚の葉状をした向心面の特徴 (Potonié, 1956)．大胞子の化石にだけみられる特徴で，現生種では使われない用語である．（三好教夫）

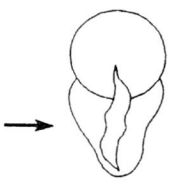

図　三葉体 (Punt *et al.*, 1994)

散乱放射量 [diffuse radiation]
太陽の光は地球に入射すると大気中の成分によってまず吸収される．よく知られている例としてはオゾン層による短波紫外線の吸収がある．さらに大気中の分子や粒子によって光の方向が変化する反射・散乱を起こす．ある地点において太陽からのエネルギーを観測すると太陽から直進してくるものの他に上空で散乱された光があらゆる方向から到達することになる．これを散乱放射という．散乱放射エネルギーの中には光合成に有効な波長約400～700 nm の可視光線が多く含まれている．全天が雲っていたり，日の出前・日の入り後に空が明るいのはこの散乱光によるものである．　（村山貢司）

シ

雌花 [female flower]

めばなともいう．雌蕊のみをもつ花を雌花という．実際には，雄蕊の痕跡をもつものが多い． （高原　光）

四角形四集粒 [tetragonal tetrad] →四集粒

自家受精 [self-fertilization] →自家受粉

自家受粉 [self-pollination]

種子繁殖性植物の受粉様式の1つ．自家受粉は同一の花の花粉（自花花粉）を含む同一個体上の花の花粉（自家花粉）による受粉（自家受粉）のことである．自家受粉により受精・結実できる自家和合性植物と自家受粉では受精・結実できず必ず他個体の異なる遺伝子型の花粉（他家花粉）による他家受粉を必要とする自家不和合性植物とがある．自家和合性で花粉媒介者などの助けを借りずに自然受粉により自家受粉し，結実するのを常とする種を自殖性植物，自家和合性か否かにかかわらず他家受粉により結実する植物を他殖性植物とする．しかし，同一花に雄蕊と雌蕊がある両性花では和合・不和合にかかわらず自家花粉と同時に他家花粉が混合受粉されている．ダイコンなど自家不和合性植物では，自家受粉も起こるが，遺伝型を異にする他家受粉だけが受精・結実できる．自家受粉する植物種の中にも，ダイズやエンドウのように花粉媒介者の助けを借りずに自動自家受粉により閉花受粉する種，ソラマメのように花粉媒介昆虫の訪花による花器の動きで自家受粉する種など多様である． （大澤　良）

自家不和合性 [self-incompatibility]

雌雄両性器官が形態的・機能的に完全であり異株間の交配では受精が行われるのに対して，同株内の交配（自家受粉）では受精できない現象をいう．自家受粉したときに受精できないのは，花粉の不発芽，花粉管の雌蕊への不侵入，花柱内での花粉管の伸長抑制などが起きるからである．この性質は，近親交配を妨げ，種内の遺伝的多様性を保持するためのものと考えられる．また，花粉（管）と雌蕊の心皮との間の反応なので，この現象は被子植物特有のものと考えられ，被子植物の半数以上の種は自家不和合性をもっているとされている．自家不和合性は開花した花や開花直前の蕾でみられるが，未成熟の蕾ではみられないことも多く，この場合には蕾の雌蕊に成熟花粉を受粉して（蕾受粉），自殖種子を得ることができる．自家不和合性は，同型花型自家不和合性と異型花型自家不和合性とに分けられる．同型花型自家不和合性には，多くの場合，1遺伝子座（S座）複対立遺伝子系（S^1, S^2, S^3, …, S^n）が関与している．1つの集団には，およそ30〜50個のS遺伝子が存在することが知られている．花粉のS遺伝子の表現型が，雌蕊のS遺伝子の表現型と異なる場合は花粉管が伸長して受精に至るが，同一の場合は花粉管の伸長が阻害されて受精に至らない．花粉の表現型が花粉（配偶体）自身の遺伝子型によって決まる場合は配偶体型自家不和合性（gametophytic self-incompatibility）

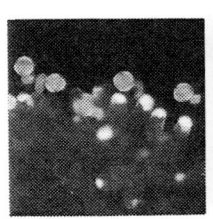

図　自家不和合性

アブラナ科野生種の柱頭上での花粉管の反応．自家受粉の場合，花粉管は，柱頭の乳頭上突起細胞に侵入できず，自家不和合性を示す（左）．一方，他家受粉の場合，花粉管は乳頭細胞内に侵入し，伸長する（右）．

表 自家不和合性の分類と植物の例

異型花型	胞子体型	サクラソウ科(サクラソウ) タデ科(ソバ) カタバミ科(カタバミ) アマ科(アマ)
同型花型	配偶体型	ナス科(観賞用タバコ・野生ペチュニア) バラ科(ナシ・オウトウ・リンゴ) ケシ科(ケシ) イネ科(ライムギ) マメ科(アカクローバー) ユリ科(テッポウユリ)
	胞子体型	アブラナ科(ハクサイ・キャベツ・ダイコン) ヒルガオ科(サツマイモ) キク科(コスモス)

である．一方，花粉の表現型が，その花粉が由来した親植物体(胞子体)の遺伝子型により決まる場合は胞子体型自家不和合性(sporophytic self-incompatibility)である．異型花型自家不和合性の場合は，短花柱花と長花柱花が存在し，短花柱花と長花柱花間の交配で種子がとれる．1対の優劣関係をもつ遺伝子Sとsとが関与している．

(渡辺正夫・鳥山欽哉)

自家和合性［self-compatibility］

同一花内または同一個体内の花間で自家受粉して受精・結実できる性質のことで，自家不和合性の反語．厳密には，植物における自家和合性・自家不和合性の程度は相対的に連続的な変異である．自殖性植物はすべてが自家和合性を示す．しかし，自家和合性がいかに高くても，同時に自動自家受粉能力が高くなければ，花粉媒介者を必要としない真の自殖性植物とはなりえない．また，他殖性植物には自家不和合性を示す植物ばかりでなく，自家和合性ではあるが雌雄異熟であったり，雌雄異株になったりして，通常は自家受粉できず他殖性となっている植物もある．このように植物の生殖様式が多様である原因は，集団の適応と分化にとって自家和合性か自家不和合性か，自殖性か他殖性かということが，きわめて大きな意味をもっているからであり，多くの自家和合性植物は自家不和合性植物から分化してきたと考えられている．

(生井兵治)

色素体［plastid］

緑色植物の細胞に含まれている葉緑体とその類縁の細胞小器官の総称．色素体の形・大きさ・内部の構造・機能は，色素体の種類によって著しく異なる．色素体はその中に含まれる色素により，1) クロロフィルとカロチノイドを含む葉緑体，2) カロチノイドを含む有色体，3) 色素を含まない白色体に分けられる．いずれも周囲を2重の包膜で包まれ，内部にDNAをもっている．葉緑体は，藻類と緑色植物に存在し，大きさは直径5 μm前後，厚さ2～3 μmの凸レンズ状．内部にDNA・RNA・酵素・リボソームなどを含むストロマ(基質)とエネルギー代謝過程の場であり，光合成に関与する内膜構造(チラコイド)をもつ．各種の光合成色素や光合成の電子伝達成分，リン酸化の共役因子などは，チラコイドに存在している．有色体は，大きさが3～10 μm．葉緑体のようなチラコイドやクロロフィルはもっていない．多量のカロチノイド色素(カロチン・キサントフィル・ルテインなど)を多数の大きな脂質に富む顆粒(プラスト顆粒)中に，または結晶の形でもっている．種々の花弁や花皮の黄色・オレンジ色・赤色はこれによる．白色体は，比較的小さく(2～数μm)，内部にはチラコイドのような発達した膜系はない．白色体のもっとも普通の型は澱粉を形成・貯蔵するアミロプラストで，これは貯蔵組織のほかに茎や葉，根の一部の細胞，花粉粒(栄養細胞内のみ．生殖細胞には通常存在しない)や花粉管などに存在し，植物の重力に対する応答にも関与している．すべての色素体は，プロプラスチドから分化発達し，ある発達段階までは可逆的な相互変換がみられるが，それ以後は，その発達は一方向的である．プロプラスチドは，分裂組織の細胞にみられる比較的小型(直径0.2～1 μm)の細胞

小器官で，細胞の分化に応じて発達する．たとえば，暗所で葉を生育させると，プロプラスチドはエチオプラストとなる．これは半結晶状に並んだ膜系から成り，クロロフィルの代わりにプロトクロロフィル（クロロフィルの前駆体）をもっている．光に曝されるとプロトクロロフィルはクロロフィルに変化し，新しい膜・色素・光合成酵素・電子伝達系の成分などの合成を行い，エチオプラストは葉緑体に変化していく． （中村澄夫）

色素体遺伝［plastid inheritance］→母性遺伝

試験管内受精［test-tube fertilization］
遠縁交雑あるいは自家受粉を行うとき，通常の交配では柱頭・花柱内で花粉管の伸長阻害が起こり受精が成立しない場合に適用し，種子を得ようとする技術．未受粉の子房から無菌的に胚珠または胎座についた胚珠を切り出して培地上に置床し，無菌的に得た花粉を胚珠上に散布する．花粉管が伸長して直接珠孔に侵入し，受精が成立する．*in vitro* の条件で受粉を行うので *in vitro* pollination と呼ぶこともある．受精後の胚珠の発育を継続させるために多くの場合，胚珠培養を行う必要がある．この一連の技術により自家不和合性の克服ができ，種間・属間の組み合わせで雑種植物が得られている．最近，胚嚢から卵細胞を取り出し，花粉から精殖細胞を取り出し，それらを電気的に融合させて培養し植物体にまで育成するという文字どおりの試験管内受精が実現した． （丸橋 亘）

子午線［meridional (adj.)］
花粉・胞子で，赤道面に垂直で，両極を通り，表面と交わる線． （高橋 清）

自殖性植物［autogamous plant；selfer］
さまざまな種類の植物の生殖様式は，1つの種内でも遺伝的あるいは環境条件によって変異がみられることが多いので単純ではないが，大まかには自家受粉によって受精・結実することを主とする自殖性植物と，他家受粉によって受精・結実することを主とする他殖性植物とに分けられる．このうち，自殖性植物は，自家花粉による自家受粉でも種子が実る自家和合性を有している．自殖性植物には1) 花が咲いても花弁は閉じたままであり個々の花のなかで自家受精するというマルバタチスミレやモウセンゴケなどの閉花受精を行う完全な自殖性植物, 2) 雌蕊や雄蕊が花から抽出しにくく自動自家受粉能力も高いので花粉媒介昆虫や風の助けを借りなくても自家受粉できて自殖種子を結びやすいダイズやラッカセイなどのほぼ完全な自殖性植物, 3) 花粉媒介昆虫の訪花による重力で他動的自家受粉をするソラマメなどや，雌蕊と雄蕊が花から露出しており花粉の自然落下で自動自家受粉するナスなど，雌蕊や雄蕊の自発的運動で自動自家受粉するコナギなど，花粉媒介昆虫が触れることによる直接的自家受粉によるカラシナなど，容易に他殖も行う部分他殖性の自殖性植物などがある．なお，自動自家受粉能力があるからといって自家和合性とは限らない． （生井兵治）

始植代［Archaeophytic era］
耐久性が強い壁をもつアクリタークの規則的な出現の前（約 1.0×10^9 年より前）の地質時間の非公式の区分． （高橋 清）

雌蕊（しずい）［pistil］
めしべともいう．大胞子葉に当たるもので，心皮の引き伸ばされたものといえる．上端に柱頭，下端に胚珠を包んでいる子房，この両者を連結する花柱より成る．柱頭は花粉を受け取りここで発芽させる場所であって，ふつう柱頭分泌物によって覆われている．この分泌物は水分を多く含む粘液状のものと，脂質性のものとがあり，いずれも花粉の柱頭表面への付着を助け，水分を供給して発芽を容易にしている．さらに花粉管に栄養を与えてその伸長を助け，また他種類の花粉や菌類などの胞子の発芽を妨げたり，昆虫による害を防いだりする効果をもつ．柱頭の表面はふつう乳頭細胞，つまり分枝した毛や分枝していない毛状細胞に覆われていて，これらは分泌細胞としてはたらく．分泌液は乳頭細胞内のゴルジ体や小胞体から分泌胞により外部へ分泌される．花柱は柱頭から子房へ花粉管を誘導する組織であって，何本かの維管束とそれを

取り囲む柔細胞による詰まった組織，または中央に花粉管が通過する中空の空洞(花柱溝)をもち，その内表面は花柱溝分泌物を出す分泌組織で覆われている．花柱溝分泌物の組成はテッポウユリの場合柱頭分泌物の組成とは異なる．中の詰まった組織の場合，花粉管は細胞間隙を通過するか，または細胞から細胞へつぎつぎに通り抜けてゆく．子房は雌蕊の下部を占め，1個または数個の室からなり，1個の室の中に1個の胎座があり，その上にいくつかの胚珠をもつ．室の外側は子房壁で覆われている．花柱内を通過してきた花粉管は室の中に入り，ここより個々の胚珠に到達して受精を遂行する． (三木壽子)

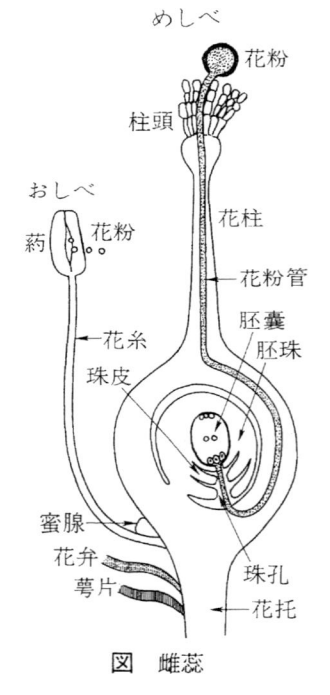

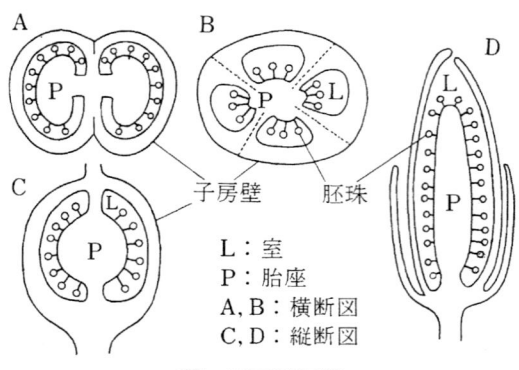

雌蕊先熟 [protogyny]

雌性先熟，雌花先熟ともいう．雌雄異熟の1つであり，個々の花の開花初期は雌蕊だけが生殖能力をもつ雌性期であり，やがて雌蕊がしおれるころに雄蕊が成熟し生殖能力をもつようになる．したがって，このような性質をもつ植物では，個々の花の中で自家受粉することはできない．自家不和合性に加えて雌蕊先熟という特性を示す他殖性植物にはサツマイモなどがある．自家和合性植物であるが雌蕊先熟のため他殖性を主とする植物にはシバ・オオバコ・イチゴなどがあり，これらは個体内の異なる花の間では自家受粉(隣花受粉)が可能となるので自殖種子も混じって実ることになる． (生井兵治)

雌性選択 [female choice]

被子植物の進化の大きな要因となっている配偶子選択の1つで，特定の遺伝子をもった胚珠(胚嚢)が選択的に受精されやすかったり，胚嚢自身が特定の遺伝子をもった花粉(花粉管)を選り好みして珠孔に導き寄せる現象である．たとえば，柱頭から花柱を通って侵入してきたたくさんの花粉管は一方的に胚珠の珠孔に向かって突き進むのではなく，胚嚢が受け入れようとする花粉(花粉管)があるときには誘因物質を放出するので花粉管は珠孔の位置を知ることができ胚嚢内に入っていけるという現象が，ホウレンソウやトマトにおいて観察されている． (生井兵治)

雌性配偶子 [female gamete]

雄性配偶子の対語．雌雄の性が明確な生殖器官を形成するすべての種子植物では，雌蕊の胚珠内にある雌性配偶体としての胚嚢の一部を成す生殖細胞であり，卵細胞(卵核)がそれに当たる．なお，種子植物のうち裸子植物の胚珠は，子房(心皮によって形成)に包まれず露出した状態である．一方，すべての被子植物の胚珠は，しっかりと子房に包まれている．裸子植物に種子が結実するためには，卵細胞が雄性配偶子(イチョウとソテツでは精子，その他では精核)と受精することが不可欠である．このようにして，裸子植物では二倍

性(複相)の胚が受精卵から形成されるが，一倍性(n)の単相胚乳(一次胚乳)は胚嚢内の1個の中心細胞が独自に分裂を繰り返すことによって形成される．それに対して，通常の被子植物に種子が結実する過程では，一個の卵細胞と2個の中心細胞が花粉の第一精核，第二精核とそれぞれ受精することが不可欠であり，この重複受精によって二倍性($2n$)の胚と三倍性($3n$)の胚乳(二次胚乳)となるのが一般的である．植物の種類によっては，卵細胞が未受精のままに無性的種子形成を行うものがある．(→胚嚢，卵，重複受精，無性的種子形成)　　　　　　　　　(生井兵治)

雌性配偶子単為生殖 [parthenogenesis]

被子植物における無性的種子形成(アポミクシス)の1つである．雌蕊の柱頭に受粉されることがなく，雌性配偶子である胚嚢の卵細胞も中心細胞(極核)も重複受精することなしに胚発生と胚乳形成を開始して種子を結ぶことで処女生殖ともいわれる．たとえば，明治初期にアメリカから札幌に導入したことに始まるともいわれ，戦後急速に広まった帰化植物のセイヨウタンポポは，この生殖法を行う植物の代表格で，花粉は不稔であるが，複相大胞子形成によって非減数性胚嚢($2n$のまま)をつくり，未受粉のまま胚嚢起源の種子形成を行い正常な種子を結実して世代交代を重ねている(複相大胞子処女生殖)．セイヨウタンポポは，このように受粉すら不要な特別な種子生産様式をもっているため天候が悪くても結実しやすいうえに，日長に鈍感なため年2回も開花しうる．しかし，花粉媒介昆虫によって他家受粉されないと結実できない他殖性のカントウタンポポは，長日性であるため春にしか開花できないので，繁殖成功(reproductive success)の良否が気象条件にきわめて大きく依存している．同じような日溜まりの生息地を好むセイヨウタンポポとカントウタンポポの間では，雌性配偶子単為生殖を行うか否かが要因となって，あかたもセイヨウタンポポがカントウタンポポを駆逐してしまったような現象が生じたのである．詳しくは，無性的種子形成ならびに単為生殖の項を参照されたい．　　　　　　　　　(生井兵治)

雌性不稔性 [female sterility]

遺伝的な雌性不稔性は受精前配偶子選択の1つで，雌性配偶子すなわち雌蕊の胚嚢に現れる不稔性であり，雌性配偶子が受精能力をもたなくなる現象である．イネ・トウモロコシ・シロイヌナズナ(アラビドプシス)などで知られている配偶体遺伝子に支配された雌性不稔性では，特定の遺伝子型の胚嚢だけが部分的に不稔性を示す．もろもろの農作物の交雑品種育種における育種材料に遺伝的な雌性不稔性が付与できれば，この特性を交雑品種種子(F_1種子)の採種における花粉親(B系統)に導入し，採種栽培を効率的に行うことが可能となる．すなわち，通常の交雑品種種子の採種圃場では，雄性不稔の種子親(A系統)の4列と花粉親(B系統)の1列を反復するなどして配置し，種子親が結実したら種子親の畦だけから収穫する．しかし，雌性不稔の花粉親(B系統)を育成できれば，A系統とB系統の種子を4対1に混ぜるなどして混播すればよく，圃場全面をいっせいに収穫することも可能になる．　　　　　　　　　(生井兵治)

自然交雑 [natural crossing]

交雑とは，種間か同種内か，あるいは品種間か品種内かは問わず，異なる個体の花粉が受粉して雑種ができることであり，自然交雑は異なる個体間において花粉媒介昆虫や風による他家受粉によって自然に交雑することである．他殖性植物では，同一品種などの集団内における個体間の自然交雑が集団の維持にとって不可欠である．しかし，品種間で自然交雑が起きれば品種崩壊を招き，種間で自然交雑が起きればエンレイソウなどの種間にみられる浸透(性)交雑やハクサイの仲間とキャベツの仲間の間にナタネが成立したように種間交雑による二次性種分化のきっかけとなる．　　　　　　　　　(生井兵治)

自然受粉 [natural pollination]

受粉とは，同一個体内か個体間かは問わず雄蕊の花粉が何らかの方法で雌蕊の柱頭に運ばれることであり，近ごろでは送粉ともいわれる．自然受粉とは，こうした受粉が花粉媒

介昆虫や風などの花粉媒介者によってなされるか，雄蕊または雌蕊自身の運動によって，あるいは重力により花粉が落下することによって自然に受粉されることである．このようにして，人為的でない自然の花粉流動が生じるのである．しかし，受粉の様態によっては，受粉されたからといって受精するとは限らない．異なる個体の間で生じた自然受粉による柱頭上の受粉花粉が受精・結実できたとき，はじめて自然交雑が起こったといえるのである． (生井兵治)

自然選択 [natural selection]

環境との相互作用によって，特定の性質をもつ個体が選択的に生き残り，生殖の過程を経ていろいろな遺伝特性を示す種子(子孫)を生じることによって適応と分化を遂げることで，自然選抜と同義語である．この自然選択の過程には，1) 安定化選択(選抜)，2) 指向性選択(選抜)，3) 分断選択(選抜)などの型がある．すなわち，安定化選択とは，安定した環境下で植物が安定した適応的状況にある場合にみられる選択機構であり，集団内で平均的値を示す個体がもっとも適応的で多数の子孫を残すことになる．指向性選択とは，一定の方向に変化している不安定な環境下でみられる選択機構で，当初は適応的でなく頻度も少なかった個体群のなかに新しい環境に適応した個体が自然選択され，これらの子孫の頻度が増えていく現象である．また，分断選択とは，2つ以上の異なる環境が繰り返される不安定な環境下でみられる選択機構で，当初は適応的でなく頻度も少なかった個体群の中に，それぞれの環境に適応的な個体が増え，世代が進むにつれて両極に分断されていく．あるいは，分断選択によって異なる環境のいずれにも適応的な個体が選択され，結果として広域適応性をもった集団が生じることもある．この分断選択育種法には，異なる季節に交互に栽培する季節的分断選択と異なる地域で交互に栽培する地域的分断選択とがある．ここで，環境とは，生育地の気象条件・土壌条件・植生などであり，植物の自然選択の場としては，植物体自身はもとより生殖過程における配偶子(とくに花粉)がある． (生井兵治)

自然属 [natural genus]

一般的に花粉はその形態に基づくかぎり科もしくは属レベルでしか母植物を決定することができないので，化石花粉を種とみなして記載・分類する場合にはいくつかの方法がある．その1つに，対象とする花粉が現存する属の花粉と識別困難な場合，現存の母植物の学名を用いる．つまり自然分類体系に従った属名を用いる方法である．日本では第四紀と新第三紀の大多数および古第三紀の一部の化石花粉は現存の母植物が判明しており，自然属を用いて表現することができる．しかし花粉形態からだけで自然属を構成する種を確認することが不可能であるがゆえに，化石花粉のみに基づいて古植生や古環境を論ずることには限界がある． (松岡數充)

湿地堆積物 [moor sediment]

湿地とは，広義には湖沼・池の周辺部や不透水層の分布で湧水して湿っぽくなった所を指すが，狭義には湿原(moor)を指し，泥炭地ともいう．広義の湿地での堆積物は，有機物を含む細粒破砕物や植物(ヨシ・スゲ，その他水生植物)遺体を主とする堆積物より成る．狭義の湿地での堆積物は，泥炭地のような寒冷気候条件のもとで沈積・形成される．枯死した植物の腐植・分解が妨げられ，植物遺体は泥炭となって堆積し，これが湿原堆積物の主体をなし，この泥炭の上位につぎつぎと草原が形成される．低層湿原(low moor)・中間湿原・高層湿原(high moor)の3つに区分されるが，低層湿原では，主としてヨシ・スゲなどが，また高層湿原では，主としてミズゴケ・ホロムイスゲなどが特徴的植物となっている． (藤 則雄)

湿地林 [swamp forest]

湿地林は，地下水位が高く，しばしば水が地表に停滞するような湿地に形成される自然林である．日本では代表的なものにハンノキ林やヤチダモ林がある．湿地林は土壌中の水分のあり方(存在の仕方)によって，構成樹種が異なってくる．主に2つのパターンがある．

1) 土壌中の水が常に流動して無機塩類や酸素に富んだ新鮮な水にめぐまれている所では，流水の侵食作用の程度が植生に影響を及ぼす．たとえば，しばしば冠水するような河床にはヤナギ類が繁茂する．2) 停滞水によってうるおされている所(平坦な沖積地など)では，植物の根が利用しうる酸素の量が植生に影響を及ぼす．このような所に成立する森林は多湿な所から乾燥した所に向かって，ハンノキ林→ヤチダモ林→ハルニレ林の順になる．ハンノキ林は，水平的には，本州から北海道まで，垂直的には平地から山地帯上部まで広く分布する．ヤチダモ林は主に冷温帯に分布する(沼田・岩瀬, 1975).　(岩内明子)

自動自家受粉［automatic self-pollination］

自然受粉の1形態であるが，従来は，雌蕊や雄蕊が大きく動いて自家受粉する特別な花についてのみ関心がもたれ，一般の両性花の自動自家受粉についてはあまり関心が示されなかった．一方，自動自家受粉に関心を示した研究者には，自動自家受粉能力と自殖性すなわち自家和合性が高い相関をもっていると考えている人が多いようである．しかし，実際には，自動自家受粉能力と自家和合性ないしは自殖性は独立の形質であり，まったく別々な進化の道を歩んでおり，自家和合性が一歩先んじて高まりながら徐々に自動自家受粉能力が高まるという進化の道筋がダイコンやカラシナの品種について調べた結果から明らかになっている(Namai et al., 1992)．自動自家受粉能力の高さは，雌蕊と雄蕊の熟期が揃っている(雌雄同熟)ほど高く，また，雌蕊(柱頭)と雄蕊(葯)の空間的距離が近い(雌雄離熟性が小さい)ほど高い．　(生井兵治)

シナプトネマ構造［synaptonemal complex］

対合装置ともいう．減数分裂前期において，対合した相同染色体間に形成される蛋白質性の複合体．酵母からヒトまで広く存在する．Moses(1956)，Fawcett(1956)らによって発見された．分裂前期の細糸期に形成が開始し，太糸期に完成するが，複糸期には再び解体する．幅が約100 nmのはしご状構造であり，両端は核膜に接しており，相同染色体対の縦軸に沿って密着した2本の側方要素と，側方要素どうしをつなぐ中心要素から成る．中心要素は格子状をなし，中央の電子密度の高い部分とその両側の電子密度の低い部分から成る．シナプトネマ構造内にはしばしば組み換え小節と呼ばれる電子密度の高い粒子が観察される．その位置と数はキアズマの位置と数によく一致することから遺伝的組み換えに関与する酵素複合体と考えられている．また，相同染色体が正常な対合をしない細胞ではシナプトネマ構造は存在せず，相同染色体の両極への均等分配が起こらないことから，その機能には，相同染色体の安定した対合，遺伝子組み換えおよび染色体の移動の制御などが考えられているが，十分には解明されていない．微細構造の解析は電子顕微鏡によってなされているが，硝酸銀染色法によって側方要素が特異的に染色されるため，光学顕微鏡によっても観察が可能である．　(寺坂　治)

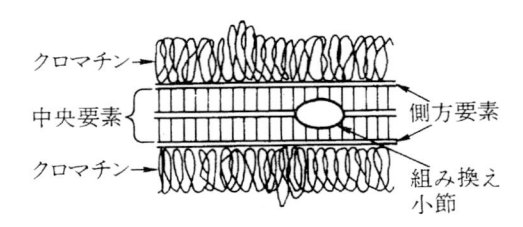

図　シナプトネマ構造

自発的単為結果［autonomic parthenocarpy］

自動的単為結果ともいう．受粉や成長調整物質などの刺激がなくても子房が発育し，種子なし果実になる現象をいう．これとは逆に刺激によるものを他発(他動)的単為結果(刺激的単為結果；stimulative parthenocarpy)という．周年栽培・出荷が普通になっているキュウリでは，冬季の温室やハウス内には花粉を媒介する昆虫がいないため，現在の日本の品種は自発的単為結果性をもつことが必須条件になっている．トマトでも冬季栽培では花粉形成，雌蕊での花粉の発芽や花粉管伸長などが，低温のために正常に行われないので，

成長調整物質処理に代わる自発的単為結果性をもった品種が育成されつつある．(→単為結果)
(藤下典之)

指標植物 [indicator plant]
ある地域の環境条件を記述する場合に用いられる特定の植物種あるいは植物群落をいう．気候指標植物・土壌指標植物などのほか，林地指標植物・草地指標植物・農地指標植物など目的とする環境条件に対応してさまざまな用い方がある．
(松岡數充)

ジー・ブイ・グリセリンゼリー [GV-glycerin jelly]
花粉の形態観察用の封入剤，とくに空中花粉観察用には便利である．組成は，ゼラチン10 g，グリセリン60 ml，精製水35 ml，0.1％ゲンチアナバイオレット液1.0 ml，液状石炭酸0.5 ml．ゼラチン・グリセリン・精製水をビーカーに入れ，水浴中弱く攪拌しながら溶解する．これに0.1％ゲンチアナバイオレット液と液状石炭酸を加えて混和した後，シャーレに入れて固め，冷蔵庫に保存しておく．採集したスライドグラスに，ジー・ブイ・グリセリンゼリーの小さく切ったブロックを取り，カバーグラスをかけて下から弱く加温すると，封じてから数分で花粉が紫色に染色される．封じた花粉のスライドはほとんど退色もなく，後から観察することも可能である．
(菅谷愛子)

四分子 [tetrad]
一般には，1個の母細胞が減数分裂を完了して生じる4個の半数性細胞を指し，種子植物では花粉四分子がこれに当たる．花粉母細胞内での四分子の配置は，減数分裂時の分裂軸によって決まり，種によっていくつかの型に分類される．また，この四分子期には花粉特有の外壁の形成が始まり，それぞれは小胞子として有性世代(単相世代)の出発点になる．四分子はやがて解離し，4個の一細胞性花粉を遊離するのが通常である．別に，減数分裂の第一分裂で対合した二価染色体の4本の染色分体を指すこともある．(→四集粒)
(田中一朗)

四辺形四集粒 [tetragonal tetrad] →四集粒

脂肪花粉 [lipid pollen]
栄養源として脂肪球を多く含む成熟花粉のことをいう．一般に容積の少ない花粉に多い．ユリ科・サクラソウ科などの植物に脂肪花粉をもつものが多い．
(三木壽子)

脂肪球 [lipid body ; oil droplet]
細胞内にみられる一種の生体膜で囲まれた脂肪または油滴を貯えている微小球をいう．細胞の栄養源として用いられる．成熟時に脂肪球を多量に含む花粉を脂肪花粉と呼ぶ．
(三木壽子)

脂肪酸 [fatty acid]
脂肪酸は，一般に炭素数が4個以上の偶数個の炭化水素鎖をもつカルボン酸である．脂肪酸は一般に直鎖型で完全に飽和されているか，1～6個の二重結合を含んでいる．前者は飽和脂肪酸，後者は不飽和脂肪酸という．脂肪酸は $C_{n:a}$ と表すことができ，n は炭素数を，a は二重結合の数を示す．飽和脂肪酸は $C_{n:0}$ となり，不飽和脂肪酸は a が1～6の数となる．脂肪酸は遊離の形で存在するほか，トリグリセリド・ワックスおよびリン脂質・糖脂質などの複合脂質に含まれている．花粉には10～20％の遊離脂肪酸が含まれており，これは糖質が不足したときのエネルギー源として利用されるものと考えられている．また，炭素数8～10の脂肪酸は20～30 ppmの濃度で花粉の発芽・花粉管伸長および生殖核の分裂を抑制し，ミルミカシン(β-hydroxydecanoic acid)は，50～100 ppmでツバキ花粉の花粉管伸長を抑えることが報告されている．
(船隈 透)

子房内受粉 [intraovatian pollination]
植物において試験管内受精の技術が開発される以前にケシ属の植物で試みられた受粉方法．花粉管の伸長を促すためにホウ酸水に花粉を懸濁し，それを空気孔を開けた子房腔内に注入することで，花粉管は柱頭・花柱を通過せずに受精にあずかる．
(丸橋 亘)

子房培養 [ovary culture]
遠縁交雑における雑種植物の獲得や雌性器官由来の半数体を得る目的のため，あるいは

胚発生や子房肥大の生理学的な研究を行うため，未熟な子房を人工培地上で無菌的に生育させる技術である．遠縁交雑において，子房培養は，胚培養・胚珠培養と同様に，雑種胚が壊死する前に胚を救済し胚の成長を継続させ，雑種植物を得る有効な手段として用いられる．子房培養により，子房内に完熟種子ができる場合と種子を形成せず発生後期の胚に成長するだけの場合がある．本方法は，胚培養や胚珠培養と比較して，胚や胚珠を摘出する必要がなく操作が簡単なことや，比較的単純な培地を利用できることなどの利点があり，アブラナ属やユリ属等で用いられている．
(高畑義人)

シマハナアブ [*Eristalis cerealis*; shima-hanaabu]

アジア地域に広く棲息しているハナアブ科 [Syrphidae] 科の訪花性ハナアブ (flower fly) で，日本では春から秋まで全国でごく普通にみられる花粉媒介昆虫の1種である．自然条件下でも世代交代を年4～5回繰り返す．盛岡県の園芸試験場において，リンゴ園の花粉媒介昆虫として人工飼育法が開発された．個人利用のためには簡易な施設でも卵からサナギまでの人工飼育が可能であり，必要に応じて小型の網室でも約20日間は利用できるすぐれた花粉媒介昆虫である．1980年代中ごろまでは松本市内の企業が羽化寸前のサナギを量産しており，電話1本で安価なシマハナアブを入手でき，たいへん便利であった．しかし，シマハナアブの増殖施設のまわりに住宅が押し寄せ，幼虫を飼育する際の臭いが公害であるとの住民パワーに押され，残念ながら今では市販サナギを購入することができない．
(生井兵治)

島模型 [island model]

ある集団と他集団との境界がどれだけはっきりしているかは，個々の集団の大きさによって決まり，集団の構造の違いに対応していくつものモデルが考えられている．例として以下の4モデルがあげられる．1)「大陸-島」モデル：大きな集団から小さな集団への一方向の運動しかない．2)「島」モデル (Wright, 1969)：小さい集団間でランダムに移住が起こる．3)「飛び石」モデル (Kimura & Weiss, 1964)：各集団には隣の集団からしか移住が起こらない．4)「距離による隔離」モデル (Wright, 1969)：連続的に分布した集団の中で距離に応じて移住が生じる．これらのモデルのうち，2) の島模型は集団が空間的連続分布をしているときどのように分化していくかを理論的に解明するうえで重要な役割を果たした．
(大澤 良)

縞模様 [stria, striae (pl.)]

線状紋ともいう．外壁に形成された細長く伸びて平行な，溝と隆起による花粉表面構造の溝の部分を指す (Iversen & Troels-Smith, 1950)．バラ科・カエデ科・ミツガシワ属・イワイチョウ属などの花粉に認められる．(→付録図版)
(高原 光)

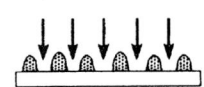

図　縞模様 (Punt *et al.*, 1994)

縞模様型 [striate (adj.)]　→縞模様

シミュレーション [simulation]

模擬ともいう．対象とするシステムの性質や動態を調べたり，システムの状態の予測を行うためにモデルを用いて実験を行うこと．シミュレーションは，現実のシステムについて実験することが多大の費用や時間を要したり危険を伴う場合，実験によってシステムに与える影響が許容できない場合，多くの条件や要因のために実験の結果の測定が困難である場合などに用いられる．モデルには物理モデルと数学モデルがある．また，実験の意味をより広くとることもできるが，一般的には数学モデルをコンピュータで処理することによって行う実験を意味する．具体的な適用例は多岐にわたり，数値天気予報，大気汚染物質の拡散実験，建築物や乗り物などの構造計算，河川流や潮流の計算，環境や生態系の変動予測，植物の成長や発育の計算，道路交通

の制御，社会・経済システムの変動予測，などがある．花粉拡散のシミュレーション（川島，1991）もその1例で，花粉発生モデルや花粉拡散モデルをコンピュータで計算することによって，花粉の飛散経路を調べたり，花粉飛散量の面的分布の推定や予測を行う．このように，シミュレーションは実際の状況の詳細を記載しないものの，真の状況の本質的な特徴は備えているものといえる．

（高橋裕一）

斜溝(孔)型［loxocolp(or)ate (adj.)］
外溝（ectocolpus）がたがいに対になって，赤道面に配列し，対称性の溝をもつ花粉型（Erdtman & Straka, 1961）．　　（内山　隆）

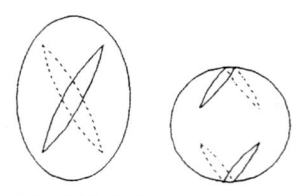

図　斜溝(孔)型（Punt *et al*., 1994）

遮断抗体［brocking antibody］
アレルゲンを注射する減感作療法によりIgGに属する抗体の上昇がみられ，1935年にCookによりこのIgG抗体は遮断抗体と名づけられた．IgE抗体と異なり，肥満細胞には結合できないがアレルゲンと反応することができるので，競合阻害的にはたらき肥満細胞からの脱顆粒を防止すると考えられている．ハチアレルギーではハチ抗原が血液中を循環しているときに，抗原が中和されショック防止になっている．しかし，減感作療法でみられるIgGの上昇はサブクラスのIgG_1とIgG_4の上昇であるが，これら抗体価の上昇と症状の軽快とは必ずしも一致せず，IgG抗体が遮断抗体としてはたらいているか結論は得られていない．

（小笠原寛）

雌雄異株［dioecy］
ホウレンソウ・アスパラガス・アサ・ホップなどのように，単性花の雌花だけを着ける雌株と雄花だけを着ける雄株がある現象をいう．雌雄異株植物は，本来的には自家和合性の雌雄異花植物であったものが，雄花または雌花を退化させ，一方の単性花をなくしてしまった状態が現在の姿なのである．さらに，雌花・雄花という単性花も，起源的には両性花のいずれか一方の性が退化したものと考えられている．すなわち，雄蕊が退化すれば雌花となり，雌蕊が退化すれば雄花となる．こうして，このような花の性質が個体単位で遺伝するようになった集団が，雌雄異株植物である．したがって，このような歴史的経過を経ているため，通常は他家受粉による他殖性を余儀なくされている雌雄異株植物が，日長や気温の変化などの環境条件によって花の性を自在に変え，雄株に雌花が混在したり雌株に雄花が混在したりという状態が生じると，自家受粉して自殖種子を結ぶことができる．雌雄異株植物には，人間の性と同様にXY型で説明できる性染色体によって雌株・雄株が決まるものが多い．

（生井兵治）

雌雄異熟［dichogamy］
種子植物において，個々の株に雌蕊と雄蕊を共有する両性花（両全花）または単性花が，自花受粉または自家受粉を避け他花受粉または他家受粉によって種子を実らせようとする機構の1つであり，雌雄同熟の反意語である．ただし，このような機構で自花受粉は避けたとしても，多くの植物では同一個体上にたくさんの花をつぎつぎと咲かせるので，それらの花の間の自家受粉は可能となるため，自家和合性植物であれば他家受粉による他殖種子と自家受粉による自殖種子が混じって結実することになる．雌雄異熟性は，自家不和合性植物にも自家和合性植物にもみられ，これには雌蕊先熟と雄蕊先熟があり，前者はウコギ科・オオバコ科・ゴマノハグサ科などにみられ，後者はキキョウ科・キク科・ユキノシタ科などにみられる．ただし，両者の頻度を比べると，雄蕊先熟が圧倒的に多い．植物が一般に他家受粉による他殖性を好むということの証拠でもある．詳細は，雌蕊先熟と雄蕊先熟のそれぞれの項を参照されたい．

（生井兵治）

重回帰分析［multiple regression analysis］
回帰分析において基準変数（目的変数）

Y，説明変数群（予測変数）X があるとき，Y との相関関係をもつ因子群がいくつかある場合，2つ以上の説明変数を用いるものを重回帰分析という．目的変数 Y に対する各説明変数の影響の程度を検討するのに有効な手法である．目的変数 Y の分散をいくつかの説明変数により，どの程度説明できるかの統計量として重相関係数(multiple correlation coefficient)が与えられる．重回帰分析を行う場合，説明変数間の内部相関，および単位に注意する必要がある． （村山貢司）

周極凹部 [circumpolar lacuna, lacunae (pl.)]
凹部を花粉表面における位置によってグループ分けした場合の1つ．半球上に位置するもので極凹部あるいは極域の肥厚部を縁どっている凹部．通常1半球上に6個ずつある．
（高橋英樹）

十字型四集粒 [cross tetrad] →四集粒

十字対生四集粒 [decussate tetrad] →四集粒

重心日 [date of center of gravity]
Edwards らの，季節性を有する疾病の周期変動表示法で1年(365日)を円(360°)で表示したときの疾病の重心を日に換算した日のことをいう．(→エドワード・プロット)
（佐渡昌子）

重心法 [center of gravity method] →エドワード・プロット

収束線 [convergence line]
空気や水蒸気がある特定の領域に集まることを収束といい，この収束域が線上になる場合にその領域を収束線という．収束域では多量の水蒸気が集まることや上昇気流が生じることから悪天になることが多い．地形などの影響によりある地域において風が集中的に強まるケースを収束という場合もある．
（村山貢司）

集団育種法 [bulk-population method]
作物育種における方法の1つ．大きな意味での集団選抜改良法である．自殖性作物において純系品種の両親から交配により F_1 世代を作出し，それ以後自殖により世代を進め，ホモ接合体として優良な遺伝子組み合わせをもつ品種をつくり出す．集団育種法は自殖性作物を交配し，F_2 世代から数代混合集団として世代を進め，ホモ接合性が増加してから個体選抜により次代に固定系統を得，系統間比較により優良系統を選抜して品種とする．温室や暖地を利用して初期世代を1年に2〜3回栽培して世代促進し，遺伝的固定を早めることが多い．これを世代促進利用集団育種法といい，イネの育種に広く利用されている．
（大澤 良）

集団選抜 [mass selection]
作物育種方法の1つ．集団の中から相当数の優良個体を選択し，その種子を混合して後代を育成していく方法である．優良な複数の遺伝子型を混ぜた状態で集団を徐々に改良していく方法であり，操作の簡便さと気候変動や病原菌の変化，土地のむらなどに対しても複数の遺伝子型で構成された品種のほうが安全であるなどの利点があり，農家の自家採種や育種技術が未発達の場合などに用いられる．しかし，集団のそろいが悪いなどの欠点もある．受粉・受精様式からみれば自殖性作物においては後代には各選抜個体に由来する純系を混合した集団を育成することであり，他殖性作物では遺伝子構成（頻度）を変化させていくことになる．とくに他殖性作物においては選抜初期に重要な育種方法とされている．
（大澤 良）

絨緞組織 [tapetum tissue] →タペータム

集団の大きさ [population size]
遺伝学的な意味での集団の大きさは，ある集団のある世代において繁殖に関与した個体数のことであり，繁殖関与個体数（繁殖量；breeding size）ともいわれ，N で表す．また集団ごとに性比や近交程度などがさまざまなため，それらを比較するうえで数学的に調整した個体数のことを集団の有効な大きさ(Ne)という．(→近隣の大きさ)
（大澤 良）

雌雄同熟 [adichogamy；homogamy]
被子植物において個々の花に雌蕊と雄蕊を

共有する両性花(両全花)が,自家受粉を避け他家受粉による他殖種子を実らせようとする雌雄異熟性の機構がなく,雌蕊と雄蕊が同時に熟することであり,雌雄異熟の反意語である.エンドウ・ラッカセイ・ダイズ・イネ・コムギその他など自家受粉によって受精・結実できる自家和合性で自殖性の高い植物の多くでは,雌雄同熟性を示す.ただし,このような雌雄同熟の花を着ける植物でも,たとえばある種のラン科植物のように雌蕊と雄蕊が空間的に離れていて,自家和合性にもかかわらず自花受粉しにくい雌雄離熟性を示す他殖性植物もある.自家不和合性の他殖性植物でも,多くは雌雄同熟である. (生井兵治)

周皮 [perisporium] →外被層

周皮層 [perisporium] →外被層

重複(じゅうふく)受精 [double fertilization] →重複(ちょうふく)受精

集粉構造 [pollen collecting structure]

ハナバチ類の体表を覆う毛は複雑に分岐しており,花粉を捕らえやすくなっている.体表に付着した花粉は,ミツバチ科のハチでは脚に発達した適応的な構造により後脚の外側にだんご状に集められる.ハキリバチ科のハチは腹部の下面に密生した毛をもち,そこに花粉を集めて運搬する.以下に代表的なミツバチ属の例を示す.A〜Gは図中の記号である.花粉ブラシ(pollen brush;F)は各脚の第1ふ節(basitarsus)の内側にある短毛が数列横に並んで生えた特徴的な形態.とくに後脚でよく発達している.花粉レーキ(D)と圧縮器(pollen press;C)はミツバチの後脚の脛節と第1ふ節の間に発達し,花粉ブラシによって集められた花粉をかき取り,圧縮して外側の花粉かごに押し出す構造.花粉かご(pollen basket)はミツバチの後脚脛節外側に発達した花粉荷を保持する形態.周囲に外側から内側にカールし花粉荷を左右から支える毛の列(G)を有する皿状部(A)とその支柱となる1本の長い毛(single hair;B)とから成る. (小野正人)

集粉毛 [collecting hair]

葯から放出された花粉を,散布に至るまで受け止めておいたり押し出したりする花柱上の毛.花柱の周囲に生えた集粉毛は花粉を引き出したり(タンポポ・ニセアカシア),開花前にしおれてしまう雄蕊に代わって花粉を保持する(ホタルブクロ).または花柱の先端に生えた集粉毛は,花粉を押し出したり(キク・サワギキョウ・ソラマメ),昆虫が訪れるまで花粉を閉じ込めておく(クサトベラ).(→口器,集粉装置) (田中 肇)

周辺隔離集団 [peripheral isolation]

たとえば,チョウチョウの仲間が花粉媒介昆虫となるフロックスの自然集団において,花色の変異との関係で周縁隔離という現象が生じることがある.すなわち,フロックスの自然集団には,桃色の花と白色の花が混在するという花色についての遺伝的多型現象がみられ,この花の花粉媒介昆虫は桃色を好むチョウチョウである.したがって,桃色の花を着ける個体が多い集団ほど結実率が高く,白色の花を着ける個体が減って,桃色の花の割合がいっそう高まることになる.このように

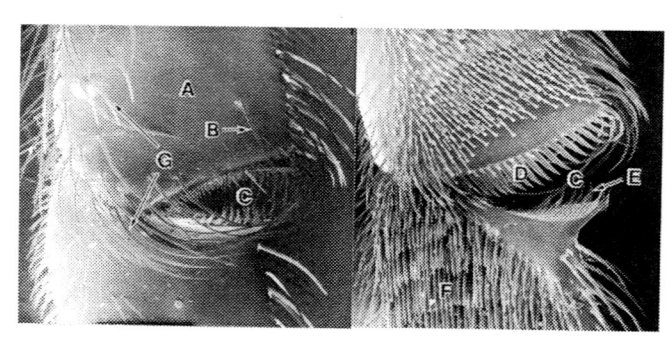

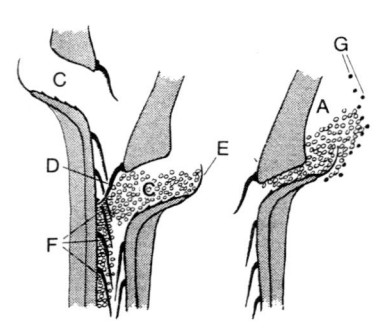

図 ミツバチにおける後脚の集粉構造

して，花粉媒介昆虫の飛来を受けにくい白花個体が，やがて集団の周縁に配置される結果となり，他の集団との交雑（遺伝子流動）を避けるための隔離機構としてはたらくようになる．こうしてできた集団が周縁隔離集団であり，集団としての適応戦略の1つである．

(生井兵治)

周辺散口 [peritrema, peritremata (pl.); peritreme (adj.)]

放射相称で極観輪郭像が円形の花粉上にみられる口型の1つ．極観像でみると赤道に当たる輪郭線沿いに等間隔に口が並ぶものをいう．三溝粒もこの例に含まれるが，通常は口が4個以上ある場合に使われる．

(高橋英樹)

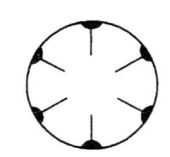

図 周辺散口 (Blackmore et al., 1992)

雌雄離熟 [herchogamy]

個々の花に雌蕊と雄蕊を共有する両性花において，雌蕊と雄蕊とが空間的に離れていて自花受粉しにくくなっている場合を意味し，多くの雌雄同熟の両性花では自家和合性を有する植物の場合でも雌雄離熟性を示すものが多く，自動自家受粉能力を低めている．一方では，自家不和合性の植物でも雌雄離熟性を示さず高い自動自家受粉能力を有する植物もある．このように，雌雄同熟の両性花における自家和合性の程度と自動自家受粉能力の程度の間には，雌雄離熟性の程度によって相関がみられる場合とみられない場合とがあるのである．なお，自家不和合性で他殖性のサクラソウやソバなどのように異型花柱性を示す植物や，アスパラガスやヤマノイモなどのように雌雄異株の植物，さらにはキュウリやスイカなどのように自家和合性ではあるが同一個体上に単性花の雌花と雄花を着け自家受粉と他家受粉が起こり自殖種子と他殖種子を着ける雌雄異花で雌雄同株の植物などは，この雌雄離熟性の変型とみることができよう．

(生井兵治)

重量法 [gravimetric method]

大気中の浮遊物質が，自然に落下してくるのを捕集する方法．重力法，落下法ともいわれる．ダーラム型花粉捕集器，アイ・エス式ロータリー型花粉捕集器，間欠回転スライド花粉捕集器，弧状型花粉捕集器などがある．スライドグラスに粘着物質を塗り，スライドホルダーにセットする．毎日決まった時間にスライドを交換する．絶対量ではないが，相対的に量を把握できる．捕集効率は容量法と比べて悪いが，操作が簡便で，装置も安価である．日本では，ダーラム型花粉捕集器が普及している．

(劒田幸子)

重量法捕集器 [gravity sampler]

大気中の浮遊粒子が自然に落下してくるのを捕集する装置．ダーラム型花粉捕集器，アイ・エス式ロータリー型花粉捕集器，弧状型花粉捕集器などがある．日本では，ダーラム型花粉捕集器がもっとも普及している．スライドグラス上に，白色ワセリンなどの粘着物質を塗り，スライドホルダーにセットする．操作は簡便であるが，気象条件，とくに風向や雨などに観測値が影響を受ける場合がある．容量法と比べて，空中花粉の捕集能力は悪く，時間単位での調査には適さないが，日単位では信頼性は高い．

(劒田幸子)

樹冠 [crown; tree crown]

樹木の枝と葉の総称をいう．もっとも下に位置する大きな生きた枝から上の部分をいうのがふつうである．外側の陽光の当たる部分を陽樹冠，内側など日陰の部分を陰樹冠と区分することがある．雌花や雄花や陽樹冠に形成される．

(横山敏幸)

種間雑種 [interspecific hybrid; species hybrid]

同属内の違った種 (species) の間で育成された雑種のことをいう．普通，種間の交配では，異種の雌蕊での花粉の発芽や花粉管の伸長不能による不受精，または受精後の胚の発育不能のために，雑種種子を得ることが困難であり，たとえ雑種が得られても稔性が低く自殖できない場合が多い．しかし，有用形質

（遺伝子）を広く異種にまで求める雑種育成であり，期待は大きい．上述の生殖的隔離を抑制する手法として，1）正逆交配する，2）コルヒチン処理で染色体を倍加してから交配する，3）種間交雑用の橋渡し植物を探す，4）花粉の発芽，花粉管の伸長の促進，雌蕊の延命，胚発育の助長，落果防止を目標に，受粉前後の子房にオーキシンやジベレリン処理をする，5）試験管内や子房内受粉を試みる，6）発育不全胚や座止崩壊前の胚の救済を目標に，交配後適時に胚・胚珠・胎座切片・子房を培養する，7）得られた雑種は染色体を倍加して複二倍体にする，8）両種の細胞融合を試みる，などがある．交配によって種間雑種の得られた植物には，イネ科・ナス科・アブラナ科・ウリ科などがある．自然界で生じる種間雑種は，ハクサイ（$2n=20$）の仲間とキャベツ（$2n=18$）の仲間の間に成立した複二倍体のナタネ（$2n=38$）などのように，二次性種分化の要因となっている．（藤下典之）

樹高 [tree height]

樹木の地面から梢までの高さをいう．胸高直径とともに樹木のサイズを表す測定値として重要である．50年生から100年生の森林の優占木の平均樹高がその林地の総合的な生物生産力の大きさの程度を表す目安として用いられる場合が多い． （横山敏孝）

種子 [seed]

「たね」とも読む．現存する植物では，イチョウ・マツ・ヒノキ類などの裸子植物とイネ・キク・サクラその他多数の被子植物からなる顕花植物（種子植物）の花に実り，親から子への世代交代の手段としてはたらく散布体の総称である．自家受粉によって受精・結実する自殖性植物であれば，同一個体上の結実種子はいずれも遺伝子型がかなり等しいホモ性の高い集団である．しかし，自家不和合性などを示す他殖性植物では，同一個体上の結実種子でも花粉親個体は多岐にわたるので，きわめてヘテロ性が高い集団である．また，裸子植物では重複受精をすることはないが，被子植物では重複受精によって種子が実る．たとえば，裸子植物のイチョウの実（ギンナン）などの種子にみられる胚乳は，胚嚢の1細胞由来であるから内乳ではあるが，その細胞核（n）が受精しないままに分裂を繰り返して数百個の核となってから個々の核の間にいっせいに細胞壁が形成されるという細胞分裂を繰り返しながら完成する胚乳であり，一次胚乳と呼ばれる．一方，被子植物のイネなどの種子にみられる胚乳は，胚嚢内の中央に位置する2個の中心細胞（極核，$2n$）と花粉由来の第二精核（n）との受精を契機として形成される内乳であり，染色体数的には$3n$の二次胚乳である．花粉の第二精核と受精するか否かは別にして，このようにして形成される胚乳は，受精卵が分裂を繰り返して胚を形成する過程あるいは結実種子が発芽して初期成長をまっとうする際の養分として利用される．胚発生の過程においてのみ胚乳を養分として利用する前者の型の典型はダイズ・ラッカセイ・ダイコンなどの無胚乳種子であり，発芽時に利

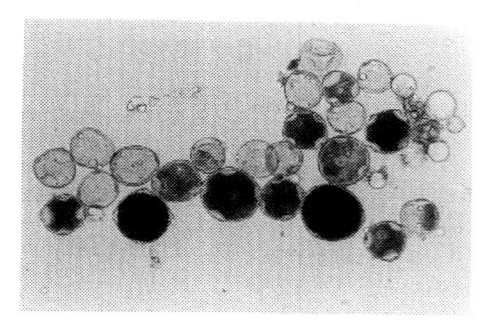

図　種間雑種の花粉
Cucumis figarei（同質四倍体）×*C. ficifolius*（異質四倍体）のF_1植物．

図　種間雑種
ヒラナス［*Solanum integrifolium*］（左）とナス［*S. melongena*］（右）の種間雑種（中央）．

用する後者の型の典型はイネ・コムギ・ソバなどの胚乳種子である．なお，被子植物における胚乳種子では，重複受精を行う結果，たとえばモチ性個体の花(頴花)にウルチ性個体の花粉が受粉して重複受精すると，花粉親のもつ優性のウルチ性遺伝子が種子の胚乳において直接発現するキセニア現象が生じることになる．　　　　　　　　　　(生井兵治)

種子親 [seed parent]

属間・種間・品種間などの雑種を得ようとする交配で，母親(胚嚢側)に使う植物をいう．細胞質遺伝をする形質は，通常は種子親からでないと子孫に伝わらない．実用上のF₁雑種種子を取るときには，採種量を考えて，株当りの着果数や果実当りの種子数の多いほうの植物(品種)を種子親にする．交配実験では劣性形質をもっている植物を種子親にすると，次代の形質発現から交雑の成否が確認できる．　　　　　　　　　　　　　(藤下典之)

種子生産 [seed production]

農業における種子生産は採種(seed growing)とも呼ばれる．採種とは呼んで字のごとく種子を採ることである．しかし，この言葉のもつ意義は簡単なものではなく，さまざまな問題がある．一般に採種とは繁殖を目的として作物の優良種子をたくさん採ることである．ここに採種が作物生産上重要な意味がある．優良種子とは，1)他集団との自然交雑などを防ぎ品種・系統が遺伝的に本来の姿であること，2)活力があり新鮮で優勢なこと，これには他殖性作物などにおける近交弱勢などを防ぐ意味も含める，3)採種後の乾燥・調整・貯蔵など取り扱いが適正で，発芽力が落ちたり，夾雑物が含まれたりしないことなどがあげられる．このように採種には遺伝的あるいは生理的に解決しなければならない問題が多い．しかし，注意を払って採種した種子も，そうでない種子も外見上まったく差が認められず，播種後にはじめて違いが現れるのである．ここがいちばんやっかいな側面である．育種途上の採種，一代雑種種子の採種などは，それぞれの条件に応じて採種すればよく，上述の優良種子の条件そのままは当てはまらないが，基本的には同じである．自殖性作物種子生産においては他殖性作物の場合に比べ注意を払わないことが多いが，採種集団の大きさ，あるいは他殖率など注意すべきことは多い．　　　　　　　　　　(大澤　良)

受精 [fertilization]

雌雄の配偶子が卵や精子に分化した後，合体して受精卵を生ずる現象．種子植物では和合花粉の受粉に伴って受精が起こり，被子植物では重複受精がみられる．　(山下研介)

受精競争 [certation]

被子植物では，受精の際に必要な数(胚珠数)をはるかに超える量の花粉が柱頭上に受粉される．そのためどの花粉が受精にあずかるかについて競争が起きる．これを受精競争という．受精競争の場合，競争力の劣る花粉でも花粉として受精能力を失っているわけではなく，花粉が完全に受精能力を失う不稔性とは明らかに区別される．また，柱頭のもつ遺伝子型とのはたらき合いで起こる不和合性は広義には受精競争の1つとみなされる．受精競争が起きる生理的メカニズムは必ずしも明らかではないが，花粉管の発芽時期・発芽率・伸長速度などが関係していることは確かである．一方，受精競争の遺伝的メカニズムはトウモロコシなどで比較的よく研究されており，これに関する遺伝子(受精競争遺伝子)もいくつか報告されている．受精競争遺伝子が雑種集団内で分離するとそれに連鎖する遺伝子についても遺伝子の伝達率に差異が生じ，分離の頻度がメンデルの分離比からずれる分離のゆがみを生ずる．このように受精競争は集団の遺伝構造に変化を生じさせる原因としてはたらくと考えられている．

　　　　　　　　　　　　(佐藤洋一郎)

受精卵 [feritilized egg]　→受精

種内分化 [intraspecific differentiation]

多くの栽培植物では同一の種内に交雑不和合性がなく(ナシ・サツマイモは例外)，長い年月の間に自然交雑や，年代・民族・地域・栽培型などに合わせた育種によって，変異が拡大し，形態や生理生態的形質が種内で分化してきた．なかでも野菜や花では種(species)

以下の変種(variety)や品種(cultivar)の分化が激しい．その典型がメロンの仲間 *Cucumis melo* である．*C. melo* について Mallick (1986) は 40 変種をあげ，Filou (1960) は Vavilov などによる約 4500 種類の収集材料について，地理的生態型に 6 亜種を当て，農業生態型に 21 変種を当てている．アミメロン[*C. melo* var. *reticulatus*]やマクワ[*C. melo* var. *makuwa*]の変種には，世界中のものを合わせると 3 桁の数にのぼる品種が実在する．日本だけでも 1950 年から 90 年の 40 年間に 276 品種の *C. melo* が育成発表されている．*C. melo* の種内分化がとくに著しい理由は，古代エジプト，中国，日本も含む世界の広範な地域で紀元前から栽培があり，交雑が繰り返されてきたからである．同一種とは信じられないほど種子の大きさ・性表現型・果実特性に分化がみられ，温室・露地栽培品種，乾季・雨季用品種や，利用面でも生食用・漬物用・煮食用などが分化している．

（藤下典之）

図　種内分化
種内分化の著しいメロン[*Cucumis melo*]の仲間．全果同一種で交雑は自由．

受粉 [pollination]

送粉とも呼ばれる．時として授粉の語も用いられるが受粉が一般的であり，自家受粉と他家受粉に分けられる．受粉の仕方など受粉現象を生態学的に解き明かそうとする学問が受粉生態学（送粉生態学）である（→送粉生態学）．被子植物の柱頭には種々の形態をもったものがあり，なかには，キクのように，柱頭の一部に集合した乳頭突起細胞上でのみ受粉が成立する植物種もある．また，作物の育種を行う場合には，人工的に受粉操作を行う．自殖性作物の人工他家受粉を行う場合には，受粉前に自家受粉を防ぐために除雄を行うことが必要であり，効率的に除雄を行うために，湯温に花をつけ花粉のみの機能を失わせる温湯除雄法（主にイネ科作物），水流で花粉を洗い流す水洗法（主にキク科作物）などの種々の除雄法が開発されている．最近では化学的交雑剤と呼ばれる化学物質（主にホルモン剤）による除雄法も開発されている．（→送粉）

（服部一三）

種分化 [speciation]

生物集団内に何らかの隔離機構が作用していくつかの分集団が生じ，それらの遺伝的距離が大きくなってしだいに異なる集団に変遷していくことを種分化という．通常種分化の最初の過程で起きる隔離は季節的隔離などの外的・生殖的隔離や地理的隔離などの空間的隔離で，のちに内的・生殖的隔離が加わって隔離が完成されると考えられている．しかし種間や時には属間にも交雑が起きることもありうる．こうした場合には隔離は打破されるわけで，種分化の過程は「交雑と分化のサイクル」(Harlan, 1975) を繰り返しながら進んでいくものと考えられている．

（佐藤洋一郎）

受粉花粉の生殖成功率 [reproductive success rate of pollen deposited on stigma, RSR-P]

通常の種子植物の花に種子が結実するためには，胚嚢(胚珠)と雄核(花粉)という雌雄両生殖核(配偶子)の受精(合一)が不可欠である．ところで，個々の花の雌蕊の子房内にある雌性配偶子としての胚珠については結実率という概念があり，全胚珠のうち結実した胚珠の割合を表す数値として，従来から広く用いられている．ところが，雌蕊の柱頭に受粉する雄性配偶子としての受粉花粉については，そのどれだけが受精して種子になるかということは最近までまったく無視されてきた．突然変異や交雑などによって集団内の遺伝的変異がいかに広まっても，そのような遺伝的変異が配偶子に組み込まれ，しかも受

精・結実にあずかることがなければ，後代に遺伝することはない．さらに，雄性配偶子である花粉には，多量に受粉されたり何らかのストレスがかかった場合に，強い花粉選択が加えられることがあり，この花粉選択が集団の適応と分化ひいては植物進化の要因の1つとして，大きな役割を担っていることが知られている．したがって，雌性配偶子のみならず雄性配偶子についても，そのどれだけが受精・結実にあずかっているかに注視する必要がある．ここで考え出された概念が，受粉花粉の生殖成功率である（Namai & Ohsawa, 1986, 1988）．なお，これと同様の観点から雌性配偶子の結実率をみれば，受粉雌蕊の胚珠の生殖成功率（reproductive success rate of ovule；RSR-O）ということになる．RSR-O（結実率と同義語）は，胚珠当り受粉花粉粒数（PD/O比）が1～10程度の間では受粉花粉粒数の増加に伴って急激に高まるが，以後は上昇率は緩慢となる．一方，RSR-P（受粉花粉の生殖成功率）と受粉花粉粒数との関係についてみると，このことに関する研究はほとんどないが，カラシナやイネ・ソバなどでみる限り，RSR-Pは胚珠数と同程度の花粉が少量受粉されたときに最大値を示し，以後，受粉花粉粒数の増加に伴って低下していく．たとえば，カラシナのRSR-Pについてみると，自家受粉花粉粒数が4粒までは結実はみられず，5粒から胚珠数と同じ20粒までは急激に高まり，20粒を自家受粉したときのRSR-Pは約25％で最高値を示し，100粒では約10％，500粒では約3％，1000粒で約2％という具合である．ちなみに，それぞれの受粉花粉粒数のときのおよそのRSR-Oは，5粒のときから順に，3％, 25％, 52％, 82％, 100％ということになる．このようにして，交配実験によって求められるRSR-PとRSR-Oという概念に基づけば，両親植物（受粉花粉と胚珠）から子孫（次代植物）への遺伝子の伝達率や，次代植物集団における遺伝的変異の大きさなどを推定することも可能となる．

（生井兵治）

授粉樹［pollinizer］

自家不和合性・雄性不稔・雌雄異花，および雌雄異株の果樹類を栽培する場合，果樹園内にその品種と和合の品種や花粉源となる品種をともに植える（混植）．このような花粉供給源となる異品種を授粉樹と呼ぶ．自家不和合性はリンゴ・ニホンナシ・セイヨウナシ・オウトウ・ウメ・スモモなどバラ科の果樹類に多く，その他オリーブ・クリ・クルミ・ハッサク・ヒューガナツ・ブルーベリーなどにある．これらのなかには品種相互が交雑不和合性を示すものもある．雄性不稔や雌雄異花・雌雄異株の果樹類にはモモの白桃系品種，カキの品種富有，イチジクのスミルナ系品種，キウイフルーツがある．栽培園で授粉樹として混植する品種を選ぶ場合には，1）栽培品種との交雑の和合性が高いこと，2）栽培品種と開花時期が重なること，3）花粉の稔性が高く，花粉量が多いこと，4）授粉樹自身の果実も商品価値が高いことなどを考慮する．授粉樹の混植割合は，果樹の種類や栽培園の地形，環境条件，訪花昆虫の種類や導入方法によって異なるが，2～3割を標準としている．植え付け方式にもさまざまあり，1本ずつを定間隔で園全体に散在させる場合と，列ごとに本数をまとめて植え付ける場合とがある．この他，授粉樹となる品種を受粉を必要とする品種の樹体の一部に接木しておく方法もある．

（中西テツ）

受粉条件［pollination requirement］

植物が受粉し，受精・結実するうえで必要なすべての条件．受粉条件はその種の不和合性程度・花器構造・受粉様式とのかかわりで決まる．受粉・結実様式をみると，自家受粉で受精・結実できる自家和合性植物もソラマメのように花粉媒介者の助けにより自家受粉する種からエンドウやイネのように花粉媒介者の助けを必要とせず自動自家受粉できる種まである．また，他個体の花粉でなければ受精・結実できない自家不和合性植物にもサクラソウのように両性花ではあるが花粉媒介昆虫による他家花粉が必要である完全他殖性の種から，アスパラガスのように雌雄異株で完全他殖性の種まである．このように植物種は

自殖・他殖と単純に生殖様式を判別できるものではなく，それぞれ独自の，開花・開葯・(花粉媒介者のはたらき)・受粉・受精という生殖過程(受粉・受精過程)を発展させている．
　　　　　　　　　　　　　　　(大澤　良)

受粉制限［pollination control］
　ある植物個体なり植物集団なりから採種したい場合に，対象植物の花粉流動に関して人為的に何らかの制限を加えることをいう．これには，1) 他個体または他集団との花粉流動を遮断する交配袋をかぶせる方法や網室に入れて隔離栽培を行うなどの方法，2) 特定の組み合わせの個体間または系統間でのみの相互交配または一方向への交配などという花粉流動の範囲(主として受粉花粉の質)に関する制限と，3) 受粉花粉粒数を少量だけにしたり著しく多量にしたりという花粉流動の強さ(主として受粉花粉の量)に関する制限がある．これらの人為操作に類似した現象は，自然環境下でも起こりうる．いずれも植物集団の適応と分化に大きく関係しており，品種改良(育種)の場では，自殖系統(近交系統)の作出などホモ化を図る場合には 1) の，交雑育種や雑種強勢育種(一代雑種品種育種)では 2) の受粉制限が施される．また，3) の少量受粉は潜在的な遺伝変異を顕在化させる手段として，また多量受粉は受粉花粉のストレス処理などと組み合わせて花粉選択によるストレス耐性の向上や遺伝特性の均質化の手段として利用されている．　　　　　　　(生井兵治)

受粉生態学［pollination ecology］　→送粉生態学，受粉生物学

受粉生物学［pollination biology］
　花を咲かせて種子を実らせる高等植物(種子植物)の生殖過程についてみると，花成感応から花芽形成・減数分裂・開花・開葯・受粉(送粉)・受精・胚発生・結実という一連の過程があり，さらに野生植物では種子散布という過程がある．Darwin が進化にとって重要な場であると指摘している生殖過程に関する研究のうち，とくに自家受粉と他家受粉，混合受粉と追加受粉，多量受粉と少量受粉などという花粉選択と密接につながる受粉過程に関する研究が受粉生物学である．すなわち，植物の受粉機構とその進化的意義を追究する学問が受粉生物学である．従来，受粉生物学的研究は世界的にみても少なく，近年ようやく活況を呈してきたところである．とくに，米国，ヨーロッパ先進諸国とオーストラリアなどで研究が急速に進んでいる．しかし，日本は先進国といわれるなかでは，受粉生物学的研究は心細い状況にある．ただし，花芽形成から減数分裂を含めて開花までの過程については植物の早晩生との関連において，また，花粉発芽から花粉管伸長を経て受精・胚発生と進み結実に至る受精後の過程については，自家不和合性や交雑不和合性などとの関連でいろいろな植物に関する多数の研究があり，日本でも原著的研究がいくつもある．受粉生物学的研究については，1990年より雑誌「農業および園芸」に「栽培植物における受粉生物学のすすめ」(生井)が連載されたり，『植物の性の営みを探る』(1992)が出版されるなど，日本でも近ごろやっと進展がみられるようになってきた．

　現在までのところ，完成された受粉生物学はいまだ確立されていない．しかし，その構成を10章にまとめて列挙すれば，1) 受粉生物学史，2) 植物の花器構造と受粉・受精・結実機構，3) 植物の特性と花粉媒介者，4) 植物の受粉戦略と花粉媒介昆虫の採餌行動，5) 植物の受粉戦略と風，6) 植物の繁殖体系，7) 植物の生殖過程における配偶子の協力と競争，8) 植物における父権と花粉流動の範囲，9) 植物集団の遺伝構造と受粉体系，10) 応用受粉生物学などということになろう．なお，17～18世紀にドイツの Camerarius, Kölreuter や Sprengel などにより，花生態学が発展した．このうち，Sprengel は花生態学の祖である．19世紀になると，やはりドイツの Hildebrand や Knuth などによって花生態学は一段と発展して，花生物学と呼ばれるようになった．しかし，旧来の花生態学でも，これが発展した花生物学でも，いろいろな植物の花の形態的特徴ならびに昆虫や風による受粉あるいは花自身の動きによる自動自家受

粉など，種々の植物の花における受粉の様子を克明に記録してはいるが，適応と分化すなわち進化的観点がきわめて薄く，博物学的に受粉のさまを比較して静的な植物分類を試みたものであり，受粉生態学（送粉生態学）の基礎を築いたにすぎない．したがって，彼らを受粉生物学の祖と呼ぶことはできない．受粉生物学（送粉生物学）の祖は，イギリスのDarwinである．進化論の創始者として世界的に著名な彼は，『種の起源』*On the origin of Species*(1859)をはじめとして，『植物界における自家受精と他家受精の作用』*The effects of cross- and self fertilisation in the vegetable kingdom*(1876)および，『同一種内における植物の花器形態の差異』*The different forms of flowers on plants of the same species*(1877)その他，多数の一連の書物を進化論的観点に立って書いた．今世紀の後半になると，ドイツのKuglerの著『花生態学』(1955)を皮切りに，アメリカのFaegriとPijl著の『受粉生態学原理』*The principles of pollination ecology*(1966)，イギリスのFree著の『作物の虫媒受粉』*Insect pollination of crops*(1970, 1993)，同国のProctorとYeo著の『花の受粉』*The pollination of flowers*(1973)，同国のRichards編の『昆虫による花の受粉』*The pollination of flowers by insects*(1978)などが相次いで出版され，花生物学はようやく受粉生態学にまで深化してきた．しかし，本格的な受粉生物学は，1983年にアメリカで出版されたReal編の『受粉生物学』*The pollination of biology*と，JonesとLittle編の『実験受粉生物学便覧』*Handbook of experimental pollination biology*の2つの書物によってようやく確立された．この2冊の書物は，従来の古典的な花生態学や未熟な受粉生態学を，かなり体系だった内容にまで一気に高めた．さらに，植物の繁殖または生殖の過程を進化論的観点に立って総合的に追究しようとする努力もなされており，イギリスのRichards著の『植物の繁殖様式』*Plant breeding systems*(1986)や，アメリカのLovett Doust夫妻編の『植物繁殖生態学』*Plant reproductive ecology*(1988)など格調の高い名著が出版されて今日に至っている．

（生井兵治）

受粉反応［pollination reaction］

受粉から受精に至るまでの花粉と雌蕊相互の諸反応の総称．花粉では，吸水，液の浸出，発芽，花粉管の雌蕊内への侵入・伸長，胚珠内侵入，精細胞の放出，受精へと進むが，これらは雌蕊との相互作用のもとに行われる．雌蕊では，自家不和合性の植物でとくに顕著であるが，柱頭あるいは花柱において発芽・管侵入あるいは管成長を制御する機能がはたらく．花粉管の成長に必要な物質の雌蕊各部からの供給，誘導組織での花粉管の進行を容易にする細胞間の結合のゆるみ，花粉管の胚珠への侵入や卵細胞への接近に関連するとみられる助細胞の崩壊，その他の受精準備も受粉反応とみることができる．花粉と柱頭相互の反応も受粉反応の1つであるが，これを花粉の側に立ってみるならば花粉反応であり，柱頭の側に立ってみるならば柱頭反応である．（→花粉-雌蕊相互作用，花粉反応，柱頭反応）

（渡辺光太郎）

樹木花粉［arboreal pollen, AP］

樹木花粉はエイ・ピーとも呼ばれ，高木花粉を意味する．同様に，英語のティー・ピー（TP, tree pollen）およびドイツ語のベー・ペー（BP, Baumpollen）についても，それらはいずれも樹木花粉を意味する用語として用いられる．von Postと彼の弟子Erdtmanらによって，主に北欧を中心として発達してきた花粉分析法は，樹木花粉のみを対象として扱った．なぜならば，スカンジナビア半島をはじめとした北欧地域は，亜寒帯針葉樹林帯と温帯落葉広葉樹林帯の移行帯で，いわゆる針広混交林帯に属することが，その主な理由としてあげられている（中村，1967；三好，1985a）．このような地域の森林植生は，気候等の環境変化に鋭敏に反応するため，花粉分析結果においても樹木花粉組成の変化が顕著に現れる．そのため，森林の樹冠を形成する樹木花粉のみを識別し，それら樹木花粉の出現頻度を％で示して森林の変遷を明らかにすれ

ば，一応の目的が達せられたからである．(→樹木花粉図)　　　　　　　　(黒田登美雄)

樹木花粉図 [AP diagram]

花粉分析の目的の１つは，植生の変化を手がかりとして気候等の環境の変化を推定することにある．これをもっともよく反映するのは，森林を構成するような高木類から成る，樹木花粉であるとみなされている(→樹木花粉)．花粉分析の発祥の地である北欧においても，その当初から森林帯の変遷に注目して，樹木花粉の変遷にしぼって研究が行われてきたという歴史的な背景がある．こうしたことから，古典的な花粉分析図においては，樹木花粉以外のものは示されていない．当時の花粉分析では，十数種の森林樹木花粉が識別できれば，一応，その目的を達することができたといわれている(中村，1967)．(→樹木花粉)
　　　　　　　　(黒田登美雄)

ジュラ紀の花粉・胞子 [pollen and spore of Jurassic period]

三畳紀末期からジュラ紀にかけては裸子植物花粉(単翼型・二翼型・無口型・単長口型)と三条溝シダ胞子が優勢である．とくに二翼型は中生代植物群集の最重要な要素であるが，分類上の研究が必要とされている．もちろん，シダ胞子はたいへん重要な部分である．ジュラ紀に見出された多くの花粉タイプは被子植物条件の可能な先駆者として興味がある．そのような形の１つは circumpolloid 花粉 *Corollina* (= *Classopollis*) である．この花粉が多くの松柏類からもたらされたこともし知られなかったら，初期の被子植物の溝に進化するのを仮定する columellate exines と circumpolloid colpus 様の特徴をもつ花粉から被子植物の祖先を想像するであろう．他の形は *Eucommiidites* である．Doyle ら (1975) は *Eucommiidites* が厚い laminated endexine をもっていることを示した．これは確実な裸子植物の特性であり，被子植物はこれを欠いている．時に口のまわりに例外がある．それにもかかわらず，このような形は疑いのない被子植物が現れる前の，あまり長くない期間に現れることはおもしろい．Cornet (1977) は被子植物様で，多かれ少なかれ columellate exine をもつ多溝 (multiple colpi) や多少の合流溝型をもつ三畳紀-ジュラ紀型をまれに見出した．これは *Pretricolpipollenites* である．これは確かに被子植物様である．
　　　　　　　　(高橋　清)

春季カタル [vernal conjunctivitis]

春季カタルはアレルギー性結膜炎と同様，即時型アレルギー反応に由来する．抗原は室内塵であることが多いが，他の抗原にも反応を示すものも多く，アレルギー性結膜炎と本質的に同じとも考えられている．空調を設備した室内にいると症状が改善することにより，塵・ダニ・花粉の関与が強いと思われる．病型は眼瞼型・眼球型・混合型に分けられ，眼瞼型は結膜の充血と乳頭増殖がみられ，上眼瞼には石垣状の乳頭増殖をみる．さらに結膜は乳白色調の混濁を示す．眼球型は角膜輪部に沿って灰褐色隆起が堤防状にみられ，ここに充血した結膜表在血管が集まっている．この変化は全周または部分的に認められ，球結膜は褐色となる．混合型は２種がともにあるものである．自覚的には瘙痒・異物感・流涙・眼精疲労を訴え，瀰漫性表層角膜炎を合併すると症状が悪化する．春夏に増悪し，冬期に改善する．10歳前後の男子に好発し，成人するにつれて軽快するのも特徴である(小暮，1991)．
　　　　　　　　(岸川禮子)

純系 [pure line]

現実には完全な純系というものは存在しないが，厳密にはすべての遺伝子について遺伝的に均一なホモ(同型接合)の遺伝子型をもつ個体ばかりの集団のことである．通常は，対象形質を支配する遺伝子については完全なホモであるが，その他については大体そろっていれば純系と呼んでいる．このような純系は，高い自家和合性を示す個体の自殖または近親交配(近交)を繰り返すことによって作出する．
　　　　　　　　(生井兵治)

消化管 [alimentary canal; digestive tube]

腸管ともいう．動物の口から肛門に至る食物の通路．食物の貯蔵・消化・吸収などの機

能と合わせて考えるときは消化器官（digestive organ）という．構造は動物群によって多様である．ミツバチは花蜜をいったん食道最奥部の素囊に貯えて巣に戻り，ハチ蜜をつくる．この部分をとくに蜜胃と呼ぶ（→ハチ蜜）．花粉を食べた場合には，素囊中に開口した前胃の端部に備えられた前胃弁によって選択的に濾し取られ，中腸に送られる．中腸は消化・吸収が行われる主要部分となる．花粉細胞壁は消化されずに残るが内容物は徐々に消化される．不消化物は後腸に送られやがて排出される．中腸と後腸の境界部に多数のマルピーギ管が開口し，体液中から尿酸などを集める機能をもっている．ミツバチなどの幼虫は，消化管がつながっていないために，蛹化直前まで糞を出さない．

　ヒトの消化管も，口→食道→胃→十二指腸→小腸→中腸→大腸→肛門と連絡しており，多様な消化酵素が組み合わされて食物が消化吸収される．　　　　　　　　　　（松香光夫）

消化性［digestibility］

　食物が摂食され，口器などによる物理的な消化（分解）を受けたのち，消化管内で消化酵素によって化学的に分解され，吸収されたのち，不消化物は排出される．この割合を消化性，消化率などという．花粉細胞壁は酵素などによって分解されないので，花粉の消化性は低い．ただし，花粉を食物として利用する場合には，内容物は発芽口などからの浸出，機械的な破壊による浸出などで利用可能である．　　　　　　　　　　　　　　　（松香光夫）

小孔［foramen, foramina (pl.)］

　花粉で，複数のほぼ円形の孔を指す．また，多数の円形の孔をもつ花粉型をforate (pantoporate)という（Erdtman, 1952）．foramenはpore（→孔）と同義である．（→散孔型）．　　　　　　　　　　（高原　光）

条溝［laesura, laesurae (pl.)］

　胞子の向心面にある裂け目あるいは傷の両脇部分．胞子母細胞が四分子に分裂するときに生じる（Erdtman, 1946）．（→付録図版）
　　　　　　　　　　　　　　　（内山　隆）

条溝末端部肥厚［valva, valvae (pl.); valve］

　三条溝型胞子の赤道部の角をなす部分，すなわち各条溝の末端外側の部分にできた肥厚を指す（Potonié & Kremp, 1955）．
　　　　　　　　　　　　　　　（守田益宗）

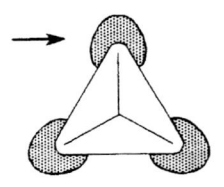

図　条溝末端部肥厚（Punt et al., 1994）

小刺［spinule; spinula, spinulae (pl.)］→刺

小穿孔［scrobiculus, scrobiculi (pl.)］→貫通小孔

小配偶子［microgamete］

　合体する2つの配偶子に，大きさの違いがみられる場合，その小さなほうを小配偶子といい，もう一方を大配偶子という．一般に，小配偶子は精子あるいは精細胞と呼ばれる雄性配偶子であり，被子植物では小配偶体である花粉あるいは花粉管内に形成される精細胞が相当する．小配偶子は，単に小さいだけでなく，母性遺伝がみられる種では，細胞質遺伝情報を欠くことが知られている．
　　　　　　　　　　　　　　　（田中一朗）

小配偶体［microgametophyte］

　小配偶子をつくって有性生殖を行う世代の生物体をいう．種子植物では，精細胞や精子を形成する花粉あるいは花粉管がこれに当たる．　　　　　　　　　　　（田中一朗）

上被層［episporium］→外被層

小氷河期［little ice age］

　16世紀から19世紀にかけて，最終氷期であるWürm氷期以来の氷河の進出期といわれている冷涼期を指す．気温の低下，植生の変化，海水面の低下があったが，いずれも小規模．日本では，天明・天保年代に山陰，近畿，北陸地方で川・湖沼の結氷や大雪がみられた．1960年代のいわゆる38豪雪以降の冷涼気候も小氷河期の襲来との説がある．年平均気温で，3℃ぐらい低下したらしい．
　　　　　　　　　　　　　　　（藤　則雄）

上壁　[sclerine; sclerinium]

花粉壁のうちで内壁を除いた部分．つまり，外壁と外被層の両者を合わせて上壁と呼ぶ(Erdtman, 1952)．(→付録図版)

(高原　光)

小胞子　[microspore]

大小2種の異形胞子を生じる場合，その小形のほうをいい，種子植物では(花粉)四分子のそれぞれがこれに当る．花粉細胞ということもある．四分子はまもなく単細胞として遊離し，しばらくして小胞子分裂を行い雄原(生殖)細胞と栄養細胞から成る二細胞性花粉となるが，その分裂までのものを小胞子として扱うのが普通である．したがって，一細胞性花粉あるいは一核性花粉ということもある．

(田中一朗)

小胞子分裂　[microspore mitosis]

減数分裂後の花粉小胞子が葯内で最初に行う半数性の体細胞分裂をいう．したがって，第一小胞子分裂ということもある．被子植物では，この分裂によって雄原(生殖)細胞と栄養細胞を生じ二細胞性の花粉となる．この分裂は典型的な不等細胞分裂であり，小型の雄原(生殖)細胞と大型の栄養細胞を形成するのみならず，質的に大きく異なる将来の配偶子細胞と配偶体細胞に分化する非常に重要な分裂である．したがって，この分裂に異常があると以後の正常な花粉の発生は起こらない．葯(花粉)培養においては，半数体植物を得るための最適の培養開始時期とされている．裸子植物のうち，スギやメタセコイアなどでは被子植物と同様であるが，イチョウやクロマツなどでは，小胞子分裂によって小型の前葉体細胞と大型の細胞(胚的細胞)が形成される．

(田中一朗)

小胞子母細胞　[microsporocyte; microspore mother cell]

小胞子や花粉の母細胞(Jackson, 1928)．花粉母細胞と同義語．

(高原　光)

小胞子葉　[microsporophyll]　→胞子葉

照葉樹林　[laurel forest]

照葉樹はもともとカナリア島の月桂樹の林に使われた名称であるが，現在ではもっと広い意味に用いられている(山中，1979)．暖温帯の多雨気候の地域に成立する常緑広葉樹林であり，日本の南半分から中国の中・南部を経て中央ヒマラヤにかけて分布している(沼田・岩瀬，1975)．日本に分布する常緑広葉樹林は照葉樹林に当たる．照葉樹林の主な構成種は，ブナ科のシイ類(スダジイ・コジイ)，常緑のカシ類(アラカシ・シラカシ・ツクバネガシ・ウラジロガシなど)，クスノキ科のクスノキ・タブ・ヤブニッケイ・シロダモ，ツバキ科のツバキ，マンサク科のイスノキなどである(沼田・岩瀬，1975)．これらの木は葉が厚く，クチクラが発達して光沢があり，冬の寒さに比較的強い．日本における照葉樹林の分布域は，暖かさの指数の85〜180°の範囲に入る．寒さの指数では−10°が分布の限界である．照葉樹林帯は下部帯と上部帯に区分される．下部帯にはスダジイ・コジイ・タブ・ツクバネガシ・イスノキ(タブ・シイ林)などがあり，上部帯にはウラジロガシ・アカガシ・モミ(カシ林)などがある．なお，上部帯の上縁にはツガが多く混じる．水平的な分布では，タブ林が北限に達し，岩手県中部(太平洋側)や青森県南部(日本海側)まで分布しており，垂直分布では，カシ林が上限となっている．それらの間でもっとも広い分布をするのがシイ林である．タブ林は海岸沿いや沖積地に分布し，河川に沿ってかなり内陸部まで分布することがある．南部のタブ林にはしばしばホルトノキが混生し，瀬戸内ではタブ林を欠いたホルトノキ林が発達する(Yamanaka, 1962 a, b)．シイ林はタブ林よりも乾いた環境に適応している．とくにコジイは日当たりのいい丘陵地や山地斜面にみられる(山中，1966)．シイの水平分布の北限は，最寒月の平均気温2℃の等温線にほぼ一致する．スダジイの北限は福島県平市と新潟県の佐渡で，南限は西表島であり，コジイの分布範囲は，伊豆半島以西の太平洋側である．海岸近くのシイ林はしばしばタブを混じえる．また，低地のシイ林にはカシ類を混じえることが多い．とくにイチイガシはシイに代わって優占する場合がある(鈴木，1960)．カシ類のイチイガ

表 照葉樹林と硬葉樹林の森林構造の違い

	樹幹	森林の階層	葉	下草（草本層）
照葉樹林	まっすぐのびる	はっきりしている	比較的やわらかく，光沢あり	ある
硬葉樹林	まがりくねること多い	亜高木層 低木層	硬く厚い	ほとんどなし

シ・アカガシ・ツクバネガシ・ウラジロガシはしばしばシイ林に混生し，垂直的にシイの生育限界を越えるとこれらのカシ林となる．シラカシは肥沃な土壌を好み，アラカシは土地的な制約の多いところで二次林を形成する場合が多く，アカガシはやや乾燥した山腹や尾根沿いに，また，ツクバネガシとウラジロガシは湿った谷沿いに分布する．なお，南半球の照葉樹林は，ニュージーランドやオーストラリア南東部（タスマニア島）などに分布する．常緑広葉樹であるナンキョクブナ属 [*Nothofagus*] を主体とする森林があり，針葉樹と混生する（宮脇，1977）．　　（岩内明子）

少量受粉 [limited pollination]

雌蕊の子房にある胚珠（胚嚢）がすべて受精・結実するのに必要なだけの受粉花粉粒数を与えず，いくらかは結実できるという限界を維持するだけの少量の花粉を受粉することをいう．通常の植物では，個々の花の雌蕊の柱頭には，胚珠数の数倍から数十倍の花粉が自然受粉されている．また，ピンセットでつまんだ葯を柱頭に直接触れさせて受粉する通常の人工受粉によれば，胚珠数の数十倍から数百倍の花粉が受粉されることになる．したがって，このような状況では，受粉花粉の間に受精競争が生じて強い花粉選択が起こり，特定の遺伝形質をもつ花粉だけが受精・結実して次代に遺伝子を伝達できることになるので，次代植物の適応度は高まり，集団の遺伝的変異の幅は小さくなる．しかし，胚珠数にほぼ等しいかそれ以下の少量の花粉による少量受粉によれば，受精競争の程度がいちじるしく低下するので，通常の多量受粉では受精できないような花粉まで受精することが可能となり，潜在的な遺伝変異が顕在化され，次代植物集団の遺伝的変異の幅が大きくなるなどの効果がある．　　（生井兵治）

常緑広葉樹林 [evergreen broad-leaved forest]

常緑広葉樹林は，世界的にみれば照葉樹林と硬葉樹林に分けられる（宮脇，1977）．照葉樹林は狭義の常緑広葉樹林と理解されている．照葉樹林はクスノキ科の植物に代表される森林であり，日本のヤブツバキクラス域の自然林はこれに当たる（→照葉樹林）．照葉樹林の分布は，アジア南東部が中心で，その他に北アメリカのフロリダ半島，南アメリカのチリ中部，オーストラリア東部，ニュージーランドにみられる．一般に暖温帯の多湿な地域に分布している（宮脇，1977）．硬葉樹林は，夏季に降水量が少なく乾燥し，冬季にはあまり気温が低下せず降水量の多い地域に発達する．硬葉樹林の分布域は，常緑のカシ類・オリーブで代表される地中海沿岸地方，ユーカリ・トキワギョリュウで代表されるオーストラリア，常緑のカシ類・ヤマモガシ科植物で代表されるカリフォルニア，ツツジ科の植物を主としたアフリカの南端の地方などである（宮脇，1977）．　　（岩内明子）

常緑針葉樹林 [evergreen coniferous forest]

常緑針葉樹林は，一般に亜寒帯および亜高山帯に極相として成立する森林を指す．分布範囲は一般に暖かさの指数45〜15°であり，北海道では55〜15°である．年平均気温は6℃以下の地域．中部地方から東北地方にかけての高山の上部斜面や北海道の脊梁山地からオホーツク海沿岸部の丘陵地域が主な分布地域である．なお，四国の石槌山，剣山および紀伊山地の大台ケ原や弥山などにも小規模

な針葉樹林が分布する．一般にオオシラビソ・シラビソ・トドマツ・エゾマツなどの針葉樹が優占し，広葉樹のダケカンバが混じる（中西ら，1983）．東北地方から中部山岳の亜高山帯上部ではオオシラビソが優勢であり，中部地方以西ではシラビソが優勢となる．四国の石槌山や剣山の標高 1600～1700 m 以上にはシコクシラベ（シラビソの変種）林がみられる．なお，九州には亜高山性の針葉樹林は分布しない．北海道オホーツク海側の丘陵地には亜寒帯系の針葉樹と冷温帯系の落葉広葉樹との混交林が分布する．針葉樹はエゾマツ・トドマツなど，広葉樹はミズナラ・シナノキ・ハルニレ・ウダイカンバ・ハリギリなどである（沼田・岩瀬，1975；中西ら，1983）．常緑針葉樹林は上層が針葉樹の厚い林冠に覆われているので，林内は暗く，亜高木や低木は貧弱である．また，寒さのために落葉の分解が不十分なため，林床には腐植が厚く堆積している．そこには草本（タケシマラン・ゴゼンタチバナ・コチョウラン・コフタバランなど），コケ類（イワダレゴケ・タチハイゴケなど），地衣類（ウグイスゴケなど）が繁茂している（中西ら，1983）．このような針葉樹林は北半球の北欧，シベリア，カナダなど北極を取り巻くように分布しており，北方針葉樹林とも呼ばれる．この森林には，湿潤型と乾燥型がみられる．湿潤型は日本を含む，東アジアや北アメリカの太平洋沿岸部の雨の多い海洋性気候下に成立する針葉樹林で，樹高が高く，密生している．構成樹種が多い．乾燥型は大陸内部に分布する針葉樹林で，樹高はそれほど高くなく，三角帽子のような細長い樹冠をもつ針葉樹がまばらに生えている（中西ら，1983）． （岩内明子）

職業アレルギー［occupational allergy］
→職業性花粉症

職業性花粉症［occupational pollinosis］
職業環境内に飛散する花粉により惹起されるアレルギー疾患を職業性花粉症という．一般に職業上のある特定の物質が抗原となり惹起されるアレルギー疾患が職業アレルギーと呼ばれ，就中喘息症状を主とするものが職業性喘息（occupational asthma）である．これまで日本で知られる職業性喘息はすでに 128 種に達し，それらは抗原の種類と飛散形式により次の 4 群に大別できる（中村）．
1) A群：植物の微細粉塵を抗原とするもの
2) B群：動物の体成分あるいは排泄物を抗原とするもの
3) C群：花粉・胞子・菌糸を抗原するもの
4) D群：薬剤・化学物質粉塵を抗原とするもの

職業性花粉症は上記C群に属するが，日本最初の記載は 1972 年松山らによるテンサイ花粉症の報告である．彼らは札幌市郊外のテンサイ研究所の職員が温室内で栽培されたテンサイの花粉に濃厚接触して鼻症状・結膜充血・喘息様症状をきたす症例を 23 名中 13 名，56.5％の高率に認め，作業員は防塵マスクを用いても発症を防ぎ得なかったとしている．その後職業性花粉症に関する報告が相次ぎ，現在 20 種が知られるので以下年代順に起因花粉抗原名を列挙しておく．テンサイ・イタリアンライグラス・カモガヤ・イチゴ・ジョチュウギク・ブタクサ・バラ・モモ・リンゴ・キク・ナシ・コスモス・ブドウ・コウヤマキ・スギ・ピーマン・トウモロコシ・アフリカキンセンカ・グロリオーサ・カラムシ．なお花粉ではないが胞子による職業性喘息として 3 種，シイタケ胞子・ヒカゲノカズラ胞子・黒穂菌胞子によるものが報告されている．一般に職業アレルギーにおいて患者は職業上の抗原物質に繰り返し曝露されるうちに免疫応答準備期間（感作期間）を経て感作され，その物質に特異性をもった過敏反応としてのアレルギー発症に至る．これはあたかもモルモットの感作実験に相当するものが職業環境下で人体に惹起されたとみることもでき，職業アレルギーはアレルギー学的立場からは単一抗原によるアレルギー疾患の貴重な人体モデルと考えられる．したがって本症に関する研究はヒトにおけるアレルギー疾患の免疫学的機序を解析するためにも，またこの唯一の抗原をめぐってわれわれが如何に対応すべきかの指

針を得るためにも，さらに治療法の臨床効果を検討評価するうえでももっとも適切な雛型として重要な位置を占める．職業性花粉症についてもこの考え方は当然適用される．

職業性花粉症は非職業性のものに比し若干の特徴を有するので以下列挙しておく．1) 本症の発生する作業環境内には多量の花粉飛散がある．前記テンサイ花粉症のみられる温室やビニールハウス栽培など密閉された作業場での花粉飛散は濃度が著しく高く，花粉症発症率の上限が示されるが，開放性職業環境下でも畑で摘花・解葯・人工交配などに従事する場合花粉症が惹起される．しかしカモガヤ等牧草や飼料としてのトウモロコシ栽培などで副次的に花粉に曝露されて起こるものもある．2) 発現する症状は花粉の抗原性の強さ，作用部位，経路，量，頻度など抗原側の要因に加えて，個体の遺伝素因・抗体産生能など生体側の要因によりその程度や標的臓器の組み合わせ（発現するアレルギー疾患の組み合わせ）は症例ごとに差異を生ずる．しばしば花粉喘息症状（→花粉喘息）をみることに注目したい．そしてそのほとんどが即時型アレルギーに属し，遅発型反応発現の報告はない．3) 一般の花粉症のごとき風媒花によるとは限らず，研究室等の温室内では花粉の飛散する開花期も自然の状態と必ずしも同じではない．4) 症状発現は原因抗原（花粉）への曝露と直接の因果関係を有する．したがって抗原の除去回避効果が明瞭で，季節作業の場合これを止め，また休業・入院などで作業環境を離れると症状は著明に改善～消失する．

本症予防と治療上重要な点は抗原の除去回避であるが，大部分の業種で職業素材の変更は職業自体が成立しないので不可能で，適切なマスクならびに作業衣の選定と着用により個人防禦を徹底し，可能な限り職業環境の換気と清掃をはかり，抗原曝露を極力減らす工夫と対応が必要となる．そのうえで減感作療法の適応があれば積極的に試みるべきで，抗アレルギー剤と通称される化学伝達物質遊離抑制薬も有効である． （中村　晋）

植生 [vegetation]

ある地域を覆っている植物体の総称をいう．広い地域の植生はその地域の種組成や全体的な様子などによって区分される．現在の植生を現存植生(actual vegetation)，人間が影響を加える前までの植生を原植生(original vegetation)，人間の影響を停止したときに生じてくると推定される自然植生を潜在自然植生(potential natural vegetation)という．同じ場所に生活していて，ある種の単位性と個別性をもつ植物群を指す便宜的な植生の単位を植物群落(plant community)という． （横山敏孝）

植生図 [vegetation map]

植生を相観的，あるいは植物社会学的などの方法で区分した植物群落を地形図上に示したものをいう．植物生態学・植物社会学・植生地理学などの研究に用いられ，また，土地利用や自然保護，自然環境の復元などの基礎図としても利用される．現存植生図・潜在自然植生図などがある．（→植生）（横山敏孝）

植物検疫 [plant quarantine]

国際間で植物を移動する場合，植物に付着する病害虫が今まで分布していなかった地域に侵入し，著しい被害をもたらすことを未然に防止するために，国際植物防疫条約と植物防疫法による，植物検疫が行われている．国内では農林水産省が植物防疫所を置き，港や空港で導入されるすべての植物の検疫を行っている．輸入禁止品は，1) 病害虫そのもの，2) 土および土付きの植物，3) 輸入禁止地域からの植物である．根付き植物は土の代わりに，パーライトやバーミキュライトなどの培養資材を用いる．輸入禁止地域からの植物は生果実・生茎葉・生塊根・種子などに区分され禁止措置が設けられている．花卉球根や果樹の苗木類は輸入港で検査をうけたのち，さらに隔離検疫を受ける．これらは輸入時の検査では発見できないウイルス病などの検定を行うため，国の隔離圃場に花卉球根類は1作期間（数カ月），果樹苗木類は通常1年間栽培し，生育中に現れる病徴や，指標植物，抗血清，電子顕微鏡による厳密な検査を行う．病害が付着していて不合格と判定された植物は

消毒・廃棄・積み戻しなどの処置を行わなければならない．旅行者が海外からもち帰る植物も空港で申告して検疫を受ける．試験研究のため輸入禁止品を導入する場合には，農林水産大臣の許可を受けることが必要で，研究終了時は植物防疫検査官が立ち会い滅菌・焼却などの処分をする．なお，花粉や花粉の製品も植物防疫の対象検査物になる．これらは植物の名前と輸入国の確認，肉眼的検査による検疫を受け，必要に応じて培養検査などが実施される．国内では唯一，ウリミバエの被害のため，沖縄県の果物や野菜は植物防疫法によって他県への移動が禁止されていた．21年間に及ぶ不妊虫放飼防除によって根絶され，ごく最近この措置は解除された．

(中西テツ)

植物の垂直分布 [vertical distribution of plant]

森林帯は主に気温に支配されることから，植物の分布は垂直的にも規制される．また，日本の場合，同じ気候帯の森林であっても，北海道と本州では樹種が異なり，また太平洋側と日本海側とでは，その配列や内容が異なる．植物の垂直的な分布を示す語に，丘陵帯・低山帯・亜高山帯および高山帯があり(武田，1926)，丘陵帯よりさらに低地に対して台地帯とか低地帯という(鈴木，1961)こともある．

(長谷義隆)

植物の水平分布 [horizontal distribution of plant]

植物は温度・湿度などの物理的条件，土壌の酸性やアルカリ性などの化学的条件に規制され，適応範囲の条件のもとで生育する．物理的条件として重要な気候帯は地球規模の諸条件とくに緯度および高度に関係しているため，植物の水平分布はおおまかにみると緯度に対応していることになる．ただし，厳密にはまったく一致しているのではなく，たとえば，日本について考えると，吉良(1949)に基づく温量指数と植物の水平分布とが良い一致を示すといわれている．(→暖かさの指数)

(長谷義隆)

食物アレルギー [food allergy]

食物を経口的に摂取しアレルギー学的機序(抗原抗体反応)により惹起されるアレルギー症状を食物アレルギー(food allergy；food

表 日本の垂直的森林帯に対する研究者の対照表

三好 (1907)	武田 (1926)	中野 (1930)	高橋 (1962)	鈴木 (1961)
地 衣 帯	高 山 帯	高山帯 亜恒雪帯	高 山 帯	高 山 帯
草 本 帯		矮灌木帯		
灌 木 帯		灌 木 帯		
		中 間 帯		
喬木帯 針葉樹林帯	亜高山帯	山地帯 亜高山帯 (針葉樹林帯)	亜 高 山 帯	亜 高 山 帯
喬木帯 落葉濶葉樹林帯	低 山 帯	ブ ナ 帯	低 山 帯	山 地 帯
		ク リ 帯	ク リ 帯	低 山 帯
			丘 陵 帯	丘 陵 帯
				台 地 帯
				低 地 帯

(山中，1979)

表 日本の水平的森林帯

本多(1912)	中野(1942)	吉良(1949)	山中(1979)	年平均気温	暖かさの指数
寒 帯 林	亜寒帯林	常緑針葉樹林帯	亜寒帯林	< 6°C	15～45°(～55°)
温 帯 林	冷温帯林	温帯落葉樹林帯	冷温帯林	6～13°C	(45～55°)～85°
		暖帯落葉樹林帯	中間温帯林	—	—
暖 帯 林	暖温帯林	照葉樹林帯	暖温帯林	13～21°C	85～180°
熱 帯 林	亜熱帯林		亜熱帯林	21°C<	180～240°

(山中, 1979)

hypersensitivity)という．すなわち患者は標的臓器の肥満細胞表面に抗原特異性をもつIgEあるいはIgG₄を保有し，抗原食物侵入により化学遊離物質(ヒスタミン・アセチルコリン・ロイコトリエン等)が遊離し発症に至る．通常抗原食品摂取直後～数時間，遅いもので24時間で発症し，主要なアレルギー症状は呼吸器(喘息様発作)，皮膚(蕁麻疹・湿疹)，消化器(嘔吐・下痢・腹痛)に現れ，ソバアレルギーその他重篤な場合はショックに陥り，死亡することがある．一般には鼻・結膜症状はあまり注目されていないが，ソバアレルギーなど全身のアレルギー症状が惹起される場合は合併する．このほか小児では起立性蛋白尿・ネフローゼ症候群・偏頭痛などの報告がある．花粉と食物アレルギーとの接点は通常考えがたいであろうが，世界最初のソバアレルギーの報告でSmith(1909)はソバの花で採集されたやや薄黒いハチ蜜を食べてアレルギー症状をきたした症例を記載し，筆者自身も同じ体験を有するのでここであえて言及しておく．

食物アレルギー診断に際し皮膚試験は信頼性に乏しく，RASTもソバ・卵・牛乳などによる即時型反応では信頼できるが他は参考になる程度である．したがって詳細な問診と原因と思われる食物を完全除去して症状消失を確認し(除去試験)，次いでこの食物を与え症状発現を確証すること(誘発試験)が必要である．ただしソバなど抗原性が極端に強いことが予想される場合の患者への抗原負荷は危険である．食物アレルギー治療上最優先で考えるべきは原因抗原の完全除去で，除去食品の市販も積極的に行われるべきで，必要に応じ代替食や抗アレルギー剤使用も考慮する．なお広義の食物アレルギーには食物自体に含まれるヒスタミン・コリン・サリチル酸等による場合や，養殖畜産飼料に混ぜた抗生物質，食品に添加された防腐剤・着色剤による非アレルギー発症も含まれる．　　(中村　晋)

助細胞[synergid]
被子植物の卵装置にある比較的小さな2細胞で，助胎細胞ともいう．細胞内の珠孔側に線形装置があり，原形質は上部に，液腔は下部にあって，その中間に核がある．胚嚢のタイプによっては助細胞が1個しかないものやまったくないものもある．一般に助細胞は短命で受精後消失するが，植物の種類によっては長期間生存し，幼胚形成後崩壊することもある．また，大きく成長して胚嚢の栄養に重要な役割を果たすこともある(ウリ科植物，キンセンカなど)．　　(山下研介)

処女生殖[parthenogenesis]　→雌性配偶子単為生殖

ジョチュウギク[*Chrysanthemum cinerariaefolium*；Dalmatian pyrethrum]　→キク科

ジョチュウギク花粉症[jochuhgiku pollinosis]
ジョチュウギクはキク科．とくにシロバナムシヨケギク(俗称シラユキ)は強い殺虫力をもつ．瀬戸内海沿岸の島，和歌山，北海道な

どで栽培されている．開花は春秋2回，5～6月が最盛期．花全体に殺虫成分のピレトリンⅠ，Ⅱを含むので，蚊取線香の原料となる．花粉は大きさ $35 \times 35 \mu m$，三溝孔粉で刺状紋があり，刺が大きくて，形態学的には幾瀬(1956)分類の6 B^b に属する．花粉に粘液が多く，昆虫または風に媒介される．

花粉症は1975年中川によって初めて報告された．以下その概要について述べる．広島県因島において栽培者49名のアンケート調査により，花粉症と思われる8名に，花粉より作製した抗原エキスで皮膚テストを行い，陽性反応4例，粘膜誘発反応では5例の陽性者を認めた．花粉とは別に，ジョチュウギク花の粉末および煙エキスを作製し，それを用いてジョチュウギク工場職員にアレルギー検査を行ったが反応がなく，よって前述の症例はピレトリンによるものではなく，ジョチュウギク花粉抗原による花粉症であると報告している． (中原　聰)

ショ糖 [sucrose] →スクロース

除雄 [emasculation; castration]

育種・遺伝解析における操作の1つ．人工交配を行う場合には事前に自然交雑や自家受精が起きるのを避けるためあらかじめ母本(雌側)個体の雄蕊を取り除く除雄操作を行う．除雄は葯の裂開が起きる前に行う．自殖性作物のイネでは早朝または前日，オオムギでは2，3日前に行う．一方，他殖性のアブラナ科植物などのように人工受粉を行うために蕾受粉を行う植物では，開花4，5日前に除雄を行うことが多い．もっとも一般的な除雄方法にはピンセットなどで葯を取り出す機械的除雄，花粉と柱頭・子房の高温度耐性の差を利用した温湯除雄，アルコールなどを利用した薬品による除雄などがある．機械的除雄はオオムギ・コムギ・アブラナ科・ナス科など多くの植物に用いられ，温湯除雄は主としてイネに，薬品除雄は牧草などに用いられている． (大澤　良)

除雄剤 [gametocide]

化学交雑剤，殺精剤ともいう．散布や土壌灌注の処理によって，花粉の発育や機能を阻害させる薬品．花粉退化を起こさせて自家授精を不可能にし，遺伝的な雄性不稔性と同じ仕組で除雄操作が不必要となり，風媒や虫媒によって雑種種子の生産効率を上げることができる．また，着果制限にも使え，収穫期間の短縮による省力化や収穫物の熟度の斉一化にも役立つ．遺伝的雄性不稔性の利用は，その発見から育成・維持までに年月がかかるのに対して，除雄剤による花粉退化の誘導は速効で，いつでも必要に応じて使える便利さがある．また，細胞質遺伝をする雄性不稔性では，病害感受性などの好ましくない形質がいっしょに組み込まれる危険性もある．FW 450(2,3-ジクロロ-2-メチルプロピオン酸ナトリウム塩)，MH(マレイン酸ヒドラジド)，GA(ジベレリン)，エスレル，TIBAなどが有効で，一部で実用化されている．しかし，効果が気象条件に左右されやすく，散布むらがあると自家受精の種子が混入し，濃度を誤まると雌蕊側も機能障害を受けるなど，普及には問題が残っている． (藤下典之)

シラカンバ [*Betula mandshurica* var. *japonica*; Japanese white birch] →カバノキ科

シラカンバ花粉症 [Japanese white birch pollinosis]

日本の変種名で，一般にはカンバ花粉症(birch pollinosis)と総称され，カンバ花粉間には密な共通抗原性がある．シラカンバ(シラカバ)は，カバノキ科に属する．シラカンバは在来種であるが，アジア北東部にもみられる．他にダケカンバ[*B. ermanii*]，ジゾウカンバ[*B. globispica*]等の同属種があり，北部また高山地帯に生育する．シラカンバは北部のとくに北海道では平地また丘陵地にみられ，他のカンバが山岳地に生育するものと異なる．花粉粒は赤道上三～(四)孔型，$25 \times 25 \mu m$ 大．花粉季は北海道で4～6月，関東でも3～5月にわずかの花粉がみられるが，他地方は明らかでない．初報告は我妻が，1972年に行っている．典型的5例の有症期は4～6月である．皮内テストで花粉・真菌また室内塵に同時に反応する例もあるが，いずれもシラ

カンバに反応激しく閾値1：10^8，P-K抗体価1：3 125に達した例もある．シラカンバ花粉はダケカンバと北アメリカのコウアンシラカンバ[*B. platyphylla*；white birch]花粉に強い共通抗原性を示し，さらにアメリカシラカンバ[*B. papyrifera*；paper birch]，red birch [*B. nigra*]，東欧以北に重要なシダレカンバ[*B. pendula*；silver 〔European〕birch]やアレチハンノキ[*B. pubescens*；downy birch]花粉とも共通するとみられる．初報告以来シラカンバ花粉症の報告はとくにないが，北海道ではすでに普遍的花粉症である． (信太隆夫)

シラビソ-トドマツ帯[*Abies* zone]　→亜寒帯針葉樹林

シロバナムシヨケギク[*Chrysanthemum cinerariaefolium*；Dalmatian pyrethrum]　→キク科

しわ状模様型[corrugate (adj.)]　→しわ模様型

しわ模様型[rugulate(adj.)；corrugate (adj.)]

しわ状紋型ともいう．花粉で，線状紋と網状紋の中間のような不規則な模様が配列したもので，横に1 μm よりも長く延びた有刻層突出物(Iversen & Troels-Smith, 1950)．構造的には，外表層型と半外表層型の2型がある．(→付録図版) (三好教夫)

塵埃測定器[dust sampler]

塵埃捕集器ともいう．空気中に浮遊する個体粒子(0.1～200 μm)は塵埃またはエアゾルともいわれ，日光を散乱し，霧やスモッグを発生し視程を悪くしたり，交通障害，吸入により健康障害を引き起こす．空中浮遊粒子は，比重と粒子径により，Stokesの法則に従って空気中を落下する．塵埃の捕集には重量(落下)法(gravimetric method)によるものとして，ブラウン捕集器・ダーラム型花粉捕集器がある．一定の容積中の塵埃を捕集する容量法(volumetric method)には，衝撃式塵埃捕集器として 1) 計数法：粒子個数濃度(個/ml，個/m^3)で捕集するもの(労研式塵埃計，カスケード・インパクター)，2) 重量法：重量濃度(mg/ml，mg/m^3)で捕集するもの(インピンジャー，カスケード・インパクター，ハイボリウムエアサンプラー，電気集塵器)，および光学的塵埃捕集器として光の散乱で濃度を測る(デジタル塵埃計)ものや汚れ具合を吸光度で計る(濾紙塵埃計)ものがある．空中浮遊花粉は塵埃の1構成要素なので，衝撃式粗粒子塵埃計の中のインピンジャーやカスケード・インパクターを用いて捕集することができる． (佐渡昌子)

人為複二倍体[artificially induced amphidiploid]　→複二倍体

人為分類[artificial classification]

植物化石の場合，各器官が分離して産出する場合が多いので，第三紀以前の各器官では形態の特徴に基づいて分類される．化石花粉・胞子の場合も同様である．二命名法を用い，国際植物命名規約に基づいて取り扱われる．器官属・形態属は人為分類の基になる． (高橋　清)

人工交配[artificial crossing]　→交配，人工受粉

人工受粉[artificial pollination]

受粉とは，種間から同種内か，あるいは品種間か品種内か，さらには個体間か個体内かは問わず，花の雌蕊の柱頭上に雄蕊の葯の花粉が運ばれることで，送粉ともいわれる．受粉は雌蕊に種子が結実するための起点となり，通常の種子植物の生殖過程にとって不可欠な事象である．これを人工的に行うことが人工受粉である．ただし，自家不和合性や交雑不和合性(交雑不親和性)などの現象によって受粉花粉がかならず受粉管を伸ばして受精できるわけではないので，受粉と受精・結実との間には画一的な関係はみられず，人工受粉したからといって種子が得られるとは限らない．人工受粉の形態には，自然受粉の場合と同様に自家受粉と他家受粉がある．このうち他家受粉には，種内交配としての品種内交配(株間交配)や品種間交配と，異なる種の間で行う種間交配がある．人工自家受粉をしようとする目的は自殖によって遺伝子のホモ化を図ろうとすることである．また，人工他家

受粉は人工交配ともいわれ，その目的は自家不和合性のため自殖ができない場合の株間交配による維持・増殖や，品種間交配または種間交配によって両親の間に品種間雑種または種間雑種をつくり，形質導入を図るなどの交雑育種を進めようとすることである．人工受粉には，各種の人工受粉用具が用いられる．なお，近年，リンゴ園やナシ園では，病害虫防除のために農薬散布が頻繁になされるので，果実の結果に不可欠な花粉媒介昆虫による他家受粉が十分に行われる状況にない．そのため，種々の人工受粉用具を用いた人工受粉を余儀なくされている． （生井兵治）

人工受粉花粉採取器 [pollen sampler for artificial pollination] →採葯器

人工受粉用具 [artificial pollination manipulator]

個々の花の雌蕊に花粉を付着させるため，綿棒・毛筆・羽毛棒などが用いられる．また，スプレー式用具として，ゴム球を用いた受粉器や小型のバッテリーを使った花粉銃が考案されている．（→花粉銃） （中西テツ）

人工林 [man-made forest；artificial forest(stand)]

苗木を植栽し，あるいは種子をまき，または挿し木によって人間がつくった林をいう．国土の66.1％に当たる2462万haが現況森林面積であるが，この森林面積の41.7％が人工林である（『1990年林業センサス』）．人工林の98％は針葉樹の林であり，また人工林の45％がスギ林，24％がヒノキ林となっている． （横山敏孝）

新植代 [Cenophytic era]

化石記録で被子植物の豊富な出現に基づいた地質時間の非公式の区分．ほぼ白亜紀のAptian-Albianから現在にわたる期間．
 （高橋　清）

真テクテート [eutectate (adj.)；pertectate (adj.)]

真外表層型ともいう．花粉で，1μm以下の微小な穿孔(perforate)は散在するが，それ以上の大きさのものがないため，光学顕微鏡では穿孔がないようにみえる連続的な外表層をもつもの(Erdtman, 1969)．無刻テクテートと同意． （守田益宗）

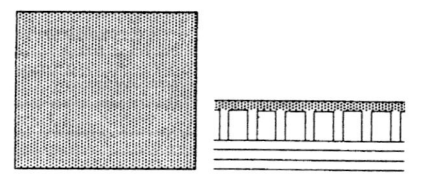

図　真テクテート(Punt et al., 1994)

浸透交雑 [introgressive hybridization] →移入交雑

振動受粉 [buzz pollination]

葯が烈開することなく，小孔から花粉を出さなくてはならないナス科などの花に対し，マルハナバチなどのハナバチ類が行う送粉（花粉集め行動）のこと．飛翔筋でつくり出す振幅の大きな振動(飛行時のように翅を上下させることはない)を肢を通じて葯に伝え，それによって落ちてくる花粉を腹部の長毛上に捉えるのが普通．このような受粉に頼る花は花蜜を出さない場合が多く，花粉も比較的小型で表面粘着物質の少ないことが多い．
 （佐々木正己）

新ドリアス期 [Younger Dryas time] →晩氷期

森林限界 [forest limit]

高木が森林状態で分布しうる限界線をいう．限界線とはいうが，実際にはある幅をもった帯である．一般に，森林帯のとぎれる付近は，やや樹高が低くなったり，幹が屈曲したオオシラビソやダケカンバ（北海道ではエゾマツやダケカンバ）で占められる．これに接した移行帯には低木林があり，ダケカンバ・ミヤマハンノキ・ミネヤナギ・ナナカマドなどが混生する．その間には森林帯にあった高木も点在することがあり，その個体の分布の最高地点をつなげば，それが高木限界ということになる．また，低木林の上にも点在する低木があり，その上限をとれば樹木限界となる．限界付近の針葉高木は，下部の枝が広がり，幹は船のマスト状になり，しかも葉が一方に偏った風衝偏形樹となっている(沼田・岩瀬, 1975)．森林限界は，北アルプスでは

2200～2500 m，八甲田山では1400～1500 m，羊蹄山では1300 m付近である．1つの山でも地形や方位によって変化があり，稜線部よりは風衝から守られている谷部のほうが森林限界が上昇している．森林限界と積雪量との間には関係があり，森林限界の低いところでは雪線(万年雪の残る最低の位置)も低い．

(岩内明子)

ス

水生植物［aquatic plant］

水生植物には地域差が少ない．水生植物のつくる群落は水深数mよりも浅いところである．湖沼で岸辺から沖へは，ヨシ帯→マコモ帯→ヒシ帯→クロモ帯と分布するのが典型的な例である．水生群落における遷移は，上記の群落帯がしだいに沖へ進出する形で進行する．水生植物は，水位に応じた生育形により表のように分けられている（沼田・岩瀬，1977）．　　　　　　　　　（岩内明子）

蕊柱［column；gynostemium］

雌蕊の花柱と雄蕊が合着してできた柱状の器官．先端付近の葯床と呼ばれるくぼみに花粉塊を付ける．主としてラン科植物でみられるほか，ガガイモ科植物でもみられる．ラン科植物の間では花柱と雄蕊の合着の程度に差があり，分類の指標の1つになっている．ガガイモ科のものをとくに肉柱体または蕊冠と呼ぶことがある．　　　　　　　（寺坂　治）

水中花粉の浮遊性［buoyancy of pollen in water］

水中に流入した花粉・胞子粒には主にその形状により浮遊性が異なる．Kurodaら（1988）によれば，マツ属やウラジロ属［*Gleichenia*］には大きな浮力があり，長い期間，空中や流水の中で運搬される．また，同じ風媒性でもアカガシ属コナラ亜属・アカガシ亜属・ハンノキ属・スギ属はマツ属のような翼をもたないことから，小さな浮力しかなく，短い期間で沈澱する．ツガ属・ニレ属－ケヤキ属・草本類および胞子は海に運び込まれた後，まもなく堆積する．水中の花粉・胞子粒が沈澱するまでに異なった時間を有することは，花粉・胞子粒の堆積環境を考察するうえでこれらの浮遊性を考慮する必要が生じている．とくに陸地からかなり離れた海域では，有翼花粉の選択的な集積が考えられることから，海成層の花粉分析結果の考察には水中花粉の浮遊性も十分考慮する必要がある．

（長谷義隆）

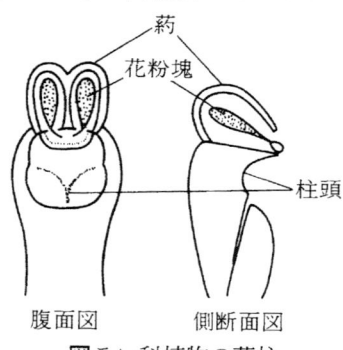

図　ラン科植物の蕊柱

表　水生植物

挺水(抽水)植物	体の大部分が空中にある．岸近くに多い	ヨシ・ガマ・マコモ・フトイ・カンガレイ
浮葉植物	葉が水面に浮かぶ．根が水面下の土中にある．底が泥の池に多い	ヒシ・カガブタ・ジュンサイ・ヒツジグサ・ヒルムシロ
沈水植物	体が全部水中にある．根は水底に固着している	ホザキノフサモ・エビモ・ササバモ・クロモ・ニッポンフラスコモ・シャジクモ
浮水(浮遊)植物	水に浮いて漂う．根が底土につかない	ウキクサ・タヌキモ・ホテイアオイ・サンショウモなど

垂直溝型［orthocolpate (adj.)］
　赤道面上に溝がある花粉のうち，溝の長軸が赤道面と垂直に交叉している花粉型(Erdtman & Straka, 1961).　　　（守田益宗）

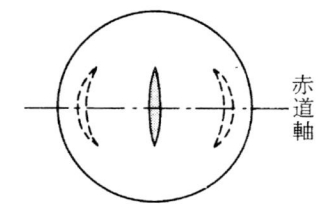

図　垂直溝型

垂直分布［vertical distribution］
　空中花粉の垂直分布のことで，植生に使用されるものではない．大気中の花粉は大気の不安定な摩擦層（混合層）の中では乱気流のために上昇や下降を繰り返すが，大気の安定層（500 m～2 km 以上）に到達してしまうと，ほとんど落下してこなくなり，かなり遠くまで一定方向の強い風で運ばれる（近藤，1982）．しかし，地上付近では高層建築物や，ヘリコプターを使用して数回調査した結果では，スギ花粉飛散時期に地上 1000 m までは低高度が多い傾向はあるが，かなり均一に分布していることがいえる（幾瀬ら，1976）．一方 200 m 以下の低高度でも，東京タワーや新宿副都心の高層ビルでの調査では，高い高度になるに従い飛散数が少ない傾向があるが，風の強い日と弱い日とでは，若干上下の飛散数が逆転することもある．　　　（佐橋紀男）

水媒花［hydrophilous flower］
　水中あるいは水面を介して送粉する花である.
　【水中での送粉】　マツモは雄花と雌花を着ける水草で，雄花には 12～30 個の雄蕊がある．成熟した葯は花からはずれ水面に浮き上がりそこで裂開し，花粉がこぼれ出る．花粉は水中をゆっくりと沈下していき，その間に雌花から突き出た柱頭に捕らえられ送粉する．アマモは海中に生育する水草で，その花粉は長さ 300 μm もあるひも状で，雄蕊から放出された花粉が海水中を漂い柱頭に達すると，くるりと絡み付いて送粉する．
　【水面での送粉】　セキショウモは，雌蕊を長い花柄の先に着け水面で開花する．雄株は苞の中に多数の雄花を着け，花期になると蕾を水中に放つ．蕾は浮き上がり水面に達すると開花し，水流と風に流され雌花に接することができた花は，葯が柱頭に触れ送粉する．水面という 2 次元空間を，うまく利用した送粉方法である．　　　（田中　肇）

水平分布［horizontal distribution］
　空中花粉の水平分布のことで，植生に使用されるものではない．大気中に花粉が飛散する場合，まず飛散高度が問題になる．スギのような 10 m 以上の樹木の場合と，草本のイネのように 1 m 以下の場合とでは飛散距離も異なり，一般に前者は後者よりかなり遠くまで飛散することが知られている．もう 1 つの問題は花粉源の大きさである．点（樹木 1 本）と線（並木），さらに面（林）からの飛散量は塚田（1974）の理論値からでは点・線・面の順で最大 5 km 程度まで飛散することが計算されている．しかし，実際には風速がかなり飛散距離には支配的で，スギ花粉の飛散実験結果（佐橋，1983）からは風速が 2 m では 10 m の高さから飛散させた花粉は 100 m 以内に落下する花粉もかなりあるが，風速 4 m になると 100 m 以内にはほとんど落下しないことが観測され，さらにこの現象は橋詰（1991）のスギ林縁から 100 m 以内の飛散調査結果でも同様の傾向が得られている．
　　　（佐橋紀男）

数位形システム［NPC-system］
　発芽装置の形態を基に花粉・胞子を分類するための 1 方法．発芽装置の数 N (number) を，0，1，2，3，4，5，6，多数など 9 段階に，位置 P (position) を向心(cata-)・遠心(ana-)・環状(zono-)・散在(panto-)など 7 段階に，形質 C (character) を溝(colpus)・孔(pore)・内孔式溝(colporate)など 7 段階に分け，その組み合わせで示す(Erdtman & Straka, 1961)．たとえば，シナノキ属は NPC＝345 の具合に示される．多種多様の花粉を大まかに整理するには重要な分類法である．　　　（守田益宗）

スギ［*Cryptomeria japonica*；sugi；Japanese cedar］

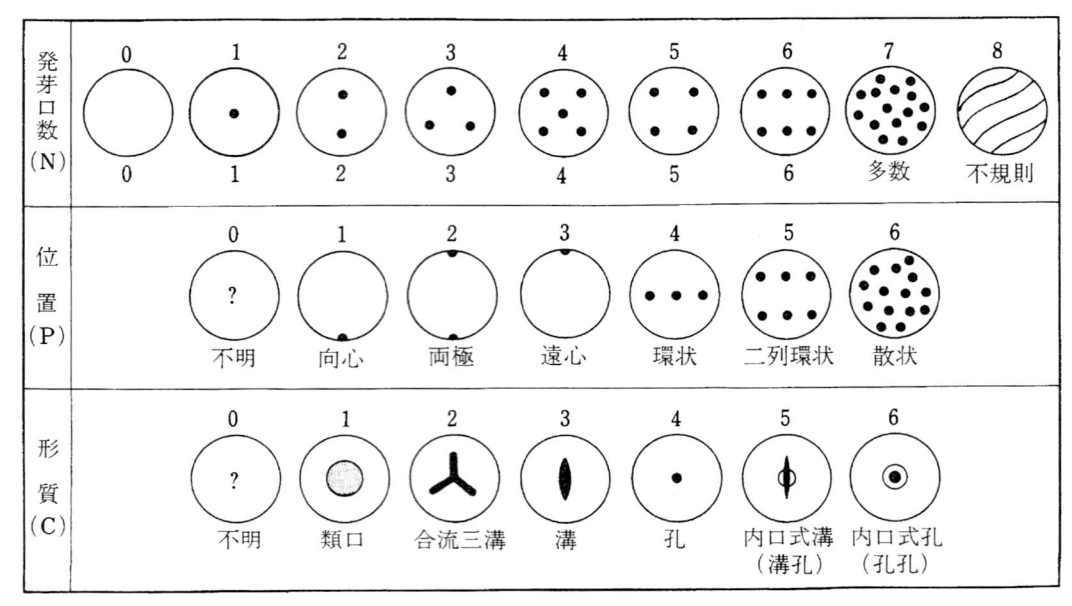

発芽口数 (N)	0 0	1 1	2 2	3 3	4 4	5 5	6 6	7 多数	8 不規則
位置 (P)	0 不明	1 向心	2 両極	3 遠心	4 環状	5 二列環状	6 散状		
形質 (C)	0 不明	1 類口	2 合流三溝	3 溝	4 孔	5 内口式溝 (溝孔)	6 内口式孔 (孔孔)		

図 数位形システム(Erdtman, 1969)

日本原産の裸子植物スギ科の常緑の高木で,高さ65 mに達するものもある.青森県から屋久島まで自生し,重要な林業樹でもあり,広範囲に植林されている.地方的な変異も多く,日本海側の多雪条件に適した種をアシウスギまたはウラスギ,雪害に弱い太平洋側の種をオモテスギとして区別される.雌雄同株で,雄花は楕円状球形で,長さ約5 mm,小枝端にむらがって付く.雌花は球形で5 mm,短い枝の先に1個ずつ付く.1~3月に開花し,栽培面積も広大なので,この期間は日本列島をスギ花粉で覆ってしまい,日本特有ともいえるスギ花粉症を引き起こす.花粉は球形で遠心極に1個の口をもち口の部分が突出し,鉤状に曲がっている(パピラ).原形質内に光を強く屈折する内容物が観察される.大きさは31×36 μm前後. (菅谷愛子)

スギ花粉症 [Japanese cedar pollinosis]

日本固有の植物による花粉症報告の第1号である.日本の花粉症の中では発生頻度がもっとも高く,近年の患者急増は社会問題にもなっている.スギ花粉症の初例報告論文は,斎藤ら(1964)の「栃木県日光地方におけるスギ花粉症 Japanese Cedar Pollinosis の発見」という論文である.1963年春,斎藤が栃木県日光市の古河電工日光電気精銅所付属病院に派遣されていたときに,3月から4月にかけて鼻・眼・咽頭のアレルギー症状を訴える21症例に遭遇したことがスギ花粉症発見の端緒である.初例報告論文の概要は次のようである.患者の症状は鼻内瘙痒・くしゃみ発作・水様性鼻漏・鼻閉・咽頭瘙痒・眼結膜瘙痒である.毎年,3月中・下旬~4月中・下旬にかけて発症し,それ以外の時期にはほとんど症状はない.鼻粘膜所見は浮腫状の腫脹で,鼻汁細胞検査で多数の好酸球が認められ,一部の症例では下鼻甲介粘膜の生検が行われ,粘膜固有層の浮腫と好酸球浸潤が認められた.スギ花粉エキス皮内反応は85.7%の症例で陽性を示し,対照の健常人では陰性であった.花粉そのものによる鼻誘発反応は100%に陽性で眼結膜反応は85.7%に陽性を示した.2症例についてはプラウスニッツ-キュストナー反応が施行され,2例とも陽性という成績が得られた.当時はまだIgEは発見されていなかったが,患者血清中にはスギ花粉抗原と反応する皮膚感作抗体(レアギン;reagin)の存在が証明されたことになる.さらに日光地方の春の風媒花の開花暦の実地調査と空中花粉調査が行われ,その結果,スギ・

カバノキ科・ヤナギ科・ヒノキ科の順で開花し，落下スライド法ではスギ花粉の飛散が多数であることが判明した．そしてスギ花粉の飛散ピークは患者発生数のピークと4月上旬において一致していることも明らかにされた．これらの臨床アレルギー学的・花粉学的検索の結果，症例はスギ花粉をアレルゲンとする花粉症であることが立証され，スギ花粉症 Japanese cedar pollinosis と命名された．以上の論文の要旨は斎藤により第13回日本アレルギー学会（1963年10月）で発表された．スギ花粉症患者発症の経年変化を調査した厚生省花粉症研究班の87～89年の3年間（$n=981$）のデータでは，70年代よりスギ花粉症の発症が徐々に増え，81～85年にピークを形成し，この期間に発症した患者は全体の44.5％を占めている．スギ花粉症の発症年と空中スギ花粉数の推移を調べた斎藤のデータでも，76年の第1回スギ花粉大量飛散年を契機として初発病者の急増を認めている．群馬県の成人についての血清疫学調査でも，84年～85年採血血清のスギ花粉特異IgE抗体保有率は36.7％で，73年採血血清の約4倍の値を示している．鼻アレルギー患者の中でスギ花粉症が占める割合は，全国のアンケート調査では，スギ花粉症は北海道と沖縄を除いた地域でいずれもトップで，関東45.6％，近畿42.2％，東北39.5％，中国・四国28.1％，中部27.8％，九州22.0％となっている（宇佐神，1988）．一般住民におけるスギ花粉症有病率については，東京都花粉症対策検討委員会のデータでは，84年の調査でスギ花粉発生源に近い秋川市のスギ花粉症標準化有病率が7.5％で，86年の調査で花粉源から離れているが大気汚染の多い大田区ではスギ花粉症標準化有病率が8.9％であった．年齢階級別では，両地区とも30～44歳に有病率のピークがあり15％を前後している．そして第2のピークは大田区では15～29歳，秋川市では45～59歳にみられている．日光市と今市市の住民アンケート調査では，スギ花粉症有病率は平均9.6％で，スギの古木が多い市内道路に近接した住民の有病率が13.2％，一方，森林に近い農業地域の住民では8.8％であったという報告がある．これらの疫学調査はスギ花粉症発症への大気汚染物質の関与を示唆するものとして興味深い．近年のスギ花粉症患者の増加は急激なもので国民病の様相を呈している．好発年齢についても，従来から20～30歳代とされているが，最近その低年齢化が話題になっている．欧米の花粉症の好発年齢が年長児から若い世代といわれるから，日本もこれに近づくという危惧もある．今後は学校保健・小児保健においてもスギ花粉症に目を向ける必要がある．戦前にはなかったといわれる花粉症患者がこのように増加したのは，食生活の変化によるアレルギー体質の増加，戦後いっせいに植林されたスギが多量の花粉を産生するようになったこと，大気汚染による複合的な要因などがあげられる．日本のスギの植林が特定の林齢に集中した林齢構成と林業の経営不振が続く現状では，スギ花粉の周期的に起こる大量飛散も当分は繰り返されるものと予想される．そのうえ大気汚染の改善も当分見込みはないし，完治させる治療法もすぐ完成されるという見通しもない．しかも一度発症すると早い時期での自然治癒はまず期待できず，スギ花粉症患者は確実に累積的に増加していくものと推察される．

（斎藤洋三）

スギ花粉情報［sugi pollen information］
→花粉情報

スクロース［sucrose］

ショ糖，サッカロースともいう．植物では糖代謝上もっとも重要な位置にある二糖類である．α-D-グルコピラノシル-β-D-フルクトフラノシドとして，アノメリック炭素どうしで結合しているので還元性を示さない．サトウキビやテンサイのように多量のスクロースを貯蔵する植物もあるが，通常は光合成澱粉からスクロースに転換された形で植物体中を移動する代謝中間体となる．成熟花粉では澱粉を主に含むもの，スクロースを主に含むもの，両者を相当量含むものとがある．未熟なうちは澱粉粒が充満しているが，開花近くになってスクロースに転換されるものもある．

したがって花粉中では澱粉-スクロース転換反応にかかわる酵素群の強い活性が見出される。たいていの花粉の培養にスクロースが有効であるのは，細胞壁にスクロースを分解する強力なインベルターゼをもつことによる．

(原　彰)

スクロースの合成 [sucrose synthesis]

スクロースの合成酵素にはスクロース合成酵素(sucrose synthase, EC 2.4.1.13)とスクロースリン酸合成酵素(sucrose-phosphate synthase, EC 2.4.1.14)とがある．スクロース合成酵素は UDP-glucose+D-fructose ⇌ UDP+sucrose の反応を触媒する．多数の植物起源から精製されており，分子量数十万でサブユニットにより構成されている．ツバキ花粉から精製された酵素は分子量38万で Mg^{2+}，Ca^{2+} によって活性化される．各基質に対する反応性，最適 pH などからスクロースの合成よりも分解(UDP-glucose 生成方向)に関与しているらしい．スクロースリン酸合成酵素は UDP-glucose+D-fructose 6-phosphate ⇌ UDP+sucrose 6-phosphate の反応を触媒する．種々の植物組織から部分精製され，UDP-glucose と fructose 6-phosphate への基質特異性が高く，スクロース合成方向の生成物である sucrose 6-phosphate のリン酸がスクロースホスファターゼによって切断されれば反応は不可逆となるため，本酵素が真のスクロース合成酵素であるとされる．花粉に両酵素とも見出されている．

(原　彰)

スゲ属 [*Carex*; sedge] →カヤツリグサ科

スズメノカタビラ [*Poa annua*; annual meadowgrass] →イネ科

スズメノカタビラ花粉症 [annual meadowgrass pollinosis]

スズメノカタビラはイネ科ウシノケグサ族イチゴツナギ属で，至るところに生える一年草または越年草である．叢生し高さ5～25 cm，葉はややまばらで幅1～3 mm の短い線型．花序は円錐形で散開し長さ3～7 cm である．温帯・暖帯に分布し，北海道から九州まで汎世界的な雑草で繁殖力が強い．花期は温暖な地方では年中，花粉症報告のあった山形県では4月中旬から5月まで．花粉型は円形の単口粒で，大きさは30～37 μm，他のイネ科花粉とほぼ同様で，鑑別は困難である．

初例報告は1987年高橋によってなされた．以下にその概要を紹介する．山形県において4月下旬，農業従事者の間に花粉症様疾患が多発しているとの情報があった．よって県内各地区の8集団，農村住民5集団計1878名(20～79歳)および学生3集団1866名(12～17歳)を対象に，アンケート調査，空中花粉および植生調査を行った．成績は花粉症症状を示す患者の頻度は，農村住民で10％，学生集団では5％で，大部分は4～5月に発症していた．発症時期が3～6月の90名のうち，皮膚反応試験で84名(93％)がイネ科(スズメノカタビラ・スズメノテッポウ・ナガハグサ・カモジグサおよびカモガヤ)に感受性を示した．そのうち4月下旬から5月に開花するスズメノカタビラには，3，4，5，6月の月別発症者でそれぞれ55，54，26，9％の感受性があった．スズメノカタビラ花粉による鼻粘膜誘発試験では，実施した7名全例に鼻汁の分泌亢進，4名にくしゃみ発作があり陽性であった．空中花粉では，イネ科花粉の増加する4月の中・下旬はスギ花粉はほとんどなく，果樹およびイネ科花粉数は，スギと異なり測定地によって差が著しかった．調査地域の植生は，患者の多発する4月下旬には他のイネ科植物はまだ開花しておらず，果樹園および田起こし前の水田には，スズメノカタビラが著しく繁茂して開花中で，ほぼ同時期に咲くスズメノテッポウはきわめて少なかった．以上のことから当地域の春先花粉症を，スズメノカタビラによるものと診断したと述べている．

(中原　聡)

スズメノテッポウ [*Alopecurus aequalis* var. *amurensis*; foxtail] →イネ科

スズメノテッポウ花粉症 [foxtail pollinosis]

スズメノテッポウはイネ科コヌカグサ族スズメノテッポウ属に属す．10月から翌年7月

ごろまでにわたって，水田や湿地に生える一年草．高さ30〜40cmの茎の先に円柱状の長さ3〜6cmの花穂を出し，無数の小穂が密着する．小穂は1小花から成り，開花すると3個の小さな葯が出て花粉を放出する．成育面積が広く，1株から多数の分株が行われるので，花粉量は多い．温帯・暖帯の北海道，本州，四国，九州に分布する．花期は4月から7月まで．花粉型は球状単孔粒で，大きさ24-28×26-28μm，幾瀬の分類(1956)によれば単口粒，3$A^{a(2)}$細網状紋．

初例報告は1975年舘野によってなされた．以下にその概要を紹介する．代表症例は6歳の男子で，1年4カ月ころから喘息発作があり，1年7カ月には毎日大発作が起こるようになった．屋内塵や真菌の減感作療法を行うも効なく，3歳10カ月から卵・大豆および牛乳の徹底した除去食で，喘息および湿疹は軽快したが，5歳より再び発作が頻発するようになった．皮内反応からスズメテッポウの花粉の抗原の疑いをもたれ，その開花期に一致して発作が起こり，住居近くの水田には同植物が繁茂し，その近くに行くと発作が起こることもわかった．花粉による吸入誘発試験も陽性であった．この症例より調査を進め，群馬大学医学部付属病院小児科外来喘息患者145名と，市街地および田園に居住する正常児207名に対して，スズメテッポウ花粉の皮内反応試験を行った．その結果陽性例は喘息児27％，正常児は2％であった．そしてエキス濃度が10^{-4}より低くても反応を起こす感作の強い症例は，全例開花期に発作が起こることがわかった．またその中の2例に吸入誘発試験を行ったところ，発作が起こり陽性であった．抗原性はイネ科のチモシーがもっとも近縁であるが，発作はチモシーの開花期に一致せず，成育範囲はスズメノテッポウのほうがはるかに上回っているため，同花粉症と結論した． (中原　聰)

スターチス花粉症 [statice pollinosis]

スターチス[*Limonium sinuatum*; statice]は和名ハナハマサジ(イソマツ科イソマツ属)．鹿児島県下で観賞用切り花として，広く栽培されている．花粉は球形で30μm．

花粉症は1990年栃木によって初めて報告された．その概略を述べると，症例は47歳の専業農家主婦．30年間農作業に従事し，最近の10年間はハウス内で，キク栽培後に切り花スターチスを栽培してきた．6年来，5，6月のスターチス採花最盛期に，ハウス内の作業により花粉症症状が出現した．その際ハウスを離れたり，採花期を過ぎると症状は消失した．スターチス花抽出抗原(花が小さく花粉採取困難のため)による皮内テスト・粘膜誘発テスト・P-K反応が陽性であることなどから，スターチス花に対するIgE抗体を介する職業性アレルギーと考えられた．鹿児島県の山川地方には，スターチス栽培を手がけている農家は30世帯あり，本症例以外にも2症例がみつかっていると報告している．また職業アレルギー研究会において同じ1990年に堀も，アンケート調査を含めた症例報告を行っている． (中原　聰)

ステップ森林指数 [SFI, step/forest index]

ステップ森林指数はTraverse(1978)によって考案されたものである．それは次に示すような主にステップ(大草原)を構成するような草本花粉と，森林を構成するような主要木本花粉との比率によって計算される．SFI＝{(*Artemisia*＋Chenopodiaceae＋Amaranthaceae pollen)/(NAP＋*Pinus*＋*Cedrus*＋…＋other tree genera pollen)}×100．図には黒海から採取されたコア試料(D.S.D.P, Deep Sea Drilling Project 42)を用いて行われた花粉分析結果を基に，ステップ森林指数を算出した事例を示す．この図に示すステップ森林指数曲線は，全花粉(AP＋NAP)に対する代表的なステップ構成要素(ヨモギ属＋アカザ科＋イネ科)の比率から求めている．ステップ要素であるヨモギ属・アカザ科・ヒユ科などの草本類は，北半球における寒冷・乾燥気候地域に分布する代表的な植生である．そのため，ステップ森林指数曲線が高い値を示せば示すほど，より寒冷でよ

り乾燥化した気候を反映したものといえる．図から明らかなように，ステップ森林指数曲線の示すピーク（極大値）は，Traverse の主張する第四紀更新世における，アルファー（alpha），ベータ（beta）およびガンマー（gamma）の3大氷河期に対応している．そしてまた，これらの結果は，酸素同位体（δ^{18}O）の測定結果および古地磁気測定結果等からも支持されている（Traverse, 1988）．

（黒田登美雄）

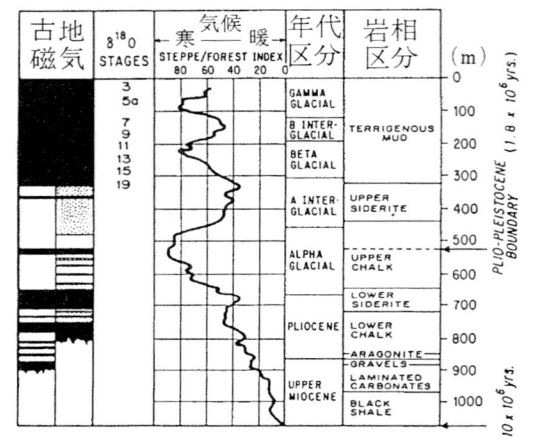

図 ステップ森林指数（Traverse, 1988）黒海（D.S.D.P. leg 42B, holes 380-380A）における過去1000万年にわたる連続コア記録．

スーパーオキシドジスムターゼ [superoxidodismutase]

安定な酸素は基底状態の三重項酸素分子であるが，この酸素分子よりも反応性が高く，したがって活性に富む酸素を活性酸素という．活性酸素は一般にスーパーオキシド（O_2^-），過酸化水素（H_2O_2），ヒドロキシルラジカル（$-OH$）および一重項酸素（$^1O_2$）を指すがその他にも生体内での過酸化反応に関与する活性酸素種がある．これらは遺伝子の損傷，神経系の損傷，発癌，老化などさまざまな酸化的ストレスを生物体に与えるが，他方食細胞では生成した活性酸素を微生物を殺すための生体防御に利用している．花粉は生殖細胞であるから酸化的ストレスの防御はとくに重要である．スーパーオキシドはもっとも研究された活性酸素であり，酸素分子に1個の電子が取り込まれた1電子還元型である．これを消去するスーパーオキシドジスムターゼ（SOD）には Cu, Zn-SOD, Fe-SOD, Mn-SOD の3種があり，次のように2段階に反応する．

$$SOD\text{-}Cu^{2+}(Fe^{3+}, Mn^{3+}) + O_2^- \rightarrow$$
$$SOD\text{-}Cu^+(Fe^{2+}, Mn^{2+}) + O_2$$
$$SOD\text{-}Cu^+(Fe^{2+}, Mn^{2+}) + O_2^- + 2H^+ \rightarrow$$
$$SOD\text{-}Cu^{2+}(Fe^{3+}, Mn^{3+}) + H_2O_2$$

ガマ・クロマツ・トウモロコシの花粉に SOD が確認されているが，まだほとんど研究は進んでいない．

（原　彰）

スーパージーン [supergene] →超遺伝子

スポロポレニン [sporopollenin]

花粉やシダ・コケの胞子の外壁および，ユービッシュ体の外層などを構成する主要物質で，Zetzsche ら（1928）により命名された．彼らは，スポロポレニンが炭素・水素・酸素から成る物質で C：H の比が 1：1.6 であることから，$(C_{10}H_{16}O_3)_x$ と表現できるテルペン（植物性揮発油中の炭水化物の1種）に似た物質であると考えた．さらに，Zetzsche ら（1931）らは，どの花粉のスポロポレニンも C_{90} の高分子物質であることを明らかにし，種々の花粉のスポロポレニンの分子式を報告．たとえば，ライムギ花粉では，$C_{90}H_{134}O_{31}$，テッポウユリ花粉では，$C_{90}H_{144}O_{37}$，マツ花粉では，$C_{90}H_{158}O_{44}$．その後，Brooks ら（1971）は，花粉の外壁はスポロポレニンとセルロースが主成分で，両者の比は花粉の種類によって異なり（例：マツでは，4：1，テッポウユリでは，1.5：1），一般に裸子植物の花粉は，スポロポレニンを多く含んでいることを明らかにした．この物質は，非常に化学的に安定した物質で，酸・アルカリなどほとんどの化学薬品に侵されず，王水にも溶けないことが知られている．古い地層からの花粉分析が可能なのもこのためである．スポロポレニンは，本質的には，種々のカロチノイド類やカロチノイドエステル類の酸化的重合によってつくられることが報告されている（Brooks ら，1971）．このように強靱な物質も，花粉を柱頭に付けると，柱頭浸出液に含まれる酵素によって外壁部分（外層；sexine）の形態が変化す

ることが知られている．また，近年，四分子から小胞子が遊離すると，まもなく外壁の著しい発達がみられるが，その時期の電子顕微鏡観察から，スポロポレニンの前駆物質を含むと考えられる微細な顆粒がタペータムで形成されたのち，タペータムから放出されて，花粉粒の外壁に付着・融合して外層がしだいに発達していくのが明らかにされた(Nakamura ら，1982)．しかし，スポロポレニンの天然における合成経路の解明もまだ十分には行われておらず，不明な点が多く残されている． 　　　　　　　　　　　　（中村澄夫）

セ

精英樹 [elite tree]

育種的な改良の目標となる形質が遺伝的にすぐれている木をいう．形質がすぐれているとして選抜された個体であれば，すぐれた形質が次代に遺伝することが確かめられていなくても，精英樹と呼んでいる場合が多い．スギでは約3700，ヒノキでは約1000，針葉樹全体では約8700の精英樹が選抜されている．精英樹を中心に採種園や採穂園がつくられ，造林用の種苗を生産する体制がつくられている．
（横山敏孝）

【精英樹の選抜法】 林木育種における育種方法に用いられる方法．林木育種の特殊性は，寿命が長く，早期検定が困難であることがあげられる．農作物と同様の方法では，1～2世代で100年を越すことになり，成果は期待できない．そこで，精英樹選抜育種事業が行われる．この方法は，すぐれた子供はすぐれた親から生まれるという発想から，地域別にすぐれた個体を多数選抜し（精英樹の選抜），これらの接木苗あるいは挿木苗など栄養繁殖により採種園をつくり，採種源とすることを反復する方法である．ただし，他殖性林木の種子による実生繁殖では，花粉親は不特定の複数個体となるので子孫の変異が大きい．
（大澤　良）

精核 [sperm nucleus]

種子植物の花粉内に形成される精細胞の核．（→精細胞） （寺坂　治）

生活史戦略 [life history strategy]

個々の生物種（植物種）が，種子が発芽して開花・結実し種子が散布され土壌中に埋蔵された後に発芽するまでの生活史の各段階で示す，個体維持（生存）と種族維持（繁殖）のための適応度の大小や，その形態を意味する．すなわち，それらの適応度を数値化する指標は，種子の休眠性の機構と長さ，各成長段階での死亡率，生殖開始までの年月と繁殖期間の長さ，個体の稔性と繁殖力，繁殖のためのエネルギー投資率と種子生産量，種子の散布機構などである．ここで，植物の適応と分化に深くかかわる種子繁殖力にもっとも強く作用する直接的要因は，雌雄両配偶子である雌蕊の胚囊と雄蕊の花粉の生産量と受粉体系である．
（生井兵治）

正逆交雑 [reciprocal crossing]

逆交雑ともいう．種子親と花粉親を交互に組み替えた1組の交雑（A×B，B×A）をいう．普通どちらの交雑でも核遺伝子の組み合わせは変わらないので，雑種は同じ形質を示すが，細胞質遺伝をする形質は種子親からでないと子孫には伝わらない．種間の交雑和合の程度は，正逆で著しく違うことがあり，異種の雌蕊で花粉の発芽や花粉管の伸長の悪い種は種子親にして交配する．倍数性の違う植物間の交配でも稔実の程度は正逆で著しく違い，多くの場合，三倍体の種子なしスイカの種子をとるとき（$4x×2x$）のように，高次の倍数体を種子親にしたほうがよい結果が出る．（→花粉親，種子親） （藤下典之）

制限酵素断片長多型 [restriction fragment length polymorphism]

DNAをある特定の塩基配列（認識配列）で切断する酵素を制限酵素という．この制限酵素でDNAを切断すると，DNA上にある複数の認識配列でDNAは切断され，いくつもの断片が得られる．このDNAを電気泳動にかけると，切断部位間の長さの違いによる移動度の違いからいくつかのバンドとして認識できる．ある隣接する2つの切断点A，Bがあるとき，A-B間は1つの断片になるが，突然変異や，A-B間に欠失や挿入が生じたり，置換が起きた場合などには，もとのA-Bとは異なる長さの断片を生じる．そこで種間・

品種間・個体間でこのような変化が起きた場合，これらの間の違いを識別できることになる．これを制限酵素断片長多型といい，英名を略してRFLPと呼ぶ．RFLPは核DNA・ミトコンドリアDNA・葉緑体DNAで認められる．このRFLPの特徴としては，一般の形質やアイソザイムに比べて得られる数がきわめて多いこと，共優性であること，環境や他の遺伝子座の影響を受けないこと，生育時期による変動がないこと，検定が室内でできることなどがあげられる．　　（大澤　良）

制限受粉 [restricted pollination] →少量受粉

精細胞

①[sperm cell] イチョウ・ソテツ類を除くすべての種子植物の雄性配偶子．核のもつDNA量は体細胞核の半分である．被子植物では小胞子の分裂によって形成された雄原細胞が分裂して2個の精細胞を形成する．雄原細胞の分裂は二細胞性花粉粒では花粉管内で，三細胞性花粉粒では花粉粒内で起こる．例外的に，トウダイグサ属植物には雄原細胞が胚嚢内で分裂するものがある．2個の精細胞は花粉管を通じて胚嚢に運ばれ，重複受精を行う．裸子植物では，雄性配偶子形成過程に出現する中心細胞の分裂によって2個形成される．それらは一般的に同形であるが，受精には1個のみが関与し，他方は退化する．フタマタマオウやイチイ属・マツ属植物のある種では大きさが異なり，大きいほうが受精し，小さいほうは退化する．精細胞の形は球形のものから糸状のものまで種によって多様であり，自動能はない．ミトコンドリア・リボソーム・プラスチドなどの細胞小器官の量は少なく，細胞質に乏しい．核の染色質は凝縮状であり，一般に核小体を形成しない．ラン科植物・ナズナ・イネ・ネギ・テッポウユリなどでは例外的に小型の核小体をもつ．近年，被子植物の2個の精細胞は花粉管核と密接に結び付き，male germ unitと呼ばれる複合構造を形成することが明らかになったが，その意義については不明である．

②[spermatid] 後生動物の精母細胞の減数分裂によって形成された半数性娘細胞．それらにはまだ自動能はなく，ほぼ球形であるが，精子完成の時期を経て，自動能をもち，生物種固有の形態の精子に発達する．

（寺坂　治）

精子 [sperm；spermatozoon, spermatozoa (pl.)]

精虫ともいう．褐藻類・車軸藻類・蘚苔類・シダ類・イチョウ・ソテツ類などの植物およびすべての後生動物に生じる運動性の雄性配偶子．分類群に特有の形態をもつ．その核のもつDNA量は体細胞核の半分であり，細胞質は乏しい．植物の精子では中心小体に由来する基底小体から繊毛または鞭毛が発生する．動物の精子にみられるような先体はない．蘚苔類の精子はその本体をなす精子体とその先端部に生えた2本の鞭毛から成る．精子体は核部・中片部・細胞質部に分けられる．シダ類の精子体は螺旋状をなし，その先端部に多数の繊毛をもつ．イチョウ・ソテツ類では，球から卵型の2個の精子が伸長した花粉の花粉粒部内に形成される．それらは他の植物の精子に比べて大きく，イチョウでは長径が約100 μm，ソテツでは約200 μm，ザミア属植物 [*Zamia chigua*] では約400 μmである．精子体の大部分は核によって占められ，そのまわりを薄い細胞質の層が包む．精子体の先端には繊毛が螺旋状の帯をなして生え，ソテツでは約5回，*Z. integrifolia*では6回旋回する．*Z. integrifolia*では約2 mmの長さの螺旋状の帯のなかに約60 μmの長さの繊毛が1〜1.2万本生えている．ソテツの精子は池野 (1898) によって，イチョウの精子は平瀬 (1898) によって発見された．これらの発見はシダ植物と裸子植物の類縁性を研究する貴重な手掛かりとなり，世界的に高い評価を得た．動物の精子は，頭部・中片・尾部を基本構造とする．頭部は先体と核によって占められ，先体は卵との間で先体反応を起こし受精に重要な役割を果たす．核には塩基性蛋白質であるプロタミンが含まれ，クロマチンは凝縮状である．中片にはミトコンドリアが集まり，尾部には運動装置である鞭毛がある．鞭毛は

その特長である微小管の9+2型構造をもつ．
（寺坂　治）

精子形成 [spermatogenesis]

雄性配偶体において精子が形成される過程．多くの褐藻類・車軸藻類・蘇苔類・シダ類・イチョウ・ソテツ類などの植物では，単相の雄性配偶体内に生じた始原細胞の体細胞分裂によって形成される．イチョウ・ソテツ類では胞子体内に生じた花粉母細胞が減数分裂をして小胞子となる．イチョウでは，小胞子の分裂によって大型の胚的細胞と小型の前葉体細胞，胚的細胞の分裂によって大型の造精器細胞と小型の前葉体細胞，造精器細胞の分裂によって小型の雄原細胞と大型の管細胞がつくられ，雄性配偶体である四細胞性の花粉粒が形成される．ソテツ類では小胞子と造精器細胞の2回の分裂によって，前葉体細胞・雄原細胞・管細胞から成る三細胞性花粉粒を形成する．受粉後，雄原細胞は分裂して大型の中心細胞と小型の柄細胞になり，花粉管が花粉室に侵入するころ，中心細胞が分裂して同形の2個の精細胞になる．中心細胞には中心小体が出現し，精細胞に伝えられる．2個の精細胞は花粉管の長軸に対して垂直方向に配列し，中心小体はそれらの遠心端部で発達し，螺旋状に配列した基底小体（生毛体）となる．これらから多数の繊毛が発生し，精子が完成する．褐藻類のヒバマタ属植物およびすべての後生動物では，複相の雄性配偶体内に生じた精原細胞が増殖して精母細胞となり，その減数分裂によって4個の精細胞となる．精細胞は鞭毛をもつ精子へと発達し，その過程を精子完成という．（寺坂　治）

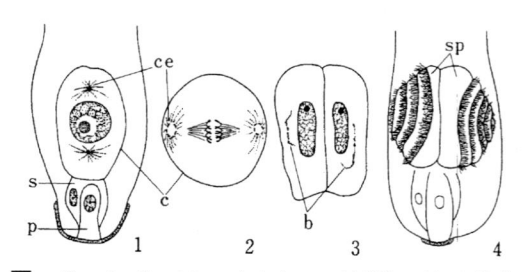

図 *Zamia floridana*（ソテツの仲間）の精子形成
c：中心細胞，s：柄細胞，p：前葉体細胞，sp：精子，ce：中心小体，b：生毛体．

正四面体四集粒 [tetrahedral tetrad] →四集粒

成熟分裂 [reduction division] →減数分裂

生殖核 [generative nucleus] →雄原細胞

生殖細胞 [generative cell] →雄原細胞

生殖様式 [reproductive system]

高等植物における親から子へという世代交代において，次の世代の植物体をつくることが生殖または繁殖という行為であり，生殖の方法を生殖様式（生殖体系）という．この生殖様式の違いによって，世代が代わるたびに植物集団の遺伝構造の様子が大きく異なる．したがって，個々の植物あるいは植物集団がいかなる生殖様式をとるかは，植物の適応と分化にとってきわめて大きな影響を及ぼす．高等植物の生殖様式は，種子繁殖と栄養繁殖に大別される．また，種子繁殖は，雌雄両配偶子が合一（受精）して種子を結ぶ有性生殖と，雌性配偶子の卵核（まれには雄性配偶子の雄核）が受精しないままに胚発生を遂げて種子になる無性生殖とに分けられ，この無性生殖による種子形成は，無性的種子形成（アガモスパーミー，日本ではアポミクシスと呼ばれることが多い）と呼ばれる．なお，根茎（サツマイモ）や塊茎（ジャガイモ）やむかご（ヤマノイモ，オニユリ）などで殖える栄養繁殖も，無性生殖の1つである．高等植物の生殖様式としてもっとも一般的な有性生殖による種子繁殖は，他個体の花粉が他家受粉して他家受精することによって種子が結実する他殖性と，自家受粉して自家受精することによって種子が結実する自殖性とに大別される．実際には，他殖性や自殖性の程度には大きな種内変異がみられ，個々の植物はいろいろな割合で他殖と自殖を行っているのである．また，自殖性・他殖性の程度は環境条件によってかなり変動することがある．しかし，有性生殖を行う野生植物の種（種類）ごとの生殖様式を大雑把に他殖性から自殖性までに分けてみると，虫媒受粉植物では強い他殖性を示す種から強い自殖性を示す種まで連続的に存在し，ある段階

に属する植物がきわ立って多いという傾向はみられない．一方，風媒受粉植物では，他殖性の高い種と自殖性の高い種の2つに大きく2分され，中間に位置する野生植物はみられない．いずれにしても，絶対的な自殖性植物とか他殖性植物というものはなく，種々の程度に自殖と他殖を行っているのである．1)他殖性の高い植物には，(a)雌雄異株植物(例：アスパラガス・ホウレンソウ・キウイ・ヤナギ・クワ・ホップ・イチョウ)，(b)両性花または単性花を示す雌雄同株で自家受粉も可能であるが自家不和合性の他殖性植物(一般的他殖性植物：ユリ・ハクサイ・キャベツ・ダイコン・シロクローバ・ナシ・モモ・ウメ・チャ，異型花柱性植物：サクラソウ・ソバ，雌雄異熟性植物：カントウタンポポ・サツマイモ，雌雄異花植物(単性花・雌雄同株植物)：クリ・ゴムノキ)，(c)雌雄異花や雌雄異熟性を示す雌雄同株で自家和合性の他殖性植物(雌雄異花：トウモロコシ・スイカ・カボチャ，雌雄異熟：スズメノテッポウ・オオバコ・ホウセンカ・ユキノシタ・ニンジン・タマネギ)などがあり，2)中間的な植物には，花粉媒介昆虫の直接的接触による自家受粉で自家受精する自殖性植物(ワタ・ナタネ・カラシナ)があり，3)自殖性の高い植物には，雌蕊も雄蕊も花から露出しない閉鎖花を着け高い自動自家受粉能力をもつ自殖性植物(エンドウ・ラッカセイ・ダイズ・コムギ・日本のイネ)や，閉鎖花を着け葯内で花粉が発芽し花粉管が葯壁を突き抜けて柱頭に向かって伸長し自家受精する閉花受精植物(マルバタチスミレ・コミヤマカタバミ・モウセンゴケ・ホトケノザ)がある．無性的種子形成植物には，受粉すら必要とせず卵細胞(卵核)が分裂し複相($2n$)の種子になる複相大胞子処女生殖(セイヨウタンポポ・ドクダミ)，受粉し胚嚢の中心細胞(極核)だけは受精して胚乳形成が不可欠な複相大胞子偽受精生殖(ニラ・イチゴツナギ)その他がある．栄養繁殖植物や無性的種子形成植物では，減数分裂で組み換えを起こしたり，雌雄の配偶子が受精して種子になることがないので，もとの親植物の遺伝特性がほとんどそのまま次代植物に伝えられ均質性の高い集団となりやすい．ただし，完全な無性的種子形成植物というものは少なく，環境に対応しながら有性生殖と無性生殖による種子をいろいろな割合で実らせていることが多いので，これに加えて栄養繁殖も行う植物がもっとも適応力が強い．なお，農業上の人為的な繁殖方法は，集団の遺伝特性の安定性や繁殖方法の容易さなどから，自然の生殖様式とは異なる場合もある．

(生井兵治)

生態的隔離 [ecological isolation]

生殖的隔離機構の1つで，本来は植物個体(集団)間で花器構造も類似しており交雑親和性もあるのに，個々の植物種の生育地の土壌条件や微気象条件あるいは地理的条件の違いによって，通常は他家受粉が起きないので雑種ができない状態のことを意味する．

(生井兵治)

セイタカアキノキリンソウ花粉症 [goldenrod pollinosis]

北アメリカを原産とするキク科アキノキリンソウ属の帰化植物で虫媒花．群生して花が目だつため，北アメリカでも一時花粉症の元凶と考えられた．日本ではセイタカアキノキリンソウ[*Solidago altissima*; goldenrod] (以後セイタカと略，別名セイタカアワダチソウ)，オオアワダチソウ[*S. gigantea* var. *leiophylla*]，カナダアキノキリンソウ[*S. canadensis*]，ヤナギバアキノキリンソウ[*S. occidentalis*]などがみられる．これらは高度経済成長時代に急速に繁殖し，北海道より沖縄本島まで，とくに東海，山陽，関東に多く分布した．これらは花粉抗原もほぼ近似していると考えられ，セイタカは草高も高く目だち大繁殖しやすいので，セイタカアキノキリンソウ花粉症として扱われている．開花期はフロリダでは4～11月と長いが，本州では10～11月である．虫媒花であるため，空中に浮遊することなく落下するため，空中花粉は非常に少ない．西宮市8カ所では観測されても1個/cm^2/年程度である．

1974年に富田は京都市のブタクサとセイタカの繁殖地区での，検診希望者87名の皮内

反応は，ブタクサ陽性が32例で，うち14例がセイタカにも反応し，セイタカ単独は1例のみと報告．小崎はヨモギ花粉症に合併した3例を報告．キク科植物の風媒花にはブタクサやヨモギ・オナモミがあり，前2者の花粉症の頻度は高い．油井(1977)らによるとセイタカはブタクサとはマイナーアレルゲンで共通し，ヨモギとは強い共通抗原性がある．空中花粉数が少ないことから，これら風媒花による感作の結果セイタカ花粉で症状が増悪するようになったと考えられる．少数の単独感作例は群落に接する環境下にあるときに限られ，市街地では個体数も減少しており，花粉症の原因植物としての意義は小さい．

（小笠原寛）

成長調節物質 [growth regulator]

植物ホルモンの1種であるオーキシン（茎の細胞伸長，細胞分裂，果実の成長などの促進作用を示す）のうち自然界に広く分布しているのはインドール酢酸（IAAと略記される）である．スコッチマツ・ムラサキハシバミ・ワタ・ナツメヤシなどの花粉中にIAA様物質が検出されている．また植物ホルモンの1種であるジベレリン（GAと略記される．数十種以上のGAが植物材料から単離され，発見順にGA_1, GA_2, GA_3, …と命名されている．茎や葉の伸長成長，種子発芽，休眠打破，単為結果などの促進作用を示す）については，スコッチマツ・トウモロコシなどの花粉にGA_1，マツ類（スコッチマツ，ポンデローザマツ，*Pinus attenuata, P. coulteri*），トウモロコシ，キカノコユリ [*Lilium henryi*] などの花粉にGA_3，*P. attenuata*，トウモロコシなどの花粉にGA_4，*P. attenuata*花粉中にGA_7，テッポウユリ花粉にGA_{24}がそれぞれ検出されている．ブラシノステロイド（→ブラシノライド）はアブラナ・ソラマメ・ヒマワリ・トウモロコシなどの花粉に検出されている．アカマツ花粉の成長阻害物質として，同花粉から安息香酸，4-ヒドロキシ安息香酸，デヒドロコリスミン酸，アブシジン酸（ABAと略記される．植物ホルモンの1種で，根・茎および葉の成長抑制，種子発芽抑制，休眠促進，老化促進，落葉・落果促進などの作用を示す）が単離されている．また同花粉から4-ヒドロキシ安息香酸の阻害活性を低下させる4-β-D-グルコシル-安息香酸も単離され，4-ヒドロキシ安息香酸からこの物質を合成するグルコシルトランスフェラーゼも検出されている．

（勝又悌三）

生物気候学 [phenology]

季節的に，周期的に繰り返される現象を気象との関連のもとに研究する学問分野で，植物の開花時期と気象との関連性などがその範疇に入る．空中花粉学の分野では毎年のスギ花粉前線の違いを気象あるいは気候と関連づけることなどがあげられる（→巻末付録）．植物では，開花のほかにも，発芽・出穂・開葉・紅葉・落葉の調査と気候の比較が，また動物ではウグイス・カッコウの初喚日，クマなどの冬眠，昆虫の出現の時期と気象との関係などがあげられる．

（高橋裕一）

生物性浮遊微粒子 [biological airborne particle]

生物性微粒子ともいう．大気中に浮遊する生物由来の粒子には花粉・胞子・真菌・植物体由来の微毛，哺乳類の毛・ふけ，屋内ではダニおよびその排泄物，イヌ・ネコの毛，唾液等ペットに由来するもの等がある．植物由来の微粒子には，コナラ属の葉の微毛や雄花の崩壊物，ブタクサ由来の微毛等が知られ，多くはアレルゲンを有する．花粉アレルゲンには微粒子状のアレルゲンがイネ科・カバノキ科・ブタクサ・スギ等で知られており，スギではユービッシュ体の可能性が高い．スギの雄花から花粉以外にユービッシュ体も放出されていることが最近明らかとなった．カバノキ科・イネ科では大量花粉飛散年にはこれらの花粉が原因と考えられる花粉喘息患者が多発した報告がある．イネ科の微粒子花粉アレルゲン（*Lol p* IX）は，最近，ホソムギ花粉から雨の後に浸透性の破裂で放出される糖顆粒によって運ばれるものであることが明らかとなった(Suphioglu, 1992)． （高橋裕一）

正方形四集粒 [square tetrad] →四集粒

積算温度 [accumulated temperature]

ある期間の温度の積算値であるが，一般にはある一定値を超えた部分だけを合計したもの．日本など温帯地方においては植物の生育温度条件が日平均気温で5°以上であるため，積算気温として$\Sigma(T-5)$が植物の栽培適否の目安として用いられている．また，10°以上の期間のみを合計したものを有効積算温度という．(→暖かさの指数，寒さの指数)

(村山貢司)

石松子 [Lycopodium spore]

ヒカゲノカズラの胞子のことで，比重と大きさが花粉に近く，比較的安価に入手できるところから，人工受粉用の増量剤として広く使われている．既受粉花識別のためのマーカーとするために，赤などの目立つ色に染色されたものが市販されている．最近ではカナダやネパールからのものが多いようである．

(佐々木正己)

石炭花粉学 [coal palynology]

陸生・水生植物が水中に堆積し，埋没後，続成作用を受けて加圧変質した可燃性の岩石が石炭である．石炭は褐炭・亜瀝青炭・瀝青炭・無煙炭などに区分されている．石炭は植物質と鉱物質の不均一集合体であるから，花粉・胞子(菌類の胞子を含む)・角皮・表皮などを多く含んでいる．物理的・化学的処理によってこれら花粉・胞子を検出し，その種類・群集の特徴を調べ，分帯を設定する．これによって，各一連の炭層が対比されうる．日本では主に第三紀において研究が行われた．

(高橋　清)

赤道 [equator]

花粉・胞子の遠心面と向心面の間を区分する線(Wodehouse, 1935)．赤道は極軸に水平な面であるから，赤道面とも呼ばれる．赤道軸は，花粉・胞子の赤道面における直径に相当する直線である．花粉・胞子の赤道を水平にしてみた側面観は，赤道観と呼び，種類によりさまざまな外観がみられる．(→付録図版)

(三好教夫)

赤道凹部 [equatorial lacuna, lacunae (pl.)]

大網目型花粉において，赤道上に位置する凹部を指す(Wodehouse, 1928)．(→付録図版)

(高原　光)

赤道観 [equatorial view] →赤道

赤道径 [equatorial diameter]

花粉粒で，極軸に対して垂直な赤道面の直径(Erdtman, 1943)． (内山　隆)

赤道溝 [colpus equatorialis, colpi equatoriales(pl.); equatorial furrow]

赤道面の中にあって，花粉粒の周囲を連続的に囲んでいる輪状の内口(Iversen & Troels-Smith, 1950)．同義語にendocingulum(Reitsma, 1966)がある．赤道溝をもつ型を帯状内口型(Erdtman, 1952)と呼ぶ．例：アカメガシワ[Mallotus japonicus]．

(内山　隆)

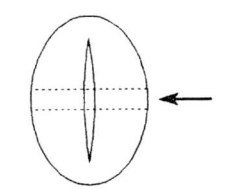

図　赤道溝(Blackmore et al., 1992)

赤道軸 [equatorial axis] →赤道

赤道ブリッジ [equatorial bridge] →ブリッジ

赤道面 [equatorial plane] →赤道

赤道隆起 [equatorial ridge]

大網目型花粉で，赤道に沿って，発芽口から発芽口に広がる凹部中間隆起(Wodehouse, 1935)．(→付録図版) (高橋　清)

セコイア [Sequoia]

北アメリカ太平洋岸のきわめて限られた地域に生育するスギ科の常緑大高木．セカイアメスギ[Sequoia sempervirens; redwood]とセカイアオスギ[S. gigantea; big tree, mammoth tree, giant sequoia]の2種がある．セカイアメスギ(イチイモドキ・アメリカスギ・センペルセカイア)は，樹高100m以上に達するものがあり，幹の高さにおいては世界最高の樹種である．樹皮はスギに似て赤褐色，厚さは30cmに及ぶ．辺材はほぼ白色であるが，心材は赤褐色．英語名redwoodは，樹皮および材の色による．葉は濃緑色，扁平で2列に斜開し，イチイに似ているので，イ

チイモドキの別名がある．主としてカリフォルニア州の海岸山地にのみ帯状に分布する．日本では亜炭・褐炭の中から埋木として産出するが自生種はない．花粉はスギに似ているが，突起はほとんど曲がらない．セカイアオスギ（ギガントセコイア）は，樹高は前種に及ばないが，幹の直径は 10 m 以上，樹齢は 4000 年以上のものがあり，植物中世界最大，最長寿のものといわれている．小型で針状（結果枝では鱗状）のスギに似た葉を着ける．北アメリカ西部カリフォルニア州のシエラ・ネバダ山脈の西斜面に生育し，セコイア国立公園（カリフォルニア州中東部）などで天然記念物として保護されている．前種とは，葉や球果の形態が異なるので別属[*Sequoiadendron*]とする研究者もいる． （畑中健一）

図 セコイア
左：セカイアメスギ，右：セカイアオスギ．

世代交代 [alternation of generations]
世代交番ともいう．1種類の生物の生活環のなかで，異なる生殖方法をもつ2つ以上の世代が交互に出現する現象．交代が配偶子生殖を行う世代と胞子生殖などの無配偶子生殖を行う世代とによって起こる場合を一次世代交代といい，両性生殖を行う世代と栄養生殖・単為生殖・幼生生殖のいずれかを行う世代との交代を二次世代交代，無性生殖をする世代どうしの交代を無性世代交代という．一次世代交代は核相交代との関連が深く，すべての世代を通して核相が変わらない同相世代交代，核相が変わる異相世代交代とに分けられる．一般の植物では，配偶子生殖を行う配偶体（単相：n）と胞子生殖を行う胞子体（複相：$2n$）が交代する一次世代交代であり，異相世代交代である．シダ植物では，前葉体が配偶体であり，その上に形成される卵と精子により配偶子生殖を行う．前葉体上に新しく生じた個体（シダの本体）が胞子体であり，減数分裂によって胞子をつくる．胞子は無性的に発達し前葉体を形成する．種子植物では，胚嚢と花粉が雌と雄の配偶体であり，それぞれ卵と精細胞（または精子）をつくり配偶子生殖を行う．それらの受精によって形成された植物体は胞子体であり，減数分裂によって大胞子と小胞子をつくり出す．大胞子からは胚嚢が，小胞子からは花粉が無性的に形成される．二次世代交代は動物に多くみられ，両性生殖世代と栄養生殖世代との交代をメタゼネシス（真正世代交代），単為生殖世代との交代をヘテロゴニー，幼生生殖世代との交代をアロイオゲネシスという．無性世代交代は原生動物でまれにみられる． （寺坂 治）

接合子還元 [zygotic reduction]
生物の生活環のなかで，減数分裂が接合子の発芽の際に行われること．形成される細胞は胞子である．担子菌類・子嚢菌類・藻類（アオミドロ・クラミドモナスなど），ある種の胞子虫類にみられる． （寺坂 治）

接合面 [commissure]
胞子の条溝の中央にある細長い裂け目部分をいう． （高橋英樹）

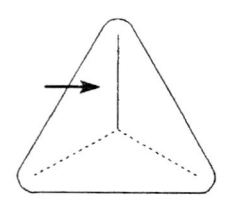

図 接合面（Blackmore *et al.*, 1992）

接触部 [contact area]
接触面ともいう．四分子の他の仲間と接触していた胞子の向心面の部分（Potonié, 1934）．三条溝型胞子では3つの接触面をもち，単条溝型胞子では2つの接触面をもつ．それに対して花粉では，成熟して四分子から分離して単粒になると，接触面が確認できな

くなるものが多い． （三好教夫）

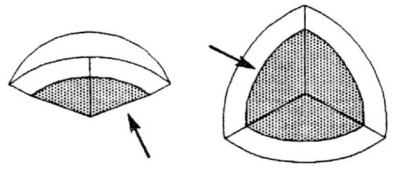

図 接触部(Punt et al., 1994)

絶対花粉量 [APF, absolute pollen frequency; pollen influx]

絶対花粉量は，ある試料から検出される花粉集団について，それぞれのタクサ(分類群)を実数で表示する方法である．この方法によると，もし ^{14}C 年代測定法等により堆積物の堆積速度が推定できれば，それぞれのタクサが1年間に単位面積当り，どれくらいの個体数が堆積したかがわかる．塚田(1974 a)および三好(1985 c)によると，単位面積(1 cm²)当り 1 年間に堆積する花粉粒子の個体数(R)は，次の式で表される．

$$R = rN\frac{W}{CS} \quad (1)$$

ここで，r は堆積速度(cm)，N は種の個体数，W は抽出残留物を含んでいる溶液(グリセリン液など)の体積(ml)，C は W 中より分割して検鏡に使用された体積(ml)，S は花粉の抽出に供した堆積物の体積(ml)．

ただし，(1)式から絶対花粉量(R)を計算して求める場合，注意しなければならないことは，正確な堆積速度の推定にあるといえる．もし，堆積速度を誤って，実際よりも2倍速く堆積したと計算すれば，絶対花粉量は2倍となるからである．そのため，絶対年代の測定ができない等の理由で，正確な堆積速度の推定が困難な場合は，不正確な堆積速度から求める絶対花粉量を避けて，堆積速度を除いた(2)式から単位体積(1 cm³)当りの絶対花粉量(Rv)を求める方法が一般に行われている．

$$Rv = N\frac{W}{CS} \quad (2)$$

このように，絶対花粉量の算出方法には，体積法や重量法のほかに標識混入法などの方法がある．詳細については，Traverse & Ginsburg, 1966, Traverse, 1988, 塚田, 1974 a, Moore & Webb, 1978, 三好, 1985 c などを参照． （黒田登美雄）

絶滅種 [extinction species]

過去に生息していた生物が子孫を残すことなく途絶えてしまう現象を絶滅という．化石の記録からいかなる種類の生物が絶滅していったのかを知ることができる．絶滅をもたらした原因には外的な物理的環境の変化―たとえば気候変化と生物間の生存競争など―が指摘されている．古生代末期や中生代末期には多種多様な生物が大量に絶滅している．

（松岡數充）

セミロガリズミック・プロット [semi-logarithmic plot]

片対数グラフ解析，開花週数による解析ともいう．統計解析において，正規分布と異なるものには，しばしば変数変換を施し正規分布に近づける手法が取られる．空中浮遊花粉の分布は，正規分布と異なっており(佐渡, 1977)，とくに開花期の接近しているような花粉を取り扱う場合，対数変換を施すことが必要である．ただし，0の対数値はマイナス無限大となるので，対数変数に当たっては，花粉数に1を加えたもので施さねばならない．1月1日を起点とし，週ごとに出現花粉数に1を加えた自然対数 $\ln(n+1)$ を求める．すなわち，横軸に週，縦軸に花粉個数(n)の $\ln(n+1)$ の対数変換値の週平均値でプロットし，年間季節変動を表現するものである．年間花粉の季節変動グラフと花粉別変動グラフをえがくことにより，年間花粉グラフの山が，どの花粉で構成されているかを視覚的に容易に判別できる．また，花粉別グラフの週の山は，その花粉の開花期を示していることにもなり，開花週数による解析という名称が出てきたゆえんである． （佐渡昌子）

セルニチン [cernitin]

南スウェーデンのスカニヤ地方の北西部にて栽培された8種類の植物の花粉を原料にした医薬品の原料である．原料植物花粉はトウモロコシ・チモシー・ライムギ・ヘーゼル・ネコヤナギ・ハコヤナギ・フランスギク・マツのものである．混合物を微生物([*Mucor*

hiemalis])によって消化させる．その後，水で抽出した粉末エキス(セルニチン T-60)と濾過残渣を有機溶媒で抽出した軟エキス(セルニチンGBX)を 20：1 の割合で混合したものである．セルニチンは抗(慢性)前立腺炎・抗前立腺肥大・排尿促進・抗炎症などの諸作用が明らかにされている．各種の動物試験はもとより多くの臨床例によって，副作用のない天然医薬品資源として評価されている．LD_{50} は呑竜系ラット♂で経口 27 g/kg 以上，ddN 系マウス♂で 37.8 g/kg である．慢性毒性の研究からラットにおける最大安全量は 3.2 g/kg 前後(人体常用量の約 400 倍)である．モルモットの吸入感作-吸入誘発試験ではアレルギー性喘息症状は認められていない．また，経口感作静注誘発でもアナフィラキシー症状は認められていない．またウサギやマウスでの受身赤血球凝集反応・PCA 反応でも異常は観察されていない．このように抗原性の安全性も確認されている．(→花粉医薬品)
　　　　　　　　　　　　　　　(森　　登)

セルロース [cellulose]

β-D-グルコースが β-1,4-グルコシド結合で連結した繊維状の β-1,4-ポリグルカンである．地球上でもっとも多い糖質で，平均重合度は天然状態では 3000～10000 である．維管束植物・コケ植物および一部の藻類の細胞壁の主成分である．酢酸菌の莢膜や，動物でも尾索類の被嚢に見出される．細胞壁中ではセルロース分子が平行に並び，たがいに水素結合してミセル状ミクロフィブリル(微繊維)を形成する．花粉の生成過程において，小胞子膜は初めカロース層で包まれている．カロース層の消失に伴い，セルロースのミクロフィブリルから成るプリメキシンが小胞子の細胞壁を形成する．プリメキシンの外層上に外壁の形成が始まり，次いで内壁の形成が始まる．外壁中のスポロポレニンと内壁中のセルロースの量比は，裸子植物花粉で 3.7～4.0，被子植物花粉で 0.6～1.7 であり，裸子植物花粉中にスポロポレニンが多く強固な膜を構成していることを裏付けている．一方，セルロースは花粉発芽時の花粉管壁に常に存在し，タバコやツバキなどの花粉管のカロース栓にも存在する．またペチュニア花粉管のゴルジ体から生じる小胞(→ゴルジ小胞)などにもセルロースの存在が指摘されている．セルロースは花粉細胞壁の構成成分として，また花粉発芽時の花粉管壁などの構成成分としてきわめて重要である．
　　　　　　　　　　　　　　(勝又悌三)

セルロース合成 [cellulose synthesis, syntheses (pl.)]

セルロース合成に関しては，2 種類のセルロース合成酵素が知られている．1 つはセルロースシンターゼ(UDP 形成；EC 2.4.1.12)で，UDP-グルコースから β-1,4-グルカンプライマー(たとえばセロデキストリン)にグルコシル基を β-1,4 結合で転移してセルロースを合成する．この酵素は酢酸菌の顆粒画分に最初に検出された．2 番目はセルロースシンターゼ(GDP 形成；EC 2.4.1.29)で，GDP-グルコースから β-1,4-グルカンプライマーにグルコシル基を β-1,4 結合で転移してセルロースを合成する．この酵素はブドウ・ハウチワマメ・カラスムギなどの芽生えの顆粒画分に検出されている．VanDerWoude ら(1971)は，テッポウユリ花粉管のゴルジ体から生じる小胞(→ゴルジ小胞)と花粉管壁の構成糖を分析し，両者で糖の量比は違うが構成糖(ラムノース・フコース・アラビノース・キシロース・マンノース・ガラクトース・グルコース)は同じであることを認めており，小胞は花粉管壁合成のすべての材料を含んでいると考えられる．彼らはまたこれらの小胞中にセルロースシンターゼが含まれているだろうと推定している．一方，Engels (1974)は，ペチュニア花粉管中のゴルジ体から生じる小胞中にセルロースが存在することを報告している．植物細胞壁のセルロースはゴルジ体を介さず，細胞膜表面上で合成されるが，花粉の場合セルロースシンターゼを含めて，セルロースの生合成機構を検討する必要がある．
　　　　　　　　　　　　　　(勝又悌三)

遷移 [succession]

生態群集は固定的ではなく時間とともに変化している．この変化していく現象を遷移と

いう．植物群集では，裸地から始まると地衣・コケ類→一年生草本→多年生草本→低木→陽樹→陰樹と移り変わる（乾性遷移；xerarch succession）．また，湖沼などに土砂や有機物が堆積して，しだいに草原→森林に変わる場合がある（湿性遷移；hydrarch succession）．遷移は常に上記の順序で起こるとはかぎらず，裸地から出現する一次遷移（primary succession）だけでなく，伐採あとのように植生が破壊された所で遷移が出発すると，それは遷移系列の途中から始まるので，二次遷移（secondary succession）と呼ばれる．

（長谷義隆）

先花粉［prepollen］
前花粉ともいう．ある原始的な裸子植物の雄性胞子は隠花植物の小胞子（microspore）を越えて器官に適当な発展を示す，そしていまだ現生花粉での意味ある姿を欠いている．これらに対し，Renault の用語 prepollen を適用するよう提案された（Schopf, 1938）．胞子の三条溝痕や向心面に発芽した接触型の特徴をもつ機能的な花粉粒子．長口や，または気嚢のような他の花粉のような形をもつかもしれない．先花粉は絶滅した原始的な裸子植物（たいていミシシッピー紀からペルム紀）に典型的にみられる（Traverse, 1988）．

（高橋 清）

前腔［vestibulum, vestibula (pl.)］
花粉の孔が外側と内側の複口構造をとる場合，その間にみられる空所．外壁の層の間の分離箇所に当たる．例としてシラカンバ属花粉がある．（→付録図版） （高橋英樹）

先駆種［pioneer species］
植物の生えていない裸地にまず最初に繁茂する植物をいう．これらの植物によって先駆植生が生まれる．裸地では，土地の条件そのものが生育する植物の種類を決める決定的な要因となっている．すなわち，土壌の粒子が小さく，水分を保持する力が強く，腐植などの有機物に富んでいる裸地ほど，コケ類や菌類などの下等植物がより先に生えてくる．これに対して，土壌の粒子が大きく，有機物の含有量が少ないほど，高等植物が先駆的に生えてくる．先駆種は土地によって種類が限定される．火山噴出物上の裸地の先駆種としては，ハチジョウイタドリ・シマタヌキラン・ハチジョウススキ（以上伊豆大島），オンタデ・フジアザミ・コタヌキラン（以上富士山腹の標高約1500 m 以上の地点にみられる）（宮脇, 1977）がある． （長谷義隆）

線形装置［filiform apparatus］
被子植物の胚嚢に存在する2個の助細胞の珠孔側の細胞壁が著しく肥厚してできたセルロースの壁．葯が裂開する間に急速に発達し，花粉管はこの装置を通って助細胞に侵入する．生理学的機能については十分に解明されてはいないが，花粉管の走化性を引き起こす源，花粉管先端を破壊し，精細胞などを放出させるための装置などと考えられている．

（寺坂 治）

線形四集粒［linear tetrad］ →四集粒

浅溝［fossula, fossulae (pl.)］
① 花粉で，浅い溝で隔てられて円形や多角形の凹んだ網状紋（negative reticulum）をしている模様の浅い溝を指す（Kuprianova, 1948）．② 花粉で，表面の不規則に長く伸びた浅い溝模様の溝を指す（Faegri & Iversen, 1950）． （守田益宗）

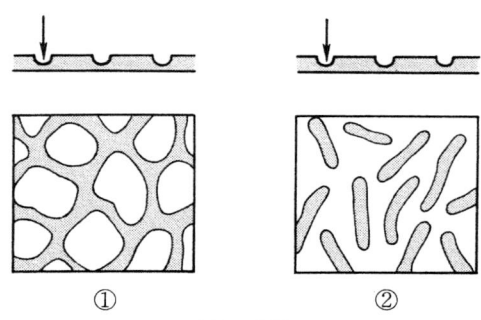

図 浅溝

穿孔型［perforate (adj.)］
径1μmまでの微少な小穴をもつことを表す，やや漠然とした形態用語．外表層にみられることが多いが，必ずしもこの層に限定されない．なお類似用語である貫通小孔は，外表層にある径1μmまでの円形あるいはやや長円形の小孔を指す用語． （高橋英樹）

全口型［omniaperturate (adj.)］

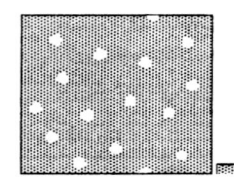

図 穿孔型(Punt *et al*., 1994)

外壁がひじょうに薄いかなくて,内壁がよく発達し肥厚している花粉で,特定の発芽口域がなく,全表面が発芽口となりうるようなもの(Thanikaimoni, 1984).例:クスノキ科. （三好教夫）

線状畝 [lira, lirae (pl.)]

線状隆起ともいう.花粉の有刻層の彫紋(sculpture)様式の1つ.縞模様を構成する狭い畝部分(Erdtman, 1952). （内山 隆）

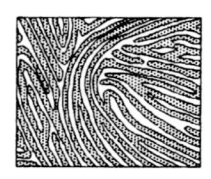

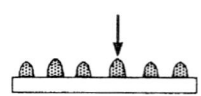

図 線状畝(Punt *et al*., 1994)

線状紋型 [striate (adj.)] →縞模様

染色液 [staining liquid]

カルベラ液,フェーブス-ブラックレー液,ジー・ブイ・グリセリンゼリーなどがある.花粉を選択的に染める色素として,カルベラ液には塩基性フクシンが含まれており,花粉は赤紫色に染まる.フェーブス-ブラックレー液,ジー・ブイ・グリセリンゼリーにはゲンチアナバイオレット(今日ではメチルバイオレット)が含まれており,花粉は青紫色に染まる.一般に真菌や大気中に浮遊している微粒子物質(ゴミ)は染色されないが,まれに植物や昆虫などの組織が染まる場合がある.
（劍田幸子）

前線 [front]

密度・温度が異なる2つの気団の間に明瞭な境界が持続するとき,この境界を前線という.前線は高さとともに境界面が寒気側に傾き,前線付近では風向・風速や気温の変化が激しい.日本付近では低気圧の中心から東側に温暖前線,西側に寒冷前線が形成されることが多く,寒冷前線が温暖前線に追いついて乗り上げる形になったものを閉塞前線という.また,梅雨前線のように広域にわたって存在する2つの異なる気団の境界にできるものを停滞前線という. （村山貢司）

選択受精 [selective fertilization]

雌蕊の柱頭上に,遺伝的特性を異にする数種の花粉が混合受粉されたとき,花粉の遺伝子型と雌蕊の遺伝子型との間の相互作用の結果として,特定の遺伝子型をもつ花粉が受精しやすい現象を選択受精という.この場合,花粉発芽や花粉管伸長の速さの差によって,速さが速ければ受精でき,遅ければ受精できないとき,とくに受精競争と呼んでいる.また,特定の遺伝子型をもった胚嚢が選択的に受精されやすかったり,花柱の誘導組織を通って伸びてくる花粉管を胚嚢自身が選り好みして特定の遺伝子型をもった花粉と受精しやすい場合を雌性選択(雌性配偶子の選り好み)という.通常の植物の自然受粉では,混合受粉や反復受粉(追加受粉)が一般的である.また,人工受粉では,自家受粉でも他家受粉でも,自然受粉よりも多数の花粉が受粉される場合が普通である.そして,選択受精は,多量受粉・混合受粉・反復受粉(追加受粉)などが組み合わさり,さらには環境ストレスがかかった場合などに,顕著に現れる.したがって,選択受精は,人工受粉でも自然受粉でも起こりうる,受精前配偶子選択の1形態であり,被子植物の進化の大きな要因の1つと考えられている. （生井兵治）

先端膜 [acrolamella, acrolamellae(pl.); acrolamellate(adj.)]

大胞子の向心極にある葉状をした先端が尖った突出物(Li & Batten, 1986).大胞子化石にみられる向心極の特徴的な模様で,化石の記載にだけ使われる用語である.
（三好教夫）

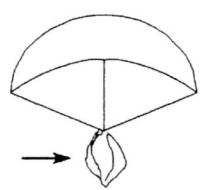

図 先端膜(Punt *et al*., 1994)

全天日射量 [global radiation]

地上で観測される太陽からの放射のことで，直達放射と散乱放射の合計値である．単位として MJ/m² を用いる．大気圏外で観測される太陽からの直達日射は平均して 1.38×10^3 J m^{-2} S^{-1} であるが，大気による反射・吸収などでおよそ 50 % が失われている．雲の量など天気によって直達・散乱の比率が変わり，完全な曇空でも全天日射量は 0 にはならない．植物の成長は日照時間よりも日射量のほうが関係が深いといわれている．

(村山貢司)

全能性 [totipotency]

分化全能性ともいい，1 つの細胞がその種のすべての組織や器官を分化して完全な個体を形成できる能力のことをいう．動物では，受精卵や初期胚の細胞のみが全能性をもち，発生が進行するにつれて全能性は消失する．一方植物では，高度に分化した体細胞やそのプロトプラスト，さらには培養細胞から植物体を再生できることから，全能性は多くの細胞で保持されていると考えられている．花粉からも葯(花粉)培養によって半数体植物が得られることから，半数ゲノムをもつ細胞も全能性をもつことがわかる．ただし，培養で全能性を引き出す条件は非常に複雑であり，その機構はわかっていない．　(田中一朗)

前葉体細胞 [prothallial cell]

裸子植物の花粉形成過程で，小胞子または胚的細胞の不等分裂によって形成される小型の細胞．花粉粒の端部に位置し，一般にレンズ状を呈する．核のクロマチンは著しく凝縮している．発生学的にはシダ植物の前葉体の体細胞に相当すると考えられている．その数は科または属ごとに変異し，ナンヨウスギ科の *Araucaria bidwilli* では 20〜44 個，イチョウ・クロマツ・フタマタマオウでは 2 個，ソテツでは 1 個，スギ・メタセコイアなどではまったく形成されない．クロマツなどでは形成された直後に退化し，痕跡化するものもある．(→花粉の発生，雄性配偶体)

(寺坂　治)

前立腺肥大治療薬 [prostatic hypertrophy]　→花粉医薬品

ソ

総当たり交配 [diallel cross]

二面交配,ダイアレル分析ともいう.ある量的形質の表現型値 Y は,遺伝子によって決められる部分(遺伝的効果) G と,環境によって決まる部分(環境効果) E の線形結合 $Y=E+G$ として表される.この遺伝的効果を推定する統計遺伝学的方法にはいくつかあり,そのうち代表的なものが総当たり交配(ダイアレル分析)である.この方法は Jinks (1954),Hayman(1954)等により開発された.n 種類の異なる遺伝子型をもつ品種・系統を親としたあらゆる組み合わせの総当たり交配を行うとき,その交配をダイアレル交配という.交配に使われる親は,個体・栄養系・系統のいずれでもよい.総当たり交配によれば親の遺伝子型や優性度,細胞質の影響,遺伝子の分布状態などの遺伝情報が交配次代で得られる. (大澤　良)

走査電子顕微鏡 [scanning electron microscope, SEM]

試料表面の形状を直接観察するのに適した電子顕微鏡である.走査電子顕微鏡の歴史は古く,1938 年に Ardenne が透過試料で実験を試みたのが,最初とされている.60 年代に走査電子顕微鏡の商品化が行われ,生物学・医学・半導体などに広く利用されるようになった.走査電子顕微鏡は,光学顕微鏡に比べて低倍率から高倍率(10〜10 万倍程度)で,焦点深度の深い立体観のある像が得られるので,花粉や胞子のような凹凸のある形態をもつ生物試料の研究には,たいへん有力な装置である.その原理は,まず電子銃から出た電子ビームが,1 個または数個のコンデンサレンズおよび対物レンズで縮小され,電子プローブとなって試料を照射し,偏向系によって表面の観察視野範囲を走査する.そこから発生した二次電子は,二次電子検出器によって検出され,それの増幅した信号と電子線束と同期して,走査する陰極性チューブ(cathode ray tube, CRT)のグリットに送り,CRT のビームを輝度変調し,二次元的な走査像を得る.生物試料は,一般に未処理のままでは電子プローブを照射しても二次電子を反射しないので,金や金パラジウムを真空蒸着させて,二次電子を発生するような前処理が必要である.水分を含む試料は,脱水するか凍結させる必要があるが,最近は水分を含んだ試料や,金属を蒸着しない試料でも観察できる,低真空型走査電子顕微鏡も開発されている.走査電子顕微鏡の分解能は,透過電子顕微鏡がすでに 0.1〜0.2 nm という原子・分子が観察できるまで到達しているのに対して,まだ数 nm と 1 桁劣っているのが現状である.それでも最近は走査電子顕微鏡の分解能も向上し,0.7 nm の高分解能をもつ装置も出現している.加速電圧は,通常 1〜30 kv の範囲が用いられている. (三好教夫)

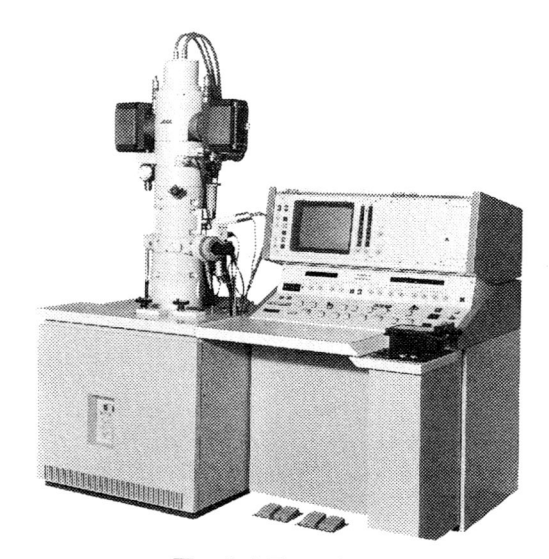

図　走査電子顕微鏡 JSM-890 型(日本電子製).

造精器 [antheridium, antheridia (pl.)]

植物の雄性生殖細胞を形成する器官．蘚苔類では配偶体の表皮細胞より造精器始原細胞が分化し，その分裂によって生じた先端部の細胞から造精器の本体がつくられ，基部側の細胞からは柄部がつくられる．本体の中では，精子のもとになる細胞が分裂を繰り返し，数百個の精子をつくり出す．シダ植物では，前葉体の裏面の表皮細胞から分化した造精器始原細胞が分裂して上細胞と下細胞に分かれる．上細胞はさらに分裂し，ドーム細胞と精子をつくり出す細胞（精細胞と呼ぶことがある）に，ドーム細胞の分裂により蓋細胞と環細胞（輪状細胞）が生じる．下細胞は台細胞へと発達する．すなわち，上方が蓋細胞，側方が環細胞，基部が台細胞から成る造精器が形成され，その中に数十～数百個の精子がつくられる．裸子植物においても，その雄性配偶体である花粉の発生過程に造精器始原細胞に相当する造精器細胞が出現し，精子または精細胞の形成に関与するが，明瞭な構造をもつ造精器には発達しない．　　　　（寺坂　治）

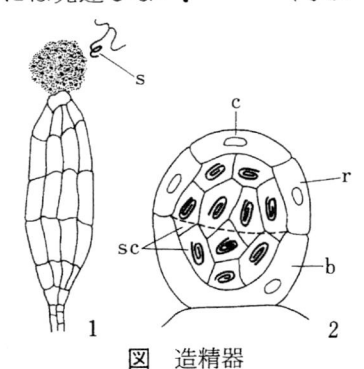

図　造精器
1：蘚苔類，2：シダ類．
s：精子，c：蓋細胞，r：環細胞，b：台細胞，sc：精細胞．

造精器細胞 [antheridial initial]

裸子植物の花粉形成過程に出現する細胞．小胞子または胚的細胞の分裂によってつくられる大型の娘細胞であり，その分裂によって雄原細胞と管細胞を形成する．雄原細胞は中心細胞を経て精子または精細胞をつくり出す．発生学的には，シダ類・蘚苔類などの配偶体における造精器始原細胞に相当する細胞と考えられる．（→花粉の発生，雄性配偶体）
　　　　　　　　　　　　　　（寺坂　治）

相対花粉量 [RPF, relative pollen frequency]

花粉分析図において表示されている個々のタクサ（分類群）は，一般に，全木本花粉数等を基数とした％により表示されている．これは，花粉分析が当初から，その発祥の地である北欧で行われていた木本類の花粉数を基数として，各種類の出現頻度を％で表す方法を踏襲していることに起因する．そのため，花粉分析結果の表示法としては，％表示による相対花粉量が現在でも，広く普及している．絶対花粉量の測定に比べてきわめて簡便ではあるが，しかし，％による相対花粉量がはたして真の植生の変遷を反映したものであるか，否かについては，多少の問題があるということを肝に命じる必要がある．たとえば今，A，B，Cの3種類のタクサが花粉分析図（図）に示されているとする．これら3種類は最深部の地層において，その頻度はいずれも等しく，33.3％を示していたと仮定する．つぎに，Aについては，その個体数が変化し，他方，BとCについては変化しなかったとしよう．今，もしAが減少して10％になったとすると，B・Cは，個体数のうえでは一定で変化がなかったにもかかわらず，結果的に，それらの頻度は45％に増加する（Moore and Webb, 1978）．このような百分率等による相対表示では，あるタクサの頻度が他の種類の増減によって左右されるといった問題点を内在してい

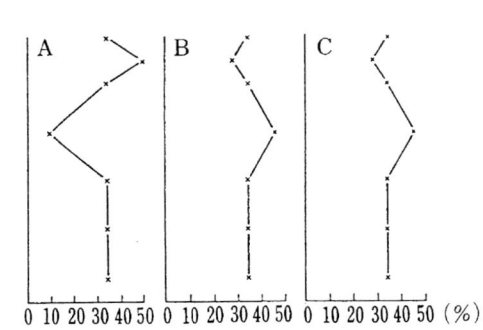

図　相対花粉量（Moore and Webb, 1978）
3種類の花粉A，B，Cを相対花粉量（％）表示した場合の例．

る．こういった矛盾を解消しようとして考案されたのが，絶対花粉量による表示である．
（→基数，絶対花粉量） （黒田登美雄）

相同染色体［homologous chromosome］
二倍体における大きさ・形の相等しい2本の染色体をいい，それぞれは両親の配偶子に由来する．減数分裂の第一分裂前期では対合し二価染色体を形成するが，後期には分離するので，一倍性の花粉には相同染色体は存在しない． （田中一朗）

総飛散数［total pollen count］
総捕集数ともいう．空中花粉捕集器により観測された花粉数から，1年間にどれくらいの花粉の飛散が認められたかを表す．花粉の種類別で示したり，観測された花粉の総数で示す場合もある．ダーラム型花粉捕集器を用いた場合は，$1\,cm^2$ 当りの飛散数を合計したもので示す． （劔田幸子）

送粉［pollination］
花粉が雄蕊の葯を離れて，裸子植物では胚珠に，被子植物では雌蕊の柱頭に達する過程を送粉という．送粉という用語は中野治房が1966年に，Kuglerの『花生態学』を翻訳したさい提唱した英語のpollinationの訳語である．pollinationは従来，受粉あるいは授粉と訳されておりポリネーションと記述されることも多い．一般には受粉が用いられている．果樹生産などのための応用面については花粉媒介の項を参照．（→受粉） （田中　肇）

送粉者［pollinator］
花を訪れ花粉を媒介する動物を送粉者と呼ぶ．花粉媒介者，ポリネーターともいう．送粉者は主に昆虫と脊椎動物の2分類群に属している．

【昆虫】　送粉者となる昆虫は膜翅目・双翅目・鱗翅目・鞘翅目に属するものがほとんどである．

膜翅目：ハナバチ類は幼虫から成虫に至る生涯の食料を花の生産物に頼っている．なかでもミツバチやマルハナバチは巣の材料として腹部から分泌される蜜ろうを利用しており，巣も花の生産物に由来することになる．その需要を満たすためハナバチ類は，細長い吸蜜用の口器や花粉採取用の毛など採餌に適した形態的特徴を備え，花に潜り込んだり複雑な花の操作ができ，特定の花を訪れ続ける定花性（→定花性）や単位時間に多数の花を訪れるなどの習性がある．このハナバチ類にはミツバチやマルハナバチのように多くの種類の花を訪れる広訪花性の種から，マルバハギと数種の花しか訪れないミツクリヒゲナガハナバチ，さらにはウツギの花のみを訪れるウツギノヒメハナバチなど狭訪花性の種まで，さまざまな訪花習性のハチがいる．このほか南アメリカでは体長より長い口吻をもつシタバチが，熱帯ではハリナシバチの仲間が主要な送粉者として花を訪れている．アシナガバチやスズメバチなど口器の短い狩りバチもヤブガラシやセリ科など，蜜が露出している花を訪れ送粉することがある．膜翅目のなかで羽をもたないアリが花を訪れると，ほとんどの場合盗蜜者となるが，地表近くに小形な花を着けるニシキソウやツメクサの花ではアリも送粉に貢献する．

双翅目：ハナアブ科の幼虫は腐敗物を食ったり，アリマキの捕食者であったりと独立して生活するため，成虫は自己の生命維持と生殖活動のための資源だけを花の生産物に依存している．そのため体表の毛が少なく，定花性や活動性も劣り，ハナバチに比して送粉効率は低いが，セリ科やバラ科，キンポウゲ科など蜜が露出している花の送粉者となっている．ハエ類も花を訪れるが，送粉行動はハナアブ科の昆虫と変わりない．ハナアブ類やハエ類はハナバチ類より低い気温でも訪花でき，早春や晩秋に花を着ける植物にとっては重要な昆虫である．ツリアブ科の種は長い口吻をもち，キジムシロやカラスノエンドウなどからは葯や柱頭に触れずに蜜を盗むが，ナガハシスミレでは主送粉者となっている．キノコバエ類はテンナンショウやカンアオイの花が放つキノコ臭に誘われて訪れ送粉をするが，花からは何の報酬も得られず，キノコバエ自身の生命や卵が犠牲になってしまう（→送粉者）．

鱗翅目：アゲハ類はツツジやゼンテイカな

ど，ラッパ形の花や，アザミのように葯や柱頭が突き出ている花の送粉をする．ただアゲハ属のみならずチョウは口吻や脚が長いため，蜜が露出している花やマメ科の花などを訪れた場合は蜜を吸うだけの盗蜜者となることが多い．夜行性のスズメガはマツヨイグサやネムなど夕刻に開花する花の送粉をする．昼行性のスズメガはクサギなどの送粉をするが，長い口吻でさまざまな花から盗蜜もする．

鞘翅目：ハナムグリ類やカミキリモドキは，訪れる花の種類や葯や柱頭との接触の程度などハナアブの仲間と大差ないが，花間の移動をあまりせず，花への貢献度は低い．唯一日本で甲虫媒花として知られているのはラン科のタカネトンボである．ただ熱帯では花の組織の一部を食わせて送粉させるオオオニバスと送粉者スジコガネモドキ，フロリダソテツとゾウムシなど，鞘翅目は重要な送粉者となっている．

その他，半翅目のカメムシや長翅目のシリアゲムシがまれに花の上で観察されるが，個体数は少なく主送粉者とはならない．総翅目のアザミウマはあらゆる花の中に潜んでおり，花の組織から液汁を吸っている昆虫で送粉にはあまり関与しない．

【脊椎動物】 鳥類と哺乳類が送粉者として訪花する．

鳥類：各大陸で送粉者として分化している．昆虫に比し体が大きく，しかも高い体温を維持するため多量の蜜を必要とし，活発に花間を移動し吸蜜するため，花粉の移動には貢献度の高い送粉者である．アジアの熱帯とアフリカではタイヨウチョウやメジロ類が訪花鳥類として記録され，日本ではメジロとヒヨドリがツバキやサクラなどの送粉をする．南北アメリカ大陸には315種ものハチドリが生息し，赤色を主にしたさまざまなハチドリ媒花が存在する．オーストラリアではミツスイやオオムの仲間がカンガルーポーやバンクシアの花の送粉をする．ただ，ヨーロッパには鳥媒花は自生しない．

哺乳類：オオコウモリ類はアジア，アフリカの熱帯地域全般に分布し，日本でも小笠原や南西諸島に分布しトビカズラ属の花などの送粉をしていると考えられる．北アメリカではシタナガコウモリがサボテンやリュウゼツランの送粉者として主要なはたらきをしている．オーストラリアでは有袋類のオポッサムやフクロモンガがバンクシアやユーカリの送粉をする．

【送粉昆虫の管理】 農業技術の進歩に伴い，自然界の送粉者だけに頼れず，人工的に飼育されたハナアブや管理しやすいマメコバチなどが，ウメやリンゴなどの送粉に利用されている．またセイヨウミツバチがイチゴの送粉のためハウスに導入されたりしている．最近はトマトの送粉用にと，ヨーロッパからセイヨウオオマルハナバチが輸入されており，日本のマルハナバチへの影響が懸念される．
(田中　肇)

送粉生態学 [pollination ecology]

受粉生態学，花生態学ともいう．送粉現象を生態学的に研究する学問が送粉生態学である(→送粉)．

【歴史的概観】 送粉生態学の研究は1793年に刊行されたSprengelの『花の構造と受精』に端を発するといわれる．19世紀半ばになるとDarwinの『ランの受精』(1862)が刺激になり第1次隆盛期が訪れ，イタリアのDelpino(1868-75)，ドイツのMüller(1872)らにより，主にヨーロッパの植物について虫媒花・風媒花・閉鎖花など種々の送粉方法が博物学的手法で記録され整理された．20世紀に入ると送粉生態学は目的論的にすぎるとして，排斥されるようになり，その後3分の2世紀にわたり植物学の主流からはずされた状態が続いた．1960年代からアメリカのLeppik(1964)によるキンポウゲ科の送粉と進化の研究や，GrantとGrant(1968)のハチドリによる送粉の研究など進化と結び付けた研究に始まり，博物学的視点とは異なった方法論で研究が進められるようになった．現在は巧妙な実験や数理的な研究により，花の形態や訪れる昆虫の行動などが合理的に説明できるようになり，第2次の隆盛期を迎え，日本でも関連する著書が何冊も出版されている．

【送粉方法と花の形態】 花粉はみずからは移動手段をもたずそれが葯から胚珠あるいは柱頭に到達するには，何らかの媒介が必要である．その媒体は昆虫や鳥などの動物，風や水流といった流体，それに花自身の構造や動きに大きく3分される．花はそれぞれ主となる媒体により効率よく送粉されるような形態をとっている．これら送粉にかかわる花の構造や機能，開花期，花の生活（開花や流蜜など）のリズム，訪れる動物の形態や習性，など各方面から研究が進められている．

動物媒花：主に動物により送粉される花が動物媒花である．動物を送粉者とする花は蜜や花粉などを餌として提供し，大きく彩られた花被などで花を目立たせ，香りを放つなど動物に花の存在を誇示する．動物は餌を求めて花を捜し出してくれるので，森林の中や熱帯林など複雑な植物社会で，この送粉方法をとる種が多い．また動物は1回の訪花で多量の花粉をもたらすので，スミレやユリのように1花当り複数の種子を生産する花が多い．訪花動物は昆虫・鳥・コウモリ・小形有袋類などであるが，それぞれ形態や習性が大きく異なるため，花は祖先から受け継いだ形質をもとに，主となる送粉動物群にもっとも適した形態や機能を造りあげ送粉させている．（→送粉者，鳥媒花，虫媒花）

水媒花と風媒花：流体により送粉される花には風媒花と水媒花があり，花被はないか，あっても生殖器官を保護するだけの最小限の大きさで，色は緑色や褐色で目立つものではない．風や水流まかせで柱頭で受け止められる花粉数は少なく，コナラやススキのように1花当りの生産種子数は1個のものがほとんどである．（→風媒花，水媒花）

同花受粉を主とする花：花被を開かず葯と柱頭が接して同花受粉をする閉鎖花（→閉鎖花）と花被を開いた後，同花受粉をする同花受粉花とがある．ともに確実に受粉できるため，実を結ぶ率は100％に近くなる．虫媒花起源の同花受粉花は，タチイヌノフグリやネコノメソウのように虫媒受粉花に比べ，小形で花柄が短かく葉の上に出ず目立たない．葯と柱頭は同じ高さにあり開花当初から接しているか，開花後移動して接し同花受粉をする．風媒花起源の同花受粉花はメヒシバやイヌビエなどイネ科に多くみられ，風媒花に比し花序を支える茎が短く，花が葉の鞘から抜け出るとすぐに開花し，葯は柱頭に接した状態で花粉を放出し同花受粉する．（→受粉生物学）

(田中　肇)

総壁 [sporoderm]

パリノモルフのすべての層を含む壁（Bischoff, 1833）．外壁と内壁，そしてもし外壁の外側に3番目の壁，外被層（ペリン）があれば，それも含めた花粉・胞子のすべての層を含めた壁の総称である．有刻層と無刻層を合わせたものを外壁と呼び，その外壁と外被層を含めたものを上壁という．有刻層は外表層と柱状層に細分され，無刻層は底部層と内層に分けられる．また，外表層・柱状層・底部層の3層を合わせて外層と内層に区分する分類もある．これら各層のうち化石として残るのは，スポロポレニンを主成分とする有刻層と無刻層から成る外壁だけである．外被層もスポロポレニンからできているが，外壁と分離しやすいので，化石として残らないことが多い．内壁はセルロースとペクチンが主成分なので，分解が速く化石として残ることはない．（→付録図版）

(三好教夫)

草本花粉 [grass weed pollen grain；herbaceous pollen；NAP]

空中花粉を生産する種類はそのほとんどが風媒花で，草本植物では単子葉類のイネ科の花粉（grass pollen）といわゆるイネ科以外の雑草（weed）の花粉（weed pollen）をひとまとめにして草本花粉と呼ぶことにしている．一般に草本花粉は木本花粉ほど大量に花粉を生産しないが，北海道や東北・中部地方などの草原地帯，酪農の牧場地帯ではとくにイネ科花粉が大量に観察され，地域性が強い傾向がある．（→樹木花粉）

(佐橋紀男)

草本花粉季節 [grass weed pollen season]

関東地方ではスギやヒノキ科の裸子植物，コナラやハンノキなどの尾状花序群の花が早春から5月ごろまでいっせいに開花するが，

草本類はほぼスギ花粉が終了まじかの4月ごろから春に開花するイネ科・タデ科・キク科・オオバコ科などが、観測され、梅雨時期を挟んで夏から秋にかけて再びイネ科・クワ科・キク科・アカザ科などの花粉が飛散数はあまり多くないものの、10月後半まで飛散を続ける。この春から秋までの長い飛散期間を草本花粉季節と呼んでいるが、最近は英語読みのままで呼ぶ場合もあり、グラスシーズンとかグラスウイードシーズンという。(→巻末付録) （佐橋紀男）

造卵器 [archegonium, archegonia (pl.)]

蔵卵器、頸卵器ともいう。車軸藻類・蘚苔類・シダ類・裸子植物における雌性の生殖器官。進化に伴い構造は単純化する。裸子植物の若い胚珠は珠心とそれを取り囲む珠皮から成る。胚珠の発達に伴い珠心内に胞原細胞が形成され、やがて胚嚢（大胞子）母細胞へと発達する。これが減数分裂をし、4個の大胞子になるが、そのうち上部の3個は退化し、最下部の1個のみが胚嚢細胞（大胞子）に発達する。その後の発生様式は植物種によって多少異なっている。ソテツ類では、胚嚢細胞が分裂を繰り返し胚嚢を形成する。胚嚢は内乳とそれを包むジャケット細胞から成る。内乳組織の最外部の1個の細胞が造卵器細胞へと分化し、その分裂により外側に小型の頸細胞、内側に大型の中心細胞をつくる。それらはさらに分裂し、頸細胞からは2個の頸細胞が、中心細胞からは頸細胞側に小型の腹溝細胞と内側に大型の卵細胞が形成される。頸細胞・腹溝細胞および卵細胞から成る器官を造卵器という。ソテツ類の腹溝細胞は、形成後、ただちに退化する。蘚苔類およびシダ類の造卵器は雌性配偶体の表皮細胞から発達し、頸部と腹部をもつフラスコ状をなす。頸部は頸溝細胞とそれを包む頸細胞、腹部は卵細胞と腹溝細胞およびそれを包む腹細胞より成る。造卵器の成熟に伴い頸溝細胞と腹溝細胞は退化し、そのとき溶出した物質が精子の走化性を誘起する。 （寺坂 治）

造卵器細胞 [archegonial initial]

蘚苔類・シダ類・裸子植物における造卵器始原細胞。(→造卵器) （寺坂 治）

造林 [forestation ; afforestation ; reforestation]

苗木の植栽や播種、あるいは挿し木などによって人の力で森林を仕立てることを造林、あるいは人工造林という。人工造林でもっとも広く行われるのは苗畑で養成した苗木を山地に植栽する方法である。森林を伐採したすぐ後に造林する場合には人工更新（artificial regeneration）という。造林の用語を林地や林木の保護や手入れまで含めて広い意味に使う場合(silviculture)もある。人工造林に対して、自然の力で森林が再生することを天然更新という。 （横山敏孝）

即時型アレルギー [immediate type allergy]

CoombsとGellによりアレルギーはⅠからⅣ型に分類されたが、このうちⅠ型アレルギーのことで、またアナフィラキシー型ともいう。花粉や昆虫・カビ・食物・薬物などが抗原（アレルゲン）となる。花粉症や鼻アレルギー・気管支喘息・アトピー性皮膚炎・蕁麻疹・下痢・アナフィラキシーなどの疾患があり、アレルゲン吸収後1分以内程度で反応が生じる。反応の機序はアレルゲンが体内に入り感作が成立すると、アレルギー反応に関与するIgE抗体がリンパ球により産生され、

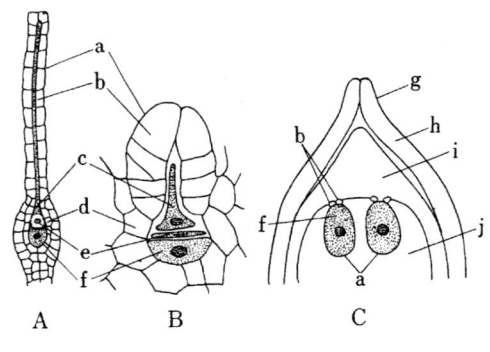

図　造卵器

1：蘚苔類（シメリヒョウタンゴケ），2：シダ類（スギナ），3：裸子植物（アカマツ）．
a：造卵器，b：頸細胞，c：頸溝細胞，d：腹細胞，e：腹溝細胞，f：卵細胞，g：胚珠の一部，h：珠皮，i：胚珠心，j：内乳．

組織の肥満細胞または血液中の好塩基球の膜にある IgE レセプターと結合する．アレルゲンが体内に入るとこの IgE 抗体と反応して，細胞内の顆粒に蓄えられているヒスタミンや血小板活性化因子・好酸球遊走因子というメジエターが放出される．ヒスタミンが症状発現にもっともかかわっており，毛細血管の透過性を亢進させ白血球の遊走や血清の漏出，平滑筋にはたらき気管支の攣縮を生じる．酵素や活性酸素の放出，さらに遅れて細胞膜の脂質からアラキドン酸代謝産物のロイコトリエンなどが生成され，平滑筋収縮が生じ，血管透過性を亢進させる．好酸球遊走因子などで集合した好酸球などはロイコトリエンや活性酸素・特異顆粒成分を遊離し二次反応を惹起し，平滑筋収縮や血管透過性亢進，組織の障害にはたらく（→遅発相反応）．これにより鼻や気管支の粘膜が傷害され，容易にアレルゲンと反応したり物理的刺激でも知覚神経が興奮し，鼻アレルギーや喘息症状を生じる気道の過敏性が生じる．　　　　（小笠原寛）

組成図［composite diagram］

花粉分析の結果，検出された花粉集団について，その集団の構成状態を各種ごと，属ごとあるいはグループごとに，わかりやすく集計したものを組成図または花粉分析図という．（→花粉分析図）　　　　（黒田登美雄）

タ

第一分裂 [first division] →減数分裂

大気中飛散花粉 [airborne pollen grain] →空中花粉

対合 [paring]

　減数分裂の第一分裂前期のザイゴテン期(合糸期)に，相同染色体が密着して並び，二価染色体を形成する現象．相同な2つの染色体の間には，長いはしご状の蛋白質コアから成るシナプトネマ構造が形成され，続くパキテン期で交叉が起こる．このシナプトネマ構造は染色体の交叉に不可欠とされ，この構造が存在しないときには，交叉による形態的変化であるキアズマは観察されない．また，対合が不完全な場合，その後の減数分裂の進行およびその産物が異常になることもある．とくに，花粉は不稔となる場合が多い．相同染色体が正確に並ぶ機構はまだ解明されていないが，相同染色体間の塩基の相同性によるものと考えられている． (田中一朗)

帯溝型 [zonate (adj.)]

　1本またはそれ以上の発芽溝をもち，それらが，多くは赤道面と平行に花粉の一方の半球全体を取り巻くような花粉型(Wodehouse, 1935)．また赤道面にコロナや輪帯のようなリング状の付属物をもつ胞子型を示す場合にも zonate が使用される(Potonié & Kremp, 1955) (守田益宗)

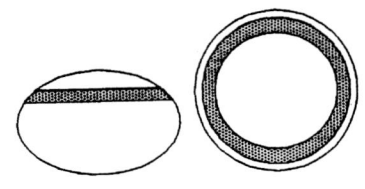

図　帯溝型(Punt et al., 1994)
左：赤道観，右：極観．

胎座 [placenta]

　胚珠が心皮に着生する場所をいう．子房を横断したときの見かけ上の胎座の着き方により，側膜胎座(子房側壁に着生)，中軸胎座(子房中軸に着生)，中央胎座(子房の中央部に突出して着生)の3形式がある．胎座は心皮の周辺に着くのが原則であるが(周辺胎座)，心皮の中肋・周辺部を除く全内面に着く場合を薄膜胎座，中肋に着く場合を中肋胎座という． (山下研介)

体細胞 [somatic cell]

　多細胞生物体において生殖細胞系以外の細胞を総称していう．体細胞は，体細胞分裂によって増殖し，生物体を構成するさまざまな組織・器官に分化する．動物においては，個体発生の初期に生殖細胞と体細胞とが厳密に区別されるために，体細胞からの新個体の発生や体細胞から生殖細胞への変換は起こらない．一方植物では，培養条件を適当にすることによって，分化した体細胞から個体を再生させることや，さらにその体細胞から次代の生殖細胞へと変化させることができる． (田中一朗)

体細胞分裂 [somatic cell division]

　分裂組織や培養細胞などの体細胞でみられるもっとも普通の分裂を指し，分裂の前後で親細胞と娘細胞との間に染色体数(ゲノム構成)の変化をもたらさないのが特徴である．染色体数の半減や遺伝的組み換えが起こる減数分裂に対する語で，一般の細胞増殖に用いられる．体細胞分裂を行う細胞では，分裂前の中間期に DNA を複製した後分裂に入るが，その分裂期は染色体の挙動から前期・中期・後期・終期の4つの時期に分けられる．まず前期では，クロマチンは凝縮を始め染色体を形成する．中期では，紡錘体が完成するとともに，染色体は赤道面に配列する．後期では，動原体が2分し姉妹染色分体は紡錘体の両極へ引かれる．終期には染色体の脱凝縮が起こ

り2つの娘核が形成されるとともに，細胞質も2分される．細胞質分裂の形式は動物細胞と植物細胞とでかなり異なっており，前者では細胞中央の表層が陥入して細胞質を2分するが，後者では娘核の間に細胞板が形成される．染色体数が変わらない分裂を総称していうので，被子植物の花粉発生過程では胞原細胞の分裂，小胞子分裂や雄原(生殖)細胞分裂もこれに当たる． (田中一朗)

第三紀の花粉・胞子 [pollen and spore of Tertiary period]

第三紀の初期には白亜紀からの生き残りの花粉・胞子が存在するが，それ以後の花粉・胞子は現在の植物と系統的によく結び付く．新生代には季節性(暖-寒，乾-湿)の増加があった．砂漠や氷河と同じように巨大な半乾燥地帯で特徴づけられた部分の増加があった．すでに古第三紀には，マドロ第三紀植物群やコルディレラ植物群におけるような半乾燥や砂漠の発達がみられる．Wolfe(1977)と他の人々は北極地第三紀植物群について疑いを投げた．古第三紀中，北にある Betulaceae, Fagaceae, Ulmaceae, Juglandaceae などの温帯植物タクサ(分類群)の存在が北極古第三紀パリノ植物群の研究で詳細に図示された．古第三紀の北の落葉性森林は，もちろん，同じ要素のあるものを含む現代の落葉性森林に似ていない．他方，中・低緯度の植物群は亜熱帯と熱帯森林の分類構成要素をもつ「古熱帯」植物の要素を含んでいる．右地磁気のデータや酸素同位体測定が新生代の植物変化の性質と時間についてのわれわれの結論に対し，層位学的位置とか，温度とかについての手助けとなる．暁新世末期と始新世初期はたいへん暖かかった．イギリスでは熱帯植物群，カナダ北極圏では暖温帯植物群であった．始新世初期は北半球で古熱帯植物群がもっとも広がったときであった．漸新世最初期に冷涼化が始まり，温帯落葉性森林が広がった．イネ科とキク科が最初に現れ，松柏類が発展した．中新世中期は始新世以来どの時代よりも暖かかった．温度の低下は約1500万年前であった．中緯度で始まった温帯落葉樹・草本・高地や高緯度の針葉樹の広がりは新第三紀末期の特徴である．実際に2000万年前のすべての被子植物の残留物は現存の科に属せられる．約1000万年前では100％現存の属に近いレベルが達せられた．ほとんど100％の現存種のレベル達成は更新世の始まるまで達せられない． (高橋　清)

帯状口型 [zona-aperturate (adj.)]

花粉粒を取り巻くように帯状の発芽溝がある花粉型．帯状の発芽溝が赤道面に平行に向心面上にあれば catazonasulculate，遠心面上ならば anazonasulculate，赤道面上に沿ってあれば zonasulculate，赤道面に垂直方向に沿って走る場合には zonasulcate となる (Walker & Doyle, 1975). (守田益宗)

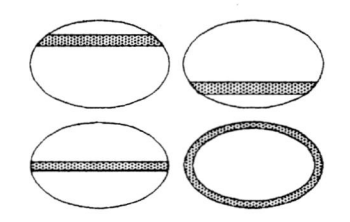

図　帯状口型(Punt et al., 1994)
左，右ともに赤道観．

帯状内口型 [zonorate]

帯口型ともいう．花粉粒を取り巻くように赤道面に沿って帯状に内口をもつ花粉型 (Erdtman, 1952). (守田益宗)

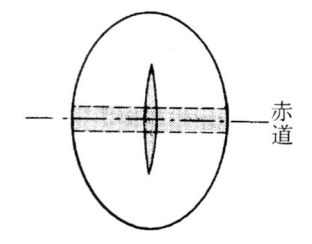

図　帯状内口型

対数変換 [logarithmic transformation]

調査資料などの統計解析に際して取られる手法に変数(変化する任意の量)変換がある．すなわち，ある変量を別の変量(対数など)に変換するもので，ある変量の分布関数を形や性質が知られている分布関数へと正確または近似的に変換するものである．変数が等比的変化傾向を示す場合，対数変換を行うことで

その分布曲線は対数正規分布となり，対数を正規確立紙上にプロットすると直線に近い分布を示す．空中浮遊花粉の花粉数の分布を扱うには対数変換が適している（佐渡，1977）．
（佐渡昌子）

第二花粉分裂［second pollen mitosis］
（第一）小胞子分裂に対比して使われる語で，小胞子の形成後2回目の分裂，すなわち被子植物の雄原（生殖）細胞が2個の精細胞に分かれる半数性の体細胞分裂を指す．この分裂は，三細胞性花粉では花粉粒内で，二細胞性花粉では発芽後の花粉管内で起こるが，いずれも小胞子分裂の場合とは異なり均等分裂である．細い花粉管内での分裂では，特殊な紡錘体構造をとることがムラサキツユクサなどで知られている．　　　　（田中一朗）

第二分裂［second division］　→減数分裂

大配偶子［macrogamete］
合体する2つの配偶子に，大きさの違いがみられる場合，その大きなほうを大配偶子といい，もう一方を小配偶子という．一般に，大配偶子は卵あるいは卵細胞と呼ばれる雌性配偶子であり，被子植物では大配偶体である胚嚢の内部に形成される卵細胞がこれに相当する．　　　　　　　　　　　　（田中一朗）

大配偶体［macrogametophyte］
大配偶子をつくって有性生殖を行う世代の生物体をいう．種子植物では，卵細胞を形成する胚嚢がこれに当たる．　　　（田中一朗）

対比［correlation］
たがいに離れた事象を比較し，相互の類似性に着目し，それらの関係を明らかにすることである．岩相・地質構造・化石帯・地形面・生物群集などが対比の対象となる．先に研究が進んだり，典型的な事象は，標準（スタンダード）や模式（タイプ）として対比の基準となっている．対比は，比較する次元が何であるかを明確にしておく必要がある．たとえば，対比が花粉化石帯であれば時間が，花粉群集であれば古環境が，それぞれ関係づけられることになる．ただし，古環境など，空間的な事象間の対比は，相互の時間的関係が明らかにならない限り地史的な意味をもたない．対比は，地質学においてもっとも基本的で重要な課題である．このため，国際地質対比計画（IGCP）がユネスコと国際地質連合の合同事業として1971年からスタートし，91年までに，300あまりの国際的な対比にかかわるプロジェクトが実施されている．（山野井徹）

大飛散期間［hundred pollen dispersal period］
スギ・ヒノキ科花粉の飛散最盛期に1月1日から初めて100個≧cm^2になった日から，100個＜cm^2になった前日までの期間のことで，人口の多い大都市では毎年認められる飛散期間ではない（→巻末付録）．少なくとも飛散期間中の総飛散数が2000個を超すような大飛散年でなければこの飛散期間はほとんど観測できないか，できてもごく短い．しかし，都心の数倍も飛散するような郊外では，よほど少ない年以外は常に認められる飛散期間で，花粉症患者にとってはもっとも辛い期間である．　　　　　　　　　　　（佐橋紀男）

大胞子［megaspore］
胞子に大小2型があるとき，大型のほうの胞子をいう．多くのシダ植物では，1個の胞子が発芽して前葉体となり，この中に造精器と造卵器をつくる．この場合胞子の大きさや形態には差はない（同型胞子）．これに対し造精器と造卵器がそれぞれ別々の前葉体に形成されるものがあり，雄性前葉体（造精器を着ける）をつくる胞子と，雌性前葉体（造卵器を着ける）をつくる胞子との間に大きさや形態に差がみられる場合を異型胞子（heterospore）といい，異型胞子をもつシダ植物を異型胞子シダ植物（heterosporous fern；サンショウモ・コケスギラン・ミズワラビなど）という．雄性の胞子を小胞子（microspore），雌性の胞子を大胞子（megaspore）といい，小胞子は小胞子嚢で，大胞子は大胞子嚢でつくられる．また，被子植物・裸子植物の胚嚢母細胞を大胞子ともいう．シダ植物の胞子の大きさは，大部分のものは30〜60μmの範囲に入るが，異型胞子の大胞子は200μm以上になるものがある．（→小胞子）　　　　（畑中健一）

大胞子葉［macrosporophyll］　→胞子葉

代用花粉 [pollen substitute]

花粉の代わりになるもの．一般にミツバチのための人工飼料を指す．ミツバチは花蜜と花粉を主食とする．花粉源植物が不足する時期にはその代替物を与える必要がある．蛋白質・ビタミン・ミネラルを考慮して，大豆粉・酵母などを組み合わせて用いることが多いが，花粉にまさる飼料は完成していない．不足する一部を代替する場合に花粉補充物(pollen supplement)といい，花粉を含まない飼料が代用花粉である(後者は前者を含めて使用する場合もある)．ミツバチが花粉を貯えている様式(→蜂パン)にならって，糖液で練り適当な固さのパテ状にして与えることが多いが，粉状で与えることもある．

(松香光夫)

第四紀古気候学 [Quaternary palaeoclimatology] →古気候

タエニア [taenia, taeniae (pl.)]

テーニア，ひも状構造ともいう．ある種の有翼型花粉でみられる，本体の端から端へ走る1本あるいはもっと多数の平行な線から成る外層の線状構造(Leschik，1956)．

(守田益宗)

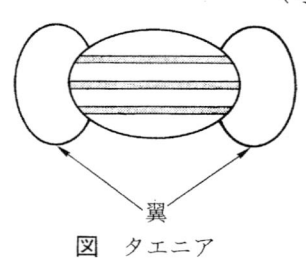

図 タエニア

他家受精 [cross fertilization] →他家受粉

他家受粉 [cross pollination]

有性生殖を行う種子繁殖植物の受粉様式の1つ．自家受粉では結実できずに必ず他個体の異なる遺伝子型の花粉(他家花粉)による他家受粉がなされなければ受精(他家受精；cross fertilization)し，結実に至らない植物がある．これらの植物の代表にダイコンなど1つの花内に雄蕊も雌蕊もある両性花をもつが，自家不和合性で花粉媒介昆虫など花粉媒介者による他家受粉がなければ受精できない完全他殖性植物があげられる．あるいはホウレンソウのように雌雄異株の植物種も他家受粉されなければ結実しない．また，風が花粉媒介者として他家受粉する風媒植物においてもトウモロコシのように自家和合性の種やスギのように自家不和合性の種もある．ところで，自然界では両性花の植物ではミツバチなどの昆虫が花から花へと移動しながら多数訪花しており，同一個体の花粉による自家受粉と他個体の花粉による他家受粉をいろいろな割合で混合受粉している．両性花をもつ植物において，カラシナなど自家和合性の種でも，ダイコンなど自家不和合性の種でも他家受粉と自家受粉がなされており，カラシナでは自殖種子と他殖種子の両方が結実し，ダイコンでは主に他殖種子が結実することになる．

(大澤 良)

多価染色体 [multivalent chromosome]

減数分裂の第一分裂において，相同部分をもつ3本以上の染色体が対合してできる染色体対のこと．対合した染色体数に応じて，三価染色体・四価染色体と呼ぶ．同質倍数体や異数体でよくみられる．多価染色体の減数分裂での分離は不均等になるので，その後不稔の花粉を生成することも多い． (田中一朗)

多系交配 [multiple cross]

多系交雑ともいう．作物育種法の1つ．自殖性作物において用いられることが多い．3つ以上の品種に含まれる優良形質を，1つの品種の中に集積したいときに用いられる方法．品種A，B，C，Dがあるとき$(A \times B) \times (C \times D)$と交配していく方法である．$(A \times B)$，$(C \times D)$の$F_1$をただちに使う場合と，それぞれある程度選抜を加えてから次の交配を行う場合とがある．これらの多交配後代集団は，系統育種法や集団育種法などにより選抜されていく．作物育種における方法は単独で使われる場合より作物種あるいは対象形質によって多くの育種方法を組み合わせていく場合が多い．

(大澤 良)

多系品種 [multiline variety]

遺伝子型の異なる品種・系統を多数混合して1つの品種にしたものを混成品種といい，

そのなかでもあらかじめ目的に沿って交雑した単交雑・複交雑・多系交雑などの後代から育成された系統を混ぜ合わせたものをとくに多系品種という．多くの場合，最高多収の単一品種よりも多系品種の収量は多くない．しかし，環境安定性や耐病性などにはすぐれている．耐病性育種におけるこの方法の利用が知られている．これは，1つの主働遺伝子のみを異にしその他の遺伝子組成がまったく同じである同質遺伝子系統(isogenic line)を利用するものである．耐病性育種では病菌の遺伝子と1対1の対応をする真性抵抗性品種を育成しても，栽培面積の増加，年数経過によりその品種を侵す病菌の菌系が現れ，甚大な被害を及ぼすことが多い．そこで先の同質遺伝子系統を多くの菌系に対応させて育成し，これらの系統から多系品種をつくる．これにより菌系の変化にも対応できる抵抗性品種が得られることになる． （大澤　良）

多口型［polytreme (adj.)］
6以上の口を有する花粉型．（高橋　清）

多孔型［poliporate (adj.)］　→多口型

多口環［polyannulus, polyannuli (pl.)］
花粉で，有刻層が複数の層構造をもつとき，外側にある発芽口部分でそのおのおのの層が独自に環状に肥厚している構造を指す(Batten & Christopher, 1981)． （守田益宗）

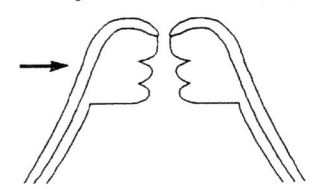

図　多口環(Punt et al., 1994)

多交配［polycross］
育種法における1操作．合成品種作成においては，選抜された遺伝子型間での相互交配が起こりやすいように各系統を多反復無作為配置し，系統間で自然受粉を行わせる．これによりそれぞれの系統は他の数多くの系統と交配することになる．この状態を多交配という．この多交配後代系統を検定し，組み合わせ能力の高い遺伝子型を選択する．さらにこの検定により選ばれた遺伝子型のみを集積する． （大澤　良）

多散孔型［polyforate (adj.)］
花粉に散孔(foramen)が12以上ある型．12以下なら少数散孔型(oligoforate)である(上野, 1987)． （高橋　清）

多重受精［multiple fertilization］
被子植物が行う通常の重複受精では，個々の胚珠内の胚嚢において1個の花粉起源の第一雄核(精核)は卵細胞の卵核と，第二雄核は中心細胞の極核と受精する．これは，胚珠の入口である珠孔へは通常1本の花粉管だけが侵入して片側の助細胞に貫入し，破けた花粉管の先端部から第一，第二雄核が放出されるからである．しかし，まれには花粉管に3個以上の雄核が入っていて，卵核や極核が2個以上の雄核と受精することがあり，これを多重受精という．また，まれには2本以上の花粉管が1つの胚嚢内に侵入してしまい，異なる花粉起源の雄核によって卵核と極核が重複受精することもあり，これをとくに異型受精(hetero-fertilization)という．（生井兵治）

多集粒型［polyad］
4粒よりも多い花粉が分離せずに散布される花粉型(Iversen & Troels-Smith, 1950)．普通，4の倍数個の花粉によって形成されている．アカシア属・ネムノキ属などがこの型に属する．(→付録図版) （高原　光）

他殖［allogamy; outcrossing; outbreeding］　→他殖性植物

他殖性植物［allogamous plant］
有性生殖を行う植物は基本的には他殖(outbreeding; allogamy)か自殖(inbreeding; autogamy)に分けられる．これまでにも多くの研究者により他殖と自殖の遺伝学的比較がなされてきた．他家受粉によって結実する他殖では個体間で自由に交雑し，異なる個体が有する遺伝変異が1つの個体に合わせられるのであるから，基本的には他殖のほうが自殖よりも適応度を高める意味で進化的に有利であるといえる．一方，自殖は他殖から進化してきたと考えられており，部分的に自殖性を示す部分自殖性植物など自殖と他殖の中間に位置する種々の植物がある．遺伝子の

組み換えが制限されるため進化的に不利であるにもかかわらず一部の植物が自殖を行うようになった理由をStebbins(1957)やFryxell(1961)は適応様式との関係から，自殖は集団の急速なホモ化を促進し，一定の環境では変異は減少するが，生育環境に適応した最適遺伝子型を急速に繁殖させるには効率的であるとしている．受粉様式に関してはFryxell(1957)やOrnduff(1969)がそれぞれの形質の特徴も含め広範な研究を行っている．Ornduff(1969)は，他殖性植物の特徴として，他家受粉をする，自家不和合性の発達，二倍体が多い，遺伝子組み換え率が高い，花の数が多い，花色が多様，蜜腺・芳香が発達，花粉が多い，胚珠数が多い，結実率が低いなどをあげている．一方，自殖性植物の特徴は，自家受粉をする，自家和合性である，倍数体が発達し，遺伝子組み換え率が低い，花の数が少ない，花色が地味，蜜腺・芳香がない，花粉が少ない，胚珠数が少ない，結実率が高いことなどをあげている．ただし，他の研究により例外も多いことが知られている．

（大澤　良）

他殖率［outcrossing rate］

他殖率は集団の他殖と自殖の相対的割合を示す指標である．他殖と自殖の両方を行うことができる部分他殖性の種は植物界では予想以上に多い．他殖と自殖の相対的割合は，近縁種間，また同種内地域集団間で大きな遺伝的変異があり，同一種間でも年次変動するなど環境変動があることも知られている．他殖率は遺伝的にも非遺伝的にも変異し，環境に対する適応の重要な方策と考えられている．他殖率の推定は，適当な標識遺伝子がある場合には，集団中の標識遺伝子頻度を推定し，劣性ホモ個体の次代に現れる優勢個体の頻度を調べることによってできる．作物などを用いる場合には劣性ホモの系統を優生ホモ系統に囲まれるように混植し，劣性ホモ系統次代の中の優性形質を示す個体を調査すればよい．遺伝標識としてアイソザイムやDNAマーカーを用いることも行われている．算出方法の1例としては，自然選択がなく，集団が平衡状態にあるという仮定のもとでは，他殖率 t は $t=(1-x-y)/\{x+y-(x-y)^2\}$（$x$ と y はそれぞれ遺伝子型AAとaaの頻度とする）として表すことができる(Nei & Shakudo, 1958)などがあげられる．

（大澤　良）

タスマナイテス類［Tasmanites］

球形から卵形の有機質の殻をもった単細胞の微化石．殻は厚く，放射状に分布する多数の孔がうがたれている．名前の由来は，1865年にオーストラリア，タスマニアに産するペルム紀の white coal=tasmanite から莫大な数のこの類の化石が発見されたことによる．類似した化石は先カンブリア代後期にも知られるが，確実な記録はカンブリア代から現世までである．プラシノ藻の *Pachysphaera* や *Halosphaera* 類の非運動性細胞（ファイコーマ）であることが確認されている．（→パリノモルフ）

（松岡數充）

多柱状型［pluricolumellate (adj.)］

花粉表面の有刻層が，柱状層の発達する構造をもつ場合，畝の柱が複数列になっているもの(Reitsma, 1970)．

（内山　隆）

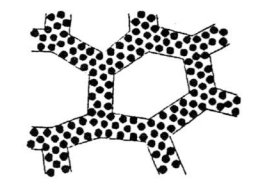

図　多柱状型(Punt *et al*., 1994)

タデ科［Polygonaceae；knotweed family］

形態的に変化に富んだものが多い．世界の温帯地方に40属800種が生育する．ふつう草本で，低木や高木，よじ登り植物もある．葉は分裂せず，葉柄の基部が托葉鞘となり茎を包む．花被は三数性，雄蕊は6〜9個．日本のタデ科植物にはギシギシ属・マルバギシギシ属・タデ属・ソバ属・ダイオウ属に分けられる．花粉は変化に富んでおり，基本的な形はギシギシ属・タデ属にみられる球形〜長球形，三〜（四）溝孔粒，外層彫紋は小網状紋であるが，タデ属のミゾソバ［*Polygonum thunbergii*］，オオケタデ［*P. orientale*］などの大部分は30前後の散孔粒で，外層彫紋は4〜14

μm の網状紋である．*Rumex* 属は単性花または両性花で円錐花序となり風媒花である．空中花粉として5～8月に観察される．大きさは 18-35×20-40 μm．ヒメスイバ[*Rumex acetosella*; sheep sorrel]は雌雄異株の多年草で高さ 20～50 cm，日当たりの良い道端や野原にしばしば群生する．開花期は5～8月，風媒花で花粉症原因植物となる．花粉は表面に微細な網状紋がある赤道上三溝孔粒，大きさは 20×23 μm 前後． （菅谷愛子）

縦長型 [lolongate (adj.)]

縦長口ともいう．極軸方向に縦に長い形を示す内口をもつ花粉型(Erdtman, 1952)．
（守田益宗）

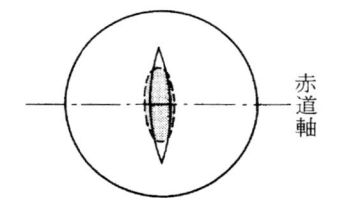

図 縦長型

種子(たね) [seed] →種子(しゅし)

種子なし品種 [seedless cultivar]

種子なし品種(果実)には，花粉か雌蕊あるいはその両方に異常があって受精できない性質と，受精なしに子房が肥大して果実にまで発育できる単為結果性の2つの条件が必要である．受精のできない原因には，奇数倍数性，雄性不稔性，自家不和合性，胚囊・胚珠の不完全や奇形，雄花(雄蕊)欠除などがある．種子なしの果物はほとんどが自然にできたものを見つけ出し利用している．人為的に育成した種子なしスイカは，四倍体を種子親に二倍体を花粉親にしてできた三倍体植物の雌花に，二倍体植物の花粉を受粉させ，その刺激で単為結果したものである．種子なしブドウのデラウェアは，本来は種子あり品種で，その花へのジベレリン水溶液の1回目の処理で花粉を退化させ，2回目の処理で子房を肥大させて単為結果したものである．種子なし果実のできる機構別に，果物の種類や品種をあげると，1) 三倍体．(a)バナナ．生産地から外国に輸出される生食用の *Musa acuminata* の三倍性品種．代表品種はグロ・ミッシェル(Gros Michel)．(b)スイカ．種子親の四倍体の種子がとれにくい，三倍体の種子の発芽が悪い，受粉用の二倍体の畑が必要などの原因で，日本ではほとんど栽培がない．茎頂培養による苗の大量増殖が試みられている．2) 花粉退化．(a)バナナ．*Musa balbisiana* の二倍体の突然変異によるもの．(b)ウンシュウミカン．他の種類の花粉が受粉されると種子ありになる．(c)グレープフルーツのマーシュ[Marsh]，トムソン[Thompson]．(d)ワシントンネーブル．3) 雌蕊の異常．(a)無核キシュウミカン．(b)ブドウのホワイト・コリンズ(胚珠不完全)，ブラック・コリンス(卵細胞・助細胞の異常)，トムソン・シードレス(珠皮不完全，干しブドウ用)．4) 雄花欠除．(a)カキのヒラタネナシ(平無核)，ミヤザキタネナシ(宮崎無核)．(b)イチジクのトウガキ(唐柿)，マスイドーフィン，ホワイト・ゼノア．5) 自家不和合．パイナップル．バショウの花粉が受粉されると種子ありになる．(→倍数体，単為結果，花粉退化） （藤下典之）

種場 [seed home]

栽培植物の特定品種の採種(たね取り)をしている特定地域を指し，それ以外の地域を場違いという．種場は天候や土壌などの環境条件に恵まれ，選抜や採種技術もすぐれていて，毎年質の良い種子(本場種子)を生産している．種場は，開花から種子登熟期にかけて雨の少ないこと，他品種との交雑を避けるため採種目的以外の品種は栽培しないこと，絶えず株や種子の選抜を行っていること，病害の伝播しにくい立地であることなどで成立している．種場をもっている作物に，イネ・ソラマメ・ダイズ・ダイコン・コカブ・タマネギなどがある．(→本場種子) （藤下典之）

多胚種子 [polygerm seed; multigerm seed]

種子中に1個の受精胚のほか，無性的に生じた多数の胚を含む種子．多胚現象(polyembryony)によるもので，胚囊周囲の珠心組織に始原細胞が形成され，胚的発生をする．これらから生ずる胚を珠心胚(nucellar embryo)と呼んでいる．カンキツ類に広くみ

られる現象で，胚数は微小なものも含め，1種子中50個ぐらい形成される種類もある．珠心胚は珠孔付近に多数発生し，受精の刺激により始原細胞の胚的発生が始まる．未受精果中でも一定の発生がみられる．受精胚の成長は珠心胚の発生と競合するため，弱く微小な胚となりやすい．また受精胚は位置や外形から珠心胚と区別することが困難である．一方，珠心胚は母形質を継いでおり，その実生はウイルスフリーとなって旺盛な生育をすることから，台木として利用されたり，珠心胚に表れる遺伝的変異を利用して品種改良も行われている．
(中西テツ)

多ひだ型 [polyplicate (adj.)]

花粉のなかで，マオウ属のように，多くの，縦の，線状の細いひだを花粉壁にもつもの．溝に似ているが，溝ではない．(→付録図版)
(高橋 清)

タペータム [tapetum]

シダ類および種子植物の若い胞子嚢のもっとも内側にある細胞層．種子植物の葯の構造は外側から内側に，表皮・内皮・中間層・タペータム・花粉形成組織の順に構成されている．花粉は最内部の花粉形成組織の中でつくられる．タペータムは花粉形成組織を取り巻き，絨緞組織ともいわれている．シダ植物ではミズニラ類・マツバラン類を除く他の植物の若い胞子嚢壁に，種子植物では若い葯の前葯壁層が外側の葯壁細胞とその内側のタペータム組織とに分化する．細胞質に富んだ組織でシダ植物では胞子形成の前に，種子植物では減数分裂が始まるとそれぞれ退化崩壊して胞子成長の際の栄養源となるとされている．タペータムの構造は大部分は単層の細胞から成るが，なかには多層のものもある．その機能は以下の4項が考えられている．1) 花粉形成組織に栄養を与える．2) 花粉外壁をつくる．3) 花粉粘着物を準備する．4) 認識物質(自家不和合性に関係すると考えられるS遺伝子の産物で，アブラナ科植物などで研究されている．花粉アレルゲンの一部は認識蛋白質と考えられている)を準備する．タペータムはその形態的特徴から2つの型に分けられている．1つは分泌型あるいは側壁型と呼ばれ，葯の空洞に細胞として残る．もう一方はアメーバ型で，細胞は花粉室内部に侵入していきタペータム細胞壁が破壊され，細胞質や核が分化中の小胞子(花粉母細胞)と密接に接触する．胚嚢の珠皮にくっついている上皮組織も珠皮性のタペータムに分化する．
(高橋裕一・三木壽子)

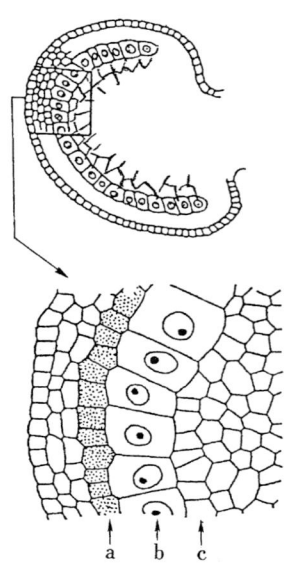

図 葯壁組織とタペータム
a：外側タペータム，b：小胞子母細胞，
c：未来の内側タペータム．

多面性四集粒 [multiplaner tetrad] → 四集粒

ダーラム型花粉捕集器 [Durham's standard slide sampler]

ダーラム型花粉検索器ともいう．日本では，もっとも一般的に使用されている重量法の捕集器である．Durhamが考案し，1946年に報告した．口絵のごとく径が23 cmのステンレス円盤2枚が，高さ7.6 cmの支柱3カ所で支えられ，中央には2.5 cmの高さに標準スライドホルダーが水平に設置してある．スライドグラスに検索年月日を記入し，表面をきれいにする．細いガラス棒を用いて白色ワセリンを均等に塗布する．ワセリンの塗り方が薄いと花粉の付着が悪い．あまり厚すぎても花粉がワセリンの中に入り込んでしまい，染

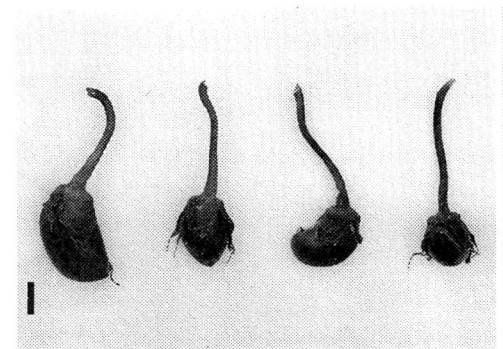

図 単為結果
低温遭遇によるナス(1)とトウガラシ(2),(3)の単為結果.トウガラシ(3)の上列は正常果.

色されない場合がある.また,グリセリンゼリーで封入する際,ワセリンが溶けて広がるおそれがある.スライドグラスをスライドホルダーに設置し,原則として毎朝9時に交換する.回収したスライドグラスを染色液にて染色し,光学顕微鏡下で花粉を鑑別,カウントする.　　　　　　　　　　（劔田幸子）

多列円柱型［multibaculate (adj.)］→多柱状型

多列円柱状型［multibaculate (adj.)］→多柱状型

単為結果［parthenocarpy］

受精なしで子房が発達して種子なし果実を生じる現象をいう.植物の種類や誘導方法によっては種皮のみ発育して胚の発育していない中身がからっぽの種子(しいな)を生じる場合もある.単為結果には,受粉などの刺激がいっさいなくても,子房が肥大して種子なし果実になる自発的単為結果(キュウリ・バナナ・ウンシュウミカンなど)と,属や種の違う植物の花粉や同じ植物の老化花粉の受粉,あるいは成長調整物質処理などの刺激によって,種子なし果実になる他発的単為結果(stimulative parthenocarpy;種子なしスイカ,種子なしブドウのデラウェアなど)に大別される.また,自発的単為結果とほとんど同義の遺伝的単為結果と,低・高温,霜,霧などの天候による環境的単為結果(ナス・トマト・オリーブ・リンゴ・ナシ),オーキシン・ジベレリンなどの成長調整物質の刺激で起きる化学的単為結果に分けることもある.処理による単為結果誘導の中でもっとも成果をあげているのが,種子なしブドウのデラウェアで,2回のジベレリン処理により花粉の退化と,子房の肥大を起こさせている.果菜類では晩秋から早春にかけての低温による花粉形成・受粉・受精の阻害や,被覆施設内での花粉媒介役(昆虫・風)の不足からくる結実障害を克服する対策として,単為結果性の高い品種の育成が試みられている.(→自発的単為結果)　　　　　　　　　　（藤下典之）

単為生殖［parthenogenesis］

専門用語の英語をそのまま片仮名にして,パーセノジェネシスと呼ぶこともあり,また,

処女生殖とも呼ばれる．なお，雌雄両配偶子が受精することによって子孫(種子)を形成するという通常の有性生殖とは別の繁殖方法で子孫(種子)を残す現象を意味する狭義のアポミクシス(apomixis；無性的種子形成または無配合生殖)に単為生殖という訳語を当て，パーセノジェネシスに処女生殖の訳語を当てる場合もある．このパーセノジェネシスという用語の本来の意味は雌が雄とは関係なしに単独で卵細胞から子孫を形成することである．植物では，雌蕊の胚珠内にある雌性配偶子である胚嚢の卵核が，雄蕊の葯にできた花粉の雄性配偶子である雄核と合一(受精)することなしに胚発生を開始して種子となる現象のことである．この場合，卵核の染色体数が減数分裂(還元分裂)によって半減している減数性卵か，非還元分裂による非減数性卵かは問わない．また，この単為胚発生(auto-embrygenesis)の開始に際して柱頭に花粉が受粉されることを必要とするか否かは問わない．したがって，パーセノジェネシスを単為生殖と訳すことに違和感はないが，これをつねに処女生殖と訳すことには異論がある．なぜなら，パーセノジェネシスという現象が受粉を必要とせずに種子を形成することだけであれば，処女生殖または雌性配偶子単為生殖と訳してもよい．しかし，現実には単為胚発生に際して，かならず他家受粉を必要とする偽受精(pseudogamy)によって偽雑種(false hybrid)が生じる場合も含まれているからである．ここで偽雑種形成とは，極核は受精して胚乳を形成するが，卵核は受精しないままに単為胚発生を開始して種子となる場合である．まれには，自家受粉で単為胚発生が促される例もある．本来，アポミクシスの意味(広義)は，雌雄の両配偶子が受精するという有性生殖とは異なる繁殖方法で子孫(いわゆる種子のほかに，オニユリやヤマノイモのムカゴ，イチゴやジシバリのランナーなどの栄養繁殖器官を含む)を残す現象の総称なのである．日本では，通常，アポミクシスを狭義の意味(本来は誤用)で用いている．しかし，この現象を指すのならば，アガモスパーミー(agamospermy；無性的種子形成，あるいは無性的種子繁殖ともいう)と呼ぶべきである．ところが，日本では，どういうわけかアガモスパーミーという用語は従来から導入されていないためきわめてなじみが薄く，通常は用いられていない．なお，より詳しくは，無性的種子形成(アポミクシス)の項を参照されたい．
〔生井兵治〕

暖温帯常緑広葉樹林［warm temperate evergreen broad-leaved forest］ →常緑樹林，照葉樹林

暖温帯落葉広葉樹林［warm temperate deciduous broad-leaved forest］
暖温帯落葉広葉樹林は植生の水平分布において，暖温帯林と冷温帯林の間に成立する．イヌブナ・クリ・アカシデなどの落葉広葉樹にモミやツガの針葉樹を多く混交する森林であり，吉良(1949)により初めは暖帯落葉広葉樹林として提唱され，中間温帯林(山中，1979)とも呼ばれる．針葉樹が優勢になることもあり，モミ林・ツガ林を形成する．ただし，モミ林そのものは暖温帯にまで分布する．暖温帯落葉広葉樹林(中間温帯林)の分布域は，暖かさの指数85°以上，寒さの指数−10°以上の地域である(沼田・岩瀬，1975)．この森林の構成要素は地域的に異なり，中部地方の内陸から東北地方へかけての地域では，ブナもカシ類も混じえず，関東地方以西の太平洋側ではブナもカシ類もともに混生している(山中，1963 a, b)．
〔岩内明子〕

単回帰分析［simple regression analysis］
変数群 Y と X の間に有意な相関(因果)関係があるかどうかを分析し，これによって Y の予測を試みる手法を回帰分析といい，この場合 Y を基準変数(目的変数)，X を説明変数(予測変数)という．Y との相関関係をもつ因子群がいくつかある場合，2つ以上の説明変数を用いるものを重回帰分析(multiple regression analysis)といい，1つだけの説明変数を用いるのが単回帰分析である．単回帰分析は重回帰分析の特殊な場合ということができる．説明変数と目的変数の相関関係の度合は相関係数で表されるが，統計学上有意な

相関関係をもつか否かはサンプル数によって異なる．Y と X が有意な相関をもつ場合に $Y=aX+b$ の予測式で表現される．

(村山貢司)

短花柱花 [short-styled flower; thrum]

他殖性植物の多くは，個体内または個体間で花器形態に特別な差異がみられないが自家不和合性を示す，同型花自家不和合性植物である．ただし，自家不和合性を示す他殖性植物のなかには，個体ごとに花器形態が異なっている異型花柱性植物もある．たとえば，サクラソウでは，短い花柱をもつ雌蕊の柱頭が低い位置にあり雄蕊は高い位置にある短花柱花ばかりを着ける短花柱花個体と，長い花柱をもつ雌蕊の柱頭が高い位置にあり雄蕊は低い位置にある長花柱花ばかりを着ける長花柱花個体とがある．このように，異型花柱性植物のうち，短い花柱をもつ花を短花柱花（または短柱花）という．（→異型花柱性）

(生井兵治)

段丘堆積物 [terrace deposit]

平坦な面が河川の周囲や海岸域に形成されている場合，地形上，段丘あるいは段丘面という．段丘は堆積物が分布して形成される場合（堆積段丘）と岩盤が侵食されて形成される場合（侵食段丘）とに分けられる．堆積段丘は一般に河川流水によって運ばれてきた土・砂・礫によって形成されたものであるから段丘面の下には砂礫層が分布している．海岸段丘は一般に海の波浪による侵食によって形成されるが，その一部には海岸域の堆積物が形成される．したがって段丘堆積物は海水準変動と密接に関連して形成されるものと考えられ，日本においては下末吉海進や縄文海進の証拠（指標）としても重要である．ただし，これらの段丘面の高度は，それぞれの地域の地殻変動をも反映したものと考えられる．

(長谷義隆)

単穴 [hilum, hila (pl.); hilate (adj.)]

孔条溝ともいう．胞子にみられる円形で明確には特定できない不明瞭な発芽口 (Erdtman, 1952)．向心面の中心部で，外壁が薄くなって形成される．主にコケ植物や菌類で認められる．

(三好教夫)

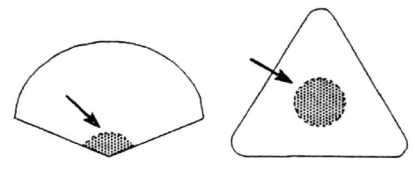

図　単穴 (Punt *et al.*, 1994)

単孔 [ulcus, ulci (pl.); ulcerate (adj.)]

花粉口型の1つで，1個の孔状の外口が遠心極か向心極にあるもの．

(高橋英樹)

単口型 [monotreme (adj.); monoaperturate (adj.)]

1つの発芽口をもつ花粉・胞子で，花粉では単溝型・単孔型・単溝孔型・単長口型の4型がある．胞子では単条溝型と三条溝型の2型がある．コケ植物や菌類の単穴も単口型に相当する．

(三好教夫)

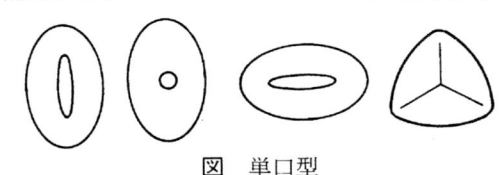

図　単口型

単孔型 [monoporate (adj.)]　→単口型

短溝型 [brevicolpate (adj.)]

花粉で，溝の長さが溝の先端から極までの長さと等しいか，もっと短い場合 (Erdtman, 1952)．例：ホウセンカ [*Impatiens balsamina*]．

(三好教夫)

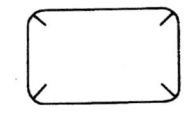

図　短溝型

単溝型 [monocolpate (adj.)]　→単口型

単溝孔型 [monocolporate (adj.)]　→単口型

単交配 [single cross]

一代雑種品種育種を進める際の，特定組み合わせ能力 (specific combining ability) の検定に適した検定方法である．まず，自然受粉で維持されている遺伝的背景を異にする複数の原集団から優良個体を選抜し，近交によって5～6世代まで進めることによって，それぞれの集団に複数の近交系を育成する．次に，

これらの集団の間で近交系間の交配を行い各F_1雑種集団の性能を調査し，最高の特性を示す交配組み合わせを決める．このようにして特定組み合わせ能力の高い交配組み合わせA×Bが決まれば，近交によってA系統・B系統を維持しながらA×Bという交配によって，特性の良く揃った一代雑種品種としてのF_1種子を採種することができる．
(生井兵治)

弾糸［elater］
ある種の胞子や化石花粉についている螺旋状にねじれた糸状の帯(Punt et al., 1994).
(高原　光)

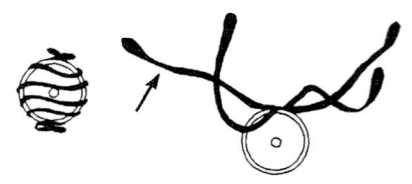

図　弾糸(Punt et al., 1994)

短軸型［breviaxal (adj.)］
赤道径よりも極軸のほうが短い花粉粒(van Campo, 1966). 同義語に扁球形(oblate)がある(Erdtman, 1943).
(内山　隆)

単条溝型［monolete (adj.)］
単痕跡線型，一条溝，二面体型胞子(bilateral spore)ともいう．胞子形成のため胞子母細胞が連続分裂したとき生じたI字状の条溝を向心極面にもつ胞子型を指す(Erdtman, 1943). (→付録図版)
(守田益宗)

炭水化物［carbohydrate］
糖質ともいい，ポリヒドロキシアルデヒド・ポリヒドロキシケトンまたは加水分解でこのような化合物を生じる物質をいう．炭水化物は単糖類・少糖類・多糖類に大別される．単糖類は炭素原子数によって三炭糖～七炭糖などに分けられ，それぞれ不斉炭素が存在するため，D型とL型がある．また，5個以上の炭素原子をもつ単糖は，5員環や6員環の環状構造をとりやすい．単糖は遊離糖として存在するほか，脂質と結合し，糖脂質として存在するものもある．少糖類は2～6個の単糖が結合したものである．3つ以上の単糖から成る少糖は，蛋白質と結合して糖蛋白質としても存在する．多糖には澱粉・グリコーゲン・イヌリン・ラミナランなどの貯蔵多糖，セルロース・カロース・ヘミセルロース・ペクチン質などの構造多糖がある．花粉には単糖類としてはグルコースとフルクトース，二糖類としてはスクロースが多く含まれているが，これらの他に単糖類としてはガラクトース・アラビノース・キシロース，二糖類としてはマルトースなどの存在が認められている．貯蔵多糖としては澱粉が多く含まれているが，単糖および二糖類とともにこれらの含量は，花粉の種類や花粉管伸長の時期により大きく変動する．花粉においては糖が主たる呼吸源として利用されるが，スクロースと澱粉の間には相互転換反応が存在し，その中間体がエネルギー源や多糖合成などにおける糖残基供与体となっている．花粉の壁多糖としてはセルロース・カロース・ヘミセルロースなどが含まれている．また，スギ花粉症のアレルゲンは，糖蛋白質であるといわれている．
(船隈　透)

単性花［unisexual flower］
雄蕊か雌蕊のいずれか一方しかもたない花で，雄花と雌花がある．
(高原　光)

単相［haplophase］
核相がnであること．すなわち，細胞の染色体数が半数性であること．その世代を単相世代といい，減数分裂の終了後から受精までの期間を指す．花粉は単相世代のちょうど中心に当たる．
(田中一朗)

単相世代［haploid generation］
核相交代がみられる生物体で核相が単相である世代．つまり，減数分裂終了時から受精までの染色体数が半数性(n)である世代のこと．一般に植物では，核相交代と並行して有性世代と無性世代が交替する世代交代が起こり，単相世代はその有性世代に相当する．有性世代にある植物体を配偶体といい，シダ植物の前葉体，種子植物の花粉や胚嚢がこれに当たる．植物の進化が進むにつれて，有性世代，すなわち単相世代は短くなり，配偶体が退化する傾向がある．
(田中一朗)

短柱花 [short-styled flower; thrum]
→短花柱花

単長口型 [monosulcate (adj.)] →長口

短突起型 [papillate (adj.)]

外壁表面に長さ 1 μm 以下の乳頭状の突起を有する花粉型(Traverse, 1955).

(守田益宗)

短乳頭型 [gemmate (adj.)] →短乳頭状突起

短乳頭状突起 [gemma, gemmae(pl.)]

小乳頭状突起ともいう．花粉において，ほぼ球形で基部がくびれ，高さが 1 μm より大きくて，高さと幅が同じぐらいの有刻層に由来する突出物(Iversen & Troels-Smith, 1950). (→付録図版) (三好教夫)

単胚種子 [monogerm seed]

通常，雌蕊の子房に1個の胚珠がある場合でも複数の胚珠がある場合でも，個々の胎座の胚珠には1個の胚嚢があるのが一般的である．したがって，多くの植物では，個々の胎座には1個の種子が結実するので，種子を播けばそれぞれの種子から1個のずつ芽が出ることになる．このような種子を単胚種子という．しかし，まれには胚発生の初期に幼胚が2分して双子胚種子となったり，卵細胞以外の細胞も受精して多胚種子になったり，珠心細胞起源の胚発生による珠心胚形成がみられたりして多胚種子ができる場合もある．なお，ビート(テンサイ，サトウダイコン)などのように，複数の胚珠をもつ子房が肥厚した萼に包まれたまま2～3個の成熟胚が癒合した状態の種子(偽果)となるものもあり，これも多胚種子(multigerm seed)という．

(生井兵治)

タンポポアレルギー [dandelion pollen allergy]

タンポポはキク科タンポポ属[*Taraxacum*]の路傍にごく普通にみられる多年草である．帰化種として近年ヨーロッパ原産のセイヨウタンポポ[*T. officinale*]が全国に広く雑草化しているが，しばしばこれと混生するヨーロッパ原産のアカミタンポポ[*T. laevigatum*]のほうが多くなりつつあるという(長田武正『原色日本帰化植物図鑑』)．日本全土に広く分布し，春から夏にかけて開花する．北海道ではエゾタンポポ[*T. hondoense*]があったが，セイヨウタンポポがこれを圧倒した．花粉はカントウタンポポ[*T. platycarpum*]が三(または四)溝孔粒網状紋，幾瀬分類の 6 B^{b-c} で，大きさは $34-36 \times 35-38$ μm である(幾瀬，1956)．カンサイタンポポの大きさは $32-36 \times 32-36$ μm と記載されている(島倉巳三郎『日本植物の花粉形態』)．タンポポは長野らによる空中花粉全国調査では1978年版に，北海道稚内市と山口県柳井市の2地点で検出されたとされ，92年版には記載がない．臨床例の最初の報告は76年に川村が行った．症例は10歳男児例で，7歳の6月に発病した鼻アレルギー・結膜アレルギー例である．鼻汁および結膜発赤を主訴とした．発作期についての記載は明らかでない．末梢血好酸球増多・鼻汁好酸球増多を認め，プリックテスト・P-K テストでブタクサ・カモガヤの他にタンポポ花粉にも陽性を示し，タンポポの花を顔に近付けたところ，鼻汁・くしゃみを生じたという．現在，タンポポの抗原検査はアレルゲンディスクW 8 [*Taraxacum vulgare*]による IgE 抗体測定を行うことによって可能である．自験の成績では，タンポポ花粉抗原はヨモギ花粉抗原と強い共通抗原性があるので，ヨモギ花粉症例の中で春にも発症する例ではタンポポ花粉症も疑って抗原検査を進めるべきと考える(大西，1983；宇佐神，1983)．他に関連の臨床的報告を見出せなかった．花粉抗原として重要とはいえないようである．

(宇佐神篤)

単面性四集粒 [uniplaner tetrad] →四集粒

単粒 [monad]

① 花粉母細胞の減数分裂によって形成された花粉四分子のおのおのが分離し，独立して発達した花粉粒．ユリ科・イネ科・キク科植物など，多くの植物の花粉粒がこの型である．

② カヤツリグサ科植物の花粉母細胞は，減数分裂によって四分子核を形成する．それら

のうちの3個の核が細胞の端部に移動したのち細胞質分裂が起き，3個の小型の小胞子または3核を含む1個の小型の小胞子になる．残りの1個の核は花粉母細胞の細胞質の大部分を占め，大型の小胞子へと発達する．小型の小胞子はその後退化し，大型の小胞子のみが小胞子分裂，雄原細胞分裂を行い，稔性のある三細胞性花粉粒へと発達する．すなわち，1個の花粉母細胞から1個の花粉粒が形成される．このような様式によって形成される花粉粒を単粒という． （寺坂　治）

単列円柱型［simplibaculate（adj.）］

単列円柱状型ともいう．畝が1列の円柱で構成されている花粉型（Erdtman, 1952）．単列柱状型（simplicolumellate）ともいう（Reitsma, 1970）． （守田益宗）

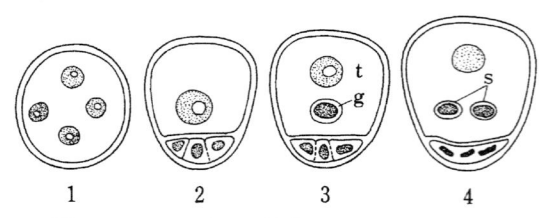

図　カヤツリグサ科植物の単粒花粉の形成
1：四分子核，2：小胞子期，3：二細胞期，4：三細胞期（成熟期）．
g：雄原細胞，t：花粉管細胞，s：精細胞．

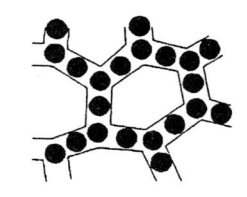

図　単列円柱型（Punt *et al.*, 1994）

チ

遅延型アレルギー［delayed type allergy］
Ⅳ型アレルギー，細胞性過敏症ともいわれ，ツベルクリン反応がその代表である．即時型アレルギーでは感作されていない個体にIgE抗体を注射することによりアレルギー状態を移すことができる．遅延型では抗体では伝達できず，感作されたリンパ球のみがアレルギーの伝達を可能とする．遅延型アレルギーは，このように抗体ではなく感作Tリンパ球によって起こる．このTリンパ球が反応した結果，化学物質（リンホカイン）が遊離されて，局所に炎症細胞を集合させ，炎症を生じせしめる．抗原が入ってから24〜48時間経って発赤・腫脹が極期に達する．病理組織の特徴はマクロファージが浸潤してきて，その後著しいリンパ球の浸潤がみられる．強い反応の場合血管壊死や好中球の浸潤もみられる．ウルシなどの接触性皮膚炎，臓器移植時の拒絶反応，結核菌などの病原蛋白質成分に対する細菌アレルギー，肺真菌症，サルコイドーシス，過敏性肺臓炎などがある．
（小笠原寛）

遅延型反応［delayed type reaction］→遅延型アレルギー

遅延受粉［delayed pollination］
植物では，開花時に受粉するのが自然受粉でも人工受粉でも一般的である．しかし，このような通常の受粉では自家不和合性や交雑不親和性（交雑不和合性）によって種子が採れない場合でも，受粉の時期をずらすことによって自家不和合性や交雑不親和性が弱まり，自殖種子や雑種種子が得られることがある．この場合，個々の花について，受粉の時期を早めて蕾のうちに受粉するのが蕾受粉（bud pollination）であり，受粉の時期を遅らせて開花数日後に受粉するのが遅延受粉（老花受粉ともいう）である．いずれも，受粉花粉は開花当日の花粉を用いるのが普通である．
（生井兵治）

遅延相反応［late phase reaction］→遅発相反応

乳首型［mammilate (adj.)］
婦人の乳首のように半球状のエレメントの上に，さらに小形の球状のエレメントがのっているものである．これは，大形エレメントの基部にくびれがみられないという点で，短乳頭型・中乳頭型・長乳頭型と容易に区別される（川崎，1971）．
（高橋　清）

チトクロム［cytochrome］
シトクロムともいう．ミトコンドリアの内膜，葉緑体のチラコイド膜，細菌の形質膜などに存在する鉄ポルフィリン（ヘム）を補欠分子族とする複合蛋白質である．チトクロムにはa, b, cなどがあり，それぞれ特有な波長の光を吸収する．チトクロムは，呼吸および光合成での電子伝達系，脂肪酸の不飽和化などでの電子の移動に関与している．花粉においてもチトクロムa, b, cが検出されている．このうち，チトクロムcは，Okunukiによって発見された花粉における最初の酸化還元に関与する成分である．チトクロムcとチトクロムオキシダーゼは，被子植物の花粉に多く存在するのに対して，マキ・マツ・モミなどの裸子植物の花粉ではチトクロムオキシダーゼ活性が，弱いか検出が困難であるといわれている．このような結果から，原始的な裸子植物の花粉がゆっくりと発芽するのは，チトクロムオキシダーゼ活性が低いためであり，より進化した被子植物の花粉がすみやかに発芽できるのは，この酵素活性のレベルが高いからであるという考えがある．（船隈　透）

遅発相反応［late phase reaction］
肥満細胞や好塩基球膜上のIgE抗体がアレルゲンと反応し，1分ぐらいで脱顆粒して

細胞からヒスタミンなどの化学物質を放出して症状が起きた後に，8時間ぐらいしてから再び鼻アレルギーでの鼻閉，気管支喘息での気道閉塞，皮膚の紅斑などが増強することがある．皮膚の病理組織学的変化では8時間後には好酸球や好中球の多核球の浸潤がピークに達しており，その後マクロファージの浸潤が生じる．肥満細胞から一次反応として好酸球遊走因子・PAFなどが放出されると，多数の好酸球や好中球が遊走し集まる．遅発相反応はアレルゲンで惹起されるが，ヒスタミンやロイコトリエンでは惹起されず，多核球を抑えるステロイドのみが反応を抑えることより，多核球が関与していると考えられている．好酸球や好中球からのロイコトリエン(LTB_4, C_4, D_4)や活性酸素，好酸球からのMBP(major basic protein)，ECP(eosinophil cationic protein)などの顆粒が遊離され，二次反応を惹起し平滑筋収縮や血管透過性亢進，組織の炎症反応が起こり，遅発相反応が生じると考えられる．　　（小笠原寛）

中央核 [central nucleus]

被子植物の胚嚢の発育過程において，2個の極核が中心部で融合した中心細胞の核を中央核（中心核）といい，雄核と受精して胚乳核を生ずる．（→極核）　　（山下研介）

中央細胞 [central cell] →中心細胞

中間外壁 [mexine]

花粉内部の外壁で，内壁と有刻層との中間にある外壁(Kuprianova, 1956)．無刻層に当たる用語であるが，ほとんど使われていない．
　　　　　　　　　　　　　　（三好教夫）

中間腔 [interloculum, interlocula (pl.)]

花粉で，外層と内層の間の明らかな中間の空間．赤道でとくに大きく，孔のほうに広くなる．両者の間の直接の結合は，しばしば少しも認められないし，たぶん，通常は小さな部分に限定されているだろう(Thomson & Pflug, 1953)．とくにノルマポーレスに用いられた用語．これは前腔とつながっている．図は孔輪の項を参照．　　（高橋　清）

中間口 [mesoaperture]

花粉で，複口の中央部分にあり，外口と内口に挟まれた層間の空所．あまり一般的な用語ではないが，例としてミチヤナギ[*Polygonum aviculare*]の花粉があげられる．
　　　　　　　　　　　　　　（高橋英樹）

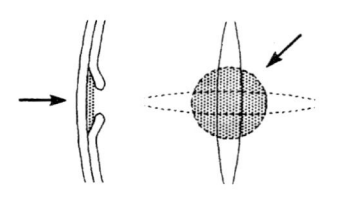

図　中間口(Blackmore et al., 1992)

中間層 [medine]

花粉で，内壁と外壁の間に位置すると考えられている，かすかに薄片状で，アセトリシス処理に耐性のある層(Saad, 1963)．
　　　　　　　　　　　　　　（高原　光）

柱状層 [columellate layer; columella, columellae(pl.); columellate(adj.)]

小柱，コルメラともいう．花粉で，外表層や柱帽を支えている有刻層/外層の棒状突出物(Iversen & Troels-Smith, 1950)．それらは基部で底部層と，上部で外表層と接続している．畝の下に数列の柱状層が並んでいる場合は，多列柱状層型(pluricolumellate)と呼ばれる．また小柱と円柱の違いは，前者が壁構造の一部で内側にあるのに対して，後者は最外層で独立した模様となっていることである．（→円柱，付録図版）　　（三好教夫）

中植代 [Mesophytic era]

中期ペルム紀の松柏類・イチョウ類・ソテツ類や他の裸子植物の優勢から新植代までの地質時間の非公式の区分．　　（高橋　清）

中心核 [central nucleus] →中央核

中心細胞 [central cell; body cell]

中央細胞ともいう．

① 裸子植物の花粉の発生過程に出現する細胞．まれに体細胞(body cell)と呼ばれることがある．雄原細胞の分裂によって生じる大型の娘細胞であり，小型の娘細胞を柄細胞という．中心細胞は形成後さらに肥大化し，それに伴って染色質は著しく分散する．分裂して2個の精細胞を生じる．イチョウやソテツ類など精子を生じる種では，細胞内に中心小

体が現れ，精細胞内では基底小体へと発達し，精子の繊毛を形成する．中心小体の出現は，高等植物の細胞においては例外的なことである．

② 造卵器の発生過程に出現し，卵をつくりだす細胞．（→造卵器）

③ 被子植物の胚嚢内にある中心細胞．（→中央核）
〔寺坂　治〕

柱頭 [stigma] →雌蕊

柱頭浸出物 [stigma exudate] →雌蕊

柱頭反応 [stigma reaction]

花粉が付くことによって起こる柱頭のいろいろな反応の総称．古く Strasburger (1886) が遠縁植物の花粉を柱頭に付けた場合にしばしば観察した，柱頭の花粉付着部あるいは花粉管侵入部の褐変死滅，その他の人々によって報告されている種々の植物の柱頭受粉部の褐変化は1種の柱頭反応である．イネ科植物の柱頭は，通常縦に4列に連なる細長い毛（頭糸）を多数付けた羽毛様柱頭で，多くの種では花粉が付くと1分以内に花粉付着部の細胞が著しく透過性を高める．このことはスライド上の受粉柱頭に適当な色素あるいはアルコールを滴下することで知られる．たとえば酢酸カーミンでは，花粉付着部の細胞核が他の部分の細胞核より早く，赤色に強く染まる（→口絵）．この染色性の変化（透過性の変化）に続いてみられる柱頭の変化は，花粉付着部に始まり，頭糸全長にわたって起こるしおれ→枯死である．自然で開花後1～2日の小花の柱頭で健全な頭糸は花粉のかかっていないものだけである．自家不和合のアブラナ科植物では，柱頭に付いた同じ株の花粉は発芽しないか，発芽しても花粉管を柱頭組織に侵入させることができない．このとき花粉管とその接着する乳頭細胞にカロースが沈着する．この反応は和合受粉の場合には起こらない．（→受粉反応）
〔渡辺光太郎〕

このような柱頭反応は，実用上にも重要である．イネ科植物は重要な栽培植物として世界各地で栽培されているが，栽培されている圃場の近辺に別種のイネ科植物が存在する場合には，まわりの植物からの花粉が栽培している植物の柱頭に付着することも考えられる．その場合には，栽培中の植物の柱頭が反応し，萎凋をすることになり，このような事態が頻繁に起こると，自家受精率の低下にもつながり，収量の低下の原因ともなるので注意が必要であるとされる．これとは別に，キク科植物のアザミの仲間では，開花後柱頭が花冠の外に抽出した後，柱頭に虫が飛来するなどの刺激が与えられないと柱頭の裂開が起こらず，柱頭が受粉可能な状態にならない．これなども，イネ花植物とは異なった柱頭反応としておもしろい現象である．柱頭反応と同様な反応として，キク科の花柱短縮現象や，イネ科の花粉の汗かき現象などの，花粉-柱頭反応が知られているが，これは広義の柱頭反応に含められるべきものである．
〔服部一三〕

虫媒花 [entomophilous flower]

昆虫により花粉が媒介される花である．花は昆虫を誘い送粉させるため，色彩をもつ大きな花被や苞をもち香を放って存在を示し，報酬として花粉・蜜・油脂などを提供する．さらに主となる送粉昆虫の形態や習性（→送粉者）に適合した構造や機能を備え送粉効率を上げている．

【ハナバチ媒花】　花を操作したり潜り込んだり，花に下向きに止まったりできるハナバチ特有の習性を利用し，送粉させるハナバチ媒花がある．このような花は，ハナバチと同じ餌を要求するが定花性（→定花性）においてやや劣るハナアブ類を排除することができる．左右相称でハチの腹面に花粉を付着させる花は，横向きに咲き葯や柱頭が下側の花弁の中に収納されている．ハチはその花弁を押し開けないと餌が採取できない（ヤマハッカ・フジ・キケマン）．左右相称形でハチの背面に花粉を付着させる花（オドリコソウ・ツリフネソウ）や，放射相称形でハナバチを送粉者とする花（ホタルブクロ・リンドウ）は奥行きがあり，ハチは花に潜り込んで吸蜜する．下向きに咲く小形な花は花被の筒の先に反り返った足がかりを用意している（スズラン）．

【ハナアブ媒花】　ハナアブ類を送粉者とす

る植物は，小さい花が集合して平らな花序を形成するか(オミナエシ・シシウド)，やや大きく花被を平たく開く花を着ける(ウメ・ニリンソウ)．蜜や花粉は露出しているかわずかに隠されており，口吻の短いハナアブ類にも摂取できる．花の色は白色か黄色が多いが，マツムシソウは例外的で紫色だが，訪れる昆虫の90%以上がハナアブである．

【チョウ媒花】 アゲハチョウにより送粉される花は，花被がラッパ形(ツツジ・ゼンテイカ)であったり，葯や柱頭が花から長く突き出ているブラシ形(アザミ)である．さらに送粉効率が高まるよう蜜を長い筒の奥に分泌し，チョウをできるだけ花に接近させ葯や柱頭に接触させる．赤色を帯びる花が多く，香は薄い．

【スズメガ媒花】 スズメガ媒花も長い筒の奥に蜜を貯えているが，スズメガは飛行しながら空中に停止して吸蜜するので，花に足がかりとなる止まり場の用意はない．色は白色(カラスウリ)や黄色(マツヨイグサ)あるいは淡紅色(ネムノキ)と，夜行性のスズメガにもみえるよう明るい色調であり，また花の存在を知覚されやすいよう高い香を放っている．

【昆虫をだます花】 昆虫に偽の匂いや形を示し何の報酬も提供せず，だまされた昆虫の労働力や命と引き換えに送粉をさせる虫媒花がある．マムシグサやウラシマソウには雄株と雌株があり，ともに円筒形の苞の中に多数の花がある．雄の苞には脱出孔があるが，雌の苞にはない．花のキノコ臭に引かれてハエ類が苞の中に入ってしまう．雄の苞から花粉にまみれて脱出したハエが，雌の苞に入ると送粉は成立するのだが，雌の苞には脱出孔はなくやがてハエは死んでしまう．タマノカンアオイもキノコ臭でキノコバエを誘い，花の中のキノコに似せたひだの間に卵を産ませる．その間に送粉をさせるのだが，生み付けられた卵は孵らない．ラン科にはハチの雌に似た花を着け，雄に偽の交尾をさせ送粉する花がある．

【虫媒花の花粉】 虫媒花の花粉は一般に粘性が高く昆虫に付着しやすい．ところが雄蕊が下向きに着く花の一部は，粘り気のないさらさらな花粉を生産する．この花粉はハナバチが吸蜜する際や(アセビ・スミレ)，花を故意に振動させた際に(→振動送粉)雄蕊からこぼれ落ちてハチに付着するのに適している．ツツジやマツヨイグサでは花粉が粘着糸で綴られており，送粉者のチョウやガにからみ付く．またラン科やガガイモ科では花粉塊(→花粉塊)を形成する．　　　　　　　(田中　肇)

虫媒受粉植物〔entomophilous plant〕

種子植物のうち花粉媒介昆虫が受粉を助ける植物の総称である．花粉媒介者には風・昆虫・鳥・水・小動物などがあり，それぞれ風媒植物・虫媒植物・鳥媒植物・水媒植物・動物媒植物と呼ばれている．実際にはこれらが組み合わさって受粉を行うことも多い．生井(1992)によれば，世界の栽培植物213種をみると，虫媒受粉植物は自殖性52種，他殖性79種の計131種(61.5%)，風媒受粉植物には自殖性19種，他殖性55種の計74種(34.7%)であり，両方を行う虫媒・風媒受粉は2種(0.9%)，残りが水媒や鳥媒となる．花粉媒介昆虫が受粉に関与する栽培植物は137種(64%)と虫媒受粉植物は栽培植物の中の多数派であるといえる．アルファルファなどの牧草，ハクサイなどアブラナ科野菜など虫媒他殖性作物では花粉媒介昆虫を人為的に積極的に利用し，品種種子の採種あるいはF_1種子の採種に役立てている．他殖性作物の受粉様式に関しては多くの研究がなされている(Faegri & van der Pijl, 1971；Uphof, 1968；Fryxell, 1957；Frankel & Galun, 1977)．同じ花の中に雄蕊も雌蕊もある両性花においても，ダイコンのように自家不和合性が強いため結実するためには花粉媒介昆虫による他家受粉を必要とする種，あるいはナタネのように自家和合性で自殖は可能であるが，自動自家受粉能力に変異があるため，昆虫の訪花により自家受粉が促進されるばかりでなく他家花粉も同時になされる(混合受粉される)種までさまざまである．また，メロンのように雌雄異花で結実には両性間の他家受粉が不可欠な種もある．　　　　　　　　　　(大澤　良)

柱帽 [caput, capita (pl.)]

花粉で，柱状層の頭部のふくれた部分 (Erdtman, 1952)． (守田益宗)

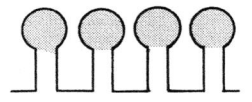

図　柱帽

中肋 [costa, costae (pl.)]

溝と関連した花粉の内層の肋状の厚くなった部分の1つ．中肋は多くは子午線状で，対で溝を縁どる．横溝と関連して transverse costa となる．赤道観でもっともよくみえる．(→付録図版) (高橋　清)

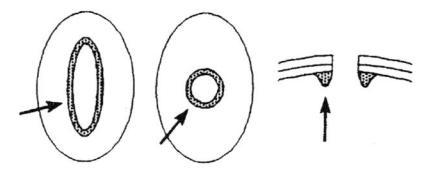

図　中肋 (Punt *et al*., 1994)

チューブリン [tubulin]

微小管を構成する単位蛋白質として毛利(1968)により命名された．微小管総蛋白質の80～90%を占める．チューブリン分子は，α-チューブリン(分子量5.6万)とβ-チューブリン(分子量5.3万)より成るヘテロ二量体である．微小管は，このチューブリン分子が縦に連なったプロトフィラメント(原繊維)が13本集合したものであるが，各プロトフィラメント上のチューブリン分子の位置はたがいにややずれており，左巻きの螺旋を形成している．α-チューブリン(Ponstingl *et al*.)とβ-チューブリン(Krauhs *et al*.)とも1981年にその全アミノ酸配列が決定された．チューブリン分子からの微小管の再構成は，脳のチューブリンを用いて Weisenberg(1972)が最初に成功した．再構成には Mg^{2+} と GTP(グアノシン三リン酸)，それに Ca^{2+} を除くための EGTA を加えて加温(37℃)する．低温(0℃)にすれば，微小管は再びチューブリン分子となる．コルヒチンはチューブリンと特異的に結合し，重合過程を妨げ，また微小管の脱重合を起こす．チューブリンの重合体としては，典型的なシングレット微小管(細胞質に存在する大部分の微小管)の他に，繊毛や鞭毛にはダブレット微小管がある．これらの軸糸の横断面は「9+2」の特徴的な微小管構造をもつ．すなわち，2つの中心小管と9対の周辺小管から成る．また中心体は，トリプレット微小管より成っている．繊毛や鞭毛の微小管には ATP アーゼ作用をもったダイニンより成る腕が付着していて，チューブリンやダイニンの相互作用により運動が起こることが知られている． (中村澄夫)

超遺伝子 [supergene]

特定の染色体に座乗している一群の遺伝子が，連鎖が強く一連の遺伝子座間では交叉がきわめて起きにくいために通常は1単位として行動する場合に，こうした1群の遺伝子を総称して超遺伝子と呼ぶ．これはイギリスの Darlington(1949)によって命名された．よく知られた例としては，ソバやサクラソウなどの異型花柱性植物の花型や自家不和合性などを支配している遺伝子が有名である．ソバの例を示せば，遺伝機構に関する当初の考え方は以下のような1遺伝子の多面発現 (pleiotropism) というものである．劣性ホモ *ss* なら長花柱花個体，ヘテロ *Ss* なら短花柱花個体となる．劣性ホモ *ss* の長花柱花個体は雌蕊が長く雄蕊が短く花粉が小さい花をつけ，ヘテロ *Ss* の短花柱花個体は雌蕊が短く雄蕊が長く花粉が大きい花をつける．しかも，自家不和合性であるため同じ遺伝子型をもつ個体間で他家受粉しても不適法受粉であり受精・結実できない．遺伝子型の異なる長花柱花個体と短花柱花個体の間でのみ適法受粉 (legitimate pollination) となり結実できる．しかし，その後の研究によってこれが超遺伝子であることがわかった．すなわち，放射線処理集団などのなかに雌蕊が長く雄蕊も長い等長花個体や，雌蕊も雄蕊も短い等長花個体が見出されたり，これに花粉の大きさもいろいろに組み合わさった種々の個体が発見されたのである．遺伝解析の結果，雌蕊の花柱長を決める遺伝子 *G*，花粉の大きさを決める *P*，雄蕊の花糸長を決める *A* ならびに自家不和合性の *S* の4つのサブユニットに支配さ

れている超遺伝子であることがわかったのである．　　　　　　　　　　　　（生井兵治）

長円柱型［columnate (adj.)］
エレメントの先端が丸いかまたはそれに近い平らな胞子型で，側面は円柱で平行，くびれない特徴がある．幅に対する長さの比(5.0以上)が大きく，小さい値のものと区別される．また曲がらないで直立する点で，曲がったり，湾曲したりするものと区別される．ノレム-川崎の型式の COL 型である(川崎，1971)．　　　　　　　　　　　（高橋　清）

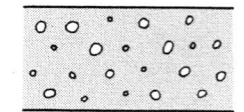

図　長円柱型
左：断面，右：平面．

長花柱花［long-styled flower；pin］
他殖性植物の多くは，個体内または個体間で花器形態に特別な差異がみられないが自家不和合性を示す，同型花自家不和合性植物である．ただし，自家不和合性を示す他殖性植物のなかには，個体ごとに花器形態が異なっている異型花柱性植物もある．たとえば，ソバでは，3本に分岐した長い花柱の柱頭が高い位置にあり短い花糸をもった8本の雄蕊が低い位置にある長花柱花と，反対に花柱が短く柱頭が低い位置にあり8本の長い花糸をもった短花柱花とがある．このように，異型花柱性植物において，雌蕊の柱頭が雄蕊の葯よりも高い位置にある花を長花柱花または長柱花という．(→異型花柱性)　　（生井兵治）

長球円形［prolate spheroidal (adj.)］　→長球状球形

長球形［prolate (adj.)］
極/赤道比(P/E ratio)が1.33～2.00の範囲の花粉型(Erdtman, 1943)．(→付録図版)
　　　　　　　　　　　　　　（守田益宗）

長球状球形［prolate spheroidal (adj.)］
長球円形ともいう．亜球形(subspheroidal)花粉のうち，極/赤道比(P/E ratio)が1.00～1.14の範囲のもの(Erdtman, 1952)．(→付録図版)　　　　　　　　　（守田益宗）

長口［sulcus, sulci (pl.)；sulcate (adj.)］
花粉の遠心極か向心極にあり，赤道軸に平行に長く延びた発芽口(Erdtman, 1952)．長口と溝は同じ形態であるが，その方向性が異なる．長口は赤道軸に沿って長く延びた発芽口であるのに対して，溝は極軸に沿って長くのびている．　　　　　　　　　（三好教夫）

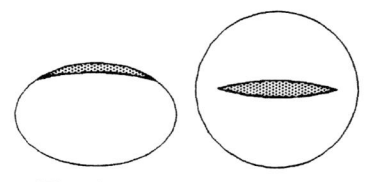

図　長口(Punt *et al*., 1994)
左：赤道観，右：極観．

彫刻［sculpture］→オーナメンテーション

長刺大網目型［echinolophate (adj.)］
長刺隆起条紋型，長刺隆起網紋型ともいう．刺状紋のある畝をもった隆起条紋型の花粉(Wodehouse, 1928)．例：カントウタンポポ[*Taraxacum platycarpum*]．　（三好教夫）

図　長刺大網目型(Punt *et al*., 1994)

長刺型［echinate (adj.)；spinate (adj.)］
エレメントの先端が鋭く尖って，長い刺状になった胞子型である．ノレム-川崎の型式で SPI 型(川崎，1971)．　　　　（高橋　清）

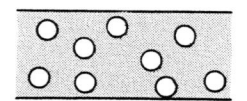

図　長刺型
左：断面，右：平面．

長軸型［longiaxial (adj.)］
花粉で，極軸が赤道の直径の長さより長いもの(van Campo, 1966)．長球形と同義．
　　　　　　　　　　　　　　（高橋　清）

長柱花［pin；long-styled flower］→長花柱花

鳥媒花，コウモリ媒花［bird flower, ornithophilous flower；bat flower, chiropterophilous flower]

　鳥媒花は鳥（→送粉動物）により送粉される花である．赤やパステルカラーなど目立つ色彩で，虫媒花よりは糖度の低い蜜を多量に提供する．ハチドリに送粉される花は，ハチドリが空中停止飛行をしながら吸蜜するので花の周辺には足がかりはない（サルビア・フクシア）．ハチドリ以外の鳥に送粉される花は，ゴクラクチョウカやデイゴ類のように苞や花の近くの枝など何らかの止まり場を用意している．日本ではサクラ・ヤブツバキ・ヤッコソウなどが鳥媒花として知られている．コウモリ媒花はコウモリ（→送粉者）により送粉される花である．コウモリは花にしがみついて採餌するため花は堅固にできており，夜間に開花し多量の蜜や果肉様の餌を提供する．色は白や淡い色彩（サボテンなど）または暗色（トビカズラ類）で強い匂いを発散する．ただし鳥媒花とコウモリ媒花は構造的に共通する点が多く，鳥とコウモリの両者により送粉される花もある（ツルアダン・デイゴ類）．

（田中　肇）

鳥媒花粉［ornithophilous pollen］

　鳥によって媒介が行われる花粉．南アメリカではハチドリが吸蜜によって花粉を媒介することはよく知られている．日本ではウメ・ツバキ・ヤッコソウなどの花粉はメジロによって媒介されるという．しかしこれらの花には昆虫も訪れるので，鳥媒花粉と虫媒花粉は厳密には区別できない．（→虫媒花粉）

（畑中健一）

重複受精［double fertilization］

　種子植物のうち雌性配偶子である胚嚢が雌蕊の子房の胚珠内に収まっている被子植物に特有の受精様式である．まずドイツの植物学者 Strasburger（1870）は，マルタユリの花粉のなかに2個の核があることを1870年に発見し，その後ロシアの Nawaschin（1898）とフランスの Guignard（1899）が同様にマルタユリの生殖過程について研究し，2個の雄核がそれぞれ卵核（卵細胞）ならびに極核（中心細胞）と合体することを相次いで発見した．そこで Strasburger（1900）は，前者の合体を生殖受精，後者の合体を栄養受精と呼び，両者を合わせて重複受精と命名した．現在わかっている重複受精の過程の概略は以下のとおりである．雌蕊の柱頭上に受粉された花粉から発芽した受粉管が花柱の誘導組織を通って珠孔に近づくと，2個ある助細胞の先端部分が吸水して柔らかくなり花粉管を受け入れるための特別な装置である線形装置が形成される．次いで線形装置に面した胚嚢壁が肥大して空胞が生じ，やがてこれが破裂して胚嚢壁に穴があいて，花粉管を受け入れる準備が整う．珠孔から侵入してきた花粉管の先端は，一方の退化した助細胞内の線形装置を通って助細胞内に入って伸長を停止し，先端付近の花粉管壁が裂けて2個の雄核と1個の栄養核が細胞骨格に包まれたまま他の花粉内容物とともに細胞内に放出される．こうして2個の雄核が細胞骨格から解き放たれて自由に行動できるようになると卵細胞側に面した助細胞壁が裂け，雄核が卵細胞や中心細胞に向かうための原形質連絡（細胞間橋）が助細胞との間に形成される．このようにして珠孔から胚嚢内に侵入した1本の花粉管から放出された，第1雄核は卵核と，第2雄核は極核と受精する．前者の受精卵は胚（2n）に，後者の受精極核は胚乳（内胚乳，3n）となる．通常は，細胞骨格から解き放たれた2個の雄核が細い原形質連絡を通って卵細胞や中心細胞に到達するまでの間に花粉の細胞質はすべてはずれてしまい裸の核となって受精するので，細胞質は雌親からしか伝わらない．ただし，まれに1個の胚嚢内に複数の花粉管が侵入してしまい卵核と極核が異なる花粉の雄核と受精するなどの異型受精（hetero-fertilization）が起きたり，原形質連絡が細くないために卵核に到達した時点でもミトコンドリアや色素体などの細胞質が雄核に付着したまま受精することになり細胞質の雄性伝達がみられることもある．

（生井兵治）

彫紋層［sculptine；sculptinium］

　彫層ともいう．花粉で，上壁のうち，無刻層を除いたすべての部分を指す．模様が有刻層か周皮のどちらにあるかわからない場合

に，漠然と模様のある部分を示すときに用いられる(Harris, 1955). (→付録図版)

(守田益宗)

調和パターン [concordant pattern]

花粉の有刻層の彫紋パターンで，柱状層の配置状態と，外表層上の彫紋要素の配置とが同じであるようなものを指す(Faegri & Iversen, 1989). 同じ配置状態にない場合は非調和パターン(discordant pattern)という．

(守田益宗)

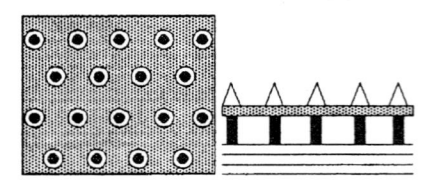

図　調和パターン(Punt et al., 1994)

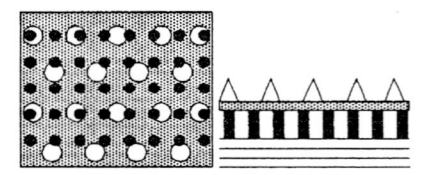

図　非調和パターン(Punt et al., 1994)

直線畝型 [rectimurate (adj.)]

直線状畝型ともいう．花粉・胞子で，網状紋の畝がうねることなく，まっすぐに直線状になっていることをいう．対語は湾曲畝型．

(高橋英樹)

直達放射量 [direct radiation]

太陽から地球に入射する光のうちで，大気や微小粒子による反射・散乱を受けずに地表面に直接到達する光のこと．太陽高度が高いほどそのエネルギーは大きくなる．太陽からの全エネルギーのうちの直達放射量の割合は $0.86 * R^{1.3}$ で表される(R＝実際の日照時間/可能日照時間). 散乱放射量の割合は $1-0.86 * R^{1.3}$ になる．これによると快晴の状態でも直達放射は85％であり，残り15％は散乱放射ということになる．　(村山貢司)

直交溝 [transversal furrow]

花粉で，長楕円形の内溝(endocolpus)が外溝(ectocolpus)に直交する場合の内溝部分(Iversen & Troels-Smith, 1950). 例：ヤグルマギク[Centaurea cyanus].

(内山　隆)

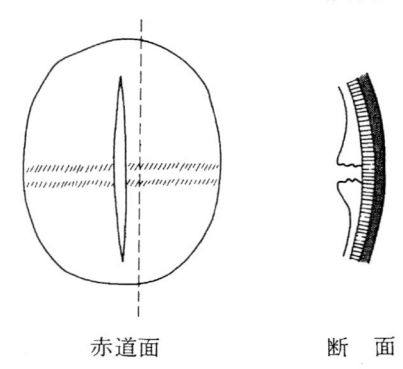

赤道面　　　断　面

図　直交溝(Moore et al., 1991)

地理的隔離 [geographical isolation]

空間的隔離機構のうち，分布域が大きく離れていることによって起きる隔離．離れているとはいっても単に遠隔地ばかりではなく．独立した2つの谷，高低差の大きい山の斜面，大きな山や川に隔てられた地域，孤島などもこれに該当する．　(佐藤洋一郎)

ツ

つい(対)列溝型 [geminicolpate (adj.)]
　花粉で，1対で配列した溝を有する型 (Erdtman, 1952).　　　　　（高橋　清）

通導組織 [transmitting tissue] →誘導組織

使い捨て花粉交配用蜂群 [disposable pollination unit, DPU]
　日本の花粉交配用ミツバチ蜂群数は1970年代の後半から急激に増加し，90年には15万群を越えている．これらは主に養蜂家が農家に貸し出す形をとっているが，小群を売却してしまって使い捨てにする方式も一部で採用されている．　　　　　（佐々木正己）

月別飛散数 [percentage of monthly total pollen count]
　1年間を1月から12月までに分け，それぞれの月ごとに，どれくらいの花粉が捕集されたかを表す．花粉の種類別で示したり，観測されたすべての花粉数で示す場合もある．日本においては，2月から5月に多くの飛散が認められる．7，8月および11月から翌年1月は，飛散はあまり認められない．ほかに週別飛散数(weekly total pollen count)や，旬別飛散数(tendays total pollen count)もよく使われる．　　　　　（劒田幸子）

月別飛散率 [percentage of monthly total pollen count]
　1年間に捕集された花粉数を，月ごとの割合で表したもの．総飛散数を月別飛散数でわった数．　　　　　（劒田幸子）

ツバキ花粉症 [camellia pollinosis]
　ツバキ[*Camellia japonica* var. *japonica*](ツバキ科)は本州から九州の海岸や近くの山地に生え，暖帯の常緑樹の代表樹種の1つで南朝鮮にも分布する．全体に無毛．花は早春，半開し上向きに1個ずつ着き，柄はない．園芸種は多い．種子から油を採る．材は強く堅い．建材・器材に用いる．和名厚葉木または津葉木は葉につやがあるためにいう．花粉粒は三溝孔粒，6B^6（幾瀬の分類(1956)）で44×46μm．1月から4月に開花する．ツバキ花粉症は1989年，秋山らにより報告された．ツバキ栽培愛好家の66歳の男性で，60歳ころより数百本のツバキを栽培し，香を嗅いだり，人工授粉の目的で花弁・葯に鼻を近づけていたところ，62歳ころより花に顔を近づけると直後に鼻症状が出現し，夜半にも鼻・眼症状，時に下気道症状が出現するようになり，66歳時に精査・治療目的で病院を受診した．持参したツバキ花粉の抽出液で皮内反応強陽性を示し，特異的なIgE抗体が認められた．また誘発反応として気管支反応・眼反応・鼻粘膜反応検査を施行し，陽性所見を得ている．他の花粉にも陽性所見を示したが，症状の経過からツバキ花粉症と診断された．報告例にみられるような愛好家の間では毎日香を嗅ぐためにツバキ花粉に暴露される機会が多く，濃厚な花粉との接触があり，感作されてアレルギーが起こると考えられている．ツバキは虫媒花であり，一般の風媒花による花粉症とは異なるため職業性花粉症に入れられていない．抗原回避のマスク着用と抗アレルギー薬の予防的吸入で，症状が軽減している．ツバキ花粉皮内反応陽性は施行者49名中8名(16.3%)に認められている（秋山ら）が，職業的（または愛好家的）に相当量暴露されて起こる症状であると考えられる．ツバキを栽培して椿油を採取する地域では開花時期は注意を要すると思われる．　　　　　（岸川禮子）

蕾受粉 [bud pollination]
　開花前にすでに受精能力をもっている雌蕊の柱頭に，成熟花粉を受粉すること．配偶体型自家不和合性を示すペチュニアでは，柱頭に不和合性花粉が受粉された場合，花粉管の

した花粉管は花柱内で集積した阻害物質により伸長阻害を受け，それ以後の伸長ができなくなり，受精が阻害され，不和合性となる．この阻害物質は開花後の花柱に集積するもので，蕾の段階では認められない．また，ペチュニアの柱頭は開花2～3日前にはすでに成熟状態にある．そこで，自家不和合性を打破する目的で，蕾の柱頭に不和合性花粉を受粉する蕾受粉が行われている．このような蕾受粉では不和合性花粉を受粉しても自家不和合性が効率的に打破され，稔実種子が得られる．ここで，自家不和合性花粉を受粉して得られた種子から生育した植物体は，正常な受粉・受精過程を経て得られたことを示すように，二倍体であり，親と同様の自家不和合性を示す．さらに，ペチュニアでは，自家不和合性を打破するために，繰り返し受粉を行う重複受粉や，柱頭を取り去って，胎座に直接受粉する胎座受粉など種々な方法が考案されている．胞子体型自家不和合性を示すアブラナ科のハクサイ・キャベツやダイコンなどでも，不和合性の打破に蕾受粉が広く利用されている． (服部一三)

ツリーシーズン [tree season] →木本花粉季節

テ

ティ・エム・データ [thematic mapper data]

ランドサット衛星4号と5号に搭載された改良型多重スペクトル走査放射計につけられた名称で，7つのスペクトルバンドをもち同時に地表を観測している．地上における空間分解能はバンド1～5と7は30m×30m，バンド6は120m×120mで，各バンドごとに16個の検出器をもつ．MSS（多重スペクトル走査放射計）と同様に機械走査方式のスキャナーであり，衛星の進行方向と直角に地表面を走査する．各バンドの波長帯と主な植物学・花粉学分野への応用を示せば，バンド1は波長帯が0.45～0.52μmで落葉樹と針葉樹の区別，土壌と植生の区別に，バンド2は0.52～0.60μmで植生の活力度の指標に，バンド3は0.63～0.69μmでクロロフィルの吸収帯と関連する，バンド4は0.76～0.96μmでバイオマスの調査に，バンド5は1.55～1.75μmで植生などの水分測定に，バンド6は10.4～12.5μmで植生の表面温度など熱特性の測定に，バンド7は2.08～2.35μmで植生の判別などに用いられる．

（高橋裕一）

低温障害 [low temperature injury]

作物にはそれぞれ生育にとっての適温域がある．一方，気象には年次変動があり，適温域から逸脱すると作物の生産量が低下する．とくにイネなど熱帯起源の作物が冷涼地に導入された場合，夏の低温により冷害が発生する．日本での低温障害の研究はイネの耐冷性育種に伴って進展してきた．イネは熱帯起源の作物であるが，早生化と耐冷性の付与により高緯度地帯でも生産が安定化するようになってきた．イネの冷害は遅延型・障害型・混合型に大別できる．生育遅延は，春から夏にかけての低温により生育が遅れ，登熟が不十分となるものであり，とくに晩生品種で被害が大きい．障害型は障害型不稔といい，イネの生育の特定時期（穂ばらみ期）に低温にあうと花粉形成が障害を受けて不稔花粉が多発することによって結実率が低下することである．混合型はこれら2者が混合されたものである．

（大澤　良）

定花性 [flower constancy]

花を訪れる動物が特定の種の花を訪れ続ける習性をいう．定花性の強い動物が送粉者となる花では，送粉に使われる花粉や蜜などの消費効率がよくなるため，それらの動物だけに利用できる形で良質の餌を提供する．ハナバチ類は定花性が高く，ウツギの花1種のみを訪れるハチ（→送粉者）も知られている．またマルハナバチは主となる1種の花を訪れながら，時に他の種の花を調査し餌が多いと知ると，そちらに移行して訪れ続ける習性がある．ミツバチは探索蜂が探し出した餌の多い花を集中して訪れる．ともに定花性が高い．アゲハ属のチョウやスズメガ類は比較的定花性が高いため，それらを送粉者とする花は口吻の長さに対応した長い筒の中に多量の蜜を用意している．ただアゲハ属以外のチョウは定花性が低く，それらを特定の送粉者とする花はない．

（田中　肇）

ティー(T)細胞質 [T-cytoplasm]

アメリカのテキサス州で見出され，しばらくの間ひろく利用されたトウモロコシの雄性不稔性細胞質のこと．しかし，この細胞質は1970年からゴマ葉枯病に罹患化したために利用を中止せざるをえなくなった．この細胞質雄性不稔性は，20世紀初頭からの米国におけるトウモロコシの一代雑種品種（交雑品種）育種の実用化に大きく貢献した．すなわち，米国ではこの雄性不稔性細胞質を利用することによって，F_1種子の採種圃場における種子

親系統の雄穂を切除する除雄作業が不要となりF_1種子生産が容易となり，1935年にはトウモロコシの栽培面積の約半数が，45年にはすべてが一代雑種品種となった．日本でも49年から始まっていた一代雑種品種育種にT細胞質が導入され，59年に登録の農林品系交8号を皮切りにこの雄性不稔性細胞質を利用した一代雑種品種が次々に育成され農家に普及していった．ところが，米国において70年からゴマ葉枯病の新しいレースが蔓延してT細胞質をもったトウモロコシ品種だけに好んで寄生するようになり，日本でも同様の現象が生じたため，T細胞質利用による一連の一代雑種品種は世界的に利用できなくなった．その後，新たな雄性不稔性細胞質の利用が試みられているが実用化していないため，現在は除雄機による除雄に頼ったF_1種子生産が行われている．　　　　　　　　（生井兵治）

T字型四集粒［T-shaped tetrad］　→四集粒

泥炭［peat］

沼沢地や浅くなった湖には固着生活する沈水植物が生育する．これらの群落がさらに沼地をうずめていき，これらの植物の遺体が堆積する．またカヤツリグサ科の植物やヨシなどのイネ科の植物が侵入し湿原を形成して，湿潤地に生育していた樹木や他の草本類および藻類・コケ類などの植物の遺体が厚く堆積する．温暖な地域であれば植物の遺体は分解し，腐植質となるが，寒冷地では遺体は十分分解しないまま堆積する．熱帯では分解より植物の供給が多いときに生じるといわれている．水で飽和されるため，好気性菌類が存在しえず，分解には嫌気性菌類しか関与できない．したがって分解が緩慢であり，また酸性腐植が多量に生産されて，嫌気性菌類の活動も抑制されると，さらに分解が遅くなる．このような環境下で形成される植物遺体が泥炭である．日本では北海道から沖縄まで湿原がみられるが，泥炭地の面積が広いのは北海道である．日本の各地には最終氷期以降に形成された泥炭層が知られ，晩氷期・後氷期の植生の変遷を調べるのに重要である．また，鮮新世-更新世に形成された地層の中にも知られることがある．泥炭層は花粉分析結果でも草本類・胞子類の多産を示して，特殊な気候条件および環境条件を強く反映するものとなっている．　　　　　　　　　　　（長谷義隆）

Tパターン［T-pattern］　→外表層

底部層［foot layer］

脚層ともいう．花粉・胞子で，外層の内側の層(Faegri, 1956)．柱状層の小柱の脚に相当する層．(→外層，付録図版)（三好教夫）

デオキシリボ核酸［deoxyribonucleic acid, DNA］

DNAは，ヌクレオチドを構成単位とするポリマーである．ヌクレオチドは，塩基・糖（D-2-デオキシリボース）およびリン酸から成る．塩基はアデニン(A)，グアニン(G)，シトシン(C)，チミン(T)がほとんどであるが，N^6-メチルアデニン，N^2-メチルグアニン，5-メチルシトシン，5-ヒドロキシメチルシトシンといった微量塩基も存在する．ポリヌクレオチドは，デオキシリボースに塩基とリン酸が結合したモノヌクレオチドが，ホスホジエステル結合で連なったものであり，DNAはポリヌクレオチド鎖が2本逆向きで右巻きに螺旋状に巻き付き，二重螺旋構造となっている(ワトソン-クリックモデル)．そして各鎖からは中心軸に直角に塩基どうしが向かい合ってAとT間で2つ，GとC間で3つ水素結合が形成されている．DNAには，A型・B型およびZ型の構造が存在することが知られているが，生体内ではB型構造をとっているといわれている．DNAは蛋白質のアミノ酸配列およびRNAのヌクレオチド配列を規定しているが，多くの真核生物にはイントロンと呼ばれる翻訳されない配列とエクソンと呼ばれるコードされる配列が存在している．花粉では三核性と二核性での1つの精細胞におけるDNAの含量に違いがある．三核性花粉は生殖核が分裂して2つの精核になった状態で葯から出てくるのに対して，二核性花粉はDNAは合成されて倍増しているが，分裂していなくて1つの精核の状態で出てきたものである．後者は花粉が柱頭に付いて発芽して

から，2つの精核に分かれる．成熟花粉のDNAは，アカマツやテッポウユリなどから分離されている．また，花粉にだけ存在する遺伝子も分離されている．しかし，DNAからmRNA, tRNAおよびrRNAへの転写は，開葯前にすでに大部分が終了しているとの報告がある．また，ムラサキツユクサのリボソーム遺伝子は，成熟花粉や花粉管伸長時にはほとんど不活性であるようである．（船隈　透）

適応［adaptation］
生物が環境の変化に対して形態的または生理・生態的に対応し，個体または集団として生物のもつ根源的な本性としての個体保持と種族維持を満足に行い繁殖をまっとうすること．個々の生物は生活環のすべての過程で適応力をもたなければ世代交代をまっとうできないが，野生植物では環境との相互作用において種子発芽適応，開花適応，受粉・受精・結実適応，種子伝播適応の形態とその強さがとくに問題となる．ある環境のもとである遺伝子型をもつ個体が孫世代個体を繁殖するまで生存する次世代個体をどれだけ残すことができるかという適応度（fitness）または適応値（adaptive value）の大小によって適応力を表すことができる．最高の適応力をもつ遺伝子型の適応度（適応値）は1であり，適応度の自然対数はマルサス係数（coefficient of Malthus）と呼ばれる．植物における適応の型（適応戦略；adaptive strategy）についてみると，個体としての適応には環境に応じて表現型を一時的に変えて適応しようとする遺伝的可変性（genetic plasticity）がある．また，集団としての適応には，遺伝子の組み換えの程度を制御しつつ集団内の遺伝構造を変えながら適応していこうとする，生殖的隔離（reproductive isolation）と自然淘汰（natural selection）の機構がある．ここで，集団としての適応戦略について少し詳しくみてみると，親から子への遺伝情報の伝達の過程である繁殖体系（reproductive system）の形態と環境とのかかわりが大きい．植物の繁殖体系は，きわめて多様性に富んでおり生活環のなかでもっとも高度に進化した重要な系である．す

なわち，環境に応じて変化する多様な繁殖体系の要素として，1）栄養繁殖力と種子繁殖力の大小，2）自殖性と他殖性の大小，3）花粉流動の強さと範囲，4）雌雄配偶子の稔性の大小，5）種子生産力の大小，6）種子散布力の大小，7）種子休眠性の大小，8）種子埋土性の大小，9）生存年数の大小，10）集団中で繁殖活動ができる個体の割合の大小などがある．これらの要素の大小がいろいろに組み合わさって，後代における集団に遺伝構造の変異の大小や遺伝的ヘテロ性の大小などが規定され，適応の型や適応度が変化する．（→K選択）（生井兵治）

出口［exitus］
総壁から花粉管の出る場所（Wodehouse, 1935）．（→口）（三好教夫）

テジラム［tegillum, tegilla (pl.)］→外表層

テンサイ花粉症［sugarbeet pollinosis］
テンサイ（サトウダイコン・サトウジシャ・ビート）［*Beta vulgaris* var. *saccharifera*; sugarbeet］は，アカザ科に属する．欧州原産の二年草で，北部とくに北海道で栽培される．根を砂糖の原料にするため開花に通常接しない．欧米では取り残して成熟した本草花粉に自然感作が成立することがあるという．花粉粒は少数散孔型で，20μm大の球形．花粉季は畑で7月であるが，温室では2月と7月．初報告は松山が1972年に行っている．品種改良・育種等を行う研究所に多発した13例である．眼・鼻症状のほか喘息症状を伴うものもあるが，いずれも職業的に花粉接触と関連している．皮内テストで種々の花粉に陽性であるが，とくにテンサイ花粉に過敏で閾値1：10^7, P-K抗体価1：625以上を呈する例さえある．特殊環境のゆえか他に類例報告はない．（信太隆夫）

転地療法［change of air for health］
I型アレルギー疾患では，その原因物質（抗原）が生活環境に存在するため，これを除去ないし回避することが，根本的な治療となる．もし，その抗原の除去・回避が困難であれば，患者がその物質から離れるために転地するこ

とが効果的な治療手段となる．日本は南は一部亜熱帯から北は一部亜寒帯に及ぶことから，植生の地域差が大きく，花粉抗原の地域差をもたらしている．そのため国土は狭いにもかかわらず花粉症の転地療法が国内で可能である．スギ花粉症・ブタクサ花粉症では北海道が転地療法の適地である（信太，1978；長野，1978；宇佐神，1989 a，b）．一方，沖縄県では日本で問題となっている多くの花粉症の転地療法の適地といえる（宇佐神，1989 a，b）．ただ，実際に転地療法の恩恵を受けられる人は職業上，また経済上限られているのが難点である．
（宇佐神篤）

天然林［natural forest；naturally forest-(stand)；primeval forest］

造林や保育などの人手がほとんど加わっていない森林をいう．人工林に対する用語として，人工造林によらずに成立したすべての森林を指す場合と，人為的な影響を受けていない原生林（virgin forest）を意味する場合とがある．森林が伐採された後に，人力によらないで，自然に散布した種子の発芽や切り株からの萌芽などによって再生した森林，すなわち天然更新（natural regeneration）した森林を天然生林（naturally regenerated forest）と呼ぶ．
（横山敏幸）

点鼻用血管収縮薬［topical nasal vasoconstrictor］

正常の鼻粘膜は自律神経の支配を受けている．すなわち，副交感神経の緊張により血管は拡張し，鼻粘膜は腫脹，鼻汁は増加する．交感神経の緊張によって血管・鼻粘膜は収縮し，鼻汁は減少する．花粉症による鼻汁増加や鼻閉は，副交感神経の過剰刺激の結果起こると考えられている．花粉症の治療薬の1つとして用いられる点鼻血管収縮薬には交感神経刺激作用があり，鼻汁・鼻閉などの症状の改善が期待できる．その最大の長所は即効性にあるが，作用の持続時間が短いため，一般に頻回使用される傾向にある．しかし，反復して使用するうちに薬剤に対する粘膜の反応性が低下したり，かえって粘膜が充血して鼻閉を引き起こしたりすることがある．全身的には血圧上昇や心悸亢進などの副作用を生じることもある．以上より，花粉症の鼻閉対策としては，局所用ステロイド剤の使用による治療を主とし，点鼻血管収縮剤は鼻閉増強時に最小限の使用にとどめるべきである．
（榎本雅夫）

澱粉［starch］

植物の代表的貯蔵多糖である．結合の違いからアミロースとアミロペクチンに分けられる．アミロースはD-グルコースがα-1,4結合して直鎖状につながったものであり，アミロペクチンはα-1,4鎖のところどころで，D-グルコースがα-1,6結合を形成したものである．これらの構成比は品種によっても差があり，米・トウモロコシ・アワなどのもち品種の穀粒はほとんどアミロペクチンである．多くの花粉は花粉形成過程あるいは発芽する過程で澱粉を蓄積したり，消費したりするが成熟トウモロコシ花粉には乾燥重量として20％以上も含まれている．花粉の形成過程および発芽・花粉管伸張過程では澱粉-スクロースの相互転換反応が活発に行われており，これらを中心とする糖代謝や関連酵素の研究にとって花粉はきわめて都合の良い材料である．成熟花粉あるいは発芽した花粉を破砕後，濾過を行うと澱粉粒は濾紙を通過するので容易に集めることができる．培養クロマツ・成熟ガマおよびトウモロコシ花粉から得たデンプン粒は1〜2μmであり，X線回析による分析では穀類澱粉粒に典型的なA型に属している．
（原　彰）

澱粉花粉［starch pollen］

栄養源として澱粉粒を含むアミロプラストを多くもつ成熟花粉をいう．Bakerら（1979）は次のようなことを報告している．1）原始的なタイプの種子植物の花粉は澱粉を含む．2）昆虫のあるものは花粉を栄養源として食するが，脂肪があって，澱粉のないものを選ぶ．3）小さい花粉は一般に澱粉が少なく，脂肪が多いが，大きい花粉は澱粉を含むことが多い．澱粉花粉をもつ植物としては，イネ科・アマ科・オモダカ科などのものに多い．
（三木壽子）

ト

同網目紋型［homobrochate (adj.)］
　ホモ網状紋型ともいう．網状紋をもつ花粉において，網目のサイズが花粉粒全体にわたってほぼ均一のものをいう．対語は不同網目紋型．
　　　　　　　　　　　　　　（高橋英樹）

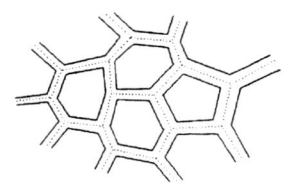

図　同網目紋型（Blackmore et al., 1992）

糖アルコール［sugar alcohol］
　グリシトールともいう．アルドースおよびケトースのカルボニル炭素を還元して生じる．D-グルコースからはD-グルシトール(D-ソルビトール)，D-ガラクトースからはD-ガラクチトール，D-マンノースからはD-マンニトール，D-フルクトースからはD-グルシトールとD-マンニトールが得られる．花粉では環状糖アルコールであるイノシトールが重要あり，遊離状態で見出され，またその六リン酸エステルであるフィチン酸としても存在する．　　　　　　　　　　　　　（原　彰）

遠縁交雑［wide hybridization］
　種間・属間あるいは分類学上さらに縁の遠い植物間での交雑をいう．栽培種の遺伝的多様性を広げるために行われるほか，類縁関係の推定のために行われることもある．通常の交配では種々の障害のために雑種植物を得ることが困難である．受精前の障害として，花粉が柱頭上で発芽しなかったり，発芽しても花粉管が柱頭へ侵入しない場合やたとえ侵入してもその後花柱内で伸長を停止してしまう場合もある．これらの障害を克服するために，交配の方向を変えて受粉することや花柱を短く切除して受粉することが有効である場合がある．さらに広く有効性が確かめられている方法として試験管内受精や細胞融合がある．受精後の障害としては，受精胚の発育停止がもっとも一般的な現象である．これに対処するために，胚培養・胚珠培養・子房培養・細胞融合が使われる．雑種致死や雑種弱勢などの克服には染色体倍加処理が行われる．
　　　　　　　　　　　　　　（丸橋　亘）

透過酵素［permease］
　極性化合物やイオンが，濃度の高い領域から低い領域へと，促進拡散で膜を通過するときにはたらく膜蛋白質をいう．このような膜輸送は，受動輸送ともいう．これに関与する膜蛋白質は，トランスポーターともいい，輸送物質(基質)と，酵素のように弱い非共有結合による相互作用と立体特異性でもって結合する．これにより，この蛋白質は，膜透過に必要な活性化エネルギーを低くしている．促進拡散のキネティクスは酵素触媒反応のキネティクスに類似しており，この系は，細胞膜内外の基質濃度がすみやかに平衡になるようにはたらく．赤血球におけるグルコースの膜透過は，グルコースに特異的な透過酵素によって行われることが知られているが，花粉における透過酵素についてはほとんど明らかにされていないようである．　　　（船隈　透）

等極性［isopolar (adj.)］
　等軸性ともいう．花粉・胞子で，向心側半球と遠心側半球とが同形・同大で，赤道面で対称性を示すもの(Erdtman, 1947)．
　　　　　　　　　　　　　　（守田益宗）

同型接合体［homozygote］
　二倍体または倍数体において，相同染色体すなわち対をなす染色体上に座乗している対象とするいくつかの遺伝子について，対立関係にあるすべての遺伝子が機能的・座位的に相同である個体を同型接合体(ホモ個体)といい，異型接合体の反語である．たとえば，1

対の対立遺伝子ならば AA, aa, 2対の対立遺伝子ならば AABB, AAbb, aaBB, aabb という具合である．自殖性の強い植物は他殖性植物に比べてきわめて多くの遺伝子について同型接合体となっており，劣性遺伝子をホモ化して顕在化させ自然淘汰を受けやすい集団である．一方，他殖性の強い他殖性植物ではその多くの個体が異型接合体であり，集団における遺伝的多様性を保持する機構としてはたらいている．ここで，同型接合体は，自殖または近親交配（近交）を繰り返し，自殖によって異なる形質を示す個体が分離しないことを確かめることによって作出される．（→異型接合体） （生井兵治）

等軸型 [equiaxial (adj.)]
赤道直径に等しい長さの極軸をもつ花粉粒． （高橋英樹）

淘汰圧 [selection pressure]
個々の遺伝子にはたらく自然選択の強さのこと．選択圧ともいう．選択の影響により世代ごとの遺伝子頻度の変化により，選択係数（selection coefficient）として示される（Wright, 1921）．集団に AA, Aa, aa の遺伝子型個体がそれぞれ p^2, $2pq$, q^2 の割合であったとする．ただし，$p+q=1$ とする．各遺伝子型の適応値を $W_0=1-s_0$, $W_1=1-s_1$, $W_2=1-s_2$（s_0, s_1, s_2 は各遺伝子型の選択係数）とすると，1代後の遺伝子aの頻度 q_1 は $q_1=(q^2W_2+pqW_1)/W$（W は平均淘汰値）となる．そこで，遺伝子aの頻度の変化は $\Delta q=q_1-q$ であり，$\Delta q=pq\{q(W_2-W_1)+p(W_1-W_0)\}/W$ で表せる． （大澤　良）

同調性 [synchrony]
一定の細胞集団における発生時期の均一性をいう．葯内でいっせいに発生が始まる花粉形成は他の組織・器官と比べて同調性が高く，とくに減数分裂期は花粉母細胞間の原形質連絡によって高度に同調していることが知られている． （田中一朗）

同調分裂 [synchronous division]
ある細胞集団のすべての細胞が同じ細胞周期で同時的に細胞分裂を行うこと．自然の状態では，動物の受精卵の初期卵割，花粉母細胞や精母細胞などにおける減数分裂，胚乳細胞の初期分裂などでみられる．また通常，多核体の核も同調分裂している．細胞分裂機構の研究では同調集団を得ることが必要不可欠であるため，上述のような自然現象を利用するほか人為的に同調集団をつくり出す同調培養も行う．同調分裂は，同じ分裂周期にある細胞の集団を得るような操作を行った後，いっせいに分裂周期を進行させるという原理で行われる．具体的には，細胞の大きさを指標として同時期の細胞を選び出す方法，動物培養細胞で分裂期の細胞が培養器から剥がれやすくなることを利用する方法，温度処理や薬剤処理により細胞周期をある一点にとどめる方法などが利用されている． （田中一朗）

童貞生殖 [androgenesis] →偽受精雄核胚発生

糖ヌクレオチド [sugar nucleotide]
ヌクレオシド5′-二リン酸の末端リン酸基と糖の還元基とがエステル結合した構造をもつ化合物の総称である．ヌクレオシド部分としてはウリジン・デオキシチミジン・シチジン・アデノシン・グアノシンなどがあり，糖部分にはペントース・ヘキソース・ヘプトース・ウロン酸・アミノ糖・デオキシ糖などが含まれている．糖ヌクレオチドは酸化還元，エピ化，アミノ基・メチル基・硫酸基などの導入，ペントース・ウロン酸の形成反応によってさまざまな修飾された糖をつくり出す生理的機能とオリゴ糖・多糖・配糖体の生合成過程において糖残基を提供する機能ももっている．花粉が発芽する際には澱粉合成，細胞壁成分であるセルロース・ヘミセルロース・ペクチンの合成が盛んになるので，糖ヌクレオチド合成酵素である UDP(ADP)-グルコースピロホスホリラーゼなどの強い活性が見出される． （原　　彰）

動物媒花粉 [zoophilous pollen]
鳥（鳥媒），昆虫（虫媒），コウモリ，カタツムリなど動物によって媒介される花粉の総称で，このような花粉をつくる植物を，動物媒植物（zoophilous plant）という．動物媒植物の受粉は昆虫によるものが圧倒的に多い．（→

虫媒花粉，鳥媒花粉）　　　　（畑中健一）

頭部連接円柱［bacularium, bacularia (pl.)］

花粉で，頭部が融合してみえるような円柱の一群を指す(Erdtman, 1952)．

（守田益宗）

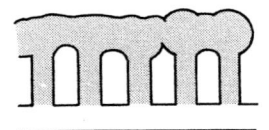

図　頭部連接円柱

トゥラ［tula, tulae (pl.)］

裸子植物花粉などにみられる遠心極側の長口または類口の軸方向末端にある有刻層の膨部(Jansonius & Pocock, 1969)．

（守田益宗）

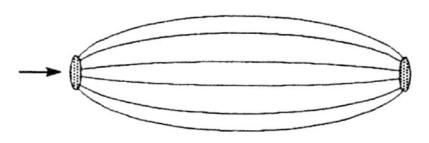

図　トゥラ(Punt *et al.*, 1994)

同類交配［assortative mating］

集団の適応と分化に深く関係している生殖的隔離機構の1つであり，植物集団でよくみられる例は時間的隔離の1交配形態である．すなわち，遺伝的多様性に富んだ他殖性植物の集団内に開花必要条件の個体変異がみられるときに，任意交配(無作為交配)が起こらず，開花期が同調した個体間に起こる他家受粉による他家受精を指す．このような同類交配が集団内で何代も続いて繰り返されれば，やがてこの集団は開花必要条件すなわち開花期を異にするいくつかの分集団に分化し，それに伴って他の諸形質についても分集団ごとに異なった特徴を示すようになる．開花必要条件の遺伝的変異を潜在している集団が環境を異にする別の地域に移されたとき(とくに低緯度地帯から高緯度地帯へなど)，一部の個体が新しい環境に反応して開花期を早めたり遅めたりして同類交配を誘発することがある．また，他殖性植物の育種の過程では，対象形質の均質化を図るために，広い意味では同類交配の概念に入れられる兄弟交配を人為的に行うことがある．（→任意交配）　（生井兵治）

トゥルマ［Turma, Turmae(pl.)］

Potoniéによる先第四紀の化石胞子・花粉を対象にしたその形態属の人為的なグルーピングである．トゥルマはAnteturmae SporitesとPollenitesの下にグループ化されている．これはさらにSubturmaとInfraturmaに分けられている．　　（高橋　清）

特異的IgE［specific IgE］　→IgE

特異的IgG［specific IgG］　→免疫グロブリン

刺［spine］

ふつうは，花粉や胞子表面にあって針のように先端がしだいに細くなっていく，1 μmを超える突起物を指す．1 μm以下のものは，微刺(microspine)と呼ばれる．Erdtman(1952)は長さ3 μm以上のものを刺(spine)，3 μm以下のものを小刺(spinule)と呼び区別している．(→付録図版)

（守田益宗）

とさか状突起［crest；crista］

とさか状凸起(隆起)ともいう．花粉・胞子について，①器官の頂上にあるふさふさした隆起(Jackson, 1928)．②ときどき横に連なったり，網目をつくる有柄頭状紋や小棒(rodlets)からつくられる柵状またはとさか状の彫刻(Potonié, 1934)．③気嚢をもつ花粉(マツ科・マキ科)の側面で，光学断面でみえる円状の膜の厚さ(Pokrovskaya *et al.*, 1950)．④長い，曲がった基部やいろいろのでこぼこのある頂によって特徴づけられた花粉や胞子の彫刻をつくる隆起の1つ(Traverse, 1988)．　　　　　　　　（高橋　清）

都市気候［urban climate］

都市が建設・発展することによって都市地域の気候が周辺の地域と異なり，高温・乾燥などの現象を示すこと．他に大気汚染，日射量の減少，雲量や霧，微雨日数の増加などがあげられる．この原因は都市の排出する多量の熱や汚染物質，道路の舗装や建築物の増加，植生の減少などによるものである．とくに気温の等値線を引いたときに都市部のきわめて高温の部分が海の上の島の形に似ていることから，ヒートアイランド(heat island)とい

う。　　　　　　　　　　（村山貢司）

度数分布〔frequency distribution〕

調査資料の内容を把握するため，観測データの整理に当たり，いくつかに区分（階級または区間；class）し，区分に属するものの出現度数または頻度（frequency）で分布状態を表したものを度数分布という．分類した表を度数分布表（frequency table），図示したものを度数分布図（frequency diagram），図におけるヒストグラム（histogram；column diagram）の各長方形の上辺の中央を直線で結んだものを度数多角形（frequency palygon），曲線で示したものを度数曲線（frequency curve）という．　　　　　（佐渡昌子）

突出型〔projectate(adj.)〕

発芽口が強く突き出た突起の端に形成される花粉型（Punt et al., 1994）．（高原　光）

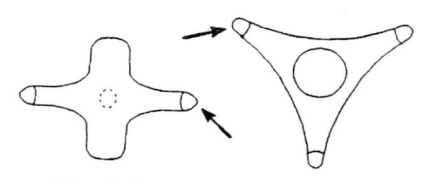

図　突出型（Punt et al., 1994）

凸出口間〔interaspidium, interaspidia (pl.)〕

周囲が厚く隆起した発芽孔をもつ花粉の発芽孔間の外壁の部分をいう（Hoen & Punt, 1989）．　　　　　　　　　　（高原　光）

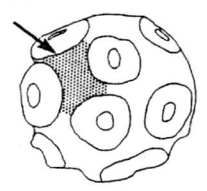

図　凸出口間（Punt et al., 1994）

凸出口型〔aspidate (adj.)；aspidote (adj.)〕　→口縁肥厚部

ドリアス期〔Dryas time〕　→晩氷期

トリフィン〔tryphine〕

花粉粒表面の微細な付着物．タペータムの崩壊物や油滴から成るが，オルガネラ由来の膜成分を含まない（Erdtman, 1966）．
　　　　　　　　　　　　　（守田益宗）

トールス〔torus, tori (pl.)〕

三条溝型胞子の条溝の外側部分にある，ひだ状あるいは帯状の隆起部分（Thomson & Pflug, 1953）．例：*Ahrensisporites*．同義語にキルトーム（kyrtome）がある（Potonié & Kremp, 1955）．　　　　　（内山　隆）

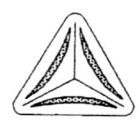

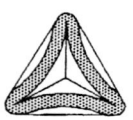

図　トールス（Blackmore et al., 1994）

ナ

内口 [endoaperture; os, ora (pl.)]
　花粉で，複口を構成する内側の口．普通は外口のまん中に1個あり，この形は重要な花粉形質の1つ．全体の形を縦長型あるいは横長型と表現する．また隣り合う内口どうしが連続して赤道を帯状に巻く帯状内口や，1つの外口当り2個ある二内口型もある．電子顕微鏡で再構成するのはむずかしく光学顕微鏡による観察の独断場ともいえる．
　　　　　　　　　　　　　　（高橋英樹）

内孔 [endopore; endoporus]
　花粉で，内口の形が孔状のとき使う．
　　　　　　　　　　　　　　（高橋英樹）

内口域 [endoaperture area]
　溝孔型花粉の内口を囲む無刻層部分(Verbeek-Reuvers, 1976)．　　（内山　隆）

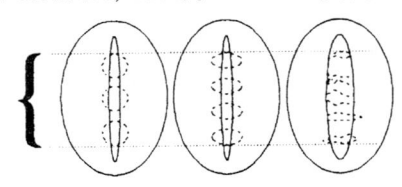

　　　図　内口域(Punt et al., 1994)

内口環 [endannulus, endannuli(pl.)]
　花粉の内層によって形成された発芽口を取り巻いている環(Thompson & Pflug, 1953)．この用語は，上部白亜紀のノルマポーレス花粉化石群の記載に使われる．
　　　　　　　　　　　　　　（三好教夫）

　　　図　内口環(Punt et al., 1994)

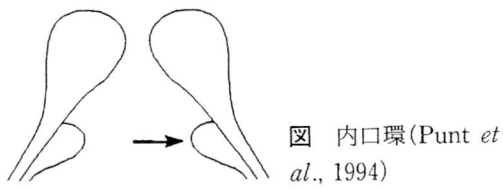

内口孔型 [pororate(adj.)]
　孔内口型，孔孔型ともいう．花粉壁の外層と内層の両方に孔が形成され，それぞれの形状が異なる孔型を指す(Erdtman, 1952)．そ れぞれの形状が同じ場合は，孔型(porate)という．
　　　　　　　　　　　　　　（高原　光）

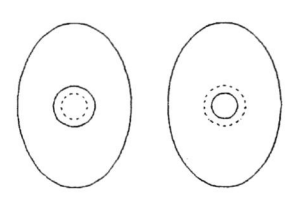

　　　図　内口孔型(Punt et al., 1994)

内口式三溝型 [tricolporate (adj.)]
　三溝孔型，三溝内口型ともいう．複合式の口型の1つで，赤道面に3つの溝があり，各溝の内部に内口をもつ花粉型．双子葉類ではもっとも多い型の1つである．(→付録図版)
　　　　　　　　　　　　　　（高橋英樹）

内口式類溝型 [colpoidorate (adj.)]
　類溝内口ともいう．花粉で，内口式(oriferous)の類溝をもつ型(Erdtman, 1952)．
　　　　　　　　　　　　　　（高橋　清）

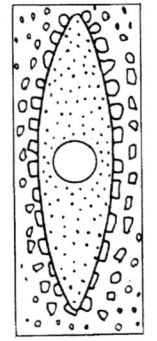

　　　図　内口式類溝型(Erdtman, 1954)
　　　Alangium villosum f. vitiense の口．

内交配 [inbreeding]　　→近親交配
内孔辺肥厚 [costa, costae (pl.)]　→中肋
内層 [endexine]　　→無刻層
内的・生殖的隔離 [internal reproductive isolation]
　生物集団間にはたらく隔離機構のうち，生物に内在する生理遺伝学的要因で生ずる隔離をいう．これには雑種不稔性・他家不和合性

など，受精に先立って起きるもの(pre-mating isolation)と雑種致死・雑種崩壊のように受精後あるいは後代に現れるもの(post-mating isolation)とがある．遺伝的なメカニズムとしては，染色体の数や構造の違いに起因するものと，特定の遺伝子が関与することで起きるものとが知られるが，どちらの場合にも遺伝学的な分析はよく進んでいるものが多い．このうち遺伝子が関与する隔離機構の場合には，関係する遺伝子は2つ以上で両親の集団に分かれて分布しており，集団間で交雑が起きた場合にのみ作用を発現する補足遺伝子または重複遺伝子となっているものが多い．(→隔離)　　　　　　　(佐藤洋一郎)

内乳 [endosperm]

内胚乳ともいう．種子植物の胚嚢内に発達し，養分を貯え，胚発生時の栄養源となる．裸子植物では胚嚢中の1核が分裂を繰り返して形成する単相の組織である．被子植物では中心核と精核の合体によって生じた$3n$核が分裂・増殖した組織である．植物によっては，胚乳組織がごくわずかにしか発育せず，無胚乳種子となる．内乳組織は普通同形細胞群より成るが，重複受精の際に精核と中心核が合体せず，$n+2n$もしくは$n+n+n$のまま分裂を繰り返すと，ある細胞は精核由来の性質を示し，ある細胞は極核由来の性質を示すことになり，内乳がモザイク状を呈することになる．トウモロコシの胚乳にみられる紅白のまだらは，このモザイク状内乳で，糖類を含む細胞と澱粉を含む細胞が混在している．なお，胚嚢以外の細胞すなわち生殖細胞を起源とせず体細胞を起源とする胚乳は外乳または外胚乳(perisperm)という．　(山下研介)

内被 [endothecium]

葯の表皮と絨毯細胞層との間に位置する細胞層をいう．葯が若いときは絨毯細胞や表皮細胞とは区別しにくいが，葯が成熟するにつれて放射方向に伸長して容積も大となり，はっきりと区別できるようになる．この細胞の接線方向の中心に近い膜は2次的に部分肥大して縞状ないしは稜状構造を示し，放射方向に走って表皮側の膜に達する．成熟時にこの各細胞が水分を失って収縮すると，肥厚した内側の膜は収縮度が弱く，表皮側の膜が収縮するために，葯壁は外側にはじけ，花粉が露呈することになる．　　　　(山下研介)

内部網目 [intrareticulum；infrareticulum]

内部網状紋ともいう．花粉で，網目紋(reticulate)が外表層に覆われていることを指す(Iversen & Troels-Smith, 1950)．
　　　　　　　　　　　　　　(高原　光)

内部外表層 [infratectum, infratecta (pl.)；infratectate (adj.)]

花粉で，外表層の下側にある層の一般的な用語で，胞状・顆粒状・柱状などの構造がみられる．(APLF, 1975)　　(三好教夫)

内部外表層模様 [infrategillar pattern；I-pattern]

Iパターンともいう．花粉で，無刻層とその上部にある外表層の中間，すなわち内部有刻層にみられる構造．被子植物花粉では，円柱型を示すことが多い(Erdtman, 1952)．
　　　　　　　　　　　　　　(守田益宗)

図　内部外表層模様

内部外壁 [endexine]　→無刻層

内部内壁 [euintine；euintina]　→内壁

内部発芽口 [endogerminal]

花粉の内層にある発芽口で孔または溝の内側に位置する発芽口(Batten & Christopher, 1981)．内口と同意であるが，主にノルマポーレス花粉化石群に使われる用語．
　　　　　　　　　　　　　　(守田益宗)

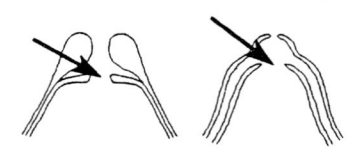

図　内部発芽口(Punt et al., 1994)

内部被層 [endosporium；endospore]　→内壁

内部無刻層 [endnexine]　→無刻層

内部有刻層［endsexine］ →有刻層

内壁［intine；intinium；endosporium］
インティン，内部被層ともいう．外壁の内側にあり，原形質と接する花粉総壁の主要層のうち，もっとも内側の壁(Fritsche, 1937)．セルロースとペクチンから形成され，アセトリシス処理により溶解し消失する．細胞質に接していて，蛍光顕微鏡によるPASカルシウム液でよく染まる内壁の内側のセルロース質の部分を，内部内壁(enditine＝euintine)という．その外側は，外部内壁という．内壁は，裸子植物のスギ科・ヒノキ科などでは全面に厚く発達しているが，多くの被子植物では発芽口の部分にだけ残っている．スポロポレニンを含む花粉・胞子の外壁が化石として残るのに対して，内壁は分解され化石として残らない．(→付録図版) （三好教夫）

中くびれ溝型［constricticolpate (adj.)］
赤道で多少くびれた溝をもつ花粉・胞子型(Erdtman, 1952)． （高橋　清）

ナシ花粉症［Japanese pear pollinosis］
ナシ［*Pyrus pyrifolia* var. *culta*；Japanese pear］は，バラ科に属する．東洋種の中で日本ナシとも称される在来種で，果樹として栽培される．花粉粒は三溝孔型，30 μm 大．花粉季は4月下旬から5月初旬で，虫媒性であるがナシ畑を越えて隣接地にも飛散をみる．初報告は月岡が1980年に行っている．2例中の1例は摘花・解葯・人工交配・芽欠き等に直接従事した28歳女性で，有症期3～6月のうち花粉季の4～5月には気管支症状もみられた典型例．皮内反応はナシ花粉以外の草本花粉にも陽性であるが，ナシ花粉にP-K反応，眼・鼻粘膜反応陽性．他の1例は栽培作業と直接関係がない若年者感作例．多元的な通年性喘息であるが，ナシ花粉に皮膚，眼・鼻粘膜が反応し，ナシ畑外飛散花粉による自然感作が考えられている．広域調査を含めた追試報告もあり本症の存在が確認されている．
（信太隆夫）

ナデシコ花粉症［pink pollinosis］
ナデシコ［*Dianthus* spp.：pink］はナデシコ科ナデシコ属で，観賞用切り花として栽培されている．花粉は球状，大きさ 45-50×45-50 μm．

初例報告は1986年宗によってなされた．その症例は福岡県在住．ハウスダストによる鼻アレルギーおよび気管支喘息のため，減感作療法によって症状が改善していた患者が，2月から6月の間，ビニールハウス内でカーネーション・ナデシコ・ヒメユリ・タマシダなどを扱うとくしゃみ・水様性鼻汁・鼻閉が出現した．皮膚反応試験では，ハウスダスト・カンジダを除く市販の花粉抗原エキスはすべて陰性であったが，ヒメユリ・ナデシコのおしべより採取した抽出液では，ナデシコのみ陽性を示した．ナデシコやカーネーションは一夜で開花し，他の花と異なり開花したものを出荷するため，このとき花粉を吸入して感作されるものと考えた．しかしカーネーション・ヒメユリの花粉，タマシダのうぶ毛などの重複感作の可能性も残ると述べた．
（中原　聰）

ニ

二核性花粉［binucleate pollen］ →二細胞性花粉

二価染色体［bivalent chromosome］
減数分裂の第一分裂前期から中期にかけてみられる2本の相同染色体が対合してできた染色体対．各相同染色体はそれぞれ2本の染色分体から成るため，二価染色体は4本の染色分体をもつ．姉妹染色分体どうしは全長にわたって接着し，動原体ではとくに強く結合している．一方，相同染色体どうしは前期のパキテン期ではシナプトネマ構造によって密着しており，シナプトネマ構造の崩壊後は染色体間の交叉が起きた箇所に生ずるキアズマによって固く結合する．通常，二価染色体おのおのにつき，1個以上のキアズマが観察される．二倍体や複二倍体での二価染色体数は半数染色体数(n)に相当する．　(田中一朗)

二型性［dimorphism］
二形性とも書く．同一生物種または同一個体で2つの異なる形を示すこと．雄花と雌花，キク科の舌状花と管状花，アジサイの不稔花と稔花，サクラソウの長雌蕊花(長花柱花)と短雌蕊花(短花柱花)などはこれを二型花と呼ぶ．雄花雌花を除き，異型花ともいう．サクラソウ属の短花柱花にある長雄蕊の花粉は，長花柱花にある短雄蕊の花粉より大きく刺も長い．カタバミは5本の長雄蕊と5本の短雄蕊が雌蕊を囲んで立つが，長雄蕊の花粉は径40μm，発芽溝が6本で溝型，短雄蕊の花粉は径30μm，発芽溝は3本で中央に口のある溝孔型である．このように同一花内で雄蕊や花粉に二型性のある場合，それぞれ二型雄蕊，二型花粉と呼ぶ．(→異型雄蕊，異型花柱性)
　　　　　　　　　　　　(渡辺光太郎)

二口型［ditreme (adj.)］
2つの孔が，赤道面に配列した花粉型(Erdtman & Straka, 1961)．例：*Colchium autumnale*. 同義語に dizonoporate がある．
　　　　　　　　　　　　(内山　隆)

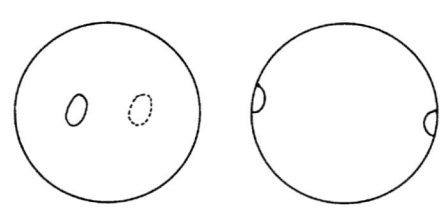

図　二口型(Moore *et al.*, 1991)
左：赤道観，右：極観．

二孔型［diporate (adj.)］
赤道面に2つの孔がある花粉型(Faegri & Iversen, 1950)．(→付録図版)　(守田益宗)

二溝型［dicolpate (adj.)］
2本の溝をもつ花粉型(Erdtman, 1943)．例：ヤマノイモ［*Dioscorea japonica*］，ハマオモト［*Crinum asiaticum* var. *japonicum*］，コナギ［*Monochoria vaginalis*］．同義語に dizonocolpate がある．(→付録図版)
　　　　　　　　　　　　(内山　隆)

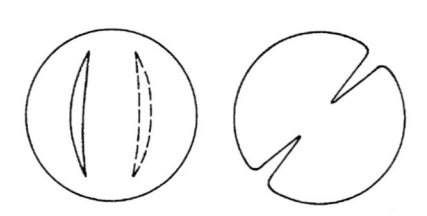

図　二溝型(Moore *et al.*, 1991)
左：赤道観，右：極観．

二溝孔型［dicolporate (adj.)］
1つの外溝(ectocolpus)の中に2つの内口をもつ花粉型(Cranwell, 1953)．例：*Didymeles*. 同義語に diploporate (adj.)がある(Faegri & Iversen, 1964)．なお，極軸方向に沿って2つの溝孔をもつ花粉型にも同じ用語が使われる(Iversen & Troels-Smith, 1950)．(→溝孔型，付録図版)
　　　　　　　　　　　　(内山　隆)

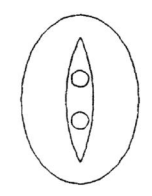

図 二溝孔型（Blackmore et al., 1992）

二細胞性花粉［bicellular pollen］
　二核性花粉ともいう．被子植物の花粉のなかで，開花（開葯）時には1個の雄原（生殖）細胞と1個の栄養細胞の合わせて2細胞から成る花粉をいい，タバコやユリなどの花粉がこれに当る．成熟花粉の核を染色することによって判別でき，その核の数から二核性花粉ということもある．ただし，雄原（生殖）核のクロマチンは凝縮状であり，各種の染色により濃染されるが，栄養核は分散状であり，染色性が弱くみえにくいことも多い．二細胞性花粉では，発芽後の花粉管中で雄原（生殖）細胞が分裂し2個の精細胞を形成する．これに対して，未発芽の成熟花粉が1個の栄養細胞と2個の精細胞をすでに含むものを三細胞性花粉という．二細胞性か三細胞性かは植物種によって決まっている．また別に，花粉発生過程のなかで二細胞期の花粉を指すこともある．　　　　　　　　　　　　（田中一朗）

二次花粉化石［secondary pollen fossil］
　一度堆積物中に埋積されて化石化した花粉遺体が，侵食されて洗い出され，運搬されて，より新しい時代の地層中に再び堆積された花粉化石．誘導花粉化石（derived pollen fossil）ともいう．花粉化石の場合，洗い出されると微小で，膜が弱いなどのために破損されることが多く，二次花粉化石となることは多くない．（→再堆積花粉）　　　　（藤　則雄）

二次種分化［secondary speciation］　→二次性種分化

二次性種分化［secondary speciation］
　種分化の形態の1つで，複数の種が起源となって新しい種が成立することであり，一次性種分化の対語．この種分化の過程では種間に存在する生殖的隔離機構が何らかの原因で弱められ，種間に起きた他家受粉花粉が受精・結実して種間雑種が生じることが不可欠である．二次性種分化によって成立した栽培植物としては，イネ科のコムギやアブラナ科のカラシナやナタネが有名である．コムギは3種がもとになる三基六倍体である．カラシナ［*Brassica juncea*］（$2n=36$）とセイヨウアブラナ［*B. napus*］（$2n=38$）はいずれも2種がもとになった二基四倍体（複二倍体）であり，ともに片親はハクサイやカブの仲間［*B. campestris*］（$2n=20$）である．（生井兵治）

二次飛散［secondary scatter］
　花粉などの物質が一度地上に落下した後，再度飛散すること．森林地帯や農作地帯，また，地面が湿っている場合には二次飛散は起きにくいが，都市部では舗装道路・コンクリート建築などの増加により，また周囲に比べて乾燥しているため，花粉などの二次飛散が起きやすいと考えられている．（村山貢司）

二次メッシュ［secondary grid］　→メッシュデータ

二集粒［dyad］
　双粒ともいう．1つの花粉母細胞から生じる4個の花粉が分離する際，2個ずつ集合した状態で分離した花粉粒．（→付録図版）
　　　　　　　　　　　　　　（守田益宗）

日照率［sunshine rate］
　実測日照時間/可能日照時間で表される数値で，ある地点で実際に太陽の照った時間をその地点の日の出から日没までの時間でわったものである．この日照率をRとしたとき，直達放射率は$0.86\textasciicircum 1.3$で表されることが知られている．　　　　　　　　（村山貢司）

二内口型［diorate (adj.)］
　Erdtman（1952）の用語．二溝孔型（dicolporate；Crawnwell, 1953），複孔型（diploporate；Faegri & Iversen, 1964）の同義語．　　　　　　　　　　　（内山　隆）

二倍性［diploidy］　→二倍体

二倍体［diploid］
　相同または異種の染色体組（ゲノム）を2組もつ細胞あるいは個体．通常，高等生物の体細胞は二倍体である．一方，ゲノムを1組しかもたない細胞や個体は一倍体あるいは半数体と呼ばれ，動植物の配偶子や植物の胞子・

配偶体などがこれに相当する．（田中一朗）

二命名法［binominal nomenclature］

生物の種名を表す方法で，Linne（1753）により提言され，現在も使われる．属名と種の小名のみの組み合わせ，正式には命名者の名前も加え，学名（科学的な名）とする．学名はその語源によらず，すべてラテン語として取り扱う．種名は小文字で始め，形式的には形容詞として扱い，性は属名のそれに一致させる．母植物が不明の化石花粉を分類・記載する場合にもこの二名法に従う．（松岡數充）

二面相称［bilateral（adj.）］

左右相称，二面型ともいう．シンメトリーの1型．普通は，1つの平面のみによってたがいに鏡像関係にある2部分に分けられる花粉・胞子型のことをいう．ただし花粉の場合は，2つの平面がとれ，そのうち少なくとも1つの面に長軸と短軸があることが普通である．単条溝型の胞子や裸子植物や単子葉類の花粉のうち単溝型のものがこれに当たる．
（高橋英樹）

乳頭［papilla］ →乳頭細胞

乳頭細胞（柱頭の）［stigma papilla］

乳頭状突起ともいう．柱頭の表面に多数生じる，先端が円頭あるいは鈍頭の短かい，あるいはかなり長い細胞．原表皮から分化したもの，つまり表皮細胞の変形したもので，細胞質が充実し，分泌機能をもつ1種の毛である．この分泌毛は種により単細胞（例：ナズナ・アブラナ・アサガオ），あるいは2～3細胞（例：トレニア・ヒヤシンス・テッポウユリ）でできている．クチナシ・ツツジ・ミカン・ホウセンカの類のように，柱頭に乳頭細胞をもたないものもある．

乳頭細胞から分泌される液は脂質を主とし，種々の物質を含んでいて柱頭滲出液と呼ばれる．ユリ科・バラ科・ツツジ科・ナス科などに属する植物の多くにみられるように，浸出液の多い場合は柱頭表面がよくぬれ，この液で花粉を受けとめ，花粉の乾燥を防ぎ，発芽を保証あるいは促進する．しかし一方では外観分泌液の認めがたい柱頭をもつ種類があり，イネ科・カヤツリグサ科・アヤメ科・アブラナ科などがこれに属する．英語では前者の柱頭をwet stigma，後者の柱頭をdry stigmaと呼んで区別する．ただしイネ科やカヤツリグサ科では乳頭細胞でなく，多数の細胞から構成される細長い毛となっており，柱頭毛（stigma hair）あるいは頭糸（stigma filament）と呼ぶ．このような毛をもつ柱頭を羽毛様柱頭（feathery stigma）と呼ぶが，イネ科やカヤツリグサ科が2岐または3岐の柱頭をもつのに対し，同じ羽毛様柱頭でもキンポウゲ科のクレマチスやオキナグサの類は分岐のない長い柱頭をもつ．このようなドライタイプの柱頭での花粉の発芽や花粉管の伸長には，それぞれに何らかの工夫がなされているはずである．また，自家不和性を示す植物について，一般にウェットタイプの柱頭をもつ種類は配偶体型（不和合反応が花柱で起こる）であり，ドライタイプの柱頭をもつ種類は，ライムギなどの例外はあるが，胞子体型（不和合反応が柱頭で起こる）であることが知られている．通常，花粉管は乳頭細胞の間を通って柱頭組織に侵入するか，柱頭の中央に開口する誘導溝に入るかするが，アブラナ属では乳頭の細胞壁を貫入し，セルロース－ペクチン層を進んで柱頭組織に侵入することが知られている．同様のことはアカザ科のホウレンソウやナデシコ科のムギセンノウにもみられている．
（渡辺光太郎）

乳頭状突起［papillate（adj.）］ →乳頭細胞

二葉松型［*Pinus* subgen. *Diploxylon* type］

マツ属の花粉は，気嚢の形態その他の特徴により，二葉松型（複雑管束亜属型；subgen. *Diploxylon* type）と五葉松型（単維管束型；subgen. *Haploxylon* type）を区別することができる．二葉松型花粉（アカマツ・クロマツなど）の気嚢はほぼ球形で，表面には密な網目模様があり，気嚢と本体の着き具合は明瞭である．2つの気嚢の間の遠心極面（発芽溝面）の膜は薄く平滑で，縁辺隆起は顕著でない．（→気嚢，遠心極面，縁辺隆起）（畑中健一）

二翼型［bisaccate（adj.）］

二気嚢型ともいう．2つの気嚢をもつ花粉

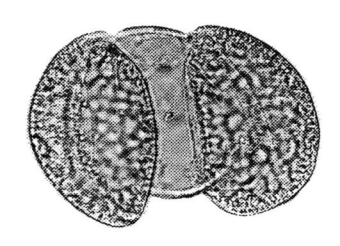

図　二葉松型花粉型(Potonié & Kremp, 1954). 例：マツ科.
(→付録図版) 　　　　　　　　　　(内山　隆)

ニレ科　[Ulmaceae；elm]

常緑または落葉の高木や低木，葉は単葉で基部は左右不相称となる．花は両性または単性で，多くは腋性の集散花序．ニレ科は，両性花で果実は堅果となり胚が直生するニレ亜科(ニレ属ほか3属)と，必ず雄花があって果実は石果で胚が湾曲するエノキ亜科(エノキ属・ケヤキ属・ウラジロエノキ属・ムクノキ属など)の2亜科に分けられる．いずれも風媒花で花粉は小網状紋をもった赤道上三〜四孔粒または四〜五孔粒．ニレ属は北半球の温帯と暖帯に約20種あり，日本では普通ニレというとハルニレ[*Ulmus japonica*；Japanese elm]を指し，北海道，本州の中部以西に自生する．他にアキニレ[*U. parvifolia*；Chinese elm](本州，九州)とオヒョウ[*U. laciniata*](北海道，本州，九州)がある．ハルニレは5月ごろ開花し，花粉症の原因となる．花粉は表面に小網状紋がある赤道上四〜(五)孔粒，大きさは28μm前後．アキニレは9月ごろ開花し，花粉は小網状紋がある赤道上四〜五孔粒，大きさは22×27μm前後．ケヤキ[*Zelkova serrata*；Japanese zelkova；keaki]は高さが40m，落葉大喬木で，本州から九州，台湾，朝鮮半島などに分布する．花は雌雄同株で，若枝の基部に雄花を数個叢生し，4〜5月に開花する．花粉は亜扁球形，赤道観は四角または五角形で，角に孔がある四〜(五)孔粒．大きさは約30×36μm，表面はほとんど平滑である．ケヤキ花粉症が報告されている．
　　　　　　　　　　　　　　　(菅谷愛子)

ニレ属　[*Ulmus*；elm]　→ニレ科

二列円柱型　[duplibaculate (adj.)]

二列円柱状型，二列柱状型(duplicolumellate；Reitsma, 1970)ともいう．畝(murus)が2列の円柱で構成されている花粉型(Erdtman, 1952)．　　　　　　(守田益宗)

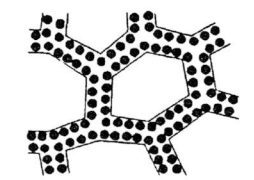

図　二列円柱型(Punt et al., 1994)

任意交配　[random mating；panmixis]

無作為交配ともいう．集団の交配様式の1つで，まったく無作為(機会的)に行われる交配．空間的分布構造をもつ集団の無作為交配は遺伝子型における無作為性(random mating in genotype)と距離における無作為性(random mating in distance)が保証されている．無作為性が損われる場合として，1) 同類交配((positive) assortative mating)：それぞれの個体が自分と似ている表現型の配偶者を偶然で期待できるより高頻度で選ぶ場合で，(正の)同類交配と呼ばれる．2) 負の同類交配(disassortative mating；negative assortative mating)：自分と似ていない個体と交配する機会が偶然で期待できるより多い場合．3) 近親交配(inbreeding)：近縁者間の交配などがあげられる．　　(大澤　良)

ネ

ネズミムギ [*Lolium multiflorum*; Italian ryegrass]

ヨーロッパ原産で世界に広く分布するイネ科植物．イタリアンライグラスともいう．日本にも明治のころ渡来し，牧草として栽培されているが，広範囲に野生化もしている．高さ40～70cm，茎の先に細長い枝を広げやや平たい10個内外の小花をつける．開花期は5～7月で，大気中に花粉をまき散らす．日本では1965年，群馬県で花粉症が見出されている．花粉は球形から長球形の単口粒．表面は微小網紋で，大きさは34-41×32-38μm．同属植物にホソムギ(ペレニアルライグラス) [*L. perenne*; perennial ryegrass] があり，日本には芝生用として輸入されたが，逸脱して帰化植物として野生化している．花粉は球形から扁球形で大きさは径29～34μm．米国太平洋岸におけるもっとも重要な花粉症のアレルゲンとされている． (菅谷愛子)

熱帯林 [tropical forest]

熱帯林とは熱帯降雨林と雨緑林(季節降雨林)を指す．一般に熱帯の自然区分は熱帯の低地に分布している植物群を，乾季の長さによって分けるもので，乾季の短いものから長いものへ，熱帯降雨林・雨緑林・サバンナ・有刺植物サバンナ・半砂漠・砂漠に区分される (宮脇, 1977). (岩内明子)

ネブラスカ氷河期 [Nebraskan glacial stage] →氷河期

ネーベス効果 [Neves effect]

気嚢などを有し，構造的に浮遊性にすぐれた花粉・胞子が，その散布過程において，風

表 熱帯林(熱帯降雨林・雨緑林)の特徴

		熱帯降雨林	雨緑林
分布域の気候	乾燥期間	最長でも2カ月以下	3～4カ月
	気温	24～28℃(30℃を超えることはめったにない)	同左
	降水量	年間を通じて十分ある	降水量は多くても年間の配分が偏っている
	日射量	年間を通じて十分ある	
森林構造	層構造	多層構造(常緑樹による)(同じ大きさの樹林による樹冠のそろった一斉林にはならない)	二層構造
	高木層の高さ	20～40m，しばしば60mに達する	20～35m
	優占種 構造樹種	はっきりしない 豊富(平均40種/ha)	はっきりしている 熱帯降雨林より少ない
	つる植物	木化したものなど多数あり	木化したつる植物あり 草本のつる植物少ない
	着生植物	多数の着生種子植物	木生の着生植物少ない
	林床	草本植物は発達しない	イネ科植物・タケ類など発達

ならびに水流による選択的な分別作用を受けて、それらの生産地からの距離には支配されないで高濃度で検出される現象をネーベス効果という．この現象は，ChalonerとMuir（1968）によって，命名されたもので，その用語の由来はNevesの研究成果にちなむ（Traverse, 1988）．ネーベス効果は，一般に，遠洋性海成層の花粉分析結果などにおいて認められ，高山で森林を構成していた毬果植物（マツ科）等の花粉等が，風・水流・海流などの運搬作用により沖合に運ばれて，海成層中に堆積する場合がこれに当たる．気嚢を有し，浮遊性にすぐれた毬果植物等の花粉・胞子はネーベス効果により，沿岸部に密生して分布するヒカゲノカズラ類等によって生産される花粉・胞子に比べて，明らかに遠方から運ばれて来て堆積したにもかかわらず，それらの花粉・胞子は，その生産地からの距離とは関係なく，近くで生産されたものよりも高頻度で検出されることがしばしば認められる．

（黒田登美雄）

粘結糸　[viscin strand]

花粉の遠心面から出ている粘性の糸状物．ツツジ科にみられ，とくにツツジ属・ホツツジ属・イワナシ属・アメリカシャクナゲ属などで明瞭である．ツツジの類の花粉は四集粒で，各粒の遠心面に数本の径 $0.5\,\mu m$ 程度の細い糸が付いている．この糸は引っ張れば伸びるので，長さは粒径の何倍にもなる．これらがたがいにからみ合い，つながることにより，多数の花粉がまとまって送粉される．たとえばツツジの類の葯は，ただ先端に小さな孔が明くだけで，裂開することはない．最初はその孔から白い花粉がわずかに外に出ている．吸蜜に訪れた虫がこの少し出ている花粉に触れると，虫の移動により花粉が紐状になって葯の孔から出，多数の花粉が虫の体に付く．粘結糸はアセトリシスの処理にもほとんど，あるいはまったく溶けない．

（渡辺光太郎）

稔性　[fertility]

受精が完全に行われて発芽力のある種子を生ずること．あるいは，花粉（雄性配偶子）または胚嚢（雌性配偶子）の受精能力も意味する．（→不稔性）

（山下研介）

稔性回復遺伝子　[fertility restorer]

雄性不稔性個体の花粉が正常に発達し，稔性が回復するよう仕向ける遺伝子のこと．雄性不稔性を用いた一代雑種品種の育種を行う場合で，とくに実採りトウモロコシのように種子が収穫目的のときには，F_1 種子に稔性回復遺伝子を組み込ませ，F_1 種子が花粉稔性を回復して正常花粉を放出するようにしなければならない．雄性不稔維持系統や細胞質雄性不稔性の項を参照．

（生井兵治）

粘着糸　[viscin thread]

花粉の向心面から出ている粘性の糸状物．アカバナ科の花粉に広くみられる．粘着糸は科内の植物種で構造的にいくつかに区分できるが，その細い糸（径 0.2〜$0.6\,\mu m$ 前後，種により異なる）はいずれも螺旋状によられていて，引っ張られると直線状に伸びるので，花粉粒径の20〜30倍にもなる場合がある．マツヨイグサの類は夕刻に開花し，まもなく上を向いている葯は全長にわたって縦裂し，花粉が露出する．花粉をたがいに結び付けている粘着糸は葯壁にくっつき，振動や風などで隣り合う葯に付く花粉の粘着糸とも連結し，クモの糸のようにまわりの葯や花糸に張りわたされる．夜，長い花筒中に分泌された蜜を求めて訪花したスズメガなどがこれに触れると，多数の粘着糸とともに多数の花粉が虫の体に付くことになる．

（渡辺光太郎）

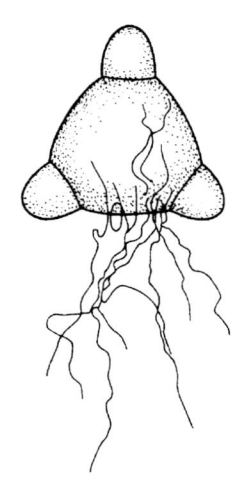

図　オオマツヨイグサの花粉と粘着糸（約200倍）

ノ

乗り換え [crossing-over] →交叉

ノルマポーレス [Normapolles]

　白亜紀セノマニアンから古第三紀始新世に，ヨーロッパ，北アメリカ東・中部，中国西部,その他の地域に出現した孔型(通常三孔型)花粉で，複雑な孔の構造を有するもののグループに与えられた名称．　　（高橋　清）

ノレム-川崎の型式 [Norem-Kawasaki-pattern]

　ノレムが化石胞子の全体的特徴について，最初に提唱したものであるが，川崎が現生胞子についても適用させるようにした．胞子表面の性質を正確に表す方法で，39のパターンから成る．ACC型，ACI型，ARE型，BAC型，CAP型，CLA型，COL型，CON型，COV型，CRI型，CUN型，EXV型，FIL型，FOV型，FRU型，GEM型，GRA型，GRP型，LEP型，LOB型，LOP型，MAM型，PAP型，PIL型，PSI型，PUN型，RET型，RIV型，RUG型，SCA型，SET型，SPI型，SPS型，STR型，TUB型，VAL型，VEM型，VER型，PER型の39型(川崎，1971)．

　　　　　　　　　　　　　　（高橋　清）

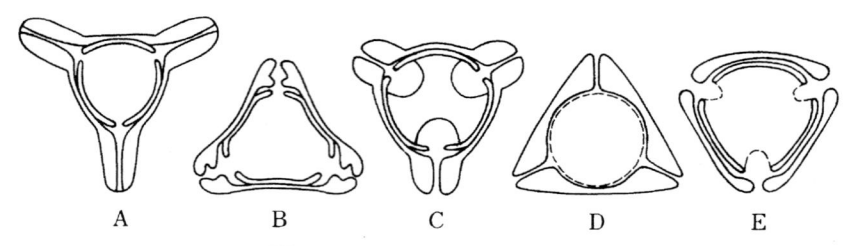

図　ノルマポーレス花粉の例
A: *Extratriporopollenites*, B: *Basopollis*, C: *Oculopollis*, D: *Nudopollis*, E: *Trudopollis*.

ハ

ハイエイタス [hiatus]
　地層の形成は砕屑物の供給によって行われるが，その供給には物質補給に多寡が生じ，時には何らかの原因で無補給または一時的な侵食現象が生じることもある．このような場合でも何らかの時間を経た後に再び堆積すると一連にみえる地層ができる．このような地層では時間的に欠如部分が存在することになり，この欠如現象をハイエイタスと呼んでいる．海底面に生じる海底地すべりによってしばしば堆積物の欠如が報告されている．一般に海成層は陸成層に比較して連続した堆積を示すことが多いが，解析の精度を上げる必要のある研究では一連にみえる地層の中にあるハイエイタスを無視することができない場合がある．　　　　　　　　　　（長谷義隆）

バイオターベーション [bioturbation]
　水底で生活する生物(蠕虫・甲殻類・軟体動物・魚・水草など)が住穴・匍匐歩行・泥食などの生活に伴う活動により水底の未固結堆積物の初生堆積構造を乱す現象をいう．生物の種類・動作などにより水底表面からの擾乱の深さは異なるが，とくに表層部付近に集中する．地層中のバイオターベーションの存在から堆積場の環境が推定される．一方，堆積物が擾乱されているので微化石研究用の試料採取に当たってはバイオターベーションの存在に注意する必要がある．　　　（長谷義隆）

配偶子 [gamete]
　植物および動物の配偶体によってつくり出され，合体や接合を行う生殖細胞．核相は単相(n)である．1種類の生物に生じ，合体する2個の配偶子の間で形・大きさ・行動などに差がないものどうしを同型配偶子といい，差があるものを異型配偶子という．異型配偶子のうち小型のものを雄性配偶子(小配偶子)，大型のものを雌性配偶子(大配偶子)という．精子や精細胞は雄性配偶子であり，卵は雌性配偶子である．また，精子のように鞭毛によって運動するものを運動性配偶子，卵や不動精子のように運動をしないものを不動配偶子という．種子植物，シダ，蘇苔類，多くの葉状植物の配偶子は，単相の配偶体の体細胞分裂によってつくられるが，後生動物および一部の葉状植物や原生動物では，複相の配偶体の減数分裂によってつくられる．
　　　　　　　　　　　　　（寺坂　治）

配偶子合体 [gametogamy；syngamy]
　配偶子接合，配偶子融合ともいう．異なる性の配偶子が合体し，核の融合を経て接合子を形成する現象．広義の受精に相当する．配偶子が卵と精子または精細胞である場合は狭義の受精である．(→受精)　　（寺坂　治）

配偶子還元 [gametic reduction]
　終端還元ともいう．生物の生活環の中で，減数分裂が配偶子形成時に行われること．ミル・ヒバマタなどの葉状植物，後生動物および一部の原生動物などの複相生物にみられる．　　　　　　　　　　　　　（寺坂　治）

配偶子競争 [gametic competition] →
花粉競争，受精競争

配偶子選択 [gametic selection]
　生殖過程で生じる自然選択の型のうち胚嚢や花粉といった雌雄の配偶子形成から受精に至るまでの雌雄配偶子にみられる雌雄選択(性選択)の1つ．これには，1) 致死遺伝子または特定の配偶体遺伝子その他の要因により雌雄の配偶子形成過程ではたらく雌性または雄性配偶子選択，2) 成熟花粉が柱頭に受粉されるまでにはたらく雄性配偶子選択，3) 柱頭に受粉された花粉の発芽から花粉管を花柱・子房へと伸長させていく強さや速さの遺伝的差異によって生じる雄性配偶子選択(受精競争)，4) 特定の遺伝子をもった胚嚢が特

定の花粉を選り好みする雌性配偶子選択(雌性配偶子の選り好み),5) 子房内の位置による特定の胚嚢の雌性配偶子選択(非無作為受精・結実)などがある.また,6) 受精卵の少ない果実(莢)の自然落下による淘汰や,7) 種間交配による受精卵など特定の受精卵が胚発生の過程で発育を停止させられる淘汰もその一形態とみることができる.これらのうちで広く知られた配偶子選択の型は3)と6)である.前者の3)は遺伝的変異性に富んだ大量の花粉が受粉されたときに生じやすく,とくに環境ストレスを受けた場合にはストレス耐性をもった花粉が選択的に受精しやすいので人為的な選抜法にも利用されている.後者の6)は受粉花粉粒数が少なく受精競争の程度が低かったり胚嚢の受精率が低い場合に生じやすい配偶子淘汰である.　(生井兵治)

配偶子致死 [gametic lethal]
受精前配偶子選択の1つで,胚嚢内の卵細胞または花粉内の雄核(性核)が配偶子形成過程から成熟期までの間に,配偶体遺伝子(Ga)などの遺伝的要因によって退化することをいう.　　　　　　　　　　　(生井兵治)

配偶子不稔性 [gametic sterility]
配偶子の正常な接合子を形成する能力に欠陥があるために生じる不稔性.接合体不稔性の対語.種子植物では,配偶体である花粉や胚嚢自身の異常が原因となって接合子形成能のない配偶子がつくられる場合も含まれる.遺伝的要因・減数分裂異常・栄養条件などのほか,さまざまな環境要因によって起こる.
　　　　　　　　　　　　　(寺坂　治)

配偶体 [gametophyte]
世代交代において配偶世代を担い,配偶子によって有性生殖を行う生物体.胞子体の対語.植物の配偶体は一般に単相(n)であり,配偶子はその体細胞分裂によってつくられるが,一部の葉状植物や動物では複相($2n$)であり,減数分裂によって配偶子をつくり出す.植物の配偶体は,胞子の発芽・成長によって形成される.胞子がすべて同形である場合には,配偶体には雌雄の分化はないが,胞子が異形である場合,大胞子からは雌性配偶体が,小胞子からは雄性配偶体が形成される.配偶体の体制は植物の進化に伴って単純化する傾向にある.コケ植物の配偶体は胞子体より大きく,よく発達しているが,シダ植物では小型化した前葉体,種子植物ではさらに小型化・単純化した花粉と胚嚢であり,ともに胞子体内に形成される.花粉は雄性配偶体であり,胚嚢は雌性配偶体である.　(寺坂　治)

配偶体遺伝子 [gametophytic gene]
配偶体で発現する遺伝子.以前はもっぱら受精競争遺伝子(gaで表す)を指す語であったが,最近では配偶体で発現する遺伝子がどんどん知られるようになり今ではあまり使われなくなってきている.　　　(佐藤洋一郎)

配偶体型自家不和合性 [gametophytic self-incompatibility]
同形花型自家不和合性のなかで,ナス科・バラ科・マメ科・ケシ科・イネ科・ユリ科などの植物にみられる花粉の表現型が花粉(配偶体)自身の遺伝子型によって決まるものをいう.この自家不和合性現象は S 複対立遺伝子系($S^1, S^2, S^3, \cdots, S^n$)によって説明される.1遺伝子座のものが多いが,2(イネ科)あるいは数座位の複対立遺伝子で説明されているものもある.花粉の S 遺伝子型に優劣関係は存在せず,花粉の遺伝子型と表現型が同じになる.めしべに存在する2つの S 遺伝子は一般的に共優性であり,対立遺伝子両方の性質を示す.花粉の S 遺伝子が,花柱の2つの S 遺伝子と異なるときは花粉管が伸長して受精に至るが,2つの S 遺伝子のいずれかと同一の場合は,花粉管の伸長が抑制されて受精に至らない.たとえば,個体A(めしべ S^1, S^2)に対して,自家受粉の S^1, S^2 はともに花粉管の伸長が阻止される.他方,個体Bの花粉 S^2, S^3 を個体Aのめしべに受粉したときは,S^2 の花粉管伸長は阻害されるが,S^3 の花粉管は伸長して受精に至る.配偶体型自家不和合性の多くは,柱頭表面が粘液性のもので覆われており(wet stigma),また,発芽時の花粉は二細胞性でおのおの1つずつの生殖細胞と栄養細胞から成っている.イネ科のものは三細胞性の成熟花粉をもつ.自家受粉

した花粉管が伸長を停止する場所に関しては
いくつかの場合があるが，ナス科植物におい
ては，花柱の中である．ケシ科では柱頭部か
花柱上部で，イネ科では柱頭上部である．
　観賞用タバコなどのナス科の植物において
は，S糖蛋白質と行動をともにする糖蛋白質
(SLG)が花柱にみつかっており，また，その
遺伝子も単離されている．この蛋白質は，花
柱の誘導組織に多量に存在し，この場所は花
粉管の伸長が停止する位置とよく一致してい
る．このため，このS糖蛋白質が自家不和合
性の認識反応に関連する物質と考えられてい
る．この蛋白質はRNAを分解するリボヌク
レアーゼ活性をもつことがわかり，S-RNase
とも呼ばれる．自家受粉のときに花柱内にお
いて，S-RNaseが自己の花粉管に特異的に
取り込まれ，rRNAが特異的に分解されるた
めに，花粉管の伸長が停止するものと考えら
れている．　　　　（渡辺正夫・鳥山欽哉）

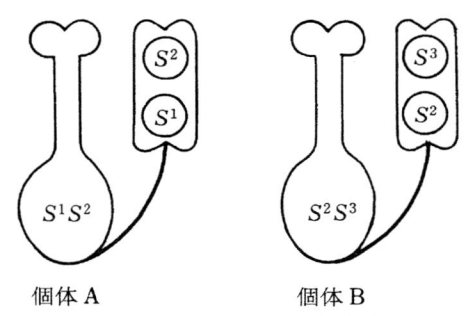

図　配偶体型自家不和合性
自家不和合性を支配するS座の遺伝子型の例．

胚珠　[ovule]

　種子植物の雌性生殖器官で，大胞子である
胚嚢細胞を生ずる大胞子囊に当たる．大胞子
葉である心皮に発達するが，各心皮に1個か
ら多数生ずる．珠心とそれを囲む珠皮より成
り，珠心内部に胞原細胞が分化し，これから
胚嚢ができる．胚珠の先端は伸びて小さな珠
孔となり，基部は珠柄により心皮に付着する．
裸子植物では平らな，または羽状の心皮上に
裸出して付いているが，被子植物では子房の
中に閉じ込められている．胚珠は受精後成長
して種子になる．　　　　　　　（山下研介）

胚珠の生殖成功率　[reproductive success rate of ovule per flower pollinated, RSR-O]

　通常の結実率と同義語であるが，Namaiと
Ohsawa(1986, 1988)によって受粉花粉の生
殖成功率(RSR-P)の対語として新たに創出
された概念．RSR-PとRSR-Oという新しい
概念を用いれば，少量受粉したときに後代の
遺伝的変異が拡大しやすく，多量受粉すれば
後代の生育が旺盛になり遺伝的変異の幅が狭
まりやすいということが理論的にも説明でき
る．詳しくは受粉花粉の生殖成功率の項を参
照されたい．　　　　　　　　（生井兵治）

胚珠培養　[ovule culture]

　胚発生や種子形成機構の生理学的研究や遠
縁交雑における雑種の獲得のために受精後の
胚珠を無菌的に人工培地上で培養する技術で
ある．胚珠培養は胚培養・子房培養と類似の
技術であるが，胚培養と比較して，胚を胚珠
から摘出する必要がなく胚珠を直接培養する
ため，胚の摘出が困難な小さな胚をもつ植物
や胚発生の初期の段階で生育が停止する場
合，胚培養より有効な手段となる．また，未
受精の胚珠を培養することで，雌性器官から
単為生殖による半数体の作出もいくつかの植
物でみられている．　　　　　（高畑義人）

背心面　[distal face]　→遠心
倍数性　[polyploidy]　→倍数体
倍数体　[polyploid]

　正常の植物は，半数世代(有性世代)の細胞
核(卵核・精核)は1組の基本染色体(たとえば
ゲノムAまたはB)をもち，全数世代(無性世
代)の体細胞核は2組の基本染色体(たとえば
ゲノムAAまたはBB)をもつ．体細胞の染色
体数がその種固有の基本染色体数の2，3，
4，5倍数のものを，それぞれ二，三，四，
五倍体とし，三倍体以上を倍数体という．体
細胞の染色体数が基本染色体数と同じものを
半数体(haploid)という．染色体の基本組の
Aが重複(倍加)して体細胞でAAAAを示す
ものを同質四倍体(autotetraploid)，別の基
本組と重複したAABBを異質四倍体(allo-tetraploid)，さらにAAAABBを同質異質六
倍体(autoallohexaploid)という．同質四倍体

では同じ遺伝子の量的増加による大型化・晩生化，発育・病害抵抗性，含有成分の増大などの形質変化はあるが，新しい形質は出にくい．人為的に育成された同質倍数体は，多価染色体の形成で減数分裂が乱れ稔性が低い（とくに初期世代）．同質倍数体間の雑種の遺伝は複雑で，F_2 世代における 1 対立因子の優性または劣性のホモ接合体の出現率だけをみても，二倍体の 1/4 の確率に対し，四倍体は 1/36，六倍体になると 1/400 に減少し，有用形質の選抜が容易でない．ただし，四倍体にすることで種間交雑の和合性はしばしば向上する．人為の異質倍数体は稔性高く，両親の種から由来した遺伝子の組み合わせによる形質の変化や，新しい形質も現れるので育種上有望である．三，五倍体などの奇数倍数体は種子なしスイカのように高い不稔性を示す．染色体の倍加方法は，コルヒチン($C_{22}H_{25}NO_6$) の 0.01～0.2％水溶液に種子を 2，3 日間つけるか，0.1～0.5％水溶液を成長点に数日間，日に 1，2 回滴下するのが普通である．染色体倍加の成否は，花粉稔性，気孔数／葉面積，気孔孔辺細胞内の葉緑粒数などでおよその判定はできるが，倍数性がキメラになっていたり，もとの二倍体に戻ることもあるので，染色体数を確認する．育成された同質四倍体には，ブドウ・ペチュニア・キンギョソウ・レンゲソウなどが，異質倍数体には昨今著明なマカロニコムギとライムギを組み合わせたライコムギや，ダイコンとキャベツとの雑種の他，ランやダリアの仲間にみられる．自然界の植物で規則正しい倍数性がみられるものに，キクの二，四，六，八，十倍体や，コムギの二，四，六倍体，イチゴの二，四，六，八倍体，バラの二，三，四，六，八倍体がある．二倍体と三倍体があって四倍体のないものに，フキ・サトイモなどがある．　（藤下典之）

パイダイヤグラム［pie diagram］

円グラフを用いて花粉分析結果を表示したものを，パイダイヤグラムという．パイダイヤグラムでは，検出された花粉のそれぞれの

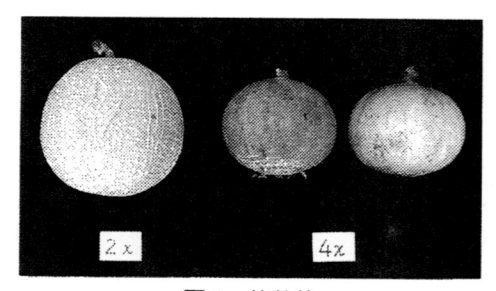

図 1　倍数体
温室メロンの二倍体と四倍体の果実．

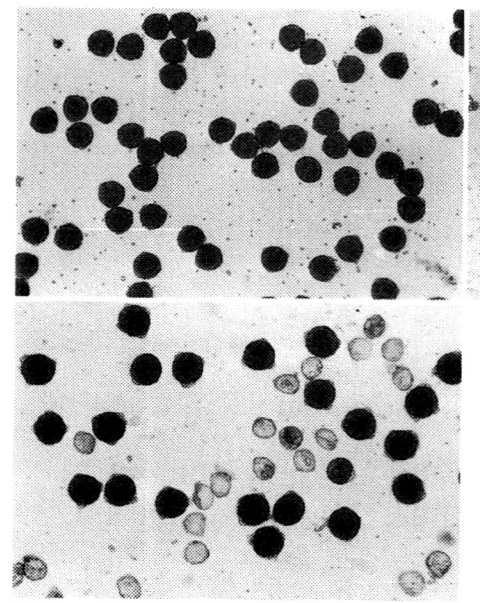

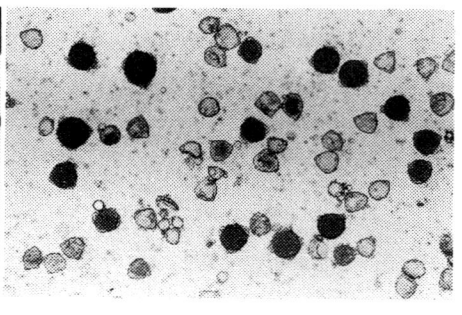

図 2　倍数体
キュウリの二倍体(左上)，三倍体(右上)，四倍体(左下)の花粉．四倍体は花粉が大きく，四発芽孔花粉が多い．

種または属の占める頻度が角度で表示され，10％が36°に相当する．そのため，花粉分析図と比べて，表示することのできる種・属の数に制限がある．その他，円グラフでは，花粉集団の種または属ごとの構成状態を，連続した時間の尺度で表示することができない等の欠点がある．しかし，その利点としては，作成がきわめて簡単であること，ならびに，表層花粉の分析結果などのように，ある特定の時代における花粉集団の構成状態を地図上に表示して，地域ごとの花粉組成の特徴を把握したりする場合には，きわめて有効である．
(→花粉分析図)　　　　　　　　(黒田登美雄)

培地 [culture medium]
　生体から取り出した細胞・組織・器官などをガラス器内で維持・成長あるいは増殖させることを目的としてつくられる栄養成分と支持体のこと．培地の組成は生物種や目的によってさまざまであり，考案者の名前をつけて呼ばれることが多い．高等植物の場合には，窒素・リン・カリウム・イオウ・カルシウム・マグネシウム・鉄などの無機塩類に，ショ糖などの炭素源，各種ビタミン類やアミノ酸，さらには成長調整物質として植物ホルモンを添加するのが通常である．ただし，成熟花粉は栄養分を十分もっているので，非常に簡単な培地で花粉管を発芽・伸長させることができる．また培地は，支持体に寒天などを加えた固形培地と凝固成分をまったく含まない液体培地に大別されている．　　(田中一朗)

排尿作用 [urinate action] →セルニチン，花粉食品

胚嚢 [embryosac]
　種子植物の雌蕊の胚珠内で卵細胞(卵核)をつくり出す雌性配偶体のことであり，精細胞(雄核)をつくり出す雄性配偶体(花粉)の対語．裸子植物の胚嚢は，胚乳の遊離細胞と珠孔側の造卵器から形成される卵細胞から成る．一方，被子植物の胚嚢は，珠孔側の1個の卵細胞と2個の助細胞，中央に位置する2個の中心細胞(極核)ならびに，合点(ゴウテン；珠心と珠皮が珠柄とつながる部分)側の3個の反足細胞から成るのが，一般的な型である．なお，反足細胞の役割はよくわかっていないが，胚嚢の養分吸収にとって重要なはたらきをしていると考えられている．
　胚嚢の形成過程と完成胚嚢の型についてみると(図版参照．以下の番号は図版の上から下へ順に対応する)，1) 正常型(タテ型)胚嚢は，減数分裂(還元分裂)によって生じた4個の細胞中3個は退化し，1個の細胞が3回分裂して8個の核となることによって形成される．植物の種類によっては，胚嚢形成の過程や胚嚢の構造がもっと複雑なものや簡単なものがある．たとえば，2) ユキザサ型では，減数分裂で4個の細胞になった後，細胞壁が消失してもう1回分裂して8個の細胞となる．3) クロユリ型では，減数分裂して4核となるが細胞壁が形成されず，そのままもう1回分裂して8個の細胞となる．4) プルムバゲラ [Plumbagella] 型では，減数分裂で4核になった後，その中の1個がそのまま卵細胞となり，他の2核は中心細胞，1核は反足細胞となり，4細胞の胚嚢である．5) アツモリソウ型では，減数分裂の第一分裂で2個の細胞になってから一方の細胞が退化し，残りの1個が2回分裂して4核となり，1個の卵細胞，2個の助細胞，1個の中心細胞となる4細胞の胚嚢である．6) サダソウ型では，減数分裂で4核となるが細胞壁は形成されずに，そのまま各核はさらに2回分裂して16個の核となり，その中の1核が卵細胞，もう1核が助細胞となり，他の14核は融合して中心細胞となる．7) ニシキソウ型では，8個の核となるまでは正常型に類似するが，さらに各核が1回分裂して16個の核となり，その中の1核が卵細胞，2核が助細胞，3核は反足細胞となり，残り10核のうち4核は中央で融合して中心細胞となり，他の6核は左右に3核ずつ集合して残る．
　被子植物の子房内における胚嚢の配置についてみると，胚嚢を包む胚珠の向きに強く依存している．すなわち，胚珠の胚嚢内における卵細胞と助細胞の位置はつねに珠孔側であり，多くの植物では子房内で胚珠が大きく湾曲しており珠孔が下向きとなる倒生胚珠であ

る．しかし，コショウ科やホシクサ科などでは珠孔が真上を向いた直生胚珠であり，イネ科やタデ科などでは珠孔が横向きの湾生胚珠である．（→雌蕊，雌性配偶子，重複受精，胚珠）　　　　　　　　　　　　（生井兵治）

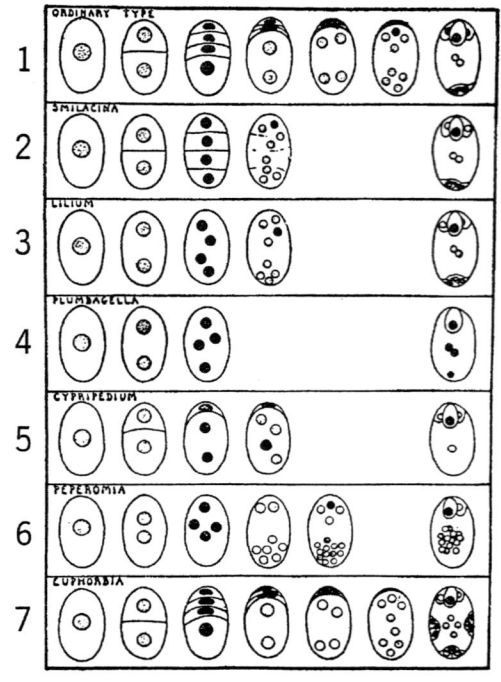

図　胚囊の形成過程や完成した胚囊の型のいろいろ(Sharp, 1934)

胚培養［embryo culture］

胚発生の過程における物質要求性や形態形成についての生理学的・遺伝学的研究や，遠縁交雑における雑種植物を得るために，胚を胚珠や胎盤から摘出し無菌的に人工培地上で生育させる技術である．人工培地上での胚の生育は摘出胚の発達段階と関係している．幼胚ほど困難であり，その栄養要求性も複雑で，無機塩・炭水化物・アミノ酸・植物ホルモン等が必要とされ，ココナットミルク，イースト抽出物などの天然物質の効果も大きく，まだ同定されていない幼胚の生育に必要な物質も存在するものと考えられている．発達後期の胚の培養は容易であり，無機塩と炭水化物で生育可能である．遠縁交雑において，受精後の生殖的隔離機構により，雑種胚の成長が停止し壊死する場合，胚培養によって，壊死前の雑種胚を救出し成長を継続させることができるため，本方法は雑種植物を得る有効な手段として，多くの植物で用いられている．ハクランはこの方法で得られたハクサイ［*Brassica rapa* var. *pekinensis*］とキャベツ［*B. oleracea* var. *capitata*］の人為合成種である．　　　　　　　　　　　　（高畑義人）

背面［dorsal face］

内面ともいう．花粉で，四分子期に内側を向いていたほうの面．裸子植物や単子葉類などの単溝粒では，溝の反対側に当たるため，溝の面を基準にして背面と呼んだ．二面相称花粉で使われることがあるが，放射相称花粉の向心面-遠心面といった用語を使うほうが望ましい．向心面と同義．　　　（高橋英樹）

培養［culture］

細胞や組織の一部を取り出し，無菌培養器中で増殖・育成させることをいい，対象によって細胞培養，組織培養などと呼ばれる．いずれの場合も，物理的・化学的環境条件の整備が必要で，とくに培地の成分が重要な要因となる．高等植物の葉や茎などの体細胞やそれらのプロトプラストは培養によって植物体へ再生できることが知られているとともに，花粉も葯培養や花粉培養によって半数体植物にまで育成できる．また，成熟花粉の発芽実験，すなわち培地上に花粉を散布し，花粉管を発芽・伸長させることも，無菌培養ではないが，一種の培養といえる．　　　（田中一朗）

培養液［culture solution］　→培地

バーカード型捕集器［Burkard seven-day recording volumetric spore trap］

バーカード捕集器ともいう．容量法の1つ．風受け型吸引捕集器である．この自動型捕集器は Hirst (1952) が考案した自動型捕集器を改良したもので，イギリスの Burkard Manufacturing Co. Limited から1960年代になって一般に市販されるようになった．本体に大きな羽翼があり，口絵のごとく雨よけの屋根下にある吸引口が風向きに向かうようになっている．吸引は毎分10 *l* にする．内部のドラムに，白色ワセリンを塗布したメリネックス

テープを巻き付け，本体にセットする．ドラムは毎時2mm回転し，1日に48mm移動して，14.4 m³の大気中から花粉や微粒子物質を付着する．このドラムが1回転する7日間は，自動捕集が可能である．またこのドラムには，1日24時間で1回転するものもあり，時間単位の検索も可能である．

(劔田幸子)

ハキリバチ [leafcutter bee]

ハキリバチ科[Megachilidae]に含まれる単独性ハナバチ．腹部下面に密生した毛に花粉を集めて運搬するのが特徴．(小野正人)

白亜紀/第三紀境界 [K/T boundary]

Alvarezら(1979-80)によって，イタリアのGubbioで，K/T境界において後期白亜紀の有孔虫 Globotruncana が消失し，基底第三紀の有孔虫 Globigerina eugubina によって置き換わっていて，境界粘土岩層にイリジウム異常が認められた．さらに，デンマークのStevns Klint のK/T境界でも同じ現象が認められた．K/T境界の異常のイリジウム濃集は地球外物質(隕石)の異常な到来を示すとして解釈されている．小惑星が地球に衝突し，凹地をつくり，クレーターから塵が成層圏に達し，地球のまわりに拡がり，数年の間太陽光が表面に達しなかった．塵が地球に落ち着くまで，太陽光は遮られ，光合成を抑制した．結果として，食物連鎖が崩壊し，生物が消滅した．恐竜の絶滅はこの結果であるという．古花粉学的立場からみると，北アメリカ大陸西部の非海成層では，K/T境界でイリジウムの異常，衝撃鉱物(石英)も同様に認められ，これまで栄えた Aquilapollenites (A. spinulosus を除く)のすべてと Proteacidites その他のものが消滅し，暁新世に入ると新しい群集に置き換わっている．境界で25〜30%の被子植物花粉が消滅し，境界の直上では圧倒的にシダ植物胞子が優勢で，しだいに被子植物花粉が増加する．北アメリカ大陸西部では，明らかにK/T境界は花粉群集の消滅，イリジウム異常，衝撃石英によって特徴づけられている．恐竜の骨の産出は境界より下位1〜6mである．カナダのアルバータ州のRed Deer渓谷のエドモンド層群スコラード層のK/T境界を挟むベントナイトのK-Ar法による絶対年代測定では63.5〜27.7 Myr. であるが，松本(1970)によれば63($-\alpha$) Myr.としたほうがよいとしている．日本では，北海道東部で最上部白亜系-基底第三系が連続して分布していると考えられ，根室層群では検討された化石種の違いにより意見が異なっている．川流布では，斎藤ら(1986)により有孔虫でK/T境界が設定されたが，花粉群の内容が北アメリカ大陸西部のものと著しく相異しており，また，イリジウムの異常，衝撃鉱物も未発見で，問題が残されている．

(高橋　清)

白亜紀の花粉・胞子 [pollen and spore of Cretaceous period]

白亜紀は確実に被子植物の花粉型が現れた時代であり，注目すべき時代である．Kemp(1968)はイギリスのBarremian-Albian階に，被子植物の特徴的なcolumellate 構造を示す外壁をもつ花粉 Clavatipollenites (monosulcate 型ないし trichotomosulcate 型)を観察した．梶棒の横の融解が本当のtectate columellate exine をつくるが，時には外層内に多かれ少なかれ自由の梶棒をもつ，さらに，trichotomosulcate 型が3つの角のある sulcus の角の単一の突出物と粒子の遠心側の癒着により三溝型になることが長い間仮説であった．実際，Clavatipollenites 様の外皮の構造と彫刻をもつ三溝型粒子が Clavatipollenites を含む堆積物上の堆積物に現れる．これは Tricolpites albiensis Kemp である．Clavatipollenites 様の三溝型は貧弱な columellate exine をもつ他の初期の被子植物の単溝型や三溝型によって Neocomian 階に世界に広く結び付いている．三溝型條件の到来は非 lamellar endexine をもつ双子葉の明瞭な外層-内層の区別の出現と結び付いている．センリョウ科[Chloranthaceae] (Piperales)に属する構造をもち，花粉は Clavatipollenites 複合の花粉ににている昆虫授粉のものが Albian に現れ，また，現在のスズカケノキ科に近い非モクレン類の被子植物

がAlbian階にみられる．

三溝型花粉の出現で新植代の時代が始まる．columellate ektexine や non-lamellar endexine をもつ三溝型花粉は Barremian 階に赤道の南半球で最初に出現する．Aptian 階-Albian階に北半球の中緯度に達する．そしてCenomanian階に北極地域に入る．*Tricolpites* は Aptian 階で西アフリカで現れた．monosulcate, columellate の先駆者たちは Barremian 階またはそれより以前に現れた．Neocomian 階末期の被子植物の出現後，Doyle, Muller や他の人々は被子植物花粉進化を追跡した．mosaic evolution が白亜紀被子植物に起こる．すなわち，他の器官とは異なる割合で進化する花粉，という事実に注目した．最初の三溝型花粉は $20\mu m$ 以下で小さかった．そして等直径である．これは時に Longaxones と呼ばれる．極軸の短化の傾向はたいへん早期の発達であった．三溝孔型(三溝類孔型)花粉は Albian 階末に現れる．三孔型は通常ボールないしデスク状であり，中緯度の Cenomanian 階によく出る．これは Brevaxones である(多くの現存の被子植物は Longaxones 花粉である)．被子植物は Cenomanian 階末期では，すでに世界に広く拡がった優勢な陸上植物であった．被子植物花粉のすべての大きな形態的変態は白亜紀後期に発生した．このときは，いろいろの昆虫グループと被子植物の間の独特な授粉関係がよく発達した．授粉への花の魅力が大きかった．白亜紀末では多くの花粉型がすでに現代の科にある自信をもって属しうる．この帰属性の支持は白亜紀の被子植物の花からの *in situ* 花粉についての研究の結果である．

双子葉花粉の基礎的な三溝型からの初期多様性の1つは三孔型花粉の Cenomanian 階における発達であった．これは内部に複雑な口の構造をもつ三孔型花粉の発展であった．これらは Normapolles として一括されている．これらは Cenomanian 階中期にヨーロッパで出現し，白亜紀後期を通して多様化した．分布はヨーロッパ大陸，北アメリカ大陸東・中・南部，中国中・西部，インド(一部)，アフリカ北部(地区外)で，Maastrichtian 階に最大の広さに分布した．古第三紀初期に多様性が減り，始新世末で消滅した．現在，100属以上の形態属に区別されていて，生層序学的に有用とされている．Senonian 階の化石花

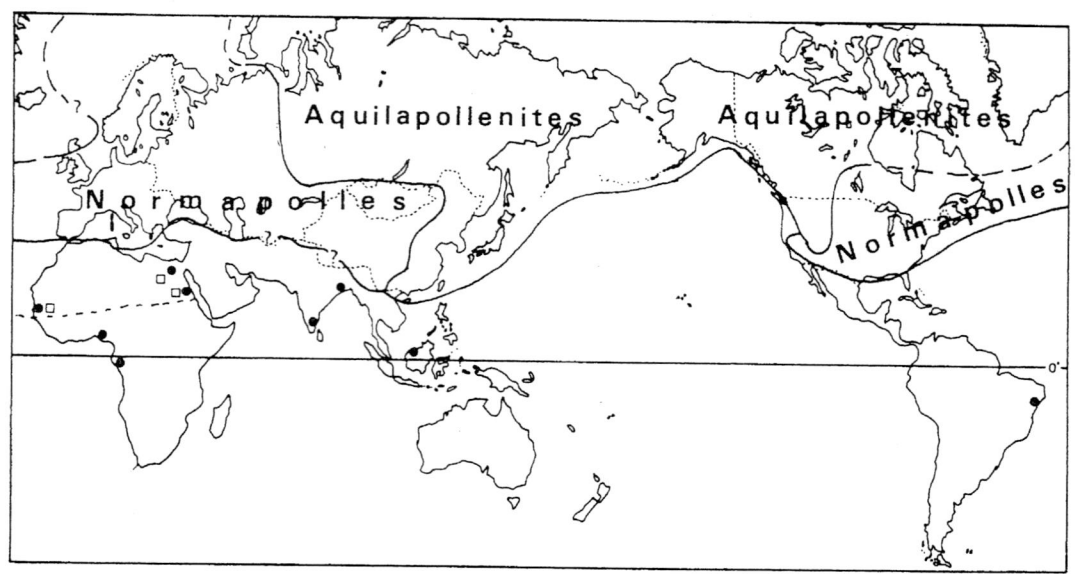

図 白亜紀末期における *Aquilapollenites* 花粉と Normapolles 花粉の地理学的分布(高橋，1990)
● : province 外における *Aquilapollenites* 花粉の産地，
□ : province 外における Normapolles 花粉の産地．

の研究で，Normapolles花粉が現存のクルミ科に近い双子葉によってつくられたことを示した．Normapolles花粉をつくった消滅した植物はクルミの仲間における科レベルの1つのグループであったと思われる．明らかに双子葉であるが，現在のグループに属さない，白亜紀後期の花粉の2つの目立つ形態をもったグループがある．*Aquilapollenites*と*Wodehouseia*である．*Aquilapollenites*とその仲間はTriprojectacitesとして一括されている．形態属は*Aquilapollenites*, *Triprojectus*, *Hemicorpus*, *Mancicorpus*, *Integricorpus*, *Pseudointegricorpus*, *Bratzevaea*, *Pentapollenites*, *Kurtzipites*〔*Fibulapollis*〕, *Orbiculapollis*, *Jiangsupollis*などに分けられ，現在のビャクダン科とヤドリギ科の花粉に形態的に関連があるといわれている．この花粉グループはSantonian階に出現し，Campanian階に属種の多様化が進み，分布域が拡大し，Maastrichtian階にその繁栄の頂点に達した．暁新世に入るとほとんど消えた．分布はシベリア，極東，中国東～南部，日本，アラスカ，北アメリカ大陸西部，カナダ北極圏，ユーコン，グリーンランド，スコットランド（マル島）などで，その他，地区外として，ブラジル，北ボルネオ，インド（東～南部），アフリカ（赤道～北部），古第三紀に入りヨーロッパ大陸である．Triprojectacitesに伴って産する*Wodehouseia*, *Azonia*, *Cingularia*の各花粉はoculata花粉として一括される．

以上の他，白亜紀後期で重要な花粉は*Callistopollenites*, *Paraalnipollenites*, *Proteacidites*, *Phyllocladidites*, *Cranwellia*などである． （高橋　清）

薄膜類口［tenuitas, tenuitates (pl.)］
薄い花粉壁部分を指すやや漠然とした用語で，化石・現生両方の花粉で使われる．現生花粉では，薄い開口部様の壁部分だが真の開口部ほど明瞭に区画されていない部分を指す． （高橋英樹）

ハズ型模様［crotonoideus；crotton pattern］

ハズ模様型ともいう．多散孔型花粉で，三角形状の模様5～6個が，孔の周囲を取り囲むように，三角形の頂点を内側に向けて配列したもの．トウダイグサ科のハズ亜科の多くの植物にみられることから名づけられた（Erdtman, 1952). （守田益宗）

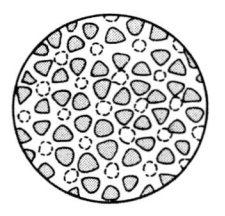

図　ハズ型模様

蜂パン［bee bread］
ミツバチが花粉荷の形で採集してきた花粉を巣房内に押し固めて貯蔵したもの．成虫や幼虫の食料になることからこう呼ばれる．巣内の中央部に位置する育児圏内またはその周辺に貯められることが多い（→花粉荷）．マルハナバチやハリナシバチでも同様に貯蔵された花粉をこのように称する場合がある．また，単独性のハナバチ類でも育房内に蜜で練り固めた花粉を一括給餌の形で用意し，そこに産卵するものは多い． （佐々木正己）

ハチ蜜［honey］
ハチ蜜はミツバチが花や花外蜜腺からの蜜，あるいは植物の生組織の分泌物や植物の生組織上で汁液を吸うアブラムシなどの昆虫の分泌物などの甘味汁液を集め，蜜胃の中の酵素類と混合し，分解してハチの巣の中に貯えた甘味物質である．前者，花に由来するものを花ハチ蜜（blossom honey；nectar honey）といい後者を甘露ハチ蜜（honeydew honey）という．色はほとんど無色から暗褐色と多様である．風味は蜜源となる植物に由来する．7種のミツバチ（→ミツバチ）はいずれも蜜を巣に貯蔵する．一般に流通している市販のハチ蜜は大部分がセイヨウミツバチが集めたハチ蜜である．日本ではトウヨウミツバチの亜種のニホンミツバチの蜜も少量であるが流通している．

【分類】ハチ蜜の国際規格による分類の1例を示す．

《蜜源による分類》

表1 ハチ蜜の品質規格

成分	国内規格*	国際規格**
水分[1]	21%以下	21%以下
直接還元糖[2]	65%以上	65%以上
見かけのショ糖[3]	5%以下	5%以下
灰分[4]	0.4%以下	0.6%以下
H. M. F.	5 mg/100g 以下	80 mg/kg 以下
酸度	4 meq/100g 以下	40 meq/kg 以下
澱粉デキストリン	陰性反応	――
ジアスターゼ活性値	――	3以上
水不溶性固形分[5]	――	0.1%以下

* はちみつ類の表示に関する公正競争規約(1969)
** Codex standards for sugers (honey)(FAO/WHO, 1989)
1) * では国産ハチ蜜は23%以下，** ではヒース蜜．クローバー蜜は，23%以下．
2) ** では甘露ハチ蜜およびその混合物は60%以上．
3) ** では甘露ハチ蜜．ハリエンジュなどについては10%以下，さらに一部は15%以下．
4) ** では甘露ハチ蜜およびその混合物は1%以下．
5) ** では圧搾ハチ蜜は0.5%以下．

1) 花ハチ蜜(blossom honey；nectar honey)：日本では花ハチ蜜が主である．蜜源となる植物によって，色・香味・風味・成分・品質などに相違があり，特定の蜜源名を冠する場合が多い(→養蜂植物)．ミツバチは豊富な蜜源をみつけると，仲間どうしのコミュニケーションによって，いっせいに同じ蜜源から花蜜を採集するので，単一花ハチ蜜(unifloral honey)が得られる．たとえば，レンゲ蜜・アカシア蜜・ミカン蜜・クローバー蜜などと称する．レンゲ・アカシア・トチ・ハギ・クローバーなどは，淡白な香りで，ミカン・オレンジ・ナタネは味が強い．クセがあるのは，シナノキ・クリ・ソバなどである．上記以外にも蜜源植物は300種に及ぶが，多種の花蜜から同時に集められると百花蜜となる．

2) 甘露ハチ蜜(honeydew honey)：日本の市場での流通はほとんどない．

《処理方法による分類》
1) 抽出ハチ蜜(extracted honey)
2) 圧搾ハチ蜜(pressed honey)
3) 流出ハチ蜜(drained honey)

《状態による分類》
1) 一般的な液状ハチ蜜(honey)
2) 巣ハチ蜜(comb honey)：ミツバチによって，貯蜜された巣の全体，または一部を封入したまま売られるハチ蜜．
3) 塊状ハチ蜜(chunk honey)：巣ハチ蜜が入っている液状ハチ蜜．
4) 結晶状あるいは顆粒状ハチ蜜(granulated honey)：文字どおりに結晶した状態のハチ蜜．
5) クリーム状ハチ蜜(creamed honey)：均一なクリーム状を保つため，ある種の物理的処理をされたハチ蜜．

【成分と規格】 主成分はブドウ糖と果糖で約70%以上を占め，果糖のほうが，やや多いのが一般的である．その他，20種以上のオリゴ糖を含む．その主なものは，ショ糖が1～2%，マルトースが2%前後，その他，エルロース・メレチトース・ラフィノースなどである．それ以外には，蛋白質・アミノ酸・酵素・有機酸・無機成分・花粉(→ハチ蜜の花粉分析)，およびその他の成分を含んでいる．ハチ蜜中の酵素としては，インベルターゼ・アミラーゼ・グルコースオキシダーゼ・カタラー

表2 国産ハチ蜜の花粉粒数の比較(ハチ蜜1g中)

蜜名\報告者	幾瀬	杉山ら	中山	長谷ら
ナタネ	12000〜17000	900〜6100		
レンゲ	1600〜25000	6400〜19000	114300	4100〜33000
ミカン	3300〜4800	700〜1900		2100〜13200
トチ	7000〜10500	11300〜12300	85700	1300〜13000
クリ	11300〜13000		21400	9800
シナノキ	5000〜13700		78600	3700
アカシア		500〜1100		1500〜7600

ゼ・ホスファターゼ・酸生成酵素群などがあり，ミツバチ起源のインベルターゼ(α-グルコシダーゼ)と，花蜜中のインベルターゼ(β-フラクトフラノシダーゼ)が共存し，ショ糖を分解して，糖転移反応を行っている．マルトース・エルロースその他のオリゴ糖の多くは，この間に生成すると考えられている．花粉は，ミツバチの栄養飼料であり，とくに，蛋白質・ビタミン・無機成分の給源として，働き蜂によって採集される(→養蜂植物)．ハチ蜜中の遊離アミノ酸や，フラボノイド色素は，主に花粉から移行したものであると考えられている．ハチ蜜は単に花蜜が濃縮されたものではなく，種々の酵素により，糖転移反応を行い，多種類の糖が生成されている．

現在，ハチ蜜の成分を規制するものとして，日本薬局方に「ハチミツ」が収載されている．しかし食品としてのハチ蜜には，日本農林規格はない．国際的には，FAO/WHOによる食品の国際規格が1989年に制定されている．国内では，表示を中心とした「はちみつ類の公正競争規約」(1969)が定められ，組成基準値や分析法が付記されている．表にその規格を示す．

【用途と利用法】 日本人の嗜好は淡白な傾向なので，レンゲ・アカシア・ミカン・トチが好まれ，シナノキ・クリ・ソバは，精製蜜の原料などとなるが，嗜好は民族により異なる．たとえば，ドイツでは，リンデン(シナノキの一種)蜜が，好まれている．それぞれのハチ蜜の特徴により，そのままテーブルハネーとして用いられたり，食品加工用として，風味・光沢を増すために，チョコレート・カステラ・煮物などに用いられる．また，果実(ウメ・レモン・カリン)，チョウセンニンジンなどの，ハチ蜜漬けもつくられている．ヨーロッパでは，ハチ蜜を発酵させたハチ蜜酒(→ハチ蜜酒)がある．濃色や風味の良好でないハチ蜜は，活性炭・珪藻土，あるいはイオン交換樹脂で処理され脱臭脱色ハチ蜜(精製蜜)として流通している．最近では，限外濾過法や，珪藻土処理による脱蛋白ハチ蜜と称するものが，飲料用に多く用いられている．

【需要と供給】 日本では，国内産のハチ蜜は蜜源減少などのため，年々減少してきている．1996年の国内生産量は3200tで，輸入が41600tとなっている．一般消費者向けハチ蜜と業務用ハチ蜜の割合は，ほぼ50：50といわれている．主な輸入先は中国，アルゼンチン，オーストラリア，アメリカ，ベトナムである．
(相田由美子)

ハチ蜜酒 [mead；honey wine]

水で4倍程度(糖濃度約20%)に薄めたハチ蜜を原料としてつくるアルコール飲料．発酵のためほとんど甘味は感じず，ミツバチの巣の匂いの残るドライなものが本来である．原料の糖濃度を上げるか，発酵後に糖を加えて甘味のあるものもつくられている．ハチ蜜と同様の歴史をもち，おそらく最初のアルコール飲料だと考えられている．(松香光夫)

ハチ蜜の花粉分析 [melissopalynology]

ハチ蜜(花ハチ蜜・甘露ハチ蜜)中の花粉を顕微鏡的観察により，その種類・数を測定して，蜜源や，地方(国)などを推定する1方法．しかし，蜜源植物により，蜜量と花粉数の割

合が一定ではないので，単純には花粉と品質を関連づけることはむずかしい．分析方法の例を，以下に示す．1) Deans の方法：ハチ蜜稀釈液を遠心分離機で，花粉を沈降させ，一定量中の花粉粒数を血球測定盤で計測する．2) 幾瀬らの方法：ハチ蜜試料を，直接スライドグラス上に一定量秤取し，染色液を用いて検鏡し，花粉粒数と，種類およびその比率などを測定する．3) Louveaux の方法：ハチ蜜稀釈液を，メンブランフィルターで濾過し，花粉粒数や，種類を測定する．4) 長谷らの方法：ハチ蜜稀釈液の一定量を，遠心分離し，沈降物を，ガラス繊維濾紙上にスポットし，染色する．検鏡し，写真撮影して，花粉粒数と種類を測定する．日本におけるハチ蜜中の花粉粒数の測定結果を表にまとめた．

ミツバチは蜜源植物の花粉が多ければ，同時に花粉を集めるが，花粉が少ないと，巣箱の周囲2～3 km のその時期に咲いている植物の花粉を集めるので，いろいろな植物の花粉が，ハチ蜜の中に含まれる．ハチ蜜中の花粉の総数や，蜜源植物の含有率は，各花により異なる．国産レンゲハチ蜜は，花粉総数が多く，ゲンゲ花粉の含有率も高く，他の植物花粉は少ない．国産アカシアハチ蜜は，ハリエンジュの花粉の含有率が低い．国産ミカンハチ蜜は，ミカンの花粉の産出量が非常に少ないので，他の種類の花粉が多くなる．国産アカシア・ミカン・トチノキハチ蜜中には，ゲンゲ花粉が多くみられる．しかし，同じ花のハチ蜜でも，地域・採蜜方法・時期・養蜂形態などに差異があると，花粉数，割合が変化する． （相田由美子）

蜂ろう［beeswax］

蜜ろうとも呼ばれる．ミツバチ生産物の1つ．ミツバチがハチ蜜を原料として合成し，腹部のろう腺から分泌する代表的な動物性ワックスで，巣構造そのものである．造巣時に口器や体表に付着した花粉などが微量に混入する．融点62～65℃，エステル価70～80．C 22～36 までの脂肪酸（C 24 が多い）と，C 24～34 までのアルコール（C 30, 32 が多い）の結合したエステル類が主成分で，炭化水素なども含む，複雑な物質である．巣板を溶解して精製し，ろうそくなどの他，化粧品・工業用ワックスなど広い用途をもつ． （松香光夫）

発芽口［germinal aperture］

花粉が柱頭上で花粉管を発芽させるという機能を強調して花粉粒の口（こう）を呼ぶ際の用語．形態用語というよりは細胞学用語といえる． （高橋英樹）

発芽孔［arcehoylype］

渦鞭毛藻が休眠性接合子（シスト）から発芽する際に抜け出た穴もしくは裂け目をいう．特定の種類のシストは共通した形態の発芽孔を備えているので，化石を含め渦鞭毛藻シストを分類する場合には重要な形質の1つとなる．発芽孔には3つの大きく異なった形態がある．1) 有殻種にみられる saphophylic 型で，特定の鎧板に対応したシスト壁が抜け落ちて形成され，その蓋 (operculum) がシストから，完全に離脱する型．2) 有殻種に発達する thelophylic 型で，蓋の形成が不完全であることからジグザグ状の裂け目となり，シストから離れることがない型．3) 無殻種にみられる cryptophylic 型で，特定の鎧板に対応することのない穴や裂け目である型．発芽孔は化石として検出されるさまざまなパリノモルフのうち，渦鞭毛藻シストであるか否かを判断する際に重要な基準の1つとなっている．（→渦鞭毛藻シスト，オパキュルム）
 （松岡數充）

発芽孔［germinal pore］

花粉で，孔状の形の発芽口． （高橋英樹）

発芽溝［germinal furrow］

花粉で，溝状の形の発芽口． （高橋英樹）

ハーディ-ワインベルグの法則［Hardy-Weinberg's law］

Hardy(1908) と Weinberg(1908) が集団中の遺伝子頻度と遺伝子型頻度の理論的関係を数学的に示した法則．メンデル集団において，以下の条件が満たされたときの遺伝子頻度と遺伝子型頻度との関係である．その条件とはいまある1対の対立遺伝子 A, a があるとして，1) 集団の大きさは無限大であること，2) 交配は機会的に行われること，3) どの遺

伝子型(AA, Aa, aa)にも適応度の差がないこと, 4) 他の集団との間に移住がないこと, 5) 遺伝子 A と a の相互間で突然変異が生じないこと, また, 生じたとしてもそれを補償する頻度で逆突然変異が生じること, 6) 成熟分裂が正常で, 配偶子形成にも差がなく, 遺伝子組み合わせは完全に機会的であることである. この理想集団においては A 遺伝子の頻度を p, a 遺伝子の頻度を q (ただし $p+q=1$)とすれば, 遺伝子 AA, Aa, aa 個体の次代での頻度は, $p^2, 2pq, q^2$ で示される. すなわち, $(p+q)^2=p^2+2pq+q^2$ の関係式が成り立つ. これは, 無作為交配集団において 1 遺伝子座における対立遺伝子 A と a が p, q の頻度で存在するならば, 集団中の遺伝子型頻度 AA, Aa, aa の頻度は遺伝子の頻度を示す二項式(配偶子系列)の 2 乗の各項の係数で示すことができる(遺伝子型系列)ということであり, 何世代を経ても理想集団の遺伝子頻度と遺伝子型頻度は不変である. (大澤 良)

パテラ [patella]

胞子の発芽溝付近を除くほぼ全表面を覆うような外壁の肥厚部を指す. 古い時代の胞子に使用される用語. 同義語は patina (Pocock, 1961). (守田益宗)

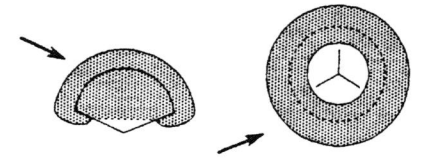

図 パテラ(Punt *et al.*, 1994)

鼻アレルギー [nasal allergy]

【定義・概念】 鼻アレルギー, 別名アレルギー性鼻炎は抗原抗体反応の結果, 病的な過程が鼻副鼻腔粘膜局所に起こったものであるから, 基盤となる反応は Coombs と Gell の分類による I 型・II 型・III 型・IV 型のいずれでもよいわけである. しかし, 現時点では I 型の病態が明らかにされており, 臨床上問題となるのも I 型であるため, 単に鼻アレルギーといえば, I 型を指す. 臭鼻症(萎縮性鼻炎)は III 型または IV 型アレルギーで起こることが大部分という(奥田, 1992). また, Wegener 肉芽腫・結核が鼻腔を侵せば, III 型・IV 型のアレルギーを基盤としたこの種の疾患も鼻アレルギーに含まれることになる. 奥田は鼻アレルギーおよびこれに類似した症状を呈する血管運動性鼻炎を合わせて鼻過敏症と称することを提唱している(奥田, 1992). さらには, 鼻過敏症を抗原抗体反応に起因するか否かを問わず, 鼻の慢性的過敏状態が発病・発症にかかわると考えられる疾患の総称として用いると便利であろう.

【臨床症状】 鼻アレルギーの特異的症状はくしゃみであり, これに水性鼻汁・鼻閉が加わって鼻アレルギーの三徴と称される. これに, 鼻のかゆみ・嗅覚異常・鼻出血などが加わり, また, 目やのど・口腔・耳・気管支・胃腸, さらには皮膚のかゆみやさむけ・発熱・頭痛などの全身性の症状を伴うことがある. 主訴としては鼻閉がくしゃみや鼻汁よりも頻度が大である. 症状は発作性に発来し, くしゃみは連発するのが特徴である.

【原因】 鼻アレルギーの原因(抗原)としては, 大きく通年性のものと, 季節性のものに分けられ, しばしば複数の抗原が発病・発症にかかわることが知られる. 通年性の抗原としては, 室内塵(ハウスダスト)がもっとも重要で, その主たる抗原成分がヒョウヒダニ(コナヒョウヒダニとヤケヒョウヒダニ)であることが知られている. この他に, 真菌胞子やペット, 寝具類, ゴキブリなどの小動物に由来する微粒子も問題となるし, さらには職業性の抗原にも注意を払う必要がある. 一方, 季節性の抗原としては, 花粉がもっとも重要で, この他に真菌胞子, 季節性のある職業に関係した微粒子が問題となる.

【誘因】 発病誘因としては, 肉体疲労やストレスがいわれるが, これらが誘因となったことが立証される例は少ない. いわゆる「かぜ」に引き続いての発病もよくみられるが, 実際はその「かぜ」は鼻アレルギーの初回発作である場合が多い. この点は重要で, 発病の際だけでなく, 通常の鼻アレルギー発作においても, それをかぜ(鼻かぜ)と考えている例が多いので注意を要する(宇佐神, 1993). 急性

炎症や温度変化など鼻の過敏性を増強させるような刺激は症状増悪をきたす.

【有病率】 一般社会での有病率については東京都のデータがあり，鼻アレルギーの有病率が約12％であることを示唆する報告がある(斉藤，1988)．鼻アレルギーで耳鼻科外来を訪れる患者は他のアレルギー疾患と同じく，近年著明に増加している(宇佐神，1993)．学童・生徒での悉皆調査で，1990年には10年前の約2倍の23.5％に増加したという報告がある(宇佐神，1993)．花粉症の低年齢化がいわれる一方で，高年齢発病例もみられており，鼻アレルギーは今後各年代でさらに増加することが予想される.

【自然治癒率】 自然治癒は鼻アレルギーでは一般に起こりがたい．1990年に行われた学童・生徒の悉皆調査において，自然治癒例が6.3％以下で，これは10年前の約1/2であったことから，小児の鼻アレルギーの自然治癒が近年起こりがたくなっていることを示唆するとの報告がある(宇佐神，1993)．一方，これより良好な予後を示すとする報告もある(浜口，1984)．馬場はスギ花粉症の自然治癒率を1.97％と報告した(1991).

【年齢変化と性差】 外来を訪れる患者のスギ花粉症とハウスダストアレルギーでの初診年齢分布をみると，ハウスダストでは10歳未満，次いで10歳台に多く，以後減少するが，スギ花粉症では30歳台にピークを有する1峰性のカーブを描く．しかも，ハウスダストアレルギーでは低年代で男性が著明に多く，スギ花粉症では20,30歳台で男女とも著明に多くなるが，とくに女性に多いことが知られる.

【発症のメカニズム・病態生理】 発症機序については，奥田が20年間にわたって解明を続け，大きな業績を残した．くしゃみ・水性鼻汁・鼻閉は抗原抗体反応により，主として粘膜上皮層の肥満細胞から種々の化学伝達物質が遊離されて，これが鼻粘膜の知覚神経終末・分泌腺・小血管に作用して起こる1種の生体防御反応の表現である．くしゃみは爆発的呼出による異物の機械的排除，水性鼻汁は異物の洗い流し，鼻閉は抗原の鼻腔および気道への進入阻止をそれぞれ受けもち，抗原の除去・回避にあずかる． (宇佐神篤)

花の構造 [flower structure]

有性生殖のための構造で，胞子葉をもつ短縮したシュートを花という．種子植物の花では，大胞子が雌性の配偶体形成と受精後の種子形成まで花にとどまる点でシダ植物以下と異なる．小胞子は細胞分裂して花粉粒になると花から分散する．狭義には被子植物のみに限定し，茎的器官である花軸に葉的器官の花葉(通常花被片・雄蕊・心皮から成る)が配列したものとみなされる．この考えからラナレス類を原始的被子植物とみなすラナレス植物説が有力であるが，一方で雄蕊を茎的器官，心皮を杯状構造とみる考えもある．花被片は萼片と花弁とに分化していることも多く，さらに片どうしが合着したり退化していることもある．雄蕊と心皮は花に不可欠の器官だが，一方が退化消失すれば単性花が導かれる．これら花葉の数や位置は花式図で表される．また花の形を放射相称花・左右相称花と分ける見方もある．さらに，同一種に形の異なった花を生ずるとき異型花といい，サクラソウ属の異花柱花やガクアジサイ[*Hydrangea macrophylla* f. *normalis*]にみられる装飾花，スミレ属の閉鎖花などの例がある．この場合，異型花と対応して花粉形態が異なる例も知られている．一般的に認められる花の進化傾向としては，花葉が多数から少数へ，螺旋生から輪生へ，相称面が少数へ，花葉間での合着化などである.

花粉の形態との関連で興味深いのは受粉の様式で，風媒花・虫媒花・鳥媒花・水媒花などがある．一般的には風媒花の花粉は生産量が多く，表面模様がなめらかでさらさらしており，時に気嚢などの特別の構造をもつ．虫媒花の花粉は表面模様が明らかで花粉セメントをもちべとつき，花粉塊などの複粒構造をとったり粘着糸をもつこともある．ただこれはあくまでも一般化したもので個々の例では当てはまらないことも多い.

Linneは雄蕊の数や合着の程度・位置などを主にして植物を24綱に分けセクシャルシ

ステムを提唱したが人為分類として否定された．しかし現在でも，花の構造・形態比較は被子植物の分類体系構築の際の重要形質の1つであることには変わりがない．近年，走査型電子顕微鏡を使った花の初期発生の研究が精力的に行われており，初期被子植物の花化石の探索とともに花の系統発生解明が期待される．　　　　　　　　　　　（高橋英樹）

ハーモメガシー [harmomegathy]

水分変化によって起こる細胞質の体積変化に対して，花粉または胞子が変形して適応する過程（Wodehouse, 1935）．発芽口もハーモメガシーの役目をもっていると考えられている．　　　　　　　　　　　　　（高原　光）

バラ科 [Rosaceae；rose]

世界に100属3200種があり，北半球を中心に広く分布する．バラ属およびサクラ属を筆頭に美しい花の植物が多い．バラ属は落葉または常緑の低木または蔓性の木本，花弁は5枚，重弁化するものが多い．今日では10000を越える品種が栽培される．虫媒花であるが温室栽培により，大量の花粉に触れる機会も多いことから花粉症が報告されている．花粉は赤道上三溝孔粒，大きさは25-30×25-30 μm前後．サクラ属のモモ [Prunus persica；peach]，ソメイヨシノ [P. yedoensis；yoshino cherry]，サクランボ（セイヨウミザクラ）[P. avium；sweet cherry]，ウメ [P. mume；Japanese apricot] などは栽培により大量の花粉に触れることが多いため花粉症が報告されている．サクラ属の花粉は指紋状の線状模様を外層彫紋とする赤道上三溝孔粒，大きさはモモ49×52 μm前後，ソメイヨシノ28×33 μm前後，セイヨウミザクラ38×40 μm前後，ウメ33×38 μm前後，開花期は3月下旬～4月上旬．バラ科ではその他にオランダイチゴ [Fragaria grandiflora；strawberry] やナシ [Pyrus pyrifolia var. culta；Japanese pear；sand pear] についても花粉症が報告されている．（菅谷愛子）

バラ花粉症 [rose pollinosis]

園芸品のバラは正確にはセイヨウバラ [Rosa centifolia] で，多くの品種を繰り返し交雑して生じた雑種性のものである．セイヨウバラの花粉は三溝孔粒型で，約30～50 μmであり，光学顕微鏡では表面に微細な網目模様がみられる．バラ花粉症は品種改良作業の際に，花粉を濃厚に吸い込むことで発症する職業性花粉症である．バラ花粉症の初例報告は，斎藤ら（1978）によりなされた．報告されたバラ花粉症の2症例と発症状況は次のようである．日本最大といわれる某バラ園付属の研究所は，バラの品種改良と新種の開発を主要な業務としている．品種改良作業の概要は，4月から7月にかけて人工交雑授粉を行い（この作業を交雑という），結実された種子から実生の苗を育て，4月から6月および9月から10月までの開花期に，花の性状を観察記録し（この作業を選抜という），良い品種を選抜していく．交雑作業は4，5月は温室内で，以後は温室内と屋外の両方で行われる．花粉症の症状は，1）交雑作業で乾燥花粉を人工授粉する際に，2）選抜作業では花弁を開いて鼻孔を近づけ，香りをかいだあとに，出現する．アレルギー検査成績では両症例とも有症時には鼻汁中好酸球増多が認められ，バラ花粉アレルゲンエキスによる皮膚反応では，スクラッチ法で偽足反応を呈するほどの強陽性反応を認めた．バラ花粉アレルゲンエキスによる皮内反応閾値検査では10^{-10}（1：100億）の稀釈液まで陽性反応を示した．乾燥バラ花粉の鼻誘発試験で鼻症状を誘発した．RAST法によるバラ花粉特異IgE抗体価は，ある症例では4月採血の血清でスコア3，6月採血の血清でスコア3を示した．また別の症例では4月採血の血清がスコア2，6月採血の血清がスコア3であった．いずれもバラ花粉に対する特異IgE抗体が陽性であった．治療は両症例ともまずインタール点鼻液の鼻内噴霧を行い，ベクロメタゾンネーザルスプレーによってさらに効果が上がった．Wodehouse（1971）の『枯草熱原因植物（改訂版）』の中にもバラ科植物の項があり，それを要約すると，従来，rose cold あるいは rose fever ともいわれた early summer hay fever の原因をバラの花粉とするのは誤りで，その多くは

牧草の花粉が原因だとしても，バラ科の花粉には感作力があるから，花粉に濃厚に接触する特殊な環境下では花粉症の発症の可能性があると結んでいる．　　　　　　（斎藤洋三）

ハリナシバチ [stingless bee]

ミツバチ科 [Apidae] に含まれる真社会性ハナバチ．世界に約500種が知られ，東南アジア，オーストラリア，中南米，アフリカに汎熱帯性分布を示す．翅脈の著しい退化と刺針が完全に機能を失っている点が最大の形態学的特徴．ミツバチと同様，花粉を後脚の外側にだんご状にまとめて運搬する．（小野正人）

パリノ相 [palynofacies]

花粉相ともいう．古パリノロジーの分野において，① 一連の堆積物中で他の部分に含まれるものとは明らかにその組成が異なるので区別可能な，ある特定の堆積・環境状態を示すようなパリノモルフの集団．② ある特定の堆積物中または時期にみられるパリノモルフや木部繊維など植物起源の微化石の集団を総体的に示すときに用いられる（Traverse, 1988）．　　　　　　　　（守田益宗）

パリノフローラ [palynoflora]

花粉植物群ともいう．花粉分析の手法で検出された花粉の同定結果から推定した植物の種類．泥炭や粘土などの堆積物中の花粉を対象とした場合は，過去のフローラを推定することになるが，ごく表層の試料（林内の腐植土など）を扱う場合は，ほぼ現世のフローラを示すことになる．ただし，花粉が堆積物中に保存されるまでの過程はさまざまで，遠距離から風や海・潮流によって運ばれたものや，再堆積したものもあり（二次花粉），また，クスノキ科の花粉は化石として残りにくい．したがって，パリノフローラは花粉が保存されるまでに，これらの複雑な要因がはたらいた結果として表現されたものとみるべきである．（→二次花粉，花粉群集）　　　（畑中健一）

パリノモルフ [palynomorph]

細粒砂から泥質の堆積物を塩酸やフッ化水素酸などの酸，さらに水酸化カリウムなどのアルカリ溶液を用いて処理（いわゆる花粉分析処理）すると，その残渣中に特定の形態をなすものから不定形のものまでさまざまな有機物質（多くはバイオポリマーで，スポロポレニン，キチン，偽キチンと呼ばれる）が含まれている．このような有機物質はケロジェン（kerogen）と総称され，それらの中で，起源となった生物の形態や組織を残すものが有組織ケロジェン，不定形のものが無組織ケロジェンと呼ばれている．さらに有組織ケロジェンのうちで断片となった高等植物の木質部（ときには炭化が進行して炭になっている場合もある）や表皮細胞，葉組織細胞などをパリノデブリス（palynodebris），ほぼ生物体の全貌を残す微化石をパリノモルフと呼んでいる．パリノモルフ―パリノデブリスも含めて適切な日本語訳がない―と同じような使われ方をする用語に organic-walled microfossil（有機質微化石）があるが，いずれにしてもパリノモルフはさまざまな生物起源の器官や組織から構成されている．

パリノモルフを分類群別にみると菌類，有孔虫類・渦鞭毛藻類・緑藻類（たとえばクンショウモ・ツヅミモ）・プラシノ藻類などの原生生物類，蘚苔類，シダ植物や種子植物などの維管束植物類，環形動物類（たとえばscolecodont）や節足動物類（たとえばユスリカの頭部や鱗翅類の鱗粉）などが知られており，ほとんどすべての生物群が含まれている．また所属すべき分類群が不明な微化石は，便宜的に設けられた人為的なグループのアクリタークに含められる．以上のパリノモルフの中で海棲生物を含んでいるのは渦鞭毛藻・プラシノ藻・有孔虫やアクリタークなどである．堆積物に含まれている海産パリノモルフは休眠期の細胞であることが多い．このことは休眠細胞の細胞壁が物理的にも対生物的にも耐性を備えていることを意味し，アクリタークなど所属不明のパリノモルフの起源を推定する場合に重要な手がかりとなる．（→微化石）　　　　　　　　　　　　　　（松岡數充）

春一番 [first spring gale]

立春から春分の日の間で最初に吹く暖かい南よりの強風のこと．低気圧が日本海で発達しながら北東に進むときに吹き，春の訪れを

告げるものとして知られている．低気圧の通過後は冬型に戻り，寒さがぶり返すことが多い．なお，春一番に続く南よりの強風を春二番・春三番という　　　　　　　（村山貢司）

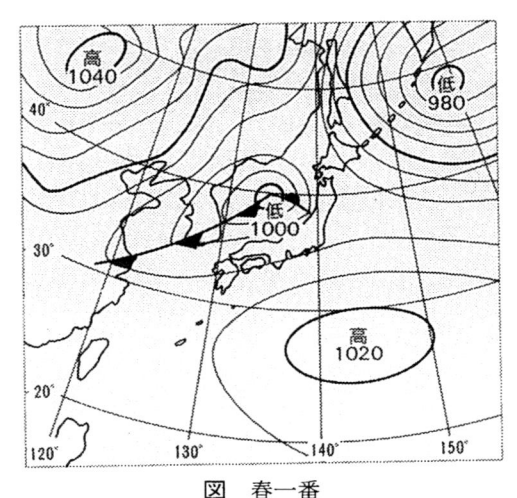

図　春一番
春一番の典型的な気圧配置．

ハルジオン花粉症［fleabane pollinosis］
ハルジオン（ハルジョオン）［*Erigeron philadelphicus*：fleabane］は，キク科ムカシヨモギ属に属する．北アメリカ原産で大正年間に帰化し，類似のヒメジョオンを圧倒して関東周辺を中心に東北地方や近畿地方にまで野草化している．花粉粒は刺状紋三溝孔型，19×20 μm大．虫媒性であるが一部風媒性で，花粉季は晩春から初夏が主であるが秋まで続く（5〜10月）．初報告は清水が1973年に行っている．それは14歳男で，有症期は4〜6月．皮内反応上種々の草本花粉に陽性を呈し，なかでもヨモギ・ブタクサ・セイタカアキノキリンソウ等のキク科花粉に強い．とくにハルジオン花粉には反応閾値1：10^6，P-K抗体価1：4^7と他の花粉を凌駕し，眼・鼻粘膜反応も陽性である．草本花粉のキク科，とくにヨモギ属花粉との交叉反応性はヨモギ花粉症が時に春にも症状を呈することと関係がある（→ヨモギ花粉症）．類似例がその後4例報告されている．　　　　（信太隆夫）

半溝［demicolpus, demicolpi (pl.)］
花粉で，外溝（ectocolpus）が2つの部分に分かれているもの（Erdtman，1952）．例：*Amylotheca*（ヤドリギ科）．　（内山　隆）

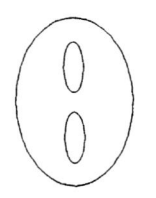

図　半溝（Blackmore et al., 1992）

繁殖様式［breeding system］　→生殖様式
半数体［haploid］
通常の体細胞（$2n$）の半数の染色体数，すなわち配偶子（n）と同数の染色体数をもつ個体．核相交代の結果生じる場合と複相世代の生殖器官から生じる場合がある．半数体は，一般的に小型で，不稔性を示すが，1）ゲノムを1組しかもたないためゲノム内の相同染色体の有無を明らかにでき，2）対立遺伝子間の相互作用がないため劣性遺伝子がただちに表現型として検出でき，3）染色体の倍加によりただちに純系が得られるなど，遺伝学的研究や実際の育種の場面で利用価値が高く，半数体育種法も実用化している．半数体植物は自然条件下で偶発的に生じる場合もあるが，その頻度は非常に低い．半数体の人為作出法としては，いくつか考案されているが，もっとも一般的で多くの植物種に利用できるものは，花粉から人為的に童貞生殖を起こし花粉由来の半数体を得る葯培養，花粉培養法である．また，温度処理・X線処理した受精能力のない花粉や遠縁の植物の花粉を受粉することによる雌性単為生殖を利用する方法や，種属間交雑の結果できた雑種胚の片親のゲノムの染色体が除去される現象を利用する方法がある．オオムギ属の野生種キュウケイオオムギ［*Hordeum bulbosom*］と栽培種との種属間交雑では，雑種胚から野生種の染色体が除去され胚培養によって半数体が得られる．また，コムギ［*Triticum aestivum*］×トウモロコシ［*Zea mays*］，コムギ［*T. aestivum*］×ソルガム［*Sorghum bicolor*］等の属間交雑によっても同様の機構で半数体が得られている．一方，半数体を遺伝的に誘起する遺伝子*hap*がオオムギ［*H. vulgare* var. *hexastichon*］等でみつけられている．

(高畑義人)

半数体育種法［haploid method of breeding］

　半数体を利用して遺伝的固定を短期間で行う育種法．半数体の獲得には葯培養・花粉培養および種属間交雑法が利用されている．半数体は染色体を倍加することで，ただちに純系を得ることができる．そのため．自殖性作物においては交配育種に比較して育種期間を短縮することができ，他殖性作物においてはF₁ハイブリッドの親となる純系を短期間で得ることができる．また，劣性突然変異体の効率的選抜やアスパラガス［*Asparagus officinalis*］等の性染色体をもつ作物では性の人為的制御が可能となる．現在，タバコ［*Nicotiana tabacum*］，イネ［*Oryza sativa*］，ジャガイモ［*Solanum tuberosum*］，アブラナ科作物などで，半数体を利用して実用品種が育種されている．一方，半数体育種法では遺伝的組み換えの起こる回数が少なく，花粉由来の植物が特定の遺伝子型に偏っている可能性がある等の問題点が指摘されている．

(高畑義人)

斑点状［macular；maculate；maculose；maculatus(adj.)］

　花粉・胞子で，いかなる凹凸も伴わないで外壁に斑点が認められ，とくにそれが400倍の倍率で測定できる場合に斑点状という(Potonié, 1934)． 　　　　(高原　光)

半透明型［chagrenate (adj.)］

　花粉および胞子の外壁が平滑で，半透明のもの． 　　　　(高橋　清)

ハンドオーガー［hand orger］　→サンプラー

ハンノキ［*Alnus japonica*；Japanese alder］　→カバノキ科

ハンノキ花粉喘息［alder pollen asthma］

　ハンノキは被子植物カバノキ科ハンノキ属の落葉高木で，林野の湿地に好んで生える．北海道から九州まで広く分布し，とくに新潟地方では田圃の畔に「はざ木」として植えられ，川辺や庭先に大木となっているものもある．雌雄同株で，雄花は暗紫色の尾状花序で，開花すると大量の花粉を出す．開花期は地域により，年により多少の差はあるが，2月初めから6月末にかけて多い．花粉型は幾瀬の分類(1956)によれば，赤道上四〜六孔型に属し，大きさは20〜28.5μmである．静止した大気中での落下速度は2.0 mm/sで，長時間空気中に浮遊しやすい．

　初例報告は1970年に水谷によってなされた．以下その概略について述べる．新潟地方の春の空中花粉調査では，4月末から5月初旬にピークのあるハンノキ花粉が多いことに注目し，つぎの検査を行った．1000倍のハンノキ花粉の抗原液を用いて皮膚テストを実施し，新潟地方で小児105例中27例(25.7％)，東京地方では36例中4例(11.1％)の陽性を認めた．皮膚テスト陽性の15例について稀釈試験を行い，13例は10^{-3}，1例10^{-4}，1例10^{-5}であった．また9例にP-K反応を行い，8例が(+)であった．吸入誘発試験をさらに9例に実施して，10歳3カ月と13歳0カ月の女児の2例に24％，23％の1秒率の低下をみた．これら症例の発作の季節はいずれも4〜6月，9〜10月であり，春の発作はハンノキの開花期と一致していたのでハンノキ喘息を認めた．また既往歴・家族歴・症状およびアレルギー学的検査により，ハンノキによるアレルギー性鼻炎と診断した34歳の主婦に，同花粉抗原エキスによる減感作療法を行って，有効であったと述べている．油井はアレルゲン別にRASTの詳細な検討を行い，ブナ科とカバノキ科の花粉間には，それほど強くないが共通抗原性を認めている．

(中原　聰)

ハンノキ属［*Alnus*；alder］

　落葉の低木あるいは高木，カバノキ科に属し，約30種が北半球に分布する．根瘤バクテリアをもち，窒素固定を行う．そのために土の流失を防ぐ目的で裸地などに植えられた．ハンノキ［*A. japonica*；Japanese alder］やヤマハンノキ［*A. hirsuta* var. *sibirica*］および北アメリカの*A. glutinosa*や*A. rubra*は加工しやすく家具や器具の製作に用いられる．樹皮はタンニンを含み，染色・皮なめし・

民間薬にされる．日本に多い種類の1つハンノキは湿った土地に生える落葉高木，高さ15mにもなる．田の畦道に植えて稲木とされた．ヤマハンノキ，ヤシャブシ[*A. firma*]は山の崩壊地に生える落葉低木，その他にオオバヤシャブシ[*A. sieboldiana*]，ヒメヤシャブシ[*A. pendula*]などがある．いずれも雌雄同株で尾状花序は雌雄が別になる．雄性花序は長く下垂し風媒花で開花期は1月から4月（ミヤマハンノキは7月）．花粉症の原因となる．　　　　　　　　　　　　（菅谷愛子）

晩氷期［Late glacial substage］

Würm氷期を3分する場合の最後の氷期で，アルプス周辺氷河層序のSpätwürmに一致．中部アメリカのCary glacial substage以後Valders glacial substage前半期ころまでに対比される．約16000年前から10000年前ごろ．Iversen(1942)，Nilsson(1935)，Jessen(1935)等によって北欧で古いほうからOldest Dryas(約16000〜12400年前)，Bölling(約12400〜12100年前)，Older Dryas(約12100〜11800年前)，Alleröd(約11800〜11000年前)，およびYounger Dryas(約11000〜10300年前)の5つに細分された．Oldest Dryas期のデンマークは寒帯から亜寒帯で，*Dryas actopetala*などの植生より成るツンドラで，7月平均気温は10℃よりやや冷い．Bölling期のデンマークは亜寒帯的で，樹木の点在するツンドラが広がるほどにやや温和（7月の平均気温は10℃よりやや高い）．Older Dryas期のデンマークでは寒帯〜亜寒帯性で7月の平均気温は10℃より低い．Alleröd期のデンマークは，7月の平均気温が13〜14℃で疎林が分布していた．Younger Dryas期のデンマーク〜スウェーデン南部は亜寒帯性で，樹木の点在するツンドラ．7月の平均気温は11℃よりやや高かったようである．日本では，この時期の堆積物は，臨海平野で泥炭・泥・砂礫の互層をなし，Alleröd期に対比される温和期が平野下の埋没海成段丘として残存している，といわれている．（→氷河期）　　　　　　　　　　　（藤　則雄）

反復親［recurrent parent］

作物育種における戻し交雑育種法において反復して用いられる一方の系統または品種のこと．戻し交雑育種法は，優良品種のすぐれた特性をそのままにして，耐病虫性や耐冷性など1，2の特性のみを改良する方法である．優良品種とその欠点を補う形質をもつ品種を交雑し，その雑種第1代に優良品種を戻し交雑し，以後の世代で特性検定とこの交配を繰り返しながら雑種の変異性を優良品種に近づけていく．繰り返し交雑に用いられる品種が反復親であり，1度だけ用いられる親を一回親(donor parent；nonrecurrent parent)という．　　　　　　　　　　　（大澤　良）

反復受粉［recurrent pollination］　→メントール花粉

半葯［theca, thecae (pl.)］

花糸の先端につく葯が葯隔によって2分されるとき，その半分を半葯という．

　　　　　　　　　　　　（高橋英樹）

ヒ

微網状紋[microreticulum, microreticula (pl.)]

花粉表面の 1 μm 以下の畝と網目で構成される網状紋(Praglowski & Punt, 1973).

(守田益宗)

ヒカゲノカズラ [*Lycopodium clavatum*]

シダ植物のヒカゲノカズラ科に属する常緑の草本で,北半球の温帯・暖帯に広く分布する.匍匐性の茎は長く伸びてまばらに分岐する.胞子嚢穂の柄は高さ 10 cm ほどに伸びて 3～6 個の胞子嚢穂を互生する.胞子は石松子と呼ばれ,四面体三条溝型(tetrahedral trilete)で脂肪に富み,かつては丸薬の湿気を防ぐ丸衣に使用された.また歯科でも多量に使用されたが,職業性喘息が中村ら(1969)により歯科技工師に発見され,今日では使用されていない.しかし,果樹の人工受粉には今日でも増量剤として多量に使われている.

(佐橋紀男)

微化石 [microfossil]

微小化石ともいい,概して,光学的顕微鏡で観察することのできる大きさの化石.数百倍の倍率で検鏡できる大きさの化石を nannofossil という.微化石には,動物では,放散虫・有孔虫・有殻アメーバ・渦鞭毛虫・珪質鞭毛虫・コッコリス,甲殻類の貝形類,植物では珪藻類などで,生物の体全部が化石として出土することが多い.大型生物体の一部分が化石として産するものには,海綿,サンゴの骨針,ウニ類・ヒトデ類・ナマコ類のような棘皮動物の骨針,コノドント類,および花粉・胞子がある.その他微小生物またはその生物の一部で分類学上不明確なものとしては,*Discoaster*, Hystrichospherid, *Nannoconus*, *Oligostegina* などがある.微化石は,大型化石に比較して,その生産個体数が概して多いために産出頻度も大きいために限られた試料(たとえばボーリングコア)の中にもほとんど完全な形態で,数多く保存されていることが多いために統計的処理に基づく環境・分類学的解析にとって有利であるために花粉分析による研究はもちろんのこと,有孔虫・珪藻などの視点からの研究も多々ある.(→パリノモルフ,ヒストリコスフェア類,渦鞭毛藻シスト)

(藤 則雄)

非還元配偶子 [unreduced gamete]

非減数性配偶子ともいう.通常の還元分裂(減数分裂)によって形成される正常な配偶子の染色体数は,花粉でも胚嚢(卵核)でも植物体(体細胞)の染色体数がちょうど半減した状態になっている.したがって,このような半減した染色体数をもつ雌雄の配偶子の合一によって生じる受精卵由来の完成胚(種子)は,もとの植物体とまったく等しい染色体数($2n$)となる.しかし,自然条件下においてもまれには還元分裂が正常に行われず減数しそこねて染色体数が半減していない配偶子が形成されることがあり,これが非還元配偶子(非減数性配偶子)である.このような非還元配偶子が形成された植物の後代には,やがて新しい種としての同質倍数体植物が成立することがある.また,通常は生殖的隔離機構がはたらいて交雑することのない異種間でも,非還元配偶子は交雑しやすくなり,種間雑種ができてしまうことがある.さらに,種間交雑によって作出される複半数体 F_1 植物は非還元配偶子を形成しやすく,とくに二価染色体を形成しにくい複半数体植物ほど高頻度で非還元配偶子を形成し種子がとれやすい.たとえば,アブラナ属植物のハクサイ($2n=20$, AA ゲノム)とキャベツ($2n=18$, CC ゲノム)との間の種間雑種である複半数体植物($2n=19$, AC ゲノム)では,これにハクサイを戻し交配して得られる次代植物は $2n=29$(AAC ゲノ

ム)となるのが基本である．すなわち，複半数体植物に生じる $n=19$ の非還元配偶子とハクサイに生じる $n=9$ の正常配偶子が受精して $2n=29$ という次代植物ができたわけで，この複半数体植物では非還元配偶子だけが受精力をもっていることがわかる．ここで，種間交雑によって形質導入を図りたい場合に，種子がよく採れる複半数体植物では異なるゲノム間で染色体が異親対合することはまれなので非還元配偶子を頻繁に形成しているが，その後代を追っても形質導入に成功する可能性はきわめて低い．それに対して，種子があまり採れない個体では異親対合の頻度が高いので非還元配偶子が形成される頻度は低いが，その後代を追えば形質導入に成功する可能性が高い．一方，複半数体植物をコルヒチン処理などによって染色体を倍加させ細胞遺伝学的に安定した複二倍体植物(たとえばハクサイとキャベツの間に成立するセイヨウアブラナ [*Brassica napus*] では $2n=38$ の AACC ゲノム)を育成したい場合には，異なるゲノム間で染色体が異親対合することはまれで非還元配偶子を高頻度で形成し種子がとれやすい複半数体植物の後代を追うことが望ましい．いずれにしても非還元配偶子の形成は，このように一次性種分化や二次性種分化の要因となるので，種の適応と分化にとって重要な役割をになっているのである．

(生井兵治)

飛散開始日 [day of pollen release began]
ここでいう飛散開始日とはスギ花粉についての用語である．スギ花粉は空中に1年中飛散していることが，年間の空中花粉の調査で明らかになっているが，メインは2〜4月である．最近の暖冬傾向でスギ花粉の飛散開始は早くなり，南関東でも1月下旬のケースもある．飛散開始日の条件は1月1日から初めて1個/cm² 以上の日が2日以上続いた最初の日とするが，これは重量法のダーラム型花粉捕集器使用の場合である． (佐橋紀男)

飛散期間 [pollen dispersal period]
花粉症の抗原となる植物の花粉が，開花後大気中に飛散・浮遊している期間．空中花粉測定の標準化委員会では次のように規定している．「花粉飛散開始は1月1日より初めて花粉調査用スライドグラス1cm²当り1個以上の花粉が連続2日以上観測された最初の日を飛散開始日」，また「開花期間を過ぎて，花粉飛散終了間際になって3日間連続して0個が続いた最初の日の前日を飛散終了日とする」．この間の期間を飛散期間とする．

(菅谷愛子)

飛散終了日 [expiration day of pollen dispersion] →飛散期間

被子植物 [angiosperms]
種子植物のうち，胚珠が子房中に包まれており裸出していない群をいう．そのほか重複受精をする，木部が主に道管よりなるなどの特徴をもつ．裸子植物に対する植物群．現在もっとも多様化したグループで，植物界30万種のうち20万から25万種を占めるといわれる．中生代白亜紀に突然出現したので，その起源についてさまざまな説が出された．現在はラナレス類を原始的とみる見解が大勢を占めているが，多系統であるという考えも根強い．Cronquist や Takhtajan の分類体系では Magnoliophyta と呼ばれ門のランクで認められ，さらに双子葉類と単子葉類の2亜綱に分けられる．被子植物花粉は単子葉類で単口粒が多く，双子葉類では原始的な群に単口粒，その他では三口粒や多口粒が多く，被子植物内の大きな系統を反映している．

(高橋英樹)

鼻汁塗抹検査 [nasal smear test]
鼻汁および鼻粘膜擦過標本を作製し，鼻粘膜病変の細胞学的診断をする方法である．観察の対象となる細胞成分は，好酸球・好塩基性細胞(好塩基球・粘膜肥満細胞)・好中球・剝離上皮細胞(線毛上皮細胞・杯細胞)・細菌などである．染色法は短時間で簡便に行える Hansel 染色法が普及している．染色液にはエオジノステイン(組成はアルコール・メチレンブルー・エオジン；鳥居薬品製)を用いる．この染色液では好酸球顆粒はエオジンで赤く染まり，核はメチレンブルーで青く染まる．好塩基性細胞の顆粒は異染性を示し青紫色に

染まる．アトピー型アレルギー反応の細胞学的特徴の1つである好酸球増多は，鼻汁についても診断的価値が高い．粘膜肥満細胞を採取する目的であれば，鼻粘膜表面の擦過標本が適している． （斎藤洋三）

非樹木花粉［NAP, non-arboreal pollen］
北欧を中心として，Erdtmanらによって広められた，樹木花粉を念頭に置いた花粉分析も，1935年ごろになるとしだいに改良されるようになった．それは，森林樹種のみを対象としてきた，従来の古典的花粉分析法では，限界に達したからである．その1つに，ヨーロッパのように古くから開けた地域では，人工的な森林の破壊が多く，厳密な意味での天然林はきわめて少ないことがあげられる．次に，人工的な森林の破壊に伴って，草地や耕地が増加しているため，従来のように森林樹種のみを対象とした手法では，不十分であることがわかったからである．また，森林限界の移動などをテーマとする場合には，草本花粉(非樹木花粉)の頻度に関しても考慮する必要に迫られたからである(中村，1967)．以上のような理由から，Firbas(1937)らは，まず森林限界と花粉分析結果との関係を知るために，フィンランドのラップランド地方や南ドイツの高山地域の花粉分析を行い，森林を構成する樹木花粉と非樹木花粉との量的関係を花粉分布図に示し，森林密度の程度を表している．この考え方は，その後のツンドラ地帯やステップ地帯の分析にも応用されたばかりではなく，人工的な森林破壊の程度や氷床の後退直後の植生変化を示す指標とされている(中村，1967)．このようにして，非樹木花粉の重要性が認められてくるにつれて，注目を集めたものの1つに，イネ科花粉がある．イネ科に属するものは，いずれも陽地性で，林床には少ない．したがって，イネ科花粉の増加は森林密度の低下を暗示している．また，イネ科は米・麦をはじめ古来からの栽培植物に属する種類が多いことから，もしも，栽培種と野生種の区別が花粉化石で可能となれば農耕の歴史を解明する有力な手段の1つとなる．そこでFirbas(1937)はヨーロッパ産イネ科花粉215種を精査し，花粉分析に応用して栽培型と野生型をほぼ識別することに成功した．この彼の功績によって，人類による自然植生に対する影響が花粉分析からも論じられるようになった(中村，1967)．(→樹木花粉)
 （黒田登美雄）

非樹木花粉図［NAP diagram］ →花粉分析図

尾状花序［catkin］
穂状花序が特殊化した形で，細長い穂状で多くの苞があり，苞腋には1から多数の単性花がついて，多くは下垂するが直立するものもある．このような花序を尾状花序という．下垂する尾状花序は風媒花，直生するものは一般に虫媒花である．ヤナギ科・クルミ科・カバノキ科・ブナ科などの花が雌雄とも，または雄の花だけが尾状花序である．
 （菅谷愛子）

微小管［microtubule］
真核細胞に広く存在する外径24 nm，内径14 nmの中空の管状蛋白質繊維．その長さは，存在場所によって異なり，通常5～500 nmである．微小管を構成する主要な蛋白質は，α-チューブリン(分子量5.6万)とβ-チューブリン(分子量5.3万)で，$\alpha\beta$のヘテロ二量体として存在する．この二量体(5×8 nm)は長軸方向に並んでプロトフィラメント(原繊維)をつくり，その13本が集合して管になったものが微小管の基本構造である．チューブリンによる微小管の重合にはGTP(グアノシン三リン酸)とMg^{2+}が不可欠であり，Ca^{2+}は重合を阻害する．また，微小管は37°Cで重合し，0°Cで脱重合する．この重合過程にGTPの加水分解反応が関連している．微小管のまわりに周期的にみられる毛状突起は，微小管結合蛋白質(MAPs)と呼ばれ，分子量約28万のMAP 1，分子量約27万のMAP 2と分子量70000前後のタウ蛋白質などが知られている．微小管は，1)細胞骨格の主成分の1つとして細胞の形態維持や形態形成，2)鞭毛・繊毛運動などの細胞の運動，3)染色体の移動，分泌顆粒の輸送，神経の軸索流などの細胞内輸送，等に重要な役割を果たしている．花粉

表 各鼻症状の程度

種類＼程度	+++	++	+	−
くしゃみ発作（1日の平均発作回数）	11回以上	～10回	～5回	0
鼻汁（1日の平均擤鼻回数）	11回以上	～10回	～5回	0
鼻閉	鼻閉が非常に強く，口呼吸が1日のうちかなりの時間あり	鼻閉が強く，口呼吸が1日のうち，ときどきあり	口呼吸はまったくないが鼻閉あり	なし

の発達過程では，1）花粉母細胞の分裂時，2）四分子期以後遊離した小胞子細胞中で生殖細胞がつくられる際の細胞板形成時にゴルジ小胞の輸送に関与する多くの微小管が出現する．また，花粉内壁形成時にも微小管が細胞膜付近にみられるが，これは，内壁内のセルロースミクロフィブリルの配向に関与するものと考えられている． （中村澄夫）

鼻症状スコア［nasal symptom score］
くしゃみ・鼻汁・鼻閉の3大症状について，おのおの一定の規約に従って程度分類（奥田分類）がされている．鼻症状スコアとは鼻症状の程度を評点化したものである．各鼻症状をスコア化することで鼻症状全体のスコアも算出できる．鼻症状のスコア化の目的は，鼻症状を数量的に処理可能にするためである．薬効評価の際に利用されることが多い．
（斎藤洋三）

微小突起型［scabrate (adj.)］
花粉壁の彫刻で，直径1μm以下のほぼ同じ直径の微小突起（微小刺型と微細しわ模様型）よりなるもの．（→付録図版）
（高橋 清）

ヒストリコスフェア類［hystrichosphere］
球形から楕円形で有機質の殻をもち，多くの突起物で覆われた微小な化石生物に対して形態上の類似性に基づいて提唱された名称．起源はWetzell(1938)が設定した*Hystrichosphaera*属にある．Evitt(1964)が特異な形態の穴（発芽孔）を備えたヒストリコスフェアが渦鞭毛藻の休眠性接合子であることを明らかにしたことにみられるように，多種多様な分類群，たとえばカイアシ類の休眠卵などを含んでいる可能性が強い．このような形態の微化石の所属が明確になるにつれ，この用語はあまり用いられなくなってきている．（→渦鞭毛藻シスト） （松岡數充）

ピストンコア［piston core］ →サンプラー

ひだ［plica, plicae (pl.); plicate (adj.)］
溝状のひだを指すやや漠然とした用語．明瞭には溝と認められないもの．裸子植物のマオウ属などの花粉粒を記載する際に使われた用語． （高橋英樹）

ひだ型［plicate (adj.)］
マオウ属やある他の化石花粉にみられるように，花粉壁の表面に隆起状のひだがある型．多くのひだがあれば多ひだ型（polyplicate）である．また，ノルマポーレスなどの花粉にみられるように，極を中心にして，通常Y字型で，壁にある厚くなったひだ様の部分．
（高橋 清）

ビタースプリングス微化石［Bitter Springs microfossil］
オーストラリア中央部のアリススプリングス付近に先カンブリア時代の後期，約9億年前のビタースプリングス層と呼ばれる地層がある．上部に浅海成の石灰岩があり，最上部

にチャートがあり，このチャートに多くの微化石がみつかっている．分裂菌類3種，藍藻類38種，緑藻類2種，緑藻または紅藻に属するもの4種，焔色植物1種，真菌植物2種など識別され，50種に及ぶ．藍藻植物が圧倒的に多いが，真核生物が含まれていることが最大の特徴である．緑藻類の微化石は Glenobotrydion と命名されている．この微化石は球状で，顕微鏡下で細胞の中央部に黒色の斑点が認められ，細胞内器官様構造体と呼ばれている．これは$0.7～2.3\mu m$の大きさで，現生の真核細胞の藻類にみられるピレノイド（$0.8～2.1\mu m$）や核（$1.5～2.3\mu m$）に相当する大きさである．Glenobotrydion の細胞内に認められる構造体は核とみなされている．さらに，有糸分裂の各段階を示すと思われる一連の化石が発見された．また，4個の球状細胞の集合で，還元分裂によって分裂している四分子であるとされている．真核生物の出現，有糸分裂，還元分裂などの現象は，ビタースプリングス層以前にすでに進化の過程で獲得されていたと考えられ，真核生物の出現は約14億年前と考えられている．

(高橋 清)

ヒノキ [Chamaecyparis obtusa] →ヒノキ科

ヒノキ科 [Cupressaceae]

裸子植物球果目の針葉樹で，極地，南アメリカの中～北部，アフリカ西部，アジアの熱帯を除き全世界の温帯に15属約130種生育（クロベ亜科・ヒノキ亜科・ビャクシン亜科）．日本にはヒノキ [Chamaecyparis obtusa]，サワラ [C. pisifera] など8種の自生があるが多くは植林により栽培されているものである．イトスギ属他の数種も栽培されている．この科の葉は十字対生か輪生の針状または小形鱗片状で，枝上に鱗状に密着している．花は雌雄同株のものが多い．雌花はその年の枝の先端に着き，雄花は雌花より基部の小枝の先端に着く．雄蕊は短い花糸と広い葯片からなり，葯片は上方の1側または楯状となり，葯片の下縁に2～6個の葯が着く．黄色の花粉の極観は円形，赤道観は遠心極の部分がやや突き出ている（幾瀬の分類(1956)では単口有心型$3B^a$型）．彫紋は$0.5\mu m$の小刺状紋で，花粉粒の内部に不定形または星状の屈折率の高い内容物が中心にみられる（有心型花粉）．雄花は多くは1対であるが，数対の心皮時には輪生心皮群からなり，直生胚珠（$1～\infty$）をもち，球果は木質で裂開し，種子は離れて存在し，子葉は多くは2（まれに5～6）個である．多くのものは精油（主成分はピネン(pinen)等）を含み，薬用に供される．材は建築材として広い用途がある．芦田ら(1984)により花粉症が報告されて以来，スギと重なって開花し，スギと共通抗原性もあるので，春の重要な花粉症を構成するアレルゲン植物である．

(佐渡昌子)

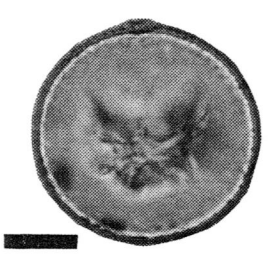

図 ヒノキ花粉
スケールは$10\mu m$.

皮膚アレルギー [dermal allergy]

皮膚に起こるアレルギー疾患の総称である．アレルギー性接触皮膚炎・蕁麻疹・薬疹・アトピー性皮膚炎がこれに含まれる．しかし，これらの疾患で実際にアレルギー機序で発病・発症していることが証明される場合はアレルギー性接触皮膚炎・薬疹を除いて多くない．アレルギー性接触皮膚炎はIV型のアレルギーで，皮膚局所に接触した抗原によって起こる皮膚炎である．蕁麻疹は一部に特定の食物と関連した食餌性アレルギーがみられるが，一般にアレルギーとは関係なく発病する場合が多いという．薬疹のうち，アレルギー性のものではI型からIV型のいずれか，またはいくつかの型が重複して発症機序にかかわっているとされる．アトピー性皮膚炎についてはその項にゆずるが，食物や環境抗原により増悪する例のあることが知られる．

(宇佐神篤)

ヒプシサーマル期 [Hypsithermal stage]

高温期ともいう．後氷期を寒暖の程度で区

分すると，古いほうからしだいに温暖化した時期(anathermal stage)，高温期，しだいに冷涼化した時期(katathermal stage; medithermal stage)に3区分される．かかる気候変化は，ほぼ世界的に共通している．北欧での後氷期は，たとえばBlitt-Sernanderの花粉分析に基づく編年によると，古いほうからPreboreal, Boreal, Atlantic, SuborealおよびSubatlanticの5期に細分されている．地域によって，これ等各期の境界は若干ずれてはいるが，高温期はおよそ8500～4500年前で，日本のそれは北欧のBoreal末期からSubboreal前期にほぼ対比され，現在よりも夏気温で1.5～2℃高く，夏日は半月長かったらしい．この期には，氷河は後氷期中ではもっとも後退し，海水面も高かった．日本では有楽町海進の最高頂期である縄文海進期に当たり，もっとも温暖であった時期を気候最良期と呼び，北欧のAtlantic前半期に比定される．(→アトランティック期，完新世，後氷期の花粉帯，ブリット-セルナンデル編年) (藤 則雄)

皮膚テスト [skin test]

抗原抗体反応を利用して生体の皮膚を対象とするアレルゲン検索法の1つ．遅延型アレルギーにおいて行われるパッチテストもその1つであるが，一般的には即時型アレルギーに対して行われるテストを指すことが多い．後者には皮内反応・スクラッチテスト・プリックテストの3種類がある．皮内反応はアレルゲンエキスを前腕屈側皮内に注射して約15分後膨疹と紅斑の直交する長径を測定する．膨疹の平均径9mm以上または紅斑の平均径20mm以上を陽性とする．スクラッチテストはツベルクリン針の切り口背面を使って皮膚を約3mm軽く引っ掻き，そこにアレルゲンエキスを滴下する．プリックテストはアレルゲンエキスを1滴滴下し，消毒した縫い針をアレルゲンエキスを通して斜めに皮内に突き刺し，もち上げるようにして抜き去る．スクラッチテストやプリックテストに用いるアレルゲンエキスの濃度は，皮内反応のそれより約100倍濃いものを使用する．皮膚テストを行うときは，対照液で無反応であることを確かめる必要がある．皮膚テストに影響する薬剤に，β-刺激剤・抗ヒスタミン剤・テオフィリン製剤などがある．少なくとも検査の2日前からこれら薬剤の使用を中止しなければならない．皮膚テストが陽性の場合，それが特異的であることを確める方法に閾値テストがある．アレルゲンエキスの10倍稀釈系列をつくって皮膚テストを行う．アレルゲンエキスの濃度が薄くなるに従って膨疹や紅斑の大きさが小さくなれば，濃度依存性があるということで特異的といえる．濃度依存性がなければ非特異的であり，アレルギー疾患の原因となるアレルゲンとはいえない．陽性を示すもっとも薄い濃度を閾値という．特異的減感作療法を行なう場合，閾値の10分の1の濃度から始めることが多い． (芦田恒雄)

皮膚反応 [skin reaction] →皮膚テスト

微分干渉顕微鏡 [differential interference contrast microscope]

コントラストのない標本や，染色や固定のできない生体標本などに対し，標本組織の屈折率や厚さの差を干渉像のコントラストとして観察する顕微鏡である．観察試料に対し，光を透過させる型と反射させる型があるが，原理は同じである．透過型の原理は，まず光源からの光をポラライザに通過させて，直線偏光にし，これをノマルスキープリズムに入射させ，振動方向がたがいに直角で，一定距離(分解能以下)の横にずれた2つの直線偏光(異常光と通常光)を得る．この2つの光線は，標本の中のわずかにずれた部位を通過するため，たがいにある位相のずれ(光路差)を引き起こす．こうした2つの光を再度ノマルスキープリズムに入射させて1つの光に結合させ，アナライザを通すことにより，共通の振動成分が取り出され，干渉像が得られることになる．透過型顕微鏡の構造は，ポラライザ，コンデンサ，ノマルスキープリズムがこの順に一体化され，標本ステージの前(下)に配置されている．ノマルスキープリズムは対物レンズと対を成すため，回転選択(ターレット)方式となっている．対物レンズはメーカーに

よって指定されたもの以外は使えない．対物レンズと接眼鏡筒の間には中間鏡筒があって，ノマルスキープリズムとアナライザが順に内蔵されている．ここのノマルスキープリズムは光軸に直角に（水平に）微動できる構造になっている．接眼レンズは特別な構造を要さない．

　白色光源を用いたときの光路差による干渉色の変化はニュートンのカラースケールとして知られている．この顕微鏡の方式は，標本中の光路差勾配（微分係数）が干渉色で表現されるので，微分干渉法といわれている．光路差は標本の屈折率と，その厚さの積に依存するので，普通の光学顕微鏡では見分けられない微細構造（屈折率の変化）が，干渉色のコントラストによって表現され，みえるようになる．実際の観察に際しては，接眼部のノマルスキープリズムを，光軸に垂直に移動することにより，背景色としての干渉色を0次から鮮やかな色まで自由に選択できる．しかし，次の3種の背景干渉色が観察の基本となろう．1）暗黒色の背景：暗視野的な観察ができ，光路差がある部分ではその勾配に応じた干渉色が得られる．2）灰色の背景：斜めから光を照らしたときのような立体観に近いコントラストが得られる．もっとも感度がよい灰色鋭敏色で観察でき，長時間の観察でも目の疲労が比較的少ない．3）赤紫色の背景：赤紫色の干渉色は鋭敏色と呼ばれ，わずかな光路差の変化が，背景よりも小さければ赤から黄，大きければ青，といったように鮮やかな干渉色として観察できる．このような干渉像は電子顕微鏡のシャドウイングのレリーフ効果に似た立体感を伴う．ただし，横ずらしの方向が決まっているので，検出感度に方向性があり，回転ステージを用いることが望ましい．

　位相差顕微鏡による像との比較では，位相差法では，とくに位相差が大きい場合はハローが顕著につくが，微分干渉法ではそれがなく細部まで明瞭に観察できる．照明系では，位相差法がリング照明であるのに対し，微分干渉法では全開口であるため，明るく解像力もすぐれている．また，得られる像は，位相差法では焦点深度が深く平面的であるが，微分干渉法では，深度は浅いが，立体的なものとなる．以上のように，微分干渉法は，位相差法と比べていくつかのすぐれた点があるが，非等方体の標本については，コントラストが低下するので，位相差法のほうが適している．
　　　　　　　　　　　　　　（山野井徹）

ヒマワリ効果［sunflower effect］
　キク科のヒマワリは，もともとは自家不和合性の強い他殖性植物であり，受精・結実には虫媒受粉が不可欠であった．この場合，頭状花が小さければ，ひとつの頭状花上で一頭の昆虫が採蜜しているところに他の大きな花粉媒介昆虫が飛来すると，それまで採蜜していた昆虫が飛び立って他の頭状花に移動しやすいので，他家受粉に都合がよく，高い結実率が維持できる．しかし，直径20～30cmもの大きな頭状花だと，前から止まっている花粉媒介昆虫は他の昆虫が飛来しても驚かずにそのまま採蜜をつづけることが多いので自家受粉の割合が高く他家受粉には不都合である．したがって，自家不和合性が強く他殖性を示すままに大きな頭状花をつける個体が生じたとしても，この個体からたくさんの種子が結実することがないので，この特性をもつ子孫が急激に増えることはない．ところが，自家和合性で高い自殖性を示し，かつ大きな頭状花をつける個体が生じた場合には，花粉媒介昆虫に自家受粉をしてもらえばよいので，この個体からたくさんの自殖種子ができ，自殖性で大きな頭状花をもった個体が急速に増えることになる．このような現象がヒマワリで最初に確認されたので，これをヒマワリ効果（ひまわり効果）という．現在，世界中で栽培されている直径が30cm以上もある大輪のヒマワリは，この植物が他殖性から自殖性へ，また小さな頭状花から大きな頭状花へという進化を遂げうる性質をもっていたことと，そうした性質を人間が積極的に引き出したことによる共同の成果である．
　　　　　　　　　　　　　　（生井兵治）

ピーマン花粉喘息［pimiento pollen

asthma]

ピーマンはトウガラシ[Capsicum annuum]の品種の1つである．トウガラシは，被子植物亜門，双子葉植物綱，合弁花亜綱，ナス目，ナス科，トウガラシ属に分類される．その栽培は全国に及ぶが，とくに高知県，茨城県，宮崎県に多い．ピーマン花粉喘息は，1983年に奥村らによって初めて報告された．ピーマン開花期のビニールハウスで作業中鼻アレルギー症状に続いて気管支喘息症状をきたすようになった主婦にみられた職業アレルギーの例である．ピーマン花粉から抽出したアレルゲンエキスによる皮内反応ならびにその閾値検査，吸入誘発試験，P-K反応が陽性であったことからピーマン花粉に起因する喘息と診断された．　　　　　　　（芦田恒雄）

非無作為交配[nonrandom mating]→任意交配

ヒメガマ[Typha angustifolia; narrow-leaved cattail]

世界中に広く分布し，高さ1.5～2mになるガマ科の多年草植物．葉は線形で幅0.5～1.2cm．雌花は6～20cmあり，その上に1.5～5cm離れて長い雄花穂が着く．花期は6～8月で，開花期には風により大気中にまき散らされるので花粉症の原因となる．花粉は単粒で合着しない．表面に1.3μm前後の小網状紋がある単口粒，大きさは23×24μm前後．ガマの仲間には，ガマ[T. latifolia; broad-leaved cattail; common cattail]およびコガマ[T. orientalis]がある．ともに風媒花であり開花期は6～8月．ガマの花粉は常に四集粒で，多くは正方形であるが，線形・菱形などに結合している．単粒は小網状紋の単口粒で大きさは径22×24μm前後．コガマの花粉は合着しない単粒で，形・大きさもヒメガマとほとんど同じである．
　　　　　　　　　　　　　　　（菅谷愛子）

ヒメガマ花粉症[narrow-leaved cattail pollinosis]

ヒメガマはガマ科ガマ属の多年草で，日本全土に広く分布し，湿地に群生する．7～8月に開花し，同属にガマ(主に6月に開花)，コガマ(主に7～8月に開花)があり，抗原性は似るため発作期はヒメガマ以外のこれらの花粉の飛散状態にも左右される．花粉は単口粒小網状紋，幾瀬分類の3A^{a}で，大きさは20-24×23.5-25.5μmである(幾瀬，1956)．空中花粉の全国調査上，1970年台の調査ではヒメガマ花粉が検出されなかったが，87年からの調査では浜松，大阪，福岡で検出された(長野，1982，1992)．水戸市における調査では6～9月(とくに7～8月)に検出された(宇佐神，1972)．臨床例の最初の報告は72年に宇佐神が行った．症例は38歳主婦で，7年前の虫垂切除術後の6月に発病した鼻アレルギー例である．くしゃみ発作・鼻閉・水性鼻漏を主訴とし，71年2月に受診した．発作期は7～8月であるが，鼻閉は通年性にもあり，11～3月にも増悪する．皮内反応でヒメガマ・スギ花粉(自家製)に強陽性で，市販のスギ花粉・ハウスダスト他10品目に陰性であった．鼻粘膜誘発反応はヒメガマ花粉に強陽性，スギ花粉に陽性で，ハウスダスト他には陰性であった．P-K反応はヒメガマで陽性であった．その後，76年に宇佐神による同症例を含めた2例の報告があるが，他の施設からの報告はみない．近年，ヒメガマ花粉エキスの力価が低下したのか，あるいはヒメガマ・コガマなどが減少したため感作例が減少したのか，皮内テスト陽性率は低くなった．ヒメガマ花粉エキスを用いて抗原検査を行う施設が少ないこともあって，現在の評価は明らかではない．　　　　　　　（宇佐神篤）

ヒメスイバ[Rumex acetosella; sheep sorrel]→タデ科

ヒメスイバ・ギシギシ花粉症[sheep sorrel and dock pollinosis]

総括的にギシギシ花粉症(dock pollinosis)という．多年草．ヨーロッパ原産のヒメスイバやギシギシ[Rumex japonicus; curly dock]等は全国に分布するが，初報告例と関係のあるエゾノギシギシ[R. obtusifolius; blunt leaved dock]は北部のみにみられる．タデ科に属する．花粉粒は三～(四)孔溝型，ヒメスイバ25μm，ギシギシ30μm大．花粉

季は5〜(8)月で，北海道では6月下旬を極期にかなり飛散しているが，他の地区には少ないようである．初報告は我妻が1974年に行っている．北海道での典型的2例（1例は喘息を伴う）の有症期は5〜9月である．皮内テストでヒメスイバ・エゾノギシギシにしか反応せず，その閾値1：10^7に達する．P-K反応，眼・鼻粘膜反応いずれも陽性で，喘息例では吸入試験も陽性．ヒメスイバとエゾノギシギシ間に強い共通抗原性があり，ギシギシ属[*Rumex* spp.]花粉すべてに通ずる．本報告に新潟地区の追加症例があるが，追試例はまだない．
　　　　　　　　　　　　　　　(信太隆夫)

鼻誘発テスト[nasal provocation test]
　皮膚テストや血清IgE抗体測定は身体のいずれかの器官がアレルギー機序で感作されている場合に陽性を示すのに対し，鼻誘発テストは鼻局所の感作状態を判定する抗原検査法である．したがって，前者はスクリーニング検査としての意味があり，鼻誘発テストは鼻アレルギーの抗原確定に用いられる．鼻アレルギー治療の効果判定にも有用である．奥田がペーパーディスクによる検査法を開発し，その判定基準を設定した(奥田，1992)．小児や鼻の過敏性が亢進している場合は検査に工夫が必要である(宇佐神，1993)．ペーパーディスク法は耳鼻科で広く行われているが，検査のための抗原ディスクはハウスダスト・ブタクサ花粉の2種類しか市販されておらず，臨床上の有用度は著しく制限されている．この検査法は気管支喘息の抗原診断の際に吸入誘発試験の代用としても用いられる．
　　　　　　　　　　　　　　　(宇佐神篤)

ヒユ科[Amaranthaceae；amaranth]
　一〜二年生の草本，やや木質になる茎をもつものが多い．低木から高木，あるいは蔓性になる種もある．花は左右相称で小さく，多数が総状か穂状花序にむらがって着き，両性または雑性，まれに単性．雄蕊は通常5本．この科の大部分が風媒花である．熱帯から温帯にかけて世界中に広く分布し，65属900種があり，やや乾燥した地域に多い．ヒユ亜科とツルノゲイトウ亜科に二大別され，ヒユ亜科にはケイトウ属・ヒユ属・イノコズチ属などがある．ヒユ属のイヌビユ[*Amaranthus lividus*]，ホソアオゲイトウ[*A. patulus*]，アオゲイトウ[*A. retroflexus*；pigweed]などの花粉がしばしば空中花粉として観察され花粉症を引き起こす．花粉は表面に1μm前後の小網状紋がある散孔粒，孔の数は約30個．大きさは20×20〜25×25μm前後．
　　　　　　　　　　　　　　　(菅谷愛子)

氷河期[glacial age]
　地質時代において氷床・氷河が著しく発達した寒冷期をいう．氷河・氷床の発達の程度は，氷河作用にかかわる堆積物(氷堆石・氷縞粘土・迷子石)の存在や，氷河営力で形成された特有の地形(圏谷・U字谷)，あるいは氷河擦痕等の諸証拠に基づいてその存在が確認され，それ等の程度や現雪線との比較によって判断できる．現在判明している時代には，第四紀最新世と二畳紀初期があるが，全地球的に広範に認められるのは，最新世だけであるために，一般に「氷河期」といえば最新世を指している．しかし，二畳紀のみならず先カンブリア代やデボン紀からも氷堆石の分布が発見されている．南アフリカからは始生代や原生代の氷堆石が，カナダからは原生代の氷堆石が，そして，原生代来の氷堆石は，地球の各大陸から発見されている．デボン紀の氷堆石は，かつてのゴンドワナ大陸が分割して各大陸に分散している当時の岩層から認められており，谷氷河の分布のみならず，氷床の分布も確認されている．氷河期と氷河期との間にあって，現在と類似の温暖気候を示す間氷期(interglacial epoch)には，氷床・氷河は融解・後退し，温暖化の程度はおよそ現在ぐらいである．他方，1つの氷期のなかにあって寒冷化の著しい時期である亜氷期は，氷期の中でも寒冷時を代表するもので，その継続期間は1000年オーダーである．氷河期は，いずれの場合でも氷河作用に消長があって，その期のなかに亜氷期・亜間氷期が挟在されている．その消長は，海水面の高さに影響を与え，海水面は寒冷期には低下し，温暖期には上昇した．寒暖の変化は，堆積物の花粉群集

の相違として現れ，これに基づいて生物相の変化が復元できる．第四紀最新世の氷河の消長については，とくに詳細な研究がある．第四紀の氷河期は，北アメリカ，ヨーロッパ等でそれぞれ詳細に検討されている．それ等の主要なものについて概要を述べる．

Günz 氷河期：Penck(1901)がアルプス北部のドナウ川支流レヒ・イラー川地域で設定した．模式地一帯では4つの氷期の氷堆石に連続するといわれる4段の融氷流水堆積物が分布し，それらは花粉分析による気候変化で対比されている．スカンジナビアではカオリン砂層に，北アメリカではNebraskan氷河期に，オランダではMenapian寒冷期に対比されている．

Mindel 氷河期：Penck(1901)がアルプス北部のミンデル谷を模式地として設定．この氷河期の融氷流水堆積物は，この後のRiss氷河期・Würm氷河期の融氷流水堆積物よりも進出し，その規模は最大である．本氷河期は，スカンジナビアのElster氷河期に，北アメリカのKansas氷河期に対比されている．日本との対比については定説がない．

Riss 氷河期：Penck(1882)がアルプス北部のRiss川流域で設定．この期の融氷流水堆積物は高位段丘岩屑層と呼ばれ，大部分は褐色でやや赤色化したロームに被われている．氷河の規模は，Mindel氷河期のそれと同程度．本氷河期は，スカンジナビアのSaale氷河期に，北アメリカのイリノイ氷河期に対比される．

Würm 氷河期：Penck(1882)が，アルプス北部のWürm湖一帯を模式地として設定した第四紀の最終氷期．この期の氷堆石と，それに連続する融氷流水堆積物よりなる低位段丘群は明瞭な原地形を残している．本氷河期は古いほうからFrük-Würm(70000～50000年前)，Mittel-Würm(50000～30000年前)，Spät-Würm(30000～10000年前)に3区分され，これ等の間に，温和期を示す泥炭層やレス中の風化帯などによって，Göttweiger変動，Amersfoot, Brörup, Paudorf, Bölling, およびAlleröd などの亜間氷期がある．この期の氷河は，MindelやRiss氷河期のそれよりも小規模で，雪線高度は中部日本では1500mにあり，年平均気温の低下は8～13℃であった．当時もっとも降下した海水準は-100mくらいにあった．北欧のWeichsel氷河期，北アメリカのウィスコンシン氷河期に対比されている．
(藤　則雄)

表在性酵素 [enzymes associated with cell surface]

細胞表層において活性が検出される酵素を指す．花粉は培地や柱頭上で蛋白質や酵素を遊離することは古くから知られていたが，組織化学的な観察によって細胞壁のintine部位に加水分解酵素が局在することが明らかになった．裸子植物・被子植物の両方で確認されている．酵素の種類としてはエステラーゼ・アミラーゼ・インベルターゼ・リボヌクレアーゼ・プロテアーゼなどがあり，酵素の溶出はpH依存性であり，また食塩溶液の濃度を高めることによってなされるので，酵素と細胞内壁との結合はイオン結合的である．ソテツ花粉のインベルターゼはペクチン質と結合して複合体をつくり，安定化された状態で存在しているという報告がある．内壁に存在する酵素は花粉由来であるが，外壁にはタペータム由来の蛋白質・酵素も存在する．
(原　彰)

ヒラー型サンプラー [Hiller sampler]
→サンプラー

広畝型 [latimurate(adj.)]

広幅畝型ともいう．花粉で，網目型の畝部分の幅が凹部(lumen)の平均的な直径と同じかそれ以上の場合をいう(Erdtman, 1952)．
(高原　光)

品種退化 [degeneration of variety]

すべての栽培植物の品種は，品種として成立した後に世代を重ねる過程で，やがて本来の品種としての特性が不明確になったり，商品としての劣悪な形質が現れたりして，品種としての利用ができなくなる場合が多い．こうした現象を品種退化という．ただし，品種退化が起こっても植物自身が生存できなくなるとは限らない．品種退化の原因は単純では

ないが，自殖性・他殖性を問わず主な原因としては採種栽培の過程で他集団の花粉混交が起こり自然交雑が起こってしまい主要特性の雑駁化があげられる．また，自殖性植物では自然突然変異（劣性突然変異が多い）のホモ化が進んだり，品種成立の時点では主要特性以外の遺伝子は必ずしもホモ化していないが徐々にホモ化が進んだりして，表現型として現れてくることも品種退化の原因となる．他殖性植物では，採種栽培の過程で環境との相互作用の結果として集団内に開花期のばらつきが生じたりして無作為交配が行われないとか，特定の個体には種子がほとんど結実しなかったり，ごく一部の特定の個体からしか採種できなかったりしたときに，本来の品種特性に分化がみられたり品種の活力が低下して旺盛さがなくなって品種退化が起こる．栄養体を利用する野菜などでは，採種量を増やそうと栄養体の特性を調べずに開花させて採種すると栄養器官が劣化して品種退化を促すことになる． （生井兵治）

品種分化 [varietal differentiation]

野生植物の個々の種内において地理的に離れた生育地ごとの生態的条件に適応した地理的隔離集団として他集団との間に生殖的隔離がはたらいている集団すなわち，個々の生育地の環境に適応して生じた同一種内の異なる遺伝子型の集団は生態型（ecotype）と呼ばれている．それに対して，栽培植物で同一種内の異なる遺伝子型集団として人為的に生殖的隔離がはかられている集団が品種（variety または cultivar）である．そして，生態型は栽培適地や作期に適応して分化した品種群を指す言葉としても使われている．品種の起源は基本的には野生植物における自然に生じた生殖的隔離による生態型分化に起因しており，そこに人為的な生殖的隔離が加味されたことによって，いっそうすみやかに品種の成立が図られてきたのである．このような品種成立の過程を品種分化と呼んでいる．
 （生井兵治）

頻度依存選択 [frequency dependent selection]

頻度依存選択とは，集団中で頻度の低い遺伝子型が適応的に多少不利であっても集団中に保存される傾向に関する選択である．ある遺伝子型がまれになれば外敵に発見される可能性が少ない，またはその個体を侵す病気も流行しないという関係が生じることがある．HardingとAllard(1969)はライマビーン[*Phaseolus lunatus*]について，ヘテロ個体の頻度が低いほど適応度が高いことを明らかにした． （大澤　良）

フ

負網状紋 [negative reticulum, reticula (pl.)] →溝網型

フィチン酸 [phytic acid]
環状糖アルコールであるミオイノシトールの六リン酸エステルである．穀類種子中ではカルシウム・マグネシウムと結合して不溶性のフィチンとなり，発芽の際にリン酸および金属の供給源となる．0.5 mm 以上の花柱をもつ植物種では花粉に 0.05〜2％ものフィチン酸を含んでいるという報告がある．テッポウユリやガマの花粉ではフィチン酸は発芽後3時間でほぼ完全に分解される．発芽によって花粉管壁構成成分の供給が必要となるが，フィチン酸の分解産物であるイノシトールがイノシトール酸化経路に入り，非セルロース性多糖の前駆体成分となることが推定される．フィチン酸の分解酵素としては 3-phytase(EC 3. 1. 3. 8)と 6-phytase(EC 3. 1. 3. 26)が知られている．小麦ふすまと *Pseudomonas* sp. のフィターゼについて作用機構が詳細に調べられたが，イノシトール2-一リン酸のエステル結合が抵抗性である以外はすべてのリン酸エステルが分解される．フィチン酸分解は非特異的ホスファターゼによるものとフィチン酸特異的フィターゼによるものとがあるが，花粉においても両酵素の存在が確認されている．花粉におけるフィチン酸の代謝は複雑であり，発芽によって誘発されるらしく，ペチュニアやテッポウユリでは花粉の発芽後にフィチン酸分解性ホスファターゼが生産される．ガマやテッポウユリ花粉からは Ca^{2+} によって活性化されるフィチン酸特異的フィターゼが分離されたが，これらはフィチン酸の最終分解産物としてイノシトール-三リン酸を生じた．ガマ花粉では発芽後にイノシトール-三リン酸を分解するホスファターゼが出現する．　　　　（原　　彰）

フィッシャー方式 [Fischer's law]
赤道面に3開口部をもつ花粉粒が四集粒を形成した場合の，開口部どうしの位置関係の1型．隣り合う2個の花粉粒の開口部1個ずつが接し，四集粒当り計6カ所で開口部どうしの接点ができる．ガーサイド方式に較べるとずっと普通にみられる型．　（高橋英樹）

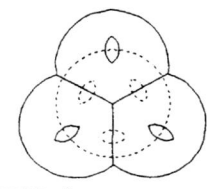

図　フィッシャー方式
(Punt *et al.*, 1994)

風媒 [wind pollination] →風媒受粉

風媒花 [anemophilous flower]
送粉に風を利用する花である．裸子植物は風媒花を着ける種がほとんどである．被子植物でもカバノキ科・ニレ科・イラクサ科・イネ科・カヤツリグサ科などの花は風媒送粉が主である．キク科のオナモミ，キンポウゲ科のカラマツソウなどのように虫媒送粉の種が大部分を占める科の一部に，風媒送粉するグループも含まれている．

【雄蕊を着けた花】裸子植物のイチョウの雄花は花序の柄が，スギは花序を着けた枝が垂れ下がり，風にゆられやすくなっている．マツやソテツの雄花は枝や幹にしっかり付いており，特別な散布機構をもたない．被子植物の花粉散布機構は多様で，オナモミやガマなどとくに散布機構をもたない不動型，シラカンバやハンノキのようにしなやかで細長い雄花序を形成し風にゆれる尾状型，ギシギシやカナムグラのように個々の雄蕊をもつ花が細い花柄につり下げられている垂下型，オオバコやススキのように雄蕊の花糸が細長くわずかな風にも葯がふるふると揺れ花粉を振り落とす長花糸型，それにカテンソウやカジノキのように雄蕊が瞬間的に反転し花粉を空中

に弾き上げる弾発型に大別される.

【雌花と雌蕊】 裸子植物の雌花は胚珠が裸出しているか，胚珠が鱗片に挟まれているだけの構造で，胚珠の口から珠孔液が分泌されており，花粉をその液で捕らえる．被子植物の風媒花の柱頭は棍棒状(ハンノキ)，粘液に被われた盤状(コナラ)，微毛に被われた柱状あるいはひも状(オオバコ・スゲ)，羽毛状(スイバ・ススキ)などさまざまである．

【風媒花の花粉】 風媒花の花粉にとって長い時間大気中にとどまるには小さいほうが有利である．しかし，柱頭をよけていく大気の流れの中から慣性で飛び出して，柱頭に衝突するには花粉は大きいほうが有利である．野生の風媒性被子植物の花粉の長径は，群生し個体間距離の短い単子葉植物では大きく$23.0 \sim 69.0\,\mu m$で平均$39.8 \pm 8.8\,\mu m$，弾発型を除く双子葉植物は樹木が多いのでやや小さく$13.2 \sim 46.2\,\mu m$で平均$26.3 \pm 6.0\,\mu m$，風の通らない林間に生活する弾発形は$11.0 \sim 20.7\,\mu m$で平均$14.8 \pm 2.8\,\mu m$ともっとも小型であるなど，花粉のサイズは植物の形態や生活環境の影響を受けている．

(田中　肇)

風媒花粉［anemophilous pollen］
風の力を借りて柱頭に運ばれる花粉．裸子植物やカバノキ科・ヤマモモ科・クルミ科・ニレ科・イネ科・カヤツリグサ科などの花粉を指す．一般に風媒花は花弁が発達せず，香りもない．花粉は小さくて軽く，風によって飛散されやすい．マツ科やマキ科の花粉には気嚢がある．虫媒花と異なり，花粉の媒介は風によるため，むだになるものが多いので，非常に多くの花粉が生産される．このため，花粉化石から過去の植生を推定する場合には，花粉の生産量や飛散距離などを考慮して判断する必要がある．（→気嚢，虫媒花粉）

(畑中健一)

風媒受粉［anemophily；wind pollination］　→送粉

フェーブス-ブラックレー液［Phöbus-Blackly solution］
花粉を染める，染色液の1種である．組成は，グリセリン容積比50，エタノール60 ml，蒸留水90 ml，フェノール0.3 ml，ゲンチアナバイオレット対エタノール0.01％．ゲンチアナバイオレットにより，花粉は青紫色に染色される．

(劒田幸子)

フォン・ポスト［von Post, Ernst Jakob Lennart, 1884-1951］
スウェーデンの地質学者．花粉分析の確立者として知られる．ウプサラ大学で地質学を専攻し，湿原・泥炭の発達について研究した．1908年に泥炭専門の研究者としてスウェーデン地質調査所に赴任し，以後21年間同調査所で研究に専念し，花粉分析の仕事をしたのもこの時代である．29年からは，ストックホルム大学の教授となり，39年にはスウェーデン王立科学院の会員になった．

化石花粉は，ドイツのGöppert(1836)が第三紀の炭質物を稀塩酸で処理して，各種の花粉が含まれていることを報告したのが最初とされている．現在花粉分析の中心となっている第四紀堆積物中に含まれる化石花粉を初めて報告したのは，スイスのFrüh(1885)である．また，堆積物中から分離したさまざまな化石花粉を百分率で対比することを試み，近代花粉分析の発端をつくった学者は，ストックホルム大学のLagerheim(1902)である．von PostもLagenheimの研究室で花粉分析の方法を学び，これが泥炭の研究にとって有力な手段になることを察知した．彼は層序学的な見地から，泥炭の深度を縦軸に，化石花粉の頻度を横軸にして示す花粉分布図(pollen diagram)を初めて作成した．また，特定の花粉化石(ドイツトウヒ・オウシュウブナなど)の変動を利用して，各地の泥炭層の対比をする初の試みもしている．これらの成果は，1916年にクリスチャニア(現在のオスロ)で開催されたスカンジナビア科学者会議で「南スウェーデンの泥炭層にみられる森林性花粉について」*Om skogsträdpollen i sydswenska torfmosslagerföljder*と題して発表され，同年ストックホルムでも講演された．近代花粉分析の本格的な出発点は，von Postがこの発表を行った1916年とされている．その理由は，

化石花粉を単に堆積層序区分の手段として使うだけでなく，後氷期の植生変遷とそれに影響を及ぼした気候の変化を解明する手段として，花粉分析を古生態学の1分野として導入したことにある．今日の花粉分析は，多方面への広がりをみせ，より精練されているが，その根本理念は，von Postにより基礎づけられて以来変わっていない．また，彼はすぐれた3人の弟子たち(Erdtman, Faegri, Iversen)を育て，その弟子たちによって花粉分析は，北欧だけの局地的な研究分野から，世界中の多様な分野で研究される学際的な学問へと発展させられた． （三好教夫）

図　フォン・ポスト

不完全花 [imperfect flower]
　萼・花冠・雄蕊・雌蕊のいずれかの花葉を欠く花．これに対して，これらの花葉を全部そなえた花を完全花(perfect flower)という． （三好教夫）

不完全集合 [acalymmate (adj.)]
　多集粒で，隣接している粒子の外壁の間の直接の接触が不完全な状態．ギンゴウカン[*Leucaena leucocephala*] (16～24粒)，オオウメガサソウ[*Chimaphila umbellata*]，ムニンツツジ[*Rhododendron boninense*]など． （高橋　清）

不規則状 [inordinatus；inordinate(adj.)]
　花粉で，表面構造を形成する要素が不規則に配列されていることを指す(Iversen & Troels-Smith, 1950)． （高原　光）

複口 [compound aperture；composite aperture]
　複合口ともいう．花粉壁の多層にわたって形成され，2つ以上の単位からなる発芽口．つまり，孔は連続しているが，それぞれの形態が同じではない場合を指す．この発芽口をもつ型は溝孔型，内口孔型などである(Erdtman, 1952)． （高原　光）

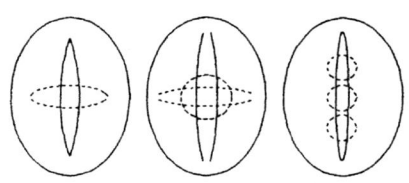

図　複口(Punt *et al*., 1994)

複孔型 [diploporate (adj.)]　→二溝孔型
複交雑 [double cross]　→複交配
複交配 [double cross]
　一代雑種品種(交雑品種)の育種と採種法の1つ．強い雑種強勢(hybrid vigor)と均質性(homogeneity)を合わせもつ交雑品種は2つの近交系のA×Bというような単交配(single cross)のF₁種子を利用した品種である．しかし，単交配では近交系の両親が近交弱勢を示し生育が悪いためにF₁種子の採種量が少なく実用的でない場合がある．そこで考え出された育種法が，A～Dの4つの近交系を育成して(A×B)×(C×D)という2組のF₁どうしを交配して得た雑種種子を市販種子とする複交配(複交雑または四元交配とも呼ばれる)である．複交配法は単交配法よりも育種操作が煩雑であるが，しばらくはトウモロコシや葉菜類などでこの方法による交雑品種が育成された．しかし，その後，近交弱勢があまり起きない近交系がつぎつぎに見出されたため，単交配が広く用いられるようになっている． （生井兵治）

副腎皮質ホルモン剤 [corticosteroids]
　ステロイド剤ともいう．副腎皮質ホルモン剤はきわめて効果的な花粉症の対症治療薬の1つである．本剤の作用機序は完全には解明されてはいないが，I型アレルギー反応において炎症細胞の遊走や活性化を抑えることや，プロスタグランディンやロイコトリエン等の起炎物質の産生を抑制すること(抗炎症

作用），ならびに血管収縮作用・気管支拡張作用などで総合的に効果を現すと考えられている．一般に臨床では作用時間と薬理作用の力価比で分類されている．投与方法は注射・経口の全身投与と局所（吸入や点鼻・点眼）投与に大別される．副作用に副腎皮質機能抑制をはじめ骨粗鬆症や消化管潰瘍・満月様顔貌・ステロイド糖尿・精神病など重篤なものがあるため，現在では花粉症治療に際して局所に用いられることが多く，全身的に連用されることは少ない．しかし，他の薬物治療に抵抗する場合や症状が極期にある際，また喘息を併発している症例については期間を限定して注射並びに経口投与がなされる．
(竹中　洋)

複相 [diploid phase]

核相が $2n$ であること．すなわち，細胞の染色体数が二倍性であること．その世代を複相世代という．種子植物の場合，生殖器官である花の一部を除いて，根・茎・葉はいずれも複相である．
(田中一朗)

複相世代 [diploid generation]

核相が複相（$2n$）である世代のこと．単相である配偶子が合体して受精するときから減数分裂で単相になるまでの染色体数が二倍性である期間をいう．種子植物の場合，この期間は胞子生殖を行うので，無性世代に相当する．
(田中一朗)

複層林 [multi(ple) - storied forest(stand); multiple layered forest(stand)]

人工更新による高木林で，樹冠層が2個（二段林），または3個（三段林・多段林），あるいは，段階的な樹冠層を形成せず，各林木の樹冠が連続的であるもの（択伐林型）などを総称して複層林という．これに対し，樹冠がほぼ同じ高さで単純な樹冠層を形成する林分は一斉林あるいは単純林と呼ぶ．上層の樹冠層を形成する樹種（上木）と下層の樹種（下木）とが同一樹種の場合と異樹種の場合とがある．一斉林型の森林とは異なり，すべての樹木が同時期に伐採（皆伐；clear cutting）されることはないので，森林の環境保全機能が一斉林にまさるとされる．
(横山敏孝)

複二倍体 [amphidiploid]

染色体の基本の組（ゲノム；AまたはBとする）の違う二倍体の種間や属間雑種（AB）は，減数分裂で染色体が対合できず，稔性はきわめて低いが，その雑種の染色体数を倍加したAABBでは相同染色体間での対合が可能になって稔性が向上する．このような異なった染色体の組を2つずつもつ四倍体を複二倍体という．自然界には多くの例があり，植物の進化のうえで重要な役割を果たしている．人為的には二倍体の種または属間雑種をコルヒチン処理で四倍体にするか，前もって両親を同質四倍体にしておいてから交配する．ダイコンとキャベツの雑種の *Raphanobrassica*，コムギとライムギの雑種の *Triticale*，ハクサイとカンラン（キャベツ）の雑種のハクランなどがある．これらの植物は両親と形質が著しく違う新種または新属に当たり，複二倍体の育成は期待の高い育種法である．（→倍数体，種間雑種）
(藤下典之)

複半数体 [amphihaploid; double haploid]

種間交雑によって得られる異種ゲノムを1つずつもつ種間雑種個体のことで，二重半数体ともいう．たとえば，アブラナ[*Brassica* spp.]属のハクサイ（AAゲノム）とキャベツ（CCゲノム）の間で生殖的隔離機構が弱まって種間雑種ができたとすると，多くの雑種植物はゲノム構成ACという複半数体である．複半数体植物の結実は，ほとんどが複半数体植物の非減数性配偶子（非還元配偶子）に依存する．したがって，ゲノム構成ACの複半数体からゲノム構成AACCという新しい種（ナタネ・ルタバガ）である複二倍体植物が成立する．このように，複半数体植物は種間交雑によって二次性種分化を進める過程できわめて重要な植物である．
(生井兵治)

複粒 [composite grains; compound grains]

常に2個，4個あるいはそれ以上（普通4の倍数個）の花粉粒が分離せずに散布される花粉．
(高原　光)

腐植層 [humus bed] →泥炭層

ブタクサ［*Ambrosia artemisiaefolia* var. *elatior*；short ragweed］

　北アメリカ原産のキク科の一年草植物．日本に明治初年に渡来．高さ30～150cm．葉は柔らかく薄くて2～3回羽状に細かく裂ける．花穂は直立して雄花は上部に下向きに着き，雌花はその下の葉腋に着く．8月から10月初旬まで開花し，キク科のなかでヨモギと同様に風媒花である．抗原性がきわめて強く，アメリカやヨーロッパではもっとも重要な花粉症起源植物とされている．この同属植物に高さ2m以上にもなるオオブタクサ［*A. trifida*；giant ragweed］が，とくに河原や水気の多いところに群生する．葉は対生し，中程まで3～5裂し，クワの葉に似ていることからクワモドキとも呼ばれる．花穂は長く大きく，花粉の産生量はブタクサより多い．開花期は8～9月．花粉は両種とも表面に2×1.3μm前後の刺状紋がある赤道上三溝孔粒，大きさは18×19μm前後．

（菅谷愛子）

ブタクサ花粉症［ragweed pollinosis］

　ブタクサは北アメリカの原産で明治初年に渡来し，各地の道ばたや荒地に帰化し普通にはえる一年草．茎は高さ1m内外，上部は多く分枝し，全体に短剛毛がある．花は夏から秋，雌雄同株で雄性花序は枝先に着き，雌花はその下部に腋生して，少数で目立たない．風媒花．和名は豚草．北アメリカでragweedというのに基づく．日本でとくに繁茂するようになったのは第二次大戦後で，米軍の駐留地を中心に全国的に広まった．花粉粒は三溝孔粒，6B^6（幾瀬の分類（1956））で大きさ16～19μmである．クワモドキもほぼ同じ形態で，花粉は大きさが20μmであり，ブタクサ属としてブタクサ花粉症の抗原となりうる．日本では北部では8月～9月，西南部では9月～10月にかけて花粉が飛散する．ブタクサは花粉症のなかではもっとも重要な抗原の1つであり，アメリカではアレルギー性鼻炎や気管支喘息の病因としてもっとも重視され，免疫・アレルギー学の研究対象における中心的存在であった．日本においては，1935年天埜景康は，アメリカの花粉症植物が日本にも分布していることを報告し，数例の患者を報告した．同年，林は渡米経験のある女性のブタクサ花粉症を報告した．本格的な研究報告は，荒木（1960，1961）による．荒木は東京地方を中心として2年間にわたり，空中花粉調査を行った．スギ・マツ属・ブタクサ花粉の変動と重要性を報告し，各種花粉エキスを作成して鼻炎・喘息患者に皮内反応・P-K反応・眼反応・吸入誘発試験を行ってブタクサ花粉症の存在を実証し，減感作の効果も明らかにした．皮内反応の陽性率は35％の高値を示した．昭和30年代から40年代後半までは，関東地方における花粉症を代表するものであったが，ブタクサ花粉症は減少しており，その原因は多分に人為的要素が強い．すなわち，空地の減少，除草などがブタクサそのものを減少させたと考えられる．ブタクサ抗原はE（Amb a 1），K（Amb a 2），Ra 3（Amb a 3）がアレルゲンとして重視されている．抗原Eは主要抗原（メイジャーアレルゲン）として精製されているが，分子量約37000である．石坂らによるIgEの発見は抗原Eを用いて行った研究の成果である．抗原Kは分子量約10000である．ブタクサ抗原には種々の抗原が含まれており，患者により各抗原に対する反応の強さが異なることが認められている．1979年，信太が準備し配布した花粉抗原5種による花粉症発症率の全国平均値では，スギ16.2％，ブタクサ11.8％，イネ科11.0％，ヨモギ8.1％，カナムグラ3.0％の頻度を示した．86年宇佐神は調査表を用いて全国の鼻アレルギーにおける花粉症有病率を調べた結果，スギ35.7％，イネ科7.7％，ヨモギ6.6％，ブタクサ5.7％，カナムグラ0.4％の順であった．木本のスギ花粉症が増加し，草本の花粉症の頻度は減少している．ブタクサの頻度は約1/2に減少した．現在では全国的にスギ花粉症・イネ科花粉症・ヨモギ花粉症が代表的であり，ブタクサ花粉症は植生の多い地域のみの花粉症となりつつある．

（岸川禮子）

縁飾り［velum, vela (pl.)；velate (adj.)］

花粉で，ひだ状の気嚢が花粉を帯状に取り巻いている状態．一翼型花粉でみられ，ツガ属の花粉がその例．　　　　（高橋英樹）

付着面痕跡線［dehiscence fissure］→条溝

ブドウ［*Vitis vinifera*；grape vine］
ブドウ科の木本性つる植物で，世界中に暖温帯から温帯にかけて約70種が知られている．日本では約800年前からヨーロッパ系ブドウが甲州地方で栽培されてきたが，明治初期に多くの改良品種がヨーロッパから導入されて，現在のように栽培が盛んになった．主な栽培種はコウシュウ・キョホウ・デラウエア・ピオーネ・ベリーA・マスカットなどである．花は小さくて多数が房になって着き，虫媒花であるが，5～6月の開花時には栽培者は多数の花粉に爆露されることになり，花粉症の原因となる．花粉は，亜扁球型，小網状紋をもった赤道上三～(四)溝孔粒，大きさは24×23μm前後．　　　　（菅谷愛子）

不同網目型［heterobrochate(adj.)］
ヘテロ網状紋型ともいう．花粉で，網目型のそれぞれの網目の大きさが顕著に異なる場合をいう(Erdtman, 1952)．　　　（高原　光）

ブドウ花粉症［(occupational) grape pollinosis］
ブドウ属［*Vitis*］は英名 grape. アジア西部地方原産，世界の温帯で広く果樹として植栽されるつる高木．花は初夏，円錐花序．液果は生食またはブドウ酒をつくる．和名は葡萄の字音から出たもので蒲桃に由来し，蒲桃はペルシアの土語 budan に基づく音訳字．一般にブドウ科の花粉粒は三溝孔粒6 B^b（幾瀬の分類(1956)）のものが多く風媒花花粉である．1984年，月岡らによりブドウ栽培者にみられたブドウ花粉症の1例が報告された．43歳男性で，ハウスと露地のブドウ栽培に従事して20年目より結膜炎症状が出現し始めた．開花時期に受粉の目的でブドウ棚をゆすって花粉を飛散させたとき，ハウスに入ったときに数分で症状が出現し，離れると自然によくなった．ブドウの花粉は四溝孔粒で類円形，大きさは21～25μmである．皮内反応・P-K反応が陽性で鼻粘膜・眼瞼結膜誘発試験が陽性であった．開花期にブドウ園での作業を避けて軽快した．全国各地でブドウ栽培が行われており，職業アレルギーとして注意される必要がある．　　　　（岸川禮子）

不同溝型［heterocolpate (adj.)］
ヘテロ溝型ともいう．1つの花粉粒の中に異なった形の溝をもつ型(Faegri & Iversen, 1950)．たとえば，ミソハギ属では6本ある溝のうち，3本は内口(os)をもつ溝（溝孔）で，残り3本はもたない溝である．このうち，後者の溝は発芽機能がない偽溝である．
　　　　（守田益宗）

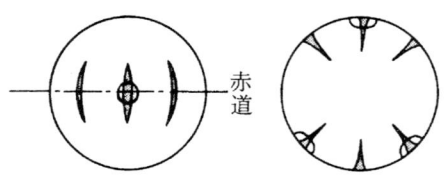

図　不同溝型

不等分裂［asymmetric cell division；unequal cell division］
分裂後の2個の娘細胞間に細胞の大きさや細胞質の質・量などに有意の差が生じるような細胞分裂．細胞分化や形態形成の重要な前駆現象の1つである．種子植物の花粉粒形成過程で起こるほとんどすべての細胞分裂においてみられる．被子植物では小胞子の不等分裂によって小型の雄原細胞と大型の花粉管細胞を形成する(→花粉の発生)．このほか，シダ類の胞子発芽における小型の仮根細胞と大型の原糸体細胞，被子植物維管束における大型の篩管細胞と小型の伴細胞，根端表皮組織における小型の根毛細胞，葉の表皮組織における小型の孔辺母細胞などの形成，動物や植物の卵の初期発生の際などに起こる．多くの不等分裂では，分裂に先だって核が細胞の一端に移動し，偏った位置で核分裂と細胞板形成が起こるが，花粉粒内での不等分裂では，分裂終期に出現する隔膜形成体が小型細胞核側に湾曲して発達することによって，不等性をさらに増幅する．細胞質の質や量の差は細胞小器官や細胞含有物が母細胞内で局在したり，濃度勾配をなして分布することによって

も生じる．核や細胞小器官などの細胞内における移動・局在には，液胞の発達や微小管・アクチンなどの細胞骨格が関与する．被子植物のヌマムラサキツユクサの小胞子では，分裂に先だって2回の核移動が起こるが，1回目には液胞が，2回目には微小管が関与すると考えられている．　　　　　　（寺坂　治）

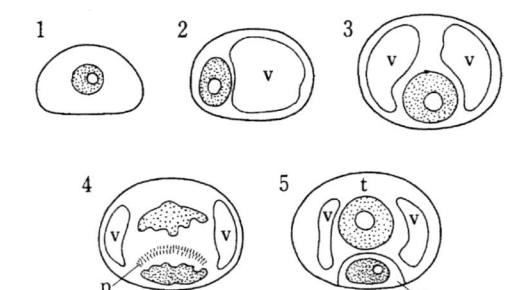

図　ムラサキツユクサ小胞子の不等分裂
1～3：核の移動，4～5：湾曲した隔膜形成体．
v：液胞，p：隔膜形成体，t：花粉管細胞，
g：雄原細胞．

ブナ科 [Fagaceae; beech]

温帯域の森林を構成する優先的な樹木で，世界に8属700種がある．日本では温帯はブナ林，暖帯はシイ・カシ林が多い．ブナ属・コナラ属・シイノキ属・クリ属・マテバシイ属など一般に大木で，果実は殻斗（ドングリの皿やクリのイガ）をもつ．花は単性花，雄花は多くは細い軸上に多数並んで尾状花序となる．風媒花のもの（コナラ・クヌギ・アカガシ・シラカシ）は下垂し，虫媒花のもの（シイ・クリ）は直立する．コナラ属は北半球の温帯に約600種がある．日本の $Quercus$ は常緑のカシ類とウバメガシ，落葉のクヌギ類とナラ類に分けられ，常緑型に比べて落葉型のコナラやクヌギの分布がはるかに多い．雄花序は細長い穂状の尾状花序で，雌花は1から5個が穂状か短い束状に着く．濶葉樹の主要な樹木にはクヌギ [$Quercus$ $acutissima$; Japanese chestnut oak]，コナラ [$Q.$ $serrata$]，アカガシ [$Q.$ $acuta$; Japanese evergreen oak]，アラカシ [$Q.$ $glauca$; blue Japanese oak]，スダジイ [$Castanopsis$ $cuspidata$ var. $sieboldii$] などがあり，4月から5月下旬に開花し，空中花粉として観察される．これらの花粉間には共通抗原性も報告されている．花粉は表面に1μm前後の刺状紋がある赤道上三～(四)溝孔粒，大きさは種によってかなり差があり20×22～35×37μm前後．コナラ花粉は赤道上三溝型，小刺状紋，大きさ23×26μm前後，亜偏球形．開花期は4月～5月．クヌギ花粉は赤道上三～(四)溝孔粒．表面は小刺状紋，コナラより多少平滑．大きさ29×38μm前後．開花期は4月上旬から6月上旬．クリ属は6月ごろ，長さ15～30cmの尾状花序を上向きに着け，虫媒花であるが風によっても花粉を飛散する．花粉は長楕円体で三溝孔粒，大きさは14×11μm前後．　（菅谷愛子）

ブナ属花粉 [$Fagus$ pollen]

日本に分布するブナ属はブナ [$Fagus$ $crenata$] とイヌブナ [$F.$ $japonica$] の2種．ブナが冷温帯域の気候的極相林を形成する主要樹種であるのに対し，イヌブナの分布域は，垂直的にはブナより下部に，水平的には岩手県以南の主として太平洋側の山地に限定されており，ブナのような大群落はない．ブナ属の花粉はほぼ球形で，極を中心とした輪郭は円形もしくは亜円形，外層はやや厚く，細粒突起 (granulate) がある．溝は極方向に伸び，孔は円く大きい．ブナとイヌブナの花粉は，形態的特徴により，化石花粉でもある程度の識別は可能である．内山 (1980) によれば，花粉の平均粒径は，ブナでは42×40μm，イヌブナでは35×34μmで，ブナのほうがイヌブナよりやや大きく，花粉溝はイヌブナのほうが極の近くまで伸びるので，花粉粒の輪郭はブナでは円形，イヌブナでは亜円形として観察されることが多い．　　　　（畑中健一）

ブナ帯 [$Fagus$ $crenata$ zone] →落葉広葉樹林

不稔性 [sterility]

発芽して次世代の植物に発育することのできる種子を生じない現象を不稔性という．原因は，1) 生殖器官の形態的不全，2) 生殖細胞の機能欠損，3) 不和合性などによって正常な受精が行われないことによるが，特定の遺伝子の関与や，三倍体のように染色体性の

不稔性もある．また，花粉（雄性配偶子）や胚嚢（雌性配偶子）が正常に形成されないことも意味する．（→雄性不稔性，雌性不稔性）

(山下研介)

部分自殖性［partial autogamy］ →他殖性植物

部分他殖性［partial allogamy］ →自殖性植物

部分不稔性［partial sterility］ →雑種不稔

プラウスニッツ-キュストナー反応［Prausnitz-Küstner reaction］
健常者の皮膚を用いて検出される患者血清中の特異IgE抗体と抗原との反応．P-K反応ともいわれ，1921年PrausnitzとKüstnerによって考案された．アレルギーの研究史の中でも有名な反応である．原理的には受動皮膚アナフィラキシー(PCA)反応と同じである．方法は患者血清を倍数希釈し，健常者皮内に0.1～0.2 mlを注射する．同時に生食水をコントロールに注射する．通常，48時間後に注射部位に皮内テスト用アレルゲンエキス0.02 mlを注射し，15分後に膨疹・紅斑を観察する．陽性判定基準は皮内テストと同じ．陽性を示した最高希釈倍数をもって，その抗原に対するP-K価(P-K titer)とする．RASTをはじめとする試験管内IgE抗体測定法が開発された現在では，血清を介する感染の危険性があるために用いられなくなった．

(斎藤洋三)

ブラウン運動［Brownian motion］
イギリスの植物学者，Brownが，花粉の研究中(1827)に発見した現象．水を吸った花粉が吐出した細胞質中の微粒子を顕微鏡下で観察し，それらが水中で不規則に動くことを知った．初め生命による運動と考えたが，無生物の粒子でも同じことが起こる．その後，20世紀に入って水分子の熱運動に起因することが証明され，分子の実在の決定的な証明となった．

(松香光夫)

ブラシノライド［brassinolide］
ブラシノリドともいう．植物ホルモンの1種であり，植物成長促進作用を示す．アブラナ花粉から単離されたが，ブラシノライドまたはブラシノステロイドとして高等植物から下等植物まで広く分布している．花粉中に多く含まれており，チャ・テッポウユリ・ヒマワリ・セイヨウアブラナ・ライグラス・クロマツ・スギなどの花粉からブラシノステロイドが見出されている．ブラシノステロイドはライグラス成熟花粉ではアミロプラストに特異的に検出されるという報告がある．実用的には作物収量の増加，ストレス耐性および病原菌抵抗性の増加などの寄与が期待されている．

(原 彰)

図 ブラシノライド

プラテア［platea, plateae (pl.)］
古い時代にみられるノルマポーレス花粉において，発芽口付近でみられる子午線方向に生ずる内層の消失部分が中心方向に深く及び，隣り合った発芽口の消失部分とつながりY字形になって分離した内壁域を指す(Thomson & Pflug, 1953)．(守田益宗)

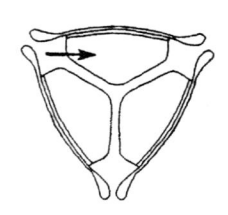

図 プラテア(Punt et al., 1994)

プラテア・ルミノーサ［platea luminosa, plateae luminosae (pl.)］
縞模様型花粉やしわ模様花粉で外壁表面の畝と畝との間の細くて浅い溝の部分を指す

図 プラテア・ルミノーサ(Iversen & Troels-Smith, 1950)

(Iversen & Troels-Smith, 1950). 同義語にはgrooveがある． (守田益宗)

フラボノイド [flavonoid]

フェニル基2個が-C-C-C-(C_3鎖)を介して結合したC_6-C_3-C_6型炭素骨格をもつ天然化合物の総称である．植物界に広く存在し，黄～橙～桃～赤～紫色などの発現に関与している．フラボン・イソフラボン・フラボノール・フラバノン・フラバノノール・アントシアニジン・カルコンなどのアグリコンやこれらに糖の結合した配糖体として存在する．

花粉は黄色，赤から紫色の原因となるフラボノイドを含んでいる．花粉のフラボノイドに関しては，Kuhnら(1949)およびMoewus(1950)が自家不和合の1種レンギョウについて，短花柱花の花粉からルチン(クエルセチンにルチノース(L-ラムノースとD-グルコースが結合した糖)が結合した配糖体)を，長花柱花の花粉からクエルシトリン(クエルセチンにL-ラムノースが結合した配糖体)を分離し，これらが同型花の間で受精を妨げているが，前者の柱頭にはクエルシトリンを，後者の柱頭にはルチンを分解する酵素が存在し，加水分解によってクエルセチンになることによって異型花の間のみで受精が可能になると説明したが，現在はこの考えは疑問視されている．その後，クエルセチン配糖体はアカマツ・クロマツ・クルミ・カバノキ・ハンノキ・トウモロコシ・チューリップ・ケシ・ヒメガマ属などの花粉から，ルチンはレンギョウ・フサアカシア・ナツメヤシ・オニユリ・キクザノトウナスなどの花粉から，ケンフェロール配糖体はアカマツ・クロマツ・クルミ・カバノキ・トウモロコシ・カボチャ・キクザノトウナス・ユウガオ・テッポウユリ・ハンノキ・チューリップ・ヒメガマなどの花粉から，イソラムネチン配糖体はブタクサ・サフラン・オニユリ・フランスユリ・ヤマユリ・チモシー・ナタウリ・カボチャ・キクザノトウナス・チューリップ・ヒメガマなどの花粉から，シアニジン配糖体はベニバナオキナグサ花粉からそれぞれ分離されている．アグリコンについては，Wiermann(1968)が40科に属する132種の植物花粉を用い，クエルセチン・ケンフェロール・イソラムネチン・ナリンゲニンなどのアグリコンの組成が違うことを報告している．またWiermannら(1983)は，ムラサキハシバミ花粉の細胞壁にフラボノイド色素が蓄積していることを認めており，花粉中のフラボノイドはカロチノイドと同様，受粉に際して昆虫を引き付けるのに役立ち，また太陽光線の有害な紫外線などからの保護的成分と考えられるが，生化学的な機能の詳細はよくわかっていない．(→花粉の色) (勝又悌三)

ブリッジ [bridge]

赤道ブリッジ(equatorial bridge；Moor & Webb, 1978)ともいう．花粉で，発芽溝の周辺が赤道上で両側から隆起しつながったものをいう．これにより発芽溝が2つに分かれる(Faegri & Iversen, 1950)． (高原 光)

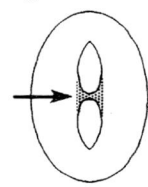

図 ブリッジ(Punt et al., 1994)

ブリット-セルナンデル編年 [Blitt-Sernander chronology]

北欧地域における後氷期堆積物の花粉分析の結果，後氷期を古いほうからPreboreal(約11000～10000年前)，Boreal(10000～8500年前)，Atlantic(8500～4500年前)，Subboreal(4500～2000年前)，Subatlantic(2000～数百年前)およびRecentに区分した．この編年は，地域により各期の始期・終期に若干の差違はあるが，世界的におよそ認められている．(→アトランティク期，完新世，後氷期の花粉帯) (藤 則雄)

ブルボッサム法 [bulbosum method]

交雑育種の過程において目的形質の遺伝子型をすみやかに固定する方法として考案された育種年限の短縮法の1つに半数体育種法がある．ブルボッサム法は半数体育種法の1つで，本法によって得られる半数体を倍加することで，固定を早めようとするものである．すなわち，野生オオムギにキュウケイオオム

ギ（ブルボッサム）[*Hordeum bulbosum*]という多年生の植物があり，この花粉を栽培オオムギやコムギに受粉すると雑種 F_1 の胚発生の過程でブルボッサムの染色体が消失してしまい栽培種の半数体が得られる．この機構はよくわかっていない．しかし，オオムギにブルボッサムを交配すると重複受精を行い第一雄核は卵核と受精するが受精卵の細胞分裂初期にブルボッサムの染色体だけが急速に消失してしまうため成熟胚まで成長しにくいので，胚培養などの補助手段を講じるとオオムギの半数体獲得率が著しく向上する．この他に，トウモロコシ・テオシント・イタリアンライグラスなども半数体作出のための花粉親として有効に利用できる．このような選択的な染色体除去の機構の詳細は不明であるが，無性的種子形成（アポミクシス）に準じる現象であるとみることもできよう．（生井兵治）

プレボレアル期 [Preboreal time] →完新世，後氷期の花粉帯

不連続畝型 [fragmentimurate (adj.)]
網目型で畝部分が途中でとぎれている場合 (Erdtman, 1952)． （高原　光）

プロキシメイト・シスト [proximate cyst]
渦鞭毛藻シストの記載用語，運動性接合子に内接して休眠性接合子（シスト）が形成される場合に用いられる．運動性接合子と形態上の類似性を多く残し，時には偽縫合線から偽鎧板配列を決定することが可能．一般にシストの容積は運動性接合子の 1/2〜1/3 程度である．（→渦鞭毛薄シスト）　（松岡數充）

プロトプラスト [protoplast]
植物細胞から細胞壁を取り除くことによって得られる球形の原形質体で，通常はセルラーゼなどの細胞壁分解酵素を用いて単離する．一般には，プロトプラストにすることで細胞融合や遺伝子導入が初めて可能になる．プロトプラストは，葉・花弁・茎・根・胚軸などの体細胞や培養細胞からだけでなく，一部の単子葉類では花粉からも高率に単離できる． （田中一朗）

プロポリス [propolis]
ミツバチ生産物の 1 つ．蜂ヤニとも呼ばれる．働き蜂が植物の若芽などの分泌する粘性物質を集め，巣構造の補強などに利用する．フラボノイド，フェノール・カルボン酸などが主成分とされ，一般には蜂ろう成分との混合物であるため，微量の花粉が含まれる．これを集めたものは黄褐色から黒褐色のものである．アルコール抽出物などが健康食品として利用される． （松香光夫）

不和合性 [incompatibility]
雌雄両性器官が形態的・機能的に完全であり正常の受粉では受精して種子をつくるが，ある組み合わせの受粉が行われても受精・結実が起こらない現象をいう．このとき受粉から受精に至る過程で，花粉の不発芽，花粉管の柱頭侵入の停止，花粉管の伸長停止などが起こり，受精が妨げられる．不和合性のうち，自家受粉による不和合性を自家不和合性 (self-incompatibility) といい，特定の交雑組み合わせでみられるものを交雑不和合性 (cross-incompatibility) という．自家不和合性には，形態的に同型花型 (homomorphic) と異型花型 (heteromorphic) とに分けられ，前者はさらに配偶体型 (gametophytic) と胞子体型 (sporophytic) に分けられる．いずれの場合も自家受精を避けて他家受精種子を多く産出する機構の 1 つと考えられ，被子植物に広くみられる．交雑不和合性の概念は自家不和合性ほど明確ではない．種間や属間交雑における交雑不能は種内の不和合性とは異なる．一般に両親が遠縁になれば雑種形成は困難になり，縁が近いほど交雑の成功率は高まる．これは明らかに種の生殖的隔離の一面を示すものであり，不和合性というよりも不親和性ということもできる．
（渡辺正夫・鳥山欽哉）

糞花粉学 [copropalynology]
糞石中あるいは排泄物中の花粉・胞子および類似物の研究 (Erdtman, 1969)．
（内山　隆）

糞公害 [fecal spotting]
糞害ともいう．ミツバチは不消化物の排出を巣の外で行うので，雨が続くなどの原因で腸内に糞がたまった状態のときに晴天になる

と，いっせいに飛び出して近隣で排出を行う．とくに白っぽい物体のところに多く排出する傾向があり，洗濯物などが汚れて正体不明の汚染と問題となることがある．主な内容物は花粉殻であるので，顕微鏡で検査するとそれと知ることができる． （松香光夫）

分枝円柱型 [ramibaculate (adj.)]

分枝円柱状型ともいう．分枝した円柱を有する花粉型(Erdtman, 1952)．

（守田益宗）

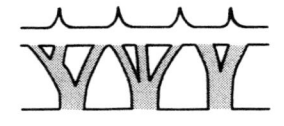

図 分枝円柱型

糞石中の花粉 [pollen in coprolites]

動物の糞石中にはしばしば花粉や胞子が含まれていることから，その動物の食性さらにはその動物が生息していたころの気候や植生を知ることができる．これまでにシベリアのマンモスや中生代爬虫類，人類の糞(石)などが調査されている．また海洋性無脊椎動物の糞粒中にも花粉や胞子がしばしば含まれており，花粉や胞子が深海底へ移動する場合に糞粒が貢献している可能性が強い．(→糞花粉学) （松岡數充）

分断選抜 [disruptive selection]

植物が生活する場の環境が不安定で複数の方向に絶えず変化している場合に作用する自然選択の機構の1つであり，1集団に異なる環境を交互に与える分断選抜育種法はこの応用である．異なる季節に交互に栽培して採種を繰り返す季節的分断選抜と，異なる環境の地に交互に栽培して採種を繰り返す地域的分断選抜がある．メキシコにある国際トウモロコシ・コムギ改良センター(CIMMYT)のBolourg博士は，地域的分断選抜によってコムギの広域適応性品種を育種し，インド，パキスタンなどの途上国にコムギを普及した緑の革命の功労者としてノーベル平和賞を受賞した．この育種法はシャトル育種法(往復育種法)とも呼ばれるもので，11月にメキシコ北部の高緯度地域にある低地の試験地に，日本の半矮性品種農林10号とメキシココムギの雑種を播種して栽培し5月中に選抜系統の種子を収穫し，6月上旬に低緯度地域の高地にある試験地に播種して栽培し10月上旬までに選抜系統の種子を収穫するという往復操作を4回繰り返すことによって，広域適応性品種の育種に成功したのである． （生井兵治）

分裂周期 [division cycle]

細胞周期ともいい，細胞分裂によって生じた1個の細胞が次の細胞分裂によって2個の細胞になるまでの1過程をいう．増殖細胞はこの分裂周期を繰り返すことになる．分裂周期は大きく分裂期(M期)と中間期の2つに分けられ，中間期はさらにDNA合成期(S期)を中心に合成前であるDNA合成準備期(G_1期)と合成後の分裂準備期(G_2期)の3つに細分される．したがって，分裂周期はG_1-S-G_2-Mの4つの時期から成ることになる．DNAの複製は正常な細胞分裂には不可欠であるので，通常G_1期からS期への移行が分裂周期の進行を制御していると考えられている．分裂周期の進行は，細胞分裂周期突然変異体を用いた実験などにより，多くの遺伝子が関与していることがわかっている．一方，増殖を停止し分化状態にある細胞は，この分裂周期のG_1期から逸脱しG_0期にあると考えられている． （田中一朗）

へ

平滑大網目型 [psilolophate(adj.)]
平滑隆起条紋型，平滑隆起網紋型ともいう．刺状紋をもたない隆起条紋からなる花粉 (Wodehouse, 1935)．(→大網目型, 長刺大網目型)　　　　　　　　　　(三好教夫)

図　平滑大網目型 (Punt et al., 1994)

平滑型 [psilate(adj.); laevigate(adj.); levigate(adj.)]
平滑紋型ともいう．発芽口以外の表面が平滑な花粉型 (Wodehouse, 1928)．(→付録図版)　　　　　　　　　　　　　　(高原　光)

柄細胞 [stalk cell]
裸子植物の花粉形成過程に出現する細胞．雄原細胞の分裂によって小型の柄細胞と大型の中心細胞が形成される．中心細胞は分裂して精子または精細胞を形成するが，柄細胞は生殖には関与しない．蘇苔類・シダ類などの造精器の柄を構成する細胞に相当すると考えられている．(→花粉の発生, 雄性配偶体)　　　　　　　　　　　　　　(寺坂　治)

閉鎖花 [cleistogamous flower]
花弁や萼，苞など花の保護器官を開かずに，蕾状の花の中で葯と柱頭が接して受粉したり (イヌムギ)，葯内で花粉が発芽し花粉管が雌蕊に侵入して (スミレ)，種子を生産する花．閉鎖花をつける植物は開放花 (→開放花) もつけており，開放花は他家受粉のための花として，閉鎖花は繁殖を確実にするための花として機能している．　　　　　　　　(田中　肇)

平面部口型 [planaperturate(adj.)]
平面部発芽装置型ともいう．極方向からみて角形の花粉において，角の辺の中央に発芽口が位置する型 (Erdtman, 1952)．(→付録図版)．　　　　　　　　　　　(高原　光)

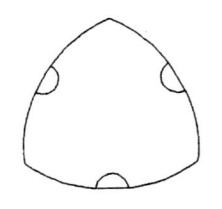

図　平面部口型 (Punt et al., 1994)

ペクチン [pectin]
植物の細胞壁はセルロースのミクロフィブリルに非セルロース性多糖類が結合して取り囲んだ構造をもつ．非セルロースはペクチン質とヘミセルロースに分けられる．ペクチン質から水に可溶性のペクチンが得られるが，D-ガラクツロン酸が α-1,4 結合したガラクツロナンが主成分であり，カルボキシル基がさまざまな割合でメチルエステル化されている．スギ花粉内壁はウロン酸以外にガラクトース・ラムノース・アラビノース・キシロースを含んでいる．またツバキ花粉のペクチン画分は約 70% がウロン酸である．これらは表在性蛋白質や酵素の保持体の役割ももっている．　　　　　　　　　　　　　　(原　彰)

ヘテロ個体 [heterozygote]　→異型接合体

ヘテロ個体優越性 [heterozygote superiority]　→ヘテロシス

ヘテロシス [heterosis]
ヘテロシス(雑種強勢)とは，他殖性作物において，自殖弱勢を生じた自殖系統間交配の雑種 (F_1) が自殖前のものより生活力が旺盛になる現象であり，1763 年に Kœlreuter によって初めてより指摘され，Shull (1914) によりヘテロシスと名づけられた．この雑種強勢は自殖弱勢を起こさない他殖性作物や自殖性作物の自殖系統間の雑種においても認められる．雑種強勢が生じた個体は大型で，生産

力が高く，生育が斉一で不良環境にも強いため，多くの作物でF_1品種（一代雑種品種）として利用されている．この雑種強勢が生じる要因としてはいくつかの説があるが，大別して 1) 優性説, 2) 超優勢説, 3) 核内遺伝子と細胞質の相互作用説がある．優性説は，雑種第1代では生活力や生産力に有利なはたらきをする優性の遺伝子が集積し，劣性の遺伝子のはたらきを抑制するため強勢となるとする考え方である．生産力などに関与する遺伝子はきわめて多く染色体上で連鎖関係があるので，交雑と組み換えにより優良遺伝子のみを集めた完全同型接合体を得ることは不可能に近く，雑種強勢を固定することは困難であるとする．超優勢説では，単一遺伝子座内の異型接合体が同型接合体より生活力や生産力でまさるという超優勢により雑種強勢が生じるとする．異型接合体が超優勢を示す遺伝子座が多数あるほど雑種強勢は高まることになる．超優勢は異型接合のときだけに発現するので雑種強勢を固定することはできないとする．これら2説とも雑種強勢の固定が不可能であるとするものである．最後の相互説は正逆交雑で雑種強勢の程度が異なること，あるいは核内遺伝子が同じでも細胞質が異なることにより雑種強勢程度が異なることがトウモロコシなどで発見されたことに基づく．

（大澤　良）

ペリン［perine］　→外被層

ベーリング期［Bölling time］　→晩氷期

ペルオキシダーゼ［peroxidase］
ペルオキシダーゼは次のような反応を触媒する酵素(EC 1.11.1.7)である．
$$AH_2 + H_2O_2 \rightarrow A + 2H_2O$$
AH_2はグアヤコールやピロガロールなどの電子供与体である．植物ではセイヨウワサビから結晶化された酵素がよく知られており，植物界に広く分布し，生理的役割についてはリグニン合成，インドール酢酸の分解，エチレン合成などへの関与が指摘されているが，クロロプラストにはほとんど検出されない．スーパーオキシドジスムターゼの作用によって生じた過酸化水素の消去は，動物ではグルタチオンペルオキシダーゼ(EC 1.11.1.9)が，植物ではアスコルビン酸ペルオキシダーゼの重要性が報告されている．後者は1979年エンドウの芽生えで発見され，ホウレンソウではクロロプラストに局在しているが，きわめて不安定な酵素である．クロマツ花粉においても強力な酵素活性が検出されるが，ホウレンソウの酵素にみられた不安定性はない．

（原　彰）

偏球形［oblate (adj.)］
偏平形ともいう．赤道観でみると縦より横が長く，偏平にみえる花粉の形をいう．数値でみると極・赤道比が 4:8 から 6:8(0.50〜0.75)までのものをいう．（→付録図版）

（高橋英樹）

偏在孔型［latiporate (adj.)］
花粉の片半球のみに発芽孔をもつことを指す(Norem, 1958)．

（高原　光）

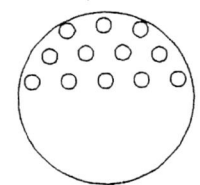

図　偏在口型(Punt et al., 1994)

片対数グラフ解析［semi-logarithmic plot］　→セミロガリズミック・プロット

扁平球突起型［verrucose (adj.); verrucate (adj.)］　→いぼ状紋

ホ

胞原細胞 [archesporium]

胞子の始原細胞．胞原細胞は数回の体細胞分裂を経て胞子母細胞となり，その減数分裂によって胞子を形成する．蘇苔類では胞子体上に発達した蒴(胞子嚢)，シダ類では胞子葉上の胞子嚢，種子植物では葯と胚珠内に形成される．葯では始原組織の表皮直下の大きな細胞が胞原細胞になり，小胞子母細胞(花粉母細胞)を経て小胞子になる．胚珠では珠心組織内に細胞質に富む大型の細胞が生じ，これが胞原細胞となり，大胞子母細胞(胚嚢母細胞)を経て大胞子(胚嚢細胞)を形成する．

（寺坂　治）

胞子 [spore]

シダ，コケ植物類などの母体から放出される単細胞の生殖細胞である．無性生殖の手段となる胞子の細胞壁は厚く，胞子体の発芽に適する湿地に到達するまでの間，その内容物を乾燥から保護している．その機能は，花粉と比べ(花粉の細胞壁は葯から柱頭までの間，内部の雄性配偶子を保護している)，長時間維持される．細胞壁の外壁の成分は，花粉の外壁と同様に，スポロポレニンと総称される炭水化物(元素比 $C:H:O ≒ 90:150:30$)である(中村, 1967)．一方，細胞壁は，花粉のような有刻層と無刻層の区別がなく，その付属物として外被層をもつ程度の構造である．そのため，花粉の外層に特徴的な構造をもつ発芽口とは異なり，胞子表面の条溝と呼ばれる割れ目が，発芽口に類似する機能をもっている．

花粉分析の分野では，シダの胞子も分析対称となることが多いが，コケ植物類の場合は，ミズゴケ属が，ときどき含まれる程度である．したがって，ここではシダ植物類の胞子について，以下にその形態的特徴を5点記す．

【胞子の大きさ】　通常の同形胞子の場合，40μm前後の長軸をもち，花粉と同様であるが，異形胞子を形成するイワヒバ属・デンジソウ目・サンショウモ目の場合，雌性の大胞子は200〜500μmに達する(雄性の小胞子は40μm以下)．

【胞子の形】　基本的には単条溝型の二面体か，三条溝型の四面体のいずれかである．一般に四面体を形成するシダ類は，比較的原始的なものが多い(マツバラン[*Psilotum nudum*]，トクサ属は例外的に二面体)．また，古生代シルル紀下部の地層から，まず初めに陸上植物起源とみられる四面体胞子が出現すること(Hoffmeister, 1959)，北半球では緯度，海抜高度の上昇に伴って二面体胞子を形成する種類の比率が高くなり，寒さに適応した分布域をもつこと(Ito, 1972)などから，四面体胞子を形成するシダ植物類を起源とする系統進化が考えられている(百瀬, 1941；Ito, 1978)．なお，両者の中間型は，四面体の胞子形成のなかで生じるもので，胞子母細胞が四分子に分かれる際に，その隔壁の形成の同時性が乱れることに理由が求められている(百瀬, 1941)．

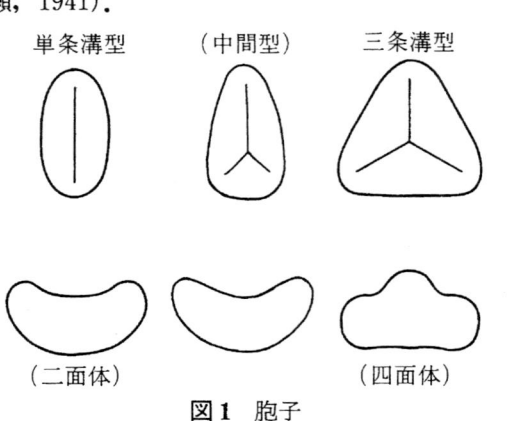

図1　胞子

【胞子の色】　成熟した胞子は10日前後で発芽し，胞子内に蓄積された多くの養分により，前葉体が形成される．胞子の色は黒色・

褐色・淡黄色などさまざまであるが，葉緑体をもつスギナ[*Equisetum arvense*]の胞子は淡緑色である．ゼンマイ[*Osmunda japonica*]も葉緑体をもつが，その発芽能力の持続する時間は，含まないものに比べて短い（伊藤ら，1972）．

【外被層】 二面体の胞子に付属することが多く，その形状は多様であるが，化石化の過程や混酸処理（アセトリシス）により，容易に除去される．外被層が除去された二面体の胞子の表面は平滑なものが多く，その形質は分類基準として利用しにくい．一方，四面体の胞子には網目状（ヒカゲノカズラ[*Lycopodium clavatum*]，カニクサ[*Lygodium japonicum*]），しわ状（マンネンスギ[*Lycopodium obscurum*]），小穴状（トウゲシバ[*Huperzia serrata*]）などの模様を外壁表面にもつものもあるが，その多様性は花粉よりもきわめて小さい．

【輪帯】 四面体胞子のなかには，赤道上から外側に突き出ている輪帯をもつものがある（イノモトソウ属）． （内山 隆）

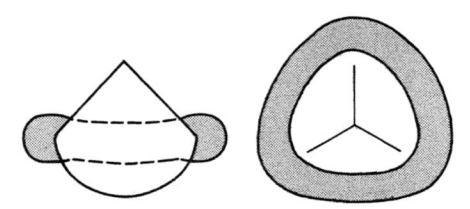

図2 輪帯をもつ胞子
左：赤道観，右：極観．

胞子還元 [sporic reduction]

生物の生活環のなかで減数分裂が胞子形成時に起こること．形成された胞子は単相（n）の無性生殖細胞である．種子植物・シダ類・蘚苔類および一部の藻類にみられる．種子植物では，葯内に生じた小胞子母細胞（花粉母細胞）の減数分裂によって4個の小胞子（花粉四分子）が，胚珠内に生じた大胞子母細胞（胚嚢母細胞）からは細胞質に富んだ大型の大胞子（胚嚢細胞）1個と，退化し消滅する3個の娘細胞が形成される． （寺坂 治）

胞子生殖 [sporyhteporic reproduction]

胞子体が無性生殖細胞である胞子によって行う生殖．一般の植物では，胞子は胞子体内に生じた胞子母細胞の減数分裂によってつくられる．これを真正胞子（還元胞子）という．胞子は単独で発芽・成長して単相の配偶体を形成する．菌類のあるものでは，菌体の体細胞分裂によってつくられるので，栄養胞子（非還元胞子）という．胞子はこの他，形・大きさ・形成方法・場所などによってさまざまに分類されている．形成されるすべての胞子の形や性質が同じであるものを同型胞子，異なるものを異型胞子という．異型胞子のうち，大型のものを大胞子といい，発芽して雌性配偶体をつくる．小型のものを小胞子といい，雄性配偶体をつくる．胞子が胞子嚢内につくられる内生胞子，胞子嚢外につくられる外生胞子，胞子に運動性のある遊走子，運動性のない不動胞子などがある．また，蘚苔類やシダ類などのように，形成後1年以上ののちも発芽が可能な胞子や，紅藻類などのように数十時間の短い寿命のものもある． （寺坂 治）

胞子体 [sporophyte]

造胞体ともいう．胞子によって無性生殖を行う生物体．配偶体の対語．胞子体は配偶子の接合によってできた接合子が発達したものであり，世代交代において複相（$2n$）の胞子世代（造胞世代）を担っている．胞子は一般的な植物では胞子体の減数分裂によって，一部の菌類では胞子体の体細胞分裂によってつくられる．植物の進化に伴い，胞子体の体制は配偶体に対してより発達し，複雑化している．蘚苔類では胞子体は配偶体上に生じるが，シダ類や種子植物では植物の本体が胞子体であり，前葉体・花粉と胚嚢が配偶体である． （寺坂 治）

胞子体型自家不和合性 [sporophytic self-incompatibility]

同形花型自家不和合性のなかで，アブラナ科・キク科・ヒルガオ科などの植物にみられる花粉の表現型がその花粉が由来した親植物体（胞子体）の遺伝子型により決まるものをいう．この不和合性現象は1遺伝子座 S 複対立遺伝子系（S^1, S^2, S^3, …, S^n）によって説明される．花粉の表現型と雌蕊の表現型が異な

るときは花粉管が伸長して受精に至るが，同じときは花粉管の伸長が阻害されて受精に至らない．このとき，花粉管は柱頭上で侵入が阻害される．二倍体植物の場合，S 対立遺伝子は 1 対（2 つ）存在するので，花粉の表現型にはその 2 つの S 対立遺伝子間に共優性や優劣性関係が生じる．たとえば，個体 B において S^2 と S^3 の相互作用が共優性だとすると，S^2 花粉にも S^3 の性質が，S^3 花粉にも S^2 の性質が組み込まれ，いずれの花粉も S^2 と S^3 の両方の表現型を示す．このため個体 A のめしべ（S^1, S^2）に個体 B の花粉を受粉すると，S^2, S^3 の両花粉とも花粉管の伸長が阻害される．また，S^3 が S^2 に対して優性だとすると S^2 花粉も S^3 花粉も表現型 S^3 を示し，個体 A のめしべ（S^1, S^2）に受粉を行うと，花粉管の伸長がみられる．共優性を示すことが多いが，優劣性の関係は雌蕊においてよりも花粉において頻繁にみられる．また，花粉と雌蕊での優劣性・共優性は必ずしも一致しない．胞子体型自家不和合性を示す植物の多くは，柱頭表面に粘液物をもっておらず（dry stigma），発芽時の花粉は三細胞性で，2 つの生殖細胞と 1 つの栄養細胞をもっている．

アブラナ科植物においては，柱頭において S 遺伝子の分離と一致する分泌型の糖蛋白質が検出され，S-糖蛋白質（SLG）と呼ばれている．S-糖蛋白質は S 遺伝子に対応して異なった等電点を有し，発現時期が自家不和合性の発現時期と一致することから S 遺伝子の産物であろうと考えられている．この遺伝子（SLG）が単離され構造が明らかになっている．最近，S 遺伝子座近傍にもう 1 つの遺伝子が存在することが明らかになった．この遺伝子産物は SLG と約 90 ％の相同性のあるドメイン（S-ドメイン），細胞膜を貫通していると考えられる疎水性に富んだドメイン，および，蛋白質をリン酸化するキナーゼ活性をもったドメインからなる構造をしており，S-レセプターキナーゼ（SRK）と呼ばれており，膜結合型である．SLG と SRK の染色体上の距離は 220〜350 kb とされていて，このことから S 遺伝子座はかなり大きいものと推定される．SRK が柱頭に発現していることから，自家不和合性の自他認識機構には蛋白質のリン酸化のカスケードが関与していると考えられている．ただ，構造的に類似した SLG と SRK がどのように相互作用を行って認識にあずかるのか，花粉側の S 遺伝子産物は何であって，S 遺伝子座上のどの位置にコードされているのかは，今後の研究課題として残っている．（→自家不和合性）

（渡辺正夫・鳥山欽哉）

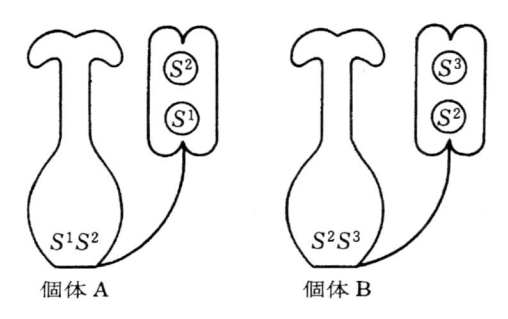

図　胞子体型自家不和合性
自家不和合性を支配する S 遺伝子型の例．

放射性同位体［radioisotope］

正確には安定核種の存在する元素の同位体のうちの放射性核種を指すが，一般には放射性核種とほとんど同義に用いられることが多い．ほとんどすべての元素に対して放射性同位体が人工的につくられ，化学や生物学上での研究目的に任意の元素による放射性トレーサー法が応用されている．花粉壁がどのように形成されるかを追跡するために，^{3}H ラベルしたミオイノシトールをテッポウユリの蕾の維管束より吸収させ，電子顕微鏡によるラジオオートグラフィー法により壁形成過程を追跡したり，また ^{3}H-ミオイノシトールを混入した寒天培地で花粉を発芽させて，花粉管壁の生成過程を追跡した例がある（→口絵）．ラジオオートグラフィー法で，光学顕微鏡を用いる場合には，同位元素に ^{14}C を用いることができる．　　　　　　　　　（三木壽子）

放射相称［radiosymmetric；radially symmetric(adj.)；centrosymmetric(adj.)］

放射対称ともいう．2 つ以上の垂直方向の平面それぞれに対して対称であることをい

う.ただし,2つの平面だけである場合には,それらの赤道における軸の長さは同じでなければならない(Erdtman, 1952).radially symmetrical isopolar spore は1枚の水平な平面と2枚以上の垂直な平面に対して対称であり,しかも水平面と垂直面の交線どうしの長さは同じである花粉・胞子を指す(NPC 343, 344, 654, 345, 346).また,radially symmetrical heteropolar spore では水平な面対称はない(NPC 112, 132)(Erdtman, 1969).(→数位形システム) (高原 光)

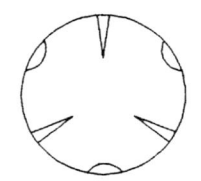

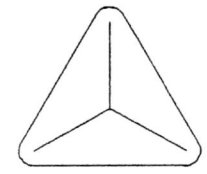

図 放射相称(Punt et al., 1994)

放射部間 [interradial(adj.)]

三条溝型胞子の条溝に挟まれた向心面あるいは赤道周辺の部分を指す(Couper & Grebe, 1961). (高原 光)

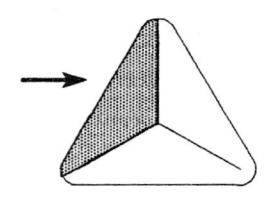

図 放射部間(Blackmore et al., 1992)

胞子葉 [sporophyll]

胞子嚢をつける葉を胞子葉と呼び,栄養葉と区別するが,シダ類のなかには葉緑体に富む栄養葉の一部分に胞子嚢が分化し,胞子散布後も栄養葉として機能する種がある.栄養葉と形が著しく異なるもの(ゼンマイ[*Osmunda japonica*],コウヤワラビ[*Onoclea sensibilis* var. *interrupta*],キジノオシダ[*Plagiogyria japonica*]),ほとんど区別がなく,条件さえよければすべての葉に胞子嚢をつけるもの(イノデ[*Polystichum polyblepharum*],オシダ[*Dryopteris crassirhizoma*]),胞子葉として特別の形にならない場合でも,丈が高く幅が細くなる傾向があるもの(コバノカナワラビ[*Arachniodes sporadosora*],ホソバシケシダ[*Deparia conilii*]),共通の柄の先に胞子葉を分化するもの(ハナヤスリ属・ハナワラビ属),1枚の葉のなかで羽片によって分かれるもの(オニゼンマイ[*Osmunda claytoniana*],シロヤマゼンマイ[*O. banksiaefolia*])など多様な形態をとる(伊藤ら,1972).異形胞子をつくるものは,大胞子葉から大胞子(雌性)・小胞子葉から小胞子(雄性)がつくられて,それぞれ性的に分化した前葉体をつくる.したがって,異なる前葉体間で受精が行われる.花粉はシダ植物の小胞子に相当する. (内山 隆)

房状へり(縁) [fimbria, fimbriae(pl.); fimbriate(adj.)]

長い毛状の付属物(Jackson, 1928).この用語は,胞子化石の記載にだけ使われる.例: *Radiatisporites radiatus*. (三好教夫)

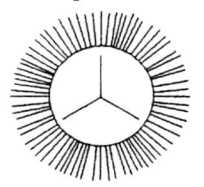

図 房状へり(Punt et al., 1994)

帽体 [cap block]

被子植物花粉の花粉管を光学顕微鏡で観察すると,管先端部分には粒子などのみられない透明な部分がみられ,この部分を帽体と呼ぶ.帽体は伸長している花粉管の先端にはかならずみられるが,伸長の停止した花粉管ではみられないことがある.電子顕微鏡でこの部分を観察するとゴルジ小胞が集中しているのがみられる.帽体部分は花粉管の伸長部域であり,この部分でゴルジ小胞に含まれる花粉管壁物質が管の先端部分に付け加えられて管壁が形成され,管伸長が行われる.帽体はルテニウムレッドやアルシアンブルーで染色されるので,そこには酸性多糖類の存在が考えられるが,花粉管の主成分であるカロースを染色するアニリンブルーには染色されない.またこの部分にはRNAが多いとの報告がある. (中村紀雄)

放任受粉 [open pollination] →自然受粉

帽部 [cap;cappa, cappae(pl.)]

背部ともいう.有翼花粉本体の厚く壁状に

なった向心面の側(Erdtman, 1957)．その周辺の張り出し部分が縁辺隆起である．また，遠心面の側は，腹部(cappula, cappulae(pl.))という．　　　　　　　　　　　　（三好教夫）

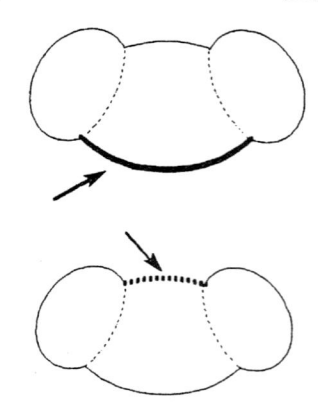

図　帽部(Punt et al., 1994)
上：帽部，下：腹部．

補酵素　[coenzyme]

酵素が触媒する反応にはいろいろあるが，酵素のアミノ酸側鎖の官能基が，酸化・還元や転移反応などを触媒するのは困難であり，小分子の補因子を必要とする．この補因子が有機分子であるときを補酵素という．補酵素にはNAD・NADP・FAD・ピリドキサルリン酸・チアミン二リン酸・テトラヒドロ葉酸などがある．水溶性ビタミンの多くはこれらの補酵素の前駆体となっている．補酵素は酵素反応によって，化学的に変化するが，また，もとの形に戻って利用される．ピリドキサルリン酸は，グリコゲンホスホリラーゼの補酵素となっているが，花粉をはじめ，植物起源のホスホリラーゼの補酵素とはならない．また，イソクエン酸脱水素酵素は，一般にミトコンドリアとサイトゾルの両方に存在するNADP依存性とミトコンドリアだけに存在するNAD依存性の2種が知られているが，アカマツ花粉のミトコンドリアには，NADP依存性しか存在していないようである．
　　　　　　　　　　　　（船隈　透）

母性遺伝　[maternal inheritance]

遺伝形質が雄性配偶子とは無関係に，雌性配偶子だけを通して遺伝する現象で，細胞質遺伝と遅滞遺伝の2つに分けられる．前者は，細胞核以外に遺伝子をもつミトコンドリアや色素体(葉緑体)が雌性配偶子の細胞質を通して次世代に伝達される現象で，雄性配偶子からは伝達されない．これは雄性配偶子形成過程でこれらミトコンドリアや色素体(葉緑体)が排除されるか，あるいはそれらのDNAが受精前や受精後に選択的に分解されてしまうことに起因しているらしいが，詳しい機構はまだよくわかっていない．高等植物の花粉発生過程でも，雄原(生殖)細胞や精細胞から消失することが知られている．多くの高等植物だけでなく，生物一般に広くみられる遺伝現象である．後者は，雌性配偶子の核の遺伝子型が直接次世代の表現型となる遺伝現象であるが，遺伝様式はメンデル式であるので次々世代には雄性配偶子の遺伝子が遅れて反映される．
　　　　　　　　　　　　（田中一朗）

ホソムギ　[*Lolium perenne*；perennial ryegrass]　→イネ科

発作期　[attack season]

アレルギー症状が現れる時期．花粉症の発作期は，その原因となる植物の開花期と一致していなければならない．花粉症の原因となる植物の分布ならびに開花期は地域や年度によって多少差があるが，主として樹木花粉が飛散する時期(tree season)，イネ科花粉が主に飛散する時期(grass season)，キク科花粉が中心になる時期(weed season)の3期に分類される．
　　　　　　　　　　　　（芦田恒雄）

ポトニー　[Potonié, Robert, 1899-1974]

有名なドイツの古植物学者，Henri Potoniéの息子で，古パリノロジーの層序学的可能性を，とくに，ドイツの炭田や他の場所で，学生や研究仲間を通して認め，適応した最初の人々の1人である．1920年代後期と30年代初期に，最初に新生代褐炭から，後に石炭紀の石炭からの胞子・花粉を研究した．Potoniéや彼の学生，共同研究者は分類学的および生層序学的研究で古パリノロジーにすばらしい貢献をした．彼の *Synopsis der Gattungen der Sporae dispersae*，7巻(1956-75)および *Synopsis der Sporae in situ* (1962)は古パリノロジー研究を行ううえで非

穂別系統 [panicle law line]

作物育種において用いられる選抜手続きの1つであり，突然変異体の選抜によく用いられる．種子繁殖性作物の突然変異処理では処理当初を M_1，以下世代ごとに M_2, M_3…と呼ぶ．選抜過程では M_1 で穂別に採った種子を M_2 で系統として播く．これを穂別系統という．M_1 では突然変異はヘテロ個体であるためにこの世代での選抜はできない．そこで，自殖性作物では突然変異が分離によりホモ接合体となる M_2 以降に選抜することになる．牧草など他殖性作物における突然変異体の選抜はイネなど自殖性作物と同じ方法では行えない．突然変異はほとんどの場合，優性から劣性方向へ生じるため，M_2 集団で放任受粉をした場合，突然変異体は突然変異率の2乗でしか現れない．そこで他殖性作物で突然変異体を得るためには，近交度を高める交配を行うことが望ましい．もっとも近交度を高めるのは自殖であるが，他殖性作物の場合は一般に自殖できないため，次いで近交度を高める手段である兄弟交配を用いる．Ukai (1990) はこの兄弟交配を利用した方法を風媒のイタリアンライグラスで開発し，Namai (1989) は虫媒のソバで開発した．前者においては M_1 で放任受粉させたあと穂別採種し，M_2 で穂別系統をヒルプロット播きにする．ヒル内では無作為交配を行わせ，ヒル間は隔離する．ヒル別に採種し，系統にし，M_3 系統中に分離する突然変異体を選抜する．後者においても基本は同じであるが，ヒル間を3〜4m以上離し，とくに網枠等による隔離は行わない．

(大澤　良)

ホモ個体 [homozygote]　→同型接合体
ポリネーション [pollination]　→送粉
ポリネーター [pollinator]　→送粉者

ボレアル期 [Boreal time]　→完新世，後氷期の花粉帯，ブリッド-セルナンデル編年

本格飛散期間 [constant pollen dispersal period]

スギ花粉の飛散開始後，飛散数が初めて10個/cm² 以上観測された日から飛散終了間際になって10個以下になった前の日までで，この期間はほとんどの患者の症状が悪化する期間で，患者にとっては要注意期間ということになる（→巻末付録）．過去12年間の千葉県船橋市の平均期間は49日である．しかし飛散数の多いシーズンは約2カ月に及ぶが，少ないシーズンではわずか11日間の年もある．

(佐橋紀男)

本体 [corpus, corpi (pl.)]

有翼型花粉（saccate pollen）の翼を除いた胴体の部分（Erdtman, 1957）．

(守田益宗)

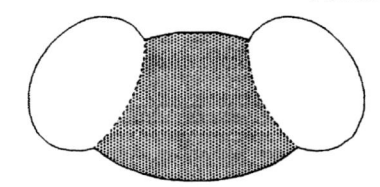

図　本体（Punt *et al.*, 1994）

本場種子 [home seed]

種場で生産された良質の種子を本場種子といい，それ以外の地域の種子を場違い種子という．本場種子を場違い種子と比べると，ソラマメやダイズやニンジンは種子が大きく，それだけに初期の生育が旺盛で多収となり，時なしダイコンやカブでは逆に種子が小さく，初期の生育が緩慢で抽台（とうだち）が少なくなる．場違い地で採種した種子は，本場と違う登熟期間中の気温や日照の影響を受けて，次代の開花時期や開花数に差の出ることもある．

(藤下典之)

マイクロフォラミニフェラ [microforaminifera] →小型有孔虫ライニング

マイクロプランクトン [microplankton] →パリノモルフ

マイナーアレルゲン [minor allergen]
メイジャーアレルゲンに対応する用語である．(→メイジャーアレルゲン)（安枝　浩）

膜空間 [cavea, caveae (pl.)；cavus]
膜腔ともいう．花粉外壁の2層(sexine/nexine)が，溝の縁辺部でつくる2層間の空間(Skvarla & Larson, 1965)．例：ブタクサ属．　　　　　　　　　　（内山　隆）

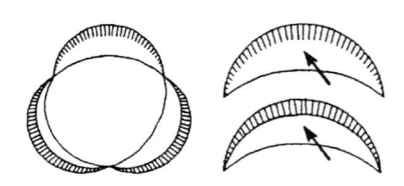

図　膜空間(Punt et al., 1994)

マサ [massa, massae (pl.)]
大胞子に付着している構造物で，退化した胞子やタペータム由来の物質からなると考えられている．水に浮くための装置ともみられる．アカウキクサ属などシダ植物の大胞子にのみ使われる用語．　　　　（高橋英樹）

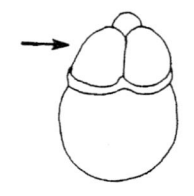

図　マサ(Punt et al., 1994)

マツ科 [Pinaceae]
北半球の温帯に広く分布する裸子植物で，9属210種のうち日本には21種が自生する直立喬木．多くは雌雄同株で葉は2～5個の針状葉．雄花は多くの鱗片状の総苞を基部にもち，雄蕊は多数，葯2個は鱗片状の花糸の基部に着く．花粉粒はカラマツ属・トガサワラ属を除き気嚢をもち(浮力を増す)，その赤道観像はマキ科が大嚢型であるのに対し小嚢型で，気嚢の彫紋は網状紋(4～8 μm)，花粉粒の彫紋は小網状紋(1～1.5 μm)で，中心部に屈折率の異なる物質をもつ(図)．雌花は球果状で鱗片状の心皮(被鱗)から成り，心皮の上面に実鱗(実片)をもち，その上面基部に2個の倒生胚珠がつく．珠孔は心皮の基部に向き，珠皮は単一で，球果は成熟するまで閉合している木質の果片からなる．種子は片側にのみ翼をもつものがほとんどである．胚は多数の子葉をもつ．根・茎・皮部・葉に樹脂道をもつ樹脂植物であり，その含有する樹脂・精油は薬用に供される．モミ属・マツ属・トウヒ属・ユサン属・ツガ属・イヌカラマツ属・カラマツ属・ヒマラヤスギ属・トガサワラ属がある．

花粉症の報告(藤崎，1974)はあるが，空中浮遊花粉の量は多いが，抗原性が低いので花粉症患者は少ない．本邦で対照となるのはマツ属のクロマツ[*Pinus thunbergii*]，アカマツ[*Pinus densiflora*]で，花粉シーズンは4月中旬から5月中旬である．　　（佐渡昌子）

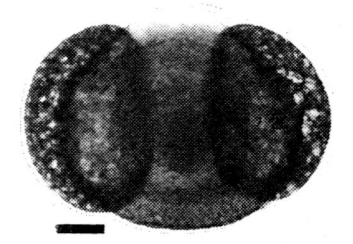

図　クロマツの花粉
スケールは10 μm．

末期受粉 [end-season pollination]
遺伝的に自家不和合性を示す植物でも植物体の齢によって自家不和合性の程度が弱まる時期があり，とくに植物の旺盛さが衰える開

花末期には，自家不和合性が弱まり自家受粉によって自殖種子が得られることがある．この現象は末期受精(end-season fertility)と呼ばれるので，これを利用して自家不和合性個体から自殖種子を得る受粉法を末期受粉という．　　　　　　　　　　　（生井兵治）

マツ属［*Pinus*；pine］→マツ科

マメコバチ［masonbee］
ハキリバチ科［Megachilidae］のツツハナバチ属［*Osmia*］に含まれる単独性ハナバチ．学名は *Osmia cornifrons*．リンゴ・ナシ・モモなど落葉果樹の花粉媒介者として東北地方，長野県，山梨県などで企業的に利用されている．　　　　　　　　　　　（小野正人）

マルハナバチ［bumblebee］
ミツバチ科［Apidae］，マルハナバチ属［*Bombus*］に含まれる真社会性ハナバチ．北半球の温帯・亜寒帯地域に分布の中心をもち，世界に約300種が知られる．近年，ヨーロッパ産のセイヨウオオマルハナバチ(ツチマルハナバチ)［*B. terrestris*］の大量増殖がなされ，日本にはハウストマトの花粉媒介用として，ベルギー，オランダなどから輸入されている．日本にも5亜属14種の土着種が生息している．　　　　　　　　　　　（小野正人）

マングローブ植物［mangrove plants］
マングローブ沼に棲息する植物の総称．マングローブ沼は，熱帯・亜熱帯地域の河口や内湾に形成される干潟や湿地で，その中には多くの動植物が棲息している．中小規模のものは各地にあるが，ボルネオ島やニューギニア島などには，広大なマングローブ沼が形成されている．マングローブ植物はほとんど被子植物であるが，シダ植物や，単子葉植物もある．世界で約90種が知られているが，そのうち，東南アジアにはとくに多く，63種ほどが生育している．一般に低緯度ほど種の数が多くなるが，立地条件に応じた種の組み合わせで，群落をつくっている．マングローブ植物は塩沼地の環境に適応するための形質を備えている．細胞液の浸透圧が海水よりも高い．葉が多肉なため水分を貯えることができ，クチクラが発達するので水分の蒸発を抑えている．

表　マングローブの分布と種類

九州本土(喜入)，種子島，屋久島	メヒルギ
奄美大島	メヒルギ・オヒルギ
沖縄（西表島，石垣島など）	メヒルギ・オヒルギ・マヤプシキ・ヤエヤマヒルギ・ヒルギモドキ・ヒルギダマシ

根に通気組織をもつため酸素の少ない塩沼地に生育できる．そうしたマングローブ植物の主なものは，支柱根や膝根を広げるヒルギ科，タケノコのような気根を出すマヤプシキ科・ヒルギダマシ科などがある．また，日本に分布するマングローブ植物は，メヒルギ・オヒルギ・ヤエヤマヒルギ（ヒルギ科），ハマザクロ科のマヤプシキ，シクンシ科のヒルギモドキ，クマツヅラ科のヒルギダマシの6種類である．マングローブ植物の群落としては，西表島に最大のものがあるほか，八重山，沖縄，奄美諸島などに点在している．日本付近でのマングローブ植物の北限は，メヒルギの九州南端部である．マングローブ植物の花粉は，ほとんどが虫媒であるため，一般に生産量が少ない．ニッパヤシは風媒であるので，花粉生産量が多いほか，虫媒花であっても，マヤプシキやシマシラキは水面を白くするほど多量の花粉を散布する．富山県の黒瀬谷層など，西南日本各地の新第三紀中新世

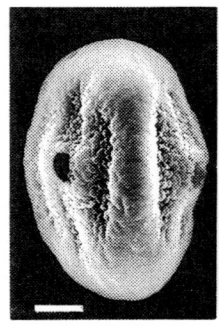

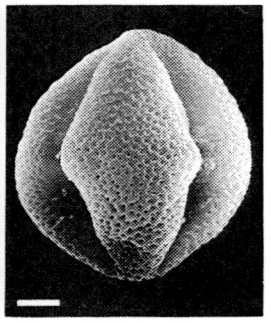

図　マングローブ植物の花粉化石(SEM像)富山県黒瀬谷層(約1600万年前)から産出したマヤプシキ(左)とシマシラキ(右)の花粉化石(スケールの長さは5μm)．

中期の地層からは，マヤプシキやシマシラキなどのマングローブ植物の花粉化石が見つかっている． 　　　　　　（山野井徹・岩内明子）

慢性毒性[chronic toxuty] →花粉エキス末

ミ

ミオシン［myosin］
　ミオシンには，ミオシンⅠとミオシンⅡの2種類の分子が知られている．このうちミオシンⅡが通常ミオシンと呼ばれ，骨格筋をはじめとして多くの非筋細胞にもみられる分子量約50万の蛋白質である．頭部と尾部をもち長さが約150 nmの棒状構造をなす．分子量約20万の重鎖が2本と分子量10000～20000の2種類の軽鎖がそれぞれ2本ずつ，合計3種類6個のポリペプチド鎖からなる．重鎖は頭部と尾部の全体を構成し，ATPase活性をもつ．アクチンとの相互作用によって運動力を発生する．軽鎖は重鎖の頭部に結合し，重鎖のATPase活性を制御するはたらきをもつ．ミオシンⅡ分子は蛋白質分解酵素であるトリプシンによって，頭部および尾部の1/3を含むヘビーメロミオシンと尾部の2/3を含むライトメロミオシンに分解される．ヘビーメロミオシンは蛋白質分解酵素の1種のパパインによって，さらにサブフラグメント1とサブフラグメント2に分解される．生理的イオン強度下で，ミオシンⅡ分子は尾部どうしが会合して両端に頭部が突き出た二極性の太い繊維をつくる．この頭部とアクチンフィラメントとの間の相互作用によって筋肉の収縮，動物の細胞分裂における収縮環，シャジクモ類の節間細胞の原形質流動などの力を発生する．被子植物の花粉管においても雄原細胞・花粉管核・細胞顆粒などの表面にミオシンⅡが分布し，それらの運動に関与することが示唆されている．ミオシンⅠはミニミオシンとも呼ばれる小型の分子であり，土壌アメーバの1種，アカントアメーバより単離されている．アカントアメーバには分子量14万の重鎖と1.7万の軽鎖からなるものと，12.5万の重鎖と1.8万の軽鎖からなるものの2種類の分子が含まれている．重鎖のC端にはアクチンとの結合部位が2個あり，一方はATP依存性であり，他方は依存しない．分子のC端には膜との結合能がある．ミオシンⅠの生理学的機構は十分に解明されてはいないが，細胞小器官と結合し，アクチンフィラメントに沿って細胞内を移動させるという機構が提唱されている．　　　　　　　　　　（寺坂　治）

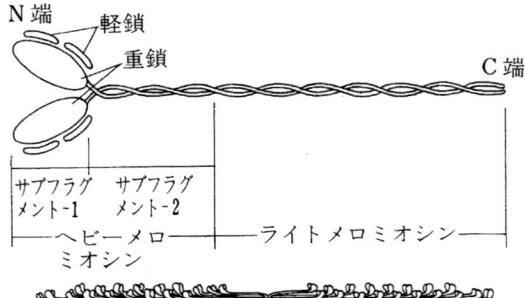

図　ミオシンⅡの構造
上：モノマー，下：ミオシンⅡの集合した繊維．

蜜源植物［nectar-source plants］　→養蜂植物

蜜腺［nectary］
　被子植物における分泌腺の1種で，花蜜を分泌する．表皮層に発達する細胞群で，組織段階の場合と，簡単な器官を形成する場合がある．蜜腺の細胞は，細胞質に富み，表皮とともに分泌組織を構成している．子房の基部，または，子房と雌蕊の間にあって，環状，または，盤状の形態をとることが多いが，花弁（ユリノキ），雌蕊（ヒヤシンス），雄蕊（スミレ）などに存在する場合もある．子房上位の花では，子房と雄蕊の間の花部の内壁（バラ科）に，子房下位の花では，子房の上端（セリ科・キク科）につく．花部以外にも，サクラは葉柄，ソラマメは托葉，トウゴマは子葉などにも存在し，これらは，花外蜜腺と呼ばれる．
　　　　　　　　　　　　　　　（相田由美子）

密度効果(花粉の) [density effect of pollen grains]

　ここで取り上げた密度効果とは，受粉花粉に関してのものであり，花粉がすべて正常なものばかりであっても，一定数以上の花粉が密集して受粉されないと，花粉の発芽や花粉管の伸長が促進されず，順調な受精・結実がみられない現象のことである．一般の人はおろか植物学者といわれる人々にも，植物に花が咲けば自然に種子が結実して次代植物が誕生すると錯覚し，植物の性の営みについてはまったく関心を示さない人たちが結構多い．こうした理由のためか，植物に関するかなり膨大な書物でも，個々の植物の性の営みすなわち生殖様式については，まったく触れていない場合が多い．しかし実際には，自家受粉では結実できない自家不和合性の他殖性植物があると思えば，自家和合性であるが花器構造上の理由から他家受粉を余儀なくされている他殖性植物，自家和合性であるが花粉媒介昆虫などの助けがないと自家受粉できない不完全な自殖性植物，さらには自家和合性で自動自家受粉能力も高い完全な自殖性植物まで，他殖性と自殖性の程度がさまざまな種々の植物が連続的に存在している．しかも，自家受粉や他家受粉という受粉の様態自身も単純ではない．通常の多くの植物の花の受粉過程では，自家花粉と他家花粉が混合受粉されることや，何回も追加受粉されるのが普通の姿であり，さらには個々の花の雌蕊の柱頭への受粉花粉粒数も変化に富んでいる．そして，多くの植物では総胚珠数に対して数百倍から数千倍の花粉(花粉・胚珠比＝数百～数千)を生産し，個々の花の雌蕊の柱頭には胚珠数の数倍から数十倍の花粉が受粉されるのが普通である．そこで，受粉花粉粒数が胚珠数よりも多いほど，受粉花粉の間に受精競争が生じ活力の強い一部の花粉だけが受精することになる．一方，受粉花粉粒数が著しく少ない場合には，花粉が発芽できなかったり，発芽しても花粉管の伸長が緩慢であったりして，正常な受精・結実が保障されない場合がある．このような受粉花粉の密度効果の機構についてはよくわかっていないが，たとえば1花当り約20の胚珠をもつアブラナ属植物のカラシナの例では，4粒以下の自家受粉ではまったく種子が得られず，5粒では約3％の結実率となり，10粒で約10％，20粒で約25％となり，100粒受粉しても約50％どまりであり，500粒受粉してようやく約80％の結実率となる．通常の畑では800～1000粒の花粉が受粉され，100％近い結実率を示すのである．このように，受粉花粉の発芽や花粉管伸長には花粉の密度効果が強くはたらいており，しかも密度の高まりと受精・結実率の向上とは直線的な関係ではないことが，1花に1個の胚珠を着けるイネやソバでも確認されている．さらには，異種花粉との混合受粉における混合割合によっても，種々の密度効果が確認されており，メントール花粉のメントール効果とも関係しているものと思われる．花粉の密度効果はスライドガラス上の寒天培地による発芽試験でも観察でき，岩波洋造は早くからこのことに着目していた．(生井兵治)

ミツバチ [honeybee]

【種類】ハチ目[Hymenoptera]，ミツバチ科[Apidae]，ミツバチ属[Apis]に含まれ，以下の7種に分類されていたが，1996年になって新たに2種($A.\ nuluensis$ と $A.\ nigrocincta$)が新種として加えられた．

1) セイヨウミツバチ[$Apis\ mellifera$]：ヨーロッパとアフリカを原産地とするミツバチで，Ruttner(1988)は，24亜種に分けている．それらの亜種のうち，基亜種[$A.\ mellifera\ mellifera$]，イタリアン[$A.\ mellifera\ ligustica$]，コーカシアン[$A.\ mellifera\ caucasica$]，カーニオラン[$A.\ mellifera\ carnica$]など養蜂生産物を得るうえですぐれた性質を示すものは飼養化され，南北アメリカ，中国，日本などの国々に導入されている．複葉巣板の巣を閉鎖空間に造る．

2) トウヨウミツバチ[$Apis\ cerana$]：中国，日本，韓国，東南アジア各国に広く分布している．日本には，土着の1亜種が生息し，ニホンミツバチ[$Apis\ cerana\ japonica$]と呼ばれる．熱帯の気候に適応性が高く，セイヨ

ウミツバチ養蜂で問題となるミツバチヘギイタダニ[*Varroa jacobsoni*]，スズメバチ類[*Vespa* spp.]に対しても抵抗性を示すため，東南アジア地域の養蜂振興への利用が注目されている．複葉巣板の巣を閉鎖空間に造る．

3) オオミツバチ[*Apis dorsata*]：インド，東南アジア各地に生息する大型のミツバチ．直径1m以上の大きな1枚の巣を地上十数mの大木の枝や岩壁のオーバーハングしたところに造る．複数の巣が密集して認められるのが普通．北限となっているネパール，中国雲南省では，標高1200m付近から近縁種のヒマラヤオオミツバチに取って代わる．現在フィリピン群島の *A. d. breviligula* とセレベス島の *A. d. binghami* が亜種とされているが，未知の点が多い．攻撃性がきわめて強く，また執拗である．

4) コミツバチ[*Apis florea*]：分布はオオミツバチとほぼ重なっているが，イラン，オマーンまで生息域を延ばしている．低い木立ちの中に，直径20～30cmの一枚板の小形巣を造る．細い小枝に覆い被せるように巣を造るが，付着点の周辺に粘着性のあるヤニを塗り付け，アリなどの歩行性外敵の侵入を防ぐ特徴をもつ．

5) サバミツバチ[*Apis koschevnikovi*]：東マレーシア，ブルネイに生息する体が赤銅色のミツバチ．1988年に同所性のトウヨウミツバチとの間で形態学的・行動学的な生殖隔離機構の存在が示され，独立種として認められた．複葉巣板の巣を閉鎖空間に造る．性質は温順である．

6) ヒマラヤオオミツバチ[*Apis laboriosa*]：ネパール，インド北東部，中国雲南省の山岳地帯に分布している世界最大のミツバチ．ネパールの山岳民族が50m以上の断崖絶壁に営巣するヒマラヤオオミツバチの巨大な一枚板の巣を竹で編んだ手製の梯子にぶら下がりながら採集するハニーハンティングがまだ行われている．

7) クロコミツバチ[*Apis andreniformis*]：東南アジア地域に分布する世界最小種のミツバチ．体色が黒褐色で小形．1990年にコミツバチと生殖隔離されていることが示され独立種として認められた．木の枝に直径20～30cmの一枚板の巣を造る．

【群の構成と生活史】 生活の基本となる群は，1頭の女王蜂と数千から数万の働き蜂，そして繁殖期に産まれる未受精卵から育つ数千の雄蜂で構成される．同じ受精卵から育つ女王蜂と働き蜂の分化の成因は幼虫時に与えられる餌の質と量による．働き蜂と雄蜂は六角形の巣房内で育てられるが，女王蜂は王台(queen cell)という特別室で養成される．食物は花粉と花蜜であり，完全に植物に依存している．巣は働き蜂の腹部にあるワックス腺から分泌される蜂ろうで造られる．繁殖様式は，群の分割による分蜂である．以上の点はミツバチ属の全種に共通する特徴であるが，生活史には分布する地域の気候などによりいくぶんの相違がみられる．温帯地域に生息するセイヨウミツバチでは，春の訪れとともに働き蜂の採餌・造巣，女王蜂の産卵などの活動が開始される．日本では4月中旬ごろから雄蜂と新女王蜂の生産が始まる．新女王蜂羽化の前後に母親の女王蜂が約半数の働き蜂とともに分蜂し，単女王制が維持される．分蜂の回数は群の規模にもよるが通常1～3回である．2回目以降の分蜂は，先に羽化した新女王蜂が巣を離れる．巣を譲り受けた新女王蜂は，それから10日前後のうちに雄蜂の集合場所(drone congregation area)で5～15頭の雄蜂と多回交尾する．交尾女王蜂は，最盛期には1日約2000個の卵を産むとされ，寿命は2～4年といわれている．産卵と女王物質(queen substance)による蜂群内の秩序の維持が大きな仕事となる．一方働き蜂は，それ以外の掃除・育児・防衛・採餌などのすべての仕事を担当し，寿命は活動期で約1ヵ月，越冬期には約半年となる．働き蜂は，羽化後の日齢が進むに従い，前述の順序で担当の仕事が移り変わっていくことが知られ，この齢間分業により群は運営される．育児が行われている巣の中心部の温度は34℃前後に保たれ，働き蜂の成育日数は21日，雄蜂は24日，女王蜂は16日と安定している．夏から秋にか

けて巣内に多量の蜜を貯蔵し，野外で活動できない冬の間もそれを消費して蜂群は維持され，春に同様の活動が再開される．

【飼育法】　家畜化されているのは，セイヨウミツバチ．東南アジア地域ではトウヨウミツバチを用いた養蜂振興に力が入れられている．各地方独特の巣箱・養蜂具が発達している．セイヨウミツバチを用いた養蜂の世界標準型として使用される巣箱は，ラングストロスの可動巣枠式巣箱である．六角形の巣房の底部を鋳型として印刷した巣礎を針金を通した木枠にはめ込んで蜂に与えて営巣させ，内検を可能とする．採蜜は分離機により巣を壊すことなく，遠心力でハチ蜜を抽出する．以上の3つは近代養蜂の中でもっとも重要な発明といわれている．

【生産物】　ハチ蜜（→ハチ蜜），ローヤルゼリー（→ローヤルゼリー），花粉荷（→花粉荷），プロポリス（→プロポリス），蜂ろう（→蜂ろう），蜂毒，蜂児が主な養蜂生産物である．農作物への花粉媒介を含むこともある．蜂ろうは化粧品・クリスマスキャンドルなどの原料として利用され，多様な生理活性物質を含む蜂毒も注目されている．雄蜂の蛹と幼虫を凍結乾燥して粉末としたものは，アブラムシなどの害虫を捕食するテントウムシやクサカゲロウなどの益虫用飼料として有効．

（小野正人）

蜜標［nectar guide］

花の蜜の所在を示す標識で，ガイドマークと同義に用いられることがある．（→ガイドマーク）．　　　　　　　　　　（田中　肇）

ミトコンドリア［mitochondrion, mitochondria (pl.)］

すべての真核細胞中にみられる呼吸を主な機能とする細胞小器官．光学顕微鏡では，糸状・顆粒状（ギリシア語 mito -「糸」，chondrion「粒」）に観察され，糸粒体，コンドリオソームなどとも呼ばれた．ヤヌス緑で特異的に生体染色される．物質の酸化によるエネルギーを用いてATPを合成する酸化的リン酸化を主要な役割としている．1細胞当りのミトコンドリアの数は細胞の種類によって著しく異なる．肝細胞では約2500，精子では10〜25，植物細胞では100〜200であるが，トリパノソーマ（原生動物）のように1細胞1個の場合もまれにみられる．大きさは一般に1〜2 μm．外膜と内膜の2重膜によって囲まれ，内膜は内部に向かって突出してクリステを形成している．クリステの存在はミトコンドリアの基本的な特徴で，ミトコンドリアを形態的に同定する標識となっている．酸化的リン酸化の盛んな好気的組織のミトコンドリアでは，クリステが複雑で数も多い．低張液中で吸水し膨潤したミトコンドリアをネガティブ染色法により，電子顕微鏡で観察すると，内膜表面に直径約9 nmの基本粒子が認められる．ミトコンドリアの基質にはクエン酸回路および，脂肪酸のβ酸化に関与する諸酵素がある．クリステおよび内膜には，電子伝達系に関与する諸酵素とそれに共役するリン酸化の酵素がある．また，内膜の基本粒子は，酸化的リン酸化に関与するATPアーゼに相当するものである．ミトコンドリアは細胞内で分裂により増殖する．ミトコンドリアには，固有のDNA，リボソーム，tRNAなどがそろっていて，独自の複製・転写・翻訳系が存在している．これはミトコンドリアの起原が，進化の途上で好気性細菌などが細胞に寄生したものとする説の根拠となっている．最近の研究で，全生物に普遍的と考えられてきた遺伝暗号がミトコンドリアでは変則的であり，ヒトのものではAUAとAUUが開始コドンとして，AGAとAGGが終止コドンとして，UGAとAUAがトリプトファンとメチオニンの暗号として読み代えられていることが明らかになった．乾燥下に置かれた成熟花粉粒は休止状態にあるが，これらを柱頭に付けるか，培地上に置くと，吸水して膨潤し，活性をもった状態になる．すなわち，テッポウユリでは，吸水とともにミトコンドリアの構造が不活性型から活性型に変化し，吸水5分後にアミロプラストができて，その中に澱粉粒がつくられる．その後徐々にミトコンドリアやゴルジ体の数が増加していく．　　　（中村澄夫）

耳ひだ型［lobate (adj.)］

裂片型，集波型ともいう．発芽口が赤道上にあり，極観の各辺が中心方向へ強く湾曲している花粉型．Kuylらによって提唱された発芽口の位置と花粉の極観像による分類体系に示されている極観像(Kuyl, Muller & Waterbolk, 1955)．(→付録図版)

(高原　光)

ミラー［Miller, Philip, 1691-1771］
　植物における虫媒受粉という現象を，チューリップの花の実験で明らかにしたイギリスの生物学者の1人．彼は，たくさんのチューリップが植えてある庭の一角に12個体のチューリップを5〜6m間隔で植え花蕾が大きくなると開花前にこれらの花の除雄を行って，訪花昆虫が受粉することを初めて明らかにした．除雄されていないたくさんのチューリップの花を訪花した昆虫(主にミツバチ)が花粉まみれになっており，これらが除雄された花に訪花すると柱頭が花粉まみれになることを観察した．さらに，花粉まみれになった花には種子が実ることから，チューリップの結実には受粉が必要であり，受粉にはミツバチなどの花粉媒介昆虫の助けが必要であると結論づけた．ただし，当時の現状としてはいたし方のないことであるが，Miller はチューリップが自家受粉でも結実するのか他家受粉でのみ結実するのかとか，雌雄の配偶子の合一によって種子ができるという視点はまったくなかった．このように彼の研究手法と発見は幼稚なものであるが，虫媒受粉植物におけるその後の花生態学の展開や受粉生態学(送粉生態学)さらには受粉生物学の発展の源流の1つとなるものである．　(生井兵治)

ム

無機質成分［minerals］ →花粉の栄養

無極型［apolar；nonpolar］
極性が明確でない花粉(Erdtman, 1952)．たとえばオオバコ属．　　　（高原　光）

無口型［inaperturate；non-aperture；atreme；acolpate(adj.)］
発芽口が認められない花粉・胞子(Iversen & Troels-Smith, 1950)．たとえば，ハコヤナギ属・イチイ属など．この用語は発芽口が完全に欠如している場合に使うべきである．もし，外層に発芽口がなく，内層に発芽口(endoaperture)がある場合はcryptoaperture(Thanikaimoni, 1980)という (Punt *et al.*, 1994)．　　　（高原　光）

無刻外表層型［tectate-imperforate (adj.)］　→真テクテート

無刻層［nexine］
中層ともいう．花粉外壁の内側にある無紋の部分で，有刻層の下側にある(Erdtman, 1952)．Faegri方式の底部層と内層の部分に当たる．無刻層はさらに詳しく外部無刻層と内部無刻層に区分されることもある．また無刻層1 (nexine 1=foor layer)と無刻層2 (nexine 2=endexine)という区分もある．(→付録図版)　　　（三好教夫）

無刻テクテート［tectate-imperforate (adj.)］　→真テクテート

無作為交配［random mating；panmixis］→任意交配

無条溝［alete (adj.)；aletus (adj.)］
胞子母細胞が分裂して四分子となりたがいに分離するとき，付着していた向心面に胞子が発芽するときに裂開する部分(条溝)がI字形やY字形に形成されるが，これをもたない胞子型．トクサ属などにみられる．
　　　　　　　　　　　　　（守田益宗）

無性生殖［asexual reproduction］
有性生殖の対語で，雌雄の配偶子が同時には関与しない，言い換えれば雌雄配偶子の受精によらない生殖様式をいう．2通りのケースがあり，新個体が単一の生殖細胞から生ずる無性的種子形成と，1つの栄養細胞群から生ずる栄養生殖がある．高等植物の地下茎，胚芽(むかご)などが後者の例であり，園芸植物の栄養繁殖もその範疇に入る．(→無性的種子形成)　　　（山下研介・生井兵治）

無性世代［asexual generation］
生活環のなかで，胞子体を生活の本体とする世代を指す．有性世代に対立するもので，複相である．接合子の時期から，環元分裂の起こるまでがその期間に相当する．(→有性世代)　　　（山下研介）

無性的種子形成［apomixis；agamospermy］
被子植物には受粉や卵細胞の受精なしで結実する植物もあり，このような繁殖法を日本ではアポミクシス(無配合生殖)または無性的種子形成と称する．しかし，Winkler(1906)によるアポミクシスの定義はWeinsmann (1891)の有性生殖(アンフィミクシス；amphimixis)すなわち雌雄配偶子の受精による種子形成の反語で，有性生殖による結実種子以外の繁殖法の総称であり，オニユリのむかごやイチゴのランナーなどでの栄養繁殖(vegetative reproduction)を含む．世界的にはTackholm(1922)によるアガモスパーミー(agamospermy)を無性的種子形成に当てる．最近ではアポミクシスもアガモスパーミーの同義語として使われるが関連用語に混乱がみられるので，ここでは生井(1992 a-f, 1993)に準じて解説した．無性的種子形成で世代交代する循環型アポミクシスの型は，1)非減数性胚嚢をつくり無性的種子形成を行う雌性配偶体型アポミクシスか珠心細胞から直

接的に不定胚形成を行う胞子体型アポミクシスか，2) 非減数性胚嚢の形成過程が胚嚢母細胞からの複相大胞子形成か珠心細胞からの直接的な珠心胚嚢形成か，3) 単為胚発生を行う原基細胞が卵細胞か否か，4) 単為胚発生のために受粉が必要か否かなどを組み合わせて分類される．

循環型アポミクシスには，1) 複相大胞子処女生殖(diplospory-parthenogenesis)：胚嚢母細胞からの非還元分裂による複相大胞子由来の非減数性胚嚢の卵細胞($2n$卵核)と中心細胞($2n$極核2個)が未受粉でも無性的に単為胚発生(auto-embryogenesis)して$2n$種子を形成(セイヨウタンポポ・シロバナタンポポ・ドクダミ)，2) 複相大胞子偽受精生殖(diplospory-pseudogamy)：複相大胞子を形成し受粉(主に他家受粉)され中心細胞が受精して胚乳形成をすすめ未受粉の$2n$卵細胞が無性的に単為胚発生して$2n$種子を形成(キジムシロ属植物，ニラ)，3) 珠心胚嚢処女生殖(apospory-parthenogenesis)：胚珠内面の珠心細胞が同型分裂を繰り返して非減数性の珠心胚嚢を直接形成(無胞子生殖という)し未受粉で単為胚発生して$2n$種子を形成(ヤナギタンポポ・ナガハグサ)，4) 珠心胚嚢偽受精生殖(apospory-pseudogamy)：非減数性の珠心胚嚢を形成し受粉(主に他家受粉)され受精極核が胚乳を生成すると未受精卵が無性的に単為胚発生して$2n$種子を形成(キジムシロ属やキイチゴ属植物)，5) 複相大胞子疑似処女生殖(diplospory-false-parthenogensis)：複相大胞子を形成し，未受粉のまま胚嚢内の卵細胞以外の，助細胞(ヒナノシャクジョウ属植物)，反足細胞(ミズ属植物)，中心細胞(ハンノキ属植物)が胚発生を遂げて種子を形成．無配生殖(apogamy)ともいう，6) 偽受精生殖的珠心胚形成(pseudogamous nucellar embryony)：受粉(通常は他家受粉)が不可欠であり珠心細胞から直接的に不定胚形成を行う(ミカン類)．アポミクシスで殖えた個体をアポミクト(apomict)という．種間交配などによって単相(半数性)大胞子の卵細胞が受精せずに単為胚発生し半数体植物を偶発する非循環型アポミクシスもある．

(生井兵治)

胸高直径 [diameter (at) brest height; brest height diameter]

人の胸の高さで測った樹木の直径をいう．樹木のサイズや成長の調査，体積の測定などに用いる主要な測定値である．もっとも測りやすい高さとして胸の高さ，すなわち地上から1.3m，あるいは1.2mの高さで，直径巻尺や輪尺という道具を用いて測定する．昔から同様の目的で目の高さの位置の幹の大きさを表す「目通り」が用いられてきた．これは地上1.52 m(5尺)あるいは1.82 m(6尺)で地方によって異なる． (横山敏孝)

無配生殖 [apogamy]

単為生殖の1形式．維管束植物において配偶体の卵細胞以外の細胞が単独に分裂・発達して胞子体を生ずる現象．これには，単相核の配偶体の卵細胞以外の細胞から生ずる生殖的無配生殖と，複相核を有する配偶体の卵細胞以外の細胞から生ずる栄養的無配生殖の2形式がある．前者の例としては，ある種のハゴロモソウやヒナノシヤクジョウ属植物にみられる助細胞起原のものや，ニラのように反足細胞から生ずるもの，イヌワラビ・タマシダなどのように前葉体をその起原とするものがある．また，後者の例としては，ミヤマコウゾリナのように受精前の胚乳細胞から発達するものや，同じシダ植物でも前葉体細胞で2個の核が合体，複相化して胞子体を生ずるものがある．(→単為生殖) (山下研介)

メ

明暗分析［LO-analysis］
　光学顕微鏡を用いてセキシンの模様や凸凹などを調べる方法．顕微鏡の焦点を上に合わせると，凸の部分が明るく(lux)，凹の部分が暗く(obscuritas)みえる．このような像のみえ方をLO-パターン(LO-pattern)という．焦点を下に合わせると像の明暗は逆転する．焦点を上下に連続的に移動しながら明暗の変化を観察することにより，外壁の模様などの様子がわかる(Erdtman, 1952)．
　　　　　　　　　　　　　　（守田益宗）

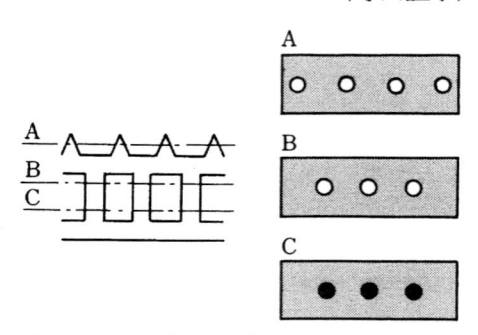

図　明暗分析

メイジャーアレルゲン［major allergen］
　花粉をはじめアレルギーの原因となるもののなかには，一般的に複数のアレルゲンが含まれている．crossed radioimmunoelectrophoresis (CRIE)による分析では，ブタクサ花粉中には22種類ものアレルゲンが存在するといわれている．これらの多数のアレルゲンに対して，花粉症患者は一様に感作されているわけではなく，個々のアレルゲンに対する感作の程度には大きな開きがある．メイジャーアレルゲンとは大多数の患者が強く感作されているアレルゲンであり，逆に一部の患者が感作されているアレルゲンがマイナーアレルゲン(minor allergen)である．陽性率が50％以上をメイジャーアレルゲン，それ以下をマイナーアレルゲンというように，両者を明確に区分しようとする考えもあるが，一般的には，メイジャーとマイナーの関係はあくまでも相対的なものであり，両者の間に明確な境界を設定することは少ない．同じ花粉中の成分でもなぜメイジャーアレルゲンとマイナーアレルゲンを生じるのかということについてはさまざまな要因が考えられるが，多くの場合，花粉中の含有量の面からもメイジャーな蛋白質成分がメイジャーアレルゲンとなる．
　　　　　　　　　　　　　　（安枝　浩）

めしべ［pistil］　→雌蕊（しずい）

メタキセニア［metaxenia］
　受粉花粉の遺伝的影響が，受粉された花に形成される種子のうち胚と胚乳以外の組織すなわち種子の種皮や果実の果肉など母体の形質に直接的に現れる現象であり，Swingle (1928)によってナツメヤシで最初に発見され，花粉の影響が胚乳に現れる現象であるキセニア(xenia)にちなんでメタキセニアと命名された．その後ワタの綿毛の長さ，リンゴの果肉色，バラの果実の形，オウトウの果実の大きさその他で観察されているが，世界的にもメタキセニアに関する体系的な研究はほとんど行われていない．
　　　　　　　　　　　　　　（生井兵治）

メッシュデータ［grid data］
　一定間隔の経線・緯線で地域を格子状に区切ったもので，1973年の行政管理庁告示第143号で定められた標準地域メッシュシステムが一般に用いられている．標準地域メッシュは20万分の1の地勢図の大きさに相当しこれを第1次地域区画（1次メッシュ）と呼ぶ．さらに小さなサイズを扱うために，第1次地域区画を8等分し25000分の1の地勢図の大きさに相当する領域に区画したメッシュを第2次地域区画（2次メッシュ）と呼ぶ．さらに小さなサイズを扱うために，第2次地域区画を10等分した領域を第3次地域区画（3

メツシ　323

図　メッシュデータ

第1次地域区画
（40′×1°～約80×80km）
コード番号
A：53-37
　　　└137
　　　（西側経度の下2桁）
　　35°20′×1.5倍＝53
　　（南側緯度の1.5倍）

第2次地域区画
（5′×7′30″～約10×10km）
コード番号
B：5337-34
　　　　└第2次地域区画のコード番号
　　　└第1次地域区画のコード番号

第3次地域区画（基準地域メッシュ）
（30″×45″～約1×1km）
コード番号
C：5337-34-35
　　　　　└第3次
　　　　└第2次
　　　└第1次

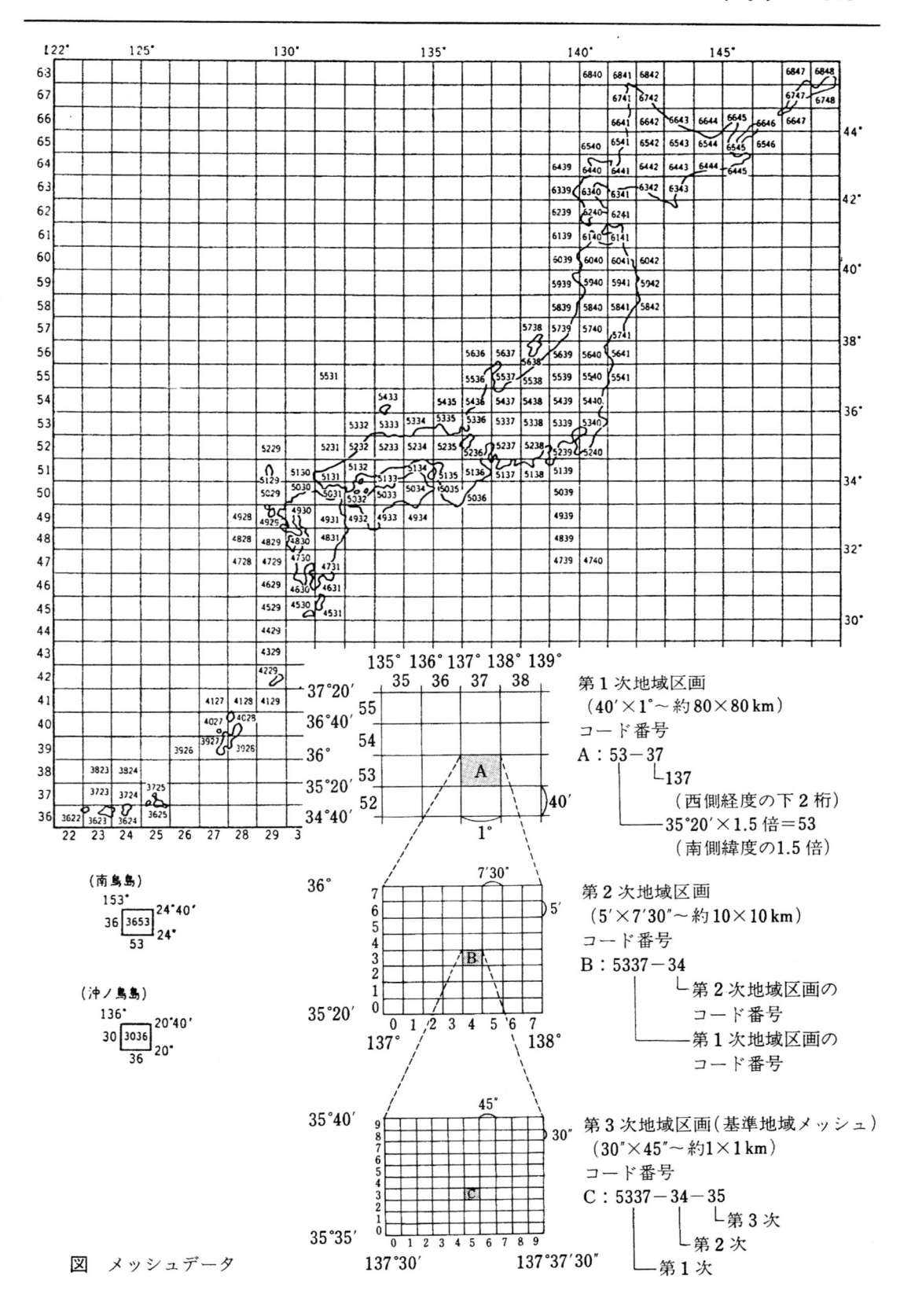

次メッシュ)と呼ぶ(図).1次メッシュは経度差1°,緯度差40′で区画されており,日本の中央付近では縦横とも約80kmである.緯度間隔はどの地域でも等しいが,経度間隔は極に近づくにつれ狭くなるので,面積の等しいメッシュは等緯度のメッシュに限られる.2次メッシュは経度差7′30″,緯度差5′で,大きさはほぼ10km×10kmである.3次メッシュは経度差45″,緯度差30″の範囲にあり,その大きさは約1km×1kmである.日本全土は約39万個の3次メッシュに覆われる.国土数値情報の多くはこのサイズのメッシュを基本単位としている.なかにはさらに3次メッシュを4等分して250m×250mを基本単位とするメッシュ情報もある.メッシュデータの利用例としては,農業気象学における植物の開花日や生育状態の予測に積算気温のデータが用いられることがあげられる.近年は,リアルタイムのメッシュ気温データなども気象情報会社から市販されている.メッシュデータを利用すれば1km四方を単位とした地域区分で種々の情報を得ることができる.

(高橋裕一)

めばな(雌花) [female flower] →雌花(しか)

面 [face]

花粉・胞子には,遠心極面(腹面)と向心極面(背面)の2つの面があり,赤道で接している(上野,1978). (三好教夫)

免疫グロブリン [immunoglobulin, Ig]

リンパ球から産生される抗体活性をもつグロブリンの総称で,IgG,IgA,IgM,IgD,IgEの5種類がある.基本構造は2本のH鎖(heavy chain)と2本のL鎖(light chain)がS-S結合で結合している.5種類の免疫グロブリンはH鎖によって決められ,H鎖にはγ(1-4),α(1,2),μ(1,2),δ,εがある.各種抗体を形成するL鎖にはκ,λの2種類がある.パパイン処理でFcとFabに分解される.Bリンパ球や好中球・肥満細胞などには抗体のFcに対するFcリセプターがあり,Fcで細胞に結合することにより抗体産生や貪食,化学伝達物質の放出など生物学的活性を起こす.Fabは種々の抗原に対し,特定の抗原に特異的に結合する.V領域の多様性が抗体の多様性に反映される.リンパ球の分化過程で遺伝子の組み換えが生じ,VLは2400の,VHは48000の多様性があり,両者の積が抗体の多様性となり,あらゆる抗原に対応できる.

IgGには4種類のサブクラスがあり,抗体の80%を占め,免疫で重要な役割をもつ.アレルギーの減感作療法では特定のアレルゲンにのみ反応するIgG抗体(特異的IgG(specific IgG))が,なかでもIgG_1やIgG_4が増加するという報告もある(→遮断抗体).IgAのなかで気道の粘膜から分泌される分泌型IgAは2分子から成るdimerで重要な生体防御にかかわっている.IgMは感染初期に産生される抗体で,5分子が集まったpentamerで存在する.IgDは抗体の1%と少なく,生物活性は明らかでない.IgEはごく微量で即時型アレルギー反応に関与する.(→IgE) (小笠原寛)

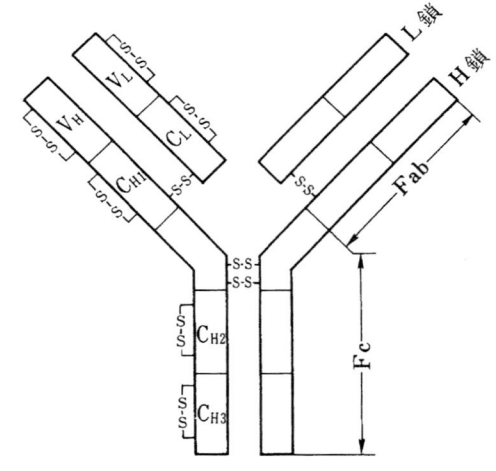

図 免疫グロブリンの模式図

免疫電子顕微鏡法 [immunoelectron microscopy]

組織や細胞内の抗原の所在を,抗体を用いての抗原抗体反応の特異性を利用して,電子顕微鏡(以下,電顕と略す)レベルで検出する方法.実際には電子密度の高い物質(金コロイド・フェリチンなど),あるいは電子密度の高い反応物をつくる物質(ペルオキシダーゼな

ど)で抗体を標識することにより，間接的に抗原を可視下するものである．方法は大別して，包埋前および包埋後染色法・凍結超薄切片法がある．それぞれの方法の特徴は以下のとおりである．1) 包埋前染色法は，試料と樹脂などに包埋する前に抗原抗体反応を行うので，抗原性がよく保たれていることが特徴．反応後は，通常の後固定・脱水・包埋・超薄切を行なう．本法には，標識抗体の分子が小さく，細胞内への十分な浸透が得られやすい酵素抗体法が適している．膜蛋白質・細胞基質・蛋白質一般の局在の研究に用いられる．2) 包埋後染色法は，組織を樹脂に包埋し，その超薄切片を抗体と反応させる方法．包埋剤としてよく用いられるのは，Lowicryl K4MとLR Whiteおよびエポキシ樹脂である．本法を用いた場合，微細構造はよく保存されているが，抗原性の保存に関しては，抗原の種類にもよるが，包埋前染色法・凍結超薄切片法とくらべて一般的にはあまりよくない．また，作業過程が比較的簡便な点も特徴である．ホルモン，ポリペプチド，アミン類，膜に囲まれた構造物中(分泌顆粒など)の抗原，脱水剤・包埋剤に対して抗原性を失わない蛋白質，高濃度に存在する蛋白質などの局在を調べる場合に適している．3) 凍結超薄切片法は，凍結した試料から直接，電顕用超薄切片をつくる方法．本法では，抗体との反応を未包埋の状態で行うので，脱水や包埋に伴う抗原性の低下という問題がない．また，反応を超薄切片で行うので抗体の浸透性にも問題がなく，通常のエポン包埋の切片に比較して，電顕像に難がある点以外は，ほぼ理想的な免疫電顕技法であるといえる．膜蛋白質，蛋白質一般，細胞小器官中の蛋白質の局在などに適している．最近，花粉粒内のアレルゲンの局在部位を研究する場合に，この方法(とくに，包埋後染色法)が用いられている．　　(中村澄夫)

メンデル集団 [Mendelian population]

Dobzhansky(1935)の提唱による概念．1つの遺伝子溜りを共有し，相互交配している集団．メンデル集団は集団遺伝学における生物集団の基本単位となる．しかしながら，通常は隣り合う2つのメンデル集団の境界を鮮明にすることは，花粉や種子による遺伝子の相互移住があるためできない．しかし相互移住が制限されていればこれらの隣り合う集団間にも顕著な違いが現れてくる．メンデル集団においては集団を特徴づける指数として遺伝子頻度が用いられる．　　(大澤　良)

メントール花粉 [mentor pollen]

メントールは，語源的にはギリシア神話のテレマコスの師の名前メントール(Mentor)にちなんで，信頼すべき指導者や養育者を意味する言葉である．帝政ロシア時代から旧ソ連時代にかけて，早生で耐寒性の強い種々の果樹を育種したMichurinが見出した交雑不親和性を解消するために処置される混合花粉などのことをメントール花粉という．たとえば，通常は交雑しえない種・属間交配において一方の花粉を1回だけ受粉したのでは交雑できない場合でも，自家花粉と異種花粉を混合受粉するとか追加受粉するなどの交配操作を行うと，自家花粉がメントール花粉となり自家花粉のメントール効果によって交雑成功率が大幅に高まることがある．Michurinは，交雑したい植物どうしを接ぎ木して穂木はできるだけ貧弱に仕立て台木の同化物質で育てる(栄養接近)という手法にもこのようなメントール効果が現れ，メントール効果を生じた穂木どうしの交配によって交雑成功率が高められることを種々の交雑組み合わせで実証している．現在，メントール効果をはじめとするMichurinの学説は，いわゆる東側諸国ではあまり研究されていない．しかし，西側諸国とくにアメリカ，オーストラリア，フランス，イタリア，オランダなどでは種々の植物についてメントール花粉に関連する研究が行われており，受精競争や雄性配偶子選択(花粉選択)すなわち生殖的隔離や自然淘汰など生殖過程における進化的問題として関心が高まっている．　　(生井兵治)

モ

木炭塵［charcoal dust］

人類は森を焼き農耕地をつくった．こうした人類の活動などによって引き起こされた火災の証拠は，木炭塵となって堆積物中に保存される．その木炭塵の絶対量の変化を調べることによって，人類の自然の改変の状況や山火事の発生頻度を明らかにすることができる．東日本に広く分布する黒ボク土は，人類が繰り返し行った山焼き・野焼きの産物である可能性が，この堆積物中の木炭塵の分析から指摘されるようになった． （安田喜憲）

木本花粉［tree pollen］ →樹木花粉

木本花粉季節［tree pollen season］

一般に2月から5月の期間を示す．多くは風媒花である．裸子植物のスギ科・ヒノキ科・マツ科，被子植物のカバノキ科・ブナ科・クルミ科・ヤナギ科・ニレ科などの木本花粉(tree pollen)で占められる(→巻末付録)．日本では，この季節に，1年間でもっとも大量に飛散が認められる． （劔田幸子）

模式標本［type specimen］

基準標本ともいう．分類学的生物群の学名を決定するのに使われた標本のすべてを指す．新種名を提唱する際に用いた標本もしくは図を正基準標本(holotype)という．新種名の提唱が複数の標本に基づくのであれば，それらを合わせて等価基準標本(syntype)という．正基準標本が学名の命名者によって指定されなかった場合，もしくは逸滅した場合，原資料から新たに基準標本として標本もしくは図を新たに選定しなければならない．そのような基準標本を選定基準標本(lectotype)という．提唱された学名に2個以上の分類群が属することが後に判明した場合に，命名上の標本として指定された新たな基準標本を新基準標本(neotype)という．正基準標本と重複した標本を副基準標本(isotype)といい，正基準標本と同時に採用されたが，副基準標本でない標本を同後基準標本(paratype)と呼ぶ．後に正基準標本と同一産地から得られた標本を同地基準標本(topotype)という．このような植物界の学名の命名規約は，1753年にLinneが著した *Species plantarum* を出発点にしている． （松岡數充）

戻し交雑［backcross］

雑種と種子親または花粉親のどちらかとを交雑することをいい，多収品種Aと病害抵抗性や高成分含量品種Bとの雑種(A×B)F$_1$に，AまたはBを交雑することである．F$_1$雑種に1回戻し交雑した世代をB$_1$F$_1$(単にB$_1$またはBC$_1$)，2回をB$_2$F$_1$(B$_2$またはBC$_2$)とする．戻し交雑を繰り返すことで，育種の対象にしている形質に関与する有用遺伝子群を，なるべく早く集積してホモ接合体の状態に近づけることができる．また，雄性不稔性の人為的誘導育成方法として，種または属間の雑種に花粉親を連続戻し交雑する核置換法があり，既存の雄性不稔性の細胞質を連続戻し交雑によって，別品種に導入する方法にも取り入れられている．種間雑種は減数分裂が乱れてしばしば自家受粉してもF$_2$種子が取れないが，戻し交雑によってB$_1$F$_1$種子の取れることがある．メンデルの遺伝の法則のなかにもあるが，F$_1$雑種と劣性形質の遺伝子をもった親とを戻し交雑し，次代の分離比から遺伝子構成を確認する検定交配にも応用できる．ハクサイへの種の違うキャベツの軟腐病抵抗の導入や，その他多くの栽培植物で野生種からの耐病性の導入に実績をあげている．(→雄性不稔，種子親，花粉親) （藤下典之）

モモ［*Prunus persica*；peach］ →バラ科

モモ花粉症［peach pollinosis］

モモ［*Prunus persica*；peach］は，バラ科に属する．中国原産で，果樹として比較的温暖

地に栽培され多数の改良品種がある．園芸品種のハナモモとは異種．花粉粒は三溝孔型，$40\times45\,\mu$m大．花粉季は4月のみと短く，虫媒性で飛散範囲は限られる．初報告は信太が1978年に行っている．摘蕾・花・果の桃栽培作業に直接従事してから発症した女性6，男性1例の典型例で，1例のみ気管支症状を併有．有症期は4月の花粉季のみである．皮内反応は他のアレルゲンにも多少陽性を示すが，モモ花粉に閾値$1:10^{-9}\sim10^{-12}$と強陽性．鼻粘膜反応は全例陽性で，IgE抗体は全例平均30.7%に達する．免疫療法は全例3～5年で著効を示している．IgE抗体での他のバラ科花粉との共通抗原性はバラ＜ナシ＜リンゴ＜サクラ＜ウメの順に強い．その後，同様症例の報告が散見される． （信太隆夫）

モンスーン［monsoon］

モンスーンとは季節風のことである．夏と冬の風向の異なる季節風が吹く．その卓越風の風向の差が少なくとも夏と冬で120°以上ある地域がモンスーン地域と呼ばれる．モンスーンアジアの夏を特徴づける卓越風は南西モンスーンであり，冬には北東モンスーンが吹く．モンスーンは季節による風向の変化とともに雨量の変化を伴っている．たとえばインドでは南西モンスーンの吹く夏は雨期であり，北東モンスーンの吹く冬は乾期となる．インドの雨期は平年では6月初めのモンスーンバーストと呼ばれるドラスティックな降雨とともに始まる．こうしたモンスーンの卓越風の季節的な変化は，風媒花の花粉の飛散にも大きな影響を与えている．アラビア海海底から採取したMD 76135コアの花粉分析の結果は，南西モンスーンによって東アフリカか

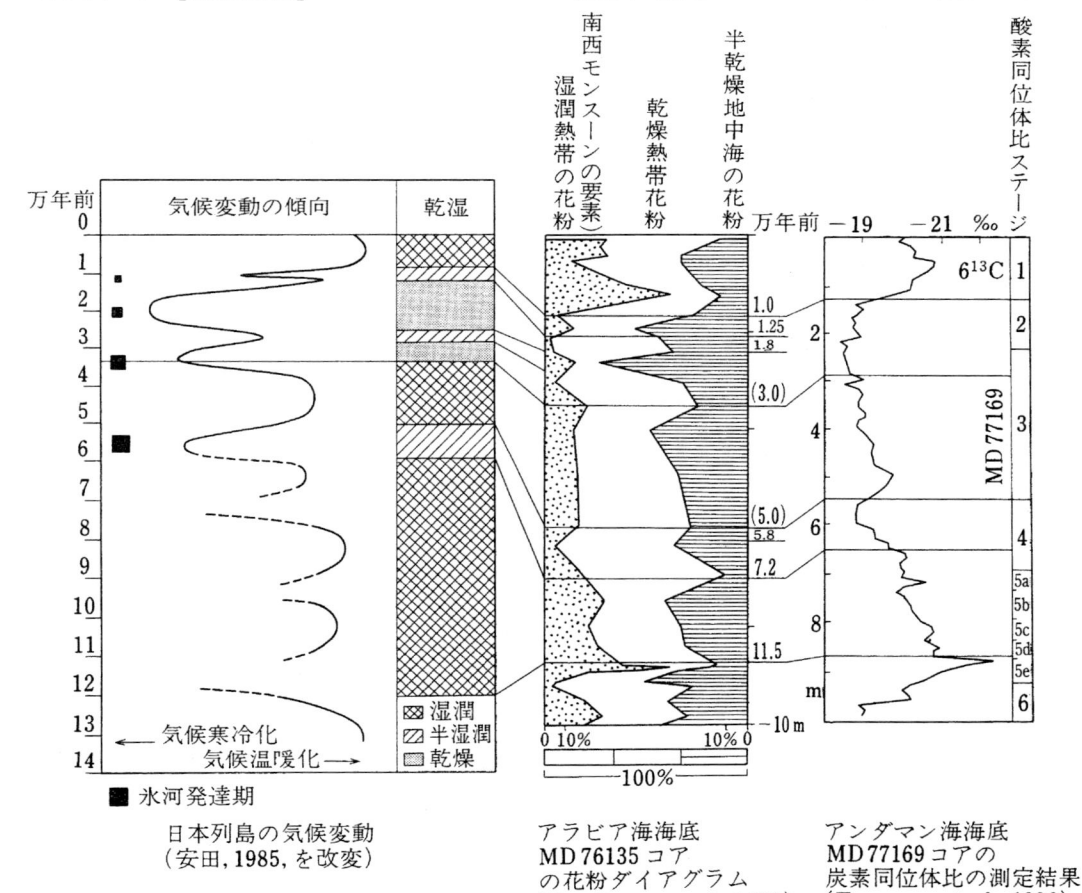

図 モンスーン（安田，1990による）

日本列島の気候変動（安田，1985，を改変）

アラビア海海底 MD 76135コアの花粉ダイアグラム（VAN CAMPO et al., 1982）

アンダマン海海底 MD 77169コアの炭素同位体比の測定結果（FONTUGNE et al., 1986）

ら運ばれる花粉の量の変動から，最終間氷期以降のモンスーンの強弱の変遷を明らかにしている．最終間氷期には，南西モンスーンは活発であり，最終氷期には不活発，後氷期初頭の10000～8000年前は著しく活発で，多雨期であったことなどが明らかになっている．

(安田喜憲)

ヤ

葯 [anther]

　種子植物の花粉(小胞子)をつくる花粉囊(小胞子囊)をいう．被子植物では小胞子葉に当たる雄蕊の先端に生じ，葯隔によって2分される2つの半葯(葯)よりなる．1個の半葯には2つの葯室があり，この中に花粉が形成される．発生初期には表皮に包まれた同型の細胞群であるが，表皮に溝が生じて4片に割れるころになると，始原組織の表皮下に胞原細胞が生じ，分裂を繰り返して外側に内被を，内側に花粉母細胞をつくる．内被はその後表皮面に対して垂層および並層分裂して葯壁となり，繊維状の細胞層，中間層，絨緞組織を分化する．一般に葯は裂開して花粉を露呈するが，その方式には葯の内側が破れる内開，外側が破れる外開，側方で開く側開などがある．開花後花糸の維管束上端から葯内に水が供給されなくなり，葯内が乾燥して開葯を促がす．一方，裸子植物では，多数の花粉囊より成り，平らなリン片状または羽状の雄蕊の上に葯が着く．　　　　　　（山下研介）

葯室 [pollen sac] →花粉囊，葯

ヤクスギ(屋久杉) [Yaku-sugi]

　鹿児島県屋久島の標高700〜1600mの奥地に自生し，樹齢1000年以上のスギをヤクスギ(屋久杉)という．樹齢が非常に長いこと，材に樹脂分が多く腐りにくいことなどの特徴がある．ヤクスギの周囲に生育していても樹齢が1000年に達しないものはコスギと呼ばれている．秋田県のアキタスギ，高知県のヤナセスギなどとともに主要な天然スギであり，林業の地域性品種として扱われることがある．　　　　　　　　　　　　　（横山敏孝）

葯培養 [anther culture]

　花粉由来の植物体を得る目的で葯を無菌的に人工培地上で培養する技術である．葯培養で得られる植物体は半数体あるいは二倍性半数体で，遺伝学および育種上利用価値が高く，半数体育種法も開発されている．花粉から植物体形成に至る過程には，タバコ，アブラナ科植物のように花粉から直接不定胚を分化し植物体となる場合と，イネのように花粉由来のカルスを形成した後カルスから不定芽あるいは不定胚を分化して植物体になる場合がある．葯培養は多くの植物種で成功しているが，植物によっては花粉由来植物体の形成の困難なものや効率の悪いものもある．不定胚やカルス形成に及ぼす要因として，花粉の発達段階，遺伝子型，採取植物の生理状態，培地，培養条件等が知られている．また，葯培養による花粉の正常な発生に関する研究も行われており，トウモロコシ等で葯培養により受精能力のある成熟花粉が得られている．
　　　　　　　　　　　　　（高畑義人）

薬物療法 [pharmacotherapy]

　花粉症の薬物療法は基本的には症状を抑える対症療法に位置づけされる．薬効から分類すると，抗ヒスタミン剤・抗アレルギー剤・副腎皮質ホルモン剤に大別される．これらの薬物には投与経路によって，経口・点鼻・点眼の異なる剤型がある．経口剤は花粉症の全身症状の管理に用いられるが，副作用や効果発現時間，あるいは症状の発現する臓器の特異性やその強さによって点鼻・点眼剤の使い分けがなされている．花粉症の対症療法は原因となる花粉飛散開始直後から開始することが原則であるが，飛散極期には単一薬剤による治療がむづかしいため多剤併用療法が用いられることが多い．上記以外の薬物として自律神経作用薬として血管収縮剤や抗コリン薬が局所的に使用される．その他，変調療法薬・生物製剤・漢方薬が処方されることがあるが，これら薬物の作用機序は十分に解明されてはいない．なお，一般に薬局で店頭市販されて

いる経口薬は抗ヒスタミン剤が主成分である．
（竹中　洋）

ヤナギ花粉症 [willow pollinosis]

ヤナギ[*Salix* spp.；willow]はヤナギ科ヤナギ属の総称で，北海道から九州まで主に街路樹として広く植栽されている．3〜5月に開花し，多くの種類がある．ヤナギ属花粉は三類溝孔粒小網状紋，幾瀬分類の6B^bで，大きさは16-20×20-23 μm である（幾瀬，1956）．空中花粉飛散に関する全国調査では23施設中16施設で検出されており，北海道から九州に及んでいる（長野，1992）．静岡では3〜4月に飛散が認められ（長野，1992；宇佐神，1980，1981），東京タワーでの調査では主に4月に飛散がみられた（菅谷，1972）．臨床例の最初の報告は1980年に宇佐神が行った．症例は47歳の主婦で，2年前の春に発病した鼻アレルギー・結膜アレルギー例で，くしゃみ・鼻水・鼻づまりを主訴とし，発作期は3月中旬から5月であった．皮内テストでチモシー・カモガヤ・ブタクサとともにヤナギ花粉に強陽性を示し，鼻誘発テストでもチモシー・カモガヤ・ブタクサとともに陽性であった．P-K反応はヤナギに陽性で，皮内反応閾値は 0.5 pnu/ml であった．住居のそばに多数の柳の木があり，そこに近づくことにより発症するという病歴を有した．ヤナギ花粉症にイネ科花粉症が合併した例と診断した．また，春季増悪型の鼻アレルギー184例にヤナギ花粉エキスによる皮内テストを行った成績では，7.1％の陽性率を示した．その後，宇佐神は8例のヤナギ花粉症例を経験したが，いずれも重複感作例であった．診断に用いたヤナギ花粉抗原はHollister-Stier社または自家製のもので，日本には皮膚テスト用および誘発テスト用の市販品がないため，もっぱら抗原検査はIgE抗体測定によって行われる．このため，ヤナギ花粉症の報告のみならず，抗原検査成績もまとまったものはみられず，日本におけるヤナギ花粉症の評価は明らかでない．
（宇佐神篤）

ヤナギ属 [*Salix*；willow]

ヤナギ科に属するいわゆるヤナギ類で，シダレヤナギ[*S. babylonica*；weeping willow]やネコヤナギ[*S. gracilistyla*]が代表といえる．木の形も種々で，直立して高さ30 m以上にもなるものや，枝が横に広がったり，はったりするものもある．葉の形は一般に披針形や線形のものが多いが，楕円形や卵形のものもある．花は単性，雌雄異株で，尾状花序となり，花穂は直立または傾上するが，花盛りのときには下向きに曲がるものもある．ヤナギ科の中でオオバヤナギ属とケショウヤナギ属は花穂が完全に垂れ下がって咲くので風媒花であるが，他は虫媒花である．しかし，小さい大量の花粉を産生するので，開花期には空中飛散花粉として捕集される．開花期は2月中旬から3月下旬，花粉は小網状紋のある類三溝孔粒，大きさは15-20×17-22 μm 前後．
（菅谷愛子）

ヤマモモ花粉症 [bayberry pollinosis]

ヤマモモ[*Myrica rubra*；bayberry]はヤマモモ科ヤマモモ属の風媒花で，4月に開花する．本州（関東以西の太平洋岸，中国地方の日本海沿岸，瀬戸内海沿岸），四国，九州，沖縄に自生する．根がつきやすく利用範囲も広いため近年多用されている．花粉は三孔孔粒細網状紋，幾瀬分類の5A^bで，大きさは18-18.5×21-23.5 μm である（幾瀬，1956）．形態はツノハシバミによく似る．空中花粉調査では2回の全国調査の報告ともいずれの施設でも検出されていない．静岡市においては4月に飛散が確認されている（宇佐神，1983）．臨床例の最初の報告は1980年に宇佐神が行った．症例は12歳男児で，10歳の春に感冒罹患後発病した鼻アレルギー・結膜アレルギー例で，水性鼻汁・くしゃみ・鼻閉を主訴とし，79年に初診した．発作期は2〜4月であった．ヤマモモ花粉には皮内テスト・鼻粘膜誘発テスト・特異的IgE抗体のいずれも強陽性で，皮内反応閾値は 10^{-8} と低かった．その他の抗原検査結果をあわせて，ヤマモモ・スギ・ハンノキ花粉症と診断した．この例は，典型的な多重感作例であったが，同時に報告した他の18例のヤマモモ花粉症例のいずれも，1〜5個の抗原が起因抗原として重複してお

り，単独感作のヤマモモ花粉症例はみられなかった．重複抗原としてはスギ花粉・イネ科花粉が多かった．また，春季増悪型の鼻アレルギー118例に皮内テストを行った成績では，14.4％の陽性率を示したが，そのなかにも単独感作例はなかった．皮内反応陽性例中16例に誘発テストを行い，12例(75％)に陽性で，皮内反応陰性例8例では7例が陰性であった．共通抗原性を皮膚反応の大きさの相関性とRAST inhibision assayを用いて検討し，チモシー・スギ・ハンノキとの間にはないことがわかった．また，皮内反応・誘発反応の陽性率およびIgE抗体検出率が4月に発作期をもつ例で高かったことから，ヤマモモ花粉は地方により春の花粉抗原として重要な意味をもつとした．その後，ヤマモモ花粉症の報告例は他にみない．ヤマモモ花粉抗原を用いた抗原検査も一般化しておらず，この花粉症についての一般的評価はまだ得られていない． 　　　　　　　　　　（宇佐神篤）

ユ

雄花(ゆうか)[male flower]
おばなともいう.雌蕊がなく雄蕊のみをもつ花をいう.雌蕊のみをもつ花は雌花といい,この2つを総称したのが単性花で,両性花と区別される.ただ両性花であっても雌蕊・雄蕊の熟す時期がずれる雌雄異熟花においては,ある時期をとれば雌か雄かのいずれかの機能のみをもつといえる.雌花・雄花が同一個体にあれば雌雄同株といいマツ属やスギなどがその例,別の個体上に生ずれば雌雄異株といいイチョウやヤナギ属などにその例がある. (高橋英樹)

雄核単為発生[androgenesis] →偽受精雄核胚発生

雄核発生[androgenesis] →偽受精雄核胚発生

雄花序[male inflorescence] →雄花

雄原核[generative nucleus] →雄原細胞

雄原細胞[generative cell]
生殖細胞ともいう.種子植物の雄性配偶子形成に関与する細胞.被子植物では,小胞子の不等分裂によって小型の雄原細胞と,大型の花粉管細胞が形成される.雄原細胞は植物によって花粉粒内の固有の位置に形成されたのち,成熟した花粉粒では花粉管細胞内に取り込まれ「入れ子」の状態になり,それ自身の細胞膜と細胞壁,花粉管細胞の細胞膜によって包まれている.雄原細胞は一般的に紡錘形を呈しているが,細胞の伸長には微小管が関与している.雄原細胞は花粉粒内または花粉管に移動したのち,分裂して2個の精細胞を形成する.雄原細胞の花粉管内運動機構について,従来,細胞自身のアメーバ運動などによる自動的運動説と花粉管内の原形質流動によって押し流される他動的運動説が提唱されていた.近年,蛍光抗体法などによる研究より,雄原細胞の表面にはミオシンが存在し,花粉管長軸に沿って配向するアクチンとの間の相互作用によって運動力を生じるとする機構が提唱されている.雄原細胞は細胞小器官などの細胞質の含量が少なく,ラン科植物やペチュニアなどでは色素体を欠く.代謝活性は低い.雄原細胞の核を雄原核という.雄原核の染色質にはアルギニンとリジンに富むヒストンが多量に存在し,著しく凝縮する.核小体は小さく,成熟した花粉粒ではほとんどが消失する.例外的にラン科植物・ネギ・イネ・テッポウユリなどでは小型の核小体が存在する.核小体が存在する種の雄原細胞分裂では,核小体染色体(仁染色体)には核小体狭窄(仁狭窄)が形成され,娘細胞である精細胞にも小型の核小体が形成されるが,核小体をもたない多くの種では,リボソームRNAシストロンの不活性化により核小体狭窄は形成されず,精細胞にも核小体はない.裸子植物の雄原細胞はスギやメタセコイアなどでは小胞子,イチョウやクロマツなどでは造精器細胞の分裂によって小型の娘細胞として形成される.雄原細胞の分裂によって中心細胞と柄細胞が,中心細胞の分裂によって精細胞が形成される. (寺坂 治)

有効積算気温[effective accumulated temperature] →温度要求度

有刻層[sexine]
セキシンともいう.花粉外壁の外側の模様のある層で,無刻層の上にある(Erdtman, 1952).被子植物では,外表層とそれを支える柱状層からなる.詳しく次のように3層に分けることもある.有刻層1:有刻層の最内層で小柱となっている.有刻層2:完全に,あるいは部分的に(たとえば網目状紋の畝)外表層となっている.有刻層3:外表層上の模様突起(たとえば刺状紋・いぼ状紋)となってい

る．Erdtman(1952)は有刻層をその形態的特徴によって定義し，底部層を有刻層に含めなかった．それに対して，Faegri(1956)は外壁の染色特性によって，底部層も含めて外層とした．そのため有刻層と外層は，少し意味の異なる用語である．(→付録図版)

(三好教夫)

雄蕊(ゆうずい) [stamen, stamina (pl.)]

おしべともいう．種子植物の雄性生殖器官．花粉を生産する葯の部分とそれを支える花糸の部分からなる．一般に葯は袋状で花糸は1脈で糸状が多いが，モクレン科やスイレン科などでは全体が幅広くて平たく3脈をもち，葯は埋め込まれた形になる．このようなものでは花糸と葯隔を明瞭に区別することはできない．これらの群を原始的被子植物と考えるラナレス植物説によると，被子植物における雄蕊は幅広から幅狭へ，花糸と葯隔の分化，脈数が1脈へ減少，という方向へ進化したとされる．この考えでは雄蕊を葉的器官とみなしている．一方，雄蕊を茎的器官と考える意見も根強くある．

(高橋英樹)

雄蕊先熟 [protandry]

雄性先熟，雄花先熟ともいう．一般には1つの花の中に雌蕊および雄蕊をもつ両全花のうち，雄蕊の成熟が雌蕊の成熟に先立って起こるもので，自家受精を避けるために自家受粉を抑制する現象であるとされる．この中には，キク科，ユキノシタ科，セリ科，アカバナ科のヤナギラン属に属す植物が含まれる．このうちキクでは雄蕊の成熟が雌蕊に比べて3日程度早く，開花時に5本の癒合した葯が内側に向かって裂開する．このとき，柱頭はすでに癒合した葯の基部の内側にまで達しており，その後，花柱の伸長とともに柱頭先端部の大きな棍棒状細胞により花粉を掻き出すように花粉塊を先端部に乗せ，さらに花柱が伸長することにより，花冠および葯外に押し出すことになる．この時点では，すでに花粉は受精能力をもっているが，2枚の柱頭はまだ2裂しておらず，受精能力をもっていない．すなわち，柱頭(雌蕊)はまだ成熟しているとはいえない．このように雄蕊先熟は雌雄蕊の成熟を時間的にずらすことにより自家受粉を抑制する方策と考えられる．キクでは花粉の寿命が15日程度と考えられ，この期間内には柱頭も受粉可能となるため，人工的な交配を行えば自殖種子を得ることも可能である．なお，雄蕊先熟とは反対に，雌蕊先熟を示す植物もある．

(服部一三)

有性生殖 [sexual reproduction]

無性生殖の対語で，配偶子による生殖を指す．雌雄の性分化に伴って生ずる配偶子の合体(受精)による生殖が本来の有性生殖であるが，単為生殖などのように，一方の性の配偶子が受精なしに単独で発生して新しい個体を生ずることもある．

(山下研介)

有性世代 [sexual generation]

有性生殖を行う世代をいう．胞子の発芽から始まって，配偶体に配偶子を形成するまでの期間をいう．(→無性世代)

(山下研介)

雄性選択 [male choice]

被子植物の進化の大きな要因であると考えられている配偶子選択の1つで，雌蕊内における特定位置の胚嚢や胚嚢の遺伝特性を花粉自身が選り好みすることであり，雌性選択の対語．この現象に関する研究は世界的にもいまだ緒についたばかりで詳細は不明であるが，雌蕊の子房内における胚嚢の非無作為的受精や非無作為的結実が起きていることが明らかにされつつあり，被子植物における受粉花粉の受精競争や胚嚢の雌性選択などとの関連において適応と分化への関与に興味がもたれている．

(生井兵治)

雄性配偶子 [male gamete]

合体する配偶子どうしに，大きさ・形・行動などに差がある場合，これらを異型配偶子という．異型配偶子のうち，小型の配偶子(小配偶子)を雄性配偶子，大型の配偶子(大配偶子)を雌性配偶子という．雄性配偶子は雄性配偶体がつくり出す生殖細胞であり，雌性配偶体がつくり出す雌性配偶子と合体して新個体を形成する．褐藻類・車軸藻類・蘚苔類・シダ類・イチョウ・ソテツ類，すべての後生動物の雄性配偶子は精子であり，イチョウ・ソテツ類を除くすべての種子植物では精細胞で

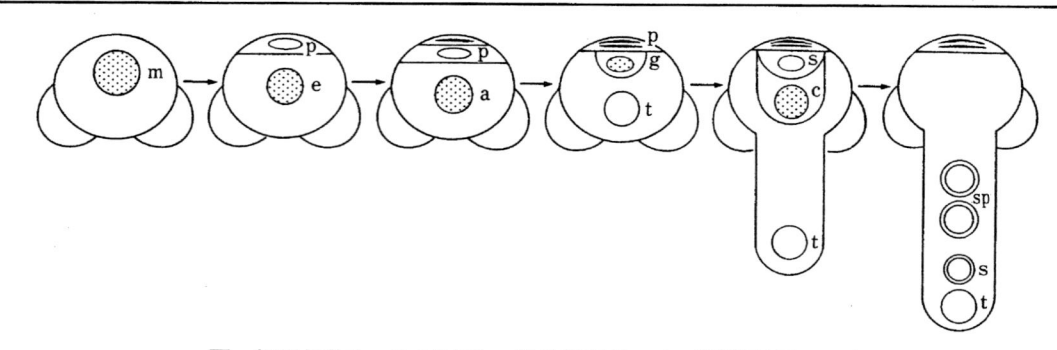

図 裸子植物(マツの仲間)の雄性配偶体および雄性配偶子形成
m：小胞子，p：前葉体細胞，e：胚的細胞，a：造精器細胞，g：雄原細胞，t：管細胞，s：柄細胞，c：中心細胞，sp：精細胞．

ある． (寺坂 治)

雄性配偶子形成 [male gametogenesis]

雄性配偶体が精子や精細胞などの雄性配偶子を形成する過程．(→花粉の発生，精子形成，雄性配偶体) (寺坂 治)

雄性配偶体 [male gametophyte]

精子や精細胞などの雄性配偶子をつくり出す配偶体．卵をつくり出す雌性配偶体の対語．シダ類における雄前葉体，種子植物における花粉がそれであり，小胞子の発芽・成長により形成される(→花粉の発生)．後生動物では通常の雄個体である．種子植物，シダ類，蘇苔類，一般の藻類，車軸藻類の雄性配偶体は単相(n)であり，雄性配偶子は配偶体の体細胞の分裂によって形成されるが，褐藻のヒバマタ属の雄性配偶体は複相であり，雄性配偶子は減数分裂を経て形成される．

(寺坂 治)

雄性不稔維持系統 [male sterile maintainer]

花粉側のみが退化している雄性不稔性はF_1雑種の種子を大量生産するうえにはきわめて好都合である．しかし，イネやムギのように栄養繁殖のできない一，二年生の植物の不稔個体では，増殖はおろか個体の維持そのものが不可能で1代限りのものに終わってしまう．またたとえそれが，タマネギ・ネギ・ニンジンのように球根・珠芽・挿木苗・カルスなどで繁殖できる植物であっても，その増殖率は種子に比べるときわめて低い．不稔性株を稔性正常株同様に種子で効率よく維持・繁殖するためには既存の不稔性個体との雑種植物が全部不稔になるような遺伝子型をもつ花粉親植物が必要で，それが雄性不稔維持系統である．核遺伝子と細胞質因子による配偶体型雄性不稔系統と維持系統との関係を，Sを雄性不稔性細胞質，Nを正常細胞質，rfを非稔性回復遺伝子，Rfを稔性回復遺伝子として表に示す．細胞質が正常で回復遺伝子をもたないN$rfrf$が，不稔系統のみを再生産できる雄性不稔性維持系統であり，それ自身は稔性正常のため自殖種子がとれる．また，既存のA品種のS$rfrf$にB品種のN$rfrf$を連続戻し交雑すると，雄性不稔性のB品種が育

表 雄性不稔維持系統

種子親(不稔性)	花粉親(正常)	雑　　種	
	S$Rfrf$	S$rfrf$＋S$Rfrf$	不稔1：正常1
	S$RfRf$	S$Rfrf$	全株正常
S$rfrf$　×	N$rfrf$*	S$rfrf$	全株不稔性
	N$Rfrf$	S$rfrf$＋S$Rfrf$	不稔1：正常1
	N$RfRf$	S$Rfrf$	全株正常

* 雄性不稔維持系統

成できる．なお，回復遺伝子をホモ接合体でもつ $SRfRf$ および $NRfRf$ は雄性不稔系統との F_1 雑種が全株正常となる稔性回復系統である． （藤下典之）

雄性不稔性 [male sterility]

雌蕊側の機能は正常であるにもかかわらず，授精力のある花粉が遺伝的原因によって形成されないために自家受精できない性質をいう．葯が形成されないものや，葯の裂開しないものも含まれる．不稔性が環境条件に関係なく常時発現するものと，温度や日長によって不稔性を示したり正常になったりするものがある．イネのある変異体では日長13時間45分以上では雄性不稔性を示すが，13時間30分以下になると稔性が正常で自殖可能になる．コムギ農林26号も15時間以上では不稔を示し，14時間30分以下になると稔性は回復する．不稔性の発現には核遺伝子によるもの（遺伝子雄性不稔性），葉緑体やミトコンドリアなどの細胞質因子によるもの（細胞質雄性不稔性），両者が関与するもの（遺伝子-細胞質雄性不稔性；今日では単に細胞質雄性不稔性ともいう）とがあり，後者が一番多い．また，核遺伝子にも優性と劣性がある．雄性不稔性の花粉退化の機構には，葯の中で未熟な花粉（花粉母細胞・小胞子）を取り囲むタペート細胞に，早期崩壊，消化遅れ，細胞質のRNA増加による多核化，細胞融合による異常肥大・増殖などが生じて，花粉への栄養補給に支障が生じる例が多い．花粉退化の起きる時期は，減数分裂が終わったあとの四分子期以降の限られた発育段階が多い．不稔性の花は正常なものに比べて，葯の発育が悪くその色も薄く，ほとんどの場合開花しても葯が裂開せず，花粉が出てこないので外見から容易に識別できる．雄性不稔性は，1花（果）に1粒しか種子が稔らない植物や，除雄や交配操作のむずかしい花の小さい植物でも，有用な花粉親品種と混植し，交配を昆虫や風まかせにしておくだけで，F_1 雑種の種子が効率よく多量に取れるので，自家不和合性とともに育種上の利用価値はきわめて大きい．イネやムギのような種子生産を目的とする作物では，稔性回復遺伝子をもつ系統を育成し維持しておく必要がある．雄性不稔性は現在のところ，自然発生（突然変異）した株をみつけ出し，遺伝的に安定させたものを増殖利用している．人為的に誘発育成する手法は確立していないが，既存の雄性不稔性品種への連続戻し交雑法，種または属間交雑の F_1 に花粉親を連続戻し交雑する核置換法，X線・γ線照射による突然変異誘発，非対称細胞融合による不稔性細胞質の組み入れなどの研究が進んでいる．雄性不稔性を利用して F_1 雑種種子を大量に生産・利用しているものに，ハイブリッドライスとして有名なイネのほか，タマネギ・ニンジン・テンサイ・ペチュニア・マリーゴールドなどがある．（→花粉退化，雄性不稔維持系統） （藤下典之）

遊走子嚢 [zoosporangium]

菌類や藻類が無性生殖を行う際に形成される鞭毛をもった胞子を一時的に保持しておく嚢．プラシノ藻の遊走子嚢はスポロポレニン類似の物質から構成されているとともに，さ

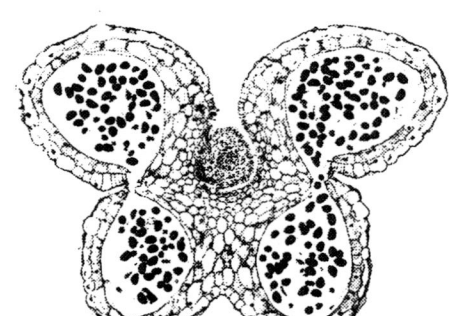

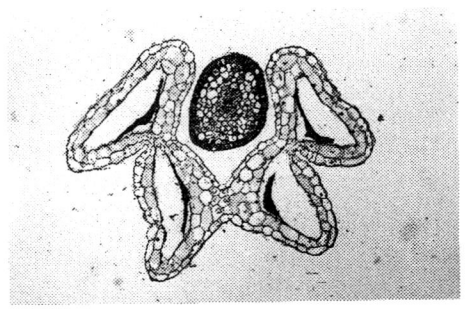

図 雄性不稔性
ネギの稔性正常系統（左）と雄性不稔系統（右）の葯の横断切片．

まざまな形態があり，しばしば堆積物中に化石として残る．CymatiosphaeraやTasmanitesと命名されている微化石などがそれである．(→パリノモルフ)　　　(松岡數充)

誘導組織 [transmitting tissue]

花粉が柱頭に付着した後，発芽し雌蕊内に侵入して胚囊に到達するまでに通過してゆく組織で，通導組織ともいう．植物の種類により雌蕊の構造が異なるので花粉管の通り道も異なる．柱頭の乳頭細胞上で発芽した花粉管は乳頭細胞の表面に沿って伸長し，ある種ではそのまま花柱内の細胞間隔を分けて侵入し，花柱細胞側でも花粉管の刺激により細胞間隔がゆるやかになり花粉管が通過しやすい状態がつくられる．またある種では柱頭上に花柱溝に通じる裂溝をもっており，花粉管はここより花柱溝に侵入し，花柱溝表面を伝わって下降して胚珠に達する．このとき花柱溝は分泌液で満たされ，花粉管の栄養源となり，その伸長を助ける．またアブラナ科植物では花粉管は酵素を分泌して乳頭細胞壁に孔を明けて，ここより細胞内に侵入し胚珠へと向かう．1つの細胞内をいくつもの花粉管が通過していく例がある．　　　(三木壽子)

有毒植物(花粉) [Toxic plants (pollen)]
→花粉の毒性成分

有毒蜜 [poisonous honey]

ハチ蜜は人間やハチにとって有毒な成分を含むことがある．毒の原因となる植物は，ホツツジ，アセビ(ツツジ科)，タケニグサ(ケシ科)，トリカブト(キンポウゲ科)などであるが，数はきわめて少ない(→花粉の有毒成分)．養蜂業者はその花の咲く時期や場所を知り，採蜜を避けるので，市場に出回ることはほとんどない．人間に有毒な蜜は，日本では，ホツツジ・トリカブトのハチ蜜が報告されている．前者の毒成分は，grayanotoxin I (andromedotoxin)で，痙攣毒である．後者は，aconitineである．　　　(相田由美子)

有囊型花粉 [saccate pollen]

空中浮遊花粉では，花粉粒に対し気囊の小さいもの(小囊型：マツ科・モミ科；幾瀬分類(1956) 3 C^a 型)と大きいもの(大囊型：マキ科；幾瀬分類(1956) 3 C^b 型)に分けて同定する．(→気囊)　　　(佐渡昌子)

誘発テスト [provocation test]

皮膚テストや血清 IgE 抗体測定は身体のいずれかの器官がアレルギー機序で感作されている場合に陽性を示すのに対し，誘発テストはそのテストを行う器官が感作されている場合に陽性を示す．すなわち，局所の感作状態を把握するための抗原検査法が誘発テストである．したがって，皮膚テストなどはスクリーニング検査としての意味が強く，誘発テストは当該アレルギー疾患の抗原確定に用いられる．気管支喘息における吸入誘発テスト，鼻アレルギーにおける鼻(粘膜)誘発テスト，結膜アレルギーにおける結膜誘発テスト，食餌アレルギーにおける食物負荷試験などがそれである．誘発テストは，その器官のアレルギー症状に対する，治療効果の判定にも用いられる．　　　(宇佐神篤)

有柄頭状紋 [pilum, pila (pl.)]

ピラともいう．花粉で，無刻層あるいは底部層の上にある柱状の部分(コルメラ)とその先端にあるややふくれた部分(柱帽)とからなる有刻層の彫紋要素(Erdtman, 1952)．(→付録図版)　　　(守田益宗)

輸送 [transportation]

移送ともいうが輸送が標準的．粒子が1つの場所から他の場所に運ばれること．粒子が移動していく状況をモデル化する手法には，大きく分けると2通りある．その1つは対象領域に座標系を固定し，その微小領域に対して粒子の質量保存則を基礎式とするのがオイラー的な手法であり，他の1つは粒子(微小部分)に着目して，その飛跡(流跡)を追うのがラグランジュ的手法である．それぞれ特徴があり目的によって使い分けられる．スギ花粉の拡散状況のシミュレーション(川島，1991)では，地図上で花粉の濃度分布を求めることを目的としたため，オイラー的な手法が使われた．　　　(高橋裕一)

ユッカ蛾 [yucca moth]

メキシコからアメリカ南西部に自生するキミガヨランの仲間の送粉は小型のガ

[*Pronuba yuccasella*]によってのみ行われ，ガもまたこの植物なしには生存できない．夜間，花内に入った雌ガは，そのために発達した前肢と口器とを使って花粉の塊をつくり，あごの下に付けて他の花に移動する．蛾は産卵後めしべに登り，柱頭の窪みに花粉塊を置く．幼虫は発育中の種子を食するが，食いつくすことはけっしてない．　（佐々木正己）

ユッチャ［gyttia］
　語源はスウェーデン語にある．湖底堆積物の1種．動植物（主に浮遊生物）の遺骸が多量に含まれている有機質の泥質堆積物である．優先するプランクトンの種類によって細分される（藍藻ユッチャ・珪藻ユッチャ・緑藻ユッチャなど）．塚田（1974）では骸泥の訳が示されている．富栄養湖や沿岸域海域で形成される多量の硫化物を含む黒色の泥質堆積物（腐泥）とは異なる．　（松岡數充）

ユービッシュ体［Ubisch body］
　花粉表面に付着している小円形または金平糖状の微粒子をいう．タペータムと関連する花粉外壁に類似した組成（スポロポレニン）を有する微粒子は種々の名前で呼ばれており統一されていない．そのなかでErdmanらが提唱したオービクルスと，Ubisch教授の功績を讃えてKosmathが提唱したユービッシュ体が主に使用されている．ユービッシュ体の由来については確定しておらず，タペータム由来，タペータムと花粉母細胞の両方で造られる（Rowley），花粉母細胞に由来するなどの考え方があり未解決である．機能は明らかではないが，花粉外壁の分化に関係するか，または，細胞溶解に関連する物質を含んでおり，タペータム組織の崩壊に関係するという考えがある．それは，イネ科のイチゴツナギ属，スギではユービッシュ体と花粉外壁の模様が類似していること，タペータムと花粉外壁のスポロポレニン層にある原形質膜レセプターの配列が類似しているなどの報告による．
　　　　　　　　　　　　　　　（高橋裕一）

ヨ

溶液授粉［spray pollination］
　人工授粉の1方法で，花粉を溶液の形で花にスプレーする．溶媒をショ糖液などとし，花粉の延命を図るとともに，液滴への花粉の分散性を高めるために，界面活性剤を入れたりする．比較的簡便な方法ではあるが，糖液を多量に撒くと，錆病などの発生をまねく危険性もないとはいえない．　　　（佐々木正己）

養蜂学［apiculture；bee science］
　ミツバチおよび関連のハナバチ類（→ミツバチ，ハリナシバチ，マルハナバチ，ハキリバチ，マメコバチ）の総合科学で，ハチ自体の研究のほか，その生産物やポリネーションなどへの利用研究を含む．生産物として重要なものには植物性のハチ蜜・花粉・プロポリス・動物性のローヤルゼリー・蜂ろう・蜂毒などがあげられる．イギリスの国際ミツバチ研究機関（International Bee Research Association, IBRA）から，この分野の抄録誌 *Apicultural Abstracts* が発行されている．
　　　　　　　　　　　　　　　（佐々木正己）

養蜂植物［bee plant］
　ミツバチが訪花して花蜜を採集する主要な植物を蜜源植物（nectar plant；honey plant）という．また，ミツバチは蛋白質・ビタミン・ミネラル源となる花粉を採取するが，これを花粉源植物（pollen plant）という．ミツバチは両者を必要とするので，両者を合わせて，養蜂植物という．多くの植物では，花蜜・花粉をともに生産するが，ミツバチにとっての重要度から分類することが多い．トウモロコシのような単子葉植物は風媒花で，蜜源植物ではないが，花粉源植物として利用されている．表1に養蜂植物の主要なものをあげる．
　ハチ蜜中には多数の花粉が含まれているが，蜜源植物の種類によって，著しい差がある．主なる蜜源が単一と考えられる場合は，レンゲハチ蜜，アカシアハチ蜜などと花名を表示している．ヨーロッパでは，花粉の種類や含有数を測定することにより，蜜源を推定することが行われている（→ハチ蜜の花粉分析）．

表1　蜜源・花粉源植物

植物名	蜜源	花粉源
ハリエンジュ	◎	◎
ゲンゲ	◎	◎
ウンシュウミカン	◎	×
トチノキ	◎	○
アブラナ	◎	◎
シロツメクサ	○	○
シナノキ	○	○
ソバ	○	○
クリ	◎	◎
ハギ	○	○
リンゴ	○	○
ヒマワリ	△	△
クロガネモチ	○	○

◎：多量，○：中程度，
△：少量，×：ほとんどなし．

【日本における主要蜜源植物】（表1参照）
　1）ハリエンジュ［*Robinia pseudoacacia*］：マメ科．通称ニセアカシア．初夏のころ，長さ10～15 cmの総状花序を垂れ下げ，白色の蝶形花を開く．芳香を放ち流蜜量は多い．養蜂関係では本種をアカシアと呼んでいるが，これは真のアカシア属［*Acacia*］のものではない．アカシアハチ蜜は無色に近く，甘い香りがする．果糖含量が高いので，結晶はしにくい．主に東北，山陰地方で採蜜される．
　2）ゲンゲ［*Astragalus sinicus*］：マメ科．通称レンゲ．春に高さ10～30 cmの長柄を直

立し，紅紫色の蝶形花を傘形に並べて開く．流蜜量は多い．レンゲハチ蜜は，淡黄色，無色に近い．主に九州地方，岐阜などで採蜜される．

3) ウンシュウミカン[*Citrus unshiu*]：ミカン科．日本の中部・南部の暖地に広く栽培する．初夏のころ，多数の白色の小花をつける．花蜜量は多いが，花粉はほとんどない．ミカンハチ蜜は明色で，濃厚，柑橘類特有の強い香りと酸味がある．

4) トチノキ[*Aesculus turbinata*]：トチノキ科．花は5月ごろに開き，大きな円錐花序が直立する．トチノキハチ蜜の色は，明るいものから暗いものまである．特有の高い香りがあり，味はマイルドである．

5) アブラナ[*Brassica* spp.]：アブラナ属植物．4月ごろ，茎頂に総状花序をつけ，黄色の十字状花が密集してつく．ナタネハチ蜜は，無色に近く甘い香りがある．ブドウ糖が，果糖よりも多いため，結晶しやすく，クリーム状になる．

6) シロツメクサ[*Trifolium repens*]：マメ科．通称ホワイトクローバー．夏に葉腋から，長い枝を出し頂端に多数の蝶形花をつけ，花序はほぼ球形となる．クローバーハチ蜜は，淡色でクセがない．結晶は均一で徐々に起こる．主に，北海道で採蜜される．

7) シナノキ[*Tilia japonica*]：シナノキ科．山地に生える落葉高木．夏に帯黄色の花が咲き香りが良い．花蜜の分泌量は多い．シナハチ蜜は，明色，時に緑がかっている．濃度は低く，独特の味がする．主にタバコの甘味剤として使用する．主に北海道で採蜜される．

8) ソバ[*Fagopyrum esculentum*]：タデ科．夏，または，秋に白色あるいは淡紅色の小枝を着ける．ソバハチ蜜は，暗褐色で匂いが強い．

9) クリ[*Castanea crenata*]：ブナ科：6月ごろ，花を開く．クリハチ蜜は明色から暗コハク色まであり，時に赤っぽい．苦い味がし，日本ではそのままでは食べず，精製蜜，または，給餌用蜜となる．

その他，地方により，ヤマハギ・カキ・リョウブ・エゴノキ・ユリノキ・ヤブカラシ・クロガネモチ・リンゴ・ベニバナ・ヒマワリなどがあり，食用，または，給餌用となる．

【国際規格にある外国の蜜源植物】 FAO/WHOで定めたハチ蜜の食品規格(→ハチ蜜)には，表2の植物が，主な，または，特徴の

表2 外国の蜜源植物

俗名	学名	科	地方
acacia	*Robinia peudoacacia*	マメ科	中国，ハンガリー
alfalfa	*Medicago sativa*	マメ科	アルゼンチン
blackboy	*Xanthorrhoea presissi*	リュウゼツラン科	オーストラリア
citrus	*Citrus* spp.	ミカン科	地中海，アメリカ
clover	*Trifolium* spp.	マメ科	全世界
grand banksia	*Banksia grandis*	ヤマモガシ科	西オーストラリア
heather	*Calluna vulgaris*	ツツジ科	イギリス
lavender	*Lavandula* spp.	シソ科	フランスなど
leatherwood	*Eucryphia lucida*	Eucryphiaceae	オーストラリア，チリ
menzies banksia	*Banksia menziesii*	ヤマモガシ科	西オーストラリア
red bell	*Calothamnus sangineus*	フトモモ科	オーストラリア
red clover	*Trifolium pratense*	マメ科	東ヨーロッパ
red gum	*Eucalyptus camaldulensis*	フトモモ科	オーストラリア
sweet clover	*Melilotus* spp.	マメ科	カナダ，北アメリカ
white stingy bark	*Eucalyptus scabra*	フトモモ科	オーストラリア

ある植物としてあげられている．

【花蜜の組成】 花蜜の化学成分を調べると，主成分は，水分と糖である．水分は，一般に55〜80％で，糖分が20〜35％である．糖の含有割合は，植物により異なるが，ショ糖が，糖分中の38〜77％と高く，その他，果糖・ブドウ糖・オリゴ糖などを含む．酵素類も多く含んでいるが，ハチ蜜熟成過程からみれば，ミツバチの分泌酵素の作用よりはるかに小さい．
(相田由美子)

容量法 [volumetric method]
大気中に浮遊している粒子を，吸引口から，一定速度で空気を強制的に吸引し，大気中に浮遊しているゴミ・花粉・胞子などを捕集する方法．重量法の捕集器より，捕集効率は良い．時間単位の調査が可能で，一定体積当りの花粉数も求められる．バーカード型捕集器，カスケード・インパクター型，ロトロッド・サンプラーなどがある．
(劔田幸子)

横側口型 [pleurotreme (adj.)]
平面部口ともいう．極観像が三角形となる花粉で，その発芽口が角ではなく，各辺の中間に位置するもの(Erdtman & Straka, 1961)．planaperturate も同義語(Erdtman, 1952)．
(内山 隆)

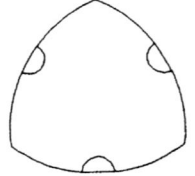

図 横測口型(Punt et al., 1994)

横長型 [lalongate (adj.)]
横長口ともいう．赤道軸方向に長い形を示す内口をもつ花粉型(Erdtman, 1952)．
(守田益宗)

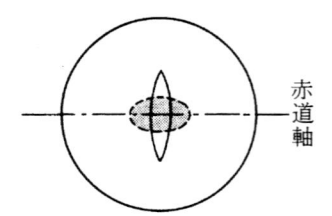

図 横長型

予防薬 [prophylatic treatment]
花粉症の薬物治療の中心は抗アレルギー薬である．抗アレルギー薬の効果の発現にはある程度の投与期間が必要である．したがって，原因花粉が飛散し症状が発現する前から薬剤を投与し，花粉飛散のシーズンを迎えるほうが効果的である．近年，スギ花粉の飛散と気象の解析から飛散予測が可能となり，飛散量や飛散開始日の予測も可能になってきたこととあいまって，スギ花粉症に対して，このような季節前投与が一般化しつつある．経口抗アレルギー薬のトラニラスト・ケトチフェン・アゼラスチン・オキサトミド・アンレキサノクスなどで，このような予防効果が二重盲検試験などで証明されている．また最近，プロピオン酸ベクロメタゾンなどのステロイド薬にもこのような作用があるとされている．
(榎本雅夫)

ヨモギ [*Artemisia princeps*]
日本列島から朝鮮半島に分布するキク科の多年草．茎は高さ60cm〜1.2mでよく分枝する．花は風媒花で頭花は小さく下向きに咲き，目立った舌状花を欠く代わりに，雌性の筒状花を中心に両性の筒状花を着ける．虫媒花のキク科のなかで新生代第三紀ごろに乾燥地帯に広がっていったときに，花の構造が風媒花になったといわれる．同属のオオヨモギ(ヤマヨモギ)[*A. montana*]は山地に生育し，高さ1.5〜2mになる．葉はヨモギより荒く羽状に中裂〜深裂し，頭花の幅もヨモギより大きく，2倍近くになるものもある．北海道から本州の近畿地方以北に分布する．開花期は両種ともに8月から10月下旬で，多量に花粉を産生し，風により飛ばされて大気中に飛散するので花粉症を引き起こす．花粉は表面に1μm以下の小さい刺状紋がある赤道上三溝孔粒，大きさは26-27×27-30μm前後．
(菅谷愛子)

ヨモギ花粉症 [mugwort pollinosis]
ヨモギに代表されるヨモギ属[*Artemisia*]の種類は多いが，その花粉間には強い共通抗原性がありアレルゲン学的にほとんど同一とみられる．ヨモギ・エゾヨモギ(ヤマヨモギ)・ニシキヨモギ[*A. indica*]等が代表種．キク科に属する．ヨモギもヤマヨモギも *A. vulgaris* の変種とみなすこともあり(『牧野新日本植物

図鑑』），英名にはユーラシア大陸に普遍的な A. vulgaris の mugwort を当てた．Artemisia の通称英名は種により異なるが，日本生育種を wormwood と総称してもそれほど無理がない．山麓や丘陵地に繁茂する多年草．日本に古来より広く分布し，ほとんどが Vulgares-Monglicae 系でユーラシア大陸，とくにアジア大陸共通種が多い．北部のエゾヨモギ，本州以西部のヨモギ，また西部のニシキヨモギ等である．花粉粒は刺状紋三溝孔型，$20 \times 25\,\mu m$ 大．風媒性．花粉季は北海道で 8～9 月の初夏ないし秋型で，南下するにつれ秋型となり九州では 9～10 月である．日本の秋型起因花粉飛散期はヨモギに代表されていたが，多年草のゆえもあり開発に伴いしだいに衰退し，本州，四国，九州では強勢な外来種のブタクサに代わっている所もある．初報告は我妻が 1969 年に行っている．北海道のエゾヨモギによる花粉症 12 例が初報告である．有症期が秋（8～10 月）のみの典型例は 1 例のみで，他は春にも多少の症状を呈するが秋が最悪である．皮内テストでは他の花粉や室内塵にも反応しているが，エゾヨモギにとくに強く閾値が $1:10^{-10}$ に達した 3 例が含まれている．P-K 抗体価は最高 $1:625$ を呈し，眼・鼻粘膜反応はいずれも陽性である．本報告とはほとんど同時に関東地区におけるヨモギによる 2 例が報告され，有症期は 9～10 月である．その後，追試症例報告もあり，本症は随所に認められている．ヨモギ属に種類が多いことはキク科植物の属種が多種多様であることと同様である．ヨモギ花粉が同属種間のみならずハルジオン等のムカシヨモギ属と交叉反応性に富むように（→ハルジオン花粉症），鑑賞用のキク等にさえ共通する部分がある．皮内反応と IgE 抗体検索のいずれも，ヨモギ花粉はセイタカアワダチソウやタンポポのみならず，キク・センジュギク・デージー・コスモス，さらにオナモミにさえ交叉反応性を示す．同じキク科のブタクサとも共通性を有しているが，虫媒性のキクなどより類縁性は低い．ヨモギ花粉症の典型例は秋型であるが，いわゆる野菊等のなかば風媒性花粉と交叉反応を呈して秋のみならず春にも症状を呈しやすい．したがって，鑑賞用のキクなど虫媒性花粉による感作との鑑別には環境調査は欠かせない．　　　　　　　（信太隆夫）

鎧板［thecal plate］

有殻渦鞭毛藻（ピロロセントラムグループ，ディノフィジスグループ，ゴニオラックスグループ，ペリディニュウムグループ）の遊泳細胞の表面を覆っているセルロース質の細胞壁．電子顕微鏡観察によると，原形質膜の内側に空胞があり，セルロース質の鎧板が発達段階に応じてその中に分泌されることが判明．その結果，従来鎧板をもたないといわれてきたギムノディニュウム類にも薄い鎧板が認められるなど，渦鞭毛藻の上位分類が鎧板の有無によっていたことに対して再検討が必要になっている．ゴニオラックスグループ，ペリディニュウムグループでは鎧板の配列様式が種によって異なっている．化石渦鞭毛藻ではセルロース質の鎧板ではなく，スポロポレニン類似物質や石灰質からなり，鎧板構造を反映した形態（偽鎧板）が残されており，それが同定や分類の重要な基準になっている．
（→渦鞭毛藻シスト）　　　　　（松岡數充）

鎧板配列［tabulation］

有殻渦鞭毛藻（ゴニオラックス目やペリディニウム目）では細胞表面に一定の配列をした鎧板があり，その枚数と配列様式によって科や属ときには種の分類が行われる．鎧板には位置によって異なった符号が付され，それを標示することで鎧板の配列様式を示すことができる．これまでにさまざまな表示方法が考案されてきたが，現在では Kofoid (1907, 1909) や Taylor (1978) が提案した様式が使われる．前者によると，主な鎧板群は細胞の中央部に位置する横溝(cingulum)を基準にして，それと前方で接する鎧板の一群を前帯板(precingular plates；位置番号に″を付けて表示)，細胞の前端にある一群を頂板(apical plates；位置番号に′を付ける)，これらの間にある一群を前挿間板(anterior intercalary plates；位置番号に a を付ける)と呼ぶ．また後端にある一群を底板(antapical plates；位置番号に″″を付ける），横溝と後方で接する一群を後帯板(postcingular plates；位置番号に′″を付ける），それらの間にある一群を後挿間板(posterior intercalary plates；位置番号にpを付ける）と呼ぶ．また横溝や縦溝にも小さな鎧板で覆われており，それぞれ横溝板(cingular plates；位置番号にcを付ける），縦溝板(sulcul plates；位置記号にsを付ける）と呼ぶ．細胞を覆うすべての鎧板を表現する場合には，前方の鎧板から順番に位置番号の最高値に符号をつけるだけでよい．たとえばゴニオラックス属では3′，2a，6″，6c，6‴，1p，1″″，6sと表され，頂板が3枚，前挿間板が2枚，前帯板が6枚，横溝板が6枚，後帯板が6枚，後挿間板が1枚，底板が1枚と縦溝が6枚の合計31枚の鎧板で構成されている．それに対してプロトペリディニュウム属では4′，2-3a，7″，3c，5‴，2″″，7sと表現され，合計30ないし31枚の鎧板で構成されている．化石渦鞭毛藻にも偽鎧板が認められ，その配列状態が現生種と同様に同定や分類の重要な基準になる．（→渦鞭毛藻シスト）　　　（松岡數充）

四元交配［double cross］　→複交配
四集粒［tetrad；pollen tetrad］
常に4個の花粉粒が分離せずに散布される花粉．また，花粉形成時の四分子期を指す場合にもtetradが使われる．四集粒が一平面上にある場合（単面性四集粒；uniplanar）と立体的に存在する場合（多面性四集粒；multiplanar）がある(Punt et al., 1994)．単面性四集粒は以下の4つに分けられる．以下説明の番号は図の番号に対応する．1）四角形四集粒(tetragonal tetrad；square tetrad)：中心において4粒が接しており，一平面上にある．四集粒は正方形にみえる．2）菱形四集粒(rhomboidal tetrad)：向心面において2粒が接しており，他の2粒は離れている(Erdtman, 1943)．四集粒は菱形にみえる．3）線形四集粒(linear tetrad)：4粒が一列にならび，一平面上にある(Erdtman, 1945)．4）T字型四集粒(T-shaped tetrad)：一平面上で，2粒ずつが垂直に接し，T型になる(Walker & Doyle, 1975)．多面性四集粒は以下の3つに分けられる．1)〜4)はガマ属でしばしば認められる．5）正四面体四集粒(tetrahedral tetrad)：各粒が他の3粒と中心で接し，正四面体を形成する(Grebe, 1971)．例：ツツジ属・モウセンゴケ属など．6）十字形四集粒(cross tetrad)：2粒ずつの組が直角に交叉し，十字形にみえる．7）十字対生四集粒(decussate tetrad)：細長い2粒ずつの組がおたがいに直角に交叉する(Walker & Doyle, 1975)．例：*Cytinus hypocistis*の未熟花粉(Erdtman, 1952)．

（高原　光）

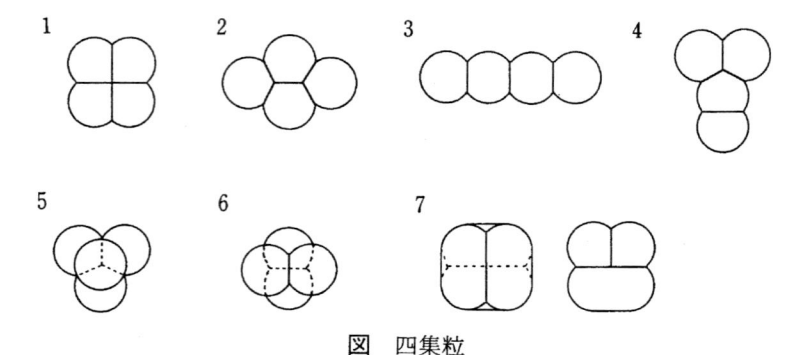

図　四集粒
1, 2, 5, 6：Erdtman, 1945, Iversen & Troels-Smith, 1950, 3, 4：Blackmore et al., 1992, 7：Erdtman, 1943を参考にした．

ラ

落葉広葉樹林 [broad-leaved deciduous forest]

落葉広葉樹林は気候帯の冷温帯および垂直分布の山地帯において極相となる森林で，夏緑広葉樹林とも呼ばれる．植物社会学上の分類では，ミズナラ-ブナクラス域に入り，代表的なものとして，ブナ林やミズナラ林がある（沼田・岩瀬，1975）．落葉広葉樹の分布域は年平均気温6～13℃，暖かさの指数で85～45°（～55°）である．日本の落葉広葉樹林は構成樹種や相観によって，ブナ型とナラ型に分けられる（中西ら，1983）．ブナ型の落葉広葉樹林は，ブナやイヌブナが優占し，下層はチシマザサ・スズタケなどのササ類が繁茂するブナ林であり，ナラ型は，ブナ林の主な構成要素（ブナ類・コシアブラ・ツクバネソウなど）が欠け，下層にクマザサ・オオクマザサが繁茂するミズナラ林である．日本のブナ林全体を通じて出現する植物は次のようなものがある．高木ではブナ・ミズナラ・コシアブラ・イタヤカエデ・ハリギリ・シナノキ・アズキナシ・ヤマモミジ・ホオノキ・コバノトネリコなど．低木ではオオカメノキ・ヤマウルシ・コマユミなど．つる植物ではイワガラミ・ツタウルシ・ツルアジサイ．シダ植物ではヤマソテツなどがある． （岩内明子）

裸子植物 [gymnosperms]

種子植物のうち，胚珠が特別の構造に包まれず裸出している群．被子植物に対する植物群だが，現生の種数は約900種で被子植物の20～25万種に比べるとずっと少なく，主に中生代に繁栄したグループである．系統的には多様なものを含んでおり，現生のものはソテツ類・イチョウ類・針葉樹類・グネツム類などに分けられる．花粉は遠心極に1つの口をもつ単口粒が多いが，グネツム類では無口粒あるいはひだ状の類溝様の構造をとる．花粉の層状構造は不明確である．ほとんどは風媒花で，一般に花粉は多量に生産され，針葉樹類のある種では気嚢をもち風媒に適応している． （高橋英樹）

螺旋口型 [spiraperturate(adj.)]

1～数本の螺旋状の発芽口をもつ花粉型（Erdtman, 1952）．これを合流溝型に入れる分類もある．例：イヌノヒゲ属．（三好教夫）

落果 [fruit abscission]

表　夏緑広葉樹林

		ブナ型　（ブナ林）	ナラ型　（ミズナラ林）
分布		高隅山(鹿児島県)～九州・四国・本州の山地～北海道黒松内低地帯	北海道黒松内低地帯以東の平地・丘陵地，中部地方内陸部(長野県)
気候	年平均気温	6～13℃	
	暖かさの指数	(45～55°)～85°	
	降水量	1200～1300mm/年　以上	1200～1300mm/年　以下（長野県平地1000mm/年　前後）
細分		日本海側：ブナ-チシマザサ林 太平洋側：ブナ-スズタケ林	北海道黒松内低地以東： 　　　ミズナラ-サワシバ林 長野県内陸盆地，東北地方の内陸盆地： 　　　ミズナラ-コナラ林

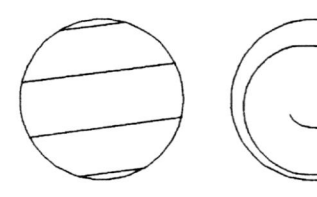

図 螺旋口型(Punt *et al.*, 1994)

果実の落果は，開花直後から果実の発育期間を通じて，風雨などの機械的原因や病虫害のほか，植物自体の生理的要因によっても起こる．このうち，果樹類で木の成長期に当たる時期に，植物自体の要因で落果が起きる場合を生理的落果(June drop)と呼んでいる．木には成長中に養分転換期と呼ばれる時期がある．これは前年の貯蔵養分で生育する期間とその年の同化養分で生育する期間の交代期である．前年の養分に依存するのは開花時期と新しい葉がつくられるまでの期間で，その後は新葉から送られる同化養分で生育する．この転換期は芽の伸長や新葉の形成が盛んな時期で，果実も発育している時期である．すなわち芽と果実がともに養分を要求する時期に，養分の供給源が変わるため，養分の不足や競合が起きやすい状態になっている．このため，芽の成長が非常に旺盛であったり，果実が過剰につくなどの不均衡な状態や，梅雨期に低温や日照不足が続き光合成が低下して同化養分の供給が不足がちの状態になると，一部の果実は養分不良になり，発育を停止して落果が起こる．果実では，果実内の種子で生産されるオーキシンが，果実のほうへ同化養分を引き付ける役割をすると考えられている．種子中にはこの他ジベレリンやサイトカイニンなどの植物ホルモンも生成されており，果実発育のメカニズムは植物によって異なっている．これらの植物ホルモンは単独であるいは組み合わせて散布することにより落果を防止することができる．また，枝梢の成長を停止させるような成長抑制物質も落果防止の効果がある． （中西テツ）

卵［egg］

卵子，卵細胞ともいう．雄性配偶子に対応した雌性配偶子のことで，被子植物では胚嚢の卵装置中最大の細胞であり，裸子植物では造卵器内の大きな1細胞を，蘚苔類では造卵器中の下方に位置する大きな細胞を指す．被子植物では胚嚢細胞に，また裸子植物や蘚苔類では中心細胞に由来して受精にあずかる細胞である． （山下研介）

卵装置［egg apparatus］

被子植物の胚嚢の珠孔側に位置する細胞群．ふつう卵細胞1個と助細胞2個より構成されている．植物の種類によっては，卵細胞だけの場合や，卵細胞1個と助細胞1個から構成されている場合もある． （山下研介）

ランドサット衛星［Landsat satellite］

アメリカのNASAが打ち上げた地球観測衛星で，現在まで1号から6号が打ち上げられた．1993年に打ち上げられた6号は失敗に終った．現在まだはたらいている4号・5号の機能が停止すると，次の7号の打ち上げが予定されている1997年まで，ランドサットのデータが取得できなくなる．観測機器としては，1号から3号まで多重スペクトル走査放射計(MSS；multispectral scanner)とリターンビームビジコンカメラ(RBV)の2台が搭載され，4号と5号ではMSSに加えて改良型多重スペクトル走査放射計(TM；thematic mapper)が搭載され観測精度が向上した．1号から3号はそれぞれ，1972年，75年，78年に打ち上げられ現在はいずれも運用されていない．しかし，現在でもこれらの衛星からのデータは供給されており利用できる．ランドサット4号と5号は，それぞれ1982年，84年に打ち上げられ現在運用中である．これらの衛星は約99分で地球を1周し16日で233の軌跡を通過し地表面をくまなく観測しもとの位置にもどる．そのため月に2日程度のデータしか得られない．おまけに，目的とする場所が雲に覆われて利用できないこともある．一般ユーザーへのデータ提供は㈶リモート・センシング技術センター(東京)と㈱日商岩井がデータ配布代理店となっている．データの解析には画像処理装置が用いられるが，一般に高価なためパーソナルコンピュータで解析するソフトも開発されている．

（高橋裕一）

陸風 [land breeze] →海陸風
リス氷河期 [Riss glacial stage] →氷河期
リボ核酸 [ribonucleic acid]

RNA ともいう．リボ核酸はリボースに塩基とリン酸が結合したモノヌクレオチドが $3',5'$-ホスホジエステル結合により重合したポリリボヌクレオチドである．塩基はアデニン・グアニンのプリン塩基とシトシン・ウラシルのピリミジン塩基がほとんどであるが，その他にチミン・メチルグアニン・ジヒドロウラシルなども微量塩基として見出される．リボ核酸はメッセンジャーRNA (mRNA)，転移 RNA(tRNA) およびリボソーム RNA(rRNA) に大別され，いずれもデオキシリボ核酸 (DNA) を鋳型として合成される (転写)．量的には rRNA がもっとも多く80％を超え，ついで tRNA, mRNA の順であるが，種類は mRNA がはるかに多い．mRNA のは蛋白質のアミノ酸配列の情報を連続した3つの塩基 (コドン) の組み合わせで表しており，mRNA の指定する情報に従って tRNA がアミノ酸を運び，アミノ酸と塩基を識別し翻訳するアダプターの役割を果たしている．rRNA は数十種類の蛋白質と複合体をつくり，蛋白質合成装置となる．なお，原核細胞と違って真核細胞では mRNA よりもはるかに大きいヘテロジナス核 RNA (hnRNA) から mRNA が加工を受けて生産される (スプライシング)．テッポウユリ・ムラサキツユクサでは小胞子の体細胞分裂に先立って多量の rRNA が転写され，またリボソーム遺伝子は成熟花粉および花粉発芽の段階では不活性になるらしい．リボソームや tRNA は花粉が成熟するまでに準備されており，成熟花粉や花粉管伸長中には合成されない．mRNA も同様に花粉が成熟するまでに転写されており，花粉は発芽初期に翻訳される安定な mRNA をもっている．存在する mRNA の数から花粉に活性のある遺伝情報の数が推定できる．トウモロコシやムラサキツユクサでは約 20000～24000 の概算がなされている．花粉または葯から mRNA を単離して cDNA(相補的 DNA) をつくり，解析が行われている． （原　彰）

リボソーム [ribosome]

蛋白質の生合成の場となっており，その多くは小胞体に結合して滑面小胞体を形成している．その他ミトコンドリアと葉緑体にも存在している．リボソームは 50 以上の異なる蛋白質と rRNA との複合体からなるリボ核蛋白質粒子である．細胞質のリボソーム (80 S) は，大サブユニット (60 S) と小サブユニット (40 S) でできている．ミトコンドリアと葉緑体のオルガネラリボソームは，細菌のリボソーム (70 S) に似ている．大半の成熟花粉には，受粉後のすみやかな花粉管の伸長に必要なリボソームが大量に蓄積されているといわれているが，リボソームと複合体を形成して蛋白質合成装置となる rRNA が，タバコの花粉では発芽および花粉管伸長時に合成されることも知られている． （船隈　透）

リムラ [rimula, rimulae (pl.)]

① 花粉・胞子で，子午線方向に短くのびた溝を指すが (Potonié, 1934)，今ではほとんど使われない用語．② 古い時代の Circumpolloid 花粉にみられる赤道面付近に花粉を取り巻くように長くのびた発芽溝 (Pflug, 1953)． （守田益宗）

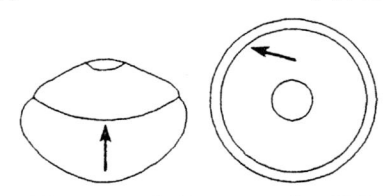

図　リムラ②(Punt *et al*., 1994)

菱形四集粒〔rhomboidal tetrad〕 →四集粒

両性花〔hermaphrodite flower〕
雄性と雌性の生殖組織をともに有する花．両全花ともいう． （内山　隆）

林縁〔forest border〔edge〕；edge of foreststand〕
森林と森林以外の植生や裸地との境界をいう．林縁では特別な境界植生がある場合が多い．人工林，とくに一斉林では林縁木は林内木よりも林の外側の樹冠が大きい場合が多い． （横山敏孝）

林冠〔canopy；crown cover；forest canopy〕
森林内で樹冠が相接して一定の高さにできる枝と葉の層をいう．林冠を構成している木を総称して林冠木と呼ぶ．同じ林齢の単一樹種から成る人工林は1層の林冠が普通であるが，林齢や樹種が異なる林では林冠の下に複数の樹冠層が形成されることがある．
 （横山敏孝）

リンゴ花粉症〔apple pollinosis〕
バラ科リンゴ属のリンゴ〔*Malus pumila* var. *domestica*〕は虫媒花で，明治に導入され青森，長野県を中心に栽培．人工授粉を行う従事者の約3分の1に生じる職業性花粉症で，リンゴ園近接住居にも発症がみられる．開花は5月中旬ごろで袴田(1984)によると，リンゴ園から10 mで，空中花粉は12日間観測され，最大4.8個/cm²/日，総数は20.2個/cm²であった．
1978年に沢田により青森県津軽地方のリンゴ栽培従事者5名が開花期，とくに人工授粉作業中に鼻・眼症状が増悪と報告された．交配作業従事後の5年以内に発症することが多く，約半数に皮膚症状，9％に喘息が合併．予防対策として昆虫を用いた授粉，マスクの着用や予防的投薬，減感作療法も約70％に有効．他のバラ科，とくにナシ花粉とは強い共通抗原性をもつ． （小笠原寛）

輪帯〔cingulum, cingula (pl.)〕
胞子の本体の膜より厚い膜をもつ胞子の環状の赤道の広がった部分．横断面でくさび型である． （高橋　清）

図　輪帯
Cadiospora sp., ca. 110 μm.

林分〔stand；forest stand〕
森林の概観がほぼ一様であって周囲の森林と区別ができ，取り扱いの単位となる樹木の集団とそれが生えている林地とを合わせて林分という．樹木の集団だけを林分という場合や林木という場合もある．林冠構成樹種や林冠の閉鎖の程度，林冠の高さ，また地形や林床の状態などにより区別される．樹高や胸高直径，林分の密度などの森林の状態を林分構造(stand structure)という． （横山敏孝）

林齢〔forest age；stand age〕
森林が成立してからの年数をいう．人工林の場合は苗木を林地に植栽したときを1年として数える．苗木を育てる期間として，樹種や環境によって，1～4年程度を要するがこの間の年数は数えないので厳密には樹木の年齢(樹齢)とは異なる．天然林の林齢は，国有林の林況調査では，地上高20 cm位置の年輪数を基礎として調査する．天然更新で成立した一斉林については平均林齢を用いる．
 （横山敏孝）

ル

類口 [aperturoid]
胞子の表面のどこかにあって，発芽口に類似したところ (Erdtman, 1952)．この類口が多少とも溝に似るが，しかし明確に外形を特定できない発芽口の場合は，類溝という．
(三好教夫)

類溝 [colpoid] →類口

類線状網目型 [striato-reticulate (adj.)]
花粉で，縞状紋と網状紋の中間的な模様型 (Erdtman, 1952)．細い線状の溝を形成してほぼ平行にはしる畝が，網目をつくるように結合している花粉型．リンドウ属などで典型的にみられる．
(守田益宗)

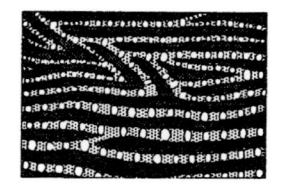

図　類線状網目型 (Punt *et al.*, 1994)

類長口 [sulculus, sulculi (pl.); sulculate (adj.)]
花粉で，極に位置しないで緯度に沿って長くのびた発芽口 (Erdtman, 1952)．
(三好教夫)

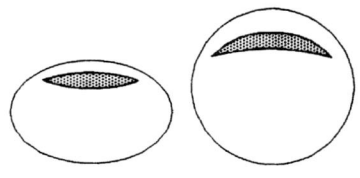

図　類長口 (Punt *et al.*, 1994)
左：赤道観，右：極観．

ルプス [rupus, rupi (pl.)]
対溝，対口ともいう．花粉で，赤道に対になって配置された類溝状の口 (Erdtman, 1952)．
(高橋　清)

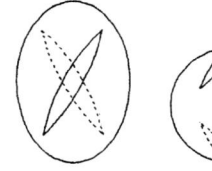

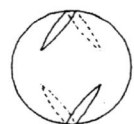

図　ルプス (Punt *et al.*, 1994)

レ

レアギン [reagin] →IgE

冷温帯落葉広葉樹林 [cool temperate broad-leaved deciduous forest] →落葉広葉樹林

齢級 [age class]
　生態学的には，いろいろな生育期間にある同種・異齢の個体群の個体を，一定の生育期間ごとにまとめたものを齢級という．林学・林業分野では，林齢をある範囲で総括的に区分したものをいう．歴史的には20年・10年・5年が用いられたが，1958年以降は国有林・民有林とも5カ年を1齢級とすることになった．森林の管理を行う場合には年単位よりも齢級単位のほうが便利であることによる．
　　　　　　　　　　　　　　（横山敏孝）

裂開 [dehiscence]
　開裂ともいう．果実が成熟すると果皮が乾燥して自然に裂けてタネが飛び散る果実を開裂果(dehiscent fruit)といい，成熟した果実の果皮が裂ける現象を裂開という．開裂果に対する言葉は閉果である．スギの雄花が花粉を放出するときには花粉嚢が開裂する．
　　　　　　　　　　　　　　（横山敏孝）

裂片部発芽装置型 [fossaperturate (adj.)]
　凹部口型ともいう．赤道面に発芽口がある耳ひだ型花粉のうち，極観像でみた場合に，ひだとひだが接合する位置に発芽口があるもの(Erdtman, 1952)．　　（守田益宗）

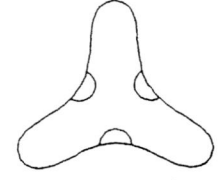

　　図　裂片部発芽装置型
　　　　(Punt et al., 1994)

レトゥソイド [retusoid(adj.)]
　三条溝型胞子の極観において，突出した接触部と湾曲畝の両方をもつ型(Traverse, 1988)．　　　　　　　　　　（内山　隆）

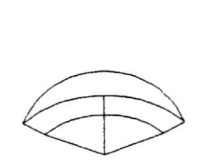

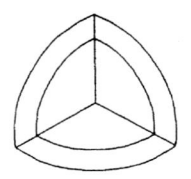

　　図　レトゥソイド(Punt et al., 1994)

ロ

老花受粉［old flower pollination］　→遅延受粉

ローガン［Logan, James, 1674-1751］
雌雄異花のトウモロコシについて，当時としてはかなり精密な受粉実験を行い，トウモロコシの結実には花粉が柱頭に受粉される必要があることと，花粉が風に運ばれることを初めて明らかにした．彼は，隔離栽培して雄穂を完全に除去したり，雌穂の頭髪のような柱頭をすべて除去したり，雌穂の一部の柱頭を除去したり，雌穂の柱頭が一本もみえないように覆ったり，一部の柱頭だけみえるようにして他は覆ったりと種々の区を設けて結実の様子を調査した．その結果，雄穂を除去されたものでは雄穂が着いた個体の風下の区でのみ少量の種子が実り，柱頭が除去されたり覆われた部位では種子はまったく実らないことがわかったのである．それで，Loganはトウモロコシの結実には雄穂から雌穂への風媒受粉が不可欠であると結論づけたのである．しかし，彼は自家受粉で実るのか他家受粉で実るのかという観点や，雌雄の配偶子の合一によって種子が実るという概念をもたなかった．これは当時の状況からみていたし方のないことであるが，花生態学や受粉生態学の源流の1つとなるものである．　（生井兵治）

ロトスライド・サンプラー［rotoslide sampler］
アメリカのOgdenらが開発した回転衝撃式花粉捕集器の1つである．大気中に浮遊する粒子状物質は，モーター（下部）により回転する2枚のスライドグラスのエッジ（0.01mm）に粘着物（シリコングリース；5〜15μの厚さ）を塗布し，その面を空気と回転衝突させ空気中の粒子状物質を捕集するものである（図）．スライドグラス上部には雨を防ぐ屋根とスライドグラス外側には上下にスライドするシールド用ドラムから成り，モーターをタイマーと連動させ，ドラムを上下することにより，長時間捕集による花粉の付きすぎを防ぎ間欠的（一定時間ごと）に捕集することができる．捕集後のスライドグラスは，染色・封埋後スライドホルダー（プラスチック製）に固定し，顕微鏡下で計数・同定を行う．風向・風速に依存しないので，サンプリングエッジの回転速度・面積，粒子径・粒子密度などから空気容積当りに換算可能である．
（佐渡昌子）

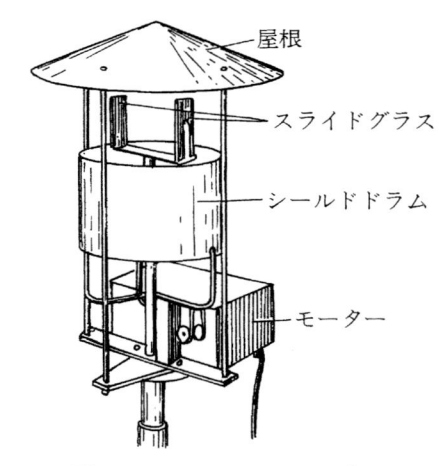

図　ロトスライド・サンプラー

ロトロッド・サンプラー［rotorod sampler］
短時間調査向きの小型で携帯に便利な空中花粉回転衝撃式捕集器である．原理は強制的に空気を攪拌し，粘着剤（シリコングリース等）を塗布したアクリル製ロッド上に空中浮遊花粉などを付着させて捕集するものである（→口絵）．豊国ら（1986）は，山岳での空中浮遊花粉調査に用いた．花粉付着面を上にしたアクリル製ロッドを顕微鏡下のステージアダプターにセットし，染色（カルベラ液等）・封埋（フェーブス-ブラックレー液等）後，計数・同定を行うものである．　（佐渡昌子）

ローヤルゼリー [royal jelly]

ミツバチ生産物の1つ．本来は若い働き蜂（育児蜂）が下咽頭腺および大腮腺から分泌し，女王蜂に与える餌である．蛋白質・糖質に富み，ビタミン・ミネラルを含んだバランスのとれた完全食．糖質は直接ハチ蜜から由来するが，その他の成分はハチ蜜・花粉を消化吸収して合成される．脂質はローヤルゼリー酸とも呼ばれる特殊な脂肪酸（ヒドロキシデセン酸；10-hydroxy-decenoic acid）が主な成分である．王台中で孵化した幼虫は育児蜂によって与えられるローヤルゼリーを食べて，女王蜂に発育する．女王蜂は成虫期も働き蜂から口移しでローヤルゼリーを与えられる．受精卵が両能性（女王蜂にも働き蜂にもなりうる）であることを利用して，人工的にローヤルゼリーを生産する．すなわち（プラスチック製などの）王台中に孵化直後の働き蜂幼虫を移虫し，女王蜂を隔離した蜂群中で，ローヤルゼリーを与えさせる．ほぼ3日後には300 mg前後が溜まるので，幼虫を取り除いて採乳する．健康食品として市販されており，全国ローヤルゼリー公正取引協議会によって，生ローヤルゼリー・粉末ローヤルゼリー・加工ローヤルゼリーなどに分類されて，品質基準が定められている． （松香光夫）

ワ

ワイブル分布 [Weibull distribution]

ワイブル解析ともいう．スウェーデンのWeibullによって，電子機器や機械系の管理手法の研究において，寿命値や故障率などのデータ整理に提案されたもの．収集実験データを図示するヒストグラムをえがくと寿命値の分布はひずむ(正規分布とは異なる)ので，対数正規分布が用いられることから，ワイブル分布に当てはまる．ワイブル分布は累積分布係数として

$$F(t) = 1 - e^{\frac{-(t-\gamma)^m}{t_0}}$$

t_0(尺度のパラメータ)> 0，m(形のパラメータ)> 0，γ(位置のパラメータ)> 0が与えられる．花粉の放出は開葯によって起こり，開葯は葯の弱いところからの変化(破壊)から始まると考えると全体的機能変化(破壊)となる場合を確率的に表現するワイブル関数が適合するのではと佐渡ら(1978)は，ワイブル確率紙を空中浮遊花粉の分布の検討に用い，有効な解析方法であることを示した．ワイブル解析に当たり，ワイブル確率紙の縦軸に累積花粉数(%)，横軸に捕集日(経過週数)を取りプロットし，ワイブル扇形定規を使ってmを求めると花粉の属によってほぼ1定のm値が得られ，混在して開花する花粉の量的関係を知ることができる． （佐渡昌子）

和合性 [compatibility]

不和合性の対語．ある組み合わせの受粉を行ったときに，花粉管が伸長して，受精に至ること．和合性のうち，自家受粉による和合性を自家和合性(self-compatibility)といい，特定の交雑組み合わせでみられるものを交雑和合性(cross-compatibility)という．

（渡辺正夫・鳥山欽哉）

湾曲畝 [curvatura, curvaturae (pl.); curvature]

条溝の先端を結び，接触部の輪郭を描く三条溝胞子のみえる線．完全湾曲畝(curvatura perfecta)は胞子の向心面のまわりを完全に取り巻く3つの線をもつ．不完全湾曲畝(curvatura imperfecta)は条溝の放射端からのフォーク状突出物をもつ．隣とは結び付かない縮小湾曲畝(reduced curvature)とも呼ばれる．

（高橋　清）

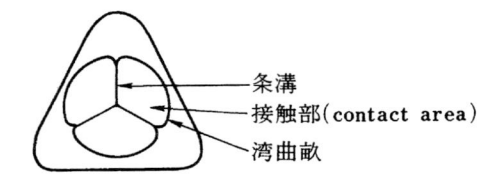

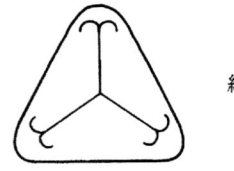

図　湾曲畝

湾曲畝型 [curvimurate (adj.)]

花粉で，網目型の畝部分が湾曲しているもの(Erdtman, 1952)．　　（高原　光）

湾曲線状肥厚 [arcus, arci (pl.); arcuate (adj.)]

弧状弓肥厚ともいう．花粉において，1つの発芽口から他の発芽口に弓状にのびる無刻層の部分的に肥厚した帯(Erdtman, 1947)．花粉分析の同定には，たいへん重要な特徴である．例：ハンノキ属・ノグルミ属．

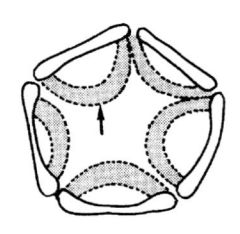

図　湾曲線状肥厚

(三好教夫)

湾曲部発芽装置型 [sinuaperturate (adj.)]
湾曲部口型ともいう．花粉の極観において，湾曲部の中央に，その発芽口が位置している型(Erdtman, 1952)． (内山　隆)

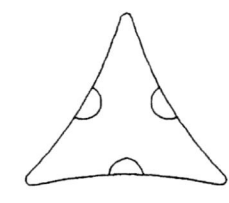

図　湾曲部発芽装置型
(Punt *et al.*, 1994)

付　　録

目　次

1. 花粉分析関係資料 ………………………………………………………………… *356*
   1.1 世界各地における第四紀氷河・文化史・地層対比表
   1.2 世界各地の完新世の花粉層序・気候
   1.3 花粉(パリノモルフ)分析法
   1.4 生物界と化石パリノモルフ
2. 花粉と胞子の分類・形態区分・一般構造および名称 ……………………… *376*
   2.1 花粉・胞子の主分類法
   2.2 胞子型と花粉型の分類
   2.3 花粉の極観像の種類
   2.4 P/E比による赤道観像の種類
   2.5 花粉粒の極性
   2.6 花粉・胞子の一般構造とその名称
   2.7 大網目型(lophate)花粉の構造とその名称
3. 総壁(sporoderm)の構造と彫刻 …………………………………………… *384*
   3.1 総壁の構造と名称
   3.2 外壁の突起物の種類
   3.3 外壁断面の構造
   3.4 明暗分析(LO-analysis)における顕微鏡像の変化
   3.5 外壁断面の模様と構造
4. 花粉孔(pore)の分類と構造 ………………………………………………… *389*
5. 花粉含有成分 …………………………………………………………………… *390*
   5.1 発光分光分析による花粉中の元素
   5.2 花粉中の無機成分含量
   5.3 花粉中の各種リン化合物含量
   5.4 アカマツ花粉の遊離および蛋白質構成アミノ酸
   5.5 花粉の糖質・脂質・蛋白質含量(%)
   5.6 花粉中のビタミン含量
   5.7 花粉中ビタミンB_1, B_2, Cの分別定量
6. 空中花粉関係資料 ……………………………………………………………… *394*
   6.1 空中花粉の季節的変動(1980年)
   6.2 1993年のスギ花粉前線
   6.3 スギとヒノキ科花粉の日飛散変動と各飛散期間の比較
   6.4 空中花粉採集器設置条件
   6.5 幾瀬(1956)の花粉類型
7. 引用・参考文献 ………………………………………………………………… *398*

1. 花粉分析関係資料

1.1 世界各地における第四紀

第四紀の大区分		アルプス周辺氷河標準区分		年数×10³	デンマークおよびスカンジナビア		北部ヨーロッパ花粉帯			アメリカ北部 主に Leighton (1960)	
QUATERNARY	Holocene			0 2 4 6 8 10	Holozän	Post-Glazial	Post Glacial	X	Recent	Recent	
								IX	Subatlantic		
								VIII	Subboreal		
								VII	Atlantic		
								VI	Transition		
								V	Boreal		
					Fini-	"Bipartition" Ragunda-Phase		IV	Preboreal		Valders Glacial Substage
	Late Pleistocene	Würm-Eiszeit	Jung-Würm	Spät-Würm	11 12 13 14		Salpausselkä-Phase	Weichsel-Eiszeit	Goti-Glazial	Late Glacial	III	Younger Dryas	Wisconsin Glacial Stage
							(Baltische Eisstauseen)				II	Alleröd	Two Creeks Interstadial
										Ic	Older Dryas	Mankato Gl. Substage
										Ib	Bölling	Bowmanville Interstadial
				Mittle-Würm	15 16 18 20	Dani-	Rügen-Phase Langeland-Phase Belt-Phase				Ia	Oldest Dryas	Cary Glacial Substage
							Pommersche-Phase						St. Charles Interstad.
						Germani-	Frankfurter-Phase						Tazewell Gl. Substage
							Brandenburger-Phase						Iowan Substage
			Mittlel-Würm		30 40 50		Paudorfer-Interstadial						Farmdale Glacial Substage
							Göttweiger-Interstadial						
			Alt-Würm	Früh-Würm	70		Brørup-Intervall Ammersfoort(Rodebæk) I.						
		Riss/Würm Interglazial					Eem-Interglazial	Saale-Eiszeit					Sangamon-Interglacial
		Riss-Eiszeit					Warthe-Stadium						Buffalo Hart Substage
							Gerdau-Interstadial						Jacksonville Substage
							Drenthe-Stadium (Reburger-Phase)						Payson Substage
	Middle Pleistocene	Mindl/Riss-Intnterglazial					Holstein-Interglazial						Yarmouth Interglacial
		Mindel-Eiszeit					Elster-Eiszeit						Kansan Glacial Stage
		Günz/Mindel-Intergl.					Cromer-Interglazial						Aftonian Interglacial
	Eealy Pleistocene	Günz-Eiszeit					Weybourne-Kaltzeit ("Menapien")						Nebraskan Glacial Stage
		Donau/Günz-Warmz.					Waal-Warmzeit						
		Donau-Kaltzeit					Eburon-Kaltzeit						
		Biber/Donau-Warmz.					Teglen-Warmzeit						
		Biber-Kaltzeit					Brüggen-Kaltzeit						

氷河・文化史・地層対比表

の氷河区分 おもにFrye and Willman (1960)			ヨーロッパ文化史			日本主要地の第四系			主要事件
						南関東	関西	北陸	
Recent Stage			Historical Age					沈成層 砂丘	弥生海退
			Iron Age						
			Bronze Age						
Wisconsinan Glacial Stage		Valderan Substage	Neolithic			有楽町層	難波累層	海成砂層	縄文海進
			Mesolithic						有楽町海進
	Woodfordian Substage	Twocreekan Substage	Upper-Palaeolithic	Magdalenian		立川ローム層		砂・泥・泥炭互層	
		Port Huron moraine							
		Lake Border Valparaisso 〃							
		Marseilles 〃		Solutrean		武蔵野ローム層	伊丹層	徳田層「笠舞段丘」	山崎カール形成
		Bloomington 〃							
		Shelbyville 〃							
	Farmdalian Substage								
	Altonian Substage			Aurignacian		下末吉ローム層		分枝層	
Sangamonian Interglacial			Mid-Palaeolithic	Mousterian	U. Micoquian	下末吉層	上町累層	平床層	下末吉海進
Illinoian Gl.Stage	Buffalo Hart Substage		Lower-Palaeolithic	Acheulean Middle	Levalloisian Lower-U. Tayacian	多摩ローム層	浄谷累層	「野田段丘」	
	Jacksonville Substage								
	Liman Substage			Abbevillian Lower-	Clactonian	屏風ヶ浦層	播磨累層	高階層	日本海の変化
Yarmouthian Interglacial									
Kansan Glacial Stage						長沼層			
Aftonian Interglacial									富樫族変動
Nebraskan Glacial Stage				"Pebble-tools"		三浦層群	大阪層群	卯辰山層	沈 ↑ 入江 ↑ 海域
				(Archaeolithic)				大桑層	

1.2 世界各地の

Dates in year	Scandinavia Blitt & Sernander		Sweden von Post, 1928, Nilsson, 1935		Denmark Jessen, 1935	Central Europe Firbas, 1949
	divisions	climate	flora	clim.	flora	flora
	Recent	warm dry	I climax of *Fagus*	decreasing warmth	IX *Fagus*	X Utilized forest
─ 1500	Subatlantic	cooler & very wet Oceanic	II beginning of *Fagus* retreat of *Quercus*			IX *Fagus*
─ 2000	Subboreal	warm drier continental	III retreat of *Quercus* *Alnus* & *Corylus* IV *Quercus* forest with *Ulmus* *Tilia* & *Pinus*	Postglacial climatic optimum	VIII *Quercus*	VIII *Quercus.* -*Fagus*
─ 4500	Atlantic	mild humid Oceanic	V *Quercus* forest with *Corylus* VI *Ulmus* dominant Alternation of *Quercus* & *Ulmus* *Tilia* increasing		VII *Quercus*	VII *Quercus* VI *Quercus*
─ 8000 ─ 8500	Boreal	warm dry continental	VII *Alnus* increasing VIII *Corylus*	increasing warmth	*Corylus* IV *Ulmus*, *Quercus*, *Alnus* increasing V *Pinus*	V *Corylus* -*Pinus*
─ 10000	Preboreal	cool	IX *Betula* > *Pinus*		IV *Betula*-*Pinus*	IV *Betula*-*Pinus*
─ 11000	Late Glacial	cold	X *Betula* > *Pinus* XI Alleröd phase *Betula* > *Pinus* XII *Pinus* > *Betula*	cold Dryas flora	III *Pinus*-*Salix* II *Betula* I *Pinus*-*Salix*	III II *Betula*-*Pinus* I
	Alleröd oscillation	more genial				

完新世の花粉層序・気候

Britain Godwin, 1940		E-North America Deevey, 1944		中部日本海岸平地（北陸）		海水準
flora	clim.	flora	clim.	植生	気候	
VIII *Alnus-Quercus Ulmus-Betula -Fagus*	cooler	V *Quercus- Castanea- Picea*	cool, wet	*Pinus* 常緑・落葉広葉樹混交	温和	−2m
VII-VIII transition	wetter	IV *Quercus- Hickory*	warm, dry	常緑・落葉広葉樹混交 *Cryptomeria -Fagus*	冷涼	縄文海進
VII *Alnus- Quercus- Ulmus- Tilia*	condition damp / Optimum of warmth	III *Quercus- Tsuga*	warm, moist	落葉樹を含む常緑広葉樹	温暖	+5m
V *Pinus-Corylus*	increasing warmth	II *Pinus*	warm, dry	常緑広葉樹を含む落葉樹林 *Fagus*	冷涼	
VI *Pinus*						
IV *Betula-Pinus*		I *Picea-Abies*	cool	*Fagus- Abies- Pinus*（五葉型）落葉広葉樹	寒冷	現海水準位
III II *Betula* I	cold	missing				

1.3 花粉（パリノモルフ）分析法

　花を咲かせた植物は，花粉がめしべに付いて実ができる．しかし，ほとんどの花粉は本来の役割を果たすことなく飛散してしまう．そして地表に落ちた大部分の花粉は菌類などによって分解されるが，水域に達した花粉はほかの粒子とともに水の底に沈む．水底は菌類の活動が弱いので分解されずに化石として残ることになる．地層の中からはこうした顕花植物の花粉やシダ植物などの胞子を化石として取り出すことができる．そして、それらの親植物を決め，花粉の群集としての組成を解析することにより，地層が堆積した当時の植生を推定することができる．これを連続的な地層で行えば植生の変遷がわかり，そこから環境の変化を導いたり，さらにさまざまな研究分野への応用も可能になる．花粉や胞子の化石をこのように利用することを「花粉分析」と呼んでいる．花粉分析は，水成の泥質な堆積物であれば火山起源などでない限り，陸成・海成を問わず広く行えるという，他の化石にはないすばらしい長所をもっている．こうした花粉分析の対象は，花粉・胞子化石だけでなく，菌類の胞子やプランクトン，あるいは生物の微細器官などを総称する「パリノモルフ」にまで及ぶこともある．ここでは花粉分析を行う際のいろいろな過程における方法が解説されるが，データを解析し，研究する部分はそれ自体が独創性を要し，多様であり，一般化できる部分ではない．したがって，ここでは，試料の採取から化石の同定まで，花粉分析の過程として一般に行われている方法について扱い，その後，花粉化石の特性についてふれることにしたい．なお，以後とくに断りのない限り，パリノモルフを花粉で代表させることにする．

1) 試料の採取

　研究目的に応じた場所から適正に試料を採取しなければならないが，そのための方法は採取する場所によって次のとおりである．

試料が地表に露出している場合

　花粉は菌類などによって容易に分解されるので，可能な限り風化の進んでいない新鮮な部分を採取する必要がある．また，現生花粉や，採取器具の汚れによる花粉の混入を避ける注意も要する．花粉粒子は，大部分がシルトサイズの堆積物であるので，炭質物に富む泥質な堆積物に多く含まれている．ただし，石炭や亜炭など著しく炭質の試料は，そこから花粉を，他の炭質物と分離して濃集させることは困難である．採取間隔は研究目的によって異なり，一律ではない．採取量も研究目的や花粉含有量によって異なるが，普通は100gから1kgの間で足りる．採取した試料はその場で，採取地点を明記したビニール袋にいれ，口を閉じる．

試料が地表下にある場合

　岩質が柔かく地表付近の試料で足りるのであれば，手掘りの穴から採取すればよい．地下深くの試料を採取する場合はボーリング（ドリリング）による採取を行う．ボーリングの機械は，基本的には先端で岩を切り取るビット，切り取られた岩石（コア）を捕獲するコアチューブ（サンプラー），そしてこれらの器具を地下で上下させる何本かのロット，さらにロットを回転させたり，上下するための動力部から成っている．動力部が人力である簡易式のボーリング機をハンドボーラー（ハンドオーガー）と呼んでいる．ハンドボーラーはロットの先端部に付けるサンプラーの方式によって何種類かある．試料を比較的乱さず，他層準との混合もなく採取できるものに，ヒラー型サンプラーやそれに類するロシア式サンプラー，あるいは，ピストン型サンプラーなどがある（図1.1）．これらはいずれも人力でサンプラーを地層中に押し込んだり，引き上げたりしなければならないので，掘削できる深度は限られる．これに対して動力機械（機械掘り）

による掘削は，はるかに深くまで掘進できる．機械掘りでは，ロットの先にコアチューブ（長さ 1 m〜数 m）を付け，さらにその先端にビットを付け，これらを地下に降ろす．そしてロットを回転させることにより円筒状に切り進めた岩石（コア）をコアチューブの長さ分だけ納め，それを引き上げて回収する．このことを繰り返し，掘削を深めていくが，深くなればなるほど，ロットのつなぎ・はずしを伴う上げ・下げにかかる時間の割合が増加し，コアの回収効率が低下する．このため，ロットの上下をせずに，切り取ったコアだけを回収するワイヤーライン方式がある．この他，ビットで掘削した切り屑を，掘削泥水を循環させるときの浮力により，地表で回収する方式がある．この方法は石油の試掘井で多く用いられ，これにより得られた試料は，カッティングスと呼ばれている．カッティングスは，それぞれの粒子の厳密な深度が不明なため，コアによる試料とは区別されなければならない．

試料が水域にある場合

水深が浅い場合は水底から足場を組んで，プラットフォームをつくり，その上から，陸上と同様のボーリング機械を使って採取することができる．水深が深い場合は，船を利用するが，底質の表層部だけの試料を要する場合は，ドレッジやボックスコアラーあるいはグラブなどによって採取する方法がある．表層部のさらに深い部分の試料の採取は，ピストンコアラーが用いられる．水底面から 10 m を超えるようなさらに深い部分の掘削は，相応の設備をもった専用の掘削船によってなされる．

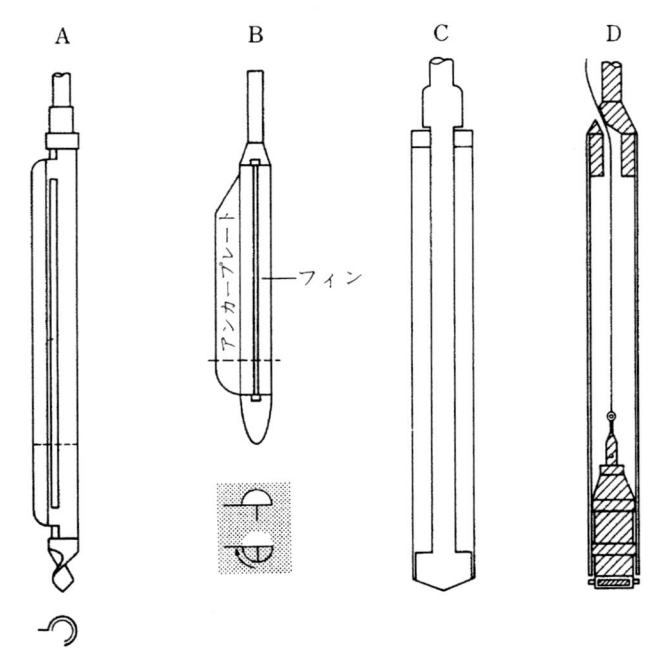

図 1.1 ハンドボーラーの各種サンプラー
（Moore & Webb, 1991）

A：ヒラー型．断面図にみられるようにたがいに細長い窓をもつ 2 重のチューブになっている．土中に差し込むときは，外側のフランジチューブと内側の回転チューブの窓の方向が 180°ずらしてあるため，回転チューブ内に堆積物は侵入しない．試料を採取するときは，内側のチューブをロットで回転させ，外側チューブの窓と一致させる（図の状態）．試料を内側の回転チューブ内に入れた後，再度内側チューブを回転させ，窓を完全に閉じて引き上げる．

B：ロシア型．断面でみると，半円状のコアチューブと，固定板（アンカープレートとフィン）から成っている．試料の採取は，土中に差し込んだ状態（断面図の上）から，コアチューブを 180°回転させ，試料を切り取って取り込み（断面図の下），引き上げる．

C：ダクノウスキー型，D：リビングストン型．これらはピストン型サンプラーと呼ばれる．先端を鋭くした金属管を，コアが納まる長さだけ土中に押し込む．このとき内部のピストン部は，不動であるため，試料が相対的に吸引された状態で納まる．引き上げる際は，管の上端が気密を保持したピストンで密閉されるため，取り込んだコアは落ちない．

2) 試料の前処理

採取した試料は，そのまま花粉の濃集処理ができるものもあるが，固い試料は乾燥・粉砕・篩分といった処理が必要である．また，試料を良好な状態で保存しておくためには，乾燥しておくことがもっとも簡単で有効な方法である．

乾 燥

粉砕や篩分を支障なく行うために必要な処理である．乾燥を急がない場合は自然乾燥（風乾）でよい．直射日光が当たらない室内に，ビニール袋の口を開けて，空気の流通をよくしておく．窓を開けるなどして、外部からの花粉の混入は禁物である．短時間で乾燥させたい場合は加熱乾燥する．これは必要な分量の試料を蒸発皿などに入れ，恒温熱乾燥機により，110°Cで数時間放置する．乾燥前に試料を細片化しておくと効率よく乾燥できる．

粉 砕

篩分を支障なく行ったり，一連の薬品などの処理効果を高めるために行う．よく乾燥した試料を適量，鉄乳鉢に入れ，乳棒ですりつぶさずに，たたいてつぶす．つぶす前に大きな炭質物や，花粉を含まないような岩塊は可能な限り除いておく．つぎに篩分を行う場合は，粉砕と篩分を少量ずつ交互に繰り返し，過度な細粉化を避ける．

篩 分

花粉より大きな粒子を除き，薬品処理などの一連の処理効果を高めるために行う．よく乾燥し，粉砕した試料を孔径が0.2mm程度のふるいを通す．

3) 花粉化石の濃集

一般に堆積物中の花粉含有量は，岩石全体の量からすれば，ほんの微量にすぎない．したがって，化石の濃度を数百〜数千倍に高めてやらなければならない．そのために，薬品による化学的な処理，比重差などを利用した物理的な処理などを通して，花粉化石の濃度を高めることになる．ここにあげる処理法は，これまでに多くの花粉分析学者が使ってきた主な方法である．後述するように，以下の処理がすべて必要なものではなく，有効な処理が選ばれ，適切な順で実施されることになる．なお，処理に用いられる試料の量は，定量（花粉の絶対含有数を求める）分析を行う場合は，処理前の試料の乾燥重量を秤量しておく必要がある．試料がどのくらい必要かは，試料によって異なる．花粉に富む泥質の試料であれば，1gで十分なものもあれば，1kg以上も処理しなければ十分な花粉を集められないものもある．

アルカリ処理

この処理は，植物遺体が分解される際につくられる炭素化合物である腐植を溶解するために行う．また，この処理は弱固結した粒子の団塊を粒子の単位にまでにほぐす効果もある．カセイカリ(KOH)の10%溶液を試料の1.5倍ほど加え，常温では1日放置する．沸騰湯煎器では，約10分間行う．カセイソーダ(NaOH)の10%溶液も同様に使える．アルカリ溶液の濃度が高くなると花粉を溶解することがあるので注意を要する．

水 洗

処理薬品を水で薄めて流し，残渣（試料の濃縮が進んだもの）を化学的に中性に近づけるとともに，花粉よりはるかに小さな諸粒子を物理的に除く．水洗の手順は，残渣に水を加えて攪拌→沈澱→上澄み液を捨てる，であり，この行程を必要に応じて（普通は4〜5回）繰り返す．この処理での沈澱には2つの方法がある．1つはポリエチレンの容器（例：500mlのビーカー）を用い，攪拌後4〜5時間放置して沈澱させる方法と，遠心分離管（例：15ml）にて遠心分離（手動の場合は，回転速度1500〜1700回/分で約15秒間回転）し強制沈澱させる方法である．両者の使い分けに関しては後述する．上澄み液は沈澱している残渣をなるべく乱さないように，ゆ

っくりと，残渣の2倍程度残して捨てる．捨てる上澄み液は必ずしも透明である必要はない．

水ひ処理

粒子の水による浮力と比重差を利用して，大きい粒子や鉱物質を水中で沈澱させて，除去する処理である．試料の入ったビーカーに水を十分に加えて攪拌し10～20秒間放置後，上澄み液を回収し，沈澱物を捨てる．水の酸性度が高いと沈降速度が速いので，落としすぎに注意．

椀がけ処理

粒子の水による浮力と比重差を利用し，大きな粒子や鉱物質を除去し，花粉の濃度を高める方法である．碗状の容器に試料(残渣)と十分な水を入れ，容器をゆすることによって細粒の比較的比重の小さな粒子に浮力を与え，浮遊している細かい炭質物粒子をスポイトで取って回収する．容器のゆらし方と浮遊物を吸い取るタイミングは慣れを要す．細かな粒子の微妙な状況を目でみながら行うので，白色の容器が適する．

シュルツェ液処理

強粘結した石炭や同質のケツ岩などの腐植物質を酸化分解し，植物組織の解離を行う．濃硝酸(2～15部)に，塩素酸カリウム(1部)を加えた溶液をシュルツェ液という．試料にこの液を加え，1～2日放置する．類似した方法として，次亜塩素酸ナトリウム法がある．これは，次亜塩素酸ナトリウムの5％溶液に試料を1～2日入れて解離させるものである．シュルツェ液処理では効果の少ない瀝青炭や無煙炭に用いられる．

フッ化水素酸処理

ケイ酸塩鉱物を溶解して除くための処理．水洗を終了した後，少し残っている上澄み液をスポイトなどで可能な限り除き，これにフッ化水素酸(HF)(濃)を試料の1.5倍ほど加え，攪拌して約5時間放置する．フッ化水素酸は，皮膚に対して毒性が強いので，必ず換気の十分なドラフトの中で，ゴム手袋をつけて扱うこと．容器や攪拌棒はガラス製以外のものを使う．

塩酸・硝酸(王水)処理

フッ化水素酸で溶解しない金属鉱物粒子を解かす．硝酸(HNO_3)と塩酸(HCl)の1：3混合液を残渣の3倍程度加え，攪拌する．反応が終わるまで(通常は数分間)放置する．金属粒子が多く，反応が激しく進む場合は適宜水で稀釈して調整する．反応が遅い場合は弱く熱する．有毒ガスが発生するのでドラフトの中で行う．

アセトリシス処理

花粉以外の植物質粒子やセルロースを溶解し，残渣中の花粉の濃度をいっそう高める．この処理はまた，花粉の形態を観察しやすくする効果もある．花粉粒子の形態は処理薬品によって影響を受けるが，とくにこの処理では花粉粒子を膨潤させたり，花粉の内部や表面に付着する有機物を分解するなどのクリーニングの効果が大きい．このため，アセトリシス処理は，花粉粒子を顕微鏡(LM，SEM)で観察する際の世界的な標準処理となっており，その意味では花粉分析にとっての必須処理でもある．まず残渣に氷酢酸(残渣の4～5倍程度)を加えて加熱し，遠心分離後，氷酢酸を除く．つぎに，使用直前に調合した混液(無水酢酸(9部)＋濃硫酸(1部))を残渣の4～5倍，静かに加えて攪拌し，約10分間常温で放置する．その後，遠心分離して混液の上澄みを捨てた後，残渣に再び氷酢酸を前記と同量加えて攪拌し，遠心分離して氷酢酸を除く．混液は処理直前につくらないと効果が少ない．混液を注ぐ際，静かに加えないと激しく反応して危険である．とくに水が多く残っている場合，爆発的に反応するので要注意．

重液処理

花粉とそれよりも比重の大きい粒子を両者の間の比重をもつ重液で分離する．比重2とした塩化亜鉛溶液(塩化亜鉛500gに温水160ml)を，残渣の5倍程度加えてよく攪拌し，手動の遠心分離機では，水洗時と同様の回転速度で3分間以上行う．これにより最上位の浮遊物と重液

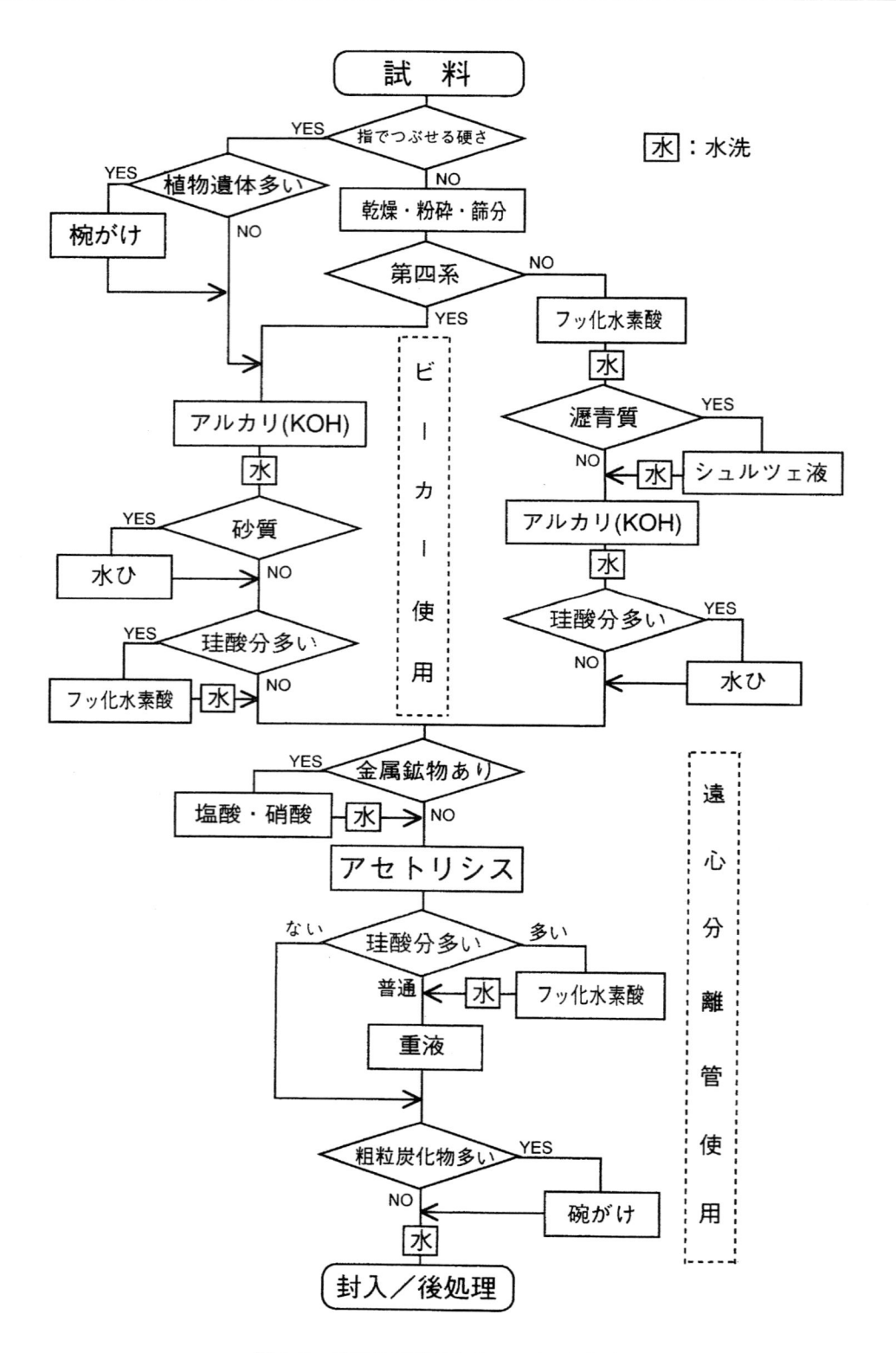

図 1.2 花粉化石濃集のための処理手順

とを回収し，最下位の沈澱物を捨てる．回収した部分に水を加え，30秒間遠心分離をし，上澄み部を除く．処理前の残渣に水が多く残ると加えた重液の比重が下がるので，水は可能な限り除いておくこと．回収した残渣に水を加えたとき，綿毛化が起きた場合，酢酸を1滴落とすとよい．重液としては，塩化亜鉛のほかに，各種ハロゲンの金属塩，ブロモホルムあるいはツーレ液などの水銀化合物などがある．しかし，これらは，毒性や刺激臭が強かったり，処理行程が増えたりして，使用されることは少ない．

以上が，花粉化石を濃集するために広く行われている処理である．実際にはこれらの諸処理は，試料の岩質に応じて必要なものを選び，効率的な順序で組み合わせて行うことになる．もっとも一般的に行われている花粉化石の濃集処理と，その手順を図1.2に示す．ただし，花粉化石は薬品処理の種類によって粒径が変わるという特性をもっている．したがって，一連の花粉分析においては，ある試料では不要の処理であっても，別の試料では必要な処理があるならば，全体の処理はそれを含めた方法に統一すべきである．また，花粉化石の記載には，薬品処理法の明記が必須条件になることも補足したい．なお，処理薬品のうち環境を汚染する物質（$ZnCl_2$やHFなど）は，廃液とする際，適切に処理する必要がある．

4) 残渣の後処理
試料から花粉を濃集した後，顕微鏡で観察するのに適した粒子に整える処理である．

染 色
光学顕微鏡で観察したり，写真を撮る際に透明でコントラストのない粒子を，適当な染料で着色し，適切な像を得るために行う．染料としては，サフラニン，クリスタルバイオレット，メチルグリーン，酸性あるいは塩基性フクシン，ビスマルクブラウンなどがある．一般にサフラニンがよく用いられているが，グリセリンゼリーによる保存は染料が浸み出すなど，良好でない．なお，過剰に染色された花粉粒子は，光の透過性を悪くし，かえってみにくい標本となる．花粉粒子は，アセトリシス処理などによって，黄〜茶色の薄い着色がなされ，これにより，通常は適度なコントラストの像が得られる．したがって，染色法はコントラストのない単体標本などに使われる以外はその必要性は少ない．

漂 白
薬品処理によってとくに濃い色の外壁に変わる花粉（たとえばグミ科など）の脱色や，アセトリシス処理などを過剰に行った場合の脱色に用いられる．酸化剤や還元剤が使用されるが，洗濯用の塩素系漂白剤（次亜塩素酸ナトリウム）が手軽で効果がある．原液を10〜20倍に稀釈したものを数分間作用させる．過剰に行うと花粉をいためたり，コントラストのない粒子にする恐れがある．炭化が進んで暗茶色になった粒子は漂白の効果が期待できない．

脱 水
親水性のない封入剤（例：シリコンオイルやカナダバルサム等）で封入する場合やSEMで観察する場合は粒子の脱水が必要になる．自然乾燥法もあるが，薬品による処理のほうが次の処理に移行しやすい．可能な限り水を除いた残渣に，アルコール（95%）を加え，攪拌後，数分放置する．攪拌して遠心分離した後，上澄みのアルコールを除く．この処理を2〜3回繰り返し，粒子中の水分をアルコールで完全に置き換える．なお，SEMの試料の脱水のためには，液体から試料を乾燥させる際に生ずる液体の表面張力による試料の癒着やつぶれを避けるための臨界点乾燥法がある．しかし，この方法は，花粉に関しては，ほとんど必要とされないので，割愛する．

封入

　花粉の濃集が進んだ最後の残渣を光学顕微鏡で観察するためには，プレパラートに封入しなければならない．封入剤は，永久保存用ではシリコンオイル(KF 96 H, 6000 cs)が適するが，事前に残渣を上昇アルコール列にてよく脱水しておく必要がある．これに対して脱水を要さないグリセリンゼリーは広く使用されている．このつくり方は，ゼラチン(100 g)を水(100 ml)に浸して膨潤させ，これをゆるく加熱しながらグリセリン(250 ml)と防腐剤のフェノール(数滴)を加えて，よく混合してつくる．なお，グリセリンゼリーの粘性度は，加える水の量で調整できる．グリセリンゼリーは常温で固化するので，封入時にはこれを小さな切片にする．この切片を，上澄みが透明になるまで水洗した後，上澄みを捨てた残渣にその2倍ほど加えて加熱してよく混和させる．これを冷え固まらないうちに，スポイトで取り，スライドグラスに1滴落とし，カバーグラスをのせ，弱く加熱しながら封入する．加熱後すぐにスポイトに取ると，気泡が入りやすい．封入後は，グリセリンゼリーから水分が蒸発するため，標本の劣化は避けられない．これを最小限にとどめるためには，カバーグラスの縁を，シールしておくとよい．シール剤としてはカナダバルサムやラッカーなどがあるが，透明なマニキュアは手軽に使え，結果も良好である．これはある種のレンズ油浸剤には解けるので，その場合，必要なら塗り直す．シリコンオイルで封入する場合は，脱水の終わった残渣からアルコールを除き，残渣とシリコンオイルとを混和させる．これをスライドグラスに1滴落とし，数分放置して微量に残るアルコール分を蒸発させてからカバーグラスをかける．

単粒子の封入

　残渣が括して封入剤と混合された一般的な封入に対し，花粉粒子1個体を封入するものである．比較用標本や，模式標本として使われるほか，1つの粒子をさまざまな角度から観察することにも使われる．グリセリンと混和させた残渣をスライドグラスの上に薄く広げ，顕微鏡で目標とする花粉粒子を探す．みつかったらそのまわりの余分な粒子を，柄付針で遠ざけてきれいにする．残された単粒子を毛細管で吸い取り，別のグラスの上に用意してあるグリセリンゼリーの微小片の上に落とす．あるいは，柄付針の先端にグリセリンゼリーの微小片を付け，これで単粒子を釣り上げ，別のグラスの上にグリセリンゼリー片とともに移す．これらの方法のうち，後者のほうが，より容易にできる．グリセリンゼリーに付着した単粒子のまわりに固形パラフィン(ロウソクのもので可)の細片を適宜配置し，グラスを熱してカバーグラスをかける．この際，単粒子のそばにグラスファイバー(髪の毛でも可)の短片を置けば，粒子が，つぶされずに封入できる．またそれは，再度暖めて，グリセリンゼリーを溶かし，その中で花粉を遊泳させるようにして多方向から観察するのに役立つ．なお，キャッチした単粒子を2枚のカバーグラスでサンドイッチ状に封入すれば，封入剤を溶かすことなく，花粉を両サイドから観察できる．以上の方法は，単粒子に限らず，多粒子の封入にも応用される．とくに，現生の比較用標本は，同一種の花粉を10～50個体封入して利用される．

SEMで観察するための処理

　SEMによる像は，試料の表面に電子線を走査しながら照射し，そこに発生する二次電子を検出器でキャッチし，光電子倍増管で信号に変えて，走査像を得るものである．試料に非電導性の部分があると，帯電現象(チャージアップ)による像障害が発生して安定した記録を得ることができない．試料に電導性を与える方法としては，電導物質を試料に浸み込ませる電導染色法と，試料の表面に金属をコーティングする金属被覆法とがある．後者は処理行程が簡単で良好な像が得られることから，花粉の観察ではほとんどこの方法がとられている．この方法のうち，もっとも簡便なものはイオンスパッター被覆法である．これは，低真空中で白金や金を陰極にしてグロー放電を行い，これらの金属のスパッター粒子を試料の表面にさまざまな方向からふ

りかけてコーティング膜を形成させる方法である．この装置の使用法については，それぞれの使用説明書によるが，花粉粒子のコーティングに当たり，良好な像を得るための方法をとくに補足しておきたい．あらかじめイオンスパッターによって両面をコーティングしたカバーグラスをアルミニウムの試料台にはり付ける，試料台とカバーグラス間を銀ペーストでつなぎ，両者間に完全な通電性を与える．他方，アルコール列で置換し終えた残渣からアルコールを除き，少量の酢酸イソアミルを加え，その混液を1滴，上記の処理をした試料台付きカバーグラスの上に落とす．しばらく放置し，酢酸イソアミルが大部分蒸発したらイオンスパッター装置に入れて，コーティングを行う．なお，花粉の断面をSEMで観察したい場合は，花粉を樹脂に埋蔵するなどして，割断する方法もあるが，超音波を用いて粒子を破壊するのが簡単である．すなわち，脱水処理の過程などで，長時間超音波を浸透させることにより，割断することができる．

5) 花粉化石の観察
光学顕微鏡(LM)による観察

LMは解像力に限界があり，多くの花粉化石を種の段階まで鑑定することは困難である．したがって，将来，走査型電子顕微鏡(SEM)がより小型で低価格化し，みやすい画像が得られ，しかも簡便に使えるようになり，さらに，ほとんどの現生花粉のSEMによる観察が終了した日には，花粉化石の観察道具の主体はSEMになるであろう．しかし，現段階では花粉化石を統計的に能率よく扱うためには，LMの使用が主体となっている．花粉化石の観察のためのLMは，光源を内蔵し，メカニカルステージ(スライドグラスを精密に，縦と横の2方向に移動できる装置)が付き，三眼鏡筒(両眼で観察でき，それとは別の鏡筒で写真撮影ができるもの)が装備されたものが適する．観察倍率は，通常，400〜600倍で行い，必要に応じてより解像力の高い油浸レンズを使用し，1000〜1500倍で観察する．油浸液としては，顕微鏡メーカー製で市販されているエマージョンオイルがあるが，これらは一般に粘性が高い．粘性が低く扱いやすい油浸液としてアニソール(メソキシベンゼン)がある．対物レンズの解像力は，レンズの開口数と光の波長によって決まる．花粉表面の微細な構造を観察しようとすると，開口数の大きい油浸レンズを使用しなければならない．また，像の焦点深度は，対物レンズの開口数と，LMの総合倍率に反比例するので解像力や倍率を高めようとすれば，焦点深度が浅くなってしまう．そこで，油浸レンズなどを使用して高倍率で微細な構造を観察する場合は，微動装置を活用し，被検体の各層準に，つぎつぎにピントを合わせながら観察して，構造を把握することになる．花粉の表面の立体構造をこのような多焦点像から明らかにしていく方法は，ErdtmanによってLO-analysis(明暗分析)と名づけられた．LとOが，ラテン語の明と暗を意味する語の頭文字に由来することから，明暗分析と訳されている．

明暗分析(LO-analysis)

焦点にある像はひときわ明るく，そこから少し離れた部分は逆にいっそう暗くみえるといったLM像特有の性質を利用した花粉表面の模様の観察法である．たとえば，針状の突起を上から下へ焦点を移していくと，最初は，明るく輝く点が現れ，しだいに暗い点となって広がるようにみえる．これに対し，逆に針で突いたような穴があれば，最初から暗い点として観察されるであろう．こうした原理を応用すると，花粉の表層から下層へと順次焦点を移動させる間に現れる明暗像の変化から立体的な構造を把握することができる．ただし，この方法は，細心の注意をもってしないと，先鋭な突起を逆の凹みに，などというような誤った判断をしかねない．そこでTraverseは，edge analysis(周縁分析)の併用を奨めている．この観察法は，花粉粒子に対し，ほぼ中間的な位置に焦点を合わせると，粒子の周縁部の光学的な断面が観察できる．この断面像による花粉外壁の立体構造は明暗分析より，はるかに理解しやすい．したがって，

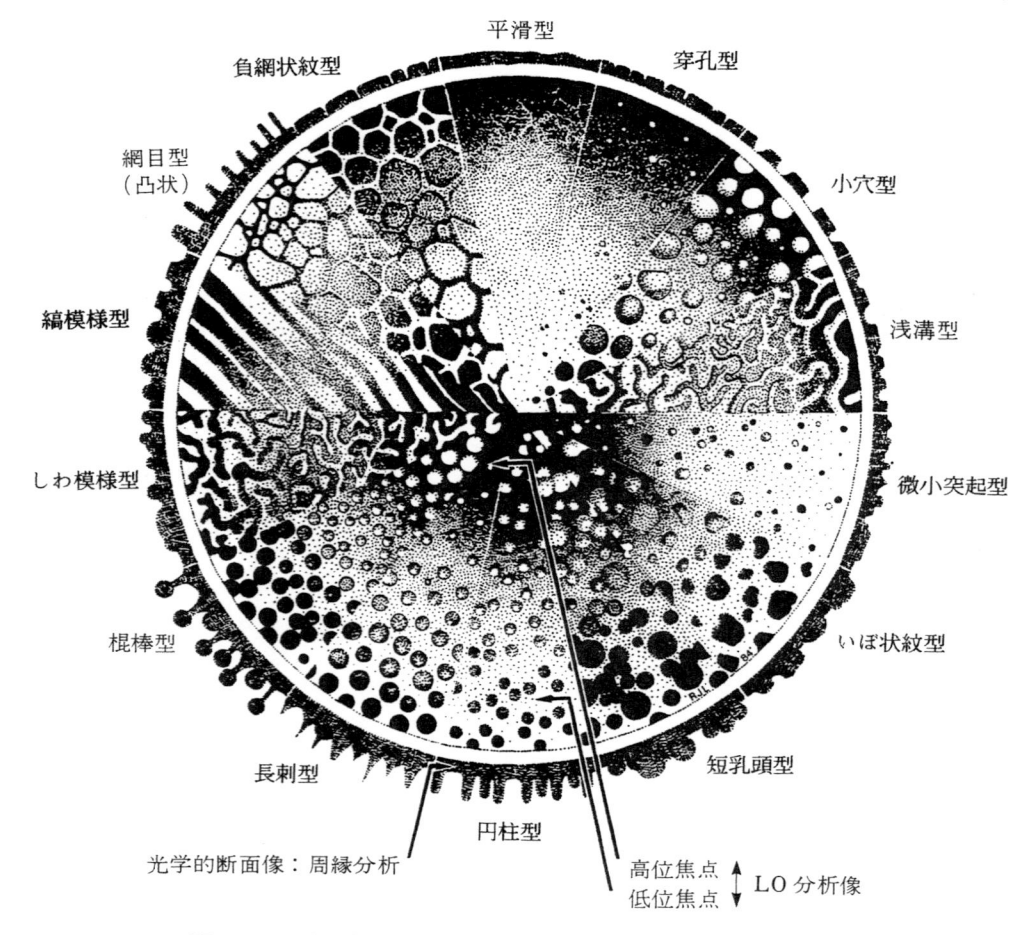

図 1.3 明暗分析による花粉外壁の構造解析(Traverse, 1988)

まずは周縁分析によって大まかな立体構造を把握し，その後に明暗分析で細部を観察すれば花粉表面の立体構造を正確にかつ容易に観察することができる．図 1.3 に花粉の周縁構造のタイプと明暗分析によるそれらの明暗のみえ方を示す．

電子顕微鏡による観察

電子顕微鏡は，光学顕微鏡の解像力をはるかに上回る分解能をもっているため，微細な構造を観察するには不可欠の道具となっている．とくに透過型の電子顕微鏡(TEM)は，加速電圧を上げると，微細さにおいて高分子の構造のレベルに及ぶ観察が可能になっている．しかし，TEMの試料の作成は標本が電子線を透過するに十分に薄く切らなければならないし，内部構造を見分ける適切な染色も不可欠であるなど，観察試料の作成には熟練を要する多くの行程を必要とする．これに対して SEM の試料は，LM と同様の手軽さでつくることができる．また，SEM の装置は TEM に比べて簡易なものも多く，その操作も比較的簡単で，かつ安価である．このようなことから，花粉分析用に使われる電子顕微鏡としては，SEM の使用が主体となっており，必要があれば TEM の観察での補充がなされている．そこで，ここでは SEM による花粉観察法について扱うことにする．

　SEM の画質は種々の要素によって決まる．画質の要素として重要な分解能は，試料に当てる

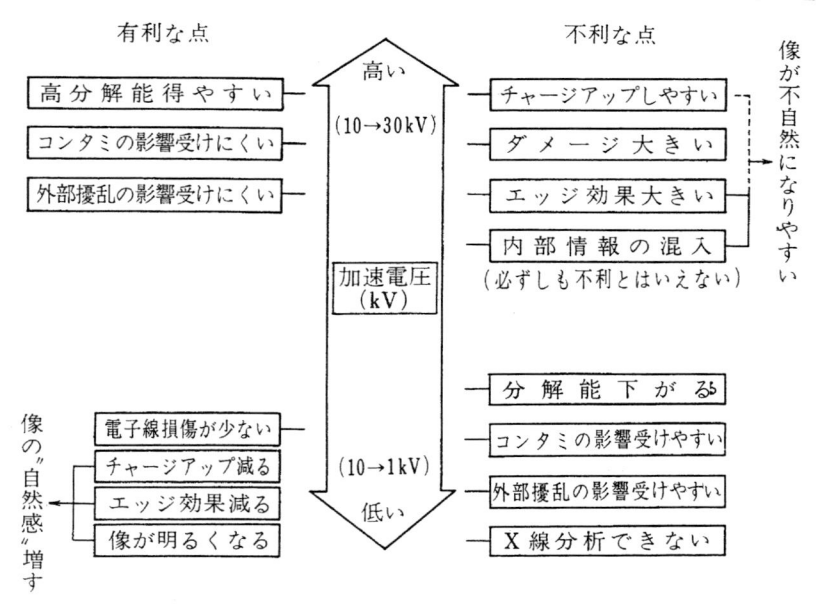

図 1.4 SEM の観察における加速電圧と画像との関係(田中・永谷,1980)

電子束(電子プローブ),試料から出る二次電子の SN 比,それに電子線と試料の相互作用によって決まる.加速電圧は,高くするほど電子プローブを細く絞ることができ,高分解能を得やすい.しかし反面,高加速された電子は,試料に深く浸入し,拡散する領域が多くなり,コントラストが高まって,不自然な感じを与えるようになる.加速電圧と画質との関係は図1.4のようになる.花粉の観察は,15〜25 kV の加速電圧が普通であるが,どの程度が最適かは,花粉粒子の形状・表面構造,あるいはコーティングの状態,さらには,観察のしやすさや写真による記録状況などによって,経験的に決めることになる.観察や写真記録の倍率は,粒子の全体の形状を把握するためには 1000〜5000 倍,部分的に詳細な画像を得るためには 5000〜10000 倍が適する.なお,高倍率や焦点を合わせるための局部走査によって,粒子が割れたりするなどの損傷を与えられることがある.こうしたビームダメージは低倍率にする,加速電圧を下げる,ビーム電流を下げる,走査速度を速める,金属コーティング膜を厚くするなどによって軽減できる.SEM は焦点深度が深いこと,試料台が二次電子の検出器に対して水平方向で 360°,直角方向で 90° それぞれ回転できるなどの特徴がある.この 2 方向の回転を組み合わせることにより,試料台上の粒子の表半面を任意の角度から観察することができる.ただし,直角方向の回転角度が大きくなると,画質は著しく低下する.また,この機能を利用して,適当に変えた角度から写された 2 枚の写真により,表面構造を立体視することができる.

6) 花粉化石の特性
花粉化石の鑑定
　花粉化石の分類は,2つの異なった体系がある.すなわち,人為分類と自然分類とである.自然分類による花粉は,親植物と同じ単位で分類される.これに対し,人為分類(形態分類)は花粉の形態に基づいて,親植物とはまったく関係なく分類される場合と,親植物の所属(属)がなかばわかるように分類される場合(半人為分類)とがある.人為分類は,石油開発等の層序区分など,古生物学的観点よりも,実用性が重んじられる場合や,中生代や古生代といった時期の花粉・胞子の化石で,親植物を特定することが困難な場合などの分類に使われている.日本

370 付　録

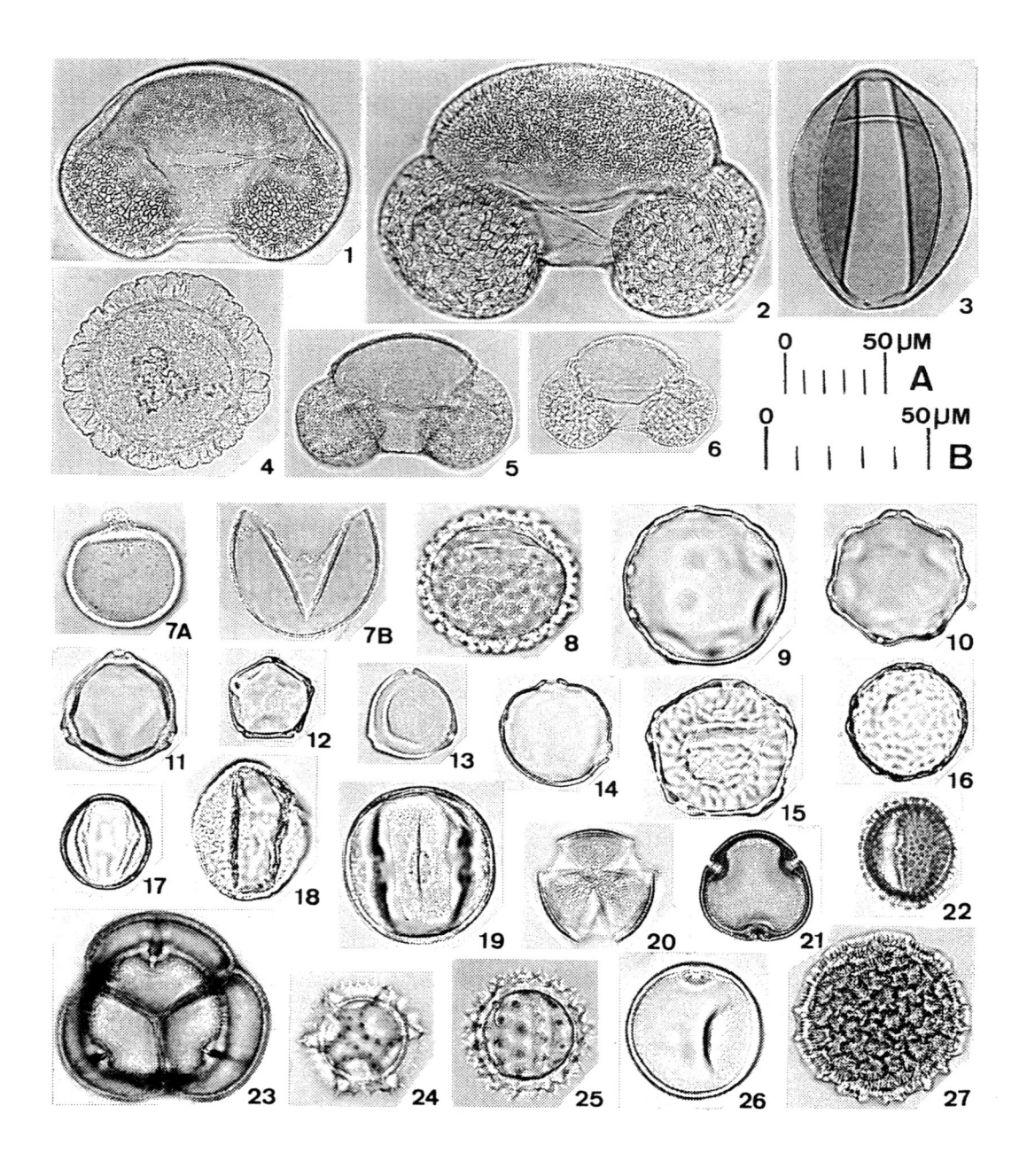

における花粉化石の研究は，その多くが新生代のものであるため，自然分類がほとんどである．そこで，ここでは，自然分類に基づく花粉の鑑定法について触れることにする．

　花粉化石は，LMによる観察では，多くはその親植物を属の段階までしか特定できず，種のレベルまでの同定は，電子顕微鏡が必要になる．こうした自然分類に基づく花粉化石の同定は現在の植物の花粉形態と比較して決めるのが基本である．したがって，花粉分析をするには，多くの現生標本や記載書などが必要になる．新生代の地層から産出する花粉化石のうち，主要産出属に対応する現生種の花粉形態の1例を図1.5に示す．なお，化石と比較するための現生花粉標本のつくり方は，前記，化石の濃集処理過程のうち，アルカリ処理と，アセトリシス処理が必要である．また，永久標本とする場合は，シリコンオイルによる封入が適する．現生の植物の花粉を基準に，花粉化石を同定するとき，その花粉の名前は，多くの場合属名で代表させているが，科のランクでのこともある．このように鑑定されたグループの単位は，花粉種と呼ばれる(花粉のタクソン，複数ではタクサと同じ概念)．花粉化石を鑑定する場合，普通1試料につき，200個体以上を同定し，それぞれの花粉種の割合を百分率で表すことが多い．このとき，花粉種の構成割合は，当時の花粉を生産した親植物とどのような関係にあったのであろうか．この問題は花粉分析の基本的課題であるが，簡単に答えを出せるものではない．それは次にあげる花粉化石の諸特性があるからで，これを正しく理解することが上記課題を解く鍵になるであろう．

花粉化石の特性

　花粉化石の群集としての理解は，まず，植物による花粉の生産量が異なることを知っておかねばならないであろう．一般に，風媒花は虫媒花よりもはるかに生産量が多いし，同じ風媒花であっても樹木と草本では，個体当りの生産量に大差がある．個体当りの生産量が多い樹木としては，裸子植物では，マツ目，被子植物ではクルミ目・ブナ目・ニレ科などをあげることができる．つぎに，花から離れ，散布された花粉は，風や水によってしだいに親植物から離れた場所に運ばれて堆積する．こうして堆積した花粉化石は，もとの植物が生育していた場所とは違った所から産する異地性という特性をもっている．この異地性の程度は花粉種において一律ではない．したがって，この異地性が，堆積環境の違いによって花粉種ごとにどのように表れるかを知っておく必要がある．そのため，現在の各種の水域(湿地・沼・湖・沿岸海域・公海など)の堆積物中の花粉と，その周辺の植生との関係が調べられている．こうした基礎的な研究が

図1.5　現生植物の花粉(山野井，1992；左頁)

1：エゾマツ[*Picea jezoensis*]，2：オオシラビソ[*Abies mariesii*]，3：カラマツ[*Larix kaempferi*]，4：コメツガ[*Tsuga diversifolia*]，5：チョウセンゴヨウ[*Pinus koraiensis*]★，6：アカマツ[*Pinus densiflora*]★，7A, 7B：スギ[*Cryptomeria japonica*]，8：コウヤマキ[*Sciadopitys verticillata*]，9：オニグルミ[*Juglans mandshurica* var.]，10：サワグルミ[*Pterocarya rhoifolia*]，11：ダケカンバ[*Betula ermanii* var.]，12：ヤマハンノキ[*Alnus hirsuta*]，13：ハシバミ[*Corylus heterophylla* var.]，14：イヌシデ[*Carpinus tschonoskii*]，15：ケヤキ[*Zelkova serrata*]，16：ハルニレ[*Ulmus davidiana*]，17：アカガシ[*Quercus acuta*]★，18：コナラ[*Quercus serrata*]★，19：ブナ[*Fagus crenata*]，20：タカオモミジ[*Acer palmatum* var.]，21：シナノキ[*Tilia japonica*]，22：ソヨゴ[*Ilex pendunculosa*]，23：ミツバツツジ[*Rhododendron dilatatum*]●，24：セイヨウタンポポ[*Taraxacum officinale*]●，25：ノコンギク[*Aster ageratoides* subsp.]●，26：ススキ[*Miscanthus sinensis* var.]●，27：ミゾソバ[*Persicaria thunbergii* var.]．

スケールAは1〜6(300倍)，Bは7〜27(500倍)．化石の鑑定の際は，属名が「花粉種」となる．★印は花粉種がさらに亜属に細分されるが，●印は科・亜科の段階にとどまる．

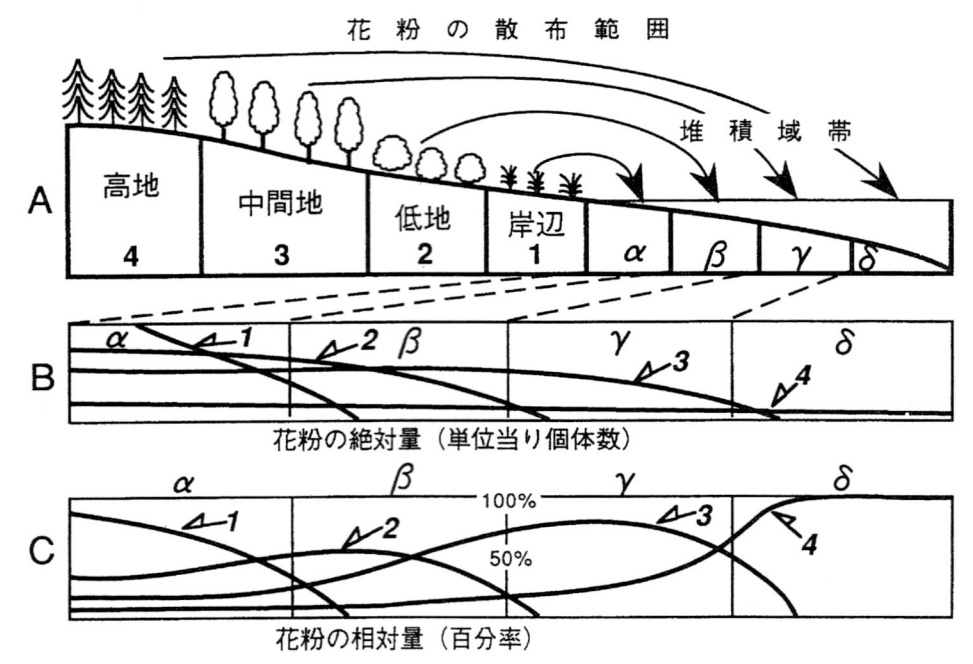

図1.6 花粉の散布・堆積水域と花粉化石群集との関係

　花粉化石は，どんな水域の堆積物からも産出するという他の化石にはない長所をもっている反面，異地性が大きいという短所がある．したがって，この異地性の法則性を知ることは花粉分析の基本として不可欠である．いろいろな堆積水域での花粉の堆積作用については多くの研究があるが，その大局は，Traverse(1988)のこの図のように総括される．Aは一般的な陸域の植生と，その花粉の散布状況で，岸辺の植物からの花粉は，その多くが沿岸部の狭い範囲に堆積するのに対し，高地の植物の花粉は，広い範囲に散布される．すなわち，陸上の各植生域から散布された花粉は，各堆積域にはBのような絶対量で堆積する．このように堆積した花粉化石を相対量(百分率)で表せばCのようになる．海や広い湖での堆積物からの花粉組成を解析する場合，この図に示すような花粉の堆積特性を考慮しないと，花粉化石の示相化石としての機能を正しく導くことはできない．

なされ，さまざまな地域的な要因によって花粉が堆積していることが知られるようになった．また，堆積水域が広い場所での堆積物は，広範囲の植生を反映した花粉を含むが，同時に，とくにマツ科(トウヒ・ツガ・マツ・モミなどの諸属)の花粉の割合が著しく高くなることなどが，一般化されるに至っている(図1.6参照)．堆積した花粉の続成作用の影響は，固結度の高い岩石や炭化度の進んだ岩石では，花粉の保存は悪い．したがって，高圧や高温といった物理的な作用に対して花粉は一律に弱いが，化学的な作用に対しては，かなり強いものと判断される．しかし，現生のクスノキ科の花粉のように薬品処理に対して弱いものもある．これらの花粉は化石として産することはない．花粉化石は，以上のような諸特性があるため，花粉種の構成割合は，それを供給した背後の植生(植物の個体による構成比)とは単純な比例関係にはない．このうちもっとも複雑にこの比例関係をくずす特性は，異地性である．異地性の影響を小さくするには，花粉の供給範囲が狭い堆積物を選ぶことである．その意味で狭い水域の沼や湿地などの堆積物の花粉組成は比較的当時の周囲の植生を考えやすいといえよう．他方，広い堆積水域での花粉組成からは，その異地性を考慮することなしに，当時の植生を復元することはできない．

以上，花粉分析に関する概要を述べたが，その詳細を知るには以下のような文献が参考になる．

Brown, C. A., 1960, MS：Palynological techniques. Louisiana State Univ., Baton Rouge.
Erdtman, G., 1943：An introduction to pollen analysis. Donald Press Co., New York.
Erdtman, G., 1952：Pollen morphology and plant taxonomy, Angiosperms. Hafner Publishing Co., New York.
Erdtman, G., 1957：Pollen and spore morphology/Plant taxonomy, Gymnospermae, Pteridophyta, Bryophyta. Almqvist & Wiksell, Stockholm.
Erdtman, G., 1965：Pollen and spore morphology/Plant taxonomy, Gymnospermae, Bryophyta. Almqvist & Wiksell, Stockholm.
Erdtman, G., 1969：Handbook of palynology. An introduction to the study of pollen grains and spores. Munksgaard, New York.
Erdtman, G. and Sorsa P., 1971：Pollen and spore morphology/Plant taxonomy, Pteridophyta. Almqvist & Wiksell, Stockholm.
Faegri, K. and Iversen, J., 1989：Textbook of pollen analysis (4th ed.). John Wiely & Sons, Chichester.
藤 則雄，1979：花粉・胞子．小畠郁生編，化石鑑定のガイド，朝倉書店，東京，149-181．
幾瀬マサ，1956：日本植物の花粉．廣川書店，東京．
岩波洋造，1964：花粉学大要．風間書房，東京．
岩波洋造，1967：花と花粉．総合図書，東京．
岩波洋造，1980：花粉学，講談社，東京．
岩波洋造・山田義男，1984：図説花粉．講談社，東京．
Kremp, G. O. W. and Kawasaki, T., 1972：The spores of the Pteridophytes, Illustrations of the spores of the ferns and fern allies. Hirokawa Publishing Co. Inc., Tokyo.
川崎次男，1971：胞子と人間．三省堂，東京．
黒沢喜一郎，1991：被子植物の花粉――走査型電子顕微鏡による観察――．大阪市立自然史博物館収蔵資料目録，第23集．
Moore, P. O. and Webb, J. A., 1978：An illustrated guide to pollen analysis. Hodder and Stoughton, London.
Moore, P. D., Webb, J. A., and Collinson, M. E., 1991：Pollen analysis (2nd ed.). Blackwell Scientific Publications, Oxford.
中村 純，1967：花粉分析．古今書院，東京．
中村 純，1980：日本産花粉の標徴．I，II．大阪市立自然史博物館収蔵資料目録，第13集，第14集．
那須孝悌・瀬戸 剛，1986：日本産シダ植物の胞子形態．I，II．大阪市立自然史博物館収蔵資料目録，第16・17集，第18集．
島倉巳三郎，1973：日本植物の花粉形態．大阪市立自然史博物館収蔵資料目録，第5集．
徳永重元，1963：花粉のゆくえ．実業公報社，東京．
徳永重元，1972：花粉分析法入門．ラテイス，東京．
Traverse, A., 1988：Paleopalynology. Unwin Hyman, Boston.
Tschudy, R. H. and Scott, R. D., 1969：Aspects of palynology. John Wiley & Sons Inc., New York.
塚田松男，1974：花粉は語る．岩波新書，岩波書店，東京．
上野実朗，1987：花粉学研究．風間書房，東京．
Wodehouse, R. P., 1935：Pollen grains, their structure, identification and significance. Hafner Publishing Co., Inc. New York.
山野井徹，1992：花粉分析．大原 隆他編：地球環境の復元，朝倉書店，東京，323-328．

（山野井徹）

1.4 生物界と化石パリノモルフ

古パリノロジー(palaeopalynology)で取り扱うパリノモルフはモネラ界を除く，4生物界にまたがっている．

分類	パリノモルフ
原生生物界[Kingdom Protoctista]	
原生動物亜界[Subkingdom Protozoa]	
有孔虫門(綱)[Foraminifera]	有孔虫のキチン質内殻(foraminiferal chitinous inner tests)
葉状植物亜界[Subkingdom Thallophyta]	
渦鞭毛藻門(綱)[Dinoflagellata]	渦鞭毛藻類シスト(Dinoflagellate cysts)
緑藻門[Chlorophyta]	チリモ接合胞子，たとえばスタウラストルム[Staurastrum]，クンショウモ[Pediastrum]群体，ボトリオコックス[Botryococcus]群体，他の接合胞子，たとえばCirculisporites(?)と多くのアクリタークス(acritarchs)．
菌界[Kingdom Fungi]	
真菌門[Eumycophyta]	先カンブリア紀〜現在に出現．キチン質壁菌類胞子と菌糸体はジュラ紀〜現在に産する(初期に例外がある)．小型単細胞から大型多細胞「菌核」に至る多様性．
動物界[Kingdom Animalia]	
環形動物門[Annelida]	
多毛(ゴカイ)綱[Polychaeta]	キチン質口〜口内層，下部古生代〜現在．
脊索動物門[Chordata]	偽キチン質のキチノゾア．下部古生代．
植物界[Kingdom Planta]	
非維管束植物[Atracheophyta]	
コケ植物(蘚苔植物)門[Bryophyta]	同形胞子(isospores)：多くの苔類とあるコケは三条溝．たいていは無条溝または単条溝．
維管束植物[Tracheophyta]	
リニア門[Rhyniophyta]	原始的な，絶滅した中部古生代植物．三条溝と単条溝(?)，同形胞子(isospores)．
トリメロフィトン門[Trimerophytophyta]など	
マツバラン目[Psilotales]	2現存属，大胞子の記録なし．単条溝と三条溝の同形胞子．
ヒカゲノカヅラ類(石松類)[Lycopsida]	
ヒカゲノカヅラ目[Lycopodiales]	三条溝同形胞子．
イワヒバ目[Selaginellales]	三条溝小胞子と大胞子．
鱗木目[Lepidodendrales]	三条溝小胞子と大胞子(種子の習性に近い)．鱗木：絶滅．
プレウロメイア目[Pleuromeiales]	たぶん鱗木目と同じ．絶滅．
ミズニラ目[Isöetales]	単条溝小胞子，三条溝大胞子．

分　　類	パリノモルフ
トクサ類(楔葉類)[Sphenopsida]	
古生トクサ目[Hyeniales]	三条溝同形胞子．絶滅．
楔葉目[Sphenophyllales]	三条溝同形胞子．絶滅
ロボク目[Calamitales]	
ロボク科[Calamitacese]	明らかに無条溝〜三条溝，同形胞子または小胞子と大胞子(あるものは種子の習性に近い)．絶滅．
トクサ目[Equisetales]	現生：トクサ，スギナ[Equisetum]；明らかに弾糸とペリンをもつ無条溝同形胞子．
シダ類[Pteropsida]	
コエノプテリス目[Coenopteridales]	たいてい単条溝と三条溝同形胞子，多くのものはペリンをもつ．あるものは(たとえばStauropteris)大胞子と小胞子をもつ．絶滅．
ハナヤスリ目[Ophioglossales]	三条溝同形胞子．絶滅と現存．
リュウビンタイ目[Marattiales]	現存：シダ類．絶滅：樹木シダ類．三条溝と単条溝同形胞子．
真正シダ目[Filicales]	たいてい同形胞子，三条溝〜単条溝，しばしばペリンをもつ．
デンジソウ科[Marsileaeceae]	異形胞子．
サンショウモ科[Salviniaceae]	異形胞子．
前裸子植物類[Progymnospermopsida]	
アーケオプテリス目[Archaeopteridales]	三条溝小胞子と大胞子．
裸子植物[Gymnospermae]	
ソテツシダ目[Cycadofilicales]	種子シダ類：絶滅．先花粉(prepollen)，単条溝または三条溝．
ベネチテス目[Bennettitales]	花粉，単長口型．
ソテツ目[Cycadales]	花粉，単長口型．
コルダボク目[Cordaitales]	松柏類の絶滅祖先．花粉，単長口型〜有翼型．
イチョウ目[Ginkgoales]	花粉，単長口型．
針葉樹類[Coniferales]	花粉，有翼型(マツなど)，無口粒(ネズなど)，単長口型(カラマツなど)，単孔型(セコイアなど)．
グネツ目[Gnetales]	マオウ[Ephedra]：花粉，たいてい多類溝型．グネツム[Gnetum]：無口粒．ある化石はたぶん多類溝型〜有翼型．
被子植物[Angiospermae]	
単子葉類[Monocotyledonae]	花粉：単長口型，遠心面合流三長口型，無口粒．
双子葉類[Dicotyledonae]	花粉：単長口型(原始的なRanales)，三溝型，三孔型，散孔型，合流溝型など．

(Traverse, 1988より改編，髙橋　清)

2. 花粉と胞子の分類・形態区分・一般構造および名称

2.1 花粉・胞子の主分類法

1a：花粉は2粒以上集合している．（二集粒，四集粒，多集粒）dyad, tetrad, polyad
1b：花粉は1粒である．monad
　　2a：発芽口（溝および孔）をもたない．
　　　　3a：花粉粒本体から突き出ている気嚢をもつ．（有翼型）saccate
　　　　3b：花粉粒本体から突き出ている気嚢をもたない．
　　　　　　4a：凹部を区分する網目が，粗くて高いトサカ状突起あるいは畝でできている．（トサカ状突起型）crested
　　　　　　4b：発芽口はない．（無口粒型）inaperturate
　　2b：発芽口（溝および孔）をもつ．
　　　　5a：発芽口は条溝に由来する．（単条溝型，三条溝型）monolete, trilete
　　　　5b：発芽口は，やや丸い孔あるいは長くなった溝である．
　　　　　　6a：発芽口は，孔である．（孔型）porate
　　　　　　　　7a：孔の数は1個である．（単孔型）monoporate
　　　　　　　　7b：孔の数は複数個である．
　　　　　　　　　　8a：複数の孔は赤道面に配列する．（孔帯状分布型）zonoporate
　　　　　　　　　　8b：複数の孔は散在する．（孔散在型）pantoporate
　　　　　　6b：発芽口は，溝である．（溝型）colpate
　　　　　　　　9a：溝は1本である．（単溝型）monocolpate
　　　　　　　　9b：複数の溝か，複数の溝孔複合である．
　　　　　　　　　　10a：複数の溝である．
　　　　　　　　　　　　11a：複数の溝がたがいに融合し，直線状や螺旋状あるいは円形状に合流する．（合流溝型）syncolpate
　　　　　　　　　　　　11b：複数の溝は閉じている．
　　　　　　　　　　　　　　12a：溝は赤道面に配列する．（溝帯状分布型）zonocolpate
　　　　　　　　　　　　　　12b：溝は散在する（溝散在型）pantocolpate
　　　　　　　　　　10b：複数の溝と孔が共存する．（溝孔混在型）heterocolpate
　　　　　　　　　　10c：複数の溝孔で，溝は孔と複合する．（溝孔複合型）colporate
　　　　　　　　　　　　13a：溝孔は赤道面に配列する．（溝孔複合帯状分布型）zonocolporate
　　　　　　　　　　　　13b：溝孔は散在する．（溝孔複合散在型）pantocolporate

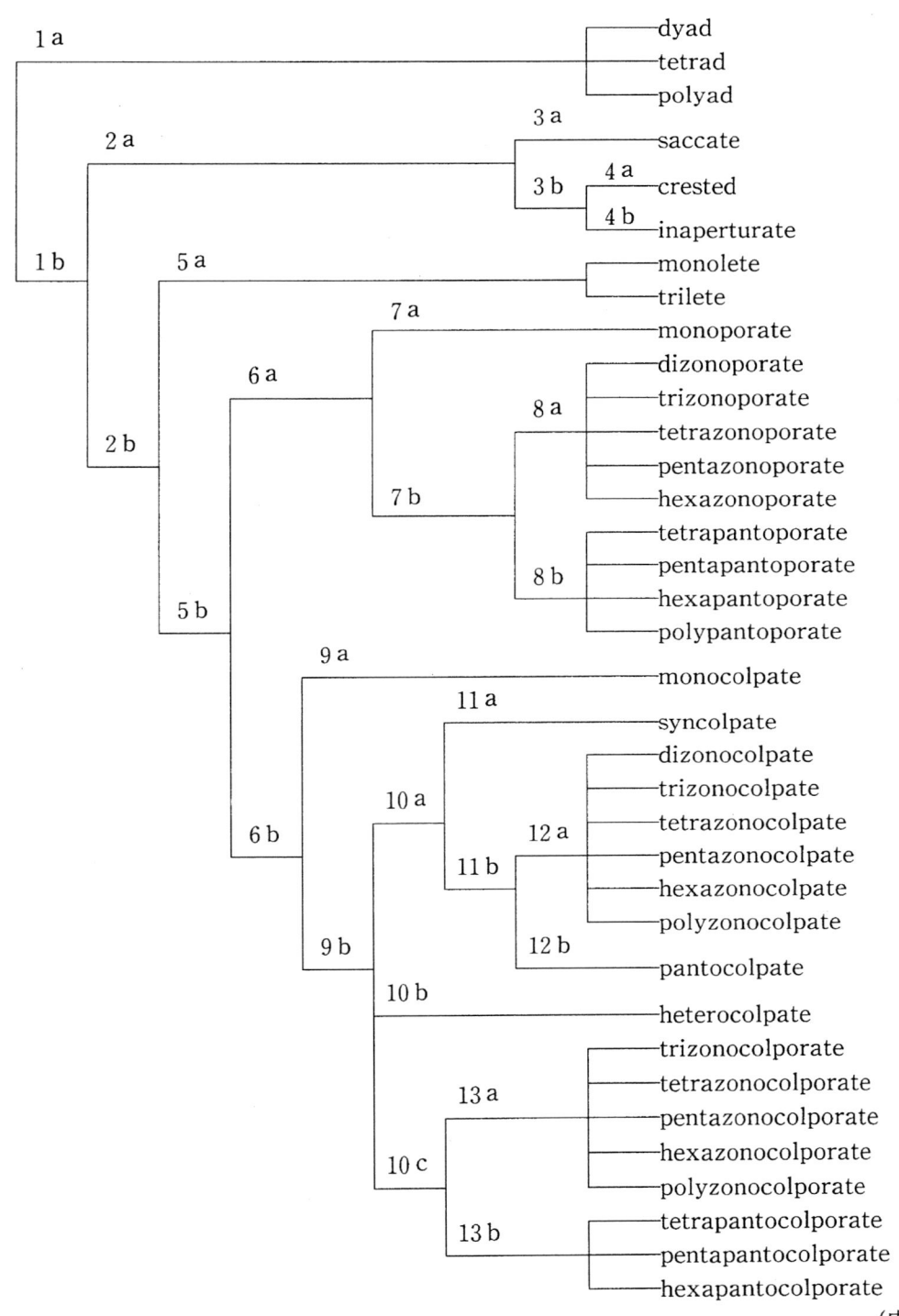

2. 花粉と胞子の分類・形態区分・一般構造および名称　　*377*

```
1a ─┬─ dyad
    ├─ tetrad
    └─ polyad
                              3a ── saccate
              2a ──┬──        3b ──┬─ 4a ── crested
                                   └─ 4b ── inaperturate
1b ─┤         5a ──┬── monolete
                   └── trilete
    │                         7a ── monoporate
    │              6a ──┬──           ┌─ dizonoporate
    │                                 ├─ trizonoporate
    2b ─┤                        8a ──┼─ tetrazonoporate
        │                             ├─ pentazonoporate
        │                   7b ──┤    └─ hexazonoporate
        │                             ┌─ tetrapantoporate
        │                        8b ──┼─ pentapantoporate
        │                             ├─ hexapantoporate
        │                             └─ polypantoporate
        5b ─┤         9a ── monocolpate
            │                        11a ── syncolpate
            │                                   ┌─ dizonocolpate
            │                                   ├─ trizonocolpate
            │            10a ──┤           12a ─┼─ tetrazonocolpate
            │                        11b ──┤    ├─ pentazonocolpate
            │                                   ├─ hexazonocolpate
            6b ─┤                         12b ──┴─ polyzonocolpate
                │                    └── pantocolpate
                9b ─┤
                    10b ── heterocolpate
                                          ┌─ trizonocolporate
                                          ├─ tetrazonocolporate
                                    13a ──┼─ pentazonocolporate
                                          ├─ hexazonocolporate
                    10c ──┤               └─ polyzonocolporate
                                          ┌─ tetrapantocolporate
                                    13b ──┼─ pentapantocolporate
                                          └─ hexapantocolporate
```

（内山　隆）

2.2 胞子型と花粉型の分類

胞子

	向心極観	赤道観
1		
2		
3		

花粉

	遠心極観	赤道観
1		
2		

胞子 spore		
1	単条溝型	monolete
2	三条溝型	trilete
3	無条溝型	alete
花粉 pollen		
1	一翼型	monosaccate
2	二翼型	bisaccate
3	多ひだ型	polyplicate
4	無口型	inaperturate
5	単溝型	monocolpate
6	遠心面合流三溝型	trichotomocolpate
7	単孔型	monoporate
8	二溝型	dicolpate
9	三溝型	tricolpate
10	多溝型	stephanocolpate
11	散溝型	pericolpate
12	二溝孔型	dicolporate
13	三溝孔型	tricolporate
14	多溝孔型	stephanocolporate
15	散溝孔型	pericolporate
16	二孔型	diporate
17	三孔型	triporate
18	多孔型	stephanoporate
19	散孔型	periporate
20	合流溝型	syncolpate
21	不同溝型	heterocolpate
22	小窓状孔型	fenestrate
23	二集粒	dyads
24	四集粒	tetrads
25	多集粒	polyads

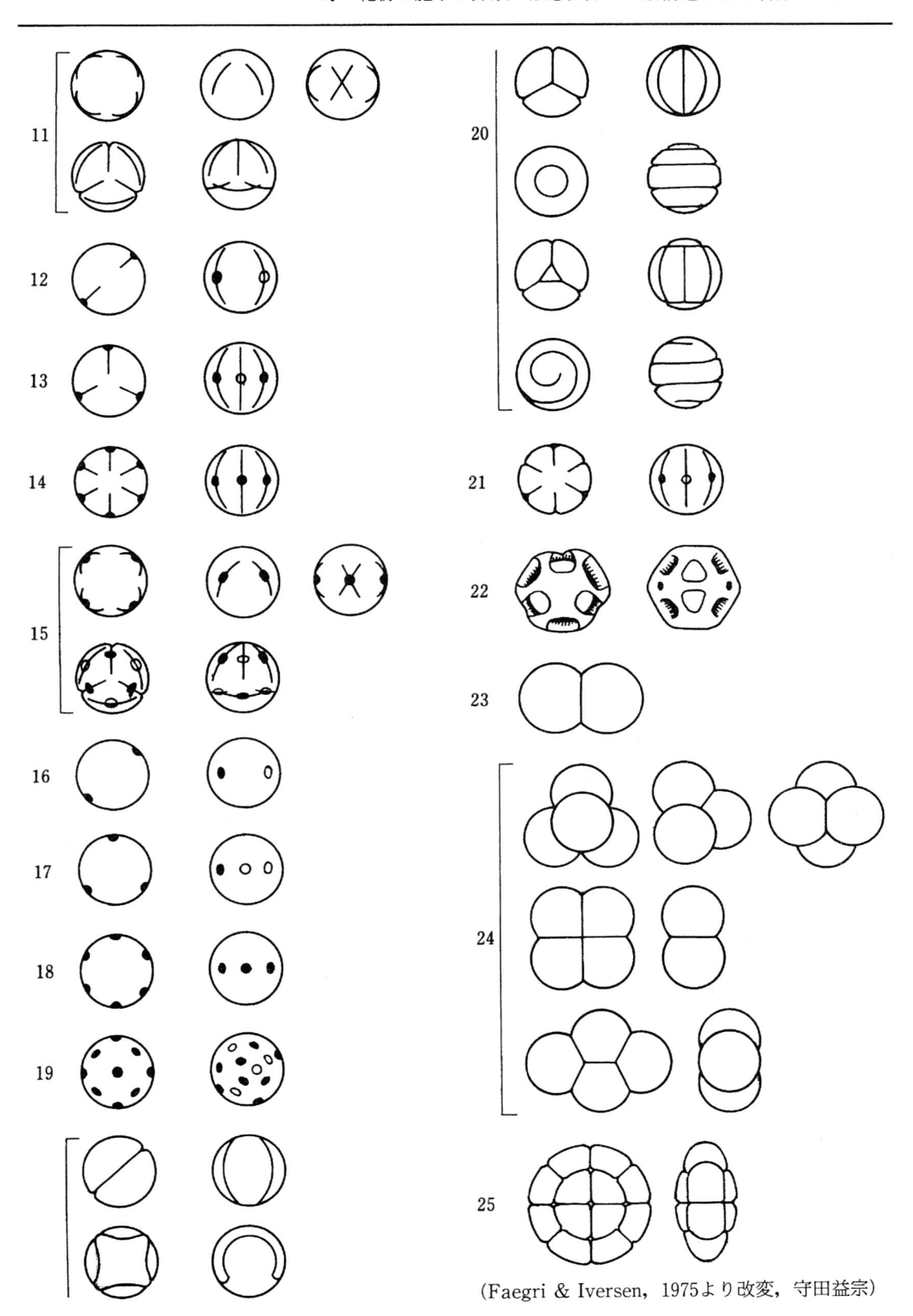

2. 花粉と胞子の分類・形態区分・一般構造および名称 　379

(Faegri & Iversen, 1975より改変, 守田益宗)

2.3 花粉の極観像の種類

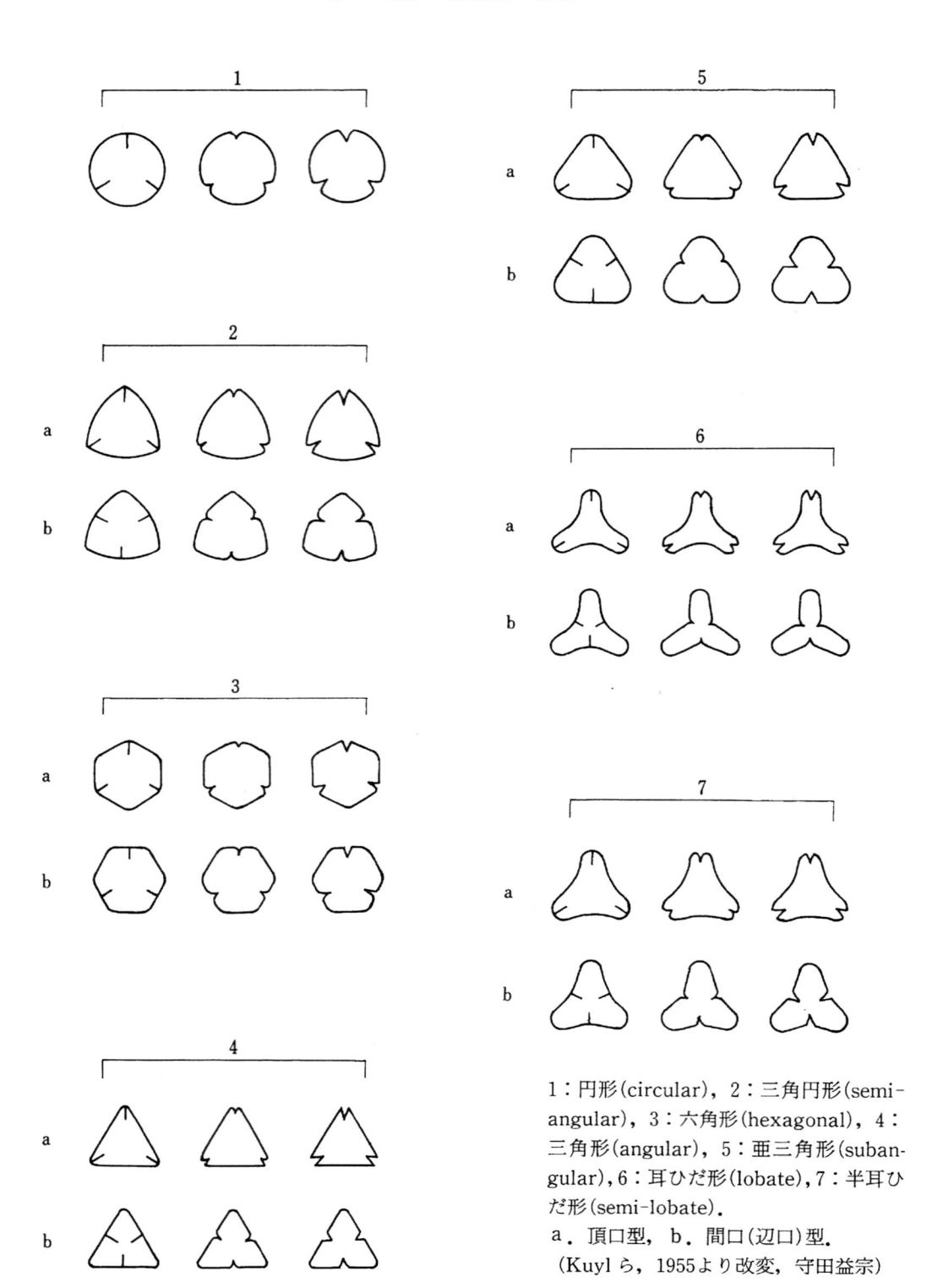

1：円形(circular), 2：三角円形(semi-angular), 3：六角形(hexagonal), 4：三角形(angular), 5：亜三角形(subangular), 6：耳ひだ形(lobate), 7：半耳ひだ形(semi-lobate).
a．頂口型，b．間口(辺口)型．
　(Kuylら, 1955より改変, 守田益宗)

2. 花粉と胞子の分類・形態区分・一般構造および名称   *381*

2.4 P/E比による赤道観像の区分

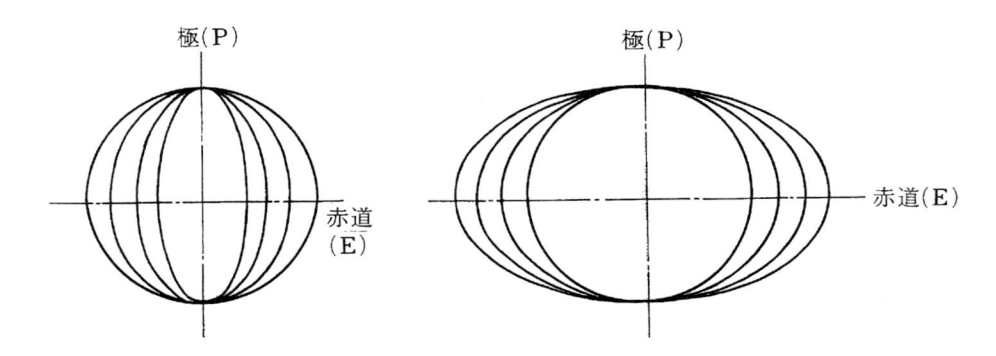

形の区別			P/E比
		過長球形(perprolate)	＞2.00(8：4)
		長球形(prolate)	2.00(8：4)〜1.33(8：6)
		亜長球形(subprolate)	1.33(8：6)〜1.14(8：7)
亜球形(subspheroidal)	球形(spheroidal)	長球状球形(prolate spheroidal)	1.14(8：7)〜1.00(8：8)
		偏球状球形(oblate spheroidal)	1.00(8：8)〜0.88(7：8)
		亜偏球形(suboblate)	0.88(7：8)〜0.75(6：8)
		偏球形(oblate)	0.75(6：8)〜0.50(4：8)
		過偏球形(peroblate)	＜0.50(4：8)

(Erdtman, 1943より一部改変, 守田益宗)

2.5 花粉粒の極性

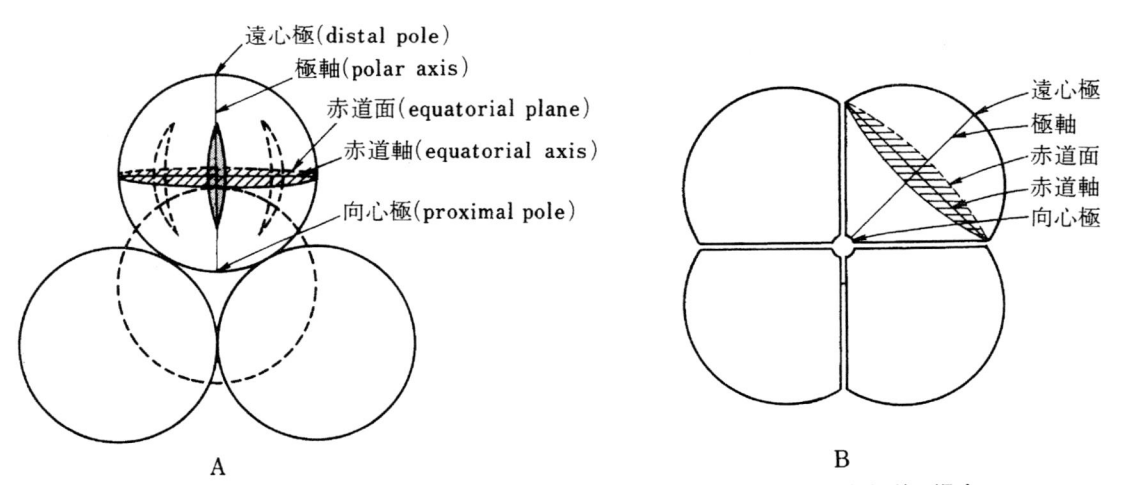

A：四面体型(tetrahedral)配列の場合, B：双同側型(isobilateral)配列の場合.

(相馬, 1994より一部改変, 守田益宗)

2.6 花粉・胞子の一般構造とその名称

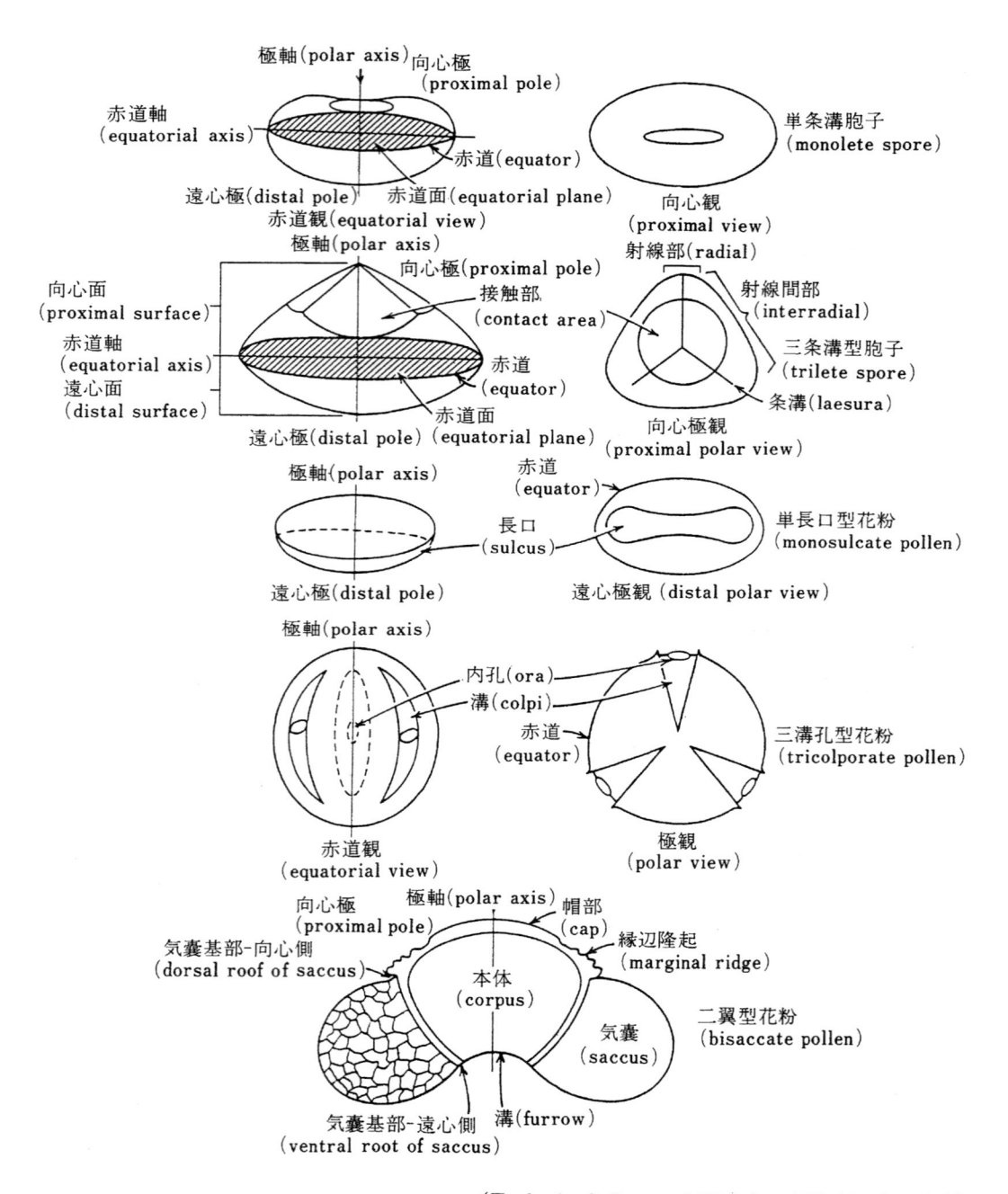

(Tschudy & Scott, 1969より一部改変，守田益宗)

2.7 大網目型(lophate)花粉の構造とその名称

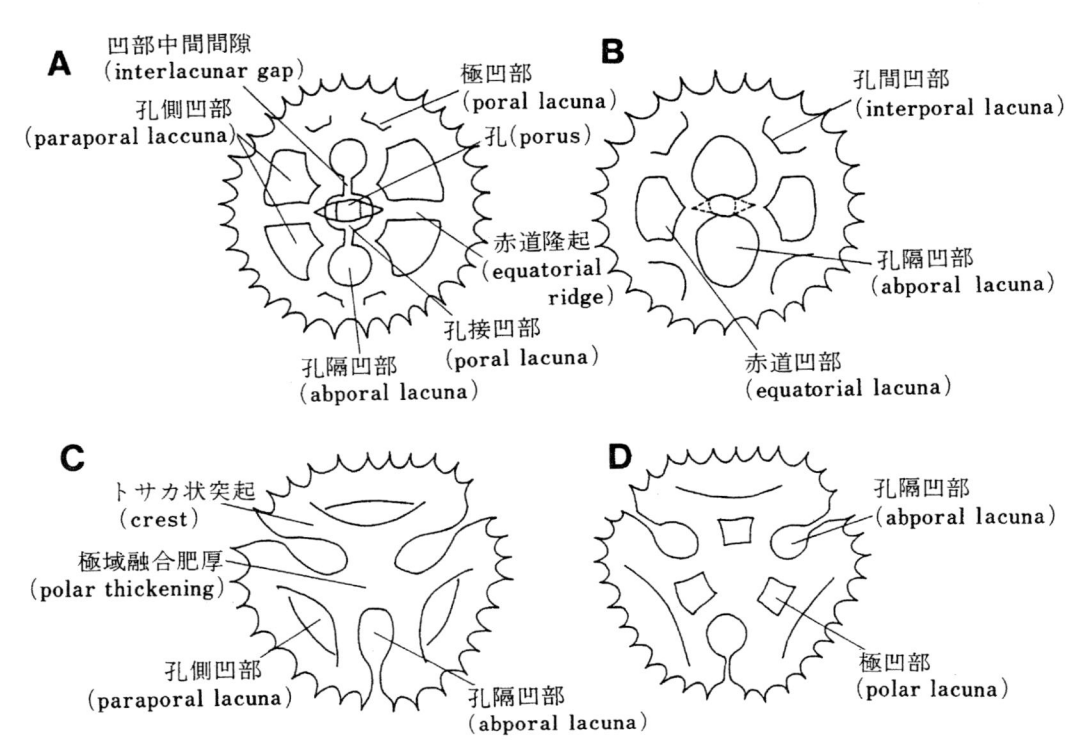

A：赤道隆起をもつもの，B：赤道隆起をもたないもの，C：極凹部をもたないもの，D：極凹部をもつもの．

(Mooreら，1991より一部改変，守田益宗)

3. 総壁（sporoderm）の構造と彫刻

3.1 総壁の

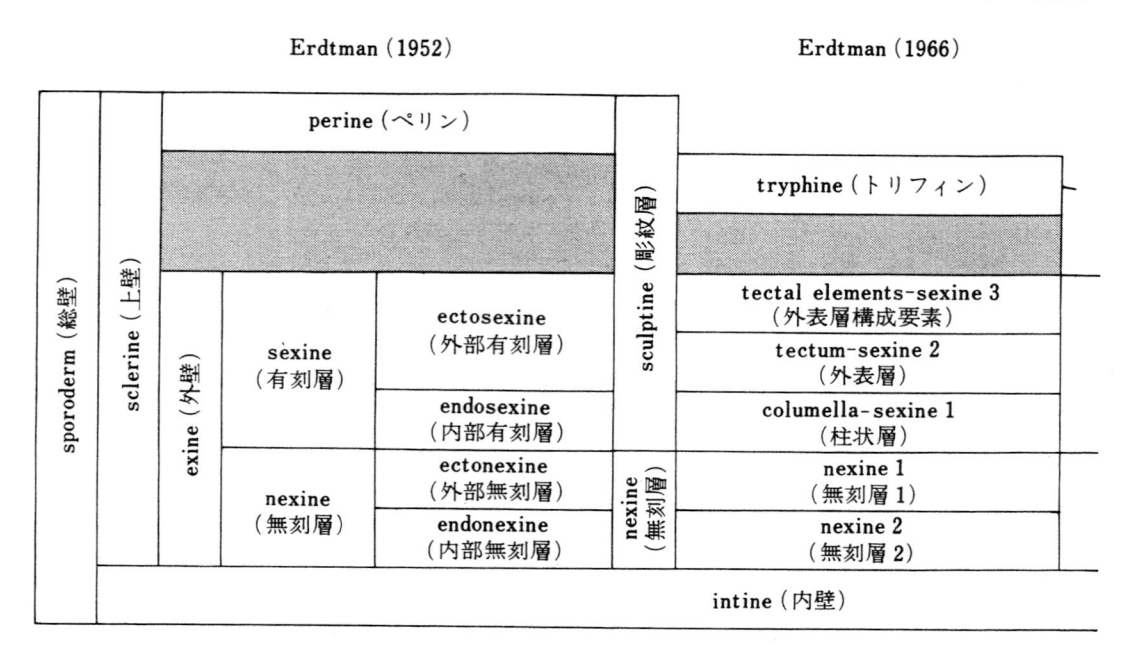

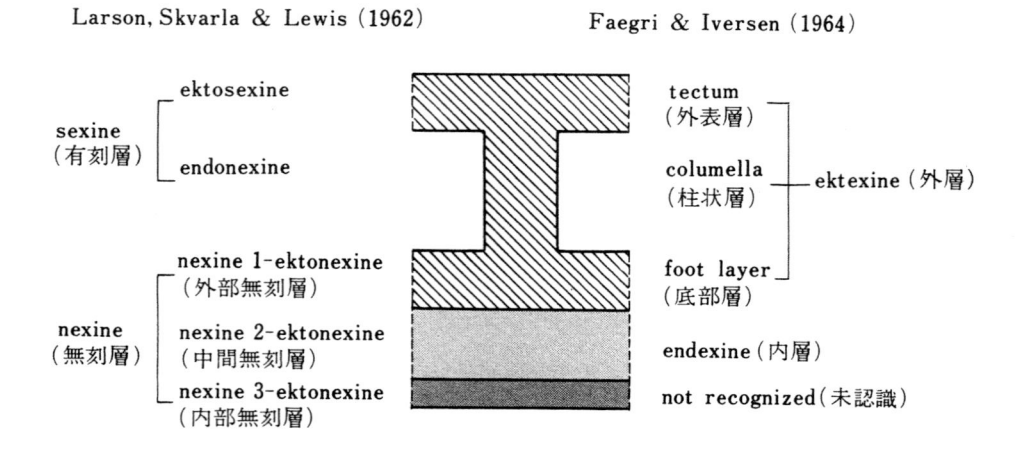

Erdtman (1952)

sporoderm（総壁）	sclerine（上壁）	exine（外壁）	perine（ペリン）		sculptine（彫紋層）
			sexine（有刻層）	ectosexine（外部有刻層）	
				endosexine（内部有刻層）	
			nexine（無刻層）	ectonexine（外部無刻層）	nexine（無刻層）
				endonexine（内部無刻層）	
	intine（内壁）				

Erdtman (1966)

- tryphine（トリフィン）
- tectal elements-sexine 3（外表層構成要素）
- tectum-sexine 2（外表層）
- columella-sexine 1（柱状層）
- nexine 1（無刻層1）
- nexine 2（無刻層2）

Larson, Skvarla & Lewis (1962)

- sexine（有刻層）
  - ektosexine
  - endonexine
- nexine（無刻層）
  - nexine 1-ektonexine（外部無刻層）
  - nexine 2-ektonexine（中間無刻層）
  - nexine 3-ektonexine（内部無刻層）

Faegri & Iversen (1964)

- ektexine（外層）
  - tectum（外表層）
  - columella（柱状層）
  - foot layer（底部層）
- endexine（内層）
- not recognized（未認識）

（守田益宗・髙橋英樹）

構造と名称

Faegri & Iverson (1964)

		sculpture elements (彫紋構成要素)
sexine (有刻層)	ektexine (外層)	tectum (外表層)
		columella (柱状層)
		foot layer (底部層)
nexine (無刻層)		endexine (内層)

3.2 外壁の突起物の種類

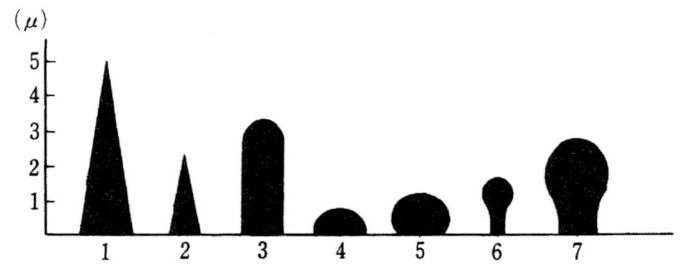

1：刺(spine)，2：小刺(spinule)，3：円柱(bacule)，4：いぼ(verruca)，5：短乳頭(gemma)，6：ピラ(pilum)，7：棍棒(clava)． (Erdtman, 1969より，守田益守)

3.3 外壁断面の構造

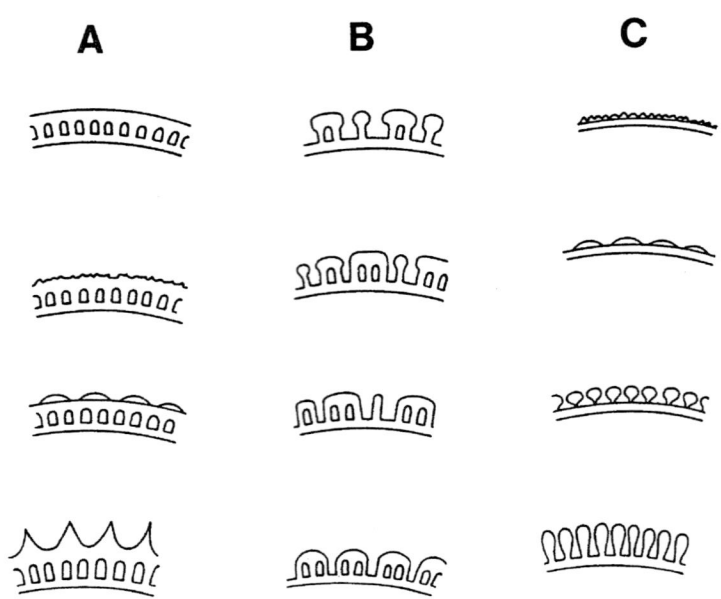

A：外表層型(tectate)：外表層が発達する構造，B：半外表層型(semi-tectate)：外表層がやや発達する構造，C：非外表層型(intectate)：外表層が発達しない構造．

(Moore ら，1991より，守田益宗)

3.4 明暗分析(LO-analysis)における顕微鏡像の変化

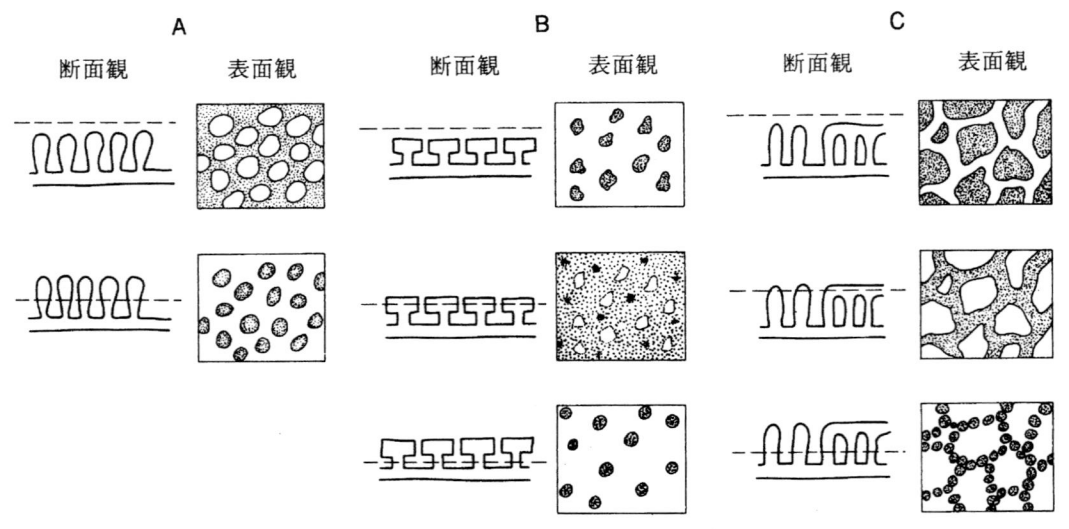

a：外表層・棍棒型，b：外表層・微穿孔型，c：半外表層・網目型．点線は焦点の位置．

(Moore ら，1991より，守田益宗)

3.5 外壁断面の模様と構造

表　面		断　面
	平滑型 (psilate)	
	微小突起型 (scabrate)	
	顆粒状型 (granulate)	
	しわ模様型 (rugulate)	
	縞模様型 (striate)	
	網目型 (reticulate)	
	いぼ状紋型 (verrucate)	
	微穿孔型 (perforate)	

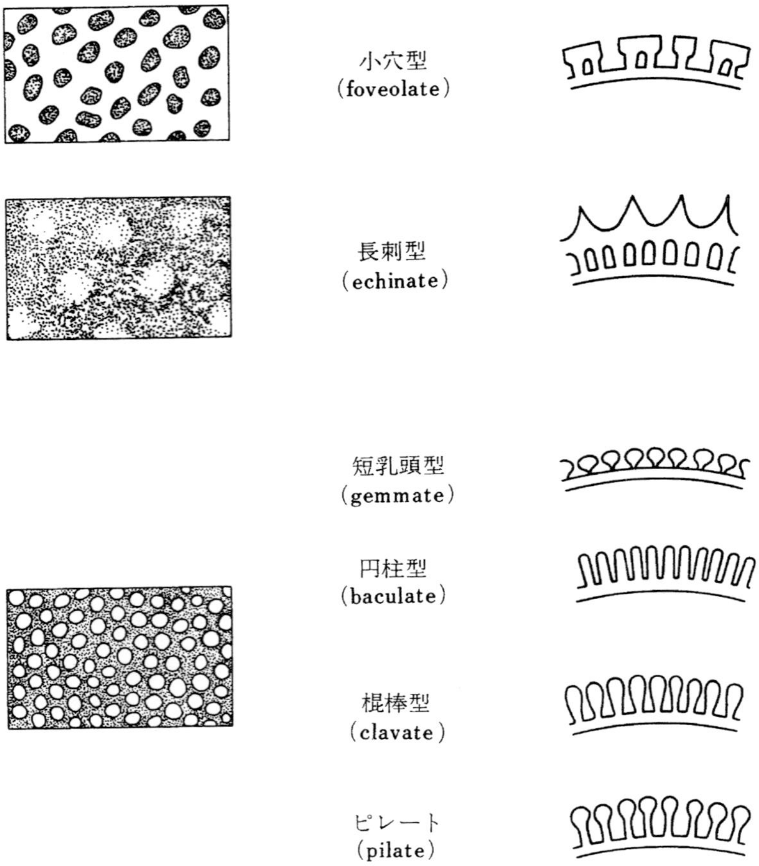

小穴型
(foveolate)

長刺型
(echinate)

短乳頭型
(gemmate)

円柱型
(baculate)

棍棒型
(clavate)

ピレート
(pilate)

(Mooreら，1991より，守田益宗)

4. 花粉孔(pore)の分類と構造

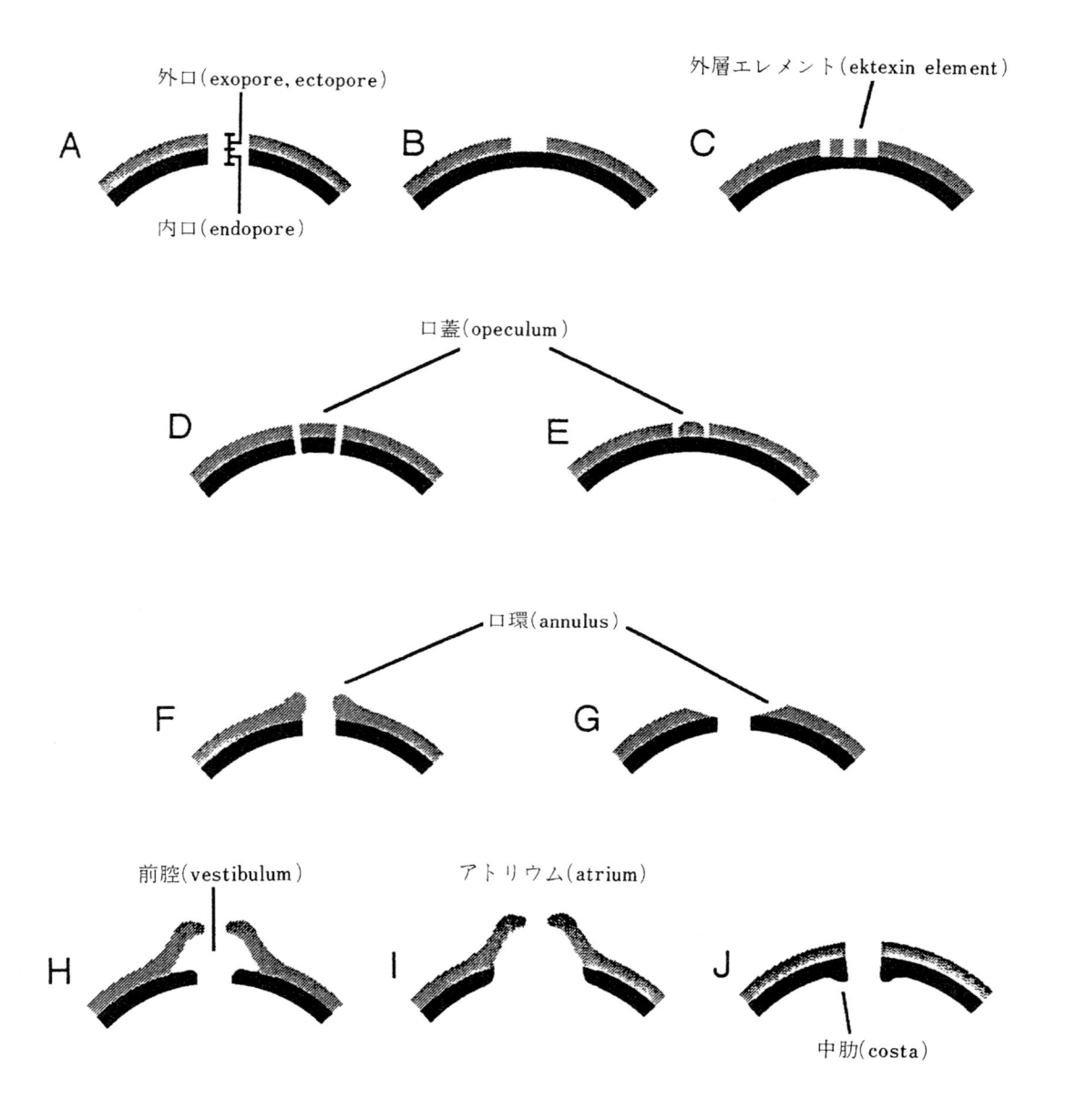

外口(exopore, ectopore)
外層エレメント(ektexin element)
内口(endopore)
口蓋(opeculum)
口環(annulus)
前腔(vestibulum)
アトリウム(atrium)
中肋(costa)

A：Traverse, 1988, B〜H, J：Iversen & Troels-Smith, 1950, I：Thomson & Pflug, 1953 の定義による．

(高原　光)

5. 花粉含有成分

5.1 発光分光分析による花粉中の元素

花粉	Na	K	Mg	Ca	Sr	Zn	Mn	Ni	Fe	Cr	Al	Ti	Cu	Pb	B	Si	P
バンクスマツ	+	++	++	++	±	+	+	−	+	−	+	±	+	−	+	++	++
クロマツ	+	++	++	++	+	±	+	−	+	−	+	±	+	±	±	++	++
アカマツ	+	++	++	++	±	+	+	−	+	−	+	±	++	±	+	+	++
トウモロコシ	+	++	++	++	±	+	+	−	+	−	+	±	++	±	+	++	++
カボチャ	+	++	++	++	±	+	+	−	+	−	+	−	+	−	±	±	++
オニユリ	+	++	++	++	±	+	+	−	+	−	+	±	++	+	++	++	++
ウバユリ	+	++	++	++	±	+	+	−	+	−	±	−	+	−	+	±	++
ラッパスイセン	+	++	++	++	+	+	+	−	±	+	+	−	++	−	+	++	++
キショウブ	+	++	++	++	+	+	+	+	±	+	±	−	++	−	+	±	++

(斗ケ沢ら, 1967)

(勝又悌三)

5.2 花粉中の無機成分含量

無機成分		バンクスマツ	クロマツ	アカマツ	トウモロコシ	カボチャ	オニユリ
	水 分(%)	15.73	17.48	14.11	16.42	16.69	12.64
	固形分(%)	84.27	82.52	85.89	83.58	83.31	87.36
	灰 分(%)	2.57	2.02	2.18	3.94	4.18	3.58
風乾物(mg%)	Na	8.00	4.32	4.43	5.05	4.73	8.96
	K	789.71	744.91	918.27	965.92	1289.25	1068.19
	Mg	89.08	95.55	104.26	101.78	141.88	84.51
	Ca	48.43	42.73	31.12	52.32	83.73	72.30
	Fe	3.02	2.32	2.12	7.61	9.42	7.65
	Al	10.93	4.13	5.74	5.00	1.96	12.12
	Zn	1.15	1.00	1.57	1.47	0.85	0.32
	Cu	0.78	0.62	0.65	0.50	1.11	11.85
	Mn	2.56	1.71	5.40	1.42	3.39	3.70
	Si	144.20	34.03	21.86	47.45	38.80	121.98
	P	381.25	312.50	293.75	614.50	762.50	537.50

(斗ケ沢ら, 1967)

(勝又悌三)

5.3 花粉中の各種リン化合物含量

		バンクスマツ	クロマツ	アカマツ	トウモロコシ	シモクレン	カボチャ	オニユリ	ラッパスイセン
風乾物 (mg%)	水　分（%）	15.73	17.48	14.11	15.59	21.95	18.67	9.78	13.58
	固形分（%）	84.27	82.52	85.89	84.41	78.05	81.33	90.22	86.42
	酸溶性 総リン	171.60	127.11	120.76	301.35	383.08	388.70	299.95	546.38
	無機リン	66.73	30.19	45.12	141.18	178.05	171.30	—	252.70
	HL-P**	9.85	12.71	3.82	0.00	10.24	14.33	—	3.59
	Δ7-P**	15.26	33.36	20.98	47.65	49.92	38.33	—	56.78
	有機リン	89.61	63.56	54.66	112.52	155.11	179.07	—	236.90
	脂質リン	117.58	85.80	92.16	189.75	184.34	209.14	129.28	223.05
	RNAリン	45.76	38.77	32.59	62.95	104.31	93.43	50.06	97.03
	DNAリン	14.99	23.64	9.60	33.01	28.06	47.35	28.14	34.03
	蛋白リン	25.10	28.60	33.05	14.69	17.08	50.41	20.48	35.72
	不溶性リン	4.19	3.05	1.52	3.37	5.39	4.24	4.24	4.94
	合　　計	379.22	306.97	289.68	605.12	722.26	793.27	532.15	941.15
	総　リ　ン*	381.25	312.50	293.75	611.45	726.60	798.55	535.85	953.20

(斗ケ沢ら, 1967)

*：花粉を直接 Allen 法により分解後定量した値で，各画分合計リンはこれの98.2〜99.4%である．

**：HL-P：highly labile phosphate.
　Δ7-P：1N 塩酸，100°C，7分間加熱により生じるリン．

(勝又悌三)

5.4 アカマツ花粉の遊離および蛋白質構成アミノ酸

アミノ酸	遊離アミノ酸	蛋白質構成アミノ酸	アミノ酸	遊離アミノ酸	蛋白質構成アミノ酸
アラニン	++	+++	リジン	+	++
γ-アミノ-n-酪酸	++		メチオニン	±	±
アルギニン	+++	++	フェニルアラニン	+	+
アスパラギン酸	++	++	プロリン	+++	±
シスチン	+	±	セリン	+	+
グルタミン酸	+++	+++	スレオニン	±	+
グルタミン	±		トリプトファン		±
グリシン	+	+++	チロシン	+	+
ヒスチジン	+	+	バリン	+	+
ロイシン	+	+			

(斗ケ沢ら, 1963; 勝又ら, 1984)

(勝又悌三)

5.5 花粉の糖質・脂質・蛋白質含量 (%)

花粉	水分	糖質 澱粉	糖質 糖	脂質	蛋白質	研究者
クロマツ	9.12	2.59	6.97	2.63	17.87	Motomura ら (1962)
マツ[Pinus sabiniana]*		2.18	10.97	2.73	11.36	Todd ら (1942)
マツ[Pinus radiata]*		2.42	11.50	1.80	13.45	〃
ガマ	16.00	11.31	6.47	1.16	18.90	Watanabe ら (1961)
ヤマユリ	4.20	1.41	21.24	17.62	25.93	Motomura ら (1962)
オニユリ	2.68	3.61	23.09	12.43	21.29	〃
トウモロコシ*			33.79	1.55	14.33	三宅 (1922)
トウモロコシ*			34.26	1.48	28.30	Anderson ら (1922)
トウモロコシ*		22.40	14.19	3.67	20.32	Todd ら (1942)
ライムギ			25.00	3.00	40.00	Kamman (1912)
ブタクサ		2.10	2.10	10.80	24.40	Heyl (1917)
セイヨウタンポポ	12.38			16.70	14.85	酒田ら (1961)
アブラナ	9.99			9.61	25.29	Todd ら (1942)
アブラナ*				25.40〜31.70	26.00	Evans ら (1987, 1991)
シロツメクサ	11.56			3.40	23.71	Todd ら (1942)
シロツメクサ	12.64			7.04	23.27	酒田ら (1961)

* 無水物%で示す.

(勝又悌三)

5.6 花粉中のビタミン含量

	バンクスマツ		クロマツ		アカマツ		トウモロコシ		カボチャ		オニユリ	
水分 (%)	15.73		17.48		15.74		25.42		16.69		12.64	
固形分 (%)	84.27	100	82.52	100	84.26	100	74.58	100	83.31	100	87.36	100
B_1 (γ%)	771.1	915.0	642.8	778.9	630.3	748.0	769.2	1031.4	1794.1	2153.4	386.6	442.5
B_2 (〃)	951.3	1128.9	761.1	922.3	832.5	988.0	723.2	969.6	1923.8	2309.2	1598.0	1829.2
C (mg%)	49.36	58.57	60.83	73.72	55.91	66.35	43.99	58.98	34.08	40.91	18.55	21.23
パントテン酸 (γ%)	715.4	848.9	326.8	396.0	821.1	974.5	666.5	893.7	736.2	883.7	267.2	305.9
ビオチン (〃)	33.1	39.3	33.7	40.9	19.7	23.4	12.4	16.6	13.6	16.3	52.5	60.1
コリン (mg%)	225.68	267.79	159.71	193.54	171.00	202.94	515.16	690.73	527.74	633.45	295.12	337.79

(斗ケ沢ら, 1967)
(勝又悌三)

5.7 花粉中ビタミン B_1, B_2, C の分別定量

		バンクスマツ		クロマツ		アカマツ		トウモロコシ		カボチャ		オニユリ	
固形分(%)		84.27	100	82.52	100	84.26	100	74.58	100	83.31	100	87.36	100
B_1 (γ%)	遊離型	323.8	384.1	371.8	450.5	311.5	369.7	622.2	834.3	1442.6	1731.6	262.5	300.5
	エステル型	447.3	530.9	271.0	328.4	318.8	378.3	147.0	197.1	351.5	421.9	124.1	142.0
B_2 (γ%)	FR	408.1	484.3	456.7	553.4	522.8	620.5	359.4	481.9	979.2	1175.4	683.9	782.9
	FMN	155.1	184.0	60.8	73.8	39.1	46.4	307.4	412.1	809.9	972.2	875.7	1002.4
	FAD	388.1	460.6	243.6	295.1	270.6	321.1	56.4	75.6	134.7	161.6	38.4	43.9
C (mg%)	還元型	39.02	46.30	56.90	68.95	39.70	47.12	7.74	10.38	1.77	2.12	9.30	10.65
	酸化型	10.34	12.27	3.93	4.77	16.21	19.23	36.25	48.60	32.31	38.79	9.25	10.58

(斗ケ沢ら, 1967)

FR:遊離型リボフラビン, FMN:フラビンモノヌクレオチド, FAD:フラビンアデニンジヌクレオチド.

(勝又悌三)

6. 空中花粉関係資料

6.1 空中花粉の季節的変動 (1980年)

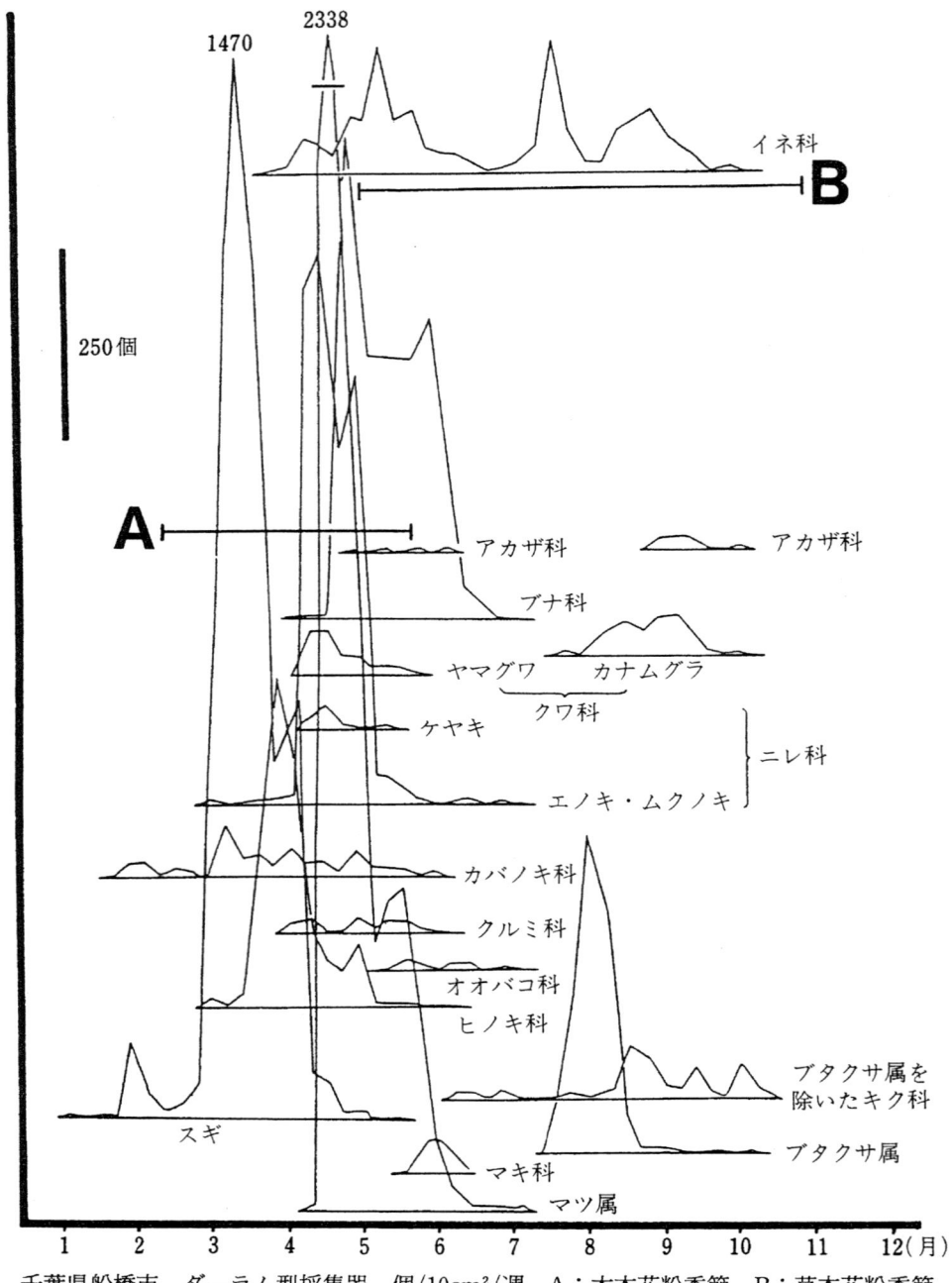

千葉県船橋市, ダーラム型採集器, 個/10cm²/週. A：木本花粉季節, B：草本花粉季節.

(佐橋, 1988)

6.2　1993年のスギ花粉前線

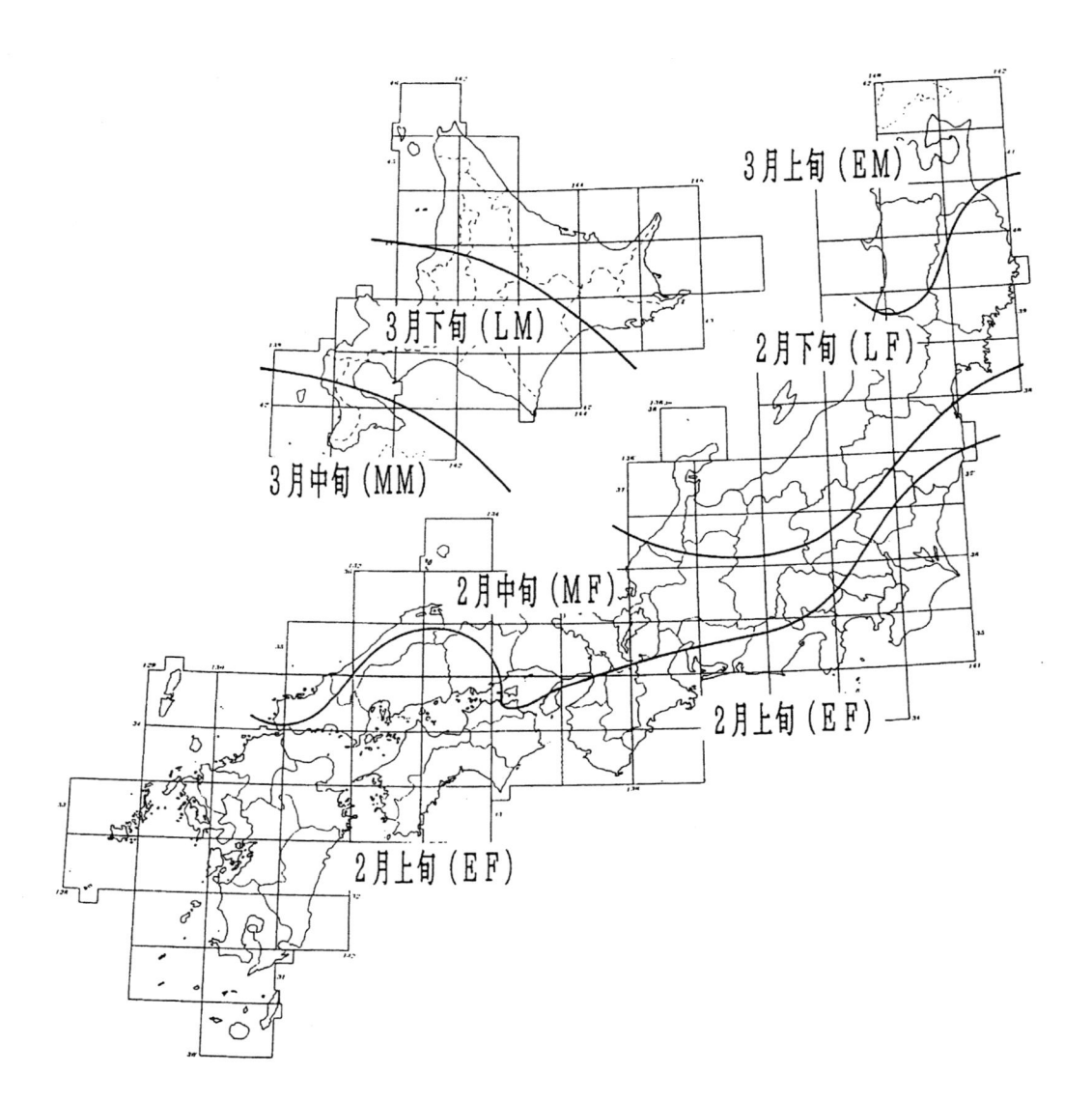

3月上旬（EM）
3月下旬（LM）
2月下旬（LF）
3月中旬（MM）
2月中旬（MF）
2月上旬（EF）
2月上旬（EF）

（佐橋，1993）

6.3 スギとヒノキ科花粉の日飛散変動と各飛散期間の比較

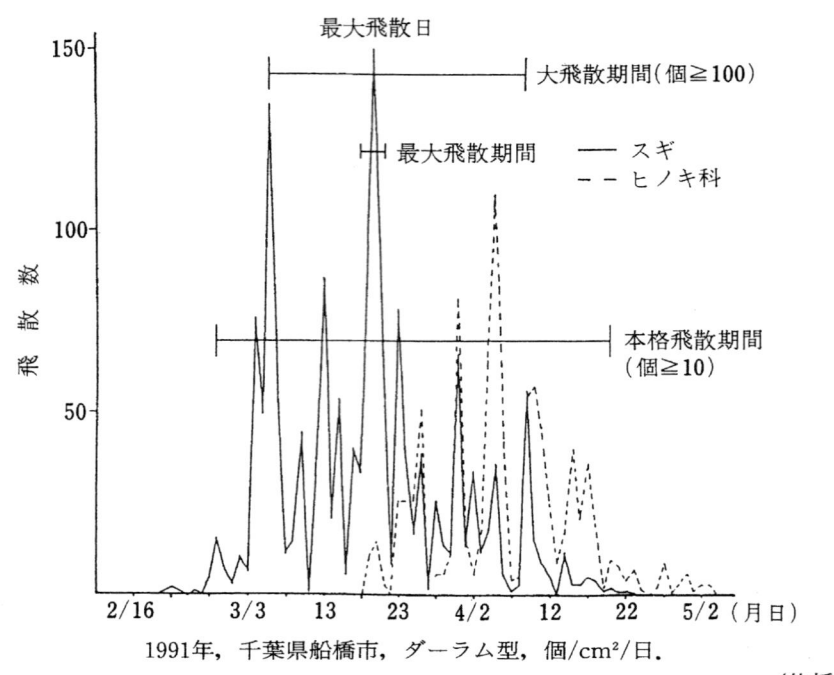

1991年，千葉県船橋市，ダーラム型，個/cm²/日．

(佐橋，1991a)

6.4 空中花粉採集器設置条件

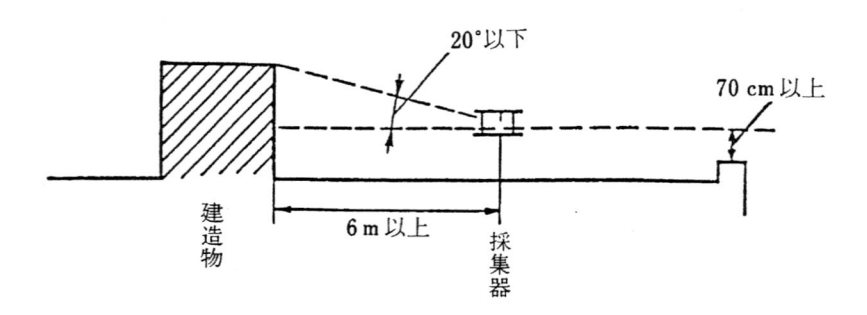

(長野ら，1978)

6. 空中花粉関係資料　　*397*

6.5　幾瀬(1956)の花粉類型

7. 引用・参考文献

1) 花粉分析および形態・分類分野

Alvarez, L. W., Alvarez, W., Asaro, F. and Michel, H. V., 1980: Extraterrestrial cause for the Cretaceous-Tertiary extinction, experimental result and theoretical interpretation. *Science*, **208**, 1095-1108.

APLF, 1975: Morphologie pollinique: problèmes de terminologie, taxons-guides et pollens péripores. *Bull. Soc. Bot. France*, **122**, 1-272.

Barkley, F. A., 1934: The statistical theory of pollen analysis. *Ecol.*, **15**, 238.

Batten, D. J. and Christopher, R. A., 1981: Key to the recognition of Normapolles and some morphologically similar pollen genera. *Rev. Palaeobot. Palynol.*, **35**, 359-383.

Beug, H. J., 1961: Leitfaden der Pollenbestimmung. Lief. 1. Gustav Fischer Verlag, Stuttgart.

Bischoff, G. W., 1833: Handbuch der botanischen Terminologie und Systemkunde. I. Nürnberg.

Blackmore, S., Thomas, A. Le., Nilsson, S., and Punt, W., 1992: Pollen and spore terminology. Onderwijs Media Institute, Univ. of Utrecht, Utrecht.

Chaloner, W.G. and Muir, M., 1968: Spores and floras. Murchison, D. C. and Westall, T. S. (eds.), Coal and coal-bearing strata, Oliver & Boyd, Edinburgh, 127-146.

Couper, R. A. and Grebe, H., 1961: A recommended terminology and descriptive method for spores. Réunion de la commission internationale de microflore du paléozoique, Report 16.

Cushing, E. J., 1961: Size increases in pollen grains mounted in thin slides. *Pollen et Spores*, **3**, 265-274.

Davis, M. B. and Goodlette, J. C., 1960: Comparison of the present vegetation with pollen-spectra in surface samples from Brownington Pond, Vermont. *Ecol.*, **41**, 340-357.

Dijikstra, S. J. and van Vierseen, P. H., 1946: Eine monographische Bearbeitung der karbonischen Megasporen mit besonderer Berücksichtigung von Südlimburg (Niederlande). *Med. Geol. Stichting*, Ser, C-III-1, No. 1.

Doyle J. A., van Campo, M. and Eugardon, B., 1975: Observations on exine structure of *Eucommiidites* and Lower Cretaceous angiosperem pollen. *Pollen et Spores*, **17**, 429-486.

Erdtman, G., 1936: New method in pollen analysis. *Svensk Bot. Tidskr.*, **20**.

Erdtman, G., 1943: An introduction to pollen analysis. Chronica Botanica, Waltham, Massachusetts.

Erdtman, G., 1945: Pollen morphology and plant taxonomy. III. Morina L. *Svensk Bot. Tidskr.*, **39**, 187-191.

Erdtman, G., 1947: Suggestions for the classification of fossil and recent pollen grains and spores. *Svensk Bot. Tidskr.*, **41**, 104-114.

Erdtman, G., 1952: Pollen morphology and plant taxonomy. Angiosperms. Almqvist and Wiksell, Stockholm.

Erdtman, G., 1954: An introduction to pollen analysis (2nd printing). Chronica Botanica, Waltham, Massachusetts.

Erdtman, G., 1957: Pollen and spore morphology. Plant taxonomy. Gymnospermae, Pteridophyta, Bryophyta. Almqvist and Wiksell, Stockholm.

Erdtman, G., 1958: On terminology in pollen and spore morphology. *Uppsala Universitets Arsskrift*, **6**, 137-138.

Erdtman, G., 1966: A propos de la stratification de l'exine. *Pollen et Spores*, **8**, 5-7.

Erdtman, G., 1969: Handbook of palynology—An introduction to the study of pollen grains and

spores. Munksgaard, Copenhagen.
Erdtman, G. and Straka, H., 1961 : Cormophyte spore classification. *Geol. Fören Förenhandl.*, **83**, H. 1. 65-78.
Faegri, K., 1956 : Recent trend in palynology. *Bot. Rev.*, **22**, 639-664.
Faegri, K. and Iversen, J., 1950 : Textbook of modern pollen analysis. Munksgaard, Copenhagen.
Faegri, K. and Iversen, J., 1964 : Textbook of pollen analysis (2nd ed.) Munksgaard, Copenhagen.
Faegri, K. and Iversen, J., 1975 : Textbook of pollen analysis (3rd ed.). Munksgaard, Copenhagen.
Faegri, K. and Iversen, J., 1989 : Textbook of pollen analysis (4th ed.). John Wiley & Sons, Chichester.
Faegri, K. and Ottestad, P., 1948 : Statistical problems in pollen analysis. *Univers. Bergen Årbok, Naturvidenskap*, **3**.
Firbas, F., 1937 : Der pollenanalystische Nachweis des Getreidebaus. *Zeitschr. f. Bot.*, **31**, 447-478.
Firbas, F., 1949 : Spät und nacheiszeitliche Waldgeschichte Mitteleuropas nördlich der Alpen. Vol. 1. Gustav Fischer, Jena.
Fritsche, C. J., 1837 : Über den Pollen. *Mém. Sav. Étrang. Acad. St. Pétersburg*, **3**, 649-672.
藤　則雄，1992：考古花粉学，雄山閣出版，東京．
Fuji, N., 1986 a : Palynological study of 200-meter core samples from Lake Biwa, Central Japan. II. The palaeovegetational and palaeoclimatic changes during the ca. 250,000-100,000 years B. P. *Trans. Proc. Palaeont. Soc. Jpn, N. S.*, **144**, 490-515.
Fuji, N., 1986 b : Global correlation on the palaeoclimatic change between Lake Biwa sedimentary evidence and other marine and terrestrical records. *Proc. Jpn. Acad.*, **62**, B, 1-4.
Fuji, N., 1986 c : Correlation between palaeoclimatic changes from Lake Biwa, Japan and Bogota, Colombia in Southern America and Palaeotemperature change from Equatorial Pacific. *Proc. Jpn. Acad.*, **62**, B, 381-384.
Fuji, N., 1987 : Analyses of palaeovegitation and palaeoclimat based on the pollen analyses. Fuji, S. and Nasu, N. (eds.), Submerged forest, Univ. Tokyo Press, Tokyo, 83-107.
Fuji, N., 1988 : Secondary community of palaeovegetation around the middle Neolithic Mawaki site, Noto Peninsula, Japan. *Proc. Jpn. Acad.*, **64**, B, 265-268.
Fuji, N., 1989 : Brunhes epoch palaeoclimate of Japan and Israel. *Palaeoecol. Palaeogeog. Palaeoeclim.*, **72**, 79-88.
Fuji, N., 1993 : Stratigraphy and palaeoclimatic background during Brunhes epoch evidenced by the long cores of Lake Biwa, Central Japan. *L'Anthropologie*, **72**, 241-260.
Fuji, N., Horie, S. *et al.*, 1992 : Die Geschichte des Biwa-Sees in Japan. Universitätsverlag Wagner, Austria.
Fuji, N., Kawai, N. *et al.* 1984 : Lake Biwa. Dr. W. Junk Publishers, Dordrecht.
Göppert, H. R., 1836 : De floribus in statu fossili commentatio. *N. Acta Acad. Leop. Carol. Natur. Cur.*, **18**, 547-572.
Grebe, H., 1971 : A recommended terminology and descriptive method for spores. *Comm. Intern. Microflore Paléoz.*, **4**, *Les Spores*, **1**, 7-34.
Guennel, G. K., 1952 : Fossil spores of the Alleghenian coals of Indiana. *Indiana Dept. Conserv., Geol. Surv. Rept. of Prog.*, **4**, 1-40.
Hafsten, U., 1956 : Pollenanalytic investigation on the late Quaternary development of the inner Oslo fjord area. *Univ. Bergen Årbok, Naturvitenskap*, **8**, 1-161.
Harris, W. F., 1955 : A manual of the spores of New Zealand Pteridophyta. A discussion of spore morphology and dispersal with reference to the identification of the spores in surface samples and as microfossils. *New Zealand, Deptm. Sci. Indistr. Res. Bull.*, **116**.
Havinga, A. J., 1967 : Palynology and pollen preservation. *Rev. Palaeobot. Palynol.*, **2**, 81-98.
Havinga, A. J., 1971 : An experimental investigation into the decay of pollen and spores in various

soil types. Brooks, J. *et al*. (eds.), Sporopollenin, Academic Press, London, 446-479.
Havinga A. J., 1984：A 20-year experimental investigation into the differential corrosion susceptibility of pollen et spores in various soil types. *Pollen et Spores*, **26**, 541-558.
Heslop-Harrison, J., 1963：An ultrastructural study of pollen wall ontogeny in *Silene pendula*. *Grana Palynol.*, **4**, 7-24.
Hoen, P. P. and Punt, W., 1989：Pollen morphology of the tribe Dorstenieae (Moraceae). *Rev. Palaeobot. Palynol.*, **57**, 187-220.
Hoffmeister, W. S., 1959：Lower Silurian plant spores from Libya. *Micropaleontology*, **5**, 331-334.
堀　正一，1938：信州八島ケ原高原湿原の花粉分析の研究．日本生物地理学会報，**8**，133-141．
幾瀬マサ，1956：日本植物の花粉．廣川書店，東京．
伊東俊太郎，1985：比較文明．東京大学出版会，東京．
伊藤　洋ら，1972：シダ学入門．ニュー・サイエンス社，東京．
Iversen, J., 1949：The influence of prehistoric man on vegetation. Danm. Geol. Unders, 4, Ser, 3, 6.
Iversen, J. and Troels-Smith, J., 1950：Pollenmorphologisk Definitioner og Typer. Danm. Geol. Unders., Ser. 4, 3.
岩波洋造，1964：花粉学大要．風間書房，東京．
岩波洋造，1967：花と花粉．総合図書，東京．
岩波洋造，1980：花粉学．講談社，東京．
岩波洋造・山田義男，1984：図説花粉．講談社，東京．
Jackson, D. D. 1928：A glossary of botanic terms with their derivation and accent (4th ed.). Duckworth and Co., London.
Jansonius, J. and Pocock, S. A., 1969：Tula, a new descriptive term for sexnial inflations. Santapau, H., Ghosh, A. K., Roy, S. K., Chanda, S. and Chaudhuri, S. K. (eds.), J. Sen. Memorial Volume, Bot. Soc. Bengal, Calcutta, 45.
川崎次男，1971：胞子と人間，パリノロジーの世界．環境と人間の科学Ⅰ，三省堂，東京．
Kemp, E. M., 1968：Probable angiosperm pollen from Britith Barremian to Albian strata. *Palaeonotology*, **11**, 421-434.
Kirchherimer, F., 1935：Die Korrosion des Pollens. *Beih. Centralb.*, A, **53**, 389-416.
吉良竜夫，1948：温量指数による垂直的な気候帯のわかちかたについて．寒地農学，**2**，143-173．
吉良竜夫，1949：日本の森林帯．林業解説シリーズ，17，日本林業技術協会，東京．
Kremp, G. O. W., 1965：Morphologic encyclopedia of palynology. Univ. Arizona Press., Tuscon.
Kuprianova, L. A., 1948：Pollen morphology of the monocotyledons (Basic data on the phylogeny of classes). Flora and systematics of the vascular plants. *Tr. Botan. Inst. Akad. Nauk USSR*, **1**, 163-172 (in Russian).
Kuroda, T., Arita, M. and Furukawa, H., 1988：Palynological study of the surface sediments of Sagami Bay, with special refference to the dispersal pattern of pollen and spore and their transportation mechanism. *Bull. Coll. Sci. Univ. Ryukyu*, **46**, 77-121.
黒沢喜一郎，1991：被子植物の花粉——走査型電子顕微鏡による観察——．大阪府立自然史博物館収蔵資料目録，第23集．
Kuyl, O. S., Muller, J. and Waterbolk, H. Th., 1955：The application of palynology to oil geology with reference to Western Venezuela. *Geologie en Mijinbouw*, **17**, 49-75.
Lagerheim, G., 1902：Metoder för pollenundersökning. *Bot Notis.*, 75-78.
Li Wen-Ben and Batten, D. J., 1986：The Early Cretaceous megaspre *Arcellites* and closely associated *Crybelosporites* microspres from Northeast Inner Mongolia, P. R. China. *Rev. Palaeobot. Palynol.*, **46**, 189-208.
Leschik, G., 1956：Die Keuperflora von Neuewelt bei Basel. *Schw. Pal. Abh.*, **72**, 1-70.
松本達郎，1970：中生界の地質時代．科学，**40**，248-255．
宮井嘉一郎，1935：霧島山の湿原とその花粉分析．生態学研究，**14**，295-301．

宮脇　昭編，1977：日本の植生．学研，東京．
三好教夫，1985 a：化石花粉，スポロポレニン，研究史．遺伝，**39**，99-103．
三好教夫，1985 b：花粉の性質，年代測定．遺伝，**39**，72-79．
三好教夫，1985 c：試料の採取から測定まで．遺伝，**39**，66-71．
三好教夫，1985 d：花粉分析．遺伝，**39**(1)〜(12)．
水谷伸治郎・斎藤靖二・勘米良亀齡，1987：日本の堆積岩．岩波書店，東京．
Moore, P. D. and Webb, J. A., 1978：An illustrated guide to pollen analysis. Hodder and Stoughton, London.
Moore, P. D., Webb, J. A. and Collinson, M. E., 1991：Pollen analysis. Blackwell Scientific Publications, Oxford.
村上多喜雄，1986：モンスーン．東京堂出版，東京．
中川　毅・安田喜憲・北川浩之・田端英雄，1993：三方湖表層堆積物中の花粉出現率の分布．日本花粉学会会誌，**39**，21-30．
中村　純，1942：八甲田山の二，三湿原の花粉分析的研究．生態学研究，**8**，18-29．
中村　純，1965：高知県低地部における晩氷期以降の植生変遷．第四紀研究，**4**，200-207．
中村　純，1967：花粉分析．古今書院，東京．
中村　純，1980：日本産花粉の標徴．I，II．大阪市立自然史博物館収蔵資料目録，第 13，14 集．
Nakamura, J., 1952：A comparative study of Japanese pollen records. *Res. Rep. Kochi Univ.*, **1**, 1-20.
中西　哲・大場達之・武田義明・服部　保，1983：森林．日本植生図鑑，1，保育社，大阪．
行方沼東，1978：シダ植物の採集と培養(第 5 版)．加島書店，東京．
那須孝悌・瀬戸　剛，1986：日本産シダ植物の胞子形態．I．大阪市立自然史博物館収蔵資料目録，第 16・17，18 集．
Norem, W. L., 1958：Keys for the classification of spores and pollen. *J. Paleontology*, **32**, 666-676.
沼田大学・玉田和夫，1936：花粉分析より見たる京都付近二，三森林の変遷に就いて．日本林学会誌，**18**，484-497．
沼田　真・岩瀬　徹，1975：図説日本の植生．朝倉書店，東京．
小倉　謙，1965：植物解剖および形態学．養賢堂，東京．
Pflug, H. D., 1953：Zur Entstehung und Entwickelung des angiospermiden Pollens in der Erdgeschichte. *Palaeontographica*, Abt. B, **95**, 60-171.
Pocock, S. A. J., 1961：Microspores of the genus *Murospora* Somers from Mesozoic strata of Western Canada and Australia. *J. Paleontol.*, **35**, 1131-1234.
Pohl, F., 1937 a：Die Pollenerzeugung der Windblütler. *Beih. Bot. Centralblatt*, **56A**, 365-470.
Pohl, F., 1937 b：Die Pollenkorngewichte einiger windblütigen Pflanzen und ihre ökologische Bedeutung. *Beih. Bot. Centralblatt*, **57A**, 112-172.
Pokrovskaya, I. M. (ed.), 1950：Pyl' tsevoy analiz (pollen analysis). Institute of Mineralogy and Geology, Moscow.
Potonié, R., 1934：Zur Mikrobotanik der Kohlen und ihrer Verwandten. I. Zur Morphologie der fossilen Pollen und Sporen. *Arb. Inst. Palaeobot. Petrogr. Brennst.*, **4**, 5-24.
Potonié, R., 1956：Synopsis der Gattungen der Sporae dispersae. I. Teil. Sporites. *Beih. Geol. Jahrb.*, **23**, 1-103.
Potonié, R. and Kremp, G. O. W., 1955：Die Sporae dispersae des Ruhrkarbons, ihre Morphographie und Stratigraphie mit Ausblicken auf Arten anderer Gebiete und Zeitabschnitte. *Palaeontographica*, Abt. B, **98**, 1-136.
Potonié, R. and Kremp, G. O. W., 1956：Die Sporae dispersae des Ruhrkarbons, ihre Morphographie und Stratigraphie mit Ausblicken auf Arten anderer Gebiete und Zeitabschnitte. *Palaeontographica*, Abt. B, **99**, 85-191.
Praglowski, J. and Punt, W., 1973：An elucidation of the micro-reticulate structure of the exine.

Grana, **13**, 45-50.
Punt, W., Blackmore, S., Nilsson, S. and Thomas, A. Le, 1994：Glossary of pollen and spore terminology. Laboratory of Palaeobotany and Palynology Contribution Series, No. 1, Laboratory of Palaeobotany and Palynology Foundation, Utrecht.
Reitsma, Tj., 1970：Suggestions towards unification of descriptive terminology of Angiosperm pollen grains. *Rev. Palaeobot. Palynol.*, **10**, 39-60.
Saad S. I., 1963：Sporoderm stratification. The "medine", a distinct third layer in the pollen wall. *Pollen et Spores*, **5**, 17-38.
佐橋紀男，1971：花粉とシダの胞子．植物と自然，**5**，10-15．
Saito, T., Yamanoi, T. and Kaiho, K., 1986：End-Cretaceous devastation of terrestrial flora in the boreal Far East. *Nature*, **323**, 253-255.
阪口　豊，1987：黒ボク土文化．科学，57-6．
Schopf, J. M., 1938：Spores from the Herrin (No. 6) coal bed in Illinois. *State Geol. Survey Illinois, Report of Investigations*, No. 50.
島倉巳三郎，1973：日本植物の花粉形態．大阪市立自然史博物館収蔵資料目録，第5集．
相馬寛吉，1984：花粉．現代生物学大系第7巻a2　高等植物A2，中山書店，東京，83-100．
Stanley, E. A. and Kremp, G. O. W., 1959：Some observations on the geniculus in the pollen of *Quercus prinoides*. *Micropaleontolgy*, **5**, 351-354.
Straka, H., 1964：Palynologia Madagassica et Mascarenica. I. Vorwort, II. Einleitung. *Pollen et Spores*, **6**, 239-283.
Straka, H., 1975：Pollen- und Sporenkunde. Gustav Fishcher, Stuttgart.
Sullivan, H. J., 1964：Miospores from the Drybrook Sandstone and associated measures in the Forest of Dean Basin, Gloucestershire. *Palaeontology*, **7**, 351-392.
鈴木時夫，1960：イチイガシを中心としてみた森林立地．森林立地，**2**，1-6．
鈴木時夫，1961：日本の森林帯前論．地理，**6**，1036-1043．
高橋　清，1981：白亜期末期および新第三紀初期の Triprojectacites 花粉群集の分布と変遷．日本花粉学会会誌，**27**，9-28．
高橋　清，1990：*Aquilapollenites* 花粉グループと Normapolles 花粉グループ――その分布と層位学的意義――．長崎大学教養部紀要，自然科学，**30**，95-132．
武田久吉，1926：高山植物．最新科学講座4，1-136．
Thanikaimoni, G., 1980：Complexities of aperture, columella and tectum. *Proc. IVth Intern. Palynol. Conf.*, I, 228-239.
Thomson, P. W. and Pflug, H., 1953：Pollen und Sporen der mittel-europäischen Tertiärs. *Palaeontographica*, Abt. B, **94**, 1-138.
徳永重元，1963：花粉のゆくえ．実業公報社，東京．
徳永重元，1972：花粉分析法入門．ラテイス，東京．
Traverse, A., 1955：Pollen analysis of the Brandon Lignite of Vermont. *Bureau of Mines, US Dept. Interior. Rep. Invest.*, 5151.
Traverse, A., 1978：Application of simple arithmetic ratios to study of D.S.D.P. Black Sea cores. *Palaeobotanist*, **25**, 525-528.
Traverse, A., 1988：Paleopalynology. Unwin Hyman, Boston.
Traverse, A. and Ginsburg. R. N., 1966：Palynology of the surface sediments of Great Bahama Bank, as related to water movement and sedimentation. *Marine Geol.*, **4**, 417-459.
Tschudy, R. H. and Scott, R. A., 1969：Aspects of palynology. Wiley-interscience, A division of John Wiley & Sons, Chichester.
塚田松雄，1974a：古生態学Ｉ――基礎編――．共立出版，東京．
塚田松雄，1974b：花粉は語る．岩波新書，岩波書店，東京．
Tsukada, M., 1958：Untersuchungen über das Verhältnis zwischen dem Pollengehalt der Oberfla-

chenproben und der Vegetation des Hochlandes Shiga. *J. Polytech. Osaka City Univ.*, Ser. D. **9**, 219-234.

Tyler, S. A. and Barghoorn, E. S., 1954：Occurrence of structurally preserved plants in Pre-Cambrian rocks of the Canadian Shield (Ontario). *Science*, **119**, 601-608.

上野実朗, 1949：電子顕微鏡による Viscinfaden (粘糸) の微細構造. 科学, **19**, 327-328.

上野実朗, 1987：花粉学研究 (増訂版). 風間書房, 東京.

Ueno, J., 1958：Some palynological observations of Pinaceae. *J. Inst. Polytech. Osaka City Univ.*, **9**, 163-188.

Ueno, J., 1960：Studies on pollen grains of Gymnospermae. Concluding remarks to the relationships between Coniferae. *J. Inst. Polytech. Osaka City Univ.*, **11**, 109-136.

van Campo, M., 1958：Palynologie africaine. 2. *Bull. I.F.A.N.*, (A), **20**, 753-759.

van Campo, M. and Guinet, P., 1961：Les pollens composés. L'exemple der Mimosaceés. *Pollen et Spores*, **3**, 201-218.

van Campo, E. *et al.*, 1982：Climatic conditions deduced from a 150-kyr oxgen isotope-pollen record from the Arabian Sea. *Nature*, **296**, 56-59.

Walker, J. W. and Doyle, J. A., 1975：The bases of angiosperm phylogeny ; palynology. *Ann. Missouri Bot. Garden.*, **62**, 664-723.

Walker, J. W. and Skvarla, J. J., 1975：Primitive columellaless pollen. A new concept in the evolutionary morphology of Angiosperms. *Science*, **187**, 445-447.

Weber, C. A., 1910：Was lehrt der Aufbau der Moore Norddeutschlands über den Wechsel des Klimas in postglazialer Zeit. *Zeitschr. Deutsch. Geol. Ges.*, **62**, 143-162.

Wodehouse, R. P., 1928：The phylogenetic value of pollen grain characters. *Ann. Bot.*, **42**, 891-934.

Wodehouse, R. P., 1935：Pollen grains. Their structure, identification and significance in science and medicine. McGraw-Hill, New York.

Wolfe, J. A., 1977：Paleogene floras from the Gulf of Alaska region. *U.S. Geol. Surv. Prof. Pap.*, **997**.

Wright, H. E. and Patten, H. L., 1963：The pollen sum. *Pollen et Spores*, **5**, 445-450.

山田常雄ら編, 1983：生物学辞典 (第3版). 岩波書店, 東京.

山中二男, 1963 a：高知県工石川の森林. 高知大学学術研究報告 (自然科学Ⅰ), **12**, 1-4.

山中二男, 1963 b：四国地方の中間温帯林. 高知大学学術研究報告 (自然科学Ⅰ), **12**, 17-25.

山中二男, 1966：シイノキについての問題と考察. 高知大学教育学部研究報告, **18**, 65-73.

山中二男, 1979：日本の森林植生. 築地書館, 東京.

Yamanaka, T., 1962：Warm temperate forests in Shikoku (Forest climaxes in Shikoku, Japan 2). *Res. Rep. Kochi Univ.* (Nat Sci. Ⅰ), **11**, 1-8.

山野井徹, 1992：花粉分析. 地球環境の復元, 朝倉書店, 東京, 323-328.

山野井徹, 1993：花粉化石が示す気温. 化石, **54**, 53-60.

山野井徹, 1994：クロボク土とその形成環境. 山形大学特定研究報告書, 東北日本における環境変化に関する研究, 27-57.

山崎次男, 1935：花粉分析による水蘇湿野の研究. 水蘇湿野の表層における花粉分布状態と現在森林構成状態との関係に就いて. 日本林学会誌, **17**, 637-645.

安田喜憲, 1980：環境考古学事始. NHKブックス, NHK出版, 東京.

安田喜憲, 1988：森林の荒廃と文明の盛衰. 思索社, 東京.

安田喜憲, 1990 a：気候と文明の盛衰, 朝倉書店, 東京.

安田喜憲, 1990 b：人類破滅の選択, 学習研究社, 東京.

安田喜憲, 1993：気候が文明を変える. 岩波科学ライブラリー 7, 岩波書店, 東京.

吉野正敏, 1973：モンスーンアジアの水資源. 古今書院, 東京.

Zetzsche, F. and Vicari, H., 1931：Untersuchungen über die Membran der Sporen und Pollen. II, 2. *Lycopodium clavatum*. *Helv. Act*, **14**, 58-78.

Zeuner, F. E., 1958: Dating the past. Hafner Publishing Co., New York & London.

2) 空中花粉分野

浅井富雄ら, 1986: 気象の辞典, 平凡社, 東京.

芦田恒雄・松永 喬・井手 武・田端司郎, 1985: スギ花粉症とヒノキ花粉症. 日本花粉学会会誌, **31**, 7-14.

Di-Giovanni, F., Backett, P.M. and Flenley, J.R., 1989: Modelling of dispersion and deposition of tree pollen within a forest canopy. *Grana,* **28**, 129-140.

Durham, O. C., 1946: The volumetric incidence of atmospheric allergens. IV. *J. Allergy,* **17**, 79-86.

Edwards, J. H., 1961 a: Seasonal incidence of congenital disease in Birmingham. *Ann. Hum. Genet.,* **25**, 89-93.

Edwards, J. H., 1961 b: The recognition and estimation of cyclictrends. *Ann. Hum. Genet.,* **25**, 83-87.

Erdtman, G., 1966: Pollen morphology and plant taxonomy. Angiosperms (Reprint.). Hafner Publishing Co., New York and London.

Gergory, P. H., 1961: The microbiology of the atmosphere. Leonard Hill (Books) Limited, London.

Giostra, U., Mandorioli, P., Tampieri, F. and Trombetti, F., 1991: Model for pollen immission and transport in the evolving convective boundary layar. *Grana,* **30**, 210-214.

橋詰隼人, 1991: 花粉症対策の基礎的研究. 平成2年度科研一般B研究成果報告書, 3-35.

畑村久好・奥野忠一・津村善郎訳: スネデカー 統計的方法 (改訂版). 岩波書店, 東京.

Hirst, J. M., 1952: An automatic volumetric spore trap. *Ann. Appl. Biol.,* **39**, 257-265.

堀田 満ら, 1989: 世界有用植物事典. 平凡社, 東京.

藤井建雄, 1976: 日本のイチゴ栽培. 週刊朝日百科, **56**, 1325.

藤崎洋子・島瀬初美・五十嵐隆夫・山田康子・小林 収・佐藤 尚, 1976: 花粉症の研究. IV. マツ属花粉症. アレルギー, **25**, 668-677.

池本信義, 1970: キョウチクトウ花粉喘息に関する研究. アレルギー, **19**, 188-192.

幾瀬マサ, 1956: 日本植物の花粉. 廣川書店, 東京.

Ikuse, M., Sahashi, N. and Takeda, T., 1976: Seasonal fluctuations of the airborne pollen grains and spores in Chiba Pref. *Jap. J. Palyn.,* **18**, 1-10.

今岡浩一・熊江 隆・荒川はつ江・神馬征峰・内山厳雄, 1993: スギ花粉点鼻投与による特異IgE抗体の誘導とディーゼル粒子の増強作用: ラットモデルでの解析. アレルギー, **42**, 1353.

Ishizaki, T., Koizumi, K., Ikemori, R., Ishiyama, Y. and Kushibiki E., 1987: Studies of prevalence of Japanese cedar pollinosis among the residents in a densely cultivated area. *Ann. Allergy,* **58**, 265-270.

岩波洋造, 1981: 花粉学, 講談社, 東京.

金子義徳・額田 粲・廣畑富雄, 1972: 疫学——原理と方法. 丸善, 東京.

川島茂人, 1991: スギ花粉の発生と拡散過程のモデル化——スギ花粉の拡散過程に関する研究 (I)——. 日本花粉学会会誌, **37**, 11-21.

川島茂人・高橋裕一, 1991: 開花日を考慮したスギ花粉拡散シミュレーション——スギ花粉の拡散過程に関する研究 (III)——. 日本花粉学会会誌, **37**, 137-141.

木村康一・木島正夫, 1961: 薬用植物各論. 廣川書店, 東京.

気象ハンドブック編集委員会編, 1979: 気象ハンドブック. 朝倉書店, 東京.

小林隆弘, 1993: 花粉症と粒子状物質. 日本花粉学会第34回大会講演要旨集 (山形市), 47.

近藤純正, 1982: 大気境界層の科学. 東京堂出版, 東京.

真壁 肇, 1983: ワイブル確率紙の使い方. 信頼性のための統計的解析, 日本規格協会, 東京, 1-79.

牧野富太郎, 1977: 牧野新日本植物図鑑. 北隆館, 東京.

Marsh, D. G., Goodfried, L., King, T. P., Løwenstein, H., and Platts-Mills T.A.E., 1987: Alergen nomenclature. *J. Allergy Clin. Immunol.*, **80**, 639-644.

Matsumura, T., Kimura, T. *et al.*, 1969：Rice pollen asthma. *J. Asthma Research*, **7**, 7-16.

Muranaka, M., Suzuki, S., Koizumi, K., Takafuji, S., Miyamoto, T., Ikemori R. and Okiwa, H., 1986：Adjuvant activity of diesel-exhaust particles for the production of IgE antibody in mice. *J. Allergy Clin. Immunol.*, **77**, 616-623.

中村　純，1980：日本産花粉の標徴．I，II．大阪市立自然史博物館収蔵資料目録，第13, 14集．

中村　晋・平井得夫・上野実朗，1969：気管支喘息の研究．第4報．ひかげのかずら胞子によると考えられる職業性喘息の症例について．アレルギー，**18**, 258-262.

長野　準・西間三馨ら，1992：日本列島の空中花粉．II．北隆館，東京．

日本薬学会編，1973, 1990：衛生試験法・注解．金原出版，東京．

沼田　真編，1988：生態学辞典(増補改訂版)．築地書館，東京．

西田　誠，1977：イチョウ科．週刊朝日百科，**106**, 2514.

Ogden, E. C., 1960：Tagging and sampling Ragweed pollen. New York State Museum and Science Service Progress Report, No. 1.

Ogden E. C. and Raynor, G. S., 1967：A new sampler for airborne pollen――The rotslide. *J. Allergy*, **40**, 1-11.

大井次三郎(北川政夫改訂)，1983：新日本植物誌．至文堂，東京．

佐渡昌子，1978：大気中の花粉数の統計的研究――ワイブル確率紙による解析．日本衛生学会誌，**33**, 663-672.

佐渡昌子，1990：空中花粉調査法(1)．空中花粉の捕集．花粉学実験講座5，日本花粉学会会誌，**36**, 171-176.

佐渡昌子，1993：花粉測定法．技術講座110，アレルギーの臨床，**13**, 48-51.

佐渡昌子・間宮昌子・白石　彰，1975：習志野市における volumetric な花粉調査方法について．日本花粉学会会誌，**15**, 57-65.

佐渡昌子・間宮昌子・白石　彰・額田　粲，1977：volumetric 法による空中花粉の調査．II．花粉個数の度数分布について．日本花粉学会会誌，**19**, 1-9.

佐渡昌子・白石　彰・額田　粲，1979：空中花粉の季節変動．日本花粉学会会誌，**23**, 17-21.

阪口雅弘・井上　栄・高橋裕一・名古屋隆生・渡辺雅尚・安枝　浩・谷口美文・栗本雅司，1993：ヒトおよびニホンザルスギ花粉症患者におけるIgE-B細胞エピトープの解析．日本免疫学会総会学術集会記録(仙台市)，**23**, 506.

Sakaguchi, M., Inouye, S., Taniai M., Ando, S., Usui, M. and Matuhasi, T., 1990：Identification of the second major allergen of Japanese cedar pollen. *Allergy*, **45**, 309-312.

Sakaguchi, M., Inouye, S., Imaoka, K. *et al.*, 1992：Measurement of serum IgE antibodies against Japanese cedar pollen (*Cryptomeria japonica*) in Japanese monkeys (*Macaca fuscata*) with pollinosis. *J. Med. Primatol.*, **21**, 323-327.

佐橋紀男，1984：空中花粉調査の話題．日本花粉学会会誌，**30**, 75-77.

佐橋紀男，1988：空中花粉(花粉症原因花粉)の生態．*J. Jap. Soc. Hosp. Pharm.*, **24**, 65-72.

佐橋紀男，1990：空中花粉の検索法．日本花粉学会会誌，**36**, 177-185.

佐橋紀男，1991a：花粉学からみたスギ花粉の飛散変動．科学，**61**, 101-104.

佐橋紀男，1991b：最近のスギ・ヒノキ科花粉の動態．医薬の門，**31**, 28-31.

佐橋紀男，1991c：植生分布と空中花粉調査．信太隆夫・奥田　稔編著：図説スギ花粉症(改訂第2版)，金原出版，東京，9-36.

佐橋紀男，1993：1993年のスギ花粉前線．日本花粉学会会誌，**39**, 61-70.

佐橋紀男・岸川禮子・西間三馨・長野　準，1993：日本における空中花粉測定および花粉情報の標準化に関する研究報告．日本花粉学会会誌，**39**, 129-134.

Sahashi, N. and Ueno, J., 1986：Pollen morphology of *Ginkgo biloba* and *Cycas revoluta*. *Can. J. Bot.*, **64**, 3075-3078.

Sahashi, N. and Murayama, K., 1993：Change in the northward movement of the pollen front of

Cryptomeria japonica in Japan, during 1986-1991. *Allergie et Immunologie*, **25**, 150-153.

斎藤洋三・竹田英子，1987：花粉症の疫学の最近の話題．日本花粉学会会誌，**33**，135-138．

斎藤洋三・佐橋紀男・清水由規ら，1989：花粉症対策に係る基礎的研究．総合解析報告書，東京都衛生局，東京，42-51．

佐々木隆，1982：農林水産と気象．朝倉書店，東京．

澤谷真奈美・安枝 浩ら，1993：スギ花粉アレルゲン *Cry j* IIの免疫学的，物理化学的性質．アレルギー，**42**，738-747．

世界の植物．週刊朝日百科，朝日新聞社，東京

関根勇八ら，1987：気象情報の利用法．東京堂出版，東京．

信太隆夫，1992：上下気道花粉アレルギー．免疫アレルギー，**10**，14-19．

島倉巳三郎，1973：日本植物の花粉形態．大阪市立自然史博物館収蔵資料目録，第5集．

杉本順一，1953：新帰化植物報知(1)．植研，**28**，372．

杉田和春・降矢和夫，1964：花粉症の研究．I．ブタクサおよびカモガヤについて．アレルギー，**13**，19-23．

Suphioglu, C., Singh, M.B., Taylor, P., Bellome, R., Holmus, P., Puy, R. and Knox, B.R., 1992: Mechanism of grass-pollen induced asthma. *Lancet*, **339**, 567-572.

鈴木孝人・池田真悟・大沢誠喜・加納堯子，1992：マウスのIgE抗体産生におけるディーゼル排気ガス粒子のアジュバント作用．第33回大気汚染学会講演要旨集，385．

Takafuji, S., Suzuki, S., Koizumi, K., Tadokoro, K., Miyamoto, T., Ikemori, R. and Muranaka, M., 1987: Diesel-exhaust particles inoculated by the intranasal route have an adjuvant activity for IgE production on mice. *J. Allergy Clin. Immunol.*, **79**, 639-645.

高橋裕一，1992：雄花着生量の観察に基づく来シーズンの空中スギ花粉総飛散数の推定．日本花粉学会会誌，**38**，172-174．

高橋裕一・東海林喜助・片桐 進・引地郁夫，1989：山形盆地におけるスギ花粉飛散の日内変動とそれに及ぼす温暖・寒冷前線の影響．アレルギー，**38**，407-412．

高橋裕一・井上 栄・阪口雅弘・片桐 進，1990：イムノブロット法による空中スギ，イネ科植物花粉アレルゲン粒子数の測定，アレルギー，**39**，1612-1620．

高橋裕一・小野正助ら，1993：スギ開花の時期と標高，メッシュ気温との関係．日本花粉学会会誌，**39**，103-110．

Takahashi, Y., Mizoguchi, J. *et al.*, 1989: Development and distribution of the major pollen allergen (*Cry j* I) in male flower buds of Japanese cedar (*Cryptomeria japonica*). *Jpn. J. Allergol.*, **38**, 1354-1358.

Takahashi, Y., Sakaguchi, M. *et al.*, 1991: Existence of exine-free airborne allergen particles of Japanese cedar (*Cryptomeria japonica*) pollen. *Allergy*, **46**, 588-593.

Takahashi, Y., Tokumaru K. and Kawashima, S., 1992: Distribution chart of *Cryptomeria japonica* forest through data analysis of Landsat-TM. *Jpn. J. Palynol.*, **38**, 140-147.

Takahashi, Y., Sakaguchi, M., Inouye, S., Yasueda, H., Shida, T. and Katagiri, S., 1993: Airborne grass pollen antigens in a grassland as studied by immunoblotting with anti-*Lol p* I antibody. *Grana*, **32**, 302-307.

Takahashi, Y., Nagoya, T., Watanabe, M., Inouye, S., Sakaguchi, M. and Katagiri, S., 1993: A new method of counting airborne Japanese cedar (*Cryptomeria japonica*) pollen allergens by immunoblotting. *Allergy*, **48**, 94-98.

Takahashi, Y., Sakaguchi, M., Inouye, S., Nagoya, T., Watanabe, M. and Katagiri, K., 1993: Confirmation of the airborne occurrence of micron-size airborne pollen antigen carrying particles by immunoblotting. *Allergie et Immunologie*, **25**, 132-136.

Taniai, M., Ando, S., Usui, M., Kurimoto, M., Sakaguchi, M., Inouye, S. and Matuhasi, T., 1988: *FEBS letters*, **239**, 329-332.

寺尾 彬・宮本昭正，1972：イチゴ花粉症例．鼻副会誌，**11**，51-52．

豊国秀夫，1986：長野県の空中花粉同定手引(1). 信州大学環境科学論集，**8**，58-67.
塚田松雄，1974：花粉は語る. 岩波新書，岩波書店，東京.
上野実朗，1982：花粉百話. 風間書房，東京.
安枝　浩，1983：抗原分析. 信太隆夫監修，図説スギ花粉症，金原出版，東京，87-109.
Yasueda, H., Yui, Y., Shimizu, T. and Shida T., 1983: Isolation and partial characterization of the major allergen from Japanese cedar (*Cryptomeria japonica*) pollen. *J. Allergy Clin Immunol.*, **71**, 77-86.
吉野正敏ら，1985：気候学. 気象学辞典，二宮書店.
渡辺清彦，1966：植物分類学——種子植物. 風間書房，東京.
渡辺雅尚・田村正宏・名古屋隆生・高橋裕一・片桐　進，1992：スギ花粉抗原 (*Cry j* I) に対するモノクローナル抗体を用いたイムノブロット法によるスギ花粉アレルゲン粒子数の測定. アレルギー，**41**，637-644.
Wosdehouse, R. P., 1935: Pollen grains. Hafner Pub. Co., New York.

3) 花粉症分野

安部　理・栗原正英・青木秀夫ら，1979：キク科およびイエローサルタン花粉によるアレルギー. アレルギー，**28**，974-975.
秋山一男ら，1989：ツバキ花粉症の1症例. アレルギーの臨床，**9**，660-661.
American Thoracic Society, 1962: Definitions and classification of chronic bronchitis, asthma and pulmonary emphysema. *Amer. Rev. Resp. Dis.*, **85**, 762-768.
浅井貞宏，1977：カラムシの花粉に起因する気管支喘息の研究. アレルギー，**26**，731-739.
浅井貞宏ら，1993：職業性カラムシ花粉症の1例. 職業アレルギー，**1**，26.
芦田恒雄ら，1986：コウヤマキ花粉症. アレルギー，**35**，245-249.
芦田恒雄ら，1992：アブラナ属花粉症. 日本花粉学会会誌，**38**，31-36.
我妻義則ら，1969：花粉症の研究. 第3報. 札幌地方のヨモギ花粉症. アレルギー，**18**，980-990.
我妻義則ら，1972：花粉症の研究(VI). 札幌地方のシラカバ花粉症. アレルギー，**21**，710-717.
我妻義則ら，1974：ヒメスイバ・ギシギシ花粉症. アレルギー，**23**，245-246.
馬場廣太郎・谷垣内由ぞら，1991：スギ花粉症の自然治癒について. 耳鼻，**37**，1187-1191.
Bostock, J., 1819: Case of a periodical affections of the eyes and chest. *Medico-Chirurgical Transaction*, **10**, 161-165.
Bostock, J., 1828: Of the catarrhus aestivus, or summer catarrh. *Med. Chir. Tr.*, **14**：437-446.
Brodnitz, F. S., 1971: Allergy of the larynx. *ORL Clin. North. Amer.*, 579-582.
Coleman, R., Trembath, R. C. and Hrper, J. I., 1993: Chromosome 11q13 and atopy underlying atopic exzema. *Lancet*, **341**, 1121-1122.
Cookson, W. O. C. M., Sharp, P. A., Faux, J. A. and Hopkin, J. M., 1989: Linkage between immunoglobuline responses underlying asthma and rhinitis and chromosome 11q. *Lancet*, **10**, 1292-1294.
Coombs, R. R. A. *et al.*, 1968: The classification of allergic reactions underlying disease. Clinical aspects of immunology, Blackwell Scientific Publication., Oxford & Edinburgh, 575-596.
袴田　勝・永井政男，1984：リンゴ花粉症の鼻科学的検討. アレルギー，**33**，1008-1015.
浜口富美・鶴飼幸太郎・原田　泉・坂倉康夫，1984：小児鼻アレルギーにおよぼす成長の影響. アレルギー，**33**，308-317.
堀　俊彦，1971：スターチスによる職業性花粉症と考えられた一例. アレルギーの臨床，**11**，527-528.
堀　俊彦，1983a：クルミ花粉症. アレルギーの臨床，**22**，27-28.
堀　俊彦，1983b：長野県東信地方における小児のイネ科 (カモガヤ) 花粉症. アレルギーの臨床，**32**，41-43.
堀口申作・斎藤洋三，1964：栃木県日光地方におけるスギ花粉症 Japanese Cedar Pollinosis の発見. アレルギー，**13**，16-18.

堀口申作・斎藤洋三ら,1968:カナムグラ花粉症症例.アレルギー,**17**, 109-113.
藤崎洋子・島瀬初美・五十嵐隆夫ら,1976:花粉症の研究.IV.マツ属花粉症.アレルギー,**25**, 668-677.
降矢和夫,1968:アレルギー,**17**, 500.
降矢和夫,1970:花粉症に関する研究(III).花粉症におけるコナラ属の意義.アレルギー,**19**, 918-930.
細川 武ら,1974:Hypersensitivity pneumonitisと思われる1症例.日胸疾会誌,**12**, 334.
一川聡夫・長田 康・笠原行喜,1990:クリ花粉症の検討.日本鼻科学会誌(抄),**29**, 140-140.
池本信義,1970:キョウチクトウ花粉喘息に関する研究.アレルギー,**19**, 188-192.
幾瀬マサ,1956:日本植物の花粉.廣川書店,東京.
井上 栄・阪口雅弘・母里啓子・宮村紀久子・氏字敦雄・重原 進・野口有三,1986:スギ花粉症の血清疫学調査.医学のあゆみ,**138**, 285-286.
石崎 達編,1979:花粉アレルギーその実態と治療.北隆館,東京.
Ishizaki, T., Koizumi, K., Ikemori, R., Ishiyama, Y. and Kushibiki. E., 1987: Studies of the prevalence of Japanese cedar pollinosis among the residents in a densely cultivated area. *Ann Allergy*, **58**, 265.
伊藤幸治,1993:よくわかるアレルギー疾患と治療法.日本医事新報社,東京.
厳 文雄,1986:サクランボ花粉症の研究――初めて見い出されたサクランボ花粉症に関する臨床的・免疫学的検討――.日耳鼻,**89**, 1217-1230.
加藤英輔ら,1977:クルミ花粉症.アレルギー,**26**, 315.
河合 健,1982:過敏性肺炎.日胸疾会誌,**20**, 3-11.
川村芳弘・木村健彦,1976:タンポポアレルギー(予報).医学のあゆみ,**99**, 619-620.
北村四郎,1975:原色日本樹木図鑑.保育社,大阪.
木村利定・松村龍雄,1971:小児気管支喘息のアレルゲン診断と特異療法に関する研究.第4報.イネ花粉喘息(1).アレルギー,**20**, 903-914.
岸川禮子,1992:花粉情報と花粉カレンダー.治療,**74**, 2305-2308.
岸川禮子ら,1988:福岡市におけるスギ・ヒノキ科花粉飛散の年次変動と気象条件.アレルギー,**37**, 355-363.
岸川禮子・廣瀬隆士・西間三馨,1990:スギ花粉症の発症.西間三馨(主任研究者):花粉症における予防・治療に関する研究報告書(平成元年度厚生科学研究費による),43-48.
小林節雄ら,1977:過敏性肺臓炎.呼吸と循環,**25**, 141-146.
小林敏男・大関秀雄・稲沢正士・福田玲子・永田頌史・本間誠一・中沢次夫・小林節雄,1973:イチゴ花粉による喘息症例とその疫学調査.アレルギー,**22**, 699-705.
小暮文雄,1991:粘膜アレルギーの診断をめぐって.アレルギーの臨床,**138**, 652-653.
小暮文雄,1992:アレルギー性結膜炎.吉利 和監修,免疫アレルギー性疾患,2,アトピー・アレルギー性疾患(最新内科学体系 23),中山書店,東京,317-321.
小崎秀夫,1977:鼻副会誌,**16**, 114-115.
小関洋男ら,1988:花粉症に対する減感作治療法の実際,ブタクサ花粉症.*JOHNS*, 251-256.
日下幸則ら,1988:無機物――金属.第8回六甲カンファランス,吸入性抗原――主に喘息の原因として,メディカルトリビューン社,東京,181-163.
牧野荘平,1992:免疫アレルギー,その歴史.山村雄一・吉利 和監修,免疫アレルギー性疾患,2,アトピー・アレルギー性疾患(最新内科学体系 23),中山書店,東京,317-321.
牧野荘平,1993:アレルギーの病態生理.診断と治療,**81**, 1140-1146.
Marsh, D. G., 1987: Allergic nomenclature. *J. Allergy Clin. Immunol.*, **80**, 639-645.
丸尾敏夫,1993:エッセンシャル眼科学(第4版).医歯薬出版,東京.
松山隆治ら,1972:花粉症の研究.第4報.職業病としてのテンサイ花粉症.アレルギー,**21**, 235-243.
McSharry, C., 1993: *J. Clin. Immunoassay*, **16**, 153-158.
光井庄太郎,1983:喘息死の現状.アレルギア,**12**, 1-7.
Miura, N., 1993: Ramie pollen-induced bronchial asthma and allergenic cross reactivity of ramie

and parietaria. *Jpn. J. Allergol.*, **42**, 649-655.
宮本昭正・隆矢和夫，1969：わが国の花粉症．日本医事新報，**2347**，47-52．
水谷民子，1983：ハンノキ花粉症．アレルギーの臨床，特集 木の花粉症，17-18．
水谷民子・藤崎洋子・馬場 実ら，1970：ハンノキ花粉喘息．日本小児科学会雑誌，**75**，88．
本島新司ら，1993：吸入誘発試験．中村 晋ら編，アレルギー診療マニュアル，金原出版，東京，244-251．
元木徳治ら，1992：グロリオサ花粉症に関する検討——第1報——．アレルギー，**41**，1050．
Mygind, N., 1979: Hay fever. Nasal Allergy (2nd ed.), Blackwell Scientific Publications, Oxford & Edinburgh, 219-223.
永井政雄・袴田 勝，1985：サクラ花粉症の2症例．アレルギー，**34**，782．
長野 準・勝田満江・信太隆夫，1978：日本列島の空中花粉．北隆館，東京．
長野 準・西間三馨・岸川禮子・佐橋紀男・横山敏孝，1992：日本列島の空中花粉．II．北隆館，東京．
中川俊二・勝田満江，1975：除虫菊花粉症について．日本花粉学会誌，**15**，45-55．
中原 聰・芦田恒雄・衛藤幸男ら，1990：オオバヤシャブシ花粉症の1例とその疫学調査．アレルギー，**39**，104-109．
中村 晋，1970：気管支喘息の研究．第5報．そばアレルギーについて．アレルギー，**19**，702-717．
中村 晋，1988：気管支喘息の管理と生活指導——疾病管理概念の提唱．治療，**70**，2049-2058．
中村 晋，1991：杉花粉症における喘息症状．治療，**73**，185-190．
中村 晋，1992 a：そばアレルギーにおける shock そして死——予防対策を含めて．アレルギーの臨床，**12**，728-733．
中村 晋，1992 b：職業性花粉症．治療，**74**，2329-2332．
中村 晋，1993 a：杉花粉症の研究．第9報．大学生における杉花粉症の頻度調査成績——1992年度の調査結果．アレルギー，**42**，419．
中村 晋，1993 b：職業性抗原．中村 晋ら編，アレルギー診療マニュアル，金原出版，東京，325-340．
中澤次夫，1993：職業性過敏性肺炎．田中健一編，アレルギー——産業環境からのアプローチ，金芳堂，204-211．
小笠原寛・魚木雄二郎・吉村史郎ら，1992：ヤシャブシ花粉症の実態調査．神緑会学術誌，**8**，107-108．
Ohta, K. *et al.* 1985: *J. Clin. Appl. Immunol.*, **75**, 134.
沖倉一彰，1984：咽頭アレルギーの臨床的研究．耳展，補**1**，1-25．
奥田 稔，1988：鼻アレルギー．金原出版，東京．
奥田 稔，1992 a：鼻アレルギーにおける好酸球の意義．治療，**74**，2286-2287．
奥田 稔，1992 b：鼻アレルギー（第2版）．金原出版，東京．
奥村悦之ら，1983：ピーマン喘息の一症例．アレルギー，**32**，598．
大西正樹・宇佐神篤・木村廣行，1983：静岡のヨモギ属花粉症．静岡医誌**1**，187-195．
Pirquet, C. von., 1906: Allergie. *Muench. Med. Wochenschr.*, **53**, 1457-1458.
Reed, C. E., 1988: Basic mechanisms of asthma—Role of inflammation. *Chest*, **94**, 175-177.
斎藤洋三，1992：スギ花粉症の疫学．治療，**74**，2309-2311．
斎藤洋三・竹田英子・清水章治，1979：バラ研究所職員にみられたバラ花粉症．アレルギー，**28**，221．
斎藤洋三・清水章治・佐橋紀男，1988：花粉症疫学調査の試み．*JOHNS*，**4**(2)，177-183．
Sakaguchi, M., 1990: *Allergy*, **45**, 309-312.
坂口喜清・井上英輝・関はるみ，1988：アフリカキンセンカ花粉症の一症例．アレルギーの臨床（抄），**8**，290-291．
佐橋紀男，1991：植生分布と空中花粉調査．信太隆夫・奥田 稔編，図説スギ花粉症，II，金原出版，東京，9-32．
佐橋紀男，1992：スギ花粉前線．長野 準ら，日本列島の空中花粉，II，北隆館，東京，55-57．
佐藤靖雄・寺尾あきら，1965：花粉症．耳展，**2**，123-127．
沢田幸正，1978：リンゴ花粉症について．アレルギー，**27**，815-817．
沢木修二，1972：アレルギー性咽頭炎．医学のあゆみ，**83**，674-675．

信太隆夫, 1978 a：花粉症の疫学. 医薬の門, **18**, 251-255.
信太隆夫, 1978 b：桃挾培業者にみられたモモ花粉症. 最新医学, **33**, 840-841.
信太隆夫ら, 1970：花粉喘息の特徴. アレルギー, **19**, 739-751.
信太隆夫・奥田　稔編, 1991：図説スギ花粉症. II. 金原出版, 東京.
嶋倉巳三郎, 1973：日本植物の花粉形態. 大阪市立自然科学博物館収蔵資料目録, 第5集.
嶋倉巳三郎, 1981：花粉症のための花粉検索ハンドブック. 花粉研究会, 京都.
清水章治, 1973：初夏型キク科花粉症――ハルジオン花粉症例. 耳鼻と臨床, **19**, 132-135.
清水章治, 1974：花粉症の研究(後編). 日耳鼻, **77**, 485-504.
清水章治, 1975：ケヤキ花粉症. アレルギー, **24**, 125.
清水章治, 1979：ケヤキ(木本花粉症). 石崎　達編, 花粉アレルギー, 北隆館, 東京, 171-174.
清水章治, 1983：モモ花粉症の長期減感作治療による臨床ならびに免疫学的検討. 耳鼻と臨床, **29**, 716-720.
Smith, H. L., 1909：Buckwheat-poisoning—with report of a case in man. *Arch. Int. Med.*, **3**, 350-359.
Solomon, W. R., 1967：Hay fever, allergic rhinitis and bronchial asthma. A manual of clinical allergy (2nd ed.). W. B. Saunders Co., Philadelphia & London.
宗　信夫ら, 1986：花栽培従事者の鼻アレルギー症例. アレルギー, **35**, 749.
Speizer, F. E. *et al.*, 1968：Observations on recent increase in mortality from asthma. *Brit. Med. J.*, **1**, 335-339.
末次　勧, 1991：喘息発作を起こす薬剤. 治療, **73**, 1554-1556.
菅谷愛子・保田和美・津田　整・清水はるみ, 1983：埼玉県坂戸市における空中花粉の調査. アレルギー, **32**, 333-342.
菅谷愛子・幾瀬マサ, 1972：東京タワーにおける空中飛散花粉の分析. アレルギー, **21**, 249-257.
杉田和春・降田和夫, 1964：花粉症の研究. I. ブタクサ及びカモガヤについて. アレルギー, **13**, 19-23.
Sulzberger, M. B., Spain, W. C., Sammis, F. and Shahon, H. I., 1932：Studies in hypersensitiveness in certain dermatoses. *J. Allergy*, **3**, 423.
Suzuki, S., Kuroume, T., Todokoro, M., Todokoro, H., Kanbe, Y. and Matsumura, T., 1975：Chrysanthemum pollinosis in Japan. *Int. Archs Allergy Appl. Immun.*, **48**, 800-811.
高橋裕一・松浦敬次郎・片桐　進, 1987：スズメノカタビラ花粉症――春先のイネ科植物花粉症. アレルギー, **36**, 7-15.
平　英彰, 1992：スギ花粉飛散会誌日の予測について――植物生理の観点から――. アレルギー, **41**, 86-92.
高岡基雄・鈴木健男・竹内裕美・石津吉彦, 1985：イチゴ花粉症の検討(抄). 鼻副会誌, **24**, 136-136.
舘野幸司, 1979：イチョウ花粉症. アレルギー, **28**, 220.
舘野幸司・中嶋茂樹・戸所正雄ら, 1975：小児気管支喘息のアレルゲン診断と特異療法に関する研究. 第5報. スズメノテッポー花粉を主要抗原とする気管支喘息. アレルギー, **24**, 713-725.
舘野幸司・中嶋茂樹・松村龍三, 1975：小児気管支喘息のアレルゲン診断と特異療法に関する研究. 第6報. ケンタッキー31フェスク花粉を主要抗原とする気管支喘息. アレルギー, **24**, 744-752.
Teranishi, H., 1988：Pollen allergy due to artifical pollination of Japanese pear：An occupational hazard. *J. Soc. Occup. Med.*, **38**, 18-22.
寺尾　彬・宮本昭正, 1972：いちご花粉症例. 鼻副会誌(抄), **11**, 51-52.
栃木隆男・上田　厚・青山公春ら, 1990：観賞用切り花スターチス栽培に伴う職業性アレルギー性鼻炎の1例. アレルギーの臨床, **10**, 117-119.
富田　仁, 1974：京都市左京区岩倉地区住民のブタ草花粉およびセイタカアキノキリン草花による感作調査について. 花粉, **6**, 5-6.
月岡一治, 1984：ブドウ栽培者にみられたブドウ花粉症の1例. アレルギー, **33**, 247-250.
月岡一治ら, 1980：桃, 梨花粉によるアレルギー性鼻炎および気管支喘息の検討. 最新医学, **35**, 1089

-1090.
月岡一治ら, 1984：ナシ花粉症の2症例. アレルギー, **33**, 853-858.
打越 進・野村公寿・木村廣行・宇佐神篤, 1980 a：ウメ花粉症の検索. アレルギー（抄）, **29**, 551-551.
打越 進・野村公寿・木村廣行・宇佐神篤, 1980 b：ウメ花粉症の研究. 日耳鼻, **84**(4), 374-378.
上田 厚, 1986：日農医誌, **35**, 793-802.
宇佐神篤, 1980：ヤナギ属花粉症. 日耳鼻, 静岡県地方部会, **10**.
宇佐神篤, 1981：花粉症の現況. アレルギーの臨床, **1**, 29-33.
宇佐神篤, 1983：キク科ヨモギ属の花粉症. アレルギーの臨床, **25**, 21-24.
宇佐神篤, 1985：花粉症の研究. 静岡県臨床免疫懇話会記録 8, 19-20.
宇佐神篤, 1988 a：花粉症の臨床像. *JOHNS*, **4**, 228-234.
宇佐神篤, 1988 b：花粉症——最近の動向と地域特性について——. アレルギー診療, **14**, 541-553.
宇佐神篤, 1989 a：本邦における花粉症について. *Primary ENT*, **3**, 18-23.
宇佐神篤, 1989 b：日本の花粉症. *MEDICO*, **20**, 11-16.
宇佐神篤, 1993 a：花粉抗原の意義. 中村 晋ら編：アレルギー診療マニュアル, 金原出版, 東京, 305-308.
宇佐神篤, 1993 b：鼻アレルギー. 中村 晋ら編, アレルギー診療マニュアル, 金原出版, 東京, **108**.
宇佐神篤, 1994 a：花粉症の全国調査. *JOHNS*, **10**, 279-285.
宇佐神篤, 1994 b：めずらしい花粉症. *MEDICO*, **25**, 16-25.
宇佐神篤・宇佐神正海, 1972：ヒメガマ花粉症（抄）. アレルギー, **21**, 164.
宇佐神篤・奥田 稔・梶川泰造, 1974：イチゴ花粉症（抄）. 日耳鼻, **77**, 408-408.
宇佐神篤・奥田 稔・宇佐神正海, 1976：ヒメガマ花粉症. 日耳鼻, **79**, 978-983.
宇佐神篤・野口 恒, 1979：アカシア花粉症の研究（抄）. 鼻副会誌, **18**, 157-158.
宇佐神篤・木村廣行, 1980：ヤマモモ花粉症の研究. 鼻副会誌（抄）. **19**, 151-151.
宇佐神篤・木村廣行・大西正樹, 1983：マツ属花粉症の研究. 日本花粉学会会誌, **29**, 91-93.
宇佐神篤・木村廣行・大西正樹ら, 1983：静岡地方の花粉症. 静済医誌, **1**, 169-186.
宇佐神篤・木村廣行・藤川和成, 1985：クリ花粉抗原の研究. 日本鼻科学会誌（抄）, **23**, 102-103.
宇佐神治子・宇佐神篤・石田岳志・大橋 勝, 1994：アンケート調査にみられた静岡県下の学童・生徒のアトピー性皮膚炎（第1報）——アトピー性皮膚炎の有病率——. 日皮会誌, **104**, 89-104.
山口幹夫・山下利幸・武田直也・近藤昭男・小池靖夫, 1991：咽頭アレルギーにおける咽頭所見. 日気食会報, **42**, 259-263.
Yasueda, H., Yui, Y., Shimizu, T. and Shida, T., 1983：Isolation and partial characterization of the major allergen from Japanese cedar (*Cryptomeria japonica*) pollen. *J. Allergy Clin Immunol.*, **71**, 77-86.
湯浅武之助, 1987：誘発テスト(3), アレルギー性結膜炎. アレルギーの臨床, **7**, 545-547.
油井泰雄, 1979：抗原. 三井庄太郎ら編, アレルギークリニックの金原出版, 東京, 35-43.
油井泰雄・清水章治・抑原行義・信太隆夫, 1977：キク科花粉間における共通抗原性の検討（第1報）. アレルギー, **26**, 817-826.

4) 遺伝・育種分野

Cresti, M., Gori, P. and Pacini, E. (eds.), 1988：Sexual reproduction in higher plants. Springer-Verlag, Berlin.
Doust, J. L. and Doust, L. L. (eds.), 1988：Plant reproductive ecology. Oxford Univ. Press, Oxford.
Free, J. B., 1993：Insect pollination of crops (2nd ed.). Academic Press, London.
藤下典之, 1970：各種蔬菜における低温, 高温, 除雄剤などの処理にもとづく花粉退化とその機構に関する研究. 大阪府立大学紀要 農学・生物学, **22**, iii-208.
Grant, V., 1981：Plant speciation (2nd ed.). Columbia Univ. Press, New York.
井上 健・湯本貴和編, 1992：昆虫を誘い寄せる戦略. シリーズ地球共生系3, 平凡社, 東京.
Jones, C. E. and Little, R. J. (eds.), 1983：Handbook of experimental pollination biology. Van

Nostrand Reihold, New York.
Linskens, H. F., 1964：Pollen physiology and fertilization. North Holland, Amsterdam.
生井兵治, 1990：栽培植物における受粉生物学のすすめ. 1〜6. 農業および園芸, **65**, 859-862, 981-984, 1097-1100, 1209-1211, 1325-1328, 1420-1424.
生井兵治, 1991：栽培植物における受粉生物学のすすめ. 7〜13. 農業および園芸, **66**, 327-331, 445-448, 645-653, 761-764, 873-880, 987-992, 1095-1100.
生井兵治, 1992 a：植物の性の営みを探る. 養賢堂, 東京.
生井兵治, 1992 b：栽培植物における受粉生物学のすすめ. 14-24. 農業および園芸, **67**, 74-78, 319-324, 419-426, 633-636, 733-737, 838-840, 935-942, 1041-1044, 1140-1146, 1243-1248, 1343-1347.
生井兵治, 1993：栽培植物における受粉生物学のすすめ. 25. 農業および園芸, **68**, 324-330.
生井兵治, 1994：栽培植物における受粉生物学のすすめ. 26-33. 農業および園芸, **69**, 527-533, 612-618, 731-738, 834-840, 926-932, 1037-1039, 1138-1146, 1243-1247.
Real. L. (ed.), 1983：Pollination biology. Academic Press, London.
Richards, A. J., 1990：Plant breeding systems (2nd ed.). Unwin Hyman, London.
鷲谷いづみ・大串隆之編, 1992：動物と植物の利用しあう関係. シリーズ地球共生系 5, 平凡社, 東京.
Wyatt, R. (ed.), 1992：Ecology and evolution of plant reproduction. Chapman and Hall, London.

5) 細胞・生理分野

Cresti, M., Blackmore, S. and van Went, J. L., 1992：Atlas of sexual reproduction in flowering plants. Springer-Verlag, Berlin, Heiderberg & New York.
原　彰・船隈　透, 1983：応用花粉学入門. 化学と生物. **21**, 360-367.
Harris, P. J., Anderson, M. A., Bacic, A. and Clarke, A. E., 1984：Cell-cell recognition in plants with special responce to the pollen-stigma interaction. *Oxford surveys of plant molecular and cell Biology*, **1**, 161-203.
池野成一郎, 1948：植物系統学(増訂第 7 版). 裳華房, 東京.
猪野俊平, 1967：植物組織学(訂正第 1 版). 内田老鶴圃新社, 東京.
International review of cytology, a survey of cell biology, **140**.
岩波洋造, 1980：花粉学. 講談社, 東京.
勝又悌三, 1988：花粉発芽時の酵素活性調節機構. 日本花粉学会会誌, **34**, 157-173.
Knox, R. B., 1984：Pollen-pistil interactions. Encyclopedia of plant physiology (new series), **17**, Springer-Verlag, Berlin, Heiderberg. 508-608.
Mascarenhas, J. P., 1975：The biochemistry of angiosperm pollen development. *TheBotanical Review*, **41**, 259-314.
Mascarenhas, J. P., 1993：Molecular mechanisms of pollen tube growth and differentiation. *The Plant Cell*, **5**, 1303-1314.
三木壽子, 1980 a：花粉の研究. I. 生物科学, **32**, 67-68.
三木壽子, 1980 b：花粉の研究. II. 生物科学, **32**, 213-220.
三木壽子, 1981：花粉の研究. III. 生物科学, **33**, 51-56.
Rosen, W. G., 1968：Ultrastructure and physilogy of pollen. *Ann. Rev. Plant Physiol.*, **19**, 436-462.
志佐　誠, 加藤幸雄, 1975：新・生殖生理学. 誠文堂新光社, 東京.
Stanley, R. G. and Linskens, H. F., 1974：Pollen-Biology Biochemistry Management. Springer-Verlag, Berlin, Heiderberg & New York.
Steer, M. S. ans Steer, J. M., 1989：Pollen tip growth. *New Phytol.*, **11**, 323-358.
Amer. Soc. Plant Physiol., 1993：Special Review Issue on Plant Reproduction. *The Plant Cell*, **5**, 1139-1488.
上野実朗, 1987：花粉学研究(増訂版). 風間書房, 東京.
安田貞雄, 1951：高等植物生殖生理学. 養賢堂, 東京.
渡辺光太郎, 1969：花粉の生理, **8**, 47-54.

6) 養蜂・食品分野

Barth, F. G., 1985：Insects and flowers. The biology of a partnership. Princeton Univ. Press, Princeton.
Crane, E., 1975：Honey. A Comprehensive Survey. Int. Bee. Res. Assoc.
Crane, E. and Walker, P., 1983：The impact of pest management on bees and pollination. Tropical Development and Research Institute, London.
Crane, E. and Walker, P., 1984：Pollination directory for world crops. Int. Bee Res. Assoc., London.
Dafni, A., 1992：Pollination ecology. A practical approach. Oxford Univ. Press, Oxford.
FAO/WHO, 1989：Codex Alimentarius. CAC/Vol III, Ed 1, Supplement 2.
FAO/WHO, 1994：Codex Alimentarius, Vol. II, Second Ed.
Free, J. B., 1993：Insect pollination of crops (2nd ed.). Academic Press, London.
長谷 幸ら，1976：はちみつの品質と分析方法，第4報．はちみつの品質評価指標としての花粉分析．農水省食品総合研究報告，**32**，115-127．
井上民二・加藤 真編，1993：花に引き寄せられる動物——花と送粉者の共進化——．平凡社，東京．
JETRO, 1996：Trade Scope, **16**(12), 9-16.
Jones, C. E. and Little, R. J. (eds.), 1983：Handbook of experimental pollination biology. Van Nostrand Reinhold, New York.
前田英則・幾瀬マサ，1971：蜂蜜17種中の花粉について．日本花粉学会誌，**8**，29-33．
松香光夫，1991：ミツバチ花粉だんごの性質と利用．ミツバチ科学，**12**，34-38．
松香光夫・佐々木正己，1988：花粉とミツバチ．日本花粉学会誌，**34**，87-94．
森 登・仁科 保，1992：花粉食品の規格について．ミツバチ科学，**13**，151-158．
Moore, P. D. *et al.*, 1991：Pollen analysis. Blackwell Scientific Publications, Oxford.
農水省畜産局家畜生産課，1997：養ほう関係参考資料．
岡田一次，1985：ミツバチの科学．玉川大学出版部．
岡田一次ら，1976：花粉分析法．ハチ蜜品質検定の一実験．玉川大学農学部研究報告，**16**，46-54．
岡田一次・酒井哲夫・佐々木正己，1983：洗浄・粉末化したミツバチ花粉ダンゴによる果樹類の人工授粉．玉川大学農学部研究報告，**23**，18-35．
佐々木正己，1994：養蜂の科学．サイエンスハウス，東京．
田中 肇，1993：花に秘められたなぞを解くために——花生態学入門——．農村文化社，東京．
上野実朗，1983：花粉とその利用法．ミツバチ科学，**4**，57-66．

日本語索引

ア

アイ・エス〔IS〕式ロータリー(型)花粉捕集器　1, 42, 48, 175
IgE　1, 5, 7
IgE 依存型　6, 11
IgE 抗体　1, 6, 10, 62
IgE 抗体測定法　1
IgG　5
IgG 抗体　2
アイソザイム　2, 15, 23, 69, 226
アイソトープ　95
I パターン　254
アオゲイトウ　290
アカガシ　38, 150, 299
アカガシ亜属　150
アカザ科　3, 247
アカザ属　3
アカシア　3, 51
アカシア花粉症　3, 53
アカシアハチ蜜　338
アカバナ科　261
アカマツ　3, 312
アカマツ花粉症　3, 53
アカマツ林　115
アカミタンポポ　233
アガモスパーミー　4, 204, 230, 320
亜寒帯針葉樹林　4
亜寒帯針葉樹林帯　181
亜間氷期　4, 290
アキニレ　128, 259
アキノエノコログサ　26
アキノキリンソウ　4, 108
亜球形　111, 240
アクチン　4, 81, 130, 315, 332
アグリコン　301
アクリジンオレンジ　126
アクリターク　5, 131, 148, 165, 278
アゲハ属　245
アゲハチョウ　238
アゲハ類　216
アコウ　7
アコニチン　81
アサ　172
アサ亜科　124
アサガオ　258
アザミ　217, 238
アザミウマ　217
アシ　26

アシウスギ　32, 196
アジサイ　256
アシナガバチ　216
アジュバント　5
アスコルビン酸ペルオキシダーゼ　49, 305
アスパラガス　172, 175, 205, 280
アスパラギン　81
アズール色素　111
汗かき現象　70, 237
アセチルコリン　140
アセトリシス(処理)法　34, 42, 74, 90, 236, 255, 261
アセビ　82, 238, 336
アゼラスチン　135
暖かさの指数　5, 188
アダン　7
アッケシソウ　34
アッケシソウ属　3
圧搾ハチ蜜　272
圧縮器　174
アツモリソウ属　55
亜等極性　5
アトピー　6, 10, 11
アトピー性アレルギー　6
アトピー性皮膚炎　286
アトランティック期　7
アトリウム　7, 35, 135
アナフィラキシー　7, 219, 300
アニリンブルー　99, 100, 126
亜熱帯林　7
アピゲニン　64
アビシニアカラシ　156
亜氷河期　8, 290
アブラナ　8, 116, 161, 296, 300, 339
アブラナ科　52, 237, 258
アブラナ属　8, 156
アブラナ属花粉症　8, 53
アフリカキンセンカ　8
アフリカキンセンカ花粉症　8, 53
亜偏球形　8
アポミクシス　8, 109, 167, 204, 230, 320
アポミクト　321
アマモ　195
アマモ属　74
アミシー　8, 97
網状紋　9, 211
アミノ酸　2, 9, 81, 273, 345

網目　9
網目型　9, 31, 291, 302, 351
網目状紋型　9
網目紋　254
網目有柄頭状紋型　9
アミメロン　178
アミラーゼ　272, 291
アミロース　248
アミロプラスト　9, 164, 248
アミロプロスト　83
アミロペクチン　248
アミン　10
アメダス　10
アメーバ型　228
アメリカシラカンバ　191
アメリカニレ　128
アメントフラボン　64
アヤメ科　258
アラカシ　150, 184, 299
アラニン　81
アラビドプシス　167
アリ　216
アルカリファーストグリーン染色法　156
アルギニン　81
アルサス型反応　101, 111, 112
r 選択　10
アルブミン　81
アルミニウム　79
アレチハンノキ　191
アレルギー　6, 7, 10, 11, 52, 67, 106, 135, 300, 310
アレルギー科　69
アレルギークリニック　69, 107
アレルギー性咽頭炎　28
アレルギー性結膜炎　11, 101, 128, 182
アレルギー性喉頭炎　141
アレルギー性鼻炎　6, 11, 67, 140, 275
アレルギー反応　11, 112
アレルゲン　85, 102, 129, 138
アレルゲン検索法　287
アレルゲン植物　286
アレルゲン性　139
アレルゲン特異的 IgE 抗体　1
アレルゲン命名法　11
アレレート期　12
アロイオゲネシス　208

日本語索引

アワ 62
アンダーセンサンプラー 119
安定化選択 12, 168
安定化選抜 12, 168
安定度 12
アンテトゥルマ 12
アントキサンチン 63
アントシアニジン 63, 301
アントシアニン 72
暗明模様 12
アンレキサノクス 135

イ

イエローサルタン 13, 107
イエローサルタン花粉症 13, 53
異花受粉 13
異型花型不和合性 302
異型花柱性 175
維管束 165
維管束植物 321
閾値テスト 13, 287
異極性 13
異極面性 13
育児蜂 350
育種 13, 21
育種年限の短縮法 301
異形─→異型─
異型花 256
異型花型自家不和合性 163
異型核分裂 132
異型花柱性 14, 15, 205, 239, 240
異型花粉群 142
異系交配 15, 117
異型受精 225, 241
異型蕊現象 14, 15
異型接合体 15, 250
異型配偶子 263, 333
異型不和合性 14, 15
異型胞子 223, 307
異型雄蕊 15
異時代異地性岩体 19
異質四倍体 265
移住 22
移住圧 21
異種染色体添加植物 16
異所性遺伝子導入 16
異所の移入 25
異親対合 283
異数性 16, 18, 70
異数体 16, 18, 224
イスノキ 7, 184
異性化酵素 141
イソアレルゲン 53
移送 336
位相差顕微鏡 17, 288
異相世代交代 208
イソフラボン 63, 301
イソラムネチン 64

イソロイシン 81
遺存種 17
遺体化石 36
イタリアン 316
イタリアンライグラス 17, 25, 302
イタリアンライグラス花粉症 17, 53
イチイ 51
イチイガシ 184
イチイモドキ 207
一核性花粉 184
I 型アレルギー 1, 2, 6, 10, 11, 52, 68, 101, 112, 135, 138, 141, 219, 247
イチゴ 17, 166, 217
イチゴ花粉症 17, 53
イチゴツナギ 205
一細胞性花粉 18, 184
一次エキシン 18
一次外壁 18
イチジクコバチ 18
一次(性)種分化 13, 17, 18, 283
一次世代交代 208
一次遷移 124, 211
一次胚乳 176
一次壁 59
1 次メッシュ 18, 322
一条溝 232
異地性堆積物 18, 133
一染色体植物 16
一染色体添加植物 16
一代雑種品種 19, 46, 158, 177, 232, 245, 261, 305
一倍体 19, 257
一方向性交雑能力 21
一方向の隔離 21
イチョウ 17, 19, 20, 52, 176, 205, 293, 332
イチョウ科 19
イチョウ花粉症 20, 53
イチョウ属 35
イチョウ類 343
一翼型 20, 105, 298
一回親 281
一核期花粉 51
一価染色体 20
一穂一列(検定)法 19, 20
一斉林 20, 104
一側性交雑 21
一側性阻害 21
一側性不和合性 21
一般組み合わせ能力 121
遺伝構造 21, 180, 247
遺伝子移入 62
遺伝子型 21, 22, 110, 121, 259, 307
遺伝子型系列 23, 275
遺伝子型値 24
遺伝子型頻度 21, 24, 274
遺伝子銀行 21

遺伝子組み換え 13, 22, 126
遺伝子組み換え率 226
遺伝資源 13, 21, 22, 24, 30
遺伝子構成 173
遺伝子座 2, 23, 117
遺伝子-細胞質雄性不稔性 335
遺伝子資源 22
遺伝子溜り 21, 22, 325
遺伝子地図 3
遺伝子である確率 22
遺伝子の移入 46
遺伝子の吹き溜り 22
遺伝子の分離 121
遺伝子頻度 22, 23, 24, 173, 274, 325
遺伝子頻度系列 22
遺伝子プール 22
遺伝子雄性不稔性 23, 335
遺伝子流動 14, 23, 153, 175
遺伝的可変性 247
遺伝的組み換え 140, 169, 280
遺伝的効果 214
遺伝的固定度 3
遺伝的多型 174
遺伝的多型性 23
遺伝的多様性 3, 23, 251
遺伝的浮動 24
遺伝的平衡 24
遺伝的変異 179, 185
遺伝的雄性不稔性 190
遺伝標識 226
遺伝分散 24
遺伝マーカー 95
遺伝率 24
移動期 131
イトスギ属 286
移入 24
移入交雑 24
イヌカラマツ属 312
イヌシデ 75
イヌビエ 218, 290
イヌブナ 299
イヌムギ 304
イネ 14, 19, 25, 26, 40, 43, 83, 85, 94, 109, 110, 158, 167, 174, 177, 190, 205, 245, 280, 329
イネ科 17, 25, 39, 52, 65, 77, 113, 132, 178, 218, 222, 237, 258, 260, 284, 293
イネ科花粉症 25, 97, 113
イネ花粉喘息 26, 53
イノコズチ属 290
イノシトール 26, 249, 293
イノデ 309
いぼ状紋 26, 27, 332
イムノブロット法 27, 62
医薬品 27
イラクサ科 27, 98, 293
イリジウム濃集 269

イリノイ氷河期　27,291
医療花粉学　27
イワカラミ　343
イワダレゴケ　186
隠花植物　128
陰樹冠　175
印象化石　36
インスタント花粉管　28,84
隕石　269
インタール　135
インティン　255
咽頭アレルギー　28
インドフェノール反応　156
インドール酢酸　206
in vivo 法　139
インピンジャー　28,191
インベルターゼ　28,84,198,273,291
隠胞子　29

ウ

ウイスコンシン氷河　90
ウイスコンシン氷河期　30,142,291
ウイードシーズン　30
ウイルスフリー　30,228
ウエスタンブロット法　27
ウェットタイプ　258
ウエル法　30,60
ウグイスゴケ　186
ウコギ　172
ウシノケグサ　25,30
渦鞭毛藻　78,116,274
渦鞭毛藻シスト　30,38,56,96,151,302
ウダイカンバ　186
内ひだ　31
ウツギ　216,245
畝　31
畝孔　225
ウメ　31,205,217,238,277,327
ウメ花粉症　31,53
羽毛様柱頭　237,258
ウラシマソウ　238
ウラジロガシ　38,184
ウラジロ属　194
ウラスギ　32,196
ウリミバエ　188
雨緑林　260
ウルシ　82
ウルチ性　110
ウルトラミクロオートラジオグラフィー　37
Würm (ウルム) 後期　154
Würm (ウルム) 氷河期　32,142,281,291
ウロン酸　32,304
ウンシュウミカン　120,227,339
運動性減数細胞　31

運動性接合子　30,151,302
運動性配偶子　263

エ

ACC 型　153
エイ・ピー　33,181
栄養核　33,59,97,241
栄養細胞　30,33,52,59,77,78,102
栄養生殖　208,320
栄養的無配生殖　321
栄養繁殖　320
栄養繁殖力　247
栄養胞子　307
栄養葉　309
エオジノステイン　283
エオシン　111
液果　48
液状ハチ蜜　272
エキシン　9,43
液体振盪培地　60
液体培地　33,147
液体力学　119
SI×SC 阻害　21
S 遺伝子　163,308
エステラーゼ　84,291
S-糖蛋白質　308
エストロン　80
S-パターン　43
SPI 型　240
S 複対立遺伝子　264
S-レセプターキナーゼ　308
エゾタンポポ　233
エゾノギシギシ　290
エゾマツ　186
エゾミソハギ　14,15
エゾヨモギ　340
枝打ち　33
エチオプラスト　165
エチジウムブロマイド染色法　156
エックス小体　33
X 線　335
エドモンド層群　269
エドワード・プロット　33
エニシダ　82
エヌ・エイ・ピー　33
n 世代　33
エノキ亜科　259
エノコログサ　25,62
エピトープ　138
エビネ属　55
FIL 型　114
FCR 法　76
FDA 法　76
F_1 雑種　33,177,326,335
F_1 種子　232,245,261,295
F_1 品種　305
エーム間氷期　145
LO-パターン　322

エルトマン　34
エルロース　272
エーレンベルク　34
遠位　34
塩化亜鉛　94
塩基　246
塩沼地植生　34
塩沼地の植物　34
遠心　34
遠心極　34
遠心極観　114
遠心極面　34,258
遠心面　34
遠心面孔型　35
遠心面溝型　35
遠心面合流三溝型　34
遠心面合流三長口型　35
遠心面合流四長口型　35
遠心面有孔型　35
遠心面有溝型　35
円錐　35
円錐状空間　35,137
円柱　35,251,303
円柱型　35,254
エンドウ　94,174,205
縁辺隆起　35

オ

凹状口　36
凹蠕虫型　36
王台　317
オウトウ　322
凹入口　36
凹部　36,137,173
凹部口型　348
凹部中間間隙　36
凹部中間隆起　36,207
大穴型　104
大網目型　9,36,114,136,137,141,207
オオアワガエリ　25
オオアワダチソウ　205
オオウメガサソウ　295
オオオニバス　217
大型植物化石　36
大形胞子　144
オオケタデ　226
オオコウモリ類　217
オオシラビソ　186
オオナラ　150
オオバイヌビワ　7
オオバコ　37,166,172,205,293,294
オオバコ科　36
オオバコ属　36
オオバヤシャブシ　37,50,281
オオバヤシャブシ花粉症　37,53
オオバヤナギ属　330
オオブタクサ　37,124,297

オオミツバチ　317
オオム　217
オオムギ　83, 85, 190, 279, 302
オオヨモギ　340
オーガーボーリング　162
オキサトミド　135
オーキシン　176, 206, 229, 344
オキナグサ　258
オキナワウラジロガシ　7
オジギソウ　52
オシダ　309
おしべ　71, 333
雄蜂　317
オートラジオグラフ法　37
オートラジオグラフィー　37
オドリコソウ　237
オーナメンテーション　38
オナモミ　293, 341
オニグルミ　122
オニゼンマイ　309
オニタビラコ　109
オニノヤガラ属　55
オニユリ　204
オパキュルム　38
おばな　332
オービクルス　38, 337
オヒシバ　26
オヒョウ　259
オヒルギ　313
オポッサム　217
オミナエシ　238
オモテスギ　38, 196
オランダイチゴ　17, 277
オーランチアカ種　8
オリゴ糖　272
オリストリス　19
オリーブ　185
オルガネラ　38, 46, 83, 130, 157, 252
オルガネラリボソーム　345
オルドバイ事変　154
オルドビス紀/シルル紀境界　148
オレタチ　158
おろし　115
オーロン　72
オンクス　38
温帯針葉樹林　38
温帯落葉広葉樹林帯　181
温暖前線　39, 105
温湯除雄　39, 178, 190
温度要求度　39
温量指数　39, 188

カ

開花　40, 43
開花期　209
開花週数　209
開花受粉　163
開花前線　40, 67

開花日予測モデル　40
開花暦　41
海岸植生　41
塊茎　204
外口　41, 75, 134, 136
外孔　41
外溝　172, 279
外口環　41
外交配　117
開口部　41, 74
蓋細胞　215
塊状ハチ蜜　272
海成層の花粉　41
海成堆積物　90
外生胞子　307
回旋型　42
外層　42, 43, 200, 333
外層部無口型　42
外的・生殖的隔離　46, 110, 178
回転式捕集器　42
回転衝撃式花粉捕集器　349
ガイドマーク　42, 318
皆伐　296
外皮　43
外被層　42, 184, 218, 306, 307
外表層　42, 150, 211, 218, 332
外表層型　191
外表層欠失型　42
外表(層)模様　43
海風　43, 44
外部外壁　43
外部口　41
外部内壁　43
外部発芽　43
外部無刻層　43, 320
外部有刻層　43
外壁　43, 77, 99, 184, 200, 210, 218, 280
開放花　43, 304
外面　43
開葯　43, 94
開葯器　43, 61
外来遺伝子　92
外来DNA　92
海陸風　43
海陸風前線　43
開裂　348
開裂果　348
下咽頭腺　96, 350
カエデ属　44
花外蜜腺　271, 315
ガガイモ科　55, 74, 194, 238
化学交雑剤　190
花芽形成　40, 44
花芽分化　44
花器　97
花器構造　179
かぎ状型　44

下極核　114
核　38
ガクアジサイ　276
核遺伝子　202, 334
核型分析　44
核細胞質雑種　45, 46
核酸　81
核酸分解酵素　45
核小体　45
核小体狭窄　332
核小体染色体　332
核相　232, 296
核相交代　45, 208
拡大造林　45, 154
核置換　45, 46, 158
核置換系統　46
核置換法　326
角度部発芽装置型　46
核部　203
角部口型　46
角膜　101
隔膜形成体　298
学名　147, 258
隔離　46
隔離機構　46, 175, 178, 253
隔離距離　47, 153
隔離採種　47
隔離栽培　180
カクレミノ　7
架口蓋　47
仮根細胞　298
ガーサイド方式　47, 293
下細胞　215
カシ　150, 185
花糸　47, 333
花軸　44
カシグルミ　122
可視形質　2
カシ帯　47
果実　47
カジノキ　293
貸し蜂　48
花糸分離機　75
ガジュマル　7
花床　44
カシ林　184
カシワ　150
下唇　137
加水分解酵素　141
カスケード・インパクター　48, 191, 340
風受型吸引捕集器　48
風受型捕集器　1, 48
化石花粉　89
画像処理装置　48
カタバミ　256
カタラーゼ　49, 272
花柱　49, 59, 165, 194, 241

日本語索引

花柱溝　49, 166, 336
花柱溝分泌組織　49
花柱短縮　49
花柱短縮現象　237
過長球形　49
活性酸素　200
合体　263, 333
カテンソウ　293
果糖　272
カナダアキノキリンソウ　205
カナムグラ　49, 124, 293
カナムグラ花粉症　49, 53
カーニオラン　316
カニクサ　307
カバノキ　190
カバノキ科　50, 52, 293
カバノキ属　50
河辺林　50
果皮　48
過敏性肺臓炎　110, 111
カブ　156
カフェイン　82
カプスラ　51
かぶと状突起　51
下部無刻層　51
カブラ　51
花粉　23, 51, 264, 329
　　——の色　72
　　——の栄養価　71
　　——の数　73
　　——の観察法　73
　　——の形態　74
　　——の採取法　75
　　——の食歴　66
　　——の生産量　75
　　——の生死判定　75
　　——の生理活性成分　57
　　——の堆積　76
　　——の大量採集　76
　　——の貯蔵法　76
　　——の同定　77
　　——の濃集　77
　　——の発芽　202
　　——の発生　77
　　——の腐食　78
　　——の無機成分　79
　　——の有機成分　79
　　——の有刻層　212
　　——の有毒成分　81
　　——の利用　82
　　亜炭中の——　79
花粉圧縮器　52
花粉アレルギー　52, 65, 67
花粉アレルゲン　52, 62, 81
花粉医薬品　53
花粉雲　54
花粉エキス含有食品　56
花粉エキス末　54, 56, 57

花粉エキス末含有食品　54, 56, 57, 67
花粉親　46, 54, 127, 158, 167, 202, 326, 334
花粉荷　55, 57, 62, 66, 76, 271
花粉塊　51, 55, 74, 194
花粉塊柄　55
花粉殻　55
花粉拡散モデル　55, 172
花粉学的無化石帯　56
花粉かご　56, 174
花粉加工食品　56
花粉化石帯　58
花粉活力テスト　58, 84
花粉管　28, 52, 58, 59, 80, 83, 99, 129, 183, 210, 309, 336
　　——の伸長　202
花粉管核　59, 81, 97
花粉管細胞　52, 59, 77, 102, 298, 332
花粉管受精　59
花粉管伸長　4, 59, 130
花粉管壁　58
花粉稀釈剤　70
花粉競争　61, 69
花粉銀行　61
花粉群集　61
花粉計数法　61
花粉形態学　74
花粉圏　62
花粉源　54, 62
花粉源植物　62, 338
花粉抗原　62
花粉コート　62
花粉混淆〔混交〕　62, 69, 292
花粉採集器　62, 76, 95
花粉細胞　100, 184
花粉細胞壁　183
花粉色素　62
花粉-雌蕊相互作用　64
花粉室　59, 65
花粉銃　65
花粉集団　89, 220
花粉症　6, 10, 28, 65, 67, 115, 142, 149, 248, 295, 329
花粉小塊　55, 111
花粉情報　66
花粉小胞子　83, 132
花粉食品　54, 56, 67
花粉植物群　278
花粉図解　67
花粉セメント　66
花粉前線　67, 206
花粉喘息　52, 67, 187
花粉選択　61, 69, 136, 179, 180, 185, 325
花粉相　278
花粉巣板　96
花粉層序学　69

花粉挿入　69
花粉挿入器　87
花粉総飛散数予測　69
花粉増量剤　70
花粉組成　71
花粉帯　61, 70
花粉退化　70, 72, 190
花粉だんご　55, 66, 70, 75, 76
花粉-柱頭反応　70
花粉転送　96
花粉統計学　71
花粉稔性　71, 75, 266
花粉稔性回復遺伝子　72, 157
花粉粘着物　66, 72
花粉嚢　71, 329
花粉媒介　82
花粉媒介昆虫　82, 95, 174, 179, 192, 288
花粉媒介者　82, 94, 163, 216
花粉/胚珠比　82
花粉培養　83, 126
花粉発芽　83
花粉発芽テスト　84
花粉発生モデル　84, 172
花粉反応　65, 85, 181
花粉飛散　85, 95
花粉飛散開始日予測法　85
花粉飛散数　110
花粉飛散量予測法　85
花粉ビタミン　86
花粉付着器　87
花粉不稔　87
花粉ブラシ　87, 174
花粉フローラ　87
花粉分析　71, 87, 88, 92, 94, 152, 182, 220, 266, 284
　　——の歴史　89
花粉分析図　89, 109, 182, 215, 220, 267
花粉分布図　88, 89, 294
花粉分類学　91
花粉壁　59, 91
花粉壁層　91
花粉壁物質　92
花粉ベクター　92
花粉・胞子の検索表　92
花粉・胞子の散布　92
花粉・胞子の比重　94
花粉放出　94
花粉母細胞　51, 83, 95, 99, 132, 156, 184, 306, 329, 335, 337
花粉捕集器　95, 216
花粉補充物　95, 224
花粉捕集法　119
花粉マスク　95
花粉メガネ　95
花粉粒　51
　　——の大きさ　96

花粉流動　14, 23, 95, 153, 168, 180, 247
花粉レーキ　96, 174
花粉枠　96
カベイト・シスト　96
過扁平形　96
芽胞体型雄性不稔遺伝子　23
下木　296
カボチャ　205
ガマ　9, 49, 51, 54, 66, 96, 99, 104, 200, 248, 289, 293
ガマ科　96, 289
カミキリモドキ　217
花蜜　315
カメムシ　217
カメラリウス　96
カモガヤ　25, 27, 75, 97
カモガヤ花粉症　53, 97
カヤツリグサ科　98, 258, 293
カヤツリグサ属　98
花葉　98
過ヨウ素酸シッフ反応　156
ガラクツロン酸　32
カラシナ　169, 179, 205, 257
カラシナ類　156
カラスウリ　238
カラスノエンドウ　216
カラタチ　119
カラハナソウ属　124
カラマツソウ　293
カラマツ属　312
カラマツ林　4
カラムシ　27, 98
カラムシ花粉喘息　53, 98
カリア属　155
カリウム　79
狩りバチ　216
顆粒状　75
顆粒状外壁　98
顆粒状型　98
顆粒状ハチ蜜　272
顆粒状紋　98
夏緑広葉樹林帯　34
カルコン　63, 301
カルシウム　79, 84
カルス　30, 329
カルベラ液　61, 98, 212
カルペルラ液　98
カルボン酸　170
カルモジュリン　99
カロース　18, 51, 92, 95, 99, 100, 129, 232, 237
カロース栓　59, 99, 210
カロース層　58, 59, 210
カロース壁　100
カロース膜　52
カロチノイド　62, 63, 100, 164, 301

カロチン　62, 64, 100, 164
カロテノイド　62
カロテン　100
カンアオイ　216
眼アレルギー　101
乾果　48
管核　101
カンガルーポー　217
カンキツ類　227
環気嚢型　105
環境解析　89
環境効果　24, 214
環境考古学　101
環境分散　24
間欠回転スライド捕集器　42, 48
眼結膜反応　2
還元分裂　282
還元胞子　307
環口型　102
感作　102
環細胞　215
管細胞　59, 78, 102, 204, 215
感作期間　186
感作Tリンパ球　235
感作リンパ球　11
管状花　256
環状口型　102
環状孔型　103
環状溝型　103
環状溝孔型　103
環状剝皮　103
環状肥厚　103
環状プラスミド　92
完新世　103
乾性遷移　211
間接蛍光抗体法　73, 104
間接法　125
完全花　295
完全抗原　138
完全集合　104
完全湾曲畝　351
乾燥断熱減率　12
貫通外表層状　104
貫通小孔　104
貫通小孔型　104
寒天培地　147
カントウタンポポ　167, 205, 233, 240
関東ローム層　154
カンバ花粉症　190
間伐　104
間氷期　105, 290
ガンフリント湖　104
ガンフリント微化石　104, 128
環翼型　105
寒冷前線　105
甘露ハチ蜜　272

キ

キアズマ　121, 140, 169, 256
キイチゴ属　17
起因抗原　106
キウイ　205
気温減率　106
偽果　48
機会的遺伝浮動　24
機械的隔離　46, 106
機械的除雄　190
機会的浮動　22, 106
気管支喘息　69, 106, 110
器官属　107, 127
ギガントセコイア　208
偽キチン　150, 278
偽キチン質　110
偽気嚢　107, 148
キキョウ　172
キク　107, 172, 174, 341
キク亜科　107
キク科　49, 52, 107, 124, 178, 222, 256, 279, 293, 297, 340
キク花粉症　53, 108
キケマン　237
偽口　108
偽孔　108
偽溝　108
気候帯　108
気候的極相　108, 115
偽雑種　108, 230
キサントフィル　164
起算日　109
ギシギシ　289, 293
ギシギシ花粉症　289
ギシギシ属　109, 226, 290
キジノオシダ　309
キジムシロ　216, 321
キシュウミカン　227
偽受精　108, 109, 230
偽受精生殖　109, 321
偽受精生殖的珠心胚形成　321
偽受精生殖的雄核胚発生　109
基準標本　326
基数　109, 215
季節降雨林　260
季節的隔離　46, 110, 178
季節的分断選択　168
季節的分断選抜　303
季節風　327
季節変動　110, 209
季節前減感作　69
キセニア　54, 110, 177, 322
規則状　110
基礎体　46
キチノゾア類　110, 148
キチン　110, 150, 278
キチン質　145

日本語索引　421

基底小体　204
基底面　110
気道アレルギー　110
気道過敏症　111
キナクリン　126
気嚢　94, 105, 107, 111, 120, 148, 258, 260, 298
気嚢型　51, 120, 136
キノコバエ　216, 238
気胞　20
キミガヨラン　336
ギムザ染色　111
ギムノディニュウム類　341
キメラ　266
脚層　246
キャベツ　14, 16, 18, 19, 92, 108, 156, 205, 268
毬果植物　261
球形　111
キュウケイオオムギ　279, 301
球状体　111
求心　140
求心固有溝型　112
求心面　111, 140
求心面口型　111, 140
求心面孔型　140
求心面溝型　111, 140
求心面薄膜類口　111
急速減感作療法　129
吸入ステロイド剤　107
吸入性アレルゲン　138
吸入性抗原　106, 112
吸入誘発テスト〔試験〕　2, 112, 139
休眠性接合子　30, 96, 116, 151, 274, 285, 302
キュウリ　175
Günz 氷河期　291
ギョウギシバ　27, 11
共進化　113
暁新世　271
競争　113
競争受精　113
兄弟交配　113, 117
兄妹交配　113
キョウチクトウ　113
キョウチクトウ花粉喘息　53, 113
共通抗原　113
共通抗原性　114
共同口　114
狭範花粉型　114
狭訪花性　216
共優性　15, 308
恐竜　269
極　114
極域　114
曲円柱型　114
極凹部　114
極核　97, 114, 241

極観　114
極観像　114
極観輪郭像　114
曲腔　114
極軸　115
局所用ステロイド薬　115
極性　74, 115
極/赤道比　8, 115
極相　108, 115, 124
極相林　115
局地風　115
巨大粒子　54
距離による隔離　46
「距離による隔離」モデル　171
偽鎧板　38, 341
偽鎧板配列　116
キルトーム　116
偽和合性　116
近交　116, 182, 232, 250
キンゴウガン　295
近交系　116
近交係数　117
近交弱極　116
近交弱勢　116, 177, 295
金コロイド（標識抗体）法　116, 117
均質性　205
近親交配　116, 117, 182, 250, 259
ギンナン　176
キンポウゲ科　216, 293
ギンヨウアカシア　3
キンラン属　55
近隣　117
　——の大きさ　117

ク

空間的遺伝構造　21
空間(的)隔離　46, 119, 178
空間的隔離機構　242
空気浮遊微粒子　119
空気力学　119
空中アレルゲン・イムノブロッティング　27
空中花粉　61, 69, 77, 119, 155, 218
空中花粉捕集器　119
空中飛散花粉　119
空中浮遊花粉　28, 33, 48, 109, 119, 147, 336, 349
偶発実生　119
空胞型　120
クサトペラ　174
くさび型　120
クスノキ　184, 185
クッシング効果　120
屈性　120
クヌギ　121, 150, 299
グネツム類　343
組み合わせ能力　19, 121
組み換え　121, 126

組み換え価　121
組み換え小節　169
組み換え体　62
グラー　121
グラス（ウィード）シーズン　121, 219
クラミドモナス　128
クリ　121, 205, 339
クリ花粉症　53, 121
クリ・ジェイ・ツー　122, 138
クリ・ジェイ・ワン　27, 122, 138
グリシトール　249
グリセリド　80
クリ属　122, 299
クリハチ蜜　339
クリーム状ハチ蜜　272
グルクロン酸　32
グルコース　79, 92, 210, 249
グルコースオキシダーゼ　272
グルタチオンペルオキシダーゼ　305
グルタミン酸　9, 81
グルテリン　81
クルミ科　122
クルミ花粉症　53, 122
クルミ属　122, 123
グレープフルーツ　227
クレマチス　258
クロカラシ　156
クロコミツバチ　317
クロズル　82
クローバーハチ蜜　339
グロブリン　81, 141, 324
クロベ亜科　286
黒ボク土　326
クロマツ　9, 49, 99, 123, 200, 248, 300, 305, 312
クロマツ花粉症　53, 123
グロ・ミッシェル　227
クロモ　194
クロヨナ　7
グロリオーサ　123
グロリオーサ花粉症　53, 123
クロロフィル　164
クロロプラスト　49
クワ　205
クワ亜科　124
クワ科　123
クワ属　124
クワモドキ　107, 124, 297
群帯　124
群落遷移　124

ケ

KOH 法　90
鶏冠型　125
蛍光顕微鏡　125
蛍光抗体法　125, 156

頸溝細胞　219
蛍光色素　95, 125, 126
蛍光染色　125
頸細胞　219
形質転換　126
形質導入　126, 192, 283
形態属　107, 127
茎頂培養　30, 227
系統育種法　224
系統選抜　20
ケイトウ属　290
系統分離育種法　14
傾父遺伝　127
傾母遺伝　127, 157
頸卵器　219
ケショウヤナギ属　330
ケショウヤナギ林　100
K 選択　126
血管収縮剤　329
結実障害　229
結実率　179, 265
結晶状ハチ蜜　272
結膜アレルギー　67, 128
結膜誘発試験　139
結膜誘発反応　128
ゲーテボルグ　103
ケトチフェン　135
ゲノム　16, 18, 38, 45, 46, 81, 126, 128, 156, 213, 257, 279, 296
ケヤキ　128, 259
ケヤキ花粉症　53, 128
ケヤキ属　259
ケルシトリン　64
ケルシメトリン　64
ケルセチン　64, 84
ケロジェン　278
限界日長　40
原核細胞　128
顕花植物　128
減感作療法　107, 129, 138, 172, 187
ゲンゲ　338
原形質吐出　84, 129
原形質分離　129
原形質流動　4, 59, 84, 130, 157
原形質連絡　130, 241
原原種　130
現考花粉学　131
健康食品　302
圏谷　290
原糸体細胞　298
原種　131
原種圃　131
ケンショウヤナギ林　50
原植生　187
原植代　131
減数分裂　20, 45, 51, 70, 126, 131, 156, 204, 264, 266, 282, 296, 326, 335

減数母細胞　132
現世　103
原生林　248
現存植生　187
ケンタッキー31フェスク　25, 132
ケンタッキー31フェスク花粉喘息　53, 132
ゲンチアナバイオレット　132
現地性化石　132
現地性堆積物　19, 132
検定親　19
限定訪花性　133
検定用系統　121
ケンフェロール　64

コ

コアサンプル　134
小穴　134
小穴型　134
コイチョウラン　186
口　74, 134
孔　52, 134, 183
溝　52, 135, 136
抗IgG抗体　125
大網目型　141
抗アレルギー剤　69, 107, 135, 329
コウアンシラカンバ　191
広域適応性　135, 303
口縁　136
好塩性植物　34
口縁肥厚部　136
口凹部　141
口蓋　25, 135, 136
孔隔凹部　136
口型　136
孔型　134, 136, 253
溝型　134, 136, 256
口環　135, 136, 144
孔管　137
孔間域　137, 144
溝間域　137, 144
口間凹部　137
孔間凹部　137
口管指数　137
口器　137
溝腔　35, 137
溝腔吻合部　138
孔隙型　43
抗原　5, 10, 129, 138, 139, 141
抗原決定基　138
抗原検査　138
抗原抗体反応　10, 116, 125, 135, 138, 139, 188, 287
孔孔型　253
溝(孔)型　144
溝孔型　134, 136, 137, 139, 256
光合成有効放射　139
抗コリン薬　140, 329

交叉　121, 126, 131, 140, 221
交雑　140, 142
交雑品種　46, 140, 158, 167, 245, 295
交雑不親和性　325
交雑不和合性　140, 177, 179, 302
交差反応　114
好酸球　6
硬質層　140
口上凹部　136
孔条溝　231
向心　140
向心極観　114
向心極面　140
更新世　140, 154
向心面　140
向心面口型　140
向心面孔型　140
向心面溝型　140
向心面薄膜類口　140
向心面有孔型　35
合成酵素　141
厚生省花粉症研究班　50, 197
合成品種　140
洪積世　154
孔接凹部　141
酵素　141
構造　141
後挿間板　342
孔側凹部　141
コウゾ属　124
抗体　10, 11, 102, 138, 139, 141
抗体産生能　5
後帯板　342
後遅発型反応　107
甲虫媒花　217
喉頭アレルギー　141
厚凸口膜型　142
孔内口型　253
交配　142
交配不親和性　142
交配不和合性　142
広範花粉型　142
抗ヒスタミン薬　135, 142, 329
後氷期の花粉帯　142
口吻　137
溝辺　143
孔辺母細胞　298
広訪花性　216
高木限界　192
口膜　143
孔膜　143
溝膜　143
溝網型　143
コウモリ　218
コウモリ媒花　143, 240
コウヤマキ　38, 143
コウヤマキ花粉症　53, 143
コウヤワラビ　309

日本語索引

硬葉樹林　185
孔粒極域　114, 144
溝粒極域　114, 144
合流溝型　93, 136, 343
合流口極　144
合流溝(孔)型　144
孔輪　144
コーカシアン　316
小形胞子　144
小型有孔虫　145
小型有孔虫ライニング　144
古花粉学　150
コガマ　104, 289
古気候　145
古気候学　90
呼吸　146
国際植物学会議　147
国際植物防疫条約　187
国際植物命名規約　147
国際生物学事業　24
国際地質対比計画　223
国土数値情報　147
固形培地　147
コケ類　140
コジイ　184
弧状(型)花粉捕集器　147, 175
弧状弓肥厚　351
古植生　147
古植代　148
コスモシイン　64
コスモス　40, 85, 341
湖成層　87, 148
古生態学　90
古生代の胞子・花粉　148
ゴゼンタチバナ　186
枯草熱　11, 66, 67, 149, 277
個体群生物学　21
五大湖　148, 154
固定系統　150
固定種　149
固定ピストン式シンウォールサンプラー　162
古ドリアス期　150
コナギ　15, 165
コナラ　150, 294, 299
コナラ亜属　150
コナラ属　299
コナラ属花粉症　53, 150
ゴニオラックス　38, 341
コヌカグサ　25
「古熱帯」植物　222
コノデカシワ　51
後ノルマポーレス　150
コバノカナワラビ　309
古パリノロジー　150
コバンモチ　7
コフタバラン　186
小窓状孔型　93, 150

ゴマ葉枯病　245
ゴマハクサ　172
コマンチョウ　82
コミツバチ　317
コミヤマカタバミ　205
コムギ　14, 45, 83, 85, 161, 174, 177, 205, 257, 279, 302, 303
ゴムノキ　205
ゴヨウマツ亜属　150
五葉松型　150, 258
ゴルジ小胞　59, 150, 309
ゴルジ体　38, 84, 128, 150, 165, 210
コルディレラ植物群　222
コルヒチン処理　109, 176, 266
コルムネート型　114
コルメラ　143, 236, 239, 242, 336
コーレイト・シスト　151
コロナ　151, 221
根茎　204
混合型　245
混合交雑法　151
混合受〔授〕粉　69, 151, 224, 325
混交林　151
混植　179
根頭癌腫病菌　92
コンドリオソーム　318
混入問題　152
棍棒　152, 269
棍棒型　152
根毛細胞　298

サ

催芽種子　40
細管孔　153
再帰面　90
最古ドリアス期　153
細刺型　153
採種　153, 176, 227
最終間氷期　145
最終氷期　153
細条紋型　153
最新世　153, 154
再生花粉　154
材積　154
材積表　154
再造林　154
最大エントロピー法　155
再堆積花粉　155
最大飛散期間　155
最大飛散数　155
最大飛散日　155
採泥器　88
栽培種　155
栽培品種　156
栽培変種　156
サイブリッド　157
細胞遺伝学　156
細胞化学　156

細胞核　156
細胞間橋　130, 241
細胞極性　156
細胞骨格　157, 241
細胞質　46, 127
細胞質遺伝　127, 157, 177, 190, 202, 310
細胞質(遺伝)因子　157, 334, 335
細胞質遺伝子　127
細胞質雑種　157
細胞質置換　46
細胞質雄性不稔性　46, 157, 335
細胞周期　158, 303
細胞障害型　11
細胞小器官　157
細胞性過敏症　235
細胞層　329
細胞増殖　221
細胞内小器官　46
細胞培養　268
細胞板　298
細胞分裂　250
細胞免疫型　11
細胞融合　34, 158, 176, 335
採薬器　158
相模湾　76
砂丘植生　41
蒴　306, 329
酢酸オルセイン　158
酢酸カーミン　159
サクラ　31, 217, 277, 327
サクラ花粉症　53, 159
桜前線　40
サクラソウ　14, 175, 205, 239, 256
サクランボ　31, 159, 277
サクランボ花粉症　53, 159
挿木苗　202
ザジテン　135
座乗　121
叉状合流溝型　159
叉状合流溝(孔)型　144
殺花粉剤　159
サッカロース　197
雑種　167, 249
雑種強勢　14, 15, 19, 33, 45, 141, 160, 304
雑種弱勢　160
雑種不稔　23, 160
雑種崩壊　160
殺精剤　190
雑草メロン　22
サツマイモ　142, 166, 204, 205
サトウジシャ　247
サトウダイコン　3, 160, 247
サバミツバチ　317
錆病　338
サブアトランチック期　160
サブボレアル期　160

日本語索引

サフラニン 155
サボテン 217
寒さの指数 160
左右相称 258
サルスベリ 15
サワギキョウ 174
サワグルミ 122
サワグルミ属 122
サワラ 286
酸化還元酵素 141
三核性花粉 15, 52, 76, 160, 161
III型アレルギー 10, 11, 101, 111
酸化的ストレス 200
三系交雑 19
散溝 160
三孔型 93, 144, 150, 160, 262
三溝型 93, 160, 270
散口型 161
散孔型 93, 161
散溝型 93, 161
三溝孔型 93, 253, 270
散溝孔型 93, 161
三溝内口型 253
三溝粒 74, 175
散孔粒 290
三溝類孔型 270
三痕跡線型 162
三細胞性花粉 52, 78, 161, 257
3次メッシュ 161, 322
三重抗体法 2
三畳紀の花粉・胞子 161
三条溝型 93, 116, 136, 162, 183, 351
三条溝マーク 162
サンショウモ 51
残穂法 20
三段林 296
サンドイッチ法 125
三突出型 162
三倍体 202, 227, 265
サンプラー 162
三方湖 76
残余遺伝子型 21
三葉体 162
散乱放射 140, 213
散乱放射量 162, 242

シ

しいな 229
シイノキ属 299
シイ林 184
Ca遺伝子 61
COL型 240
COV型 42
雌花 163, 332
自花花粉 163
四角形四集粒 163, 342
自家受〔授〕精 163, 190
自家受〔授〕粉 64, 94, 163, 178, 191, 333
雌花先熟 166
自家不和合性 14, 15, 19, 21, 34, 64, 69, 78, 113, 116, 153, 163, 164, 175, 179, 181, 192, 205, 227, 240, 258, 264, 288, 302, 312, 335
自家和合性 14, 21, 82, 153, 163, 164, 165, 169, 172, 182, 205, 288
篩管細胞 298
時間的隔離 251
色素体 38, 164
色素体遺伝 165
試験管内受精 165
資源探査 91
指向性選択 12, 168
指向性選抜 168
シコクシラベ 186
子午線 165
シシウド 238
脂質 80
雌株 97
刺状紋 332
自殖 182
自殖弱勢 304
自殖種子 45, 163
自殖性 169, 204, 247, 250, 288
自殖性植物 14, 82, 153, 163, 164, 165, 173, 177, 205
始植代 165
雌蕊 51, 85, 163, 165, 202, 227, 335
雌蕊先熟 166, 172
シスト 30, 96, 151, 274, 302
雌性先熟 166
雌性選択 69, 166, 212, 333
雌性配偶子 51, 263, 333, 344
雌性配偶子単為生殖 167
雌性配偶体 264, 307, 334
雌性不稔性 167
自然交雑 168, 177, 292
自然受〔授〕粉 163, 167, 169
自然植生 284
自然遷移 124
自然選択 69, 117, 168, 263
自然属 168
自然地理学 90
自然淘汰 247
自然突然変異 292
自然療食 58
ジゾウカンバ 190
シダ植物 223
シタナガコウモリ 217
自他認識機構 308
シタバチ 216
シダ胞子 182
シダ類 140
シダレカンバ 191
シダレヤナギ 330
湿原堆積物 91
湿潤断熱減率 12
湿性遷移 211
湿地堆積物 168
湿地林 168
室内塵 275
GDP形成 210
自動自家受〔授〕粉 169, 179
自動自家受〔授〕粉能力 94, 164, 165, 175, 205, 238
自動的単為結果 169
シトクロム 235
シナサワグルミ 122
シナノキ 186, 339
シナハチ蜜 339
シナプトネマ構造 131, 140, 169, 221, 256
シヌアータ種 8
シバ 166
自発的単為結果 169
指標植物 170
ジー・ブイ・グリセリンゼリー 48, 132, 170, 212
四分子 18, 74, 77, 170, 184
ジベレリン 206, 227, 229
ジベレリン処理 54, 176
四辺形四集粒 170
子房 47, 165, 169, 229
脂肪花粉 170
脂肪球 170
脂肪酸 170
子房内受〔授〕粉 170, 176
子房培養 170
子房壁 59
縞状 75
縞状粘土 90
縞状ラミナ 146
シマハナアブ 171
島模型 171
「島」モデル 171
縞模様 171
縞模様型 31, 171, 300
シミュレーション 56, 171
刺毛型 153
ジャガイモ 204, 280
ジャケット細胞 219
斜溝(孔)型 172
遮断抗体 172
シャトル育種法 303
雌雄異花植物 205
雌雄異株 34, 175, 172, 205, 332
雌雄異熟 153, 166, 172, 174
雌雄異熟花 332
雌雄異熟性植物 205
重回帰分析 70, 86, 172, 230
周極凹部 173
終局群落 124
集合果 48
集合場所 317

柔細胞　166
十字形四集粒　173, 342
十字対生四集粒　173, 342
重心　173
重心日　33, 173
重心法　33, 173
収束線　173
集団育種法　14, 173, 224
終端還元　263
集団生物学　21
集団選択　151
集団選抜　173
絨緞組織　173, 228, 329
集団の大きさ　173
雌雄同株　205, 332
雌雄同熟　169, 172, 173, 175
集波型　318
周皮　42, 174, 241
周皮層　42, 174
重複受精　127
集粉構造　55, 137, 174
集粉毛　174
周辺隔離集団　174
周辺散口　175
周辺胎座　221
雌雄離熟　175
雌雄離熟性　169, 174
重量法　48, 119, 147, 175, 191, 209
重力法　175
縦裂型　43
CUN型　120
樹冠　175, 181
種間交雑〔交配〕　24, 109, 167, 266
種間雑種　16, 62, 70, 175, 192, 257, 282, 296, 326
種強勢程度　121
縮小湾曲畝　351
主検索表　92
珠孔　59, 241
樹高　176
珠孔液　294
珠孔頂部　85
種子　110, 153, 176
種子親　45, 54, 127, 158, 167, 177, 202, 326
種子拡散　23
種子休眠性　247
種子散布力　247
種子春化　40
種子生産　153, 177, 247
種子繁殖　30, 247
種子埋土性　247
珠心　219
受身感作　1
珠心組織　59
珠心胚　227
珠心胚形成　120
珠心胚嚢　321

珠心胚嚢処女生殖　321
授精――→受精―
受精　64, 158, 173, 177, 191, 227, 229, 263
受精競争　16, 61, 69, 151, 177, 185, 212, 263, 316, 325, 333
受精競争遺伝子　177, 264
受精後選択　69
受精生殖　205
受精前配偶子選択　167, 212, 264
受精卵　51, 126, 177
種族維持　202, 247
種族繁殖　202
シュート　276
種内分化　177
授粉――→受粉―
受粉　64, 167, 169, 173, 177, 178, 191, 216, 265
種分化　18, 24, 176, 178, 257
受粉管　241
授粉樹　179
受粉・受精過程　180
受粉条件　179
受粉制限　180
受粉生態学　178, 181, 217, 319
受粉生物学　14, 181, 319
受粉反応　181
受粉様式　179, 226
樹木花粉　69, 91, 109, 182, 284
樹木花粉図　182
樹木花粉組成　90, 181
樹木限界　192
ジュラ紀の花粉・胞子　182
シュロソウ　82
春化処理　40
春季カタル　11, 101, 128, 182
純系　149, 182
純系品種　173
純系分離育種法　14
旬別飛散数　243
純林　151
松黄　54, 66
障害型不稔　245
消化(器)官　182, 183
小顎　137
消化性　183
消化率　183
衝撃式集塵器　28
衝撃式粗粒子塵埃計　191
衝撃式(粗粒子)塵埃捕集器　48, 191
小孔　183
条溝　183, 320
条溝末端部肥厚　183
上細胞　215
硝酸銀染色法　169
小刺　183, 251
鞘翅目　217
上唇　137

少数散孔型　225
小穿孔　104, 183
小柱　35, 236
自養的　65
小乳頭状突起　233
小嚢型　336
小配偶子　183, 263, 333
小配偶体　183
上被層　42, 183
小氷河期　183
上壁　184, 218, 241
小棒　251
小胞子　51, 77, 95, 99, 100, 132, 184, 204, 210, 211, 213, 223, 307, 329, 332, 335
小胞子嚢　51, 329
小胞子分裂　77, 184
小胞子母細胞　51, 184, 306
小胞子葉　51, 184
小胞体　165
上木　296
縄文海進期　7, 287
照葉樹林　184, 185
照葉樹林帯　5
少量受〔授〕粉　180, 185
常緑広葉樹林　184, 185
常緑針葉樹林　4, 185
常緑針葉樹林帯　5
女王蜂　317, 350
女王物質　317
除去試験　189
職業アレルギー　186, 298
職業性アレルゲン　138
職業性花粉症　186
職業性喘息　107, 186
食餌性アレルゲン　138
食餌性抗原　106
植生　147, 187
植生図　187
植生変遷　89, 91
植物群落　187
植物検疫　187
植物ステロール　57
植物地理学　90
植物の垂直分布　188
植物の水平分布　188
植物防疫所　187
植物防疫法　187
食物アレルギー　188
初原外膜　18
助細胞　181, 189, 241
処女生殖　109, 167, 189, 230
助胎細胞　189
ジョチュウギク　107, 189
ジョチュウギク花粉症　53, 189
ショック　189
ショ糖　79, 197, 272
除雄　178, 190

除雄機　246
除雄剤　190
シラカシ　150, 184
シラカバ　190
シラカンバ　50, 190, 293
シラカンバ花粉症　53, 190
シラビソ　186
シラビソ-トドマツ帯　191
シリアゲムシ　217
糸粒体　318
シロイヌナズナ　167
シロクローバ　205
シロダモ　184
シロツメクサ　339
シロバナタンポポ　321
シロバナムシヨケギク　191
シロヤマゼンマイ　309
しわ(状)模様型　191, 300
しわ状紋型　44, 191
仁　45, 156
塵埃測定器　191
塵埃捕集器　191
人為遷移　124
人為的隔離　46
人為複二倍体　191
人為分類　107, 191, 277
進化　69, 179, 181, 180, 212
真外表層型　192
真核細胞　157
真核生物　286
新基準標本　326
仁狭窄　332
人工更新　219
人工交配　192
針広混交林帯　181
人工受〔授〕粉　61, 65, 70, 158, 191, 243
人工受〔授〕粉花粉採取器　192
人工受〔授〕粉用具　192
進行遷移　124
人工造林　154, 219
人工発芽法　75
人工林　45, 192, 248
新植代　192, 236
侵食段丘　231
真正世代交代　208
真性抵抗性品種　225
真正胞子　307
新石器時代　103
真テクテート　192
浸透交雑　24, 192
振動受粉　192
浸透(性)交雑　62, 167
新ドリアス期　192
心皮　48, 51
シンメトリー　258
針葉樹類　127, 343
森林限界　192

森林植生　181
森林変遷　90
森林密度　284
人類紀　154
親和性　139

ス

スイカ　48, 175, 205, 227
垂下型　293
蕊冠　194
穂状花序　284
水生植物　194
水洗法　178
蕊柱　194
水中花粉の浮遊性　194
垂直溝型　195
垂直分布　195
スイバ　294
水媒花　195, 218, 276
水平分布　195
数位形システム　195, 196
スギ　9, 11, 32, 52, 65, 67, 75, 195, 293, 300, 304, 332
スギ花粉　31, 44, 70, 85, 122, 283, 311
スギ花粉症　11, 53, 66, 67, 196, 276
スギ花粉情報　197
スギナ　307
スクラッチテスト　2, 139, 287
スクロース　197
　──の合成　198
スクロースリン酸合成酵素　198
スゲ　294
スゲ属　98, 198
スコラード層　269
スコレコドント　110, 148
スジコガネモドキ　217
ススキ　25, 26, 293, 294
スズメガ　217, 238, 245
スズメガ媒花　238
スズメノカタビラ　25, 198
スズメノカタビラ花粉症　53, 198
スズメノテッポウ　25, 198, 205
スズメノテッポウ花粉症　53, 198
スズメバチ　216, 316
スダジイ　7, 184, 299
スターチス　199
スターチス花粉症　53, 199
スタンダード　223
ステップ森林指数　199
ステロイド剤　248, 295
スーパーオキシドジスムターゼ　200, 305
スーパージーン　14, 200
巣ハチ蜜　272
スファチジン酸　80
スフィンゴ糖脂質　80
スフィンゴリン脂質　80

スペリオル湖　105
スベリヒユ　9, 97
スペルミジン　10
スペルミン　10
スポロポレニン　18, 43, 52, 56, 57, 66, 77, 79, 92, 94, 150, 200, 218, 255, 337, 341
スミレ　218, 238, 304

セ

精英樹　202
精核　81, 202, 265
生活史戦略　202
正基準標本　326
正逆交雑　202
正逆交配　176
制限酵素断片長多型　202
精原細胞　204, 215
制限受粉　203
精原説　9, 97
精細胞　51, 59, 77, 183, 202, 203, 332
生産量　116
精子　51, 183, 203, 215
精子完成　204
精子形成　204
正四面体四集粒　204, 342
成熟分裂　204
正常屈性　120
生殖核　97, 204
生殖過程　180
生殖効率　127
生殖細胞　77, 78, 204, 221, 306, 332
生殖成功率　179
生殖的隔離　46, 176, 205, 247, 251, 257, 292, 296, 302, 325
生殖的隔離機構　18, 142, 160
生殖の無配生殖　321
生殖様式　13, 164, 180, 204
精製蜜　273
性染色体　172
生態型　292
生態系　22
生態的隔離　46, 205
セイタカアキノキリンソウ　279
セイタカアキノキリンソウ花粉症　53, 205
セイタカアワダチソウ　205, 341
精虫　203
成長調整〔調節〕物質　169, 206, 229
静的安定度　12
正倍数体　16
性表現型　178
生物気候学　206
生物性微粒子　206
生物性浮遊微粒子　206
正方形四集粒　206
精母細胞　203, 204
生毛体　204

日本語索引

セイヨウアブラナ　8, 300
セイヨウオオマルハナバチ　217, 313
セイヨウタンポポ　167, 205, 233, 321
セイヨウバラ　277
セイヨウミザクラ　31, 159, 277
セイヨウミツバチ　217, 271, 316
生理的落果　344
セカイアオスギ　207
セカイアメスギ　207
積算温度　206
石松子　207, 282
セキショウモ　195
セキシン　332
石炭花粉学　207
脊椎動物　217
赤道　207
赤道凹部　207
赤道観　207
赤道溝　207
赤道軸　207
赤道ブリッジ　207, 301
赤道面　207
赤道隆起　207
セコイア　207
世代交代　126, 208, 264
世代交番　208
世代促進利用集団育種法　173
舌　137
接合　158, 263
接合子　51, 126, 208
接合子還元　208
接合体不稔性　264
接合面　208
舌状花　256
接触性眼結膜炎　128
接触性抗原　106
接触皮膚炎　52
接触部　208
接触面　208
雪線　193
絶対花粉量　89, 209, 215
絶滅種　209
セミロガリズミック・プロット　209
セリ科　216
セルテクト　135
セルニチン　209
セルニルトン　54
セルロース　92, 110, 210, 211, 232, 255, 341
セルロース-ペクチン層　258
遷移　108, 124, 210
線型四集粒　211
先花粉　148, 211
前花粉　211
前腔　35, 135
先駆種　4, 211

先駆植生　124
線形結合　214
線形装置　211, 241
線形四集粒　342
浅溝　211
穿孔　192
前腔　137, 211
穿孔型　211
全口型　212
潜在自然植生　187
センジュギク　341
線状畝　212
線状紋　44, 171
線状紋型　212
線状隆起　212
染色液　212
染色糸　156
染色体　16, 44, 128, 156, 176, 296, 332
鮮新世新期　154
全数世代　265
前線　212
前挿間板　341
前帯板　341
選択圧　21, 127
選択受精　69, 151, 212
先端膜　212
ゼンテイカ　216, 238
選定基準標本　326
全天日射量　212
全能性　213
選別飛散数　243
ゼンマイ　307, 309
喘鳴　106
繊毛　203
前葉体　213, 215, 264
前葉体細胞　52, 78, 204, 213

ソ

総当たり交配　214
層構造　75
相互交配　141
相互作用説　305
相互進化　113
走査(型)電子顕微鏡　73, 74, 214
双翅目　216
総翅目　217
相称性　74
装飾花　276
造精器　51, 215
造精器細胞　78, 204, 215
層積　154
相対花粉量　89, 215
相同染色体　15, 16, 20, 121, 126, 131, 140, 216, 249, 256, 296
総飛散数　216
送粉　167, 178, 216
送粉行為　82

送粉生態学　178, 180, 217, 319
総壁　218
造胞世代　307
造胞体　307
草本花粉　218, 284
草本花粉季節　218
ゾウムシ　217
蔵卵器　219
造卵器　51, 59, 219
造卵器細胞　219
双粒　257
増量剤　65, 154, 207, 282
造林　219
属間雑種　70, 296
即時型アレルギー　1, 10, 11, 68, 107, 187, 219, 287
側壁型　228
側方要素　169
側膜胎座　221
組織的淘汰圧　22
組織培養　268
組成図　220
ソテツ　9, 20, 28, 52, 291, 293
ソテツ属　35
ソテツ類　343
素嚢　183
ソバ　14, 40, 106, 175, 177, 205, 239, 240, 339
ソバアレルギー　107, 113, 189
ソバハチ蜜　339
ソメイヨシノ　31
ソラマメ　40, 165, 174
ソルガム　279
ソルファ　135

タ

ダイアレル分析　214
第一小胞子分裂　184
第1ふ節　174
第一分裂　221
耐塩性植物　34
大顎　137
大気中飛散花粉　221
対口　347
対溝　347
対合　221
帯口型　222
帯溝型　221
退行遷移　124
対合装置　169
ダイコン　14, 40, 43, 163, 169, 176, 205
胎座　221
体細胞　221, 236
台細胞　215
体細胞雑種　157
体細胞分裂　77, 131, 221
胎座受粉　244

428　日本語索引

第三紀　154
　　——の花粉・胞子　222
大腮腺　350
帯状口型　222
帯状内口型　207, 222
ダイズ　165, 174, 176, 205
対数変換　222
堆積段丘　231
堆積物　77, 148
体積法　209
第二花粉分裂　223
第二分裂　223
大嚢型　336
大配偶子　183, 263, 333
大配偶体　223
対比　223
大飛散期間　223
耐病性育種　225
大胞子　51, 121, 132, 148, 162, 212, 219, 223, 306, 307, 312
大胞子嚢　51, 265
大胞子母細胞　219, 306
大胞子葉　51, 165, 223
代用花粉　224
タイヨウチョウ　217
第四紀古気候学　145, 224
第四紀堆積物　87
第四紀地質学　90
「大陸・島」モデル　171
対立遺伝子　21, 23
タエニア　224
他家花粉　163
他家受〔授〕精　64, 224
他家受〔授〕粉　178, 191, 224, 304
多価染色体　224, 266
タカネトンボ　217
ダクチリン　64
択伐林型　296
多型現象　23
多系交雑　225
多系交配　224
多系品種　224
ダケカンバ　186, 191
タケシマラン　186
タケニグサ　82, 336
多口型　225
多孔型　93
多溝型　93
多口環　225
多溝孔型　93
多交配　225
多散孔型　225, 271
だし　115
多重受〔授〕精　225
多集粒　74, 93
多集粒型　225
他殖　117, 225
他殖性　172, 204, 247, 250, 288

他殖性作物　151, 173
他殖性植物　14, 82, 113, 153, 163, 165, 166, 205, 225, 240, 251
タスマナイテス類　226
多段林　296
タチイヌノフグリ　218
立木材積　154
立木密度　105
タチハイゴケ　186
多柱状体型　226
脱蛋白ハチ蜜　273
脱離酵素　141
タデ科　226, 290
縦溝板　342
縦長型　227
縦長口　227
他動的自家受粉　165
他動的単為結果　169
ダニ　112
たね取り　227
種子なし果実　48, 169, 229
種子なしスイカ　202, 229
種子なし品種　227
種場　227
多年生　127
多胚現象　227
多胚種子　227, 233
タバコ　83, 280, 329
他発的単為結果　169, 229
多反復無作為配置　225
多ひだ型　228, 285
タブ　7, 184
タブ・シイ林　184
タブ林　184
タペータム　66, 71, 78, 87, 95, 201, 228, 337
タペート細胞　70, 78, 335
タマネギ　205
タマノカンアオイ　238
多面性四集粒　228
多面発現　239
他養的　65
ダーラム型花粉検索器　228
ダーラム型花粉捕集器　1, 119, 175, 191, 216, 228
ダーリア　107
多量受粉　180, 185
多列円柱(状)型　229
多列柱状層型　236
単異型花粉　149
単為結果　119, 169, 227, 229
単為生殖　109, 167, 208, 229, 321
単一花ハチ蜜　272
単為胚発生　230, 321
単為発生　109
暖温帯常緑広葉樹林　230
暖温帯落葉広葉樹林　230
単果　48

単回帰分析　230
断崖植生　41
短花柱花　14, 164, 231, 256
段丘堆積物　231
単穴　231
単ゲノム種　156
単孔　231
単口型　231
単孔型　93, 136
単溝型　93, 231, 258
短溝型　231
単溝孔型　231
単交雑　19, 225
単交配　231, 295
単交配検定法　19
単痕跡線型　232
タンザニア湖　148
弾糸　232
短軸型　232
短雌蕊花　256
短日性植物　40
単純林　21, 151
単条溝型　93, 136, 232
炭水化物　232
単性花　172, 175, 205, 232, 332
単相　45, 232, 321
単相世代　232
短柱花　14, 233
単長口型　233
短突起型　233
短乳頭型　233
短乳頭状突起　233
単胚種子　233
蛋白質　81
弾発型　294
タンポポ　174, 341
タンポポ亜科　107
タンポポアレルギー　53, 233
単面性四集粒　233, 342
単粒　74, 233
単列円柱(状)型　233
単列柱状型　233

チ

チアミンピロリン酸　87
地域的分断選択　168
地域的分断選抜　303
遅延型　245
遅延型アレルギー　10, 11, 111, 112, 235
遅延受粉　116
乳首型　235
地形的極相　115
致死遺伝子　263
地質調査　91
チシマドジョウツナギ　34
遅滞遺伝　310
チトクロム　235

遅発型反応　107, 112
遅発相反応　235
地方風　116
チャ　26, 205, 300
チャラン科　269
中央核　236
中央細胞　65, 78, 236
中央胎座　221
中間温帯　38
中間温帯林　230
中間外壁　236
中間腔　236
中間系フィラメント　157
中間口　236
中間湿原　168
中間層　236, 329
中期染色体　44
中期ペルム紀　236
中軸胎座　221
抽出ハチ蜜　272
柱状層　218, 226, 236, 332
中植代　148, 236
中心核　114
中心細胞　52, 78, 204, 219, 236, 241, 332, 344
中心要素　169
中生代　343
中層　320
柱頭　49, 59, 85, 165, 178, 237
柱頭細胞　65
柱頭浸出液　200, 237, 258
柱頭組織　258
柱頭反応　65, 181, 237
柱頭分泌物　165
柱頭毛　70, 258
虫媒花　217, 237, 243, 276
　──の花粉　94, 238
虫媒受粉　94, 288, 319
虫媒受粉植物　204, 238
虫媒送粉　293
重複受精　110, 177, 203, 225, 241
重複受粉　244
中片部　203
柱帽　239, 336
中肋　135, 239
中肋胎座　221
チューブリン　239, 284
チューブリン抗体　73
チューリップ　319
超遺伝子　14, 239
長円柱型　114, 240
長花糸型　293
長花柱花　14, 164, 240, 256
腸管　182
長球円形　240
長球型　240
長球状球型　240
長口　35, 240

彫刻　38, 240
長刺大網目型　240
長刺型　240
長軸型　240
長雌蕊花　256
長日処理　40
長日性植物　40
長翅目　217
長刺隆起網紋型　240
長刺隆起条紋型　240
チョウセンアサガオ　82
彫層　241
長柱花　14, 240
チョウ媒花　238
鳥媒花　240, 276
鳥媒花粉　241
頂板　341
彫紋層　241
超優勢説　121, 305
調和パターン　242
直接法　20, 125
直線畝型　242
直達放射　213
直達放射量　242
直交溝　242
チリダニ　112
地理的隔離　46, 178, 242, 292
治療花粉学　27

ツ

追加受〔授〕粉　69, 325
つい(対)列溝型　243
通導組織　243, 336
ツガ　20, 38
使い捨て花粉交配用蜂群　243
ツガ属　298, 312
ツガ林　230
接木苗　202
ツギノヒメハナバチ　216
月別飛散数　243
ツクバネガシ　184
ツチマルハナバチ　313
ツツジ　43, 51, 185, 216, 238, 261
ツツジ科　74
筒状花　49
ツバキ　28, 170, 184, 217, 243, 304
ツバキ花粉症　53, 243
蕾受粉　19, 163, 243
ツメクサ　216
ツリアブ科　216
ツリーシーズン　244
ツリフネソウ　237
ツルノゲイトウ亜科　290

テ

DAPI 染色法　156
ティ・エム・データ　245
低温障害　245

低温処理　40
定花性　216, 237, 245
ティー〔T〕細胞質　245
T字型四集粒　246, 342
T字着葯　47
底棲有孔虫　144
低層湿原　168
泥炭　246
泥炭層　89, 90, 294
泥炭地　87, 168
底着葯　47
TTC 還元法　76
T パターン　246
底板　341
ティー・ピー　181
底部層　218, 246, 333
デオキシリボ核酸　246, 345
デオキシリボヌクレアーゼ　45
テオシント　109, 302
適応　13, 69, 136, 151, 164, 168, 179, 181, 202, 247, 251, 283
適応戦略　126, 127, 175, 247
適応値　247
適応度　116, 185, 202, 247
適応放散　113
摘果　69
摘花　69
適法受〔授〕粉　14, 239
出口　247
デージー　341
テジラム　42, 247
テストステロン　80
テッポウユリ　9, 10, 26, 79, 130, 200, 258, 293, 300, 345
テトラゾリウム塩法　76
テーニア　224
デニソンサンプラー　162
デボン紀　148
デラウェア　227, 229
テリハボク　7
テルフェナジン　135
転移酵素　141
穎花　177
電気集塵器　191
テンサイ　19, 233
テンサイ花粉症　53, 186, 247
テンジクアオイ　157
テンジクアオイ属　128
電子顕微鏡　74
転写　345
転地療法　247
テンツキ属　98
テンナンショウ　43, 216
天然更新　219, 248
天然生林　45, 248
天然林　45, 248
点鼻用血管収縮薬　248
澱粉　232, 248

日本語索引

澱粉花粉　248
澱粉-スクロース相互転換反応　198, 248

ト

同網目紋型　249
糖アルコール　249
遠縁交雑　170, 249
等開花線図　40
透過型顕微鏡　287
透過型光学顕微鏡　73
透過型電子顕微鏡　73, 74
トウガキ　227
等価基準標本　326
透過酵素　249
同花受〔授〕粉　218
透過性　237
透過電子顕微鏡　214
トウガラシ　289
東京都花粉症対策検討委員会　50, 197
等極性　74, 249
同型花型自家不和合性　163
同型花型不和合性　302
同系交配　15
同型接合　182
同型接合体　15, 249
同型配偶子　263
同型胞子　223, 307
トウゲシバ　307
凍結超薄切片法　325
同後基準標本　326
頭糸　237, 258
等軸型　250
等軸性　249
糖脂質　80
同時代～準同時代異地性岩体　19
糖質　79
同質異質六倍体　265
同質遺伝子系統　225
同質倍数体　224, 282
同質四倍体　265, 296
同種皮膚感作抗体　1
頭状花　288
同所的移入　24
同相世代交代　208
淘汰　22
淘汰圧　250
とうだち　311
同地基準標本　326
同調性　250
同調培養　250
同調分裂　250
童貞生殖　109, 250, 279
糖ヌクレオチド　250
トウヒ属　312
動物媒花　218
動物媒花粉　250

動物媒植物　250
頭部連接円柱　251
トウモロコシ　9, 14, 19, 20, 40, 57, 66, 77, 109, 110, 158, 167, 200, 205, 245, 248, 279, 302, 329, 345, 349
トウヨウミツバチ　271, 316
トゥラ　251
同類交配　251, 259
トゥルマ　251
トガサワラ　38
富樫族変動　154
トキワギョリュウ　185
特異的 IgE　1, 251
特異(的) IgE 抗体　139, 300
特異的 IgG　251, 324
特異的減感作療法　129
特異的免疫療法　129
ドクウツギ　82
トクサ属　320
ドクゼリ　82
ドクダミ　205, 321
特定組み合わせ能力　121
刺　35, 251
とさか状突〔凸〕起　125, 251
とさか状隆起　251
都市気候　251
土質柱状図　88
土壌的極相　115
度数分布　252
トダシバ　26
トチノキ　339
トチノキハチ蜜　339
突出型　252
凸出口型　252
凸出口間　252
凸出部　136
突然変異　2, 21, 22, 335
突然変異処理　311
トップ交配検定法　19
トドマツ　186
「飛び石」モデル　171
トビカズラ属　217
トーマス型サンプラー　88
トマト　19, 40, 166, 217
ドーム細胞　215
トムソン　227
トムソン・シードレス　227
ドライタイプ　65, 258
トラニラスト　135
トランスポーター　249
ドリアス期　252
ドリアス植物群　12
トリカブト　336
トリグリセリド　80
トリス緩衝剤　84
トリッピング　94
トリフィン　252
トリプトファン　81

トリルダン　135
トールス　116, 252
トレーサー　37
トレニア　258
ドロイ　34

ナ

内口　41, 75, 134, 138, 222, 253, 254
内孔　253
内溝　242
内口域　253
内口環　253
内口孔型　134, 253
内口式　253
内孔式溝　195
内口式三溝型　253
内口式類溝型　253
内交配　116, 117, 253
内孔辺肥厚　253
内呼吸　146
内生胞子　307
内層　43, 218, 253
内的・生殖的隔離　46, 178, 253
内乳　59, 114, 176, 219, 254
内乳母細胞　114
内胚乳　254
内被　254, 329
内部網状紋　254
内部網目　254
内部外表層　9, 254
内部外表層模様　254
内部外壁　254
内部内壁　254, 255
内部発芽口　254
内部被層　255
内部無刻層　254, 320
内部有刻層　254
内壁　99, 210, 218, 254
内面　268
中くびれ溝型　255
ナガハグサ　25, 321
ナガハシスミレ　216
なぎ　43
ナシ　205, 255, 277, 327
ナシ花粉症　53, 255
ナジ反応　156
ナス　19, 40, 43, 109, 165
ナス　258
ナタネ　8, 16, 167, 205, 257, 283, 339
ナタネハチ蜜　339
ナタネ類　156
夏風邪　67
夏型過敏性肺臓炎　111
ナツメヤシ　97, 322
ナデシコ　255
ナデシコ花粉症　53, 255
ナトリウム　79
ナノハナ　8

日本語索引

ナラ 150
ナリンゲニン 64
ナンキョクブナ属 185
ナンバンサイカチ 15
ナンヨウスギ 52
ナンヨウスギ科 213

ニ

二異型花柱性 14
二異型花粉 149
二核性花粉 52, 256, 257
二価染色体 131, 140, 221, 256
II型アレルギー 10, 11
二基三倍体植物 16, 156
二気嚢型 258
二基四倍体 16, 257
肉柱体 194
二形花粉 256
二型〔形〕性 14, 256
二型〔形〕雄蕊 15, 256
二口型 256
二孔型 93, 256
二溝型 93, 256
二溝孔型 93, 256, 257
ニコチン酸 87
二細胞性花粉 52, 78, 83, 161, 257
二次花粉(化石) 155, 257, 278
ニシキソウ 216
ニシキヨモギ 340
二次(性)種分化 13, 18, 167, 257, 283, 296
二次世代交代 208
二次遷移 124, 211
二次胚乳 176
二次飛散 257
2次メッシュ 257, 322
二重乗り換え 121
二重螺旋構造 246
二集粒 93, 257
二次林 103, 185
ニセアカシア 174, 338
二段林 296
日照時間 213
日照率 257
ニッパヤシ 7
二内口型 257
二倍性 257
二倍性半数体 329
二倍体 15, 216, 227, 257
日本健康食品協会 56, 67
ニホンナシ 77
ニホンミツバチ 316
二命名法 258
二面型 258
二面交配 214
二面相称 258
二面体型胞子 232
乳頭 258

乳頭細胞 165, 258
乳頭(状)突起 58, 70, 258
二葉松型 150, 258
二翼型 182, 258
ニラ 205, 321
ニリンソウ 238
ニレ亜科 259
ニレ科 259, 293
ニレ属 259
二列円柱(状)型 259
二列柱状型 259
任意交配 117, 259
ニンジン 205

ヌ

ヌクレアーゼ 45
ヌクレオチド 45, 246

ネ

根切り 103
ネコノメソウ 218
ネコヤナギ 330
ネジキ 82
ネズ 51
ネズ花粉症 53
ネズミホソムギ 17
ネズミムギ 17, 25, 260
熱帯(降雨)林 260
ネブラスカ氷河期 260
ネフローゼ 52
ネフローゼ症候群 189
ネーベス効果 260
ネムノキ 51, 217, 238
ネムノキ亜科 74
根室層群 269
稔花 256
粘結糸 42, 261
稔性 261
稔性回復遺伝子 261, 334, 335
稔性回復系統 335
粘着糸 261
粘着部 55
粘膜・組織反応 139

ノ

ノグルミ 122
ノグルミ属 122
乗り換え 121, 140, 262
ノルマポーレス 41, 43, 150, 236, 253, 254, 262, 270, 300
ノレム-川崎の型式 262

ハ

胚 110, 229
ハイエイタス 263
バイオターベーション 263
バイオテクノロジー 126, 157
バイオポリマー 278

胚芽 320
バイカル湖 148
配偶子 51, 131, 263, 333
配偶子遺伝子 61, 69
配偶子合体 263
配偶子還元 263
配偶子競争 263
配偶子系列 275
配偶子細胞 78
配偶子生殖 208
配偶子接合 263
配偶子選択 136, 166, 263, 333
配偶子致死 264
配偶子不稔性 264
配偶子融合 263
配偶世代 264
配偶体 51, 264, 307
配偶体遺伝子 167, 263, 264
配偶体型 258
配偶体型雄性不稔遺伝子 23
配偶体型細胞質雄性不稔性 158
配偶体型自家不和合性 163, 264
配偶体型不和合性 302
配偶体細胞 78
胚珠 49, 59, 65, 165, 219, 221, 227, 265, 267, 294, 306, 343
——の生殖成功率 179, 265
胚珠当り受粉花粉粒数 179
胚種培養 171, 265
胚植物胞子 148
背心面 265
倍数性 70, 72, 202, 227, 265
倍数体 15, 202, 265
胚線維症 111
パイダイヤグラム 266
培地 267
胚的細胞 78, 204, 213
パイナップル 227
胚乳 54, 110, 127, 176
胚乳種子 177
排尿作用 267
胚嚢 33, 65, 114, 177, 223, 227, 264, 265, 344
胚嚢細胞 219, 306, 344
胚嚢母細胞 132, 219, 306
胚培養 171, 268
背部 309
ハイブリッドシード 46
ハイボリウムエアサンプラー 191
背面 268, 324
培養 268
培養液 268
ハウスダスト 275
ハエ類 216
バーカード(型)捕集器 48, 61, 268, 340
ハキリバチ 82, 269
白亜紀/第三紀境界 269

白亜紀の花粉・胞子　269
ハクサイ　16, 18, 19, 40, 108, 156, 205, 268
白色体　9, 164
バクテリア　105
薄膜胎座　221
薄膜類口　271
ハクラン　268, 296
柱状　75
橋渡し植物　176
ハズ型模様　271
ハズ模様型　271
旗型捕集器　48
働き蜂　317
場違い　227
場違い種子　311
蜂児　318
ハチドリ　217, 241
蜂の巣状　75
蜂パン　271
ハチ蜜　271
　——の花粉分析　273
ハチ蜜酒　273
はちみつ類の公正競争規約　273
はちみつ類の表示に関する公正競争規約　272
蜂ヤニ　302
蜂ろう　274, 302, 317
発育限界温度　85
発芽口　7, 52, 77, 134, 135, 136, 240, 274, 277, 318, 320
発芽孔　135, 274
発芽溝　221, 274
発芽装置　134
発芽能力　58
発芽率　84
伐採　296
発症　102
パッチテスト　287
パーティクルガン　126
ハーディ-ワインベルグの法則　24, 274
パテラ　275
ハナアブ　171, 217
ハナアブ科　171, 216
ハナアブ媒花　237
ハナアブ類　237
鼻アレルギー　28, 67, 110, 275, 290
花生態学　180, 217, 319
花生物学　180
ハナタバコ　100
バナナ　227
花の構造　276
ハナバチ　237
ハナバチ媒花　237
花ハチ蜜　272
ハナバチ類　192, 216, 245
ハナハマサジ　199

花振い　69
ハナムグリ類　217
ハナモモ　327
パピラ　196
ハプテン　138
ハボタン　40, 156
ハーモメガシー　41, 108, 277
バラ　109, 322, 327
バラ科　31, 216, 255, 277, 326
バラ花粉症　53, 277
バラ属　277
ハリエンジュ　338
ハリギリ　186
ハリナシバチ　216, 278
パリノ相　278
パリノデブリス　278
パリノフローラ　278
パリノモルフ　278
パリノモルフ分析　5
春一番　278
ハルガヤ　25
ハルジオン　279, 341
ハルジオン花粉症　53, 279
ハルジョオン　279
ハルニレ　128, 186, 259
ハルニレ林　169
半外表層型　191
hanging-drop 法　84
バンクシア　217
半溝　279
伴細胞　298
半翅目　217
盤状　75
繁殖関与個体数　173
繁殖成功　167
繁殖生物学　13
繁殖体系　127, 247
繁殖能力　117
繁殖様式　279
繁殖量　173
半数性　70
半数性娘細胞　203
半数世代　265
半数体　108, 257, 265, 279, 280, 329
半数体育種法　280, 301, 329
半数体植物　83
Hansel 染色法　283
斑点状　280
半透明型　280
ハンドオーガー（サンプラー）　162, 280
パントテン酸　87
ハンノキ　5, 50, 280, 293, 294
ハンノキ花粉喘息　53, 280
ハンノキ属　37, 150, 280
ハンノキ林　50, 168
晩氷期　281
反復親　281

反復受粉　69, 151, 281
反復戻し交雑　24, 45
半葯　281, 329
バンレイシ科　140

ヒ

微網状紋　282
非運動性細胞　226
PAS 反応　156
ビオチン　87
非外表層型　42
ヒカゲノカズラ　70, 207, 282, 307
ヒカゲミズ属　98
微化石　5, 282
非還元配偶子　282
非還元胞子　307
P-K 反応　2, 139, 300
非減数性配偶子　282
非減数性胚嚢　320
被検定系統　19
肥厚部　51
微細しわ模様型　285
飛散開始日　283
飛散期間　283
微散孔型　104
飛散終了日　283
ヒシ　194
微刺　251
被子植物　51, 52, 69, 128, 212
鼻汁塗抹検査　283
非樹木花粉　284
非樹木花粉図　284
尾状花序　20, 284
尾状型　293
微小管　157, 284
微小刺型　285
鼻症状スコア　285
微小突起型　285
ヒスタミン　135, 139, 142, 220
ヒストグラム　351
ヒストリコスフェア類　285
ヒストン　81
ピストンコア　285
ひだ　285
ひだ型　285
ビタースプリングス微化石　285
ビタミン　86
ビタミンA　100
非調和パターン　242
PD/O 比　179
非テクテート　42
ビート　233, 247
ヒートアイランド　251
ヒドロキシデセン酸　350
皮内テスト　2, 139
皮内反応　287
鼻粘膜反応　2
ヒノキ　51, 127, 286

ヒノキ亜科　286
ヒノキ科　286
皮膚アレルギー　286
ヒプシサーマル期　103, 286
皮膚テスト　2, 139, 287
皮膚反応　287
微分干渉顕微鏡　17, 287
微分干渉法　288
非閉鎖系試験　62
ヒマラヤオオミツバチ　317
ヒマラヤスギ属　312
ヒマワリ　300
ヒマワリ効果　288
ピーマン花粉喘息　53, 288
肥満細胞　6, 101, 220
瀰漫性肉芽腫間質性肺炎　111
瀰漫性表層角膜炎　182
非無作為交配　289
非無作為受[授]精　264
ヒメガマ　96, 104, 289
ヒメガマ花粉症　53, 96, 289
ヒメグルミ　122
ヒメジョオン　279
ヒメスイバ　227, 289
ヒメスイバ・ギシギシ花粉症　53, 289
ヒメヤシャブシ　281
ヒメユズリハ　7
非メンデル遺伝　127
ひも状構造　224
ビャクシン亜科　286
ビャクダン科　271
ヒヤシンス　258
ヒユ亜科　290
鼻誘発試験[テスト]　139, 290
ヒユ科　290
ヒユ属　290
氷河学　90
氷河期　154, 290
表現型　21, 24, 214, 307
表現型頻度　23
氷縞粘土　290
表在性酵素　81, 291
標識遺伝子　226
標準　223
標準地域メッシュ　322
表層型　42
氷堆石　290
表面模様　75
ヒヨドリ　217
ピラ　336
ヒラー型サンプラー　88, 162, 291
ヒラタネナシ　227
ピリドキシン　87
ヒルギ科　7
ヒルギダマシ　313
ヒルギモドキ　313
ヒルプロット播き　311

広畝型　291
ピロニン　126
広幅畝型　291
琵琶湖　148, 154
品種　155, 178, 292
品種改良　13, 22
品種退化　291
品種分化　292
品種崩壊　62, 167
頻度依存選択　292
頻度曲線　89

フ

ファイコーマ　226
負網状紋　293
VEM 型　36
フィターゼ　80, 141, 293
フィチン酸・　26, 80, 249, 293
フィッシャー方式　293
風衝偏形樹　192
フウ属　155
風媒花　217, 218, 276, 293
風媒花粉　94, 119, 294
風媒作物　47
風媒受粉　94, 294, 349
風媒受粉植物　205
風媒送粉　293
フェーブス-ブラックレー液　61, 147, 212, 294
フェリチン　81
フェリチン標識抗体法　116
フォイルゲン反応　156
フォン・ポスト　181, 294
不完全花　295
不完全抗原　138, 139
不完全集合　295
不完全湾曲畝　351
不規則状　295
副冠　151
副基準標本　326
複ゲノム種　156
複口　236, 295
複孔型　257, 295
複合口　295
複口構造　211
腹溝細胞　219
複交雑　19, 225, 295
複合脂質　80
複交配　295
腹細胞　219
伏条更新　32
副腎皮質ホルモン剤　295, 329
副腎皮質ホルモン療法　115
複相　45, 296, 320, 321
複相世代　296
複相大胞子　167, 320
複相大胞子凝似処女生殖　321
複相大胞子偽受精生殖　321

複相大胞子処女生殖　167, 205, 321
複層林　21, 296
複二倍体　16, 156, 176, 257, 296
複半数体　296, 282
腹部　310
腹面　324
複粒　74, 296
袋かけ　47
フクロモモンガ　217
フサザクラ　75
フジ　238
腐食作用　79
腐植層　296
父性遺伝　128
ブタクサ　11, 52, 85, 107, 279, 297, 341
ブタクサ花粉症　53, 297
ブタクサ属　65
ブタクサ属花粉症　124
ブタナ　81
フタバアオイ　115
縁飾り　297
付着面痕跡線　298
不定芽　329
不定胚　329
不定胚形成　321
不適法受粉　14
ブドウ　48, 298
不同網目型　298
ブドウ花粉症　53, 298
不同溝型　93, 298
不等(細胞)分裂　59, 77, 184, 298
ブドウ糖　272
不動配偶子　263
不動胞子　307
プトレッシン　10
ブナ　34, 299
ブナ科　69, 150, 299
ブナ属　299
ブナ属花粉　299
ブナ帯　299
ブナ林　343
不稔花　256
不稔性　23, 177, 299
負の屈性　120
負の同類交配　259
部分自殖性　300
部分他殖性　165, 300
部分不稔性　300
不飽和脂肪酸　170
負網状紋　143
浮遊選別法　94
浮遊粒子物質　119
扶養能力　127
プラウスニッツ-キュストナー反応　196, 300
ブラウン運動　300
ブラウン捕集器　147, 191

日本語索引

ブラシカ属　83
ブラシノステロイド　80, 206, 300
ブラシノ藻　226, 335
ブラシノライド　75, 300
ブラシノリド　300
ブラック・コリンス　227
プラテア　300
プラテア・ルミノーサ　300
フラバノノール　301
フラバノン　63, 301
フラボノイド　57, 62, 63, 73, 273, 301
フラボノール　63, 301
フラボン　63, 301
フラボン系色素　63
フランドル海進　7
プリックテスト　2, 139, 287
ブリッジ　301
ブリット-セルナンデル編年　301
プリムリン　126
不良未熟胚淘汰　69
フルオレッセイン　126
フルオレッセインイソチオシアネート　125
フルクトース　79
フルニソリド　115
ブルビアリス種　8
ブルボッサム　302
ブルボッサム法　301
プレボレアル期　302
不連続畝型　302
プロキシメイト・シスト　302
プロスタグランディン　295
フロックス　174
ブロッコリ　156
プロテアーゼ　291
プロテインA　125
プロテインA金コロイド法　117
プロトクロロフィル　165
プロトピン　82
プロトプラスト　83, 157, 158, 213, 268, 302
プロビタミンA　100
プロプラスチド　9, 164
プロプラスト　9
プロポリス　302
ブロモフォルム　94
フロリダソテツ　217
プロリン　9, 57, 81
不和合性　177, 302
不和合性程度　179
分化　13, 69, 151, 164, 168, 179, 181, 202, 251, 283
糞害　302
分化全能性　213
糞花粉学　302
糞公害　302
分枝円柱(状)型　303

分集団　23
糞石　302, 303
　　──中の花粉　303
分断選択　12, 168
分断選抜　136, 168, 303
分泌型　228
分蜂　317
分裂期　303
分裂周期　303

ヘ

閉花受精　43, 205
平滑大網目型　304
平滑(紋)型　304
平滑隆起網紋型　304
平滑隆起条紋型　304
柄細胞　52, 78, 204, 304, 332
閉鎖花　40, 43, 205, 217, 218, 276, 304
平面部口　340
壁孔連絡　130
ベクター　92
ペクチン　32, 92, 255, 304
ペクチン分解酵素　122
ベクロメタゾン　115
ペチュニア　10, 28, 83, 92, 293
ヘテロ溝型　298
ヘテロ個体　15, 304
ヘテロ個体優越性　304
ヘテロゴニー　208
ヘテロシス　33, 116, 121, 304
ヘテロ性　141
ヘテロ接合性　117
ヘテロ接合(体)頻度　117
ベー・ペー　181
ペポカボチャ　9, 97
ヘミセルロース　304
ヘラオオバコ　37
ペリデイニウム　38, 341
ペリン　42, 218, 305
ベーリング期　305
ペルオキシダーゼ　49, 305
変異体　335
辺縁隆起　35
偏球形　232, 305
偏在孔型　305
変種　178
片対数グラフ解析　305
扁平球突起型　305
偏平形　305
鞭毛　203

ホ

ホイルサンプラー　162
訪花昆虫　66
訪花動物　218
ホウキギ属　3
胞原細胞　51, 95, 306, 329

ホウ酸　79
胞子　51, 131, 223, 306
胞子還元　307
胞子生殖　208, 307
胞子体　45, 51, 264, 307, 320
胞子体型　258
胞子体型細胞質雄性不稔性　158
胞子体型自家不和合性　15, 49, 70, 164, 307
胞子体型不和合性　302
胞子体型雄性不稔遺伝子　23
胞子嚢　228, 306, 309
胞子母細胞　306
放射性同位体　308
放射性トレーサー法　308
放射性標識物質　37
放射線処理個体　15
放射相称　114, 175, 308
放射対称　308
放射部間　309
胞子葉　51, 276, 306, 309
房状へり〔縁〕　309
ホウセンカ　205
帽体　309
蜂毒　318
蜂乳　96
放任受粉　309
帽部　309
包埋後染色法　325
包埋前染色法　325
ホウレンソウ　3, 166, 172, 205, 258
飽和脂肪酸　170
蒲黄　54, 66
母傾遺伝　127
母系選抜育種法　14
補酵素　310
ボゴダ高原　154
母細胞　170
ホスファターゼ　273, 293
母性遺伝　310
ホソアオゲイトウ　290
細畝紋型　153
ホソバシケシダ　309
ホソムギ　25, 260, 310
ホタルブクロ　174, 237
発作期　310
ホツツジ　82, 336
ホップ　172, 205
北方針葉樹林　186
ホトケノザ　43, 205
ポトニー　310
穂別系統　311
ポマト　158
ホモ　182
ホモ網状紋型　249
ホモ化　113
ホモ個体　249, 311
ホモ接合性　117

ホモ接合体　326
ポリヌクレオチド　246
ポリネーション　216, 311
ポリネーター　216, 311
ホルトノキ　184
ボレアル期　311
ポレンキット　67
ホワイトクローバー　339
ホワイト・コリンズ　227
ホワイト・ゼノア　227
本格飛散期間　311
『本草綱目』　54, 66
本体　311
凡天　82
本場種子　227, 311

マ

マイクロフォラミニフェラ　110, 312
マイクロプランクトン　312
マイクロボディー　38
迷子石　290
マイナーアレルゲン　53, 312, 322
マオウ属　228
マーカー　207
マキ科　35, 111
巻き締め　103
膜腔　312
膜空間　312
膜翅目　216
マクロオートラジオグラフィー　37
マクワ　178
マコモ　194
マサ　312
マーシュ　227
マスイドーフィン　227
マスト細胞　6
マツ　54, 57, 293
マツ科　35, 111, 261, 312
マツ花粉　66
末期受〔授〕精　313
末期受〔授〕粉　312
マツ属　35, 312, 313, 332
マツバラン　306
マツムシソウ　238
マツモ　195
松山逆帯磁期　154
マツヨイグサ　109, 157, 217, 238, 261
マツヨイグサ属　128
マテバシイ属　299
マドロ第三紀植物群　222
マムシグサ　238
マメ科　74, 217
マメコバチ　82, 217, 313
マヤブシキ　313
マルタユリ　97, 241
マルトース　272

マルバタチスミレ　165, 205
マルハナバチ　82, 192, 216, 217, 245, 313
マルバハギ　216
マルピーギ管　183
マンガン　79
マングローブ植物　34, 313
慢性毒性　314
慢性剝離性好酸球性気管支炎　107
慢性瀰漫性間質性肺炎　111
マンネンスギ　307

ミ

ミオイノシトール　26, 80, 293
ミオシン　81, 130, 315, 332
ミカン　48, 321
ミカン科花粉症　53
ミカンハチ蜜　339
ミクロオートラジオグラフィー　37
ミクロフィブリル　210
ミクロフィラメント　130, 157
ミズアオイ　15
ミズナラ　150, 186
ミズナラ林　343
ミゾソバ　226
ミソハギ属　298
ミチヤナギ　236
蜜胃　183, 271
ミツクリヒゲナガハナバチ　216
蜜源植物　315, 338
ミツスイ　217
蜜腺　315
密度効果　316
ミツバチ　82, 216, 243, 245, 316
ミツバチ花粉　57, 66
ミツバチ花粉加工食品　56, 57, 67
ミツバチ花粉食品　56, 57, 67
ミツバチヘギイタダニ　316
蜜標　318
蜜ろう　216, 274
ミトコンドリア　23, 38, 46, 81, 84, 128, 318, 335
耳ひだ型　318, 348
ミヤザキタネナシ　227
ミヤマラッキョウ　47
ミョウガ　52
ミラー　319
ミルミカシン　170
Mindel 氷河期　291

ム

無殻種　274
むかご　204, 320
ムカシヨモギ属　341
無機質成分　320
ムギセンノウ　258
無極型　320
無極性　115

無口型　93, 136, 320
無合流口極　144
無刻外表層型　320
無刻層　43, 153, 218, 236, 320
無刻テクテート　192, 320
無作為交配　117, 320
無条溝　320
無性芽　320
無性生殖　204, 208, 320, 333
無性世代　320
無性世代交代　208
無性的種子形成　109, 120, 167, 204, 205, 230, 320
胸高直径　154, 176, 321
ムニンツツジ　295
無粘着部花粉塊　55
無配偶子生殖　208, 320
無配合生殖　230
無配生殖　321
無胚乳種子　176
ムラサキケマン　82
ムラサキツユクサ　79, 299, 345

メ

明暗分析　322
メイジャーアレルゲン　11, 52, 312, 322
メキシココムギ　303
めしべ　165
メジロ類　217
メタキセニア　322
メタセコイア　17
メタゼネシス　208
メチルグリーン-ピロニン二重染色法　156
メチルバイオレット　132
メチレンブルー　111
メッシュデータ　147, 322
めばな　163
メヒシバ　25, 26, 218
メヒルギ　313
メム　155
メランジェ層　18
メレチトース　272
メロチャ　158
メロミオシン　4
面　324
免疫応答準備期間　186
免疫金染色法　156
免疫グロブリン　141, 324
免疫原性　138, 139
免疫電子顕微鏡法　116, 324
免疫複合型　11
メンデル遺伝　2
メンデル集団　325
メントール花粉　316, 325

モ

モウセンゴケ　40, 165, 205
モウセンゴケ科　74
モウセンゴケ属　140
模擬　171
モクタチバナ　7
木本花粉　326
木本花粉季節　326
モクレン属　35
モザイク状内乳　254
模式　223
模式標本　326
モチ性　110
モッコク　7
戻し交雑〔交配〕　16, 160, 281, 326
モミ　38
モミ属　312
モミ林　230
モモ　31, 205, 277, 326
モモ花粉症　53, 326
模様　141
モリシマアカシア　3
モンスーン　327
木炭塵　326
モンパノキ　7

ヤ

ヤエヤマヒルギ　313
ヤエヤマヤシ　7
葯　30, 77, 95, 306, 329, 333, 335
葯隔　47, 333
葯採取機　75
葯室　71, 329
ヤクスギ　146, 329
葯培養　83, 329
葯発芽孔数　71
薬品除雄　190
薬物療法　329
葯壁　329
ヤグルマギク　242
ヤシャブシ　281
ヤチダモ林　168
ヤドリギ科　271
ヤナギ　50, 205, 330
ヤナギ花粉症　53, 330
ヤナギ属　330, 332
ヤナギタンポポ　321
ヤナギバアキノキリンソウ　205
ヤブガラシ　216
ヤブツバキ　34
ヤブニッケイ　184
ヤマノイモ　175, 204
ヤマハッカ　237
ヤマハンノキ　280
ヤマハンノキ林　51
ヤマモガシ　185
ヤマモガシ科　47

ヤマモモ　330
ヤマモモ花粉症　53, 330
ヤマユリ　130
ヤマヨモギ　340

ユ

誘因物質　166
遊泳細胞　31
雄花　332
雄核　97, 109, 241
有殻渦鞭毛藻　341
有殻種　274
雄核単為生殖　109
雄核単為発生　332
雄核発生　332
雄花序　332
雄花蕊原基　86
雄花先熟　333
有機質微化石　278
雄原核　332
雄原細胞　52, 59, 77, 78, 203, 204, 215, 298, 332
有効積算気温〔温度〕　39, 85, 332
有孔虫ライニング　145
有刻層　27, 36, 43, 218, 225, 241, 251, 332
有刺植物サバンナ　260
有糸分裂　128
雄株　97
有色体　164
雄蕊　15, 194, 333
雄蕊先熟　172, 333
優性　15
優勢遺伝子鎖説　121
有性生殖　204, 320, 333
有性世代　320, 333
優性説　121, 305
雄性先熟　333
雄性選択　333
雄性配偶子　51, 109, 203, 263, 332, 333, 334
雄精配偶子　183
雄性配偶子競争　61, 69
雄性配偶子形成　334
雄性配偶体　51, 264, 307, 334
雄性不稔　167
雄性不稔維持系統　334
雄性不稔遺伝子　23
雄性不稔細胞質　157
雄性不稔性　34, 46, 72, 157, 190, 227, 261, 326, 334, 335
雄性不稔性維持系統　158
雄性不稔性細胞質　245
雄性不稔性細胞質遺伝子　157
優占種　115
雄前葉体　334
遊走子　307
遊走子嚢　335

誘導花粉化石　257
誘導溝　258
誘導組織　241, 336
有毒植物(花粉)　336
有毒蜜　336
有粘着部花粉塊　55
有囊型　336
誘発試験　2, 189
誘発テスト　336
有柄頭状紋　9, 251, 336
有翼型　93, 224, 331
有楽町海進　7, 287
遊離アミノ酸　81, 272
遊離脂肪酸　80, 170
遊離状フラボノール　64
優良雑種　19
優良種子　177
優劣性　308
ユーカリ　185, 217
ユキノシタ　172, 205
ユサン属　312
U字谷　290
輸送　336
ユッカ蛾　336
ユッチャ　337
UDP(ADP)-グルコースピロホスホリラーゼ　250
UDP形成　210
ユービッシュ体　38, 42, 71, 200, 337
ユリ　43, 205, 218

ヨ

溶液授粉　338
陽樹冠　175
幼生生殖　208
養蜂学　338
養蜂植物　338
容量法　191, 268, 340
葉緑素　139
葉緑体　38, 46, 128, 164, 335
翼　111
浴液受〔授〕粉　82
横側口型　340
横溝　341
横溝板　342
横長型　340
横長口　340
ヨシ　194
予防薬　340
ヨモギ　279, 340
ヨモギ花粉症　53, 340
ヨモギ属　65, 340
鎧板　341
鎧板配列　341
IV型アレルギー　10, 11, 111, 235
四元交配　342
四孔型　93
四溝型　93

日本語索引

四溝孔型　93
四集粒　51, 74, 93, 114, 342
四倍体　227, 296

ラ

ライグラス　300
ライチョウ　17
ライマビーン　292
ライムギ　9, 57, 85, 200
落射型蛍光顕微鏡　73
落葉広葉樹林　343
落葉広葉樹林帯　5
落葉針葉樹林　4
ラジオオートグラフィー　37
裸子植物　52, 59, 65, 127, 128, 293, 343
螺旋口型　144, 343
落果　343
ラッカセイ　94, 165, 174, 176, 205
落下法　175
ラナレス植物説　276, 333
ラフィノース　272
ラミナ　145
卵　51, 298, 344
ラン科　55, 74, 194, 238
卵核　97, 241, 265
ラン科植物　51
卵原説　97
卵細胞　59, 65, 78, 219, 241, 344
卵子　344
藍藻　105, 285
卵装置　344
ランダム・ジェネティック・ドリフト　24
ランドサット衛星　245, 344
卵母細胞　65

リ

陸風　43, 44, 345
リザベン　135
リス(Riss)氷河期　291, 345
理想集団　117
リボ核酸　345
リボ核蛋白質粒子　345
リボソーム　38, 45, 345

リボヌクレアーゼ　45, 291
リムラ　345
隆起網紋　36
隆起条紋型　36
流出ハチ蜜　272
リュウゼツラン　217
菱形四集粒　342, 346
両性遺伝　128
両性花　172, 174, 332, 346
両性生殖　208
両全花　174
緑体春化　40
リン　79
林縁　346
輪郭　148
リン化合物　79
隣花受粉　166
林冠　346
リンゴ　10, 217, 322, 327, 346
リンゴ花粉症　53, 346
リン脂質　80
鱗翅目　216
輪状細胞　215
輪帯　148, 221, 307, 346
リンドウ　237
リンパ球　324
林分　346
リンホカイン　235
林木　346
林齢　346

ル

類口　347
類溝　253, 347
類溝内口　253
類三溝孔粒　330
類線状網目型　347
類長口　347
ルチン　64
ルテイン　164
ルテオリン　64
ルプス　347

レ

レアギン　1, 196, 348

冷温帯落葉広葉樹林　348
齢級　348
零染色体植物　16
裂開　348
劣性　15
劣性形質　177
裂片型　318
裂片部発芽装置型　36, 348
レトゥソイド　348
レンゲ　338
レンゲハチ蜜　339
連鎖　121
連続戻し交雑〔交配〕　46, 334, 335

ロ

ロイコトリエン　295
ロイコプラスト　9
老花受粉　116, 349
労研式塵埃計　191
ろう腺　274
ローガン　349
ロジスティック曲線　126
ロゼット形成反応　2
ローダミン　125
ローダミン-ファロイジン染色　73
ロトスライド・サンプラー　349
ロトロッド・サンプラー　48, 340, 349
ローヤルゼリー　350

ワ

ワイブル分析〔解析〕　351
和合受〔授〕粉　237
和合性　351
ワシントンネーブル　227
ワスレナグサ　52
ワタ　205, 322
ワタスゲ属　98
ワトソン-クリックモデル　246
湾曲畝　351
湾曲畝型　242, 351
湾曲線条肥厚　351
湾曲部口型　352
湾曲部発芽装置型　36, 352

外国語索引

A

abporal lacuna 136
abporal lacunae 136
absolute pollen frequency 209
acacia pollinosis 3
acalymmate 295
accumulated temperature 206
aceto-carmine 159
aceto-orcein 158
aciculate 153
acolpate 320
aconitine 81, 336
acritarch 5
acrolamella 121, 212
acrolamellae 212
acrolamellate 212
actin 4
actual vegetation 187
acutopalynology 131
adaptation 247
adaptive strategy 247
adaptive value 247
adichogamy 173
adjuvant 5
aeroallergen immunoblotting 27
aerodynamics 119
affinity 139
afforestation 219
agamospermy 4, 230, 320
age class 348
airborne particle 119, 206
airborne pollen grain 119, 221
airborne pollen sampler 119
air cleaner 119
Albian 270
alder 37, 280
alder pollen asthma 280
alete 320
aletus 320
alien chromosome addition line 16
alimentary canal 182
allele frequency 22
allergen extract 138
allergenicity 114, 139
allergen nomenclature 11
Allergen Nomenclature Subcommittee 11

allergen-specific IgE antibody 1
allergen test 138
allergic conjunctivitis 11
allergic pharyngitis 28
allergic reaction 11
allergic rhinitis 11
allergy 10
allergy diary 11
allergy in respiratory tract 110
Alleröd 12, 281
Alleröd time 12
allochthonous deposit 18, 133
allogamous plant 225
allogamy 13, 225, 300
allopatric gene introduction 16
allotetraploid 265
alternation of generations 208
alternation of nuclear phases 45
amaranth family 290
amb 114
AMeDAS 10
Amici 8
amine 10
amino acids 9
amphidiploid 191, 296
amphihaploid 296
amphimixis 320
amyloplast 9
anacolpate 35
anaphylaxis 7
anaporate 35
anathermal stage 287
anazonasulculate 222
androgenesis 109, 250, 332
andromedotoxin 82, 336
anemophilous flower 293
anemophilous pollen 294
anemophily 294
aneuploid 16
aneuploidy 16
Angara 149
angiosperm 283
angulaperturate 46
angustimurate 153
Anisian-Ladinian 161
anisopolar 13
annual meadowgrass 198
annual meadowgrass pollinosis 198

annular thickening 103
annuli 136
annulus 136
antapical plates 341
anterior intercalary plates 341
anteturma 12
anther 329
anther culture 329
anther dehiscence 43
antheridia 215
antheridial initial 215
antheridium 215
anthesis 43
Anthropogene 154
antibody 141
anticholinergics 140
antigen 113, 138
antigen-antibody reaction 139
antigenic determinant 138
antigenicity 114, 139
antihistamines 142
AP 33, 181
AP diagram 182
apertural area 41
aperturate type 136
aperture 134
aperture membrane 143
aperturoid 347
APF 209
apical plates 341
apiculture 338
apocolpia 137, 144
apocolpial field 144
apocolpium 137, 144
apogamy 321
apolar 320
apomict 321
apomixis 8, 230, 320
apoporia 137, 144
apoporium 137, 144
apospory-parthenogenesis 321
apospory-pseudogamy 321
apple pollinosis 346
Aptian 270
aquatic plant 194
arboreal pollen 33, 181
arceohylotype 274
archegonia 219
archegonial initial 219

archegonium 219
Archeophytic era 165
archeosporlium 306
arci 351
Arcto-Tertiary 222
arcuate 351
arcuate ridge 148
arcus 351
areolate 143
array of gene frequencies 22
array of genotype frequencies 23
arthrophytes 148
artificial classfication 191
artificial crossing 191
artificial forest(stand) 192
artificially induced amphidiploid 191
artificial pollination 191
artificial pollination manipulator 192
artificial regeneration 219
asedotoxine 82
asexual generation 320
asexual reproduction 320
aspidate 252
aspides 136
aspidote 252
aspis 136
assemblage zone 124
assortative mating 251
Astian 154
asymmetric cell division 298
atectate 42
Atlantic 104, 143, 301
Atlantic time 7
atopic allergy 6
atopic dermatitis 6
atopy 6
atreme 320
atria 7
atrium 7
attack season 310
autoallohexaploid 265
autochthonous deposit 132
autoembrygenesis 230
autogamous plant 165
Automated Meteorological Data Aquisition System 10
automatic self-pollination 169
autonomic parthenocarpy 169
autoradiography 37
autotetraploid 265
autotrophic 65
avidity 139

B

backcross 326
backcrossing 24
background genotype 21
bacula 35
bacularia 251
bacularium 251
baculate 35
baculum 35
barbed end 4
Barremian-Albian 269
basal area 110
basal number 109
basitarsus 174
bat flower 143, 240
Baumpollen 181
bayberry 330
bayberry pollinosis 330
bee bread 271
beech family 299
bee plant 338
bee pollen 57, 66
bee science 338
beeswax 274
bermudagrass 25, 113
bicellular pollen 257
big tree 207
bilateral 258
bilateral spore 232
binominal nomenclature 258
binucleate pollen 256
biological airborne particle 206
bioturbation 263
birch pollinosis 190
bird flower 240
bisaccate 258
Bitter Springs microfossil 285
bivalent chromosome 256
bizonate 148
bladder 111
blank pole 144
Blitt-Sernander chronology 301
blooming 40
blossom honey 272
blue Japanese oak 299
blunt leaved dock 290
BN 109
Bölling 281
Bölling time 305
body cell 236
Boreal 104, 143, 301
Boreal time 311
BP 181
bramble 17
brassica pollinosis 8
brassinolide 300
breeder's stock seed 130
breeding 13
breeding size 173
breeding system 279
brest height diameter 321
breviaxal 232
brevicolpate 231
bridge 301
broad-leaved cattail 289
broad-leaved deciduous forest 343
broad sense heritability 24
brochi 9
brochus 9
brocking antibody 172
bronchial asthma 106
Brownian motion 300
Brown's sampler 147
bud pollination 243
bulbosum method 301
bulk crossing 151
bulk-population method 173
bumblebee 313
Buntsandstein 161
buoyancy of pollen in water 194
Burkard seven-day recording volumetric spore trap 268
buzz pollination 192

C

Calabrian 154
callose plug 99
callosic wall 100
calmodulin 99
calymmate 104
Cambridge code 147
camellia pollinosis 243
Camerarius 96
Campanian 271
canopy 346
cap 309
cap block 309
cape marigold 8
cape marigold pollinosis 8
capita 239
cappa 51, 309
cappae 309
cappula 51, 310
cappulae 51, 310
capsula 51
capsulae 51
caput 239
Carberla solution 98
carbohydrate 232
carotene 100
carrier protein 138
carry over 96
cascade impactor 48
castration 190
catacolpate 111, 112, 140
catalase 49
catalept 111, 140
cataporate 35, 140

catatreme　111, 140
catazonasulculate　222
Cathaysia　149
Cathaysian palynoflora　149
catkin　284
cattail　96
caudicle　55
causative allergen　106
cavate (camerate) condition　149
cavate cyst　96
cavea　312
caveae　312
caverna　137
cavernae　137
cavium　138
cavus　312
cell cycle　158
cell fusion　158
cell nuclei　156
cell nucleus　156
cell polarity　156
cellulose　210
cellulose syntheses　210
cellulose synthesis　210
Cenomanian　270
Cenophytic era　192
center of gravity method　173
central cell　236
central nucleus　236
centrosymmetric　308
cernitin　209
certation　113, 177
chagrenate　280
chance seedling　119
change of air for health　247
charcoal dust　326
chasmogamous flower　43
chemical mediator modulator　135
cherry blossom tree pollinosis　159
cherry pollinosis　159
chestnut　121, 122
chestnuts pollinosis　121
chiasma　121
Chinese elm　259
chiropterophilous flower　143, 240
chitin　110
chitinozoa　110
chitinozoans　148
chlimbing lily　123
chorate cyst　151
chronic toxicity　314
chrysanthemum pollinosis　108
chunk honey　272
cicutoxin　82
CIMMYT　303
cingula　346

cingular plates　342
cingulum　341, 346
circumaperturate　102
circumpolar lacuna　173
circumpolar lacunae　173
Circumpolloid　161, 345
circumpolloid colpus　182
cladoxylaleans　148
class　252
clava　152
clavae　152
clavate　152
clear cutting　296
cleistogamous flower　304
climatic climax　115
climatic climax forest　108
climatic zone　108
climax　115
coal palynology　207
coaperturate　114
Codex standards for sugers　273
codominance　15
coenzyme　310
coevolution　113
cold front　105
coldness index　160
collecting hair　174
color of pollen　72
colpate　136
colpi　135
colpi equatoriales　207
colpoid　347
colpoidorate　253
colp(or)ate　144
colporate　134, 139, 195
colpus　135
colpus equatorialis　207
colpus membrane　143
columella　236, 239
columellae　236
columellate　236, 269
columellate exine　162, 182
columellate layer　236
column　194
columnate　240
column diagram　252
comb honey　272
combining ability　121
commissure　208
common antigen　113
common antigenicity　114
common cattail　289
compatibility　351
competition　113
composite aperture　295
composite diagram　220
composite grain　296
compound aperture　295

compound grain　296
conate　35
concordant pattern　242
conformational determinant　138
coni　35
conjunctival　11
conjunctival allergy　128
conjunctival provocation test　128
constant pollen dispersal period　311
constant region　141
constricticolpate　255
contact area　208
contamination problem　152
conus　35
convergence line　173
convergent pole　144
convolute　42
cool temperate broad-leaved deciduous forest　348
copropalynology　302
core sample　134
corona　151
coronae　151
corpi　311
corpus　311
correlation　223
corrosion of pollen　78
corrugate　191
corticosteroids　295
coryamyrtine　82
costa　239, 253
costae　239, 253
creamed honey　272
crest　251
crested　136
crista　125, 251
cristae　125
cristate　125
cross　140
cross allergenicity　114
cross-compatibility　351
cross fertilization　224
cross-incompatibility　140, 142, 302
crossing　140, 142
crossing-over　121, 126, 140, 262
cross pollination　224
cross reactivity　114
cross tetrad　173, 342
crotonoideus　271
crotton pattern　271
crown　175
crown cover　346
crustate　142
Cry j I　122
Cry j II　122
cryptoaperturate　42

cryptoaperture 320
cryptophylic 274
cryptospore 29, 148
cultivar 156, 177, 292
cultivated species 155
culture 268
culture medium 267
culture solution 268
cuneate 120
curly dock 290
curvatura 148, 351
curvaturae 351
curvatura imperfecta 351
curvatura perfecta 351
curvature 351
curvimurate 351
Cushing effect 120
cybrid 157
cytochemistry 156
cytochrome 235
cytogenetics 156
cytoplasmic inheritance 157
cytoplasmic male sterility 157
cytoplasm substitution 46
cytoskeleton 157

D

Dalmatian pyrethrum 189, 191
dandelion pollen allergy 233
DAPI 73
date of center of gravity 173
date of maximum pollen count 155
day of pollen release began 283
decussate tetrad 173, 342
degeneration of variety 291
dehiscence 348
dehiscent fruit 348
delayed pollination 235
delayed type allergy 235
delayed type reaction 235
demicolpi 279
demicolpus 279
density effect of pollen grains 316
deoxyribonucleic acid 246
derived pollen fossil 257
dermal allergy 286
diallel cross 214
diameter (at) brest height 321
dichogamy 172
dicolpate 256
dicolporate 256
differential interference contrast microscope 287
diffuse radiation 162
digestibility 183
digestive organ 183

digestive tube 182
digital national land information 147
dimorphism 256
dinoflagellate cyst 30
dioecy 172
diorate 257
diploid 257
diploid generation 296
diploid phase 296
diploidy 257
diploporate 256, 295
diplospory - false - parthenogensis 321
diplospory-parthenogenesis 321
diplospory-pseudogamy 321
diporate 256
directional selection 12
direct method 20
direct radiation 242
disassortative mating 259
discordant pattern 242
disodium cromoglycate 135
dispersal of pollen and spores 92
disposable pollination unit 243
disruptive selection 12, 303
distal 34
distal face 34, 43, 265
distalipolar view 114
distalis 34
distal pole 34
ditreme 256
division cycle 303
dizonocolpate 256
dizonoporate 256
DNA 246
dock polinosis 289
dohiscence fissure 298
dominance 15
donor parent 281
dorsal face 268
double cross 19, 295, 342
double fertilization 241
double haploid 296
downy birch 191
DPU 243
drained honey 272
drift of the genes 22
drone congregation area 317
Dryas time 252
dry stigma 258, 308
duplibaculate 259
duplicolumellate 259
Durham's standard slide sampler 228
dust sampler 191
dyad 257
dye 95

E

ear to low method 20
echinate 240
echinolophate 240
ecological isolation 205
ecotype 292
ectexine 42, 43
ectnexine 43
ectoaperture 41
ectocolpus 172, 242, 256, 279
ectopore 41, 135
ectoporus 41
ectsexine 43
edaphic climax 115
edge of foreststand 346
Edwards plot 33
effective accumulated temperature 332
effective number 117
egg 344
egg apparatus 344
Ehrenberg 34
EIA 1
ekintina 43
ektannuli 41
ektannulus 41
ektexine 42, 43
elater 232
ELISA 2
elite tree 202
elm 259
elm family 259
emasculation 190
embryo culture 268
Emsian 148
endannuli 253
endannulus 253
endexine 51, 253, 254, 320
enditine 255
endnexine 254
endoaperture 253, 320
endoaperture area 253
endocingulum 207
endocolpus 242
endogerminal 254
endoplica 31
endoplicae 31
endopore 135, 253
endoporus 253
endosperm 254
endospore 254
endosporium 254
endothecium 254
end-season fertility 313
end-season pollination 312
endsexine 254
entomophilous flower 237

entomophilous plant 238
environmental archaeology 101
environmental isolation 46
environmental variance 24
enzyme 141
enzyme immunoassay 1, 139
enzyme-linked immunosorbentassay 2
enzymes associated with cell surface 291
episporium 42, 183
epitope 138
equator 207
equatorial axis 207
equatorial bridge 207, 301
equatorial furrow 207
equatorial lacuna 207
equatorial lacunae 207
equatorial limb 114
equatorial ridge 207
equatorial view 207
equiaxial 250
Erdtman 34, 74, 89, 181, 295
euintina 254
euintine 254, 255
euploid 16
Euramerica 149
eurypalynous 142
eutectate 192
evergreen broad-leaved forest 185
evergreen coniferous forest 185
evergreen *Quercus* zone 47
exinal 43
exine 43
exintine 43
exitus 247
exogerminal 43
exolamella 42, 144
exolamellae 42
exopore 135
expansive afforestation 45
expiration day of pollen dispersion 283
external reproductive isolation 46
extinction species 209
extracted honey 272
extracted pollen powder 54

F

face 324
false hybrid 108, 230
Famennian 148
fastigia 35
fastigium 35
fatty acid 170
feathery stigma 258
fecal spotting 302
female choice 166
female flower 163
female selection 69
female sterility 167
fenestrate 150
feritilized egg 177
fertility 261
fertility restorer 261
fertilization 177
fig wasp 18
filament 47
filiform 114
filiform apparatus 211
fimbria 309
fimbriae 309
fimbriate 309
first division 221
first spring gale 278
Fischer's law 293
fitness 116, 247
flavonoid 301
fleabane 279
fleabane pollinosis 279
floral calendar 41
floral leaf 98
flower bud differentiation 44
flower bud formation 44
flower constancy 133, 245
flower fly 171
flowering 40
flowering plants 128
flower initiation 44
flower structure 276
fluorescein diacetate 76
fluorescence microscope 125
fluorescence staining 125
fluorescent antibody technique 125
fluorochromatic reaction 76
F_1 hybrid 33
food allergy 188
foot layer 246, 320
foramen 183, 225
foramina 183
foraminiferal lining 145
forate 183
forecast of total pollent count 69
forest age 346
forestation 219
forest border (edge) 346
forest canopy 346
forest limit 192
foreststand 21, 191, 248, 346
form genus 127
fossaperturate 348
fossula 211
fossulae 211
foundation stock seed 131
foveola 134
foveolae 134
foveolate 104, 134
foxtail 198
foxtail pollinosis 198
fragmentimurate 302
frequency 252
frequency curve 252
frequency dependent selection 292
frequency diagram 252
frequency distribution 252
frequency palygon 252
frequency table 252
front 212
fruit 47
fruit abscission 343
furrow 135
furrow membrane 143

G

GA 206
galea 51
galeae 51
gamete 263
gametic competition 263
gametic lethal 264
gametic reduction 263
gametic selection 263
gametic sterility 264
gametocide 190
gametogamy 263
gametophyte 264, 334
gametophytic 302
gametophytic gene 264
gametophytic self-incompatibility 163, 264
Garside's rule 47
Gedinnian 148
geminicolpate 243
gemma 233
gemmae 233
gemmate 233
gene bank 21
gene flow 22, 23, 46
gene frequency 22
gene pool 22
general combining ability 121
generative cell 52, 204, 332
generative nucleus 204, 332
gene recombination 22
genetic diversity 23
genetic drift 24
genetic equilibrium 24
genetic erosion 22
genetic male sterility 23
genetic plasticity 247

genetic polymorphism 23
genetic resources 22
genetic structure 21
genetic structure of population 21
genetic variance 24
geniculi 114
geniculus 114
genome 16, 126, 128
genotype 21
genotype frequency 21, 23
gentiana violet 132
geographical isolation 46, 242
germinal aperture 274
germinal furrow 274
germinal pore 274
giant ragweed 37, 124, 297
giant sequoia 207
Giemsa staining 111
girdling 103
glacial age 290
glandula 55
global radiation 212
glory-lily pollinosis 123
glossopterid 149
goldenrod 205
goldenrod pollinosis 205
Golgi vesicle 150
Gondwana 149
goniotreme 46
Grana Palynologica 34
granula 98
granular exine 98
granulate 98
granulated honey 272
granulum 98
grape pollinosis 298
grape vine 298
grass pollinosis 25
grass season 121, 310
grass weed pollen grain 218
grass weed pollen season 218
grass weed season 121
gravimetric method 147, 175, 191
gravitational center method 33
gravity sampler 175
grid data 322
groove 300
Gros Michel 227
growth regulator 206
guide mark 42
gula 121
gulae 121
Gunflint microfossil 105
GV-glycerin jelly 48, 169
gymnosperms 343
gynostemium 194
gyttia 337

H

halo 136
hamulate 44
hand orger 280
haploid 265, 278
haploid generation 232
haploid method of breeding 280
haplophase 232
Hardy-Weinberg's law 274
harmomegathy 277
hay fever 67, 149
heat island 251
heavy chain 141
herbaceous pollen 218
herchogamy 175
heritability 24
hermaphrodite flower 346
heterobrochate 298
heterocolpate 298
hetero-fertilization 225, 241
heteromorphic 302
heteromorphic incompatibility 15
heteromorphic stamen 15
heteropolar 13
heterosis 19, 304
heterospore 223
heterosporous fern 223
heterostyly 14, 15
heterotrophic 65
heterozygote 15, 304
heterozygote superiority 304
hiatus 263
high moor 168
hila 231
hilate 231
Hiller sampler 291
hilum 231
hipersensitivity in respiratory tract 111
histogram 252
history of pollen analysis 89
Holocene 103
holotype 326
home seed 311
homobrochate 249
homogamy 173
homologous chromosome 216
homomorphic 302
homozygote 249, 311
honey 271, 272
honeybee 316
honeydew honey 272
honey plant 338
honey wine 273
horizontal distribution 195
horizontal distribution of plant 188
hot water emasculation 39
humus bed 296
hundred pollen dispersal period 223
Huronian 105
hybrid breakdown 160
hybridization 21, 24, 140, 192, 249
hybrid sterility 160
hybrid variety 19, 140
hybrid vigor 160
hybrid weakness 160
hydrarch succession 211
hydrolase 141
hydrophilous flower 195
hypersensitivity pneumonitis 111
hypnozygote 30
hyposensitization therapy 129
Hypsithermal stage 103, 286
hystrichosphere 285
Hystrichospherid 282

I

IAA 206
iatropalynology 27
IBP 24
IBRA 338
identity of pollen grains 77
Ig 141, 324
IgE 1, 251
IgE antibody 1
IgG 2, 251, 324
Illinoian glacial stage 27
image processor 48
immediate type allergy 219
immunoblotting 27
immunoelectron microscopy 324
immunogenicity 139
immunoglobulin 141, 324
immunoglobulin E 1
immunogold technique 116
immunotherapy 129
imperfect flower 295
impinger 28
inaperturate 320
inbred 117
inbred line 116
inbred minimum 116
inbreeding 15, 116, 117, 253, 259
inbreeding coefficient 117
inbreeding depression 116
inbreeding minimum 116
incompatibility 15, 21, 302
indicator plant 169
indirect fluorescent antibody technique 104
inertial sampler 1, 48
inertial suction sampler 48

inflorescence front   40
infrareticulum   254
infratecta   254
infratectate   254
infratectum   254
infrategillar pattern   254
inhalant allergen   112
inhalative provocation test   112
inhaled corticosteroids   115
initial date in reckoning   109
inordinate   295
inordinatus   295
inorganic constituents of pollen   79
inositol   26
inositol oxidation pathway   26
in situ conservation   22
instant pollen tube   28
intectate   42
interaspidia   252
interaspidium   252
intercolpia   137
intercolpium   137
interglacial epoch   105, 290
interglacial time   4
interlacunar gaps   36
interlacunar ridge   36
interlocula   236
interloculum   236
internal reproductive isolation   46, 253
International Bee Research Association   338
International Biological Programme   24
International code of botanical nomenclature   147
International Union of Immunological Societies   11
interporal lacuna   137
interporal lacunae   137
interporia   137
interporium   137
interradial   309
interspecific hybrid   175
interspecific hybridization   24
intine   254
intinium   254
intraovatian pollination   170
intrareticulum   254
intraspecific differentiation   177
introgression   24, 62
introgressive hybridization   24, 192
invertase   28
I-pattern   254
island model   171
isoallergen   53

isogenic line   225
isolated seed production   47
isolation   46
isolation by distance   46
isolation mechanism   46
isomerase   141
isopolar   249
isotype   326
isozyme   2
IS-rotary pollen trap   1
Italian ryegrass   17, 25, 260
Italian ryegrass pollinosis   17

J

Japanese alder   280
Japanese apricot   31, 277
Japanese apricot pollinosis   31
Japanese black pine   123
Japanese black pine pollinosis   123
Japanese cedar   195
Japanese cedar pollinosis   196
Japanese chestnut oak   121, 299
Japanese elm   259
Japanese evergreen oak   299
Japanese hop   49
Japanese hop pollinosis   49
Japanese pear   255, 277
Japanese pear pollinosis   255
Japanese red pine   3
Japanese red pine pollinosis   3
Japanese white birch   190
Japanese white birch pollinosis   190
Japanese zelkova   128, 259
jervine   82
jochuhgiku pollinosis   189
June drop   344

K

Karnian   162
karyotype analysis   44
katathermal stage   287
keaki   128, 259
keaki pollinosis   128
Kentucky 31 fescue   25
Kentucky 31 fescue pollen asthma   132
Kentucky bluegrass   25
kerogen   278
knotweed family   226
kohyamaki pollinosis   143
koumine   82
K-selection   126
K/T boundary   269
Kungurian   149
kyrtome   116

L

lacuna   36, 141
lacunae   36, 141
lacunate   36
lacustrine sediment   148
Ladinian   161
Ladinian-Norian   161
laesura   183
laesurae   183
laevigate   304
lalongate   340
laminated endexine   182
land and sea breeze   43
land and sea breeze front   43
land breeze   43, 345
Landsat satellite   344
lapse rate of temperature   106
laryngeal allergy   141
Last glacial time   153
Late glacial substage   281
late phase reaction   235
latimurate   291
latiporate   305
laurel forest   184
leafcutter bee   269
lectotype   326
legitimate pollination   239
leptoma   51, 108
levigate   304
life history strategy   202
light chain   141
limb   114
limited pollination   185
linear tetrad   211, 342
linkage   121
lipid body   170
lipid pollen   170
liquid medium   33
lira   212
lirae   212
little ice age   183
Llandovery   148
Llandovery-Wenlock   148
LO-analysis   322
lobate   318
local wind   115
Loewus inositol by-pass   26
Logan   349
logarithmic transformation   222
lolongate   227
Lol p IX   206
longiaxial   240
long-styled flower   240
LO-pattern   322
lophate   36, 136
low moor   168
low temperature injury   245

loxocolp(or)ate 172
lumen 9
lumina 9
lux 322
lyase 141
lycophytes 148
Lycopodium spore 207

M

macrogamete 223
macrogametophyte 223
macrosporophyll 223
macular 280
maculate 280
maculatus 280
maculose 280
maiden hair tree 19
maiden hair tree pollinosis 20
major allergen 322
male choice 333
male flower 332
male gamete 333
male gametogenesis 334
male gametophyte 334
male germ unit 203
male inflorescence 332
male sterile maintainer 334
male sterility 157, 335
mammilate 235
mammoth tree 207
mangrove plants 313
man-made forest 192
maple 44
Margin 99
marginal crest 35
marginal ridge 35
marginate 143
margines 143
margo 143
maritime vegetation 41
Marsh 227
masonbee 313
massa 312
massae 312
mass selection 173
mass-trapping of pollen 76
massula 55, 111
massulae 111
mast cell 6
maternal inheritance 310
mating 142
matroclinal inheritance 127
maximum entropy method 155
maximum pollen count 155
mead 273
mechanical isolation 46, 106
medicine 27
medine 236

medithermal stage 287
mega-plant fossil 36
megaspore 223
meiocyte 132
meiosis 131
melissopalynology 273
membrana colpi 143
membrana pori 143
Mendelian population 325
mentor pollen 325
meridional 165
mesoaperture 236
mesocolpia 137
mesocolpium 137
Mesophytic era 236
mesoporia 137
mesoporium 137
metaxenia 322
meteorological element 109
method for measurement of IgE antibody 1
methylviolet 132
mexine 236
microforaminifera 145, 312
microforaminiferal lining 144
microfossil 282
microgamete 183
microgametophyte 183
microplankton 312
microreticula 282
microreticulum 280
microspine 251
microspore 184, 211, 223
microspore mitosis 184
microspore mother cell 184
microsporocyte 184
microsporophyll 184
microtubule 284
migration 22
Miller 319
minerals 320
minor allergen 312, 322
miospore 144
mitochondria 318
mitochondrion 318
mixed forest(stand) 151
mixed pollination 151
modeling of the forecast of flowering date 40
monad 233
monoaperturate 231
monocolpate 231
monocolporate 231
monogerm seed 233
monolete 232
monomorphic loci 23
monoploid 19
monosaccate 20, 105

monosomic addition line 16
monosomics 16
monosulcate 162, 233, 269
monotreme 231
monsoon 327
monthly total pollen count 243
moor 168
moor sediment 168
mosaic evolution 270
mouth parts 137
mugwort pollinosis 340
mulberry family 123
multibaculate 229
multigerm seed 227, 233
multiline variety 224
multiplanar 342
multiplaner tetrad 228
multiple colpi 182
multiple correlation coefficient 173
multiple cross 224
multiple fertilization 225
multiple layered forest(stand) 296
multiple regression analysis 172, 230
multi(ple)-storied forest(stand) 296
multivalent chromosome 224
muri 31
murus 31
Muschelkalk 161
myosin 315

N

nannofossil 282
NAP 33, 284
NAP diagram 284
narrow-leaved cattail 289
narrow-leaved cattail pollinosis 289
narrow sense heritability 24
nasal allergy 275
nasal provocation test 290
nasal smear test 283
nasal symptom score 285
natural crossing 167
natural forest 248
natural genus 168
naturally forest(stand) 248
naturally regenerated forest 248
natural pollination 167
natural regeneration 248
natural selection 168, 247
natural therapeutics 58
Nebraskan glacial stage 260
necessary temperature 39
nectar guide 318

nectar honey　272
nectar plant　338
nectar-source plants　315
nectary　315
negative assortative mating　259
negative reticula　293
negative reticulum　143, 211, 293
neighborhood　117
neighborhood size　117
Neocomian　270
neotype　326
Neves effect　260
Newark　161
nexinal columellae　161
nexine　320
n-generation　33
nitroblue tetrazolium　76
non-aperturate　320
non-arboreal pollen　33, 284
nonpolar　320
nonrandom mating　289
nonrecurrent parent　281
Norem-Kawasaki-pattern　262
Norian　161
Normapolles　262
NPC-system　195
nucellar embryo　227
nuclear substitution　46
nuclease　45
nucleo-cytoplasmic hybrid　45
nucleolus　45
nucleus substitution　46
nullisomics　16
number of pollen per anther　73
nutrition of pollen　71

O

oak pollinosis　150
oblate　232, 305
obscuritas　322
observation of pollen　73
occupational allergy　186
occupational asthma　186
occupational pollinosis　186
oculi　144
oculus　144
ohbayashabushi pollinosis　37
oil droplet　170
Older Dryas　281
Older Dryas time　150
Oldest Dryas　281
Oldest Dryas time　153
old flower pollination　349
oligoforate　225
OL-pattern　12
omniaperturate　212
omote-sugi　38
onci　38

oncus　38
one-way isolation　21
open pollination　309
opercula　38, 136
operculum　38, 136
ophthalmologic allergy　101
ora　253
orbiculi　38, 111
orbiculus　38, 111
orchardgrass　25, 97
orchardgrass pollinosis　97
ordinate　110
organelle　38
organ genus　107
organic constituents of pollen　79
organic-walled microfossil　278
oriferous　253
original vegetation　187
ornamentation　38, 141
ornithophilous flower　240
ornithophilous pollen　241
orthocolpate　195
os　135, 253
outbreeding　15, 225
outcrossing　224, 225
outcrossing rate　226
ovary culture　170
oven for opening anther　43
ovule　265
ovule culture　265
oxidoreductase　141

P

palaeoclimate　145
palaeopalynology　150
Palaeophytic era　148
palaeovegetation　147
palynodebris　278
palynofacies　278
palynoflora　278
palynofloristic zones　149
palynogram　67
palynological barren zone　56
palynological zone　58
palynomorph　278
palynotaxonomy　91
pancolpate　161
panicle law line　311
panmixis　259, 320
panporate　161
pantoaperturate　161
pantocolpate　161
pantoporate　161, 183
paper birch　191
papilla　258
papillate　233, 258
paraporal lacuna　141
paraporal lacunae　141

parasyncolpate　159
parasyncolp(or)ate　144
paratope　138
paratype　326
paring　221
Paris code　147
parthenocarpy　169, 229
parthenogenesis　109, 167, 169, 189, 229, 321
partial allogamy　300
partial autogamy　300
partial sterility　300
patella　275
patina　275
patroclinal inheritance　127
pattern　141
peach　326
peach pollinosis　326
peat　246
pectate lyase　122
pectin　304
P/E ratio　115
percentage of monthly total pollen count　243
perennial ryegrass　25, 260, 310
perfect flower　295
perforate　192, 211
pericolpate　161
perine　42, 305
perinium　42
period of maximum pollen count　155
peripheral isolation　174
periporate　161
perisaccate　105
perisporium　42, 173
peritrema　175
peritremata　175
peritreme　175
permease　249
peroblate　96
peroxidase　305
perprolate　49
pertectate　192
phanerogams　128
pharmacotherapy　329
pharyngeal allergy　28
phase-contrast microscope　17
phenology　206
Phöbus-Blackly solution　294
photosynthetically active radiation　139
phytic acid　293
Picea-Abies zone　191
pie diagram　266
pigweed　290
pila　336
pilum　336

pimiento pollen asthma 288
pin 240
pine 313
pink pollinosis 255
pioneer species 211
pistil 165
piston core 285
P-K titer 300
placenta 221
planaperturate 304, 340
planomeiocyte 31
planozygote 30
plant community 187
plant quarantine 187
plasmodesma 130
plasmoptysis 129
plastid 164
plastid inheritance 165
platea 300
plateae 300
plateae luminosae 300
platea luminosa 300
pleiotropism 239
pleistacene 140
Pleistocene 153, 154
pleurotreme 340
plica 285
plicae 285
plicate 285
pluricolumellate 226, 236
pointed end 4
poisonous constituents of pollen 81
poisonous honey 336
polar area 114
polar axis 115
polar field 144
polarity 115
polar lacuna 114
polar lacunae 114
polar nucleus 114
polar position 114
polar view 114
pole 114
pole nucleus 114
pollen 51
pollen abortion 70
pollen activity test 58
pollen allergen 52
pollen allergy 52
pollen analyses 87
pollen analysis 87, 89
pollen and spore key 92
pollen and spore of Cretaceous period 269
pollen and spore of Jurassic period 182
pollen and spore of Tertiary period 222
pollen and spore of Triassic period 161
pollen antigen 62
pollen assemblage 61
pollen asthma 67
pollen bank 61
pollen basket 56, 174
pollen brush 87, 174
pollen cement 66
pollen chamber 65
pollen cloud 54
pollen coat 62, 140
pollen collecting structure 174
pollen collection method 75
pollen competition 61
pollen concentration 77
pollen contamination 62
pollen counting method 61
pollen culture 83
pollen deposition 76
pollen development 77
pollen diagram 87, 294
pollen diffusion model 55
pollen dispenser 87
pollen dispersal 85, 95
pollen dispersal period 283
pollen donor 54, 62
pollen emission model 84
pollen fertility 72
pollen fertility restorer gene 71
pollen filler 69
pollen flora 87
pollen flow 23, 95
pollen food 66
pollen frame 96
pollen front 67
pollen germination 83
pollen glasses 95
pollen grain 51
pollen gun 65
pollen in coprolites 303
pollen influx 209
pollen information 66
pollen insert 69
pollenites 12
pollen killer 159
pollenkitt 72
pollen load 54, 57, 66, 70
pollen mask 95
pollen medicine 53
pollen morphology 74
pollen mother cell 95
pollen of marine sediment 41
pollen/ovule ratio 82
pollen parent 54
pollen pigment 62
pollen-pistil interaction 64
pollen plant 338
pollen press 52, 174
pollen production 75
pollen rake 96
pollen reaction 85
pollen sac 71, 329
pollen sampler for artificial pollination 158, 192
pollen selection 68
pollen shedding 94
pollen shell 55
pollen source plants 62
pollen spectral diagram 87
pollen spectrum 89
pollen statistics 71
pollen sterile 87
pollen-stigma interaction 70
pollen storage method 78
pollen-stored area 62
pollen stratigraphy 69
pollen substitute 224
pollen supplement 95, 224
pollen tetrad 342
pollen trap 1, 62, 95
pollen tube 58
pollen tube cell 59
pollen tube growth 59
pollen tube nucleus 33, 59, 101
pollen uses 82
pollen vector 92
pollen viability test 75
pollen vitamin 86
pollen wall 91
pollen wall substances 92
pollen zone 61, 70
pollen zones of Postglacial stage 142
pollinating insect 82
pollination 82, 170, 178, 185, 191, 216, 240, 311, 338
pollination biology 180
pollination control 180
pollination ecology 180, 217
pollination reaction 181
pollination requirement 179
pollinator 82, 216, 311
pollinia 55
pollinium 55
pollinizer 179
pollinosis 65, 67
polyad 225
polyannuli 225
polyannulus 225
polycross 225
polyembryony 227
polyforate 225
polygerm seed 227
polymorphic loci 23

polymorphism 23
polyplicate 228, 285
polyploid 265
polyploidy 265
polytreme 225
pontopercula 47
pontoperculate 47
pontoperculum 47
population size 173
poral lacuna 141
poral lacunae 141
porate 134, 136, 253
P/O ratio 82
pore 134, 135, 183
pore canal 137
pore canal index 137
pore membrane 143
pori 134
pororate 134, 253
porus 134
(positive) assortative mating 259
postcingular plates 342
posterior intercalary plates 342
post-mating isolation 254
Postnormapolles 150
potential natural vegetation 187
Potonié 74, 310
powder 95
praporal lacunae 141
Prausnitz-Küstner reaction 300
Preboreal 104, 143, 301
Preboreal time 302
precingular plates 341
prediction of the amount of pollen grains 86
prediction of the beginning day of pollen despersing 85
pre-mating isolation 254
prepollen 211
pressed honey 272
primary exine 18
primary grid 18
primary speciation 18
primary succession 211
primeval forest 248
primexine 18
procaryotic cell 128
processed pollen food 56
progymnosperm 148
projectate 252
prolate 240
prolate spheroidal 240
prophylatic treatment 340
propolis 302
prostatic hypertrophy 213
protandry 333
Proterophytic era 131

prothallial cell 213
protogyny 166
protopine 82
protoplasmic streaming 130
protoplast 302
provocation test 336
proximal 140
proximal face 111, 140
proximalipolar view 114
proximate cyst 302
pruning 33
pseudoaperture 108
pseudocolpi 108
pseudocolpus 108
pseudocompatibility 116
pseudogamous androgenesis 109
pseudogamous nucellar embryony 321
pseudogamy 109, 230, 321
pseudopore 108
pseudoporus 108
pseudosacci 107
pseudosaccus 107
pseudotabulation 116
psilate 304
psilolophate 304
ptychotrema 36
ptychotremata 36
ptychotreme 36
puncta 104
punctate 104
punctum 104, 134
pure forest (stand) 151
pure line 149, 182

Q

Quaternary palaeoclimatology 224
queen cell 317
queen substance 317

R

radially symmetric 308
radially symmetrical heteropolar spore 309
radially symmetrical isopolar spore 309
radioallergosorbent test 1, 2
radioimmunoassay 139
radioimmunodiffusion 2
radioimmunoelectrophoresis 2
radioimmunosorbent test 1
radioisotope 308
radiosymmetric 308
ragweed pollinosis 297
ramibaculate 303
ramie pollen asthma 98
random drift 106

random genetic drift 22, 24
random mating 259, 320
random mating in distance 259
random mating in genotype 259
rare allele 23
RAST 1
reagin 1, 197, 348
Recent 103, 104, 143, 301
recessiveness 15
reciprocal crossing 202
recombination 121
recombination value 121
rectimurate 242
recurrent parent 281
recurrent pollination 281
recycled pollen 155
red cell-linked-antigen-anti-globulin reaction 2
Red Deer 269
redtop 25
reduced curvature 351
reduction division 204
redwood 207
reforestation 154, 219
regular forest (stand) 20
relative pollen frequency 215
relic 17
remnant method 20
rental bee colony 48
reproductive isolation 46, 247, 253
reproductive success 167
reproductive success rate of ovule 179
reproductive success rate of ovule per flower pollinated 265
reproductive success rate of pollen deposited on stigma 178
reproductive system 204, 247
residual genotype 21
respiration 146
resting cyst 30
restricted pollination 203
restriction fragment length polymorphism 202
reticula 9
reticulate 9, 254
reticulate-clavate pentasulcate 162
reticulate-columellate monosulcate 162
reticulum 9
retipilate 9
retusoid 348
revived pollen 154
reworked pollen 155
Rhaetian 161
rhinitis allergica 11

rhomboidal tetrad 342, 346
ribonucleic acid 345
ribosome 345
rice 26
rice pollen asthma 26
rimula 345
rimulae 345
ringing 103
Riss glacial stage 345
RIST 1
riverside forest 50
rodlets 251
rose cold 277
rose family 277
rose fever 277
rose pollinosis 277
rotary sampler 42
rotorod sampler 349
rotoslide sampler 349
royal jelly 350
RPF 215
r-selection 10
RSR-O 179, 265
RSR-P 178, 265
ruga 160
rugae 160
rugulate 191
rupi 347
rupus 347

S

saccate 136, 149
saccate pollen 51, 311, 336
sacci 111
saccus 111
salt marshes plant 34
sampler 42, 162, 349
sand pear 277
Santonian 271
saphophylic 274
scabrate 285
scanning electron microscope 214
sclerine 184
sclerinium 184
scolecodonts 148
scopolamine 82
scrobiculi 104, 183
scrobiculus 104, 134, 183
sculptine 241
sculptinium 241
sculpture 38, 141, 240
Scytian 161
sea breeze 43
seasonal fluctuation 110
seasonal isolation 46, 110
secondary grid 257
secondary pollen fossil 257

secondary scatter 257
secondary speciation 257
secondary succession 211
second division 223
second pollen mitosis 223
sedge 198
seed 176
seed dispersal 23
seed growing 153, 177
seed home 227
seedless cultivar 227
seed parent 177
seed production 177
selection coefficient 250
selection pressure 250
selective fertilization 212
self-compatibility 164, 351
selfer 165
self-fertilization 163
self-incompatibility 163, 264, 302
self-pollination 163, 169
SEM 214
semi-logarithmic plot 209, 305
semitectate 42
Senonian 270
sensitization 102
sequoia 207
sesquidiploid 16
sexine 200, 332
sexual generation 333
sexual reproduction 333
SFI 199
sheep fescue 30
sheep sorrel 227, 289
sheep sorrel and dock pollinosis 289
shimahanaabu 171
short ragweed 297
short-styled flower 231, 233
sib-cross 113
siebold walnut 122
Siegenian 148
silver (European) birch 191
silviculture 219
simple regression analysis 230
simplibaculate 233
simplicolumellate 233
simulation 171
single cross 19, 231, 295
sinuaperturate 352
siphonogamy 59
SI×SC inhibition 21
size of pollen grain 96
skin reaction 287
skin test 287
SLG 265, 308
solid medium 147
somatic cell 221

somatic cell division 221
sparteine 82
spatial genetic structure 21
spatial isolation 46, 119
S-pattern 43
speciation 178
species 18
species hybrid 175
specific combining ability 121
specific gravity of pollen and spores 94
specific hyposensitization 129
specific IgE 1, 251
specific IgG 251, 324
specific immunotherapy 129
sperm 203
spermatid 203
spermatogenesis 204
spermatozoa 203
spermatozoon 203
sperm cell 203
sperm nucleus 202
spheroidal 111
spinate 240
spine 251
spinulae 183
spinule 183, 251
spiraperturate 343
spore 306
spore and pollen of Paleozoic era 148
sporic reduction 307
sporites 12
sporoderm 218
sporophyll 309
sporophyte 307
sporophyteporic reproduction 307
sporophytic 302
sporophytic self-incompatibility 164, 307
sporopollenin 200
spray pollination 338
Sprengel 180
square tetrad 206, 342
SRK 308
S-RNase 265
stability 12
stabilizing selection 12
staining liquid 212
stalk cell 304
stamen 333
stamina 333
stand 346
stand age 346
stand density 105
stand structure 346
starch 248

starch pollen 248
statice pollinosis 199
stenopalynous 114
step/forest index 199
sterility 299
stigma 237
stigma exudate 237
stigma filament 258
stigma hair 258
stigma papilla 258
stigma reaction 237
stigmatoid tissue 49
stimulative parthenocarpy 169, 229
stingless bee 278
stone fruits 159
stratum 91
strawberry 277
strawberry pollinosis 17
stria 171
striae 171
striate 171, 212
striate bisaccate 149
striato-reticulate 347
structurate 141
structure 141
stylar canal 49
style 49
style shortening 49
Subatlantic 104, 143, 160, 301
Subboreal 104, 143, 160, 301
subboreal conifer forest 4
subexine 51
subglacial time 8
subisopolar 5
suboblate 8
subspheroidal 111, 240
subtropical forest 7
succession 124, 210
succession of plant community 124
sucrose 197
sucrose synthesis 198
sugar alcohol 249
sugar beet 160, 247
sugarbeet pollinosis 247
sugar nucleotide 250
sugi basic protein 122
sugi pollen information 197
sulcate 240
sulci 240
sulculate 347
sulculi 347
sulcul plates 342
sulculus 347
sulcus 240
summer catarrh 67
sunflower effect 288

sunshine rate 257
supergene 14, 200, 239
superoxidodismutase 200
supratectal 43
suspended particular matter 119
swamp forest 168
sweet cherry 277
sweet oleander pollen asthma 113
sweet vernalgrass 25
synaptonemal complex 169
synchronous division 250
synchrony 250
syncolp(or)ate 144
synergid 189
syngamy 263
synthetic variety 140
syntype 326
systematic pressure 22

T

tabulation 341
taenia 224
taeniae 224
tapetum 228
tapetum tissue 173
Tasmanites 226
T-cytoplasm 245
tecta 42
tectate 42
tectate columellate exine 269
tectate-imperforate 320
tectate-perforate 103
tectum 42
tegilla 247
tegillum 247
temperate coniferous forest 38
tendays total pollen count 243
tenuitas 161, 271
tenuitates 271
terrace deposit 231
tertiary grid 161
tester 121
test-tube fertilization 165
tetrachotomosulcate 35
tetrad 170, 342
tetragonal tetrad 163, 342
tetrahedral tetrad 204, 342
theca 281
thecae 281
thecal plate 341
thelophylic 274
thematic mapper data 245
thinning 104
Thompson 227
three way cross 19
thrum 231, 233
timothy 25

topical nasal vasoconstrictor 248
topographic climax 115
topotype 326
tori 252
torus 252
total IgE 1
total pollen count 216
totipotency 213
toxic plants (pollen) 336
TP 181
T-pattern 43, 246
transduction 126
transferase 141
transformation 126
transmitting tissue 243, 336
transportation 336
transversal furrow 242
transverse costae 239
tree crown 175
tree height 176
tree pollen 181, 326
tree pollen season 326
tree season 244, 310
trema 134
tricellular pollen 161
trichotomocolpate 34
trichotomosulcate 35, 269
tricolpate 160
tricolporate 253
trifolia 162
trifolium 162
trilete 162
trilete mark 162
trimerophytes 148
trinucleate pollen 160
triporate 160
triprojectate 162
trisulcates 162
tropical forest 260
tropism 120
true-bred variety 149
tryphine 252
T-shaped tetrad 246
tube cell 59, 102
tube nucleus 33, 59, 101
tubuli 153
tubulin 239
tubulus 153
tula 251
tulae 251
type specimen 326

U

Ubisch body 337
ulcerate 231
ulci 134, 231
ulculus 136
ulcus 134, 136, 231

umbrella-pine 143
ume pollinosis 31
unequal cell division 298
unicellular pollen 18
unidirectional crossability 21
unifloral honey 272
uniform forest (stand) 20
unilateral hybridization 21
unilateral incompatibility 21
unilateral inhibition 21
uniplanar 342
uniplaner tetrad 233
unisexual flower 232
univalent chromosome 20
unreduced gamete 282
urban climate 251
urinate action 267
uronic acid 32
ursiol 82

V

valla 31
vallum 31
valva 183
valvae 183
valve 183
variable region 141
varietal differentiation 292
variety 177, 292
varved clay 90
vegetation 147, 187
vegetation map 187
vegetative cell 30, 33, 59
vegetative nucleus 33, 59, 101
vegetative reproduction 320
vela 297
velate 297
velum 297
vermiculate 36
vernal conjunctivitis 182
vernalization 40
verruca 26
verrucae 26
verrucate 27, 305

verrucose 27, 305
vertical distribution 195
vertical distribution of plant 188
vesicle 111
vesiculate 120
vestibula 211
vestibulum 211
vigor 116
Villafranchian 154
virgin forest 248
virus free 30
viscin strand 261
viscin thread 261
volume 154
volumetric method 191, 340
von Post 74, 89, 294
Vulgares-Monglicae 341

W

walnut 123
walnut family 122
walnut pollinosis 122
warm front 39
warm index 5
warm temperate deciduous broad-
 leaved forest 230
warm temperate evergreen broad-
 leaved forest 230
warmth index 39
wattle 3
wattle pollinosis 3
weed season 30, 310
weekly total pollen count 243
weeping willow 330
Weibull distribution 351
well method 30
wet stigma 258, 264
white birch 191
white coal 226
white oak 150
wide adaptability 135
wide hybridization 249
wilforine 82
willow 330

willow pollinosis 330
wind pollination 293, 294
Wisconsinian glacial stage 30
Würm glacial stage 32

X

X-body 33
xenia 110, 322
xerarch succession 211

Y

Yaku-sugi 329
yellow sultan pollinosis 13
yoshino cherry 277
Younger Dryas 281
Younger Dryas time 192
yucca moth 336

Z

Zechstein 161
Zwischenkörper 38

z

zelkova tree 128
zona 148
zona-aperturate 222
zonal equatorial feature 148
zonasulcate 162, 222
zonasulculate 162, 222
zonate 221
zonicolpate 103
zoniporate 103
zonoaperturate 102
zonocolpate 103
zonocolporate 103
zonoporate 103
zonorate 222
zonotreme 102
zoophilous plant 250
zoophilous pollen 250
zoosporangium 335
zygotic reduction 208

分類群名索引

動植物の和名は日本語索引をみられたい．

A

Acacia spp. 3
　A. baileyana 3
　A. mollissima 3
Acer 44
Aesculus turbinata 339
Agrobacterium tumefaciens 92
Ahrensisporites sp. 116
Alangium villosum f. *vitiense* 253
Alatisporities 149
Allium splendens 47
Alnus 280
　A. firma 280
　A. glutinosa 280
　A. hirsuta var. *sibirica* 280
　A. japonica 50, 280
　A. pendula 280
　A. rubra 280
　A. sieboldiana 37, 50, 280
Alopecurus aequalis var. *amurensis* 25, 198
Amaranthaceae 290
Amaranthus lividus 290
　A. patulus 290
　A. retroflexus 290
Ambitisporites 148
　Ambitisporites avitus 149
Ambrosia artemisiaefolia var. *elatior* 12, 107, 297
　A. trifida 37, 107, 124, 297
Animikiea 105
　A. septata 104
Anteturmae Sporites 251
Apidae 316
Apis andreniformis 317
　A. cerana 316
　A. cerana japonica 316
　A. dorsata 317
　A. dorsata binghami 317
　A. dorsata breviligula 317
　A. florea 317
　A. koschevnikovi 317
　A. laboriosa 317
　A. mellifera 316
　A. mellifera carnica 316
　A. mellifera caucasica 316
　A. mellifera ligustica 316
　A. mellifera mellifera 316

Aquilapollenites 269, 271
　A. spinulosus 269
Arachniodes sporadosora 309
Aratrisporites 161
Araucaria bidwilli 213
Archaeorestis 105
　A. schreiberensis 104
Artemisia 340
　A. indica 340
　A. montana 340
　A. princeps 340
　A. vulgaris 340
Asarum caulescens 115
Asparagus officinalis 280
Asphodelus albus 100
Astragalus sinicus 338
Azonia 271

B

Beta vulgaris var. *saccharifera* 3, 160, 247
Betula 50
　B. alba 150
　B. ermanii 190
　B. globispica 190
　B. mandshurica 50
　B. mandshurica var. *japonica* 190
　B. nigra 191
　B. papyrifera 191
　B. pendula 191
　B. platyphylla 191
　B. pubescens 191
Betulaceae 50, 222
Boehmeria nippononivea 27, 98
Bombus terrestris 313
Brakyphyllum 161
Brassica 8, 296
　Brassica campestris 268
　Brassica juncea 257
　Brassica napas 8, 257, 283
　Brassica oleracea var. *capitata* 268
　Brassica rapa var. *amplexicaulis* cv. *Pe-tsais* 267
　Brassica rapa var. *nippooleifera* 8, 339
Bratzevaea 271
Brevaxones 270

C

Calamites 149
Callistopollenites 271
Camellia japonica var. *japonica* 243
Capsicum annuum 289
Carex 198
Carpinus tschonoskii 75
Carya 155
Castanea crenata 121, 339
Castanopsis cuspidata var. *sieboldii* 299
Centaurea cyanus 242
　C. suaveolens 13, 107
Chamaecyparis obtusa 286
　C. pisifera 286
Chenopodiaceae 3
Chimaphila umbellata 295
Chloranthaceae 269
Chrysanthemum cinerariaefolium 107, 189, 191
　C. morifolium 107
Cingularia 271
Citrus unshiu 339
Classopollis 161, 182
Clavatipollenites 269
Coccus cochinelliferi 159
Compositae 107
Cooksonia 148
Cordaites 149
Corollina 161, 182
Cranwellia 271
Crepis tectorum 100
Crinum asiaticum var. *japonicum* 256
Cryptomeria japonica 11, 195
　C. japonica var. *radicans* 32
Cucumis melo 178
　C. melo var. *agrestis* 22
　C. melo var. *makuwa* 178
　C. melo var. *reticulatus* 178
Cupressaceae 286
Cycas revoluta 20
Cymatiosphaera 336
Cynodon dactylon 113

D

Dactylis glomerata 25

Dahlia pinnata 107
Daspyrum villosum 49
Deparia conilii 309
Dermatophagoides 129
Dianthus spp. 255
Digitaria adscendens 25
Dimorphotheca sinuata 8
Dioscorea japonica 256
Discoaster 282
Dryas acetopetala 280
Dryopteris crassirhizoma 309

E

Endosporites 149
Entosphaeroides 105
　E. amplus 104
Entylissa 149
Eoastrion 105
　E. bifurcatum 104
Eosphaera 105
Ephedra 149
Equisetum arvense 307
Erigeron philadelphicus 279
Eristalis cerealis 171
Eucommiidites 161, 182
Euptelea polyandra 75

F

Fagaceae 150, 222, 299
Fagopyrum esculentum 339
Fagus crenata 299
　F. japonica 299
Festuca arundinacea 132
　F. ovina 25, 30
Florinites 149
Fragaria 17
　F. grandiflora 17, 277

G

Gasteria verrucosa 99
Ginkgo biloba 19, 20
Ginkgoaceae 19
Gleichenia 194
Glenobotrydion 286
Globigerina eugubina 269
Globotruncana 269
Gloriosa superba 123
Gnetaleans 149
Gonyaulax scrippsae 116
Gramineae 25
Gunflintia 105
　G. grandis 104

H

Halosphaera 226
Hemicorpus 271
Hirmeriella 161
Hordeum bulbosum 279, 302

H. vulgare var. *hexastichon* 279
Humulus japonicus 49, 124
Huperzia serrata 307
Huroniospora 105
Huroniospora microreticulata 104
Hydrangea macrophylla f. *normalis* 276
Hypochoeris radicata 81
Hystrichosphaera 285

I

Impatiens balsamina 231
Infraturma 251
Integricorpus 271

J

Jiangsupollis 271
Juglandaceae 222
Juglans 123
　J. mandshurica subsp. *sieboldiana* 122

K

Kakabekia 105
　K. umbellata 104
Kurtzipites (*Fibulapollis*) 271

L

Lecanora parella 159
Lepidodendron 148
Leucaena leucocephala 295
Liguliflorae 107
Lilium henryi 206
Limonium sinuatum 199
Liquidambar 155
Lolium multiflorum 17, 260
　L. perenne 260, 310
Longaxones 270
Lueckisporties 149
Lycopodium 69
　L. clavatum 307, 282
　L. obscurum 307
Lygodium japonicum 307

M

Malus pumila var. *domestica* 346
Mancicorpus 271
Masculostrobus 161
Medullosa 149
Metasequoia glyptostroboides 17
Microcycas 52
Miscanthus sinensis 25
Monochoria vaginalis 256
Moraceae 123
Mucor hiemalis 209
Musa acuminata 227
　M. balbisiana 227
Myrica rubra 330

N

Nannoconus 282
Nerium indicum 113
Nicotiana alata 100
　N. tabacum 280
Nigillaria 148
Nothofagus 185
Nuskoisporities 149

O

Oligostegina 282
Onoclea sensibilis var. *interrupta* 309
Orbiculapollis 271
Oryza sativa 25, 26, 280
Osmia cornifrons 313
Osmunda banksiaefolia 309
　O. claytoniana 309
　O. japonica 307, 309

P

Pachysphaera 226
Pagiophyllum 161
Paraalnipollenites 271
Parietaria 98
　P. judaica 98
　P. officinalis 98
Pentapollenites 271
Phaseolus lunatus 292
Phleum pratense 25
Phragmites communis 26
Phyllocladidites 271
Pinaceae 312
Pinus 313
　P. attenuata 206
　P. coulteri 206
　P. densiflora 3, 312
　P. nigra 75, 79
　P. subgen. *Diploxylon* 258
　P. subgen. *Haploxylon* 150
　P. taeda 75
　P. thunbergii 312
　P. yunnanesis 99
Plagiogyria japonica 309
Plantaginaceae 36
Plantago asiatica var. *densiuscula* 37
　P. lanceolata 37
Platycarya strobilacea 122
Poa annua 25, 198
Pollenites 251
Polygonaceae 226
Polygonum aviculare 236
　P. orientale 226
　P. thunbergii 226
Polystichum polyblepharum 309
Pretricolpipollenites 162, 182

Pronuba yuccasella 337
Proteacidites 269, 271
Prunus avium 159, 277
　P. japonica 32
　P. mume 31, 277
　P. persica 277, 326
　P. yedoensis 277
Psaronius 149
Pseudointegricorpus 271
Psilotum nudum 306
Pterocarya rhoifolia 122
　P. stenocarpa 122
Pyrus pyrifolia var. *culta* 255, 277

Q

Quercus acuta 150, 299
　Q. acutissima 121, 150, 299
　Q. dentata 150
　Q. glauca 150, 299
　Q. mongolica var. *grosseserrata* 150
　Q. myrsinaefolia 150
　Q. serrata 150, 299

R

Radiatisporites radiatus 309
Raphanobrassica 296
Rhaetipollis 161
Rhododendron boninense 295
Robinia pseudoacacia 338
Rosa centifolia 277
Rosaceae 277
Rubus 17
Rumex 109
　R. acetosella 227, 289
　R. japonicus 290
　R. obtusifolius 290

S

Salix spp. 330
　S. babylonica 330
　S. gracilistyla 330
Sciadopitys verticillata 143
Sequoia gigantea 207
　S. sempervirens 207
Sequoiadendron 208
Setaria viridis 25
Solanum tuberosum 280
Solidago altissima 205
　S. canadensis 205
　S. gigantea var. *leiophylla* 205
　S. occidentalis 205
　S. virga subsp. *aureaasiatica* 4
　S. virgaurea subsp. *asiatica* 108
Sorghum bicolor 279
Spinacia oleracea 3
Spiniferites bulloideus 116
Striatites 149
Subturma 251
Syrphidae 171

T

Taraxacum 233
　T. hondoense 233
　T. laevigatum 233
　T. officinale 233
　T. platycarpum 233, 240
　T. vulgare 233
Tasmanites 336
Tilia japonica 339
Triatriopollenites 31
Tricolpites albiensis 269
Trifolium repens 339
Triprojectacites 271
Triprojectus 271
Triticale 296
Triticum aestivum 279
Tsuga sieboldii 20
Tubuliflorae 107
Typha angustifolia 96, 104, 289
　T. latifolia 96, 104, 289
　T. orientalis 104, 289

U

Ulmaceae 222, 259
Ulmus 259
　U. japonica 259
　U. laciniata 259
　U. parvifolia 259
Urticaceae 27

V

Vallisneria spiralis 75
Varroa jacobsoni 316
Vesicaspora 149
Vespa spp. 316
Vitis 298
　V. vinifera 298
Vittatina 149

W

Welwitschia 149
Wodehouseia 271

Z

Zamia 52
　Z. chigua 203
　Z. floridana 204
　Z. integrifolia 203
Zea mays 279
Zelkova serrata 128, 259
Zooterophyllum 148

| 花 粉 学 事 典 〈新装版〉 | 定価はカバーに表示 |

1994年12月10日　初　版第1刷
2002年 7 月10日　　　　第 4 刷
2008年 5 月20日　新装版第 1 刷
2011年 5 月25日　　　　第 2 刷

編集者　日 本 花 粉 学 会
発行者　朝　倉　邦　造
発行所　株式会社　朝 倉 書 店
　　　　東京都新宿区新小川町6-29
　　　　郵 便 番 号　162-8707
　　　　電　話　03(3260)0141
　　　　F A X　03(3260)0180
　　　　http://www.asakura.co.jp

〈検印省略〉

© 1994〈無断複写・転載を禁ず〉　　　中央印刷・渡辺製本

ISBN 978-4-254-17138-9　C 3545　　Printed in Japan

好評の事典・辞典・ハンドブック

火山の事典（第2版） 下鶴大輔ほか 編 B5判 592頁

津波の事典 首藤伸夫ほか 編 A5判 368頁

気象ハンドブック（第3版） 新田 尚ほか 編 B5判 1032頁

恐竜イラスト百科事典 小畠郁生 監訳 A4判 260頁

古生物学事典（第2版） 日本古生物学会 編 B5判 584頁

地理情報技術ハンドブック 高阪宏行 著 A5判 512頁

地理情報科学事典 地理情報システム学会 編 A5判 548頁

微生物の事典 渡邉 信ほか 編 B5判 752頁

植物の百科事典 石井龍一ほか 編 B5判 560頁

生物の事典 石原勝敏ほか 編 B5判 560頁

環境緑化の事典 日本緑化工学会 編 B5判 496頁

環境化学の事典 指宿堯嗣ほか 編 A5判 468頁

野生動物保護の事典 野生生物保護学会 編 B5判 792頁

昆虫学大事典 三橋 淳 編 B5判 1220頁

植物栄養・肥料の事典 植物栄養・肥料の事典編集委員会 編 A5判 720頁

農芸化学の事典 鈴木昭憲ほか 編 B5判 904頁

木の大百科［解説編］・［写真編］ 平井信二 著 B5判 1208頁

果実の事典 杉浦 明ほか 編 A5判 636頁

きのこハンドブック 衣川堅二郎ほか 編 A5判 472頁

森林の百科 鈴木和夫ほか 編 A5判 756頁

水産大百科事典 水産総合研究センター 編 B5判 808頁

価格・概要等は小社ホームページをご覧ください．